LICHTTECHNIK

Von

Dr. W. BERTELSMANN - Dr.-Ing. L. BLOCH - Dr. G. GEHLHOFF
Prof. Dr. A. KORFF-PETERSEN - Dr. H. LUX - Dr. A. R. MEYER
Ober-Ingenieur G. R. MYLO - Reg.- und Baurat W. WECHMANN
Geh. Regierungsrat Prof. Dr. W. WEDDING

Erweiterte Wiedergabe einer Vortragsreihe
zur Ausbildung von Beleuchtungsingenieuren
veranstaltet von der Deutschen Beleuchtungstechnischen Gesellschaft
vom 13. bis 18. September 1920
in der Technischen Hochschule zu Berlin-Charlottenburg.

Im Auftrage der
Deutschen Beleuchtungstechnischen Gesellschaft
herausgegeben von

Dr.-Ing. L. BLOCH

Mit 356 Abbildungen

München und Berlin 1921
Druck und Verlag von R. Oldenbourg

Vorwort.

Die Deutsche Beleuchtungstechnische Gesellschaft konnte sich in ihren auch während der Kriegsjahre abgehaltenen regelmäßigen Mitgliederversammlungen im allgemeinen nur an einen engeren Kreis von Fachgenossen wenden. Dagegen wurde im November 1919 zum ersten Male der Versuch unternommen, mit einer Vortragsreihe über »Die heutige Beleuchtungstechnik« die wünschenswerte Aufklärung über Beleuchtungsfragen in weitere Kreise hineinzutragen. Der gute Erfolg dieser Vorträge hat die Gesellschaft ermutigt, auf dem eingeschlagenen Wege weiter fortzuschreiten. So kam im September 1920 eine neue Vortragsreihe zustande, diesmal zur Ausbildung von Beleuchtungsingenieuren bestimmt. Sie sollte allen denen, die sich regelmäßig mit Beleuchtungsfragen zu beschäftigen haben, ein umfassendes Bild dieses, besonders in der gegenwärtigen Zeit, recht wichtig gewordenen Fachgebietes vermitteln. An die während einer Woche abgehaltenen 14 Vorträge schlossen sich praktische Übungen und Besichtigungen an. Außerdem fand das in den Vorträgen Gebotene durch eine Ausstellung der neuesten und wichtigsten Fabrikate der Beleuchtungstechnik eine wertvolle Ergänzung. Die Vortragsreihe hatte einen über Erwarten zahlreichen Besuch zu verzeichnen. Die Zuhörer setzten sich aus Ingenieuren von Gas- und Elektrizitätswerken, sowie aus den industriellen Betrieben des Beleuchtungs- und Installationsfachs zusammen; ferner waren Beamte der Eisenbahn- und Postverwaltung sowie der Gewerbeaufsicht zahlreich vertreten.

Naturgemäß konnten die Zuhörer den ihnen während einer Woche gebotenen Wissensstoff nicht in vollem Umfange sich ins Gedächtnis einprägen. Außerdem war vielen auswärtigen Fachgenossen die Beteiligung an der Vortragsreihe durch die heute so erschwerten Reise- und Unterkunftsverhältnisse leider nicht möglich. So war es naheliegend und entsprach einem vielfach geäußerten Wunsche, wenn die Drucklegung und Herausgabe der Vorträge in Buchform von der Deutschen Beleuchtungstechnischen Gesellschaft beschlossen wurde. Allerdings gelangten die Vorträge nicht einfach so, wie sie gehalten wurden, zum Abdruck; sie wurden vielmehr größtenteils erheblich erweitert, um auf diese Weise eine in sich geschlossene Darstellung des behandelten Stoffes und eine auch weitergehenden Ansprüchen gerecht werdende

Bearbeitung des gesamten Gebiets der Lichttechnik zu liefern. Besonderer Wert wurde auf die Beifügung zahlreicher und gößtenteils neu aufgesteller Tabellen für den praktischen Gebrauch des Beleuchtungsingenieurs gelegt. Soweit dieses Material überhaupt schon vorlag, war es bisher nur sehr verstreut in der Fachliteratur zu finden. Der Vollständigkeit halber erwies es sich als zweckmäßig, den die einzelnen Vorträge enthaltenden Abschnitten noch einen ergänzenden Abschnitt über die Verwendung des künstlichen Lichts in der Photographie und Reproduktion hinzuzufügen.

Allen Mitarbeitern, die sich bereitwillig dem Zustandekommen dieses Buches gewidmet haben, sei an dieser Stelle herzlicher Dank ausgesprochen. Ebenso ist, zugleich im Namen der Deutschen Beleuchtungstechnischen Gesellschaft, den zahlreichen Firmen für das zur Verfügung gestellte Abbildungsmaterial zu danken. Schließlich gebührt auch noch besonderer Dank der Direktion der Osram-G. m. b. H., durch deren Entgegenkommen die Herausgabe des Werkes wesentlich gefördert wurde.

Berlin, März 1921.

L. Bloch.

Inhaltsverzeichnis.

Einleitung.

Seite

Die heutige Bedeutung der Beleuchtungstechnik. XVII
Von Geh. Reg.-Rat Dr. W. Wedding.

Erster Abschnitt.

Wissenschaftliche Grundlagen der Lichterzeugung.
Von Dr. Alfred R. Meyer.

§ 1. **Die Grundgrößen für die Lichtmessung.**

Die Lichtmenge 1
Der Lichtstrom 1
Die Lichtstärke 2
Lichtverteilungskurven 3
Mittlere Lichtstärken 3
Beziehung zwischen Lichtstrom und Lichtverteilung 5
Die Beleuchtung 7
Die Flächenhelle 10
Das Streuvermögen 11
Die Belichtung 12
Die Lichtausbeute und der spezifische Effektverbrauch 12
Mechanisches Analogon der photometrischen Grundgrößen 14
Die photometrischen Einheiten für die Grundgrößen 15

§ 2. **Das Wesen des Lichtes und die Lichtempfindung.**

Die Art der Lichtstrahlung 20
Die Wellenlänge als Charakteristikum 21
Die Empfindlichkeit des Auges für Strahlen verschiedener Wellenlänge . . . 22

§ 3. **Die Grenzen und Ziele der Lichterzeugung.**

Wissenschaftliche Einteilung der künstlichen Lichtquellen 25
Temperaturstrahler 25
Lumineszenzstrahler 25
Der schwarze Körper 26
Das Kirchhoffsche Gesetz 26
Verwirklichung des schwarzen Körpers 27
Die Gesetze der Hohlraumstrahlung 28
Strahlungsgesetze des blanken Platins 30
Die »schwarze Temperatur« 31
Der schwarze Körper als Lichtquelle 32
Die Grenzen der sichtbaren Strahlung 35

Seite

Der optische Nutzeffekt der Gesamtstrahlung 35
Der visuelle Nutzeffekt der sichtbaren Strahlung 36
Der visuelle Nutzeffekt der Gesamtstrahlung 37
Die Lichtabgabe des schwarzen Körpers 37
Die Wirtschaftlichkeit des schwarzen Körpers 39
Optischer und visueller Nutzeffekt bei künstlichen Lichtquellen 41
Das mechanische Äquivalent des Lichtes 42
Die Wirtschaftlichkeit des blanken Strahlers 44
Die Ziele der Leuchttechnik 45

§ 4. **Die Lichtfarbe.**

Lichtfarbe und Energieverteilung 45
Die Farben der einzelnen Spektralbezirke 46
Die praktische Kennzeichnung der Lichtfarbe 47
Das künstliche Tageslicht 48

Buchliteratur.

Zweiter Abschnitt.

Photometrie.

Von Geh. Reg.-Rat Dr. W. Wedding.

Photometrisches Grundgesetz 50
Normallampen 51
Bankphotometer 52
Webersches Photometer 54
Weitere Photometer für Licht- und Beleuchtungsmessungen 57
Vorrichtungen zur Messung der mittleren horizontalen Lichtstärke 59
Integratoren 61
Die Ulbrichtsche Kugel 61
Theoretische Begründung der Ulbrichtschen Kugel 63
Vorrichtungen zur Aufnahme von Lichtverteilungskurven 65
Berechnung der mittleren sphärischen und hemisphärischen Lichtstärke aus den Ergebnissen der Lichtverteilungsmessung 66
Näherungsformel für die Berechnung der mittleren sphärischen und hemisphärischen Lichtstärke 70
Ermittlung der sphärischen und hemisphärischen Lichtstärke aus aufgezeichneten Lichtverteilungskurven 70
Vorschriften für das Photometrieren von Lichtquellen 73

Buchliteratur.

Dritter Abschnitt.

Hygiene der Beleuchtung.

Von Prof. Dr. med. A. Korff-Petersen.

Unmittelbare Einwirkung des Lichtes auf die belebte Welt 75
Heilwirkung des Lichtes, »Künstliche Höhensonne« 75
Abtötung der Krankheitskeime durch das Licht 77
Das Auge als Lichtempfänger 77

Seite

Entstehung der Kurzsichtigkeit 81
Bedeutung der Kurzsichtigkeit 81
Abnahme der Arbeitsleistung, Zunahme der Unfälle bei mangelhafter Beleuchtung 82
Notwendige Beleuchtungsstärke 83
Blendung 85
Verteilung der Lichtquellen, Schatten 86
Farbe des Lichtes 87
Ultraviolettes Licht 88
Ruhe des Lichtes 88
Wärmeproduktion als Nebenwirkung der Beleuchtung 89
Luftverunreinigung als Nebenwirkung der Beleuchtung 89

Kritik der gebräuchlichen Lichtquellen.

Kerzen 90
Rüböllampen 90
Petroleumlampen 91
Spirituslampe 91
Gaslicht 91
Elektrisches Licht 93

Literatur.

Vierter Abschnitt.

Elektrische Lampen.

Von Dr. Alfred R. Meyer.

§ 1. **Geschichtlicher Überblick.**

Bogenlicht und Glühlicht bis 1900 96
Weiterausbildung der Bogenlampe seit 1900 97
Metalldampflampen 98
Fortschritte der Glühlampen bis zur Wolframlampe 98
Entwicklung der Wolframlampe 100
Entwicklung der Gasfüllungslampe 101

§ 2. **Beschreibung der verschiedenen Lampenarten.**

A. Die Bogenlampe.

Die Zündung des Lichtbogens 102
Das Regelwerk 102
Die Abmessungen der Elektroden 103
Der Vorschaltwiderstand und die Vorschaltdrosselspule 103
Die äußere Schaltung der Bogenlampen 103
Die Stellung der Elektroden 103
Die Lichtausbeute der Bogenlampen 104
Die Lichtverteilung 104
Die Einteilung der Kohlebogenlampen 105
I. Bogenlampen mit Reinkohlen 105
1. Offene Bogenlampen mit Reinkohlen 105
a) Lampen mit übereinanderstehenden Reinkohlen 105
b) Lampen mit nebeneinanderstehenden Reinkohlen 106

Seite

2. Geschlossene Bogenlampen mit Reinkohlen 107
   a) Lampen mit übereinanderstehenden Reinkohlen 107
      Die Dauerbrandlampe 107
      Die Sparbogenlampe 108
   b) Geschlossene Lampen mit nebeneinanderstehenden Reinkohlen . 108

II. Bogenlampen mit Effektkohlen 108
1. Offene Bogenlampen mit Effektkohlen 109
   a) Offene Flammenbogenlampen mit übereinanderstehenden Kohlen 109
   b) Offene Flammenbogenlampen mit nebeneinanderstehenden Kohlen 110
2. Geschlossene Bogenlampen mit Effektkohlen 110
3. Die neuere Entwicklung der Bogenlampen mit Effektkohlen 113
   a) Lummers Druckbogenlampe 113
   b) Die Beck-Goerz-Scheinwerferlampe 113

III. Bogenlampen mit Elektroden aus Metallen oder Metallverbindungen 113
1. Die Magnetit-Bogenlampe 113
2. Die Titankarbidlampe 114
3. Die Wolframbogenlampe 114
4. Die Quecksilberdampflampe 115
   a) Die Quecksilberbogenlampe mit Glasgefäß 115
   b) Die Quarz-Quecksilberlampe 116
5. Die Metalldampflampe von Wolfke 117
6. Die Neonbogenlampe 118

B. Die Glimm-Entladungslampe.

1. Das Moore-Licht 119
2. Die Glimmlampe für niedrige Spannungen 120

C. Die elektrische Glühlampe.

1. Die Kohlefadenlampe 121
   a) Die normale Kohlenfadenlampe 121
   b) Die Kohlefadenlampe mit metallisiertem Faden 123
2. Die Nernstlampe 123
3. Die Osmiumlampe 124
4. Die Tantallampe 124
5. Die Wolfram-Vakuumlampe 125
   a) Die Wolframlampe mit glattem Leuchtdraht 125
   b) Die Wolfram-Vakuumlampe mit Spiraldraht-Leuchtkörper . . . 130
6. Die Wolfram-Gasfüllungslampe 131

§ 3. **Wirtschaftliches und Statistisches** 136

Buchliteratur.

Fünfter Abschnitt.

Die Gasbeleuchtung.

Von Dr. W. Bertelsmann.

Geschichte 139
Theorie des Gasglühlichtes 140
Der Glühkörper 141
Der Brenner 142

Seite
Stehlichtbrenner 143
Die Brennerdüse 147
Das Brennerrohr 149
Der Brennerkopf 150
Der Glühkörper 150
Betriebsfehler der Brenner und deren Abhilfe 151
Hängelichtbrenner 152
Niederdrucklampen für Außenbeleuchtung 155
Das Einstellen der Niederdruckbrenner und die Beseitigung von Betriebsfehlern 158
Hochdruckbrenner 159
Das Einstellen und der Betrieb von Preßgasbrennern 164
Vergleich von Stehlicht und Hängelicht 166
Das Gasglühlicht im praktischen Gebrauch 168
Anpassung der Brenner an veränderte Gasbeschaffenheit 168
Anpassung der Brenner an Druckveränderungen 170

Buchliteratur.

Sechster Abschnitt.

Die Beleuchtung mit festen und flüssigen Brennstoffen und die Azetylenbeleuchtung.

Von Dr. H. Lux.

Die Beleuchtung mit festen Brennstoffen 172
Die Ölbeleuchtung 173
Die Petroleumbeleuchtung 174
Vorkommen und Eigenschaften des Petroleums 174
Die Petroleumbrenner 176
Die Lichtausbeute der Petroleumbeleuchtung 178
Petroleumglühlicht 178
Tischlampen für Petroleumglühlicht 178
Lichtausbeute des Petroleumglühlichtes 180
Petroleumglühlichtbrenner 180
Petroleum-Starklichtlampen 181
Die Lichtausbeute der Petroleum-Glühlicht-Intensivlampe 186
Die Beleuchtung mit Benzol, Benzin und Spiritus 187
Benzol- und Spiritusglühlichtlampen für höhere Lichtstärken 187
Benzol- und Spiritustischlampen 188
Die Lichtausbeute des Spiritusglühlichtes 190
Spiritus-Hängeglühlicht 190
Benzinbeleuchtung 191
Benzinglühlicht 192
Luftgasbeleuchtung 193
Luftgas-Erzeuger 193
Die Verwendung des Luftgases 195
Die Lichtausbeute der Luftgasbeleuchtung 196
Die Luftgas-Einzellampen 196
Die Lichtausbeute der Benzol-Luftgaslampe 197
Azetylenbeleuchtung 198
Erzeugung und Eigenschaften des Azetylens 198

Seite
Chemische Vorgänge bei der Azetylenerzeugung 198
Vorsichtsmaßregeln zur Vermeidung von Explosionen 199
Verlauf des Entwicklungsvorgangs 200
Verunreinigungen 201
Anforderungen an die Entwickler 201
Haupttypen von Azetylenentwicklern 202
Die Azetylenbeleuchtung 203
Azetylenglühlicht 204
Die Lichtausbeute der Azetylenbeleuchtung 206

Siebenter Abschnitt.

Ausbildung von Reflektoren, Armaturen und Beleuchtungskörpern.

Von Dr.-Ing. L. Bloch.

Zweck der Reflektoren und Armaturen 208
Wirkungsweise der Reflektoren und Grundlagen für ihre Beurteilung 208
Charakteristische Werte für die Beurteilung der Reflektoren 209
Die Verstärkung 210
Die Grenzlinie 211
Absorptionsverlust und Reflexionsfähigkeit der Reflektoren 211
Zweckmäßige Darstellung der Lichtverteilung von Reflektoren 213
Baustoffe für Reflektoren und Werte für deren Reflektionsfähigkeit 214
Benutzung der verschiedenen Reflektorbaustoffe 214
Reflektoren für Petroleumlampen 215
Reflektoren für Gaslampen 216
Reflektoren für elektrische Lampen 219
Reflektoren für elektrische Straßenbeleuchtung 221
Reflektoren für Bogenlampen 222
Holophanreflektoren 222
Wiskottreflektoren 224
Glocken 226
Armaturen für Gaslampen und Bogenlampen 228
Armaturen für Glühlampen 229
Grundlagen für die Beurteilung der Tisch- und Arbeitslampen 238
Beispiele für die Beurteilung der Beleuchtungswirkung von Tischlampen . . 240
Praktische Gesichtspunkte für die Ausbildung der Tischlampen 241
Beleuchtungskörper für Gasbeleuchtung 244
Beleuchtungskörper für elektrisches Licht 245

Achter Abschnitt.

Projektierung von Beleuchtungsanlagen und Berechnung der Beleuchtung.

Von Dr.-Ing. L. Bloch.

Anforderungen an Beleuchtungsanlagen 248
Grundlagen für die Beurteilung der Beleuchtung 249
Beurteilung der Straßenbeleuchtung 250
Angaben für die Stärke der mittleren Horizontalbeleuchtung 251

Seite
Kerzenmethode 251
Wirtschaftlichkeitsmethode 252
Vergleichsskalen für spezifischen Effektverbrauch und Lichtausbeute, Wirtschaftlichkeit und Beleuchtungsausbeute 253
Wirkungsgradmethode 255
Für den Wirkungsgrad maßgebende Einflüsse 256
Erfahrungswerte für den Wirkungsgrad der Beleuchtung von Innenräumen . 257
Erfahrungswerte für den Wirkungsgrad der Beleuchtung im Freien 257
Beispiel für die Anwendung der Wirkungsgradmethode 258
Wattregel von Heyck und Högner 261
Hilfstafeln für die Beleuchtungsberechnung 262
Lichtstrommethode 263
Aufstellung von Lichtstromkurven 264
Normal-Lichtstromkurven und Tafeln 266
Anwendung des Lichtstromverfahrens im praktischen Gebrauch 267
Beispiele für die Anwendung der Lichtstrommethode 269
Projektierung indirekter Raumbeleuchtung nach der Lichtstrommethode . . 272
Berechnung der Beleuchtungsverteilung für Innenräume 273
Berechnung der Beleuchtungsverteilung für Straßen und Plätze 274
Beispiel für die Berechnung einer Beleuchtungsverteilung 276
Darstellung der Beleuchtung durch Isoluxkurven 278
Lichtstromkugel von Teichmüller 278
Vergleich der Normal-, Horizontal- und Vertikalbeleuchtung 278
Beleuchtung durch mehrere Lichtquellen von verschiedenen Stellen aus . . 280
Mittlere Streckenbeleuchtung 281
Entnahme der Lichtstärken aus der Lichtstromtafel 281
Der Einfluß der Aufhängehöhe auf die erzielte Beleuchtung 282
Wahl der Aufhängehöhe 284
Der Einfluß des Lampenabstandes auf die erzielte Beleuchtung 285
Wahl des Lampenabstandes 286
Zahlenwerte für die Ungleichmäßigkeit der Beleuchtung 287
Beleuchtungsmessungen und deren Verwertung 288
Betriebskostenvergleich verschiedener Beleuchtungsarten 293

Neunter Abschnitt.

Elektrische Straßenbeleuchtung.

Von Oberingenieur G. R. Mylo.

Geschichtlicher Rückblick 297
Betriebszeit der Straßenbeleuchtung 298
Grundlagen für Betriebskostenberechnungen 300
Grundlagen für den Entwurf 301
Art der Lampenaufhängung 303
Zubehörteile 308
Lampentypen 310
Lampenanordnung 310
Lampenschaltung 311
Fernschaltung 313
Wiederaufbau der elektrischen Straßenbeleuchtung 318

Seite

Zehnter Abschnitt.

Die Straßenbeleuchtung mit Gas.

Von Dr. W. Bertelsmann.

Beleuchtungskörper für Straßenbeleuchtung 321
Laternen 321
Außenlampen 323
Ablaßvorrichtungen 325
Überspannungen 327
Aufhängehöhe 327
Lampenabstand 331
Preßgasanlagen 331
Preßluftanlagen 335
Preßgasleitungen 335
Zündung und Löschung 335
Druckwellenzündung 337
Preßgaszündung 344
Druckluftzündung 345
Elektrisch angetriebene Zündung 345
Zünduhren 346
Elektrische Fernzündung 346
Anlagekosten der Straßenbeleuchtung 349
Kosten für Bedienung und Instandhaltung 350

Elfter Abschnitt.

Beleuchtung von Wohnungen und Bureaus, Verkaufsräumen und Fabriken.

Von Dr. H. Lux.

Allgemeine Anforderungen an die Beleuchtung von Innenräumen.

Leitsätze für die Innenbeleuchtung 353
Diffuse Beleuchtung und Kontrastbeleuchtung 353
Die erträglichen Helligkeitsunterschiede 354
Periodische Helligkeitsschwankungen 355
Blendung 355
Die Mißstände auf dem Gebiete des Beleuchtungswesens 356
Gesundheitliche Schädigungen durch schlechte Beleuchtung 357
Unfallgefahr 358
Sanitäre Schädigungen 358
Belästigung durch falsch angebrachte Lichtquellen 359
Die erforderliche Beleuchtung 360
Zahlenangaben über die erforderliche Beleuchtung 361
Das diffuse Reflexionsvermögen 361

Beleuchtung von Wohnungen.

Gesichtspunkte für die Beleuchtung von Wohnräumen 362
Die typische Wohnungsbeleuchtung 365
Der Wandel in der Wohnungsbeleuchtung 367

Seite

Kassetten- und Deckenbeleuchtung . . . 368
Halbindirekte Beleuchtung . . . 369
Beleuchtung von Treppenhäusern . . . 372

Beleuchtung von Bureaus und Verkaufsräumen.

Die Beleuchtung von Bureaus . . . 372
Die Beleuchtung von Verkaufsräumen . . . 375
Einfachere Verkaufsräume . . . 376
Die Schaufensterbeleuchtung . . . 377

Beleuchtung von Fabriken und Werkstätten.

Allgemeine Gesichtspunkte . . . 378
Etagenräume . . . 379
Räume mit großen Oberlichtfenstern . . . 380
Die Anordnung der Lichtquellen und ihre Aufhängehöhe . . . 381
Die Beleuchtung kleinerer Werkstätten . . . 383
Die Platzbeleuchtung in Fabriken und Werkstätten . . . 383
Gesetzliche Vorschriften für die Beleuchtung von Fabriken . . . 385
Leitsätze der D. B. G. für die Innenbeleuchtung der Gebäude . . . 387

Zwölfter Abschnitt.

Die Beleuchtung von Schulen, Kirchen, Festsälen und Theatern.

Von Dr. H. Lux, Berlin.

Die Beleuchtung von Schulen.

Die Hermann Cohnschen Forderungen für die notwendige Beleuchtung . . . 390
Das Kunstlicht in den Schulen . . . 391
Direktes oder indirektes Licht . . . 391
Die ideale Schulzimmerbeleuchtung . . . 392
Die praktisch beste Beleuchtung in Schulräumen . . . 394
Beleuchtung von Hörsälen . . . 394
Das Tageslicht in den Schulen . . . 395
Die Verteilung des Tageslichts in Innenräumen . . . 395
Besondere Anforderungen an die Tageslichtbeleuchtung . . . 397
Die Beleuchtung von Turnhallen . . . 400

Kirchenbeleuchtung.

Die Aufgabe der Kirchenbeleuchtung . . . 401
Mittel für eine zweckmäßige Kirchenbeleuchtung . . . 402

Die Beleuchtung von Festsälen.

Theaterbeleuchtung.

Allgemeine Bedingungen und Vorschriften . . . 407
Die Beleuchtung des Zuschauerraumes . . . 407
Die Beleuchtung des Foyers . . . 411
Die Beleuchtung des Orchesters und Konzertpodiums . . . 411
Die Beleuchtung der Theaternebenräume . . . 413
Die Beleuchtung der Garderoben . . . 413
Die Bühnenbeleuchtung. Ältere Einrichtungen . . . 414
Moderne Einrichtungen zur Bühnenbeleuchtung . . . 419

Seite
Bühnenbeleuchtung mit direkt wirkenden Bogenlampen 420
Bühnenbeleuchtung mit Gasfüllungslampen 420
Das Einlampensystem mit Gasfüllungslampen 422
Mehrlampensysteme für Gasfüllungslampen 423
Wolkenapparate 425
Indirekte Rampenbeleuchtung 427
Bühnen-Effektbeleuchtung 427
Notbeleuchtung 431

Dreizehnter Abschnitt.

Beleuchtung von Bahnanlagen und Fahrzeugen.

Von Reg.- und Baurat Wechmann.

A. Gesetzliche Bestimmungen 432

B. Beleuchtung von Bahnanlagen mit Ausnahme der Signale 433

1. Beleuchtungswerte 433
2. Benutzungsdauer des Anschlußwertes 433
3. Ausführung von Gleisbeleuchtungsanlagen 435
   Mastorte 435
   Elektrische Lampen 436
   Beleuchtung der Gleise 436
   Schalttafeln 436
   Gas- und sonstige Lampen 436
4. Bahnsteig 437
5. Stationsbezeichnung 437
6. Fahrkartenschalter 437
7. Bahnsteigsperren 437
8. Stellwerke 438
9. Güterwagen an der Laderampe 439
10. Tunneluntersuchung 440
11. Tunnel von Untergrundbahnen 441
12. Bau- und Unfallstellen 442

C. Signalbeleuchtung.

1. Allgemeine Anforderungen 442
2. Verwendung von flüssigem Azetylen 442
3. Elektrische Signalbeleuchtung 444
4. Weichensignale 445
5. Wasserkransignale 448
6. Lukenmelder und ähnliche Anzeigevorrichtungen 448

D. Beleuchtung von Eisenbahnfahrzeugen.

1. Allgemeine Anforderungen und Lichtarten 449
2. Öl- und Steinkohlengasbeleuchtung 449
   Gasarten 449
   Preßgas 450
   Gasbeförderung 453
   Gasbeförderungswagen 453
   Hochdruckgasleitungen 453
3. Azetylenbeleuchtung von Eisenbahnwagen 454

Seite

4. Elektrische Beleuchtung von nicht elektrisch angetriebenen Fahrzeugen . 455
   Reine Sammlerbeleuchtung 456
   Aufladen der Batterien 457
   Maschinenbeleuchtung 458
5. Beleuchtung elektrisch betriebener Eisenbahnfahrzeuge 462
   Lampenspannungen 463
   Wechselstrombetrieb 463

E. Beleuchtung von Kraftwagen.

1. Verordnungen und Normalisierung 465
2. Lichtquelle 465
3. Azetylenlicht 466
4. Elektrische Beleuchtung 466
5. Scheinwerfer 468
6. Streuung 469
7. Reichweite 470
8. Gehäuse 470
9. Azetylen oder elektrische Beleuchtung 471

Vierzehnter Abschnitt.

Leuchtgerät mit Optik.

Von Dr. G. Gehlhoff.

I. Einleitung 472
   1. Lichtstärke der Scheinwerfer 472
   2. Beurteilung der Wirkung von Scheinwerfern 475
   3. Photometrieren von Scheinwerfern 477
   4. Intensität von Projektionsapparaten 479
   5. Farbe der Lichtquelle 480
II. Scheinwerfer 481
   1. Allgemeines 481
   2. Lichtquellen 481
      a) Azetylenbrenner 483
      b) Azetylensauerstofflampe mit Leuchtplättchen 484
      c) Glühlampen für Scheinwerfer 485
      d) Bogenlampen 486
         α) Reinkohlen-Bogenlampe 486
         β) Die Druckbogenlampe 486
         γ) Die Becklampe 487
   3. Scheinwerferoptik 489
      a) Linsen 489
      b) Fresnellinse 491
      c) Kugelspiegel 492
      d) Ringspiegel 492
      e) Manginspiegel 493
      f) Parabolspiegel 494
      g) Metallparabolspiegel 494
      h) Sphäroidspiegel 495
      i) Material und Herstellung des Glasparabolspiegels 495
      k) Strahlengang des Parabolspiegels 496

Seite
4. Der technische Aufbau der Scheinwerfer 497
a) Azetylenscheinwerfer 497
b) Scheinwerfer mit Azetylen-Sauerstoff und Leuchtplättchen . . . 498
c) Glühlichtscheinwerfer 499
d) Bogenlichtscheinwerfer 500
5. Aufbau der Scheinwerferbogenlampen 502
III. Leuchtfeuer 504
a) Kennung 504
b) Aufstellung und Sichtweite 506
c) Lichtstärke und Tragweite 507
d) Optik der Leuchtfeuer 507
e) Lichtquellen 509
f) Leuchtfeuer für die Luftschiffahrt 510
IV. Blinkgeräte 511
1. Allgemeines 511
2. Lichtquellen 511
a) Azetylen-Sauerstoffbrenner 511
b) Elektrisches Glühlicht 512
c) Bogenlicht 513
3. Aufbau von Blinkgeräten 513
V. Projektions- und Kino-Apparate 514
1. Allgemeines 514
2. Lichtquellen 515
3. Die Optik der Projektionsapparate 518
4. Der technische Aufbau der Projektionsapparate 519
5. Projektion farbiger Bilder 520
6. Konstruktion der Bogenlampe 522

Fünfzehnter Abschnitt.

Künstliches Licht für Photographie und Reproduktion.

Von Dr.-Ing. L. Bloch.

Aktinität der künstlichen Lichtquellen 523
Aktinische Lichtausbeute 524
Zahlenwerte für die Aktinität und aktinische Lichtausbeute 525
Praktische Verwendung der künstlichen Lichtquellen für photographische Zwecke 526
Verwendung von Reinkohlen-Bogenlampen für photographische Aufnahmen . 528
Reproduktionsscheinwerfer 528
Verwendung von Dauerbrand-Bogenlampen für Aufnahmezwecke 529
Bogenlampen mit Effektkohlen für Aufnahmezwecke 529
Gasfüllungslampen für Aufnahmezwecke 530
Künstliches Licht für kinematographische Aufnahmen 532
Künstliches Licht für photographische Vergrößerungen 534
Künstliches Licht für Kopier- und Lichtpauszwecke 534

Anhang.

Lichttechnische Tabellen.

Inhaltsverzeichnis 580

Einleitung.

Die heutige Bedeutung der Beleuchtungstechnik.

Von Geh. Reg.-Rat Dr. **W. Wedding,** Professor an der Technischen Hochschule, Berlin.

Die Herausgabe des vorliegenden Werkes gerade in der jetzigen so ernsten und schweren Zeit findet vor allem in zwei Erscheinungen ihre Begründung. Erstens ist es die Energiewirtschaft an sich, die auch auf dem Gebiete der Beleuchtungstechnik eine große Rolle spielt, zweitens ist es die Notwendigkeit, über die Fortschritte der Lichterzeugung und Lichtverwertung, d. h. der Beleuchtung weitere Aufklärung zu schaffen, als es bisher geschehen ist.

Unser an Rohstoffen so armes Vaterland ist von jeher darauf angewiesen gewesen, durch die feinsten wissenschaftlichen Forschungen und deren sorgsam durchdachte technische Umsetzung in der Industrie Werte zu schaffen, die der Allgemeinheit in volkswirtschaftlicher Beziehung dienen und Handel und Wandel heben. Unsere unbestrittenen Erfolge haben uns allerdings den Neid und Haß fast der ganzen Welt eingetragen, aber mehr denn je werden und müssen wir auf diesen Wegen weiter wandeln. In der Wasserwirtschaft steht uns die weiße Kohle, in der Kohlenwirtschaft die schwarze Kohle als Steinkohle, Braunkohle und Torf zur Verfügung. Mit beiden Energiearten müssen wir so sparsam als möglich umgehen, um bei jeder Umsetzung der Energie den weitgehendsten Wirkungsgrad zu erreichen. Dabei spielt die Wasserwirtschaft, abgesehen von ihrer geringeren Bedeutung in Norddeutschland, für die Beleuchtungstechnik insofern eine geringe Rolle, als es sich bei der Energieumsetzung nur um die Erzeugung elektrischen Lichtes und zu einem geringen Teil um die Azetylenbeleuchtung aus Kalziumkarbid handelt. Im Vergleich dazu beansprucht die Energieumsetzung aus der schwarzen Kohle eine weit größere Bedeutung wegen der vielfachen und weitgehenden Möglichkeiten, die Energie aus der Kohle in den verschiedensten Formen zu gewinnen und zum Teil für die Lichttechnik zu verwenden. Dabei ist die Möglichkeit gegeben, die Energie der Kohle entweder durch unmittelbare Verbrennung der Kohle unter dem Kessel und weiter durch den elektrischen Generator als elektrische Energie auszunutzen oder durch die Vergasung der Kohle die Energieumformung einzuleiten. Dieser Weg ist zum Teil schon beschritten und wird immer weitere Verbreitung finden. Dabei müssen wir uns mit dem Gedanken vertraut machen, daß das bei der Vergasung gewonnene sog. Leuchtgas immer weniger eine Rolle in der unmittelbaren Umsetzung zu Leuchtzwecken spielen wird. Anderseits ergeben sich bei der Umwandlung der in der Kohle enthaltenen Energie weitere Gesichtspunkte durch die Schaffung flüssiger Kohlenwasserstoffe als Ersatz für das Petroleum und Benzin, um tragbare, von jeder Zuleitung unabhängige Lichtquellen auszubilden. Wir stehen mit der Entwicklung der Kohlenwirtschaft noch in den Anfängen, und hoffentlich ist es wie bisher der deutschen Chemie vorbehalten, weitere Erfolge durch ihr systematisches und zielbewußtes Arbeiten zum Wohl der Allgemeinheit so zu erringen, daß wir von der Willkür des Auslandes noch in mancher Beziehung frei werden.

Bisher ist bei der Umsetzung der Energie so mancher Raubbau getrieben worden und nicht zum wenigsten auch in der Beleuchtungstechnik. Durch die Errungenschaften der Elektrotechnik und der Gastechnik sind größere und kleinere Städte und Ortschaften zu einem Überfluß und einer Vergeudung an Licht übergegangen, die in ungebührlicher Weise nicht nur die Tasche des einzelnen, sondern auch ganzer Gemeinden belastet haben. Wenn die Stadt Berlin sich früher mit Recht rühmen konnte, sowohl in Bezug auf elektrische, als auch Gasbeleuchtung die bestbeleuchtete Stadt der Welt zu sein, so ist doch auch in mancher Beziehung des Guten zu viel getan worden. Die Errungenschaften der Lichttechnik gingen aber auch von den großen und kleinen Gemeinden auf die einzelnen Häuser und Haushalte bis zu dem Arbeitsplatz jedes Menschen über. Das Lichtbedürfnis wuchs in das Ungemessene, ohne daß eine Notwendigkeit vorlag. Wenn man sich vorstellt, daß ein Volk von 60 Millionen Seelen auf eine Gemeinschaft von je 5 Personen 1 Lichtquelle benötigt, so werden an jedem Abend 12 Millionen Lampen in Betrieb genommen. Genügt dabei eine 16kerzige Lampe nicht mehr und man geht, wie es sehr oft geschieht, zu einer 25- oder gar 32kerzigen Lampe über, so wird sofort bis zu dem doppelten Energiebedarf geschritten. Ist unter den je 5 Menschen auch nur einer, der glaubt, eine besondere Lichtquelle für sich und seine Arbeiten beanspruchen zu können, so erhalten wir abermals den doppelten Verbrauch. Wenn anderseits von der durch unsere großen Elektrizitätswerke gelieferten Energie noch nicht 10% für Beleuchtungszwecke benutzt werden, so soll man nicht glauben, daß es gar nicht darauf ankomme, ob diese oder jene Lampe mehr gebrannt werde. Viele Kleine geben ein Großes. Und wenn der Installateur aus naheliegenden Gründen an möglichst vielen Stellen Auslässe und Anschlüsse einrichtet, so wird doch auch hier die Frage nach der unbedingten Notwendigkeit eine Rolle spielen. Aus wirtschaftlichen Gründen wird für uns alle eine Einschränkung und Vermeidung von Lichtverschwendung geboten sein.

Aber auch eine übertriebene Sparsamkeit kann ihre großen Nachteile zeitigen. Die Errungenschaften der Beleuchtungstechnik sollte sich jeder Mensch zu eigen zu machen suchen, um sich die Sehkraft seiner Augen und damit seine Arbeitsfähigkeit zu erhalten. Gerade durch den Mangel an Rohstoffen sind wir Deutsche von jeher darauf angewiesen, veredelte Ware im ideellen und reellen Sinne in einer solchen Vollkommenheit auf den Markt zu bringen, daß unsere Erzeugnisse gern und willig Absatz finden. Das gilt heute mehr als früher und in Zukunft in noch viel höherem Maße. Ohne künstliche Beleuchtung kommen wir dabei aber nicht aus. Und da der Preis des Lichtes bei der Erzeugung hochwertiger Leistung eine geringe Rolle spielt, sollte man in dieser Beziehung keine übertriebene Sparsamkeit üben. So führen der Zwang zur Sparsamkeit auf der einen Seite, die Forderungen an die Sehkraft des Auges und die Erhaltung der Arbeitsfähigkeit anderseits dazu, den von einer Lichtquelle erzeugten Lichtstrom durch gut ausgebildete technische Hilfsmittel in der Ausgestaltung des Zubehöres einer Lichtquelle wie Reflektoren, Glocken, Schirme, zerstreuende Gläser usw. richtig, sachgemäß und nützlich zu verwerten. Wir werden im Laufe unserer Betrachtungen sehen, daß in dieser Beziehung viele nicht nur minderwertige, sondern falsche Konstruktionen auf den Markt gebracht wurden, und daß gerade in dieser Beziehung noch ein weites Arbeitsfeld für den Beleuchtungsingenieur offen steht.

Eine sparsame und zweckmäßige Energiewirtschaft für die Erzeugung des Lichtes, eine sparsame und zweckmäßige Ausnutzung des erzeugten Lichtes gehen Hand in Hand. Die Notwendigkeit der Aufklärung über das zur Zeit Erreichte, Mittel und Wege zur Erzielung weiterer Fortschritte in der Lichterzeugung und Lichtverwertung sollen die folgenden Ausführungen zeigen, um unserer deutschen Beleuchtungstechnik in erhöhtem Maße den Platz zu sichern, der ihr zukommt, und sie mehr als bisher in den Dienst der Allgemeinheit zu stellen.

Erster Abschnitt.

Wissenschaftliche Grundlagen der Lichterzeugung.[1])

Von Dr. **Alfred R. Meyer.**

Zwei große Aufgaben umgrenzen im wesentlichen das Arbeitsgebiet der wissenschaftlichen Beleuchtungskunde. Die eine heißt, Beleuchtungen erzeugen und bewerten, die zweite, Lichtquellen ersinnen und durch ihre Eigenschaften kennzeichnen.

Beiden Aufgaben gemeinsam ist ein beschreibender Anteil, der die Einführung von Größen und Einheiten bedingt, durch die eine eindeutige Bestimmung von Beleuchtungen bzw. Bewertung von Lichtquellen möglich ist.

§ 1. Die Grundgrößen für die Lichtmessung.

Für die Besprechung der verschiedenen in Frage kommenden Größen gehen wir davon aus, daß die Lichtstrahlen Energiestrahlen sind, ohne daß wir zunächst darauf eingehen, welcher Art diese Energiestrahlen sind, und durch welche Beziehungen die Lichtempfindung mit ihnen verknüpft ist. Auch wollen wir bei unseren Überlegungen voraussetzen, daß die die Lichtempfindung auslösenden Energiestrahlen von einer punktförmigen Lichtquelle ausgehen.

Die Lichtmenge. Dann können wir aussagen, daß von einer solchen punktförmigen Lichtquelle in einem bestimmten Zeitraum eine gewisse Lichtmenge ausgeht, und daß diese Lichtmenge die Dimensionen einer Arbeitsgröße hat, daß sie also das Produkt aus einer Leistungsgröße und der Zeit darstellt.

Der Lichtstrom. Die Erfahrung lehrt, daß die durch einen Lichtstrahl geweckte Lichtempfindung ihrem Grade nach nicht mit der Einwirkungsdauer des Lichtstrahles anwächst, und daß mit dem Ausbleiben des Lichtstrahles auch die Lichtempfindung verschwindet, eine Aufspeicherung von Licht also nicht stattfindet. Wir schließen daraus, daß nicht die Lichtmenge die für die Lichtempfindung maßgebende Größe ist, daß vielmehr die Lichtleistung, die Lichtmenge in der Zeiteinheit, die charakteristische Größe darstellt.

---

[1]) Sofern nichts anderes angegeben ist, bedeutet bei Literatur-Hinweisen die erste Zahl die Bandnummer, die zweite Zahl die Seite und die dritte Zahl den Jahrgang.

Haben wir es mit einer gleichmäßig erfolgenden Lichtausstrahlung zu tun, so ist die Lichtleistung konstant. Bezeichnen wir die Lichtleistung mit Φ, die Lichtmenge mit Q und die Zeit mit t, so ist

$$\text{Lichtleistung} = \frac{\text{Lichtmenge}}{\text{Zeit}}$$

oder

$$\Phi = \frac{Q}{t}.$$

Die Lichtleistung wird gewöhnlich Lichtstrom[1]) genannt.

Die Einheit des Lichtstromes ist das Lumen (Abkürzung Lm); die Einheit der Lichtmenge ist die Lumenstunde. Den vorher erörterten Zusammenhängen entsprechend läßt sich das Lumen auch im elektrischen Leistungsmaß, dem Watt bzw. Kilowatt, ausdrücken, während der Lichtmenge die Watt- bzw. Kilowattstunde entspricht.

Die Lichtstärke. Erfüllt die von der punktförmigen Lichtquelle ausgehende Lichtstrahlung den Raum nach allen Richtungen hin gleichmäßig, so ist es nicht erforderlich, Angaben über die Lichtstromdichte im Raume zu machen, da diese nach allen Richtungen hin konstant ist, und da der Vergleich mit anderen ähnlichen Lichtquellen ohne weiteres durch den Wert des jeweiligen Lichtstromes gegeben ist.

Geht indessen in die verschiedenen Richtungen des Raumes ein verschieden großer Lichtstrom, so wird nicht nur für die Beurteilung der einzelnen Lichtquelle an sich, sondern vor allem auch für den Vergleich mit anderen Lichtquellen die Kennzeichnung der Lichtquelle durch die in den verschiedenen Richtungen vorhandene Lichtstromdichte notwendig. Diese Kennzeichnung gibt ein klares Bild von der Verteilung des Lichtes nach den verschiedenen Abstrahlungswinkeln hin. Die Lichtstromdichte wird gewöhnlich als Lichtstärke oder Lichtintensität bezeichnet. Ihre Einheit ist in Deutschland die Hefnerkerze (Abkürzung HK).

Der Zusammenhang zwischen Lichtstrom und Lichtstärke ist durch die Beziehung gegeben:

$$\text{Lichtstärke} = \frac{\text{Lichtstrom}}{\text{Raumwinkel}}$$

$$J = \frac{\Phi}{\omega}.$$

Daher wird

$$\Phi = J\,\omega,$$

[1]) Der Lichtstrom hat nichts mit dem »Lichtstrom« zu tun, mit dem man in elektrischen Anlagen den für Beleuchtungszwecke verwandten elektrischen Strom im Gegensatz zum »Kraftstrom« bezeichnet.

für eine Lichtquelle also, deren Lichtstromdichte nach allen Richtungen des Raumes hin konstant ist,

$$\Phi = J \cdot 4\pi,$$

da der volle Raumwinkel den Wert 4π hat.

Der Raumwinkel ω ist, wie die letzte Gleichung erkennen läßt, eine reine Zahl, da er jeweils durch das Verhältnis der Oberfläche des in Frage kommenden Ausschnittes einer um die Lichtquelle gelegten Kugel zum Quadrate des Kugelradius gemessen wird.

Lichtverteilungskurven. Die in der Praxis benutzten künstlichen Lichtquellen sind von dem zuerst erwähnten Idealfall der gleichmäßigen Ausstrahlung des Lichtes nach allen Richtungen des Raumes hin durchweg weit entfernt, so daß es notwendig ist, ihre Eigenschaften sowohl durch den von ihnen ausgehenden Lichtstrom wie durch die Verteilung dieses Lichtstromes auf die verschiedenen Richtungen des Raumes zu kennzeichnen. Dieser Kennzeichnung dienen die sog. Lichtverteilungskurven, die für eine oder mehrere durch die Lichtquelle gelegte Vertikalebenen die Lichtstärke in den verschiedenen Richtungen wiedergeben.

Ist die Lichtquelle nach allen Richtungen hin axialsymmetrisch, so genügt eine solche Kurve, ist sie es nicht, so sind mehrere, eventuell sehr viele Lichtverteilungskurven zur vollständigen Analyse der Lichtquelle nötig. Für die meisten in der Praxis verwandten Lichtquellen kann man sich auf die Angabe einer solchen Kurve beschränken.

Mittlere Lichtstärken. Die Benutzung derartiger Lichtverteilungskurven, die insbesondere für beleuchtungstechnische Überlegungen ihre Bedeutung haben, ist unbequem, wenn es sich um die ständige Bewertung der gleichen Lampenart handelt, und unnötig, wenn die Unterschiede in den Kurven der zu vergleichenden Lampen nur gering sind. Man wird in diesem Falle versuchen, die Lichtquelle durch Angabe einer besonders charakteristischen Einzellichtstärke zu kennzeichnen, und hat von diesem Verfahren in der Technik der künstlichen Lichtquellen den umfangreichsten Gebrauch gemacht.

So hat sich beispielsweise in der Glühlampentechnik und in der Technik des Gasglühlichtes zunächst der Brauch entwickelt, nur die Lichtstärke in der Horizontalrichtung anzugeben und die Lichtquellen unter Benutzung der mittleren horizontalen Lichtstärke zu bewerten. Die Berechtigung dieser Methode ist dadurch gegeben, daß die genannten Lichtquellen ein ausgeprägtes Lichtstärkenmaximum in der Horizontalrichtung haben, und daß der Umrechnungsfaktor, mit dessen Hilfe sich aus der mittleren horizontalen Lichtstärke der gesamte Lichtstrom der Lichtquelle ergibt, von Lichtquelle zu Lichtquelle nur sehr wenig schwankt.

Dieses Verfahren hat jahrzehntelang, ohne Anlaß zu Einwendungen zu geben, zur Bewertung der gebräuchlichsten Lichtquellen gedient, und es hat sich mit voller Berechtigung behaupten können, als sich vor etwa 15 Jahren in der Elektrotechnik der Übergang von den Kohlefadenlampen zu den Metallfadenlampen vollzog. Die Verhältnisse lagen eben so, daß die beiden Lampenarten trotz einer im einzelnen verschiedenen Lichtverteilungskurve ohne großen Fehler auch hinsichtlich des von ihnen ausgehenden Lichtstromes durch die mittlere horizontale Lichtstärke gekennzeichnet werden konnten.

In diesen Vorbedingungen trat eine beträchtliche Wandlung ein, als 1913 elektrische Glühlampen mit ganz geänderten Lichtverteilungskurven in den Handel kamen, bei denen das Lichtstärkenmaximum in der Richtung der Achse der Lampen lag, und bei denen auch der vorher erwähnte Umrechnungsfaktor, auf diesen Höchstwert bezogen, gänzlich abweichende Werte hatte. Man half sich zunächst, indem man die *axiale Lichtstärke* als maßgebende Größe einführte, mußte aber schließlich den folgerichtigen Schritt tun, die Lampen nach ihrer mittleren sphärischen Lichtstärke zu bewerten.

Die *mittlere sphärische Lichtstärke* ($J_{\ominus}$) ist diejenige Lichtstärke, die sich ergibt, wenn der ganze von der Lichtquelle ausgehende Lichtstrom gleichmäßig auf die verschiedenen Richtungen des Raumes verteilt wird. Zu ihrer Berechnung ist also die Lichtverteilungskurve der Lampe nach geeigneten Verfahren (siehe S. 66) in einen lichtstromgleichen Kreis um den Anfangspunkt zu verwandeln und der in Lichtstärkeneinheiten ausgedrückte Radius dieses Kreises anzugeben.

Der mittleren sphärischen Lichtstärke entsprechen bei der Halbierung des ganzen Raumes durch eine Horizontalebene die *mittlere obere hemisphärische* ($J_{\frown}$) und die *mittlere untere hemisphärische Lichtstärke* ($J_{\smile}$). Sie geben in entsprechender Weise an, durch welche mittlere Lichtstärke der in den oberen bzw. unteren Halbraum gehende Lichtstrom gekennzeichnet werden kann. Beide Größen haben für die Bewertung der Bogenlampen eine wichtige Rolle gespielt und sind auch jetzt in weitestem Maße in Benutzung, um für Außen- und Innenbeleuchtungen die Geeignetheit einer Lichtquelle zu verdeutlichen.

Aus der in Hefnerkerzen bekannten mittleren sphärischen Lichtstärke ergibt sich der Lichtstrom in Lumen in einfacher Weise, indem man die mittlere sphärische Lichtstärke mit 4π, der Oberfläche einer Kugel vom Halbmesser 1, multipliziert, wie dies weiter oben für eine Lichtquelle von nach allen Seiten gleichmäßiger Verteilung des Lichtstromes angegeben wurde. Überhaupt liegt nur darin die Bedeutung des Begriffs der mittleren sphärischen Lichtstärke, daß sie in verschleierter Form den Lichtstrom verdeutlicht, und daß sich der Übergang von der sphärischen Lichtstärke zu der in einer bestimmten Richtung gemessenen Lichtstärke infolge der an sich inkonsequenten Zählung nach Lichtstärkeneinheiten und nicht nach Lumen sehr einfach gestaltet. Aus der hemisphärischen Lichtstärke erhält man den Lichtstrom in Lumen entsprechend durch Multiplikation mit 2π, der Oberfläche einer Halbkugel vom Halbmesser 1.

Beziehung zwischen Lichtstrom und Lichtverteilung. Für die Wertung einer Lichtquelle ist, wie wir sahen, neben der Lichtverteilung der von ihr ausgehende Lichtstrom wichtig. Es ergibt sich daraus die Aufgabe, diesen Lichtstrom möglichst einfach aus der Lichtverteilungskurve abzulesen. Diese Ablesung des Lichtstromes ist nicht ohne weiteres möglich, da weder der Flächeninhalt der von der Lichtverteilungskurve umschlossenen Fläche noch der Inhalt des durch Rotation der Kurve um die Lampenachse entstehenden photometrischen Körpers, noch auch die Oberfläche dieses Körpers dem Lichtstrom proportional ist. Vielmehr ist zu bedenken, daß dem gleichen Flächenwinkel sehr verschiedene räumliche Winkel entsprechen, je nachdem der Flächenwinkel in der Nähe der Rotationsachse oder ihres Äquators liegt.

Die für die Lösung der so gegebenen Aufgabe in Frage kommenden Verfahren sind im zweiten Abschnitt behandelt. An dieser Stelle genüge es, auf die erheblichen, unter Umständen gewaltigen Unterschiede hinzuweisen, die zwischen zwei Lichtverteilungskurven gleichen Lichtstromes vorhanden sein können. Besonders groß wird dieser Unterschied, wenn in der Richtung der Achse große Lichtintensitäten vorhanden sind, wie dies beispielsweise im Scheinwerferstrahl der Fall ist, und wenn trotzdem die zugehörige, von der Scheinwerferwirkung freie Lichtquelle nur geringe Intensitäten aufweist, weil der räumliche Winkel, in dem die hohe Intensität des Scheinwerferstrahles auftritt, sehr klein ist.

Ein anschauliches Beispiel, in dem im übrigen durchaus keine extremen Verhältnisse, wie sie in dem vorher erwähnten Scheinwerferstrahl vorliegen, wiedergegeben sind, zeigt Abb. 1 (nach Halbertsma, Fabrikbeleuchtung, München und Berlin 1918), welche die dem Lichtstrom nach gleichen Lichtverteilungskurven für eine nach allen Richtungen gleichmäßig strahlende Kugel, einen sehr dünnen, in der Richtung der Achse nichtstrahlenden Zylinder, eine leuchtende Halbkugel und eine nach einer Seite strahlende Fläche darstellt. Der der leuchtenden Kugel entsprechende Kreis gibt gleichzeitig die mittlere sphärische Lichtstärke aller vier verschiedenen Strahler an.

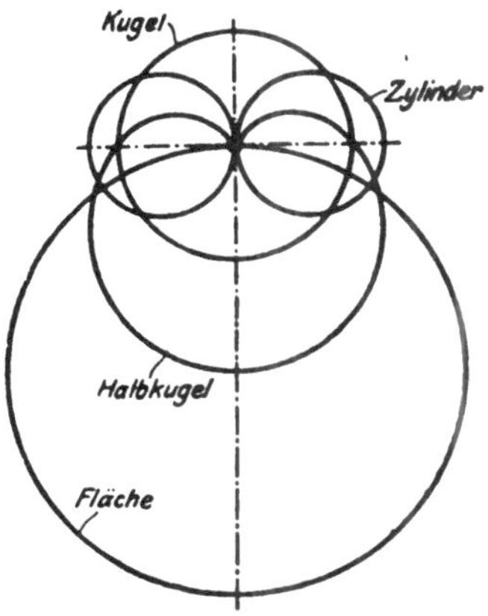

Abb. 1. Lichtverteilungskurven bei vier verschiedenen einfachen Lichtquellen gleichen Lichtstroms.

Die gleiche Frage von einem etwas geänderten Gesichtspunkt aus behandelt die Tabelle 1 (Seite 538), indem sie für die eben erwähnten

Strahler durch einige andere ergänzt, tabellarische Angaben über den Lichtstrom, die mittlere sphärische, die mittlere untere hemisphärische und die mittlere obere hemisphärische Lichtstärke enthält.

Den Verhältnissen der Praxis trägt die Tabelle 2 (Seite 540) Rechnung, indem sie nach L. Bloch für eine große Reihe von praktisch benutzten künstlichen Lichtquellen die horizontale und die mittlere untere hemisphärische Lichtstärke, bezogen auf die gleich 100 gesetzte mittlere sphärische Lichtstärke wiedergibt. Dieselben Zahlen bringt die Abb. 2 zur

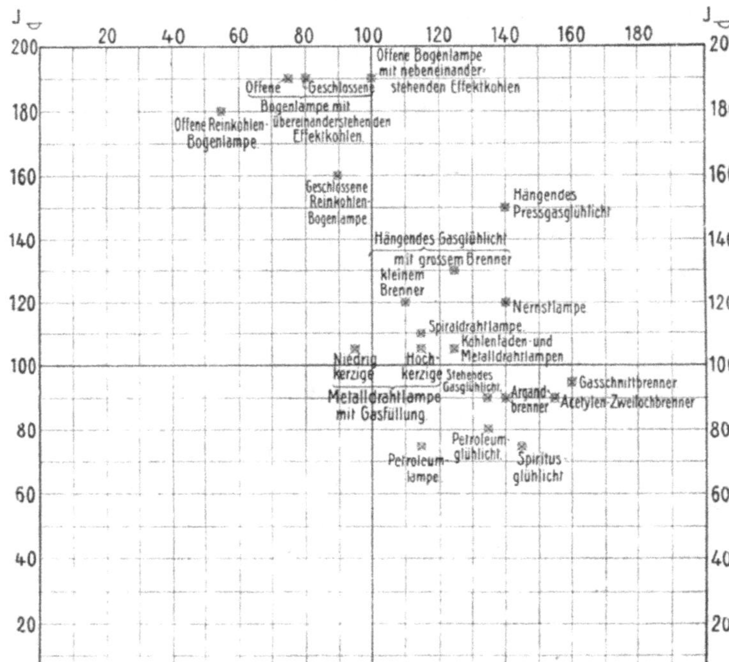

Abb. 2. Zusammenhang zwischen $J_{\smile}$ und J_{hor} für verschiedene künstliche Lichtquellen ($J_{\ominus} = 100$).

Anschauung, in der für die verschiedenen Lichtquellen die hemisphärischen Lichtstärken als Ordinaten über den Horizontalwerten als Abszisse aufgetragen sind.

An die Stelle der unteren hemisphärischen Lichtstärke ($J_{\smile}$) kann auch der Prozentsatz des nach unten gehenden Lichtes u treten. Für ihn besteht die Beziehung:

$$u = \frac{\Phi_{\smile}}{\Phi_{\ominus}} \cdot 100 = \frac{J_{\smile}}{2 \cdot J_{\ominus}} \cdot 100.$$

Die hierfür geltenden Werte sind gleichfalls in Tabelle 2 angegeben.

Die Beleuchtung. Fällt ein Lichtstrom auf einen Gegenstand, so wird dieser beleuchtet. Die Beleuchtung wächst mit dem auffallenden Lichtstrom; sie nimmt ab, wenn der gleiche Lichtstrom zur Beleuchtung einer größeren Fläche dient. Bezeichnen wir die Beleuchtung mit E, die Fläche mit F, so erhalten wir für den Lichtstrom, der die Fläche F beleuchtet,

$$\Phi = E \cdot F$$

oder für die Beleuchtung

$$E = \frac{\Phi}{F}\text{, d. h.}$$

$$\text{Beleuchtung} = \frac{\text{Lichtstrom}}{\text{Fläche}}.$$

In der Beleuchtung kann man danach ebenso die Flächendichte des Lichtstromes sehen, wie wir vorher die Lichtstärke als auf den Raumwinkel bezogene Lichtstromdichte bezeichneten.

Wird $F = 1$, so ergibt sich $E = \Phi$, in Worten: die Beleuchtung ist gleich dem Lichtstrom, der auf die Flächeneinheit auffällt. F wird in m^2 gemessen, so daß wir die Beleuchtung 1 erhalten, wenn ein Lichtstrom von 1 Lumen eine Fläche von 1 m^2 gleichmäßig beleuchtet. Die dadurch gegebene Einheit der Beleuchtung ist das Lux (Abkürzung Lx).

Ist die Beleuchtung gleichmäßig, wie es im allgemeinen bei Tageslicht im Freien der Fall ist, so genügt eine einzige Zahl, um die Beleuchtung zu kennzeichnen. Ist sie dagegen ungleichmäßig, wie es die künstliche Beleuchtung mit sich bringt, so muß die hinsichtlich ihrer Beleuchtung zu kennzeichnende Fläche F in eine große Zahl n gleicher, kleiner Flächenteile f zerlegt werden, so daß $F = n \cdot f$ ist.

Für jeden dieser Teile ergibt sich die Beleuchtung

$$E_n = \frac{\Phi_n}{f},$$

so daß die mittlere Beleuchtung

$$E_m = \frac{E_1 + E_2 + \cdots + E_n}{n} = \frac{1}{n}\sum_1^n E_n$$

$$= \frac{1}{n}\sum_1^n \frac{\Phi_n}{f} = \frac{1}{nf}\sum_1^n \Phi_n = \frac{1}{F}\sum_1^n \Phi_n = \frac{\Phi}{F}$$

ist.

Mit anderen Worten gilt also im Falle der ungleichmäßigen Beleuchtung die gleiche Gesetzmäßigkeit wie im Falle der gleichmäßigen Beleuchtung, so daß man ganz allgemein in der Lage ist, aus dem auffallenden Lichtstrom und der Größe der davon getroffenen Fläche nach der Regel

$$E_m = \frac{\Phi}{F}$$

die Beleuchtung auf der Fläche zu bestimmen. Es ist wichtig, zu erwähnen, daß diese Gleichung ganz allgemein gilt, ohne daß Einschränkungen für die Richtung des auffallenden Lichtstromes oder die Gestalt der Lichtquelle (Punktförmigkeit) zu machen wären.

Der auffallende Lichtstrom ist mitunter bei Beleuchtungsberechnungen nicht als solcher bekannt, sondern nur durch die Lichtstärke J gegeben, die die in Frage kommende Lichtquelle in der Richtung der zu beleuchtenden Fläche F aufweist. In diesem Falle leuchtet es ein, daß die Beleuchtung mit dem Quadrate des Abstandes r der Fläche von der Lichtquelle abnehmen muß, da der Lichtstrom auf konzentrischen um die Lichtquelle gelegten Kugeln Flächen durchstößt, die mit dem Quadrate des Abstandes vom Mittelpunkte anwachsen. Steht deshalb die Fläche senkrecht zur Richtung des Strahles, so ist die Beleuchtung

$$E = \frac{J}{r^2}.$$

Bildet die Normale der Fläche dagegen mit der Einfallsrichtung des Strahles den Winkel α, so gilt entsprechend

$$E = \frac{J}{r^2} \cdot \cos \alpha.$$

Diese Formel muß naturgemäß mit der vorher gegebenen

$$E = \frac{\Phi}{F}$$

übereinstimmen, aus der sie sich dementsprechend ohne Schwierigkeiten herleiten läßt. Zunächst ist nach den vorangegangenen Definitionen

$$\Phi = J \cdot \omega$$

und ω, der räumliche Winkel, gegeben durch das Verhältnis der von einem Strahlenkegel auf einer umschließenden, konzentrischen Kugel durchstoßenen Fläche zum Quadrat des Kugelradius. Die durchstoßene Fläche F' muß in der Kugeloberfläche, also senkrecht zum Strahlengang liegen, so daß die beliebig gelegene Fläche F mit dem Cosinus des Winkels α zu multiplizieren ist. Daher wird

$$\omega = \frac{F'}{r^2} = \frac{F \cos \alpha}{r^2}$$

und

$$\Phi = \frac{J \cdot F \cdot \cos \alpha}{r^2}$$

oder

$$E = \frac{\Phi}{F} = \frac{J}{r^2} \cos \alpha.$$

Es ist eine unmittelbare Folgerung aus dieser Formel, daß die Lichtstärke 1 in der Entfernung 1 auf einer senkrecht zur Strahlrichtung angeordneten Fläche die Einheit der Beleuchtung erzeugt.

Bei der Ermittlung von Beleuchtungsstärken in der Praxis hat man zu beachten, daß der von einer Lichtquelle ausgehende Lichtstrom eine Fläche senkrecht (normal) treffen kann, wodurch sich ein Höchstwert der Beleuchtung ergibt, daß aber auch andere Einfallrichtungen möglich sind. Man kennzeichnet die Beleuchtung in einem Punkte deswegen durch zwei zueinander senkrechte Beleuchtungskomponenten, die Boden- oder Horizontalbeleuchtung und die Wand- oder Vertikalbeleuchtung. (Siehe hierzu Abschnitt VIII, S. 278.)

Die praktisch vorkommenden Beleuchtungsstärken sind außerordentlich verschieden. Je nach der Tages- und Jahreszeit werden bei

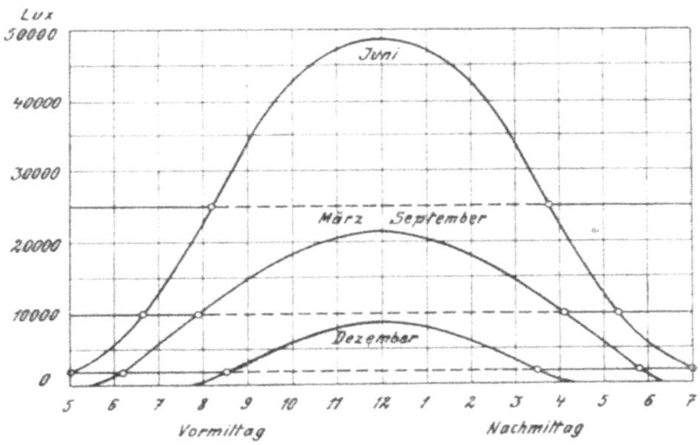

Abb. 3. Durchschnittliche Beleuchtungsstärke im Freien bei natürlicher Beleuchtung zu verschiedenen Jahreszeiten.

Tageslicht sehr hohe Beleuchtungsstärken (bis 50000 Lux) erzielt, während bei künstlicher Beleuchtung sehr niedrige, oft durchaus unzureichende Beleuchtungen vorkommen. Einen Überblick über die bei Tageslicht vorkommenden Schwankungen gibt die Abb. 3, in der der Verlauf der durchschnittlichen Stärke der natürlichen Beleuchtung für je einen Tag im Dezember, im März bzw. September und im Juli wiedergegeben ist. Die Tabellen 43—45 (S. 571—574) zeigen im Vergleich dazu die Mindestbeleuchtungsstärken, die bei künstlicher Beleuchtung je nach der in Frage kommenden Bestimmung zu verlangen sind.

Die Beleuchtung der Innenräume ist eng mit der Außenbeleuchtung verknüpft, da ein Arbeitsplatz in einer Werkstatt o. dgl. stets nur einen bestimmten Anteil der natürlichen Beleuchtung empfängt. Nach L. Weber nennt man das Verhältnis zwischen der Beleuchtungsstärke an einer Stelle innerhalb eines Raumes zu dem Werte, der gleichzeitig im Freien erzielt wird, den Tageslicht-Quotienten. Er schwankt naturgemäß für die verschiedenen Stellen des gleichen Raumes und liegt im Durchschnitt zwischen 10 und 0,1%.

Die punktierten Linien der Abb. 3 verdeutlichen eine Anwendung dieses Quotienten, indem sie durch ihre Schnittpunkte mit den Kurven der natürlichen Beleuchtung erkennen lassen, wann die künstliche Beleuchtung bei verschiedenen Tageslichtquotienten (T.-Q.) in Wirksamkeit treten muß, um einem Arbeitsplatz die als notwendig angenommene Beleuchtung von 100 Lux zuzuführen.

Die Flächenhelle. Wir gehen von einer kleinen leuchtenden Fläche (Kreisscheibe) aus und lassen es dahingestellt, ob diese Fläche selbst leuchtet oder ob ihr Leuchten auf die zerstreute Reflexion auffallenden Lichtes bzw. die zerstreute Ausstrahlung hindurchgehenden Lichtes zurückzuführen ist. In allen Fällen ergibt sich für die ideale leuchtende Fläche ein sie berührender Kreis als Lichtverteilungskurve, wie dies Abb. 1 (S. 5) sowie Abb. 4 veranschaulichen.

Aus dieser Lichtverteilungskurve geht hervor, daß die Lichtstärke J_α mit dem Cosinus des Winkels α zwischen der Normalen der Fläche und der Ausstrahlungsrichtung abnimmt. Sie befolgt damit die gleiche Gesetzmäßigkeit, der die Projektion f_α der in der Richtung α gesehenen Fläche f gehorcht, so daß das Verhältnis der Lichtstärke zur gesehenen Größe der leuchtenden Fläche konstant ist. Es ist also

$$\frac{J_\alpha}{f_\alpha} = \frac{J_{\max}}{f} = e.$$

Dieses Verhältnis wird Flächenhelle genannt, worunter man demnach das Verhältnis der Lichtstärke einer Fläche in einer bestimmten Richtung zur Projektion der Fläche auf eine Ebene senkrecht zu dieser Richtung, d. h. zur gesehenen oder scheinbaren Größe der Fläche, zu verstehen hat. Daneben ist dafür die Benennung Glanz gebräuchlich, die hauptsächlich bei hohen Werten der Flächenhelle angewendet wird. Neuerdings hat Teichmüller dafür die Bezeichnung Leuchtvermögen vorgeschlagen. Die Fläche f wird in cm^2 gemessen, so daß das Grundmaß der Flächenhelle die Hefnerkerze für 1 cm^2 ist.

Die Unabhängigkeit der Flächenhelle der idealen Fläche von der Beobachtungsrichtung wurde zuerst von Lambert festgestellt. Das darin enthaltene Lambertsche Gesetz hat sich durch seine weitgehende Anwendbarkeit auf beleuchtungstechnische Berechnungen als eine der wichtigsten Grundlagen der Beleuchtungstechnik erwiesen.

Läßt man an die Stelle der Lichtstärke den Lichtstrom treten, so kommt man dazu, die Flächenhelle in HK/cm^2 durch die spezifische Lichtausstrahlung in Lm/cm^2 zu ersetzen. Sie ergibt sich durch Division des gesamten von einer Fläche oder einem Körper ausgehenden Lichtstromes durch die gesamte Oberfläche der in Frage kommenden

Lichtquelle. Für eine nach dem Lambertschen Gesetz strahlende Fläche wird die spezifische Lichtausstrahlung aus der in HK/cm² gemessenen Flächenhelle durch Multiplikation mit π erhalten.

In Anlehnung an den Begriff der spezifischen Lichtausstrahlung hat die Amerikanische Beleuchtungstechnische Gesellschaft vorgeschlagen, als neue Einheit das Lambert einzuführen und darunter die Flächenhelle einer nach dem Lambertschen Cosinus-Gesetz in eigenem oder erborgtem Licht strahlenden Fläche zu verstehen, die 1 Lumen/cm² strahlt oder reflektiert. Die Flächenhelle von 1 Lambert würde sich also beispielsweise ergeben, wenn man eine nach dem Cosinus-Gesetz strahlende, wie man sagt, vollkommen streuende (diffuse) Fläche vom Reflexionsvermögen 1 mit 1 Lm/cm² = 10000 Lm/m² = 10000 Lux beleuchtet. In diesem Falle der vollkommenen Streuung würde die spezifische Lichtausstrahlung in Lm/cm² denselben Wert wie die Flächenhelle in Lambert besitzen.

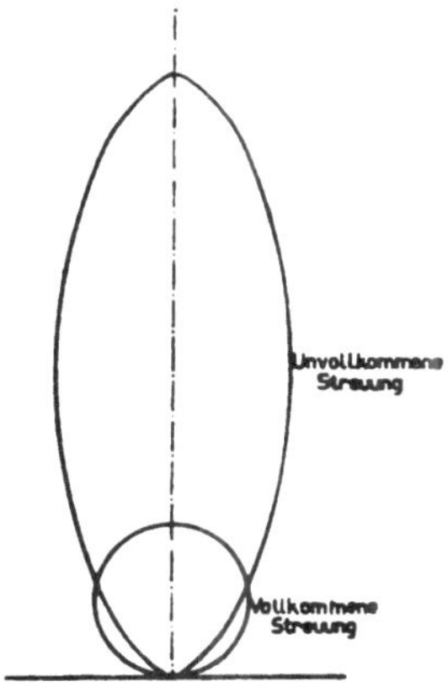

Abb. 4. Lichtverteilungskurven gleichen Lichtstroms bei vollkommener und bei unvollkommener Streuung.

Nehmen wir dagegen eine unvollkommen streuende Fläche an, so ist diese Übereinstimmung nicht mehr vorhanden. In diesem Falle weicht nämlich die die Art der Streuung verdeutlichende Lichtverteilungskurve, die sog. Indikatrix der Diffusion, von dem sich bei vollkommener Streuung ergebenden Kreise mehr oder weniger stark ab, und wir erhalten Kurven, wie sie für ein willkürliches Beispiel in der Abb. 4 wiedergegeben sind. Die Abbildung enthält zum Vergleich die Kurven der vollkommenen und der unvollkommenen Streuung nebeneinander, beide dem gleichen Lichtstrom entsprechend.

Die Darstellung lehrt, daß sich bei der unvollkommen diffusen Fläche senkrecht zur Fläche und in benachbarten Richtungen größere Lichtstärken ergeben als beim vollkommen diffusen Strahler, während den größeren Winkeln von einem bestimmten Werte an kleinere Lichtstärken entsprechen. Wir erkennen, daß von einer Konstanz der Flächenhelle hier keine Rede sein kann; vielmehr nimmt sie mit zunehmendem Ausfallswinkel ab.

Das Streuvermögen. Setzen wir den Fall, daß eine vollkommen diffuse und eine unvollkommen streuende Fläche gleich groß sind, und daß sie beide senkrecht zu ihrer Fläche die gleiche Intensität haben, so ist ihre Flächenhelle in dieser Richtung dieselbe. Dagegen ist der Lichtstrom bei der unvollkommen streuenden Fläche erheblich kleiner als bei der vollkommen streuenden Fläche, und es ergibt sich ein entsprechender Unterschied für die nach der vorher gegebenen Definition gemessene spezifische Lichtausstrahlung in Lm/cm².

Diese Verschiedenheit kann dazu dienen, um nach Halbertsma (E.T.Z. 39, 207, 1918) den Streuungsgrad eines Stoffes, sein Streuvermögen, zu kennzeichnen, das er als das Verhältnis zwischen dem von diesem Stoff zerstreuten Lichtstrom und dem Lichtstrom der vollkommenen Streuung bei gleicher maximaler Lichtstärke definiert. Ist J_{max} diese maximale Lichtstärke, so entspricht ihr im Falle der vollkommenen Streuung der Lichtstrom $\pi \cdot J_{max}$. Beträgt der wirklich vorhandene Lichtstrom Φ Lumen, so ergibt sich für das Streuvermögen s

$$s = \frac{\Phi}{\pi \cdot J_{max}} = \frac{4\, J_{\ominus}}{J_{max}}.$$

Hierbei sind $J_{\ominus}$ die mittlere sphärische Lichtstärke und J_{max} die maximale Lichtstärke, die sich aus der Lichtverteilungskurve des streuenden Stoffes ergeben. Bei Beziehung beider Größen auf die Flächeneinheit wird

$$s = \frac{\text{wirklicher Lichtstrom/cm}^2}{\text{scheinbarer Lichtstrom/cm}^2}.$$

Der wirkliche Lichtstrom pro cm² ist nichts anderes als die spezifische Lichtausstrahlung, der scheinbare Lichtstrom die Flächenhelle in Lambert, sodaß das Streuvermögen auch als das Verhältnis der spezifischen Lichtausstrahlung zur Flächenhelle in Lambert angesehen werden kann.

Die Flächenhelle und das Streuvermögen spielen beide in der Beleuchtungstechnik eine wichtige Rolle, die Flächenhelle bei künstlichen Lichtquellen und Armaturen zur Kennzeichnung des ihnen eigentümlichen »Glanzes«, das Streuvermögen bei streuenden Gläsern usw., um mit der Lichtdurchlässigkeit ihre Eignung für Überglocken u. dgl. zu bewerten. Die Tabellen 3 und 4 (Seite 541, 542) geben die Flächenhellen für unsere wichtigsten künstlichen Lichtquellen und die Größe des Streuvermögens für eine Reihe von beleuchtungstechnisch in Frage kommenden Stoffen wieder.

Die Belichtung. Unter der Belichtung, einer hauptsächlich für photographische und photochemische Vorgänge in Frage kommenden Größe, versteht man die sich auf eine bestimmte Zeitdauer erstreckende Beleuchtung. Die Einheit der Belichtung erhalten wir, wenn wir eine Sekunde lang mit 1 Lux beleuchten. Diese Einheit heißt eine Luxsekunde.

Die Lichtausbeute und der spezifische Effektverbrauch. Um die verschiedenen Beleuchtungsarten bezüglich der Ausnutzung der ihnen zugeführten Energie zu kennzeichnen, setzt man das von der Lampe ausgehende Licht, charakterisiert durch seine Intensität in einer bestimmten Richtung bzw. als Lichtstrom gemessen, zu dem gleichzeitig erforderlichen Energiebedarf in Beziehung und hat als dafür maßgebende Größen den sog. spezifischen Effektverbrauch bzw. die Lichtausbeute eingeführt.

Unter dem spezifischen Effektverbrauch versteht man das Verhältnis der zugeführten Leistung zu der erzeugten Lichtstärke, die als mittlere horizontale, mittlere untere hemisphärische oder mittlere sphärische Lichtstärke eingesetzt wird; der Lichtstrom in Lumen wird bei dieser Art der Kennzeichnung selten zugrunde gelegt. Die Leistung wird bei elektrischen Lampen in Watt gemessen, während sie für Lampen mit flüssigen oder festen Brennstoffen in Gramm für die Stunde, mit gasförmigen Brennstoffen in Litern für die Stunde angegeben wird. Als Benennungen ergeben sich daraus je nach der Lampenart das Watt für die Kerze, das Gramm für die Kerzenstunde und das Liter für die Kerzenstunde. Die Angabe in Watt für ein Lumen, Gramm für eine Lumenstunde und Litern für eine Lumenstunde ist bisher wenig gebräuchlich.

Bei den Bogenlampen pflegt man nach den Bestimmungen des V. D. E. die Energieverluste im Vorschaltwiderstande usw. mit einzurechnen und den sich so ergebenden Wert als praktischen spezifischen Effektverbrauch zu bezeichnen.

Die Lichtausbeute ist als das Reziproke des spezifischen Effektverbrauchs definiert, stellt also das Verhältnis des nach der Intensität oder nach dem Lichtstrom bewerteten Lichtes zur erforderlichen Leistung dar. Sie wird in entsprechender Weise in Kerzen für ein Watt bzw. in Lumen für ein Watt angegeben; für die Lampen mit festen, flüssigen und gasförmigen Brennstoffen wird sie in Kerzenstunden für ein Gramm oder Liter bzw. Lumenstunden für ein Gramm oder Liter gemessen.

Die Bewertung der Lichtquellen hinsichtlich ihrer Wirtschaftlichkeit geschah früher fast ausschließlich auf Grund der Angabe des spezifischen Effektverbrauches. Neuerdings ist die Angabe der Lichtausbeute immer mehr in den Vordergrund getreten, wobei zunächst hauptsächlich die Angabe in sphärischen Kerzen für ein Watt üblich war. Die neueren Bestrebungen der beteiligten Kreise gehen dahin, die Lichtausbeute zu der für die Bewertung von Lichtquellen hinsichtlich ihrer Wirtschaftlichkeit maßgebenden Grundgröße zu machen und sie in Lumen für ein Watt zu messen.

Mit diesem Schritte würde von selbst die mitunter angewandte, dem sprachlichen Ausdruck nach verfehlte Bezeichnung des spezifischen Effektverbrauchs als Ökonomie einer Lichtquelle aus der Literatur verschwinden. Auch wäre diese Entwicklung deshalb zu begrüßen, weil die als Lumen für ein Watt angegebene Lichtausbeute die Lumen, d. h. eine Leistungsgröße, zu den Watt, ebenfalls einer Leistungsgröße, in Beziehung setzt, und weil die so gemessene Lichtausbeute damit als eine einfache Wirkungsgradangabe anzusehen ist.

Mechanisches Analogon der photometrischen Grundgrößen. Für die verschiedenen soeben besprochenen Grundgrößen hat L. Bloch (Grundzüge der Beleuchtungstechnik, Berlin 1907, S. 1) ein einfaches mechanisches Analogon gegeben, auf das wegen seiner Anschaulichkeit an dieser Stelle näher eingegangen sei.

Bloch läßt an die Stelle der Lichtquelle ein punktförmiges Sandstrahlgebläse treten, das nach allen Seiten des Raumes Sandstrahlen beliebig verschiedener Stärke aussendet. Dieses Gebläse setzt er in den Mittelpunkt einer großen Kugel, deren Innenwand so mit Klebestoff überzogen sein soll, daß sie imstande ist, den innerhalb einer bestimmten Zeit auftreffenden Sand an den Auftreffstellen festzuhalten. Der Sand sei der Wirkung der Schwerkraft nicht unterworfen, so daß er vom Gebläse genau radial fortgeschleudert wird und auf den Wänden senkrecht auftrifft. Dann ergeben sich folgende Vergleiche:

Die Lichtmenge entspricht der gesamten Sandmenge, die innerhalb einer bestimmten Zeit vom Sandstrahlgebläse ausgeworfen wird und sich danach auf den Kugelwänden vorfindet.

Der Lichtstrom ist in gleicher Weise durch die Sandmenge gegeben, die in der Zeiteinheit auf die Kugelfläche gelangt. Soll der Lichtstrom nur in einem bestimmten Raumwinkel ermittelt werden, so ist auf der Kugel nur diejenige Fläche in Betracht zu ziehen, in der der in Frage kommende Strahlenkegel die umschließende Kugel durchstößt. Auf Kugeln verschiedener Größe nehmen die zusammengehörigen Durchstoßungsflächen mit dem Quadrat des Radius ab. Die auf sie gelangende Sandmenge, entsprechend dem Lichtstrom, bleibt aber konstant, weil der Raumwinkel gleichfalls derselbe geblieben ist. Deshalb ändert sich im gleichen Raumwinkel die Dicke der Sandschicht auf den verschiedenen Kugeloberflächen umgekehrt mit dem Quadrat der Entfernung.

Die Schichtdicke entspricht der Beleuchtung und versinnbildlicht die Abnahme der Beleuchtung mit dem Quadrat des Abstandes von der Lichtquelle. Ist die Sandstrahlung unter verschiedenen Winkeln verschieden, so ist auch die Schichtdicke des Sandes auf einer umschließenden Kugeloberfläche an verschiedenen Stellen verschieden entsprechend der sich ändernden Beleuchtung. Ersetzt man die verschiedenen Schichtdicken auf einer bestimmten Fläche durch eine gleichmäßige Schichtdicke bei konstant gehaltener Sandmenge, so entspricht die neue gleichmäßige Schichtdicke der mittleren Beleuchtung der betrachteten Fläche.

Die mittlere Schichtdicke wurde erhalten durch Division der auf die fragliche Fläche in der Zeiteinheit gelangten Sandmenge durch die

Größe der Fläche. Die gesamte Sandmenge versinnbildlicht den auf die Fläche auffallenden Lichtstrom, so daß damit das zweite wichtige Gesetz für die Beleuchtung:

$$\text{Beleuchtung} = \frac{\text{Lichtstrom}}{\text{Fläche}}$$

hergeleitet ist.

Lassen wir die Sandstrahlen statt auf die Kugel auf eine schräg zur Richtung der Strahlen stehende Fläche fallen, so nimmt die Schichtdicke des Sandes, d. h. die Beleuchtung, mit dem Cosinus des Auffallwinkels ab, da die zum gleichen Raumwinkel gehörende schräg gestellte Fläche mit dem Cosinus dieses Winkels zunimmt.

Geben wir der umschließenden Kugel den Radius Eins (1 m), so werden Beleuchtung und Lichtstärke wegen der Abnahme der Beleuchtung mit dem Quadrate der Entfernung numerisch gleich. Die sich in der Zeiteinheit ergebende Schichtdicke der Sandschicht auf einer Kugel von 1 m Radius entspricht also der Lichtstärke. Bei verschiedener Verteilung der Strahlung ergeben sich in verschiedenen Richtungen verschiedene Schichtdicken, d. h. Lichtstärken.

Die Schichtdicken auf einer größeren Fläche der Einheitskugel kann man, wie vorher bei der Kugel von beliebigem Radius, mitteln. Man erhält so die mittlere Schichtdicke, und das ist in diesem Falle die mittlere Lichtstärke. Nimmt man diese Mittelung für die ganze Kugelfläche vor, so entspricht die sich ergebende mittlere Schichtdicke der mittleren sphärischen Lichtstärke. Da die Oberfläche der Einheitskugel gleich 4π ist und die ganze Sandmenge auf ihr dem gesamten Lichtstrom entspricht, so ist damit gleichzeitig die Beziehung abgeleitet, daß sich der Lichtstrom aus der mittleren sphärischen Lichtstärke durch Multiplikation mit 4π ergibt.

Nimmt man dieselbe Mittelbildung nur für die halbe Einheitskugel vor, so erhält man in gleicher Weise die zugehörigen mittleren Schichtdicken, d. h. die mittleren hemisphärischen Lichtstärken. Für sie ergibt sich in ähnlicher Weise, daß sie durch Multiplikation mit 2π in die entsprechenden halbräumlichen Lichtströme verwandelt werden.

Die photometrischen Einheiten für die Grundgrößen. Bei der Besprechung der Einheiten, die für jede Grundgröße bereits kurz erwähnt wurden, gehen wir von der Einheit der Lichtstärke aus, da sich unser praktisches photometrisches Maßsystem auf die Einheit der Lichtstärke gründet.

Die deutsche Einheit der Lichtstärke ist die Hefnerkerze (HK), verkörpert durch die horizontale Lichtstärke der von v. Hefner-Alteneck angegebenen Amylazetatlampe (Abb. 1, Seite 51). Der massive Docht der Lampe wird von einem zylindrischen Dochtröhrchen aus Neusilber von 8 mm innerem und 8,3 mm äußerem Durchmesser umschlossen; 25 mm dieses Dochtröhrchens ragen aus dem Brennstoffbehälter der Lampe hervor. Die Flammenhöhe, vom Rande des Dochtröhrchens aus gemessen, muß 40 mm betragen. Die Flamme soll in ruhig stehender, atmosphärischer Luft frei brennen; ihre Lichtstärke ist frühestens 10 Minuten nach dem Anzünden zu messen. Als weitere normale Arbeitsbedingungen sind ein Luftdruck von 760 mm, eine Luftfeuchtigkeit von 8,8 l auf 1 cbm trockene, kohlensäurefreie Luft und ein Kohlensäuregehalt von 0,75 l auf 1 cbm trockene, kohlensäurefreie Luft vorausgesetzt.

Die vorstehenden Angaben enthalten die wichtigsten Einzelheiten, die bei der Reproduktion der Hefnerkerzeneinheit zu berücksichtigen sind. Sie sind für genaue Untersuchungen durch die Vorschriften zu vervollständigen, die die Physikalisch-Technische Reichsanstalt zusammengestellt und veröffentlicht hat, und die, durch einige weitere Feststellungen ergänzt, in Liebenthal, Praktische Photometrie S. 411—419, zusammengestellt sind.

Die Hefnerkerze dient außer in Deutschland auch in Österreich und in der Schweiz als Einheit. Für die anderen Kulturstaaten ist durch Festsetzungen zwischen England, Frankreich und den Vereinigten Staaten von Amerika die Standard-Kerze als Einheit angenommen, die mitunter auch internationale Kerze genannt wird, ohne daß sie bisher internationale Anerkennung gefunden hat. Sie ist mit der Hefnerkerze durch die Beziehung verknüpft:

$$1 \text{ Standardkerze} = 1 \text{ internationale Kerze} = 1{,}11 \text{ HK}.$$

Auch in Deutschland sind neuerdings Bestrebungen im Gange, die durch die obige Definition auf die Hefnerkerze zurückgeführte Standardkerze als Maßeinheit einzuführen. Die darin gemessenen Lichtstärken beabsichtigt man mit der Bezeichnung *K* zu versehen, so daß der definitionsgemäße Zusammenhang besteht

$$1 \text{ K} = 1{,}11 \text{ HK}.$$

In Frankreich war früher längere Zeit das carcel als Einheit in Benutzung, für das die Beziehung gilt

$$1 \text{ carcel} = 10{,}75 \text{ HK}.$$

Da die fremdsprachliche Fachliteratur hauptsächlich die genannten fremden Einheiten benutzt, ist der unmittelbare Vergleich der darin enthaltenen Zahlenwerte mit den deutschen. Zahlen erschwert. Zur Vereinfachung der dadurch notwendigen Umrechnungen dient die Tabelle 5 (S. 542), die die Faktoren zur Umrechnung eines in einer Einheit gegebenen Zahlenwertes auf die beiden anderen enthält. Auf die früher gebräuchlichen Einheiten einzugehen, dürfte sich heute erübrigen. Es sei nur erwähnt, daß die früher in Deutschland gebräuchliche Bezeichnung Normalkerze (NK) nicht mit der Hefnerkerze übereinstimmt, und daß die alte englische Kerze, die in einigen Arbeiten aus den Anfängen dieses Jahrhunderts noch Benutzung gefunden hat, 1,14 HK entsprach. Für die bis 1903 gebräuchlichen Einheiten sei im Bedarfsfalle auf eine tabellarische Zusammenstellung von H. Bunte verwiesen[1]).

Bei der Einheit des Lichtstromes, dem Lumen, ist der gleiche Unterschied wie bei der Einheit der Lichtstärke vorhanden, je nachdem, ob das Lumen als Hefnerlumen aus der Hefnerkerze oder als Standard- (internationales) Lumen aus der Standard- (internationalen) Kerze abgeleitet ist. Den vorher erwähnten Bestrebungen entsprechend ist für Deutschland zwischen den Bezeichnungen HLm (Hefnerlumen) und Lm (Standardlumen, internationales Lumen) zu unterscheiden. Die anderen erwähnten Einheiten der Lichtstärke sind zur Herleitung von entsprechenden Lichtstromeinheiten nicht herangezogen worden, so daß auf sie nicht weiter eingegangen zu werden braucht. Für die Umrechnung der beiden gebräuchlichen Einheiten des Lichtstromes aufeinander kann ohne weiteres die Tabelle 5 (S. 542) mitbenutzt werden.

Der Zusammenhang zwischen dem Lumen und der Kerze ist durch die Definition gegeben, daß sich der Lichtstrom aus der mittleren sphärischen Lichtstärke durch Multiplikation mit 4π ergibt. Deswegen entspricht 1 $HK_{\ominus}$ 12,57 HLm und 1 HLm 0,0796 $HK_{\ominus}$.

Als Einheit der Beleuchtung dient in Deutschland usw. das Hefnerlux, in England, Frankreich und Amerika das »internationale« Lux (internationales oder standard candle-meter, bougie-mètre). Für Frankreich ist auch das carcel-mètre zu erwähnen. Die Einheiten der Beleuchtung werden dadurch vermehrt, daß in den englisch sprechenden Ländern teilweise die Messung der Fläche in Fuß-Einheiten üblich ist, so daß als Einheiten der Beleuchtung das Hefnerfoot und das candle-foot[2]) hinzukommen. Bei allen Angaben von Beleuchtungsstärken in der Literatur ist deswegen sowohl auf die benutzte Lichteinheit wie die verwendete Einheit der Fläche zu achten. Die gegenseitigen Beziehungen zwischen den Angaben in den verschiedenen Einheiten der Beleuchtung gibt die Tabelle 6 (S. 543) wieder.

Erwähnt sei an dieser Stelle auch der Versuch der Amerikanischen Beleuchtungstechnischen Gesellschaft (1916), das c. g. s.-System, wie allgemein auf die Beleuchtungstechnik, so im einzelnen auf die Einheit der Beleuchtungsstärke auszudehnen. Sie definiert zu diesem Zwecke als neue Einheit der Beleuchtungsstärke den auftreffenden Lichtstrom von 1 Lm/cm^2 = 10000 Lux als ein Phot, dem sie für den praktischen Gebrauch das Milliphot = 10 Lux an die Seite setzt. Dabei entsprechen

---

[1]) H. Bunte, J. f. G. u. W. 46, 1005, 1903, abgedruckt in E. Liebenthal, Praktische Photom. S. 144 u. Uppenborn-Monasch, Lehrbuch der Photometrie, S. 32.

[2]) Auf die sprachliche Mißbildung, die in den Ausdrücken Hefnerfoot und candle-foot entsprechend dem deutschen Meter-Kerze statt Lux liegt, sei hier nicht weiter eingegangen.

Lm und Lux naturgemäß der Standardkerze, so daß 1 Phot mit 11100 Hefnerlux bzw. 1 Hefnerlux mit 0,09 Milliphot identisch ist.

Mit Rücksicht auf den Umfang der amerikanischen beleuchtungstechnischen Literatur erscheint es notwendig, auch diese Einheit im Zusammenhange aufzuführen, obwohl sie vorläufig nicht allgemein anerkannt ist. Dabei sei darauf hingewiesen, daß bereits im Jahre 1891 der internationale Photographen-Kongreß in Brüssel die gleiche Einheitsbezeichnung für die Einheit der Belichtung, die Luxsekunde (von der bougie décimale abgeleitet, die damals 1,13 HK entsprach) angenommen hat, so daß auf diesen Punkt bei der Benutzung von in der Literatur vorhandenen Angaben in Phot zu achten ist.

Als Einheit der Flächenhelle dient in Deutschland die Hefnerkerze pro cm^2, als Einheit der spezifischen Lichtausstrahlung das HLm/cm^2. Bei der Behandlung des Begriffs der Flächenhelle wurde bereits die amerikanische Einheit des Lambert erwähnt, so daß hier auf die oben gegebene Definition verwiesen werden kann. Es erschien wünschenswert, auch bei dieser Größe eine Umrechnungstabelle der verschiedenen Einheiten aufeinander zu geben (Tabelle 7, S. 543). Dabei ist vorausgesetzt, daß die in Betracht kommenden Flächen vollkommen streuend sind, also dem Lambertschen Cosinusgesetz gehorchen.

Für den spezifischen Effektverbrauch kommen in Deutschland das Watt für eine Hefnerkerze und das Watt für ein Hefnerlumen als Einheiten in Frage (W/HK und W/HLm), an deren Stelle nach Einführung der Standardkerze als Grundgröße das Watt für eine Kerze und das Watt für ein Lumen (W/K und W/Lm) treten würden. Als Einheiten der Lichtausbeute gelten entsprechend das Hefnerlumen und die Hefnerkerze für ein Watt (HLm/W und HK/W) bzw. ev. späterhin das Lumen und die Kerze für ein Watt (Lm/W und K/W).

Für Lichtquellen mit festen, flüssigen und gasförmigen Brennstoffen treten jeweils an die Stelle der Watt die Gramm für eine Stunde bzw. die Liter für eine Stunde.

Die Vielzahl der in Frage kommenden Umrechnungen beim Übergang von der in einer Einheit des spezifischen Effektverbrauches oder der Lichtausbeute gemachten Angabe auf eine andere läßt eine tabellarische Zusammenstellung erwünscht erscheinen, die sich in der Tabelle 8 (S. 544) findet. Sie sieht neben den im vorstehenden angeführten Einheitsbezeichnungen noch je eine Rubrik für die bisher bei Glühlampen usw. gebräuchliche horizontale Lichtstärke und den entsprechenden spezifischen Effektverbrauch vor. Dabei ist angenommen, daß die mittlere sphärische Lichtstärke das 0,8 fache der horizontalen Lichtstärke ist, so daß die genannten Rubriken außer für Kohlefaden- und Metalldrahtlampen auch für stehendes Gasglühlicht gelten. Durch die Aufnahme der von der Standardkerze abgeleiteten Einheiten ist die Tabelle insbesondere auch geeignet, die in der fremdsprachlichen Literatur unter Zugrundelegung dieser Größe gemachten Angaben auf irgendwelche andere, von der Hefnerkerze ausgehende Angaben der Lichtausbeute oder des spezifischen Effektverbrauches zurückzuführen. Die Tabelle kann gleichzeitig dazu dienen, verschiedene Angaben der Lichtstärke und des Lichtstromes aufeinander umzurechnen.

Zur Umrechnung der in einer bestimmten Einheit gegebenen Lichtausbeute (der Lichtstärke, des Lichtstromes) in eine andere Einheit der Lichtausbeute (der Lichtstärke, des Lichtstromes) wird in der linken Vertikalspalte die gegebene Einheitsbezeichnung aufgesucht, in der dadurch gegebenen Horizontalzeile der Faktor für die Umrechnung in die andere, in der Überschrift genannte Einheit der Lichtausbeute (der Lichtstärke, des Lichtstromes) festgestellt und durch Multiplikation der gegebenen Maßzahl mit dem Umrechnungsfaktor die neue Maßzahl ermittelt.

Ist keine Lichtausbeute, sondern ein in einer bestimmten Einheit gegebener spezifischer Effektverbrauch in eine andere Einheit des spezifischen Effektverbrauches umzurechnen, so wird die gegebene Einheitsbezeichnung des spezifischen Effektverbrauches in der Unterschrift aufgesucht und entsprechend aus der zugehörigen Vertikalspalte der Umrechnungsfaktor entnommen, der für die neue, in der rechten Vertikalspalte genannte Einheit des spezifischen Effektverbrauches gilt. Die Multiplikation der in der alten Einheit gegebenen Maßzahl mit dem gefundenen Umrechnungsfaktor ergibt die neue Maßzahl.

Soll endlich eine beliebige, in einer Einheit der Lichtausbeute oder des spezifischen Effektverbrauches gegebene Messung in eine beliebige andere reziproke Einheit umgerechnet werden, so wird zunächst die gegebene Lichtausbeute bzw. der gegebene spezifische Effektverbrauch in die der neuen Licht- oder Lichtstromeinheit entsprechende Lichtausbeute bzw. den zugehörigen spezifischen Effektverbrauch, wie angegeben, umgerechnet. Das gewünschte Schlußresultat ergibt sich, indem von dem gefundenen Werte das Reziproke genommen wird. Die gleiche Umrechnung kann man auch in der Weise vornehmen, daß man zunächst aus der Tabelle den Umrechnungsfaktor entnimmt, der zu dem bei der ersterwähnten Umrechnungsart benutzten, auf die mit 1 bezifferte Diagonale der Tabelle bezogen, symmetrisch liegt, und ihn durch die umzurechnende Zahl dividiert.

Die Durchführung der angegebenen Umrechnungen ist zweckmäßig, wenn es sich um die Ermittlung sehr genauer Zahlen handelt. Zur Feststellung der Ergebnisse mit geringerer, im allgemeinen für die Praxis ausreichender Genauigkeit genügt es, die nachstehend angegebene Rechentafel Abb. 5 zu benutzen. Sie enthält in 6 Doppelskalen die 12 in Frage kommenden Einheiten des spezifischen Effektverbrauches und der Lichtausbeute und ist im Bereich so bemessen, daß die praktisch in Frage kommenden Umrechnungen ohne weiteres durchführbar sind. Zum Zwecke der Umrechnung wird die gegebene Zahl auf der mit der zugehörigen Benennung versehenen Skala auf-

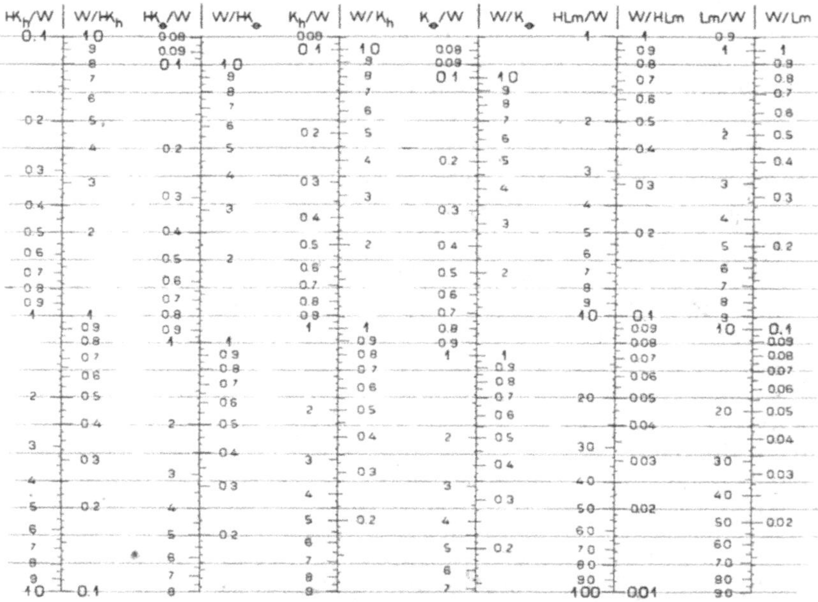

Abb. 5. Rechentafel zur Ermittlung zusammengehöriger Werte der in verschiedenen Einheiten angegebenen Lichtausbeute bzw. des spezifischen Effektverbrauches[1]).

gesucht und die ihr entsprechenden Maßzahlen in den anderen Einheiten auf der durch den Ausgangswert bestimmten Horizontallinie abgelesen. Infolge der Doppelbezifferung der Skalen können hier auch die reziproken Werte ohne weitere Umrechnung direkt entnommen werden.

§ 2. Das Wesen des Lichtes und die Lichtempfindung.

Bei den bisherigen Betrachtungen ließen wir dahingestellt, welcher Art die von uns als Lichtstrahlen bezeichneten Energiestrahlen sind, und wie die Lichtempfindung im einzelnen zustande kommt. Diese Fragen seien hier behandelt, soweit sie für die Betrachtungen der § 3 und 4 erforderlich sind. Genaueres darüber findet sich im Abschnitt III.

Die Art der Lichtstrahlung. Was zunächst die Frage nach der Art der Strahlung betrifft, so ist sie leicht dahin beantwortet, daß es

[1]) Vergrößert, feiner unterteilt, im Verlag Stugra, Berlin-Waldmannslust, erschienen.

sich um solche Energiestrahlung handelt, die bei der Bewertung mit dem dafür in Frage kommenden Organ, dem menschlichen Auge, als Licht empfunden wird. Es gilt also, diese Energiestrahlen zu bezeichnen, zu untersuchen, ob das Verhalten dieser Energiestrahlen dem Auge gegenüber durchweg das gleiche ist, und eventuell ergänzend anzugeben, welche relativen Unterschiede in der Empfindlichkeit des Auges für energiegleiche Reize verschiedenartiger Lichtstrahlung bestehen.

Nach den heutigen Anschauungen ist die Lichtstrahlung ein Sonderfall jener Form der Energieumsetzung, bei der elektromagnetische Vorgänge im Strahlungszentrum die Ursache einer sich im Raum fortpflanzenden elektromagnetischen Störung und damit eines Energietransportes sind. Diese elektromagnetischen Vorgänge spielen sich im Innern des Atoms ab, und haben wahrscheinlich, soweit sie die Lichterzeugung betreffen, ihren Sitz in den Elektronen. Die Elektronen sind negativ geladen und werden je nach den äußeren Anregungsbedingungen zu verschiedenartigen Bewegungen, d. h. Oszillationen elektrischer Ladungen, angeregt. Gehen die Oszillationen der elektrischen Kraft verhältnismäßig langsam vor sich, so treten sie nach außen hin als sog. langsame elektrische Schwingungen in Erscheinung; erfolgen sie schnell genug, so werden sie als Licht empfunden, und ist ihre Schwingungszahl noch größer, so haben wir es mit ultravioletter und Röntgenstrahlung zu tun.

Die Wellenlänge als Charakteristikum. Als charakteristisches Unterscheidungsmerkmal dieser periodisch ablaufenden Schwingungen bezeichneten wir bereits die Anzahl n der Schwingungen in der Sekunde (Schwingungszahl), die in Verbindung mit der Fortpflanzungsgeschwindigkeit c wie bei jeder Wellenbewegung die Wellenlänge λ der Schwingung durch die Beziehung kennzeichnet

$$\text{Schwingungszahl} \cdot \text{Wellenlänge} = \text{Fortpflanzungsgeschwindigkeit},$$

$$n \cdot \lambda = c.$$

Da c für alle genannten Schwingungsarten konstant $= 300000$ km/sec ist, so können n wie λ in gleicher Eindeutigkeit zur Bewertung der Strahlungsart herangezogen werden.

In der Strahlungslehre ist es im allgemeinen üblich, in erster Linie die Wellenlänge zur Kennzeichnung der Strahlung zu benutzen und deswegen die langsam ablaufenden Schwingungsvorgänge als langwellige, die schnell vor sich gehenden Oszillationen als kurzwellige Strahlung anzusprechen. Diese Art der Darstellung gibt die Möglichkeit, die auf den ersten Blick verschiedenartigsten Vorgänge, wie die in der drahtlosen Telegraphie benutzten elektrischen Wellen, die Wärmestrahlen, die Lichtstrahlen, die ultravioletten und die Röntgenstrahlen, einheitlich als elektromagnetische Schwingungen aufzufassen, und sie lediglich durch ihre Wellenlänge als verschiedenartig zu kennzeichnen. Ein Bild dieser Art der Anschauung gibt die Abb. 6, die für die genannten Strahlungsarten ihre Abhängigkeit von der Wellenlänge der Strahlung wiedergibt.

Aus der Darstellung ersehen wir, daß die sichtbare Strahlung etwa das Wellenlängengebiet von 0,4 bis 0,8 μ (1 μ = 0,001 mm) umfaßt, daß ihm also rund eine Oktave von Schwingungen, gekennzeichnet durch die Schwingungszahlen von 750 bis 375 Billionen in der Sekunde, entspricht[1]). Im Vergleich dazu sei erwähnt, daß beispielsweise die Röntgenstrahlen als sehr schnelle Schwingungsvorgänge Schwingungszahlen von 4000 Billionen bis 60 Trillionen Schwingungen in der Sekunde auf-

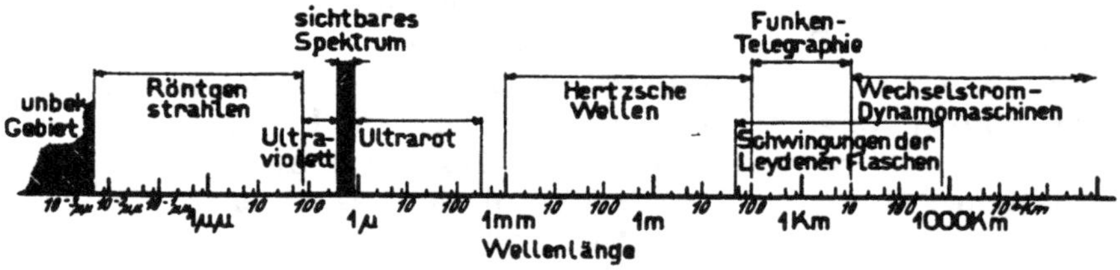

Abb. 6. Verschiedenartige Energiestrahlungen und zugehörige Wellenlängenbereiche (Wellenlängen in logarithmischem Maßstabe).

weisen, während für die in der drahtlosen Telegraphie benutzten langsamen elektrischen Wellen 3 Millionen bis 30000 Schwingungen in der Sekunde in Frage kommen.

Den verschiedenen Schwingungszahlen der sichtbaren Strahlung entsprechen die verschiedenen Farben des Spektrums, so daß wir mit abnehmender Wellenlänge und zunehmender Schwingungszahl vom roten Ende des Spektrums über die Farben Orange, Gelb, Grün und Blau zum violetten Ende des Spektrums gelangen. Die sich an das rote Gebiet unmittelbar anschließenden unsichtbaren, langwelligen Strahlen werden als ultrarote Strahlung, die auf der anderen Seite der Wellenlängenskala liegenden, ebenfalls unsichtbaren, dem Violett unmittelbar benachbarten, aber noch schneller ablaufenden Schwingungen als ultraviolette Strahlung bezeichnet.

Die Empfindlichkeit des Auges für Strahlen verschiedener Wellenlänge. Die »Resonatoren«, mit denen die Schwingungen des sichtbaren Gebietes als Licht empfunden werden, die lichtempfindlichen Organe also, liegen in der Netzhaut des Auges, und werden ihrer Form nach als Zapfen und Stäbchen unterschieden. Die Zapfen stellen den farbtüchtigen »Hellapparat« dar, mit dem das Auge bei Tage oder bei ausreichender künstlicher Beleuchtung sieht; die Stäbchen geben den farblos empfindenden »Dunkelapparat« ab, mit dem das Auge im Halbdunkel Wahrnehmungen macht. Auf die genaueren Eigenschaften beider Arten von Organen wird im Abschnitt III eingegangen.

---

[1]) Genaueres siehe S. 35 bzw. 46.

Da für das genaue Sehen selbst bei schwacher natürlicher oder künstlicher Beleuchtung wie für die Bewertung verschiedenfarbigen Lichtes nur die Zapfen in Frage kommen, können wir bei den folgenden Betrachtungen das Vorhandensein der Stäbchen völlig vernachlässigen und brauchen nur das Verhalten der Zapfen gegen energiegleiche Reize verschiedener Wellenlängen zu betrachten. Dieses Verhalten, das sich in einer verschiedenartigen Bewertung des energiegleichen Strahlungsbetrages äußert, veranschaulicht Abb. 7. In ihr sind die bei den verschiedenen Wellenlängen verschiedenen relativen Bewertungen des gleichen Energiewertes auf den Höchstwert der Bewertung bei 0,55 μ (Gelbgrün) bezogen.

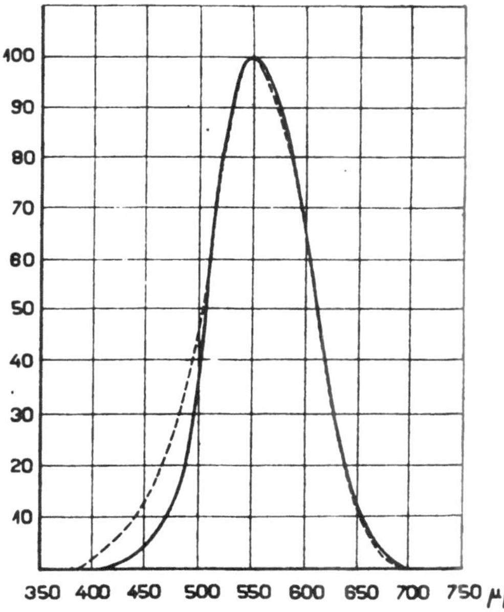

Abb. 7. Relative Empfindlichkeit des menschlichen Auges für Reize gleicher absoluter Stärke in Abhängigkeit von der Wellenlänge.

Es ist üblich, diese auf den Höchstwert der Empfindlichkeit bezogene Bewertung eines Strahlungsbetrages bei bestimmter Wellenlänge als Empfindlichkeit oder Reizfaktor des Auges für diese Wellenlänge zu bezeichnen, so daß die Abb. 7 die Empfindlichkeitskurve des Auges für energiegleiche Reize verschiedener Lichtfarbe darstellt. Die Augenempfindlichkeitskurve, die für verschiedene Menschen im Durchschnitt als konstant angesehen werden darf, spielt eine wichtige Rolle, wenn es sich darum handelt, die Energieausnutzung bei Strahlern verschiedener Energieverteilung zu ermitteln.

Die wiedergegebene ausgezogene Kurve entspricht den von Ives angegebenen Werten, die das mittlere Beobachtungsresultat einer großen Reihe von Beobachtern darstellen. Von Lummer und seinen Schülern sind entsprechende Kurven angegeben worden, die teils (Thürmel und Stiller) mit der zuerst genannten Kurve übereinstimmen, teils (Bender) eine im Blau abweichende, größere Empfindlichkeit des Auges ergeben. In den letzten Jahren sind durch weitere Beobachtungen nach verschiedenen Methoden neue, im allgemeinen weniger stark abweichende Kurven aufgenommen worden. Als extremer Fall ist die Bendersche Kurve in der Abb. 7 gestrichelt mit wiedergegeben. In der entsprechenden Tab. 10 (S. 545) sind die in der Abbildung enthaltenen Zahlenwerte tabellarisch zusammengestellt. Gleichzeitig sind die neueren Angaben von Nutting, Ives und Kingsbury, Hyde,

Forsythe und Cady sowie die letzten von Ives veröffentlichten Werte darin mit verzeichnet.

Auch für die Feststellung der Lichtintensität einer Lichtquelle ist die Empfindlichkeitskurve von Bedeutung, da sie bei bekannter Verteilung der Energie die Möglichkeit gibt, die bei der Messung einer Intensität vom Auge vorgenommene Integration rechnerisch zu verfolgen, und da sie infolgedessen erlaubt, in diesen Fällen über das zu erwartende Licht Voraussagen zu machen.

Was die praktische Messung der Lichtstärke einer Lichtquelle betrifft, so ist selbst das Auge eines geübten Beobachters nicht imstande, eine auch nur einigermaßen brauchbare Schätzung der Intensität einer Lichtquelle vorzunehmen. Nur erhebliche graduelle Unterschiede lassen sich ohne weiteres feststellen. Die Beurteilung wird noch erschwert, wenn die relative Energieverteilung der einzuschätzenden Lichtquellen verschieden ist, und diese deswegen auch in ihrer Lichtfarbe voneinander abweichen. In diesem Falle treten besondere Schwierigkeiten auf, die die Benutzung geeigneter Farbfilter bzw. die Verwendung des Flimmerphotometers notwendig machen[1]). Sehen wir von dieser Schwierigkeit ab, so verbleibt als einzige sichere Fähigkeit des Auges, die denn auch die Stütze der praktischen Photometrie bildet, sein Vermögen, ein zuverlässiges Urteil darüber abzugeben, ob zwei beleuchtete Flächen gleich oder verschieden hell erscheinen.

Um von dieser Fähigkeit ausgehend, die Grundregeln der praktischen Photometrie abzuleiten, müssen die geringsten Helligkeitsunterschiede bekannt sein, die das menschliche Auge wahrzunehmen vermag. Die dafür maßgebende Gesetzmäßigkeit ist das Fechnersche Empfindungsgesetz. Es besagt, daß die Größe der Helligkeitsänderung, die notwendig ist, um diese Änderung über die Schwelle des Bewußtseins treten zu lassen, der sog. Unterschieds-Schwellenwert, keine konstante Größe ist, sondern in erster Linie von der absoluten Größe der Helligkeit abhängt. Ist E die Empfindungsstärke, e die Helligkeit und e_0 der Reizschwellenwert, so ist nach Fechner

$$E = c \log \frac{e}{e_0}.$$

Darin ist c eine Konstante und der Reizschwellenwert e_0 die geringste Helligkeit, die überhaupt zur Wahrnehmung einer Empfindung erforderlich ist.

Das Gesetz bedeutet, daß beispielsweise der Empfindungsunterschied zwischen den Beleuchtungen $e = 1000$ und $e_0 = 1$ Lux nur ca. 10mal so groß als der Unterschied zwischen $e = 2$ und $e_0 = 1$ Lux ist,

[1]) Genaueres darüber findet sich in der Spezialliteratur: Uppenborn-Monasch, a. a. O. S. 284 usw., Liebenthal, a. a. O. S. 229 usw., Luckiesh, Color and its applications (New York 1915), S. 191.

da sich im ersten Falle log 1000 = 3,0, im zweiten Falle log 2 = 0,301 ergibt.

Auch die absolute Helligkeit spielt bei der Meßgenauigkeit des Auges eine Rolle. Sie hat bei mittleren Helligkeiten ein Empfindlichkeitsmaximum und nimmt bei sehr geringen und bei sehr großen Helligkeiten ab. Im allgemeinen liegt die Grenze der Meßgenauigkeit des Auges für Helligkeitsunterschiede bei rd. 1%.

§ 3. Die Grenzen und Ziele der Lichterzeugung.

Wissenschaftliche Einteilung der künstlichen Lichtquellen. Wie verschiedenartig auch auf den ersten Blick die maßgebenden Überlegungen zu sein scheinen, die in den praktisch benutzten künstlichen Lichtquellen ihre Verkörperung gefunden haben, so einfach ist es, die darin gegebenen Lösungen der gleichen Aufgabe nach zwei grundlegenden wissenschaftlichen Gesichtspunkten zu ordnen. Diese Gesichtspunkte betreffen die Art und Weise, in der bei einer Lichtquelle die Lichterzeugung vor sich geht, und haben zu einer Unterteilung der künstlichen Lichtquellen in sog. Temperaturstrahler, bzw. sog. Lumineszenzstrahler geführt.

Temperaturstrahler. Bei den Temperaturstrahlern ist die Lichtabgabe eng mit der Erhitzung des lichtabgebenden Körpers verknüpft und hält so lange an, als man durch Zufuhr von Wärmeenergie für die Deckung der entstehenden Energieverluste und für die Aufrechterhaltung der Temperatur des Strahlers sorgt. Künstliche Lichtquellen, die auf reiner Temperaturstrahlung beruhen, sind beispielsweise die Stearinkerze, die Petroleumlampe, die verschiedenen elektrischen Glühlampen (Kohlefaden-, Nernst-, Osmium-, Tantal-, Wolframdrahtlampe) und die Reinkohlen-Bogenlampe.

Lumineszenzstrahler. Bei den Lumineszenzstrahlern ist die Lichtentwicklung nicht an hohe Temperaturen gebunden. Vielmehr kommt dieses »kalte Leuchten« schon bei Temperaturen zustande, bei denen an eine Lichtabgabe durch Erhitzung noch nicht zu denken ist, und es gibt Strahler dieser Art, bei denen überhaupt keine nennenswerte Temperaturerhöhung eintritt. Der bemerkenswerteste Vertreter dieser Strahlungsart ist der Leuchtkäfer; von künstlichen Lichtquellen gehören die Quecksilberbogenlampe und die Vakuumröhren-Beleuchtung (Moorelicht) hierher.

Es ist nicht überraschend, daß es unter den künstlichen Lichtquellen auch solche gibt, die nebeneinander Temperaturstrahlung und Lumineszenzstrahlung aufweisen. Zu dieser Klasse von Strahlern gehören beispielsweise die sehr wichtigen Flammenbogenlampen, bei denen die Lumineszenzstrahlung der im Flammenbogen zum Leuchten gebrachten Metallsalze neben der Temperaturstrahlung des

Kohlelichtbogens eine für die Wirtschaftlichkeit der Lichtquelle bedeutsame Rolle spielt.

Der schwarze Körper. Will man die Eigenschaften der verschiedenen Lichtquellen der wissenschaftlichen Betrachtung zugänglich machen, so muß man versuchen, einen durch bestimmte Eigenschaften gekennzeichneten Idealkörper zu definieren und von diesem aus durch besondere Annahmen zu den Fällen der Praxis überzugehen. Der für die Temperaturstrahler charakteristische Idealkörper, von dem aus sich aber auch ein Ausblick auf die Lumineszenzstrahler gewinnen läßt, ist der schwarze Körper.

Der schwarze Körper ist dadurch definiert, daß er bei allen Temperaturen für jede Wellenlänge den Höchstwert an Strahlung aussendet, der bei der gleichen Wellenlänge und derselben Temperatur von irgendeinem Körper ausgestrahlt werden kann. Dem entspricht, wie im folgenden näher gezeigt wird, daß er jede auf ihn fallende Strahlung vollständig verschluckt, also nichts davon zurückwirft, daß er, wie man sagt, für alle Wellenlängen das Absorptionsvermögen 1 besitzt.

Das Kirchhoffsche Gesetz (1861). In der letzten Aussage ist das Kirchhoffsche Gesetz von der Emission und Absorption der Strahlung für den schwarzen Körper als Sonderfall enthalten. Es besagt in seiner allgemeinen, für jeden Temperaturstrahler geltenden Form, daß das Verhältnis des Emissionsvermögens zum Absorptionsvermögen für Strahlen derselben Wellenlänge bei der gleichen Temperatur für alle Körper denselben Wert hat, und daß es gleich dem Emissionsvermögen des schwarzen Körpers für die betreffende Temperatur und Wellenlänge ist.

Bezeichnet man das Emissionsvermögen des schwarzen Körpers für eine bestimmte Temperatur und Wellenlänge mit S_λ, das Emissions- bzw. Absorptionsvermögen eines beliebigen Körpers für die gleiche Temperatur und Wellenlänge mit E_λ bzw. A_λ, so ergibt sich für das Kirchhoffsche Gesetz in Formeln die Fassung

$$\left(\frac{E_\lambda}{A_\lambda} = \text{const} = S_\lambda\right)_T$$

oder

$$(E_\lambda = A_\lambda \cdot S_\lambda)_T.$$

Aus dieser Fassung des Gesetzes geht hervor, daß das Emissionsvermögen eines beliebigen Strahlers dem des schwarzen Körpers proportional ist, und daß es den Höchstwert, die Emission des schwarzen Körpers selber, erreicht, wenn $A_\lambda = 1$ wird. In diesem Falle entspricht der in Frage kommende Strahler für die betreffende Wellenlänge dem schwarzen Körper, d. h. er verschluckt ebenso wie dieser alle auf ihn fallende Strahlung dieser Wellenlänge und wirft nichts davon zurück.

Die unmittelbare praktische Folgerung aus dieser Feststellung ist das auf den ersten Blick befremdende Ergebnis, daß von mehreren verschieden stark reflektierenden Stoffen bei gleicher Erhitzung derjenige am stärksten strahlt, der am schwärzesten ist. Ein Stück Kohle wird also bei gleicher Temperatur heller erscheinen als ein Stück ebenso hoch erhitztes weißes Porzellan.

Verwirklichung des schwarzen Körpers. Der eben erwähnte Grenzfall $A_\lambda = 1$ wird in der Natur im allgemeinen nicht erreicht, da erfahrungsgemäß jeder Körper mehr oder weniger stark reflektiert und absolut schwarze Stoffe nicht vorkommen. Es blieb deshalb jahrzehntelang ein schwerwiegender Übelstand, daß man für die experimentellen Untersuchungen auf diesem Gebiete auf nichtschwarze Strahler angewiesen war, aus denen man die Eigenschaften der schwarzen Strahlung durch Extrapolation herleiten mußte.

Aus diesem Grunde bedeutete es einen Fortschritt erster Ordnung, als Wien und Lummer 1895 einen einfachen Weg zeigten, durch den Kunstgriff der wiederholten Reflexion mit Körpern beliebigen Reflexionsvermögens schwarze Strahlung zu erzeugen. Sie formten nämlich aus dem zu erhitzenden Stoffe einen Hohlkörper, in dessen Mantel sie eine kleine Öffnung ließen, und sorgten durch Blenden usw. dafür, daß nur solche Strahlung die Öffnung verließ, die genügend oft reflektiert worden war.

Nimmt man beispielsweise an, daß das Reflexionsvermögen des verwandten Stoffes $R_\lambda = 0{,}1$, d. h. also $A_\lambda = 1 - R_\lambda = 0{,}9$ sei, so wird ein von außen einfallender Strahl nach der ersten Reflexion 10% seines Einfallwertes, nach der zweiten 1%, nach der dritten 0,1% usw. besitzen. Ist der Aufbau so gewählt, daß der Strahl frühestens nach der dritten Reflexion aus der Öffnung wieder austreten kann, so hat der Körper bereits ein Absorptionsvermögen $A_\lambda = 0{,}999$; er ist also praktisch als vollkommen schwarzer Körper anzusprechen. Die entsprechenden Überlegungen gelten für die austretende Strahlung, so daß dem Hohlraum nur solche Strahlen entweichen, deren Emission dem Absorptionsvermögen $A_\lambda = 1$, dem schwarzen Körper also, entspricht.

Es ist klar, daß man bei der praktischen Benutzung des schwarzen Körpers für vollkommene Gleichmäßigkeit der Temperatur an allen Stellen des Hohlraums sorgen muß, und daß man, falls möglich, solche Stoffe bevorzugen wird, die von vornherein ein möglichst hohes Absorptionsvermögen besitzen. Für genaue Messungen und hohe Temperaturen verwendet man zur Erzeugung der schwarzen Strahlung elektrische Widerstandsöfen, wie sie Lummer und Kurlbaum angegeben haben und wie sie in ihrem wesentlichen Teil durch die

Abb. 8 veranschaulicht werden. Für rohe Zwecke genügt es sehr ol die Strahlung zu benutzen, die aus einem genügend langen und g nügend engen, überall auf gleicher Temperatur befindlichen Rohrof herauštritt.

Die Gesetze der Hohlraumstrahlung. Die für den schwarzen Körp geltenden Gesetzmäßigkeiten beziehen sich teilweise auf die gesam Strahlung aller Wellenlängen, die vom Hohlraumstrahler ausgel

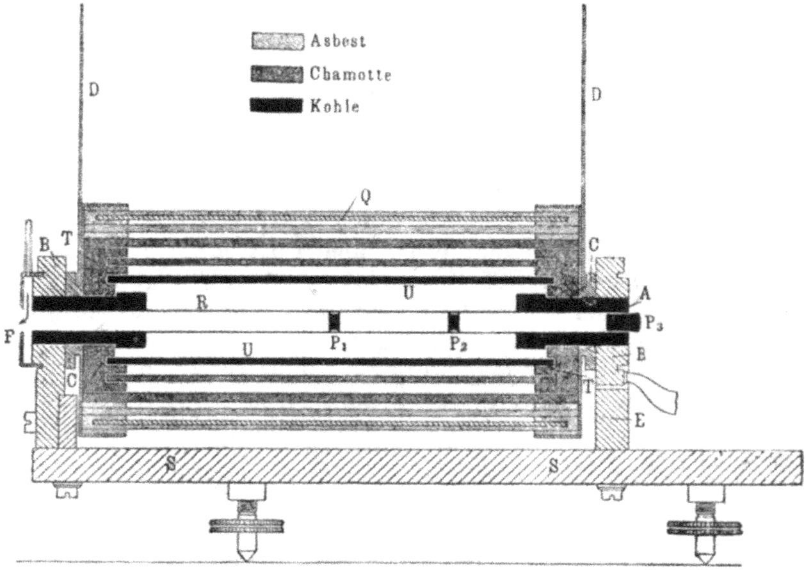

Abb. 8. Schnitt durch einen Kohlerohrwiderstandsofen zur Erzeugung von Hohlraumstrahlung, nach Lummer und Kurlbaum.

(Stefan-Boltzmannsches Gesetz), und betreffen zum andern di Verteilung der Energie auf die verschiedenen Spektralbezirke (Wien Plancksche Strahlungsformel usw.).

Das Stefan-Boltzmannsche Gesetz besagt, daß sich die gesamte vom schwarzen Körper ausgesandte Strahlung mit der vierten Potenz seiner absoluten Temperatur (^{0} C + 273) ändert, daß also die Beziehung gilt

$$S = \int_0^\infty S_\lambda \, d\lambda = \sigma \cdot T^4.$$

Darin bedeutet T die absolute Temperatur des schwarzen Körpers und σ eine Konstante, die sog. Strahlungskonstante des Stefan-Boltzmannschen Gesetzes.

Das Gesetz bringt zum Ausdruck, um wieviel die Energieausstrahlung schneller anwächst als die Temperatur und läßt beispielsweise erkennen, daß bei der Erhöhung der absoluten Temperatur von 1000° auf 2000° die $2^4 = 16$fache Energie zur Deckung der Strahlungsverluste zugeführt werden muß.

Unbeantwortet bleibt indessen die wichtige Frage, wie sich die Energie im einzelnen auf die verschiedenen Wellenlängenbereiche verteilt, und wie sich diese Energieverteilung mit wachsender Temperatur ändert. Diese Aufgabe löst die Wien-Plancksche Strahlungsformel, indem sie die bei der Wellenlänge λ und der absoluten Temperatur T ausgestrahlte Energie $S_{\lambda T}$ nach der Formel

$$S_{\lambda T} = c_1 \cdot \lambda^{-5} \left(e^{\frac{c_2}{\lambda \cdot T}} - 1 \right)^{-1}$$

zu berechnen gestattet. Darin ist $e = 2{,}71828$ die Basis der natürlichen Logarithmen, und c_1 und c_2 sind zwei charakteristische Konstanten, deren Wert nur von der gewählten Temperaturskala und der Genauigkeit unserer Meßmethoden abhängt.

Zurzeit liegt unsere Temperaturskala bei den höheren Temperaturen noch nicht völlig sicher fest, und wir können nur sagen, daß nach den Messungen der Physikalisch-Technischen Reichsanstalt[1]) der Wert $c_2 = 1{,}4300$ cm · Grad die meiste Wahrscheinlichkeit besitzt. Von dem Zahlenwert dieser Größe hängen aber gleichzeitig c_1 und weiter auch σ ab, da sich die Größe S des Stefan-Boltzmannschen Gesetzes durch Integration der Wien-Planckschen Strahlungsformel über alle Wellenlängen von 0 bis ∞ ergibt. Je nach dem Werte von c_2 ändern sich daher c_1 und σ. Ihre Zahlenwerte sind für die wichtigsten in der Literatur benutzten Temperaturskalen, charakterisiert durch die zugehörigen c_2-Werte, in der Tabelle 9 (S. 544) zusammengestellt.

Berechnet man für ein zusammengehöriges Wertepaar c_1 und c_2 die Energieverteilung für eine Reihe verschiedener Temperaturen, so erhält man Energiewerte, die vom Gebiete der langen Wellen her allmählich ansteigen, einen Höchstwert erreichen und danach nach dem Gebiete der kürzeren Wellen zu wieder abnehmen. Solche Energieverteilungskurven sind in der Abb. 9 für mehrere Temperaturen gezeichnet; sie lassen außer der beschriebenen Gesetzmäßigkeit die wichtige Tatsache erkennen, daß das Maximum der Energiestrahlung mit steigender Temperatur nach dem Gebiete der kurzen Wellen hin fortschreitet. Setzt man $c_1 = 3{,}67 \cdot 10^{-12}$, $c_2 = 1{,}4300$, wie dies für die Abbildung zutrifft, so hat das Strahlungsmaximum, vom Unsichtbaren her kommend, bei $T_1 = 4120$ die rote Wellenlänge $\lambda_1 = 0{,}7\,\mu$ erreicht und tritt bei $T_2 = 7200$ am kurzwelligen Ende des Spektrums ($\lambda_2 = 0{,}4\,\mu$) wieder aus.

[1]) Phys.-Techn. Reichsanstalt, Ann. d. Phys. **48**, 1034, 1915.

Zwischen der Wellenlänge λ_m, bei der die Energiestrahlung ihren Höchstwert erreicht, und der zugehörigen Temperatur besteht die einfache Beziehung:

$$\lambda_m \cdot T = \text{const}:$$

das Produkt aus der Temperatur und der dem Höchstwert der Energie entsprechenden Wellenlänge ist konstant.

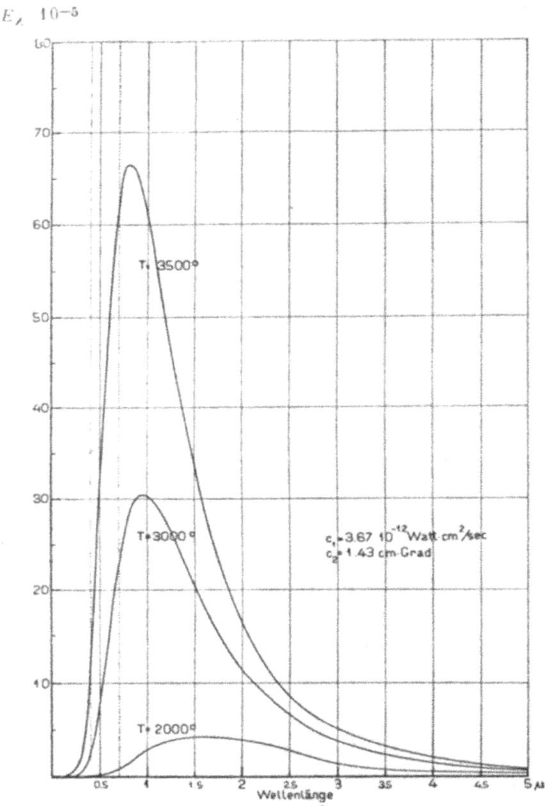

Abb. 9. Energieverteilungskurven des schwarzen Körpers für verschiedene Temperaturen.

Ein weiterer einfacher Zusammenhang läßt sich zwischen dem Höchstwert der Strahlung selber und der zugehörigen Temperatur ermitteln. Für diese gilt

$$S_m \cdot T^{-5} = \text{const}:$$

die maximale Energie ist proportional der fünften Potenz der absoluten Temperatur.

Knüpfen wir an das Rechenbeispiel an, das wir zur Verdeutlichung des Stefan-Boltzmannschen Gesetzes behandelten, so ergibt sich als Folge aus den beiden zuletzt genannten Gesetzmäßigkeiten, daß sich das Strahlungsmaximum bei der Erhöhung der Temperatur von 1000° auf 2000° abs. von der Wellenlänge 2,88 μ zur Wellenlänge 1,44 μ verschiebt, und daß der Energiehöchstwert selber gleichzeitig auf das $2^5 = 32$fache des Betrages bei 1000° anwächst.

Strahlungsgesetze des blanken Platins. Der schwarze Körper ist auf Grund seiner Strahlungseigenschaften in allen Wellenlängenbereichen ein Maximalstrahler, so daß die Frage entsteht, in welchem Sinne sich die für ihn gefundenen Gesetze ändern, wenn man blanke und infolgedessen weniger stark strahlende Stoffe zugrunde legt, wie sie in der Natur im allgemeinen vorkommen.

Lummer und Kurlbaum bzw. Lummer und Pringsheim haben die Antwort auf diese Frage gegeben, indem sie die Gesetzmäßigkeiten für das blanke Platin untersuchten, und damit bis zu einem gewissen Grade den anderen praktisch in Frage kommenden Grenzfall behandelten, da sich das blanke Platin in der Reihe der hochfeuerfesten Metalle durch ein sehr kleines Absorptionsvermögen und eine dementsprechend geringe Emission auszeichnet.

Sie fanden für die Strahlung des blanken Platins die folgenden Gesetze:

1. Die Gesamtstrahlung ist proportional der fünften Potenz der absoluten Temperatur.

2. Das Produkt aus der dem Strahlungshöchstwert entsprechenden Wellenlänge und der absoluten Temperatur ist konstant; es hat den Wert 2580 (für $c_2 = 1{,}43$).

3. Die maximale Energie ist proportional der sechsten Potenz der absoluten Temperatur.

Diese Gesetze gelten streng nur für den Bereich der Beobachtungen, die sich bis etwas unterhalb des Schmelzpunktes des Platins erstreckten. Es ist klar, daß insbesondere das erste Gesetz nicht bis zu beliebig hohen Temperaturen gültig sein kann, da die mit der fünften Potenz der Temperatur fortschreitende Gesamtemission des blanken Platins stets kleiner als die mit der vierten Potenz der Temperatur anwachsende Gesamtstrahlung des schwarzen Körpers sein muß. Der tatsächliche Unterschied zwischen der Strahlung beider Körper ist recht erheblich, indem das blanke Platin bei Rotglut noch nicht den zehnten Teil der Gesamtemission des schwarzen Körpers, bei den höchsten untersuchten Temperaturen immer noch weniger als die halbe Energiestrahlung des schwarzen Körpers aufweist.

Die „schwarze Temperatur“. Als bemerkenswerte Folgerung aus dem Kirchhoffschen Gesetze führten wir die Unterschiede in der sichtbaren Strahlung von verschieden stark reflektierenden Stoffen, d. h. die Unterschiede in der Flächenhelligkeit dieser Stoffe bei der gleichen Temperatur an. Diese bei hohen Temperaturen sehr beträchtlichen Unterschiede machen es unmöglich, die an sich leicht meßbare und mit der Temperatur stark veränderliche Flächenhelle ohne weiteres als Maßstab der Temperatur zu benutzen. Dies wird erst möglich, wenn man gleichzeitig das Absorptionsvermögen des fraglichen Stoffes mit angibt bzw. zum Ausdruck bringt, daß bei der Messung das Absorptionsvermögen des strahlenden Stoffes gleich der Einheit angenommen wurde.

In der Tat definiert man bei optischen Temperaturmessungen als schwarze Temperatur eines beliebigen Körpers diejenige Temperatur des schwarzen Körpers, bei der er die gleiche Flächenhelligkeit wie jener besitzt. Bei den praktischen Temperaturbestimmungen nach dieser Methode erhöht man die Meßgenauigkeit, indem man mit Hilfe eines Farbfilters nur die Flächenhelle eines engen Wellenlängenbereiches herausgreift. Man spricht dann von der beispielsweise im Rot oder Grün bestimmter Wellenlänge gemessenen schwarzen Temperatur.

Die wahre Temperatur weicht von der schwarzen Temperatur mehr oder weniger stark ab. Ist der Körper ein schwarzer Körper, so stimmen seine wahre und schwarze Temperatur überein; ist er ein blanker Strahler, so ist seine wahre Temperatur höher, und zwar ist die Abweichung um so größer, je niedriger das Absorptionsvermögen, je höher also das Reflexionsvermögen des Strahlers ist. Von den in Frage kommenden Unterschieden gibt die Tabelle 11 (S. 546) ein Bild, in der für verschiedene Werte des Reflexionsvermögens die zu einer Reihe von schwarzen Temperaturen gehörenden wahren Temperaturen angegeben sind. Die Tabelle 12 (S. 547) gibt die Reflexionsvermögen der wichtigsten in Frage kommenden Stoffe wieder.

Der schwarze Körper als Lichtquelle. Die in den letzten Abschnitten geschilderten gesetzmäßigen Zusammenhänge geben die Möglichkeit, in weitestem Umfange auf rechnerischem Wege die ganz allgemein gehaltene Aufgabe zu lösen, wie sich der schwarze Körper bei verschiedenen Temperaturen als Lichtquelle verhält. Im einzelnen wird dabei beantwortet, welcher Anteil der Gesamtstrahlung bei jeder Temperatur auf das sichtbare Gebiet entfällt, wie sich diese auf das sichtbare Gebiet entfallende Strahlung prozentisch und absolut genommen in Licht umsetzt, mit welchem Wirkungsgrad die Gesamtenergie als solche bei der Lichterzeugung ausgenutzt wird, wie die Lichtstärke des schwarzen Körpers mit der Temperatur ihrem zahlenmäßigen Betrage nach und im Verhältnis zur Temperatur anwächst, und endlich welche günstigsten Werte der Energieausnutzung für den schwarzen Körper selber oder einen daraus herzuleitenden Idealkörper denkbar sind.

Für die Lösung dieser Aufgaben gehen wir von der Abb. 9 aus, die zunächst die Verteilung der Energie des schwarzen Körpers auf die einzelnen Wellenlängenbezirke für verschiedene Temperaturen verdeutlicht, die aber daneben durch die Größe der zwischen den Energieverteilungskurven und der Wellenlängenachse eingeschlossenen Flächen ein Bild von dem Betrage der jeweiligen Gesamtstrahlung gibt. Von dieser Gesamtstrahlung kommt für die Wirksamkeit des schwarzen Körpers als Lichtquelle nur der Wellenlängenbereich in Frage, in dem das menschliche Auge die auffallende Strahlungsenergie entsprechend der Abb. 7 als Licht bewertet. Dieser Bereich ist in der Abb. 9 durch die beiden punktiert eingezeichneten Senkrechten hervorgehoben. Die dadurch aus der Fläche der Gesamtstrahlung herausgeschnittenen Teile geben von den in Frage kommenden Teilbeträgen der Energie ebenso ein Bild, wie die ganzen »Energieflächen« den Gesamtstrahlungen bei den verschiedenen Temperaturen proportional sind.

Zur besseren Verdeutlichung sind in der Abb. 10 die gleichen Angaben für die Temperatur $T = 3500^0$ abs. zusammengestellt, und es ist dort der auf den Bereich der sichtbaren Strahlung entfallende Energieanteil durch schwache Schraffierung gekennzeichnet. Die Darstellung erlaubt, die schraffierte Fläche, d. h. die auf das sichtbare Gebiet entfallende Strahlung s, auf die ganze Energiefläche, die Gesamtstrahlung S aller Wellenlängen also, zu beziehen und dadurch als erste für den schwarzen Körper als Lichtquelle wichtige Größe den »optischen Nutzeffekt der Gesamtstrahlung« $\mathfrak{O} = s/S$ zu definieren. Er gibt den Bruchteil der Gesamtstrahlung an, der auf das Gebiet der

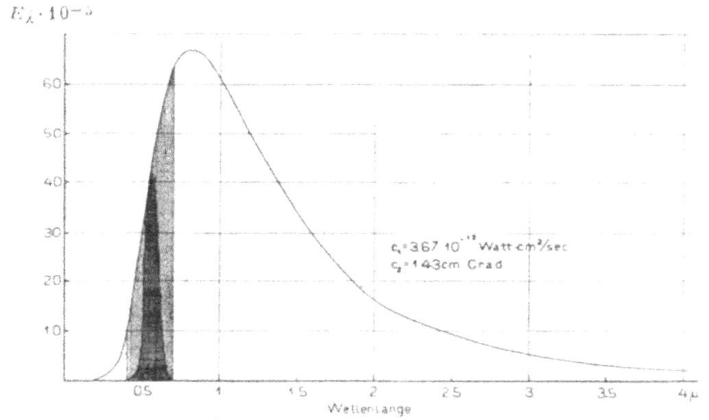

Abb. 10. **Energieverteilungskurve des schwarzen Körpers für $T = 3500^0$ abs.**

optisch in Frage kommenden Wellenlängen entfällt. Lummer und Kohn haben für die gleiche Größe die Bezeichnung »energetische Ökonomie« eingeführt; in der amerikanischen Literatur wird sie als »luminous efficiency« bezeichnet.

Nimmt man die in Abb. 10 angedeutete Rechnung für andere Temperaturen vor, so kann man angeben, wie die auf das sichtbare Gebiet entfallende Strahlungsenergie beim schwarzen Körper mit der Temperatur anwächst, und man kann ermitteln, wie der optische Nutzeffekt der Gesamtstrahlung sich mit der Temperatur verändert. Nicht möglich ist es indessen, aus dem Anwachsen der Energie einen Rückschluß auf das Anwachsen des Lichtes zu ziehen, da das menschliche Auge den gleichen Energiebetrag bei den verschiedenen Wellenlängen verschieden bewertet. Eine Aussage über das Anwachsen des Lichtes ist daher erst möglich, wenn die Energieteilbeträge zuvor durch Multiplikation mit den zugehörigen Werten der relativen Empfindlichkeit des menschlichen Auges (Abb. 7) auf eine in Lichteinheiten einheitliche Bewertungsbasis gebracht sind. Man macht dabei mit Eisler die durch Messungen als richtig bestätigte Annahme, daß sich die spektralen Helligkeiten zur Gesamthelligkeit additiv zusammensetzen.

Führt man diese Rechenoperation für $T = 3500^0$ aus, so erhält man die in der Abb. 10 eingezeichnete Kurve, die zusammen mit der Wellenlängenachse das stark schraffierte Flächenstück L einschließt. Dieses Flächenstück kann ebenfalls sowohl zur Fläche der Gesamtenergie wie zur Fläche der auf das sichtbare Gebiet entfallenden Strahlungsenergie in Beziehung gesetzt werden. In beiden Fällen wird die Frage beantwortet, welche Lichtmengen zu erwarten wären, wenn die ganze in jedem Falle in Frage kommende Energie bei jeder Wellenlänge die Bewertung erfahren würde, die ihr das Auge am Empfindlichkeitsmaximum zuteil werden läßt.

Bezeichnen wir die dadurch definierte Größe, d. h. das Verhältnis der als Licht bewerteten Strahlung zur Strahlung selber, als den visuellen Nutzeffekt der Strahlung, so kommen wir dazu, auf die angegebene Weise

den visuellen Nutzeffekt der sichtbaren Strahlung $\mathfrak{v} = L/s$

sowie den visuellen Nutzeffekt der Gesamtstrahlung $\mathfrak{V} = L/S$

anzugeben und für beide Größen ihre Änderung mit der Temperatur zu ermitteln. Lummer und Kohn nennen die letztgenannte Größe »photometrische Ökonomie«, Ives hat dafür die Bezeichnung »reduced luminous efficiency« gewählt. Beide Größen sind miteinander bzw. mit dem optischen Nutzeffekt der Gesamtstrahlung durch die Beziehung verbunden $\mathfrak{V} = \mathfrak{O} \cdot \mathfrak{v}$.

Beachtet man endlich, daß die experimentelle Möglichkeit vorliegt, für einzelne der Messung zugängliche Temperaturen die Lichtabgabe des schwarzen Körpers für die Flächeneinheit zu ermitteln, so erkennt man, daß durch die Berechnung der Lichtflächen bei verschiedenen Temperaturen gleichzeitig die Aufgabe gelöst ist, das Anwachsen der Lichtstärke des schwarzen Körpers mit der Temperatur nicht nur relativ, sondern auch dem absoluten Betrage nach rechnerisch festzustellen. Daran anschließend können dann die weiteren Fragen beantwortet werden, die eingangs gestellt wurden und die weiter unten behandelt werden sollen.

Der im vorstehenden gekennzeichnete Weg wurde zum ersten Male in den Arbeiten von Eisler beschritten und ist in der Folgezeit wiederholt von anderen Forschern (Rasch, Ives, Pirani und Miething, Lummer und Kohn, Ives und Kingsbury, Langmuir, Hyde, Forsythe und Cady, sowie dem Verfasser) eingeschlagen worden. Die Ergebnisse dieser Arbeiten stimmen in den Grundzügen überein; sie weichen in Einzelheiten voneinander ab, da die Resultate von der Wahl der Empfindlichkeitskurve des menschlichen Auges, von der zugrunde gelegten Temperaturskala, von den für die sichtbare Strahlung gewählten Wellenlängengrenzen und von der für den experimentellen Bezugswert der Lichtstärke festgesetzten Bezugszahl abhängen.

Der vorliegenden Darstellung sind in erster Linie die vom Verfasser angestellten Berechnungen zugrunde gelegt, die an einzelnen Stellen dem heutigen Stande der Forschung anzupassen waren. Dies gilt beispielsweise für die Konstanten c_1 und c_2 des Wien-Planckschen und σ des Stefan-Boltzmannschen Gesetzes, für die hier $c_2 = 1{,}43$, $c_1 = 3{,}67 \cdot 10^{-12}$ und $\sigma = 5{,}70 \cdot 10^{-12}$ angenommen wurde, wie für den experimentellen Bezugswert der Lichtstärke des schwarzen Körpers, auf den weiter unten eingegangen wird.

Als Empfindlichkeitskurve des menschlichen Auges wurde, wie in der Originalarbeit, die von Ives angegebene, in Abb. 7 (S. 23) bzw. Tabelle 10 (S. 545) wiedergegebene Kurve beibehalten, da sie sich einerseits auf eine sehr erhebliche Anzahl von Beobachtern stützt, und da zum anderen die bei der Verwendung neuerer Kurven (Hyde, Forsythe und Cady) sich ergebenden Änderungen, wie die Nachrechnungen zeigen, nicht sehr beträchtlich sind.

Die Grenzen der sichtbaren Strahlung wurden zu $\lambda_1 = 0{,}4$ und $\lambda_2 = 0{,}7\ \mu$ festgelegt, so daß der Wellenlängenbereich zwischen 0,7 und 0,75 μ bzw. 0,7 und 0,8 μ im Gegensatz zu einem großen Teil der früheren Literatur völlig vernachlässigt ist. Dies könnte insofern befremden, als zum mindesten die Strahlung zwischen 0,7 und 0,75 μ bestimmt als Lichtstrahlung anzusprechen ist, findet aber darin seine Rechtfertigung, daß die Empfindlichkeitswerte an sich sehr gering sind, und daß ferner dieser Bereich bei allen Temperaturen zwischen 2000° und 10000° abs. weniger als 0,2% zum Gesamtlicht beträgt. Da auch der Einfluß auf die Lichtfarbe dementsprechend gering ist, so läßt sich bestimmt aussagen, daß die Energiestrahlung des schwarzen Körpers zwischen 0,4 und 0,7 μ seine Lichtstrahlung quantitativ und qualitativ genügend genau kennzeichnet.

Eine Folge dieser Festsetzung ist, daß sich für den optischen Nutzeffekt der Gesamtstrahlung kleinere Werte ergeben, als wenn der Bereich zwischen 0,7 und 0,75 μ mit berücksichtigt wäre, während umgekehrt der visuelle Nutzeffekt der sichtbaren Strahlung höhere Zahlenwerte ergibt. Dies ist zu beachten, wenn es sich um den Vergleich mit experimentell ermittelten Zahlen handelt, bei denen Absorptionsfilter mit größerem Durchlässigkeitsbereich Verwendung gefunden haben.

Der optische Nutzeffekt der Gesamtstrahlung. Führt man die Berechnung des optischen Nutzeffektes $\mathfrak{O}$ der Gesamtstrahlung unter Benutzung der angegebenen Konstanten für verschiedene Temperaturen durch, so erhält man die in Abb. 11 wiedergegebene Kurve. Sie läßt erkennen, daß die günstigste Ausnutzung der Gesamtstrahlung des schwarzen Körpers mit 39,4% bei rd. 7000° abs. erreicht ist, und zeigt, daß diese Ausnutzung bei dem für die meisten praktisch benutzten künstlichen Lichtquellen in Frage kommenden Temperaturbereich (2000 bis 3000°) recht gering ist. Zu Vergleichszwecken ist punktiert die Kurve mit eingezeichnet, die sich ergibt, wenn man als sichtbare Strahlung den Wellenlängenbereich von 0,4 bis 0,75 μ annimmt.

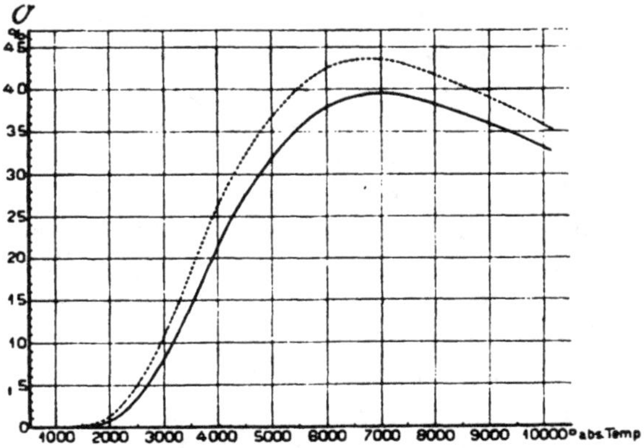

Abb. 11. Optischer Nutzeffekt der Gesamtstrahlung des schwarzen Körpers in Abhängigkeit von der absoluten Temperatur.

Der visuelle Nutzeffekt der sichtbaren Strahlung. In Abb. 12 verdeutlicht die ausgezogene Kurve den visuellen Nutzeffekt 𝔳 der sichtbaren Strahlung für den Bereich 0,4 bis 0,7 μ. Sie besagt, daß die schwarze Strahlung des angegebenen Wellenlängenbereiches bei rd. 4250° abs. die günstigste Umsetzung in Licht mit einer relativen Be-

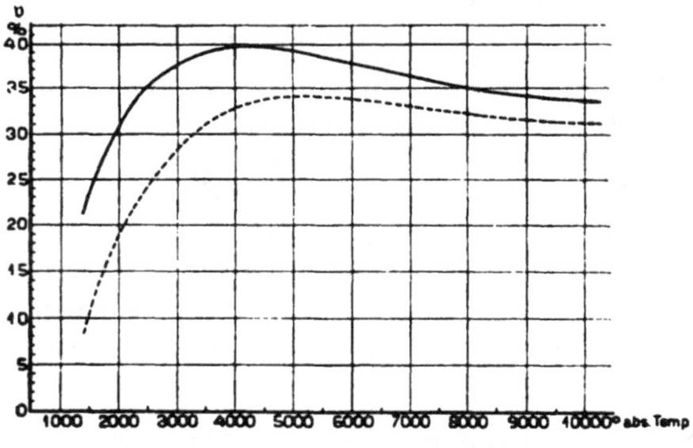

Abb. 12. Visueller Nutzeffekt der sichtbaren Strahlung des schwarzen Körpers in Abhängigkeit von der absoluten Temperatur.

wertung von 39,8% erfährt, und gibt damit die Grenzwerte an, die für einen bei allen Wellenlängen des sichtbaren Gebiets kontinuierlich Energie aussendenden Strahler von irgendeiner dem schwarzen Körper entsprechenden Energieverteilung, d. h. Lichtfarbe, zu erwarten sind. Die für den Strahlungsbereich 0,4 bis 0,75 μ geltende Kurve ist punktiert mit eingezeichnet.

Der visuelle Nutzeffekt der Gesamtstrahlung. Der visuelle Nutzeffekt $\mathfrak{V}$ der Gesamtstrahlung des schwarzen Körpers ergibt sich durch Multiplikation zusammengehöriger Wertepaare des auf den gleichen Strahlungsbereich bezogenen optischen Nutzeffektes der Gesamtstrahlung bzw. des visuellen Nutzeffektes der sichtbaren Strahlung ($\mathfrak{V} = \mathfrak{O} \cdot \mathfrak{v}$). Er ist in der Abb. 13 wiedergegeben und zeigt einen Höchstwert von 14,5% bei rd. 6500° abs. Er läßt in ähnlicher Weise wie Abb. 11 einen Rückschluß auf die bei den praktisch verwendeten Temperaturstrahlern zu erwartende ungünstige Energieausnutzung zu.

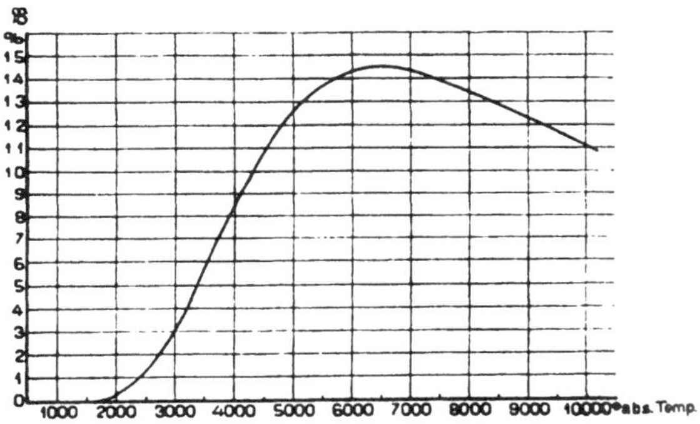

Abb. 13. Visueller Nutzeffekt der Gesamtstrahlung des schwarzen Körpers in Abhängigkeit von der absoluten Temperatur.

Die Lichtabgabe des schwarzen Körpers. Bewertet man die bei der Berechnung des visuellen Nutzeffektes für verschiedene Temperaturen ermittelten »Lichtflächen« des schwarzen Körpers im Verhältnis ihrer Maßstäbe, so ergibt sich, wie bereits angedeutet, ein auf rechnerischem Wege gewonnenes Bild von dem relativen Anwachsen der Flächenhelligkeit des schwarzen Körpers. Setzt man die Flächenhelligkeit bei 2000° abs. willkürlich gleich 1, so erhält man für die verschiedenen Temperaturen Zahlenwerte, die in der Tabelle 13 (S. 548) für den Bereich von 1500 bis 10000° zusammengestellt sind.

Die angeführten relativen Zahlen verwandeln sich in absolute Werte, sobald für eine der verzeichneten Temperaturen ein genauer, experimentell ermittelter Wert der Flächenhelle vorliegt. Als solcher wurde bei den früher vom Verfasser mitgeteilten Absolutwerten eine nach Lummer und Pringsheim angegebene, für 2000° abs. geltende Flächenhelle zugrunde gelegt, die indessen nach den neueren Bestimmungen nicht mehr als zutreffend bezeichnet werden kann. Sie war durch Angaben zu ersetzen, die teils von H. Kohn[1]), teils von Hyde, Forsythe und Cady[2]) herrühren. Die Erstgenannte ermittelte als

[1]) H. Kohn, Ann. d. Phys., 53, 320, 1917.

[2]) Hyde, Forsythe und Cady, Phys. Rev. (2) 13, 45, 1919.

Lichtabgabé bei $T = 2000^{0}$ den Wert 12,24 HK$_\ominus$/cm^2 ($c_2 = 1{,}44$), während die amerikanischen Angaben, auf deutsche Einheiten umgerechnet, bei der gleichen Temperatur den Wert 12,3 HK$_\ominus$/cm^2 ($c_2 = 1{,}435$) ergeben. Rechnet man diese Zahlen auf $c_2 = 1{,}43$ um, so erhält man nach H. Kohn 11,5, nach Hyde, Forsythe und Cady 11,7 HK$_\ominus$/cm^2. Für die Umrechnung der hier mitgeteilten relativen Zahlen in absolute Werte wurde der Mittelwert 11,6 HK$_\ominus$/cm^2 benutzt.

Die sich danach ergebenden Absolutwerte der Lichtabgabe des schwarzen Körpers sind in den drei letzten Spalten der Tabelle 13 mit verzeichnet. Von ihnen gibt die erste die Normalintensitäten für

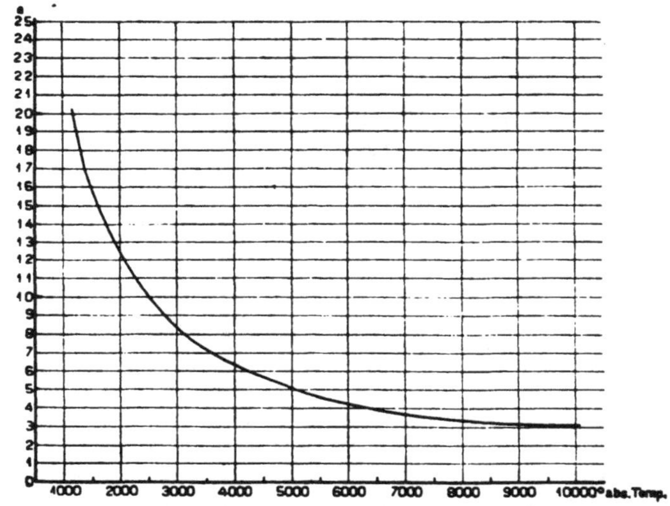

Abb. 14. Abhängigkeit der Flächenhelle von der Temperatur, gekennzeichnet durch den Potenzexponenten n des Verhältnisses der Temperaturen.

die Flächeneinheit (mm^2), die durch 100 dividierten Flächenhellen also, wieder, während die zweite die diesen entsprechenden sphärischen Lichtstärken in HK$_\ominus$ und die dritte die zugehörigen Lichtströme in HLm enthält.

Es liegt nahe, die Frage zu stellen, wie die Flächenhelligkeit h des schwarzen Körpers mit seiner Temperatur anwächst. Ihr entspricht die Aufgabe, den Potenzexponenten n der in der Literatur oft benutzten Gleichung

$$\frac{h_1}{h_2} = \left(\frac{T_1}{T_2}\right)^n$$

zu ermitteln. Die Lösung ist in Abb. 14 enthalten, die das schnelle Fallen des Exponenten von $n = 15{,}9$ bei 1500^0 über $n = 12{,}4$ bei 2000^0, $n = 8{,}4$ bei 3000^0 und $n = 6{,}4$ bei 4000^0 bis zu $n = 3{,}05$ bei 10000^0 veranschaulicht.

Die gleiche Frage wird in anderer Form durch die Abb. 15 beantwortet, in der angegeben ist, um wieviel Prozent pro Grad die Helligkeit des schwarzen Körpers bei verschiedenen Temperaturen ansteigt.

Die Wirtschaftlichkeit des schwarzen Körpers. In ähnlicher Weise, wie sich den für die verschiedenen Temperaturen ermittelten »Lichtflächen« experimentell gewonnene Werte der Lichtstärke zuordnen lassen, können die für die Gesamtstrahlung bzw. die sichtbare Strahlung gezeichneten »Energieflächen« hinsichtlich der von der Flächeneinheit des schwarzen Körpers ausgehenden Strahlungsenergie in Watt bewertet werden, indem man die in Frage kommenden Bezugszahlen

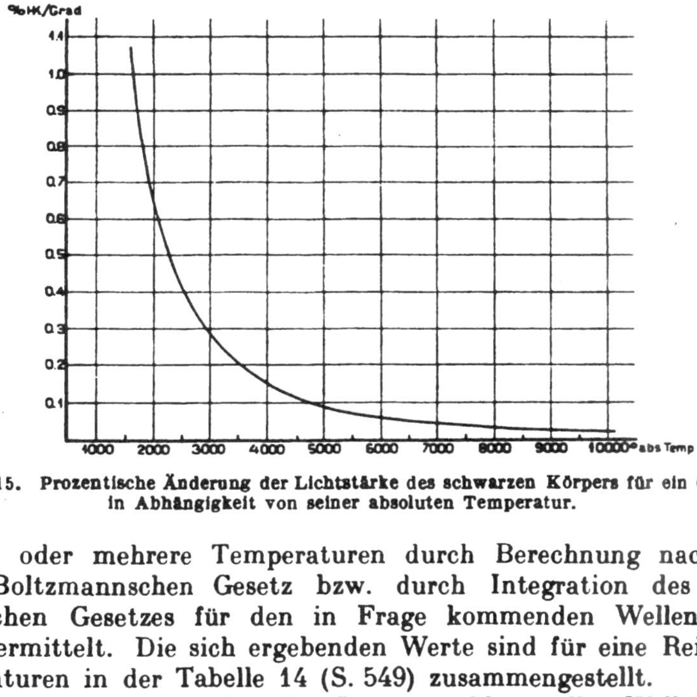

Abb. 15. Prozentische Änderung der Lichtstärke des schwarzen Körpers für ein Grad in Abhängigkeit von seiner absoluten Temperatur.

für eine oder mehrere Temperaturen durch Berechnung nach dem Stefan-Boltzmannschen Gesetz bzw. durch Integration des Wien-Planckschen Gesetzes für den in Frage kommenden Wellenlängenbereich ermittelt. Die sich ergebenden Werte sind für eine Reihe von Temperaturen in der Tabelle 14 (S. 549) zusammengestellt.

Setzt man die dort für die Gesamtstrahlung aller Wellenlängen angegebenen Energiewerte in Beziehung zu den zugehörigen Werten der in $HK_{\ominus}$ gemessenen Lichtabgabe, so erhält man die Abb. 16, die die W i r t s c h a f t l i c h k e i t des schwarzen Körpers in $W/HK_{\ominus}$ für die verschiedenen Temperaturen wiedergibt. Sie enthält das bemerkenswerte Ergebnis, daß der schwarze Körper entsprechend Abb. 13 bei 6500^0 abs. die ihm zugeführte Energie am günstigsten in Licht umsetzt, und daß er dabei 7,2 $HK_{\ominus}/W$ entsprechend 90,3 HLm für ein Watt ausstrahlt.

Überlegt man, daß dabei die ganze auf das unsichtbare Gebiet entfallende Strahlungsenergie vom Standpunkte der Lichterzeugung aus nutzlos verloren geht, so kann man den schwarzen Körper, ohne das von ihm ausgesandte Licht der Menge oder der Beschaffenheit nach zu ändern, durch einen Strahler ersetzen, der im Gebiete der sicht-

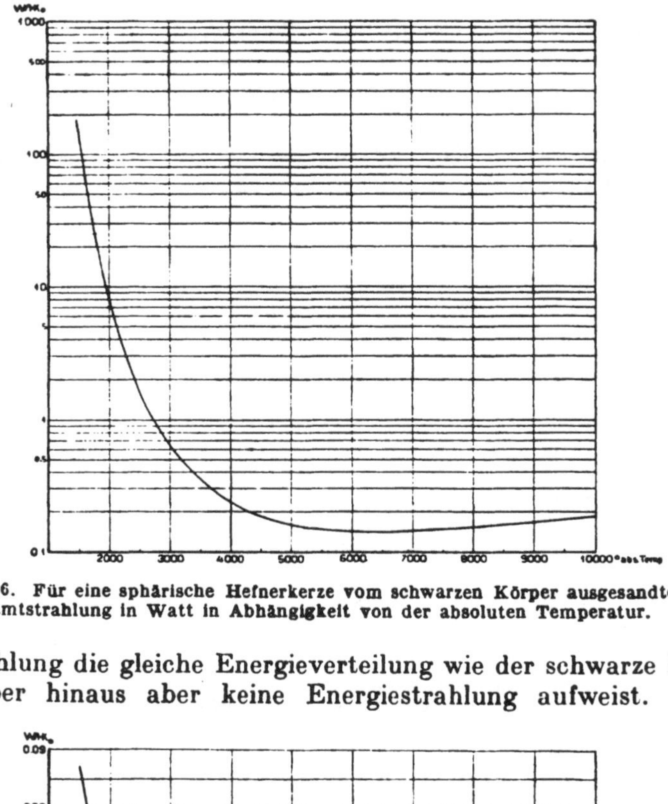

Abb. 16. Für eine sphärische Hefnerkerze vom schwarzen Körper ausgesandte Gesamtstrahlung in Watt in Abhängigkeit von der absoluten Temperatur.

baren Strahlung die gleiche Energieverteilung wie der schwarze Körper hat, darüber hinaus aber keine Energiestrahlung aufweist. Dieser

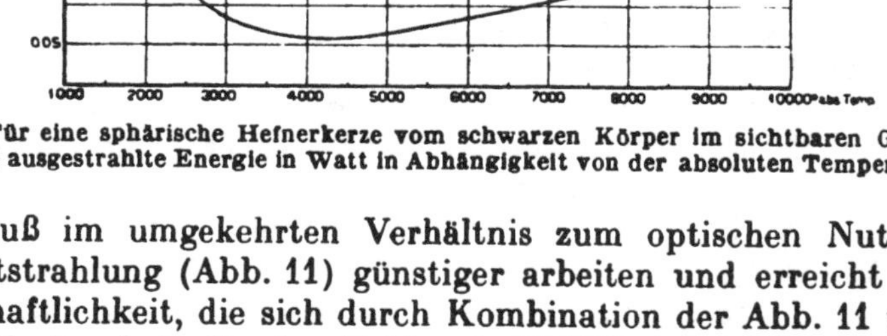

Abb. 17. Für eine sphärische Hefnerkerze vom schwarzen Körper im sichtbaren Gebiet (0,4—0,7 μ) ausgestrahlte Energie in Watt in Abhängigkeit von der absoluten Temperatur.

Strahler muß im umgekehrten Verhältnis zum optischen Nutzeffekt der Gesamtstrahlung (Abb. 11) günstiger arbeiten und erreicht Werte der Wirtschaftlichkeit, die sich durch Kombination der Abb. 11 und 16 ergeben. Die ihn betreffenden Zahlen in $W/HK_{\ominus}$ sind in der Abb. 17

für die verschiedenen Temperaturen wiedergegeben. Ferner ist in der Tabelle 15 (S. 550) gezeigt, welche Lichtausbeuten in $HK_{\ominus}/W$ bzw. HLm/W diesem Strahler bei einer Reihe herausgegriffener Temperaturen entsprechen. Die den schwarzen Körper betreffenden Zahlen sind zum Vergleich mit verzeichnet.

Wir erkennen, daß ein Strahler der fraglichen Art schon bei den jetzt in den elektrischen Glühlampen gebräuchlichen Temperaturen Werte der Wirtschaftlichkeit erreicht (0,0656 $W/HK_{\ominus}$ bei 2000°), die in unseren am günstigsten und bei erheblich höheren Temperaturen arbeitenden künstlichen Lichtquellen bisher bei weitem nicht verwirklicht sind, und daß er bei rd. 4250° mit 0,0507 $W/HK_{\ominus}$ die ihm zugeführte Energie am günstigsten in Licht umsetzt.

Im Lichte dieser Auffassung kennzeichnen die Abb. 17 und die Tabelle 15 die beiden wichtigen Ziele der Beleuchtungstechnik, durch Steigerung der Temperatur des Strahlers die Wirtschaftlichkeit zu erhöhen und durch Unterdrückung der unsichtbaren, vom Standpunkte der Lichterzeugung nutzlos Energie verzehrenden Strahlung das gleiche Ergebnis anzustreben. Sie lassen gleichzeitig erkennen, daß da die günstigste Lösung liegt, wo mit einem der Temperatur der Sonne nahe kommenden Erhitzungszustande deren relative Energieverteilung, d. h. Lichtfarbe, erreicht wird.

Abgesehen von diesen mehr spekulativen Gesichtspunkten aber beantwortet die Abb. 17 die Frage, wieviel Watt der schwarze Körper tatsächlich bei den verschiedenen Temperaturen im sichtbaren Gebiet ausstrahlt, wenn er den 1 $HK_{\ominus}$ entsprechenden Lichtstrom abgibt. Diese Aussage bleibt nicht auf den schwarzen Körper beschränkt, sondern läßt eine Ausdehnung auf andere Strahler zu, sofern deren Energieverteilung im sichtbaren Gebiet durch eine bestimmte Temperatur des schwarzen Körpers genau oder angenähert wiedergegeben werden kann. In diesem Falle ist es möglich, für die in Frage kommende andersartige Lichtquelle den für die Kerze erforderlichen Energieaufwand an sichtbarer Strahlung aus der Abb. 17 zu entnehmen und das gesamte von der Lichtquelle ausgehende Licht durch Multiplikation mit dem gefundenen Energieäquivalent in Watt umzurechnen.

Optischer und visueller Nutzeffekt bei künstlichen Lichtquellen. Mit dieser Erkenntnis ist für einen beliebigen Strahler unter der vorher angegebenen Einschränkung die Aufgabe lösbar geworden, den in ihm erreichten optischen Nutzeffekt rechnerisch zu ermitteln, indem man die in Watt umgerechneten sphärischen Kerzen je nachdem zur zugeführten Leistung bzw. zur Gesamtstrahlung in Beziehung setzt und dadurch den auf die zugeführte Leistung oder die Gesamtstrahlung bezogenen optischen Nutzeffekt gewinnt. Dabei ist als Temperatur des Strahlers für die Ablesung des Energieäquivalentes in Abb. 17 die

Temperatur zu wählen, die am besten die relative Energieverteilung der sichtbaren Strahlung kennzeichnet.

Für diese Kennzeichnung ist in erster Linie die wahre — nicht die schwarze — Temperatur maßgebend, da durch sie unter der Voraussetzung eines im ganzen sichtbaren Wellenlängengebiet konstanten, im übrigen der Größe nach beliebigen Absorptionsvermögens die Verteilung der Energie auf die einzelnen Wellenlängen gegeben ist. Ist das Absorptionsvermögen mit der Wellenlänge veränderlich, so tritt eine Verzerrung der ursprünglichen Energieverteilungskurve ein. Sie wird bei geringer Veränderlichkeit des Absorptionsvermögens mit der Wellenlänge vernachlässigt werden können, weil sich die Kurve der Abb. 17 überhaupt mit der Temperatur nicht so schnell ändert, daß für den in Frage kommenden Zweck störende Unterschiede zu erwarten sind, und wird nur bei starker Veränderlichkeit des Absorptionsvermögens mit der Wellenlänge, bei stark selektiver Strahlung also, eine Berücksichtigung erfordern, d. h. eine Änderung der zugrunde gelegten Temperatur notwendig machen.

Nach den angegebenen Überlegungen und unter Benutzung der in der Literatur enthaltenen Zahlen über den Energieverbrauch, die Lichtabgabe und die Temperatur verschiedener künstlicher Lichtquellen wurden für sie die optischen Nutzeffekte der zugeführten Leistung bzw. der Gesamtstrahlung berechnet. Sie sind in der Tabelle 16 (S. 551) verzeichnet. Es bereitet keine Schwierigkeiten, aus diesen Zahlen die zugehörigen visuellen Nutzeffekte zu berechnen, da sie sich ohne weiteres durch Multiplikation mit den zugehörigen Werten der Abb. 12 (S. 36) ergeben. Die auf diese Weise erhaltenen Zahlen sind in der Tabelle 16 mit vermerkt; gleichzeitig sind darin einige von anderen Forschern experimentell ermittelte Werte des optischen wie des visuellen Nutzeffekts zum Vergleich mit wiedergegeben.

Das mechanische Äquivalent des Lichtes. Aus der Abb. 17 ist das Energieäquivalent einer sphärischen Kerze für solche Energieverteilungen, d. h. Lichtfarben, zu entnehmen, die der Energieverteilung der sichtbaren Strahlung des schwarzen Körpers zwischen den Grenzen 2000 und 10000° abs. entsprechen. Dagegen fehlen nähere Angaben über das Energieäquivalent anderer, insbesondere monochromatischer Strahler. Für sie seien die zugehörigen Zahlen ermittelt und damit die Frage der Energieäquivalenz des Lichtes vollständig gelöst, da danach auch das Energieäquivalent jeder beliebigen Lichtstrahlung angebbar wird.

Zur Berechnung dieser Werte gehen wir von dem Energieäquivalent für diejenige Wellenlänge aus, bei der das menschliche Auge die maximale Empfindlichkeit besitzt. Sein Wert kann aus der Abb. 17 leicht errechnet werden, wenn wir berücksichtigen, daß wir im visuellen Nutzeffekt der sichtbaren Strahlung eine Angabe darüber besitzen, um wieviel ungünstiger die Umsetzung der sichtbaren Strahlungsenergie in Licht bei den verschiedenen Temperaturen des schwarzen Körpers erfolgt, als wenn die gleiche Energie beim Empfindlichkeitsmaximum des Auges in Licht verwandelt würde. Wir brauchen daher die Werte der Abb. 17 nur mit den Zahlen der Abb. 12 zu multiplizieren, um das Energieäquivalent für eine bei der Wellenlänge 0,55 μ erzeugte sphärische Kerze zu erhalten. Naturgemäß muß sich dafür bei allen Temperaturen derselbe Wert ergeben; er beträgt 0,0202 W/HK$_\ominus$.

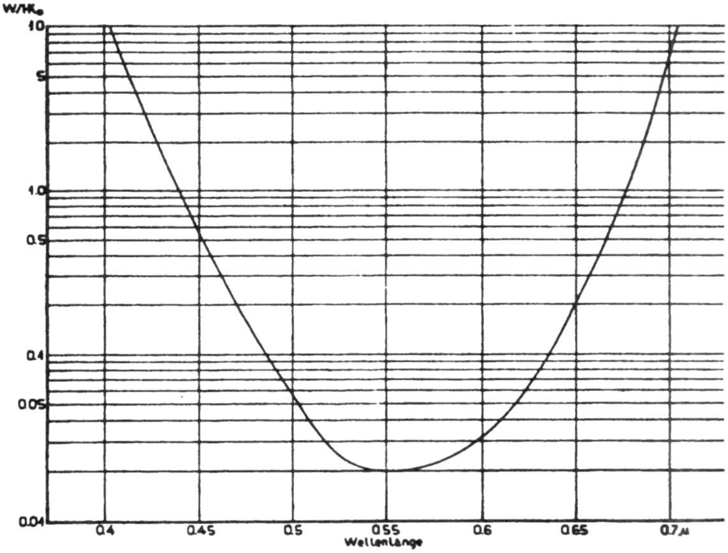

Abb. 18. Für eine sphärische Hefnerkerze aufzuwendende Energie in Watt für monochromatische Strahler.

Den Übergang von dem für die Wellenlänge 0,55 μ berechneten Werte zu den entsprechenden Zahlen für andere Wellenlängen vermittelt die Empfindlichkeitskurve des menschlichen Auges (Abb. 7). Mit ihrer Hilfe ergibt sich die Abb. 18; sie enthält die Werte des Energieäquivalents für alle monochromatischen Strahler des sichtbaren Gebietes und kann gleichzeitig dazu dienen, durch entsprechende Umrechnungen auch das Äquivalent für solche Verteilungen der Energie zu ermitteln, denen weder die Abb. 17 noch die Abb. 18 gerecht wird.

Unter den mitgeteilten Werten nimmt die für den monochromatischen Grünstrahler von der Wellenlänge 0,55 μ geltende Zahl 0,0202 W/HK$_\ominus$ insofern eine besondere Stellung ein, als sie vor allem in der älteren Literatur als das m e c h a n i s c h e Ä q u i v a l e n t d e s L i c h t e s schlechthin bezeichnet wird. Diese besondere Bezeichnung ist indessen durch nichts gerechtfertigt, da mit der Wertung der Zahl als Grenzwert ihrer Bedeutung durchaus entsprochen ist, und da sie im übrigen mit den anderen Werten in eine Reihe zu stellen ist, die in den Abb. 17 u. 18 enthalten sind. Für die praktische Beleuchtungstechnik jedenfalls ist eine monochromatische Grünlichtquelle im allgemeinen ebenso ungeeignet, wie jeder andere monochromatische Strahler, und es wird an dieser Tatsache dadurch nichts geändert, daß das menschliche Auge bei der fraglichen Wellenlänge den Höchstwert der Empfindlichkeit besitzt, die dabei ausgestrahlte Energie daher in günstigster Weise in Licht umgesetzt wird.

Von einer solchen Überwertung abgesehen, gibt die Zahl die unter den günstigsten Bedingungen zu erwartende Umsetzung von Strahlungsenergie in Licht an, und es ist deshalb zu verstehen, daß die wissenschaftliche Literatur der letzten fünf Jahre von immer neuen Versuchen zu ihrer rechnerischen oder experimentellen Bestimmung berichtet. Auf die Einzelheiten der vorliegenden Arbeiten einzugehen, würde an dieser Stelle zu weit führen. Es genüge die Angabe, daß nach den Ergebnissen dieser Arbeiten die hier mitgeteilte Zahl 0,0202 W/$HK_{\ominus}$ auf etwa 5% festliegen dürfte. Ihr entspricht als auf den Lichtstrom bezogenes Energieäquivalent des Gelbgrünstrahlers der Wert 0,0016 W/HLm. Die zugehörigen Lichtausbeuten für 1 Watt betragen in Lichtstärkeneinheiten 49,6 $HK_{\ominus}$, in Einheiten des Lichtstromes 624 HLm.

Die Wirtschaftlichkeit des blanken Strahlers. Die hier für den schwarzen Körper besprochenen Überlegungen lassen sich, wie Lummer und Kohn gezeigt haben, unter einer Reihe vereinfachender Annahmen auch auf blanke Strahler ausdehnen, als deren Repräsentant von ihnen das blanke Platin gewählt wurde. Sie stellten es bei ihren Berechnungen dem schwarzen Körper gegenüber, wobei sie als Grenze der sichtbaren Strahlung die Wellenlängen 0,4 und 0,8 μ festsetzten.

Für den optischen Nutzeffekt der Gesamtstrahlung fanden sie, daß das Maximum in beiden Fällen etwa denselben Wert hat, daß es dagegen beim blanken Strahler bei einer im Vergleich zum schwarzen Körper um rd. 850° tiefer liegenden Temperatur (5900° abs.) eintritt. Dasselbe stellten sie für den visuellen Nutzeffekt der Gesamtstrahlung fest und zeigten noch, daß sich der blanke Strahler bei den unterhalb des Maximums liegenden Temperaturen für beide Größen günstiger als der schwarze Körper verhält. Von der Mitteilung der berechneten Verhältniszahlen sei an dieser Stelle abgesehen, da sie wegen der andersartig gewählten Grenzen der sichtbaren Strahlung mit den vorher für den schwarzen Körper angegebenen Werten nicht vergleichbar sind. Dasselbe gilt übrigens für die Temperaturen, die für die Maxima beider Größen bestimmt wurden, da ihr Wert von der getroffenen Festsetzung der Wellenlängengrenzen abhängt.

Dagegen seien die Absolutwerte der nach *Lummer* und *Kohn* vom schwarzen Körper bzw. vom metallischen Strahler — in diesem Falle einem Wolframfaden — erreichbaren Lichtausbeuten wiedergegeben. Sie betragen für den schwarzen Körper (6750° abs.) 9,9 $HK_{\ominus}$/W, für den metallischen Strahler (5900°) 8,0 $HK_{\ominus}$/W. Beim metallischen Strahler sind dabei die im Vergleich zum Kohlefaden, der hier als Repräsentant des schwarzen Körpers diente, ungünstigeren Umsetzungsverhältnisse der zugeführten Leistung in Strahlung mit berücksichtigt.

Die Ziele der Leuchttechnik. Die Ziele der Leuchttechnik ergeben sich ohne weiteres aus den mitgeteilten Überlegungen. Das erste Ziel muß sein, die *zugeführte Leistung möglichst vollkommen in Strahlung umzusetzen*, als zweites kommt in Frage, *möglichst wenig Strahlungsenergie auf das Gebiet der unsichtbaren Wellenlängen entfallen zu lassen.*

Was die *Verteilung der Energie im sichtbaren Gebiet* betrifft, so wird es im allgemeinen wenig Zweck haben, auf einen monochromatischen Gelbgrünstrahler hinzuarbeiten, da er nicht den Anforderungen entspricht, die wir hinsichtlich der Lichtfarbe an eine für Zwecke der Allgemeinbeleuchtung geeignete künstliche Lichtquelle stellen müssen. In dieser Beziehung sind, soweit es sich um die sichtbare Strahlung handelt, sämtliche Energieverteilungen vorzuziehen, die dem schwarzen Körper beliebiger Temperatur entsprechen und für die sich die Grenzen der Lichtausbeute aus der Abb. 16 ergeben. Als *günstigster Grenzwert* bei 4250° ergibt sich daraus eine Lichtausbeute von 19,7 $HK_{\ominus}$/W, womit das vorläufig unverwirklichte Ideal einer in der Energieausnutzung denkbar günstigsten, in der Lichtfarbe etwa dem Tageslicht entsprechenden künstlichen Lichtquelle gekennzeichnet ist.

§ 4. Die Lichtfarbe.

Lichtfarbe und Energieverteilung. Die *Lichtfarbe* einer Lichtquelle ist, wie wir im vorhergehenden wiederholt zeigten, durch die Verteilung der Strahlungsenergie im Gebiet der sichtbaren Strahlung bedingt und wird je nach dem Gehalt an roten bzw. blauen Strahlen eine mehr rote bzw. blaue Tönung aufweisen.

Bei den *Temperaturstrahlern* nimmt, wie Abb. 9 erkennen läßt, der relative Gehalt an blauen Strahlen mit der Temperatur zu, so daß der bei niedrigen Temperaturen ausgesprochen rötlich strahlende schwarze Körper mit steigender Temperatur eine immer blauere Lichtfarbe annimmt, bis er bei rd. 6000° abs. mit der Temperatur der Sonne deren relative Energieverteilung, d. h. Lichtfarbe, erreicht. Bei noch höheren Temperaturen ist mit Lichtfarben zu rechnen, die blauer sind, als wir sie vom Tageslicht her kennen.

Bei den Lumineszenzstrahlern sind im voraus keine Aussagen über die Lichtfarbe zu machen, da sie eine ganz diskontinuierliche, auf die verschiedensten Spektralbezirke verteilte Energiestrahlung zu besitzen pflegen.

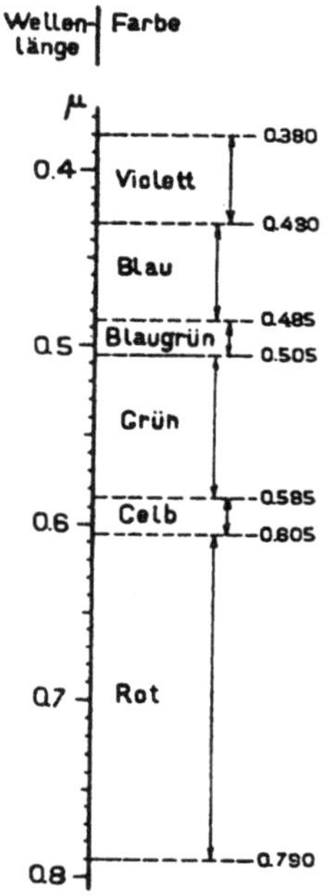

Abb. 19. Die Wellenlängen des sichtbaren Gebiets und die zugehörigen Farben.

Ein Bild von den in einer Reihe künstlicher Lichtquellen vorliegenden Verhältnissen gibt die Tabelle 17 (S. 552), die nach Untersuchungen von Hyde, Ives, Cady und Luckiesh zusammengestellt ist. Sie gibt die relativen Energieverteilungen für die Hefnerlampe und die gebräuchlichsten künstlichen Lichtquellen wieder; die Zahlen für das Sonnenlicht und für blaues Himmelslicht sind zum Vergleich mitangegeben. In sämtlichen Kurven ist der Wert bei 0,59 μ gleich 100 gesetzt, um so angenähert die relativen Energieverteilungen bei etwa gleicher Lichtempfindung zu kennzeichnen.

Die Farben der einzelnen Spektralbezirke. Versucht man, die einzelnen Wellenlängenbereiche der sichtbaren Strahlung ganz roh nach ihrer Färbung zu kennzeichnen, so kann man etwa die Festsetzungen treffen, die in der Abb. 19 niedergelegt sind. Danach wären die Wellenlängen bis rd. 0,605 μ einschließlich als rot anzusprechen, während die gelbe Strahlung bis etwa 0,585 μ reichen würde. Es folgt das Gebiet der grünen Wellenlängen, das sich bis 0,505 μ erstreckt und dem ein blaugrüner Bereich bis 0,485 μ benachbart ist. Der darauf folgende Bezirk bis 0,43 μ erscheint blau, das noch kurzwelligere Licht ist als violett zu bezeichnen.

Unterteilt man das ganze Gebiet unter gleichzeitiger Berücksichtigung der S. 35 über die Grenzen der sichtbaren Strahlung angestellten Überlegungen noch gröber, so kann man für Rot die Grenzen 0,7 bis 0,605 μ, für Gelb die Wellenlängen 0,605 bis 0,585 μ, für Grün die Werte 0,585 bis 0,5 μ und für Blau den Bereich 0,5 bis 0,4 μ festsetzen. Legt man diese Einteilung zugrunde, so lassen sich die weiter oben für den schwarzen Körper ermittelten »Lichtflächen« hinsichtlich ihres Anteils an den verschiedenen Farbbereichen auswerten und damit eine angenäherte Anschauung über den von der ganzen Lichtstrahlung auf die einzelnen Farben entfallenden Teil gewinnen. Das Ergebnis der Rechnung zeigt

Abb. 20, aus der deutlich der bei niedrigen Temperaturen überwiegende Prozentsatz an rotem Licht und der überall recht geringe Anteil an blauen Strahlen zu erkennen ist.

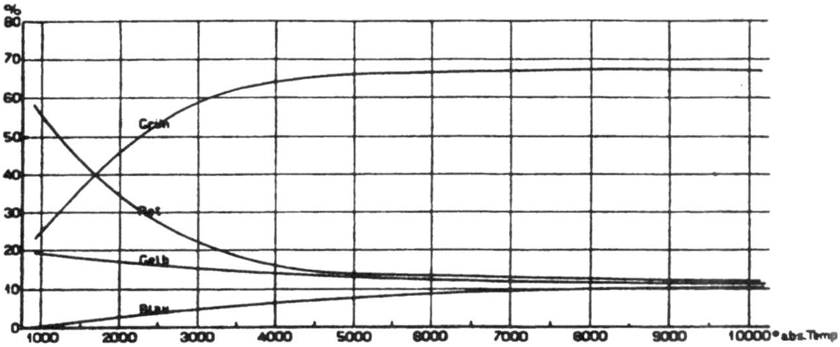

Abb. 20. Relativer Anteil des roten, gelben, grünen und blauen Lichtes am Gesamtlicht in Abhängigkeit von der absoluten Temperatur.

Die praktische Kennzeichnung der Lichtfarbe. Um die Lichtfarben der verschiedenen Lichtquellen praktisch zu kennzeichnen, kann man so verfahren, daß man das ganze sichtbare Spektralgebiet in eine größere Anzahl von Unterbereichen einteilt und für jeden dieser Bereiche den darauf entfallenden Lichtanteil mißt. Man kann aber dieses Verfahren auch vereinfachen, indem man nach dem Vorgange von L. Weber und anderen zur Ausgrenzung der Bereiche Farbgläser benutzt, und indem man die Anzahl dieser Farbgläser auf drei, die Farben Rot, Grün und Blau nämlich, beschränkt.

Bringt man solche geeignet ausgewählte und beispielsweise von L. Bloch für genauere Untersuchungen an den meisten künstlichen Lichtquellen benutzte Farbgläser an dem Photometer an, mit dem man die Lichtstärke der Lichtquellen normalerweise mißt, so kann man die Lichtwerte in jedem der drei durch die Farbgläser definierten Bereiche messen. Setzt man dann die für Tageslicht gewonnenen Werte für jeden Bereich gleich 100, so kann man die bei den anderen Lichtquellen erhaltenen Zahlen auf dieses beziehen und daraus ersehen, wodurch sich die untersuchten Lichtquellen in ihrer Lichtfarbe relativ zum Tageslicht unterscheiden.

Die angedeutete Rechnung kann man noch vereinfachen, indem man sowohl den Rot- wie den Blauwert auf den Grünwert bezieht und die Lichtquelle so durch die Werte des Rot-Grün- bzw. des Blau-Grün-Verhältnisses kennzeichnet. Führt man dafür eine Darstellung in rechtwinkligen Koordinaten ein, so erhält man die Abb. 21, die nach Bloch die Werte für die wichtigsten von ihm untersuchten Lichtquellen wiedergibt. Aus der Darstellung geht hervor, daß bereits zwischen dem Tageslicht bei klarem und bei bedecktem Himmel und dem Sonnenlicht Unterschiede vorhanden sind, und es ergibt sich gleichzeitig, daß sich die neueren Lichtquellen ständig nach der Seite einer Annäherung an das Tageslicht entwickelt haben.

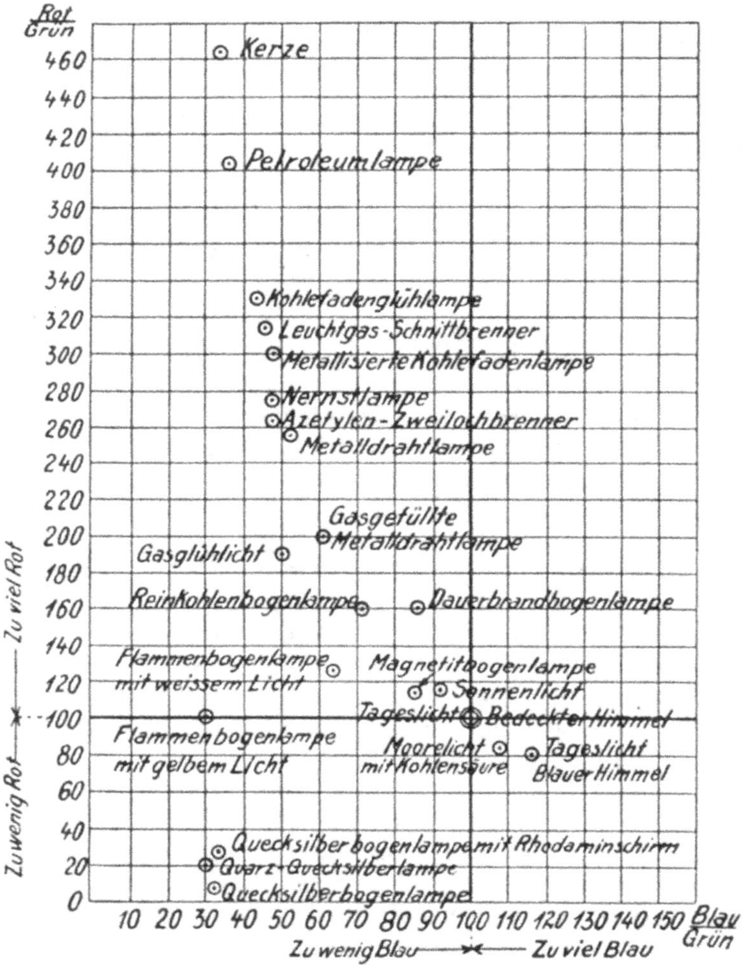

Abb. 21. Lichtfarben verschiedener Lichtquellen, bezogen auf das Tageslicht des bedeckten Himmels als Einheit, gekennzeichnet durch das Rot : Grün-Verhältnis in Abhängigkeit vom Blau : Grün-Verhältnis, nach L. Bloch.

Das künstliche Tageslicht. Durch unsere natürlichen Daseinsbedingungen hat die Färbung des Tageslichtes eine besondere Bedeutung, die sich in den Versuchen ausspricht, das Tageslicht auch auf künstlichem Wege zu erzeugen. Für eine solche Erzeugung kommen sowohl additive wie subtraktive Verfahren in Frage; additive, indem man mehrere verschiedenfarbige Lichtquellen zu einer neuen Lichtquelle von dem Tageslicht entsprechender Färbung zusammensetzt, subtraktive, indem man aus der Strahlung einer oder mehrerer gegebener künstlicher Lichtquellen durch geeignete Farbgläser so viel herausblendet, daß die übrigbleibende Strahlung in ihrer Energieverteilung dem Tageslicht entspricht. Beide Wege sind beschritten worden, wobei sich Lichtquellen mit einer teils größeren, teils geringeren Annäherung an das Tageslicht ergeben haben. Bei der Beurteilung dieser Lösungen spielt die Frage der Wirtschaftlichkeit der erzielten Tageslichtquelle eine wichtige Rolle, da es gerade beim subtraktiven Verfahren mit Rücksicht auf die verlangte Wirtschaftlichkeit oft nicht angängig war, bis an die theoretische Grenze der Annäherung an das Tageslicht zu gehen. Ganz allgemein genommen leuchtet aber ein, daß das subtraktive Verfahren um so aussichtsreicher wird, je höher die Glühtemperaturen der Ausgangslichtquelle sind.

Die praktischen Lösungen, welche die Aufgabe gefunden hat, sind teils von der Glühlampe, teils von der Gleichstrom-Bogenlampe, reinen Temperaturstrahlern also, ausgegangen und haben deren Strahlung durch geeignete Lichtfilter subtraktiv verändert. Ergänzend hat dabei auch das Mittel der additiven Beeinflussung durch einen gefärbten Reflektor Verwendung gefunden. Interessant ist, daß auch ein Lumineszenzstrahler, das Mooresche Glimmlicht mit Kohlensäurefüllung, eine Lösung dieser Aufgabe, und zwar die zurzeit vollkommenste, geliefert hat, da zufällig die über das ganze sichtbare Spektrum verteilten Emissionslinien der Kohlensäure eine dem Tageslicht ganz außerordentlich nahekommende Färbung ergeben.

Buchliteratur.

E. Liebenthal, Praktische Photometrie, Braunschweig 1907.

Uppenborn-Monasch, Lehrbuch der Photometrie, München u. Berlin 1912.

P. Högner, Lichtstrahlung und Beleuchtung, Braunschweig 1906.

L. Bloch, Grundzüge der Beleuchtungstechnik, Berlin 1907.

N. A. Halbertsma, Fabrikbeleuchtung, München und Berlin 1918.

O. Lummer, Grundlagen, Ziele und Grenzen der Leuchttechnik, München und Berlin 1918.

M. Planck, Theorie der Wärmestrahlung, Leipzig 1906.

G. K. Burgeß und H. Le Chatelier, Measurement of high temperatures, New York 1912.

F. Henning, Temperaturmessung, Braunschweig 1915.

M. Luckiesh, Color and its applications, New York 1915.

Zweiter Abschnitt.

Photometrie.

Von Geh. Reg.-Rat Prof. Dr. W. **Wedding.**

Photometrisches Grundgesetz. Denken wir uns um einen nach allen Raumrichtungen gleichmäßig leuchtenden Strahlpunkt mit dem Lichtstrom Φ_1 eine Kugel mit dem Halbmesser r_1, so erhält deren Oberfläche eine Beleuchtung $E_1 = \frac{\Phi_1}{4\pi r_1^2}$. Nehmen wir einen zweiten Strahlpunkt mit dem Lichtstrom Φ_2 in einer Kugel mit dem Halbmesser r_2, so erhält deren Oberfläche eine Beleuchtung $E_2 = \frac{\Phi_2}{4\pi r_2^2}$. Ändert man die Größen r_1 und r_2 so, daß die Beleuchtungen auf den beiden Kugeloberflächen einander gleich werden, also $E_1 = E_2$ wird, so wird

$$\frac{\Phi_1}{4\pi r_1^2} = \frac{\Phi_2}{4\pi r_2^2};$$

da

$$\frac{\Phi_1}{4\pi} = J_1$$

die Lichtstärke der ersten Lichtquelle, und

$$\frac{\Phi_2}{4\pi} = J_2$$

die Lichtstärke der zweiten Lichtquelle darstellt, so ist

$$\frac{J_1}{r_1^2} = \frac{J_2}{r_2^2} \text{ oder } \frac{J_1}{J_2} = \frac{r_1^2}{r_2^2},$$

d. h. die Lichtstärken zweier Lichtquellen verhalten sich wie die Quadrate ihrer Entfernungen von einer Fläche, die bei senkrechtem Einfall der Strahlen durch jede der Lichtquellen einzeln beleuchtet die gleiche Stärke der Beleuchtung erfährt. Dieses grundlegende Gesetz der Photometrie beruht also auf dem Vergleich der Beleuchtungen, aus dem das Verhältnis der Lichtstärken errechnet wird. Ist die Lichtstärke einer der beiden zu vergleichenden Lichtquellen, z. B. J_2 gegeben, so ist damit auch die Lichtstärke der anderen Lichtquelle gegeben.

Normallampen. Als Lichteinheit gilt bei uns die Amylazetatlampe von v. Hefner-Alteneck. Als 1 Hefnerkerze (HK) wird die in wagerechter Richtung gegebene Strahlung dieser in Abschnitt I, S. 15 bereits erwähnten Lampe bezeichnet. Die Abb. 1 zeigt in der Mitte die Lampe mit einer Visiereinrichtung zur richtigen Einstellung der Flammenhöhe. Rechts davon ist ein von Krüß angegebener optischer Flammenmesser abgebildet und links eine Kontrollehre zur Prüfung der richtigen Einstellung des Dochtrohrrandes und des Flammenmessers.

Die Hefnerlampe hat den Vorzug, daß sie, von der Physikalisch-Technischen Reichsanstalt geeicht, uns das grundlegende Einheitsmaß der Lichtstärke darstellt. Dagegen zeigt sie mancherlei Nachteile im praktischen Gebrauch. Der Wert ihrer Lichtstärke muß entsprechend Barometerstand und Luftfeuchtigkeit korrigiert werden. Auch ist die Lampe vor Luftzug beim Messen sorgfältig zu schützen. Ihre Lichtstärke ist im Vergleich mit den heute gebräuchlichen Lichtstärken nur gering und ihre Lichtfarbe weicht erheblich von derjenigen der heute benutzten Lampen ab. Man ist deshalb in der praktischen Photometrie immer mehr von der Anwendung der Hefnerlampe als Gebrauchsnormal abgekommen.

Abb. 1. Hefnerlampe mit optischem Flammenmaß.

An ihre Stelle sind von der Physikalisch-Technischen Reichsanstalt geeichte Kohlefaden- oder Metalldrahtlampen getreten. Den jeweiligen Verhältnissen entsprechend wird man sich einige derartige Normallampen für verschiedene Lichtstärken beschaffen; auf diese Weise kann man die Messungen stets so einrichten, daß die Entfernungen der zu vergleichenden Lampen vom Photometer weder zu groß noch zu klein werden, damit die zu beleuchtende Fläche des Photometers eine angemessene Beleuchtung erhält. Für den täglichen Gebrauch kann man sich auch nach den von der Reichsanstalt geeichten Glühlampen Zwischenlichtquellen selbst nacheichen und wird dann die Reichsanstaltslampen nur zu Kontrollmessungen benutzen. Bei der Auswahl der Normalglühlampen ist besonders darauf zu achten, daß ihre Stromstärke und Lichtstärke keine unregelmäßigen Schwankungen zeigt, und daß keine störenden Reflexe vorkommen. Um eine Änderung der Lichtstärke im Laufe des Gebrauchs zu vermeiden, wird man stets Lampen benutzen, die schon mehrere 100 Stunden gebrannt haben und keine zu starke Beanspruchung aufweisen.

Über die im Ausland gebräuchlichen Lichteinheiten und die Anpassung unserer Einheit an diese ist Näheres im Abschnitt I, S. 16 enthalten.

Bankphotometer. Als Photometer wird heute am meisten das von Lummer und Brodhun angegebene benutzt. Es besteht in der Hauptsache aus einem Glaswürfel, der entsprechend Abb. 2 aus zwei rechtwinkligen Glasprismen zusammengesetzt ist. Beide sind mit ihren Hypotenusenflächen aufeinandergepreßt. Das linke Prisma besitzt eine ringförmige, durch Ätzung vertiefte Stelle *cc*. Die von rechts her durch das rechte Prisma eintretenden Lichtstrahlen werden an dieser ringförmigen Stelle reflektiert. An der kreisförmigen Stelle *d* liegen

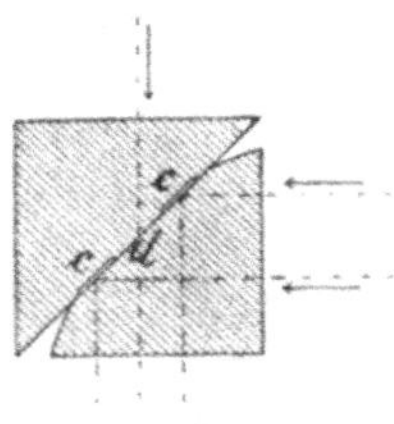

Abb. 2. Photometerwürfel von Lummer und Brodhun.

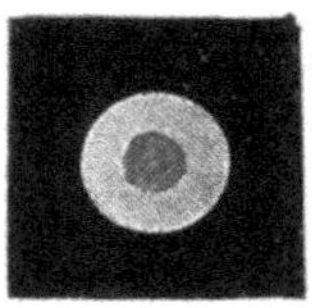

Abb. 3. Photometerfeld.

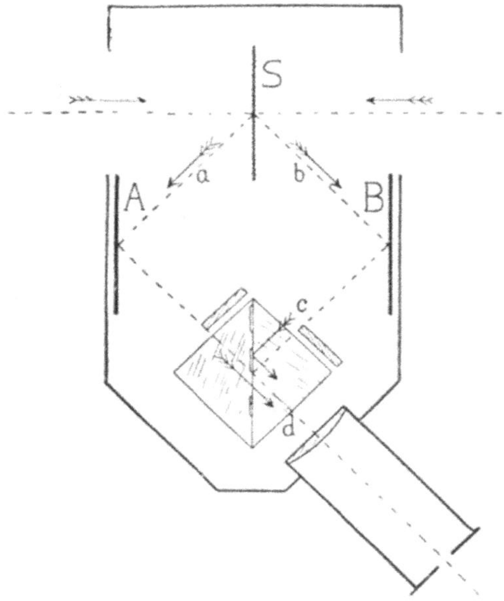

Abb. 4. Schnitt durch den Photometerkopf von Lummer und Brodhun.

dagegen die beiden Prismenflächen unmittelbar aufeinander. Hier wird das von oben durch das linke Prisma einfallende Licht direkt hindurchgelassen. So entsteht das in Abb. 3 angedeutete Bild, bei dem die ringförmige Fläche nur von der einen Lichtquelle und die innere kreisförmige Fläche nur von der anderen Lichtquelle beleuchtet wird. Verschwindet die Trennungslinie zwischen beiden Flächen, so ist die Beleuchtung beider Flächen übereinstimmend und dann gilt das oben abgeleitete Gesetz für den Vergleich der Lichtstärken.

Der Einbau des Prismenwürfels erfolgt in dem Photometerkopf (Abb. 4) in der Weise, daß die von der links aufgestellten Lichtquelle kommende Strahlung von der weißen Platte *S* nach dem Spiegel *A* und weiter über *d*, die von rechts kommende Strahlung dagegen von *S* über den Spiegel *B* und *c* durch die Lupe in das Auge des Beobachters gelangt. Dieser sucht durch Verschieben des ganzen Photometers auf der Photometerbank das richtige Verhältnis von $r_1^2 : r_2^2$, bei dem die Beleuchtungsgleichheit im Photometer auftritt. Den gesamten Einbau zeigt die Abb. 5.

Die Messungsanordnung auf der Photometerbank ist aus Abb. 6 zu entnehmen. Die zu messende Lampe I wird mit k auf der Bank festgeklemmt und mit T und t in die richtige Höhe eingestellt. Das Photometer LB ist auf dem Stativ II befestigt, die Normallampe N auf III. Letztere sind beide auf Wagen verschiebbar und können durch den Rahmen r miteinander verbunden werden, wenn ihre Entfernung

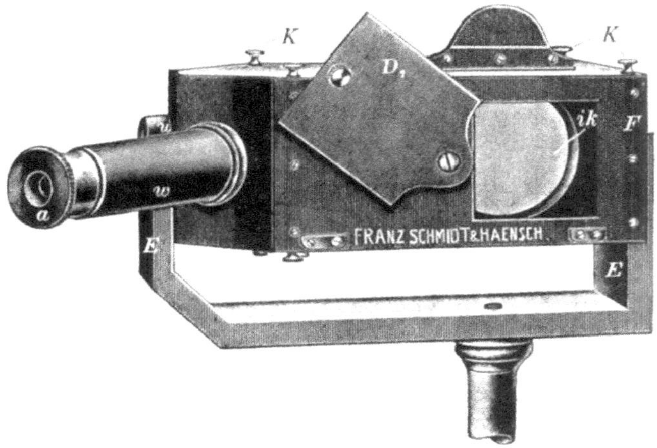

Abb. 5. Photometerkopf.

unveränderlich bleiben soll. Die Abstände zwischen den Lampen und dem Photometer können auf einer Teilung abgelesen werden, die unmittelbar auf einem der beiden mit Hartgummi überzogenen Stahlrohre angebracht ist, auf welchem die Wagen hin- und hergeschoben werden. Die übliche Länge der Teilung ist 250 cm. Zwischen den Lampen und dem Photometer sind mehrere Blenden angebracht, um störendes seitliches Licht vom Photometer fernzuhalten; zu demselben Zweck dienen die beiden Schirme B aus schwarzem Samt an den beiden Enden der Photometerbank.

Nicht jedes Auge ist zum Photometrieren geeignet. Vor allem macht die Einstellung auf gleichstarke Beleuchtung durch die Farbenunterschiede der zu vergleichenden Lichtquellen manchem Schwierigkeiten. Ferner ist darauf zu achten, daß die Entfernung zwischen Lichtquelle und Photometer nicht zu klein wird, damit nicht die geometrischen Abweichungen von der punktförmig angenommenen Lichtquelle und anderseits eine zu starke Beleuchtung des Photometerschirmes Fehlerquellen in die Messung hineinbringen. Für Starklichtquellen werden Schwächungsvorrichtungen zwischen Lampe und

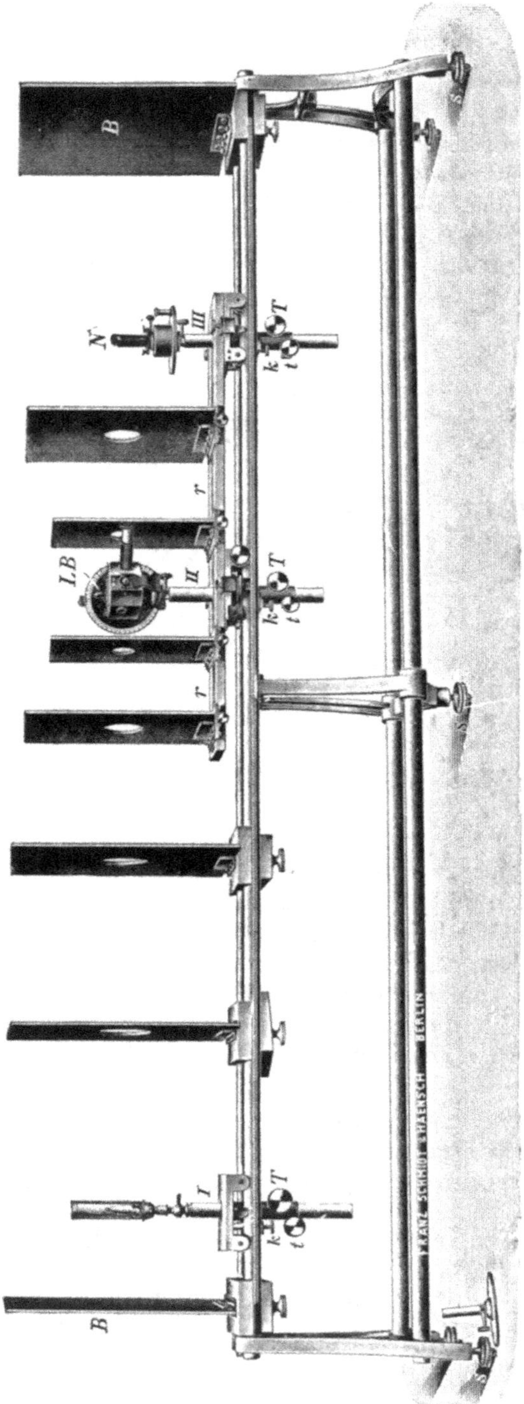

Abb. 6. Photometerbank mit vollständiger Ausrüstung.

Photometer eingeschaltet, um die Beleuchtung des Photometerschirmes genügend abzuschwächen. Man kann hierfür Rauchgläser, Milchgläser, Glaskeile, Nicolsche Prismen oder einen verstellbaren, rotierenden Sektor benutzen.

Webersches Photometer. An Stelle des Bankphotometers werden in zunehmendem Maße, besonders für die Messung stärkerer Lichtquellen, andere Photometer benutzt. Diese sind in erster Reihe für die Messung der Beleuchtung ausgebildet worden, können aber ebensogut auch für die Messung der Lichtstärke dienen, indem die gemessene Beleuchtung mit dem Quadrat des Abstandes zwischen Lichtquelle und Photometer multipliziert wird.. Das älteste und auch heute noch verbreitetste Photometer dieser Art ist das von L. Weber. In seiner von Weber angegebenen und von den Firmen Franz Schmidt & Haensch (Berlin) und A. Krüß (Hamburg) hergestellten Ausführungsform ,ist es in den Lehrbüchern über Photometrie (siehe S. 74) von Liebenthal und von Uppenborn - Monasch ausführlich beschrieben. Im Laufe der Jahre erfuhr es mancherlei Verbesserungen. Die neuerdings von der Firma Franz Schmidt & Haensch hergestellte Ausführungsform ist in Abb. 7 dargestellt. Sie besteht aus einem horizontalen, feststehenden Hauptrohr und einem in einer Vertikalebene drehbaren Rohre. Das feste Rohr enthält auf seiner rechten Seite eine kleine Vergleichsglühlampe für niedrige Spannung, deren Stromstärke mittels eines Amperemeters konstant gehalten wird. In dem festen Rohr ist eine Milchglasplatte mittels eines Triebs verschiebbar. Ihr Abstand r von

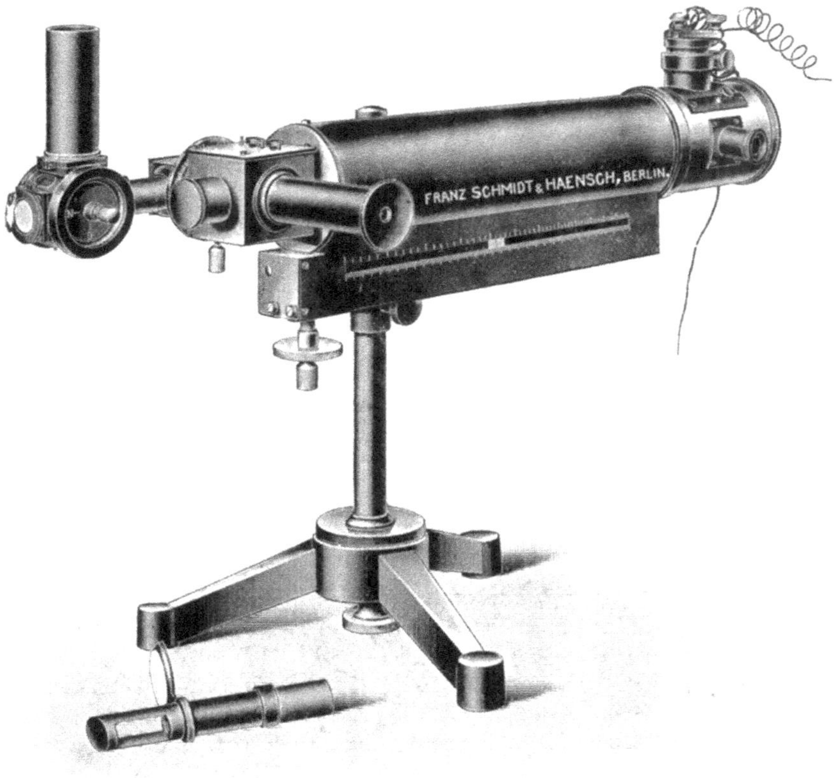

Abb. 7. Webersches Photometer.

der Vergleichsglühlampe kann an der unter dem Rohr befindlichen Teilung abgelesen werden. Die Beleuchtung dieser Milchglasscheibe wird mittels des am linken Ende des festen Rohrs angebrachten Lummer-Brodhunschen Prismenwürfels mit der Beleuchtung einer im drehbaren Rohr befindlichen Milchglasscheibe M verglichen und durch die Verstellung in Übereinstimmung gebracht. Die Milchglasscheibe M wird durch die zu messende Lampe beleuchtet, welche im Abstande R von der Milchglasscheibe aufgestellt wird. Erscheinen bei Beobachtung durch das Okular die beiden Photometerfelder bei der Einstellung r gleich hell, so ergibt sich die gesuchte Lichtstärke aus der Formel

$$J = c \cdot \frac{R^2}{r^2}.$$

Zur Bestimmung der Photometerkonstante c wird die zu messende Lampe durch eine Normallampe von bekannter Lichtstärke J_1 im Abstande R_1 von der Milchglasplatte M ersetzt. Ergibt sich bei der Einstellung r_1 Gleichheit der Photometerfelder, so ist die Konstante

$$c = J_1 \cdot \frac{r_1^2}{R_1^2}.$$

Soll die Beleuchtung gemessen werden, so tritt an Stelle des in Abb. 7 senkrecht nach oben gerichteten Auffangetubus eine Milchglasplatte μ, welche in diejenige Ebene eingestellt wird, deren Beleuchtung gemessen werden soll. Ergibt sich bei Benutzung dieser Platte die Photometerkonstante c_1, und bei der Beleuchtungsmessung die Einstellung r, so ist die zu messende Beleuchtung $E = \frac{c_1}{r^2}$.

Bei Verwendung von Milchgläsern als Auffangeplatten für die Messung der Beleuchtung ist Vorsicht geboten, da bei sehr schräg auffallendem Licht Fehlerquellen auftreten. Die Firma Schmidt & Haensch hat deshalb an Stelle dieser Platten verbesserte Auffangeschirme für Beleuchtungsmessungen ausgebildet, welche die Fehler bei schräg auffallendem Licht in bedeutend geringerem Maße oder nahezu gar nicht aufweisen. Ein am Photometer bequem anzubringender Schirm kann beispielsweise aus einer Milchglasplatte bestehen, die mit einer Magnesiaschicht überzogen ist; durch Abbrennen eines Stückes Magnesiumband kann diese Schicht jederzeit leicht erneuert werden. Die Eichung des Photometers für Beleuchtungsmessungen erfolgt in gleicher Weise wie für die Messung von Lichtstärken.

Um die Schwierigkeiten beim Vergleich verschiedenfarbiger Lichtquellen zu vermindern, hat Weber im Okular seines Photometers je eine kleine rote und grüne Glasscheibe vorgesehen, die vor die Okularöffnung geschoben werden können. Bei verschiedenfarbigen Lichtquellen erfolgen dann statt der Messung mit freier Okularöffnung deren zwei im roten und grünen Licht. Aus dem Verhältnis der beiden Ablesungen wird der für die Messung maßgebende Wert an Hand einer Hilfstabelle festgestellt, deren Werte auf experimentellem Wege gewonnen wurden. Im praktischen Gebrauch hat sich diese Art der Messung verhältnismäßig wenig eingeführt. Bequemer ist die Beeinflussung der Vergleichslichtquelle durch eine ständig vorgeschaltete Farbglasscheibe in dem Sinne, daß ihre Lichtfarbe sowohl mit den hauptsächlich zu messenden Lampen, wie auch mit der Normallampe gut übereinstimmt.

Weitere Photometer für Licht- und Beleuchtungsmessungen. Gleichfalls viel angewandt sowohl für Lichtmessungen im Photometerraum wie auch für Beleuchtungsmessungen im Freien wird das Photometer mit Sektoren-Meßvorrichtung nach Brodhun (Zeitschrift für Instrumentenkunde Bd. 27, Juni 1907, S. 178). Bei diesem gleichfalls von der Firma Schmidt & Haensch hergestellten Apparat (Abb. 8)

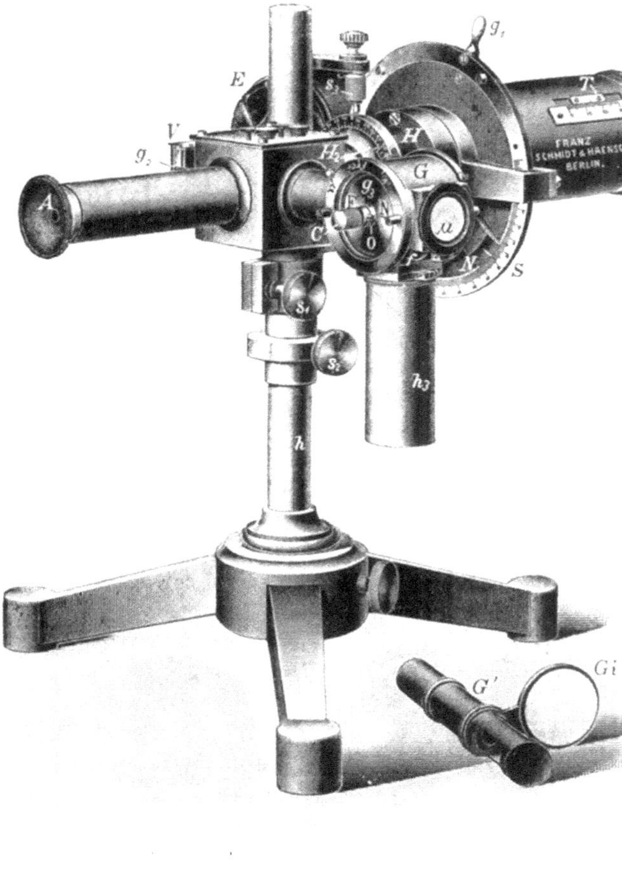

Abb. 8. Photometer mit Sektoren-Meßvorrichtung.

wird der von der kleinen Vergleichsglühlampe ausgehende Lichtstrahl durch zwei rotierende Prismen aus seiner Bahn abgelenkt und während der Rotation mittels eines verstellbaren Sektors meßbar geschwächt. Die Öffnung des Sektors kann an einer Kreisteilung *S* abgelesen werden. Sie ist unmittelbar proportional der zu messenden Lichtstärke oder Beleuchtung. Aus der Abbildung ist u. a. die für Beleuchtungsmessungen zu benutzende Milchglasauffangeplatte μ deutlich zu ersehen;

an deren Stelle kann auch der unten liegende Gipsschirm *Gi* benutzt werden. Für Lichtmessungen wird dagegen der Auffangetubus h_3 auf die zu messende Lampe gerichtet. Das Photometer hat den Vorteil der bequemen und vielseitigen Benutzbarkeit; ein Nachteil ist allerdings der zum Antrieb der Rotationsvorrichtung erforderliche und in dem Instrument eingebaute kleine Motor *E*, der mittels eines besonderen Akkumulators betrieben wird. Auch dieses Photometer hat im Laufe der Jahre seit seiner Entstehung ganz erhebliche Verbesserungen erfahren, die hauptsächlich von Bechstein herrühren. Besonders zu erwähnen ist der gegenüber früher bedeutend kompendiösere Aufbau und die starke Erweiterung des Meßbereichs in für den Gebrauch sehr bequemen dezimalen Abstufungen.

Erwähnt sei hier noch das neuerdings von Schmidt & Haensch ausgebildete Universalphotometer nach Bloch (J. f. G. 1919, S. 355). Bei ihm erfolgt die Veränderung des von der Vergleichslichtquelle herrührenden Lichtstroms durch Einstellen einer verstellbaren viereckigen Öffnung, deren Öffnungsweite an einer Teilung abgelesen werden kann und der zu messenden Lichtstärke oder Beleuchtung proportional ist. Im Okular des Photometers ist eine Revolverscheibe mit 4 Öffnungen angebracht, von denen 3 genau definierte Jenaer Normalgläser in den Farben Rot, Grün und Blau enthalten, während die vierte Öffnung zur unmittelbaren Beobachtung frei bleibt. Die Farbglasscheiben dienen zur Messung der Farbe der künstlichen Lichtquellen (s. Abschnitt I, S. 47). Außer zu Messungen der Beleuchtung, der Lichtstärke und der Lichtfarbe kann das Photometer bequem zur Messung der Lichtdurchlässigkeit und der Farbe von festen und flüssigen Körpern und zur Bestimmung der Reflexionsfähigkeit und Farbe undurchsichtiger Körper benutzt werden. Es ermöglicht so auch die Messung der Schwärzung photographischer Platten und Papiere.

Ein einfacher und leicht transportabler Apparat für Beleuchtungsmessungen, besonders zur Benutzung außerhalb des Photometerraums ist der Beleuchtungsmesser von Martens (Abb. 9). Die Entfernung zwischen der feststehenden Vergleichslichtquelle und der Beobachtungsstelle wird hier durch Verschiebung eines beweglichen Winkelspiegels verändert und dessen Stellung auf einer Teilung abgelesen. Aus der Abbildung ist der Aufbau des Apparats auf einem Stativ für Beleuchtungsmessungen im Freien zu erkennen; gemessen wird hierbei die Beleuchtung der kreisrunden Gipsplatte. Das eingebaute Meßinstrument dient zum Konstanthalten der Stromstärke der Vergleichsglühlampe, die von einem kleinen, tragbaren Akkumulator gespeist wird.

Zur Messung der Beleuchtung von Arbeitsplätzen kann ferner der von der Firma A. Krüß, Hamburg, gebaute Beleuchtungsmesser nach Wingen dienen. Bezüglich näherer Beschreibung dieses Apparats, sowie auch noch weiterer Photometer für Licht- und Beleuchtungsmessungen sei auf die Lehrbücher von Liebenthal (Praktische Photometrie) und Uppenborn-Monasch (Lehrbuch der Photometrie) verwiesen.

Vorrichtungen zur Messung der mittleren horizontalen Lichtstärke. Nur ausnahmsweise genügt eine einzige Lichtstärkenmessung zur ausreichenden Kennzeichnung für die Lichtstärke einer Lampe. Selbst bei denjenigen Lampen, bei denen die Angabe der Lichtstärke in einer bestimmten Richtung, nämlich der horizontalen, üblich oder vorgeschrieben ist, genügt es nicht, die horizontale Lichtstärke nur in einer Richung zu messen. Man muß vielmehr wegen der Verschiedenheiten, welche die Lichtstärke in den verschiedenen Richtungen der Horizontalebene aufweisen kann, deren Mittelwert, die sog. mittlere horizontale Lichtstärke feststellen. Bei Gasglühlichtlampen begnügt man sich zu diesem Zwecke mit der Messung in vier verschiedenen aufeinander senkrechten Richtungen der durch den Brenner gelegten Horizontalebene und nimmt aus den vier erhaltenen Werten das Mittel.

Abb. 9. Beleuchtungsmesser von Martens mit Meßtisch.

Bei elektrischen Glühlampen bedient man sich besonderer Vorrichtungen, um die mittlere horizontale Lichtstärke durch nur eine Messung zu erhalten. Hierzu ist ein Winkelspiegel geeignet, der aus zwei unter 120° gegeneinander versetzten Spiegeln zusammengesetzt ist; in dem Schnittpunkt zwischen der Winkelhalbierenden und den Normalen auf die Mittelpunkte der beiden Spiegel wird die zu messende Lampe bzw. die Normallampe eingesetzt. Man erhält dann eine Gesamt-Lichtstärke, die sich aus der Lichtstärke der Lampe selbst und derjenigen der beiden Spiegelbilder zusammensetzt und zur mittleren horizontalen Lichtstärke der Lampe in einem bestimmten konstanten Verhältnis steht.

In erheblich größerem Maße hat sich für Glühlampenmessungen besonders beim Gebrauch in den Fabriken die **Rotationsmethode** eingeführt. Bei ihr wird die Lampe durch einen kleinen Motor oder eine Transmission in Rotation versetzt. Zweckmäßig sind Umdrehungszahlen von etwa 35 bis 60 in einer Minute. Eine Rotationsvorrichtung für Glühlampen zeigt Abb. 10. Bei dieser Methode ergibt sich selbsttätig der genaue Wert der mittleren horizontalen Lichtstärke, da die Glühlampe der Reihe nach in allen Richtungen der Horizontalebene dem Photometer zugekehrt ist.

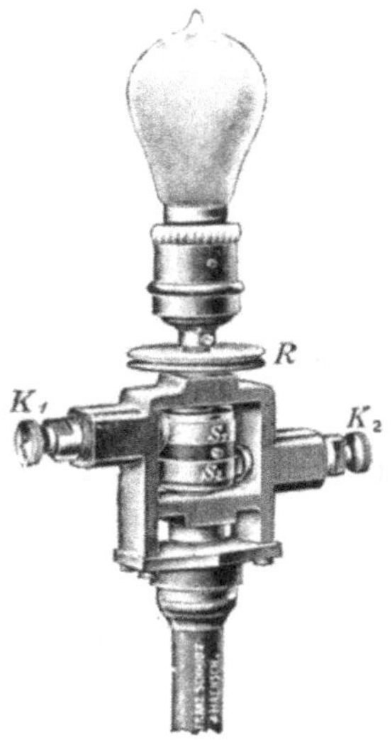

Abb. 10. Rotationsvorrichtung für Glühlampen.

Abb. 11. Rotierender Spiegel für Glühlampenphotometrie.

Bei manchen Glühlampenarten ist der Aufbau derart, daß durch die Rotation eine dauernde Beschädigung leicht eintreten könnte. Um dies zu vermeiden, kann an Stelle der Rotation der Lampe auch eine von **Brodhun** angegebene Rotationsmethode treten, bei welcher die Lampe in der Scheitelebene eines Winkelspiegels feststeht und dieser rotierend angeordnet ist. Einen von A. **Krüß** (Hamburg) hergestellten Apparat dieser Art zeigt Abb. 11. Hierbei ist man in der Wahl der Umdrehungszahl durch Rücksichten auf die Lampe selbst nicht beschränkt. Die Messung erfolgt in gleicher Weise wie bei der Methode mit feststehendem Winkelspiegel. Seit 1911 ist die Rotationsmethode vom Verband Deutscher Elektrotechniker für die Messung von Glühlampen vorgeschrieben. Für gasgefüllte und für Spiraldraht-Glühlampen kommt sie allerdings nicht in Frage.

Integratoren. Für die neueren Glühlampenarten, sowie auch für Bogenlampen reicht die Messung der mittleren horizontalen Lichtstärke nicht aus. Hier ist vielmehr wegen der verschiedenartigen Lichtverteilung die Feststellung der mittleren sphärischen oder hemisphärischen Lichtstärke erforderlich. Man kann zu diesem Zwecke entweder die gesamte Lichtverteilungskurve von Punkt zu Punkt mit Hilfe besonderer Drehvorrichtungen aufnehmen oder auch die Messung der mittleren sphärischen Lichtstärke unmittelbar mittels eines Hilfsapparats ausführen. Früher zu diesem Zwecke ausgebildete Apparate, wie z. B. das Lumenmeter von Blondel und der Integrator von Matthews haben sich bei uns gar nicht und im Auslande auch nur wenig eingeführt. Dagegen hat die im Jahre 1900 von Ulbricht angegebene Kugel (oft auch »Kugelphotometer«genannt) eine sehr große Verbreitung erlangt. Sie stellt einen theoretisch wohlbegründeten und praktisch äußerst einfachen und bequemen Hilfsapparat zur Messung des Gesamtlichtstroms beliebiger Lichtquellen dar. Eine eingehende Behandlung findet sich in R. Ulbricht, Das Kugelphotometer (München und Berlin 1920).

Die Ulbrichtsche Kugel. Die ganze Vorrichtung besteht im wesentlichen nur aus einer innen mattweiß gestrichenen Kugel (Abb. 12) mit einer Öffnung O zum Einsetzen der zu messenden Lampe, einem Beobachtungsfenster P für die Lichtmessung und einer verstellbaren Blende B. Die Kugel wird zweckmäßig aus verzinktem Eisenblech oder auch für kleinere Durchmesser aus Zinkblech hergestellt. Als Durchmesser genügt für Glühlampen von niedriger und mittlerer Lichtstärke ½ bis 1 m: für Hochkerzenlampen und für Bogenlampen ist mindestens 1,5 m empfehlenswert. Bei Wahl eines Durchmessers von 2 m wird die Meßgenauigkeit noch etwas erhöht. Die durch noch größeren Durchmesser erzielbare weitere Erhöhung der Meßgenauigkeit vermag die erhebliche Steigerung der Herstellungskosten und die größere Unbequemlichkeit beim Gebrauch nicht mehr zu rechtfertigen.

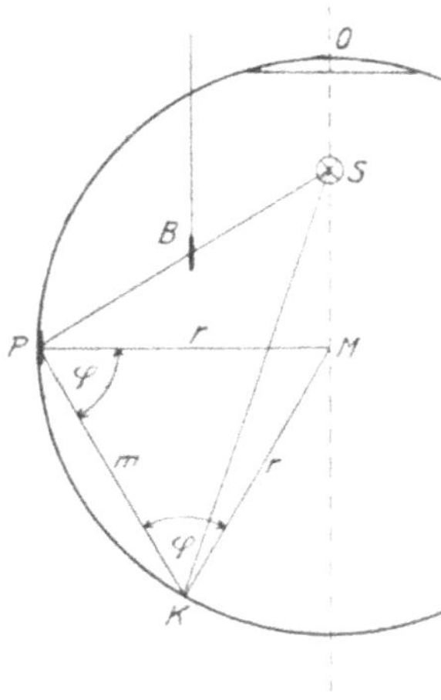

Abb. 12. Schematische Darstellung für die Wirkungsweise der Ulbrichtschen Kugel.

Als zweckmäßigster Innenanstrich hat sich ein Grundanstrich aus Bleiweiß-Kopallack und ein dreifacher Deckanstrich aus Zinkweiß-

Leimfarbe ergeben. Die Öffnung O für das Einsetzen der Lampe kann entweder oben oder seitlich angebracht sein; ihr Durchmesser von etwa 20 bis 30 cm richtet sich nach der Größe der zu messenden Lampen. Die Beobachtungsöffnung von etwa 5 cm Durchmesser wird am besten am Äquator vorgesehen, kann sich aber auch bei großen Kugeln an beliebiger Stelle weiter unten befinden. Gemessen wird entweder das aus der Beobachtungsöffnung in Richtung des zugehörigen Kugelhalbmessers austretende Licht oder die Beleuchtung einer in die Beobachtungsöffnung eingelassenen Milchglasscheibe. Hierzu kann auch die unmittelbar vor die freie Beobachtungsöffnung gestellte Platte μ eines der oben beschriebenen Photometer benutzt werden. In jedem Falle darf die Beobachtungsöffnung nur indirekt von den Kugelwänden aus beleuchtet sein und kein Licht unmittelbar von der zu messenden Lichtquelle selbst erhalten. Hierfür wird durch richtige Einstellung der verstellbaren Blende B gesorgt, einer weißen Kartonscheibe, deren Durchmesser höchstens 10% des Kugeldurchmessers betragen soll.

Abb. 13. Ulbrichtsche Kugel von 0,5 m Durchmesser.

Bei Messung einer Lampe in der Ulbrichtschen Kugel ist die Photometerablesung dem Gesamtlichtstrom bzw. der mittleren sphärischen Lichtstärke der Lampe direkt proportional. Um einen absoluten Wert zu erhalten, muß eine Eichung der Messungsvorrichtung mit einer Normallampe von bekanntem Gesamtlichtstrom vorgenommen werden. Die Normallampe kann dauernd unten in der Kugel angebracht sein und muß dann noch eine besondereBlende erhalten. Vorzuziehen ist es, sie jeweils zur Vornahme der Eichung an die Stelle der zu messenden Lampe zu bringen. Abb. 13 zeigt eine von Schmidt & Haensch hergestellte Ulbrichtsche Kugel von 0,5 m Durchmesser in geöffnetem Zustande. Sie läßt die verschiebbare Blende und die unten fest angebrachte Normallampe erkennen, während die zu messende Lampe oben hängt. In Abb. 14 ist eine Ulbrichtsche Kugel derselben Firma von 1,5 m Durchmesser nebst Photometer und vollständiger Meßeinrichtung dargestellt. Das Beobachtungsfenster ist hier etwas unterhalb des schräg angeordneten Teilkreises vorgesehen.

Abb. 14. Ulbrichtsche Kugel von 1,5 m Durchmesser mit Photometer und Meßeinrichtung.

Theoretische Begründung der Ulbrichtschen Kugel. Mit Rücksicht auf die große Bedeutung, welche die Ulbrichtsche Kugel für die Photometrie erlangt hat, soll deren theoretische Begründung in elementarer Darstellung hier kurz angeführt werden. Jedes Flächenelement K (Abb. 12, S. 61) der Innenfläche der Kugel empfängt einerseits von der zu messenden Lichtquelle S eine direkte Beleuchtung, die je nach Lichtstärke der Lampe in der in Frage kommenden Ausstrahlungsrichtung SK und je nach Lage der Lampe im Innern der Kugel ganz verschieden ausfallen kann. Anderseits empfängt und liefert K aber auch noch indirekte Beleuchtung von und nach allen anderen Flächenelementen der Kugelwand. Besitzt das von uns ins Auge gefaßte Flächenelement *K* die Größe *f*, so ist die von ihm nach dem Beobachtungsfenster *P* gelieferte indirekte Beleuchtung proportional seiner von *S* herrührenden direkten Beleuchtung und seiner Größe *f*. Außerdem wird die von *K* nach *P* gelangende Beleuchtung um so größer, je geringer der Abstand *m* zwischen *K* und *P* ist, und zwar wächst die von *K* herrührende Beleuchtung des Kugelfensters umgekehrt proportional mit dem Quadrat von *m*. Anderseits nimmt sie um so mehr ab, je größer die Winkel *MKP* und *MPK* sind, unter welchen das Licht von *K* ausgestrahlt wird und auf das Kugelfenster *P* auftrifft, wobei *M* der Kugelmittelpunkt ist. Die indirekte Beleuchtung in *P* ist hiernach proportional dem Quadrat des Kosinus dieser beiden Winkel φ, die bei einer Kugeloberfläche einander gleich sind. Der Abstand *KP* ist bei einer Kugeloberfläche gleichfalls dem Kosinus dieser Winkel proportional. Infolgedessen heben sich die Wirkungen des Abstandes zwischen *K* und *P* und des schrägen Auftreffens der Lichtstrahlen gerade auf. Daher sind die von den einzelnen Flächenelementen der Kugel nach dem Beobachtungsfenster gelieferten Einzelbeträge der indirekten Beleuchtung jeweils nur dem Produkt aus der Beleuchtung und der Größe dieser Flächenelemente proportional, dagegen von der Lage der Flächenelemente zum Beobachtungsfenster ganz unabhängig. Dieses Produkt stellt den Teillichtstrom dar, welcher von der zu messenden Lichtquelle nach dem betreffenden Flächenelement gelangt. Die Summe aller indirekten Teilbeleuchtungen in *P*, welche von allen einzelnen Flächenelementen der Kugel herrühren, ergibt hiernach eine der Summe aller Teillichtströme und damit dem gesamten Lichtstrom der zu messenden Lichtquelle proportionale Größe. Hieran wird auch dadurch nichts geändert, daß in der Kugel nicht nur einmalige, sondern eine unendlich oft wiederholte Reflexion auftritt. Der Betrag des reflektierten Lichts wird hierdurch vergrößert, aber in jedem Falle bleibt das nach dem Beobachtungsfenster gelangte indirekte Licht direkt proportional dem Gesamtlichtstrom der zu untersuchenden Lichtquelle, wenn nur dafür gesorgt wird, daß das außerdem nach dem Fenster gelangende direkte Licht durch die Blende von ihm ferngehalten wird. Von der Lage des Beobachtungsfensters, sowie auch von der Lage der Lichtquelle innerhalb der Kugel ist das Ergebnis ganz unabhängig, solange die Lichtquelle und das von ihr ausgestrahlte Licht sich vollständig innerhalb der Kugel befinden.

Ist oben an der Kugel eine Haube von beliebiger Größe abgeschnitten und die Lichtquelle so in der Ebene des Kugelabschnitts angeordnet, daß alles nach unten ausgestrahlte Licht in die Kugel hineingelangt, dagegen alles nach oben ausgestrahlte außerhalb der Kugel bleibt, erhält man durch die Messung in der Ulbrichtschen Kugel eine der mittleren hemisphärischen Lichtstärke oder dem nach der unteren Raumhälfte gelangenden Lichtstrom proportionale Größe. Zur absoluten Bestimmung dieser Werte muß man über eine entsprechend geeichte Normallampe verfügen.

Vorrichtungen zur Aufnahme von Lichtverteilungskurven. Will man den Gesamtlichtstrom einer Lichtquelle erhalten, ohne einen der zu seiner Messung geeigneten Hilfsapparate zu besitzen, oder will man auch über die Verteilung des Lichts in den verschiedenen Raumrichtungen Aufschluß erhalten, so muß man die Lichtstärke unter einer größeren Zahl von Ausstrahlungswinkeln messen. In erster Reihe kommen hierbei die verschiedenen Ausstrahlungsrichtungen in einer vertikalen, durch die Lampenachse gelegten Ebene in Betracht. Hier zeigen die meisten Lampen ganz erhebliche Verschiedenheiten in ihrer Lichtstärke. Im Gegensatz hierzu sind die Lichtstärkenunterschiede in der horizontalen, senkrecht zur Lampenachse liegenden Ebene meist bedeutend geringer. Die Lichtverteilung in dieser Ebene kann in einfacher Weise durch Drehung der Lampe um ihre Vertikalachse und Messung unter verschiedenen an einer Teilung abzulesenden Winkeln aufgenommen werden.

Zur Aufnahme der Lichtverteilung in der vertikalen Ebene kann man die Lampe in einer Drehvorrichtung anbringen, wobei dafür zu sorgen ist, daß die Entfernung zwischen Leuchtkörper und Photometer beim Drehen der Lampe unverändert bleibt. Die Drehvorrichtungen, bei denen die normalerweise vertikal stehende Lampenachse der Reihe nach verschiedene Richtungen einnimmt, können nur zur Messung der Lichtstärke von Glühlampen benutzt werden und auch hierbei ist darauf zu achten, daß infolge von Durchhängen und anderweitigen Deformationen der Glühfäden bei schräger Lage der Lampe keine Veränderung der normalen Lichtausstrahlung eintritt. Vorzuziehen sind Drehvorrichtungen, bei denen die Lampenachse stets in vertikaler Lage bleibt; beispielsweise kann die Lampe an einem verstellbaren Auslegerarm aufgehängt werden, dessen Drehachse mit der des Aufnahmetubus im Photometer zusammenfällt.

Noch besser sind diejenigen Hilfsapparate zur Aufnahme von Lichtverteilungen, bei denen die Lampe selbst dauernd feststeht und nur ein Spiegelsystem um die Verbindungslinie zwischen Lampe und Photometer als Achse gedreht wird (Abb. 15). Die Lampe selbst wird in diesem Falle gegenüber dem Photometer abgeblendet und das im Spiegel erscheinende Bild der Lampe in den verschiedenen Raumrichtungen gemessen. Derartige Drehvorrichtungen sind von den Firmen Krüß (Hamburg) und Schmidt & Haensch (Berlin) in den verschiedensten Ausführungen hergestellt worden. Nähere Angaben hierüber finden sich in den bereits mehrfach erwähnten Büchern von Liebenthal und von Uppenborn-Monasch. Die Reflexionsverluste durch die angewandten Spiegel lassen sich am besten dadurch berücksichtigen, daß mit der Drehvorrichtung nur relative Werte der Lichtstärke unter den verschiedenen Winkeln gemessen werden. Der Absolutwert wird dann durch direkte Messung der Lichtstärke für die horizontale oder vertikale Richtung festgestellt und hierauf die übrigen gemessenen Werte bezogen.

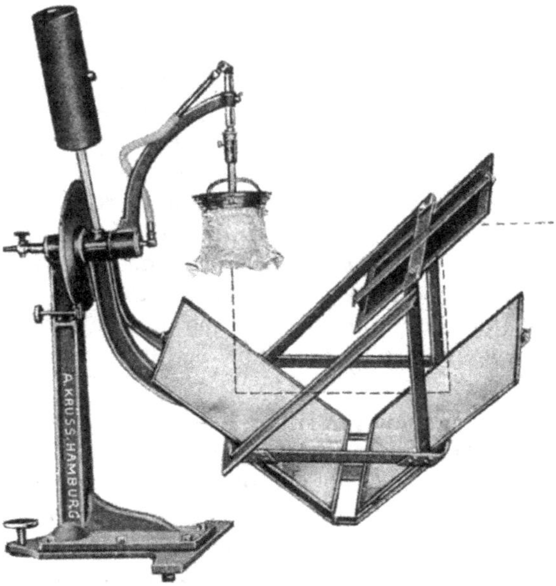

Abb. 15. Spiegelvorrichtung von Krüß zur Aufnahme der Lichtverteilung von Gaslampen.

Berechnung der mittleren sphärischen und hemisphärischen Lichtstärke aus den Ergebnissen der Lichtverteilungsmessung. Die weitere Verwertung der Lichtverteilungsmessung richtet sich danach, ob sie dem Zwecke diente, die Art der Lichtverteilung kennenzulernen oder ob nur der Gesamtlichtstrom sich daraus ergeben sollte. In letzterem Falle ist eine Aufzeichnung der Lichtverteilungskurve nicht unbedingt notwendig; man kann vielmehr aus den gemessenen Werten der Lichtstärke unter den verschiedenen Ausstrahlungswinkeln den Gesamtlichtstrom bzw. die mittlere sphärische oder hemisphärische Lichtstärke berechnen. Die Messung der Lichtverteilung erfolgt hierbei zweckmäßig jeweils in gleichen Winkelabständen, z. B. von 10° zu 10°. Geringere Winkelabstände wird man bei recht ungleichmäßigem, größere Abstände bei recht gleichmäßigem Verlauf der Lichtausstrahlung wählen. Der Gang der weiteren Berechnung beruht auf folgender Grundlage:

Denkt man sich um die Lichtquelle, die nach verschiedenen Raumrichtungen verschiedene Lichtstärken J_α ausstrahlt, eine Kugel vom

Halbmesser 1 gelegt, so erhält ein Flächenelement unter dem Ausstrahlungswinkel α die Beleuchtung $\frac{J_\alpha}{1^2} = J_\alpha$. Haben wir es mit einer symmetrischen Lichtquelle zu tun, so ist die Lichtstärke in allen Richtungen einer horizontalen, zur Lampenachse senkrechten Ebene übereinstimmend, und wir können als Flächenelement f die Fläche einer Kugelzone wählen, die von zwei nahe benachbarten Horizontalebenen ausgeschnitten wird. Der Ausstrahlungswinkel sei für die eine Horizontal-

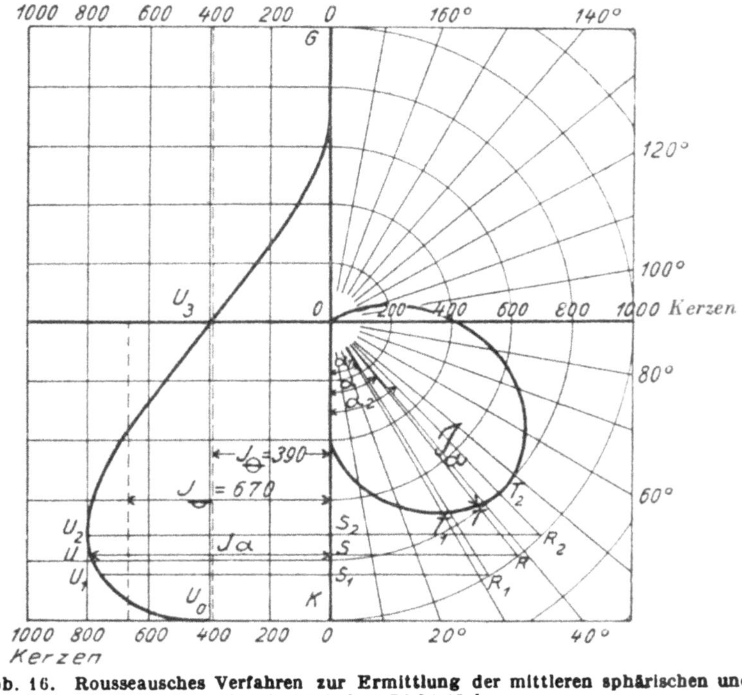

Abb. 16. Rousseausches Verfahren zur Ermittlung der mittleren sphärischen und hemisphärischen Lichtstärke.

ebene α_1, für die andere α_2; für die in der Mitte zwischen beiden gelegene sei er α (Abb. 16). Die Fläche der ausgeschnittenen Kugelzone ist dann

$$f = 1 \cdot (\alpha_2 - \alpha_1) \cdot (2\pi \cdot 1 \cdot \sin\alpha) = 2\pi \cdot (\alpha_2 - \alpha_1) \cdot \sin\alpha.$$

Der nach dieser Kugelzone gelangende Lichtstrom ist gleich dem Produkt aus ihrer Beleuchtung J_α und ihrem Flächeninhalt f. Hiernach wird der Gesamtlichtstrom Φ der Lichtquelle gleich der Summe Σ der Lichtströme aller einzelnen Kugelzonen zwischen den Ausstrahlungswinkeln von 0 bis π. Es wird also:

$$\Phi = \sum_0^\pi (J_\alpha \cdot f) = \sum_0^\pi J_\alpha \cdot 2\pi \cdot (\alpha_2 - \alpha_1) \cdot \sin\alpha = 2\pi \cdot \sum_0^\pi J_\alpha \cdot (\alpha_2 - \alpha_1) \cdot \sin\alpha.$$

Mißt man in jeweils gleichen Winkelabständen $d\alpha$, so tritt dieser Wert an die Stelle von $\alpha_2 - \alpha_1$. Wird er nicht in Bogengraden, sondern als $d\alpha^0$ in Winkelgraden ausgedrückt, so ist er durch $\frac{180}{\pi} = 57{,}3$ zu dividieren. So wird der Gesamtlichtstrom:

$$\Phi = 2\pi \cdot d\alpha \cdot \sum_0^{\pi} J_\alpha \cdot \sin\alpha = \frac{2\pi^2}{180} \cdot d\alpha^0 \cdot \sum_0^{\pi} J_\alpha \cdot \sin\alpha.$$

Um die mittlere sphärische Lichtstärke $J_{\ominus}$ zu erhalten, muß der Gesamtlichtstrom durch 4π dividiert werden. Man erhält dann

$$J_{\ominus} = \frac{1}{2} \cdot \sum_0^{\pi} J_\alpha \cdot (\alpha_2 - \alpha_1) \cdot \sin\alpha = \frac{1}{2} \cdot d\alpha \cdot \sum_0^{\pi} J_\alpha \cdot \sin\alpha;$$

$$\underline{J_{\ominus} = \frac{d\alpha^0}{114{,}6} \cdot \sum_0^{\pi} J_\alpha \cdot \sin\alpha.}$$

Will man nur den Lichtstrom für den unteren Halbraum erhalten so erstreckt sich die Summierung nur auf den Winkelbereich von 0^0 bis $\frac{\pi}{2}$. So wird

$$\Phi_{\smile} = 2\pi \cdot d\alpha \cdot \sum_0^{\frac{\pi}{2}} J_\alpha \cdot \sin\alpha.$$

Die mittlere hemisphärische Lichtstärke ergibt sich hieraus durch Division mit der Fläche 2π der unteren Halbkugel. Sie wird also:

$$\underline{J_{\smile} = d\alpha \cdot \sum_0^{\frac{\pi}{2}} J_\alpha \cdot \sin\alpha = \frac{d\alpha^0}{57{,}3} \cdot \sum_0^{\frac{\pi}{2}} J_\alpha \cdot \sin\alpha.}$$

In gleicher Weise kann auch der Lichtstrom und die hemisphärische Lichtstärke für die obere Raumhälfte erhalten werden.

Bei der Berechnung hat man also nur die unter den verschiedenen Winkeln gemessenen Lichtstärken mit den Sinus der jeweiligen Winkel zu multiplizieren und die Gesamtsumme dieser Produkte mit dem konstanten Faktor zu multiplizieren. Dabei vereinfacht sich die Berechnung der mittleren sphärischen Lichtstärke dadurch, daß für die obere und untere Raumhälfte die gleichen Sinuswerte sich symmetrisch wiederholen, da $\sin\alpha = \sin(180^0 - \alpha)$. Man kann also die jeweils entsprechenden Werte der Lichtstärke J_α und $J_{(180^0-\alpha)}$ zuerst addieren und deren Summe mit $\sin\alpha$ multiplizieren.

Bei der Berechnung der hemisphärischen Lichtstärke nach der obigen Formel ist zu beachten, daß das Produkt $J_{90^0} \cdot \sin 90^0 = J_{90^0}$ nur zur einen Hälfte der unteren, zur anderen Hälfte der oberen Raumhälfte zugerechnet werden muß.

Tabelle 1.

Beispiel für die Berechnung von $J_{\ominus}$ und $J_{\smile}$ aus den gemessenen Werten der Lichtverteilung.

α	$180^\circ-\alpha$	$\sin\alpha$	Gemessene Lichtstärken		Berechnung der mittleren sphärischen und hemisphärischen Lichtstärke: Für Messung von 10° zu 10°		Für Messung von 30° zu 30°		Mit Näherungsformel nach S. 70	
			J_α	$J_{180^\circ-\alpha}$	$J_\alpha\cdot\sin\alpha$	$J_{180^\circ-\alpha}\cdot\sin\alpha$	$J_\alpha\cdot\sin\alpha$	$J_{180^\circ-\alpha}\cdot\sin\alpha$	J_α	$J_{180^\circ-\alpha}$
0°	180°	0	400	0	0	0				
10°	170°	0,174	537	0	94	0				
20°	160°	0,342	657	0	225	0				
30°	150°	0,500	746	0	373	0	373	0	746	0
40°	140°	0,643	794	0	510	0				
50°	130°	0,766	794	6	608	5				
60°	120°	0,866	746	54	646	47	646	47	{746	54
70°	110°	0,940	657	143	617	135			{746	54
80°	100°	0,985	537	263	529	259			537	263
90°	90°	1,000	400	400	200	200	200	200		
					$\Sigma(J\cdot\sin\alpha) = 3802 + 646 = 4448$		$\Sigma(J\sin\alpha) = 1219 + 247 = 1466$		$2775 + 371 = 3146$	
Genauer Wert:					Fehler:		Fehler:		Fehler:	
$J_{\ominus} = 388{,}6$ HK					$J_{\ominus} = \frac{10\cdot 4448}{114{,}6} = 388$ HK $(-0{,}2\%)$		$J_{\ominus} = \frac{30\cdot 1466}{114{,}6} = 384$ HK $(-1{,}2\%)$		$J_{\ominus} = \frac{1}{8}\cdot 3146 = 393$ HK $(+1{,}1\%)$	
$J_{\smile} = 666{,}7$ HK					$J_{\smile} = \frac{10\cdot 3802}{57{,}3} = 664$ HK $(-0{,}4\%)$		$J_{\smile} = \frac{30\cdot 1219}{57{,}3} = 638$ HK $(-4{,}2\%)$		$J_{\smile} = \frac{1}{4}\cdot 2775 = 694$ HK $(+4{,}1\%)$	

Die Genauigkeit dieses Berechnungsverfahrens hängt von der Zahl der benutzten Einzelwerte ab. Erfolgt die Aufnahme von 10° zu 10°, so ist eine Genauigkeit bis auf etwa ½%, bei Winkelabständen von 20° zu 20° etwa 1% und bei Messung von 30° zu 30° noch etwa 4% Genauigkeit zu erwarten. Ein Beispiel möge die Anwendung des Verfahrens näher erläutern. Es sind hierbei einmal Winkelabstände von 10° zu 10° und einmal solche von 30° zu 30° für dieselbe Art der Lichtverteilung gewählt. Der Gang der Berechnung ist aus Tab. 1 (S. 69) zu entnehmen.

Näherungsformel für die Berechnung der mittleren sphärischen und hemisphärischen Lichtstärke. Eine einfache und leicht zu behaltende Näherungsformel gestattet (nach Bloch, »Grundzüge der Beleuchtungstechnik«, S. 21) die mittlere sphärische Lichtstärke aus 6 und die mittlere hemisphärische Lichtstärke aus 3 gemessenen Werten der Lichtstärke zu ermitteln. Die Messungen sind hierfür unter 30°, 60°, 80°, 100°, 120° und 150° auszuführen. Es ist dann:

$$J_{\leftarrow} = \frac{1}{8} \cdot (J_{30^\circ} + 2 \cdot J_{60^\circ} + J_{80^\circ} + J_{100^\circ} + 2 \cdot J_{120^\circ} + J_{150^\circ})$$

$$J_{\smile} = \frac{1}{4} \cdot (J_{30^\circ} + 2 \cdot J_{60^\circ} + J_{80^\circ}).$$

Die Tab. 1 enthält auch die Berechnung des daselbst angeführten Beispiels nach dieser Näherungsformel. Im allgemeinen ist bei ihrer Benutzung eine Genauigkeit bis auf etwa 5% zu erwarten.

Ermittelung der sphärischen und hemisphärischen Lichtstärke aus aufgezeichneten Lichtverteilungskurven. Will man über die Art der Lichtverteilung näheren Aufschluß erhalten, so muß man die gemessenen Werte der Lichtstärke zur Aufzeichnung der Lichtverteilungskurve benutzen. Dies kann entweder in Polarkoordinaten oder in rechtwinkligen Koordinaten erfolgen (Abb. 16, S. 67). Erstere Art der Aufzeichnung ist bequemer für Beleuchtungsberechnungen und heute vorzugsweise im Gebrauch. Die Aufzeichnung in rechtwinkligen Koordinaten erleichtert dagegen die Lichtstromberechnungen, sofern man als Abszissenachse nicht die Ausstrahlungswinkel, sondern deren Kosinus benutzt. Aus Abb. 16 geht dies deutlich hervor. Die Kugelzone, die auf der Kugel vom Halbmesser $OK = 1$ von den beiden Horizontalebenen für die Winkel a_1 und a_2 ausgeschnitten wird, hat die Oberfläche $f = 2\pi \cdot h$. Hierbei ist $h = s_1 s_2$ die Höhe der Kugelzone. Der Gesamtlichtstrom ergibt sich nach obigem zu:

$$\Phi = \sum_0^\pi J_a \cdot f = 2\pi \cdot \sum_0^\pi J_a \cdot h.$$

Die mittlere sphärische Lichtstärke wird hiernach:

$$J_{\ominus} = \frac{\Phi}{4\pi} = \frac{1}{2} \cdot \sum_0^{\pi} J_\alpha \cdot h.$$

Das Produkt $J_\alpha \cdot h$ ist gleich der Fläche $S_1 U_1 U_2 S_2$, wobei S_1 und S_2 die Projektionen von R_1 und R_2 auf die Vertikalachse darstellen und $J_\alpha = OT = SU$ in S als Ordinate über $OS = \cos\alpha$ als Abszisse aufgetragen wird. Wird die ganze Lichtverteilungskurve in dieser Weise aufgezeichnet, so ist die von der so erhaltenen Kurve $U_0 U_1 U_2 U_3 G$

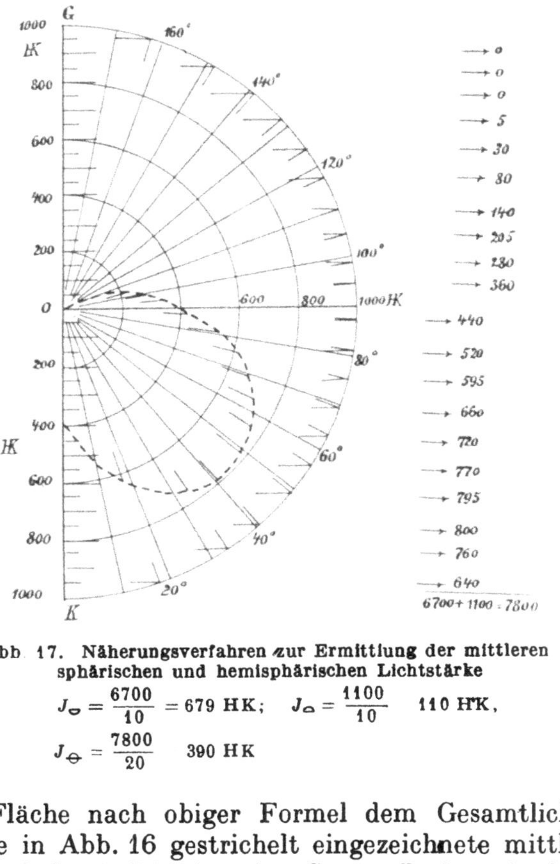

Abb. 17. Näherungsverfahren zur Ermittlung der mittleren sphärischen und hemisphärischen Lichtstärke

$J_{\circ} = \frac{6700}{10} = 679$ HK; $J_{\triangle} = \frac{1100}{10}$ 110 HK,

$J_{\ominus} = \frac{7800}{20}$ 390 HK

abgegrenzte Fläche nach obiger Formel dem Gesamtlichtstrom proportional. Die in Abb. 16 gestrichelt eingezeichnete mittlere Ordinate der Fläche wird durch Division der Gesamtfläche mit der Länge der Abszissenachse $KG = 2$ erhalten und ergibt nach obiger Formel unmittelbar die mittlere sphärische Lichtstärke. In gleicher Weise wird auch die mittlere hemisphärische Lichtstärke erhalten als:

$$J_{\circ} = \frac{\Phi}{2\pi} = \sum_0^{\frac{\pi}{2}} J_\alpha \cdot h.$$

Auch Lichtströme für einen beliebigen Winkelbereich lassen sich auf diese Weise einfach ermitteln.

Dies Verfahren zur Berechnung der sphärischen und hemisphärischen Lichtstärke ist zuerst von Rousseau angegeben worden und die Kurve $U_0 U_1 U_2 U_3 G$ hat deshalb den Namen »Rousseausche Kurve« erhalten. Die von ihr begrenzte Fläche kann mittels Planimeter er-

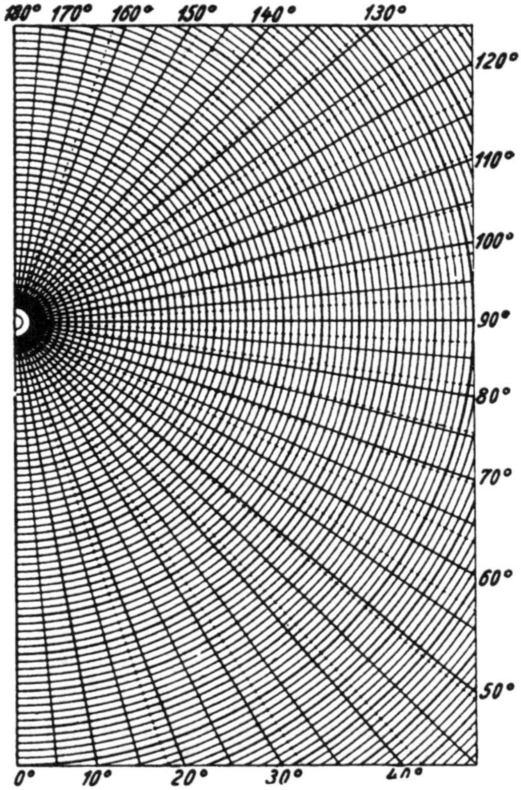

Abb. 18. Lichtverteilungspapier von Franz Schmidt & Haensch, Berlin.

mittelt werden; man kann aber auch eine Anzahl gleichweit voneinander entfernter Ordinaten der Rousseauschen Kurve addieren und die Gesamtsumme durch die Anzahl der Einzelwerte dividieren, um so die mittlere Ordinate zu erhalten.

In diesem Falle ist die Aufzeichnung der Rousseauschen Kurve nicht erforderlich, sondern man kann die Einzelwerte unmittelbar aus der im Polarkoordinatensystem aufgezeichneten Lichtverteilungskurve entnehmen, wie dies in Abb. 17 (S. 71) angegeben ist. Hier ist die Vertikallinie KG in 20 Teile eingeteilt. Der Mittelpunkt eines jeden Teiles ist auf den Kreis mit dem Einheitsradius OK projiziert. Für diese Punkte sind die Lichtstärken aus der Lichtverteilungskurve entnommen und in Abb. 17 rechts eingetragen. Wird die Summe aller 20 Werte durch 20 dividiert, erhält man die mittlere sphärische Lichtstärke; der 10. Teil der Summe der 10 Werte für den Bereich unterhalb der Horizontalen ergibt die mittlere hemisphärische Lichtstärke. Dieses Verfahren wurde erstmals 1903 von Russell angegeben und von Bloch (ETZ, 1905, S. 1075) näher beschrieben.

Auf demselben Verfahren beruht auch das von der Firma Schmidt & Haensch hergestellte Lichtverteilungspapier (Abb. 18). Es enthält die 20 Radien, für welche die Lichtstärkenwerte jeweils aus der Polarkurve der Lichtverteilung abzugreifen sind, bereits gestrichelt und der Reihe nach numeriert eingezeichnet. Mit Hilfe des gleichfalls vorgesehenen Kreisnetzes kann die Ermittelung der mittleren sphärischen und hemisphärischen Lichtstärke ohne weitere Hilfsmittel erfolgen. Auch die Ermittelung von Teillichtströmen innerhalb bestimmter Winkelbereiche ist so ermöglicht. Man hat für diesen Fall die Lichtstärken auf denjenigen gestrichelten Radien zu addieren, die innerhalb des in Frage kommenden Winkelbereichs fallen. Die Summe ist dann nur mit $\frac{4\pi}{20} = 0{,}63$ zu multiplizieren, um den entsprechenden Teillichtstrom in Lumen zu erhalten.

Es sind hier nur für jeden Gebrauchszweck diejenigen Verfahren zur Berechnung von Lichtströmen angegeben, die sich als besonders bequem und praktisch erwiesen haben. Außerdem gibt es noch eine ganze Reihe anderer, mehr oder weniger einfacher Verfahren, die demselben Zweck dienen. Auch hierfür sei auf die Bücher von Liebenthal und von Uppenborn Monasch verwiesen.

Vorschriften für das Photometrieren von Lichtquellen. Für die Messung von Glühlampen und Bogenlampen hat der Verband Deutscher Elektrotechniker genaue Vorschriften ausgearbeitet (Sonderdruck im Verlag von J. Springer, Berlin). Ebenso sind vom Deutschen Verein von Gas- und Wasserfachmännern Vorschriften für das Photometrieren des Leuchtgases herausgegeben worden. (Erschienen bei R. Oldenbourg, München.) Allerdings entsprechen alle diese Vorschriften heute nicht mehr den inzwischen erzielten Fortschritten der Beleuchtungs- und Meßtechnik. Sie sind gegenwärtig in der Umarbeitung begriffen und werden in absehbarer Zeit in neuer Fassung erscheinen. Der Deutschen Beleuchtungstechnischen Gesellschaft fällt hierbei die Aufgabe zu, die vorhandenen Lücken durch ihre eigenen Arbeiten auszufüllen und für eine einheitliche Behandlung aller Beleuchtungsarten Sorge zu tragen. Auf diese Weise wird es ermöglicht werden, daß sachgemäß ausgeführte

Licht- und Beleuchtungsmessungen auch von weiteren Kreisen durchgeführt werden können, als dies bisher der Fall gewesen ist.

Einen Hauptzweck sollte sich allerdings hierbei jeder Beleuchtungsingenieur stets vor Augen halten. So wichtig auch die photometrischen Messungen zur Bestimmung der Lichtstärke und Beleuchtung sind, so ist doch der Praxis nicht damit allein gedient, daß man an alle möglichen Stellen Lampen mit meist zu großem Lichtstrom hängt. Es muß vielmehr immer darauf Bedacht genommen werden, daß für jeden gegebenen Fall der richtige Erfolg erreicht wird. Hierüber sollen die weiteren Abschnitte eingehende Auskunft geben.

Buchliteratur.

E. Liebenthal, Praktische Photometrie, Braunschweig 1907;

Uppenborn-Monasch, Lehrbuch der Photometrie, München u. Berlin 1912;

Bertelsmann, Lehrbuch der Leuchtgas-Industrie, II. Band: Die Verwendung des Leuchtgases, Stuttgart 1911;

R. Ulbricht, Das Kugelphotometer, München und Berlin 1920;

F. Uppenborn-G. Dettmar, Deutscher Kalender für Elektrotechniker, (zweiter Teil), München und Berlin 1920;

Schilling, Schaars Kalender für das Gas- und Wasserfach (zweiter Teil), München und Berlin 1920;

Dettmar, Normalien, Vorschriften und Leitsätze des Verbandes Deutscher Elektrotechniker, Berlin 1920.

Dritter Abschnitt.

Hygiene der Beleuchtung.

Von Prof. Dr. med. A. **Korff-Petersen,**

Abteilungsvorsteher am Hygienischen Institut der Universität Berlin.

Unmittelbare Einwirkung des Lichtes auf die belebte Welt. Allgemein bekannt ist der gewaltige Einfluß des Lichtes auf die Pflanzenwelt. Nur im Lichte vermögen die chlorophyllhaltigen Pflanzen die für ihren Aufbau so wichtige Assimilation der Kohlensäure auszuführen. Auch viele andere Lebensäußerungen der Pflanzen sind vom Lichte abhängig. Auf die abtötende Wirkung des Lichtes auf Bakterien werde ich später noch etwas näher einzugehen haben. Auf niedere Tiere übt das Licht ebenfalls eine beträchtliche und zum Teil gut erforschte Wirkung aus, dagegen ist sein unmittelbarer Einfluß auf die Lebensvorgänge der höheren Tiere und des Menschen bisher noch ziemlich unklar. Fest steht, daß Stimmung und Arbeitsfreudigkeit, die »Aktivität des seelischen Lebens« wie Kruse sagt, durch die Intensität des Lichtes gewaltig beeinflußt wird. Darüber hinaus liegen einwandfreie Beobachtungen nicht vor. Versuche über das Verhalten des Stoffwechsels bei belichteten und unbelichteten Tieren hatten keine eindeutigen Ergebnisse. Sie scheinen allerdings einen gewissen fördernden Einfluß des Lichtes erkennen zu lassen. Die Zusammensetzung des Blutes scheint durch Lichtentziehung nicht beeinflußt zu werden, jedenfalls hat man bei Grubenpferden, die zum Teil viele Jahre lang dem Lichte entzogen waren, weder eine Veränderung der Zahl der roten Blutkörperchen, noch des Hämoglobingehaltes feststellen können; und wenn bei den Bewohnern dumpfer, lichtloser Wohnungen sog. Blutarmut in erhöhtem Maße gefunden wird, so weist mit Recht Grober darauf hin, daß bei solchen Menschen die Schädlichkeiten der Armut in mancherlei Gestalt einzuwirken und in ihrer Gesamtheit die Gesundheit zu beeinträchtigen pflegen. Freilich deuten einzelne Versuche über die Photoaktinität belichteten und unbelichteten Blutes darauf hin, daß vielleicht das Licht doch nicht ganz ohne Einfluß auf dieses ist.

Heilwirkung des Lichtes, „Künstliche Höhensonne“. Leicht nachweisbar ist, daß das Licht auf die Haut eine Einwirkung ausübt. Bei längerer und intensiver Bestrahlung durch die Sonne tritt eine Entzündung, Rötung, Schwellung, Schmerzhaftigkeit der Haut ein. Nach dem Schwinden der akuten Entzündung pflegt eine Pigmentierung zurückzubleiben. An dem Zustandekommen dieser Wirkung sind offenbar alle Strahlen des Spektrums beteiligt, und zwar scheint die Auslösung der Entzündung vornehmlich den ultraroten Wärmestrahlen und den ultravioletten Strahlen kürzester Wellenlänge zuzukommen, während die Pigmentierung wesentlich durch die Strahlen um 300 $\mu\mu$ Wellenlänge hervorgerufen wird. Bekanntlich hat man diese starke Einwirkung des direkten Sonnenlichtes auf die Haut zur Behandlung chirurgischer Tuberkulose herangezogen und hierbei in Gebirgskurorten, in denen die Sonnenscheindauer das ganze Jahr hindurch erheblich länger ist als in der Ebene, ganz hervorragende Erfolge gehabt. Man pflegt diese Heilwirkung vielfach den ultravioletten Strahlen des Sonnenspektrums allein zuzuschreiben, doch sind die Ansichten hierüber noch nicht ganz geklärt. Besonders hat man der wesentlich durch diese Strahlen hervorgerufenen Pigmentierung die größte Bedeutung zugeschrieben. Sie schützt vor zu starker Einwirkung der chemisch wirksamen Strahlen und zu weit gehendem Eindringen der Wärmestrahlen ins Gewebe. Die blauvioletten Strahlen werden im Blutgefäßnetz der Haut absorbiert und in chemische Energie umgesetzt. Der Blutsauerstoff wird leichter an die Gewebe abgegeben und die Fermentwirkung gesteigert. Hierin liegt vielleicht eine Erklärung für die Steigerung der Muskelleistung und des Wachstums, die unter dem Einfluß reichlicher Sonnenstrahlen beobachtet ist. Vielleicht beruht die Wirkung derartiger Kuren aber nicht ausschließlich auf unmittelbarer Strahlenwirkung, sondern spielen andere klimatische Faktoren dabei ebenfalls eine Rolle.

Ich bin auf diese Frage etwas näher eingegangen, weil die Beleuchtungstechnik dazu übergegangen ist, in der Quecksilberquarzlampe eine »Künstliche Höhensonne« auf den Markt zu bringen. Vergleichende Untersuchungen zwischen der Wirkung dieses Lichtes und des Sonnenlichtes auf die Haut, die von Jüngling angestellt sind, haben jedoch ergeben, daß sich hier wesentliche Unterschiede zeigen. Das Spektrum der Quarzlampe geht erheblich weiter als das der Sonne und enthält Strahlen von erheblich kürzerer Wellenlänge, während die dunklen Wärmestrahlen völlig und die Lichtstrahlen größerer Wellenlänge zu einem beträchtlichen Teile fehlen. Dementsprechend wirkt dieses Licht etwa 30 mal stärker entzündungserregend auf die Haut als das Sonnenlicht. Für die Allgemeinbestrahlung des Körpers zu Heilzwecken kann das Licht der Quecksilberlampe das Sonnenlicht daher nicht ersetzen; denn wenn man die gleiche Tiefenwirkung erzielen will, die vornehmlich von den Strahlen größerer Wellenlänge hervorgerufen wird, so würde man die Haut viel zu sehr reizen müssen, was von den Kranken nicht vertragen wird. Durch Filtration des Quarzlichtes mittels Glas, das die kurzwelligen Strahlen zurückhält, läßt sich das Licht dem Sonnenlicht mehr anpassen und seine ins

Gewebe eindringenden Strahlen ausnutzbarer machen. — Bier betont, daß bei der zweifellos vorhandenen Heilwirkung der Strahlenbehandlung auch der durch Einwirkung der Wärmestrahlung hervorgerufenen stärkeren Durchblutung eine Bedeutung zukommt. Er bevorzugt demgemäß einen Bestrahlungsapparat, bei dem auch diese Strahlen wirksam sind. Zu einem Abschluß sind die Versuche, diese Frage zu klären, noch nicht gebracht. Bei der großen Bedeutung, welche die Tuberkulosebekämpfung besonders nach dem Kriege gewonnen hat, wäre es aber sehr erwünscht, wenn alle Mittel zu ihrer Unterstützung — und dazu gehört auch die Lichtbehandlung — möglichst ausgestaltet würden.

Abtötung der Krankheitskeime durch das Licht. Noch eine zweite Wirkung des Lichtes von allgemeiner hygienischer Bedeutung möchte ich hier kurz streifen. Es ist das die Abtötung von Bakterien. Besonders die Krankheitserreger, weniger die unschädlichen, dem Leben außerhalb des Menschen oder der Tiere angepaßten Keime, werden durch das Licht sehr stark geschädigt. Auch hieran sind wieder die Strahlen an beiden Enden des Spektrums vorwiegend beteiligt. Praktisch kommt diese keimtötende Wirkung des Lichtes für die Seuchenbekämpfung im allgemeinen freilich nicht in Frage, ganz besonders nicht in der Wohnung, da sich die Krankheitserreger an solchen Stellen zu finden pflegen, die dem Lichte nicht zugänglich sind. Auch wird die Intensität des natürlichen Lichtes in unseren Wohnungen immer so stark vermindert, daß es zu einer irgendwie in Betracht kommenden Schädigung der Bakterien nicht mehr ausreicht. Dagegen hat sich wiederum die Technik diese keimtötende Wirkung des Lichtes, und zwar besonders der ultravioletten Strahlen zunutze gemacht. Zur Keimbeseitigung im Trinkwasser werden Quecksilberdampflampen mit doppeltem Quarzmantel in Metallgefäße eingehängt, so daß das Wasser an ihnen in dünner Schicht langsam vorbeifließen muß. Bei völlig klarem und farblosem Wasser werden zufriedenstellende Ergebnisse erzielt. Jede Trübung oder gelblichbräunliche Färbung vereitelt jedoch die Wirkung. Für eine praktische Verwendbarkeit scheinen einstweilen die Kosten viel zu hoch zu sein.

Wenn wir kurz noch einmal auf die allgemeinhygienischen Wirkungen des Lichtes zurückblicken, so müssen wir schließen, daß unter Umständen zwar gewaltige Einwirkungen durch das Licht hervorgerufen werden können, zumeist kommt aber nur die psychische Wirkung für das Wohlbefinden in Frage. Genauere Angaben sind jedenfalls zurzeit auf diesem Gebiete noch nicht möglich. Ganz anders verhält es sich, soweit die Wechselbeziehungen zwischen Licht und Auge in Frage kommen.

Das Auge als Lichtempfänger. Das Auge ist vergleichbar einer photographischen Kamera. Mittels der Hornhaut und der Linse wird auf der Netzhaut, dem lichtempfindlichen Teil des Auges, ein flächenhaftes Bild der Gegenstände der Außenwelt entworfen. Strahlen, welche parallel ins Auge eintreten, werden bei völliger Abflachung der Linse auf der Netzhaut vereinigt. Strahlen, welche von einem

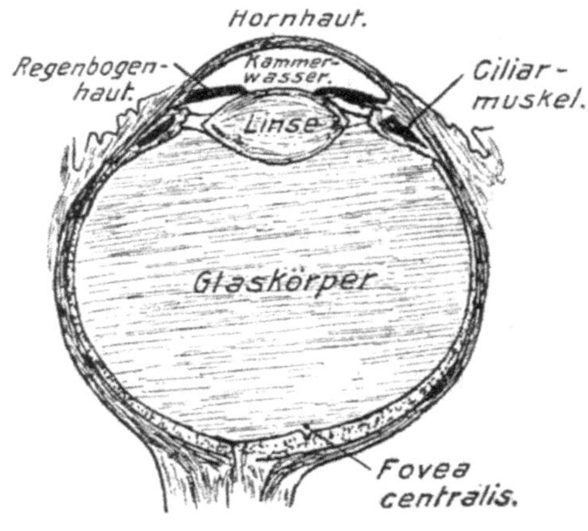

nicht in unendlicher Entfernung gelegenen Punkte ausgehen, also divergent auf die brechenden Medien des Auges treffen, werden ebenfalls auf der Netzhaut vereinigt, doch muß hierzu die Linse stärker gekrümmt sein. Dieses geschieht durch Anspannung des Ciliarmuskels, wodurch die Linsenkapsel entspannt wird und die Linse ihre elastische Ruhelage mit größerer Wölbung einnehmen kann (Abb. 1 u. 2). Das Auge ist also imstande, sich der Entfernung der wahrzu-

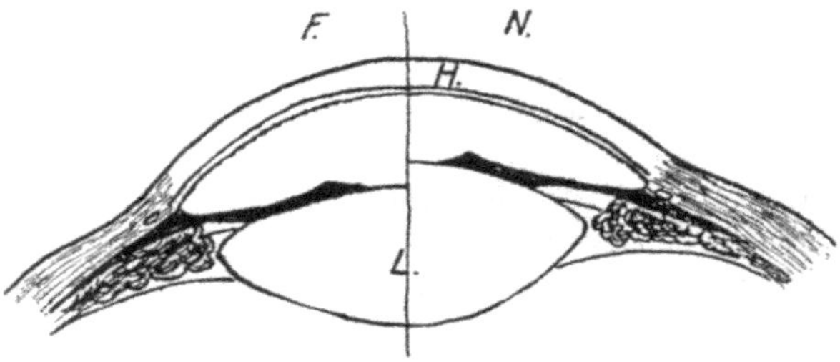

Abb. 2. Akkomodation des Auges (nach Helmholtz). F. Einstellung für die Ferne, N. Einstellung für die Nähe, L. Linse, H. Hornhaut.

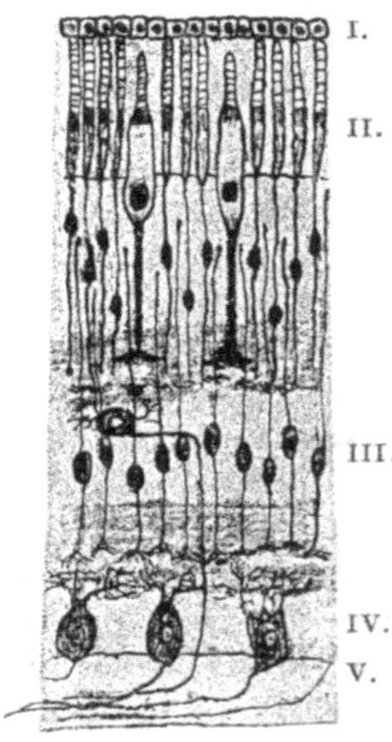

Abb. 3. Schematischer Schnitt durch die Netzhaut. I. Pigmentschicht, II. Schicht der Stäbchen u. Zapfen, III. Nervenzellen, IV. Ganglienzellen, V. Sehnervenfasern.

nehmenden Objekte anzupassen, zu akkommodieren. Aber auch der verschiedenen Belichtung der Objekte kann sich das Auge anpassen. Die eine Art dieser Anpassung ist durch Beobachtung außerordentlich leicht wahrnehmbar. Wir alle wissen, daß die als Blende wirkende Regenbogenhaut sich bei schwacher Belichtung zusammenzieht und bei starker ausdehnt, so daß im ersten Falle die Pupille erweitert, im zweiten verengert wird. Hierdurch tritt ein mehr oder weniger breites Strahlenbündel je nach der Beleuchtung ins Auge ein. Aber auch der lichtwahrnehmende Teil des Auges, die Retina oder Netzhaut, ist imstande, sich der verschiedenen Beleuchtungsstärke anzupassen. Bevor wir auf diesen

Vorgang näher eingehen, müssen wir zunächst die Netzhaut und die sich darauf abspielenden Vorgänge etwas genauer betrachten (Abb. 3).

Die Netzhaut kleidet den Augapfel innen aus. Sie besteht aus einer Anzahl Schichten, die aus Nervenfasern, Ganglien bzw. Nervenzellen, sowie aus den sog. Stäbchen und Zapfen bestehen. Nach außen wird sie von einer Pigmentschicht abgeschlossen. Durch eine Reihe von Beobachtungen, vor allem die, daß die Eintrittsstelle des Sehnerven, an der die Stäbchen und Zapfen fehlen, blind ist, ist festgestellt, daß diese die eigentlich lichtempfindlichen Organe sind. Das Licht muß aber zunächst die inneren Schichten der Netzhaut (Abb. 3, V, IV, III) durchdringen, ehe es an die lichtwahrnehmenden Zellen kommt. Die Erregung der Stäbchen geht wahrscheinlich so vor sich, daß das Licht eine in ihren Außengliedern enthaltene Substanz, den Sehpurpur, zersetzt. Diese Substanz bleicht im Lichte, wird aber in der Dunkelheit wieder ersetzt. Wie die Zapfen erregt werden, ist noch völlig unbekannt. Die Zapfen vermitteln offenbar das scharfe Sehen, denn mit der sog. Fovea centralis, wo nur Zapfen stehen, wird das klarste Bild wahrgenommen. Lichtschwache Objekte werden dagegen besser von den peripheren Netzhautbezirken, in denen die Stäbchen neben den Zapfen vertreten sind, wahrgenommen. Die Stäbchen scheinen also mehr geeignet zu sein, schwache Lichtunterschiede zu erkennen; sie sind dagegen völlig farbenblind.

Wir können zwei Gruppen von Lichtempfindung einander gegenüberstellen, nämlich die farblosen Lichter der Schwarz-Weiß-Reihe und die farbigen Lichter. Auch die Farben bilden eine natürliche Reihe, und zwar einen Kreis, der, mit Rot beginnend, alle Farben des Spektrums durchläuft, um mit den im natürlichen Spektrum nicht vorhandenen Purpurtönen zum Rot zurückzukehren.

Eine Erklärung für das Zustandekommen der Farbenempfindung versuchen die Young-Helmholtzsche und die Heringsche Theorie. Die erste nimmt drei Grundempfindungen an: Rot, Grün, Blau, die bei Einwirkung eines Lichtreizes gleichzeitig erregt werden, aber von den Strahlen verschiedener Wellenlänge verschieden stark. Durch verschiedene Mischung der Grundempfindungen kommen die verschiedenen Farbenempfindungen zustande. Gleichstarke Erregung aller Grundempfindungen erregt die Empfindung Weiß.

Die Heringsche Theorie nimmt sechs Grundempfindungen an: 1. Weiß-Schwarz, 2. Rot-Grün, 3. Blau-Gelb. Für jedes Empfindungspaar wird eine Sehsubstanz angenommen. Zersetzung der entsprechenden Sehsubstanz ruft die eine, Wiederaufbau die entgegengesetzte Empfindung hervor. Die Weiß-SchwarzSubstanz wird von allen, die übrigen Substanzen nur von den entsprechenden Strahlen erregt. Um die Farbenwahrnehmung zustande zu bringen, muß eine bestimmte Lichtmenge auf die Netzhaut fallen. In der Dämmerung sehen wir alle Dinge farblos.

Geht man von ganz schwachem, durch ein Prisma zerstreutem Licht aus, so erscheint zuerst ein farbloses Spektrum, dessen Abschnitte sich nur durch die Helligkeit unterscheiden. Erst nach diesem farblosen Intervall erscheinen bei Verstärkung der Lichtintensität die Farben. Dabei liegt das Maximum der Helligkeit zunächst im Grün und geht allmählich auf das Gelb über, wo es normalerweise liegt. Bei noch weiterer Intensitätssteigerung nähert sich die Empfindung dem farblosen Weiß.

Sehr wichtig für das normale Sehen sind zwei Erscheinungen, die als Simultan- und Sukzessivkontrast bezeichnet werden. Die erste Erscheinung besteht darin, daß zwei nebeneinander befindliche Flächen so aussehen, als ob jeder Fläche das zu dem Lichte der Nebenfläche kontrastierende Licht beigemischt wäre. (Grün-Rot, Gelb-Blau, Schwarz-Weiß.) Ein grauer Fleck auf gelblicher Unterlage würde demnach bläulich erscheinen. Unter Sukzessivkontrast verstehen wir die Erscheinung, daß die von einem Reiz getroffene Netzhautstelle nicht nur für die Dauer des Reizes erregt wird, sondern daß sie auch noch eine Zeitlang nach Aufhören des Reizes verändert erscheint. Die Veränderung macht sich bemerkbar durch ein sog. Nachbild. Betrachtet man z. B. längere Zeit ein rotes Quadrat auf weißem Grunde und blickt dann auf eine weiße Fläche, so erscheint auf dieser ein blaugrünes Quadrat. Läßt man statt der länger dauernden, aber mäßigen Belichtung einen kurzen aber intensiven Lichtreiz auf die Netzhaut wirken, so wird an Stelle des eben beschriebenen »negativen« Nachbildes ein »positives« erzeugt. Die Erregung überdauert also den Reiz. Sie braucht aber auch eine gewisse Zeit, um zur Wahrnehmung zu gelangen. Die Dauer der Netzhauterregung braucht nur sehr kurz zu sein, jedoch tritt die Empfindung nicht sofort mit ganzer Stärke ein. Ein starker, aber sehr kurzer Lichtreiz kann daher weniger stark empfunden werden, als ein schwächerer, aber entsprechend längerdauernder.

Die Bedeutung des Simultankontrastes besteht darin, daß er dazu beiträgt, die Schärfe der Wahrnehmung zu vergrößern. Ferner bedingt er es, daß trotz starker Schwankung der Beleuchtung die Dinge der Außenwelt einen einigermaßen beständigen Eindruck hervorrufen. So sehen die Buchstaben eines Druckes stets schwarz aus, trotzdem das Schwarz der Buchstaben am hellen Mittag dreimal so viel Licht aussenden kann, als das Weiß am frühen Morgen. Die Buchstaben erscheinen trotzdem am Mittag auch schwarz, weil das strahlende Weiß der Umgebung zu dem wirklichen Schwarz noch durch Kontrastwirkung Schwarz hinzufügt.

Neben dem Simultankontrast ist die sog. Dunkeladaptation die wichtigste Einrichtung des Auges, um die Schwankungen der Beleuchtung auszugleichen. Wir verstehen darunter die Tatsache, daß das Auge im Dunkeln sehr erheblich viel lichtempfindlicher wird als im Hellen. Die Empfindlichkeit kann bis 8000mal größer werden.

Wir erkennen sie leicht daran, daß man die Dinge in einem sehr schwach beleuchteten Raum zunächst nicht erkennen kann, wenn man aus dem Hellen in ihn eintritt. Nach einiger Zeit heben sich die Dinge aber immer deutlicher ab. Ohne diese Dunkeladaptation würden wir in der Dämmerung völlig hilflos sein, wie es Menschen mit pathologisch herabgesetzter Adaptation, die sog. Nachtblinden, tatsächlich sind. Zur Erklärung dieser Erscheinung nimmt man an, daß im Dunkeln eine erhöhte Anhäufung des Sehpurpurs in den Stäbchen stattfindet, die dadurch stark sensibilisiert werden. Die Anschauung, daß in der Dämmerung vorwiegend die Stäbchen das Sehen vermitteln, während die für das scharfe Erkennen wichtigen Zapfen zurücktreten, würde es auch erklärlich machen, daß die Sehschärfe des dunkeladaptierten Auges bedeutend geringer ist als die des hell adaptierten.

Entstehung der Kurzsichtigkeit. Aus dem Gesagten geht hervor, daß das Auge imstande ist, sich an die Schwankungen der Helligkeit in weitem Maße anzupassen. Wird aber das Auge wiederholt gezwungen, bei zu geringer Lichtintensität zu arbeiten, so kann unter Umständen eine bleibende Schädigung eintreten. Wir müssen bei Lichtmangel die Schärfe des auf der Netzhaut entstehenden Bildes dadurch steigern, daß wir das Auge dem zu betrachtenden Gegenstande stärker annähern. Hierdurch wird das von dem Gegenstand auf der Netzhaut entworfene Bild größer, die Wahrnehmung deutlicher. Um jedoch bei stärkerer Annäherung des Auges an das Objekt ein scharfes Bild auf der Netzhaut zu erzeugen, muß das Auge stark akkommodieren. Ferner müssen die Augen in stärkere Konvergenzstellung durch Zug der äußeren Augenmuskeln gebracht werden. Dabei findet aber eine Zerrung des Auges in der Längsrichtung statt. Das Vornüberbeugen des Kopfes bewirkt schließlich, daß der Abfluß des Blutes aus der Kopfregion behindert wird. Alle diese Momente zusammen bewirken, daß im Innern des Auges eine Druckvermehrung stattfindet, welche zusammen mit dem gleichzeitig bestehenden äußeren Zug am Augapfel eine Streckung des letzteren bewirkt. Bei dazu disponierten Personen kann eine öftere Wiederholung dieses Vorganges zu einer dauernden Verlängerung des Augapfels führen. Die parallel ins Auge fallenden Lichtstrahlen werden dann auch bei stärkster Abflachung der Linse schon vor der Netzhaut vereinigt. Es entstehen dann naturgemäß von entfernteren Gegenständen keine scharfen Bilder mehr, und diesen Zustand des Auges nennen wir Myopie oder Kurzsichtigkeit.

Bedeutung der Kurzsichtigkeit. Die Kurzsichtigkeit ist nicht nur insofern eine Belästigung für das Individuum, als ihm das Sehen in die Ferne erschwert ist, sondern meist sind auch anderweitige Veränderungen damit verbunden, die allemal die Sehschärfe herabsetzen und in den schwersten Fällen durch Netzhautablösung zur Erblindung führen können. Infolge der herabgesetzten Sehschärfe ist ein Kurzsichtiger erheblich mehr Gefahren, vor allem Verletzungen, ausgesetzt, als ein Normalsichtiger, was sich besonders in gewerblichen Betrieben geltend macht. Diese Tatsachen müssen zumal bei der außerordentlich weiten Verbreitung der Kurzsichtigkeit in Deutschland dazu führen, alle Maßnahmen zu treffen, um ihre Entstehung zu verhüten. Hierzu gehört neben anderem eine gute Beleuchtung der Arbeitsplätze, vor allem in den Schulen; dann aber auch in den sonstigen Arbeitsstätten.

Als Folge unzureichender Beleuchtung macht sich bisweilen auch eine Roll- oder Zitterbewegung der Augen bemerkbar. Besonders bei Bergleuten spielt diese Augenmuskelerkrankung, der »Nystagmus«, eine Rolle. Sie ist hier neben der mangelhaften Beleuchtung wahrscheinlich durch die gezwungene Haltung bei der Arbeit mitbedingt. Ungefähr 7,5% allerKohlenbergarbeiter leiden an dieser Krankheit. Wegen des durch sie bedingten Arbeitsausfalles spielt sie wirtschaftlich eine nicht zu unterschätzende Rolle.

Abnahme der Arbeitsleistung, Zunahme der Unfälle bei mangelhafter Beleuchtung. Noch auf eine andere Wirkung nicht genügender Beleuchtung, die freilich auf einem ganz anderen Gebiete liegt, möchte ich hinweisen. Es ist das die Zunahme der Unfälle und die Abnahme der Arbeitsleistung in gewerblichen Betrieben bei ungenügender Beleuchtung. Was zunächst das letzte anlangt, so wird der Rückgang der Produktion mit der Verschlechterung der Beleuchtung nicht immer klar in die Erscheinung treten, weil der Arbeitsprozeß ein sehr verwickelter Vorgang zu sein pflegt, bei dem eine ganze Reihe von Faktoren mitspielen. Ich möchte aber nur darauf hinweisen, daß man in einem Falle bei Verbesserung der Beleuchtung eine Steigerung des im Akkord erarbeiteten Lohnes um 11,4% festgestellt hat. Noch einige andere Beobachtungen in derselben Richtung liegen vor, die aber nicht ganz so beweiskräftig erscheinen. Wir gehen auch wohl nicht fehl, wenn wir mit Halbertsma annehmen, daß reichliche Beleuchtung schon durch den psychischen Einfluß auf den Arbeiter eine etwaige Ermüdung weniger hervortreten lassen wird. Sie regt an und hält den Arbeiter auch in solchen Fällen wach, wo er sonst im Halbdunkel einer spärlich erleuchteten Werkstatt vielleicht Gefahr läuft, neben seiner Maschine einzuschlafen. Man hat die Wirkung reichlicher, aber nicht blendender Beleuchtung mit der eines Reizmittels verglichen, dem schädliche Nebenwirkungen jedoch nicht anhaften.

Was den Zusammenhang der Unglücksfälle mit der mangelhaften Beleuchtung anlangt, so ist eine genaue statistische Erfassung auf diesem Gebiet außerordentlich schwierig. Es ist allgemein bekannt, daß während der Nacht und in den Wintermonaten, also zu Zeiten, in denen vorwiegend künstliche Beleuchtung angewendet werden muß, die erfahrungsgemäß niemals der Tagesbeleuchtung an Güte gleichkommt, die Unglücksfälle ganz erheblich an Zahl und Schwere zunehmen. Jedoch wäre es verfehlt, sie allein der schlechteren Beleuchtung zuzuschreiben. Für die Nachtarbeit kommt in hohem Maße die Ermüdung als Ursache hinzu, und während der Wintermonate ist die Gefahrenmöglichkeit durch verschiedene andere Umstände erhöht, z. B. durch die Schlüpfrigkeit des Bodens, die in diesen Monaten vorzuherrschen pflegt. So können die bisher aufgestellten statistischen Arbeiten auf diesem Gebiete noch nicht als voll beweisend gelten, sie sprechen jedoch dafür, daß mit großer Wahrscheinlichkeit die Unglücksfälle zu einem erheblichen Teile durch mangelhafte Beleuchtung hervorgerufen werden, und es wäre sehr zu wünschen, daß weitere eingehende statistische Untersuchungen in dieser Richtung angestellt werden.

Notwendige Beleuchtungsstärke. Nunmehr entsteht die Frage, welche Beleuchtungsstärke für Naharbeit notwendig ist, und ob die Steigerung der Beleuchtungsstärke über eine gewisse Intensität hinaus noch eine Erleichterung der Arbeit bedeutet. Die Ansichten hierüber sind bis jetzt keineswegs geklärt. Der erste, der systematische Untersuchungen in dieser Richtung angestellt hat, war der Breslauer Ophthalmologe Hermann Cohn. Seine Forderungen gelten noch heute als die Grundlage aller Beurteilungen. Als Prüfstein für ausreichende Beleuchtung nahm er die Geschwindigkeit, mit der eine gewisse Druckschrift bei verschiedener Beleuchtung gelesen werden konnte. Er stellte zunächst fest, daß bei gutem Tageslicht, und zwar etwa bei 600 Lux 16 Zeilen der Breslauer Zeitung in einer Entfernung von 1 m vom Auge gelesen wurden. Dann untersuchte er bei künstlichem Licht für verschiedene Beleuchtungsstärken die Geschwindigkeit und fand, daß bei 50 Lux ebenfalls wieder 16 Zeilen gelesen wurden. Bei 10 Lux wurden 12 Zeilen gelesen. Von 8 Lux abwärts nahm dann die Lesegeschwindigkeit außerordentlich schnell ab. Hieraus entnahm Cohn die Forderung, daß als wünschenswerte Beleuchtung 50 Lux, als Mindestmaß 10 Lux anzusehen sei, und in dieser Form ist die Cohnsche Forderung in die meisten Lehrbücher der Hygiene übergegangen.

Zu bemerken ist dazu jedoch folgendes: Cohn hat sein Photometer nach Spermazetikerzen geeicht gehabt. Eine Spermazetikerze entspricht etwa 1,14 Hefnerkerzen, daher sind die Werte zunächst mit dieser Zahl zu multiplizieren. Sie betragen also 11,4 und 57 Lux. Da ferner Cohn seine photometrischen Bestimmungen im roten Lichte vornahm, hat man angenommen, daß für die verschiedenen Beleuchtungsarten diese Zahl noch mit dem Faktor K, der sich aus dem Verhältnis des grünen zum roten Lichtanteil ergibt, zu multiplizieren sei, um die nötige Menge weißen Lichtes festzustellen. Für Tageslicht beträgt dieser Faktor 2,3. Trotzdem, wie Reichenbach hervorhebt, diese Annahme auf einem Irrtum beruht, da Cohn mit Gaslicht gearbeitet hat, bei dem der Faktor K kaum von 1 verschieden ist, ist diese Auffassung doch die herrschende geblieben. Sie würde aber bedeuten, daß bei verschiedenen Lichtquellen ganz verschiedene Beleuchtungsstärken zu fordern seien, da das Verhältnis des grünen zum roten Anteil bei den verschiedenen Lichtquellen ganz verschieden ist.

Seit dem Jahre 1885, in welchem diese grundlegenden Versuche über die zum Lesen notwendige Lichtmenge veröffentlicht wurden, ist die Technik der künstlichen Beleuchtung außerordentlich vervollkommnet worden. Da wird die Frage berechtigt sein, ob diese damals aufgestellte Forderung heute noch zu Recht besteht. Zweifellos bedeutete sie ein Kompromiß zwischen dem Erreichbaren und Wünschenswerten. Heutzutage können wir aber unbedenklich unsere Forderungen rein vom augenhygienischen Standpunkt aus stellen, denn die Beleuchtungstechnik ist jetzt in der Lage, uns jede gewünschte Beleuchtungsstärke zu verhältnismäßig billigem Preise zu liefern. Wir werden also zu untersuchen haben, ob es zweckmäßig ist, die Beleuchtungsstärke erheblich zu steigern, oder ob es eine obere Grenze gibt, über die hinaus eine weitere Steigerung nicht nur keinen Vorteil für den Arbeitenden mehr bedeutet, sondern sogar unter Umständen lästig wird. Daß das letztere in der Tat eintreten kann, ist jedem bekannt, und wir werden bei der Frage der Blendung noch näher darauf einzugehen haben. Sehr wertvolle Untersuchungen, die von Uthoff angestellt sind, haben ergeben, daß ein Hinaufgehen über 33 Lux eine nennenswerte Zunahme der Sehschärfe nicht mehr bewirkt. Auch ich habe einige Untersuchungen in dieser Richtung angestellt, bei denen sich ergab, daß bei älteren Personen eine Zunahme der Sehschärfe bei Steigerung der Helligkeit über 30 Lux hinaus nur zweimal eintrat. Bei Kindern wurde allerdings das Maximum der Sehschärfe zumeist erst bei 50 Lux erreicht. Hieraus ergibt sich, daß für das Lesen eine Steigerung der Beleuchtung über 50—60 Lux hinaus keinen Zweck mehr hat. Aus der Praxis heraus sind für einzelne Beschäftigungen, die ein sehr feines Beobachten nötig machen, z. B. das Zirkelzeichnen, noch höhere Werte als notwendig angegeben worden. So wird für Zeichensäle, in denen Zirkelzeichnen vorgenommen wird, 60—100 Lux gefordert.

Von anderer Seite ist demgegenüber geltend gemacht worden, daß wir im allgemeinen einen großen Luxus mit der Beleuchtung treiben und daß man mit viel geringeren Beleuchtungsstärken auskommen kann, als in diesen Forderungen dargelegt ist. So erachtet Prausnitz 7—8 Lux für genügend, und Katz geht sogar mit seiner Forderung auf 4 Lux herab. Er stützt sie darauf, daß bei der Mehrzahl der von ihm untersuchten 86 Schülerinnen das Minimum des Lesens zwischen 2 und 6 Lux lag. Wir müssen diese Forderung entschieden als zu wenig begründet ansehen. Sicherlich würde eine derartig geringe Beleuchtung für einen großen Teil der Menschen nicht mehr ausreichen. Besonders für Schulkinder, welche zum Lesen eine weit genauere Wahrnehmung der Buchstaben brauchen als Erwachsene, ist diese Beleuchtung entschieden eine viel zu geringe. Außerdem ist darauf hinzuweisen, daß sicherlich die gleiche Lesegeschwindigkeit bei derartig geringer Beleuchtung nur dann erreicht wird, wenn der Versuchsperson gestattet wird, sich dem Buche beliebig weit zu nähern. Hierdurch wird aber die Gefahr des Kurzsichtigwerdens außerordentlich gesteigert. Die Praxis hat zudem gezeigt, daß bei einer Beleuchtung von weniger als 25 Lux subjektiv ein Lichtmangel empfunden wird. Diese Beleuchtungsstärke sollte daher bei Arbeitsplätzen unbedingt als die untere Grenze des zulässigen gelten. Die Ansicht Prausnitz's müssen wir dagegen ganz entschieden ablehnen. Ein allgemein gültiger Grenzwert läßt sich freilich nicht aufstellen, da die Sehschärfe nicht nur von der Beleuchtung, sondern letzlich von der Menge des von der Arbeitsfläche reflektierten Lichtes abhängt. Der Arbeitsfläche bzw. dem Arbeitsmaterial kommt also eine große Bedeutung zu. Die Praxis hat daher für die verschiedenen Handwerkszweige ganz verschiedene Beleuchtungsstärken als die besten herausgefunden, welche in den Tabellen 43/45 auf S. 571/74 zusammengestellt sind.

Blendung. Schon oben war darauf hingewiesen, daß die Steigerung der Beleuchtung über ein gewisses Maß hinaus keine Zunahme der Sehschärfe mehr hervorruft. Vielmehr tritt sogar schließlich eine Abnahme ein, das Auge wird geblendet. Neben dieser Blendung kann schließlich eine wirkliche Schmerzempfindung eintreten. In der Wirklichkeit wird eine Blendung meist hervorgerufen dadurch, daß der Lichtstrom einer Lichtquelle mit zu großer Flächenhelligkeit ins Auge fällt. Dabei wirkt von zwei Flächen, deren Flächenhelligkeit gleich ist, die größere stärker blendend. Es ist vielfach versucht worden, einen Grenzwert für die noch zulässige Flächenhelligkeit festzusetzen. Einem Vorschlage Stockhausens folgend, hat die Deutsche Beleuchtungstechnische Gesellschaft einen Grenzwert von 0,75 Kerzen pro cm^2 in ihre Leitsätze für die Innenbeleuchtung von Gebäuden aufgenommen. Eigentlich ist das aber ziemlich willkürlich. Zunächst ist es aus verschiedenen Gründen schwierig, den physiologisch wirksamen Glanz einer Lichtquelle zu messen, dann aber ist die Wirkung auf das Auge keineswegs immer dieselbe. So ist das dunkel adaptierte Auge bis zu 100 mal empfindlicher gegen Blendung als das hell adaptierte. Es dürfte richtiger sein, mit Reichenbach praktisch alle Lichtquellen mit Ausnahme der Petroleumlampe als zu stark glänzend anzusehen. Sie müssen demnach alle mit einer lichtzerstreuenden Glocke umgeben oder so angeordnet werden, daß ein Hineinsehen vermieden wird. Der Grenzwert von 0,75 Kerzen pro cm^2 würde also mehr für die Beurteilung der lichtzerstreuenden Vorrichtungen in Frage kommen. Durch Umhüllen mit lichtzerstreuenden Medien bringen wir gewissermaßen die Lichtquelle auf eine größere Flächenausdehnung. Je besser die Medien das Licht zerstreuen, desto besser erfüllen sie ihren Zweck. Am besten zerstreuend wirkt das Milchglas, doch absorbiert es gleichzeitig viel Licht. Einzelheiten über die Ausbildung der Glocken sind in Abschnitt VII, S. 226 ff. enthalten.

Verteilung der Lichtquellen, Schatten. Eine Vermeidung der Blendung kann auch dadurch erreicht werden, daß die Lichtquelle aus der Blickrichtung entfernt wird. Freilich tritt eine Belästigung nicht nur dann ein, wenn die Lichtquelle unmittelbar in der Blickrichtung liegt, sondern auch noch dann, wenn sie seitlich davon angeordnet ist. Reichenbach fordert, daß bei Räumen, in denen das Auge längere Zeit eine bestimmte Blickrichtung innehalten muß (Schulen, Hörsäle u. a.), in einem Kegel, dessen Achse die Blickrichtung ist und dessen Öffnungswinkel 90° beträgt, keine Lichtquellen sein dürfen. Für Arbeitsplätze muß dieser Winkel unter Umständen noch größer sein. — Bei seitlicher Blendung kann übrigens dann eine Verbesserung der Sehschärfe eintreten, wenn die betrachtete Fläche gut erhellt ist. Dies beruht wahrscheinlich auf einer Pupillenverengerung. Bei weniger guter Beleuchtung tritt Herabsetzung der Sehschärfe ein. Subjektiv wirkt seitliche Blendung aber immer unangenehm.

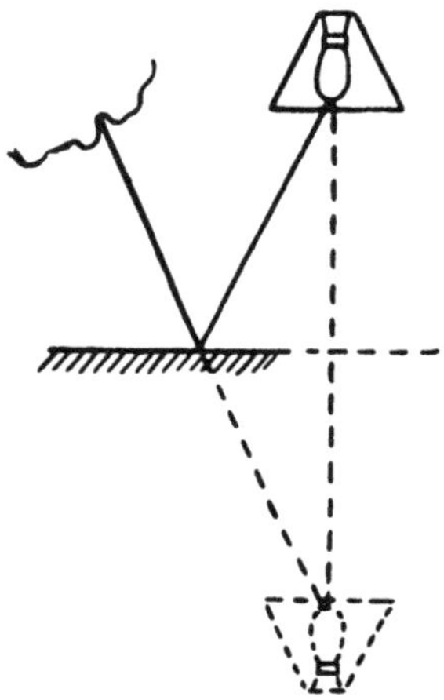

Abb. 4. Blendung durch das Spiegelbild der Lichtquelle. (Aus Halbertsma, Fabrikbeleuchtung, S. 95.)

Da die Art der Lichtverteilung in den anderen Abschnitten eingehender behandelt ist, möchte ich mich hier ganz kurz fassen. Die Lichtquellen müssen so angeordnet werden, daß alle Arbeitsplätze des Raumes möglichst gleichhell sind und die Allgemeinbeleuchtung nicht zu sehr von derjenigen der Arbeitsplätze abweicht. Stehen zur Erhellung eines Raumes zahlreiche Lichtquellen mäßiger Intensität zur Verfügung, so kann man dieses Ziel erreichen, wenn man sie möglichst hoch unter der Decke anbringt und als direktes Hochlicht wirken läßt. Ist ein gelegentliches Hineinsehen in die Lichtquellen möglich, so sollten sie in ihrem unteren Teile mattiert sein. Wenn zur Erhellung des Raumes nur wenige, sehr intensive Lichtquellen verwendet werden sollen, so müssen sie als indirekte oder halbindirekte Beleuchtung angeordnet werden. Bei der letzten Anordnung geht naturgemäß weniger Licht verloren, als bei der indirekten, bei der das Licht nach unten gänzlich abgeblendet und der Raum ausschließlich durch das von der Decke reflektierte Licht beleuchtet wird. Dafür hat aber diese den Vorzug, daß neben dem Fortfall jeder Blendung eine weitgehende Aufhellung der Schatten erzielt wird. Dies ist für Schulzimmer, Hörsäle u. a. oft sehr erwünscht. Dagegen ist für bestimmte Arbeiten eine etwas stärkere Schattenbildung, wie sie die halbindirekte Beleuchtung hervorruft, angebracht, z. B. für Weben, Spitzenklöppeln, Gravieren, überhaupt bei Arbeiten mit einfarbigem Material, wo erst die Schattenbildung eine Unterscheidung ermöglicht.

Direkte Beleuchtung durch eine einzige Lichtquelle ruft immer starke, meist störende Schlagschatten hervor. Bei direkter Beleuchtung durch mehrere Lichtquellen werden die Schatten erheblich aufgehellt, bleiben aber scharf. Wenn auch hierdurch unter Umständen das Erkennen beschatteter Teile erleichtert wird, so wirkt doch eine derartige Beleuchtung durch die entstehenden zahlreichen, in verschiedener Richtung verlaufenden Schatten unruhig, und bei länger dauernder anstrengender Tätigkeit ermüdet das Auge dabei rasch. Die Auswahl unter den Lichtverteilungsmöglichkeiten muß also danach getroffen werden, für welche Arbeit der zu beleuchtende Raum dienen soll. Es dürfte bei richtiger Auswahl möglich sein, allen Anforderungen zu genügen; freilich wäre es erwünscht, weitere Untersuchungen darüber anzustellen, inwieweit eine Schattenbildung die verschiedenen Arbeitsweisen hemmt oder fördert. Die Auswahl der Beleuchtung lediglich nach dekorativen Gesichtspunkten sollte auch in Versammlungs- und Festsälen vermieden werden.

Erwähnt muß noch werden, daß in solchen Räumen, in denen spiegelndes Arbeitsmaterial verwendet wird, Vorsorge getroffen werden muß, daß die Arbeiter nicht durch die Spiegelbilder der Beleuchtungskörper geblendet werden. (siehe Abb. 4)

Farbe des Lichtes. Von wesentlicher Bedeutung für die Sehschärfe und die Ermüdung des Auges ist die Farbe des Lichtes. Bei gleicher optischer Helligkeit ergeben die kurzwelligen Strahlen eine geringere Sehschärfe als die Strahlen von größerer Wellenlänge. Hieraus wäre zu folgern, daß die modernen Lichtquellen, Gasglühlicht, elektrisches Licht u. a., deren Licht viele kurzwellige Strahlen enthält, in dieser Hinsicht den alten Lichtquellen mit ihrem mehr rötlichen Lichte nachstehen. Darauf bezügliche Versuche haben ergeben, daß die Auerbrenner und Nernstlampen der Kohlenfadenglühlampe so weit an Sehschärfenhelligkeit nachstehen, wie einer Verminderung der optischen Helligkeit um etwa 12÷14% entspricht (Reichenbach-Descoudres). Freilich brauchen die Lichtquellen, welche die größte Sehschärfenhelligkeit bieten, keineswegs dem Auge auch sonst am zuträglichsten zu sein. Vor allem ist nicht festgestellt, ob nicht die Ermüdung bei diesen Beleuchtungsarten rascher eintritt. Mangels einwandfreier Meßmethoden liegen abschließende Versuche hierüber bisher nicht vor. Subjektiv wird zuweilen das grünliche Licht angenehmer empfunden als das gelbliche. Ob die günstige Wirkung des Tageslichtes, das ja viel blaue Strahlen enthält, wesentlich auf seine Farbe zurückzuführen ist, erscheint fraglich. Sicherlich spielt dabei auch die Milderung der Kontraste durch das diffuse Licht eine Rolle.

Der psychische Reiz einfarbigen Lichtes, der sicherlich vorhanden ist, — Rot wirkt erregend, Blau beruhigend — dürfte praktisch-hygienisch eine zu geringe Rolle spielen, als daß darauf näher eingegangen zu werden braucht.

Ultraviolettes Licht. Die Frage, wieweit die nicht sichtbaren ultravioletten Strahlen, die in den modernen Lichtquellen einen nicht unwesentlichen Teil der Gesamtstrahlung ausmachen, in der Praxis schädlich auf die Augen wirken, ist trotz zahlreicher Versuche noch nicht recht geklärt. Ohne Zweifel kann ultraviolettes Licht schwere Schädigungen an allen Teilen des Auges hervorrufen, wie klinische Beobachtungen an Menschen gezeigt haben, die intensivem, an ultravioletten Strahlen reichem Bogenlicht ausgesetzt waren. Strahlen unter 320 $\mu\mu$ rufen vorwiegend Schädigungen am äußeren Auge hervor, während die Strahlen bis 400 $\mu\mu$ Veränderungen im Innern bewirken. Zweifelhaft ist aber, ob bei normaler Anwendung künstlicher Lichtquellen jemals so viel ultraviolette Strahlen ins Auge gelangen, daß sie wirklich schaden können. Schanz und Stockhausen haben besonders das ultraviolette Licht für die allmählich auftretende Linsentrübung, den Altersstar, verantwortlich gemacht. Sie empfehlen dagegen die Verwendung des sog. Euphos-Glases, das diese Strahlen absorbiert. Von anderer Seite ist demgegenüber geltend gemacht, daß eine Schädigung des Auges allein durch ultraviolettes Licht überhaupt nicht nachweisbar ist, da bei allen diesbezüglichen Beobachtungen stets auch intensives sichtbares Licht mitwirkt. Voege hat zudem gezeigt, daß von einer weißen Fläche nur dann mehr ultraviolettes Licht reflektiert wird, als bei Tageslicht, wenn sie von einer Bogenlampe oder einer Quecksilber-Quarzlampe bestrahlt wurde. Diese Lampen werden aber, wenn überhaupt bei naher Arbeit, in jedem Falle nur mit Glasumhüllungen benutzt, so daß auch hier die schädlichen Strahlen weitgehend absorbiert werden. Ist ein unmittelbarer Einfall der Strahlen ins Auge nicht möglich, und das soll schon zur Vermeidung der Blendung der Fall sein, so dürfte eine Schädigung durch das ultraviolette Licht der künstlichen Beleuchtung praktisch nicht in Frage kommen. Selbstverständlich müssen dagegen Arbeiter, die in der Nähe von Lichtquellen mit ultravioletten Strahlen arbeiten (elektrische Schweißung, photographische Reproduktion usw.), mit Brillen versehen werden, deren Gläser die schädlichen Strahlen nicht durchlassen.

Ruhe des Lichts. Schwankungen in der Intensität des Lichtes wirken in hohem Maße störend für das Sehen. Die Schädigungen, denen das Auge durch das Flackern der Beleuchtung ausgesetzt ist, sind zwar schwer genau zu definieren, jedenfalls aber wirkt es subjektiv äußerst unangenehm und kann unter Umständen das Arbeiten bei solchem Licht völlig unmöglich machen. Offenbar strengt es das Auge in verschiedener Art an. Zunächst wird die Sehschärfe stark herabgesetzt, dann wird fortwährend eine Erweiterung und Verengerung der Pupille und schließlich eine fortwährende Neuadaptation der Netzhaut erzwungen, was zusammen das Auge schnell ermüden läßt. Zumeist ist die Belästigung um so größer, je größer die Intensitätsschwankungen sind, je plötzlicher sie verlaufen und je rascher sie aufeinander folgen. Bei sehr schnellem Wechsel werden freilich die Schwankungen als solche nicht mehr empfunden, jedoch treten dann an rasch bewegten Gegenständen Flimmererscheinungen auf, wie man das an Plätzen, die von Wechselstrom-Bogenlampen beleuchtet sind, leicht wahrnehmen kann. Es muß also unbedingt gefordert werden, daß alle Lichtquellen ein gleichmäßig ruhiges Licht ohne störende Schwankungen liefern.

Wärmeproduktion als Nebenwirkung der Beleuchtung. Neben den Einwirkungen der künstlichen Beleuchtung auf das Auge müssen wir auch die durch sie hervorgerufenen Veränderungen der Luft in den beleuchteten Räumen einer Betrachtung unterziehen. Diese Veränderungen können physikalischer und chemischer Natur sein.

Fast die ganze den Lichtquellen zugeführte Energie wird in Wärme umgewandelt, da auch der geringe Bruchteil, der zunächst als Licht auftritt, fast restlos in Wärme übergeht. Diese Wärmeproduktion ist zumeist unerwünscht und nachteilig, wissen wir doch durch die Arbeiten Flügges und seiner Schüler, daß die Beeinträchtigung des Wohlbefindens, die so häufig in geschlossenen Räumen eintritt, zur Hauptsache durch Behinderung der Wärmeabgabe des Körpers und nicht durch chemische Luftverschlechterung bedingt ist. In Räumen mit vielen Lichtquellen, insbesondere wenn sich viele Menschen darin aufhalten, muß daher für ausreichende Ableitung der Wärme durch geeignete Lüftungseinrichtungen gesorgt sein.

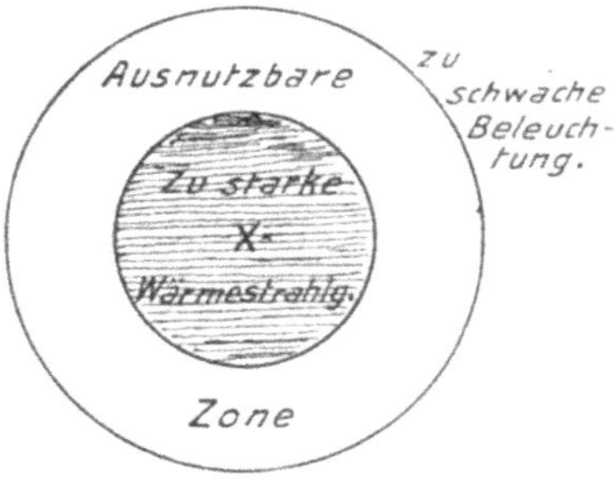

Abb. 5. Ausnutzbare Zone für die Beleuchtung eines Arbeitsplatzes.

Außer der Gesamtwärmeproduktion spielt die strahlende Wärme eine unangenehme Rolle, besonders wenn es sich um Beleuchtungskörper für einzelne Arbeitsplätze handelt. Es muß verlangt werden, daß die Lichtquelle so weit vom Kopfe des Arbeitenden entfernt bleibt, daß er nicht mehr durch die zugestrahlte Wärme belästigt wird. Reichenbach hat den Ausdruck »ausnutzbare Zone« eingeführt; er gilt für den Streifen, der innen begrenzt wird durch die Zone zu starker Wärmestrahlung und außen durch die zu geringer Beleuchtung. Je breiter diese Zone ist, desto vorteilhafter ist die Lichtquelle (Abb. 5).

Luftverunreinigung als Nebenwirkung der Beleuchtung. Alle mit einer Flamme brennenden Lichtquellen verunreinigen die Luft durch Wasserdampf sowie Verbrennungsgase. Ebenso bedeutet die Entziehung des zur Verbrennung nötigen Sauerstoffes eine gewisse Verschlechterung der Raumluft. Freilich wird diese Sauerstoffentzeihung und die Kohlensäureproduktion kaum je so weit gehen, daß dadurch Gesundheitsstörungen hervorgerufen werden könnten. Bei Vorhandensein zahlreicher Flammen muß aber doch für Reinhaltung der Luft durch geeignete Lüftungseinrichtungen gesorgt sein. Die anderen gasförmigen Verbrennungsprodukte, salpetrige Säure, Salpetersäure, Schwefeldioxyd, Kohlenoxyd und sonstige brennbare Kohlenstoffverbindungen treten meist nur in ganz geringen Spuren auf. Bei den modernen Lampen wird auch von ihnen eine Gesundheitsgefährdung kaum zu erwarten sein.

Neuerdings ist darauf hingewiesen worden, daß die in letzter Zeit vielfach angepriesenen Gassparer ein vermehrtes Auftreten von Kohlenoxyd zur Folge haben können und daher Vorsicht bei ihrer Anwendung geboten ist.

Der an sich unschädliche Wasserdampf kann insofern zur Beeinträchtigung des Wohlbefindens beitragen, als er die Entwärmung des Körpers durch Wasserverdunstung erschwert. Von dem Ruß, der in geringen Mengen von allem mit Flamme brennenden Licht geliefert wird, ist eine Gesundheitsgefährdung zwar nicht zu erwarten, doch ist seine Produktion natürlich möglichst einzuschränken.

Eine Zusammenstellung über Verbrennungsprodukte, Wärmeentwicklung und Luftbedarf der verschiedenen Beleuchtungsarten enthält Tabelle 18 (S. 553).

Zusammenfassend lassen sich die hygienischen Forderungen an die künstliche Beleuchtung folgendermaßen präzisieren:

1. Das Licht soll ausreichend sein; aber nicht blenden. Es soll nicht völlig schattenlos sein, aber auch keine störenden Schlagschatten werfen. Die Farbe des Lichtes soll dem Auge zuträglich sein, und es darf keine schädlichen Strahlen in größerer Menge enthalten. Schließlich muß es gleichmäßig und ruhig sein.
2. Durch die Beleuchtung darf dem Raume keine zu große Wärmemenge zugeführt werden, insbesondere dürfen die im Raume sich aufhaltenden Menschen nicht durch strahlende Wärme belästigt werden. Die Raumluft darf nicht durch schädliche Gase, Wasserdampf oder Ruß in irgendwie erheblichem Maße verunreinigt werden.
3. Die Beleuchtung muß ungefährlich und wirtschaftlich sein.

Kritik der gebräuchlichen Lichtquellen.

Unter Zugrundelegung dieser Gesichtspunkte sollen nunmehr die gebräuchlichen Lichtquellen einer Kritik unterzogen werden.

Kerzen. Da die Kerzen heute nur noch als leichttragbare Gelegenheitsbeleuchtung benutzt werden, braucht auf sie nicht näher eingegangen zu werden. Sie sind trotz der großen Fortschritte, die auch auf dem Gebiete der Kerzenfabrikation, besonders durch den Übergang von Talg zu den reinen Fettsäuren gemacht worden sind, auch jetzt noch hygienisch und wirtschaftlich sehr mangelhaft. Als Notbeleuchtung werden sie jedoch ihren Wert behalten.

Rüböllampen. Die Lampen, deren Brennstoff aus pflanzlichen Ölen, vornehmlich dem Rüböl, bestanden, sind wohl gänzlich außer

Gebrauch gekommen. In der Ausführung, die sie nach manchen Verbesserungen schließlich erhalten hatten, waren sie durchaus einwandfrei. Sie boten aber keinerlei Vorzüge vor den modernen Lichtquellen, wie das gelegentlich behauptet wird.

Petroleumlampen. Die Petroleumlampe, die trotz der Konkurrenz von Gas- und elektrischem Licht immer noch eine Hauptrolle in der Beleuchtungstechnik spielt, ist vom augenhygienischen Standpunkte aus einwandfrei. Das ruhige, gelbliche Licht wird von den meisten Menschen angenehm empfunden und gibt eine gute Sehschärfe. Die Flächenhelligkeit ist keine übergroße, doch sollte auch bei Petroleumlampen das Auge gegen unmittelbaren Lichteinfall geschützt sein. Die Gesamtwärmeproduktion ist jedoch eine verhältnismäßig sehr große. Vor allem ist die starke Wärmestrahlung sehr lästig. Die ausnutzbare Zone ist demgemäß mit etwa 30 cm recht gering. Dabei hat Reichenbach bei seinen diesbezüglichen Untersuchungen als noch ausreichende Beleuchtungsstärke nur 10 Lux angenommen. Stellt man höhere Anforderungen an die Beleuchtung, so verschmälert sich die ausnutzbare Zone natürlich entsprechend. Die mit Rücksicht auf die Wärmestrahlung noch ausnutzbare Beleuchtung beträgt nach Reichenbach etwa 27 Lux. Auch die Verschlechterung der Luft durch Kohlensäure und Wasserdampf ist eine ziemlich beträchtliche. Die starke Wärmestrahlung läßt sich freilich durch Anwendung von Doppelzylindern erheblich mildern. Dadurch wird die Strahlung um etwa 35%, die Lichtstärke nur um etwa 10% herabgesetzt. — Die Explosionsgefahr ist bei Verwendung guten Brennstoffs sehr gering. Die gelegentlich vorkommenden Unglücksfälle sind meist auf grobe Fahrlässigkeit zurückzuführen.

Trotz der verhältnismäßig großen hygienischen Mängel wird doch die Petroleumlampe, die bis zum Kriege die verbreitetste Lichtquelle war und bei Berücksichtigung aller Weltteile es auch jetzt wohl noch ist, immer ihre Freunde behalten. Vor allem der Umstand, daß sie tragbar ist, macht sie für den Haushalt des Minderbemittelten fast unentbehrlich.

In der Form des Petroleumglühlichtes ist die Petroleumlampe vorläufig meist nur für sehr hohe zur Außenbeleuchtung in Betracht kommende Kerzenstärken praktisch verwendbar. Es wäre sehr zu begrüßen, wenn es gelingen sollte, auch eine tragbare Petroleumglühlampe für den Arbeitstisch zu konstruieren.

Spirituslampen. Im Gegensatz zur Petroleumglühlampe hat sich das Spiritusglühlicht auch in tragbaren Tischlampen gut bewährt. Über die Vorzüge des Glühlichtes wird beim Gaslicht zu sprechen sein, hier sei nur erwähnt, daß die Ausnutzbarkeit der Leuchtkraft etwa dreimal so groß wie bei einer Petroleumlampe ist, während die Gesamtwärmeproduktion und die Wärmestrahlung nur etwa $1/3$ der Petroleumlampe betragen. Leider ist die Feuersgefahr beim Spiritusglühlicht weit höher als beim Petroleumlicht.

Gaslicht. In der Form der alten Schnitt- und Zweilochbrenner war das Gaslicht wegen des zuckenden, unruhigen Brennens zur Naharbeit so gut wie ungeeignet. Auch als Argandbrenner bietet das Gaslicht gegenüber dem Petroleumlicht keine Vorzüge, da das Licht dieses Brenners für das Auge zwar recht angenehm ist, die Nebenwirkungen dagegen mindestens ebenso unangenehm wie bei jenem sind.

Ganz anders verhält sich jedoch das Gasglühlicht. Seine Einführung als Auerbrenner war sowohl wirtschaftlich wie hygienisch eine großartige Verbesserung. Da es erheblich weniger Gas verbraucht, als der Argandbrenner gleicher Lichtstärke, sind bei ihm die schädlichen Nebenwirkungen entsprechend verringert. Vor allen Dingen beträgt die Wärmestrahlung nur etwa $^1/_8$ von der des Argandbrenners. Die Ausnutzbarkeit der Lichtstärke beträgt deshalb 200 Lux gegen 26 bei jenem.

Die Flächenhelligkeit ist etwa viermal so groß als beim Argandbrenner. Es muß daher unter allen Umständen Vorsorge getroffen werden, daß ein unmittelbares Hineinsehen in die Lichtquelle ausgeschlossen wird. Am besten geschieht dies durch Milchglasschirme oder Verwendung des Auerlichtes als indirekte oder halbindirekte Beleuchtung.

Eine weitere Einschränkung der Gesamtwärmeproduktion und der Luftverunreinigung wird beim hängenden Gasglühlicht erzielt; freilich ist hier die Wärmestrahlung etwas größer als beim Stehlicht. Auch die Flächenhelligkeit ist etwas größer.

Ein gewisser Nachteil des Gasglühlichtes ist dadurch bedingt, daß die günstigen Eigenschaften nur dann voll zur Geltung kommen, wenn Gas- und Luftzufuhr genau geregelt werden. Da das im Privathaushalt oft auf Schwierigkeiten stößt, macht sich bisweilen ein unruhiges und geräuschvolles Brennen bemerkbar. Besonders in der Zeit mangelhafter Gasbelieferung waren an vielen Orten sehr unangenehme Störungen zu verzeichnen.

Die Gefahren der Gasbeleuchtung, Explosionen oder Vergiftung durch das im ausströmenden Gas enthaltene Kohlenoxyd, sind bei guter Anlage und ordnungsgemäßer Bedienung sehr gering. Der intensive Geruch des Gases macht meist früh genug auf Undichtigkeiten in der Zuleitung aufmerksam. Durchdringt das Gas freilich vor dem Eintritt in die Räume den Erdboden, so werden die Geruchsstoffe absorbiert, und auf diese Weise sind schon verschiedentlich Unfälle zustande gekommen. Ebenso merken schlafende Personen in der Regel nichts vom Eindringen von Gas in den Schlafraum. Vergiftungsgefahr liegt vor bei einem Gehalt der Raumluft von über 0,5%, Explosionsgefahr bei einer Beimischung von 8 ÷ 20% an Leuchtgas.

Das Azetylengas kann auch ohne Glühkörper in hygienisch einwandfreier Weise als Zweilochbrenner verwandt werden. Die Wärmeentwicklung und Luftverschlechterung ist viel geringer als beim Leuchtgas. Wegen der großen Flächenhelle müssen die Lichtquellen jedoch gut abgeschirmt werden. Für kleinere Verbrauchsgebiete (einzelne

Häuser, Gehöfte) kann auch Aërogen- und Benoidgas in hygienisch einwandfreien Anlagen Verwendung finden.

Elektrisches Licht. Das elektrische Licht besitzt den gewaltigen hygienischen Vorzug vor allen anderen Beleuchtungsarten, daß bei ihm eine Luftverunreinigung gänzlich oder fast gänzlich fehlt. Auch die Wärmeproduktion ist nur eine geringe. Zwar bringt die alte Kohlenfadenglühlampe noch verhältnismäßig viel Wärme hervor; besonders ihre strahlende Wärme ist mindestens ebenso groß wie die des Gasglühlichtes. Jedoch ist bei den Metallfadenlampen dieser Nachteil auf etwa ⅓ verringert; die strahlende Wärmemenge ist freilich nur auf etwa ½ zurückgegangen. Bei den neuesten mit Gas gefüllten Glühlampen ist der Energieverbrauch noch weiter herabgesetzt und dementsprechend die Wärmeproduktion geringer.

Die Flächenhelligkeit der elektrischen Glühlampen ist freilich so groß, daß sie als ein gewisser hygienischer Nachteil angesprochen werden muß. Selbst bei der Kohlefadenlampe und weit mehr natürlich noch bei den Metalldrahtlampen ist sie so groß, daß schon ein kurzes Hineinsehen langanhaltende störende Nachbilder hervorruft. Wenn auch, wie Reichenbach hervorhebt, der physiologisch wirksame Glanz der Glühlampen wahrscheinlich erheblich geringer ist als derjenige, der sich aus der physikalischen Begriffsbestimmung der Flächenhelligkeit ergibt, so ist er doch unter allen Umständen so stark, daß die Glühlampen stets so angeordnet werden müssen, daß ein unbeabsichtigten Hineinsehen sicher vermieden wird.

Entsprechend der höheren Temperatur des leuchtenden Körpers nimmt der kurzwellige Strahlenanteil bei den neueren Glühlampenarten erheblich zu. Die Sehschärfenhelligkeit wird hierdurch nicht unerheblich herabgesetzt. Ein ins Gewicht fallender hygienischer Nachteil ist das freilich nicht, da sich dieser Ausfall durch Wahl einer etwas stärkeren Lampe leicht wieder ausgleichen läßt.

Bei der Bogenlampe treten noch erheblich mehr kurzwellige Strahlen auf als beim Glühlicht. Außerdem ist die Flächenhelle so groß, daß die Bogenlampen für Innenräume nur als indirekte oder halbindirekte Beleuchtung verwendet werden sollten, soweit ihre Verwendung heute überhaupt noch in Frage kommt. Die ohne Luftabschluß brennende Flammenbogenlampe ist wegen der von ihr erzeugten schädlichen Gase nur für große, gut ventilierte Innenräume verwendbar.

Unter den Lichtquellen, bei welchen neben der reinen Temperaturstrahlung die Lumineszenz eine erhebliche Rolle spielt, verdienen die Quecksilberdampflampen und das sog. Moorelicht hygienische Erwähnung. Von der erstgenannten Lichtquelle war schon bei der Allgemeinwirkung des Lichtes die Rede, wo ihre Verwendung bei der Strahlentherapie sowie ihre desinfizierende Wirkung besprochen wurde. In früheren Jahren wurde auch der Versuch gemacht, sie zur Raumbeleuchtung heranzuziehen, zumal Glanz- und Wärmeproduktion gering sind. Natürlich müssen die entzündungserregenden ultravioletten Strahlen durch Glasumhüllung sicher abfiltriert werden. Aber auch dann ist das stark grünliche Licht für die Augen der meisten Menschen wenig angenehm, zum Teil geradezu unausstehlich. Freilich wird angegeben, daß einzelne Arbeiten, z. B. Feinmechanik, bei diesem Licht gut ausführbar seien. Die Arbeiter sollen sich verhältnismäßig leicht an das Licht gewöhnen, besonders wenn durch gleichzeitige Verwendung von Glühlicht die roten Strahlen, die dem Quecksilberlicht fehlen, einigermaßen ergänzt werden. Jedenfalls aber wird die Anwendungsmöglichkeit des Quecksilberlichtes immer nur eng begrenzt bleiben, und gegenwärtig kommt es für Raumbeleuchtung nicht mehr in Frage.

Ein weitausgedehntes Anwendungsgebiet kommt dagegen vom hygienischen Standpunkt aus denjenigen Lichtquellen zu, bei denen das Licht durch hochgespannten Wechselstrom in Glasröhren mit stark verdünnten Gasen erzeugt wird. Allerdings eignen sich diese Einrichtungen nur zur Beleuchtung ganzer Räume, nicht einzelner Arbeitsplätze. Es läßt sich mit dem weichen, gleichmäßigen, wenig glänzenden Licht eine fast schattenlose Beleuchtung erzielen. Die Farbe kann durch die Art der Röhrenfüllung variiert werden. Sie kommt bei Verwendung von Kohlensäure dem Tageslicht so nahe, daß dabei Farbenunterscheidungen wie am Tage ausfallen. Abgeschlossen sind die hygienischen Untersuchungen dieses Lichtes noch nicht, doch scheint es, daß wir in dieser Beleuchtungsart die hygienisch am besten zu bewertende vor uns haben. Leider stehen technische Schwierigkeiten der Verbreitung dieser Beleuchtungsart sehr im Wege.

Wenn wir nochmals vergleichend die verschiedenen Beleuchtungsarten überblicken, so zeigt es sich, daß man mit Erfolg bemüht gewesen ist, durch immer stärkere Erhöhung der Temperatur des lichtaussendenden Körpers die Ausnutzung der Energie als Licht zu steigern. Dadurch wurde der Energieumsatz und die damit verbundenen hygienischen Unannehmlichkeiten, Wärme- und Wasserdampfproduktion, Luftverunreinigung herabgesetzt. Anderseits wurde die Flächenhelle erhöht und die kurzwelligen Strahlen zur Vorherrschaft gebracht. Beides sind entschieden hygienische Mängel; aber die Vorteile sind doch erheblich größer als die Nachteile. Vielleicht dürfen wir in der Anwendung der Luminiszenzstrahler den Abschluß dieser erfreulichen Verbesserung erwarten.

Besonders der starke Konkurrenzkampf zwischen Gas- und elektrischem Licht hat zu diesem für die Allgemeinheit so günstigen Erfolge beigetragen. Wenn wir zum Schluß die Vorteile und Nachteile der verschiedenen Beleuchtungsarten unparteiisch gegeneinander abwägen, so müssen wir zu dem Ergebnis kommen, daß zwischen der Gas- und elektrischen Beleuchtung bei Auswahl gleichzubewertender

Lampen kaum hygienische Verschiedenheiten bestehen. Bei Einzellampen sind die absoluten Beträge der Wärmeproduktion und Luftverunreinigung so gering, daß sie nicht ins Gewicht fallen. In großen Räumen, wo die Verwendung mehrerer Lampen notwendig wird, ist die Gasbeleuchtung dem elektrischen Licht, das in der Form der Glühlampen keinerlei Luftverunreinigung bewirkt, zwar etwas unterlegen; doch haben Versuche der von dem Deutschen Verein der Gas- und Wasserfachmänner eingesetzten Kommission ergeben, daß auch diese Nachteile durch Einrichtung einer entsprechenden Ventilation fast ganz ausgeglichen werden können.

Wenn auch das Petroleumlicht auf diesem Gebiete nicht ganz konkurrenzfähig ist, so wird ihm doch schon der Vorteil, den es vor den übrigen Beleuchtungsarten voraus hat, nämlich die Tragbarkeit, immer seine Freunde erhalten. Sicherlich wird es der Technik auch auf dem Gebiete der Petroleumbeleuchtung gelingen, diese noch weiter den hygienischen Forderungen anzupassen.

Sehr erfreulich ist es, daß die Beleuchtungstechniker in letzter Zeit auf eine Zusammenarbeit mit den Hygienikern und Physiologen hinstreben. Eine derartige Arbeitsgemeinschaft wird sicher der Allgemeinheit zum Nutzen gereichen.

Literatur.

Lode: Atmosphäre, in Rubner, Gruber, Ficker: Handbuch der Hygiene, Bd. I. Leipzig 1911.

Dorno: Studie über Licht und Luft im Hochgebirge. Braunschweig 1911.

Jüngling: Vergleichende Untersuchungen über die Wirkung des Sonnenlichtes und des Lichtes der Quecksilber-Quarzlampe (»Künstliche Höhensonne«) auf die Haut. Strahlentherapie. Bd. VII, 1916.

Höber: Lehrbuch der Physiologie des Menschen. Berlin 1919.

H. Cohn: Lehrbuch der Hygiene des Auges. Wien und Leipzig 1892.

Löhlein: Hygiene des Auges. Würzburger Abhandlungen aus dem Gesamtgebiet der praktischen Medizin. Würzburg 1911.

Halbertsma: Fabrikbeleuchtung. Oldenbourgs Techn. Handbibliothek, Bd. XXI. München-Berlin 1918.

Korff-Petersen: Untersuchungen über die Beziehungen zwischen Beleuchtungsstärke, Sehschärfe und Lesegeschwindigkeit. München. Med. Wochenschrift 1919.

Reichenbach: Beleuchtung, in Weyls Handbuch der Hygiene, Bd. 4. Leipzig 1914. (Diese Arbeit ist wohl die beste zusammenfassende Darstellung der auf die Hygiene der Beleuchtung bezüglichen Fragen. Hier auch umfangreiche Literaturangaben. Die Zahlenangaben des obigen Abschnittes sind zumeist der Reichenbachschen Arbeit entnommen.)

v. Stockhausen: Beleuchtung, in Selter: Grundriß der Hygiene. Dresden und Leipzig 1920.

Vierter Abschnitt.

Elektrische Lampen.

Von Dr. **Alfred R. Meyer.**

§ 1. Geschichtlicher Überblick.

Bogenlicht und Glühlicht bis 1900. In der bisherigen Geschichte der elektrischen Lampen lassen sich zwei dem Leitgedanken nach verschiedene Abschnitte unterscheiden. Der erste stellt die mehr historisch tastende Etappe dar, der zweite umfaßt das Gebiet der eigentlichen technischen Entwicklung.

In den ersten Abschnitt fällt die der Bogenlampe zugrunde liegende fundamentale Beobachtung von Davy, dem es Ende des ersten Jahrzehnts des vorigen Jahrhunderts zum ersten Male gelang, zwischen zwei Kohleelektroden einen Lichtbogen zu erzeugen. Ihm gehören auch die Versuche von Grove, de Moleyns, Petrie und anderen in den vierziger Jahren des vorigen Jahrhunderts an, unter Benutzung von auf Weißglut erhitzten Metalldrähten (Platin und Iridium) die Vorläufer der heutigen elektrischen Glühlampe herzustellen.

Alle diese Versuche blieben aber auf ihre Anfänge beschränkt, zumal es mangels geeigneter Stromquellen auch an den technischen Vorbedingungen für die Benutzbarkeit der etwa hergestellten Lampen fehlte. Eine entscheidende Wandlung in diesen Verhältnissen trat erst in den sechziger und siebziger Jahren ein; sie ergab sich aus der Erfindung der Dynamomaschine und ihrer Durchbildung bis zur praktischen Verwendbarkeit. Damit war der Boden für die nun einsetzenden Versuche gegeben, die neue Energiequelle der Beleuchtung nutzbar zu machen.

Die ersten Erfolge in dieser Richtung fielen der Bogenlampe zu, die mit der Jablochkowschen Kerze bereits 1876 die Aufgabe der sog. Teilung des Lichtes löste, und die 1879 mit der sie ablösenden Differentiallampe von v. Hefner-Alteneck bereits die heutigen Formen der mit einem Regulierwerk arbeitenden Bogenlampe zeigt. Etwa zur selben Zeit (1881) erschien auch die Kohlefadenglühlampe auf dem Markte, um deren Durchbildung sich neben anderen insbesondere Edison und Swan Verdienste erworben hatten. Bogenlampe und Glühlampe hatten ursprünglich in ihrer praktischen Verwendung keine Berührungspunkte, da die eine lediglich für hohe Lichtstärken in Frage kam, die andere nur für Lichtstärken bis höchstens 50 Kerzen hergestellt werden konnte.

Weiterausbildung der Bogenlampe seit 1900. Für die weitere Entwicklung der Bogenlampe waren in den beiden folgenden Jahrzehnten lediglich konstruktive Gesichtspunkte maßgebend, indem die Durchbildung und Vervollkommnung der Regelwerke den wesentlichen Inhalt der ausgeführten Arbeiten bildeten. Prinzipiell neue Fragen wurden erst in den neunziger Jahren angeschnitten. Damals erzielte Jandus in seiner Dauerbrandlampe durch teilweise Verringerung des Luftzutritts zum Lichtbogen eine Verlängerung der Brenndauer, und Bremer führte (1899) die mit Metallsalzen getränkte Kohle in die Bogenlampentechnik ein. Mußte jener den nach der Seite der Brenndauer erzielten Fortschritt mit einer Verringerung der Lichtausbeute erkaufen, so gelang es diesem, durch die im Flammenbogen zur Verdampfung kommenden und dort mitleuchtenden Metallsalze die Lichtausbeute der neuen Lampenart (Flammenbogenlampe) bei gleicher Leistung auf das 2½- bis 4fache der entsprechenden gewöhnlichen Bogenlampen zu steigern. (Wedding, E.T.Z. 23, 702 u. 972, 1902; Zeidler, ebd. 167, 1903.)

Konstruktiv unterschieden sich die ersten Flammenbogenlampen von den früheren Reinkohlelampen durch die schräg nebeneinander angeordneten Elektroden, da es anfangs nicht gelang, die sog. Effektkohlen für übereinander stehende Brennlage herzustellen. Auch diese Aufgabe wurde indessen einige Jahre später durch Blondel gelöst. (T.B.-Dochtkohle von Gebr. Siemens & Co.)

Die Arbeiten des nächsten Jahrzehnts standen naturgemäß unter dem Gesichtspunkt der technischen Durchbildung der beiden neuen Lampenarten, insbesondere der Flammenbogenlampe, die man sich bemühte, weiter zu vervollkommnen und betriebssicher zu gestalten. Auch versuchte man, durch Verbesserung der Güte der Kohlen, durch Verwendung besonders langer Elektroden und durch Anwendung mehrerer, zeitlich nacheinander abbrennender Kohlenpaare die Brenndauer der Lampen zu verlängern. Einen entscheidenden Schritt in dieser Richtung brachte das Jahr 1910, in dem es Jandus und Carbone auf verschiedenen Wegen gelang, die Brenndauer der Effektbogenlampe durch Verminderung des Luftzutritts auf das 4- bis 6fache der Brenndauer der vorher gebräuchlichen Lampen entsprechender Type zu erhöhen, ohne dagegen eine wesentlich verminderte Lichtausbeute einzutauschen. (Dauerbrand-Flammenbogenlampe.)

Danach lenkte die Entwicklung der Bogenlampe wieder in ruhigere Bahnen. Es wurden die erzielten Fortschritte weiter ausgebaut, die Bogenlampenkohle dauernd vervollkommnet und die verschiedensten Sonderkonstruktionen, Magazinlampen u. dgl. durchgebildet.

Kurz vor dem Kriege (1914) schien es, als wenn eine Aufsehen erregende Beobachtung Lummers der Bogenlampe neue Wege weisen sollte. Er fand nämlich, daß sich die Temperatur des Lichtbogens durch Erhöhung des Druckes der ihn umgebenden Atmosphäre bis zur Temperatur der Sonne (etwa 6000° abs.) und darüber steigern läßt. Die daran geknüpften Hoffnungen auf eine technische Ausnutzungsmöglichkeit dieser Beobachtung, die zu einer Druckbogenlampe führen würde, sind bisher nicht in Erfüllung gegangen.

Dagegen ist es Beck gelungen, die spezifische Strombelastung der Kohle durch Verringerung der Wärmeableitung zu erhöhen und dabei wahrscheinlich gleichzeitig ein starkes Mitleuchten der der Kohle zugesetzten Metallsalze auszunutzen. Seine von der Firma Goerz fortgeführten Arbeiten haben ihren technischen Niederschlag in einer für die verschiedensten Zwecke geeigneten Scheinwerferlampe hoher Intensität und Reichweite gefunden (siehe Abschnitt XIV, S. 487).

Neben der Kohlebogenlampe sind, insbesondere seit Anfang dieses Jahrhunderts, auch andere Stoffe auf ihre Eignung für die Konstruktion von Bogenlampen geprüft worden. Praktische Bedeutung haben davon nur die Lampen mit Magnetit- und Titankarbid-Elektroden gewonnen (Steinmetz 1904), die in Amerika eine gewisse Verbreitung gefunden haben. Die neuerdings in der technischen Literatur mehrfach erwähnten Wolframbogenlampen, die sich in vielen Punkten von den herkömmlichen Bogenlampen prinzipiell unterscheiden, sind bisher kaum über das Versuchsstadium hinausgekommen.

Metalldampflampen. Eine besondere Klasse unter den Bogenlampen bilden die Metalldampflampen, deren hauptsächlichster Vertreter die Quecksilberdampflampe ist. Sie geht auf die wissenschaftlichen Versuche von L. Arons (1892 und 1896) zurück und hat ihre technische Durchbildung durch Cooper-Hewitt (1901) erfahren. Ihre Weiterentwicklung zur Hochdrucklampe hat sie Küch (1906) zu verdanken, der durch Einführung von Quarz als Röhrenmaterial den Druck und die Betriebstemperatur des Lichtbogens und damit die Wirtschaftlichkeit der Lampe erhöhte (Quarz-Quecksilberlampe).

Einen in einer Neon-Atmosphäre unterhaltenen Lichtbogen weisen die 1916 bekanntgewordenen Neon-Bogenlampen auf (Skaupy, Schröter). Sie bilden, physikalisch genommen, den Übergang zu dem viel früher technisch angewendeten Moore-Licht (1904), in dem eine Reihe verschiedener Gase unter dem Einfluß einer Glimmentladung zum Leuchten gebracht werden. Ihm verwandt sind die neuerdings bekannt gewordenen Glimmlampen (1918), in denen verdünnte Edelgase dem gleichen Zwecke dienen.

Fortschritte der Glühlampen bis zur Wolframlampe. Die parallel zur Ausbildung der Bogenlampe vor sich gehende Entwicklung der elektrischen Glühlampe verlief anfangs in sehr ruhigen Bahnen, indem die ersten 20 Jahre der konstruktiven Durchbildung und Vervollkommnung der Kohlefadenglühlampe gewidmet waren. In dieser Zeit wurde der spezifische Effektverbrauch, der anfangs 5 W/HK betrug, auf 3,5 W/HK erniedrigt und die Maximalspannung, für die die Lampen herstellbar waren, von 130 Volt auf etwa 250 Volt erhöht. Fünf Jahre später (1905) erfuhr die Kohlefadenlampe den vorläufigen Abschluß ihrer Entwicklung, indem es gelang (Howell und Whitney), in der Lampe mit sog. metallisierten Kohlefäden einen spezifischen Effektverbrauch von 2 bis 2,5 W/HK zu erreichen.

Neben diesen der Kohlefadenlampe geltenden Arbeiten waren aber seit Ende der neunziger Jahre Bestrebungen in zwei neuen Richtungen für die Weiterentwicklung der Glühlampe maßgebend geworden. Sie betrafen die Lampe mit Metalloxyd-Glühkörper und die Metallfadenlampe, die beide in den ersten Jahren dieses Jahrhunderts das Versuchsstadium hinter sich ließen. Von der erstgenannten Lampenart kam als bisher einzige Vertreterin die Nernstlampe (1900) in den Handel, deren 1,5 bis 1,8 W/HK betragender spezifischer Verbrauch der Kohlefadenlampe gegenüber eine sehr erhebliche Verbesserung bedeutete. Von den Metallfadenlampen wurde als erste die Osmiumlampe öffentlich bekannt (1902), die aus den Arbeiten Auer v. Welsbachs hervorgegangen war und einen spezifischen Verbrauch von etwa 1,5 W/HK besaß.

Ehe diese ursprünglich nur für Spannungen bis etwa 70 Volt hergestellte Lampe im Zusammenwirken mit der Praxis ihre weitere Durchbildung erfahren konnte, trat ihr 1905 als überlegene Konkurrentin die zur gleichen Klasse von Lampen gehörende Tantallampe an die Seite, mit der gleichzeitig die erste sog. Drahtlampe in den Handel kam. Sie verdankte ihre Entstehung den von W. v. Bolton durchgeführten planmäßigen Arbeiten über die Eignung der verschiedensten hochschmelzenden Metalle für Glühlampenzwecke, wurde von vornherein für Spannungen bis 110 Volt hergestellt und wies einen spezifischen Verbrauch von rd. 1,6 W/HK auf.

Das Erscheinen der Tantallampe war in mehreren Richtungen von durchgreifender Bedeutung. Erstens wurden dadurch die Kohlefadenlampe und die Osmiumlampe zurückgedrängt, und zwar um so mehr, als die Tantallampe bald auch für Spannungen bis 250 Volt einschließlich herstellbar wurde, zweitens lernte man zum ersten Male die Vorteile des mechanisch festen, gezogenen Metalldrahtes für die Verwendung als Leuchtkörpermaterial kennen, und drittens wurde durch sie in grundlegender Weise die Aufgabe gelöst, die relativ großen Fadenlängen des spezifisch schweren, in der Hitze weichen Metallfadens so in einer verhältnismäßig kleinen Glocke unterzubringen, daß schädliche Lageveränderungen vermieden wurden. Die Tantallampe wurde dadurch die erste für alle praktisch in Frage kommenden Netzspannungen brauchbare, in jeder Lage brennende Metalldrahtlampe.

Entwicklung der Wolframlampe. Die Fruchtbarkeit dieses Fortschrittes erhellt sofort, wenn man sieht, wie alle weiteren Arbeiten an der Metallfadenlampe sich in diesem Punkte an die Tantallampe anlehnen, und wenn man berücksichtigt, daß auch die heutigen Drahtlampen die damals gefundene Lösung der gekennzeichneten Aufgabe beibehalten haben. Bald nämlich, schon 1906, erwuchs der Tantallampe in der Wolframlampe eine wichtige Nebenbuhlerin, die ihr hinsichtlich des spezifischen Verbrauchs (etwa 1,2 W/HK) überlegen war, die aber fürs erste in bezug auf Stoßfestigkeit den Wettbewerb nicht aufzunehmen vermochte.

Dieser anfängliche Mangel erklärte sich aus den erheblichen Schwierigkeiten, die die Herstellung der wenige Hundertstel Millimeter starken Wolframfäden in der ersten Zeit bot. Man war nämlich nicht in der Lage, aus dem spröden Wolframmetall in ähnlicher Weise wie aus Tantal unmittelbar Drähte zu ziehen, sondern mußte die Wolframteilchen auf andere mühsame Weise in Fadenform bringen. Zu diesem Zwecke verfuhr man so, daß man das fein gepulverte Metall durch Düsen preßte und dadurch zu Fäden formte, die man dann weiter verarbeitete (sog. gespritzte Fäden, Just und Hanamann, Kužel), oder man ging in der Weise vor, daß man aus Wolfram und einer geringen Nickelmenge eine duktile Wolfram-Nickellegierung herstellte und diese durch Walzen und Ziehen zu Draht verarbeitete. Der fertige Draht wurde auf das Lampengestell aufgebracht und das in ihm enthaltene Hilfsmetall nachträglich durch Glühen im Vakuum entfernt. (Hilfsmetallverfahren, Siemens u. Halske D.R.P. 233885, 232260.)

Gelang es auch im Laufe der Jahre, die angedeuteten Verfahren für den Großbetrieb geeignet zu gestalten und gleichzeitig den spezifischen Verbrauch der Lampe auf etwa 1,0 W/HK zu erniedrigen (Einwattlampe), so blieb doch das brennende Interesse an dem gezogenen Wolframdraht bestehen, dem die weiteren Arbeiten der Glühlampentechniker galten. Das Jahr 1910 brachte die Lösung dieser wichtigen Aufgabe, indem es durch Sintern geeigneter Wolframformkörper und andauernde mechanische Bearbeitung dieser zunächst spröden Körper in der Hitze, vorzugsweise mit der aus Amerika eingeführten Hämmermaschine, gelang, biegsame Wolframdrähte hoher Festigkeit in den für die Glühlampentechnik erforderlichen Abmessungen herzustellen. (Coolidge, General Electric Co. D.R.P. 269498.)

Fast mit einem Schlage änderte sich dadurch die Lage der Glühlampenindustrie, indem die wichtigsten Großfirmen zur Herstellung ihrer Lampen unter Benutzung gezogenen Wolframdrahtes übergingen. Heute kann man damit rechnen, daß mehr als 95% des für die Leuchtkörper von Glühlampen verwendeten Wolframs auf dem angegebenen Wege zu Draht verarbeitet werden. In kleinem Umfange hat sich daneben die Herstellung gespritzter Fäden erhalten, die nach einem wissenschaftlich interessanten Verfahren durch chemische und thermische Beeinflussung biegsam zu machen gelang. (Duktile Fäden, Einkristalldraht; Schaller (F. Schröter, E.T.Z. 38, 516, 1917), J. Pintsch A.-G.).

Mit der Einführung des gezogenen Wolframdrahtes waren die das Leuchtkörpermaterial betreffenden Bestrebungen zu einem gewissen Abschlusse gekommen, und es setzten die weiteren Arbeiten ein, neben dem Ausbau der Lampentypen und der Anpassung der Lampen an die verschiedensten Bedürfnisse ihre Wirtschaftlichkeit zu steigern. Der erste Fortschritt in dieser Richtung war die Einführung chemischer Präparate in die Lampenglocke (Skaupy, D.R.P. 246820), durch die fabrikationsmäßig bei den hochkerzigen Lampen von 200 HK aufwärts der spezifische Verbrauch von etwa 1,0 auf 0,8 W/HK erniedrigt wurde, während bei den Lampen niedrigerer Lichtstärken das gleiche Mittel versuchsweise Anwendung fand.

Entwicklung der Gasfüllungslampe. Ehe aber die Arbeiten auf diesem Gebiete zu einem Abschluß kamen, gelang es 1913 in der sog. Halbwattlampe einen neuen grundlegenden Fortschritt zu erzielen, der sich aus den wissenschaftlichen Forschungen J. Langmuirs ergab. Das grundlegend Verschiedene dieser neuen Lampenart liegt in der Verwendung einer die Wärme schlecht leitenden, relativ zum Wolfram indifferenten Gasfüllung, die bei den dickdrähtigen (hochkerzigen) Lampen aus Stickstoff, bei den dünndrähtigen (niedrigkerzigen) Lampen aus Argon besteht. Gleichzeitig sind die Wolframleuchtdrähte dieser Lampe zu einer Leuchtspirale aufgewickelt. Der spezifische Verbrauch der Lampen beträgt bei den hochkerzigen Lampen 0,6 $W/HK_{\ominus}$ und nimmt mit abnehmender Drahtdicke bis zu Werten zu, die dem spezifischen Verbrauch der normalen Drahtlampen sehr nahe kommen. Wegen dieser Veränderlichkeit des spezifischen Verbrauchs mit der Lampentype hat man für die Lampen auch statt des anfänglich gewählten Namens die allgemeinere Bezeichnung Gasfüllungslampen eingeführt.

Die Fruchtbarkeit des neuen Prinzips kommt darin zum Ausdruck, daß sich die Gasfüllungslampen seit ihrem Erscheinen im Jahre 1913 von der 1000- bis 3000kerzigen Starklichtquelle bis zur 25 W/110 Volt- und 60 W/220 Volt-Kleinbeleuchtungslampe entwickelt haben. Sie haben damit den Rahmen weit überschritten, den die Glühlampen ursprünglich ausfüllten, und sind so zu einer sehr merklichen Konkurrenz der Bogenlampe geworden. Bereits vor dem Kriege hatte dieser Wettbewerb zu einer starken Zurückdrängung der letztgenannten Lampenart geführt, der im Kriege ein fast vollständiges Eingehen der Bogenlampe folgte. Ob die weitere Entwicklung auf dem bisherigen Wege fortschreiten oder der Bogenlampe zu neuem Leben verhelfen wird, ist eine Frage, die sich angesichts der bei beiden Lampenarten weitergeführten Vervollkommnungsversuche zur Zeit noch nicht beantworten läßt.

§ 2. Beschreibung der verschiedenen Lampenarten.

A. Die Bogenlampe.

Die Zündung des Lichtbogens. Allen Bogenlampen gemeinsam ist die Grundtatsache, daß in ihnen eine Lichtbogenentladung für die Lichterzeugung nutzbar gemacht ist, die dauernd zwischen zwei aus Kohle oder Metall bestehenden Elektroden unterhalten wird. Die Zündung des Bogens geschieht meistens so, daß die beiden Elektroden einander bis zur Berührung genähert und dann auf einen gewünschten Abstand auseinandergezogen werden. Ein Regelwerk sorgt dafür, daß dieser Abstand dauernd eingehalten wird und schiebt zu dem Zwecke die Elektroden während des Brennens ihrem Abbrande entsprechend nach.

Das Regelwerk. Ist dieses Regelwerk, das einen Elektromagneten als wesentlichen Bestandteil enthält, mit dem Lichtbogen in Serie geschaltet, so spricht man von einer Hauptstromlampe, liegt die Magnetspule zum Lichtbogen parallel, so haben wir es mit einer Nebenschlußlampe zu tun, und finden zwei Spulen Verwendung, von denen die eine von dem durch den Lichtbogen fließenden Strom, die andere von der an ihm liegenden Spannung beeinflußt wird, so liegt die Ausführungsform der Differentialbogenlampe vor. Die meist verbreitete Lampenart ist die letztgenannte, da das Differentialprinzip infolge gleichzeitiger Regulierung von Strom und Spannung und dadurch erfolgender Einstellung auf konstanten Lichtbogenwiderstand bei jeder Form des Betriebes, Serien- wie Parallelschaltung, eine gute Regulierung ergibt. Die Hauptstromschaltung findet fast nur bei Dauerbrand-Reinkohlelampen und Magnetit-Bogenlampen Verwendung; Nebenschlußlampen sind für nur wenige Sonderfälle in Benutzung.

Die besonderen Eigenschaften der Regelwerke bringen es mit sich, daß nicht jede Bogenlampe ohne weiteres für Gleich- und Wechselstrom verwendbar ist. Vielmehr müssen die Lampen von vornherein für die gewünschte Stromart eingerichtet sein, da man die Regulierung der Gleichstromlampe mit Magnetspulen, die der Wechselstromlampen wegen der mit solchen Spulen bei Wechselstrom sich ergebenden Schwierigkeiten mit einem einfachen, durch Elektromagnete betriebenen Motorwerk vornimmt. Auf die Spulen dieses Motors wird das Differentialprinzip entsprechend angewendet.

Neben den Konstruktionen mit Regelwerk gibt es solche, die darauf verzichten, und die sich statt dessen, besonders bei Lampen mit nebeneinanderstehenden Kohlen, einer selbsttätigen Nachschubvorrichtung bedienen. Zu diesem Zwecke werden eine oder beide Kohlen mit einer Stützrippe versehen, die langsam abbrennt oder abschmilzt und dadurch den Nachschub bewirkt.

Die Abmessungen der Elektroden. Die Unterscheidung der Lampen in Lampen für Gleichstrom und solche für Wechselstrom ist auch deshalb notwendig, weil bei Gleichstrom die positive Elektrode stärker abbrennt. Sie wird deshalb sowohl als Rein- wie als Effektkohle stärker als die negative Elektrode bemessen. Bei Wechselstrom fällt dieser Unterschied fort, so daß beide Elektroden gewöhnlich gleich stark sind.

Der Vorschaltwiderstand und die Vorschaltdrosselspule. Zur Verhütung zu hoher Stromstärken beim Einschalten sowie zur Beruhigung auftretender Spannungsschwankungen werden die Bogenlampen mit einem Vorschaltwiderstand in Reihe geschaltet, mit dem sie zugleich auf die für sie günstigste Stromstärke eingestellt werden. In Wechselstromanlagen finden statt der Beruhigungswiderstände mit Vorteil Drosselspulen Anwendung, die bei gleicher Wirksamkeit wie die Vorschaltwiderstände selber weniger Energie verzehren. Außerdem geben sie bei einigen Arten von Wechselstrom-Bogenlampen günstigere Lichtausbeuten als die entsprechenden mit Vorschaltwiderständen zusammengeschalteten Lampen.

Die äußere Schaltung der Bogenlampen. Was die äußere Schaltung der Bogenlampen betrifft, so können sie wegen der niedrigen Spannung des Lichtbogens, ohne unwirtschaftlich zu werden, gewöhnlich nicht in Einzelschaltung bei den üblichen Netzspannungen Verwendung finden. Sie werden deshalb zu mehreren in Reihenschaltung angeschlossen, ursprünglich meist 2 an 110 und 4 an 220 Volt, späterhin auch 3 an 110 und 5 oder 6 an 220 Volt. Oft ist es dabei üblich, die Schaltung so zu wählen, daß im Falle des Ausfalls einer Lampe an ihre Stelle selbsttätig ein Ersatzwiderstand tritt, so daß die übrigen in der gleichen Reihe liegenden Lampen weiter brennen. Bei Wechselstrom kann man u. U. auf dieses Hilfsmittel verzichten, wenn man die Netzspannung durch Transformatoren erniedrigt, an die man nur wenige oder eine einzelne Lampe anschließt.

Die Stellung der Elektroden. Die Kohle-Elektroden werden je nach der vorliegenden Stromart und der gewünschten Lichtverteilung verschieden angeordnet. Da in den meisten Fällen hauptsächlich auf starke Lichtabgabe nach unten Wert gelegt wird, pflegt man bei übereinanderstehenden Kohlen die bei Gleichstrombetrieb stärker glühende positive Elektrode oben anzuordnen. Dagegen wird bei Bogenlampen für vollkommen indirektes Licht oft auch die umgekehrte Stellung gewählt. Bei Wechselstrombetrieb wird man zweckmäßig die obere Elektrode mit einem Reflektor versehen, um das von der unteren Kohle herrührende Licht nach unten zu werfen.

Bogenlampen mit nebeneinanderstehenden Kohlen senden von vornherein den größten Teil ihres Lichtes in den unteren Halbraum. Trotzdem wird auch hier der den Abbrand verringernde Sparer, ein flach ausgehöhlter Körper aus hochschmelzenden Materialien, Magnesia, Schamotte u. dgl., eine Verbesserung der Lichtausbeute für die untere Hemisphäre bewirken.

Die Lichtausbeute der Bogenlampen. Die Lichtausbeute der Bogenlampen ist bei Wechselstrom geringer als bei Gleichstrom. Der Unterschied tritt besonders stark bei den Reinkohlelampen in die Erscheinung, während er sich bei den Flammenbogenlampen nicht so stark äußert. Für die an Wechselstrom angeschlossenen Flammenbogenlampen ergeben sich, wie bereits erwähnt, bei Verwendung einer Drosselspule günstigere Lichtausbeuten als bei Benutzung eines Vorschaltwiderstandes.

Die Messungen der Lichtstärke von Bogenlampen werden nach den Vorschriften des V.D.E. auf die untere hemisphärische Lichtstärke mit Klarglasglocke bezogen. Der Energieverbrauch des Vorschaltwiderstandes ist bei den Angaben mit zu berücksichtigen und in den Wert des praktischen spezifischen Effektverbrauches mit einzuschließen.

Die Lichtverteilung. Die Lichtverteilung der Bogenlampen ist außer von der Stellung der Elektroden von anderen Einflüssen, wie

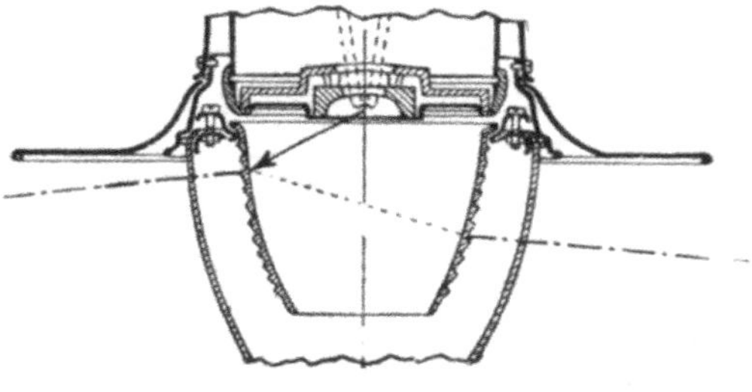

Abb. 1. Wirkungsweise der dioptrischen Prismen-Innengläser bei Bogenlampen mit nebeneinanderstehenden Kohlen.

z. B. dem bereits erwähnten Sparer, abhängig. Auch spielt der bei Flammenbogenlampen mit nebeneinander stehenden Kohlen angewendete, den Lichtbogen nach unten drängende Blasmagnet in dieser Beziehung eine wichtige Rolle. Endlich beeinflussen die benutzten Überglocken die Lichtausbeute und die Lichtverteilung. Bei großer Aufhängehöhe bestehen gegen die Verwendung von Klarglasglocken keine Bedenken; sie bewirken einen Lichtverlust von 5 bis 10%, der, wie angegeben, im praktischen spezifischen Effektverbrauch bereits berücksichtigt ist. Bei geringeren Aufhängehöhen kommt die Benutzung von Opalüberfangglocken in Frage, die eine gute Zerstreuung des Lichts und einen Lichtverlust von 15 bis 20% des vom Bogen ausgehenden Lichtes bewirken. Bei nebeneinander stehenden Kohlen sind für Außenbeleuchtung mit großen Lampenabständen die sog. dioptrischen Innengläser (Abb. 1) von Vorteil, die eine starke Breitstreuung des Lichtes bewirken. Die Hauptarten der bei Bogenlampen möglichen Lichtverteilungen veranschaulicht Abb. 2.

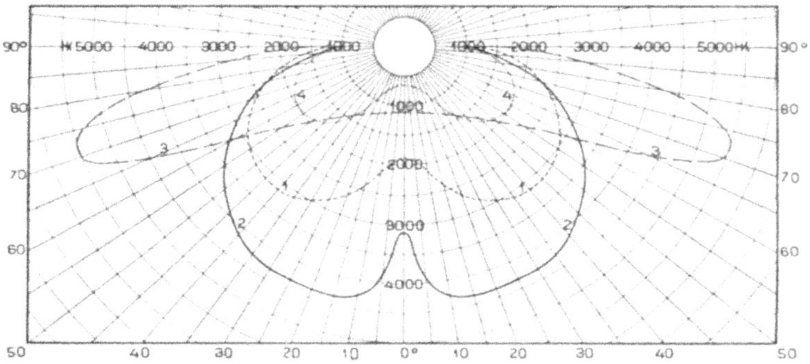

Abb. 2. Lichtverteilungskurven verschiedener Gleichstrombogenlampen.
1) Offene Lampe mit übereinanderstehenden Effektkohlen
2) „ „ „ nebeneinanderstehenden „ ohne Prismen-Innenglas
3) „ „ „ „ „ mit „
4) Geschlossene Lampe mit übereinanderstehenden Effektkohlen.
Sämtliche Messungen an Lampen für 550 Watt, 10 Amp., in Zweischaltung bei 110 Volt,
1) und 4) mit weißen, 2) und 3) mit gelben Effektkohlen.

Die Einteilung der Kohlebogenlampen. Nach den angegebenen Gesichtspunkten ist es möglich, die Kohlebogenlampen in Anlehnung an die Vorschläge des V.D.E. in offene oder geschlossene Bogenlampen mit neben- oder übereinanderstehenden Rein- oder Effektkohlen für Gleich- oder Wechselstrom zu unterteilen.

I. Bogenlampen mit Reinkohlen.

1. Offene Bogenlampen mit Reinkohlen.

a) Lampen mit übereinander stehenden Kohlen. Die offenen Reinkohlebogenlampen mit übereinander stehenden Reinkohlen (Abb. 3) verkörpern die älteste Ausführungsform der Bogenlampe; sie sind in ihrer Wirtschaftlichkeit von den neueren Lampen weit überholt und durch diese fast völlig verdrängt. Ihre obere positive Elektrode besteht bei Gleichstrom aus einer Dochtreinkohle, während für die untere negative Elektrode eine schwächere Homogenkohle Verwendung findet. Bei Wechselstrom werden zwei gleich starke Dochtkohlen benutzt. Der in den Kohlen befindliche Docht dient nur als feste Lichtbogenbasis und wirkt daher beruhigend auf das Brennen der Lampe.

Die Spannung am Lichtbogen beträgt je nach der Art der Lampen bei Gleichstrom 40 bis 43 bzw. 35 bis 37 Volt, bei Wechselstrom 27 bis 33 Volt, so daß bei 110 und 220 Volt Zwei- oder Vier- bzw. Drei- oder Sechsschaltung in Reihe möglich ist. In den beiden letzten Fällen kommt der Vorschaltwiderstand in Fortfall. Für Anlagen, in denen bei 110 Volt nur eine einzige Bogenlampe in Betracht kam, hat man sog. Doppelbogenlampen konstruiert. In ihnen brannten in einer Armatur zwei in Serie geschaltete Lichtbögen, deren Kohlenpaare unabhängig voneinander reguliert wurden.

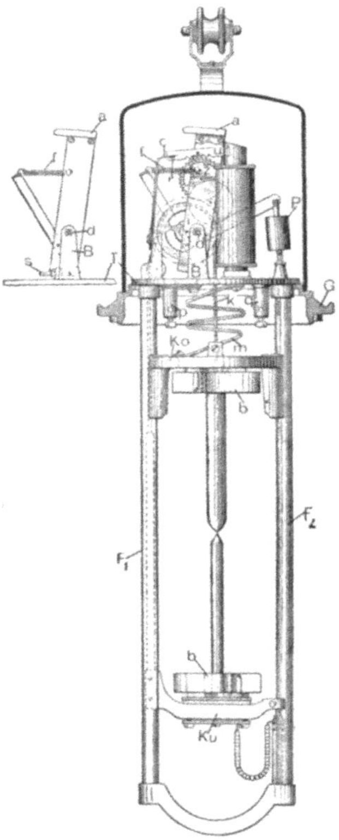

Abb. 3. Innenaufbau einer offenen Gleichstrom-Bogenlampe mit übereinanderstehenden Reinkohlen.

Die Staffelung der Typen geschieht wie bei allen Bogenlampen nach der Stromstärke; es kamen Lampen von 6 bis 25 Amp. in den Handel. Der praktische spezifische Effektverbrauch nimmt mit zunehmender Stromstärke ab und beläuft sich bei den Gleichstromlampen auf 1,0 bis 0,6 $W/HK_{\smile}$, bei den Wechselstromlampen auf 2,0 bis 1,0 $W/HK_{\smile}$. Dem entsprechen Lichtstärken von 350 bis 1300 bzw. 100 bis 1200 $HK_{\smile}$ bzw. sphärische Lichtstärken, die nach Tabelle 2 (S. 540) 55 bis 60% dieser Werte betragen.

Die Brenndauer der Lampen hängt von der Länge der Bogenlampenbrennstifte ab und beträgt 10 bis 18 Stunden.

b) Lampen mit nebeneinanderstehenden Reinkohlen. Diese Lampenart, die früher gelegentlich für Schaufensterbeleuchtung in Frage kam, findet sich heute nur noch in der Tageslichtbogenlampe, einer in Tuchfabriken usw. zur genauen Unterscheidung farbiger Stoffe benutzten Lampenart. Ihre Eignung für diesen Zweck ergibt sich aus der hohen Temperatur der Kohlen (ca. 3900° C), die ein blauweißes, dem Tageslicht in der Lichtfarbe nahe kommendes Licht liefern. Durch ein aus verschiedenfarbigen Gläsern zusammengesetztes Lichtfilter wird die Annäherung an das Tageslicht bis zur fast völligen Gleichheit verstärkt.

Die Lampen haben eine wesentlich höhere Lichtbogenspannung als die vorher genannte Bogenlampenart (85 bis 90 Volt), so daß sie für Gleichstrom von 110 Volt in Einzelschaltung, von 220 Volt in Zweischaltung in Reihe benutzt werden. Bei Wechselstrom ist auch für 110 Volt Zweischaltung möglich.

Die Lampen wurden für Stromstärken von 8 bis 12 Amp. hergestellt und hatten einen spezifischen Effektverbrauch von 1,0 W/HK_o bei Gleichstrom, von 1,5 bis 1,3 W/HK_o bei Wechselstrom. Ihre Brenndauer betrug 8 bis 20 Stunden.

2. Geschlossene Bogenlampen mit Reinkohlen.

a) Lampen mit übereinanderstehenden Reinkohlen. In den geschlossenen Bogenlampen mit übereinanderstehenden Reinkohlen, die überhaupt die eigentliche Ausführungsform dieser Lampen darstellen, ist zwecks Verlängerung der Brenndauer, d. h. zwecks Verringerung der Kosten für Bedienung und Kohlenersatz, der Abbrand durch Verringerung des Luftzutritts stark verkleinert. Je nach dem Grade der Unterbindung der Luftzufuhr unterscheidet man zwei Formen von Lampen, die sog. Dauerbrandlampe (Innenanordnung siehe Abb. 4), bei der durch sehr starken Luftabschluß eine Brenndauer von 100 bis 200 Stunden erzielt wird, und die Sparbogenlampe, die stärkere Luftzirkulation besitzt, mit erheblich dünneren Kohlestiften versehen ist und eine Brenndauer von 20 bis 30 Stunden aufweist.

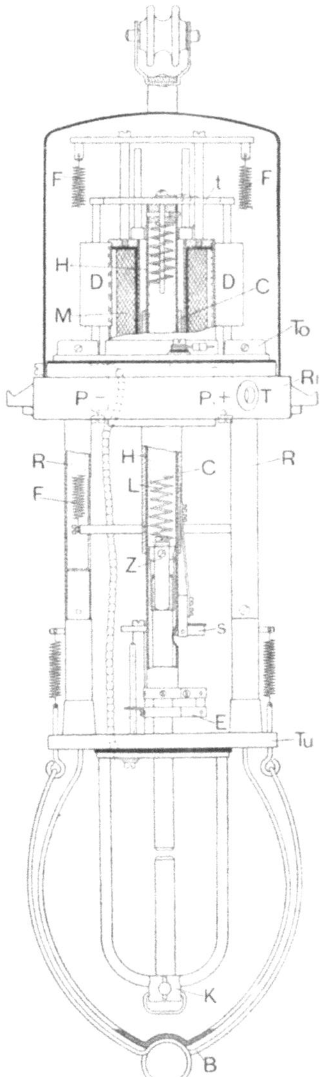

Abb. 4. Innenaufbau einer Gleichstrombogenlampe mit eingeschlossenem Lichtbogen und übereinanderstehenden Reinkohlen.

Die Dauerbrandlampe. Die Dauerbrandlampen haben einen ziemlich unruhig brennenden Bogen, der sehr stark mitleuchtet und dem Licht eine für viele Zwecke störende violette Färbung gibt. Die Verwendungsmöglichkeit der Lampen für Zwecke der Allgemeinbeleuchtung ist dadurch eingeschränkt, während sie auf der anderen Seite infolge der starken photochemischen Wirkungen der kurzwelligen Strahlung für Lichtpaus- und photographische Zwecke auch jetzt noch in sehr erheblichem Umfange benutzt werden.

Die Spannung am Bogen ist bei den geschlossenen Lampen durchweg höher als bei den offen brennenden (70 bis 80 V), so daß sie für 110 V nur in Einzelschaltung in Frage kommen. Bei 220 V werden sie für Gleichstrom in Zweischaltung, für Wechselstrom in Zwei- oder Dreischaltung hergestellt. Insbesondere bei den für photochemische Zwecke bestimmten Lampen geht man mit der Spannung möglichst hoch (bei Gleichstrom in Einzelschaltung bis zu 160 V), um durch große Bogenlängen ein an kurzwelligen Strahlen möglichst reichhaltiges Licht zu erzielen. Die Dauerbrandlampen werden als Hauptstrom- und als Differentiallampen ausgeführt.

Die Lampen werden für Stromstärken zwischen 6 und 15 Amp. angefertigt und haben bei Gleichstrom einen spezifischen Effektverbrauch von 0,9 bis 1,8, bei Wechselstrom von 2,0 bis 2,8 $W/HK_{\cup}$.

Die Brenndauer beträgt, wie angegeben, 100 bis 200, im Mittel 150 Stunden und ist um so größer, je seltener infolge Ausschaltens der Lampen Frischluft in diese eindringt.

Die Sparbogenlampe. Die Sparbogenlampen sind in ihrem konstruktiven Aufbau einfacher als die Dauerbrandlampen, da die gegenüber den offenen Lampen nur etwas eingeschränkte Luftzirkulation keine so weitgehende Abdichtung der Glocken notwendig macht. Auch in ihrer Lichtfarbe kommen sie den offenen Reinkohlenbogenlampen näher; sie haben einen spezifischen Effektverbrauch, der gegen diese nur um etwa 10 bis 15% ungünstiger ist. Die sehr dünnen, leicht auswechselbaren Brennstifte der Lampen ergeben einen den anderen Bogenlampenarten gegenüber geringeren Elektrodenverbrauch, worauf der Name der Lampe zurückzuführen ist.

Die Sparbogenlampen wurden für Stromstärken von 3 bis 8 Amp. und Lichtstärken von 300 bis 1600 $HK_{\cup}$ hergestellt. In Lampenspannung und Schaltung entsprachen sie den Dauerbrandlampen. Für Wechselstrombetrieb erwiesen sie sich als weniger geeignet.

Von einigen Firmen wurden sog. Miniatur- oder Liliput-Bogenlampen für Stromstärken von 1,5 bis 3 Amp. hergestellt, die ebenfalls zu den Sparbogenlampen zu zählen sind. Sie hatten Lichtstärken von 100 bis 300 Kerzen und einen ungünstigeren Nutzeffekt, sind aber sehr früh durch die hochkerzigen Nernst- und Metallfadenlampen verdrängt worden.

b) Geschlossene Lampen mit nebeneinander stehenden Reinkohlen. Lampen dieser Art in der Ausführungsform als Sparbogenlampe waren für Wechselstrom bei Stromstärken von 8 bis 12 Amp. und Lichtstärken von 600 bis 1100 $HK_{\cup}$ im Handel. Sie haben keine nennenswerte Verbreitung gefunden, da sie gegenüber den Sparbogenlampen der vorher genannten Art keine merklichen Vorteile besaßen.

II. Bogenlampen mit Effektkohlen.

Die Lichtfarbe der Flammenbogenlampen. Während bei den Reinkohlebogenlampen der Lichtbogen selbst an der Lichtabgabe nicht beteiligt ist, spielen bei den Flammenbogenlampen die im Lichtbogen zur Verdampfung kommenden und in ihm stark leuchtenden Metallsalze der Effektkohlen für die Lichtausbeute und die Lichtfarbe eine wichtige Rolle. Sie geben dem Lichtbogen die charakteristische Färbung, die bei weißer Lichtfarbe von Bariumsalzen und Salzen der seltenen Erden, bei gelber Lichtfarbe von Kalziumsalzen und bei roter Lichtfarbe von Strontiumsalzen herrührt. Die rote Lichtfarbe kommt nur für Sonderzwecke in Betracht.

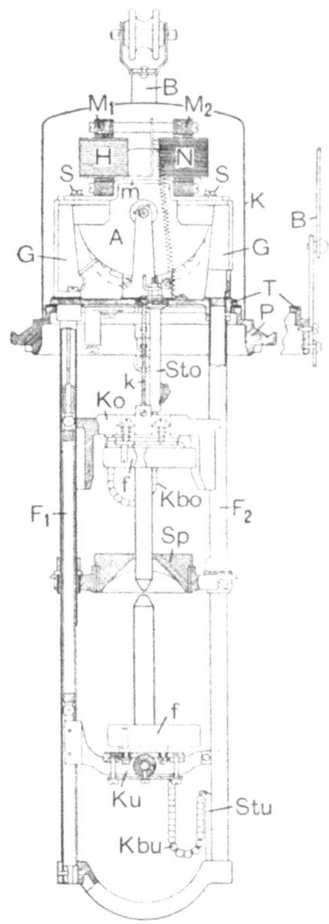

Abb. 5.
Innenaufbau einer Wechselstrombogenlampe mit offenem Lichtbogen und übereinanderstehenden Effektkohlen.

1. Offene Bogenlampen mit Effektkohlen.

a) Offene Flammenbogenlampen mit übereinander stehenden Kohlen. In den offenen Flammenbogenlampen mit übereinander stehenden Effektkohlen, deren Innenaufbau durch Abb. 5 veranschaulicht wird, kommen hauptsächlich die sog. T.B.-Dochtkohlen zur Verwendung, die einen starken, zum größten Teil aus Metallsalzen bestehenden Kern und einen dünnen Mantel aus Reinkohle besitzen. Es werden in erster Linie Kohlen für weißes Licht verwendet.

Bei 110 V Netzspannung kommt Drei- und Zweischaltung, bei 220 V Vier- und Sechsschaltung in Frage, wobei die Lampenspannungen bei Gleichstrom im Mittel 30 bzw. 40 V, bei Wechselstrom 28 bzw. 40 V betragen.

Die normale Typenreihe umfaßt Lampen für Stromstärken von 8 bis 15 Amp. mit Lichtstärken von 1200 bis 3900 $HK_{\smile}$ bei Gleichstrom, 800 bis 3000 $HK_{\smile}$ bei Wechselstrom. Der spezifische Effektverbrauch beträgt bei Zweischaltung für Gleichstrom 0,25 bis 0,20 $W/HK_{\smile}$, für Wechselstrom im entsprechenden Falle bei Benutzung eines Vorschaltwiderstandes 0,35 bis 0,25, unter Verwendung einer Drosselspule 0,22 bis 0,18 $W/HK_{\smile}$.

Die Brenndauer der Kohlen beträgt 10 bis 22 Stunden, entsprechend den bei Reinkohlenlampen erreichbaren Brennzeiten. Durch die Zusammensetzung der Kohlen ist für eine möglichst geringe Entwicklung von störenden Gasen und Dämpfen gesorgt.

Zur Verringerung der Bedienungskosten hat man die Lampen dieser Art auch als Doppelbogenlampen durchgebildet. Sie enthalten zwei elektrisch parallelgeschaltete Kohlenpaare, die entweder nacheinander oder wechselweise abbrennen.

b) Offene Flammenbogenlampen mit nebeneinander stehenden Kohlen. Die Lampen dieser Art, auch Intensiv-Flammenbogenlampen genannt, die ein sehr ruhiges Licht liefern, wurden vor den vorher beschriebenen Lampen mit übereinander stehenden Kohlen durchgebildet und haben wesentlich schwächere Brennstifte als diese. Zur Erzielung hinreichender Brenndauern sind deshalb sehr lange Elektroden (etwa 0,5 m) erforderlich, deren elektrischen Widerstand man sehr häufig durch Einlegen eines dünnen Zinkdrahtes oder auch durch galvanische Verkupferung auf der Außenseite verringert.

Da die Spannung am Lichtbogen bei den Intensivlampen höher als bei der vorher genannten Lampenart ist (44 bis 47 V), so kommt nur Zweischaltung bei 110 V, Vierschaltung bei 220 V in Frage. Sie werden für Stromstärken von 6 bis 15 Amp. hergestellt und entsprechen, allerdings auf gelbes Licht bezogen, in Lichtausbeute und spezifischem Effektverbrauch etwa den Flammenbogenlampen mit übereinander stehenden Kohlen, während die mit weißem Licht erreichbaren Zahlen etwa um 20 bis 25% ungünstiger sind.

Die von der Kohlenlänge abhängige Brenndauer beträgt etwa 10 bis 18 Stunden. Die festen Produkte der Verbrennung sind beim Auswechseln der Brennstifte jedesmal gründlich zu entfernen.

Von Sonderkonstruktionen der Intensivlampen sind noch die laufwerklosen Lampen zu erwähnen, bei denen der Nachschub der Elektroden durch Abbrennen einer Abbrennrippe o. dgl. selbsttätig geregelt wird, und bei denen sehr oft Eisenwiderstände (Variatoren) zur Konstanthaltung der Stromstärke bei auftretenden Spannungsschwankungen Verwendung finden. Genannt seien auch die Magazinlampen, in denen 2 bis 8 Kohlenpaare nacheinander automatisch zum Abbrand kommen; sie sind hauptsächlich in England verwendet worden.

2. Geschlossene Bogenlampen mit Effektkohlen.

Die konstruktive Schwierigkeit bei der Durchbildung der geschlossenen Flammenbogenlampen lag darin, daß die Effektkohlen einen merklichen Anteil an festen Verbrennungsprodukten liefern, und daß diese sich in der geschlossenen Lampe absetzenden festen Rückstände normalerweise nach kurzer Zeit die Lichtausstrahlung des Lichtbogens behindern. Es galt daher Konstruktionsbedingungen ausfindig zu machen, unter denen die Glocke bei Dauerbetrieb in der Nähe des Lichtbogens beschlagfrei blieb.

Die in dieser Richtung unternommenen Arbeiten führten dazu, die Verbrennungsgase mit Hilfe geeignet angeordneter Leitflächen in eigens dafür vorgesehene Niederschlagräume zu überführen und sich dort die Ablagerung der festen Rückstände vollziehen zu lassen. Dabei wurde es als für die Größe der beschlagfreien Glockenzone wesentlich erkannt, daß eine möglichst große Temperaturdifferenz zwischen dem vom Lichtbogen bestrahlten Glockenteile und den Wandungen der Kondensationsräume herrscht, daß an den Übergangsstellen von der beschlagfreien Zone zu den Niederschlagräumen ein möglichst erheblicher Temperatursprung eintritt, daß die vom Beschlag freie Glockenzone möglichst hoch und gleichmäßig erhitzt wird, und daß Querschnitt und Volumen der Niederschlagsräume die gleichen Größen für die beschlagfreie Zone möglichst übertreffen. (Hechler, E.T.Z. 31,963, 1910.)

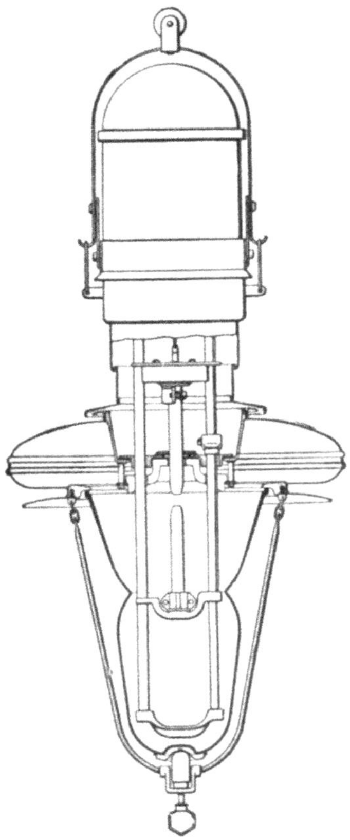

Abb. 6.
Innenaufbau einer Dauerbrand-Flammenbogenlampe (Flammeco-Lampe der A. E. G.).

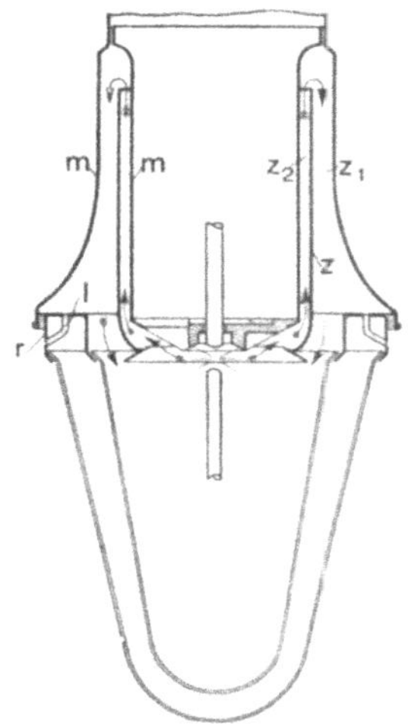

Abb. 7.
Führung der Verbrennungsgase bei den Dauerbrand-Flammenbogenlampen der S. S. W.

Die praktische Verwirklichung dieser Überlegungen verdeutlicht die Abb. 6, in der ein Schnitt durch die Flammecolampe der A. E. G. wiedergegeben ist. Aus ihr wird die besondere Form der durch Federdruck möglichst luftdicht an das Gehäuse angepreßten Glocke ersichtlich, die einen oberen, beschlagfrei bleibenden kegelförmigen Teil besitzt und einen unteren zylindrischen Behälter zur Ansammlung der nach jeder Brennperiode zu entfernenden Rückstände aufweist. Die dampfförmig entweichenden, kondensierbaren Verbrennungsprodukte werden in einem oberhalb der Glocke angeordneten, wulstförmigen Niederschlagsraum abgeschieden.

Eine andere Ausführungsform der Dauerbrand-Flammenbogenlampen ist in Abb. 7 im Schnitt dargestellt. Bei dieser von den Siemens-Schuckertwerken hergestellten Lampe sind zwei andersartig geformte Glocken vorgesehen. Die Führung der Verbrennungsgase ist durch die eingezeichneten Pfeile verdeutlicht. Die festen Verbrennungsrückstände setzen sich in den oberhalb des Lichtbogens angeordneten Niederschlagskammern und im unteren Drittel der Innenglocke ab. Die Außenglocke soll die Innenglocke vor Abkühlung und vor dem Einflusse von Wind und Regen schützen.

Die Hauptvertreter dieser Lampenart sind neben der bereits erwähnten Flammecolampe der A. E. G. und der Lampe der Siemens-Schuckertwerke die Dialampe der Körting & Mathiesen A.-G. Sämtliche Lampen haben übereinanderstehende Effektkohlen, und zwar Homogeneffektkohlen, die sich von den in den offenen Flammenbogenlampen verwendeten durch Fortfall des Reinkohlemantels unterscheiden. Geschlossene Flammenbogenlampen mit nebeneinanderstehenden Kohlen sind bisher nicht bekannt geworden.

Die Lichtbogenspannung der Dauerbrand-Effektbogenlampen beträgt 40 bis 42 V, so daß sie für Zweischaltung an 110 V und für Vierschaltung an 220 V in Frage kommen. Bei Wechselstrom lassen sich auch höhere Spannungen (bis zu 60 Volt) erreichen, so daß hier Einzelschaltung bei 120 V, Zweischaltung bei 180 V und Dreischaltung bei 220 Volt möglich ist.

Die Lampen kommen für Stromstärken von 8 bis 15 Amp. und Lichtstärken von 900 bis 3300 $HK_{\circ}$ in den Handel. Der spezifische Effektverbrauch beträgt bei Gleichstrom 0,3 bis 0,25 $W/HK_{\circ}$, bei Wechselstrom 0,35 bis 0,30 $W/HK_{\circ}$. Neuerdings ist es gelungen, diese Zahlen für Gleichstrom auf 0,25 bis 0,15 $W/HK_{\circ}$, für Wechselstrom auf 0,35 bis 0,25 $W/HK_{\circ}$ zu verbessern.

Die Brenndauer eines Kohlepaares beträgt 80 bis 120 Stunden. Nach jeder Brennperiode ist eine sorgfältige Entfernung der Rückstände und eine Reinigung des Lampeninnern vorzunehmen. —

Außer der letztgenannten Lampenart sind von den verschiedenen beschriebenen Bogenlampentypen augenblicklich nur noch die offenen Bogenlampen mit über- und nebeneinander stehenden Effektkohlen, sowie für Sonderzwecke die Reinkohlen-Dauerbrandlampe in Verwendung. Dies ist teilweise eine natürliche Folge des Wettbewerbes der gasgefüllten Metalldrahtlampe, kann aber zum Teil auch auf die durch den Weltkrieg bedingten Verhältnisse (Materialknappheit, Personalmangel und Verteuerung der Bedienungskosten) zurückgeführt werden. Welche Bogenlampenformen für die Zukunft wettbewerbsfähig sind, wird sich erst zeigen, wenn auch die sprunghaften Änderungen der Kriegsfolgezeit überwunden sind.

3. Die neuere Entwicklung der Bogenlampen mit Effektkohlen.

a) Lummers Druckbogenlampe. Die wichtigsten Ergebnisse der von Lummer über das Verhalten des Lichtbogens unter Druck angestellten Versuche sind bereits in dem geschichtlichen Überblick (S. 98) erwähnt. Eine technische Ausnutzung seiner Beobachtungen liegt bisher nicht vor, obwohl naturgemäß ein in der Nähe der Sonnentemperatur arbeitender Lichtbogen sowohl hinsichtlich der Lichtfarbe wie der Lichtausbeute besonders aussichtsreich erscheint. Erwähnt sei noch, daß die von ihm im positiven Krater unter Verwendung besonders hergestellter, mit Metallsalzen getränkter Kohlen gemessenen größten Flächenhelligkeiten bei 7600° abs. und 22 Atm. Druck nach Berechnung von Gehlhoff und Schering 284000 HK/cm² betragen.

b) Die Beck-Goerz-Scheinwerferlampe. Auch diese neuerdings (1919) bekannt gewordene Lampe verwendet Effektkohlen besonderer Art und nutzt das Leuchten der darin enthaltenen, zur Verdampfung kommenden Metallsalze für die Lichtabgabe mit aus. Die Lampe zeigt einen großen Reichtum an blauen Strahlen, gibt eine dem Tageslicht sehr ähnliche Lichtfarbe und weist scheinbare Kraterhelligkeiten von 120000 HK/cm² auf. (Genaueres siehe im Abschnitt XIV, S. 487.)

III. Bogenlampen mit Elektroden aus Metallen oder Metallverbindungen.

1. Die Magnetit-Bogenlampe.

Bei den Magnetitlampen, die nur für Gleichstrom geeignet sind, besteht die untere, negative Elektrode aus einem dünnwandigen Eisenrohr, das mit einer Mischung von Metalloxyden, in erster Linie pulverförmigem, elektrisch gut leitendem Magnetit (Eisenoxyduloxyd) gefüllt ist. Außerdem sind noch andere Oxyde vorhanden, deren wichtigstes das für die Lichtausbeute wesentliche Titandioxyd ist. Die obere, positive Elektrode besteht aus einer massiven Kupferelektrode, die nur selten erneuert zu werden braucht. Die Außenluft kann frei zum Bogen hinzutreten und sorgt durch eine geeignete Führung für die Beseitigung der Verbrennungsprodukte. Das Licht ist glänzend weiß, kommt in seiner Lichtfarbe der Sonne recht nahe und geht in sehr erheblichem Maße vom Bogen selbst aus. (Electrical World, 64, 661, 1914.)

Die Magnetitbogenlampen sind fast nur in Amerika in Benutzung (Luminous Arc Lamps, hergestellt von der General Electric Co.), wo sie in großem Umfange für Straßenbeleuchtung Verwendung finden. Sie werden als 4- und 6,6-Amperelampen hergestellt und haben bei rd. 650 bzw. 1600 HK_o einen spezifischen Verbrauch von 0,49 bzw. 0,32 W/HK_o. Die Lampenspannung beträgt rd. 80 V. Die übliche Schaltung sieht das Hintereinanderbrennen einer sehr großen Anzahl von Lampen vor, wobei die Stromstärke des so gebildeten Stromkreises konstant einreguliert wird.

Die Brenndauer der negativen Elektroden beträgt 150 bis 200 bzw. 75 bis 100 Stunden.

2. Die Titankarbidlampe.

In der *Titankarbidlampe* dient eine Titankarbidelektrode als Kathode, während als Anode ein Kupfer- oder Kohlestab benutzt wird. Die Lampe ist für Gleichstrom wie für Wechselstrom verwendbar und soll einen spezifischen Verbrauch von 0,3 W/HK_o aufweisen. Sie ist ebenfalls nur in Amerika und auch dort nur in geringem Umfange zur Verwendung gelangt. (Electrical World, 54, 309, 1909.)

3. Die Wolframbogenlampe.

Die *Wolframbogenlampe* besitzt im Gegensatz zu den vorher genannten Bogenlampenarten eine überall völlig luftdicht verschlossene Glasglocke, die mit einer verdünnten, relativ zum Wolfram indifferenten Gasatmosphäre gefüllt ist. Die Elektroden der Lampe bestehen aus feststehenden, meist kugelförmig gestalteten Wolframkörpern, die beim Betriebe der Lampen keinen Abbrand erfahren und beide zum Glühen kommen. Der Lichtbogen selber trägt nicht zur Lichtabgabe bei. Bei Gleichstrom glüht die Anode stärker als die Kathode, bei Wechselstrom geraten beide Elektroden, dieselben Abmessungen vorausgesetzt, in gleichstarke Glut.

Die *Zündung* der Lampen erfolgt entweder durch Berührung oder durch Verwendung von die Gasstrecke ionisierenden Zündspiralen. Bei Lampen für kleine Stromstärken ist mitunter nur eine Elektrode vorgesehen, indem man als zweiten Pol die Zündspirale fungieren läßt.

Die Spannung am Bogen nimmt je nach der Art der Gasfüllung Werte von 20 V aufwärts an bei einem auf die am Bogen aufgewendete Leistung bezogenen spezifischen Verbrauch von etwa 0,5 W/HK. Zum Betriebe der Lampe ist ein Beruhigungswiderstand erforderlich. Die Lichtfarbe entspricht der einer Gasfüllungslampe gleicher Drahttemperatur, wie überhaupt die Wolframbogenlampe im Prinzip eine Gasfüllungslampe verkörpert, bei der die Erhitzung des aus Wolfram bestehenden Leuchtkörpers statt durch Joule'sche Wärme durch Elektronenstoß (Lichtbogenheizung) erfolgt.

Über die herstellbaren Typen lassen sich zurzeit keine Angaben machen, da die Lampe bis jetzt das Versuchsstadium kaum überschritten hat. Als Anwendungsgebiet der Lampen sind bisher lediglich Sonderzwecke in Aussicht genommen worden (Projektionstechnik, Kinematographie), wo es auf punktförmige Lichtquellen hoher Flächenhelle ankommt, und wo eine vollkommene Unbeweglichkeit des Lichtpunktes von Wert ist. (Z. Bel.-Wes. 22, 2, 1916; Licht u. Lampe 71, 1916; O. Kruh, E. u. M. 36, 345, 1918.)

4. Die Quecksilberdampflampe.

In der Quecksilberdampflampe (L. Arons, Wied. Ann. 47, 767, 1892; Hewitt, Electrician 52, 447, 1904; R. Küch u. T. Retschinsky, Ann. d. Phys. 20, 563, 1906; 22, 595 u. 851, 1907) wird das Lumineszenzleuchten eines Quecksilberdampf-Lichtbogens für die Lichterzeugung ausgenutzt; die Elektroden selber sind an der Lichtabgabe nicht beteiligt. Die Lampe kommt in ihrer ursprünglichen Form nur für Gleichstrombetrieb in Frage, so daß Wechselstrom vorher mit Hilfe eines Gleichrichters in Gleichstrom umzuwandeln ist. Neuerdings hat man auch Lampen konstruiert, die bei Wechselstrom direkt arbeiten; bei ihnen wird die Umwandlung des Wechselstroms in Gleichstrom in der Lampe selbst vorgenommen. (F. Girard, E.T.Z. 33, 676, 1912.)

Die Quecksilberdampflampe ist in zwei Ausführungsformen in den Handel gekommen, der älteren, bei der die Hülle der Lampe aus Glas besteht, und der jüngeren, deren Lampenkörper von einem Quarzglasgefäß gebildet wird. Nach dem in den beiden Lampenarten herrschenden Drucke unterscheidet man sie auch in Niederdruck- und Hochdruck-Quecksilberdampflampen.

Beiden Lampenarten gemeinsam ist die Tatsache, daß der luftdicht geschlossene Lampenkörper vorzüglich evakuiert wird, und daß man durch Neigen des Gefäßes und Berührung zwischen Anode und Kathode den Lichtbogen bildet (Kurzschlußzündung), oder daß man die Zündung durch einen Hochspannungsstoß einleitet. Zur Aufnahme der Spannungsschwankungen im Netz wie des bei der Kurzschlußzündung der Lampe entstehenden Stromstoßes dient ein Vorschaltwiderstand. Er wird oft von einem die Spannung an der Lampe konstant haltenden Eisenwiderstand gebildet. Die Spannung des Lichtbogens nimmt in den ersten Minuten nach dem Einleiten der Entladung unter dem Einflusse der ansteigenden Temperatur und des ansteigenden Druckes ständig zu, bis die Druckverhältnisse in der Lampe konstant geworden sind.

a) Die Quecksilberbogenlampe mit Glasgefäß. Bei der Niederdruck-Quecksilberdampflampe wird eine Glasröhre als Lichtbogenhülle verwendet, die etwa 28 mm Durchmesser und je nach der Lampentype eine Länge von 0,55 bzw. 1,15 m besitzt. An den Enden sind die Röhren zur Aufnahme der Stromzuführungen erweitert; außerdem ist über der Kathode eine Kondensationskammer in Form einer an die Röhre angeblasenen Kugel vorgesehen, die das verdampfende Quecksilber kondensiert und es der Kathode wieder zuführt, und die gleichzeitig durch ihre Größe den Betriebsdruck in der Lampe regelt. Als Kathode dient flüssiges Quecksilber, als Anode kommen geeignet geformte Körper aus Eisen, Kohle oder Graphit in Frage. In der normalen Ausführungsform werden die Lampen horizontal oder schräg geneigt angeordnet.

Die Farbe des Quecksilber-Lichtbogens der Niederdrucklampe ist ausgesprochen blaugrün (siehe Abb. 21, S. 48), da in dem von ihm ausgehenden Linienspektrum die intensiven blaugrünen Linien stark überwiegen und gelbe und rote Strahlen fast völlig fehlen. Aus diesem Grunde werden farbige Gegenstände im Lichte der Quecksilberbogenlampe völlig falsch bewertet, weshalb die Lampe für Zwecke der Allgemeinbeleuchtung keinen Eingang gefunden hat. Ein beschränktes Arbeitsgebiet hat sich ihr für industrielle Zwecke dadurch eröffnet, daß feine Gegenstände infolge der im Quecksilberlicht stark hervortretenden Kontraste zwischen hell und dunkel besonders gut erkennbar sind. Eine sehr beträchtliche Anwendung hat sie infolge ihres Reichtums an blauen und ultravioletten Strahlen für photographische und medizinische Zwecke gefunden. Besonders wirksam wird dieser Gehalt an ultravioletter Strahlung, wenn man die Röhren nicht aus gewöhnlichem Glase herstellt, sondern dafür ein Glas höherer Ultraviolett-Durchlässigkeit verwendet (Uviolglas, Schott & Gen.).

Die Lampenspannung beträgt bei den vorher genannten Arten von Röhren 40 bzw. 80 V, so daß unter Berücksichtigung des erforderlichen Vorschaltwiderstandes im ersten Falle Zweischaltung bei 110, Vierschaltung bei 220 V, im zweiten Falle Einzelschaltung bei 110, Zweischaltung bei 220 V in Frage kommt.

Die Stromstärke beläuft sich bei beiden Lampentypen auf 3,5 Amp. Die Lampen geben senkrecht zum Leuchtkörper etwa 350 bzw. 800 HK. Der praktische spezifische Effektverbrauch beträgt rd. 0,5 W/HK_h.

Die Brenndauer der Lampen ist lediglich von der Haltbarkeit der Röhren abhängig. Sie kann im Mittel zu etwa 2000 Stunden angenommen werden.

b) Die Quarz-Quecksilberlampe. In der Hochdruck-Quecksilberdampflampe ist das umhüllende Glasgefäß durch einen Lampenkörper aus Quarzglas ersetzt. Dadurch wird es möglich, den Betriebsdruck des Quecksilberdampfes erheblich zu steigern (bis zu 1 Atm.), weil das Quarzglas nicht nur bei höheren Temperaturen beständig ist, sondern auch eine weitgehende Unempfindlichkeit gegen plötzliche Temperaturänderungen besitzt. Die Erhöhung des Betriebsdruckes führt zu einer Zunahme des Potentialgradienten des Quecksilberdampfes und damit zu der Möglichkeit, die Abmessungen des rohrförmigen Lampengefäßes gegenüber den Niederdruck-Dampflampen beträchtlich zu verringern. So weist beispielsweise die normale Quarz-Quecksilberlampe für 110 V ein nur etwa 7 cm langes Quarzrohr von ca. 5 mm Durchmesser auf.

Bei der Hochdrucklampe, deren Brennerrohr horizontal angeordnet ist, werden beide Elektroden von Quecksilber gebildet, das sich in den an den Rohrenden befindlichen Polgefäßen aus Quarzglas befindet. Die Kühlung dieser Gefäße wird durch an ihnen befestigte, einstellbare Metallbandkühler geregelt. Die Zündung der Lampen erfolgt gewöhnlich durch Kippen und wird im allgemeinen beim Einschalten automatisch ausgeführt. Der Beruhigungswiderstand vernichtet 10 bis 20% der zugeführten Spannung. In der für Außenbeleuchtung in Frage kommenden Ausführungsform der Lampe sind die Quarzrohre nebst Schalt- und Zündvorrichtung sowie dem Vorschaltwiderstand in einer Armatur mit Opalglasglocke nach Art der bei den Bogenlampen üblichen untergebracht.

Die Lichtfarbe der Lampen ist weniger anormal als bei den Niederdrucklampen, da wegen der höheren Bogentemperatur auch rote Strahlen in geringer Menge ausgesandt werden; immerhin ist der Farbton des Lichtes noch so ausgesprochen blaugrün, daß es für sehr viele Zwecke der Allgemeinbeleuchtung nicht in Frage kommt. Dagegen ist der Anteil an ultravioletten Strahlen gleichzeitig sehr stark angewachsen. Dies macht auf der einen Seite für normale Beleuchtungszwecke die Benutzung einer Schutzglocke aus Glas zu einer unabweisbaren Notwendigkeit, weil das Glas die physiologisch wirksamen, kurzwelligen Strahlen absorbiert und so die zu befürchtenden Schädigungen des menschlichen Organismus (Haut, Auge usw.) verhindert, eröffnet aber zum anderen der Lampe ein weites Anwendungsgebiet für therapeutische und bakteriologische Zwecke (Bestrahlungen zu Heilzwecken, Trinkwassersterilisation).

Die Lampe wird für Stromstärken von 1,5 bis 3,5 Amp. für unmittelbaren Anschluß an 110 und 220 V hergestellt. Die Lichtstärken betragen 500 bis 3000 $HK_{\circ}$ bei einem spezifischen Effektverbrauch von 0,4 bis 0,25 $W/HK_{\circ}$. Die durchschnittliche Lebensdauer eines Quarzglaslampenkörpers beträgt etwa 2000 Stunden.

5. Die Metalldampflampe von Wolfke.

Die für viele Zwecke störende Lichtfarbe der Quecksilberdampflampen war der Ausgangspunkt von Versuchen, andere verdampfbare Metalle und Legierungen in ähnlicher Weise wie das Quecksilber für die Lichterzeugung nutzbar zu machen. Ein technisches Ergebnis dieser Arbeiten war die Metalldampflampe von Wolfke (1912), dem es durch Verwendung von Quecksilber und Kadmium nebeneinander gelang, auch im Rot eine beträchtliche Lichtemission zu erzielen. Die

Elektroden dieser Lampe bestehen aus einer festen Legierung von Kadmium und 3 bis 10% Quecksilber. Der spezifische Effektverbrauch soll dem der Quecksilberquarzlampe entsprechen. Über die Einführung der Lampe in den praktischen Gebrauch ist bisher nichts bekannt geworden. (Wolfke, E.T.Z. 33, 917, 1912.)

6. Die Neonbogenlampe.

Die für Gleichstrombetrieb durchgebildeten Neonbogenlampen stellen ein praktisches Ergebnis der Versuche dar, verdünnte Edelgase unter dem Einfluß von elektrischen Entladungen zum Lumineszenzleuchten zu bringen. Der Lampenkörper wird in diesen Lampen in ähnlicher Weise wie bei den Quecksilberdampflampen von einem Glasrohr gebildet, an dessen Enden die Elektroden gasdicht eingeschmolzen sind. Die Anode der Lampe besteht aus Eisen o. dgl., während als Kathode Alkalimetallegierungen (Natrium-Amalgam), Kadmium-Thallium usw. Verwendung finden. Für die Lichtabgabe wird nur das Leuchten der positiven Lichtsäule herangezogen, deren Potentialgradient bei den verwendeten Fülldrucken wegen der geringen dielektrischen Festigkeit des Neons verhältnismäßig klein ist. Er liegt bei den benutzten Röhrendurchmessern in der Größenordnung von einigen Volt für 1 cm, so daß die Neonbogenlampe ohne weiteres für die gebräuchlichen Netzspannungen (110 und 220 V) hergestellt werden kann.

Die Zündung der Lampen erfolgt in der teilweise auch bei den Quecksilberdampflampen üblichen Weise, indem mit Hilfe eines Vakuumunterbrechers unter Benutzung einer Selbstinduktionsspule ein Hochspannungsstromstoß durch die Röhre geschickt wird. Zur Beruhigung des Lichtbogens dient ein Vorschaltwiderstand, der bei 220 V Netzspannung 70 V aufnehmen muß.

Die Lichtfarbe der Entladung ist ausgesprochen blutrot, so daß auch diese Lampenart für die Allgemeinbeleuchtung nicht in Frage kommt. Ihre Anwendungsmöglichkeiten liegen auf dem Gebiete der Effekt- und Reklamebeleuchtung und des Signalwesens; auch für medizinische Zwecke scheint sich die Lampe in vielen Fällen zu eignen.

Für Effektbeleuchtung ist eine Lampentype im Handel, die für 220 V hergestellt wird und einen Stromverbrauch von rd. 1 Amp. besitzt. Ihr spezifischer Effektverbrauch ist trotz des hohen Spannungsabfalles im Vorschaltwiderstande und der an den Elektroden entstehenden Energieverluste mit etwa 0,5 W/HK recht günstig.

Die Brenndauer der Neonbogenlampe wird zu mehr als 1000 Stunden angegeben. Die Lampe wird von der Studiengesellschaft für elektrische Leuchtröhren G. m. b. H. und der Jul. Pintsch A.-G. hergestellt. (Skaupy, D.R.P. 286753; Berl. Klin. Wochenschrift H. 12, 1916; Helios 23, 9, 1917 u. 24, 118, 1918; F. Schröter, Z. f. El.-Chem. 24, 132, 1918.)

B. Die Glimmentladungslampe.

Die Glimmentladungslampen stellen eine der Neonbogenlampe verwandte Lösung der Aufgabe dar, das Lumineszenzleuchten von Gasen für die Lichttechnik zu verwerten. Sie weichen von ihr in der benutzten Entladungsform ab, indem bei ihnen an die Stelle der Lichtbogenentladung die Glimmentladung tritt. Dabei sind zwei verschiedene Formen dieser Lampen zu unterscheiden, solche die nur bei hohen Spannungen in der Größenordnung von einigen 1000 V arbeiten (Moore-Licht), und solche, die auch bei Netzspannungen von etwa 220 V verwendbar sind (Glimmlampe für niedrige Spannungen).

1. Das Moore-Licht.

Die von Moore durchgebildete Vakuumröhrenbeleuchtung (Moore-Licht) verwendet verdünnten Stickstoff und verdünnte Kohlensäure als Träger der Glimmentladung und schließt diese Gase in Glasröhren luftdicht gegen die Umgebung ab. Ein sinnreich konstruiertes Ventil stellt die Verbindung des Röhreninnern mit einem Gasbehälter her und führt den Röhren selbsttätig Stickstoff oder Kohlensäure in richtiger Menge zu, wenn die in der Röhre befindlichen Gase unter dem Einfluß der Entladungen von den inneren Glaswandungen oder den Elektroden absorbiert werden. Dieses Ventil stellt die hauptsächliche technische Leistung am Moore-Licht dar, da es nur dadurch möglich wurde, die schon jahrzehntelang vorher bekannten Geißlerschen Röhren, in denen verdünnte Gase mit Hilfe hochgespannten Wechselstroms zum Leuchten gebracht wurden, zu einer technischen Beleuchtungseinrichtung umzugestalten.

Das Moore-Licht kommt nur für den Betrieb mit Wechselströmen hoher Spannung (5000 bis 17000 V und mehr) in Frage, so daß beim Anschluß an Gleichstromnetze eine vorherige Umformung des Gleichstroms erforderlich ist. Die hohe Spannung erklärt sich bei beiden genannten Gasen aus ihrer beträchtlichen dielektrischen Kohäsion, die einen hohen Spannungsabfall für die Längeneinheit der Röhren mit sich bringt. Je nach den gewünschten Röhrenlängen ist die Spannung des anzulegenden Wechselstroms verschieden. Die Röhrenlängen schwanken in den praktisch ausgeführten Anlagen zwischen 20 und 160 m. Sie werden in der Weise montiert, daß sie in kleinen Längen am Orte ihrer Verwendung zusammengeschmolzen, mit dem gewählten Füllgase versehen, durch Evakuieren auf den gewünschten Fülldruck gebracht und dann verschlossen werden. Anfang und Ende der Röhre werden direkt an die Sekundärklemmen des Hochspannungstransformators geführt. Dabei muß durch geeignete Aufstellung und gute Isolation für eine hinreichende Betriebssicherheit der Anlagen gesorgt werden. (Grix, Z.D.J. 56, 588, 1912.)

Die Lichtfarbe ist bei den Stickstoffröhren gelbrot und läßt sie noch für Zwecke der Allgemeinbeleuchtung geeignet erscheinen. Ihr praktischer spezifischer Effektverbrauch, der in diesem Falle wegen der großen räumlichen Ausdehnung der Lichtquelle zweckmäßig aus Beleuchtungsmessungen ermittelt wird, beträgt etwa 1,5 W/HK. Wesentlich ungünstiger (rd. 4 W/HK) verhalten sich die Röhren mit Kohlensäurefüllung, die aber dafür eine rein weiße, dem Tageslicht ganz außerordentlich nahekommende Lichtfarbe besitzen. Sie haben aus diesem Grunde vielfach da Verwendung gefunden, wo bei künstlicher Beleuchtung eine genau mit dem Tageslicht übereinstimmende Unterscheidung von Farbstoffen vorzunehmen ist (Färbereien, Farbfabriken, Verkaufsräume usw.). Für solche Zwecke sind auch tragbare Einrichtungen in den Handel gekommen. (Z. f. Bel.-Wes. 25, 98, 1919.)

Eigentliche Lampentypen kann man bei dem Moore-Licht nicht unterscheiden, da sich die Spannung nach der in Frage kommenden Röhrenlänge richtet; die Stromstärke im Hochspannungskreis beläuft sich auf etwa 0,3 Amp. Die Leuchtdauer einer Füllung beträgt bei beiden Röhrenarten 1000 bis 2000 Stunden. Nach dieser Zeit werden die Röhren zweckmäßig geöffnet, neu gefüllt und evakuiert.

2. Die Glimmlampe für niedrige Spannungen.

Seit kurzem (1918) ist es durch Verwendung von Gasen geringerer dielektrischer Kohäsion gelungen, mit einer Glimmentladung arbeitende Lampen für Gebrauchsspannungen von etwa 220 V herzustellen. Als Füllgase benutzt man in diesem Falle verdünntes Neon bzw. eine Neon-Heliummischung niedrigen Druckes und macht dabei das Kathodenleuchten einer großflächigen Metallkathode für die Lichterzeugung nutzbar. Die positive Lichtsäule und der darin zu erwartende Spannungsabfall sind unterdrückt, indem die Anode der Kathode auf etwa 3 mm genähert ist. Die Elektroden bestehen aus Metallblechen oder Stiften (gewöhnlich Eisen).

Die Grenzspannung, bei der die Lampe eben anspricht, liegt bei etwa 150 V. Zur Beruhigung der Entladung wird ein in die Lampe eingebauter Vorschaltwiderstand benutzt. Gegen Spannungsschwankungen sind die Lampen ziemlich unempfindlich, so daß eine für 220 V hergestellte Lampe ohne weiteres bei 210 oder 230 V verwendet werden kann. Die Lampen können sowohl mit Gleichstrom wie mit Wechselstrom betrieben werden; nur muß bei der Gleichstromlampe auf richtige Polung geachtet werden, während bei Wechselstrom zweckmäßig hierfür gebaute Sonderausführungen Verwendung finden. Die Lampen werden mit einem normalen Edisonsockel versehen, wie er bei den Glühlampen üblich ist.

Die Lichtfarbe der Lampen ist durch die verwendeten Edelgase gegeben und schwankt je nach dem Gehalt der Füllung an Neongas zwischen rötlichgelb und rot.

An Lampentypen kommt hauptsächlich eine Ausführungsform für einen Verbrauch von 5 Watt in Frage, die in Sonderausführungen für Gleich- bzw. Wechselstrom im Handel ist. Die Lichtstärke der Lampen ist verhältnismäßig gering (etwa 0,3 $HK_{\ominus}$), so daß sich eine ziemlich ungünstige Lichtausbeute (rd. 15 W/$HK_{\ominus}$) ergibt. Die Lampe ist für solche Verwendungszwecke gedacht, bei denen es sich in erster Linie um eine orientierende Beleuchtung handelt, und wo auf einen recht niedrigen absoluten Verbrauch Wert gelegt wird (Kellereien,

Abb. 8. Gleichstrom-Glimmlampe für 5 Watt 220 Volt.

Abb. 9. Kohlefadenlampe für 16 HK 110 V.

Lagerräume, Signalzwecke u. dgl.). Außerdem werden Glimmlampen für Reklamezwecke hergestellt, bei denen die Kathodenbleche Buchstabenformen haben; auch kommen Kontroll-Lämpchen mit einem absoluten Verbrauch bis zu 0,2 Watt in den Handel. Die von der Firma J. Pintsch A.-G. für Gleichstrom hergestellte 5 Watt-Lampe wird durch Abb. 8 wiedergegeben. Die Lampen werden in etwas abweichender Bauart neuerdings auch von der Osram-G. m. b. H. hergestellt.

Die mittlere Brenndauer der Glimmlampen wird zu 1000 Stunden angegeben. (F. Schröter, E.T.Z. 40, 186, 1919.)

C. Die elektrische Glühlampe.

1. Die Kohlefadenlampe.

a) Die normale Kohlefadenlampe. In der normalen Ausführungsform der Kohlefadenlampe ist der Kohlefaden in Form einer ungehalterten, doppelten oder dreifachen Schleife oder Spirale in einer hoch evakuierten Birnenglocke untergebracht (Abb. 9). Der verwendete Kohlefaden wird nach verschiedenen Spritzverfahren hergestellt, hat einen ziemlich hohen spezifischen Widerstand (30 bis 40 Ohm für 1 mm² und m) und besitzt einen negativen Temperaturkoeffizienten des Widerstandes, d. h. verringert seinen Widerstand mit zunehmender Temperatur. Der Widerstandswert bei normaler Glühtemperatur ist etwa halb so groß wie in kaltem Zustande.

Dem entspricht eine hohe Empfindlichkeit gegen Spannungsschwankungen, indem die Stromstärke bei einer Zunahme der Spannung von 1% um 1,2% anwächst bei einer gleichzeitigen Abnahme des spezifischen Verbrauchs um etwa 4,3% von beispielsweise 3,5 auf 3,35 W/HK. Die zugehörige Lichtzunahme beträgt etwa 7,5%.

Die Lichtfarbe der Kohlefadenlampe ist ausgesprochen rötlichgelb, da die schwarze Temperatur des in seinen Strahlungseigenschaften dem schwarzen Körper vergleichbaren Kohlefadens bei 4 W/HK rd. 1760°, bei 3,5 W/HK etwa 1790° C beträgt. (Die entsprechenden wahren Temperaturen sind 1830 bzw. 1865° C.)

Die heute im Aussterben begriffene Kohlefadenlampe wurde für Lichtstärken von 1 bis 100 Kerzen und Gebrauchsspannungen bis 250 V hergestellt. Als Lichtstärke rechnete dabei die mittlere horizontale Lichtstärke; die Lampentypen waren nach der Lichtstärke in Lampen für 5, 10, 16, 25, 32, 50 und 100 HK gestaffelt.

Der spezifische Verbrauch der Lampen schwankt je nach der Fadendicke zwischen 4,0 und 3,0 W/HK. Die Lebensdauer ist von der Belastung abhängig und verringert sich mit zunehmender Belastung (abnehmendem spezifischem Verbrauch). Sie wird außerdem praktisch dadurch begrenzt, daß sich die Lampen im Laufe ihrer Brennzeit infolge der Zerstäubung des Fadens schwärzen und an Helligkeit stark einbüßen. Zur Beurteilung des Verhaltens der Glühlampen hat man deshalb neben der Lebensdauer den Begriff der Nutzbrenndauer eingeführt, worunter man die Zeit versteht, nach welcher eine auf den Anfangswert bezogene Lichtabnahme von 20% eingetreten ist. Nach dieser Zeit empfiehlt sich die Auswechselung der Lampen, weil sie im Verhältnis zu ihrem Energieverbrauch zu wenig Licht geben. Die Nutzbrenndauer schwankt je nach der gewählten Belastung zwischen 400 und 800 Stunden.

Die Kohlefadenlampen sind wie alle Glühlampen für Gleich- und Wechselstrombetrieb geeignet und werden teils mit Klarglasglocke, teils mit halb oder ganz mattierten Glocken verwendet. Die Mattierung schützt das Auge des Beschauers vor der Blendung durch die hohe Flächenhelle des Fadens und verändert gleichzeitig durch Streuung und Reflexion die Lichtverteilung. Die Lichtverluste betragen bei halber Mattierung 2 bis 3, bei Mattierung der ganzen Glocke 5 bis 6%.

b) Die Kohlefadenlampe mit metallisiertem Faden. Bei der Kohlefadenlampe mit metallisiertem Faden ist der Kohlefaden durch einen Glühprozeß bei sehr hohen Temperaturen teilweise in eine graphitartige Modifikation des Kohlenstoffes verwandelt. Dabei hat er einen positiven Temperaturkoeffizienten des Widerstandes angenommen, so daß sein Widerstand ebenso wie bei den Metallen mit zunehmender Temperatur anwächst.

Kohlefadenlampen dieser Art wurden MK-Lampen genannt und für die meisten der bei der gewöhnlichen Kohlefadenlampe gebräuchlichen Lampentypen hergestellt. Der spezifische Verbrauch betrug etwa 2,2 W/HK bei etwa derselben Nutzbrenndauer wie bei den normalen Kohlefadenlampen.

2. Die Nernstlampe.

Der Leuchtkörper der Nernstlampe (W. Nernst, E.T.Z. 20, 355, 1899; O. Bußmann, E.T.Z. 24, 281, 1903) besteht aus einem Gemisch von bei Zimmertemperatur nicht leitenden Oxyden der Metalle der seltenen Erden (hauptsächlich Zirkon- und Yttererden); er muß im Gegensatz zu den sonst gebräuchlichen Glühlampen in freier Luft brennen. Um die Oxyde leitend zu machen, ist eine Vorwärmung notwendig, die aus einer Heizspirale besteht und den aus einem oder mehreren Stäbchen oder Röhrchen bestehenden Leuchtkörper der Lampe umgibt oder ihm nahe benachbart ist. Für die Heizspirale wird gewöhnlich ein mit einer Isoliermasse umkleideter Metalldraht geeigneter Abmessungen verwendet.

Die Heizspirale ist dem Leuchtkörper parallel geschaltet, der selber in Reihe mit einem kleinen Elektromagneten liegt. Beim Einschalten fließt der Strom zunächst nur durch die Heizspirale, bis auch der Leuchtkörper leitend wird und nach und nach mehr Strom aufnimmt. Hat der durch den Leuchtkörper fließende Strom einen bestimmten Wert erreicht, so schaltet der erwähnte Elektromagnet den Heizstromkreis aus.

Der Leuchtkörper hat einen sehr stark negativen Temperaturkoeffizienten des Widerstandes und muß durch einen Vorschaltwiderstand gegen die ihm sehr schädlichen Schwankungen der Netzspannung geschützt werden. Man verwendet dazu einen 10 bis 15% der Spannung vernichtenden Eisenwiderstand. Dieser Eisenwiderstand, bestehend aus einem in einer verdünnten Wasserstoff-Atmosphäre glühenden, in einer Glasröhre eingeschlossenen Eisendraht, ist im Innern der Lampe untergebracht und verhindert selbsttätig ein Ansteigen der Stromstärke über ihre normale Höhe.

Die nach den Nernstschen Patenten von der A.E.G. durchgebildeten Lampen wurden für Stromstärken von 0,25 bis 1,0 Amp. und Spannungen von 100 bis 250 V hergestellt. Daneben kamen für

Sonderzwecke auch Lampen für stärkere Ströme in den Handel. Der spezifische Verbrauch der Nernstlampe belief sich auf 1,5 bis 1,8 W/HK_h; ihre Lebensdauer betrug 300 bis 500 Stunden.

Die Nernstlampe ist durch die Einführung der Wolframlampe vollständig aus den normalen Beleuchtungsanlagen verdrängt worden. Sie hat nur noch als Speziallampe für photographische Zwecke und Projektionsapparate ein beschränktes Anwendungsgebiet behalten, wird aber neuerdings auch hier durch die Gasfüllungslampe vollwertig ersetzt.

3. Die Osmiumlampe.

In der Osmiumlampe (F. Blau, E.T.Z. 26, 196, 1905) der ersten praktisch benutzten Metallfadenlampe, wurde ein gespritzter Faden aus metallischem Osmium in einer evakuierten Glasglocke zum Glühen erhitzt. Der Faden hatte bei Zimmertemperatur einen spezifischen Widerstand von 0,095 Ω für 1 mm^2 und m und erreichte bei der Betriebstemperatur den rund 8fachen Wert des Kaltwiderstandes.

In der Lampe, die heute nur noch historisches Interesse hat, tauchte zum ersten Male die Aufgabe auf, den in der Hitze weichen, verhältnismäßig langen Metallfaden in geeigneter Weise in der Glühlampenglocke unterzubringen. Dies gelang zunächst nur so weit, daß die Lampe fabrikationsmäßig in Lichtstärken von 16 bis 32 Kerzen für Spannungen bis höchstens 75 V hergestellt werden konnte. Sie mußte deswegen bei den üblichen Netzspannungen in Reihenschaltung zu 2 bis 3 Lampen brennen. Der spezifische Verbrauch der Lampen betrug etwa 1,5 W/HK_h, die mittlere Lebensdauer mehr als 1000 Stunden; die in dieser Zeit eintretende Lichtabnahme war sehr gering.

Die Lampen wurden nach dem von Auer v. Welsbach angegebenen Verfahren von der Deutschen Gasglühlicht A.-G. (Auergesellschaft) hergestellt.

4. Die Tantallampe.

Die Tantallampe (W. Bolton u. O. Feuerlein, E.T.Z. 26, 105, 1905) war die erste Glühlampe mit gezogenem Metalldraht. Sie löste die in der Osmiumlampe zuerst angeschnittene Frage der Unterbringung des langen Metallfadens in technisch einwandfreier Weise, indem sie das mittlere Traggestell aus Glas mit mehreren Halterkränzen aus Metall in die Glühlampentechnik einführte. Der zwischen zwei oder mehreren solcher Halterkränze zickzackförmig hin und her geführte Draht ist seitdem ein charakteristisches Merkmal der Metallfaden- bzw. Metalldrahtlampe geblieben.

Der spezifische Widerstand des Tantals beträgt bei Zimmertemperatur 0,146 Ω für 1 mm^2 und m. Er wächst mit zunehmender Temperatur und erreicht bei der Betriebstemperatur der Lampen etwa den

6,5 fachen Kaltwiderstand. Wegen des positiven Temperaturkoeffizienten ist die relative Stromzunahme bei 1% Spannungsänderung wesentlich kleiner als bei der Kohlefadenlampe; sie beträgt 0,7%. Die entsprechende Lichtänderung beläuft sich auf rund 4%. Der spezifische Verbrauch ändert sich dabei um etwa 2%.

Die Lichtfarbe der mit ihrer normalen Belastung brennenden Tantallampe ist wesentlich weißer als die der Kohlefadenlampe, entsprechend der relativ zu dieser gesteigerten Temperatur. Die schwarze Temperatur der Tantallampe beträgt bei 1,6 W/HK etwa 1800° C, die zugehörige wahre Temperatur rd. 1925° C.

Die Tantallampe (Abb. 10) wurde von der Firma Siemens & Halske A.-G. durchgebildet und für alle Spannungen bis zu 240 V in Lichtstärken bis zu 50 Kerzen hergestellt. Der spezifische Effektverbrauch der Lampen betrug 1,5 bis 1,7 W/HK_h, die Nutzbrenndauer 600 bis 800 Stunden. Die Lebensdauer war bei den dickdrähtigen Lampen und bei Gleichstrom höher als bei Wechselstrom und geringen Drahtstärken.

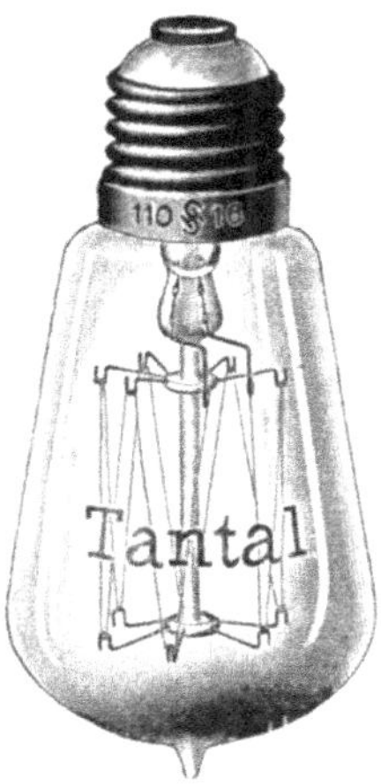

Abb. 10. Tantallampe für 16 HK 110 V.

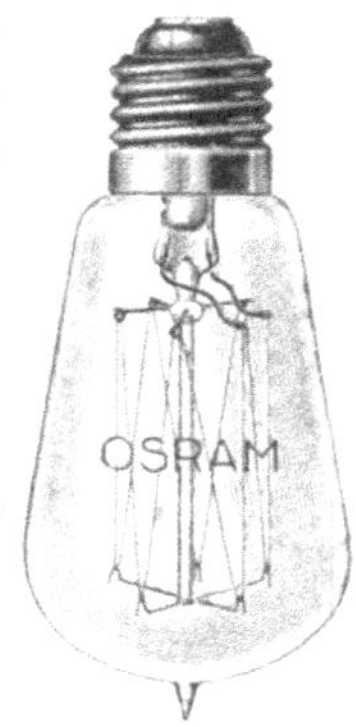

Abb. 11. Wolframdrahtlampe für 16 HK 110 V.

Die Tantallampe hat als erste die Überlegenheit der Metalldrahtlampe sinnfällig dargetan, indem sie bei einer Stromersparnis von mehr als 50% gegenüber der Kohlefadenlampe fast die gleiche Erschütterungsfestigkeit wie diese besaß. Sie vermochte sich wegen dieser Eigenschaft jahrelang neben den in dieser Beziehung sehr empfindlichen Wolframfadenlampen zu behaupten, verlor aber ihre Daseinsberechtigung, als mit der Einführung des gezogenen Wolframdrahtes die Stoßfestigkeit der Wolframdrahtlampe ganz wesentlich zunahm. Heute wird die Tantallampe nicht mehr angefertigt.

5. Die Wolfram-Vakuumlampe.

a) Die Wolframlampe mit glattem Leuchtdraht. Die Wolframlampe mit im Zickzack hin und her geführtem Leuchtdraht ist die älteste und auch heute noch verbreitetste Form der Wolframlampe. Sie hat durch die verschiedenen Etappen ihrer Entwicklung hindurch das von der Tantallampe übernommene Traggestell beibehalten, wie dies die Abb. 11 einer modernen Wolframdrahtlampe für 16 HK 110 V erkennen läßt. Die im geschichtlichen Überblick erwähnte Frage des Materials für den Leuchtkörper der Lampen ist dahin entschieden, daß die überwiegende Menge der heute hergestellten Lampen mit gezogenen Wolframdrähten versehen ist (Osram-, Wotan-, A.E.G.-Metalldrahtlampe), denen eine geringe Fertigung von Lampen mit gespritzten, sog. Einkristallfäden gegenübersteht (Siriuslampe).

Der spezifische Widerstand des Wolframs beträgt bei Zimmertemperatur 0,053 Ω für 1 mm² und m; er wächst mit der Temperatur

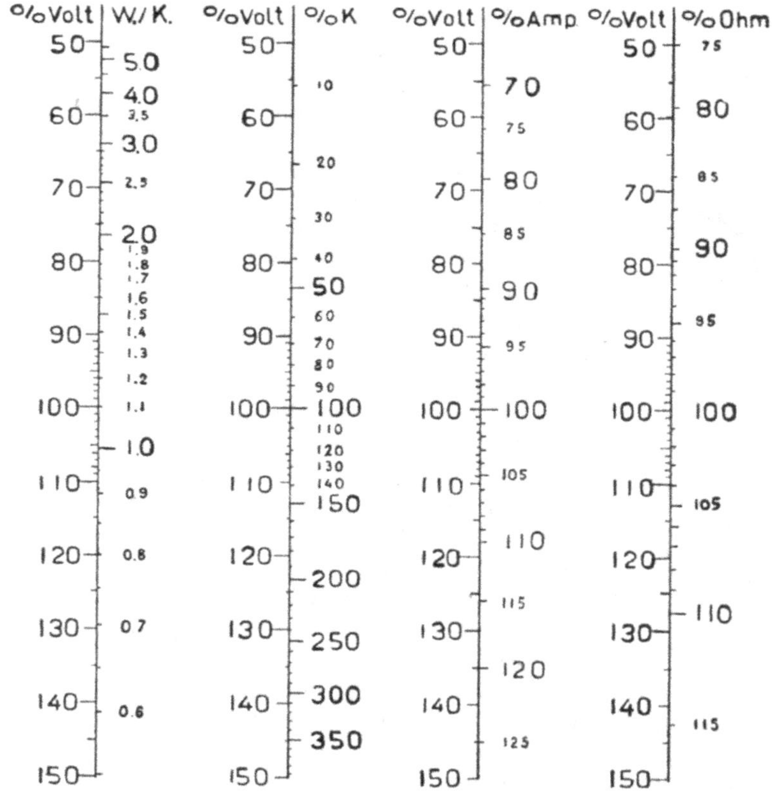

Abb. 12. Abhängigkeit der W/HK, % HK, % Ampere und % Ohm von der Spannung in % bei Wolfram-Vakuumlampen.

stark an und erreicht bei der normalen Betriebstemperatur der Lampen den etwa 12fachen Wert des Kaltwiderstandes. Das dadurch gegebene Verhalten bei Spannungsänderungen ist aus der Abb. 12 zu entnehmen; in ihr sind auch die entsprechenden Angaben über die Änderung der Lichtstärke und des spezifischen Verbrauchs enthalten.

Die angegebenen Verhältniszahlen des elektrischen Widerstandes bedingen verhältnismäßig hohe, im ersten Augenblick das 12fache der Dauerstromstärke betragende Einschaltströme, die je nach der

Drahtdicke schneller oder langsamer auf den Wert der Dauerstromstärke abfallen. Bei einer Lampe für 25 HK 110 V ist der Einschaltvorgang beispielsweise bereits nach rd. 0,1 Sek. beendet, während er bei einer 100kerzigen 110 V-Lampe etwa 0,15 Sek. erfordert. Im Falle der Verwendung dickdrähtiger Lampen ist dieser Tatsache bei der Bemessung der Sicherungen Rechnung zu tragen.

Von der Drahtdicke hängt auch die Wärmekapazität der Fäden ab, die in der Frage des Flimmerns der Lampen bei Wechselstrom eine Rolle spielt. Bei gegebener Periodenzahl ist jeweils eine Mindestdrahtdicke angebbar, oberhalb deren die durch den periodischen Verlauf der Spannung bedingten Lichtschwankungen vom Auge nicht mehr als störend empfunden werden.

Die Lichtfarbe der Wolframdrahtlampen ist erheblich weißer als die der Kohlefaden- und Tantallampen, entsprechend der bei 1,1 W/HK 1910°, bei 0,9 W/HK 1970° C betragenden schwarzen Temperatur. Die zugehörigen wahren Temperaturen belaufen sich auf 2060° bzw. 2130° C.

Die Typenreihe der gebräuchlichen Lampen weist eine außerordentliche Mannigfaltigkeit auf, da die Wolframlampe den verschiedensten Spannungen und Gebrauchszwecken in ihrem äußeren und inneren Aufbau allmählich angepaßt wurde. Die Normalform stellt bisher die nach Lichtstärken gestaffelte Birnenlampe nach Abb. 11 dar, die für 110 V als 5, 10, 16, 25, 32, 50 und 100 HK-Lampe, für 220 V als 10, 16, 25, 32, 50 und 100 HK-Lampe in den Handel kommt. Neuerdings sind Bestrebungen im Gange, die Staffelung nach dem Verbrauch vorzunehmen und bei 110 V Lampen für 10, 20, 25, 40, 60 und 100 W, bei 220 V für 20, 25, 50, 60 und 100 W herzustellen.

Der spezifische Verbrauch der Lampen liegt im Mittel bei 1,0 W/HK_h. Er wird bei den dickdrähtigen Lampen (50 HK/110 V) bis 0,9 W/HK unter-, bei den dünndrähtigen Typen (16 HK/220 V) bis 1,3 W/HK überschritten. Einen ungefähren Überblick über die von den Fabriken eingehaltenen Zahlen gibt die Tabelle 19 (S. 554), in der für die nach Watt gestaffelten Lampentypen die in Frage kommenden Angaben wiedergegeben sind. Die Aufstellung enthält neben den in $HK_{\ominus}$ angegebenen sphärischen Lichtstärken auch die zugehörigen mittleren horizontalen Lichtstärken HK_h, den von den einzelnen Lampentypen ausgehenden Lichtstrom in Hefnerlumen (HLm), den spezifischen Verbrauch in W/$HK_{\ominus}$ und W/HK_h und die Lichtausbeute in $HK_{\ominus}$/W bzw. HLm/W.

Für die verschiedenen Sonderausführungen (Kerzenlampen, Soffitenlampen, Illuminationslampen, Automobillampen, Taschenlampen, Grubenlampen usw.), die im allgemeinen nach der Lichtstärke gestaffelt sind, gelten ähnliche Zahlen. Eine Ausnahme machte die heute nicht mehr im Handel befindliche hochkerzige Wolframeffekt-

oder Intensivlampe, die für Lichtstärken von 200 bis 2000 HK für 110 und 220 V hergestellt wurde und einen spezifischen Verbrauch von etwa 0,8 W/HK_h hatte. Die in Abb. 13 wiedergegebene Lampenart war dadurch bemerkenswert, daß in ihrem Innern chemische Präparate untergebracht waren, die den sich sonst durch Zerstäuben des Fadenmaterials auf der Glockenwand bildenden dunklen Niederschlag in farblose, lichtdurchlässige Wolframverbindungen überführten. Es war infolgedessen möglich, die Beanspruchung des Fadenmaterials zu erhöhen, ohne die zulässige Lichtabnahme zu überschreiten.

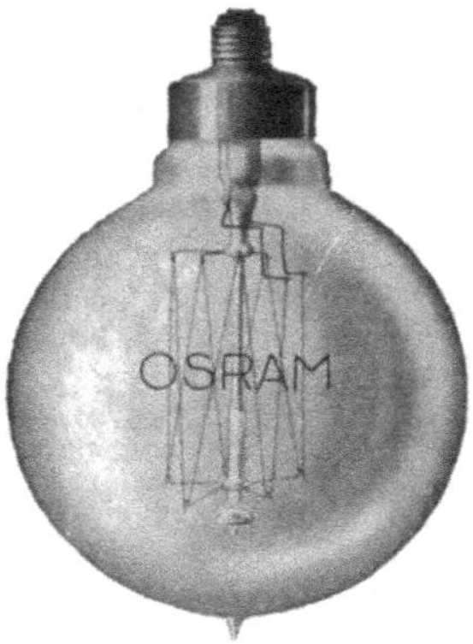

Abb. 13. Wolfram-Intensivlampe für 1000 HK 110 V.

Unter den bereits erwähnten Sonderausführungen zeichnet sich die Soffittenlampe (Abb. 14) durch ihr im wesentlichen in der Achse eines langgestreckten Zylinders angeordnetes Leuchtsystem aus, das ihr ein besonderes Anwendungsgebiet in Schaukästen und Schaufenstern, in der Theaterbeleuchtung und für die Hervorhebung von Konturen bei der Beleuchtung

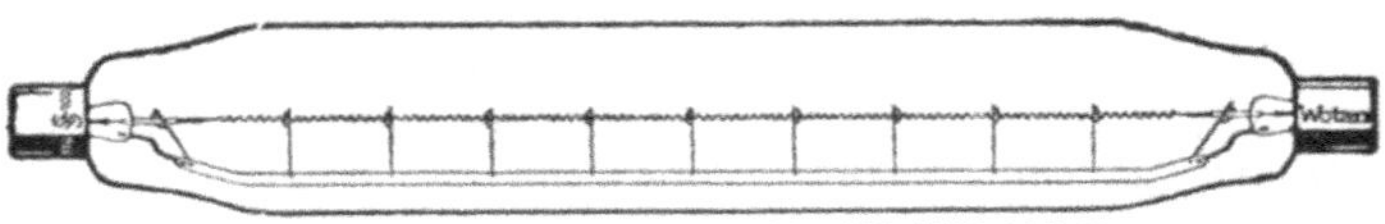
Abb. 14. Soffittenlampe für 100 HK 110 V.

von Räumen oder Gebäuden sichert. Im Gegensatz dazu kommt das Leuchtsystem einer Reihe von Automobillampen (Abb. 15) dem Wunsche nach einer möglichst punktförmigen Lichtquelle weitgehend entgegen, so daß diese Lampen eine besonders günstige Ausnutzung des in ihnen erzeugten Lichtstromes in Scheinwerfern usw. gestatten. Wirtschaftlich von großer Bedeutung sind die Taschenlampen, Grubenlampen usw., die unter ähnlichen Bedingungen eine günstige Umsetzung der in den Taschenbatterien und tragbaren Akkumulatoren aufgespeicherten geringen Energiemengen ermöglichen.

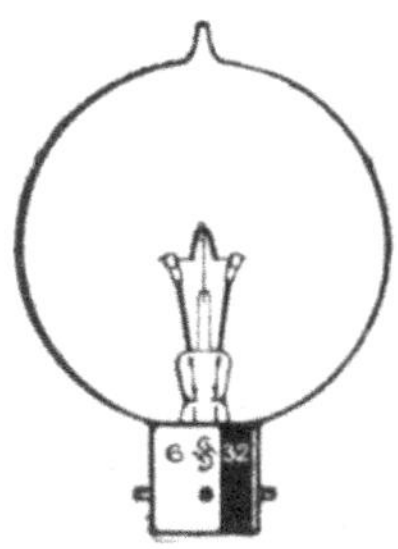
Abb. 15. Automobillampe für 32 HK 6 V.

Eine besondere Erwähnung an dieser Stelle verdienen noch die heute nicht mehr hergestellten Vericolampen, in denen die Lichtfarbe der Einwattlampe dem Tageslicht mit Hilfe von passend ausgewählten, blaugrün gefärbten Glocken genähert war. Die Lampen hatten einen spezifischen Verbrauch von rd. 1,3 W/HK_h und genügten für viele Zwecke, um farbige Stoffe u. dgl. relativ zum Tageslicht richtig zu bewerten. Sie sind die Vorläufer der neuerdings hergestellten Tageslichtarmaturen (Beleuchtungskörper-G. m. b. H., Berlin; Tageslicht-G. m. b. H., Berlin; Reinlicht-A.-G., München), die die gleiche Aufgabe in vollkommenerer Weise lösen, indem sie die Lichtfarbe einer Wolframlampe, gewöhnlich einer Gasfüllungslampe, mit Hilfe farbiger Lichtfilter subtraktiv verändern.

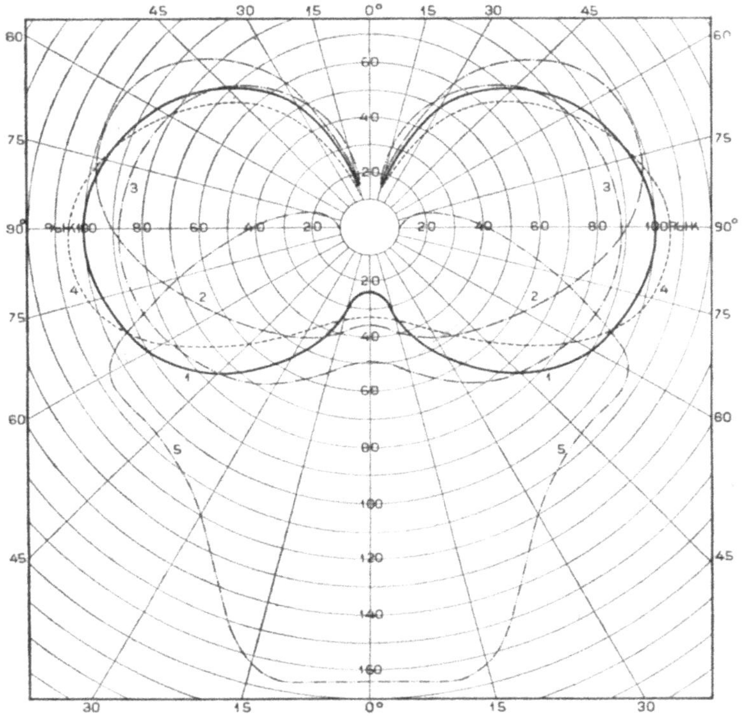

Abb. 16. Lichtverteilungskurven
1) einer Wolframlampe mit geradlinig hin- und hergeführtem Faden
2) dgl. mit halbmattierter Kugelglocke
3) dgl. mit ganz mattierter Kugelglocke
4) dgl. Birnenform, mit mattierter Kappe
5) wie 1) mit Holophanreflektor h 2632.

Die Lichtverteilungskurve der normalen Wolframdrahtlampe entspricht im wesentlichen der in Abb. 1 des ersten Abschnitts (S. 5) für einen zylindrischen Leuchtkörper gezeichneten Kurve, da der Leuchtdraht der Lampe auf der Mantelfläche eines langgestreckten Zylinders gleichmäßig verteilt ist. Sie ist für eine Lampe mit Klarglasglocke in der Abb. 16 als ausgezogene Kurve wiedergegeben. Das Verhältnis der sphärischen zur mittleren horizontalen Lichtstärke beträgt im Mittel 0,79. Werden die Lampen ganz oder teilweise mattiert, oder wendet man Reflektoren an, so ergeben sich abweichende Lichtverteilungskurven, wie sie punktiert in der gleichen Abbildung für einige charakteristische Fälle mit eingezeichnet sind.

Die Lichtstärke der Lampen nimmt mit zunehmender Brenndauer etwa in der Weise ab, wie dies die Abb. 17 erkennen läßt. Die auf eine Lichtabnahme von 20% bezogene Nutzbrenndauer beträgt im Durchschnitt mehr als 1000 Stunden; die mittlere Lebensdauer der

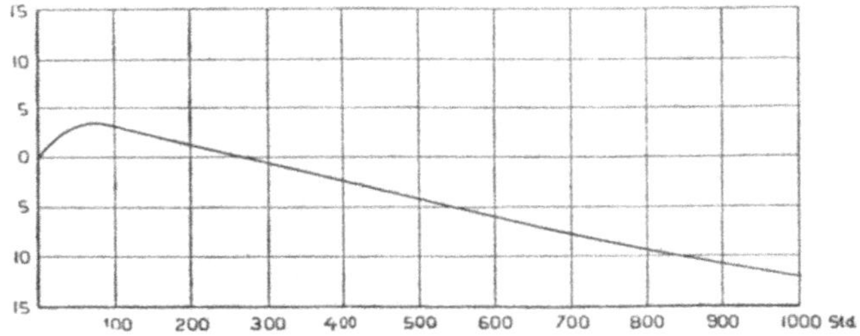

Abb. 17. Abhängigkeit der Lichtstärke einer Wolfram-Drahtlampe für 32 HK 110 V von der Brenndauer.

Lampen pflegt diese Zahl erheblich zu übersteigen. Die Belastung der Lampen ist im allgemeinen so bemessen, daß geringe Spannungsschwankungen in der Größe von 2 bis 3% keinen merklichen Einfluß auf Lebensdauer und Nutzbrenndauer haben. Bei erheblichen Spannungsüberschreitungen nehmen Nutzbrenndauer und Lebensdauer schnell ab. Für Überschlagsrechnungen kann man annehmen, daß jedes Prozent Spannungszunahme eine Abnahme der Nutzbrenndauer von 6 bis 7% zur Folge hat.

Abb. 18. Wolfram-Vakuumlampe mit Spiralglühkörper für 25 Watt 110 Volt.

b) Die Wolfram-Vakuumlampe mit Spiraldraht-Leuchtkörper. Die Wolframdrahtlampen, bei denen ein spiralförmig aufgewickelter Leuchtdraht in einer evakuierten Glocke glüht (Abb. 18), unterscheiden sich von der vorher genannten Lampenart nur dadurch, daß sie eine andersartige Lichtverteilungskurve aufweisen, daß sie meistens eine größere Stoßfestigkeit besitzen, und daß sie wegen des gedrängteren inneren Aufbaues zum Teil mit kleineren Glockenabmessungen auskommen.

Was insbesondere die Lichtverteilung betrifft, so ist das bei den normalen Lampen in der Horizontalebene vorhandene Maximum zugunsten der Lichtstärke in der Achsenrichtung verringert, wie dies die Abb. 19 veranschaulicht. In sie ist die Lichtverteilungskurve der normalen Drahtlampe aus der Abb. 16 übernommen; die Lichtverteilungskurve der Spiraldrahtlampe ist gestrichelt eingezeichnet und auf den gleichen Lichtstrom bezogen.

Der spezifische Verbrauch der Spiraldrahtlampen ist um ein Geringes höher als der der normalen Drahtlampen und ergibt sich aus der Tabelle 20 (S. 554), die gleichzeitig die nach Watt abgestufte Typeneinteilung dieser Lampenart erkennen läßt. Dem Gebrauche entsprechend sind nur die sphärischen Lichtstärken und der bei jeder Lampentype eingehaltene spezifische Verbrauch in W/HK$_{\ominus}$ angegeben.

Die mittlere Nutzbrenndauer und die Lebensdauer der Spiraldrahtvakuumlampen nehmen mit der Drahtdicke zu und betragen meist über 1000 Stunden.

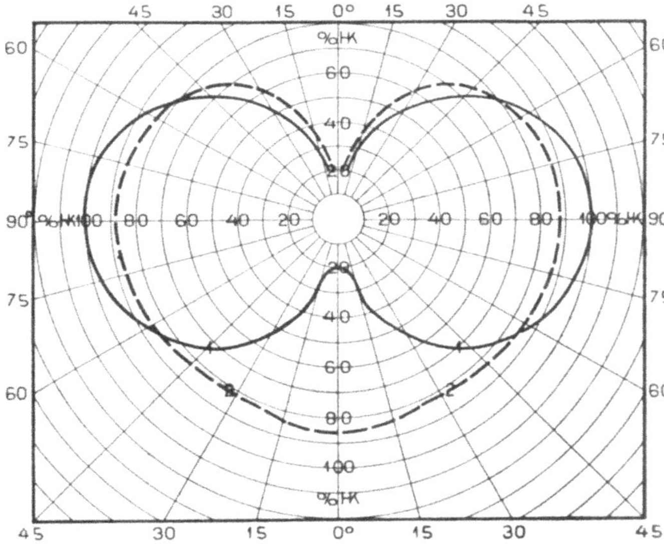

Abb. 19. Lichtverteilungskurve einer Wolfram-Vakuumlampe mit Spiraldraht-Leuchtkörper (gestrichelte Kurve) verglichen mit der Lichtverteilung einer normalen Drahtlampe gleichen Lichtstromes (ausgezogene Kurve).

6. Die Wolfram-Gasfüllungslampe.

Die Gasfüllungslampe (I. Langmuir, Trans. A. I. E. E. 1895, 1913; K. Mey, A. E. G.-Ztg. H. 5, 1913; Pirani u. Meyer, E.T.Z. 36, 493, 1915) hat mit der vorher genannten Lampenart gemeinsam, daß in ihr ein Wolfram-Leuchtkörper zum Glühen gebracht wird, und unterscheidet sich dadurch prinzipiell von ihr, daß der Wolfram-Leuchtkörper in einer Atmosphäre indifferenter Gase glüht.

Die erste Folge dieses Unterschiedes ist, daß die eingebrachte Gasfüllung der Neigung des glühenden Wolframs zur Verdampfung entgegenwirkt, und daß der Faden deshalb bei gleicher Lebensdauer auf wesentlich höhere Betriebstemperaturen gebracht werden kann. Eine weitere Folge ist die, daß die der Lampe zugeführte elektrische Arbeit nicht nur, wie bei der Wolfram-Vakuumlampe, in Energiestrahlung umgesetzt wird bzw. als abgeleitete Wärme verloren geht, sondern daß weitere Verluste durch die sog. Wärmekonvektion hinzukommen. Diese äußert sich darin, daß das in der Lampe befindliche Gas am glühenden Leuchtkörper erwärmt wird, daß es unter dem Einfluß der sich ausbildenden Gaswirbel zur Glockenwandung gelangt und sich dort abkühlt, und daß gleichzeitig neue kalte Gasmengen in den gleichen Kreislauf eintreten.

Die so entstehenden Konvektionsverluste sind recht beträchtlich und werden durch die in der nachstehenden Tabelle enthaltenen, von Langmuir ermittelten Zahlen näher gekennzeichnet.

Tabelle 1.

Spezifischer Verbrauch glühender Wolframdrähte bei verschiedenen Temperaturen und Drahtdurchmessern.

Wahre Fadentemperatur °C	Spezifischer Verbrauch (W/HK$_h$) glühender Wolframdrähte							
	im Vakuum	in Stickstoff von Atmosphärendruck bei einem Durchmesser von						
		0,025 mm	0,051 mm	0,127 mm	0,25 mm	0,51 mm	1,27 mm	2,54 mm
2130	0,9	4,32	2,82	1,82	1,43	1,22	1,06	1,00
2305	0,57	2,28	1,54	1,03	0,84	0,73	0,65	0,62
2460	0,41	1,39	0,96	0,67	0,56	0,48	0,45	0,44
2615	0,30	0,90	0,64	0,45	0,39	0,35	0,32	0,31
2785	0,23	0,63	0,46	0,33	0,30	0,27	0,25	0,24
2970	0,19	0,47	0,35	0,27	0,23	0,22	0,21	0,20
3065	0,18	0,41	0,31	0,24	0,22	0,20	0,19	0,19

Die Aufstellung vergleicht bei einer Reihe von wahren Fadentemperaturen die für eine Kerze im Vakuum erforderlichen, von der Drahtdicke unabhängigen Watt mit der entsprechenden, in Stickstoff von Atmosphärendruck aufzuwendenden, mit dem Drahtdurchmesser veränderlichen Leistung. Sie zeigt, daß der auf den Energiebedarf im Vakuum bezogene, durch die Konvektionsverluste bedingte Energieaufwand bei allen Temperaturen mit zunehmendem Durchmesser abnimmt, und daß er sich bei allen Drahtdicken mit steigender Temperatur verringert.

Für die Praxis hätten diese Beobachtungen Langmuirs unmittelbar keinen Fortschritt bedeutet, da der möglichen Temperatursteigerung durch die vom Verbraucher verlangten Brenndauern von 800 bis 1000 Stunden eine bei rd. 2500° C liegende Grenze gezogen war, und da die überwiegende Menge der bei den gebräuchlichen Lichtstärken für 110 und 220 V in Frage kommenden Lampendrähte dünner als 0,15 mm ist. Trotz der Temperatursteigerung würden sich daher spezifische Verbräuche ergeben haben, die in den günstigsten Fällen wenig vorteilhafter, im allgemeinen aber ungünstiger als in der Wolframvakuumlampe gewesen wären.

Nichtsdestoweniger aber war damit der kommende technische Fortschritt angebahnt, den eine scharfsinnige Überlegung von Langmuir und Orange (Proc. Am. Inst. El. Eng. 32, 1915, 1913; E.T.Z. 34, 1405, 1913) zum Abschluß brachte. Sie zogen nämlich aus den mitgeteilten Untersuchungen den Schluß, daß man auch bei den dünnen Drähten, an die man durch die festliegende Spannung, die verlangte Lichtstärke und die zulässige Betriebstemperatur der Fäden gebunden war, den auf das Vakuum bezogenen prozentischen Energiemehraufwand noch wesentlich verringern könnte, wenn man die für die Konvektion in Frage kommende Oberfläche genügend verkleinert. Man erreicht dies z. B., indem man den Draht zu einer möglichst eng gewickelten Spirale von geeignet groß gewähltem Durchmesser aufwickelt. Das praktische Ergebnis ist eine etwa der Längenverkürzung entsprechende Abnahme der Konvektionsverluste; die für die Lichtabgabe in Frage kommende Oberfläche bleibt dabei im wesentlichen ungeändert.

Die angeführten Überlegungen lassen den Fortschritt erkennen, der in dem Gedanken der Benutzung einer indifferenten Gasfüllung an sich liegt; sie bringen gleichzeitig zum Ausdruck, daß der zu einer Spirale o. dgl. zusammengedrängte Leuchtkörper ein grundlegendes Konstruktionselement der Gasfüllungslampe ist (D. R. P. Nr. 286 809). Wie weit es auf diesem Wege gelungen ist, die durch die Gasfüllung hinzukommenden Konvektionsverluste herabzudrücken, geht daraus hervor, daß bei den im Handel befindlichen dickdrähtigen (hochkerzigen), mit Stickstoff versehenen Gasfüllungslampen bei dem üblichen spezifischen Verbrauch nur etwa 10% mehr Energie zugeführt werden müssen, als dasselbe Leuchtsystem bei der gleichen Temperatur, d. h. dem gleichen Lichtstrom, im Vakuum erfordert. Dieser Mehrverbrauch nimmt, wie ausgeführt, mit abnehmendem Spiraldurchmesser zu und beläuft sich bei den kleinsten, mit Stickstoffüllung hergestellten Lampentypen auf rd. 35%.

Der Wahl des Spiraldurchmessers sind im übrigen durch die Eigenschaften des Drahtes Grenzen gezogen, so daß der praktische Aufbau der Lampen dadurch erschwert ist. Unter dem eigenen Gewichte des schweren, in der Hitze weichen Drahtes wird nämlich die Spirale bei großem Durchmesser auseinander gezogen und in ihrer konvektionsvermindernden Wirkung unwirksam gemacht, so daß man einen von der Dicke und den Materialeigenschaften abhängigen inneren Durchmesser jeweils nicht überschreiten kann. Bei dünnen Drähten hat man deshalb die Konvektionsverluste durch die Wahl des Füllgases weiter verringert. Dazu hat man das Edelgas Argon bzw. Argon-Stickstoffmischungen als Füllung verwendet, da sich die Wärmeleitfähigkeiten von Argon und Stickstoff wie 1 : 1,35 verhalten. Auf diesem Wege war die Herstellung von wettbewerbsfähigen, sehr dünndrähtigen Gasfüllungslampen möglich, die unter Verwendung von Stickstoff wesentlich unwirtschaftlicher als Vakuumlampen gewesen wären.

Der Fülldruck in den Lampen liegt in der Größenordnung von $^2/_3$ Atm., so daß in der brennenden Lampe etwa der normale Atmosphärendruck herrscht.

Die wahre Fadentemperatur beträgt etwa 2500° C; die Lichtfarbe ist dementsprechend wesentlich weißer und die Flächenhelle des Fadens erheblich größer als die der Wolframdrahtlampen. Dem

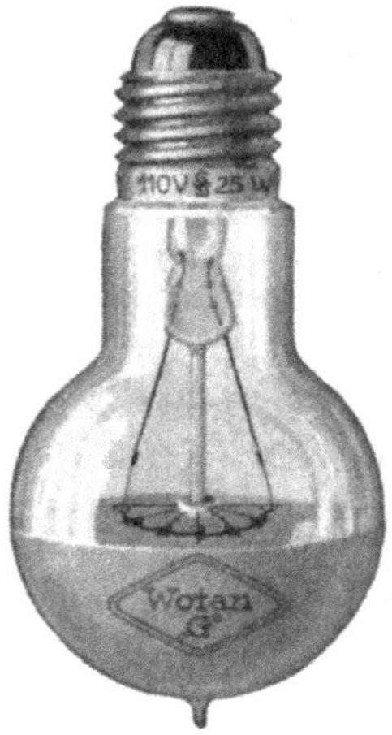

Abb. 20.
Gasfüllungslampe für 25 Watt 110 V mit in Ringform angeordneter Wolframdrahtspirale.

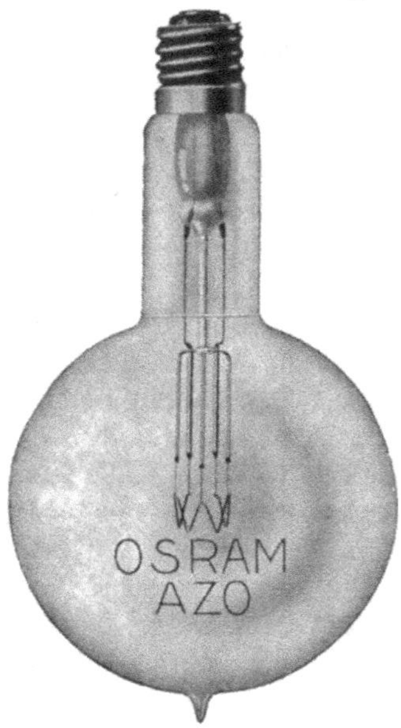

Abb. 21.
Gasfüllungslampe für 1000 Watt 110 V mit im Zickzack geführter Wolframdrahtspirale.

entspricht ein Heißwiderstand der Lampen, der das 15 bis 16fache des Kaltwiderstandes beträgt.

Die für den Einschaltvorgang bei der Einwattlampe angestellten Überlegungen gelten in entsprechender Weise; er erfordert bei einer Lampe für 500 W 110 V beispielsweise 0,3 Sek., bei einer Lampe für 1000 W 110 V 0,4 Sek.

Das Verhalten des Stromes und der Lichtstärke bei Spannungsänderungen ist im wesentlichen dasselbe wie bei der Einwattlampe. Bei einer Spannungszunahme von 1% wächst der Strom um 0,52%, die Lichtstärke um 3,5%; der spezifische Verbrauch verringert sich dabei um etwa 1,7%.

Bei der Lichtverteilung der Gasfüllungslampen sind zwei prinzipiell verschiedene Kurven zu unterscheiden, je nachdem die Wolframdrahtspirale in der Glocke in ringförmiger Anordnung angebracht ist (Abb. 20), oder in Zickzackwicklung auf der Mantelfläche eines Zylinders hin- und hergeführt wird (Abb. 21). Die beiden entsprechenden Lichtverteilungskurven für die nackte Lampe bzw. die Lampe in gleichartiger Armatur sind in den Abb. 22 und 23 verdeutlicht. Das Verhältnis der mittleren sphärischen zur maximalen (axialen) Lichtstärke beträgt bei der ersterwähnten Ausführungsform im Mittel 0,80, während sich bei der zweiten der Umrechnungsfaktor der maximalen (horizontalen) Lichtstärke zur sphärischen zu rd. 0,85 ergibt.

Die Lampentypen sind nach der in Watt gemessenen Leistung gestaffelt und nehmen mit abnehmender Drahtdicke im spezifischen Verbrauch zu. Die von den Fabriken eingehaltenen Zahlen sind aus Tabelle 21 (S. 555) ersichtlich, in der die bei jeder Type erzielten $HK_{\ominus}$ und $W/HK_{\ominus}$ verzeichnet sind, und in der sich auch die Lichtströme in HLm sowie die Lichtausbeute in $HK_{\ominus}/W$ und HLm/W verzeichnet finden.

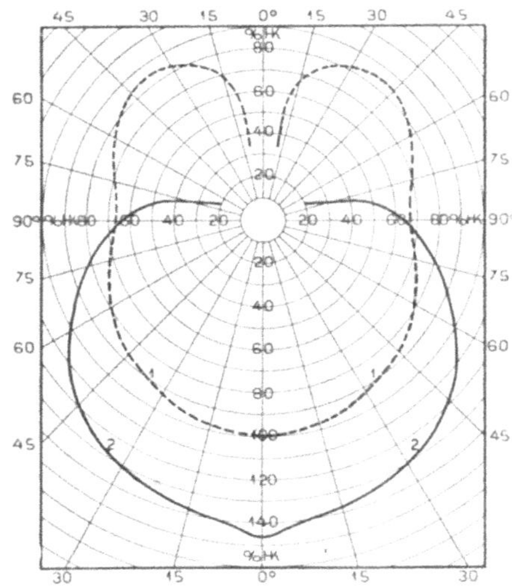

Abb. 22.
Lichtverteilungskurve einer Gasfüllungslampe für 300 Watt 55 V mit in Ringform angeordneter Leuchtspirale
1) ohne Armatur,
2) in Armatur L 2501 der S. S. W. mit Klarglasglocke.

Da von den Lampen dieser Art zuerst die hochkerzigen (dickdrähtigen) Typen in den Handel kamen, wurde es üblich, sie nach ihrem spezifischen Verbrauch zunächst als Halbwattlampen zu bezeichnen. In dem Maße, als Lampen mit dünneren Leuchtdrähten marktfähig wurden, verlor diese Bezeichnung an Berechtigung. Die herstellenden Fabriken trugen dem Rechnung, indem sie teilweise durchweg die einfache Markenbezeichnung (Nitralampen) wählten, teilweise für die größeren Typen von 100 W aufwärts die alte Bezeichnung beibehielten (Osram- und Wotan-Halbwattlampen), für die dünnerdrähtigen Typen dagegen andere Namen wählten (Wotan-»G«-, Osram-Azo-, Osram-Azola Lampen).

Die Nutzbrenndauer der Lampen schwankt je nach der Type zwischen 800 und 1000 Stunden. Die mittlere Lebensdauer hat den gleichen Wert, abgesehen von den beiden kleinsten Typen jeder Spannungsreihe, für die eine Lebensdauer von 600 bis 800 Stunden angegeben wird. Da sich alle Angaben auf die normale Belastung beziehen, die bei den Gasfüllungslampen sehr weit getrieben ist, empfiehlt es sich nicht, die Lampen dauernden Überbeanspruchungen auszusetzen. In Anlagen, wo mit solchen Überlastungen zu rechnen ist, sind Lampen für eine entsprechend höhere Spannung zu verwenden.

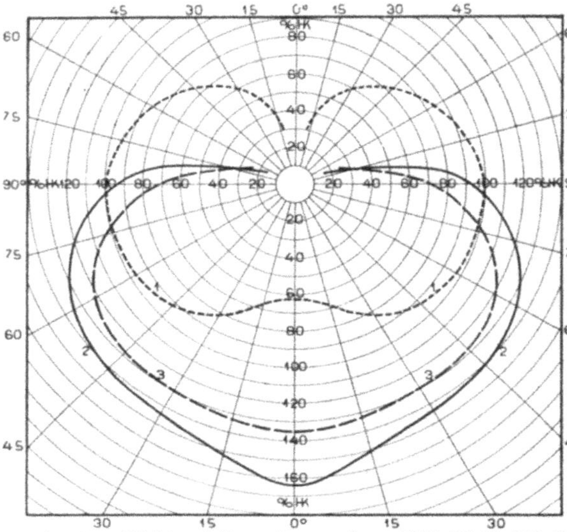

Abb. 23. Lichtverteilungskurve einer 1000 Watt 110 V Gasfüllungs-Lampe mit im Zickzack geführter Leuchtspirale
1) ohne Armatur,
2) in Armatur L 2502 der S. S. W. mit Klarglasglocke,
3) dgl. mit Opalglasglocke.

Abb. 24. Gasfüllungs-Projektionslampe für 2500 HK 110 V.

Von Sonderausführungen der Gasfüllungslampe haben die in ihrem inneren Aufbau der Abb. 15 entsprechenden Gasfüllungs-Automobillampen sowie Gasfüllungs-Projektionslampen eine größere Bedeutung erlangt. Bei der letztgenannten Lampenart war es möglich, den verhältnismäßig langen Leuchtdraht ganz außerordentlich zusammenzudrängen und damit den Anforderungen der Projektions- und Scheinwerfertechnik anzupassen. In der Tat ist es gelungen, bei diesen Lampen das Verhältnis der Lichtstärke zur Projektion der Leuchtfläche in der Hauptausstrahlungsrichtung bis auf 1000 HK/cm² und mehr zu steigern. Der dabei gewählte konstruktive Aufbau wird aus der Abb. 24 ersichtlich.

§ 3. Wirtschaftliches und Statistisches.

Überblickt man die für die einzelnen Lampenarten gemachten Angaben, so sieht man, daß ein allgemeiner Vergleich nicht durchführbar ist, da jede Lampenart in Lichtstärke, Lichtfarbe, Lampenspannung,

Stromart usw. ganz verschiedenen Bedürfnissen Rechnung trägt. Je nach dem Verwendungszweck wird daher nur ein bestimmter Kreis elektrischer Lampen in Wettbewerb treten, und auch da wird es meist schwierig sein, einen allgemein gehaltenen Vergleich anzustellen, weil eine Lampenart in der Unterteilbarkeit des Lichtes, die zweite in der Wirtschaftlichkeit, die dritte in der Flächenhelle, die vierte und die folgenden in anderer Beziehung Vorteile zeigen werden. Es wird deswegen von den besonderen Bedingungen in jedem Falle abhängen, welcher Beleuchtungsart man den Vorzug gibt, und es werden dabei insbesondere noch wirtschaftliche Überlegungen über die Lampenkosten einschließlich Leuchtmittelsteuer, über Verzinsung und Amortisation des Anlagekapitals, über die Stromkosten und die Bedienungskosten eine Rolle spielen.

Einige der wichtigsten dieser wirtschaftlichen Gesichtspunkte erfassen zwei von J. Teichmüller angegebene Formeln für die Kosten b einer Kerzenstunde (in Pfennig) bzw. die Kosten B einer Lampenbrennstunde (in Pfennig). Bezeichnet man nämlich den Preis einer Kilowattstunde (in Pfennig) mit k, den spezifischen Effektverbrauch in W/HK mit w, den Anschaffungspreis der Lampe (in Pfennig) mit p, die Nutzbrenndauer in Stunden mit t und die Lichtstärke in HK mit J, so ist

$$b = \frac{w \cdot k}{1000} + \frac{p}{J\,t}$$

und

$$B = \frac{w \cdot k \cdot J}{1000} + \frac{p}{t}.$$

Dabei gibt der erste Summand der zweiten Formel die stündlichen Stromkosten für die Lampenbrennstunde, der zweite die stündlichen Kosten für den Lampenersatz an.

Mit Hilfe dieser Formeln ist es möglich, für verschiedene Lampenarten die Kosten für die Lampenbrennstunde und die Kosten für die Kerzenbrennstunde zu berechnen und einander zum Vergleich gegenüberzustellen. Von einer solchen Gegenüberstellung sei hier abgesehen, weil einmal die sehr wichtigen Bedienungskosten dabei überhaupt nicht berücksichtigt werden, und weil zum andern die augenblicklichen Verhältnisse mit den sich sprunghaft ändernden Strompreisen und Anschaffungskosten die Grundlagen des Vergleichs unsicher gestalten. Davon abgesehen aber sollte jeder derartige Kostenvergleich erst zur Durchführung kommen, wenn die eigentlichen beleuchtungstechnischen Fragen betr. die geforderte Beleuchtung, die Gleichmäßigkeit der Beleuchtung, die blendungsfreie Unterbringung der Lichtquelle usw. genügend geklärt sind.

Zum Schluß seien einige Zahlen zusammengestellt, die ein Bild von der Bedeutung der elektrischen Beleuchtungsindustrie für die

Volkswirtschaft geben, indem die Produktions-, Ausfuhr- und Einfuhrziffern für die Jahre 1913 bis 1918 auf Grund der Vierteljahrshefte zur Statistik des Deutschen Reiches verglichen werden. Die Tabelle 22 (S. 555) ermöglicht einen Vergleich dieser Größen für die verschiedenen Jahre und gibt ein Bild von der Rolle, die die Industrie der Leuchtmittel für unsere Handelsbilanz gespielt hat und augenblicklich spielt. Zum Vergleich sind auch die Zahlen mit verzeichnet, die in der erwähnten Statistik für die Herstellung, Ausfuhr und Einfuhr von Glühkörpern für Gaslampen zu finden sind.

Buchliteratur.

W. Wedding, Über den Wirkungsgrad und die praktische Bedeutung der gebräuchlichen Lichtquellen, 1905.

B. Monasch, Elektrische Beleuchtung, Hannover 1910.

K. Strecker, Hilfsbuch für die Elektrotechnik, Berlin 1912.

F. Uppenborn — G. Dettmar, Deutscher Kalender für Elektrotechniker, München und Berlin 1921.

L. Bloch, Elektrische Beleuchtung in »Enzyklopädie der technischen Chemie«, Berlin und Wien 1915.

T. Croft, Practical electric illumination, New York und London 1917.

B. Monasch, Der elektrische Lichtbogen bei Gleichstrom und Wechselstrom, Berlin 1904.

J. Zeidler, Die elektrischen Bogenlampen, deren Prinzip, Konstruktion und Anwendung, Braunschweig 1905.

W. Biegon v. Czudnochowski, Das elektrische Bogenlicht, Leipzig 1906.

K. Stockhausen, Der eingeschlossene Lichtbogen bei Gleichstrom, Leipzig 1907.

E. Rasch, Das elektrische Bogenlicht, Braunschweig 1910.

E. Vogel, Die Metalldampflampen mit besonderer Berücksichtigung der Quecksilberdampflampen, Leipzig 1907.

H. Weber, Die elektrischen Kohlefadenlampen, ihre Herstellung und Prüfung, Hannover 1908.

H. Weber, Die elektrischen Metallfaden-Glühlampen, Hannover 1914.

L. Müller, Die Fabrikation und Eigenschaften der Metalldrahtlampen, Halle a. S. 1914.

Fünfter Abschnitt.

Die Gasbeleuchtung.

Von Dr. **W. Bertelsmann.**

Geschichte. Das Gaslicht schaut heute auf ein Alter von nahezu 120 Jahren zurück. Im Jahre 1802 wurde es anläßlich der Feier des Friedens zu Amiens von seinem Erfinder William Murdoch zuerst der Öffentlichkeit vorgeführt, und zwar in Soho bei Birmingham. Man benutzte anfangs Einloch-, später Mehrlochbrenner, die unter dem Namen von Pilz-, Hahnensporn-, Fächer- und Sternbrennern gingen und ein Jahrhundert später beim Azetylenlicht vorübergehend wieder auftauchten. Daneben waren die bekannten, ringförmigen Argandbrenner in Gebrauch. 1805 erfand Stone den Schnittbrenner, um 1830 lernte man den Fischschwanzbrenner mit zwei aufeinander prallenden Gasstrahlen kennen, der heute noch beim Azetylen angewandt wird. Vorübergehende Versuche, die namentlich Tessie du Motay ausführte, die Lichtstärke durch Einführung von Sauerstoff in die Flamme zu erhöhen, blieben erfolglos. Der letzte Fortschritt auf dem Gebiet der selbstleuchtenden Flammen waren die aus den achtziger Jahren des vorigen Jahrhunderts stammenden Regenerativlampen von Siemens und Wenham, die zwar einen erheblichen Fortschritt bedeuteten, das System aber nicht mehr zu retten vermochten.

Man hatte bereits seit langem erkannt, daß der in der Flamme abgeschiedene Kohlenstoff keineswegs ein idealer Strahler sei, und daß vor allem die Flammentemperatur zur Erzielung nennenswerter Lichtstärken nicht genüge, auch kannte man schon andere, bessere Strahler. So trat 1826 Drummond mit seinem Kalklicht, das durch ein Knallgasgebläse erzeugt wurde, an die Öffentlichkeit. 1846 führte Gillard in Paris das Platinlicht ein, bestehend aus Platinkörbchen, die in einer Wassergasflamme erhitzt wurden, und beleuchtete damit die Stadt Narbonne von 1856 bis 1865. Ferner tauchte 1883 das ebenfalls mit Wassergas betriebene Magnesiakammlicht Fahnehjelms auf, das eine Weile bei Schulz, Knaudt & Co. in Essen und bei Julius Pintsch in Fürstenwalde in Betrieb war.

Alle diese Lichtarten waren jedoch nur Vorläufer und Wegebereiter des Gasglühlichtes, und haben als solche heute lediglich geschichtliches Interesse.

Auer von Welsbach entdeckte um 1885 gelegentlich spektralanalytischer Untersuchungen, daß manche seltenen Erden, wenn sie in molekularfeiner Verteilung hoch erhitzt werden, ein kräftiges Licht ausstrahlen. Er verfolgte diese Beobachtung in Gemeinschaft mit Haitinger weiter und fand schließlich in dem sog. Auergemisch, das aus 99% Thoriumoxyd und 1% Ceriumoxyd besteht, einen Strahler, der alles bis dahin Bekannte an Lichtstärke weit übertraf. Er gab seinem Glühkörper die uns allen wohlbekannte zylindrische Gestalt. Julius Pintsch schuf den dafür geeigneten, noch heute gebräuchlichen Auerbrenner, und in dieser Form wurde das Gasglühlicht im Jahre 1892 zum erstenmal in Deutschland vorgeführt, und zwar auf der Jahresversammlung der deutschen Gas- und Wasserfachmänner in Kiel. Kurze Zeit darauf brachte die Auergesellschaft den kleinen Juwelbrenner auf den Markt, 1898 folgte die lichtstarke Schornsteinlampe von Lucas und 1900 das Preßgaslicht von Salzenberg, das besonders durch Knapp und Steilberg (Millenniumlicht) bedeutend verbessert wurde. Im Jahre 1902 erfanden Bernt und Cerwenka das hängende Gasglühlicht, 1906 wurde die erste Lampe für hängendes Preßgaslicht von der A. G. für Selasbeleuchtung gebaut und 1910 führten Ehrich und Graetz das hängende Niederdruckstarklicht, die neueste Erfindung auf dem Gebiete des Gasglühlichts ein.

Theorie des Gasglühlichtes. Auers Erfindung besteht darin, durch Erhitzung eines molekularfeinen Gemisches von etwa 99% Thoroxyd mit etwa 1% Ceroxyd Licht zu erzeugen. Thoriumoxyd allein sendet ein sehr schwaches bläuliches Licht aus, Ceriumoxyd ein ebenso schwaches, dunkelgelbes. Erst die Vereinigung beider im obengenannten Verhältnis gibt die überraschende, als Gasglühlicht bekannte Erscheinung. Diese merkwürdige Tatsache hat Anlaß zu den verschiedensten Hypothesen gegeben. Man schrieb dem Auergemisch besondere Eigenschaften zu, z. B. die des Lumineszenzleuchtens (Nichols, Droßbach), die eines Katalysators (Killing, Bunte) und die einer zum Leuchten besonders befähigten Legierung (White und Traver). Nernst und Bose, sowie vor allem Rubens wiesen jedoch durch sorgfältige Strahlungsmessungen nach, daß beim Gasglühlicht lediglich das Temperaturleuchten einer bei hoher Temperatur gefärbten Substanz vorliege, die infolge ihrer Färbung bei der Leuchttemperatur ein für die verschiedenen Strahlen ungleiches Strahlungsvermögen besitze. Das Thoroxyd ist bei hohen Temperaturen fast durchsichtig und leuchtet daher nur wenig, Ceroxyd dagegen wirkt als Färbemittel und verstärkt die Strahlung im Gelb, Grün, Blau und im Ultrarot. Das Thoriumoxyd ist also nur der nichtleuchtende Träger des leuchtenden Ceroxyd und ermöglicht eine so feine Verteilung des Ceroxyds, das dieses die zum Leuchten erforderliche hohe Temperatur annimmt. Wie sehr die Lichtstrahlung von der Temperatur des Strahlers abhängt, haben Lummer und Kurlbaum dargetan, indem sie durch Messungen zeigten, daß die Lichtstrahlung in der Nähe der Rotglut mit der 30. und bei Weißglut mit der 14. Potenz der absoluten Temperatur wächst. Das bedeutet z. B.: Bei 2000° abs. (1727° C) verursacht ein Temperaturanstieg von 50° eine Verstärkung der Lichtstrahlung um 41%. Die Stärke des Gasglühlichts steigt also ganz außerordentlich mit steigender Temperatur des Glühkörpers, daher muß das Streben des Gasglühlichttechnikers auf die Erzielung möglichst heißer Flammen gerichtet sein.

Der Glühkörper. Die von Auer ursprünglich angegebene Gestalt des Glühkörpers als zylindrische bis kegelförmige Röhre hat sich durchaus bewährt und ist bis heute beibehalten worden. Ebenso bedient man sich jetzt noch Auers Verfahren zur molekularfeinen Verteilung des Auergemisches. Man tränkt organische Faser mit der konzentrierten Lösung der Leuchtsalze, dem sog. Leuchtfluid, und brennt nach dem Trocknen den organischen Anteil heraus. Es bleibt dann ein zartes Aschegerüst von der verkleinerten Gestalt der Faser zurück.

Anfänglich wurde zur Herstellung der Glühkörpergewirke nur Baumwollgarn benutzt, das aber nach Einführung des Ramiegarns völlig in den Hintergrund trat und heute keine Verwendung mehr findet. Seit 1903 bedient man sich auch vielfach der Kunstseide, die jedoch nicht annähernd die Bedeutung für die Gasglühlichtindustrie erlangt hat, die ihr mit Rücksicht auf ihre guten Eigenschaften zukommt. Während des Krieges ist aushilfsweise noch das Papiergarn verwendet worden, hat aber anscheinend keinen Anklang gefunden. An Chemikalien benutzt man zur Herstellung der Glühkörper die Leuchtsalze salpetersaures Thorium und salpetersaures Cerium und zur Erzielung der Festigkeit die Härtemittel salpetersaures Beryllium, Aluminium und Magnesium.

Aus den Garnen werden auf Rundstrickmaschinen oder seltener auf Bandwebstühlen Schläuche hergestellt und diese je nach Art der Faser zu Glühkörpern verarbeitet. Schläuche aus Pflanzenfasern wäscht man mit Laugen und Säuren, um sie von Fetten und Asche zu befreien, zerschneidet sie in passende Längen, verstärkt das Tragende durch Umschlagen oder Einnähen von Tüll und tränkt die Abschnitte mit einer 30 bis 40proz. Lösung der Leuchtsalze. Die Lösung, das Leuchtfluid, enthält Thorium- und Ceriumnitrat im Verhältnis von 99:1 und außerdem noch ebensoviel Beryllium- wie Ceriumnitrat. Die Menge des Leuchtfluids auf der Faser wird durch Auspressen zwischen Gummiwalzen geregelt. Nach der Tränkung trocknet man die einzelnen Abschnitte auf Gläsern, bestreicht das Tragende mit Härtefluid, einer konzentrierten Lösung von Aluminium- und Magnesiumnitrat und läßt wieder trocknen. Dann wird bei Stehlichtkörpern der Tragbügel, bei Hängelichtkörpern der Anbindefaden aus Asbest eingenäht.

Schläuche aus künstlichen Fasern, Kunstseide oder Papier tränkt man im ganzen mit einem Leuchtfluid von 40 bis 50%

Salzgehalt, schleudert sie in Porzellanzentrifugen ab und spannt sie zum Trocknen aus. Dann werden sie in ein Ammoniakbad o. dgl. eingelegt, wobei die salpetersauren Salze in unlösliche Hydroxyde übergehen, und sorgfältig ausgewaschen. Nach dem Trocknen zerschneidet man die Körper in die bestimmten Längen und behandelt sie dann wie solche aus Pflanzenfasern.

Um die Stehlichtkörper gebrauchsfertig zu machen, formt man sie über polierten Hölzern, verascht sie durch Anzünden und formt und härtet sie über einer Preßgasflamme. Die Hängelichtkörper bindet man an Ringe aus feuerfestem Ton und verascht und härtet sie in einem Arbeitsgang. Dann werden die Aschegerüste durch Eintauchen in eine Kollodiumlösung versandfähig gemacht.

Glühkörper für Stehlicht- und Hängelichtbrenner mit Lichtstärken bis 100 HK macht man im allgemeinen aus Ramiegarn und bringt sie kollodioniert in den Handel. Solche für Niederdruckstarklichtbrenner werden häufig, die für hängendes Preßgaslicht stets aus Kunstseide angefertigt und ohne vorheriges Veraschen abgegeben. Man brennt sie dann am Gebrauchsbrenner selbst ab. Die Preßgaskörper unterscheiden sich von den übrigen außerdem noch durch ihren höheren Cergehalt, der bis zu 3% beträgt. Man prüft die Glühkörper durch Photometrieren auf ihre Lichtstärke und durch Schütteln auf besonderen Stoßmaschinen auf ihre mechanische Widerstandsfähigkeit.

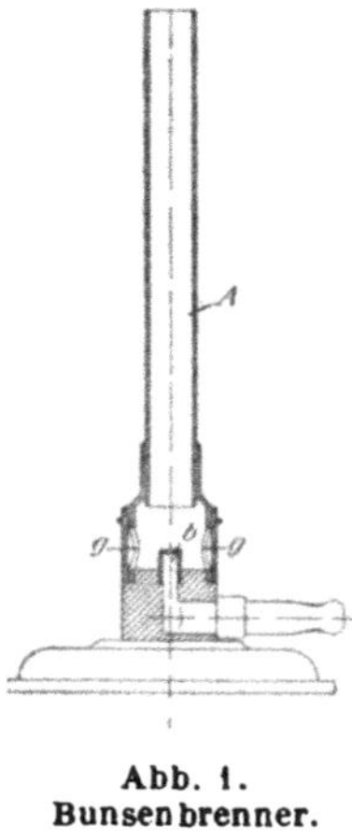

Abb. 1.
Bunsenbrenner.

Der Brenner. Die Lichtstärke des Gasglühlichts hängt, wie wir bereits gesehen haben, unter sonst gleichen Verhältnissen allein von der Flammentemperatur ab. Die gewöhnliche, leuchtende Gasflamme hat nun eine recht niedrige Temperatur, die 1200° nicht erheblich überschreitet, da die Verbrennung ganz allmählich über einen großen Raum erfolgt, also hinreichende Gelegenheit zur Abkühlung durch die umgebende Luft vorhanden ist. Man muß daher im Interesse der Flammentemperatur bestrebt sein, die Verbrennung auf möglichst kleinem Raum durchzuführen und erzielt dies dadurch, daß man dem Gas schon vor der Verbrennung so viel Luft wie möglich zumischt. Den einfachsten Weg zur Erzeugung eines solchen Gasluftgemisches hat Bunsen um das Jahr 1855 angegeben, indem er sich bei der Konstruktion des nach ihm benannten Bunsenbrenners der Injektorwirkung bediente. Läßt man einen Gasstrahl in das eine Ende eines beiderseits offenen, weiten und kurzen Rohres einblasen, so breitet er sich in dem Rohr aus, steigt aufwärts und schiebt die in dem Rohr befindliche Luft vor sich her. Infolgedessen entsteht an der Eintrittsstelle des Strahls ein luftverdünnter Raum, in den die Luft von allen Seiten hineinströmt, um von dem Gas wieder zum anderen Ende hinausgeschoben zu werden. Das Gas saugt auf diese Weise Luft an und mischt sich mit ihr, so daß dem anderen Ende des Rohrs ein inniges Gemisch von Gas und Luft entströmt. Der in Abb. 1 im Längsschnitt dargestellte Bunsenbrenner gibt die einfachste Vorrichtung zu praktischer Anwendung des Injektorprinzips wieder. Er besteht aus einem glatten Metallrohr A (Brennerrohr), das durch seitliche Löcher g (Luftlöcher) mit der Außenluft verbunden und auf einen an die Gasleitung angeschlossenen Fuß aufgeschraubt ist. Der Gaskanal des Fußes endet in einer Düse b, die bündig mit den Luftlöchern sich in der Achse des Brennerrohrs befindet. Ein über die Luftlöcher geschobener Regelring gestattet die Einstellung der angesaugten Luftmenge, die sich im günstigsten Falle bei gewöhnlichem Gasdruck zur Gasmenge wie 3:1 verhält. Die ansaugende Kraft im Bunsenbrenner ist die Strömungsgeschwindigkeit des Gases, entstanden aus dem Gasdruck. Infolgedessen steigt die Menge der angesaugten Luft mit der Strömungsgeschwindigkeit bzw. mit dem Gasdruck. Man kann daher die Luftmenge durch Steigerung des Gasdrucks vergrößern und damit die Flammentemperatur erhöhen.

Bei gleichbleibendem Gasdruck läßt sich die Saugwirkung dadurch verstärken, daß man das Brennerrohr von der Mitte ab nach beiden Enden zu trichterförmig erweitert.

Bis heute ist der Injektor das einfachste Mittel zur Erzeugung von Gasluftgemischen und wird deshalb bei allen Gasglühlichtbrennern angewandt. Jeder Gasglühlichtbrenner besitzt infolgedessen eine Düse und ein Brennerrohr mit Luftlöchern.

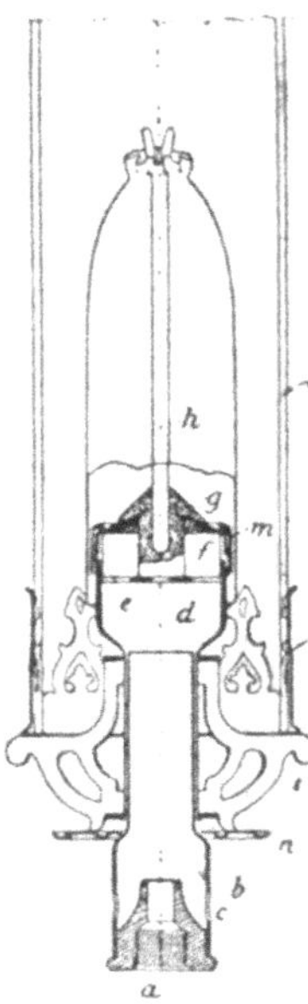

Abb. 2. Auer-C-Brenner.

Man unterscheidet beim Gasglühlicht, je nachdem, ob die Flamme aufwärts oder abwärts brennt, zwischen Stehlicht- und Hängelichtbrennern und unterteilt beide Arten nach dem für ihren Betrieb erforderlichen Gasdruck in Niederdruck- und Hochdruck- oder Preßgasbrenner. Niederdruckbrenner lassen sich bereits mit Gas unter 30 mm Wassersäulendruck nutzbar betreiben, bei Preßgasbrennern muß man dagegen Drücke von 800 mm und darüber anwenden. Daneben kommen noch sog. Preßluftbrenner vor, die mit Niederdruckgas und Preßluft betrieben werden.

Stehlichtbrenner. Von Stehlichtbrennern sind drei Arten bekannt, nämlich: Gewöhnliche Niederdruckbrenner, Niederdrucksparbrenner, Hochdruckbrenner.

Sie haben miteinander viel Ähnlichkeit. Ihre Brennerrohre sind oberhalb der Düse zur Erhöhung der Injektionswirkung eingezogen, erweitern sich dann zum sog. Brennerkopf, und diesen schließt ein Drahtnetz oder ähnliches ab, auf dem die Flamme aufsitzt. Das Drahtnetz dient als Stützpunkt der Flamme. Wäre es nicht vorhanden, so würde die Flamme zur Düse zurückzünden, da das brennende Gemisch sehr luftreich ist.

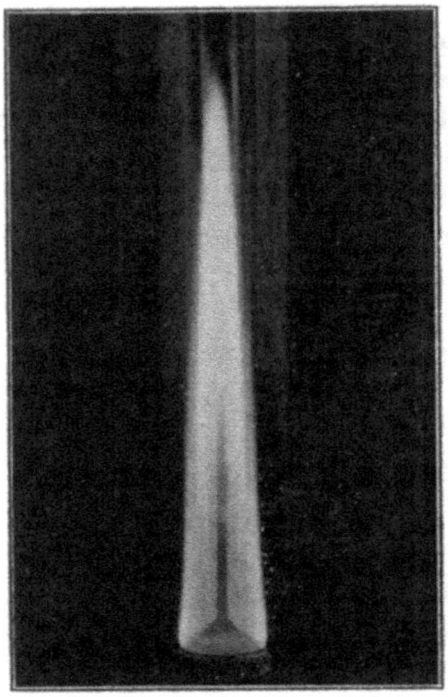

Abb. 3.
Auerflamme ohne Luft.

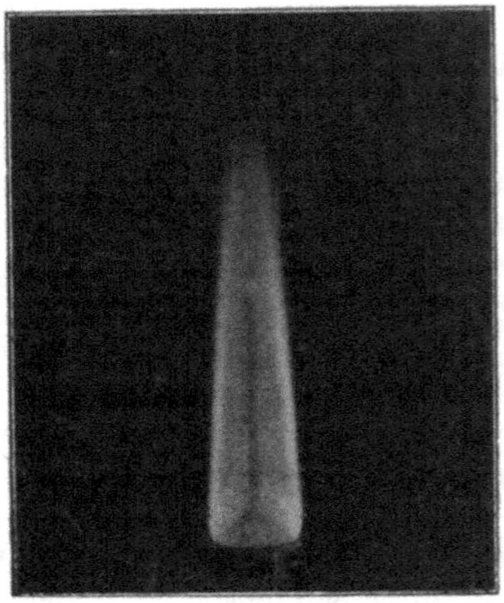

Abb. 4.
Teilweise entleuchtete Auerflamme

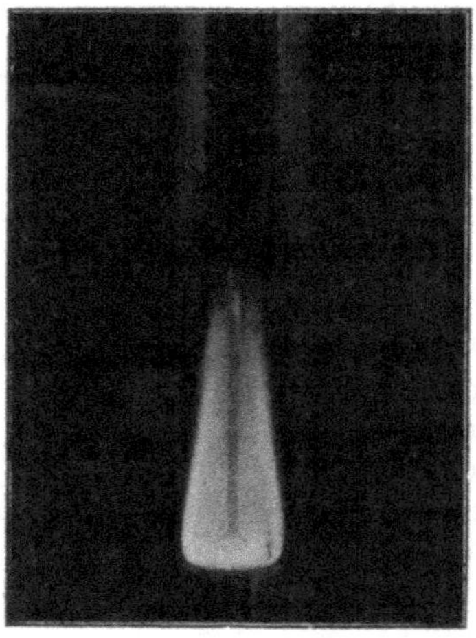

Abb. 5.
Richtig entleuchtete Auerflamme.

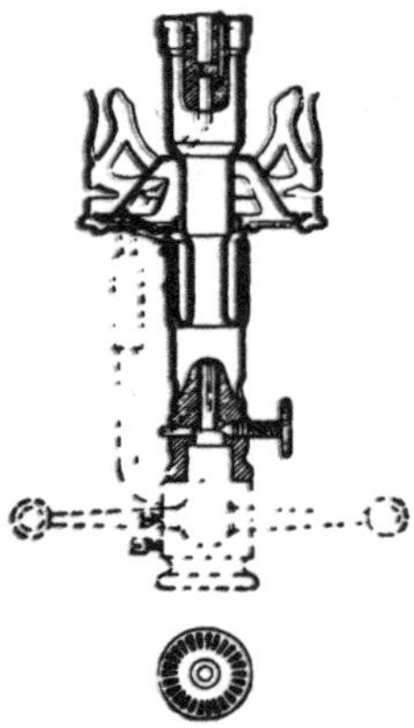

Abb. 6. Gobobrenner.

Nur bei den kleinsten Brennern braucht man kein Sieb, erweitert aber dafür das Brennerrohr oben nicht zum Brennerkopf, sondern schneidet es glatt ab. Die Niederdruckbrenner werden im Gegensatz zu den Hochdruckbrennern sämtlich mit Zugzylindern versehen.

Der am weitesten verbreitete Niederdruckbrenner ist der Auerbrenner (Abb. 2). Er besteht aus der Düse *a*, dem Brennerrohr *b* mit den Luftlöchern *c* und dem Brennerkopf *d* mit Überschubrohr. In dem Brennerkopf liegt ein Metallkreuz *e*, das auf einem Messingstift den Metallkegel *g* mit dem Magnesiastift *h* und das Brennersieb *f* trägt. Die Kante *m* des Brennerkopfes besteht aus Speckstein. An das Überschubrohr ist die Zylindergalerie *k* angesetzt, die den Gaszylinder *l* trägt und sich mit Knaggen *i* auf die Durchschlagplatte *n* stützt. Letztere dient dazu, beim Anzünden des Brenners das Zurückzünden zur Düse von außen her zu verhindern.

Der Auerbrenner verbraucht bei 40 mm Gasdruck 120 bis 150 l Gas. Seine Flamme ist 8 bis 9 cm hoch und hat einen grünen Innenkegel von 3 bis 5 mm Höhe. Das Aussehen der leuchtenden, entleuchteten und richtigen Auerflamme ist in Abb. 3 bis 5 wiedergegeben.

Durch Verkleinerung der Abmessungen des Auerbrenners gelangt man zum Juwelbrenner. Bei diesem wendet man jedoch meistens keine Durchschlagplatte an, sondern bildet die Stützknaggen als Korb aus, der dann die Rolle der Durchschlagplatte vertritt. Der stündliche Gasverbrauch des Juwelbrenners beträgt bei 40 mm Gasdruck etwa 60 l. Die Flamme ist ähnlich der des Auerbrenners, aber nur 6 bis 7 cm hoch.

Von noch kleineren Brennern sind der Gnom- und der Rollobrenner die bekanntesten. Sie sind nichts weiter als kleine Bunsenbrenner mit eingezogenem Brennerrohr. Als Schutz vor dem Durchschlagen dient eine Metallglocke, die über die Luftlöcher gestülpt ist. Der stündliche Gasverbrauch dieser Kleinbrenner beträgt 20 bis 25 l Die Flamme entspricht im Aussehen der Bunsenflamme (Abb. 5).

Die Sparbrenner unterscheiden sich von den gewöhnlichen Niederdruckbrennern dadurch, daß der Injektor infolge seiner besseren Ausbildung mehr Luft ansaugt, daß der Brennerkopf mit einer strahlig geschlitzten Platte anstatt des Drahtnetzes abgedeckt ist, und daß eine nur beschränkte Menge Zweitluft in den Zylinder eintreten kann. Besonders bekannt sind der Gobo- und der Olsobrenner. Ersteren gibt Abb. 6 wieder. Man erkennt, daß das enge Injektorrohr mit dem Brennerkopf verbunden ist und sich nach oben hin absatzweise erweitert. Es ist von dem äußeren Rohr durch eine ruhende Luftschicht getrennt und wird daher von außen nur wenig gekühlt. Die darunter dargestellte Kopfplatte ist ein dünnes Blech mit Schlitzen. Der Gobobrenner verbraucht je nach seiner Größe stündlich 80 bis 120 l Gas. Seine Flamme ist sehr spitz und enthält statt des Innenkegels eine dünne, auf der Kopfplatte liegende Flammenhaut von blaugrüner Färbung. In den Abb. 7 bis 9 ist sie bei verschieden großer Luftzufuhr dargestellt.

Die bekanntesten Hochdruckbrenner sind die Millennium- und Selasbrenner. Erstere werden mit Preßgas von 1400 mm Druck, letztere mit einem Gasluftgemisch von 800 mm Druck gespeist. Der

Millenniumbrenner (Abb. 10) unterscheidet sich von den Niederdruckbrennern hauptsächlich durch das kurze Mischrohr und den

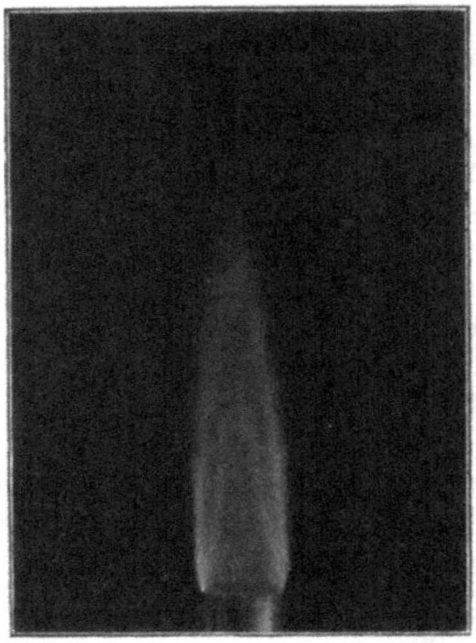

Abb. 7.
Schwach entleuchtete Sparbrennerflamme.

Abb. 8.
Stärker entleuchtete Sparbrennerflamme.

Abb. 9.
Richtig entleuchtete Sparbrennerflamme.

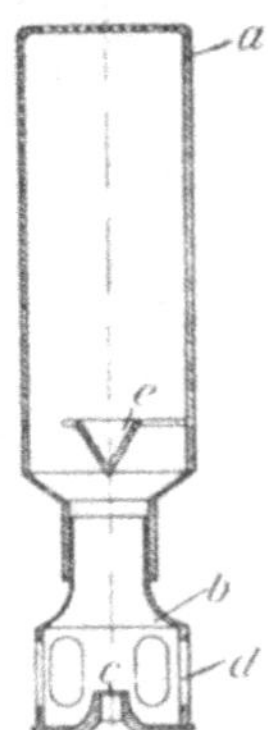

Abb. 10.
Milleniumbrenner

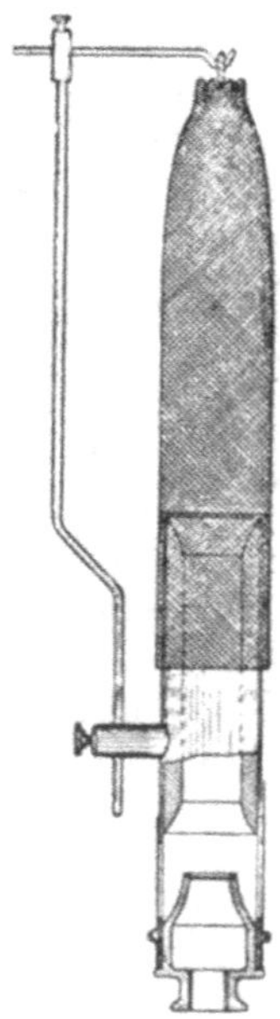

Abb. 11.
Selasbrenner.

langen Brennerkopf. Sonst sind keine nennenswerten Abweichungen vorhanden. Er besteht aus der Düse *c*, dem Mischrohr *b* mit den Luftlöchern *d* und dem Brennerkopf *a*.

Unten im Brennerkopf liegt ein Verteilkegel *e*, der eine gute Mischung von Luft und Gas bewirken soll. Der Kopf ist mit mehreren Sieben abgedeckt, da ein einziges in der heißen Flamme zu leicht durchbrennt. Der Glühkörper wird an einem seitlich angebrachten Halter aufgehängt.

Sehr ähnlich dem Millenniumbrenner ist der Selasbrenner (Abb. 11), doch ist dessen Injektor etwas weiter gehalten, weil das Gas von vornherein schon Luft enthält und daher nicht mehr so viel anzusaugen braucht. Die Abbildung läßt auch die seitliche Aufhängung des Glühkörpers erkennen.

Die Brenner für reines Preßgas verbrauchen je nach ihrer Größe stündlich 120 bis 1200 l Gas. Die Selasbrenner verbrauchen stündlich 25 bis 2000 l Gas. Ihre Flammen stimmen im Aussehen mit der in Abb. 9 dargestellten überein. Die Flammenhaut auf dem Drahtsieb ist türkisblau.

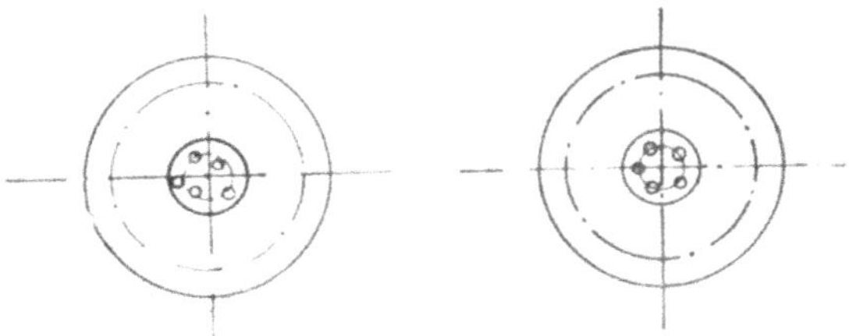

Abb. 12. Falsche — Abb. 13. Richtige

Anordnung der Düsenlöcher.

Die Brennerdüse. Bei Niederdruckbrennern werden gewöhnlich, bei Hochdruckbrennern stets sog. Lochdüsen angewandt, aus dem Vollen gedrehte, kegelförmige Hohlkörper, die mit einer eingefalzten Blechplatte abgedeckt sind. Bei Kleinlichtbrennern und kleinen Hochdruckbrennern ist die Platte mit einem Loch versehen (Einlochdüsen), für den Juwelbrenner wendet man Dreilochdüsen und im übrigen Fünflochdüsen an. Die Löcher müssen stets regelmäßig zum Mittelpunkt der Platte angeordnet sein. Bei der Einlochdüse befindet sich das Loch genau in der Mitte, während bei Drei- und Fünflochdüsen die Löcher auf einem Kreis liegen, dessen Mittelpunkt der Plattenmittelpunkt ist. Der Durchmesser dieses Kreises soll nicht größer als der Halbmesser der Platte sein. Abb. 12 und 13 geben eine falsche und richtige Anordnung

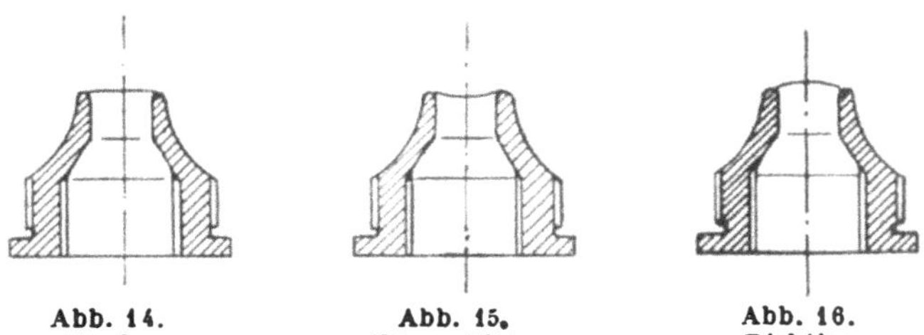

Abb. 14. Flache — Abb. 15. Eingewölbte — Abb. 16. Richtige

Düsenplatte.

der Bohrungen in der Düsenplatte wieder. Auch die Gestalt der Düsenplatte ist für die Wirkung des Brenners nicht gleichgültig. Ist die Platte völlig eben oder nach unten eingewölbt, so ist die Luftansaugung schlecht,

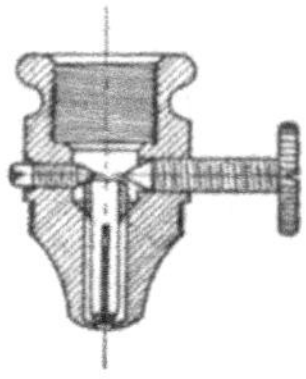

Abb. 17. Kreuzschlitzdüse.

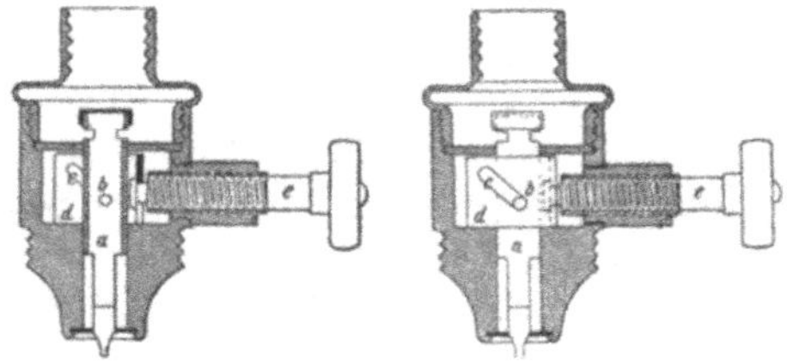

Abb. 18. Keildüse.

am vorteilhaftesten wirkt eine schwach nach außen gewölbte Platte. Richtige und falsche Düsenplatten sind in den Abb. 14 bis 16 dargestellt.

Die Düsenlöcher sind gewöhnlich zu eng, um die erforderliche Gasmenge durchzulassen, und müssen daher aufgebohrt werden. Dies

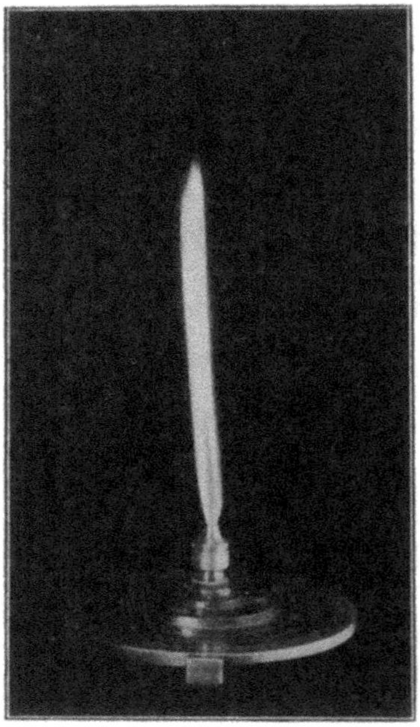

Abb. 19. Verzerrter Düsenstrahl.

Abb. 20. Richtiger Düsenstrahl.

Aufbohren, zu dem man sich einer Reibahle bedient, hat derart zu geschehen, daß die Löcher alle gleich groß werden, und daß ihre Achsen der Düsenachse gleichgerichtet sind.

Um das lästige Aufbohren zu vermeiden, hat man sog. Regeldüsen gebaut, deren Gasverbrauch sich von außen während des Brennens verändern läßt. Die besten dieser Regeldüsen sind die Kreuzschlitzdüse und die Keildüse. Die erstere (Abb. 17) enthält einen zylindrischen Kanal, in dem sich ein federnder, hohler, kreuzweise geschlitzter Messingkörper befindet. Durch Anziehen einer Kegelspitzschraube wird dieser Hohlkörper aufwärts geschoben und durch die geneigte Oberkante des Gehäuses zusammengepreßt, so daß sich seine Schlitze schließen. Zieht man die Schraube zurück, so senkt sich der Körper infolge seiner Federkraft nach unten und die Schlitze öffnen sich wieder. Die Keildüse (Abb. 18) enthält statt eines Schlitzkörpers einen keilförmig zugeschärften Dorn *a*, dessen Keil je nach seiner Stellung den Gasdurchlaß der Düsenplatte mehr oder weniger verengt. Der Dorn faßt mit zwei seitlichen Stiften *b* in die schrägen Schlitze *c* eines Gleitstücks *d*, das durch die Schraube *e* in wagrechter Richtung verschoben werden kann. Das Gleitstück wirkt bei seiner Bewegung wie ein Keil auf den Dorn *a*, indem es ihn zwingt, aufwärts bzw. abwärts zu gleiten.

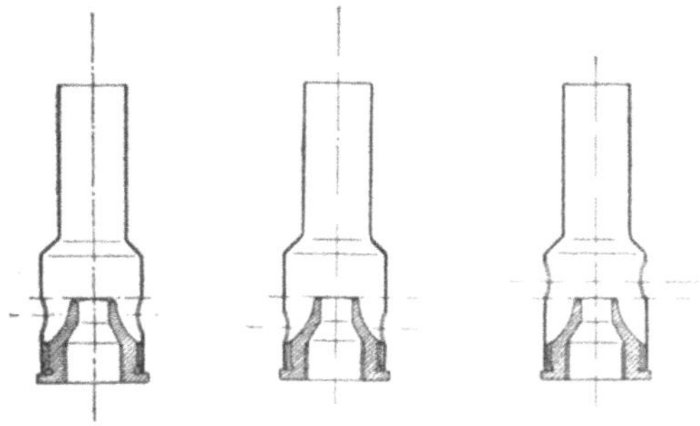

Abb. 21. Richtige | Abb. 22. Zu tiefe | Abb. 23. Zu hohe
Lage der Luftlöcher.

Für die Regeldüsen ist es von größter Bedeutung, daß sich der Regelkörper beim Regeln nicht seitwärts verschiebt, weil sonst der Düsenstrahl verzerrt wird, wie es Abb. 19 zeigt. Düsen, die einen verzerrten Strahl liefern, ermangeln einer guten Führung des Regelkörpers und sind nicht zu gebrauchen. Der richtig geformte Düsenstrahl ist in Abb. 20 dargestellt. Die Regelschraube muß wie in Abb. 18 derart angebracht sein, daß sie nicht ohne weiteres völlig herausgeschraubt werden kann, damit das Ausströmen unverbrannten Gases bei unvorsichtiger Handhabung vermieden wird.

Das Brennerrohr. Der wichtigste Punkt beim Brennerrohr ist die richtige Lage und Weite der Luftlöcher. Die Oberkante der letzteren darf nicht höher liegen als die Düsenmündung (Abb. 21). Die in den Abb. 22 und 23 gezeigten Anordnungen liefern keine gute Flamme. Bei gewöhnlichen Düsen sollen die vier Luftlöcher des Auer- und Juwelbrenners je 5 mm Durchmesser haben, bei Regeldüsen muß man die Luftlöcher des Brennerrohrs erweitern, weil durch die Regelvorrichtung die Geschwindigkeit und damit die Saugkraft des Gasstrahls verringert wird. Sparbrenner und Preßgasbrenner sind stets mit Luftregelungsringen versehen, durch deren Betätigung man die Erstluftmenge einstellt.

Der Brennerkopf soll im Inneren möglichst frei sein und vor allem keine Siebe enthalten, die man so oft bei Auerbrennern findet. Das Abschlußsieb darf nicht flach (Abb. 24) oder eingewölbt sein (Abb. 25), sondern soll eine schwache Auswölbung besitzen (Abb. 26). Bei Auer- und Juwelbrennern wendet man am besten Siebe von 100 bis 110 Maschen für 1 qcm an. Bei Preßgasbrennern muß das Sieb in seiner ganzen Fläche unbedeckt sein und wird noch mit zwei grobmaschigen Eisendrahtnetzen unterlegt. Die drei Siebe müssen fest aufeinander liegen.

Die Höhe des Glühkörpertragstiftes (Magnesia- oder Eisenstift) soll von der Brennerkante bis zum Gabeleinschnitt bei Auerbrennern 7 cm, bei Juwelbrennern $5\frac{1}{2}$ cm betragen, und dementsprechend muß der Stift abgeschnitten werden. Man setzt ihn mit etwas lockerem

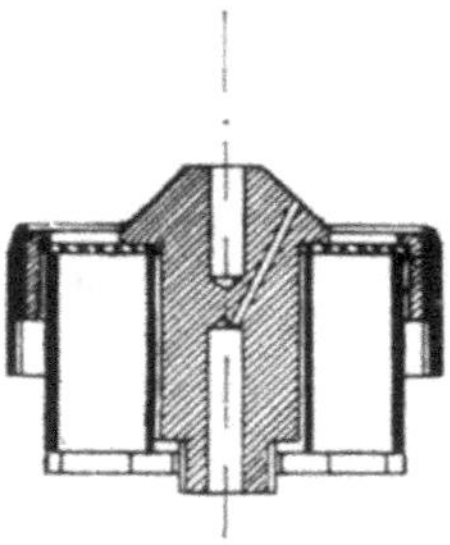

Abb. 24. Zu flaches

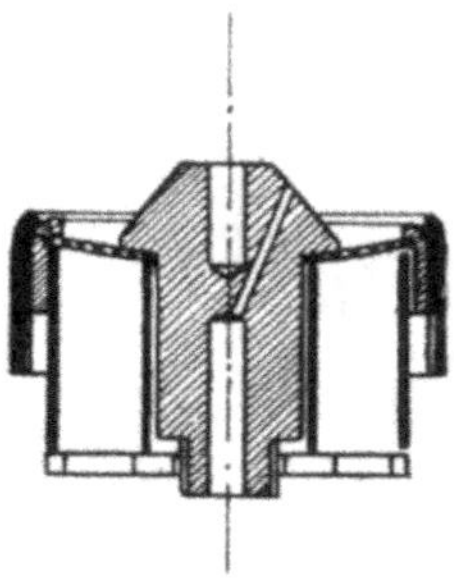

Abb. 25. Eingewölbtes Brennersieb.

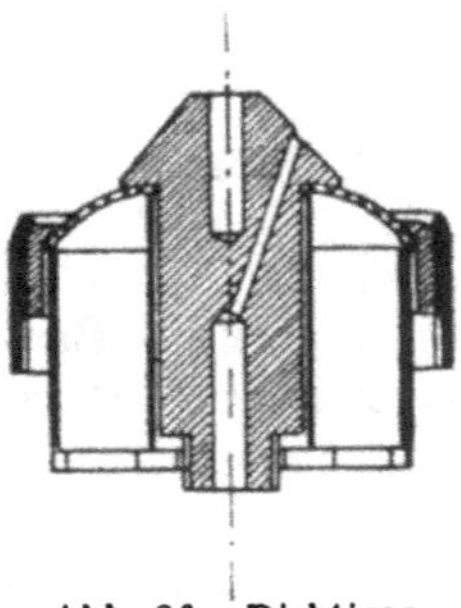

Abb. 26. Richtiges

Asbest fest ein und achtet darauf, daß er völlig grade steht. Krumme oder schiefe Stifte sind nicht zu gebrauchen. Besondere Sorgfalt wende man beim Aufsetzen der Preßgasglühkörper an, da diese, wenn sie auch nur wenig schief stehen, von der kräftigen Flamme bald gestaucht und manchmal abgeblasen werden.

Der Glühkörper. Für Niederdruckbrenner benutzt man ausschließlich einfache Glühkörper, für Preßgasbrenner meist doppelte Körper. Beide Arten werden stets im abgebrannten und gehärteten Zustand aufgesetzt. Sind sie kollodioniert, so muß das Kollodium vor dem Anzünden des Brenners herausgebrannt werden.

Die Glühkörper sollen zylindrisch und von gleichmäßiger Gestalt sein und nach oben hin sich kegelförmig verengen. Schiefe oder krumme Körper sind zu verwerfen. Die Körper müssen so lang sein, daß sie mindestens 2 cm über den Brennerkopf hinabreichen, dürfen aber nicht auf die Knaggen der Zylindergalerie aufstoßen, da sie sonst in der Flamme einknicken. Den Brennerkopf sollen sie mit 1 bis 2 mm Spiel umfassen; zu enge Körper stauchen sich, zu weite geben wenig Licht. Die Kopföffnung darf nicht zu eng sein, weil sonst die Flammengase nicht gut abziehen können und die Lichtausbeute schlecht wird. Man rechnet für Auer-, Juwel- und kleine Preßgaskörper 1 cm, für mittelgroße Preßgaskörper $1\,^1/_2$ cm und für große Preßgaskörper 2 cm Durchmesser der Kopföffnung. Bei Kleinlichtbrennern darf die Öffnung nicht viel kleiner als der obere Glühkörperdurchmesser sein, dasselbe gilt für Sparlichtglühkörper, die im übrigen nicht zylindrisch sind, sondern spitz gearbeitet werden.

Die abgebrannten Glühkörper verlangen auch im kollodionierten Zustand eine sehr vorsichtige Behandlung. Sie dürfen weder gereckt noch gedrückt werden, da sie sonst unfehlbar Risse bekommen, die beim Abflammen des Kollodiums sichtbar werden. Besonders ist vor der Unsitte zu warnen, die Glühkörperstifte zu den Glühkörpern in die Hülsen zu stecken.

Betriebsfehler der Brenner und deren Abhilfe. Die Gasglühlichtbrenner sollen im allgemeinen geräuschlos arbeiten, doch läßt sich ein leises Sausen nicht immer vermeiden. Es entsteht durch das Ausströmen des Gases aus der Düse und nimmt mit steigendem Gasdruck zu. Ein knatterndes Geräusch verbunden mit einem Abfallen der Lichtstärke deutet stets auf Gasüberschuß hin und läßt sich durch Verringern des Gaszuflusses beseitigen. Pfeif- oder Singtöne sind die Folgen von Gasmangel oder Luftüberschuß und verstummen, wenn man die Gaszufuhr erhöht oder die Luft drosselt.

Für das Trübebrennen des Lichts kommen folgende Ursachen in Frage:

1. Gasmangel oder Luftüberschuß, erkennbar daran, daß beim Drosseln der Luftlöcher das Licht heller wird.
2. Gasüberschuß: Die Flamme schlägt über den Glühkörper hinaus und das Licht wird heller beim Drosseln des Gases.
3. Verzerrung des Düsenstrahls durch unregelmäßige Anordnung oder schiefe Aufbohrung der Düsenlöcher bzw. durch schlechte Führung des Regelkörpers (bei Regeldüsen). Dies macht sich dadurch geltend, daß der Glühkörper auf einer Seite stärker als auf der anderen leuchtet.
4. Verschmutzung des Brennersiebs. (Durch Ausbürsten zu beseitigen.)
5. Zu große Weite, schlechte Form oder zu enge Kopföffnung des Glühkörpers.

Leuchtet der Glühkörper auf einer Seite heller als auf der anderen, trotzdem die Düse gut ist, so steht entweder der Tragstift schief, oder der Glühkörper ist zu weit oder das Brennersieb ist einseitig verschmutzt, auch kann sich der Metallkegel des Brennersiebs nach einer Seite verschoben haben.

Neigung zum Durchschlagen der Flamme tritt ein, wenn Luftüberschuß bzw. Gasmangel vorliegt oder wenn das Brennersieb beschädigt ist.

Hängelichtbrenner. Bei den Hängelichtbrennern unterscheiden wir nur zwei Arten, solche für Niederdruck und solche für Hochdruck. Während jedoch die Stehlichtbrenner sowohl für Innen- wie Außenbeleuchtung dienen, brauchen wir beim Hängelicht für die Außenbeleuchtung besondere Lampen, die sich in mancher Beziehung von den Innenbrennern unterscheiden.

Niederdruckbrenner für Innenbeleuchtung besitzen wie die Stehlichtbrenner Düse, Brennerrohr mit Luftlöchern und

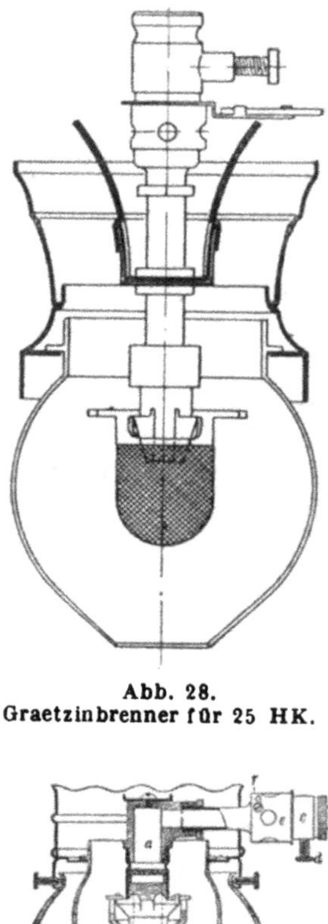

Abb. 28. Graetzinbrenner für 25 HK.

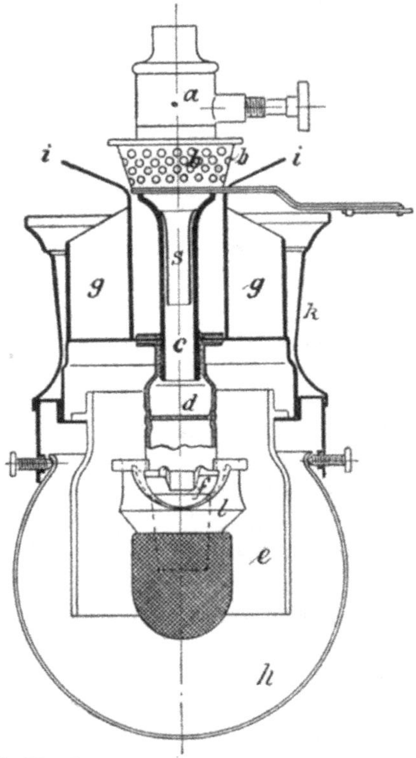

Abb. 27. Graetzinbrenner für 100 und 50 HK.

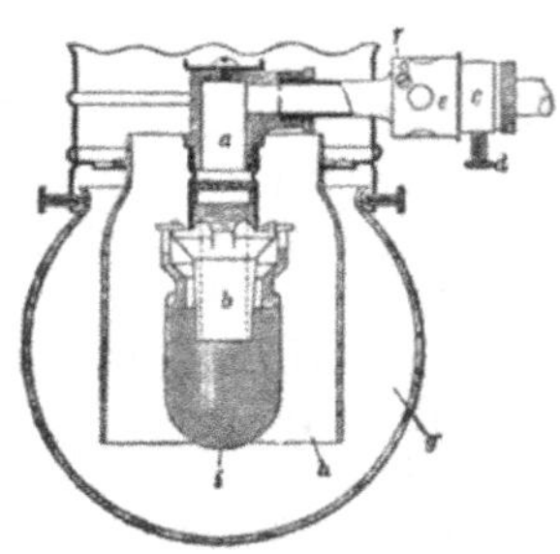

Abb. 29. Graetzinbrenner mit Seitenanschluß.

Brennerkopf. Die Düse ist stets eine Regeldüse, das Brennerrohr mit Luftregelung versehen. Der Brennerkopf läuft in ein offenes feuerfestes Mundstück aus, auf dem im Innern ein grobes Drahtnetz liegt. An Glasteilen kommt entweder eine gelochte Birne oder ein offener Zylinder, umgeben von einer geschlossenen Kugel zur Anwendung. Als Besonderheit haben die Brenner schornsteinartige Vorrichtungen, die die Luftlöcher vor dem Eintreten der Rauchgase schützen.

Am verbreitetsten ist der Graetzinbrenner (Abb. 27). An die Regeldüse *a* ist das Brennerrohr *c* mit der Luftregelung *b* angeschraubt. Es erweitert sich unten zur Mischkammer *d* (die dem Brennerkopf beim Stehlichtbrenner entspricht), in die das Magnesiamundstück *f* eingesetzt ist. An diesem hängt der Glühkörper mit dem Magnesiaring *l*. In den Boden des Brenners ist der Zylinder *e* mit drei Glasknaggen eingehängt, umgeben von der Glaskugel *h*. Die Fortsetzung dieses Zylinders nach oben bilden zwei Schornsteine *gg*, die oben mit Ablenkflächen *i* für die Rauchgase versehen sind. Das Ganze ist von dem Ziermantel *k* umgeben. Bei den kleinen Brennern (Abb. 28) läßt man gewöhnlich den Einhängezylinder fort und benutzt nur eine Einlochbirne. Statt der Schornsteine werden dann lediglich tief hinabreichende Ablenkbleche, wie man sie auch bei emaillierten Brennern meistens findet, angewandt.

Zur Verstärkung der Injektorwirkung setzt man in das Brennerrohr des Graetzinbrenners eine Verengung, das Strahlrohr *S* ein, das in Abb. 27 zu erkennen ist.

Es ist nicht notwendig, das Brennerrohr senkrecht durchzuführen. Man kann es auch knicken und auf diese Weise Brenner mit seitlichem Anschluß herstellen, deren einen Abb. 29 wiedergibt. Starklichtbrenner werden durch entsprechende Vergrößerung der Abmessungen des Graetzinbrenners hergestellt, wie Abb. 30 zeigt.

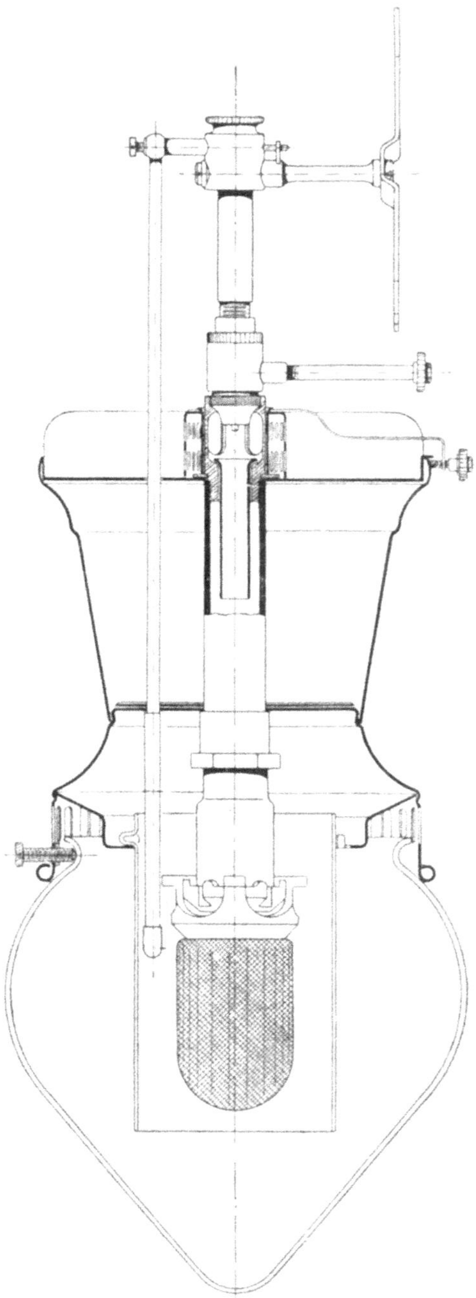

Abb. 30. Starklichtbrenner.

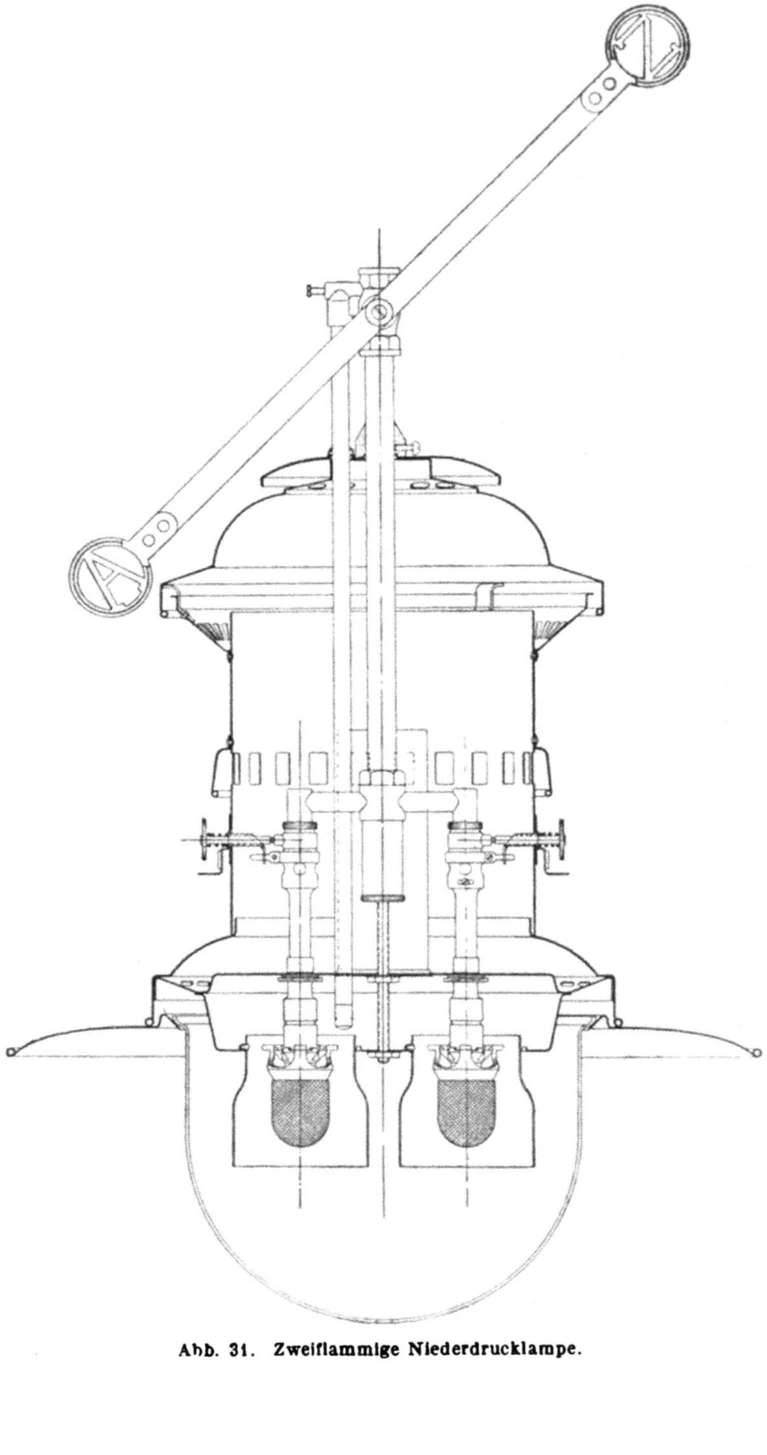

Abb. 31. Zweiflammige Niederdrucklampe.

Die Luftregelung wird manchmal nicht als drehbarer Lochring, sondern als Zunge ausgebildet, die man mehr oder weniger in den Weg des Gasstrahls schiebt, um den Strahl abzulenken und dadurch die Injektorwirkung zu verringern.

Niederdrucklampen für Außenbeleuchtung. Bei diesen baut man die Brenner zu einem oder mehreren in emaillierte Gehäuse fest ein derart,

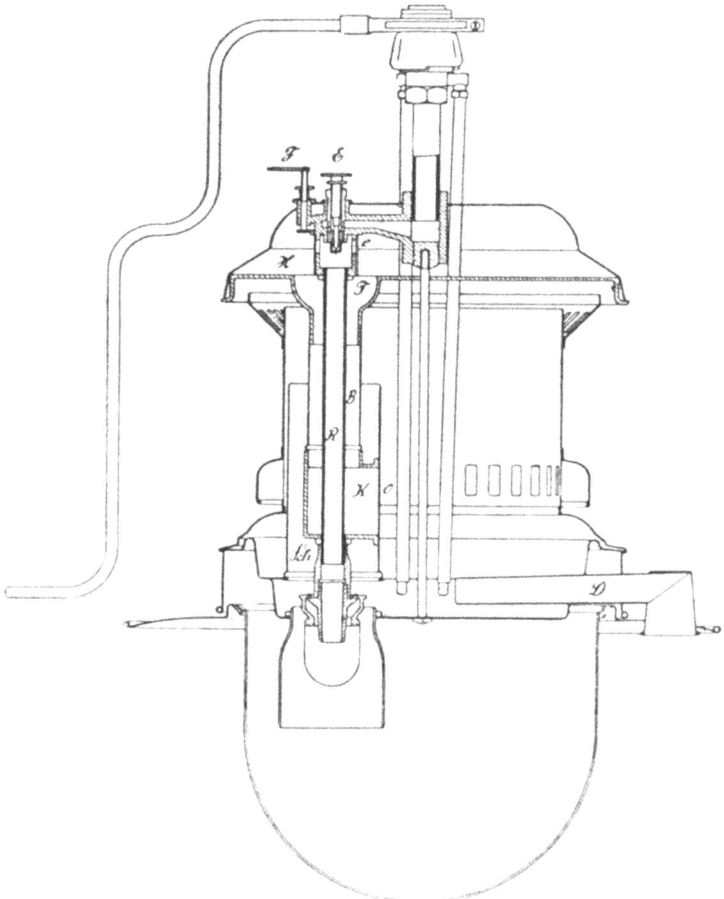

Abb. 32. 500 HK-Niederdrucklampe mit Vorwärmung der Verbrennungsluft.

daß sie mit diesen ein Ganzes bilden. Eine zweiflammige Lampe dieser Art ist in Abb. 31 dargestellt.

Das Gehäuse besteht aus einem zylindrischen Mantel, der oben mit einer Haube abgedeckt ist und unten in einen abklappbaren Schirm ausläuft. In der Höhe dieses Schirmes ist der Mantel durch einen flachen

Kasten mit zwei Ausschnitten für die Brenner abgeschlossen. Oben sind zwei Schornsteine in den Kasten eingesetzt, die die Brenner überragen. Letztere bestehen nur aus Regeldüse, Brennerrohr mit Luftregelung und Mundstück. Die Zylinder werden in die Ausschnitte des Kastenbodens eingehängt. Durch Ausschnitte in der Mitte des Mantels, die durch einen Wulst vor Wind geschützt sind, tritt die Verbrennungsluft ein. Die Abgase sammeln sich im Kasten, ziehen durch die Schornsteine in den oberen Teil des Gehäuses und fließen durch die unter der Haube sichtbaren Ausschnitte ins Freie. Die Griffe der Regelungen sind durch Aussparungen im Mantel nach außen geführt. Liegen sie innen, so besitzt der Mantel an den betreffenden Stellen rechteckige Ausschnitte. Ein zweiter drehbarer Mantel, der über den ersten geschoben ist, hat einen Ausschnitt, der durch Drehen des äußeren Mantels auf jeden der Ausschnitte des inneren Mantels eingestellt werden kann. Statt dessen benützt man auch oft nur einen Mantel und verschließt dessen Ausschnitte mit Türen.

Bei Lampen von größerer Lichtstärke, Starklichtlampen, ist es zweckmäßig, die Verbrennungsluft vorzuwärmen, wie es die Lampe in Abb. 32 zeigt. Hier sind die Brenner vom Dach aus eingesetzt, so daß die Regelung des Gasstroms *E* und der Luft *F* von außen her bewirkt werden kann. Das Brennerrohr *R* ist in die Luftleitung *O K B T* eingebaut, so daß die Luft dicht über dem Boden der Lampe aus dem Gehäuseinnern entnommen und in den abgeschlossenen Raum *H* der Haube geführt wird, aus dem sie in die Brenner eintritt. Das Luftrohr ist vom Schornstein *Sch* umgeben und dieser leitet die Abgase aus dem Bodenkasten in den oberen Teil des Gehäuses, aus dem sie ins Freie strömen.

Noch besser ist die Vorwärmung bei den Lampen in Abb. 33 durchgebildet. Hier fließen die Abgase durch den mittleren Schornstein *Sch* ab. Dieser ist von Luftkanälen U I, II, III umgeben, die die Luft, nachdem sie sich am Schornstein *Sch* vorgewärmt hat, zu den Brennerkammern *K* führt, von wo sie, durch *F* geregelt, in den Brenner einströmt. Das Gas wird vom Dach aus durch *E* geregelt.

Für den Zustand der einzelnen Brennerteile gilt bei Hängelichtbrennern im großen und ganzen dasselbe, was über Stehlichtbrenner ausgeführt wurde, doch kommen bei ersteren des einfachen Baues halber nicht so leicht Fehler vor. Die Weite der Luftlöcher ist von nur geringer Bedeutung, da ja stets eine Luftregelung vorhanden ist. Man muß vor allem darauf achten, daß das Innensieb in gutem Zustand ist und das Mundstück keine Schäden aufweist. Letzteres soll überdies eine gleichmäßige, am unteren Ende möglichst dünne Wandung haben.

An Glühkörpern verwendet man sowohl kollodionierte wie unabgebrannte, letztere häufig aus Kunstseide hergestellt. Die kollodionierten Körper sollen in ihrer Gestalt gleichmäßig zylindrisch sein und einen halbkugelförmigen Boden ohne Öffnung besitzen. Ihre Länge soll vom Ring

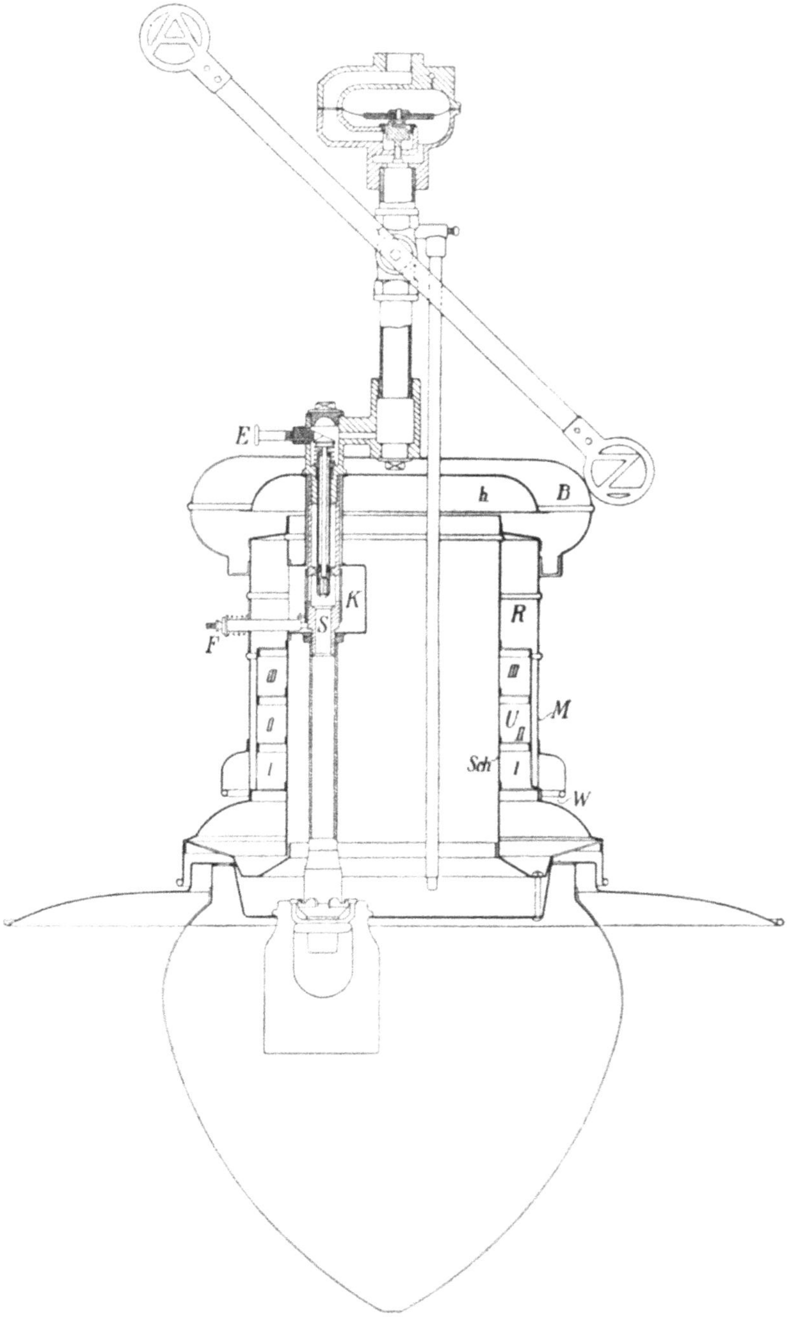

Abb. 33. 1000 HK-Niederdrucklampe.

Abb. 34.
Graetzinflamme kaum entleuchtet.

Abb. 35.
Graetzinflamme stärker entleuchtet.

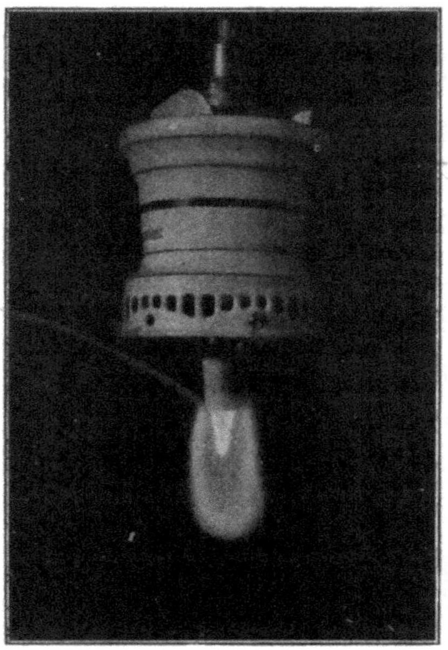

Abb. 36. Graetzinflamme richtig eingestellt.

bis zum Boden etwa $^4/_5$ der Höhe des inneren, grünen Kerns der Flamme haben, für die sie bestimmt sind.

Unabgebrannte Glühkörper hängt man am Brenner auf, nachdem man dessen Flamme gut eingestellt hat, öffnet den Gashahn und entzündet das Gas. Der Körper muß dann ohne weitere Maßnahmen veraschen und sich der Flamme gemäß formen. Bei guten Körpern ist es weder nötig noch zweckmäßig, die Flamme während des Veraschens zu löschen, da das zarte Aschegerüst beim Wiederanzünden leicht zerreißt und überdies die Düsen allmählich mit Teer verschmutzt werden.

Das Einstellen der Niederdruckbrenner und die Beseitigung von Betriebsfehlern. Hängelichtbrenner werden am besten ohne Glühkörper nach dem Aussehen der Flamme eingestellt. Dieses ergibt sich aus den Abb. 34 bis 36. Bei sehr wenig Luft erkennt man in der Flamme kaum einen Kern (Abb. 34), die Flamme ist weich, nach oben umgebogen und züngelt mit rußender, leuchtender Spitze am Brennerrohr aufwärts. Gibt man mehr Luft, so wird sie steifer und zeigt einen großen, mattgrünen Kern (Abb. 35). Bei richtiger Luftzufuhr ist der Kern klein und leuchtend grün, die Flamme ist kurz, steif und leckt kaum aufwärts (Abb. 36). Wird jetzt die Luftzufuhr noch weiter gesteigert, so neigt die Flamme zum Durchschlagen.

Flammen, die mit vorgewärmter Luft arbeiten, sind noch straffer. Wie sich bei ihnen das Aussehen mit der Luftzufuhr verändert, geht aus den Abb. 37 bis 40 deutlich hervor.

Hat man die Flammen richtig eingestellt, so ist nach dem Aufsetzen des Glühkörpers nur selten noch ein Nachregeln zur Erzielung der höchsten Lichtstärke nötig. Dieses etwaige Nachregeln darf übrigens frühestens 10 Minuten nach dem Anzünden geschehen.

Rauschen und Knattern des Brenners deutet auf Gasüberschuß meist infolge zu hohen Gasdrucks hin und muß durch Drosseln der Düse beseitigt werden. Luftüberschuß macht sich durch Knattern oder ein glucksendes, blubberndes Geräusch, verbunden mit Zucken des Lichts bemerklich.

Trübebrennen des Lichts ist gewöhnlich die Folge von Luftmangel und ist meist von Verrußen des Glühkörpers begleitet. Sind dabei die Luftlöcher offen, so fehlt entweder das Strahlrohr oder das Innensieb ist verschmutzt. Möglicherweise liefert aber auch die Düse einen verzerrten Strahl.

Neigt der Brenner trotz richtiger Einstellung zum Durchschlagen beim Anzünden, so ist entweder der Glühkörper oder das Innensieb beschädigt.

Hochdruckbrenner werden sowohl für den Betrieb mit Preßgas wie mit Preßluft gebaut, doch zieht man das erstere vor. Der Bau der Preßgasbrenner ist einfacher als der der Niederdruckbrenner. Die Regeldüsen sind durch Einlochdüsen ersetzt, so daß man nur die Luft zu regeln braucht, Strahlrohr und Innensieb fehlen meistens und die unabgebrannten Glühkörper werden unmittelbar an den Brennerkopf, der als Siebkopf ausgebildet ist, angebunden.

Ein P r e ß g a s b r e n n e r f ü r I n n e n b e l e u c h t u n g ist in Abb. 41 dargestellt. Die Luft tritt von außen oberhalb der Gehäusehaube zu, das Gehäuse dient in seiner ganzen Ausdehnung als Abgasschornstein, so daß das Brennerrohr inmitten der Abgase liegt und hoch erhitzt wird. Es ist nach unten stufenweise erweitert, um dem sich in der Wärme ausdehnenden Gas Raum genug zu bieten. Gläser sind für die Brenner nicht erforderlich, doch bringt man gern Glocken an, um die Glühkörper vor dem Verstauben zu schützen. Bei dem dargestellten Brenner kann man sich eines offenen Brennermundstückes bedienen, das innen durch

Abb. 37. Niederdruckstarklichtflamme, leuchtend.

Abb. 38. Niederdruckstarklichtflamme, zu wenig Luft.

Abb. 39. Niederdruckstarklichtflamme, richtig entleuchtet.

Abb. 40. Niederdruckstarklichtflamme, zu viel Luft.

ein Sieb abgedeckt ist. Der Glühkörper wird in diesem Falle auf eine Metallfassung aufgebunden.

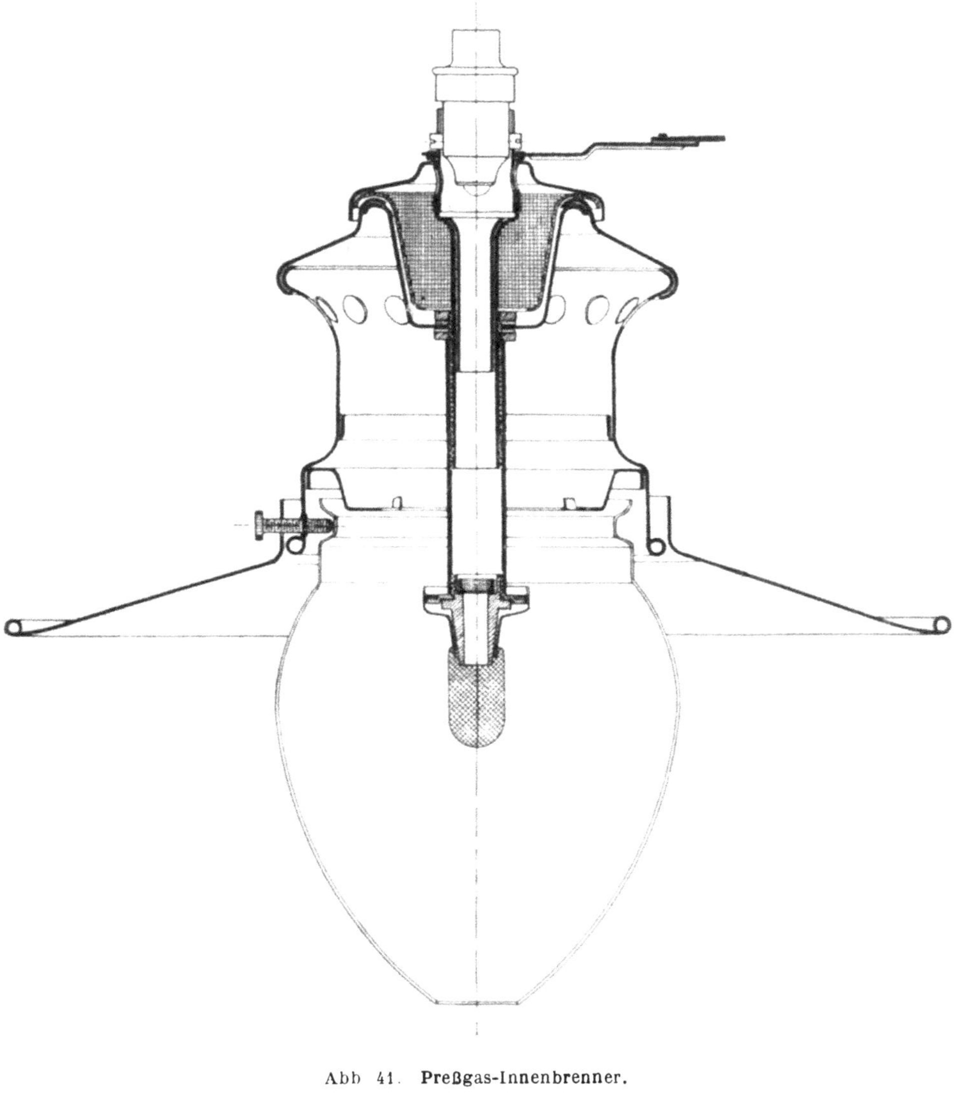

Abb 41. **Preßgas-Innenbrenner.**

Eine dreiflammige Preßgas-Außenlampe sehen wir in Abb. 42. Bei ihr sind die Brenner wie bei den Niederdruckstarklichtlampen durchs Dach geführt. Das Gas tritt von *m* durch *q* und das Düsenrohr *p* in die Düse *o* ein, die nebst dem Düsenrohr von *r* aus zugänglich ist. Die Luft

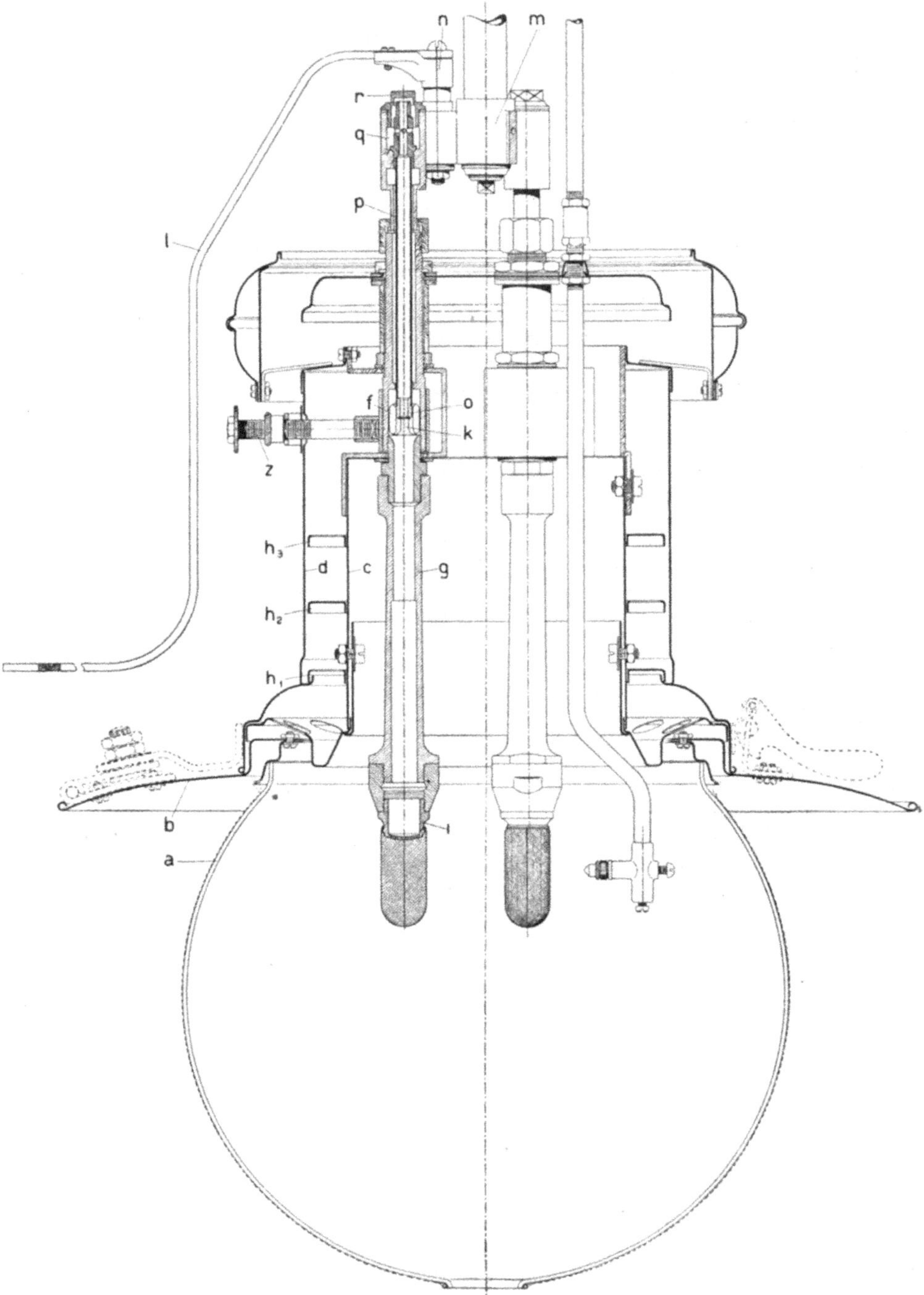

Abb. 42. Preßgas-Außenlampe.

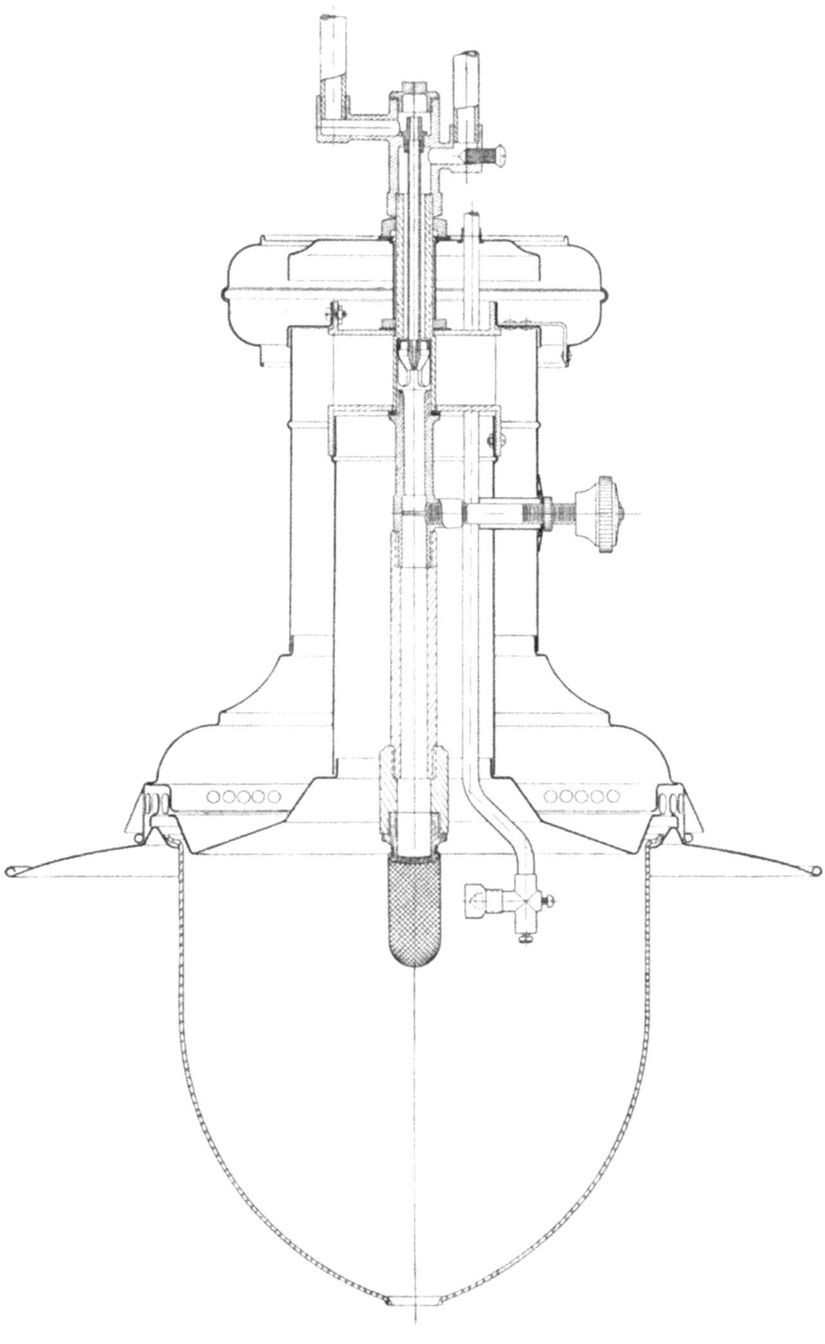

Abb. 43. **Preßluftlampe.**

wird durch die von *z* aus regelbaren Luftlöcher *f* eingesaugt und fließt mit dem Gas durch das absatzweise erweiterte Mischrohr *g* zum Karborundumsiebkopf *i*, auf den der Glühkörper aufgebunden ist. Die Abgase ziehen durch den Schornstein *c* aufwärts und durch die Haube ins Freie. Die Verbrennungsluft tritt unter dem Schirm *b* in den Lampenmantel ein, wird durch die Scheidewände h_1—h_3 gezwungen, den Schornstein *c* zu umlaufen, erhitzt sich an diesem und strömt vorgewärmt in die Kammer *k* und von da durch *f* in den Brenner.

Abb. 43 zeigt uns als letzte Lampe eine solche für den Betrieb mit Preßluft. Die Lampe wird oben links mit der Preßluft, rechts mit der Niederdruckgasleitung verbunden. Die Preßluft strömt durch das lange Düsenrohr zur Düse, das Gas fließt durch den Kanal, in dem das Düsenrohr liegt, von außen an die Düse heran und wird von dem Luftstrahl mit in das Brennerrohr hineingerissen. Gleichzeitig tritt aber auch noch Luft von außen regelbar auf dem Wege der Injektion zu. Im übrigen stimmt die Bauart mit der für Preßgaslampen überein.

Das Einstellen und der Betrieb von Preßgasbrennern. Den Hochdruckbrenner stellt man ebenso wie den Niederdruckbrenner am besten ohne Glühkörper nach dem Aussehen der Flamme ein. Zur Veranschaulichung dessen ist in den Abb. 44 bis 46 eine Preßgasflamme bei verschiedener Luftzufuhr dargestellt. Abb. 44 zeigt die Flamme bei zu geringer Luftzufuhr. Der Flammenkörper ist groß, unten buschig und zeigt einen ziemlich großen, grünen bis grünblauen Innenkegel. Steigert man die Luftzufuhr bis zum richtigen Verhältnis von Gas und Luft (Abb. 45), so wird die Flamme kleiner und spitzer und ihr Innenkegel nimmt die Gestalt eines vielzackigen, türkisblauen Kissens an. Bei Luftüberschuß (Abb. 46) geht die Färbung des Innenkegels in Dunkelblau über, der Flammenmantel wird sehr klein, fast unsichtbar und zerflattert.

Als Glühkörper benutzt man fast allgemein solche aus Kunstseide, die mit einem Asbestfaden unmittelbar auf den Brennerkopf aufgebunden werden. Die Anbindestelle wird vor dem Durchziehen des Asbestfadens mit einer (meist rotgefärbten) Härteflüssigkeit bestrichen (fixiert), wenn die Glühkörper nicht schon fixiert angeliefert worden sind. Nach dem Anbringen der Körper öffnet man den Gashahn ein wenig, zündet das Gas an und öffnet dann den Gashahn langsam und vollständig. Das Veraschen sowohl wie das Formen und Härten des Glühkörpers gehen nun selbsttätig vor sich.

Betriebsstörungen kommen bei Preßgasbrennern verhältnismäßig selten vor und sind leicht zu beheben. Das Auftreten von Pfeif- und Heultönen deutet gewöhnlich auf einen Mangel an Gas bzw. einen Luftüberschuß; läßt es sich durch Erhöhen der Gaszufuhr bzw. Drosseln der Luft nicht beseitigen, so ist die Lampe mit einem baulichen Fehler behaftet. Trübebrennen des Lichtes ist ebenfalls eine Folge fal-

Abb. 44. Preßgasflamme, zu wenig Luft.

Abb. 45. Preßgasflamme, richtig.

scher Einstellung von Gas bzw. Luft oder rührt vom Verschmutztsein des Brennerkopfes her. Liegt Gasmangel vor, so reibt man die Düse mit einem spitzen Hölzchen aus und beobachtet darauf nochmals den Brenner. Erst wenn das nicht hilft, darf man die Düse aufbohren. Das kann jedoch nur ausnahmsweise vorkommen, da die Düsen vor Inbetriebnahme der Lampen dem Straßendruck entsprechend aufgebohrt werden. Das Rauschen der Brenner ist mit dem Preßgaslicht untrennbar verbunden und läßt sich nicht beseitigen. Tritt es ungewöhnlich stark auf, verbunden mit Trübebrennen, so liegt Gasüberschuß vor, der nur durch Auswechseln der Düse zu beheben ist.

Abb. 46. Preßgasflamme, zu viel Luft.

Vergleich von Stehlicht und Hängelicht. Nachdem wir im vorstehenden die verschiedenen Brennersysteme kennen gelernt haben, liegt es nahe, sie auch miteinander zu vergleichen, und zwar wird der Vergleich in erster Linie zwischen dem stehenden und dem hängenden Gasglühlicht zu ziehen sein. Betrachtet man beide Lichtarten vom beleuchtungstechnischen Standpunkt aus, so findet man, daß das Hängelicht dem Stehlicht ganz bedeutend überlegen ist. Um ein Bild

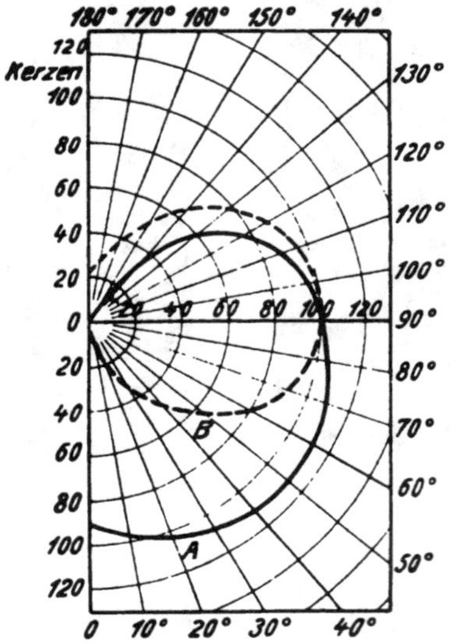

Abb. 47.
Lichtverteilung für Hängelicht (A) und Stehlicht (B) bei $J_{hor} = 100$ HK.

Lichtstärke	Hängelicht		Stehlicht	
	HK	%	HK	%
$J_{\ominus}$	85	113	75	100
$J_{\frown}$	62	78	80	100
$J_{\smile}$	108	155	70	100

davon zu gewinnen, sei vorausgesetzt, daß zwei Brenner der beiden Arten ohne Rücksicht auf den Gasverbrauch in wagrechter Richtung eine Lichtstärke von je 100 HK besitzen. Dann ergibt die Messung unter den verschiedenen Winkeln die in Abb. 47 eingetragenen Lichtverteilungskurven.

Schon ein flüchtiger Blick auf die Abbildung zeigt, daß das Hängelicht unterhalb der Wagerechten bedeutend mehr Licht entwickelt als das Stehlicht. Noch schlagender ergibt sich die Überlegenheit aus der mittleren unteren hemisphärischen Lichtstärke ($J_{\smile}$), die unter der

Abbildung angegeben ist. Das Stehlicht wird vom Hängelicht um nicht weniger als 55% übertroffen. Daß demgegenüber die mittlere obere hemisphärische Lichtstärke ($J_{\frown}$) des Hängelichts um rd. 22% geringer als die des Stehlichts ist, will nichts besagen; denn einerseits bleibt der Gewinn immer noch auf seiten des Hängelichts, da des letzteren mittlere sphärische Lichtstärke ($J_{\ominus}$) um 13% höher als die des Stehlichts ist, anderseits kommt für die Beleuchtung fast ausschließlich das unterhalb der Wagerechten ausgestrahlte Licht in Frage. Gewiß, man ist imstande, das aufwärts gestrahlte Licht mit Hilfe von Schirmen nach unten zu strahlen, aber nur unter erheblichen Verlusten. Durch Benutzung eines sehr guten Milchglasschirms kann man beim Stehlicht die mittlere untere hemisphärische Lichtstärke von 68,5 HK auf 93,6 HK, d. i. um rd. 37% erhöhen, erleidet aber einen Gesamtverlust durch Absorption von 16 bis 17%. Überdies läßt sich das gleiche Mittel auch bei Hängelicht anwenden, wirkt dort aber naturgemäß nicht so stark, da die Lichtausstrahlung oberhalb der Wagerechten an sich schon geringer als beim Stehlicht ist. Der erzielbare Gewinn unterhalb der Wagerechten erreicht 10 bis 11%, der Gesamtverlust etwa 15%, die mittlere, nutzbare, d. h. untere Lichtstärke mit guten Schirmen beträgt beim Stehlicht also 93,6 HK, beim Hängelicht 118,7 HK, die des letzteren ist also immer noch um 27%, d. i. mehr als ein Viertel besser als beim ersteren. Die äußerst günstige Verteilung des Hängelichts tritt noch stärker in die Erscheinung, wenn man die Beleuchtungswirkung berechnet. Gesetzt den Fall, man beleuchte eine Kreisfläche von 10 m Durchmesser einmal mit einem Stehlicht-, das andere Mal mit einem Hängelichtbrenner, beide mit guten Schirmen versehen und 3,5 m über dem Mittelpunkt der Fläche angebracht, dann beträgt die mittlere Beleuchtung der Fläche beim Stehlicht 12,7 Lux, beim Hängelicht 20,4 Lux, wenn beide ohne Schirm eine wagerechte Lichtstärke von 100 HK besitzen. Das Hängelicht ist dem Stehlicht im praktischen Gebrauch mithin um rd. 61% überlegen, lediglich infolge der Anordnung seines Glühkörpers im Raum.

Außer diesem Vorzug hat das Hängelicht noch den weiteren, daß es gestattet, einen größeren Teil der beim Verbrennen des Gases freiwerdenden Energie in Licht umzusetzen als beim Stehlicht. Zieht man den Vergleich, unter Verwendung eines Gases von etwa 5300 WE, wie es vor dem Kriege in Deutschland gebräuchlich war und für welches unsere Brenner gebaut sind, so findet man, daß bei Niederdruckgas Stehlicht für 100 l Gas 48 HK, Hängelicht dagegen 111 HK unterer hemisphärischer Lichtstärke liefert. Unter Zugrundelegung des früher gewählten Beispiels einer beleuchteten Kreisfläche von 10 m Durchmesser, berechnet sich die erzielbare mittlere Beleuchtungsstärke für 100 l Gas bei Stehlicht zu 9,2 Lux, bei Hängelicht zu 21 Lux. Das letztere ist dem ersteren im praktischen Gebrauch unter sonst gleichen Verhältnissen mithin um rd. 128% überlegen. Beim Vergleich stehenden und hängenden Preßgaslichts ist die Lage des Hängelichts noch weit günstiger, denn das beste stehende Hochdrucklicht liefert für 100 l Gas nicht mehr als 90 HK, während hängendes Hochdrucklicht 200 HK und darüber ergibt.

Das Hängelicht, wenigstens das für Niederdruck, hat jedoch auch einen Nachteil, und das ist seine Empfindlichkeit für Änderungen der Zusammensetzung des Gases bzw. Gasluftgemisches und für Gasdruckänderungen. Diese Empfindlichkeit bedingt eine sorgfältige Regelung der Brenner nach den früher bereits dargelegten Grundsätzen, doch ist das etwas, das selbst der Laie bald lernt. Jedenfalls ist dieser Nachteil nicht so groß, daß er auch nur annähernd die Vorteile überwiegen könnte. Wendet man gute Hängebrenner an und widmet ihnen nur einige Aufmerksamkeit, so kommt ihre Überlegenheit über das Stehlicht stets voll zur Geltung.

Ein Bild über Verbrauch und Lichtausbeute der verschiedenen Gasglühlichtarten geben die in Tabelle 23 auf S. 557 zusammengestellten wichtigsten Zahlenwerte für die gebräuchlichen Brenner.

Das Gasglühlicht im praktischen Gebrauch. Für die Verwendung der verschiedenen Brenner und Lampen hat die jahrelange praktische Erfahrung gewisse Leitlinien ergeben. Das hängende Niederdrucklicht ist sowohl zur Innen- wie zur Außenbeleuchtung geeignet. In Wohnräumen und Küchen benutzt man vorteilhaft die sog. 50 HK- oder Juwelbrenner, am vielflammigen Kronleuchter, auf Fluren und in Nebengelassen sind 25 HK-Brenner vorzuziehen, nur in Arbeitsräumen mit Einzelflammen soll man sich der 100 HK-Brenner bedienen. Sie sind druckempfindlicher als die kleineren Brenner, besonders in der Ausstattung mit Einhängezylinder und Glaskugel. Bei allen Innenbrennern empfiehlt sich aus praktischen Gründen die Benutzung von spitzen Einlochglocken. Straßenlampen stattet man am besten mit 2 bis 3 Brennern aus, deren Gesamtlichtstärke bis 1000 HK geht. Wünscht man höhere Lichtstärken anzuwenden, so ist hängendes Preßgaslicht mit 2 bis 3 Flammen in Lichtstärken von 1500 bis 4000 HK am Platze. Preßgasbrenner, deren Düsen weniger als 300 l Gas durchlassen, soll man im allgemeinen nicht benutzen, da ihre Düsenlöcher sehr eng sind und sich daher leicht verstopfen.

Anpassung der Brenner an veränderte Gasbeschaffenheit. Die Gasglühlichtbrenner, welche uns heute zur Verfügung stehen, sind sämtlich für ein Gas von etwa 5300 WE gebaut, wie es vor dem Kriege in Deutschland gebräuchlich war. Außerdem setzt ihr ungestörter Betrieb einen Gasdruck von ungefähr 40 mm Wassersäule voraus. Die Ungunst der Verhältnisse hat im Lauf der letzten sechs Jahre in beiden Beziehungen einschneidende Veränderungen gebracht. Unsere Gaswerke sind durch den Mangel an Kohle gezwungen worden, die

Güte des Gases mehr und mehr herabzusetzen und zur Einschränkung des Gasverbrauches den Verteilungsdruck zu vermindern. Die Verringerung der Güte des Gases besteht in einer Herabsetzung des Heizwerts, und zwar teils durch stärkeres Abtreiben der Kohlen, teils durch Zusatz von Wassergas oder gar Rauchgas zum Steinkohlengas. Infolge dieser Maßnahmen ist der Heizwert des Gases von 5300 WE allmählich bis auf etwa 4000 WE zurückgegangen, gleichzeitig hat sich auch die spezifische Wärme der verbrannten Gase je nach der Art des Verdünnungsmittels geändert. Wird als letzteres Rauchgas benutzt, so steigt die spezifische Wärme, und damit fällt die Temperatur der Gasflamme. Es tritt also eine absolute Verschlechterung des Gases ein, daher ist diese Art der Streckung zu verwerfen. Verdünnt man das Steinkohlengas dagegen mit Wassergas, so wird die spezifische Wärme des Verbrennungsgases verringert und die Flammentemperatur hinaufgesetzt, ein für das Gasglühlicht günstiger Umstand, da die Lichtentwicklung des Glühkörpers mit der Temperatur außerordentlich ansteigt.

Nun verbraucht das Gas aber um so weniger Verbrennungsluft, je mehr Wassergas es enthält, infolgedessen ist es heute mehr denn je nötig, sämtliche Brenner mit Regeldüsen und guten Luftregelungen zu versehen, damit man Gas und Luft möglichst genau aufeinander einstellen kann. Außerdem liefert das heutige Gas schmälere Flammen als das frühere, daher sind die Köpfe bzw. Mundstücke der Brenner heute im allgemeinen zu weit und setzen einen weit größeren Gasdurchlaß als früher voraus. Die Brenner müssen mithin den jetzigen Verhältnissen angepaßt werden. Bei gewöhnlichen Stehlichtbrennern geschieht dies am besten in der Weise, daß man den Glühkörper erheblich verkürzt und dadurch die Flamme breit drückt. Der früher mindestens 80 mm hohe Glühkörpertragestift muß zu dem Zweck auf 70 mm gekürzt werden. Außerdem kann man die Luftansaugung durch Anwendung eines Glaszylinders von 18½ cm Länge statt des bisherigen 25 cm langen verringern. Stellt man dann Gas und Luft durch Regeln aufeinander ein, so gelingt es, mit etwa 130 l armem Gas 60 HK zu erzeugen, während dazu bei den früheren Abmessungen 160 bis 170 nötig sind. Da aber der Brennerkopf für das arme Gas reichlich breitl ist, so steht man sich stets besser, wenn man statt des C-Brenners Juwelbrenner oder vor allem gute Sparbrenner wie Gobo, Olso und Rollo benutzt. Bei ihnen läßt sich die gewünschte Lichtstärke durch gute Regelung mit erheblich geringerem Gasverbrauch als beim normalen Auerbrenner erzielen.

Beim Hängelicht liegen die Verhältnisse günstiger als beim Stehlicht, da die Brenner weit besser durchgearbeitet und sämtlich mit Gas- und Luftregelung versehen sind. Jedoch haben die Brenner gewöhnlich viel zu weite Mundstücke für das arme Gas. Der gewöhnliche 100 HK-Brenner muß z. B. mit dem Mundstück des 50 HK-Brenners ausgestattet werden.

Man kann als Regel annehmen, daß jede Brennergröße bezüglich des Gasverbrauchs um eine Stufe hinaufzurücken ist. Man hat dann dieselbe Beleuchtung wie vorher und spart erheblich an Gas. Bei Hängebrennern ist die Benutzung selbstformender Kunstseideglühkörper besonders zu empfehlen, da sich diese der Flamme anpassen und letztere derart am besten ausgenutzt wird. Für das hängende Preßgaslicht gilt das gleiche wie für Niederdrucklicht. Auch da muß man schmälere Brennerköpfe und kleinere Glühkörper benutzen. Die Ergebnisse sind dann, gute Regelung vorausgesetzt, mindestens ebensogut wie mit Vorkriegsgas.

Anpassung der Brenner an Druckveränderungen. Wie ersichtlich, kommt es für den richtigen Betrieb der Gasglühlichtbrenner nicht so sehr auf den Heizwert des Gases an, wie darauf, daß Brenner und Gas zueinander passen. Allerdings muß die Zusammensetzung des Gases dauernd die gleiche sein und das Gas unter einem gewissen Mindestdruck geliefert werden. Bezüglich des letzteren kann man annehmen, daß unsere heutigen Brenner bei angemessener Regelung der Verbrennungsluft noch bei einem Druck von 15 mm Wassersäule gebrauchsfähig sind. Das gilt vor allem für die kleinen Hängelichtbrenner für 25 HK, die eine erstaunliche Anpassungsfähigkeit besitzen. Während die großen Hänge- und Stehlichtbrenner bei fallendem Gasdruck trotz des Nachregelns in ihrer Lichtstärke erheblich nachlassen, kann man bei den kleinen Brennern die Lichtstärke fast unvermindert erhalten. Das ist auch einer der Hauptgründe für die Empfehlung dieser Brenner. Der Gasdruck wirkt auf den Betrieb der Brenner in doppelter Weise ein, indem er einmal den Gasdurchgang, zum andern die Menge der angesaugten Luft beeinflußt. Der Gasdurchgang, also die Gasmenge in der Zeiteinheit, fällt für je 5 mm Wassersäulendruck um 7 bis 8% innerhalb des Bereichs von 10 bis 60 mm Gesamtdruck. Die Luftansaugung geht erst unterhalb 25 mm in merklicher Weise zurück. Daher ist unter regelrechten Verhältnissen die Lichtausbeute aus der Einheit der Gasmenge zwischen 25 und 60 mm Druck ziemlich gleich, wenn Luft und Gas richtig aufeinander eingestellt sind.

Nach dem Gesagten ist man in der Lage, auch unter den heutigen ungünstigen Verhältnissen einen befriedigenden Betrieb der Gasglühlichtbrenner herbeizuführen, und zwar mit Mitteln, die jedem Laien kostenlos oder doch nur mit sehr mäßigen Kosten zur Verfügung stehen. Leider sind diese Mittel zu wenig bekannt, daher kommt es, daß vom großen Publikum so häufig Vorrichtungen gekauft werden, die mit großer Reklame angepriesen, dem Verbraucher nur Schaden bringen. Es sind das die sog. Gassparer. Ihre Wirkung besteht meistens darin, daß die Luftzufuhr zum Brenner gedrosselt wird. Man baut sie daher als einstellbare Verschlußvorrichtungen für den Zylinder des Stehlichtbrenners oder die Einlochglocke des Hängelichtbrenners. Die meisten sind zum Aufsetzen auf den Stehlichtzylinder bestimmt und dienen dann zum Verkleinern von dessen Abzugöffnung. Es läßt sich zwar nicht leugnen, daß durch ihre Betätigung bei niedrigem Gasdruck eine Erhöhung der Lichtentwicklung herbeigeführt wird. Tritt dann aber der normale Gasdruck ein und vergißt man, sie wieder zu öffnen, so verursachen sie Kohlenoxydbildung und bringen damit die Gefahr der Vergiftung ins Haus. Außerdem wird bei ihrer Anwendung sehr häufig der Glühkörper beim Anzünden des Brenners infolge der heftigen Explosion zerstört. Andere Gassparer bringt man unten am Zylinder an und regelt mit ihnen den Zutritt der Zweitluft, was ebenfalls zur Kohlenoxydbildung führen kann. Eine dritte Art hat den Zweck, den Innenraum des Glühkörpers teilweise auszufüllen und die Flamme an das Gewebe heranzudrücken. Diese Sparer sind bei Stehlicht Verdickungen des Tragestifts oder Brennscheiben, bei Hängelicht Verdickungen des Mundstücks. Alle diese Gassparer sind einem gefühlsmäßigen Empfinden für die Mängel des heutigen Gases entsprungen, ohne daß das Urteil ihrer Urheber durch Sachkenntnis getrübt gewesen wäre. Daher wird mit ihnen der angestrebte Zweck fast stets nur unvollkommen erreicht und häufig in sein Gegenteil verkehrt. Mit den früher angegebenen einfachen Maßnahmen gelingt es jedenfalls viel leichter, besser und billiger, die durch die Ungunst der Zeit entstandenen Schwierigkeiten der Gasversorgung mit den verfügbaren Mitteln auszugleichen.

Buchliteratur.

Ahrens, Die Entwicklung des hängenden Gasglühlichts, München 1907;
Bertelsmann, Lehrbuch der Gasverwendung, Stuttgart 1911;
Böhm, Die Fabrikation der Glühkörper, Halle 1910;
Strache, Gasbeleuchtung und Gasindustrie, Braunschweig 1913.

Sechster Abschnitt.

Die Beleuchtung mit festen und flüssigen Brennstoffen und die Azetylenbeleuchtung.

Von Dr. **H. Lux.**

Die Beleuchtung mit festen Brennstoffen. Die Benutzung fester Brennstoffe zur Lichterzeugung, die im Herdfeuer, dem brennenden Holzscheite, der Pechfackel den historischen Ausgangspunkt der Leuchttechnik bildete, hat in der Gegenwart nur noch eine sehr untergeordnete technische und wirtschaftliche Bedeutung. Freilich haben der Krieg und die sozialen Kämpfe der Gegenwart den stark in den Hintergrund geschobenen Leuchtmitteln der Alten gelegentlich eine unerwartet hohe Bedeutung verliehen. Wenn Gas- und Elektrizitätswerke plötzlich ihren Dienst versagten, hat mancher Haushalt die peinliche Unterbrechung in der gewohnten Lebensführung nur mit ein paar elenden Kerzenstümpfen zu überwinden vermocht. Aber auch in der störungsfreien Zeit spielt die Kerzenbeleuchtung bei weihevollen Handlungen noch immer eine traditionelle Rolle. Da zudem an der Kerze zuerst und in klassischer Weise von Faraday das Wesen der Flamme studiert worden ist[1]), so muß schon der Vollständigkeit halber auf die Beleuchtung mit festen Brennstoffen kurz eingegangen werden.

Die Hauptvertreterin dieser Beleuchtungsart ist die aus Wachs, Stearin, Talg oder Paraffin hergestellte Kerze, bei der ein Baumwollendocht von einem festen, aber leicht schmelzbaren Kohlenwasserstoffe umgeben ist. Wenn der Docht durch irgendeine Flamme auf seine Entzündungstemperatur gebracht wird, brennt er, und die Wärme seiner Flamme bringt das Kerzenmaterial zum Schmelzen. Flüssig steigt dieses im Dochte in die Höhe, vergast in der Flamme und unterhält dadurch die Flamme selbst. Die Verbrennungsprodukte der Flamme sind im wesentlichen Wasserdampf und Kohlendioxyd, deren Bildung bei vollständiger Verbrennung im äußersten Kerzensaume stattfindet. Ganz im Inneren der Flamme, wo Luft nur in unvollständiger Weise zutreten kann, findet nur die Vergasung des Brennstoffes statt, in der diesen inneren Kern umgebenden Zone verbrennt der Brennstoff unvollständig und scheidet Kohlenstoff ab, der durch die Flammenwärme in Weiß-

[1]) M. Faraday, Lectures on the chemical history of a candle. 1862.

glut versetzt wird und die Flamme leuchten läßt. Diese Leuchtzone der Flamme ist von einer nichtleuchtenden Hülle umgeben, in der auch der Kohlenstoff schließlich vollständig verbrennt.

Für das ordnungsmäßige Funktionieren der Kerze ist auch die vollständige Verbrennung des Dochtes wesentlich. Kerzen mit einfach gedrehtem Dochte lassen in dieser Beziehung viel zu wünschen übrig. Der Docht wird allmählich zu lang, ragt aus der Flamme heraus und veranlaßt diese zu Rußabscheidung. Zu jeder Kerze gehörte deshalb auch bis in die Mitte des XIX. Jahrhunderts hinein die »Lichtputzschere«, mit der alle paar Minuten der Docht gekürzt werden mußte, eine dauernde Belästigung des bei Kerzenbeleuchtung Arbeitenden, die Goethe zu dem Stoßseufzer veranlaßte:

»Wüßte nicht, was sie besseres erfinden könnten,
Als daß die Lichter ohne Putzen brennten.«

Der erwähnte Übelstand wurde durch Tränken des Dochtes mit Borax- oder Borsäurelösung und durch Verwendung geflochtener Dochte überwunden. Die verschiedene Spannung der einzelnen geflochtenen Fäden und ebenso die Bildung des »Borglases« veranlassen eine Krümmung des Dochtes seitlich aus der Flamme heraus, wo sein Ende in der heißesten Flammenzone vollständig verbrennen kann.

Eine Abart der Kerzen sind die bis Ende des XIX. Jahrhunderts im Erz- und im Salzbergbau noch vielfach verwandten, flachen Unschlittlampen. Diese Lampen bestanden aus einer niedrigen, an einer Seite zu einer Tülle zusammengebogenen Blechschale, die mit geschmolzenem Hammel- oder Rindertalg angefüllt war; durch die Tülle wurde ein gedrehter Baumwoll- oder Flachsdocht hindurchgeführt. Während des Krieges haben diese Lampen als »Hindenburglampen« ihre Auferstehung gefeiert.

Die Lichtausbeute der Kerzenbeleuchtung ist überaus schlecht. Der stündliche Verbrauch beträgt 6 bis 9 g, wofür 0,76 bis 1,51 HK in horizontaler Richtung geliefert werden. Der spezifische Verbrauch beträgt 8,24 bis 5,32 g/HK-Std.[1]) Zum Vergleich mit dem spezifischen Verbrauch elektrischer Lampen kann dieser Wert in Watt für 1 HK umgerechnet werden. Er ist hierzu mit der Verbrennungswärme des Paraffins von 11,14 Cal/g und mit dem Umrechnungsfaktor von 1,16 Wattstunden/Cal zu multiplizieren. Man erhält dann als spezifischen Verbrauch der Paraffinkerzenbeleuchtung 106,4 bis 68,7 Watt/HK_{hor} bezw. 133 bis 86 Watt/$HK_{\ominus}$.

Die Ölbeleuchtung. Die Beleuchtung mit vegetabilen Ölen, die im klassischen Altertume, bei den Ägyptern, Griechen und Römern eine überaus große Rolle spielte, und die bis in die sechziger Jahre

[1]) W. Wedding. Beleuchtungsfragen in ernster und schwerer Zeit. Zeitschr. f. Bel. XXV. 1919, S. 19.

des XIX. Jahrhunderts die wichtigste Beleuchtungsart in Haus und Werkstatt gewesen war, ist heute gleichfalls vollständig veraltet. Sie findet nur noch in Bergwerken, die frei von schlagenden Wettern sind, als Notbeleuchtung in Theatern, auf einigen Eisenbahnnebenlinien und hie und da als Nachtbeleuchtung in Krankenzimmern bescheidene Anwendung. Die Ölbeleuchtung ist durch das im Jahre 1859 für Beleuchtungszwecke allgemein in Aufnahme gekommene Petroleum sogar in noch stärkerem Maße verdrängt worden als die Kerzenbeleuchtung. Bei den Öllampen macht sich der besondere Umstand unangenehm geltend, daß das Öl nur schwer in den Dochten in die Höhe steigt, und daß es daher durch künstliche Mittel auf die Höhe der Dochtoberfläche gehoben werden muß. Zur Erreichung dieses Zweckes ist sehr viel Erfindergeist aufgewandt worden. Die Sammlungen im »Museum des Beleuchtungs- und Wasserfaches« in Berlin-Charlottenburg, sowie im »Deutschen Museum« in München legen hierfür beredtes Zeugnis ab[1]).

Die Petroleumbeleuchtung. Ihrer Verbreitung nach hat die Petroleumbeleuchtung auch in der Gegenwart — trotz Konkurrenz durch Gas und Elektrizität — die weitaus größte Bedeutung. Sie ist begründet durch die Unabhängigkeit des Beleuchtungsgerätes von Energiezentralen und die leichte Teilbarkeit des Lichtes, und sie wird gefördert durch eine großartige Organisation des Petroleumhandels, der dieses wertvolle Leuchtmittel über den ganzen Erdball verteilt: in die Hütten der Steppen und an die Grenzen des Polarmeeres, in die höchsten Schutzhütten der Alpen und in die luxuriösesten Haushalte der Großstädte. Es dürfte nur wenige Haushalte auf der Welt geben, wo das Petroleum noch nicht oder nicht mehr vertreten ist. In den mit Gas und Elektrizität versorgten Kulturgebieten hat die Verwendung des Petroleums zwar stark abgenommen, und die Blockade Deutschlands während des Krieges hat es in Deutschland und Österreich fast eliminiert; aber grade der hierdurch hervorgerufene Notstand hat deutlich die derzeitige Unentbehrlichkeit des Petroleums dargetan. Es sind zwar Ersatzbeleuchtungsgeräte in großer Fülle geschaffen worden, aber keines von ihnen vermochte die einfache Petroleumlampe hinsichtlich der leichten Bedienbarkeit, der Zuverlässigkeit und der Billigkeit zu erreichen.

Vorkommen und Eigenschaften des Petroleums. Das Leuchtpetroleum ist ein Bestandteil des seit Jahrtausenden bekannten und an verschiedenen Teilen der Erde in enormen Mengen vorkommenden Rohpetroleums. Besondere Bedeutung haben die Erdölvorkommen

[1]) Eine schöne Zusammenstellung der verschiedenen Formen und Konstruktionen von Öllampen findet sich in »Hans Krämer, Der Mensch und die Erde« Bd. VII, Deutsches Verlagshaus, Bong & Co. Berlin 1911.

in den Vereinigten Staaten von Amerika, in Rußland, Rumänien, Galizien, Mexiko, Britisch- und Niederländisch-Indien.

Die gesamte Rohpetroleum-Produktion betrug 1912 in den

Vereinigten Staaten von Amerika	29,67	Mill.	t
Rußland	9,17	»	»
Mexiko	2,23	»	»
Rumänien	1,80	»	»
Niederländisch-Indien	1,52	»	»
Galizien	1,15	»	»
Britisch-Indien	0,86	»	»
Japan	0,22	»	»
Peru	0,22	»	»
Deutschland (inkl. Elsaß-Lothringen)	0,14	»	»
zusammen	47,01	Mill.	t.

Das Rohpetroleum ist seiner chemischen Zusammensetzung nach im wesentlichen ein Gemisch verschiedener Kohlenwasserstoffe aus der Methan- und der Äthylenreihe; in geringerer Menge kommen auch Kohlenwasserstoffe der Naphtengruppe und weiterer kohlenwasserstoffreicherer Reihen von der allgemeinen Zusammensetzung C_nH_{2n-2}; C_nH_{2n-4}; C_nH_{2n-6} vor, und zwar ändert sich die Zusammensetzung des Rohpetroleums stark mit seinem Fundorte.

Bei der Gewinnung des Leuchtöles wird auf dessen feinere Zusammensetzung keine Rücksicht genommen. Man unterwirft das Rohpetroleum bei drei Temperaturen: bis 150°, zwischen 150 und 270° und über 270° der fraktionierten Destillation und bezeichnet die zwischen 150 und 270° übergehende Fraktion, die noch mit konzentrierter Schwefelsäure gereinigt wird, als Leuchtöl. Das manchmal, aber durchaus nicht immer noch einer Redestillation unterworfene Leuchtöl weist nicht unbeträchtliche Mengen unter 150° und über 270° siedender Bestandteile auf; von den ersteren bis 9%, von den letzteren, besonders bei den russischen und rumänischen Leuchtölen bis zu 19%. Das Leuchtöl soll eine Dichte von 0,790 bis 0,820, höchstens 0,826 haben. Bei einem Barometerstande von 760 mm und 21° darf es nach den deutschen Vorschriften keine entflammbaren Dämpfe entwickeln (Testpunkt). Innerhalb der durch die Testtemperatur und die Dichte gestatteten Grenzen bleibt für das Leuchtöl noch ein sehr weiter Spielraum für verschiedene Qualitäten, was schon aus der großen Temperaturdifferenz (150° bis 270°) hervorgeht, bei der diese Fraktion gewonnen wird. Je reicher das Leuchtöl an leichter siedenden Bestandteilen ist, desto heller ist es, desto leichter brennt es, und eine um so hellere Flamme liefert es. Die Verbrennungswärme der in Deutschland handelsüblich gewesenen Leuchtölsorten beträgt rd. 11000 Cal/kg.

Die unter 150° siedende Fraktion, das Rohbenzin, wird einer nochmaligen fraktionierten Destillation unterworfen, wobei die folgenden Destillate gewonnen werden:

	Siedepunkt	Dichte
Petroläther (Gasolin) . . .	50 bis 70°	0,660 bis 0,680
Leichtbenzin	70 » 90°	0,680 » 0,707
Ligroin	90 » 120°	0,707 » 0,722
Petroleumsprit	120 » 150°	0,730 » 0,750

Die beiden erstgenannten Fraktionen werden gelegentlich zu Beleuchtungszwecken benutzt.

Die über 270° siedenden Bestandteile werden gleichfalls noch der fraktionierten Destillation unterworfen, und man erhält aus ihnen zwischen 275° bis 300° das Gasöl, das zur Herstellung von Leuchtgas benutzt wird, ferner: Schmieröl, Paraffinöl, Vaselin, Asphalt und als Rest Koks.

An dieser Stelle interessiert vornehmlich das Leuchtpetroleum. Seine Überlegenheit über die früher zur Lichterzeugung benutzten vegetabilen Öle ist in erster Linie in seiner geringeren inneren Reibung (Viskosität) begründet, die den Aufstieg in engen kapillaren Röhren, d. h. im Dochte ermöglicht, so daß beträchtliche Höhendifferenzen zwischen Brennstoffniveau und Brennermündung überwunden werden können. Zur Konstruktion der Petroleumlampen bedurfte es also nicht der komplizierten Einrichtungen, die bei den Öllampen zur Konstanterhaltung des Brennstoffniveaus erforderlich waren, um immer eine gleichmäßige Flammenhöhe und damit auch eine unveränderliche Lichtstärke zu sichern. Hierin ist einer der Hauptgründe zu erblicken, weshalb sich das Petroleum mit so fabelhafter Geschwindigkeit Eingang zu verschaffen vermocht hatte.

Ohne große theoretische Erwägungen wurden schon in den sechziger Jahren des vorigen Jahrhunderts Petroleumbrenner konstruiert, die allen billigen Ansprüchen genügten, indem zwischen der zu verbrennenden Petroleummenge und der erforderlichen Verbrennungsluft rein empirisch ein solches Verhältnis hergestellt wurde, daß eine gut leuchtende und nicht rußende Flamme entstand. Ein besonderes Verdienst um die Durchbildung der Petroleumlampe haben sich insbesondere Berliner Firmen (Wild & Wessel, Stobwasser, Schuster & Bär, Schwintzer & Gräff u. a. m.) erworben, die sehr bald für den Petroleumbrenner bestimmte typische Formen schufen, für die erst wesentlich später die theoretischen Grundlagen durch Stepanoff ermittelt worden sind.

Die Petroleumbrenner. Abgesehen von dem Flachdochtbrenner, bei dem unter einer geschlitzten Dochtkappe eine Schwelflamme entsteht, die durch Beimengung einer genügenden Luftmenge in eine nichtrußende Leuchtflamme verwandelt wird, haben sich hauptsächlich zwei Brennertypen entwickelt, die in Abb. 1 zusammen abgebildet sind. Rechts von der Mittelachse sehen wir den sog. Kosmosbrenner, wohl den verbreitetsten Petroleumbrenner, links den sog. Solar- oder Mondbrenner. Bei beiden Brennern ist der Docht, bzw. das Dochtrohr in der gleichen Weise ausgebildet. Dieses Dochtrohr ist ein konisches Doppelrohr, in dem ein breiter Flachdocht durch Regulierschraube und Zahnrädchen auf- und niedergedreht werden kann. Der Flachdocht schließt sich an der Brennermündung zu einem vollständigen Kreise zusammen. Hier kommt das durch den Docht emporgesaugte Petroleum zur Verbrennung. In das Innere des Dochtdoppelrohres wird Verbrennungsluft durch einen keilförmigen Schlitz eingeführt, und von außen wird weitere Verbrennungsluft im sog. Brennerkorbe emporgeführt. Ein die Brennermündung und die Flamme umgebender Glaszylinder mit Einschnürung sorgt für die genügende Luftzuführung zur Flamme. Bei dem Solarbrenner wird um das konische Dochtrohr noch eine besondere Kappe angeordnet, zwischen der und dem Dochtrohre ein starker Luftstrom emporsteigt, außerdem wird über der Brennermündung eine »Brandscheibe« aufgesetzt, die die Flamme zwingt, sich nach außen kugelig auszubreiten. Dementsprechend ist der Zugzylinder oft auch mit einer kugeligen Ausbauchung versehen.

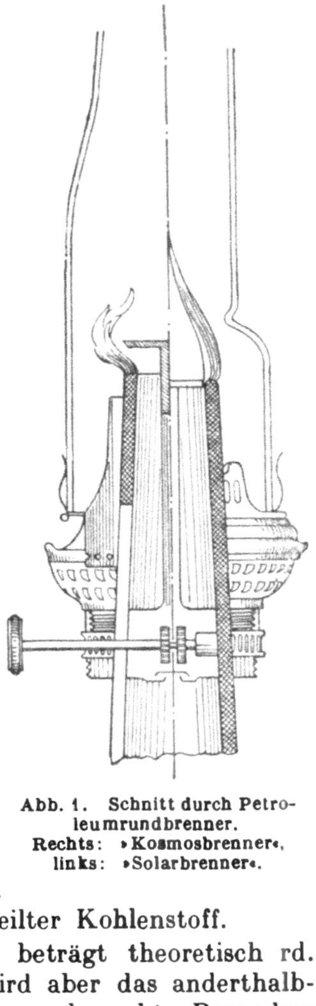

Abb. 1. Schnitt durch Petroleumrundbrenner. Rechts: »Kosmosbrenner«, links: »Solarbrenner«.

Auf diesen beiden Haupttypen bauen sich alle anderen Brennerkonstruktionen auf, die in großer Mannigfaltigkeit — vornehmlich in den achtziger und neunziger Jahren des vorigen Jahrhunderts — auf den Markt gebracht worden sind, und die fast alle darauf hinausliefen, durch Vergrößerung der Flamme und Verbesserung der Luftzufuhr die Lichtstärke zu erhöhen.

Die Bildung der Leuchtflamme geschieht bei allen Petroleumbrennern in der gleichen Weise wie bei der leuchtenden Kerzenflamme. Das leuchtende Prinzip ist gleichfalls fein verteilter Kohlenstoff.

Der Luftverbrauch der Petroleumflamme beträgt theoretisch rd. 1150 l auf 100 g Petroleum. In der Praxis wird aber das anderthalbfache bis doppelte der theoretischen Luftmenge verbraucht. Besonders bei Verwendung russischen und rumänischen Petroleums muß für eine sehr reiche Luftzufuhr gesorgt werden, da die Flamme sonst leicht rußt.

Die Lichtausbeute der Petroleumbeleuchtung. Der sog. 14''-Kosmosbrenner verbraucht in der Stunde rd. 40 g Petroleum und liefert hierfür 14,2 HK in horizontaler Richtung oder 12 $HK_{\ominus}$. Der spezifische Verbrauch beträgt hiernach 2,82 g/HK_{hor}-Std. bezw. 3,33 g/$HK_{\ominus}$-Std. Bei einer Verbrennungswärme des Petroleums von ca. 11000 Cal/kg entspricht dies einem spez. Verbrauche von 42,3 Watt/$HK_{\ominus}$. Von der gesamten zugeführten Energie werden rd. 0,25% in Licht umgesetzt, der Rest wird in Wärme verwandelt. Der Hauptbeleuchtungsapparat des kleinen Mannes ist also, abgesehen von den Kerzen, die unwirtschaftlichste Lichtquelle, die wir überhaupt haben. Wegen dieser Energieverschwendung wurde deshalb auch sofort nach dem Auftreten des Gasglühlichtes versucht, dieses Prinzip auf die Petroleumlampe zu übertragen. Die überschwänglichen Hoffnungen, die in die Petroleumglühlicht-Tischlampe gesetzt worden sind, haben sich bisher nicht erfüllt, und von den zahllosen Konstruktionen, die auf den Markt geworfen worden sind, hat sich keine einzige durchzusetzen vermocht.

Petroleumglühlicht. Zur Erzeugung von Petroleumglühlicht sind zwei wesentlich voneinander verschiedene Methoden im Gebrauche, je nachdem es sich um den Betrieb von Tischlampen oder Starklichtquellen handelt. Die Voraussetzung zur Erzeugung von Glühlicht ist eine vollkommen entleuchtete Bunsenflämme, die den Glühkörper beheizt, ohne ihn durch Rußabscheidung unbrauchbar zu machen. Die Verwirklichung dieser Bedingung ist bei der Verwendung von Petroleum überaus schwierig, da es, wie wir gesehen haben, ein Gemisch verschiedener Kohlenwasserstoffe mit stark voneinander abweichenden Siedepunkten ist. Es ist deshalb auch nicht leicht, Petroleumdampf von einheitlicher Dichte und einheitlicher Zusammensetzung zu erzeugen. Wegen der relativ hohen Dichte des Petroleumdampfes macht außerdem die Durchmischung des Dampfes mit der zur völligen Verbrennung erforderlichen Luft beträchtliche Schwierigkeit, zumal die zuzuführende Mischluft etwa das 25- bis 30fache Volumen des Petroleumdampfes einnimmt. Nur bei den Starklichtlampen sind diese Schwierigkeiten allmählich behoben worden, dagegen noch nicht bei den Tischlampen.

Bei der Konstruktion der Tischlampen für Petroleumglühlicht ist man von der gewöhnlichen Brennerkonstruktion ausgegangen, bei der bereits durch Wirkung des Zugzylinders ein durch Brennerkappen und Verteilerscheiben geführter starker Luftstrom der Flamme zugeführt wird, um sie zu rußfreiem Brennen zu bringen. Verstärkt man die Wirkung des Zugzylinders durch einfache Verlängerung und erzeugt man in der Höhe der Dochtoberkante durch geeignete Anordnung von Dochtkappen und Verteilerscheiben mehrere scharf aufeinander prallende Luftströme, so entsteht an dieser Stelle ein Luftwirbel, der die anfängliche Dochtflamme vom Dochte abreißt und die entstehenden Schwelgase stark mit Luft durchmischt. Es bildet sich dann eine entleuchtete Petroleumflamme, mit der ein Glühkörper beheizt werden kann. Aber die so erzeugte Blauflamme ist wenig stabil. Aus Schönheitsgründen kann man den Zugzylinder nicht so lang machen, daß ein genügend starker Luftstrom erzeugt wird. Die entleuchtete Petroleumflamme befindet sich daher auch dauernd im labilen Gleichgewichte, und die geringste Störung kann Anlaß dazu geben, sie in die gewöhnliche Leuchtflamme zurückschlagen zu lassen. Der Glühkörper verrußt dann rasch vollständig, und da die gebildete Rußschicht den Luftzug drosselt, so beginnt eine solche Lampe sehr bald in unerträglicher Weise zu qualmen. Schon die Bildung minimaler Rußflecken auf dem Glühkörper vermag verhängnisvolle Wirkungen auszuüben. Die Natur des Dochtes begünstigt aber geradezu die Bildung von Rußflecken; wenn sich nur ein einziges Dochtfäserchen aus der sonst glatten Dochtoberfläche heraushebt, so entsteht hier ein weiß brennendes Flämmchen, das zur Rußausscheidung auf dem Glühkörper Anlaß gibt.

Dazu kommt dann noch ein weiteres in der Natur der Petroleumlampe begründetes störendes Moment. Die Viskosität des Petroleums ändert sich stark mit der Temperatur. Ist beim Anstecken der Lampe die Flamme sorgfältig auf den entleuchteten Zustand eingestellt worden, so kann doch nicht verhindert werden, daß sich die Brennerteile allmählich erwärmen; damit wird das Petroleum dünnflüssiger und steigt leichter im Dochte empor. Der Flamme wird dann mehr Petroleum zugeführt als zur Bildung der entleuchteten Flamme erforderlich ist, und die Blauflamme schlägt in die Leuchtflamme um. Die Petroleumglühlicht-Tischlampe muß daher während des Betriebes dauernd sorgfältig überwacht werden, und sowie man merkt, daß sie »nachzieht«, d. h. daß zuviel Petroleum der Flamme zugeführt wird, muß der Docht heruntergeschraubt werden. Dreht man dann den Docht aber zu stark herunter, so wird wieder zu wenig Petroleum zur Vergasung gebracht, es entsteht ein Dampf-Luftgemisch, das sich der Knallgasgrenze nähert, und die zahlreichen rasch aufeinander folgenden kleinen Explosionen erzeugen ein unerträgliches Geräusch, das die Lampe leicht völlig unbrauchbar macht.

Die zahlreichen Konstruktionen von Petroleumglühlichtlampen, die dicke Bände der Patentliteratur anfüllen, sind alle zu dem Zwecke ersonnen worden, eine stabile, entleuchtete Petroleumflamme zu erzeugen, die Schwierigkeiten zu eliminieren, die mit der Verwendung des Baumwolldochtes verbunden sind, und das »Nachziehen« des Petroleums zu verhüten. Vollkommen ist das Problem jedoch noch nicht gelöst, und selbst die besten auf dem Markte befindlichen Petroleumglühlichtlampen erfordern eine dauernde, sorgfältige Bedienung und Überwachung. Gibt man sich aber die Mühe, die Bedienungsvorschriften genau zu erfüllen und die Lampe zu überwachen, so erzielt man mit der

Petroleumglühlichtlampe recht gute Resultate und eine günstige Lichtausbeute.

Lichtausbeute des Petroleumglühlichtes. Bei einem stündlichen Verbrauche von 40 g Petroleum sind leicht 60 bis 70 HK mittlerer horizontaler Lichtstärke zu erzeugen, entsprechend 48 bis 56 $HK_{\ominus}$. Der spezifische Verbrauch beträgt demnach 0,83 bis 0,72 g/$HK_{\ominus}$-Std. bzw. 10,6 bis 9,1 Watt/$HK_{\ominus}$.

Petroleumglühlichtbrenner. Einer der besseren Petroleumglühlichtbrenner ist der Kronosbrenner der Hugo Schneider A.-G. in Leipzig-Paunsdorf, der in Abb. 2 abgebildet ist. Der eigentliche Brenner, der auf jede Petroleumlampe aufgeschraubt werden kann, besteht aus dem von dem Brennerkorbe *J* umgebenen Dochtrohre, das zusammen mit dem Dochte durch die Regulierschraube *F* gehoben oder gesenkt werden kann. An seinem oberen Ende ist das Dochtrohr von der perforierten Vergaserkappe *K* umgeben, während sich im Innern des Dochtrohres die aus diesem herausragende, gleichfalls perforierte Brandscheibe *G* befindet. Im normalen Zustande sind diese Teile noch von der gleichfalls perforierten Brennerkappe *H* umgeben, die in den Ring *D* hineinragt, an den sich das untere Ende des konischen, oben offenen Glühkörpers stützt. Die Brennerkappe *H* liegt auf einem Teller auf, der vermittelst des Stellhebels *E* gehoben und gesenkt werden kann, so daß das obere Dochtende zum Anzünden der Lampe freigelegt werden kann. Hat man diese Teile mitsamt der Zylindergalerie und dem Glühkörper hochgehoben, so schraubt man den Docht durch Drehen des Schlüssels *F* etwas über den Vergaser *K* heraus und zündet ihn an. Wenn der Docht rund herum brennt, schraubt man ihn soweit zurück, daß die Flamme ganz klein brennt. Dann läßt man die Zylindergalerie herunter und läßt den Brenner sich einige Sekunden erwärmen. Hierauf schraubt man den Docht wieder etwas höher, so daß der Glühkörper etwa bis zur Hälfte erglüht. Mit der fortschreitenden Erwärmung wird Petroleum stärker nachgesaugt, und allmählich kommt dann der Glühkörper zu voller Glut. Von Zeit zu Zeit muß freilich auch dieser Brenner nachreguliert werden.

Der im Systeme beruhende prinzipielle Fehler der Petroleumglühlichtlampe wird durch den erfolgreichen Lampenkonstrukteur Paul Lucas dadurch zu beseitigen gesucht, daß er das Dochtrohr selbst als Vergaser ausbildet und die auftretenden Petroleumdämpfe in einen ringförmigen Brenner führt, an dessen Austrittsstelle sie mit Luft gemischt werden. Der Brenner ist schematisch in Abb. 3 abgebildet. Der Docht 1 wird von einem dünnwandigen Rohre 2 gefaßt und mit diesem Rohre in das starkwandige Rohr 3 eingeschoben. Der Docht ist an seinem oberen Ende aus unverbrennbarem Materiale hergestellt und füllt das Rohr 3 nicht vollständig aus. Es entsteht deshalb in dem Rohre 3 ein Vergasungsraum, der durch die Röhrchen 7 mit dem ringförmigen Brenner 8 kommuniziert. Das Rohr 3 endet oben in einem engen, starkwandigen Rohre 5, an dem der Flammenteiler 13 angeordnet ist. Da die Brennermündung noch von der Brennerkappe 12 umgeben ist, so wird die durch das Innere des Brennerringes bei 10 und die von außen bei 11 angesaugte Luft gerade an der Brennermündung zu einem starken Richtungswechsel und zur Wirbelbewegung gezwungen, so daß die austretenden Petroleumdämpfe gut mit Luft durchmischt werden. Die Einleitung der Vergasung

Abb. 2.
Petroleum-Glühlichtbrenner für entleuchtete Dochtflamme.

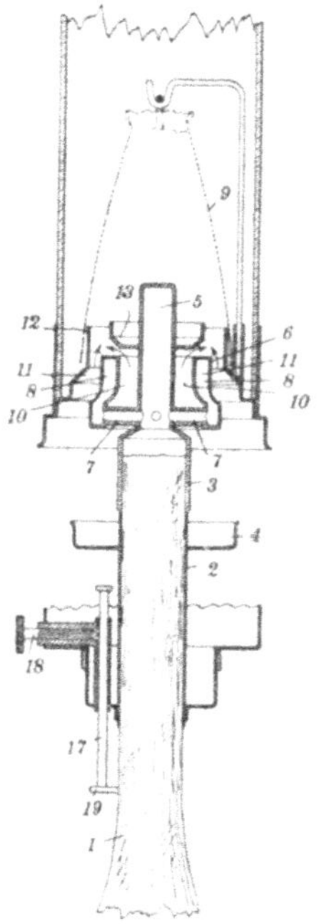

Abb. 3.
Petroleumglühlichtbrenner mit Dampfflamme von Paul Lucas.

geschieht durch die Verbrennung eines kleinen Spiritusquantums in Anheizschale 4. Nachdem sich die Hauptflamme an der Brennermündung gebildet hat, wird die weitere Vergasung durch Wärmeleitung vermittelst der starkwandigen Rohre 5 und 3 unterhalten. Der Brenner, der kurz vor Ausbruch des Krieges im Laboratorium gute Resultate ergab, ist bisher noch nicht auf den Markt gekommen, weil der derzeitige Petroleummangel die Petroleumbeleuchtung in Deutschland praktisch völlig unterbunden hat.

Petroleum-Starklichtlampen. Die soeben beschriebene Petroleumglühlichtlampe von Lucas leitet zu den Petroleum-Starklichtlampen über, die den zweiten Haupttypus der Petroleumglühlichtlampen repräsentieren, und die sämtlich nach dem Vergaser-Prinzipe konstruiert sind. Bei diesen Lampen findet die Verdampfung, wie schon aus dem Namen zu erkennen ist, in einem besonderen Vergaser statt, der von den Abgasen der Hauptflamme beheizt wird. Die erstmalige Einleitung der Vergasung geschieht durch eine Spiritusflamme, die in einer besonderen, unterhalb des Vergasers angeordneten Anheizschale brennt und von einem abgemessenen Quantum Spiritus genährt wird. — Da das Petroleum, wie wir gesehen haben, ein Gemisch verschiedener Kohlenwasserstoffe mit stark voneinander abweichenden Siedepunkten ist, so ist die Verdampfung von Petroleum, sofern sie einigermaßen gleichmäßig vor sich gehen soll, durchaus nicht einfach. Selbst wenn man die Retorte — den »Vergaser« — schon vor Eintritt des Petroleums auf eine hohe Temperatur durch eine Hilfsflamme gebracht hat, werden notwendig zunächst die Petroleumbestandteile mit niedrigem Siedepunkte verdampfen, während die Verdampfung der höher siedenden Bestandteile stark zurückbleibt. Man muß deshalb den Vergaser von vornherein weit über die Verdampfungstemperatur selbst der höchst siedenden Bestandteile hinaus erwärmen, wenn man ein auch nur einigermaßen gleichmäßig zusammengesetztes Dampfgemisch erhalten will. Die Anwendung so hoher Temperaturen ist aber nicht unbedenklich, da hierbei eine teilweise Zersetzung der Kohlenwasserstoffe eintritt, die mit der Ausscheidung von festem Kohlenstoff und der Bildung sehr hochsiedender Kohlenwasserstoffe verbunden ist, die im Petroleum selbst gar nicht vorhanden waren. Diese Zersetzungsprodukte verstopfen die feinen Düsenöffnungen und geben zu schweren Betriebsstörungen Anlaß. Es dürfen daher die Düsenöffnungen nicht unter ein gewisses Maß heruntergehen. Hieraus ergibt sich dann ein bestimmter Minimalverbrauch an Petroleum, bzw. Petroleumdampf, durch den eine minimale Lichtstärke von ca. 300 HK bedingt ist, unter die Petroleumglühlichtlampen nach dem Vergaserprinzipe nicht heruntergehen dürfen, wenn sie einigermaßen betriebssicher arbeiten sollen. Für Lichtquellen so hoher Intensität ist die Verwendungsmöglichkeit natürlich beschränkt. Petroleumglühlichtlampen finden deshalb auch nur zur Beleuchtung von Straßen und Plätzen, Bahnhöfen, Kaianlagen, Kesselschmieden, Leuchttürmen usw. Verwendung.

Bei den Petroleumstarklichtlampen sind zwei Gruppen zu unterscheiden; diejenigen, bei denen der Brennstoff dem Vergaser unter künstlichem Drucke zugeführt wird (durch eingepumpte oder mittels Erwärmung gespannte Luft, durch Kohlensäuredruck o. dgl.), und diejenigen, die bei hochgelagertem Brennstoffbehälter mit natürlichem Brennstoffgefälle arbeiten. Die Lampen der ersteren Art geben zu Störungen häufiger Anlaß, als die der letzteren Art: Zunächst muß mit Hilfe eines am Brennstoffbehälter angebrachten Manometers auf den richtigen Druck eingestellt werden, was immerhin einige Aufmerksamkeit des Bedienungspersonales beansprucht, weiterhin müssen alle Teile, die den unter Druck stehenden Brennstoff enthalten oder fortleiten, also die Behälter, die Zuführungsröhren, Absperrventile usw. sehr sorgfältig gearbeitet sein, damit unter allen Umständen das Austreten flüssigen Petroleums verhütet wird. Auch die Inbetriebsetzung derartiger Drucklampen ist nicht ganz einfach. Es muß ein genau abgemessenes Spiritusquantum in der Anheizschale zur Verbrennung gebracht werden; während der Verbrennung der Spiritusmenge muß die Flamme beobachtet werden, um im richtigen Augenblicke den Zutritt des Petroleums zum Vergaser zu öffnen. Öffnet man zu früh, wenn der Vergaser noch nicht heiß genug ist, oder zu spät, wenn die Spiritusflamme bereits verlöscht ist, so tritt anstatt des Petroleumdampfes flüssiges Petroleum aus der Düse aus, und die Lampe muß außer Betrieb gesetzt werden.

Während des Betriebes selbst muß sodann für Konstanterhaltung des Druckes im Brennstoffbehälter gesorgt werden, da die Vergaserquerschnitte und die Düsenöffnungen auf einen ganz bestimmten Druck eingestellt sind. Sinkt der Druck, was bei längerer Betriebsdauer der Lampen unvermeidlich ist, so tritt der Dampfstrahl nicht mehr mit der erforderlichen Energie aus der Düsenöffnung aus, und es wird infolgedessen weniger Luft mitgerissen als zur vollständigen Verbrennung des Petroleumdampfes, bzw. zur Erzeugung einer entleuchteten Bunsenflamme erforderlich ist. Die Lichtstärke der Lampe beginnt dann stark nachzulassen und schließlich tritt Verrußung des Glühkörpers ein. Gleichzeitig sinkt die Temperatur des Vergasers, so daß das zugeführte Petroleum nicht sofort vollständig verdampft, sondern tropfenweise aus der Düse heraussprizt.

Bei denjenigen Lampen, die durch Hochlagerung des Brennstoffbehälters mit natürlichem Druckgefälle arbeiten, treten diese Übelstände nicht in dem gleichen Maße wie bei den Drucklampen auf. Dafür aber müssen diese Lampen eine sehr große Druckhöhe haben, um nur einen einigermaßen genügenden Druck erhalten zu können. Die Hauptschwierigkeit bei diesen Lampen liegt aber darin, den nur schwach getrockneten Petroleumdampf so zu leiten, daß er nicht eher zur Düse gelangt, ehe nicht jede Verdichtungsmöglichkeit ausgeschlossen ist. Man rüstet deshalb die Lampen dieser Type mit einem unmittelbar an den Vergaser angeschlossenen Überhitzer aus, der im unmittelbaren Bereiche der heißen Flammenabgase liegt; in ihm werden die Petroleumdämpfe vollständig getrocknet. Zweckmäßig werden auch die Lampen der ersteren Kategorie mit einem solchen Überhitzer ausgestattet. — Die Lampen beider Kategorien werden sowohl für stehendes als auch für hängendes Glühlicht gebaut.

Um den Bedingungen an zuverlässiges Funktionieren gerecht zu werden, sind zahlreiche Konstruktionen auf den Markt gebracht worden, die sich freilich meist nur durch die Anordnung des Vergasers und des Überhitzers voneinander unterscheiden. — Wir beschränken uns auf die Beschreibung von zwei Hauptrepräsentanten der beiden Lampenkategorien:

Abb. 4 zeigt eine Drucklampe der Hugo Schneider A.-G. für hängendes Glühlicht. Der Petroleumbehälter umgibt ringförmig den Lampenschornstein. Nachdem er aufgefüllt ist, wird er durch das Ventil 2 hindurch unter Druck gesetzt, bis das Manometer 5 einen bestimmten Druck anzeigt. Hierauf gießt man durch ein Füllkännchen ein von diesem selbsttätig abgemessenes Spiritusquantum durch das Einlaufrohr 10 und entzündet es. Nach einer genau innezuhaltenden Zeit von 3 Minuten wird sodann das Absperrventil 6 geöffnet, und es tritt Petroleum in den Vergaser 13 ein, wo es sofort verdampft. Die noch nassen Petroleumdämpfe gelangen in den in der Achse der Lampe sichtbaren Überhitzer, in dem sie zunächst aufsteigen und dann wieder herabsinken müssen. Hier werden sie, zunächst unter der Wirkung der Spiritusflamme, später unter der Wirkung der heißen Flammenabgase getrocknet und überhitzt und gelangen in die Düse 8, aus der sie in das starke, U-förmig gebogene Mischrohr abblasen, das zur Brennermündung führt. In dieses Mischrohr wird die erforderliche Mischluft angesaugt, das austretende Gemisch entzündet sich an der noch brennenden Spiritusflamme, und die sich nun bildenden heißen Abgase, die natürlich so geführt werden, daß sie selbst in das Mischrohr nicht eintreten können, unterhalten die weitere Verdampfung in dem Vergaser 13, bzw. die Trocknung in dem Überhitzer. Zum Löschen der Lampe wird einfach das Absperrventil 6 geschlossen. Um die sich bildenden, sehr hoch siedenden Kohlenwasserstoffe oder ausgeschiedenen Kohlenstoff zurückzuhalten, ist der Vergaser mit einem Filter aus Drahtgaze ausgefüllt, das von Zeit zu Zeit aus dem Vergaser herausgenommen werden muß. — Die Hugo Schneider A.-G. baut auch Petroleum-Starklichtlampen für natürliches Druckgefälle und ebenso Starklichtlampen für stehendes Glühlicht, von denen sich vor allem die Keroslampen für künstlichen Druck und die Kometlampen für natürlichen Druck bewährt haben.

Eine sehr gut durchkonstruierte Petroleum-Intensivlampe für Hängelicht bringt die Firma Ehrich & Graetz unter der Bezeichnung »Petromax« in den Verkehr. Das durch Druckluft aus dem Brennstoffbehälter herausgepreßte Petroleum gelangt, ehe es zur Vergasung kommt, in ein Rohr, das oberhalb des Bunsenbrenners in mehreren Spiralwindungen um das Abzugsrohr für die heißen Verbrennungsgase herumgewunden ist. Das Petroleum wird also hier bereits stark vorgewärmt, so daß es dünnflüssig wird und bereits teilweise verdampft. Der mit flüssigem Petroleum gemischte Naßdampf passiert dann ein von einer Membranfeder gesteuertes und durch eine Spiralfeder von seinem Sitze zurückgedrängtes Nadelventil und gelangt nunmehr erst in den eigentlichen Vergaser bzw. Überhitzer, der als weiteres Rohr spiralig um den Brennerkopf herumgewunden ist. Der überhitzte Dampf bläst durch eine Düse, in der ein Metallgazenetz eingebettet ist, um unverdampfte Petroleumbestandteile zurückzuhalten, senkrecht nach oben in ein U-förmig nach unten gebogenes Mischrohr ab, das in dem Brennerkopfe endet. Die Membranfeder wird von außen durch ein Kniehebelstück ,das mit Zugstange versehen ist, an das Nadelventil angepreßt, wodurch dieses fest auf seinen Sitz gedrückt wird und sicher den Brennstoffzufluß verhindert. Wird das Kniehebelstück in die Höhe gehoben, so wird die Membranfeder freigegeben und das Nadelventil von seinem Sitze abgehoben. Alle der Verstopfung oder dem Verschmutzen ausgesetzten Teile sind leicht auswechselbar, und eine durch einen schrägen Schlitz

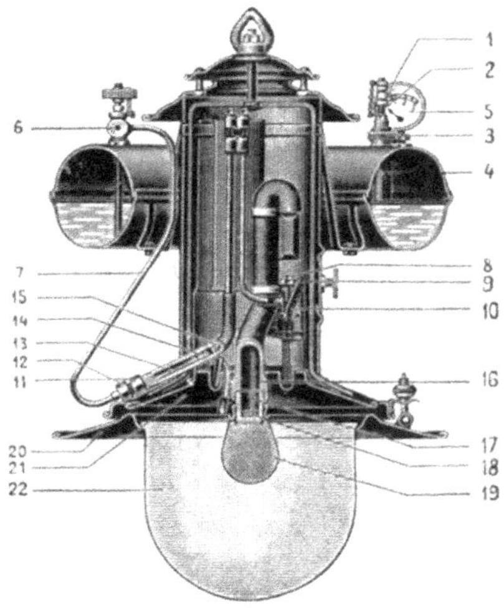

Abb. 4.
Petroleumglühlicht-Drucklampe der Hugo Schneider A.-G.

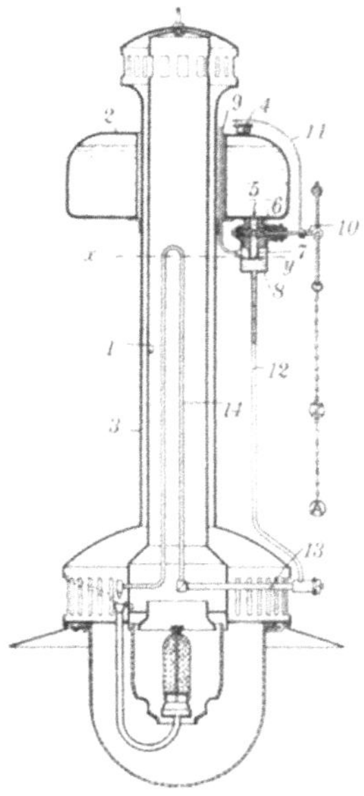

Abb. 5.
Petroleumglühlicht-Intensivlampe von J. Hirschhorn.

zwangläufig geführte Düsenreinigungsnadel gestattet, etwaige Verstopfungen der Düse leicht zu beheben.

Von den Lampen mit natürlichem Druckgefälle gibt die in Abb. 5 abgebildete Petroleumglühlicht-Intensivlampe der Firma J. Hirschhorn, Berlin SO 33 eine Vorstellung. Obwohl diese Firma hauptsächlich Lampen für hängendes Glühlicht in bewährter Konstruktion baut, ziehen wir doch zur Beschreibung eine ältere Ausführung für stehendes Glühlicht heran, um auch dieses System zu veranschaulichen. Der sehr hohe Schornstein 1 der Lampe ist von dem ringförmigen Petroleumbehälter 2 umgeben, der durch die Füllschraube 4 mit Brennstoff gefüllt wird. Um ein Auffüllen des Behälters der Lampe während des Betriebes zu verhindern, ist mit dem Ventilhebel 10 ein Verschlußstück 11 gekuppelt, das die Einfüllöffnung 4 nur freigibt, wenn das Ventil 7 geschlossen ist. Bei geöffnetem Ventile 7 fällt das Petroleum unter natürlichem Drucke durch das Fallrohr 12 und gelangt in den horizontal oberhalb des eigentlichen Brenners gelagerten Vergaser 13. Der entwickelte Naßdampf wird gezwungen, in dem sehr langen und dünnen Überhitzer 14 aufzusteigen und wieder herabzufallen und gelangt völlig getrocknet in die Brennerdüse, die nach dem nach unten gebogenen U-förmigen Brennerrohre abbläst und hierbei die erforderliche Mischluft mitreißt. An der Mündung des Brennerkopfes verbrennt das Dampf-Luftgemisch und beheizt den stehenden Glühkörper. Die Einleitung der Verdampfung geschieht auch hier wieder durch Verbrennung eines abgemessenen Spiritusquantums, während die Verdampfung selbst während des Betriebes durch die heißen Flammengase unterhalten wird.

Bei denjenigen Lampen, bei denen eine bestimmte Zeit nach dem Entzünden der Vorwärmflamme abgewartet werden muß, ehe das Brennstoffventil geöffnet werden darf, kommt es leicht vor, daß das Öffnen zu früh oder zu spät erfolgt, so daß der Vergaser entweder noch nicht genügend vorgewärmt, oder keine Flamme mehr vorhanden ist, an der sich die Brennstoffdämpfe entflammen können. In jedem dieser beiden Fälle liegt die Möglichkeit vor, daß flüssiger Brennstoff aus der Mischdüse austritt. Um diesen Nachteil zu beheben, werden bei verschiedenen Konstruktionen Thermoventile angeordnet die den Zufluß des Brennstoffes nur dann freigeben, wenn dieser gerade die richtige, für die Verdampfung erforderliche Temperatur angenommen hat. Diese Thermoventile werden gewöhnlich von Ausdehnungskörpern gesteuert, die aus zwei Metallen von verschiedenem Ausdehnungskoeffizienten zusammengesetzt sind.

Die Lichtausbeute der Petroleumglühlicht-Intensivlampe. Die Petroleumglühlicht-Intensivlampen werden in den Größen von ca. 300 bis 1800 HK gebaut. Zur Erzeugung von 1000 HK horizontaler Lichtstärke, entsprechend rd. 800 $HK_{\ominus}$ werden 540 g Petroleum stündlich verbraucht. Bei einer Verbrennungswärme von 11000 Cal. ergibt sich hierbei ein spezifischer Verbrauch von 8,64 Watt/$HK_{\ominus}$. Der Verbrauch ist also höher als der des Gasglühlichtes, bei dem für hängendes Glühlicht ein spezifischer Verbrauch von rd. 7 Watt/$HK_{\ominus}$, für stehendes ein solcher von rd. 8 Watt/$HK_{\ominus}$ zu rechnen ist. Diese Erscheinung verblüfft auf den ersten Augenblick, da ja Petroleumdampf eine erheblich größere Verbrennungswärme aufweist als Leuchtgas oder gar Wassergas und Luftgas, bei denen der spezifische Verbrauch bis auf rd. 6,2 Watt/$HK_{\ominus}$ herabgeht. Durchweg weisen diejenigen Gase, die ärmer an schweren Kohlenwasserstoffen sind, auf die Einheit der

Verbrennungswärme bezogen, eine günstigere Lichtausbeute als etwa Petroleumdampf, Ölgas oder Azetylen auf.

Diese Erscheinung ist eingehend studiert worden, aber nicht ganz einfach zu erklären. Jedenfalls spielen hier verschiedene Momente eine wesentliche Rolle. In erster Linie kommt die Verbrennungstemperatur in Betracht. Diese aber hängt von der Geschwindigkeit der Verbrennung ab. Ist einem Gase gerade soviel Luft beigemischt, als zur vollständigen Verbrennung erforderlich ist, so vollzieht sich die Verbrennung explosionsartig und gleichzeitig wird die höchstmögliche Temperatur erzeugt. Zur Glühlichterzeugung eignet sich eine solche »Knallgas«-Flamme aber nicht, weil sie nur sehr kurz ist. Man muß deshalb im Bunsenbrenner immer weniger Luft beimischen als zur vollständigen Verbrennung erforderlich ist. Die Menge der notwendigen Mischluft ist aber bei den verschiedenen Gasen sehr verschieden. Gase, die reich an schweren Kohlenwasserstoffen sind, brauchen mehr Mischluft als ärmere Gase. Ist man dann gezwungen, einem Gase im Bunsenbrenner sehr viel Mischluft zuzuführen, so bringt man neben dem die Verbrennung allein unterhaltenden Sauerstoffe auch noch die vierfache Menge Stickstoff in die Flamme, der, weil er unnötig mit erwärmt werden muß, als toter Ballast wirkt und der Flamme Wärme entzieht. Durch die Zufuhr großer Luft- bzw. Stickstoffmengen in die Flamme wird diese auch voluminöser und erleidet stärkere Wärmeverluste durch Abstrahlung als eine konzentriertere Flamme. — Schließlich vermischen sich die schweren Kohlenwasserstoffe im Bunsen-Mischrohre schwerer mit der Mischluft als Wasserstoff, Methan oder Kohlenoxyd, so daß auch schon aus diesem Grunde bei einem großen Reichtume an schweren Kohlenwasserstoffen eine Verzögerung in der Verbrennung eintritt. Mischt man dem Gase von vornherein ein gewisses Luftquantum bei, wie das bei der Selasbeleuchtung und vor allem beim Luftgase geschieht, so kommt dieses letzterwähnte Moment in Wegfall, und es resultiert dann in der Tat auch wieder eine höhere Lichtausbeute.

Die Beleuchtung mit Benzol, Benzin und Spiritus. Neben der Petroleumbeleuchtung spielt gegenwärtig die Beleuchtung mit Benzol eine nicht unbeträchtliche Rolle, vor allem in Deutschland, wo Benzol zur Zeit der einzige schwere Kohlenwasserstoff — abgesehen vom Azetylen — ist, der in nennenswerten Mengen auf den Markt kommt.

Benzol- und Spiritusglühlichtlampen für höhere Lichtstärken. Diese Lampen unterscheiden sich in prinzipieller Hinsicht so wenig von den beschriebenen Petroleum-Intensivlampen, daß diese für Benzolbetrieb ohne weiteres, und für Spiritusbetrieb nach Ersatz der Düsen durch solche mit weiterer Bohrung benutzt werden können. Da sowohl Benzol als auch Spiritus Stoffe von einheitlicher chemischer Zusammensetzung sind, so ist der Betrieb dieser Lampen wesentlich sicherer und zuverlässiger als der mit Petroleum, denn es ist — reine

Materialien vorausgesetzt — keine Zersetzung im Vergaser zu befürchten, die Verdampfungstemperatur kann niedriger gehalten werden, und es können schließlich, weil das Verstopfen der Düsen durch Zersetzungsprodukte nicht zu befürchten ist, wesentlich engere Düsenöffnungen benutzt werden als bei Petroleumglühlichtlampen. Das heißt, es können leicht Lampentypen von niedrigerer Lichtstärke gebaut werden, die auch zur Beleuchtung im Hause, in Schulen und Werkstätten usw. verwendbar sind.

Für die Benzolbeleuchtung sind hierzu Anlagen geschaffen worden, bei denen eine ganze Reihe von kleineren Einzellampen an eine gemeinsame Leitung angeschlossen sind, die von einer Zentralstelle aus mit Benzol versorgt werden, das einem unter Druck stehenden Behälter entnommen wird. Derartige Anlagen funktionieren bei aufmerksamer Bedienung zu voller Zufriedenheit, aber es darf die Gefahr nicht unterschätzt werden, die mit der Lagerung und Verwendung größerer Mengen von Benzol verbunden ist. Benzol siedet bereits bei 80° bis 85°, wegen der hohen Tension des Benzoldampfes verflüchtigt es sich aber auch schon bei Zimmertemperatur aus einem offenen Gefäße vollständig. Die Benzoldämpfe sinken hierbei zu Boden und können auf dem Fußboden geschlossener Räume ein selbstbrennendes bzw. explosibles Gasluftgemisch bilden, das durch ein achtlos weggeworfenes Zündholz zur Entzündung gebracht werden kann. Dazu kommt dann noch, daß Benzoldämpfe unzweifelhaft giftig sind. Die Beleuchtung mit Benzol ist also durchaus nicht ungefährlich.

Beim Benzolglühlicht ergeben sich, wenn der Brennstoff dem Brenner, bzw. dem Vergaser unter Druck zugeführt wird, entsprechend der Verbrennungswärme des Benzols von 10096 Cal. ähnliche Werte für die absolute und die relative Lichtausbeute wie beim Petroleum.

Bei der Verwendung von Spiritus in Starklichtlampen bleibt dagegen die absolute Intensität hinter den Petroleum-Intensivlampen zurück, weil einmal die Verbrennungswärme des Brennspiritus nur 6890 Cal. (abs. Alkohol 7184 Cal/kg) beträgt, und weil der im Handel befindliche Brennspiritus nur etwa 96% Alkohol enthält, so daß die Verdampfung des Wassers auf Kosten der Verbrennungswärme geschieht.

Benzol- und Spiritustischlampen. Es sind auch Benzoltischlampen konstruiert worden; vor der Benutzung derjenigen Konstruktionen, die im Brennstoffbehälter flüssiges Benzol enthalten, kann jedoch nicht dringend genug gewarnt werden, da diese Lampen überaus feuer- und explosionsgefährlich sind. Ich sehe deshalb hier auch von der Beschreibung der auf dem Markte befindlichen Konstruktionen ab. Mir ist bisher nur eine einzige Konstruktion bekannt geworden, die Benzolglühlichtlampe der Allgemeinen Licht- und Feuerungstechnischen Gesellschaft, Berlin SW, die diese Gefahr nicht in sich birgt. Da diese Lampe zum Typus der Luftgasapparate gehört, soll sie zusammen mit diesen Apparaten besprochen werden.

Im Gegensatz zur Benzol-Tischlampe ist jedoch die Spiritusglühlichtlampe mit großem Erfolge als Tischlampe ausgebildet worden. Nachdem vorübergehend versucht worden war, Spiritusglühlichtlampen nach dem gleichen Prinzipe zu konstruieren wie die Petroleumglühlichtlampen, bei denen eine Dochtflamme mit Luftüberschuß versorgt wird, so daß sie entleuchtet brennt, ist gegenwärtig allgemein das Prinzip der Vergaserbrenner mit Wärmerückleitung angenommen worden. Die Brenner der Zentrale für Spiritusverwertung,

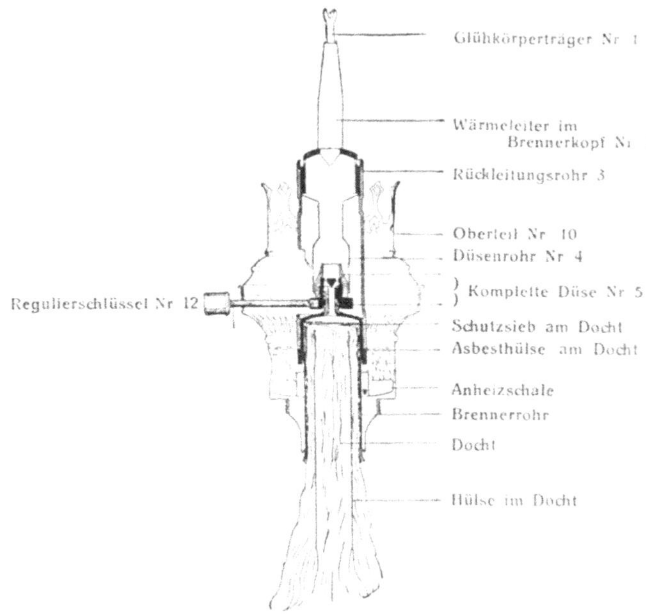

Abb. 6. Spiritusglühlichtbrenner.

von Ehrich & Graetz, sowie von Hugo Schneider A.-G. stellen die wichtigsten auf dem Markte befindlichen Konstruktionen dar. Das Konstruktionsprinzip ist bei allen diesen Brennern das gleiche, und sie weichen meist nur in der Dimensionierung und Anordnung der Einzelteile voneinander ab. Dieses Konstruktionsprinzip sei an Abb. 6 veranschaulicht. Der in den Brennstoffbehälter führende Saugdocht ist in ein starkwandiges, oben geschlossenes Brennerrohr so eingeführt, daß er das Brennerrohr oben nicht voll ausfüllt. Zweckmäßig wird die Dochtstellung durch ein im Brennerrohre befindliches Schutzsieb begrenzt. Von diesem Brennerrohre führt ein Kanal zu der gewöhnlichen Brennerdüse, die zweckmäßig als Regulierdüse ausgebildet ist. Die Düse läßt Spiritusdampf in ein gewöhnliches Bunsenmischrohr austreten, wobei der Dampfstrahl Mischluft mitreißt. Das Mischrohr, auch Düsenrohr genannt, ist von einem starken Metallmantel umgeben, und ebenso trägt der Brennerkopf einen dicken, am besten aus Kupfer hergestellten Stift, der gleichzeitig als Glühkörperträger ausgebildet ist. Brennt die entleuchtete Bunsenflamme, so wird ein Teil der Verbrennungswärme durch den massiven Glühkörperträger und den starken Metallmantel, der das Düsenrohr umgibt, auf das obere Ende des Brennerrohres übertragen, wodurch die Verdampfung von Spiritus unterhalten wird. Die Vergasung wird eingeleitet durch die Verbrennung einer kleinen Menge von Spiritus in einer besonderen Anheizschale, die innerhalb der Brennergalerie angeordnet ist. Bei den besseren Ausführungen kann man das zum Anheizen benötigte Spiritusquantum durch eine kleine, mit dem Brenner fest verbundene Pumpe aus dem Bassin in die Anheizschale

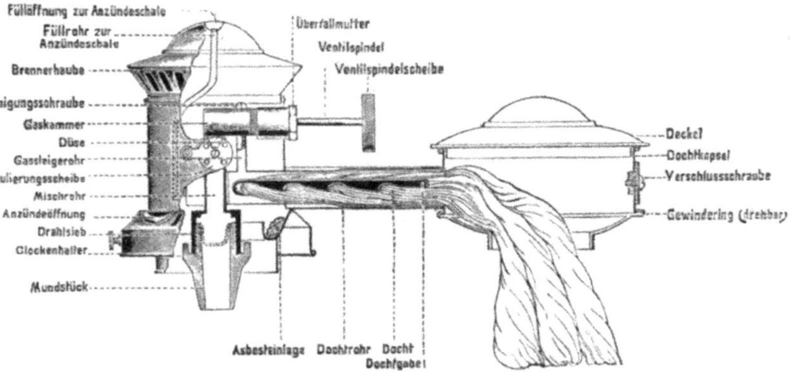

Abb. 7. Spiritusglühlicht-Hängebrenner.

fördern. Der Pumpenhebel betätigt hierbei gleichzeitig auch das Ventil zum Zutritt des Spiritus zu dem Brenner.

Diese Spiritusglühlichtlampen werden in den Größen von 30 bis 80 HK horizontaler Lichtstärke in den Verkehr gebracht.

Die Lichtausbeute des Spiritusglühlichtes. Photometrische Messungen an einem guten Spiritusglühlichtbrenner ergaben bei einem Verbrauche von 129 g in der Stunde 65,3 HK_h oder 42,9 $HK_{\ominus}$. Der spezifische Verbrauch beträgt hiernach 3,0 g/$HK_{\ominus}$-Std. oder 24 Watt/$HK_{\ominus}$ bei einer Verbrennungswärme des Brennspiritus von 6890 Cal/kg.

Spiritus-Hängeglühlicht. Um die günstigere Lichtverteilung des Hängebrenners gegenüber dem stehenden Glühlichtbrenner auch für Spiritustischlampen nutzbar zu machen, sind anch kleine Spiritushängebrenner konstruiert worden, die in jedes Lampenbassin eingeschraubt werden können. Eine von J. Hirschhorn herrührende Konstruktion ist in Abb. 7 abgebildet. Eine Dochtkapsel ist mit einem drehbaren Gewinderinge versehen, der in den Brennstoffbehälter eingeschraubt wird. Von der Dochtkapsel führt ein Dochtrohr nach dem oberhalb des Brennermundstückes angeordneten Vergaser, der durch ein kurzes Steigrohr mit einer als Überhitzer wirkenden Gaskammer verbunden ist. An der Gaskammer sitzt die in das Brennerrohr abblasende Gasdüse unmittelbar an. Eine Ventilspindel in der Gaskammer dient zum Absperren, bzw. zur Regelung des Dampfstrahles, während die Zufuhr an Mischluft durch eine besondere Luftregulierscheibe eingestellt werden kann. Zur Ingangsetzung wird ein abgemessenes Quantum Spiritus durch eine in der Brennerhaube angeordnete Füllöffnung eingegossen, von der es zu einer unterhalb des Vergasers angebrachten, mit Asbest angefüllten Anheizschale gelangt.

Auch die Hugo Schneider A.-G. stellt einen ganz ähnlich konstruierten Spiritus-Invertbrenner für Tischlampen her. Der Brenner eignet sich auch ausgezeichnet für Hängelampen, und es können leicht zwei und mehr Brenner von einem Brennstoffbehälter aus gespeist werden.

Die Lichtausbeute des Hängeglühlichtbrenners ist etwas besser als die des stehenden Brenners.

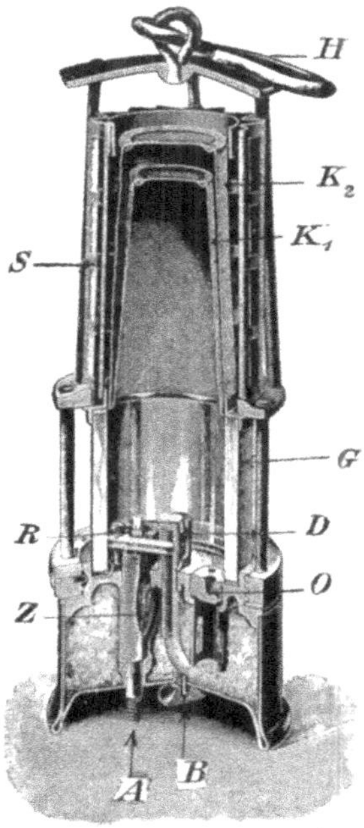

Abb. 8. Gruben-Sicherheitslampe.

Benzinbeleuchtung. Abgesehen von den hie und da verbreiteten Benzinkerzen, die im Weber'schen Photometer benutzt werden und in den Cereisen-Taschenfeuerzeugen ihre Auferstehung gefunden haben, findet die Benzinbeleuchtung nur noch in der Davyschen Sicherheitslampe eine technisch wichtige Anwendung. Von Davy war die Entdeckung gemacht worden, daß ein in die Flamme gehaltenes engmaschiges Drahtnetz die Flamme verhindert, über dem Drahtnetze zu brennen oder auf den Brenner zurückzuschlagen, wenn der Gasstrom oberhalb des über den Brenner gehaltenen Drahtnetzes angezündet wird. Das liegt daran, daß das Drahtnetz die Flammenwärme lange Zeit hindurch stark ableitet. Die von dem Drahtnetze geschützten Teile des Gasstromes gelangen deshalb zunächst nicht auf die Entzündungstemperatur.

Dieses Prinzip ist auf die Konstruktion von Grubensicherheitslampen übertragen worden (Abb. 8). Eine offene, von Benzin gespeiste Flamme brennt am Dochtende innerhalb eines starkwandigen Glaszylinders G, der nach oben durch zwei konische Drahtnetze K_1 und K_2 abgedeckt ist. Durch diese Drahtnetze kann ein explosibles Gasgemisch zwar zur Flamme dringen und sich an dieser entzünden, die Fortpflanzung der Explosion nach außen aber wird durch das doppelte Drahtnetz verhindert, solange es nicht selbst glühend wird.

Für den Betrieb von Steinkohlenbergwerken, in denen sich Grubengas (Methan) befindet, sind diese Sicherheitslampen ganz unentbehrlich. Durch ihre Benutzung wird die Entzündung der sog. »schlagenden Wetter« wirksam verhindert; daneben aber dienen die Benzinsicherheitslampen auch noch als sehr wertvolle Indikatoren für schlagende Wetter. Tritt nämlich Grubengas in eine Davysche Lampe, so bildet sich um die Flamme eine bläuliche Aureole, die dem erfahrenen Bergmann die drohende Schlagwettergefahr anzeigt. Die in Steinkohlenbergwerken benutzten Sicherheitslampen sind gewöhnlich noch mit einem magnetisch verriegelten Sicherheitsverschluß versehen, so daß sie von dem Benutzer nicht ohne weiteres geöffnet werden können. Die Dochtregulierung geschieht durch eine am Boden der Lampe befindliche Schraube, die Zündung erfolgt mittels eines Schneppers, der auf ein mit Knallquecksilberhäufchen versehenes Zündband aufschlägt, dessen Stichflamme den Docht entflammt. Die Lichtstärke der üblichen Sicherheitslampen beträgt etwa 1 bis 1½ HK.

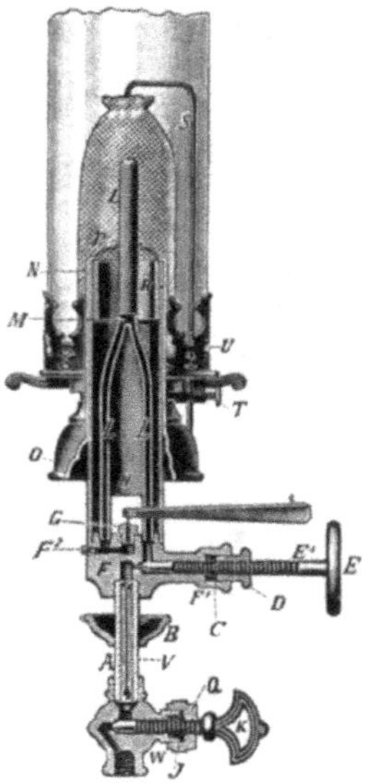

Abb. 9. Benzin-Glühlichtbrenner von Louis Runge, Berlin.

Benzinglühlicht. Wegen der hohen Verbrennungswärme des Benzins und seiner leichten Verdampfbarkeit eignet es sich auch ausgezeichnet zum Betriebe von Glühlichtlampen, ebenso ist das Ligroin (C-Naphtha), das gleichfalls ein leicht siedendes Petroleumdestillat darstellt, für diese Zwecke gut verwendbar. Vor dem Leuchtpetroleum haben diese Stoffe den Vorzug einer gleichmäßigeren Zusammensetzung und eines wesentlich niedrigeren Siedepunktes. Sie ermöglichen deshalb auch die Konstruktion von Vergaserlampen für kleinere Lichtstärken und selbst für Tischlampen. Dem Konstruktionsprinzipe nach schließen sich diese Vergaserlampen eng an die Petroleumstarklichtlampen an. — Ein von Louis Runge, Berlin NO. 16, ausgeführter Naphtha-Glühlichtbrenner für Tischlampen, Hängelampen u. dgl. ist in Abb. 9 abgebildet. Dem Brenner wird der Brennstoff von einem hochliegenden Behälter aus zugeführt, wobei die Brennstoffzufuhr durch das Nadelventil *K* geregelt wird. Der Brennstoff gelangt dann in das mit einem Baumwollfilter *V* ausgefüllte Rohr *A* und von diesem in den Vergaser *L*, der gabelförmig ausgestaltet ist. Die beiden Äste von *L* führen zu einem gemeinsamen, starkwandigen Kupferrohre, das den Brennerkopf durchdringt und als Wärmerückleiter dient. Ein Nadelventil *E* gestattet es, den Vergaser abzusperren und die Brennstoffzufuhr zu ihm zu regeln. Der absteigende Ast des Vergasers *L* führt nach der Düsenleitung F^2. Die Vergasung wird durch Verbrennen eines abgemessenen Spiritusquantums in der Anheizschale *B* eingeleitet. Ist der Vergaser genügend vorgewärmt, so wird das Nadelventil *E* geöffnet, der Brennstoff vergast sofort und bläst als Dampf in das Mischrohr *H* ab, wobei gleichzeitig die nötige Mischluft mitgerissen wird. Die am Brennerkopfe *P* brennende Blauflamme beheizt den Glühkörper *N* und gleichzeitig das obere Vergaserende *L*, so daß die Vergasung dauernd unterhalten wird. Zum Löschen werden die Nadelventile *E* und *K* abgesperrt. In der Abbildung ist über der Düse noch eine zum Zweck der Düsenreinigung eingeführte Reinigernadel sichtbar, die während des Betriebes des Brenners natürlich entfernt ist. Der Brenner wird auch für Lampen mit Brennstoffbehälter unterhalb des Brenners geliefert. Wegen der sehr niedrigen Vergasungstemperatur des Brennstoffes ist diese Ausführungsform jedoch nicht empfehlenswert.

Luftgasbeleuchtung. Für Ortschaften, in denen eine Gasanstalt fehlt, in isoliert stehenden Gebäuden und Gehöften kann die Beleuchtung mit Luftgas Bedeutung haben. Vor dem Kriege waren auch in Deutschland eine große Zahl von kleineren Städten, Badeorten, Gutshöfen usw. mit Luftgas versehen, und selbst in den höchsten Vereinshütten der Tiroler Alpen, so z. B. im Brandenburger Hause in den Ötztaler Alpen, geschah die Beleuchtung mittels selbsterzeugten Luftgases. Dieses Luftgas ist nichts anderes als mit den Dämpfen niedrig siedender Benzinfraktionen (Gasolin) karburierte Luft. Wegen der sehr hohen Tension des Benzindampfes verdampft Benzin schon bei sehr niedriger Temperatur vollständig, und die Benzindämpfe mischen sich der Luft bei, ohne zu kondensieren. Wenn die Außentemperatur nicht unter ca. 6° bis 8° sinkt, kann auch Benzoldampf zur Karburierung der Luft und damit zur Erzeugung von Luftgas benutzt werden. Die Erzeugung von Luftgas ist also verhältnismäßig einfach. Man braucht nur durch irgend ein Mittel einen Luftstrom zu erzeugen, dem man im Gegenstrome in kleinen Portionen Gasolin entgegenführt, und kann so das Gasolin vollständig verdampfen. Trägt man dafür Sorge, daß die kondensationsfähige Menge an Dämpfen sich wirklich niederschlägt, ehe das Gemisch von Luft und Gasolindämpfen weiter geleitet wird, so ist man sicher, daß in den Rohrleitungen, sofern diese nicht erheblich unter 0° abgekühlt werden, keine weitere Kondensation mehr stattfindet. Die in der Rohrleitung befindliche Luft ist mit den Dämpfen der brennbaren Flüssigkeit gesättigt und selbst brennbar gemacht worden, und das so erzeugte »Luftgas« kann wie gewöhnliches Leuchtgas benutzt werden.

Einer der ersten brauchbaren Luftgaserzeuger war die Amberger Gasmaschine, bei der mittels einer durch einen Heißluftmotor betriebenen Pumpe ein Luftstrom durch den »Karburator« getrieben wurde. Dieser Karburator war ein geräumiges, mit Filzplatten in Kammern unterteiltes Gefäß, dessen einzelne Kammern durch gegeneinander versetzte Öffnungen miteinander kommunizierten. Eine zweite, mit der ersten Pumpe gekuppelte Pumpe förderte gleichzeitig flüssiges Benzin in den Karburator, das die Filzplatten berieselte. Es fand infolgedessen sofort eine sehr energische Benzinverdampfung statt, und die in den Karburator gedrückte Luft konnte sich vollständig mit Benzindämpfen sättigen. Der Heißluftmotor wurde durch eine von dem erzeugten Luftgase selbst gespeiste Bunsenflamme befeuert. Bei dieser Amberger Gasmaschine machte die Regulierung der Sättigung der Luft mit Benzindämpfen, entsprechend dem Luftgasverbrauche, einige Schwierigkeiten. Die in weiterer Folge konstruierten Luftgasapparate richteten deshalb

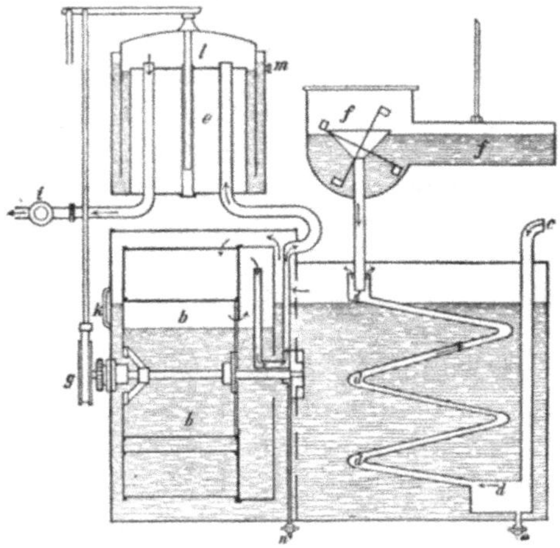

Abb. 10. Luftgasapparat von Thiem & Töwe (schematisch).

hauptsächlich ihr Augenmerk auf eine solche Regulierung der Luftkarburierung, daß bei jeder Belastung des Apparates immer ein gleichmäßig zusammengesetztes Gas entstehen mußte.

Einer der am besten durchkonstruierten und erfolgreichsten Luftgasapparate ist der Benoidgasapparat von Thiem & Töwe in Halle a. S., der in Abb. 10 schematisch dargestellt ist. Durch einen leicht zu betätigenden Gewichtsaufzug wird ein Räderwerk angetrieben, das einerseits ein Spiral-Luftgebläse *b*, anderseits ein Becherwerk *f* in Bewegung setzt. Das Luftgebläse saugt bei *c* durch ein Rohr einen Luftstrom an, der sich in der Richtung der Pfeile in einem von einem großen Wasserquantum umgebenen in Spiralwindungen angeordneten Rohre *d* bewegen muß. Diesem Luftstrome entgegen wird durch das Schöpfwerk *f* aus dem in einem Gefäße *f* aufgespeicherten Vorrate Gasolin (Solin) in genau abgemessenen Quantitäten gefördert, das in den Vergasungskanal *d* gelangt, wo es restlos verdampft. Das damit fertige Luftgas gelangt dann weiter in einen kleinen Gasbehälter *e* und von dort in die

Verbrauchsleitung. Dem Gasbehälter *e* ist zugleich — neben der Aufspeicherung eines kleinen Gasvorrates — die Aufgabe zugewiesen, die Gasproduktion zu regeln. Wenn der Gasverbrauch aufhört, hemmt nämlich der Gasbehälter *e* vermittelst der Bremse *g* das Räderwerk der Luftsaugevorrichtung *b* und zugleich das Schöpfwerk *f*, so daß keine Gasproduktion mehr stattfindet. Wird aber an irgendeiner Stelle der Gasleitung ein Hahn aufgedreht, so sinkt die Gasbehälterglocke *e* und die Bremse *g* wird gelockert. Sofort wirkt dann wieder der Gewichtsaufzug und das Schöpfwerk *f*, sowie das Luftgebläse *b* fangen wieder zu arbeiten an. Die Regulierung ist so fein empfindlich, daß selbst bei den stärksten Belastungsschwankungen ein gleichmäßig zusammengesetztes Gas erzeugt wird. Bei eingehenden Versuchen, die ich mit einem Benoidgasapparate angestellt hatte, der für eine stündliche Erzeugung von 7,5 cbm Luftgas bestimmt war, ermittelte ich, daß bei einer Belastung des Apparates mit einer stündlichen Erzeugung von 600 l Gas, der Heizwert des Gases 3318 Cal. für 1 Liter betrug. Bei einer Steigerung der Produktion auf 6500 l in der Stunde stieg der Heizwert nur auf 3371 Cal. an. Das verdampfte Gasolin hatte hierbei eine Dichte von 0,66 bei 16°. Bei Benutzung eines schwereren Benzins von 0,68 Dichte bei 16° wurde bei der stündlichen Belastung von 500 l ein Gas von 3428 Cal., bei 5200 l ein solches von 3406 Cal. erzeugt. Im letzteren Falle war allerdings infolge des starken Wärmeverbrauches für die Verdampfung die Gastemperatur von 19,0° auf 16,3° gesunken.

Die noch sonst in Deutschland hauptsächlich benutzten Luftgasapparate, die Apparate der Aerogengas-Gesellschaft und der Pentairgas-Gesellschaft weisen in prinzipieller Hinsicht keinen Unterschied von dem Benoidgasapparate auf. Demzufolge hat auch das mit diesen Apparaten erzeugte Luftgas keinen wesentlichen Unterschied von dem Benoidgase. Je nach der benutzten Benzinsorte — wie bereits erwähnt kann auch Benzol zur Benutzung gelangen — hat das erzeugte Luftgas einen Heizwert von 2700 bis 3400 Cal. Das Luftgas ist schwerer als Luft und sinkt infolgedessen zu Boden. Es ist, soweit Benzin zur Verdampfung gelangt, ungiftig. Im Vergleich zum Steinkohlengase oder gar zum Azetylen ist es erheblich weniger explosibel. Die Grenzen der Explosionsfähigkeit liegen zwischen 34 bis 65% Gasbeimischung zur Luft. (Bei Azetylen zwischen 2,8 bis 65% Azetylenbeimischung zur Luft, bei Azetylensauerstoffgemisch zwischen 2,8 bis 93%).

Die Verwendung des Luftgases. Das aus den Luftgasapparaten stammende Gas ist selbstbrennend, d. h. es bedarf nur noch einer sehr geringen Beimischung von Luft, um vollständig und mit nichtleuchtender Flamme zu verbrennen. Es wird deshalb in erster Linie zur Erzeugung von Glühlicht und zum Betriebe von Gaskochern, Bunsen- und Gebläsebrennern in Fabriken und Laboratorien benutzt. Da die Luftgasanstalten sich in steter Betriebsbereitschaft befinden, d. h. die Apparate sofort zu arbeiten beginnen, wenn auch nur eine einzige Flamme angesteckt wird, so haben selbst isoliert im Haushalte oder in Fabriken aufgestellte Luftgasapparate die gleichen Annehmlichkeiten, wie sie mit dem Anschlusse an eine Steinkohlengasanstalt verbunden sind. Die mit dem Beginne des Krieges in Deutschland einsetzenden Schwierigkeiten in der Benzinversorgung haben allerdings den deutschen Luftgasanstalten, sowohl denen, die der Einzelversorgung dienten, als auch denen für die Versorgung kleinerer Kommunen fast vollständig das Lebenslicht ausgeblasen. Einzelne Apparate sind auf die Verwendung von Benzol umgestellt worden, da aber Benzol-Luftgas die unangenehme Eigenschaft hat, schon bei 6 bis 8° Benzol als Flüssigkeit abzuscheiden, so vermochten die Benzol-Luftgasapparate keinen Ersatz für die Benzin-Luftgas-Apparate abzugeben. Bei den gegenwärtigen hohen Kosten des Benzols ist außerdem noch die Erzeugung von Benzol-Luftgas wenig rentabel.

Die Lichtausbeute der Luftgasbeleuchtung. Bei günstiger Einstellung des benutzten Glühlichtbrenners ermittelte ich bei der Untersuchung eines Benoidgasapparates einen spezifischen Verbrauch von 1,291 l/HK_h-Std., entsprechend einem Benzinverbrauche von 0,56 cm^3/HK_h-Std. Bei einem Heizwert des Gases von 3300 Cal/m^3 entspricht dies einem Verbrauch von 4,95 $Watt/HK_h$ bzw. 6,2 $Watt/HK_{\ominus}$. Dieser Wert ist überaus günstig, wie bereits auf S. 186 erwähnt worden ist, wo auch eine Erklärung für die eigentümliche Erscheinung gegeben wurde, weshalb Gase mit einem niedrigeren Kohlenstoffgehalte eine beträchtlich günstigere Lichtausbeute aufweisen. Spektralphotometrische Untersuchungen an einem mit Benoidgas betriebenen Glühlichtbrenner ergaben übrigens auch noch ganz direkt, daß die schwarze Temperatur mit 2593° abs. rd. 90° höher ist als die des Gasglühlichtes.

Vor dem Kriege, als das Kilogramm Solin schon für 44 Pf., das Kilogramm Leuchtbenzin für 50 Pf. erhältlich war, war übrigens das Steinkohlengasglühlicht dem Benoidglühlichte wirtschaftlich durchaus nicht erheblich überlegen.

Die Luftgas-Einzellampen. Die leichte Verdampfbarkeit von Benzin und Benzol ermöglicht auch die Konstruktion von Einzellampen, die darauf beruhen, daß durch den Zylinderzug ein Luftstrom durch einen Benzin- oder Benzolbehälter hindurchgesaugt wird, wobei sich der Luftstrom mit brennbaren Dämpfen sättigt, so daß das entstandene Gemisch ohne weiteres zum Beheizen eines Glühkörpers benutzt werden kann. Eine sehr sinnreiche, auf diesem Prinzipe beruhende Tischlampe ist von der Allgemeinen Licht- und Feuerungstechnischen Gesellschaft, Berlin SW 48, in den Verkehr gebracht worden. In der gegenwärtigen Zeit der Beleuchtungsnot ist diese Lampe geeignet, einem wirklichen Bedürfnisse abzuhelfen. Diese Lampe enthält in einem geräumigen Metallbassin Kugeln aus ungebranntem Ton von ca. 1½ cm Durchmesser. Gießt man in den Brennstoffbehälter Benzol hinein, so saugen sich die Kugeln rasch mit Benzol voll, der nicht aufgesogene Teil des Benzols wird durch einen Hahn aus dem Behälter wieder abgelassen (Abb. 11). In den Behälter taucht ein doppelwandiges, unten geschlossenes Rohr ein, dessen äußerer Mantel am oberen Ende, dessen Innenrohr aber am unteren Ende regelbare Schlitze aufweist. Das Innenrohr mündet in einen geräumigen, mit einem Drahtnetze abgeschlossenen Brennerkopf, der sich innerhalb eines langen Glaszylinders befindet. Dieser Zylinder sitzt in üblicher Weise in einer Zylindergalerie, die Öffnungen für die Zufuhr von Außenluft besitzt. Führt man durch eine Klappe in dieser Zylindergalerie ein brennendes Zündholz ein, nachdem man die erwähnten Schlitze in dem Doppelrohre mit einem Einstellhebel geöffnet hat, so saugt der im Zylinder aufsteigende Luftstrom durch die Schlitze des Doppelrohres Außenluft an, die reichlich mit Benzoldampf durchmischt aus dem Brennerkopfe austritt und dort — unter Mitwirkung der Außenluft — mit nichtleuchtender Flamme verbrennt. Bei Inbetriebsetzung der Lampe dürfen die Schlitze in dem Doppelrohre nicht zu weit geöffnet werden, da das Benzol-Luftgas sonst zu reich an Benzoldämpfen sein und mit rußender Flamme verbrennen würde. Mit dem allmählichen Verbrauche des Benzins vermindert sich aber der Gehalt an Benzoldampf, und die Regulierschlitze in dem Doppelrohre müssen mit dem Einstellhebel weiter geöffnet werden. Mit einer Füllung brennt eine derartige Benzol-Luftgaslampe etwa 4 bis 5 Stunden mit recht gleichmäßigem Lichte. Dem Konstruktionsprinzipe nach ist die beschriebene Lampe vollkommen explosionssicher. Fällt sie um, so kann kein Benzol ausfließen. Sie ist also auch nicht feuergefährlich, zumal beim Umfallen der Lampe, da dann der Schornsteinzug des Zylinders zu wirken aufhört, die Luftgaserzeugung ausbleibt und die Lampe sofort erlischt. Die Lampe ist also ganz erheblich ungefährlicher als eine Petroleum- oder Spirituslampe, bei denen weit weniger Explosionen, als das Ausfließen und Entzündung des Brennstoffes beim Umfallen der Lampe verhängnisvoll werden können.

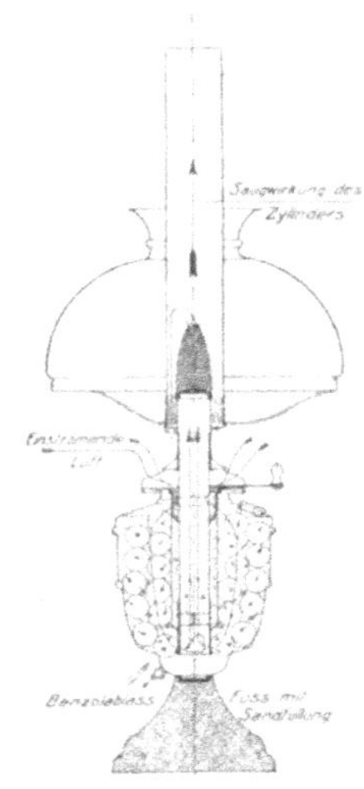

Abb. 11. Benzol-Luftgas-Tischlampe.

Die Lichtausbeute der Benzol-Luftgaslampe. Der normale Benzolverbrauch bei gut eingestellter Lampe beträgt 45,2 g/Std., die erzeugte Lichtstärke 56 HK_h, oder 45 $HK_{\ominus}$. Hiernach beträgt der spezifische Verbrauch 1,0 g/$HK_{\ominus}$-Std. oder 11,8 Watt/$HK_{\ominus}$ bei 10200 Cal/kg Verbrennungswärme des Benzols.

Azetylenbeleuchtung.

Erzeugung und Eigenschaften des Azetylens. Das Azetylen, das bis zum Jahre 1894 nur dem Chemiker bekannt war, hat seit der Herstellung von Kalziumkarbid im elektrischen Ofen, die fast gleichzeitig aber unabhängig voneinander Moissan und Wilson gelungen war, eine große technische Bedeutung gewonnen, wenn sich auch die überschwänglichen Hoffnungen, die Mitte der neunziger Jahre des vorigen Jahrhunderts in das Azetylen gesetzt worden waren, nicht erfüllt haben. Unmittelbar vor Ausbruch des Weltkrieges schien es sogar, als ob sich die Verwendung des Azetylens im wesentlichen auf die Metallbearbeitung und den Betrieb von Fahrzeuglaternen, Leuchtbojen u. dgl. beschränken würde. Der Krieg hat dem Azetylen jedoch eine neue und erhöhte Bedeutung verliehen, als die Petroleumzufuhr nach Deutschland ins Stocken geraten war und der Mangel an Kupfer den Bau neuer und die Vergrößerung bestehender Elektrizitätswerke stark beeinträchtigt hatte. Heute ist es die Kohlennot, die der Azetylenbeleuchtung in Deutschland einen neuen und fördernden Anstoß gegeben hat, besonders seitdem auch in Deutschland, das bis zum Kriege fast das gesamte benötigte Kalziumkarbid einführte, leistungsfähige Karbidwerke entstanden sind.

Chemische Vorgänge bei der Azetylenerzeugung. Die Herstellung von Azetylen ist prinzipiell überaus einfach. Man braucht nur Calciumkarbid und Wasser aufeinander einwirken zu lassen, um sofort Azetylen zu erhalten. Der chemische Vorgang vollzieht sich nach der Gleichung:

$$CaC_2 + 2H_2O = C_2H_2 + Ca\,(OH)_2$$

$$\text{Calciumkarbid} + \text{Wasser} = \text{Azetylen} + \text{Kalk}.$$

Dieser einfachen Entstehungsweise entsprechend können auch die Azetylenerzeuger sehr einfach sein. Man kann in einem geschlossenen Gefäße, etwa nach Art des Kippschen Apparates, Wasser zu einer bestimmten Menge Kalziumkarbid hinzutreten lassen, oder man kann Karbid ins Wasser werfen, in jedem Falle entsteht sofort Azetylen. Diese Leichtigkeit der Azetylenerzeugung hatte in den Anfangsjahren der Azetylenbeleuchtung zahlreiche, zumeist technisch ganz unerfahrene »Erfinder« auf den Plan gerufen, sich mit der Konstruktion von Azetylenapparaten zu befassen. Der Rückschlag folgte meist auf dem Fuße. Da man damals weder die physikalischen noch die chemischen Eigenschaften des Azetylens kannte, traten sehr bald Störungen in den aufgestellten Apparaten ein, das erzeugte Rohazetylen verbrannte in den zunächst benutzten einfachen Brennern mit einer stark rußenden Flamme, und selbst als man brauchbare Brenner mit starker Luftzufuhr erhalten konnte, fand immer noch eine erhebliche Belästigung durch die

Bildung dichter weißer Nebel, hervorgerufen durch die Verbrennung von dem Rohazetylen beigemischten Phosphorwasserstoff, Siliziumverbindungen usw. statt. Schließlich ereigneten sich in rascher Aufeinanderfolge eine Reihe schwerer Azetylenexplosionen, die die junge Industrie sehr rasch in argen Mißkredit brachten. Da zudem die Azetylenbeleuchtung sich teurer als alle anderen Beleuchtungsarten stellte, so trat bald der tote Punkt ein, an dem ein starker Rückgang der Industrie einsetzte.

Da inzwischen aber die Forschungsarbeiten nicht geruht und alle Vorgänge bei der Entwicklung des Azetylens ihre Aufklärung gefunden hatten, so wurden anderseits erfolgreiche Versuche gemacht, dem wertvollen Gase neue und sicherere Absatzgebiete, als auf dem reinen Beleuchtungswesen, zu erschließen. Besonders wichtig war hier die Verwendung des Azetylens in der Metallbearbeitung zum autogenen Schweißen und Schneiden von Metallen, wozu es in der Tat unübertroffen ist, da eine mit Sauerstoff gespeiste Azetylenflamme die hohe Temperatur von rd. 2800° zu erzeugen gestattet.

Vorsichtsmaßregeln zur Vermeidung von Explosionen. Bei der Konstruktion von Azetylenentwicklern ist auf zwei Punkte besondere Rücksicht zu nehmen: Es darf der Druck im Azetylenentwickler 2 Atm. nicht übersteigen, und es dürfen auch lokal keine hohen Temperaturen auftreten. Beide Bedingungen sind aus Unkenntnis häufig außer acht gelassen worden. Aus 1 kg Kalziumkarbid entwickeln sich rd. 300 l Azetylen, die mehr als den dreihundertfachen Raum von dem Karbid einnehmen. Entwickelt man also Azetylen in einem geschlossenen Gefäße, so müssen sehr bald hohe Drucke auftreten. Weiterhin ist zu beachten, daß bei der Einwirkung von Kalziumkarbid auf Wasser für 1 g Karbid rd. 400 Kalorien frei werden, so daß, wenn nicht für Wärmeableitung Sorge getragen wird, lokal Temperaturen bis zur Glühhitze auftreten können. Das ist besonders leicht der Fall, wenn Wasser tropfenweise dem Karbid zugeführt wird. Diese Temperatursteigerung veranlaßt lokale Zersetzung des Azetylens, die sich aber nicht fortpflanzt, solange das Gas nur unter Atmosphärendruck steht. Sind aber durch Drucksteigerung die Azetylenmolekeln einander stark genähert, so verbreitet sich die an einem Punkte hervorgerufene Zersetzung — die auch durch einen glühenden Draht, oder den elektrischen Funken ausgelöst werden kann — mit großer Geschwindigkeit durch die ganze Masse, und da hierbei eine Zersetzungstemperatur von ca. 3000° auftritt, so findet in geschlossenen Gefäßen eine momentane und enorme, aus der Gasgleichung einfach abzuleitende Drucksteigerung, eine Explosion, statt.

Diese Erscheinung hat ihren Grund darin, daß Azetylen eine endothermische Verbindung ist, bei der die Bildungswärme aus den Elementen — 64,0 Kalorien beträgt, die Zersetzung also unter Wärmeabgabe erfolgen muß. Da aber, im Gegensatz zu anderen endothermen Verbindungen die Fortpflanzung einer lokal eingeleiteten Zersetzung nur dann stattfindet, wenn das eingeschlossene Azetylen unter einem höheren Drucke als 2 Atm. steht, so muß jede Drucksteigerung des entwickelten Azetylens sorgfältigst vermieden werden. Bei höheren Drucken, bei verflüssigtem Azetylen, genügt zur lokalen Einleitung der Zersetzung, die sich als Explosion durch die ganze Masse fortpflanzt, unter Umständen schon eine so geringe Wärmezufuhr, wie sie durch Reibungswärme beim Öffnen eines Ventiles erzeugt werden kann. — Trotzdem sind in den Anfangsjahren der Azetylenindustrie sogar Azetylentischlampen konstruiert worden, die aus Bomben mit verflüssigtem Azetylen gespeist wurden! Eine folgenschwere Explosion in Berlin hatte aber glücklicher Weise schon sehr bald die Gefährlichkeit dieser Konstruktion in sehr drastischer Weise dargetan.

Unter Umständen kann auch sehr stark komprimiertes Azetylen gefahrlos verwandt werden, wenn, wie die französischen Forscher Claude und Heß dargetan haben, die gegenseitige Annäherung der Azetylenmolekeln durch mechanische Mittel verhindert wird. Das geschieht in einfachster Weise dadurch, daß man in Azeton gelöstes Azetylen von einer porösen Masse aufsaugen läßt. Ein Liter Azeton löst bei 12 Atm. rd. 300 l Azetylen. Der von der Lösung eingenommene Raum beträgt ca. 1½ l. Bei Druckverminderung wird dann das verdichtete Azetylen allmählich wieder entbunden. Der schwedische Ingenieur Dalén hat hierauf mit großem Erfolge ein System der Azetylenversorgung für die Beleuchtungstechnik und die Technik der Metallbearbeitung ausgebildet, auf das noch zurückzukommen sein wird.

Verlauf des Entwicklungsvorgangs. Eine besondere Eigentümlichkeit der Azetylenentwicklung, auf die bei der Konstruktion von Azetylenentwicklern gleichfalls Rücksicht genommen werden muß, ist deren ungleichförmiger Verlauf, der in der schweren Löslichkeit des Kalkschlammes in Wasser seinen Grund hat. Wirken Wasser und Kalziumkarbid aufeinander ein, so entwickelt sich zunächst Azetylen in normaler Weise. Allmählich bedeckt sich das Karbid mit einer Schicht von Kalkschlamm, der, besonders bei geringen vorhandenen Wassermengen, das Karbid vor weiteren Angriffen schützt. Fällt dann die Kalkschicht aus irgendeinem Grunde ab, so daß von neuem Wasser ungehindert zum Karbide hinzutreten kann, so setzt wieder eine lebhafte Azetylenentwicklung an. Bei großem Wasserüberschusse treten diese Unregelmäßigkeiten nicht in gleichem Maße ein, wie bei tropfenweiser Wasserzufuhr, bei der unter Umständen große Stücke Karbids völlig unzersetzt bleiben, weil sie ganz von Kalk eingehüllt sind. Diese Reste unvergasten Karbids werden dann bei der Entleerung der Apparate weggeworfen und gelangen unter Umständen in die Kanalisation, wo sie nachträglich vergasen und gefährliche Gasansammlungen hervorrufen können.

Im Zusammenhange mit dieser durch den Kalkschlamm verursachten Ungleichförmigkeit der Azetylenentwicklung ist auch noch die sog. Nachentwicklung zu erwähnen. Ist Karbid mit feuchtem Kalkschlamm in Berührung, so entwickelt sich Azetylen noch lange, nachdem der Wasserzutritt unterbrochen ist. Da jedes Gramm Karbid ca. $\frac{1}{3}$ l Azetylen zu entwickeln vermag, so kann bei Vorhandensein größerer Karbidmengen die Nachentwicklung sehr beträchtlichen Umfang annehmen.

Diese Ungleichmäßigkeit der Azetylenentwicklung vermindert sich erheblich bei der Anwendung großer Wassermengen, in die Karbid portionsweise eingebracht wird; man kann sie auch etwas dadurch vermindern, daß man das Karbid mit wasserunlöslichen Stoffen, wie trocknenden Ölen, Petroleum, geschmolzenem Fett u. dgl. präpariert, oder wenn man dem Karbid Zucker zusetzt. In dem ersteren Falle wird die Entwicklungsgeschwindigkeit vermindert, im letzteren Falle wird durch die Bildung löslicher Kalksaccharate immer eine freie Karbidoberfläche der Wassereinwirkung dargeboten. In dem bekannten und weit verbreiteten »Beagid«-Apparat werden Karbidpatronen angewandt, bei denen beide Methoden miteinander kombiniert sind.

Verunreinigungen. Schließlich ist bei der Erzeugung von Azetylen zu berücksichtigen, daß das Kalziumkarbid alle die Verunreinigungen mitenthält, die die zu seiner Herstellung benutzte Kohle und der Kalk enthielten. Ein Teil dieser Verunreinigungen mischt sich dem Azetylen bei, vor allem Schwefelwasserstoff, Phosphorwasserstoff, Siliziumverbindungen und Ammoniak, ein anderer Teil löst sich in dem Kalkwasser oder verbindet sich mit dem Kalk. Bei allen Apparaten, die nicht ausschließlich zur Verwendung im Freien bestimmt sind, wie bei den Fahrzeuglampen, und bei kleineren transportablen Azetylenentwicklern, Tischlampen u. dgl., muß auf die Reinigung des erzeugten Rohazetylens Bedacht genommen werden. Diejenigen Verunreinigungen des Azetylens, die als dessen Polymerisationsprodukte bei hohen Temperaturen entstehen, können dadurch vermieden werden, daß man die Temperaturen bei der Zersetzung des Karbids möglichst niedrig hält, was am besten durch Anwendung eines großen Wasserüberschusses geschieht.

Anforderungen an die Entwickler. Aus den angeführten Bedingungen ergeben sich die allgemeinen Anforderungen, die ein Azetylenentwickler zu erfüllen hat: Das entwickelte Azetylen darf keine hohen Temperaturen annehmen, es muß also Karbid mit großen Wassermengen in Berührung gebracht werden, die Entwicklung des Azetylens muß sich ohne Drucksteigerung abspielen, es muß also sofort entweichen können oder in besonderen Gasbehältern aufgefangen werden, und schließlich muß das Azetylen vor seiner Verwendung bzw. vor seiner Aufspeicherung gereinigt werden.

Haupttypen von Azetylenentwicklern. Unter den heute gebräuchlichen Azetylenentwicklern kann man 3 Haupttypen unterscheiden:

1. Apparate nach dem Einwurfsystem, bei denen abgemessene Karbidmengen entweder von Hand oder durch automatisch wirkende Vorrichtungen in einen geschlossenen Wasserbehälter eingeworfen werden, aus dem das entwickelte Azetylen sofort nach dem Gasbehälter entweichen kann. Die erforderliche Reinigung des Gases wird zwischen Entwickler und Gasbehälter eingeschaltet.

2. Apparate nach dem Berührungs- und Verdrängungssysteme, bei dem Wasser und Karbid abwechselnd miteinander in Berührung kommen und wieder getrennt werden. Bei der einen Kategorie dieser Apparate befindet sich, starr mit der beweglichen Gasbehälterglocke verbunden, ein Karbidbehälter, der beim Tiefstand der Glocke in Wasser eintaucht, während er aus dem Wasser herausgehoben wird, wenn infolge der Azetylenentwicklung die Behälterglocke ansteigt. Bei der zweiten Kategorie ist das Karbid in einem Behälter unbeweglich gelagert. Dieser Behälter befindet sich, ähnlich wie eine Taucherglocke innerhalb eines Wassergefäßes. Solange das von dem Karbidbehälter abgeführte Gasleitungsrohr verschlossen ist, dringt kein Wasser in die Taucherglocke ein; öffnet man die Gasableitung, so kann Wasser in die Glocke eintreten und mit dem Karbid in Berührung gelangen. Das sich entwickelnde Azetylen, soweit es nicht verbraucht oder von einem Gasbehälter aufgenommen wird, verdrängt das Wasser aus der Glocke, so daß, abgesehen von der Nachentwicklung, die Azetylenentwicklung unterbrochen wird.

Das Verdrängungssystem ist während des Krieges bei verschiedenen Notbeleuchtungslampen mit Erfolg zur Anwendung gekommen. Bei diesen Lampen befindet sich das Karbid in einer unten durch eine Schraube verschlossenen Röhre, die oben unmittelbar in einen Brenner endigt. Die Röhre wird in ein mit Wasser gefülltes Gefäß gesetzt. Durch die Schraubengänge sickert allmählich Wasser ein, das zum Karbid gelangt, wobei sich Azetylen entwickelt und aus dem Brenner ausströmt. Der durch das überschüssig entwickelte Azetylen ausgeübte Druck verdrängt das Wasser aus dem Rohre solange, bis der Druck wieder nachläßt und neues Wasser zum Karbid hinzutreten kann. Bei einer Abart dieser Notlampe, der sog. »S-K-Kerze« befindet sich das Karbid in einer aus Papier gewickelten Patrone innerhalb der unten offenen und oben mit einem Brenner versehenen Röhre. Die Karbidpatrone wird von einer besonderen Vorrichtung in einem bestimmten Abstande von dem unteren Ende der Röhre getragen, so daß sie leicht in die Röhre eingeführt, und ebenso leicht der in der Papierpatrone entwickelte Kalkschlamm wieder entfernt werden kann. Lampen dieser Art sind leicht transportabel, also sehr bequem für Jäger, Touristen usw.; aber das erzeugte Licht ist recht wenig stetig, so daß diese Lampen eben nur als Behelfsbeleuchtung in Betracht kommen können.

3. Apparate nach dem Zufluß- oder Tropfsystem, bei denen aus einem Wasserbehälter durch ein regelbares Ventil Wasser dem im Überschusse vorhandenen Karbid in kleinen Portionen zugeführt wird. Dieses System eignet sich nur für kleinere, im Freien gebrauchte Entwickler, weil gerade bei diesen Apparaten die Nachentwicklung eine beträchtliche Rolle spielt. Die hierdurch frei werdenden Azetylenmengen reichen nicht aus, um die Flamme ordnungsmäßig zu speisen; man muß also das nachentwickelte Azetylen unverbrannt entweichen lassen. Bei älteren Apparaten nach diesem Systeme waren auch Gasbehälter vorgesehen; da aber gerade bei den Apparaten nach dem Zuflußsysteme das Auftreten hoher Temperaturen durch die Bauart bedingt ist, so ist das erzeugte Azetylen teilweise zersetzt oder polymerisiert, also zum mindesten in seiner Qualität beeinträchtigt. Die ortsfesten Entwickler dieser Kategorie sind deshalb auch von den beiden erstgenannten Arten vollständig verdrängt worden. Die Apparate nach dem Zuflußsysteme sind übrigens auch nicht ganz ungefährlich, da bei abgesperrtem Brenner höhere Drucke im Entwickler auftreten können.

Von großer Wichtigkeit bei stationären Azetylenentwicklern ist die Reinigung des Azetylens, insbesondere von Schwefelwasserstoff, Phosphorwasserstoff, Siliziumwasserstoff und Ammoniak. Das Rohazetylen durchstreicht hierzu geschlossene Gefäße, in denen Reinigerhorden mit der Reinigungsmasse angeordnet sind, die die Verunreinigung chemisch zu binden vermag.

Die Azetylenbeleuchtung. Wegen der hohen Verbrennungswärme des Azetylens, die 13800 bis 14100 Kalorien beträgt, und wegen seines hohen Kohlenstoffgehaltes ist die Flächenhelle der Azetylenflamme sehr hoch, sie beträgt 9 HK/cm^2. Infolge des endothermischen Charakters des Azetylens wird bei der Verbrennung, der ein Zerfall des Azetylens in seine Elemente vorausgeht, eine große Wärmemenge frei, die die hohe Temperatur der Azetylenflamme bedingt. — Der hohe Kohlenstoffgehalt macht für die Azetylenverbrennung eine überaus starke Luftzufuhr erforderlich, damit eine nichtrußende Flamme entstehen kann. Am besten eignen sich daher für die Azetylenbeleuchtung solche Brenner, bei denen das Gas unter hohem Druck aus feinen Öffnungen ausströmen und hierbei reichlich Verbrennungsluft ansaugen kann.

Die Azetylenbrenner sind äußerlich ähnlich den alten Gasschnittbrennern gestaltet, und zweckmäßig aus gebranntem Speckstein hergestellt. Es existiert eine Unzahl verschiedener Brennerformen, die sich aber in zwei Hauptgruppen unterbringen lassen. Bei der einen Gruppe wird die Flamme unmittelbar am Brennerkopfe erzeugt, und um dieser Flamme möglichst viel Verbrennungsluft zuführen zu können, macht man die Flamme äußerst dünn; bei der zweiten Gruppe ordnet man die Gasausströmungsöffnungen in einer kleinen Kammer an, in die der austretende Gasstrahl Mischluft ansaugt. Meist werden Flachbrenner angewandt, Einlochbrenner kommen nur in Fahrradlaternen und bei primitiven Notlampen zur Anwendung. Sehr beliebt sind die Fischschwanzbrenner, bei denen im Brennerkopfe zwei gegenüberliegende, etwa 90° gegeneinander geneigte Gasaustrittsöffnungen vorgesehen sind. Die austretenden Gasstrahlen bei diesen Brennern prallen aufeinander und bilden eine flache und sehr dünne, zu der durch die beiden Gasstrahlen gebildeten Ebene senkrecht stehende Flamme. Diese Brenner haben den besonderen Vorzug, daß die Flamme nicht direkt auf dem Brennerkopfe aufsitzt, so daß die feinen Öffnungen nicht so leicht durch Rußabscheidungen verstopft werden. Bei einer Abart dieser Brenner sind die Gasaustrittsöffnungen in zwei 90° gegeneinander geneigten Armen angeordnet, und die austretenden Gasstrahlen blasen zunächst in kleine Kammern ab, in denen Mischluft angesaugt wird. Eine sehr unangenehme Eigenschaft der Azetylenbrenner ist ihre Neigung, Ruß abzuscheiden, wenn der Gasdruck nachläßt, oder wenn der Brennerkopf zu heiß wird.

Azetylenglühlicht. Auch Azetylenglühlichtbrenner sind konstruiert worden. Die hohe Temperatur der Azetylenflamme, wenn ihr vorher Luft beigemischt wird, forderte direkt hierzu heraus. Der weite Explosionsbereich von Azetylen-Luftmischungen erschwerte aber ganz außerordentlich die konstruktive Durchbildung der Azetylenglühlichtbrenner. Damit das explosible Gasluftgemisch nicht bei der geringsten Druckänderung, bei der zugleich das Mischungsverhältnis verändert wird, sofort auf die Düse des Bunsenbrenners zurückschlägt, muß die Ausströmungsgeschwindigkeit sehr groß und das Mischungsverhältnis möglichst konstant gehalten werden; die Mischrohre müssen sehr eng sein, da sich in engen Rohren die Explosion wesentlich langsamer fortpflanzt als in weiten; und schließlich ist dafür Sorge zu tragen, daß die Brennerrohre kühl bleiben, um die Polymerisation des Azetylens zu verhindern, die bei Azetylenglühlichtbrennern wegen der damit verbundenen Rußabscheidung auf den Glühkörpern besonders gefährlich ist. Trotz dieser Schwierigkeiten sind mehrere recht brauchbare Azetylenglühlichtbrenner konstruiert worden.

Noch erheblich schwieriger als die Durchbildung der Stehlichtbrenner war die der Hängelichtbrenner, weil bei diesen die Erhitzung des Mischrohres und damit die Zersetzung und Polymerisation des Azetylens fast unvermeidlich ist, denn Azetylen zerfällt bereits bei einer Temperatur von rd. 480°. Eine zweite Schwierigkeit besteht dann noch in dem Zwange, die Azetylenglühlichtbrenner für niedrigen Konsum herstellen zu müssen, da nur bei der Anwendung sehr dünner Gasstrahlen eine genügende Durchmischung von Azetylen und Luft zu erzielen ist. Dünne Gasstrahlen üben naturgemäß wegen des geringen

Energiegehaltes nur eine schwache Injektorwirkung aus. Erst bei der Anwendung eines verhältnismäßig hohen Druckes (mindestens 120 mm WS) und durch Wärmeisolation des Brennerrohres gelingt es, Azetylen-Invertbrenner im Betriebe zu halten.

Die günstigste Wirkung wird bei der Anwendung von gelöstem Azetylen erzielt, mit dem leicht der gewünschte Druck innegehalten werden kann. Dalén verzichtet deshalb bei seinen Azetylen-Invertbrennern gänzlich auf die Erzeugung eines Azetylen-Luftgemisches durch Injektorwirkung des ausströmenden Gases und wendet einen sinnreichen Gasdruckregler an, in dem gleichzeitig eine vollkommene Durchmischung von Azetylen und Gas vorgenommen wird. Der von dem Gasakkumulator kommende Druck wird in dem Druckregler auf ca. 0,3 Atm. reduziert und das Azetylen strömt unter diesem Drucke bei *A* in den Mischer (Abb. 12) ein, passiert ein Filter *B* und gelangt durch

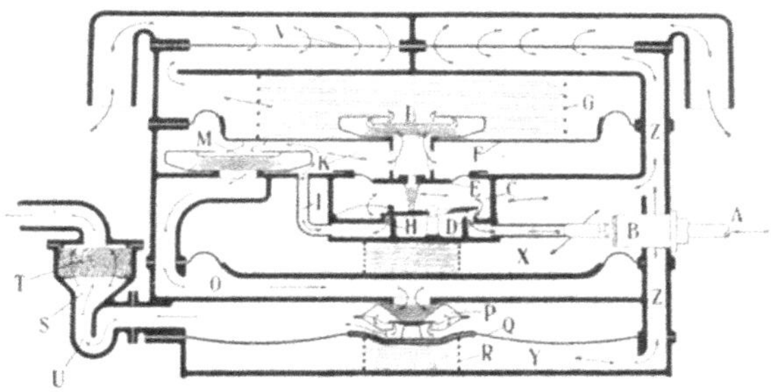

Abb. 12. Azetylen-Luftmischer, System Dalén.

das Einlaßventil *D* in die Gaskammer *C*. Hierbei hebt der Druck die Membrane *E* der Gaskammer und gleichzeitig die Pumpenmembrane *F*, wobei die Feder *G* komprimiert und durch das Luftventil *L* Luft in das Pumpengehäuse *K* eingesaugt wird. Da das ganze System durch den eintretenden Gasdruck in seine höchste Lage gehoben wird, sperrt der in der Gaskammer *C* befindliche Mechanismus das Einlaßventil *D* ab und öffnet das Auslaßventil *H*. Dabei kann das in die Gaskammer eingedrungene Gas durch das Rohr I das Pumpengehäuse *K* erreichen. Hiermit hört der auf die Membrane *E* ausgeübte Gasdruck auf, und die komprimierte Feder *G* preßt die beiden Membranen nach unten, wobei das Gas in das Pumpengehäuse *K*, wo es mit der angesaugten Luft gemischt wird, eindringt und die Mischung durch das Ventil *M* in den Schlagfänger *O* heruntergedrückt wird. Dieser hat die Aufgabe, bei dem nach oben gehenden Einsaugschlage der Pumpenmembrane das Rohrnetz und die Lampen mit luftgemischtem Gase zu versehen. Von dem Schlagfänger *O* geht das Azetylen-Luftgemisch weiter durch das Regulatorventil *P* in den Regulator, wo durch die Membrane *Q* und die Feder *R* stets ein konstanter Druck von etwa 40 mm WS gehalten wird. Vom Regulator passiert das Mischgas alsdann die Schmelzsperre *S* und gelangt durch die Rohrleitungen zu den Lampen. In der Schmelzsperre *S* befindet sich eine Lage Bleischrot *T*. Sollte in der Rohrleitung eine Explosion stattfinden, so kann sie sich durch das Bleischrot nicht nach dem Mischer fortpflanzen, weil durch die Schrotkörner und die nur sehr engen Kanäle zwischen den einzelnen Körnern eine stark kühlende Wirkung ausgeübt wird. Falls trotzdem das einströmende Gas sich entzünden sollte, werden die Schrotkörner geschmolzen, das schmelzende Blei fließt in die Tasche *U*, in der es den Gaszufluß automatisch absperrt. Der Dalénsche Regulator und Mischer wirkt so zuverlässig, daß das gelöste Gas zur Beleuchtung von Eisenbahnwagen mit Hängebrennern zugelassen werden kann.

Die Lichtausbeute der Azetylenbeleuchtung. Die Lichtausbeute der offenen Azetylenflamme hängt sehr wesentlich von der Größe der verwandten Brenner ab, da bei größeren Brennern die Luftzufuhr leichter in ein bestimmtes Verhältnis zur ausströmenden Gasmenge gebracht werden kann als bei den kleineren Typen. Brenner mit einem stündlichen Verbrauche von 10 l gestatten im Mittel die Erzeugung von 10 HK_h. Bei Brennern von rd. 30 l stündlichen Verbrauches werden 32 bis 42 HK_h erzeugt, der spezifische Verbrauch beträgt demnach 0,94 bis 0,71 l/HK_h-Std. Die größeren Brenner von 50 l/Std. liefern rd. 75 HK_h, der spezifische Verbrauch beträgt rd. 0,7 l/HK_h-Std. Bei Flachbrennern ist der Umrechnungsfaktor von der horizontalen Lichtstärke auf die mittlere sphärische 0,7. Bei einer Verbrennungswärme von 14000 Cal./m^3 berechnet sich der spezifische Verbrauch der offenen Azetylenflamme also zu 15 bis 23 Watt/$HK_{\ominus}$.

Stehendes Azetylen-Glühlicht liefert bei 15 bis 20 l stündlichen Gasverbrauch 70 bis 90 HK_h, entsprechend 56 bis 72 $HK_{\ominus}$; der spezifische Verbrauch beträgt also 4,4 Watt/$HK_{\ominus}$. Hängendes Azetylenglühlicht liefert bei einem Verbrauche von 15 l/h rd. 75 HK_{max}, entsprechend rd. 60 $HK_{\ominus}$; der spezifische Verbrauch berechnet sich danach zu 4,1 Watt/$HK_{\ominus}$.

Buchliteratur.

Dr. h. c. Hans von Höfer: Das Erdöl und seine Verwandten. Bd. 17 des Neuen Handbuches der Chemischen Technologie, Braunschweig, Fr. Vieweg & Sohn. 3. Aufl. 1912.

Hermann Meßmer: Das Erdöl, die Erdölindustrien und deren Erzeugnisse: Benzine, Leuchtöle, Paraffine, Schmieröle. Verlag der Jos. Köselschen Buchhandlung, Kempten und München, 1913.

A. J. Stepanoff: Grundlagen der Lampentheorie, übers. v. Dr. A. Aisiman. Stuttgart, Ferd. Enke, 1906.

Wilh. Gentsch: Die Petroleumlampe und ihre Bestandteile. Berlin, S. Fischer (1895 ohne Angabe des Erscheinungsjahres erschienen).

Prof. Dr. J. H. Vogel: Das Azetylenlicht. Auf Veranlassung des Deutschen Azetylenvereins, Berlin, 1900.

Derselbe: Azetylenzentralen, Halle a. S. Karl Marhold, 1901.

Derselbe: Handbuch für Azetylen in technischer und wissenschaftlicher Hinsicht. Von Dr. N. Caro, Dr. A. Ludwig, Prof. Dr. J. H. Vogel. Herausgegeben von Prof. Dr. J. H. Vogel. Braunschweig, Vieweg & Sohn, 1904.

Derselbe: Das Azetylen, seine Eigenschaften, seine Herstellung und Verwendung. Leipzig, Otto Spamer, 1911.

Dr. Nikodem. Caro: Anleitung zur sicherheitstechnischen Prüfung und Begutachtung von Azetylenanlagen. Berlin, S. Calvary & Co., 1902.

Fr. Liebetanz: Handbuch der Calciumcarbid- und Acetylentechnik, II. Aufl. Leipzig, Oskar Leiner, 1899.

Derselbe: Die gesetzlichen Vorschriften für Herstellung und Benützung von Acetylen. Leipzig, Oskar Leiner, 1899.

Jakob Knappich: Die Herstellung, Aufbewahrung und Verwendung von Azetylengas und Lagerung von Karbid. Halle a. S., Karl Marhold, 1902.

Walter le Coutre: Calcium-Carbid und seine volkswirtschaftliche Bedeutung für Deutschland. Berlin, Dr. Wedekind & Co. G. m. b. H. 1909.

Dr. Ing. W. Stiller: Versuche über gelöstes Azetylen unter besonderer Berücksichtigung seiner Verwendung für die Beleuchtung von Eisenbahnwagen. Berlin-Oldenburg, Gerhard Stalling, 1914.

Siebenter Abschnitt.

Ausbildung von Reflektoren, Armaturen und Beleuchtungskörpern.[1])

Von Dr. Ing. L. **Bloch.**

Zweck der Reflektoren und Armaturen. Fast alle unsere gebräuchlichen Lichtquellen bedürfen zum sachgemäßen Gebrauch einer Armatur oder eines Reflektors. Alle beide haben im wesentlichen drei Zwecke zu erfüllen:

1. Schutz der Lampen gegen Wind und Wasser, Staub und Schmutz, sowie Schutz der Lampenumgebung gegen schädliche Wärmewirkung.
2. Schutz der Augen gegen Blendung.
3. Erzielung einer zweckentsprechenden Lichtverteilung.

Bei den Armaturen stehen die Punkte 1 und 2 im Vordergrund. Bei den Reflektoren ist es gerade umgekehrt; sie sollen hier zuerst behandelt werden. Der Hauptzweck des Reflektors ist hiernach die Beeinflussung der Lichtverteilung der benutzten Lampen in dem Sinne, daß das Licht hauptsächlich dahin gelangt, wo es auch wirklich gebraucht wird. Außerdem soll ein gut ausgebildeter Reflektor das Auge gegen schädliche Lichteinwirkung schützen. Dieser Zweck wird allerdings häufig ganz vernachlässigt, läßt sich aber durch entsprechende Ausbildung des Reflektors ganz gut mit dem Hauptzweck gleichzeitig erfüllen. Der Schutz der Lampen gegen Staub und Schmutz wird von dem Reflektor nebenbei bis zu einem gewissen Grade auch oft erreicht, ist aber meist nicht unmittelbar beabsichtigt.

Wirkungsweise der Reflektoren und Grundlagen für ihre Beurteilung. Die Wirkung eines Reflektors wird am besten an Hand der Lichtverteilungskurve der benutzten Lampe mit und ohne Reflektor erklärt und beurteilt. Betrachten wir beispielsweise die Lichtverteilungskurve einer nackten, luftleeren Metalldrahtlampe für

[1]) Die Firmen Ehrich & Graetz, Beleuchtungskörper G. m. b. H., Osram G. m. b. H., Berlin, Körting & Matthiesen A. G., Leipzig, Dr.-Ing. Schneider & Co., Frankfurt a. M., haben einen Teil der zu diesem Abschnitt gehörenden Abbildungen freundlichst zur Verfügung gestellt.

50 Kerzen horizontaler Lichtstärke (Kurve I in Abb. 1), so finden wir, daß ein großer Teil des ausgestrahlten Lichts nach der oberen Raumhälfte gelangt. Nur etwa 52 bis 55% des gesamten Lichtstroms gehen bei diesen Lampen nach der unteren Raumhälfte. Das Maximum der Lichtausstrahlung liegt nahezu in horizontaler Richtung. Der Einfluß des üblichen flachen, emaillierten Blechreflektors ergibt sich aus Kurve II in Abb. 1. Rechts findet sich die Darstellung in Polarkoordinaten und links die sog. Rousseausche Kurve (S. 72) in rechtwinkligen Koordinaten. Durch den Reflektor wird hier erreicht, daß

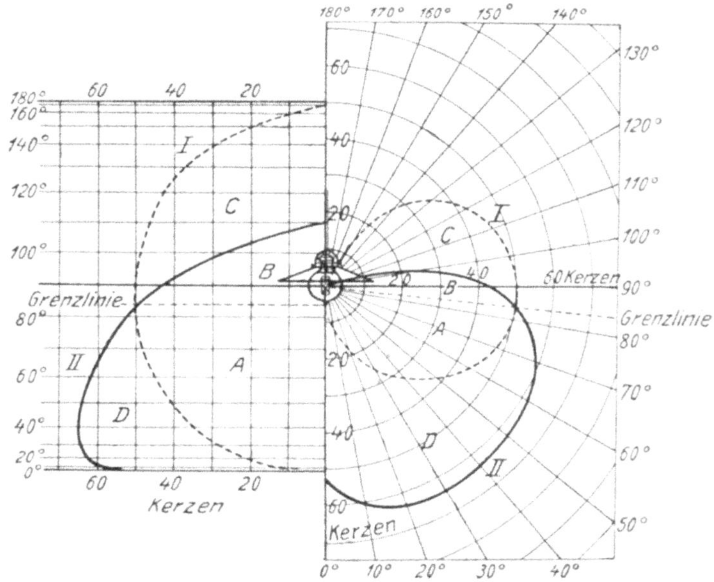

Abb. 1. Lichtverteilung einer Metalldrahtlampe für 50 HK im rechtwinkligen und Polarkoordinatensystem.
I. Nackte Lampe. II. Mit flachem Blechreflektor.

der größte Teil (etwa 90%) des gesamten Lichtstroms nach der unteren Raumhälfte gelangt. Das Maximum der Lichtstärke wird von 50 auf 65 HK verstärkt und in die Richtung von 30° verlegt.

Charakteristische Werte für die Beurteilung der Reflektoren. Wenn auch die Betrachtung der Lichtverteilungskurve das beste Bild von der Wirkung des Reflektors gibt, so erscheint es doch sehr wünschenswert, zur Kennzeichnung der Wirkung der Reflektoren, sowie der Armaturen, einige besonders charakteristische Zahlen auszuwählen und jeweils festzustellen. Diese sollen hier der Reihe nach besprochen werden. In erster Reihe kommt hierfür der schon erwähnte Prozentsatz des nach unten gehenden Lichts in Frage, also derjenige Teil des Gesamtlichtstroms in Prozenten, der unterhalb der Horizontalen ausgestrahlt wird. Zwischen ihm und der oft angegebenen unteren hemisphärischen Lichtstärke $J_{\circ}$ besteht die Beziehung

$$u = \frac{J_{\circ}}{2 \cdot J_{\ominus}} \cdot 100.$$

Die Verstärkung. Sehr wichtig für die Beurteilung eines Reflektors ist ferner das Größenverhältnis zwischen der maximalen und der mittleren sphärischen Lichtstärke der mit Reflektor ausgestatteten Lichtquelle. Man kann es als »Verstärkung« (v) bezeichnen, und zwar ist:

$$v = \frac{J_{max}}{J_{\ominus}} = \frac{4\pi J_{max}}{\Phi}.$$

Die Größe der Verstärkung kann je nach der Art des Reflektors sehr verschiedene Werte annehmen. Bei ziemlich gleichförmiger Lichtausstrahlung und nur wenig wirksamen Reflektoren erreicht sie Werte bis zu etwa 1,5, bei stärkerer Wirkung wird sie etwa 2 bis 3 und bei Reflektoren, die ein stark ausgesprochenes Maximum in bestimmter Richtung aufweisen, erreicht die Verstärkung Werte von 4 bis 6. Sie kann aber auch noch erheblich darüber hinaus gesteigert werden, besonders bei Reflektoren mit spiegelnder Oberfläche. Bedeutend größere Verstärkungszahlen, die bis in die Tausende gehen können, lassen die Reflektoren mit scheinwerferartiger Wirkung erzielen. Natürlich muß man sich vor der irrigen Annahme hüten, daß die Verstärkungszahl eines Reflektors dessen Gesamtlichtstrom beträfe. Dieser kann nie eine Verstärkung durch die Reflektorwirkung erfahren, sondern immer nur die Lichtstärke in einem begrenzten Winkelbereich.

Weiterhin kommt für die Beurteilung der Wirkung eines Reflektors noch die Lage des Maximums der Lichtausstrahlung in Frage. Bei tiefstrahlender Wirkung liegt das Maximum entweder unmittelbar unter der Lampe bei 0° oder wenigstens in dem Bereich zwischen 0° und 30°. Eine breitstrahlende Wirkung wird dagegen erreicht, wenn das Maximum bei etwa 45° bis 75° liegt. Bei noch höherer Lage des Maximums kann man von hochstrahlender Wirkung sprechen. Noch etwas besser kann man die Gestalt der Lichtverteilungskurve zahlenmäßig charakterisieren, wenn man den Winkelbereich angibt, innerhalb dessen ein bestimmter Betrag von mindestens 95% des Maximalwerts erreicht wird. Je weiter dieser Winkelbereich ausfällt, desto flacher und je enger er ausfällt, desto spitzer ist die Lichtverteilungskurve. Bei der in Abb. 1 (S. 209) dargestellten Lichtverteilungskurve eines flachen Blechreflektors ist beispielsweise die Verstärkung 1,8 und das Maximum liegt bei 30°; mindestens 95% seines Wertes liegen zwischen 12° und 60°. Man hat es also hier mit einer recht flachen Lichtverteilungskurve von tiefstrahlender Wirkung und mittelmäßiger Verstärkung zu tun.

Die Grenzlinie. Eine wesentliche Bedeutung für die Beurteilung eines Reflektors kommt ferner der Grenzlinie zu (s. auch Halbertsma, »Der Reflektor«, E.T.Z. 1917, S. 482). Dies ist die Linie, welche durch den Schnittpunkt der Lichtverteilungskurven der nackten Lampe und der Lampe mit Reflektor gezogen ist (s. Abb. 1). Unterhalb der Grenzlinie ist das Auge nicht gegen Blendung geschützt. In der Grenzlinie beginnt die Schutzwirkung und nimmt um so rascher zu, je niedriger die Lichtstärke oberhalb der Grenzlinie ausfällt. Da das Auge beim Sehen in horizontaler Richtung auch noch durch Licht gestört wird, welches unter einem vom Auge aus gesehenen Winkel von 30° oberhalb der Horizontallinie einfällt, sollte die Grenzlinie bei allen Reflektoren, welche gleichzeitig als Augenschutz dienen sollen, bei höchstens 60° liegen. Der flache Blechreflektor, dessen Lichtver-

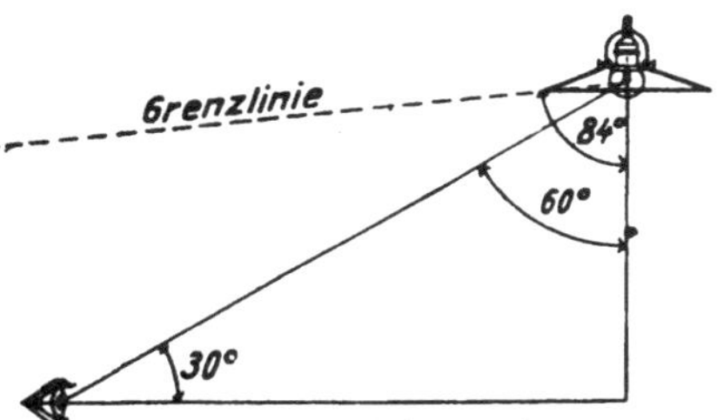

Abb. 2. Grenzlinie für einen flachen Blechreflektor.

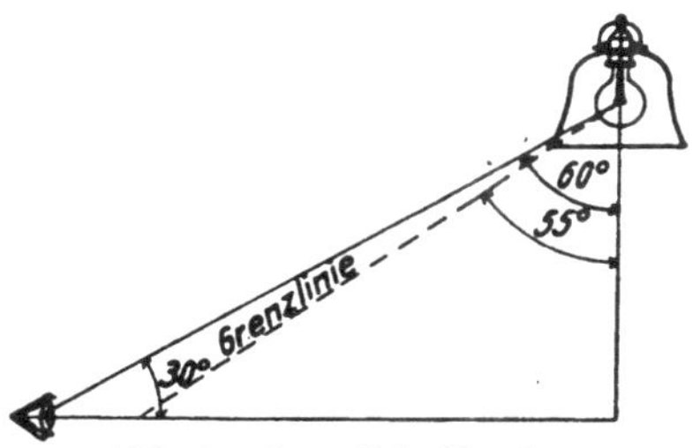

Abb. 3. Grenzlinie für einen kelchförmigen Milchglasreflektor.

teilung Abb. 1 zeigt, ist hiernach als Augenschutz nicht brauchbar, weil die Grenzlinie erst bei 84° liegt. Aus Abb. 2 geht dies deutlich hervor. Im Gegensatz hierzu ist in Abb. 3 ein kelchförmiger Reflektor gegenübergestellt, der die Grenzlinie bei 55° aufweist, und deshalb als Augenschutz gut brauchbar ist.

Anders liegen die Verhältnisse bei der Straßenbeleuchtung. Hier kommt bei den üblichen Lampenabständen und Aufhängehöhen zur Beleuchtung der dunkelsten Stellen der Straße im allgemeinen eine Ausstrahlungsrichtung von 70° bis 78° in Frage. Damit diese Stellen noch wirksam beleuchtet werden können, muß deshalb die Grenzlinie bei Reflektoren für Straßenbeleuchtung normalerweise bei mindestens 80° liegen. Wegen der größeren Entfernung zwischen Auge und Lichtquelle ist hier die Blendungsgefahr wesentlich geringer.

Absorptionsverlust und Reflexionsfähigkeit der Reflektoren. Die Grenzlinie gibt nicht nur ein bequemes Mittel an die Hand, die Brauchbarkeit eines Reflektors für bestimmte Verwendungszwecke zu beurteilen, sondern sie kann auch dazu beitragen, die Absorptions- und Reflexionsverhältnisse eines Reflektors anschaulich zu kennzeichnen. So wird beispielsweise bei der in Abb. 1 (S. 209) dargestellten Art der Lichtverteilung von dem gesamten Lichtstrom der nackten Lampe der Betrag A unterhalb und B und C oberhalb der Grenzlinie ausgestrahlt. Mit Reflektor entfällt dagegen A und D unterhalb und B oberhalb der Grenzlinie. Die Wirkung des Reflektors besteht hiernach darin, daß von dem oberhalb der Grenzlinie ausgestrahlten Lichtstrom C weggenommen und dafür der Lichtstrom unterhalb der Grenzlinie um D vermehrt wird. Der Absorptionsverlust des Reflektors beträgt hiernach $C - D$. Diesen kann man entweder auf den gesamten Lichtstrom der nackten Lampe beziehen und erhält als prozentualen Verlust des Reflektors

$$100 \cdot \frac{C - D}{A + B + C}.$$

Dagegen stellt das Verhältnis $100 \cdot \frac{C - D}{C}$ den Absorptionsverlust im Verhältnis zum tatsächlich reflektierten Lichtstrom dar, und man erhält so als $100 \cdot \frac{D}{C}$ die Reflexionsfähigkeit des Reflektormaterials.

Die Darstellung in den Tab. 1 u. 2 stellt diese Verhältnisse einerseits in Buchstaben und anderseits in einem Zahlenbeispiel für die

Tabelle 1.

Absorptions- und Reflexionswirkung eines Reflektors.

Lichtstrom	Ohne Reflektor	Mit Reflektor	Zur Reflexion	
Oberhalb der Grenzlinie . .	$B + C$	B	C	Empfangen
Unterhalb der Grenzlinie .	A	$A + D$	D	Wiedergegeben
Insgesamt:	$A + B + C$	$A + B + D$	$C - D$	Absorbiert

Tabelle 2.

Zahlenbeispiel für die Absorptions- und Reflexionswirkung eines Reflektors.

(Metalldrahtlampe für 50 HK mit flachem Blechreflektor.)

Lichtstrom	Ohne Reflektor	Mit Reflektor	Zur Reflexion	%	
Oberhalb der Grenzlinie .	260	75	185	100	Empfangen
Unterhalb der Grenzlinie .	220	335	115	62	Wiedergegeben
Insgesamt:	480	410	70	38	Absorbiert
%	100	85,5	14,5	%	

in Abb. 1 gezeigte Lichtverteilung anschaulich dar. Die Wirkungsweise des Reflektors ist auf diese Weise deutlich zu erkennen. Insbesondere sieht man, ein wie erheblicher Unterschied zwischen dem auf den gesamten Lichtstrom bezogenen Absorptionsverlust und dem

Verlust besteht, der auf den tatsächlich zur Reflexion gelangten Lichtstrom bezogen ist. Die Lichtströme oberhalb und unterhalb der Grenzlinie kann man entweder aus der Rousseauschen Kurve (links in Abb. 1) entnehmen oder auch mit Hilfe des oben (S. 73) erwähnten Lichtverteilungspapiers bestimmen; in diesem Falle addiert man jeweils alle oberhalb und alle unterhalb der Grenzlinie verlaufenden Werte auf den gestrichelten Radien des Lichtverteilungspapiers. Eine Multiplikation der Summen mit $0{,}2 \cdot \pi$ ergibt jeweils die Lichtströme.

Zweckmäßige Darstellung der Lichtverteilung von Reflektoren. Es ist hier am Platze, auf die häufig vertretene irrtümliche Anschauung hinzuweisen, als ob durch einen Reflektor das von einer Lampe ausgestrahlte Licht eine Vermehrung erfahren könnte. In manchen Beschreibungen und sogar in Patentschriften wurden früher oft derartige Ansichten vertreten. Die wachsende Einsicht in die lichttechnischen Vorgänge hat die ernsthafte Verbreitung solcher Irrtümer in Fachkreisen schon seit längerer Zeit unmöglich gemacht. Es ist aber notwendig, auch die Verbraucherkreise dahin aufzuklären, daß sie keinen Täuschungen in dieser Hinsicht zum Opfer fallen. Die Lichtstärke der Lampen kann durch den Reflektor innerhalb bestimmter Richtungen ganz erheblich verstärkt werden. Jedoch geschieht dies immer auf Kosten der Lichtstärke in anderen Richtungen. Der von der nackten Lichtquelle ausgestrahlte Gesamtlichtstrom wird durch Verwendung eines Reflektors stets geschwächt und nie verstärkt.

Zu der irrtümlichen Auffassung hat die Art der Darstellung im Polardiagramm ohne Zweifel viel beigetragen. Denn die Fläche des Polardiagramms einer Lampe mit Reflektor ist oft weit größer als die für die nackte Lampe sich ergebende Fläche. Man muß hierbei aber immer wieder darauf hinweisen, daß die Fläche der Lichtverteilungskurve einer Lichtquelle kein Maß für ihren Lichtstrom und ihre Gesamtlichtstärke abgeben kann.

Um die irrtümliche Auffassung der Lichtverteilungskurve zu vermeiden, hat Gerhardt (Z. f. Bel. 1918, S. 54) eine abgeänderte Art der Aufzeichnung der Lichtverteilungskurven vorgeschlagen. Er wählt dabei den Maßstab der Lichtstärke und der Winkelbezeichnung nicht linear, sondern derart, daß die Fläche der Lichtverteilungskurve dem tatsächlichen Lichtstrom proportional wird. Durch die unbequemen Maßstäbe ist dieser Vorteil leider zu teuer erkauft.

Halbertsma empfiehlt (E.T.Z. 1917, S. 483), an Stelle der Benutzung des Polardiagramms der Lichtverteilung die Darstellung als Rousseausche Kurve im rechtwinkligen Koordinatensystem zu bevorzugen. In diesem Falle ist der Inhalt der von der Kurve begrenzten Fläche tatsächlich dem Lichtstrom proportional, was als entschiedener Vorzug anzusehen ist. Anderseits sind die Lichtverteilungskurven im Polar-Koordinatensystem und die Art ihrer Benutzung so bequem und leicht anschaulich, daß man sie ohne Not doch nicht aufgeben sollte. Am besten sorgt man durch genügende Aufklärung für richtige Auffassung der Kurven und Vermeidung von Irrtümern.

Baustoffe für Reflektoren und Werte für deren Reflexionsfähigkeit. Als Baustoff für Reflektoren kommt in erster Reihe Milchglas und emailliertes Blech in Frage. Daneben gewinnen spiegelnde Reflektoren mit reflektierenden Glas- oder Metallflächen eine stets wachsende Bedeutung. Die wichtigste Eigenschaft des Reflektorbaustoffs ist seine Reflexionsfähigkeit. Sie beträgt für Milchglas, sowie für gut weiß emailliertes Blech 60 bis 70%, für weißes Papier 70 bis 75%, für weiße Seide 55 bis 65%. Glasspiegel reflektieren 75 bis 90% und Metallspiegel mit Silber- oder vernickelten Oberflächen in gutem Zustande 70 bis 80% des auf sie auftreffenden Lichts. Wie aus den Ausführungen auf S. 212 hervorgeht, sind die auf den Gesamtlichtstrom bezogenen Absorptionsverluste der Reflektoren erheblich geringer als den hier angegebenen Zahlen entspricht, weil nur ein Teil des ausgestrahlten Lichtstroms der Reflexion unterworfen ist, während der größere Teil meist direkt ausgestrahlt wird.

Benutzung der verschiedenen Reflektorbaustoffe. Der nicht besonders günstigen Reflexionsfähigkeit für Milchglas steht als Vorteil gegenüber, daß ein Teil des Lichts durch den Reflektor durchgelassen wird und für eine milde Beleuchtung der über dem Reflektor gelegenen Teile sorgt, was oft recht wünschenswert ist. Allerdings wird sehr häufig dieser Teil durch eine grün überfangene Glasschicht wieder aufgezehrt. Diese dunkelgrünen Milchglasreflektoren sind für Stehlampen oft ganz zweckmäßig, wenn es sich darum handelt, jede Blendung der Augen durch große, in der Nähe der Augen liegende leuchtende Flächen zu vermeiden. Bei Pendeln, die in genügender Höhe über den Augen aufgehängt sind, ist dagegen dieser Schutz der Augen oft gar nicht notwendig, und die über dem Reflektor liegenden Teile des Raumes werden unnötig verdunkelt.

Die verbreitetsten Reflektoren sind die aus emailliertem Blech. Sie stehen an Reflexionsfähigkeit dem Milchglas ungefähr gleich. Abgesehen davon, daß sie ganz undurchsichtig sind, entspricht ihre Wirkung nahezu den grün überfangenen Milchglasreflektoren. Um diese zu erreichen, muß allerdings auf einen möglichst klar weißen und nicht grauen Ton der reflektierenden Schicht geachtet werden. Besonders wichtig ist auch die Dauerhaftigkeit des Emailauftrags, damit nicht durch Abspringen der Schicht der Reflektor als solcher unbrauchbar wird.

Reflektoren aus starkem, weißem Papier kommen im allgemeinen nur wenig in Anwendung, obwohl sie recht gute Wirkung erzielen lassen. Die zu geringe Dauerhaftigkeit des Papiers hält vielfach von ihrer Verwendung ab, aber dafür ist die Unzerbrechlichkeit und Billigkeit dem entgegenzuhalten. Außerdem schützen sie die Lampen gut gegen Beschädigung durch starke Stöße. Durch Bemalung oder anderweitige Ausstattung der Außenflächen können sie auch dekorativ recht hübsch wirken.

Seide als Innenbespannung von Stoffschirmen wird bei elektrischen Lampen sehr viel angewandt. Es ist darauf zu achten, daß sie in jedem Falle weiß und genügend dicht ist; denn ganz dünne Seide läßt zu viel Licht nach dem darüber angebrachten Bezug durch und erzielt nur schlechte Reflektorwirkung. Bei kleinen Schirmen für Stehlampen und Nachttischlampen darf die Seidenbespannung nicht zu nahe an den Lampen angebracht sein, damit sie nicht unter der ausgestrahlten Wärme zu leiden hat und dadurch rasch zerstört wird.

Spiegelnde Glas- und Metalloberflächen reflektieren das Licht sehr gut und haben außerdem den Vorteil, daß sie bei entsprechender Formgebung des Reflektors das Licht gerade dahin bringen, wo man es zu haben wünscht. Sie sind deshalb für mancherlei Gebrauchszwecke besonders gut geeignet. Der Nachteil, daß bei spiegelnder Reflexion die Beleuchtung leicht unregelmäßig und streifig wird, indem sehr helle und dunkle Stellen in naher Nachbarschaft abwechseln, läßt sich durch passende Ausgestaltung der Reflektoren und Verwendung von mattierten Lampen sehr herabmindern, bei Anwendung von zerstreuenden Überglocken sogar ganz beseitigen.

Es sollen nunmehr die für verschiedene Beleuchtungsarten hauptsächlich üblichen Reflektoren besprochen werden.

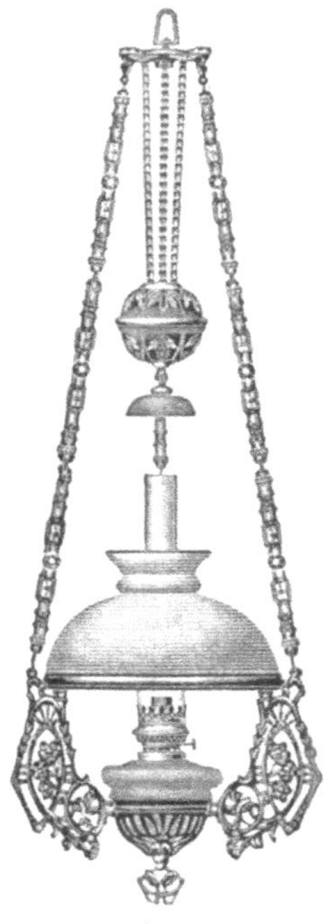

Abb. 4. Petroleum-Lampe mit gutwirkendem Reflektor.

Reflektoren für Petroleumlampen. Für Petroleumlampen gibt es recht gute, aber auch viele sehr minderwertige Reflektoren. Zu ersteren ist der halbkugelförmige Schirm (Abb. 4) zu zählen, wie er hauptsächlich für Tischlampen in Gebrauch ist. Auf ihn wird bei der Besprechung der Stehlampen noch besonders zurückzukommen sein. Sehr unzweckmäßig sind dagegen die flachen Blech- oder Milchglasschirme, die in erheblicher Höhe über dem Brenner angebracht sind. Die nackte Petroleumlampe strahlt den Hauptteil ihres Lichts nach der Seite aus und etwa 60% des gesamten Lichtstroms gehen nach oben. Da das Licht hauptsächlich in der unteren Raumhälfte gebraucht wird, muß danach gestrebt werden, durch einen wirksamen Reflektor einen großen Teil des nach oben ausgestrahlten Lichts nach unten zu bringen. Mit einem flachen und hoch angebrachten Reflektor (Abb. 5) kann dies jedoch nicht gelingen; denn auf ihn trifft nur ein geringer Teil des nach oben ausgestrahlten Lichts auf und das seitlich ausgestrahlte Licht geht fast ganz nutzlos verloren. Die Reflektoren für Petroleum- und ähnliche Lampen sollten daher stets so ausgebildet und angeordnet werden, daß ihre Unterkante nicht höher als das obere Ende der Flamme zu liegen kommt. Auch heute noch wird eine sehr große Anzahl von Petroleumlampen für die Länder hergestellt, in denen die Elektrizität noch nicht die große Verbreitung hat, wie wir sie anzunehmen gewohnt sind. Überdies liegen bei Petroleum-, Spiritus- und Benzol-Glühlicht die Verhältnisse ganz ähnlich, so daß es schon am Platze erscheint, auf diese Mängel nachdrücklich hinzuweisen.

Abb. 5. Petroleum-Lampe mit schlecht wirkendem Reflektor.

Reflektoren für Gaslampen. Bei der Ausbildung der Gaslampen hat man der Reflektorenfrage lange Zeit keine genügende Beachtung geschenkt. Das stehende Gasglühlicht strahlt ebenso wie die vor seiner allgemeinen Einführung in Gebrauch befindlichen Argand- und Schnittbrenner den größeren Teil seines Lichtstroms (etwa 55%) nach der oberen Raumhälfte aus. Dieses Licht muß im allgemeinen durch einen zweckmäßig ausgebildeten Reflektor nach unten abgelenkt werden, um es gut auszunutzen. Trotzdem finden wir sehr viele Gasbeleuchtungskörper, und zwar nicht nur für Luxusbeleuchtung, sondern auch für die einfachsten Gebrauchszwecke ohne jeden oder mit nur ganz wenig wirksamem Reflektor. Mit der beste Reflektor für das stehende Gasglühlicht bei Verwendung in Innenräumen ist der von der Petroleumlampe übernommene halbkugelförmige Milchglasschirm. Er bewirkt, in richtiger Höhe zum Brenner angebracht, eine Verstärkung des nach unten gehenden Lichtstroms um etwa 35%, läßt aber auch nach oben doch immer noch etwa 25% des gesamten Lichtstroms durch, so daß auch die oberen Raumteile noch eine ausreichende Beleuchtung erhalten (siehe die Lichtverteilungskurve *B* in Abb. 6).

Eine gleichfalls recht günstige Wirkung erzielt der Autositschirm (von Schott & Genossen in Jena), ein dünner Milchglasschirm von konischer Gestalt, der unmittelbar auf den gekröpften Lochzylinder aufgesetzt werden kann. Es sind hierfür allerdings Spezialzylinder erforderlich und ein Bruch des Zylinders kann leicht auch den Schirm in Mitleidenschaft ziehen. Aus diesem Grunde haben sich derartige Schirme nicht besonders stark eingeführt.

Auch mit den einfachen, trichterförmigen und gewölbten Schirmen aus Steingut oder emailliertem Blech, wie sie besonders bei den Straßenlaternen für stehendes Gasglühlicht im Gebrauch sind, lassen sich recht kräftige Erhöhungen des nach unten ausgestrahlten Lichts erzielen, wenn die Schirme richtig angeordnet sind. Der Gewinn an nach unten ausgestrahltem Licht auf Kosten des hier ganz nutzlos nach oben gehenden beträgt 30 bis 40% gegenüber der nackten Lampe. Ein von Bertelsmann (Lehrbuch der Leuchtgasindustrie, 2. Band, Stuttgart 1911, S. 95 f.) durchgeführter Vergleich von trichterförmigen, parabolischen und gewölbten Schirmen führte zum Ergebnis, daß die

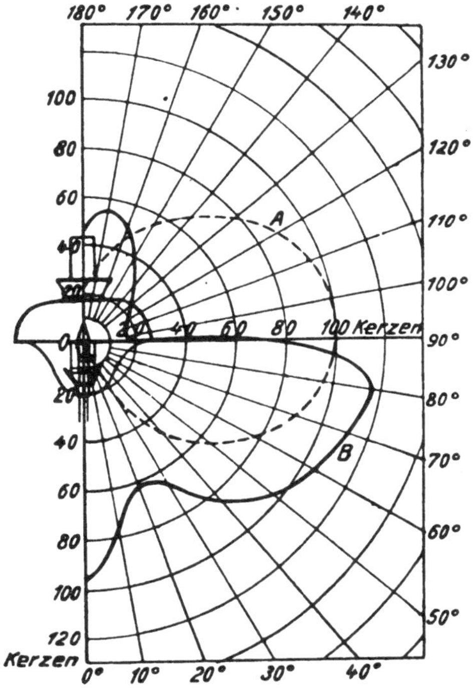

Abb. 6. Lichtverteilung eines Normalbrenners für stehendes Gasglühlicht.
A) Nackt. B) Mit Milchglasschirm.

gewölbten und trichterförmigen Schirme die günstigste Lichtverteilung aufweisen. Von erheblichem Einfluß auf die Art der Lichtverteilung ist hier die Höhenlage des Schirmes gegenüber dem Brenner. Sowohl zu tiefe, als auch zu hohe Anbringung ist unzweckmäßig. Die soeben angeführten Messungen zeigten, daß die Spitze des Leuchtkörpers am besten mit der Unterkante des Schirmes auf gleiche Höhe zu bringen ist. Bei den meisten im praktischen Gebrauch befindlichen Straßenlaternen wird dieser Gesichtspunkt leider viel zu wenig beachtet und deshalb sehr viel Licht unnütz nach oben ausgestrahlt (siehe Wedding, Journal für Gasbeleuchtung 1904, S. 563 und Drehschmidt, Journal für Gasbeleuchtung 1906, S. 767).

Anders liegen die Verhältnisse beim hängenden Gasglühlicht. Zur Zeit seiner Ausbildung war die Beleuchtungstechnik schon erheblich weiter fortgeschritten als bei der Einführung des stehenden Gasglühlichts. Die Brenner für hängendes Gasglühlicht sind daher schon an sich so ausgebildet, daß sie eine für die meisten Zwecke wesentlich günstigere Lichtverteilung geben als beim stehenden Gasglühlicht. Denn es gelangen beim Hängelicht etwa $^2/_3$ des gesamten Lichtstroms nach der unteren Raumhälfte; das Maximum in Höhe von etwa 1,35 der sphärischen Lichtstärke liegt bei einem Ausstrahlungswinkel von 30° bis 60°, während es beim stehenden Gasglühlicht bei 90° liegt. Die Licht-

Abb. 7. Normalbrenner für hängendes Gasglühlicht mit Reflektor.

verteilung des Hängelichts ist deshalb schon ohne Anwendung eines Reflektors recht zweckmäßig für die Beleuchtung von Außen- und Innenräumen (siehe Abb. 47, S. 166). Man hat aber gleichzeitig auch die Ausbildung geeigneter Reflektoren und ihre Anbringung an den Brennern ins Auge gefaßt. So gibt es heute Brenner für hängendes Gasglühlicht mit gut daran angebrachten Milchglas- und Blechschirmen in reichlicher Menge. Diese Schirme haben meist einfache konische Form (Abb. 7). Von Schott & Genossen sind auch für das hängende Gasglühlicht Autositschirme von gewölbter Form ausgebildet worden.

Mit Rücksicht auf die verhältnismäßig geringere, ohne Schirm nach oben gehende Lichtmenge von etwa $1/3$ des gesamten Lichtstroms kann die Wirkung der Reflektoren beim Hängelicht nicht so kräftig sein wie beim stehenden. Immerhin werden aber auch Verstärkungen des nach unten gehenden Lichtstroms um etwa 25% erreicht. Die

Verstärkung äußert sich hauptsächlich unter den Lampen, und die Reflektoren sind deshalb besonders da angebracht, wo die Lampen unmittelbar über den Arbeitsplätzen angeordnet sind. Aber auch seitlich von den Lampen wird noch eine nicht unerhebliche Verstärkung erzielt. Man wird deshalb da, wo es sich um eine reine Gebrauchsbeleuchtung handelt, die Anwendung von Reflektoren beim hängenden Gasglühlicht gleichfalls entschieden empfehlen können.

Bei den Außenlampen für hängendes Gasglühlicht findet man regelmäßig einen ringförmigen, mehr oder weniger breiten Schirm aus emailliertem Blech angebracht (s. Abb. 31, S. 154). Seine Wirkung ist mit Rücksicht auf den nicht sehr erheblichen Lichtstrom, der auf ihn auftrifft, nicht übermäßig groß. Immerhin kann aber doch bei richtiger Anordnung und Größe des Schirmes eine Erhöhung des nach unten gehenden Lichtstroms um 15 bis 25% erreicht werden, so daß sich die Anbringung der Schirme in jedem Falle lohnt. Bertelsmann hat (a. a. O. S. 169 f.) hierüber nähere Untersuchungen angestellt und auch den Einfluß der Formgebung der Schirme dabei berücksichtigt. Er fand, daß die nach innen eingebauchten Schirme entschieden günstigere Resultate ergeben als die ausgebauchten, und daß besonders auch auf ausreichende Größe der Schirme zu achten ist. Die gleichen Gesichtspunkte gelten für die Außenlampen mit hängendem Preßgasglühlicht.

Reflektoren für elektrische Lampen. Für die elektrischen Kohlefaden- und Metalldraht-Glühlampen gelten bei der Wahl des Reflektors mit Rücksicht auf die Lichtverteilung der nackten Lampe dieselben Gesichtspunkte wie beim stehenden Gasglühlicht und der Petroleumlampe. Da nur wenig mehr als die Hälfte des Lichtstroms der nackten Lampe (52 bis 55%) nach der unteren Raumhälfte gelangt, ist man zur besseren Ausnutzung des Lichts auf den Reflektor angewiesen. Daneben kommt hier aber auch schon die Rücksicht auf die Vermeidung der Blendung in Frage. Bei den Metalldrahtlampen ist der Glanz des Lichts doch schon so groß, daß man eine nackte Lampe nicht der unmittelbaren Einwirkung auf das Auge aussetzen sollte. Beim Gebrauch mattierter Lampen sind anderseits Lichtverluste von etwa 8 bis 15% und geringere Lebensdauer mit in Kauf zu nehmen. Man wird deshalb zweckmäßig den Reflektor so ausbilden, daß er zugleich das Auge normalerweise gegen das Hineinsehen in die Lampe schützt.

Abb. 8. Flacher Blechreflektor.

Die sehr häufig angewandten, flachen, emaillierten Blechschirme (Abb. 8) erfüllen in dieser Hinsicht ihren Zweck durchaus nicht. Sie sind als Reflektoren unvollkommen; denn sie nehmen einen zu kleinen Teil des nach oben gehenden Lichtstromes auf und versagen als Augenschutz vollständig. Man findet deshalb auch so häufig alle möglichen, mehr oder weniger unvollkommenen und improvisierten Schutzmittel aus Papier, Karton usw. an diesen flachen Reflektoren angebracht, wenn man Fabriken oder Bureaus daraufhin ansieht.

Abb. 9. Tiefer Blechreflektor.

Wesentlich besser sind schon die tiefen, konischen Schirme (Abb. 9) aus emailliertem Blech oder aus Milchglas. Jedoch schützen auch sie nicht völlig vor dem Hineinsehen in die Lampen, wenn sie nicht entweder in Augenhöhe oder recht hoch angebracht sind. Aus der Lichtverteilungskurve einer 50-kerzigen Metalldrahtlampe mit tiefem konischem Blechreflektor (Kurve *C* in Abb. 10) ist dies deutlich zu entnehmen. Die Grenzlinie, bei der die Kurve der nackten Lampe und der Lampe mit Reflektor sich schneiden, liegt hier bei 75°. Wie aus Abb. 2 (S. 211) zu entnehmen ist, genügt dies noch nicht für einen völligen Augenschutz. Es läßt sich z. B. auf diese Weise das Hineinsehen in die weiter entfernten Lampen in einem größeren Raume gar nicht vermeiden.

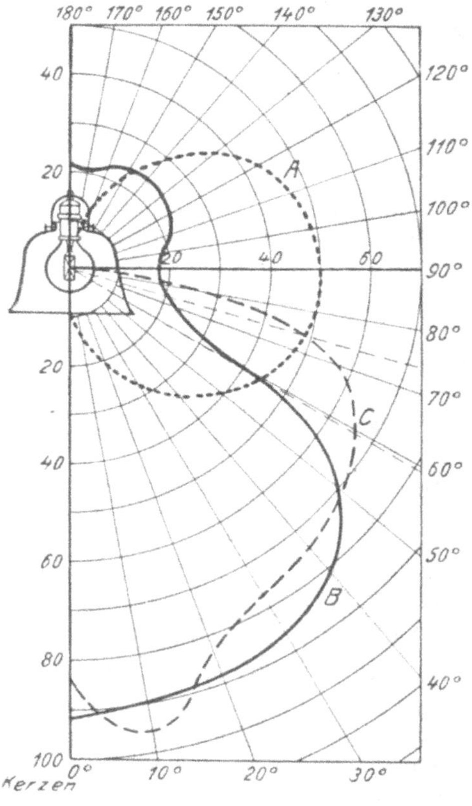

Abb. 10. Lichtverteilung einer Metalldrahtlampe für 50 HK.
A) Nackte Lampe.
B) Mit kelchförmigem Milchglasreflektor.
C) Mit tiefem Blechreflektor.

Eine erhebliche Verbesserung bedeuten in dieser Hinsicht die zylinder- oder kelchförmigen Milchglasreflektoren von mindestens 20 cm Tiefe (entsprechend Abb. 3, S. 211). Die Lichtverteilung einer 50-kerzigen Metalldrahtlampe mit einem derartigen Reflektor ist aus Kurve *B* in Abb. 10 zu entnehmen. Die Lichtwirkung nach unten ist ebenso kräftig, aber wesentlich gleichmäßiger als beim konischen Reflektor und bei etwa 60° ist die Grenzlinie erreicht. Man sollte deshalb ausreichend große zylindrische oder kelchförmige Reflektoren in viel weitergehendem Maße anwenden, als dies bisher geschehen ist. Nur als Armaturen für hochkerzige gasgefüllte Metalldrahtlampen haben sie sich in den letzten Jahren eine allerdings schon sehr bedeutende Verbreitung erworben (siehe unten S. 235).

Die kelchförmigen oder zylindrischen Reflektoren für Lampen niedriger Lichtstärke lassen sich auch aus emailliertem Blech oder aus Aluminiumblech herstellen, wenn sie möglichst widerstandsfähig und unzerbrechlich sein sollen. Sie eignen sich dann besonders für die Beleuchtung von Werkbänken und Arbeitsmaschinen in Fabriken und schützen zugleich die Lampen gegen Schlag und Stoß.

Einen Überblick über die Wirkung der für elektrische Lampen hauptsächlich gebräuchlichen Reflektoren geben die in Tab. 25 (S. 558) zusammengestellten charakteristischen Zahlen.

Reflektoren für elektrische Straßenbeleuchtung. Für Außenbeleuchtungszwecke sind an die Reflektoren andere Anforderungen zu stellen als für die Beleuchtung von Innenräumen. Hier spielt der

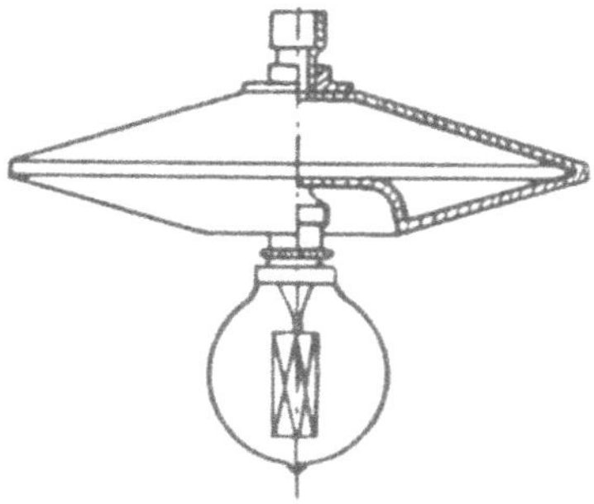

Abb. 11.
Doppelkegelförmiger Blechreflektor.

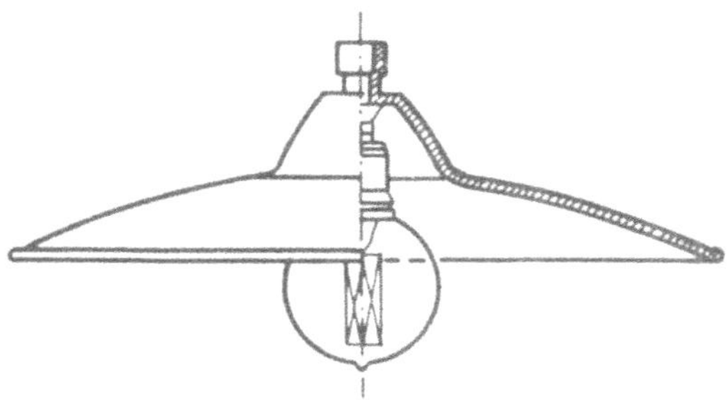

Abb. 12.
Parabolischer Blechreflektor.

Schutz des Auges gegen Hineinsehen in die Lampen keine so große Rolle. Denn bei den verhältnismäßig großen Aufhängehöhen und Entfernungen der Lampen von dem Auge des Vorübergehenden ist der Schutz gegen Blendung nicht mehr so unbedingt notwendig. Wichtiger ist hier gute Ausnutzung des Lichts und Hinlenkung nach der Richtung, in der es besonders gebraucht wird. Eine Straßenbeleuchtung mit Lampen, deren Beleuchtungskörper durch die Reflektoren ganz verdeckt werden, würde einen sehr wenig befriedigenden Eindruck machen. Das von den Glühlampen nach oben ausgestrahlte Licht geht allerdings für die Straßenbeleuchtung nutzlos verloren und muß deshalb möglichst vollständig durch den Reflektor nach der unteren Hemisphäre gebracht werden. Die nicht selten für Straßenbeleuchtung mit Glühlampen angewandten doppelkegelförmigen Blechreflektoren (Abb. 11) sind hierfür nicht geeignet. Denn sie nehmen einen viel zu geringen Teil des nach oben gehenden Lichtstroms auf und lassen deshalb zuviel Licht unausgenutzt nach oben ausstrahlen; dagegen fällt die Verstärkung nach unten ungenügend aus und auch in seitlicher Richtung ist der Lichtgewinn unbedeutend. Anderseits würden die tiefen, konischen Reflektoren, wie sie hauptsächlich für Innenbeleuchtung in Gebrauch sind, sich für Straßenbeleuchtung nicht eignen; denn sie nehmen zuviel von dem seitlich ausgestrahlten Licht weg. Am besten haben sich in der Straßenbeleuchtung mit Glühlampen, soweit nicht besondere, geschlossene Armaturen für Hochkerzenlampen dafür in Gebrauch sind, die parabolisch gekrümmten Blechreflektoren (Abb. 12) bewährt. Sie geben eine erhebliche Verstärkung des nach unten und seitlich austretenden Lichts, wie aus der Lichtverteilungskurve (Abb. 13) im Vergleich zum doppelkegelförmigen Blechreflektor zu entnehmen ist.

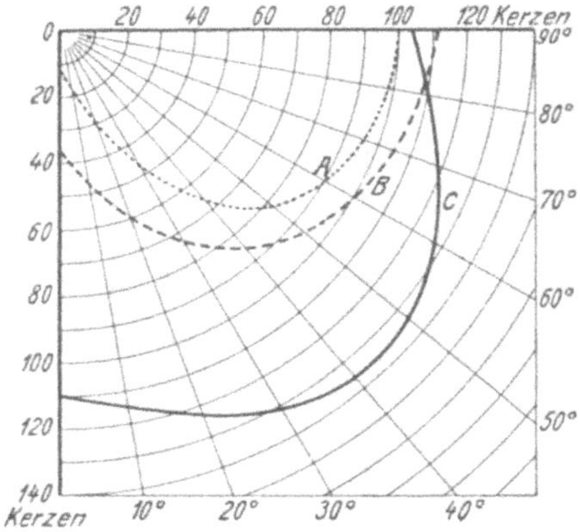

Abb. 13. Lichtverteilung einer Metalldrahtlampe für 100 HK.
A) Nackte Lampe.
B) Mit Kugelreflektor.
C) Mit Parabolreflektor.

Reflektoren für Bogenlampen. Für elektrische Bogenlampen ist die Reflektorfrage nur von geringer Bedeutung. Denn sie strahlen an sich schon fast ihren ganzen Lichtstrom nach unten aus, so daß sie eines Reflektors normalerweise nicht bedürfen. Nur die Wechselstrom-Bogenlampen mit übereinanderstehenden Kohlen geben ebensoviel Licht nach oben wie nach unten. Bei ihnen wird durch einen unmittelbar über dem Lichtbogen befindlichen emaillierten Reflektor dafür gesorgt, daß das nach oben ausgestrahlte Licht nach unten gelangt. Die Dauerbrand-Flammenbogenlampen lassen verhältnismäßig viel Licht seitlich austreten. Zur besseren Ausnutzung dieses Lichts werden die Lampen regelmäßig mit einem Außenreflektor versehen.

Abb. 14.
Holophanreflektor.

Holophanreflektoren. Die ursprünglich von Blondel angegebenen Holophanreflektoren (Abb. 14) sind in Amerika zu großer Bedeutung gelangt. Sie sind aus Klarglas hergestellt, in das mittels eines Preßverfahrens Prismen eingepreßt sind. Die Innenfläche der Reflektoren ist glatt; an der Außenfläche treten die Prismen hervor. Die Prismenkanten verlaufen in den durch die Mittelachse des Reflektors gehenden Ebenen. An den Prismen wird das von der Lichtquelle ausgestrahlte Licht total reflektiert und zugleich nach der gewünschten Richtung abgelenkt. Ein kleiner Teil des Lichts geht durch die leicht abgerundeten Prismenkanten hindurch. Auf diese Weise wird auch seitlich und nach oben etwas Licht ausgestrahlt, das jedoch gut zerstreut ist und nicht blendend wirken kann. Je nach der Form der Prismen. und der Reflektorfläche kann man mit den Holophanreflektoren fast jede gewünschte Art der Lichtverteilung erhalten.

Die Holophane-Glass-Company in New York, welche die Ausbildung der Holophangläser in Amerika übernahm,[1] hat eine große Zahl der verschiedensten Typen von Holophanreflektoren für elektrische Glühlampen, sowie auch für Gaslampen hergestellt. In der Hauptsache kommen hierbei drei verschiedene Typen in Frage, deren Lichtverteilung bei Benutzung einer 50-kerzigen Metalldrahtlampe aus Abb. 15 zu entnehmen ist. Aus diesen Kurven wurden die in Tab. 26 (S. 559) zusammengestellten charakteristischen Zahlen für die drei Typen abgeleitet. Die sog. Extensivtype *E* dient hauptsächlich zur Beleuchtung größerer Plätze, die nur durch eine oder wenige Lampen gleichmäßig beleuchtet werden sollen. Die Intensivtype J dient zur gleichmäßigen Beleuchtung von Räumen, in denen eine größere, gleichmäßig verteilte Zahl von Lampen ziemlich hoch oder unmittelbar an der Decke aufgehängt ist. Die sog.

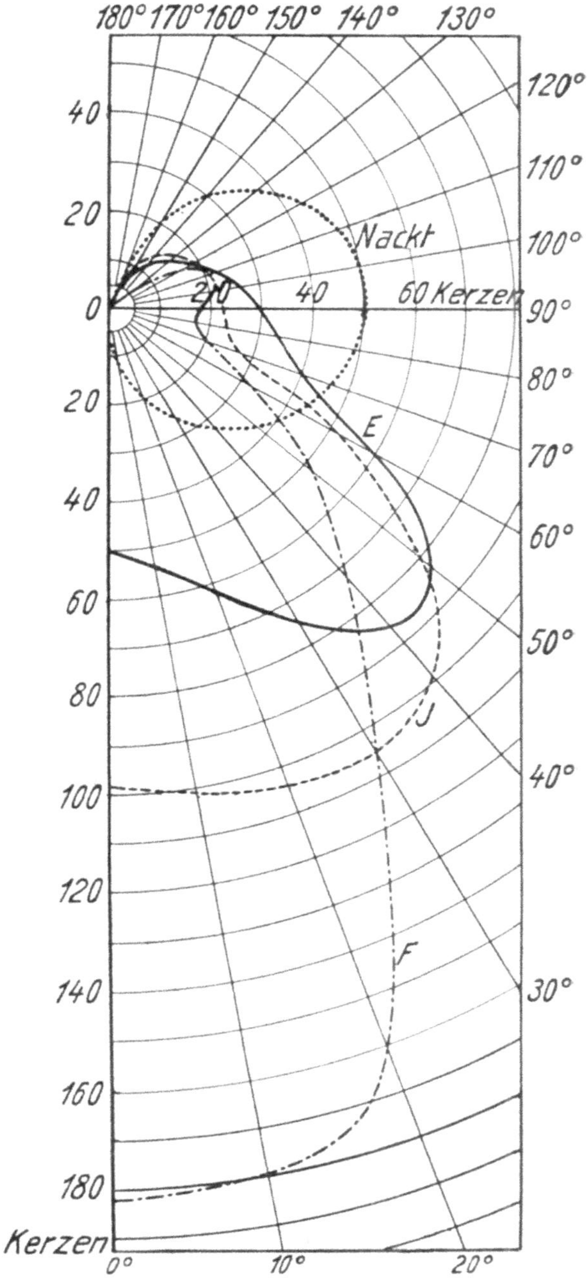

Abb. 15. Lichtverteilung einer Metalldrahtlampe für 50 HK mit Holophanreflektor. A) Nackte Lampe, E) mit Reflektor der Extensiv-, J) mit Reflektor der Intensiv-, F) mit Reflektor der Focussingtype.

Focussing (scheinwerferartige) Type F ist zur Beleuchtung kleiner Flächen, wie z. B. einzelner Arbeitstische, bestimmt. Als Anwendungsregel wird für die drei Typen angegeben: Das Verhältnis der Entfernung der einzelnen Lampen voneinander zur Aufhängehöhe über der zu beleuchtenden Ebene soll bei der E-Type $1\frac{1}{2} \div 2$, bei der J-Type $1 \div {}^5/_4$ und bei der F-Type ${}^2/_3 \div {}^3/_4$ sein.

Neben diesen Normaltypen sind noch zahlreiche Spezialtypen ausgebildet worden, so z. B. sog. konzentrierende, die eine Scheinwerferwirkung erreichen, und asymmetrische, die das Licht hauptsächlich nach einer Seite ablenken.

Wegen der guten Reflexionsfähigkeit des Klarglases beträgt der auf den Gesamtlichtstrom bezogene Reflexionsverlust der Holophanreflektoren nur etwa 5 bis 15%. Damit die gute Wirkung nicht beeinträchtigt wird, muß allerdings sorgfältig darauf geachtet werden, daß die Glasflächen nicht verschmutzen. Außerdem muß der Leuchtkörper der benutzten Lampen stets die richtige Lage einnehmen, damit die gewünschte Art der Lichtausstrahlung erreicht wird. Die Holophanreflektoren und die dazu gehörigen Halter und Fassungen müssen daher stets den zu verwendenden Lampen richtig angepaßt sein. Das war nun gerade in den Jahren, während deren die Glühlampentechnik rasch die verschiedensten Wandlungen durchmachte, besonders schwierig und neben dem verhältnismäßig hohen Preis der Holophanreflektoren mag das die Ursache sein, daß sie sich bei uns bei weitem nicht in dem Maße einführten, wie dies in Amerika der Fall gewesen ist. Dort sind die Holophanreflektoren und die wissenschaftliche Beleuchtungstechnik tatsächlich Hand in Hand zusammen aufgewachsen.

Wiskottreflektoren. Besondere Erwähnung verdienen hier auch die nach Angaben von Dr. Wiskott ausgebildeten Reflektoren für gasgefüllte Metalldrahtlampen. Sie werden von der Wiskottlicht-Gesellschaft hergestellt und von der Osram G. m. b. H. vertrieben. Als reflektierende Oberfläche wird hier eine hochglänzend polierte, feine Silberschicht verwendet und auf einer leicht formbaren, aber nach Fertigstellung unveränderlichen und schwer zerbrechlichen Masse aufgetragen. So kann dem Reflektor jede gewünschte und je nach der zu erzielenden Wirkung genau vorausberechnete Form gegeben werden. Die reflektierende Oberfläche wird durch einen Überzug aus Vernierlack vor den schädlichen Einflüssen der Atmosphäre geschützt. Neben der hohen Reflexionsfähigkeit der Spiegelfläche trägt hier besonders die Form des Reflektors dazu bei, daß das zur direkten Beleuchtung nicht benötigte Licht im Reflektor voll zur Ausnutzung gelangt und deshalb ein möglichst hoher Wirkungsgrad der Beleuchtung erzielt wird. Der Reflexionsverlust der Wiskottreflektoren beträgt, auf den Gesamtlichtstrom bezogen, nur etwa 10 bis 15%.

Die Wiskottreflektoren werden hauptsächlich in zwei verschiedenen Typen hergestellt. Die Type HC ist vorwiegend für starke Konzentration und große Verstärkung des Lichts ausgebildet. Sie ist deshalb für die Beleuchtung verhältnismäßig kleiner Flächen bei großer Aufhängehöhe besonders geeignet. (Schaufenster- und Theaterbeleuchtung, Operationssäle.) Die Type E läßt dagegen größere seitliche Streuung des Lichts erzielen und arbeitet meist mit geringeren Verstärkungszahlen, kann aber auch für sehr große Verstärkung ausgeführt werden. Sie kommt hauptsächlich für die Beleuchtung von Innenräumen (Fabrik- und Bahnhofshallen, große Säle), dann aber auch für die Beleuchtung von Straßen, Plätzen und Rangierbahnhöfen in Frage. In letzterem Falle werden die Spiegelflächen durch eine Überglocke gegen die Einflüsse der Außenluft geschützt. Wird diese Überglocke aus Opalglas oder Milchglas hergestellt, so dient sie zugleich als Schutz gegen Blendung auch für Innenräume.

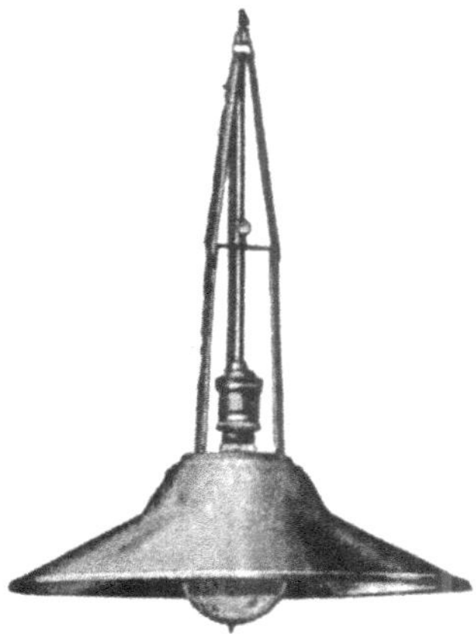

Abb. 16.
Wiskott-Spiegelreflektor
Type HC.

Die für die Wiskottreflektoren zu benutzenden gasgefüllten Metalldrahtlampen für alle hauptsächlich gebräuchlichen Größen müssen jeweils die richtige Stellung im Reflektor einnehmen, damit die volle Wirkung erzielt wird. Die Armaturen mit Wiskottreflektoren sind deshalb durchweg mit verstellbarer Lampenfassung versehen. Durch Verstellung der Lampe im Reflektor läßt sich überdies auch die Streuung und die Verstärkung innerhalb weiter Grenzen nach Belieben verändern und beeinflussen, so daß die Beleuchtung noch an Ort und Stelle den Anforderungen angepaßt werden kann. Die Wiskottspiegel sind auch bereits für Scheinwerferzwecke mit sehr großen Verstärkungszahlen (bis zu 12000) ausgebildet worden und haben im Kriege als Signalgerät gute Dienste geleistet.

Einige Beispiele verschiedener Wiskottreflektoren sind mit ihren Hauptabmessungen und den für die erzielte Wirkung kennzeichnenden Zahlen in Tabelle 27 auf S. 559 zusammengestellt. Ferner zeigen die Abb. 16 u. 17 einen Wiskottreflektor der Type HC und die mit ihm erzielte Lichtverteilung. Die Abb. 18 zeigt die bei einem Reflektor der Type E durch Verstellung der Lampe erzielbare Beeinflussung der Lichtverteilung; bei hoher Stellung der Lampe wird tiefstrahlende Wirkung erreicht, während bei einer um etwa 7 cm tieferen Einstellung der Lampe breitstrahlende Wirkung zustande kommt. Der Bereich der Verstellbarkeit der Lichtverteilungskurve geht bei diesem Reflektor noch erheblich weiter; aus den in Tabelle 27 (S. 559) eingetragenen Zahlen für breitstrahlende und tiefstrahlende Wirkung desselben Reflektors geht dies deutlich hervor.

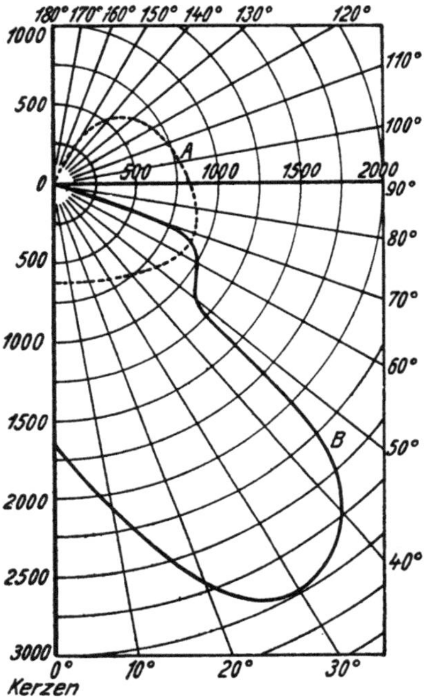

Abb. 17.
Lichtverteilung einer Gasfüllungslampe für 500 W mit Wiskottreflektor Type HC.
A) Nackte Lampe.
B) Mit Reflektor.

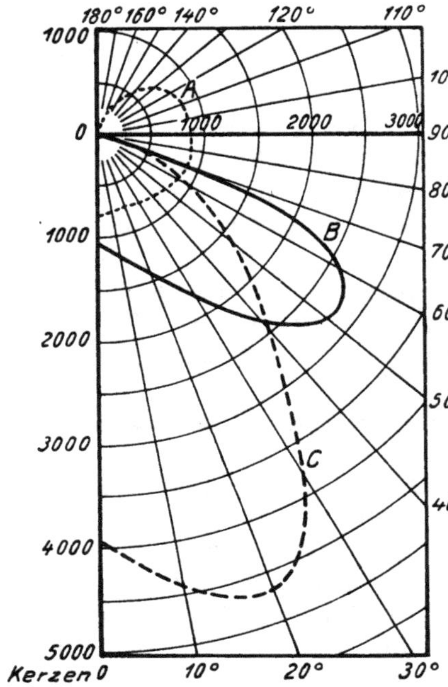

Abb. 18.
Lichtverteilung einer Gasfüllungslampe für 500 W mit Wiskottreflektor Type E.
A) Nackte Lampe.
B) Mit Reflektor, breitstrahl. eingestellt.
C) Mit Reflektor, tiefstrahl. eingestellt.

Glocken. Im Gegensatz zu den Reflektoren haben die Glocken in erster Reihe den Zweck, die Lichtquellen gegen die Einflüsse von Staub, Schmutz und Feuchtigkeit zu schützen; bei elektrischen Bogenlampen und bei Gaslampen kommt noch der Schutz gegen Wind hinzu. Diesen Zwecken werden die Klarglasglocken am besten gerecht, weil sie von dem ausgestrahlten Licht am wenigsten wegnehmen. Meist wird jedoch mit der Anwendung einer Glocke zugleich auch noch der Schutz der Augen gegen Blendung zu erreichen gesucht. Durch lichtstreuende Glocken kann der Glanz der nackten Lichtquellen nach Belieben herabgesetzt werden, und zwar wird der Glanz um so geringer und weniger störend, je mehr das von dem kleinen Leuchtkörper ausgestrahlte Licht über die ganze Fläche der Glocke ausgebreitet und zerstreut wird. Zur Beurteilung der von verschiedenen Glockenarten erreichten streuenden Wirkung gibt der von Halbertsma eingeführte

Begriff des Streuvermögens eine Handhabe (siehe S. 11 und Tab. 4 auf S. 542).

Mit der Lichtstreuung geht die Lichtabsorption durch die Glocken Hand in Hand und nimmt im allgemeinen mit wachsendem Streuvermögen rasch zu. Man muß deshalb ein Kompromiß zwischen einer gut lichtstreuenden und einer wenig absorbierenden Glocke zu finden wissen. In dieser Richtung stehen die Klarglasglocken, in jener die Milchglasglocken obenan. Die Lichtabsorption für die verschiedenen Glockenarten ist aus der Tab. 30 auf S. 560 zu entnehmen.

Die Absorptionsverluste sind auf den gesamten von der Lichtquelle ausgestrahlten Lichtstrom bzw. auf die mittlere sphärische Lichtstärke bezogen. Früher fand man gelegentlich auch Angaben über Absorptionsverluste, besonders von Bogenlampenglocken, die sich auf die untere hemisphärische Lichtstärke bezogen. Derartige Angaben für die Lichtabsorption sind jedoch nicht korrekt, weil sie nicht reine Absorptionsverluste darstellen, sondern zugleich auch die Veränderung der Lichtverteilung zwischen der oberen und unteren Raumhälfte berücksichtigen. Mit lichtstreuenden Glocken gelangt bei Bogenlampen mehr Licht nach oben, als ohne Glocke oder mit Klarglasglocke. Der auf die untere hemisphärische Lichtstärke bezogene Lichtverlust der Glocke ist deshalb hier etwa 1½mal so groß als der auf die mittlere sphärische Lichtstärke zu beziehende wahre Absorptionsverlust.

Die Art der Lichtverteilung der Lampen wird durch die Glocken im allgemeinen nur wenig beeinflußt. Stark lichtstreuende Glocken bewirken zugleich eine Vergleichmäßigung der Lichtverteilungskurve. Dieser Einfluß äußert sich um so mehr, je weiter die nackte Lichtquelle sich von der gleichmäßigen Lichtverteilungskurve entfernt. Demgemäß wird beispielsweise die Lichtverteilung der Bogenlampen mit übereinander stehenden Reinkohlen durch eine lichtstreuende Glocke erheblich mehr beeinflußt als die einer Glühlampe oder einer Gaslampe.

Die lichtstreuende Wirkung der Glocken bewirkt zugleich eine Abschwächung scharfer Schlagschatten bei Anwendung annähernd punktförmiger Lichtquellen. Denn die große leuchtende Fläche einer stark lichtstreuenden Glocke gibt erheblich weniger scharf begrenzte Schatten als eine annähernd punktförmige Bogenlampe oder Gasfüllungslampe ohne Glocke oder mit Klarglasglocke. Will man derartige Wirkungen absichtlich erreichen, muß auf die Verwendung stark lichtstreuender Glocken besonders geachtet werden.

Klarglasglocken kommen hauptsächlich für die Verwendung im Freien bei großer Aufhängehöhe der Lampen oder verhältnismäßig niedriger Lichtstärke in Frage; außerdem werden sie für die Beleuchtung von Innenräumen untergeordneter Bedeutung mit Lampen von nur geringer Lichtstärke benutzt. Geschliffene Kristallglasglocken finden nur in Innenräumen Anwendung, weil ihre sorgfältige Reinigung

Schwierigkeiten bereitet. Auch die Mattglasglocken, die entweder durch Anätzung oder im Sandstrahlgebläse eine matte Oberfläche erhalten, verschmutzen leicht und sind schwer zu reinigen; ihre Lichtstreuung ist, wenn die Oberfläche nicht ziemlich rauh geworden ist, nur unvollkommen. Für die Außenbeleuchtung sind sie jedenfalls nicht zu empfehlen. Opalüberfangglas, ein Klarglas mit einem dünnen Überzug einer opalisierenden Glasschicht und Opalinglas, ein in seiner ganzen Masse opalisierend gefärbtes Glas, hat sich für die meisten Lichtquellen und Verwendungsarten als das geeignetste Glockenmaterial erwiesen. Bei richtiger Auswahl gibt es genügende Lichtzerstreuung ohne allzugroßen Lichtverlust. Daß der Leuchtkörper selbst in schwach rötlicher oder gelblicher Färbung noch durch das Glas durchscheint, kann nicht als Nachteil dieser Glocken angesehen werden. Für Bogenlampen und gasgefüllte Metalldrahtlampen werden die Opalglasglocken heute in den meisten Fällen benutzt; ihre vermehrte Anwendung bei Gaslampen erscheint gleichfalls wünschenswert.

Alabasterglasglocken waren früher für Bogenlampen häufig in Anwendung, werden jedoch heute nur noch wenig benutzt. Milchglasglocken geben eine fast vollkommene Zerstreuung des Lichts; bei ihnen wird die ganze Oberfläche der Glocke gleichmäßig leuchtend. Sie nehmen aber für normale Gebrauchszwecke zuviel Licht weg und sind deshalb als Glocken nur dann anzuwenden, wenn es auf besonders gute Lichtzerstreuung und weniger auf die Wirtschaftlichkeit der Beleuchtung ankommt. Wesentlich größere Bedeutung kommt dem Milchglas, sowie auch dem Alabasterglas für die Verwendung bei Reflektoren für direkte und halbindirekte Beleuchtung zu.

Die oben erwähnten Holophangläser sind auch als Glocken ausgebildet worden. Sie erhalten dann innen Prismen mit vertikalen Kanten zur Zerstreuung des Lichts und außen Prismen mit horizontal verlaufenden Kanten zur Beeinflussung der Lichtverteilung. Auf diese Weise kann gleichzeitig der Zweck eines Reflektors und einer lichtstreuenden Glocke erfüllt werden. Wegen der vollständigen Auflösung des Lichts in einzelne Lichtpunkte wird die lichtstreuende Wirkung recht gut erreicht. Mit Rücksicht auf ihre schwierige Reinhaltung und ihren hohen Preis werden diese Glocken bei uns allerdings fast nur für dekorative Zwecke benutzt.

Armaturen für Gaslampen und Bogenlampen. Für viele Beleuchtungsarten werden die Armaturen und Laternen von dem Fabrikanten der Lampe selbst unmittelbar mit dieser zusammen ausgebildet und vertrieben, so z. B. bei den Petroleumlampen für Innenbeleuchtung, bei den elektrischen Bogenlampen und beim hängenden Gasglühlicht. Oft bilden sie aber auch einen ganz selbständigen Fabrikations- und Handelszweig, wie z. B. bei den Straßenbeleuchtungslaternen für Petroleum und stehendes Gasglühlicht und bei den elektrischen Glühlampen. Bei der getrennten Behandlung der Armaturen und Lampen wurde den beleuchtungstechnischen Gesichtspunkten in früheren Jahren oft eine viel zu geringe Beachtung geschenkt. Die Straßenlaternen für stehendes Gasglühlicht und auch für elektrische Glühlampen liefern hierfür zahlreiche abschreckende Beispiele. Aber auch bei Armaturen und Lampen, die aus derselben Fabrik hervorgingen, legte man früher auf Äußerlichkeiten meist viel größeren Wert als auf zweckentsprechende Ausbildung und gute Beleuchtungswirkung. In dieser Hinsicht sei an die allerdings schon lange überwundenen alten Bogenlampenarmaturen mit malerischem Ranken- und Blätterwerk erinnert, bei denen durch unzweckmäßige Glocken ein großer Teil des Lichts nutzlos vergeudet wurde.

Mit der wachsenden Erkenntnis der beleuchtungstechnischen Anforderungen stieg allmählich auch das Verständnis für die Ausbildung richtiger Armaturen. Besonders deutlich machte sich dies bemerkbar an der meist recht guten Durchbildung der Armaturen und Laternen für hängendes Gasglühlicht, die im ersten Jahrzehnt unseres Jahrhunderts entstanden, im Gegensatz zu dem, was etwa 10 Jahre früher in dieser Hinsicht für das stehende Gasglühlicht geleistet wurde. Dabei war die hier gestellte Aufgabe eine recht schwierige. Denn es mußte nicht nur für eine gute Ausnutzung des nach oben ausgestrahlten Lichts, sondern zugleich für gute Luftzufuhr und für richtige Abfuhr der die Dauerhaftigkeit der Armaturen stark gefährdenden Verbrennungsgase gesorgt werden. Es gelang, diese Schwierigkeiten nicht nur bei den Niederdrucklampen, sondern auch bei den Armaturen für Preßgaslampen zu überwinden, die für Lichtstärken bis zu 4000 Kerzen hergestellt wurden. Da die Armaturen für Gaslampen heute fast durchweg mit den Lampen zusammen geliefert werden, sollen sie hier nicht näher behandelt werden. Ebenso sei auch von der näheren Besprechung der Armaturen für Bogenlampen abgesehen und sogleich auf das heute wohl wichtigste Gebiet des Armaturenbaus für Glühlampen eingegangen.

Armaturen für Glühlampen. Hier hat sich im Laufe des letzten Jahrzehnts ein bemerkenswerter Umschwung vollzogen, dessen Ursachen einerseits in der Ausbildung und Einführung hochkerziger Glühlampen und anderseits in der rasch zunehmenden Mitarbeit praktischer Beleuchtungstechniker beim Armaturenbau zu suchen sind. Solange es nur Glühlampen für Lichtstärken bis zu höchstens 100 Kerzen gab, wurde der Armaturenbau rein konstruktiv betrieben, und man machte sich über die beleuchtungstechnische Ausbildung nicht viel Kopfzerbrechen. Sofern höherkerzige Einheiten notwendig waren, suchte man sie durch Vereinigung einer größeren Zahl von Einzellampen in einer Armatur zu erreichen. Eine wirksame Konkurrenz mit den Bogenlampen konnte erst dann in Frage kommen, als die Metalldrahtlampen für Lichtstärken bis zu 1000 Kerzen ausgebildet wurden. Um sie wirtschaftlich den Bogenlampen gleichwertig zu machen, mußte dafür gesorgt werden, daß in den Armaturen das Licht möglichst gut ausgenutzt wurde.

Zugleich erwies es sich als notwendig, die erheblichen Wärmemengen, welche von den Hochkerzenlampen ausgestrahlt werden, mittels wirksamer Ventilation der Armatur ins Freie abzuführen. Dieser Gesichtspunkt ist auch bei den neueren Armaturen für gasgefüllte Metalldrahtlampen stets zu beachten. Denn durch ungenügende Ventilation wird die Lebensdauer und Lichtausbeute dieser Lampen stark beeinträchtigt. Jede Armatur für hochkerzige Glühlampen muß deshalb ausreichende Ventilationsöffnungen besitzen, durch die frische Luft zu- und die erwärmte Luft abströmen kann. Anderseits müssen diese Luftöffnungen bei Außenbeleuchtungsarmaturen so angebracht sein, daß durch sie kein Regen oder Schnee in die Armatur eindringen und die Lampen beschädigen kann. Zum Ablauf von Kondenswasser müssen alle Außenarmaturen an der tiefsten Stelle der Glocke eine Öffnung besitzen; gegebenenfalls kann sie gegen Eindringen von Staub und Schmutz durch ein Sieb abgedeckt werden. Auch diejenigen Stellen, an denen die Stromzuführungsdrähte in die Armatur eingeführt werden, müssen wirksam gegen das Eindringen von Feuchtigkeit geschützt werden.

Bei der Ausbildung von Glühlampenarmaturen ist ferner besonderes Gewicht auf leichte und zuverlässige Verstellbarkeit der Glühlampenfassung zu legen. Einmal haben die Lampen für verschiedene Lichtstärke ganz verschieden große Abmessungen, und man muß schon deshalb, um für einen größeren Bereich von Lampentypen dieselbe Armatur benutzen zu können, die Fassung verstellbar anordnen. Dann hatten aber auch die Glühlampen verschiedener Herkunft lange Zeit erhebliche Verschiedenheiten in den Abmessungen aufzuweisen. Die zurzeit im Gange befindliche Normalisierung der Glühlampenabmessungen wird allerdings hierin Abhilfe schaffen. Für Typen verschieden großer Lichtstärke wird man dagegen stets verschiedene Abmessungen beibehalten müssen und deswegen bleibt die Verstellbarkeit der Fassungen in den Armaturen auch weiterhin notwendig.

Für die Verstellung reichen im allgemeinen ganz einfache Vorkehrungen aus, z. B. ein Rohr, das in einer Buchse verschiebbar ist und mittels kräftiger Druckschrauben festgestellt werden kann. Man kann auch die Fassung an einem wagrechten Flacheisenbügel anbringen, der zwischen zwei seitlich angebrachten senkrechten Flacheisen verschoben und mit diesen verschraubt wird. Bequemer für die Einstellung und von außen leicht zugänglich sind Verstellvorrichtungen mit Schraubspindel und Mutter oder eine verstellbare Buchse mit einer Nase, die in eine Zahnstange eingreift; allerdings wird hierdurch die Armatur nicht unwesentlich verteuert.

Als Baustoff für Armaturen dient in den weitaus meisten Fällen emailliertes Eisenblech. Im Interesse der Dauerhaftigkeit ist es erforderlich, das Blech nicht allzu dünn zu wählen und die Emaillierung sehr sorgfältig auszuführen. Beschädigungen des Emailüberzugs führen leicht zum Verrosten und zur Zerstörung der Armaturen.

Gußeisenarmaturen werden besonders für Spezialzwecke, z. B. in Bergwerken und an Bord von Schiffen benötigt. Sie verlangen oft eine sehr gedrungene Bauart; es muß aber dabei stets darauf geachtet werden, daß die Lichtwirkung hierunter nicht leidet.

Sehr beachtenswert sind die Porzellanarmaturen, bei denen nur die unbedingt notwendigen Teile aus Metall ausgeführt sind. Sofern diese Armaturen bruchsicher angebracht werden können, erweisen sie sich sowohl im Freien, wie auch in Innenräumen, die unter Feuchtigkeit oder Säuredünsten zu leiden haben, als recht dauerhaft und zuverlässig.

Die früher oft gebrauchten Armaturen für mehrere Lampen sind heute nur noch in Ausnahmefällen als empfehlenswert zu bezeichnen. Mit Rücksicht auf die mit zunehmender Lichtstärke günstiger werdende Lichtausbeute wird man mit einer Glühlampe für doppelte Lichtstärke nicht nur bezüglich der Anschaffungs-, sondern auch bezüglich der Betriebskosten billiger wegkommen als mit zwei Lampen.

Typisierung der Glühlampenarmaturen. Die lichttechnischen Gesichtspunkte wurden lange Zeit bei der Ausbildung und dem Vertrieb der Armaturen erst in letzter Linie oder überhaupt nicht gewürdigt. Hierin ist aber in den letzten Jahren ein erheblicher Fortschritt zu verzeichnen, und man bemüht sich jetzt, auch auf die mit den verschiedenen Armaturen zu erreichende Lichtwirkung gebührend Rücksicht zu nehmen. Hierzu ist vor allem eine sachgemäße Typisierung der Armaturen notwendig.

Bei der Ausbildung und dem Vertrieb der Armaturen muß in erster Reihe nach ihrem Verwendungszweck gefragt werden, und zwar nicht nur, ob sie im Freien oder in Innenräumen zu benutzen sind, sondern auch, welche Art der Beleuchtung damit erzielt werden soll. In dieser Hinsicht ist das Vorgehen der Firma Körting & Mathiesen A.-G. in Leipzig hier zu erwähnen. Sie hat ihre Armaturen auf Grund der Untersuchungen von Heyck und Högner in sieben Gruppen eingeteilt und als Kennzeichnung für diese Gruppen die Art der Lichtverteilung zugrunde gelegt. Für jede Gruppe ist eine Normal-Lichtverteilungskurve (Abb. 19 bis 32) angegeben und das Hauptanwendungsgebiet der Gruppe jeweils festgelegt. An Hand dieser Einteilung sollen die gebräuchlichen Arten von Glühlampenarmaturen hier nachstehend besprochen und einige Beispiele für die verschiedenen Gruppen gebracht werden. Aus den Normal-Lichtverteilungskurven in Abb. 19 bis 32 wurden nach den Ausführungen auf S. 210 bis 212 die für die Lichtwirkung hauptsächlich kennzeichnenden Zahlen von uns abgeleitet und in der Tab. 28 (S. 559) zusammengestellt. Die nachstehenden Bezeich-

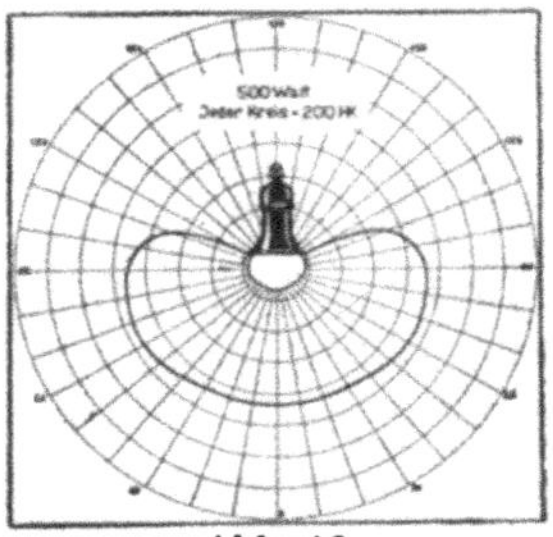

Abb. 19. Lichtverteilung für vorwiegend direktes Licht.

Abb. 20. Armatur für vorwiegend direktes Licht.

nungen der einzelnen Gruppen und der für sie in Betracht kommenden Anwendungen sind den Angaben der Firma Körting & Mathiesen A.-G. entnommen.

I. Vorwiegend direktes Licht (Abb. 19).

Anwendung: Innenräume, wo auch Decke und Wände beleuchtet werden sollen. Außenbeleuchtung, wo neben dem Boden auch Wände über der Lampe beleuchtet werden sollen.

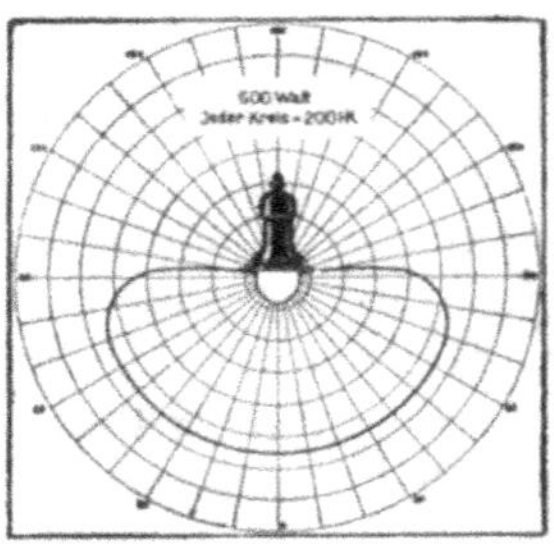

Abb. 21. Lichtverteilung für direktes Licht.

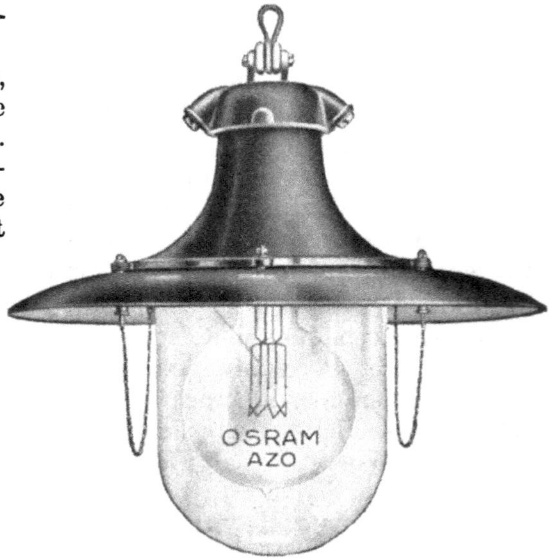

Abb. 22. Armatur für direktes Licht.

Die Verstärkung ist hier nicht viel größer als bei der nackten Lampe. Dagegen geht mehr Licht nach unten als bei dieser. Hierzu genügt der Innenreflektor innerhalb der Glocke. Ein Außenreflektor ist nicht erforderlich (Abb. 20).

II. Direktes Licht (Abb. 21).

Anwendung: Außenbeleuchtung und Innenräume, wo Boden und Wände, aber nicht die Decke beleuchtet werden sollen.

Der größte Teil des ausgestrahlten Lichts wird nach unten gebracht. Die Verstärkung ist größer als bei Gruppe I, ohne daß jedoch ein stark ausgeprägtes Maximum hervortritt. Die Wirkung wird hauptsächlich durch den flachen Außenreflektor erreicht (Abb. 22).

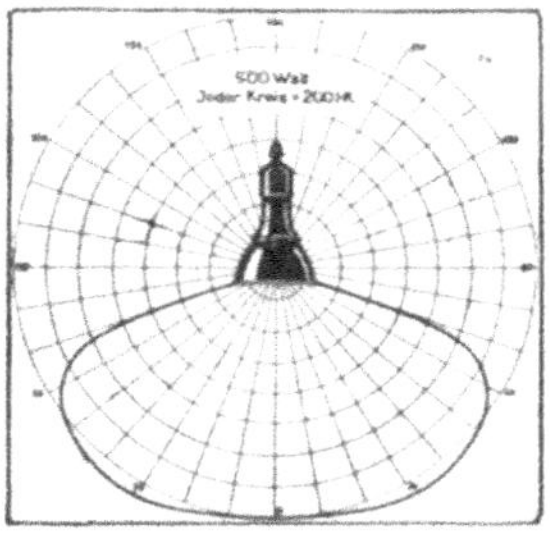

Abb. 23. Lichtverteilung für direktes Licht, tiefstrahlend.

Abb. 24. Armatur für direktes Licht, tiefstrahlend.

III. Direktes Licht, tiefstrahlend (Abb. 23).

Anwendung: Außenbeleuchtung. Bauten in Eisenkonstruktion, wo keine beleuchtungsfähigen Decken- und Wandflächen vorhanden sind.

Der obere Teil des Raumes ist dunkel, alles Licht wird für Bodenbeleuchtung nutzbar gemacht. Häfen, Schiffshellinge, Krane; Montagehallen, große Werkstätten; Sonderzwecke.

Da alles ausgestrahlte Licht nach unten geht, ist die Grenzlinie auf 70° herabgedrückt, und es wird eine erhebliche Verstärkung hauptsächlich unterhalb der Lampen erreicht. Die Armatur hat einen tiefen Reflektor, der das nach oben und seitlich ausgestrahlte Licht auffängt und nach unten ablenkt (Abb. 24).

IV. Direktes Licht, breitstrahlend (Abb. 25).

Anwendung: Außenbeleuchtung, wo es gilt, große Flächen mit wenig Lampen gleichmäßig zu beleuchten. Kein Lichtfleck unter der Lampe! Straßenbeleuchtung, Gleisbeleuchtung.

Die Verstärkung ist ungefähr ebenso groß wie bei Gruppe III, liegt jedoch im Bereich des für große Lampenabstände besonders in Betracht kommenden Winkels von etwa 70°. Unmittelbar unterhalb der Lampe ist dagegen die Lichtstärke erheblich schwächer, so daß eine recht gleichmäßige Beleuchtung erreicht wird.

Diese Art der Lichtverteilung läßt sich allerdings ohne besondere Hilfsmittel nicht mehr zustandebringen. Die Körting & Mathiesen

A.-G. verwendet für diesen Zweck eine sog. dioptrische Innenglocke (Abb. 26), d. h. Klarglasglocke mit wagrechten Prismenringen. Hierdurch wird das nach oben ausgestrahlte Licht in seitlicher Richtung abgelenkt und die erhebliche Verstärkung in dieser Richtung erreicht. Ähnliche Diopterglocken wurden auch schon für die Bogenlampen mit nebeneinanderstehenden Effektkohlen benutzt, um deren hauptsächlich nach unten gerichtete Lichtausstrahlung mehr nach seitlicher Richtung zu bringen. Damit sie dauernd ihre Wirkung beibehalten, müssen sie sorgfältig reingehalten werden. Bei Verwendung von Gasfüllungslampen ist dies jedenfalls leichter zu ermöglichen, als bei den Bogenlampen, deren Verbrennungsrückstände sich auf den Innenglocken festsetzen. Gegen die Verschmutzung von außen wird die Diopterglocke durch die äußere Überglocke wirksam geschützt. Ähnliche Wirkungen können auch mit Holophanglocken und mit Wiskottreflektoren erreicht werden.

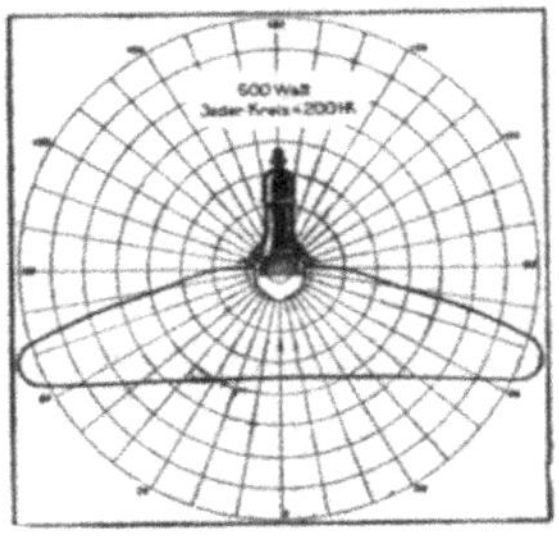

Abb. 25.
Lichtverteilung für direktes Licht, breitstrahlend.

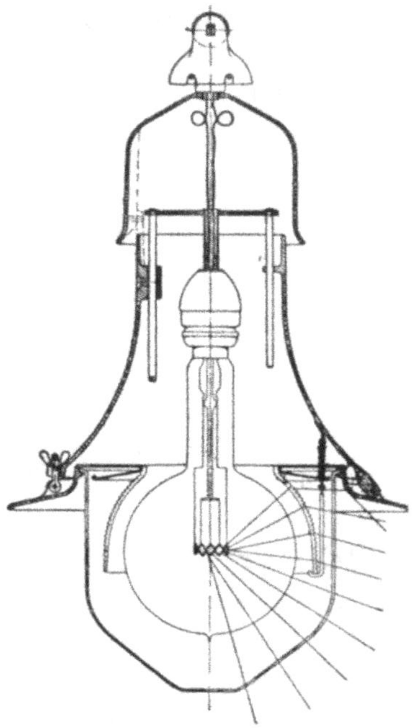

Abb. 26.
Armatur für direktes Licht, breitstrahlend (mit dioptrischer Innenglocke).

V. Diffuses Licht, vorwiegend tiefstrahlend (Abb. 27). Anwendung: Innenbeleuchtung; Decke und Wände sind gleichmäßig beleuchtet, die Fläche unter der Lampe besonders gut durch direktes Licht. Vortrefflicher Lichteffekt ohne Blendung. Läden, Schaufenster, Säle.

Hinsichtlich Verstärkung und der vorwiegend unmittelbar nach unten gerichteten Hauptausstrahlungsrichtung stimmt diese Gruppe mit der Gruppe II annähernd überein, unterscheidet sich aber von ihr in der Verteilung des Lichts zwischen den beiden Raumhälften. Während bei Gruppe II ungefähr 90% nach unten ausgestrahlt werden, gelangen bei Gruppe V nur ungefähr 60%, also nicht viel mehr als bei der nackten Lampe, nach unten. Diese Art der Lichtverteilung wird mit den sehr verbreiteten kelchförmigen Milchglasarmaturen (Abb. 28) erreicht, die schon oben (S. 220) bei Besprechung der Reflektoren näher erwähnt wurden. Die abschließende Unterschale aus Mattglas oder Opalglas ist nur da unbedingt notwendig, wo das Hineinsehen in die Lampen auch dann vermieden werden soll, wenn das Auge die ungewöhnliche Blickrichtung unmittelbar nach oben

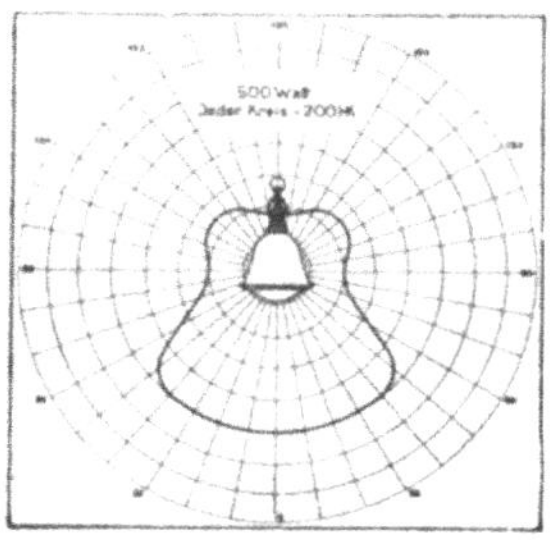

Abb. 27. Lichtverteilung für diffuses Licht, vorwiegend tiefstrahlend.

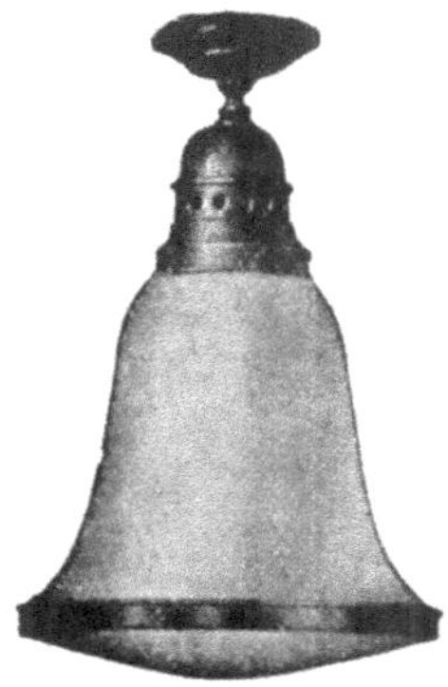

Abb. 28. Armatur für diffuses, vorwiegend tiefstrahlendes Licht.

einnimmt. Es genügt deshalb in den meisten Fällen die seitliche Abblendung durch den tiefen Milchglasreflektor. Wenn vollständiger Abschluß der Lampe verlangt wird, reicht auch eine Klarglasschale für die untere Abdeckung aus. Bei der Formgebung dieser Armaturen ist darauf zu achten, daß die kelchförmige Glocke

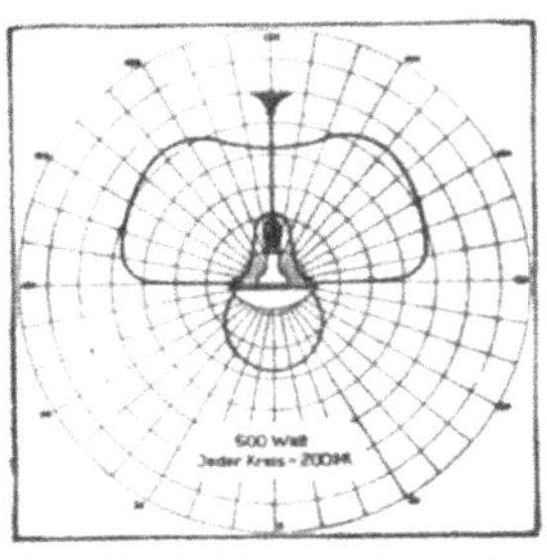

Abb. 29. Lichtverteilung für halbindirektes Licht.

Abb. 30. Armatur für halbindirektes Licht.

das Licht gut reflektiert. Sie darf deshalb nicht zu eng sein und etwas schräge Führung der Wände ist direkt senkrechter Führung vorzuziehen.

VI. Halbindirektes Licht (Abb. 29).

Anwendung: Räume mit weißer Decke. Bureaus aller Art, Werkstätten für alle feineren Arbeiten, Schulsäle, Zeichensäle.

Die unter der Lampe angebrachte Halbschale aus Milchglas oder dichtem Opalglas reflektiert den größten Teil des ausgestrahlten Lichts nach oben. Nur etwa $^1/_5$ bis $^1/_3$ geht stark gedämpft und zerstreut nach unten. Hinsichtlich der Verstärkung entspricht die Lichtausstrahlung ungefähr den Gruppen II und V; jedoch liegt das Maximum bei etwa 135°. Die halbindirekte Beleuchtung, für welche Armaturen dieser Art bestimmt sind, hat durch Einführung der hochkerzigen Metalldrahtlampen eine große Bedeutung erlangt. Diese verlangen bei der Beleuchtung von Innenräumen eine Minderung ihres Glanzes, ohne daß eine vollständige Abblendung notwendig oder meist auch nur erwünscht wäre.

Um die halbindirekte Beleuchtungswirkung zu erreichen, genügt eine unter der Lampe angebrachte Milchglasschale, die mittels Ketten an der Lampenfassung aufgehängt ist (Abb. 30). Die Lampen müssen jedenfalls so angebracht sein, daß unterhalb der Horizontalen kein direktes Licht ausgestrahlt wird. Meist werden halbkugelförmige Milchglasschalen angewandt; jedoch dürfen diese keinen zu kleinen Durchmesser haben, um das Licht gut über die Decke auszubreiten. Flachgewölbte Schalen sind oft zweckmäßiger. Sie können mit sehr guter Wirkung auch aus Alabaster oder alabasterähnlichem Glase hergestellt werden.

Abb. 31. Armatur für halbindirektes Licht mit Staubschutz.

Wenn die Armaturen oben offen gelassen werden, kann sich Staub und Schmutz leicht in der Schale ablagern. Dies wird durch eine die Armatur oben abschließende konische oder gewölbte Klarglasglocke verhindert, sofern für Reinhaltung der Oberfläche dieser Glocke gesorgt wird. Um alle Flächen, die zur Staubablagerung geeignet sind, zu vermeiden, sind Armaturen für halbindirekte Beleuchtung mit nach unten geneigten Klarglasglocken ausgebildet worden (Abb. 31). Allerdings müssen diese unmittelbar an der Decke angebracht werden und lassen deshalb keine vollständige Ausbreitung des Lichts über die ganze Deckenfläche erzielen.

Unbedingte Voraussetzung für die Anwendung halbindirekter und auch ganzindirekter Armaturen ist eine ebene, weiße, gut reingehaltene Decke. Durch über den Armaturen angebrachte, weiß gestrichene Reflektoren kann die weiße Decke nicht vollwertig ersetzt werden. Auch durch die Unterzüge oder das Gebälk der Deckenkonstruktion wird die Wirkung der halbindirekten Beleuchtung oft wesentlich beeinträchtigt. Hierauf ist bei der Anbringung der Beleuchtungskörper und Wahl der Beleuchtungsart gleichfalls besonders Rücksicht zu nehmen.

VII. Ganz indirektes Licht (Abb. 32).

Anwendung: Räume mit weißer Decke, Schulzimmer, Zeichensäle, Ausstellungsräume, Lesezimmer und Bureaus, wo jede Spiegelung des Lichts durch Glas oder glattes Papier, oder falscher Richtungssinn der Beleuchtung stören würde, und wo es auf einen Lichteffekt nicht abgesehen ist.

Bei der ganzindirekten Beleuchtung gelangt alles ausgestrahlte Licht zuerst nach der Decke und wird von da nach dem zu beleuchtenden Raum reflektiert. Die Armaturen für ganzindirektes Licht sind ähnlich ausgebildet wie die für halbindirektes, jedoch ist die reflektierende Unterschale vollständig undurchsichtig (Abb. 33). Sie wird meist aus emailliertem Blech, gelegentlich auch aus Glas- oder Metallspiegeln, ausgeführt. Spiegel nützen das Licht besser aus, während bei emailliertem Blech eine bessere Zerstreuung erfolgt. Hinsichtlich der Einstellung der Lampen und der Abdeckung zum Schutze gegen Staub und Schmutz gilt das für die halbindirekte Beleuchtung bereits Erwähnte.

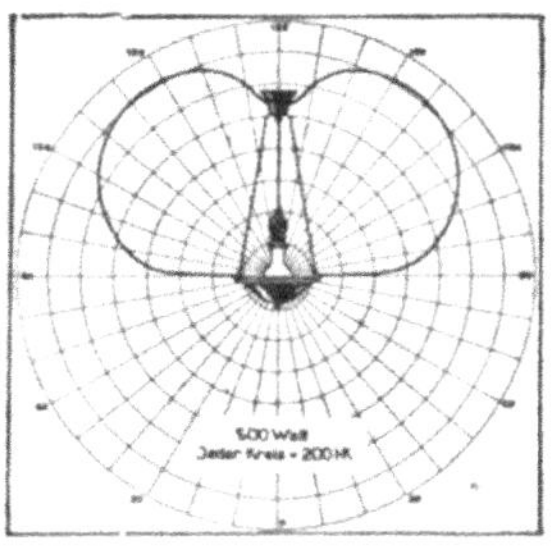

Abb. 32. Lichtverteilung für ganzindirektes Licht.

Abb. 33. Armatur für ganzindirektes Licht.

Die ganzindirekte Beleuchtung wurde in erster Reihe für elektrisches Bogenlicht eingeführt und hatte hier ihre Berechtigung hauptsächlich darin, weil bei direkter Anordnung in Innenräumen die blendende Wirkung zu störend gewesen wäre. Heute ist die indirekte Bogenlampenbeleuchtung durch die gasgefüllten Metalldrahtlampen ökonomisch überholt und in sehr vielen Fällen ersetzt worden. Neue Bogenlampenanlagen für indirekte Beleuchtung gelangen nicht mehr zur Ausführung. Bei der Gasfüllungslampe liegt kein besonders dringendes Bedürfnis nach ganzindirekter Beleuchtung mehr vor. In den meisten

Fällen kann auch schon durch richtig angeordnete halbindirekte Beleuchtung die Blendwirkung ausreichend unterdrückt werden. Die Anwendung ganzindirekter Beleuchtung ist deshalb neuerdings stark zurückgegangen.

Grundlagen für die Beurteilung der Tisch- und Arbeitslampen. Für die Beurteilung der an Tisch- und Arbeitslampen zu stellenden Anforderungen sind bisher noch keine ausreichenden Anhaltspunkte in der Literatur und Praxis gegeben. Es soll deshalb versucht werden, hier über diese nicht unwichtige Frage durch etwas eingehendere Ausführungen Klarheit zu schaffen.

Eine Tischlampe soll eine Arbeitsfläche von begrenztem Umfange mit möglichst geringem Energieverlust gut und gleichmäßig beleuchten. Die Blendung des Auges muß auf jeden Fall vollständig vermieden werden. Im allgemeinen wird für Tischlampen eine Lichtpunkthöhe von 30 bis 40 cm, meist etwa 35 cm über der Tischfläche gewählt. Das Auge des am Tisch Sitzenden befindet sich in ungefähr gleicher Höhe mit dem Lichtpunkt. Es darf deshalb von der Lichtquelle aus kein Strahl unter einem Winkel von mehr als 80° bis höchstens 85° ausgesandt werden, ohne daß er durch stark lichtschwächende Gläser oder Schirme für das Auge unschädlich gemacht ist.

Da es bei den Tischlampen stets auf die Beleuchtungswirkung ankommt, wird man zu ihrer Beurteilung besser die Beleuchtungskurve als die Lichtverteilungskurve heranziehen, und zwar zweckmäßig eine Normalhöhe von 35 cm über der Tischfläche für die Aufnahme oder Berechnung derartiger Beleuchtungskurven festsetzen. Der Durchmesser der Tischfläche, welche durch eine Stehlampe beleuchtet werden soll, kann natürlich verschieden groß sein; jedoch wird man selten für eine größere Entfernung als 60 cm vom Lampenfußpunkt aus gemessen eine gute Beleuchtung der Tischfläche verlangen. Man kann deshalb diesen Abstand als Begrenzung der Beleuchtungskurve ansehen. Es muß dann jedenfalls die Beleuchtung in diesem Punkte (E_{60}) möglichst groß sein. Bei 35 cm Lichtpunkthöhe entspricht dieser Punkt zufällig auch gerade einem Ausstrahlungswinkel von 60° und die Beleuchtung der Tischfläche in diesem Abstande ist ungefähr ebenso groß wie die Lichtstärke der Lampe unter 60° Ausstrahlungswinkel (genau um 4% größer).

Weiterhin muß die mittlere Beleuchtung der Tischfläche gleichfalls möglichst groß sein. Man kann sie aus der Beleuchtungskurve (Abb. 34) in einfacher Weise ermitteln. Die mittlere Beleuchtung (E_m) entspricht der mittleren Höhe des Rotationskörpers, der entsteht, wenn man die Beleuchtungskurve um die Ordinatenachse rotieren läßt. Man gelangt zu dieser mittleren Höhe mittels Division des Kubikinhalts des Rotationskörpers durch seine Grundfläche. Man erhält hiernach

$$E_m = \frac{\Sigma (E \cdot dF)}{F}.$$

Das einzelne Flächenelement dF für den Abstand a vom Lampenfußpunkt, in welchem die Beleuchtung E ist, hat die Gestalt eines Kreisrings. Seine Größe ist $dF = 2\pi a \cdot da$. Die Gesamtfläche beträgt $F = \pi \cdot a_n^2$. So wird

$$E_m = \frac{\Sigma (E \cdot 2\pi a \cdot da)}{\pi \cdot a_n^2} = \frac{2 \cdot da \cdot \Sigma (E \cdot a)}{a_n^2}.$$

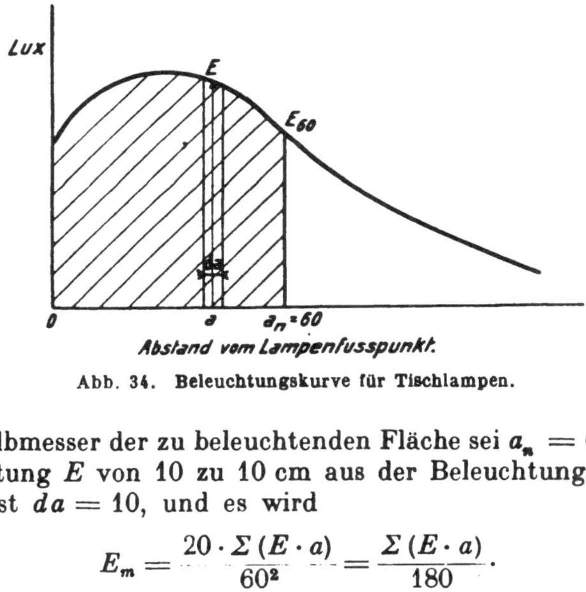

Abb. 34. Beleuchtungskurve für Tischlampen.

Der Halbmesser der zu beleuchtenden Fläche sei $a_n = 60$ cm. Wird die Beleuchtung E von 10 zu 10 cm aus der Beleuchtungskurve abgegriffen, so ist $da = 10$, und es wird

$$E_m = \frac{20 \cdot \Sigma (E \cdot a)}{60^2} = \frac{\Sigma (E \cdot a)}{180}.$$

Nach dieser Formel läßt sich die mittlere Beleuchtung E_m aus sechs der Beleuchtungskurve entnommenen Einzelwerten für $a = 10$, 20, 30, 40, 50, 60 cm in einfacher Weise berechnen.

Der Wirkungsgrad η der Tischlampe ist das Verhältnis des nach der Tischfläche gelangenden Lichtstroms $E_m \cdot F$ zum Lichtstrom $4\pi J_{\ominus}$ der nackten Lichtquelle, welche in der Tischlampe benutzt wird. Er beträgt

$$\eta = \frac{E_m \cdot F}{4\pi \cdot J_{\ominus}}.$$

In Prozenten ausgedrückt wird für eine Tischfläche von 60 cm Halbmesser

$$\eta = \frac{E_m \cdot \pi \cdot 0{,}6^2 \cdot 100}{4\pi J_{\ominus}} = \frac{9 E_m}{J_{\ominus}}.$$

Um einen Vergleich verschiedener Beleuchtungskurven zu ermöglichen, wird man zweckmäßig die Beleuchtungskurven regelmäßig für einen bestimmten Wert von $J_{\ominus}$ aufzeichnen; hierfür ist $J_{\ominus} = 10$ HK angebracht. In diesem Falle wird der Wirkungsgrad $\eta = 0{,}9\ E_m$.

Da einerseits die mittlere Beleuchtung, anderseits die Beleuchtung bei 60 cm Abstand für jede Tischlampe möglichst groß ausfallen soll,

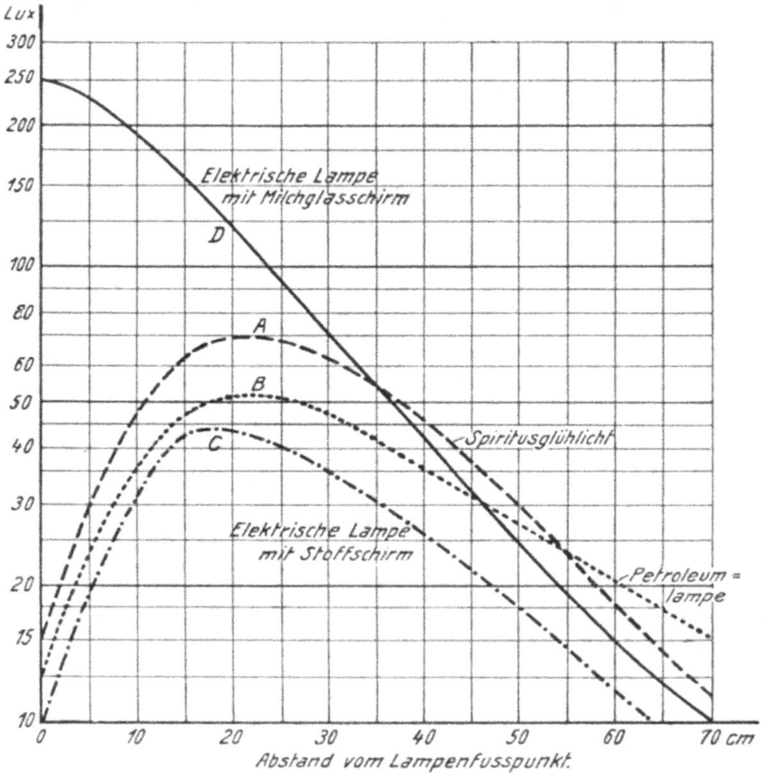

Abb. 35. Beleuchtungskurven verschiedener Tischlampen für 10 $HK_{\ominus}$.

so muß auch das Produkt dieser beiden Größen möglichst groß sein, und dieses ergibt deshalb, jeweils auf 10 $HK_{\ominus}$ bezogen, einen zur Beurteilung von Tischlampen gut geeigneten Wert.

Beispiele für die Beurteilung der Beleuchtungswirkung von Tischlampen. Als praktisches Beispiel sind in Abb. 35 die Beleuchtungskurven für vier verschiedene Tischlampen, auf eine Lichtstärke der nackten Lampe von 10 $HK_{\ominus}$ bezogen, eingezeichnet. Die Kurve für eine normale Petroleum-Tischlampe für 14''' mit halbkugelförmiger Milchglasglocke (Abb. 36) und die Kurve für eine Spiritus-Glühlichtlampe in ähnlicher Ausstattung sind den Messungen von Monasch

(Journal für Gasbeleuchtung 1908, S. 61) entnommen. Eine weitere Kurve gilt für eine elektrische Stehlampe mit Seidenschirm, entsprechend Abb. 37, und die oberste für eine elektrische Stehlampe mit tiefem, konischem Milchglasschirm (Abb. 38). Damit die besonders interessierenden Werte bei größeren Abständen vom Lampenfußpunkt genügend hervortreten, ist für den Ordinatenmaßstab der Kurven eine logarithmische Teilung vorgesehen. Die charakteristischen Werte für alle vier Kurven sind in Tab. 29 (S. 560) zusammengestellt und daraus so-

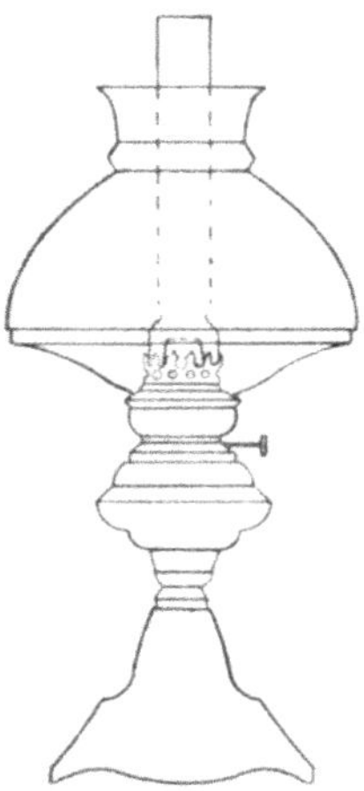

Abb. 36. Petroleumlampe.

Abb. 37. Elektrische Stehlampe mit Seidenschirm.

Abb. 38. Elektrische Stehlampe mit Milchglasschirm.

wohl die mittlere Beleuchtung und der Wirkungsgrad, wie auch das charakteristische Produkt $E_m \cdot E_{60}$ berechnet. Hinsichtlich des Wirkungsgrads ist die elektrische Lampe mit Milchglasschirm die günstigste, und zwar hauptsächlich wegen ihrer starken Lichtwirkung unmittelbar unterhalb der Lampe, die aber meist gar nicht ausgenutzt werden kann. Dagegen haben die Petroleum- und Spirituslampe bei 60 cm Abstand vom Lichtpunkt eine günstigere Wirkung als die elektrische Lampe mit Milchglasschirm. Infolgedessen wird das Produkt $E_m \cdot E_{60}$ für alle drei Lampen annähernd gleichgroß. Die elektrische Lampe mit Seidenschirm ist wegen ihrer ungünstigeren Anordnung und erheblichen Lichtabsorption in jeder Beziehung die ungünstigste, wie in den Zahlen für den Wirkungsgrad und für das Produkt $E_m \cdot E_{60}$ deutlich zum Ausdruck kommt. Dabei ist diese Tischlampe durchaus noch nicht schlecht ausgebildet, sondern stellt noch eines von den besseren Stücken ihrer Art dar. Man findet nicht selten Stehlampen im Gebrauch, bei denen der Wirkungsgrad bis auf 15 und sogar 10% heruntergeht.

Praktische Gesichtspunkte für die Ausbildung der Tischlampen. Die gewöhnliche Petroleumlampe mit halbkugelförmigem Milchglasschirm (Abb. 36) ist eine der ältesten Tischlampen und gehört doch auch heute noch zu den besten. Der Schirm schützt vollständig gegen Blendung und bewirkt eine bedeutende Verstärkung des Lichts in dem wichtigsten Bereich zwischen 40° und 70°. Er nützt hierzu hauptsächlich den vorwiegend nach oben ausgestrahlten Lichtstrom des nackten Brenners aus. Anderseits gelangt durch den Milchglasschirm immer noch gerade so viel Licht hindurch, daß ein Raum mit der Tischlampe allein eine zwar stark gedämpfte, aber doch zum Erkennen der wichtigsten Gegenstände noch ausreichende Beleuchtung erhält. Infolge seiner guten Eigenschaften ist dieser Schirm mit Recht fast ganz unverändert auch für Tischlampen mit Spiritus-Glühlicht, Argandbrenner und stehendem Gasglühlicht übernommen worden und hat sich hierbei recht gut bewährt. Allerdings wird er bei Tischlampen für Gasglühlicht häufig nicht in richtiger Höhe angeordnet, so daß ein Teil des Lichts ungeschwächt direkt in das Auge gelangen kann; bei dem schon verhältnismäßig starken Glanz des Gasglühlichts muß dies natürlich unbedingt vermieden werden.

Das hängende Gasglühlicht hat sich verhältnismäßig wenig für Tischlampen eingeführt, obwohl es der Art seiner Lichtverteilung nach recht gut dafür geeignet ist. Auch bei ihm muß durch einen richtig ausgebildeten Schirm für Vermeidung der Blendung und sachgemäße Beeinflussung der Lichtverteilung gesorgt werden. Auffallend wenig verbreitet sind Stehlampen für Gasglühlicht mit kleinen Sparbrennern. Die Normalbrenner für etwa 100 HK und auch die nächstkleineren für 50 HK sind für den Gebrauch in Stehlampen häufig zu groß. Brenner für 25 bis 32 HK reichen hierfür auch schon aus, zumal der Benutzer sie wegen ihrer erheblich geringeren Wärmestrahlung näher an sich heranrücken kann, ohne von der Wärmewirkung belästigt zu werden. Die gelegentlich nach dem Vorbild der elektrischen Tischlampen angewandten Stoffschirme sind für Gasglühlicht-Tischlampen meist nicht geeignet, weil sie unter dem Einfluß der starken Wärmeausstrahlung sehr zu leiden haben.

Die elektrischen Glühlampen haben die Ausbildung von Tischlampen durch ihren geringen Raumbedarf, die bequeme Art der Anbringung in jeder beliebigen Lage, ihr geringes Gewicht und die leichte Tragbarkeit sehr gefördert. Man kann aber durchaus nicht behaupten, daß unter diesen günstigen Umständen sehr viele besonders gute Lösungen zutage gebracht worden sind. Es gibt nur wenige Arten von elektrischen Tischlampen, welche der Petroleumlampe beleuchtungstechnisch überlegen oder auch nur vollständig gleichwertig sind. Elektrische Tischlampen, welche in enger Anlehnung an die Petroleumlampe ausgebildet oder auch aus alten Petroleumlampen sachgemäß umgebaut sind, gehören deshalb auch heute noch zu den besten ihrer Art. Ebenso kann die gewöhnliche Arbeitslampe mit konischem Milchglasschirm als zweckmäßig bezeichnet werden, wenn der Schirm so tief ist, daß die Lampe in ihm vollständig Platz findet und nicht zum Teil herausragt. Dunkelgrün überfangene Schirme oder undurchsichtige Blechschirme sollten für Tischlampen nur da angewandt werden, wo daneben noch eine Allgemeinbeleuchtung zur Erhellung des Raumes zur Verfügung steht oder besonders empfindliche Augen geschont werden müssen. Im übrigen sind helle oder hellgrün überfangene Milchglasschirme vorzuziehen.

Eine Verbesserung der Beleuchtungswirkung, besonders in größerer Entfernung von der Lampe, wird durch einen parabolisch gekrümmten Schirm erreicht, wie er z. B. bei der Horax-Lampe von Dr.-Ing. Schneider & Co. in Verwendung ist (Abb. 39). Durch die leichte Verstellbarkeit der Lampe ist dafür gesorgt, daß die Lage des Maximums der Beleuchtung je nach Bedarf verschoben und außerdem in jedem Falle das Auge vor direktem Licht geschützt werden kann. Infolgedessen haben Lampen dieser Art eine sehr vielseitige Verwendbarkeit in Arbeitsräumen für die verschiedensten Gebrauchszwecke. Die Schirme dieser Lampen können entweder aus Milchglas oder für gröberen Gebrauch aus emailliertem Blech hergestellt werden.

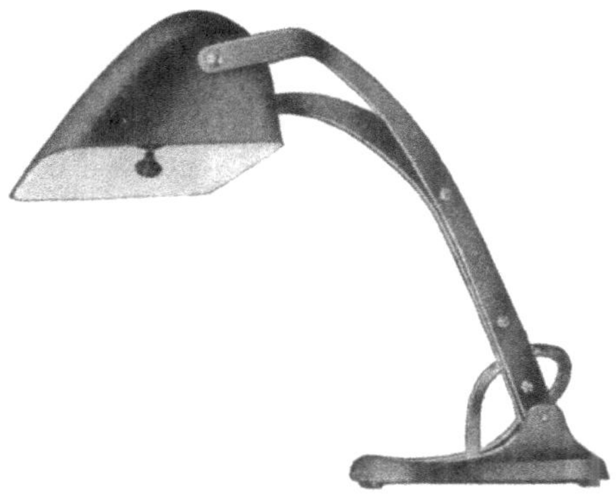

Abb. 39. Horax-Lampe.

Die für elektrische Tischlampen sehr häufig benutzten Stoffschirme müssen einen gut reflektierenden Innenbezug besitzen. Ihrer Form nach dürfen diese Schirme nicht zu klein sein, damit das Licht ungehindert ausstrahlen kann und außerdem die von den Lampen ausgestrahlte Wärme dem Überzug des Schirmes nichts schadet. Zu weit darf man allerdings mit der Größe der Schirme auch nicht gehen. Die neuerdings häufig verbreiteten großen Ständerlampen mit Stoffschirmen sind zwar als Zimmerschmuck recht hübsch, jedoch vom Standpunkt der Beleuchtungswirkung aus nicht besonders zweckmäßig; sie können meist nicht so nahe an die Arbeitsstelle herangebracht werden, daß diese noch eine gute Beleuchtung empfängt. Dagegen kann die verhältnismäßig starke Beleuchtung unmittelbar unter dem Schirm höchstens dann ausgenützt werden, wenn ein kleines Arbeitstischchen um die Ständersäule vorgesehen ist.

Sehr unzweckmäßig sind häufig die kleinen Nachttisch- und Schreibtischlampen für elegante Damenschreibtische ausgebildet. Bei ersteren ist besonders auf bequeme Verstellbarkeit der Lampe und des Schirms zu achten, damit das Licht in die passende Richtung gelenkt werden kann. Auch darf der Schirm nicht zu klein sein und muß eine genügend große Öffnungsweite haben, um dem Licht freien Austritt zu gewähren und die beleuchtete Fläche nicht allzusehr einzuschränken. Oft wird hier ferner viel zu wenig Rücksicht auf gute Reflexionsfähigkeit des Schirmmaterials genommen. Besonders ungeeignet sind die häufig angewandten Perlfransenschirme; sie schützen das Auge nicht genügend vor Blendung und hindern beim Verstellen des Schirmes das Licht am freien Austreten.

Beleuchtungskörper für Gasbeleuchtung. Zum Schlusse dieses Abschnitts sollen noch in Kürze die wichtigsten Anforderungen hervorgehoben werden, die vom Standpunkte des Beleuchtungstechnikers an die Ausbildung der Beleuchtungskörper zu stellen sind. Auf die Beleuchtungskörper für flüssige Brennstoffe soll hierbei nicht weiter eingegangen werden; es genüge hierfür das bereits bei Besprechung der Reflektoren und Tischlampen Erwähnte.

Der Gasbeleuchtung wurde es durch die Einführung des hängenden Gasglühlichts ermöglicht, ihre Beleuchtungskörper freier auszugestalten, und sich in deren Formen den elektrischen Beleuchtungskörpern näher anzuschließen. Jedoch dürfen letztere hierbei nicht gedankenlos nachgeahmt werden, sondern man darf die besonderen Eigenschaften der Gasbeleuchtung beim Entwurf des Beleuchtungskörpers niemals vergessen. Von den kleineren Lichteinheiten, welche für hängendes und auch für stehendes Gasglühlicht ausgebildet wurden, hat die Beleuchtungskörperindustrie bisher viel zu wenig Gebrauch gemacht und die größeren Normalbrenner entschieden zu sehr bevorzugt. Die heutigen Verhältnisse zwingen besonders dazu, in dieser Hinsicht gründlich für Abhilfe Sorge zu tragen.

Bei der Anbringung der Brenner wird häufig zu wenig auf die heißen Abgase der Gaslampen geachtet. Diesen muß freier Abzug geboten werden; sie dürfen nicht gerade an den Hauptteilen des Beleuchtungskörpers selbst vorbeistreichen, da diese sonst rasch beschädigt oder mindestens verunstaltet werden. Das hängende Gasglühlicht ist übrigens nicht für alle Arten von Beleuchtungskörpern gleich gut geeignet. Da, wo helle Wände und Decken vorhanden sind und eine mehr halbindirekte Beleuchtung erzielt werden soll, sind Beleuchtungskörper für stehendes Gasglühlicht vorzuziehen, weil dieses an sich den größeren Teil seines Lichtstroms nach der oberen Raumhälfte entsendet. Das nach unten gehende Licht kann hierbei durch oben offene Milchglashalbschalen abgeblendet und zum Teil gleichfalls nach oben abgelenkt werden. Das stehende Gasglühlicht ist für helle Decken auch deshalb vorzuziehen, weil seine Verbrennungsprodukte im allgemeinen einen weniger schädlichen Einfluß auf den Deckenanstrich ausüben.

Sehr häufig findet man Beleuchtungskörper für hängendes Gasglühlicht, die außen mehrere Lampen für direktes Licht aufweisen und in der Mitte eine Lampe mit oben offener Halbschale besitzen, durch die eine mehr halbindirekte Wirkung erzielt werden soll. Dabei wird aber das von dieser Lampe nach oben gestrahlte Licht zum größten Teil vom Beleuchtungskörper selbst daran abgehalten, ungehindert bis nach der reflektierenden Decke zu gelangen; anderseits wird das direkt nach unten ausgestrahlte Licht durch die stark absorbierende Halbschale zum großen Teil verzehrt, so daß diese Anordnung nur eine sehr schlechte Ausnutzung des Lichts ergibt.

Die hauptsächlich für Wohn- und Speisezimmerbeleuchtung in sehr großer Zahl verbreiteten Gasbeleuchtungskörper mit Mittelzuglampe besitzen in den meisten Fällen einen viel zu kurzen Milchglasschirm. Durch darunter angebrachten Behang aus Perl- oder Seidenfransen oder auch aus Glasstäbchen soll das Auge vor dem direkten Hineinsehen in die Lichtquelle geschützt werden. Dieser Behang gewährt jedoch nur einen recht unvollkommenen Augenschutz und verschluckt dagegen unnötig viel Licht; außerdem ist er wenig dauerhaft und schwer reinzuhalten. Er ist deshalb viel unzweckmäßiger als ein Milchglasschirm von ausreichender Größe. Auch ein innen weißer Stoffbehang ist ihm noch entschieden vorzuziehen; doch muß dann auch der Schirm genügend groß sein, damit der Stoff nicht durch die Wärmestrahlung rasch beschädigt wird.

Im ganzen genommen ist bei der Ausbildung der Gasbeleuchtungskörper noch sehr viel zu verbessern, damit sie eine gute Beleuchtungswirkung bei richtiger Ausnutzung des Lichts erzielen lassen.

Beleuchtungskörper für elektrisches Licht. Die elektrischen Glühlampen haben dem Entwerfer und Fabrikanten von Beleuchtungskörpern von jeher sehr viel mehr Spielraum für die ungezügelte Betätigung seiner Phantasie gelassen als alle anderen Beleuchtungsarten. Schon die Kohlefadenlampen gestatteten in dieser Hinsicht alle Möglichkeiten auszunutzen. Sie konnten in jeder beliebigen Lage angeordnet werden, wurden bis auf ganz geringe Abmessungen zusammengedrängt und in allen nur möglichen Formen, wie z. B. Birnen, Kugeln, Kerzen, Röhren u. a. m. je nach Belieben ausgebildet. Bei den Metalldrahtlampen schien es eine Zeitlang, als ob sie den Beleuchtungskörperfabrikanten mehr Einschränkungen auferlegen würden. Sie konnten anfänglich nur in senkrechter Lage brennen, waren in ihren Abmessungen erheblich größer als die Kohlefadenlampen und wurden auch nicht für so geringe Lichtstärken hergestellt. Alle diese Beschränkungen sind dagegen inzwischen im Laufe der Entwicklung der Metalldrahtlampe so gut wie vollständig weggefallen. Es wäre aber doch angebracht, wenn die Entwerfer von Beleuchtungskörpern sich selbst etwas mehr Zügel anlegten, und zwar weniger zur Schonung der Glühlampenindustrie, sondern vielmehr mit Rücksicht auf die beleuchtungstechnischen und ökonomischen Gesichtspunkte.

Bei der Anordnung der Lampen sollte man sich nicht zuerst fragen, was hübsch aussieht, sondern was beleuchtungstechnisch zweckmäßiger ist. In dieser Hinsicht ist die häufig bevorzugte schräge Anordnung der Glühlampen besonders heute bei dem verhältnismäßig starken Glanz der Lampen meist nicht am Platze, weil sie die Blendung der Augen nicht vermeiden läßt. Die senkrechte Anordnung unter Verwendung geeigneter Schirme oder Glocken ist im allgemeinen entschieden vorzuziehen. Die Lampen mit der Spitze nach oben anzubringen, kann unter Umständen für halbindirekte Beleuchtungswirkung von Vorteil sein, muß aber dann auf die Fälle beschränkt bleiben, wo tatsächlich auch helle Wände und Decken vorhanden sind. Auch auf die Wahl geeigneter Lampengrößen ist beim Entwurf der Beleuchtungskörper schon im voraus Rücksicht zu nehmen. Bei den elektrischen Beleuchtungskörpern verfällt man häufig gerade in den entgegengesetzten Fehler, wie bei denen für Gas. Sie werden für viel zu viele Einzellampen vorgesehen, weil man daran noch von der Zeit der 16- oder 25kerzigen Kohlefadenlampe her gewöhnt ist. Heute stehen elektrische Glühlampen für erheblich höhere Lichtstärken gleichfalls zur Verfügung; sie sind gegenwärtig und voraussichtlich auch noch für absehbare Zeit hinaus entschieden sparsamer im Gebrauch als die niedrigkerzigen Lampen. Überdies ist eine kleine Anzahl höherkerziger Lampen auch in der Anschaffung wesentlich billiger als eine große Zahl niedrigkerziger. Man sollte deshalb heute die elektrischen Beleuchtungskörper nicht mehr für so viele Brennstellen wie früher ausbilden, sondern sie für eine geringere Zahl höherkerziger Lampen vorzugsweise herstellen. Dies gilt besonders auch für die großen Kronen in Repräsentationsräumen, soweit diese unter den heutigen Verhältnissen überhaupt noch für notwendig gehalten werden. In vielen Fällen werden an deren Stelle vorteilhaft Einzelbeleuchtungskörper mit hochkerzigen Gasfüllungslampen treten, die ja auch vom künstlerischen Standpunkte aus voll befriedigend ausgebildet werden können. Dabei muß man allerdings stets darauf achten, daß die Blendungsgefahr bei den Hochkerzenlampen entschieden größer ist als bei den schwächer beanspruchten Lampen von niedrigerer Lichtstärke. Man muß deshalb die Lampen stets so anordnen oder abschirmen, daß die Blendung mit Sicherheit vermieden wird.

Abnormale Lampentypen, wie z. B. Kerzenlampen, sollte man nur da anwenden, wo der Stil der Ausstattung eines Raumes es unbedingt erfordert. Derartige Typen sind stets weniger ökonomisch und weniger dauerhaft als die normal gebräuchlichen. Überdies ist die Nachahmung der alten Kerzenbeleuchtung durch moderne Metalldrahtlampen doch nur eine sehr unvollkommene; denn die Übereinstimmung liegt nur in der äußeren Form. Hinsichtlich ihrer Lichtstärke, Lichtfarbe und ihres Glanzes, sowie bezüglich der Ruhe des Lichts unterscheiden sich die elektrischen Kerzenlampen doch sehr stark von den alten Kerzen: sie bilden viel eher sogar einen völligen Gegensatz zu ihnen.

Ganz besonders häufig wird bei der Anwendung von Glocken und Schalen für Beleuchtungskörper gesündigt. Während man für die Ausstattung der Armaturen die Glocken und Schalen jetzt schon recht oft sachgemäß und zweckentsprechend ausgewählt findet, werden sie bei den Beleuchtungskörpern immer noch mehr als schmükkendes Beiwerk betrachtet und ihr beleuchtungstechnischer Zweck oft ganz vernachlässigt. So finden wir unzählige Arten von Glocken und Schalen ausgebildet, von denen nur ein ganz geringer Teil ihren Zweck wirklich erfüllt. Viele Glocken, wie z. B. die aus Kristallglas und aus Eisglas, reichen zur genügenden Dämpfung des hohen Glanzes der heutigen Lampen nicht aus; wieder andere, wie z. B. die aus satiniertem Mattglas und besonders die aus farbigem Glasmosaik gehen in dieser Hinsicht viel zu weit und verschwenden unnötigerweise den größten Teil des ausgestrahlten Lichts. Die bereits oben erwähnten Arten aus Opalglas oder möglichst durchsichtigem Milchglas ergeben verhältnismäßig die besten Wirkungen.

Bei den für Beleuchtungskörper hauptsächlich in Gebrauch befindlichen Schalen und Schirmen ist die Reflektorwirkung in den meisten Fällen ganz ungenügend berücksichtigt und auch der Augenschutz häufig viel zu sehr vernachlässigt. Die oben bei der Behandlung der Reflektoren eingehend besprochenen Gesichtspunkte treffen auch für die bei Beleuchtungskörpern verwandten Reflektoren durchweg zu und müßten hier noch viel mehr Beachtung finden. Bei den elektrischen Beleuchtungskörpern ist ebenso wie bei denen für Gasbeleuchtung der Augenschutz durch Perl- oder Seidenfransen, oder auch durch Glasstäbchenbehang besonders beliebt, obwohl er in jeder Hinsicht als minderwertig anzusprechen ist.

Die für elegante Wohnräume gern angewandten Kristallkronen sind gleichfalls für die heutigen Lampen mit ihrem großen Glanze bei weitem nicht mehr so gut geeignet, wie dies früher der Fall war. Sie gestatten überdies meist keine besonders gute Ausnutzung des Lichts, weil sie die Anwendung von Reflektoren ausschließen. Man sollte sie deshalb heute nicht mehr so sehr bevorzugen; es gibt noch mancherlei gute Lösungen für die Beleuchtung eleganter Wohnräume, die ihren Zweck besser erfüllen.

Die sehr häufig angewandten Stoffschirme für Beleuchtungskörper lassen recht gute Wirkungen erzielen, wenn sie aus nicht zu dunklem und gut lichtdurchlässigem Stoff hergestellt und innen sorgfältig weiß bespannt sind, damit eine gute Reflektorwirkung mit ihnen erzielt wird. Dagegen ist die vielfach bei Speisezimmerkronen angetroffene weiße Bespannung im Innern der Stoffschirme unterhalb der Lampen überflüssig und schädlich; das Hineinsehen in die Lampen muß schon durch die Gestalt des Schirmes selbst vermieden werden.

Achter Abschnitt.

Projektierung von Beleuchtungsanlagen und Berechnung der Beleuchtung.

Von Dr.-Ing. L. **Bloch.**

Anforderungen an Beleuchtungsanlagen. Sachgemäß ausgeführte Beleuchtungsanlagen haben hauptsächlich folgende Anforderungen zu erfüllen: Die Beleuchtung muß eine dem Verwendungszweck entsprechende Stärke besitzen. Hierauf ist schon bei der Projektierung das größte Gewicht zu legen. Auf der zu beleuchtenden Fläche sollen keine zu dunklen, aber auch keine übermäßig hellen Stellen vorkommen. Dies bedeutet, daß die Ungleichmäßigkeit der Beleuchtung einen bestimmten Grad nicht überschreiten soll. Hierfür ist einerseits durch richtige Wahl der Lampenzahl und Lampenabstände, anderseits aber auch durch geeignete Bemessung der Aufhängehöhe Sorge zu tragen. Außerdem ist die Art der Lichtverteilung der Lampen und ihrer Armaturen von Einfluß auf die Ungleichmäßigkeit der Beleuchtung. Ferner ist auf Vermeidung der Blendung zu achten. Durch geeignete Wahl der Armaturen und durch richtige Anordnung der Lichtquellen im Raume kann dies erreicht werden. Nicht zum mindesten spielt auch die Wirtschaftlichkeit der Beleuchtung eine wesentliche Rolle. Ihr muß durch Wahl möglichst ökonomischer Lampen und möglichst gute Ausnützung des Lichts Rechnung getragen werden.

Unterlagen für die Projektierung. Damit eine Beleuchtungsanlage zweckentsprechend ausgeführt werden kann, müssen schon bei ihrer Projektierung alle diese Gesichtspunkte voll berücksichtigt werden. Das ist aber nur möglich, wenn alle dafür notwendigen Unterlagen bekannt sind. Auf die Wichtigkeit dieser Forderung kann nicht dringend genug hingewiesen werden. Die Beschaffung der Unterlagen wird durch einen Fragebogen erleichtert, der alle zu berücksichtigenden Gesichtspunkte vorgedruckt enthält. Als Beispiel hierfür ist in Abb. 1 der von Halbertsma ausgearbeitete und von der Firma Dr.-Ing. Schneider & Co. herausgegebene Fragebogen angeführt. Durch einfache Handskizzen oder Zeichnungen der zu beleuchtenden Räume, am besten im Maßstab 1:100, wird die Bearbeitung der Projekte weiter erheblich erleichtert.

Grundlagen für die Beurteilung der Beleuchtung. Die richtige Projektierung von Beleuchtungsanlagen ist besonders deshalb lange Zeit vernachlässigt worden, weil keine genauen Grundlagen dafür vorhanden

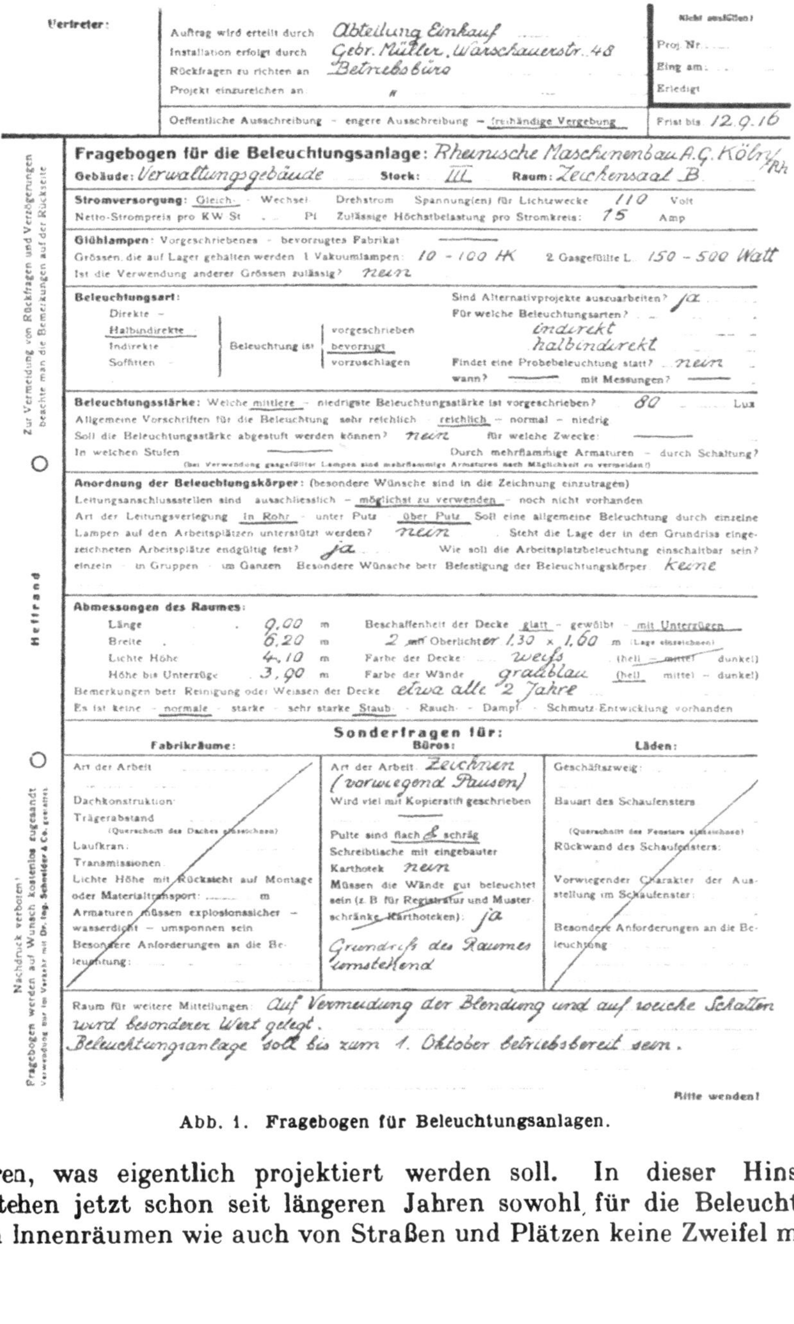

Vertreter:

Auftrag wird erteilt durch Abteilung Einkauf
Installation erfolgt durch Gebr. Müller, Warschauerstr. 48
Rückfragen zu richten an Betriebsbüro
Projekt einzureichen an „

(Nicht ausfüllen!) Proj. Nr. — Eing am: — Erledigt

Oeffentliche Ausschreibung – engere Ausschreibung – freihändige Vergebung — Frist bis 12.9.16

Fragebogen für die Beleuchtungsanlage: Rheinische Maschinenbau A.G. Köln/Rh
Gebäude: Verwaltungsgebäude **Stock:** III **Raum:** Zeichensaal B

Stromversorgung: Gleich- – Wechsel- Drehstrom Spannung(en) für Lichtzwecke 110 Volt
Netto-Strompreis pro KW St — Pf Zulässige Höchstbelastung pro Stromkreis: 15 Amp

Glühlampen: Vorgeschriebenes – bevorzugtes Fabrikat —
Grössen, die auf Lager gehalten werden 1. Vakuumlampen: 10 – 100 HK 2. Gasgefüllte L. 150 – 500 Watt
Ist die Verwendung anderer Grössen zulässig? nein

Beleuchtungsart:
Direkte – Halbindirekte – Indirekte – Soffitten – | Beleuchtung ist | vorgeschrieben – bevorzugt – vorzuschlagen
Sind Alternativprojekte auszuarbeiten? ja
Für welche Beleuchtungsarten? indirekt, halbindirekt
Findet eine Probebeleuchtung statt? nein
wann? — mit Messungen? —

Beleuchtungsstärke: Welche mittlere – niedrigste Beleuchtungsstärke ist vorgeschrieben? 80 Lux
Allgemeine Vorschriften für die Beleuchtung sehr reichlich – reichlich – normal – niedrig
Soll die Beleuchtungsstärke abgestuft werden können? nein für welche Zwecke: —
In welchen Stufen — Durch mehrflammige Armaturen – durch Schaltung?
(bei Verwendung gasgefüllter Lampen sind mehrflammige Armaturen nach Möglichkeit zu vermeiden!)

Anordnung der Beleuchtungskörper: (besondere Wünsche sind in die Zeichnung einzutragen)
Leitungsanschlussstellen sind ausschliesslich – möglichst zu verwenden – noch nicht vorhanden
Art der Leitungsverlegung in Rohr – unter Putz – über Putz Soll eine allgemeine Beleuchtung durch einzelne Lampen auf den Arbeitsplätzen unterstützt werden? nein Steht die Lage der in den Grundriss eingezeichneten Arbeitsplätze endgültig fest? ja Wie soll die Arbeitsplatzbeleuchtung einschaltbar sein? einzeln – in Gruppen – im Ganzen Besondere Wünsche betr. Befestigung der Beleuchtungskörper keine

Abmessungen des Raumes:
Länge 9,00 m Beschaffenheit der Decke glatt – gewölbt – mit Unterzügen
Breite 6,20 m 2 Oberlichter 1,30 × 1,60 m (Lage einzeichnen)
Lichte Höhe 4,10 m Farbe der Decke: weiß (hell – mittel – dunkel)
Höhe bis Unterzüge 3,90 m Farbe der Wände graublau (hell – mittel – dunkel)
Bemerkungen betr. Reinigung oder Weissen der Decke etwa alle 2 Jahre
Es ist keine – normale – starke – sehr starke Staub- – Rauch- – Dampf- – Schmutz-Entwicklung vorhanden

Sonderfragen für:

Fabrikräume:	Büros:	Läden:
Art der Arbeit Dachkonstruktion: Trägerabstand (Querschnitt des Daches einzeichnen) Laufkran: Transmissionen Lichte Höhe mit Rücksicht auf Montage oder Materialtransport: — m Armaturen müssen explosionssicher – wasserdicht – umsponnen sein Besondere Anforderungen an die Beleuchtung:	Art der Arbeit Zeichnen (vorwiegend Pausen) Wird viel mit Kopierstift geschrieben — Pulte sind flach & schräg Schreibtische mit eingebauter Karthotek nein Müssen die Wände gut beleuchtet sein (z. B. für Registratur und Musterschränke Karthoteken): ja Grundriß des Raumes umstehend	Geschäftszweig: Bauart des Schaufensters (Querschnitt des Fensters einzeichnen) Rückwand des Schaufensters: Vorwiegender Charakter der Ausstellung im Schaufenster: Besondere Anforderungen an die Beleuchtung

Raum für weitere Mitteilungen: Auf Vermeidung der Blendung und auf weiche Schatten wird besonderer Wert gelegt.
Beleuchtungsanlage soll bis zum 1. Oktober betriebsbereit sein.

Bitte wenden!

Zur Vermeidung von Rückfragen und Verzögerungen beachte man die Bemerkungen auf der Rückseite

Heftrand

Nachdruck verboten! Fragebogen werden auf Wunsch kostenlos zugesandt. Verwendung nur im Verkehr mit Dr.-Ing. Schneider & Co. gestattet.

Abb. 1. Fragebogen für Beleuchtungsanlagen.

waren, was eigentlich projektiert werden soll. In dieser Hinsicht bestehen jetzt schon seit längeren Jahren sowohl für die Beleuchtung von Innenräumen wie auch von Straßen und Plätzen keine Zweifel mehr.

Der Verband Deutscher Elektrotechniker hat im Jahre 1910 Normalien für die Beurteilung der Beleuchtung (ETZ 1910, S. 382) herausgegeben und darin als praktisches Maß für die Beleuchtung im Freien und in Innenräumen die mittlere Beleuchtung einer horizontalen Ebene in 1 m Höhe über der Bodenfläche festgesetzt. Außerdem wurde in diesen Normalien die Angabe der maximalen und der minimalen Horizontalbeleuchtung der ganzen zu beleuchtenden Fläche verlangt und als Ungleichmäßigkeit der Beleuchtung das Verhältnis der maximalen zur minimalen Horizontalbeleuchtung bezeichnet.

Man wird sich bei der Projektierung der Beleuchtung in den meisten Fällen an diese Beleuchtungsnormalien halten können, abgesehen von einzelnen Ausnahmen, die einer besonderen Behandlung bedürfen. Hierzu gehören beispielsweise Gemäldegalerien und Aufbewahrungsräume von Bibliotheken, bei denen es in erster Reihe auf gute Beleuchtung der vertikalen Wandflächen ankommt. Ebenso ist in Zeichensälen mit vertikal stehenden Reißbrettern die Beleuchtung vertikaler Flächen von größerer Wichtigkeit. Im übrigen kommt es dagegen in Innenräumen fast stets auf gute Beleuchtung horizontaler Flächen an. Ob diese nun, wie die meisten Arbeitstische, in 80 cm Höhe liegen, oder, wie es mit Rücksicht auf die Einheitlichkeit der Beurteilung und Bequemlichkeit der Messung in den Normalien vorgesehen ist, in 1 m Höhe über dem Boden anzunehmen sind, ist praktisch ohne Bedeutung. Es gibt allerdings auch einzelne Ausnahmefälle, in denen es auf die Bodenbeleuchtung selbst ankommt und nicht auf die Beleuchtung in 1 m Höhe, beispielsweise in Großgießereien, in denen die Gußstücke in den Boden selbst eingeformt werden. In derartigen Fällen wird man die Bodenbeleuchtung der Projektierung zugrunde legen.

Beurteilung der Straßenbeleuchtung. Bei der Beleuchtung von Straßen und Plätzen wurde lange Jahre recht eifrig darüber gestritten, ob die Beleuchtung vertikaler oder horizontaler Flächen für die Beurteilung maßgebend ist. Die Elektrotechniker bevorzugten mehr die Horizontalbeleuchtung, während die Gasfachmänner zum größeren Teil für die Vertikalbeleuchtung eintraten. Es besteht kein Zweifel, daß sowohl die vertikalen, wie auch die horizontalen Flächen im Freien gut beleuchtet sein sollen. Erstere kommen hauptsächlich bei der Beleuchtung der Schilder von Straßenbahnwagen und der Straßenschilder in Frage. Für am Boden liegende Gegenstände und für das Lesen einer Briefadresse oder eines Stadtplanes kommt es dagegen hauptsächlich auf die Horizontalbeleuchtung an. Die Horizontalbeleuchtung hat den Vorzug, daß sie an jeder Stelle der Straße einen eindeutigen Begriff darstellt. Die Vertikalbeleuchtung kann dagegen je nach Stellung der vertikalen Ebene ganz verschiedene Werte annehmen. Die den Lampen abgewandten Vertikalflächen können bei noch so starker Beleuchtung nicht genügend erhellt werden. Im allgemeinen ist eine Straße, die hinsichtlich ihrer Horizontalbeleuchtung als ausreichend beleuchtet zu gelten hat, auch bezüglich der Vertikalbeleuchtung befriedigend und man kann sich deshalb mit der Beurteilung auf Grund der Horizontalbeleuchtung allein begnügen. Infolgedessen beschränken sich die oben mitgeteilten Beleuchtungsnormalien des Verbandes Deutscher Elektrotechniker auf die Horizontalbeleuchtung. Auch in den Kreisen der Gasfachmänner hat man sich im Laufe der Jahre mehr und mehr dieser Betrachtungsweise angeschlossen. Die Projektierung einer Straßenbeleuchtung wird man deshalb allein auf die Horizontalbeleuchtung in 1 m Höhe beziehen können.

Angaben für die Stärke der mittleren Horizontalbeleuchtung. Die wichtigsten Angaben für die gebräuchliche Stärke der mittleren Horizontalbeleuchtung der zumeist in Frage kommenden Innenräume und der verschiedenen Arten von Straßen und Plätzen sind in den Tabellen 43—45 auf S. 571—574 übersichtlich zusammengestellt. Es ist hier regelmäßig ein ziemlich weiter Spielraum für die Bemessung der Beleuchtung gelassen, und man wird je nach der Bedeutung der Anlagen zu den jeweils größeren oder kleineren Werten greifen.

Es sollen nunmehr die einzelnen Verfahren besprochen werden, nach denen die mittlere Horizontalbeleuchtung bei der Projektierung von Anlagen vorausberechnet werden kann oder der erforderliche Licht- bzw. Energiebedarf bei einer bestimmten verlangten mittleren Beleuchtung zu ermitteln ist. Dabei soll mit den einfachsten Annäherungsverfahren begonnen und erst dann zu den genaueren, aber dafür auch umständlicheren Verfahren übergegangen werden.

Die Kerzenmethode. Ein ganz primitives Verfahren der Projektierung von Beleuchtungsanlagen ist die früher sehr häufig und lange Zeit fast ausschließlich benutzte Kerzenmethode. Die erforderliche Beleuchtung wurde dabei überhaupt nicht berücksichtigt, sondern es wurden Erfahrungszahlen für die in verschiedenen Arten von Räumen benötigte Kerzenzahl für 1 m² benutzt. Tabellen mit diesen Erfahrungszahlen finden sich in allen einschlägigen Hand- und Taschenbüchern. Aus der den Tabellen entnommenen Kerzenzahl (k) pro m² und der zu beleuchtenden Fläche F ergibt sich die gesamte Kerzenzahl.

$$J \cdot z = k \cdot F.$$

Hierbei ist z die erforderliche Lampenzahl und J die Lichtstärke der einzelnen Lampen.

Ist beispielsweise ein elegantes Wohnzimmer von 40m² Bodenfläche reichlich zu beleuchten, so entnimmt man der Kerzentabelle den Wert von 6 bis 8 Kerzen für 1 m² eines derartigen Raumes. Eine reichliche Beleuchtung wird hiernach mit $8 \cdot 40 = 320$ Kerzen für den ganzen Raum erhalten und man kann diese mit 10 Lampen von 32 oder mit 13 Lampen von 25 Kerzen erreichen.

Daß mit dieser Methode nur recht unvollkommene Ergebnisse zu erzielen sind, ist ohne weiteres klar. Denn sie berücksichtigt in keiner Weise die Anordnung der Lampen, die Art der benutzten Armaturen oder Reflektoren und den Zustand der Decken und Wände. Überdies war die Kerzenmethode, streng genommen, nur für Glühlampen benutzbar; denn sie bezog sich auf die für diese gebräuchliche Angabe der horizontalen Lichstärke. Für Bogenlampen und auch für Gasbeleuchtung gab sie nur bei Anwendung besonderer Vorsichtsmaßregeln einigermaßen richtige Ergebnisse. Nachdem in den letzten Jahren mehr und mehr zur Angabe der mittleren sphärischen Lichstärke an Stelle der horizontalen Lichtstärke übergegangen wird, müßten die Zahlenangaben für die Kerzenmethode auch entsprechend abgeändert werden. Es erscheint jedoch empfehlenswerter, hiervon abzusehen und die Kerzenmethode ganz fallen zu lassen, da die neuerdings angewandten und weiterhin zu erwähnenden Annäherungsmethoden nicht nennenswert umständlicher und entschieden zuverlässiger sind. Zum Vergleich der Kerzenmethode mit den neueren Methoden sei aber noch angegeben, daß die erforderliche Kerzenzahl (horizontaler Lichtstärke) für 1 m² durchschnittlich auf ungefähr den 4. bis 5. Teil der erforderlichen mittleren Beleuchtung, wie sie aus Tabelle 44 auf S. 572 zu entnehmen ist, sich beläuft. Einer mittleren Beleuchtung von 60 Lux entsprechen demnach ungefähr 12 bis 15 (horizontale) Kerzen für 1 m² Bodenfläche.

Wirtschaftlichkeitsmethode. Ein schon etwas zuverlässigeres Verfahren für die überschlägliche Beleuchtungsberechnung hat der Verfasser in dem Buche »Grundzüge der Beleuchtungstechnik« (S. 78) vorgeschlagen und früher häufig benutzt. Es beruht auf dem Begriff der Wirtschaftlichkeit oder des spezifischen Verbrauchs der Beleuchtung. Dieser ist in den oben erwähnten Normalien des Verbandes Deutscher Elektrotechniker als Verbrauch für 1 Lux mittlere Horizontalbeleuchtung und 1 m² Bodenfläche definiert. Ist die mittlere Horizontalbeleuchtung E_m, die Bodenfläche F und der Gesamtverbrauch A_g (Watt bei elektrischer Beleuchtung oder Liter Gas pro Stunde bei Gasbeleuchtung), so ist die Wirtschaftlichkeit

$$\sigma = \frac{A_g}{E_m \cdot F}.$$

Für die Wirtschaftlichkeit der verschiedenen Beleuchtungsarten sind aus den Ergebnissen von zahlreichen Beleuchtungsmessungen bestimmte Erfahrungszahlen bekannt. Mit Hilfe dieser kann man für eine zu projektierende Beleuchtung den gesamten Energieverbrauch nach der Formel berechnen:

$$A_g = \sigma \cdot E_m \cdot F.$$

Ebenso kann man auch für einen bestimmten Gesamtverbrauch die zu erwartende mittlere Beleuchtung annähernd berechnen.

In der oben angegebenen Formel für die Wirtschaftlichkeit stellt das Produkt $E_m \cdot F$ im Nenner den nach der zu beleuchtenden Fläche gelangenden Lichtstrom in Lumen dar. Denn dieser ist jeweils das Produkt aus mittlerer Beleuchtung und der Größe der zu beleuchtenden Fläche. Die Wirtschaftlichkeit oder der spezifische Verbrauch einer Beleuchtung ist hiernach deren Energieverbrauch für 1 Lumen. Sie ist um so günstiger, je geringer der spezifische Verbrauch der benutzten Lichtquelle ist. Bisher wurde dieser meist als Energieverbrauch für 1 Kerze angegeben. Man geht jedoch jetzt dazu über, an die Stelle des spezifischen Effektverbrauchs der elektrischen Lampen deren Lichtausbeute in Kerzen oder Lumen für 1 Watt treten zu lassen. Dem entspricht dann auch bei der Beleuchtung der Übergang zu der Beleuchtungsausbeute in Lumen für 1 Watt. Bezeichnet man diese mit β, so ist

$$\beta = \frac{E_m \cdot F}{A_e}.$$

Mit Rücksicht auf den bevorstehenden Übergang zu dem Begriff der Beleuchtungsausbeute kann die weitere Benutzung des Begriffs der Wirtschaftlichkeit der Beleuchtung nicht mehr empfohlen werden und es wird deshalb davon abgesehen, Zahlenwerte hierfür anzugeben. Außerdem kommt dieses Berechnungsverfahren der sog. Wirkungsgradsmethode sehr nahe, die im Laufe der letzten Jahre sich für Beleuchtungsberechnungen mehr und mehr eingeführt hat. Man wird deshalb im Interesse der Einheitlichkeit von seiner weiteren Benutzung absehen und die Wirkungsgradsmethode vorziehen.

Vergleichsskalen für spezifischen Effektverbrauch und Lichtausbeute, Wirtschaftlichkeit und Beleuchtungsausbeute. Der gegenwärtig herrschende Übergangszustand im Gebrauch der verschiedenen Begriffe für spezifischen Verbrauch und Lichtausbeute, Wirtschaftlichkeit der Beleuchtung und Beleuchtungsausbeute wird es mit sich bringen, daß diese Begriffe noch oft nebeneinander gebraucht werden. In den verschiedenen Lehrbüchern und Aufsätzen in Fachzeitschriften wird man bald diesen, bald jenen Begriff angewandt finden. Um die Umrechnung zu erleichtern und die Beziehungen zwischen den verschiedenen Begriffen zu veranschaulichen, sind in Abb. 2 auf S. 254 Vergleichsskalen für die verschiedenen Begriffe zusammengestellt. Der Übersichtlichkeit halber sind sie in logarithmischer Teilung ausgeführt. Die untereinander stehenden Zahlen, die durch parallele Vertikallinien miteinander verbunden sind, entsprechen einander. Die drei ersten Skalen enthalten den spezifischen Verbrauch von Lichtquellen, bezogen auf die horizontale Lichtstärke (für Glühlampen), auf die mittlere sphärische Lichtstärke und auf den Lichtstrom. Die beiden nächsten Skalen zeigen die Lichtausbeute in Kerzen sphärischer Lichtstärke und in Lumen für je 1 Watt. Schließlich ist noch unter Annahme eines Wirkungsgrades von 40%,

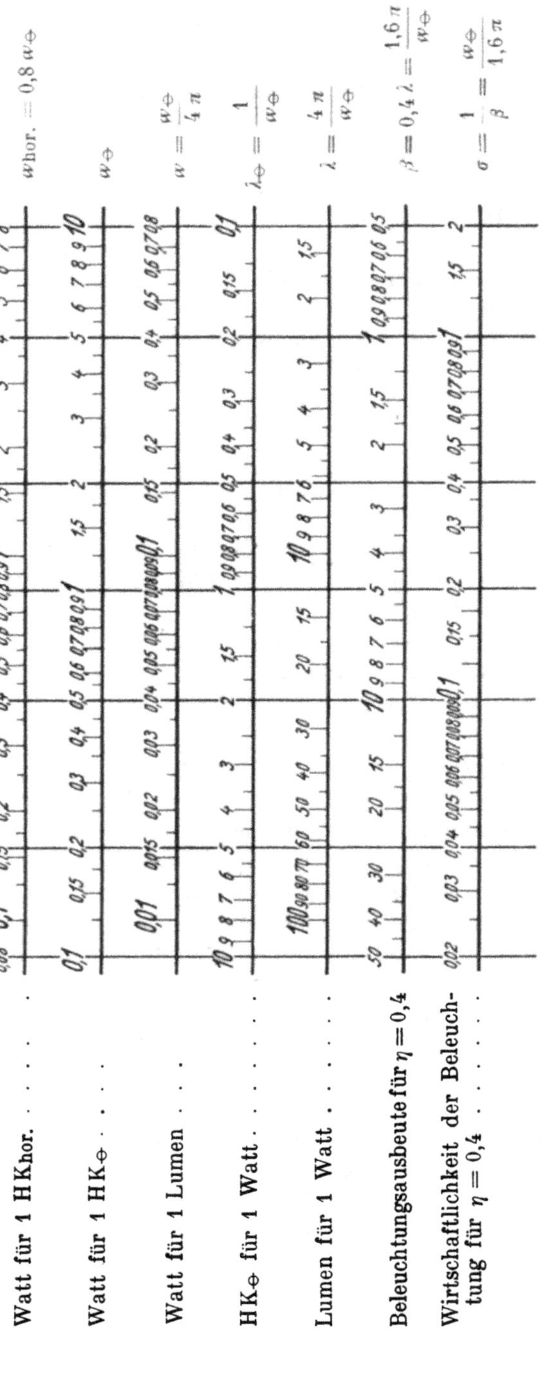

Abb. 2.
Vergleichsskalen für spezifischen Effektverbrauch und Lichtausbeute, Wirtschaftlichkeit und Beleuchtungsausbeute.

wie er als Durchschnittswert für die verschiedenen Beleuchtungsarten zu gelten hat, die zugehörige Beleuchtungsausbeute in Lumen für 1 Watt und die entsprechende Wirtschaftlichkeit der Beleuchtung in Watt für 1 Lumen, bzw. für 1 Lux und 1 m² angegeben. Daneben sind außerdem die zugehörigen Umrechnungsformeln aufgeführt; sie sind sämtlich auf den spezifischen Verbrauch ($w_{\ominus}$) in Watt für 1 Kerze sphärischer Lichtstärke bezogen.

Wirkungsgradsmethode. Sind in einem Raume z Lampen angebracht, von denen jede ohne Armatur eine mittlere sphärische Lichtstärke von $J_{\ominus}$ Kerzen hat, so ist der gesamte von ihnen ausgestrahlte Lichtstrom

$$\Phi = 4\,\pi \cdot J_{\ominus} \cdot z.$$

Erhält die von diesen Lampen zu beleuchtende Fläche eine mittlere Beleuchtung von E_m Lux, so ist der gesamte für die Beleuchtung dieser Fläche ausgenutzte Lichtstrom

$$\Phi_n = E_m \cdot F.$$

Der Wirkungsgrad der Beleuchtung ist dann

$$\eta = \frac{\Phi_n}{\Phi} = \frac{E_m \cdot F}{4\,\pi \cdot J_{\ominus} \cdot z}.$$

Man muß daher, um einer Fläche F die mittlere Beleuchtung E_m bei einem Wirkungsgrade η zu erteilen, folgenden Lichtstrom aufwenden:

$$\Phi = \frac{E_m \cdot F}{\eta}.$$

Die mittlere sphärische Lichtstärke sämtlicher für die Beleuchtung der Fläche benutzten Lampen muß betragen

$$J_{\ominus} \cdot z = \frac{E_m \cdot F}{4\,\pi \cdot \eta}.$$

Wird η in Prozenten angegeben und angenähert $4\,\pi = 12{,}5$ gesetzt, so erhält man die bequem zu benutzende Formel:

$$J_{\ominus} \cdot z = \frac{8 \cdot E_m \cdot F}{\eta}.$$

Oder für die Berechnung der Beleuchtung:

$$E_m = \frac{\eta \cdot J_{\ominus} \cdot z}{8\,F}.$$

Will man nicht die Lichtstärke, sondern den Energieverbrauch der zu benutzenden Lampen berechnen, so muß man deren Lichtausbeute in sphärischen Kerzen für 1 Watt kennen: $\lambda_{\ominus} = \frac{J_{\ominus}}{A}$. Wird dieser Wert in die vorhergehende Formel eingesetzt, so erhält man:

$$A \cdot \lambda_{\ominus} \cdot z = \frac{E_m \cdot F}{4\pi \cdot \eta},$$

oder als Gesamtverbrauch

$$A_g = A \cdot z = \frac{E_m \cdot F}{4\pi \cdot \eta \cdot \lambda_{\ominus}}.$$

Wird η in Prozenten angegeben, so ist:

$$\underline{A_g = \frac{8 \cdot E_m \cdot F}{\eta \cdot \lambda_{\ominus}}}.$$

Vergleicht man diese Formel mit der oben (Seite 253) für die Beleuchtungsausbeute angegebenen, so ergibt sich daraus

$$\beta = 4\pi \cdot \eta \cdot \lambda_{\ominus}$$

oder

$$\eta = \frac{\beta}{4\pi \cdot \lambda_{\ominus}} = \frac{\beta}{\lambda}.$$

Der Wirkungsgrad der Beleuchtung entspricht hiernach dem Verhältnis der Beleuchtungsausbeute zu der auf den erzeugten Lichtstrom bezogenen Lichtausbeute.

Für den Wirkungsgrad maßgebende Einflüsse. Der Wirkungsgrad einer Beleuchtungsanlage ist um so höher, ein je größerer Betrag von dem erzeugten Lichtstrom nach der zu beleuchtenden Fläche gelangt. Naturgemäß kann dies immer nur ein Teil des erzeugten Lichtstromes sein. Zunächst entsteht durch die Glocken oder Reflektoren der Beleuchtungskörper ein Lichtverlust, der in dem Wirkungsgrad der Beleuchtung zum Ausdruck kommt. Weiterhin gelangt ein Teil des ausgestrahlten Lichtstroms nicht nach der zu beleuchtenden Fläche, sondern bei der Außenbeleuchtung nach den Hauswänden, unter Umständen auch nach dem Raum oberhalb der Lampen, bei der Innenbeleuchtung nach den Wänden des Raumes und meist auch nach der Decke. Bei hellen Wänden und Decken geht dieser Lichtstrom nicht ganz verloren, sondern wird teilweise nach der zu beleuchtenden Boden- bzw. Tischfläche reflektiert.

Der Wirkungsgrad der Beleuchtung ist hiernach außer von der Art der Glocken und Reflektoren einerseits von der Größe des Raumwinkels abhängig, den, von der Lichtquelle aus gesehen, die zu beleuchtende Fläche einnimmt. Anderseits ist für seine Größe die Art der Lichtverteilung der benutzten Lichtquelle und schließlich auch der Zustand der Decken und Wände maßgebend. Naturgemäß ist die richtige Berechnung bzw. die Einschätzung aller dieser Größen nicht ganz einfach und man hat sich deshalb bei der hier zu besprechenden Wirkungsgradsmethode zur Berechnung der Beleuchtung mit der Einführung von Erfahrungswerten begnügt. Hierfür steht auf Grund ausgeführter Beleuchtungsmessungen schon ein reichhaltiges Material zur Verfügung. Eingehende diesbezügliche Messungen wurden u. a. von Clewell (Factory Lighting, New York 1913, S. 26) und von Harrison und Anderson (Trans. Ill. Eng. Soc. 1916, Bd. 11, S. 67) angestellt. In Halbertsma, »Fabrikbeleuchtung«, S. 157 ist hierüber kurz berichtet. Auch Croft, »Practical Electric Illumination«, New York 1917, gibt auf S. 144 eine ausführliche Zusammenstellung von Werten für den Wirkungsgrad bei verschiedenen Lampenanordnungen und Raumanstrichen.

Erfahrungswerte für den Wirkungsgrad der Beleuchtung von Innenräumen. Alle hier erwähnten Werte, sowie eine größere Zahl von Ergebnissen aus eigenen Messungen des Verfassers wurden zusammengestellt und hieraus Durchschnittswerte für verschiedene Arten der Raumbeleuchtung und für verschiedenen Zustand der Decken und Wände abgeleitet. Die Ergebnisse sind in den beiden Tabellen 31 und 32 auf S. 561 enthalten. Die erste Tabelle gilt für direkte und halbindirekte Raumbeleuchtung, die zweite für indirekte Raumbeleuchtung. Für Wände und Decken wurden jeweils drei verschiedene Zustände angenommen. Bei indirekter Beleuchtung sind natürlich die Werte für dunkle Wände und Decken nur von theoretischem Interesse. Für die einzelnen Fälle sind sowohl Grenzwerte, wie auch Mittelwerte für den Wirkungsgrad angegeben.

Zwischen der direkten Beleuchtung und der halbindirekten sind die Unterschiede im Wirkungsgrad nur so gering, daß es genügt, für diese eine gemeinsame Tabelle aufzustellen. Man wird von den hier angegebenen Werten bei direkter Beleuchtung im allgemeinen eher die zwischen den Mittelwerten und den oberen Grenzwerten, bei halbindirekter Beleuchtung die zwischen den Mittelwerten und den unteren Grenzwerten wählen.

Die Aufhängehöhe hat bei Innenräumen mit hellen Decken und Wänden keinen sehr großen Einfluß auf die Höhe des Wirkungsgrades, weil die vermehrte Wand- und Deckenreflexion den Einfluß größerer Aufhängehöhe zu einem erheblichen Teile ausgleicht. Sind Wände und Decken nur mittelhell oder dunkel, so macht sich der Einfluß der Aufhängehöhe mehr geltend. In diesem Falle wird man bei größerer Aufhängehöhe die niedrigeren Werte, bei geringerer Aufhängehöhe die höheren Werte für den Wirkungsgrad innerhalb der in der Tabelle 31 angegebenen Grenzen zu wählen haben.

Erfahrungswerte für den Wirkungsgrad der Beleuchtung im Freien. Während bei der Raumbeleuchtung neben der Art der Lichtverteilung und der Anordnung der Lampen der Zustand der Wände und Decken den hauptsächlichsten Einfluß auf den Wirkungsgrad ausübt, spielen bei der Beleuchtung im Freien in der Hauptsache nur die beiden ersten Faktoren eine ausschlaggebende Rolle für die Höhe des Wirkungsgrads. Es liegen bisher für die Beleuchtung im Freien noch bei weitem nicht so viele Erfahrungszahlen für die Größe des Wirkungsgrades vor, wie für Innenräume. Sie liegen etwa zwischen 25 und 55%. Die höheren Zahlen ergeben sich, wenn das von den Lampen ausgestrahlte Licht gut ausgenützt und zum größten Teil nach unten gerichtet wird, also besonders bei tiefstrahlenden Armaturen und Reflektoren, sowie für Straßen, deren Breite im Verhältnis zur Aufhängehöhe der Lampen recht groß ist. Denn in diesem Falle wird das meiste Licht nach der Straßenfläche und nur wenig nach den seitlichen Wänden und nach oben ausgestrahlt. Umgekehrt erhält man niedrige Werte für den Wirkungsgrad der Beleuchtung im Freien bei Armaturen und Reflektoren mit mehr breit- und hochstrahlender oder gleichmäßig verteilter Lichtausstrahlung und bei Straßen von geringerer Breite mit verhältnismäßig großer Aufhängehöhe der Lampen.

Der Größe nach ist der Wirkungsgrad für Straßenbeleuchtung ungefähr ebenso hoch wie für Raumbeleuchtung. Dagegen hängt er im wesentlichen von anderen Faktoren ab. Um einen Anhaltspunkt für die Wahl des Wirkungsgrads auch bei der Straßenbeleuchtung zu geben, ist in Tabelle 33 auf S. 561 eine den für Innenbeleuchtung bereits angegebenen Werten entsprechende Zusammenstellung enthalten. Es konnten hierbei dieselben Zahlen wie für die direkte Raumbeleuchtung vorgesehen werden; jedoch hängen sie einerseits von der Art der Lichtverteilung, anderseits von dem Verhältnis zwischen Straßenbreite und Aufhängehöhe ab. Wenn auch außer den vom Verfasser selbst gesammelten Zahlen noch wenig anderes Material für die Aufstellung dieser Tabelle vorlag, so dürfte sie doch als Hilfsmittel für angenäherte Berechnung bis auf weiteres ausreichen.

Beispiele für die Anwendung der Wirkungsgradsmethode. Der Gebrauch der Wirkungsgradsmethode soll nunmehr an einer Reihe von Beispielen näher erläutert werden.

1. Beispiel: **Direkte Raumbeleuchtung durch Gasfüllungslampen.** Ein einfaches kaufmännisches Bureau von 35 m² Bodenfläche soll durch Gasfüllungslampen für 60 Watt 220 Volt eine mittlere Beleuchtung von 25 Lux erhalten. Die Decke ist hell, die Wände sind dunkel. Hierfür ergibt sich aus Tabelle 31 ein Wirkungsgrad von 40%. Die Lichtstärke der Lampen ergibt sich aus der Glühlampentabelle auf S. 555 zu 45 $HK_{\ominus}$. Die erforderliche Lampenzahl ist zu ermitteln. Sie beträgt:

$$z = \frac{8 \cdot E_m \cdot F}{J_{\ominus} \cdot \eta} = \frac{8 \cdot 25 \cdot 35}{45 \cdot 40} = 3{,}85.$$

Abgerundet sind also 4 Lampen erforderlich, die, mit geeigneten Reflektoren versehen, je nach Aufstellung der Arbeitstische im Raume gleichmäßig verteilt werden.

2. Beispiel. **Direkte Raumbeleuchtung durch hängendes Gasglühlicht.** Ein Schulzimmer normaler Größe von 60 m² Bodenfläche wird durch 6 Normalbrenner für hängendes Gasglühlicht beleuchtet. Jeder gibt bei einem stündlichen Verbrauch von 95 l Gas eine mittlere sphärische Lichtstärke von 80 Kerzen. Die Decke des Raumes ist hell, die Wände mittel. Hierfür beträgt der Wirkungsgrad 45%. Die erzielte mittlere Beleuchtung ist zu berechnen. Sie beträgt:

$$E_m = \frac{J_{\ominus} \cdot z \cdot \eta}{8 \cdot F} = \frac{80 \cdot 6 \cdot 45}{8 \cdot 60} = 45 \text{ Lux.}$$

Nach den Angaben in Tab. 44 auf S. 573 soll für Schulzimmer die mittlere Beleuchtung 30 bis 40 Lux betragen. Der Raum ist also reichlich beleuchtet.

3. Beispiel. **Direkte Raumbeleuchtung durch Metalldrahtlampen.** Ein Straßenbahnwagen von 16 m² Bodenfläche soll durch 5 Metalldrahtlampen eine mittlere Beleuchtung von 15 Lux erhalten. Die Decke ist mittel, die im wesentlichen aus Glasfenstern bestehenden Wände sind als dunkel zu betrachten. Der Wirkungsgrad ergibt sich demnach zu 35%. Die erforderliche horizontale Lichtstärke der Lampen ist zu berechnen. Sie beträgt:

$$J_{\text{hor.}} = \frac{J_{\ominus}}{0{,}8} = \frac{8 \cdot 15 \cdot 16}{5 \cdot 35 \cdot 0{,}8} = 13{,}7 \text{ HK.}$$

Man wird also Lampen für 16 Kerzen verwenden.

4. Beispiel. **Halbindirekte Beleuchtung durch Gasfüllungslampen.** Eine Werkstatt für Feinmechanik von 350 m² Bodenfläche soll gut beleuchtet werden. Aus der Zusammenstellung auf S. 572 wird eine mittlere Beleuchtung von 50 Lux als angemessen entnommen. Die Decke ist weiß, und es kommen hochkerzige Gasfüllungslampen für 220 Volt in Frage; es wird halbindirekte Anordnung gewählt. Die Einteilung der Decke bedinge die Anwendung von 10 Lampen. Da in Fabrikräumen mit dauernd guter Reinhaltung der Decken und Wände nicht bestimmt gerechnet werden kann, wird für die Wahl des Wirkungsgrades nur mittlerer Zustand von Decken und Wänden angenommen und hierbei mit Rücksicht auf die halbindirekte Anordnung der untere Grenzwert von 35% aus der Tabelle 31 auf S. 561 entnommen. Die zu wählende Lichtstärke beträgt hiernach:

$$J_{\ominus} = \frac{8 \cdot 50 \cdot 350}{10 \cdot 35} = 400 \text{ HK.}$$

Bei 220 Volt sind hiernach Lampen für 300 Watt zu wählen, wie sich aus der Glühlampentabelle auf S. 555 ergibt.

5. Beispiel. **Ganzindirekte Raumbeleuchtung durch Reinkohlen-Bogenlampen.** Ein Zeichensaal von 150 m² Bodenfläche erhält durch 4 Reinkohlen-Bogenlampen für 12 Amp. und je 660 Watt ganzindirekte Beleuchtung. Diese Lampen verbrauchen 1,1 Watt/$HK_{\ominus}$. Ihre mittlere sphärische Lichtstärke beträgt hiernach 600 $HK_{\ominus}$. Die Decke des Saales ist hell, die Wände mittel; aus der Tabelle für indirekte Beleuchtung ergibt sich hierfür ein Wirkungsgrad von 30%. Die mittlere Beleuchtung des Saales ist zu berechnen. Sie beträgt:

$$E_m = \frac{600 \cdot 4 \cdot 30}{8 \cdot 150} = 60 \text{ Lux.}$$

Nach der Tabelle auf S. 573 ist dies für einen Zeichensaal ausreichend.

6. Beispiel. **Straßenbeleuchtung mit Gasfüllungslampen.** Eine verkehrsreiche Hauptstraße von 20 m Breite soll mit Gasfüllungslampen für 500 Watt 220 Volt beleuchtet werden. Aus der Tabelle 43 auf S. 571 wird eine mittlere Beleuchtung von 6 Lux entnommen. Die Lampen werden in 8 m Aufhängehöhe über der Straßenmitte in Armaturen für tiefstrahlende Beleuchtung aufgehängt. Aus der Glühlampentabelle ergibt sich für eine nackte Lampe eine mittlere sphärische Lichtstärke von 750 HK. Der erforderliche Lampenabstand ist zu ermitteln. Für tiefstrahlende Lichtverteilung und ein Verhältnis zwischen Straßenbreite und Aufhängehöhe von 20/8 = 2,5 ergibt sich aus der Tab. 33, S. 561 für Straßenbeleuchtung ein Wirkungsgrad von 40%. Die von den Lampen beleuchtete Fläche F ist gleich dem Produkt aus Straßenbreite und Lampenabstand. Der zu berechnende Lampenabstand ist hiernach

$$a = \frac{F}{20} = \frac{750 \cdot 40}{8 \cdot 6 \cdot 20} = 31{,}5 \text{ m.}$$

7. Beispiel. **Straßenbeleuchtung durch stehendes Gasglühlicht.** Eine Nebenstraße von 15 m Breite mit schwachem Verkehr werde durch gewöhnliche Laternen mit stehendem Gasglühlicht in 3,5 m Lichtpunkthöhe beleuchtet. Auf je 30 m Straßenlänge entfällt eine Lampe. Die Straßenfläche für eine Lampe beträgt hiernach $F = 30 \cdot 15 = 450$ m². Jede Lampe verbraucht stündlich 130 l Gas und gibt 65 $HK_{\ominus}$. Sie besitze nur einen schwach wirkenden Reflektor und ist deshalb als hochstrahlend anzusehen. Das Verhältnis zwischen Straßenbreite und Aufhängehöhe beträgt $\frac{15}{3{,}5} = 4{,}3$. Unter diesen Annahmen ergibt sich ein Wirkungsgrad von 35% aus der Tab. 33 auf S. 561. Die erzielte mittlere Beleuchtung ist zu berechnen. Sie beträgt:

$$E_m = \frac{65 \cdot 35}{8 \cdot 450} = 0{,}63 \text{ Lux.}$$

8. Beispiel. **Platzbeleuchtung durch Bogenlampen mit nebeneinander stehenden Effektkohlen.** Ein großstädtischer Hauptverkehrsplatz von 9000 m² Bodenfläche soll eine seiner Bedeutung entsprechende, besonders kräftige Beleuchtung durch Gleichstrom-Bogenlampen mit nebeneinander stehenden Effektkohlen erhalten. Es sollen Lampen für 20 Amp. und je 1100 Watt Verbrauch für 1 Lampe benutzt werden. Sie haben einen spezifischen Effektverbrauch von 0,35 Watt/$HK_{\ominus}$. Jede Lampe gibt hiernach eine mittlere sphärische Lichtstärke von 3150 $HK_{\ominus}$. Die mittlere Beleuchtung soll 15 Lux erreichen. Die Lichtverteilung der Lampe ist tiefstrahlend. Die Lampen sollen nicht weit von der Mitte des Platzes in großer Aufhängehöhe angebracht werden, so daß eine mittlere Ausnützung ihres Lichtstromes erfolgt. Aus der Tab. 33 auf S. 561 ergibt sich hierfür ein Wirkungsgrad von 45%. Zu berechnen ist die erforderliche Lampenzahl. Sie beträgt:

$$z = \frac{8 \cdot 15 \cdot 9000}{3150 \cdot 45} = 7{,}6.$$

Man wird hiernach 8 Lampen zur Aufstellung bringen und je 4 Lampan an einem hohen Mast anordnen. —

Wie aus allen diesen Beispielen hervorgeht, ist die Projektierung der Beleuchtung auf Grund der Wirkungsgradsmethode recht einfach und bequem. Man sollte eigentlich annehmen, daß es niemand zu viel Mühe macht, ein so einfaches Rechnungsverfahren anzuwenden. Trotzdem werden häufig noch weitere Vereinfachungen in der Rechnung gewünscht. Diesem Bedürfnis kommen die nachstehend erwähnten beiden Verfahren nach.

Wattregel von Heyck und Högner. Um die Projektierung speziell für Gasfüllungslampen noch bequemer zu gestalten, haben Heyck und Högner (Projektierung von Beleuchtungsanlagen, Berlin 1919, S. 11) eine einfache Wattregel aufgestellt. Sie lautet: 10 Watt pro m² Bodenfläche pro Lampe geben 80 Lux mittlere Beleuchtung bei Lampen für 110 Volt und 70 Lux bei Lampen für 220 Volt; in Werkstätten und ähnlichen Räumen wird nur 0,9 bis 0,7 hiervon, bei ganzindirektem Licht nur 0,75 hiervon erhalten. Die Regel ist unter Annahme eines Wirkungsgrades von 44% für Gasfüllungslampen von 200 bis 300 Watt aufgestellt. Annähernd gilt sie auch noch für Gasfüllungslampen von 150 Watt und 500 Watt. Für erstere ist sie etwa 10% zu günstig, für letztere etwa 10% zu ungünstig.

Beispielsweise erhält man bei obigem Beispiel 4 (S. 259) für die feinmechanische Werkstätte 10 Watt pro m² für 70 Lux · 0,8 = 56 Lux bei 220 Volt-Lampen. Demnach sind für 50 Lux erforderlich $\frac{10 \cdot 50}{56}$ = 9 Watt pro m². Da auf eine Lampe $\frac{350}{10}$ = 35 m² entfallen, so sind Lampen für 9 · 35 = 315 oder für rd. 300 Watt zu verwenden. Die Wattregel hat den Vorzug, daß sie leicht im Gedächtnis zu behalten ist und überschlägliche Rechnungen im Kopf gestattet. Wesentlich einfacher als bei der Wirkungsgradsmethode gestaltet sich allerdings die Berechnung dabei nicht.

Hilfstafeln für die Beleuchtungsberechnung. Einen anderen Weg zur möglichst einfachen Projektierung von Beleuchtungsanlagen bieten die vom Verfasser neuerdings aufgestellten Hilfstafeln für die auf eine Lampe entfallende Bodenfläche bei verschieden starker mittlerer Beleuchtung (Tab. 35 u. 36, S. 562). Die Werte in den Tafeln sind jeweils für die gebräuchlichen Typen von gasgefüllten und luftleeren Metalldrahtlampen ausgerechnet. Dabei ist die Spannung von 220 Volt als normal angenommen, weil sie zurzeit in der überwiegenden Zahl von Fällen vorkommt. Für gasgefüllte Metalldrahtlampen von 110 Volt sind die aus den Tafeln zu entnehmenden Werte der Bodenfläche für 1 Lampe im Verhältnis der Lichtstärken zu erhöhen, wenn man genau rechnen will. Zu diesem Zweck sind die aus der Glühlampentabelle entnommenen Lichtstärken der gasgefüllten Lampen für 110 und 220 Volt nochmals auf der linken Seite der Hilfstafel angegeben.

Für die gebräuchlichen Typen der luftleeren Metalldrahtlampen, die bisher noch auf Grund ihrer horizontalen Lichtstärke gekennzeichnet werden, ist eine zweite Hilfstafel aufgestellt; ihre Werte gelten für die angegebenen Lichtstärken unabhängig von der Spannung. Zur Berechnung des Energiebedarfes ist in diesem Falle der Verbrauch der einzelnen Typen für 110 und 220 Volt auf der linken Seite der Hilfstafel angegeben.

Bei den Hilfstafeln ist ein Durchschnittswert von 40% für den Wirkungsgrad zugrundegelegt. Für überschlägliche Berechnungen kommt man im allgemeinen damit aus. Will man genauer rechnen, so entnimmt man den Wirkungsgrad aus den Tabellen auf S. 561 und rechnet die aus der Hilfstafel sich ergebende Bodenfläche für 1 Lampe im Verhältnis der Wirkungsgrade um. Bei dem Wirkungsgrad von 40% ergab sich für die Berechnung der Tabelle für Gasfüllungslampen die Formel

$$f = \frac{J_{\ominus} \cdot 40}{8 \cdot E_m} = \frac{5 \cdot J_{\ominus}}{E_m}$$

und für die luftleeren Metalldrahtlampen

$$f = \frac{4 \cdot J_{\text{hor.}}}{E_m},$$

da $J_{\ominus} = 0{,}8 \cdot J_{\text{hor.}}$. Hier bedeutet f die Bodenfläche für eine Lampe.

Die in den beiden Hilfstafeln eingeklammerten Zahlen für schwache Beleuchtung mit sehr starken Lampen und für starke Beleuchtung mit niedrigkerzigen Lampen kommen für den praktischen Gebrauch nicht in Frage. Die Hilfstafeln sind für Beleuchtungen von 2 bis 100 Lux aufgestellt. Sie können auch für niedrigere und höhere Beleuchtungen benutzt werden. Beispielsweise wird man für 1,5 Lux die Werte in der Spalte für 15 Lux benutzen und mit 10 multiplizieren. Durch zwei Beispiele soll die Anwendung der Hilfstafeln erläutert werden.

Auf S. 251 war nach der Kerzenmethode eine reichliche Beleuchtung eines Wohnzimmers von 40 m² Bodenfläche mittels Metalldrahtlampen projektiert worden. Aus der Zusammenstellung auf S. 573 ergibt sich als reichliche Wohnzimmerbeleuchtung 30 Lux. Bei Anwendung von 25kerzigen Metalldrahtlampen entfallen nach der Tabelle 36 (S. 562) bei 30 Lux 3,3 m² auf eine Lampe. Insgesamt sind hiernach $\frac{40}{3,3}$ = 12 Lampen von 25 Kerzen erforderlich.

Stugra-Tafeln. Zu erwähnen sind hier auch die sehr einfach zu handhabenden Stugra-Tafeln für Beleuchtungsberechnungen. Sie beruhen gleichfalls auf der Wirkungsgradsmethode und enthalten die einzelnen Rechnungsgrößen auf logarithmisch geteilten Skalen. Die Siemens-Schuckertwerke und die Osram-G. m. b. H. haben derartige von der Stugra (Zentralstelle für graphische Berechnungstafeln, Berlin-Waidmannslust) ausgearbeitete Rechentafeln in den Verkehr gebracht.

Lichtstrommethode. Für eine mehr als überschlägliche Berechnung von Beleuchtungsanlagen besteht das Bedürfnis nach einem genaueren Verfahren zur Berechnung der mittleren Horizontalbeleuchtung. Hierzu kann die vom Verfasser erstmals im Jahre 1906 angebene Lichtstrommethode (ETZ 1906, S. 493 u. 1129) dienen. Bei dieser Methode wird derjenige Teil des Gesamtlichtstromes, der nach der zu beleuchtenden Fläche geht, nicht mit Hilfe der Wirkungsgradszahl geschätzt, sondern aus der Größe der zu beleuchtenden Fläche, der Aufhängehöhe der Lampe und der Art der Lichtverteilung berechnet. Zur Erläuterung des Verfahrens sollen zunächst einige vereinfachende Annahmen gemacht und alsdann zu seiner allgemeinen Anwendung übergegangen werden.

Eine Lichtquelle, deren Lichtverteilung zunächst als gleichförmig angenommen sei, habe in nacktem Zustande die mittlere sphärische Lichtstärke $J_{\ominus}$ und beleuchte eine Kreisfläche vom Halbmesser a, über der sie in h m Höhe angebracht sei. Mit Reflektor und Glocke gebe die Lichtquelle noch $\varrho \cdot J_{\ominus}$ Kerzen. Von dem gesamten Lichtstrom $\Phi = 4\pi \cdot J_{\ominus} \cdot \varrho$ geht nur ein Teil u nach der unteren Raumhälfte, und hiervon weiter nur ein Teil ψ nach der zu beleuchtenden Fläche, deren Größe $F = \pi \cdot a^2$ ist. Dieser Teil ψ des Lichtstroms hängt von dem Winkel α ab, unter dem die zu beleuchtende Fläche von dem Standort der Lichtquelle aus gesehen wird. Bei gleichförmiger Lichtverteilung ist $u = \frac{1}{2}$ und ψ entspricht dem Verhältnis der Oberfläche der zum Winkel α gehörigen Kugelhaube zur gesamten Oberfläche der Halbkugel vom Halbmesser r. Hierbei ist $r = \frac{h}{\cos \alpha}$ (s. Abb. 3

S. 265). Das Verhältnis dieser beiden Oberflächen entspricht dem Verhältnis der Höhe der Kugelhaube zum Halbmesser der Halbkugel. Also ist

$$\psi = \frac{r - h}{r} = 1 - \frac{h}{r} = 1 - \cos a.$$

Die mittlere Beleuchtung ist hiernach:

$$E_m = \frac{\Phi}{F} = \frac{4\pi \cdot J_{\ominus} \cdot \varrho \cdot u \cdot \psi}{F} = \frac{2\pi \cdot J_{\ominus} \cdot \varrho \cdot (1 - \cos a)}{F}$$

$$= \frac{2 \cdot J_{\ominus} \cdot \varrho}{a^2} \cdot (1 - \cos a).$$

Im allgemeinen ist für eine derartige Berechnung die zu beleuchtende Fläche F und die Aufhängehöhe h gegeben. Hierfür besteht die Beziehung:

$$\cos a = \frac{h}{\sqrt{a^2 + h^2}} = \frac{1}{\sqrt{1 + \frac{a^2}{h^2}}} = \frac{1}{\sqrt{1 + \frac{F}{\pi \cdot h^2}}}.$$

So erhält man für gleichförmige Lichtausstrahlung:

$$E_m = \frac{2\pi \cdot J_{\ominus} \cdot \varrho}{F} \cdot \left(1 - \frac{1}{\sqrt{1 + \frac{F}{\pi \cdot h^2}}}\right).$$

Bei jeder derartigen Berechnung muß der Klammerausdruck, der $1 - \cos a$ entspricht, ausgerechnet werden. Um diese Rechnung zu erleichtern, ist in Abb. 1 (S. 563) eine Kurve aufgestellt, welche $1 - \cos a$ aus der leicht zu berechnenden Größe $\frac{F}{h^2}$ zu entnehmen gestattet. Die Kurve gilt für Werte von 0 bis 100; ihr erster Teil von 0 bis 20 ist in Abb. 2 (S. 563) nochmals in vergrößertem Maßstab dargestellt. Außerdem ist in Tabelle 37 (S. 563) eine Zahlentafel enthalten, welche $1 - \cos a$ für alle Werte von $\frac{F}{h^3}$ zwischen 0 und 100 unmittelbar zu entnehmen gestattet.

Aufstellung von Lichtstromkurven. Bei beliebig gestalteter Lichtverteilungskurve tritt an die Stelle von $1 - \cos a$ ein Wert ψ, der je nach der Art der Lichtverteilung recht verschiedene Werte annehmen kann. Es entsteht hier die Aufgabe, diesen Wert ψ für die verschiedenen Lichtverteilungskurven jeweils zu ermitteln. Um dies nach Möglichkeit zu vereinfachen, hat der Verfasser seinerzeit Lichtstromkurven für eine Reihe von Normal-Lichtverteilungskurven ausgearbeitet. Der hierbei einzuschlagende Weg ist folgender:

In Abb. 3[1]) stellt A eine beliebige, in Polarkoordinaten aufgetragene Lichtverteilungskurve dar. Aus ihr kann die sog. Rousseausche Kurve B

[1]) Die Abb. 3, 4, 8, 9, 11, 12, 13 sind aus Bloch, »Grundzüge der Beleuchtungstechnik« (Berlin, Julius Springer, 1907) entnommen.

in rechtwinkligen Koordinaten über der Abszissenachse OK erhalten werden (siehe S. 67). Die mittlere hemisphärische Lichtstärke kann dann durch Planimetrierung der von der Rousseauschen Kurve begrenzten Fläche ermittelt werden. Man kann aber auch, wie es beim Gebrauch des Lichtverteilungspapiers von Schmidt & Haensch (s. S. 73) geschieht, die Strecke OK in 10 gleiche Teile einteilen, den Mittelpunkt eines jeden Teils auf den Kreis mit dem Halbmesser 1000 projizieren und für die so erhaltenen Punkte die Lichtstärken aus der Lichtverteilungskurve selbst entnehmen. Sie sind in der Abb. 3 auf der rechten Seite unter J eingetragen. Addiert man diese 10 Werte und dividiert ihre Summe durch 10, so erhält man als Mittelwert die mittlere hemisphärische Lichtstärke oder den durch die Halbkugeloberfläche 2π dividierten Gesamtlichtstrom für die untere Raumhälfte. Die angeschriebenen Einzelwerte sind den Teillichtströmen für die 10 Kugelzonen von gleicher Höhe proportinal. Werden sie jeweils durch 10 dividiert und sukzessive addiert, wie dies in der Spalte ganz rechts

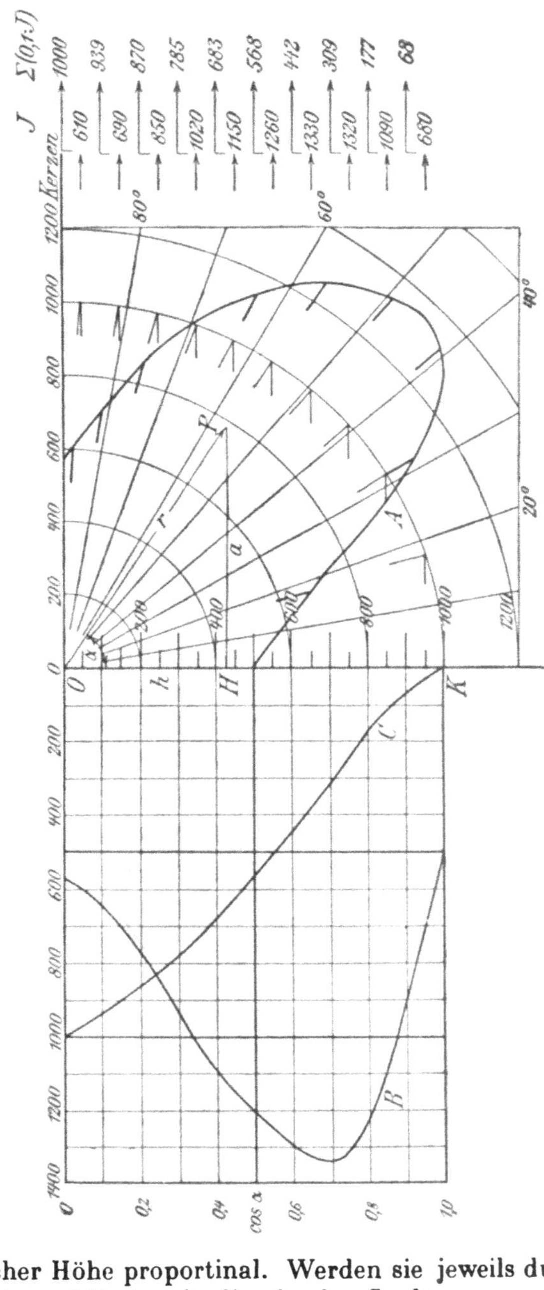

Abb. 3. Ermittlung der Lichtstromkurve aus der Lichtverteilungskurve.
A) Lichtverteilungskurve. — B) Rousseausche Kurve. — C) Lichtstromkurve.

in Abb. 3 geschehen ist, so erhält man jeweils eine dem Lichtstrom für die entsprechende Kugelhaube proportionale Größe. Werden diese Strecken als Ordinaten über den Endpunkten der 10 Abschnitte der Abszissenachse $O\,K$ eingetragen, so erhält man eine Kurve C, deren Ordinaten dem Lichtstrom für die entsprechenden Winkelbereiche α proportional sind. Diese Lichtstromkurve ist die Integralkurve der Rousseauschen Kurve. Ihre Endordinate ist im vorliegenden Fall 1000, da wir eine Lichtverteilungskurve für eine mittlere hemisphärische Lichtstärke von 1000 HK gewählt haben. Aus dieser Kurve kann man den Teillichtstrom für jeden beliebigen Bereich $K\,H = 1 - \cos\alpha$ entnehmen. Der Bequemlichkeit halber zeichnet man derartige Kurven zweckmäßig für eine Endordinate 1000 auf. Man entnimmt ihnen dann den Wert $\Psi = 1000\,\psi$.

Normal-Lichtstromkurven und Tafeln. An der oben genannten Stelle und in dem Buche »Grundzüge der Beleuchtungstechnik« (Berlin 1907) hat der Verfasser im ganzen 11 Normal-Lichtverteilungs- und Lichtstromkurven für die hauptsächlich gebräuchlichen Arten der Lichtverteilung aufgestellt. Sie haben sich für die Benutzung im praktischen Gebrauch als recht nützlich erwiesen. Dabei hat sich gezeigt, daß öfters die Lichtstromwerte für ganz verschiedene Lampenarten nur geringfügige Abweichungen voneinander aufweisen. Beispielsweise stimmen Glühlampen ohne Reflektor und stehendes Gasglühlicht annähernd überein, ebenso auch Glühlampen mit Reflektor und Bogenlampen mit nebeneinander stehenden Effektkohlen. Für den praktischen Gebrauch genügen daher in den meisten Fällen 4 verschiedene Lichtverteilungs- und Lichtstromkurven. Sie sind in Abb. 3 bis 6 (S. 564 bis 567) enthalten. Die Lichtstromkurven sind aus den Lichtverteilungskurven in der oben angegebenen Weise abgeleitet und für eine mittlere hemisphärische Lichtstärke von 1000 HK aufgestellt.

Da sich bei häufigem Gebrauch mit Zahlentafeln bedeutend rascher und bequemer arbeiten läßt als mit Kurven, wurden für die 4 Normal-Lichtstromkurven auch Lichtstromtafeln ausgearbeitet. Sie sind in gleicher Weise wie die bekannten trigonometrischen Tafeln angeordnet und enthalten die Werte Ψ für 100 Werte von $1-\cos\alpha$ zwischen 0 und 1, die in der linken Vertikalreihe und der oberen Horizontalreihe angegeben sind. In manchen Fällen wird auch der Lichtstrom in Abhängigkeit von $\cos\alpha$ aufzusuchen sein; zu diesem Zwecke sind in der rechten Vertikal- und der unteren Horizontalreihe die zugehörigen Werte für $\cos\alpha$ angegeben. Die Normal-Lichtverteilungs- und Lichtstromkurven sind so aufgestellt, daß sie sich durch einfache Gleichungen ausdrücken lassen. Diese gelten für die drei Kurven Abb. 3, 4 und 5 exakt und für die Bogenlampenkurve Abb. 6 annähernd. Bei manchen Berechnungen wird man sich an Stelle der Kurven und Tafeln auch dieser

Gleichungen bedienen können. Sie sind ebenso wie die Lampenarten, für die die Kurven und Tafeln gelten, nachstehend zusammengestellt:

A. Für Glühlampen mit ausgespannten Drähten ohne Reflektor und für stehendes Gasglühlicht ohne Reflektor oder mit einfachem Straßenreflektor. Auch für die theoretische Lichtverteilung eines geraden, leuchtenden Stäbchens entsprechend der Gleichung: $J = J_{90^0} \cdot \sin a$ annähernd gültig (Abb. 3, Tabelle 38, S. 564).

Gleichung der Lichtstromkurve:

$$\Psi = 1000 \sqrt[3]{1 - \cos a^4}.$$

B. Für Glühlampen mit Reflektoren und für Bogenlampen mit nebeneinander stehenden Kohlen (Abb. 4, Tabelle 39, S. 565).

Gleichung der Lichtstromkurve:

$$\Psi = 1000 \cdot \left(1 - \sqrt[3]{\cos^4 a}\right).$$

C. Für ein einseitig leuchtendes Flächenelement entsprechend der Gleichung $J = J_0 \cdot \cos a$ und für Glühlampen mit stark nach unten wirkenden Reflektoren (Abb. 5, Tabelle 40, S. 566).

Gleichung der Lichtstromkurve:

$$\Psi = 1000 \cdot (1 - \cos^2 a) = 1000 \cdot \sin^2 a.$$

D. Für offene und geschlossene Bogenlampen mit übereinander stehenden Kohlen (Abb. 6, Tabelle 41, S. 567).

Angenäherte Gleichung der Lichtstromkurve:

$$\Psi = 1000 \cdot (1 - \cos^{1,15} a).$$

Für hängendes Gasglühlicht und für gasgefüllte Metalldrahtlampen ohne Reflektor kann man annähernd gleichförmige Lichtverteilung annehmen. Die Lichtstromkurve wird dann eine vom Nullpunkt ausgehende gerade Linie entsprechend der Gleichung:

$$\Psi = 1000 \cdot (1 - \cos a).$$

Für Lichtquellen, die hier nicht erwähnt sind, wird man leicht unter den vier Arten von Lichtverteilungen eine finden, die annähernd entspricht und mit der zugehörigen Lichtstromkurve oder Tafel genügend genau rechnen können. In besonderen Fällen kann man für genaue Rechnungen die Lichtstromkurve aus der Lichtverteilungskurve in der oben angegebenen Weise ableiten.

Anwendung des Lichtstromverfahrens im praktischen Gebrauch. In der Praxis hat man es nur ausnahmsweise mit einer Lichtquelle allein zu tun, die eine kreisförmige Fläche beleuchtet. Es kommt hier meist eine größere Zahl von Lichtquellen in Frage, und die zu beleuchtende Fläche ist von beliebiger Gestalt. Meist kommen Flächen von rechteckiger oder quadratischer Form vor. Die Anwendung des Lichtstromverfahrens gestaltet sich hier etwas verschieden, je nachdem man es mit der Beleuchtung im Freien oder mit Innenräumen zu tun hat.

Für die Beleuchtung von Straßen und Plätzen kann man als die zu beleuchtende Fläche F die auf eine Laterne oder einen Lampenmast entfallende Straßenfläche annehmen und ebenso vorgehen, wie wenn diese eine nur von der einen Lampe beleuchtete kreisförmige Fläche wäre, in deren Mitte die Lampe selbst sich befindet. Man begeht dabei einen doppelten Fehler. Da die auf eine Lampe entfallende Straßen- oder Platzfläche rechteckig oder höchstens quadratisch ist und durch einen Kreis von gleichem Flächeninhalt ersetzt wird, so treten an die Stelle der außerhalb der Kreisfläche liegenden Rechteckteile mit schwacher Beleuchtung Kreissegmente, welche innerhalb des Kreises, aber außerhalb des Rechtecks liegen und eine stärkere Beleuchtung aufzuweisen haben. Infolgedessen würde das Lichtstromverfahren zu hohe Werte für die mittlere Beleuchtung ergeben. Anderseits wird der von den anderen Lichtquellen nach dem Rechteck gelangende Teil des Lichtstroms bei der Rechnung nicht berücksichtigt und dadurch wird eine zu niedrige mittlere Beleuchtung erhalten. Die beiden Fehlerquellen gleichen sich zum Teil aus und es bleibt deshalb meist nur ein kleiner Fehler übrig.

Bei Straßenbeleuchtung ist dieser Fehler hauptsächlich von dem Verhältnis des Lampenabstandes a zur Straßenbreite b abhängig. Durch Einführung eines Korrektionsfaktors

$$k = 1.2 - 0{,}1 \frac{a}{b}$$

kann der Fehler meist bis auf höchstens 5% eingeschränkt werden. Hierbei ist der Lampenabstand immer in der Straßenrichtung zu messen, auch wenn die Lampen auf beiden Seiten der Straße versetzt angeordnet sind. Bei der Beleuchtung von Plätzen ist derselbe Korrektionsfaktor k anzuwenden, und zwar bedeutet a dann den mittleren Abstand der benachbarten Lampen voneinander und b die größte Längenausdehnung des ganzen Platzes.

Bei der Beleuchtung von Innenräumen kann man im allgemeinen annehmen, daß jede Lampe zur Beleuchtung des ganzen Raumes beiträgt. Man wird deshalb für F die Bodenfläche des gesamten zu beleuchtenden Raumes in die Berechnung einsetzen und die gesamte Lichtstärke aus der Lichtstärke $J_{\ominus}$ der einzelnen Lampen und der Gesamtzahl z der Lampen berechnen. Bei sehr großen Räumen, wie z. B. Kirchen, Festsälen, Bahnsteig- und Markthallen, wird man eine Aufteilung der gesamten Bodenfläche vornehmen und für diese die Berechnung durchführen. Je nach Art und Anordnung der Lampen wird man dabei die Bodenfläche in eine kleinere oder größere Zahl von Einzelflächen unterteilen, beispielsweise bei Anwendung von mehreren großen Kronleuchtern oder Armaturen mit sehr hochkerzigen Lampen entsprechend deren Anzahl.

Auch bei der Berechnung der Innenbeleuchtung nach der Lichtstrommethode muß man einen Korrektionsfaktor k anwenden und durch ihn den Einfluß der Lichtreflexion an den Decken und Wänden und die dadurch hervorgerufene Erhöhung der Beleuchtung berücksichtigen. Hier würde eine genaue Berechnung zu weit führen, und man ist deshalb auf Schätzung angewiesen. Anhaltspunkte hierfür gibt in ähnlicher Weise wie oben bei der Wirkungsgradsmethode die Tabelle 34 (S. 561).

Hiernach bewegt sich der Korrektionsfaktor k je nach dem Zustand der Decken und Wände im allgemeinen zwischen 1,0 und 1,4. Bei besonders hell gehaltenen Räumen kann er gelegentlich auch noch etwas höhere Werte annehmen. Die Berechnung der mittleren Beleuchtung nach der Lichtstrommethode vollzieht sich hiernach auf Grund folgender Formel:

$$E_m = \frac{4\pi \cdot J_{\ominus} \cdot z}{F} \cdot \frac{\varrho \cdot u \cdot \Psi}{1000} \cdot k = \frac{\Phi \cdot z}{F} \cdot \frac{\varrho \cdot u \cdot \Psi}{1000} \cdot k.$$

Vergleicht man diese Formel mit der oben (S. 255) für die Wirkungsgradsmethode angegebenen, so findet man den Wirkungsgrad ersetzt durch

$$\eta = \frac{\varrho \cdot u \cdot \Psi}{1000} \cdot k.$$

Es wird also bei der Lichtstrommethode im einzelnen durch ϱ der Verlust in den angewandten Glocken bzw. Reflektoren, durch u die Verteilung des Lichtstromes zwischen der oberen und unteren Raumhälfte, durch Ψ zunächst die Art der Lampenanordnung, insofern $1-\cos\alpha$ darin enthalten ist, und außerdem die Art der Lichtverteilung, und schließlich noch durch k die Gestalt der Straße oder die Ausführung von Decken und Wänden bei Innenräumen berücksichtigt. Das Verfahren ist hiernach ohne Zweifel viel exakter als die Wirkungsgradsmethode und deshalb wenigstens für wichtige und genaue Berechnungen vorzuziehen.

Beispiele für die Anwendung der Lichtstrommethode. Durch einige Beispiele soll die Lichtstrommethode näher erläutert werden. Natürlich kann man auch hier entweder die zu erzielende mittlere Beleuchtung oder die erforderliche Lichtstärke oder die Lampenzahl und schließlich auch die auf eine Lampe entfallende Bodenfläche mit Hilfe obiger Formel je nach den gegebenen Größen ermitteln.

1. Beispiel: **Straßenbeleuchtung mit Gasfüllungslampen.** Eine Straße von 16 m Breite soll durch Gasfüllungslampen für 100 Watt

110 Volt mit emailliertem Blechreflektor beleuchtet werden. Die Lampen sind in 4 m Höhe über dem Erdboden in Laternen am Rand des Bürgersteigs zu beiden Seiten der Straße angebracht. Der Lampenabstand, in der Straßenrichtung gemessen, beträgt 30 m. Es kommt hiernach auf je 15 m Straßenlänge eine Lampe und auf jede Lampe eine Straßenfläche von $F = 15 \cdot 16 = 240\ \mathrm{m}^2$. Die mittlere Horizontalbeleuchtung in 1 m Höhe über der Straßenfläche ist zu berechnen. Aus der Glühlampentabelle (S. 555) wird eine Lichtstärke der nackten Lampe von 120 $HK_{\ominus}$ entnommen. Durch den Reflektor wird bewirkt, daß fast das gesamte Licht nach der unteren Raumhälfte gelangt und $u = 0{,}9$ wird. Der Lichtverlust durch den Reflektor beträgt 20%, also ist $\varrho = 0{,}8$. Das Verhältnis von Lampenabstand zu Straßenbreite ist $^{30}/_{16} = 1{,}87$, also wird der Korrektionsfaktor

$$k = 1{,}2 - 0{,}1 \cdot 1{,}87 = 1{,}01.$$

Die Höhe der Lampen über der Ebene, für welche die Beleuchtung zu berechnen ist, beträgt $a = 4-1 = 3$ m, also wird

$$\frac{F}{h^2} = \frac{240}{3^2} = 26{,}7.$$

Hierzu entnimmt man aus der Tabelle 37 (S. 563)

$$1 - \cos \alpha = 0{,}675.$$

Diesem Wert entspricht in der Lichtstromtafel B (S. 565), die für Glühlampen mit Reflektoren zu benutzen ist, $\Psi = 777$.

Die mittlere Horizontalbeleuchtung berechnet sich hiernach zu:

$$E_m = \frac{4\pi \cdot 120}{240} \cdot \frac{0{,}8 \cdot 0{,}9 \cdot 777 \cdot 1{,}01}{1000} = 3{,}55.$$

Die Beleuchtungsausbeute ergibt sich hieraus zu:

$$\beta = \frac{3{,}55 \cdot 240}{100} = 8{,}5 \text{ Lumen pro Watt.}$$

Diesem Wert steht eine Lichtausbeute der nackten Lampe von:

$$\lambda = \frac{4\pi \cdot 120}{100} = 15 \text{ Lumen pro Watt}$$

gegenüber. Hieraus berechnet sich der Wirkungsgrad der Beleuchtung zu:

$$\eta = \frac{8{,}5}{15} \cdot 100 = 56{,}5\ \%.$$

Bei Benutzung der Wirkungsgradsmethode hätte man aus Tab. 33 (S. 561) für den vorliegenden Fall einen Wirkungsgrad von 45% entnommen, also um etwa 20% zu ungünstig gerechnet.

2. Beispiel. **Platzbeleuchtung durch hängendes Gasglühlicht.** Ein quadratischer Platz von $40 \cdot 40 = 1600\ m^2$ Grundfläche soll durch hängendes Gasglühlicht mit einer mittleren Horizontalbeleuchtung von 10 Lux in 1 m Höhe beleuchtet werden. Die Bepflanzung des Platzes bedingt die Aufstellung von 4 Lampenmasten in den Mittelpunkten der vier Quadrate, in welche der Platz eingeteilt sei. Die Lampen seien in 5 m Höhe über dem Boden aufgehängt, also $h = 4$ m. Zu berechnen ist die Lichtstärke und der Verbrauch der anzuwendenden Lampen. Die hierfür in Frage kommenden Laternen sollen 65% des gesamten Lichts nach unten gelangen lassen und 10% soll durch Reflektor und Glocke verloren gehen, also $u = 0{,}65$ und $\varrho = 0{,}9$. Auf einen Lampenmast entfallen

$$F = \frac{1600}{4} = 400 \text{ qm};$$

also ist

$$\frac{F}{h^2} = \frac{400}{4^2} = 25.$$

Hierzu ergibt sich $1 - \cos\alpha = 0{,}666$ aus Tabelle 37 (S. 563). Die Lichtverteilung des hängenden Gasglühlichts ist annähernd gleichförmig, so daß die Lichtstromkurve eine gerade Linie wird und

$$\Psi = 1000 \cdot (1 - \cos\alpha) = 666.$$

Als Straßenbreite kommt hier die Diagonale des Platzes von $40 \cdot \sqrt{2} = 57$ m Länge in Frage und der Lampenabstand beträgt 20 m; also ist

$$k = 1{,}2 - 0{,}1 \cdot \frac{20}{57} = 1{,}165.$$

Hiernach beträgt die erforderliche Lichtstärke für einen Lampenmast:

$$J_{\ominus} = \frac{10 \cdot 400 \cdot 1000}{4\pi \cdot 0{,}9 \cdot 0{,}65 \cdot 666 \cdot 1{,}165} = 700.$$

Zur Erzielung dieser Lichtstärke sind mehrere Normalbrenner für 100 l stündlichen Verbrauch in einer Laterne erforderlich. Bei derartigen Laternen ergibt sich ein stündlicher Gasverbrauch von 1,1 l für 1 $HK_{\ominus}$, also für einen Lampenmast $700 \cdot 1{,}1 = 770$ l. Man wird hiernach an jeden Lampenmast 2 Laternen mit je 4 Brennern für insgesamt $2 \cdot 4 \cdot 100 = 800$ l stündlichen Verbrauch anbringen.

Die Beleuchtungsausbeute ist in vorliegendem Falle:

$$\beta = \frac{10 \cdot 400}{770} = 5{,}2 \text{ Lumen für 1 Liter.}$$

Die Lichtausbeute der nackten Lampen beträgt:

$$\lambda = \frac{4\pi}{1{,}1} = 11{,}4 \text{ Lumen für 1 Liter.}$$

Hieraus ergibt sich ein Wirkungsgrad von

$$\eta = \frac{52 \cdot 100}{11,4} = 46\,\%.$$

Bei Anwendung der Wirkungsgradsmethode hätte man nach Tabelle 33 (S. 561) in vorliegendem Falle mit einem Wirkungsgrad von 45% gerechnet, wäre also zum gleichen Ergebnis gekommen.

3. Beispiel. **Raumbeleuchtung mit Metalldrahtlampen.** Ein Ausstellungsraum von 15 m Länge und 10 m Breite mit hellen Wänden und Decken soll eine reichliche Beleuchtung durch gewöhnliche Metalldrahtlampen erhalten. Die Lampen sollen über die kassettenförmig auszubildende Decke gleichförmig verteilt und unmittelbar in Deckenfassungen eingesetzt werden, ohne daß ein Reflektor und eine Glocke benutzt wird. In der Mitte jeder Kassette befinde sich eine Fassung in 4 m Höhe über dem Erdboden. Die mittlere Horizontalbeleuchtung auf den Ausstellungstischen in 0,8 m Höhe soll 80 Lux erreichen. Lampenzahl und Lichtstärke sind zu bestimmen, damit die Ausbildung der Decke entsprechend eingerichtet werden kann.

Für $F = 10 \cdot 15 = 150\ m^2$ und $h = 4 - 0,8 = 3,2$ m wird $\frac{F}{h^2} = 14,6$. Hierfür wird $1 - \cos\alpha = 0,579$ aus Tab. 37 (S. 563) entnommen. Aus der Lichtstromtafel A für Glühlampen ohne Reflektor (S. 564) erhält man hierzu $\Psi = 483$. Bei Glühlampen ohne Reflektor ist $u = 0,55$ und $\varrho = 1$. Da Wände und Decken hell sind und überdies viel Licht nach der Decke gelangt, wird $k = 1,4$. So erhält man:

$$J_{\ominus} \cdot z = \frac{80 \cdot 150 \cdot 1000}{4\,\pi \cdot 1 \cdot 0,55 \cdot 483 \cdot 1,4} = 2570.$$

Man wird hiernach zweckmäßig im ganzen 126 Lampen von 20 Kerzen mittlerer sphärischer bzw. 25 Kerzen horizontaler Lichtstärke verwenden und jede Kassette $^{150}/_{126} = 1,19\ m^2$ groß machen. Die Decke wird in diesem Falle in 9 · 14 Kassetten eingeteilt.

Für dieses Beispiel ergibt sich ein Wirkungsgrad von

$$\eta = \frac{1}{1000} \cdot \varrho \cdot u \cdot \Psi \cdot k = 0,37.$$

Er fällt also etwas niedriger aus, als er sich aus der Schätzung nach der Wirkungsgradsmethode ergeben hätte.

Projektierung indirekter Raumbeleuchtung nach der Lichtstrommethode. Die Lichtstrommethode läßt sich auch für die Projektierung der indirekten Raumbeleuchtung anwenden. Man hat in diesem Falle zunächst die Beleuchtung der Decke zu berechnen, wobei in derselben Weise vorgegangen wird, wie es vorstehend beschrieben wurde. Hierauf erfolgt die Berechnung der Beleuchtung für die zu beleuchtende Bodenfläche. Hierfür wird jedes einzelne Flächenelement der beleuchteten Decke selbst als Lichtquelle angesehen. Seine Lichtausstrahlung entspricht der Lichtverteilung eines einseitig leuchtenden Flächenelements (Abb. 5 auf S. 566). Unter Benutzung der zugehörigen Lichtstromkurve kann die weitere Berechnung ebenfalls nach der Lichtstrommethode erfolgen. Um zu richtigen Werten zu gelangen, muß man für das Reflexionsvermögen der Decke geeignete Angaben machen. Es beträgt für rein weiß getünchte Decken im neuen Zustande 65%, für weiß getünchte Decken mit schwacher Beimengung eines gelblichen oder grünlichen Tons im neuen Zustande 60% und für helle Decken nach längerem Gebrauch 50 bis 40%. Eingehend ist diese Art der Berechnung für die indirekte Raumbeleuchtung im Buche des Verfassers »Grundzüge der Beleuchtungstechnik« (S. 108ff.) beschrieben und an einigen Beispielen erläutert. Mit Rücksicht auf die geringere Bedeutung, die heute der indirekten Raumbeleuchtung zukommt, soll hier nicht weiter darauf eingegangen werden. Da man überdies bei dieser Art der Berechnung doch auf verschiedene Annahmen angewiesen ist, kann man bei Anwendung der Wirkungsgradsmethode und vorsichtiger Schätzung des Wirkungsgrads fast ebenso gut zutreffende Werte auf erheblich bequemerem Wege erhalten.

Berechnung der Beleuchtungsverteilung für Innenräume. Die bisher behandelten Methoden zur Projektierung der Beleuchtung sind Annäherungsverfahren und ergeben nur die mittlere Horizontalbeleuchtung. Für die Mehrzahl der praktisch vorkommenden Fälle wird man damit auskommen. Manchmal besteht aber auch das Bedürfnis, nicht nur die mittlere Horizontalbeleuchtung, sondern auch die Verteilung der Beleuchtung über die ganze zu beleuchtende Fläche kennen zu lernen. Man wird dadurch zugleich in den Stand gesetzt, die Ungleichmäßigkeit der Beleuchtung beurteilen zu können; hierunter ist, wie oben schon erwähnt, das Verhältnis der Beleuchtung der hellsten zur dunkelsten Stelle zu verstehen.

Für die Beleuchtung von Innenräumen wird man derartige Rechnungen nicht besonders häufig auszuführen haben. Sie führen in diesem Falle oft auch nicht zu besonders zuverlässigen Ergebnissen. Denn für die Berücksichtigung des Einflusses der Wand- und Deckenreflexion bleibt man immer auf Schätzung angewiesen. Annähernd kann hierfür die Tabelle 34 auf S. 561 dienen. Eingehend haben sich Heyck und Högner mit diesen Verhältnissen befaßt und auf Grund von Beleuchtungsmessungen den Anteil der Wand- und Deckenreflexion festgestellt, der bei der Berechnung der Beleuchtungsverteilung für Innenräume in Betracht gezogen werden muß (s. »Projektierung von Beleuchtungsanlagen«, Berlin 1919, S. 12f.). Meist werden derartige Berechnungen für Innenräume etwas umständlich und zeitraubend, weil man im allgemeinen mit einer größeren Zahl von Lichtquellen zu rechnen hat, deren Wirkung für die Berechnung der einzelnen Punkte zu addieren ist.

Durch Angaben von Normal-Zahlenwerten haben Heyck und Högner in der genannten Arbeit die Berechnung erheblich vereinfacht.

Berechnung der Beleuchtungsverteilung für Straßen und Plätze. Weniger umständlich gestaltet sich die Berechnung der Beleuchtungsverteilung für Straßen und Plätze. Denn hier hat man meist nur die Wirkung von wenigen Lampen zu berücksichtigen und der Ein-

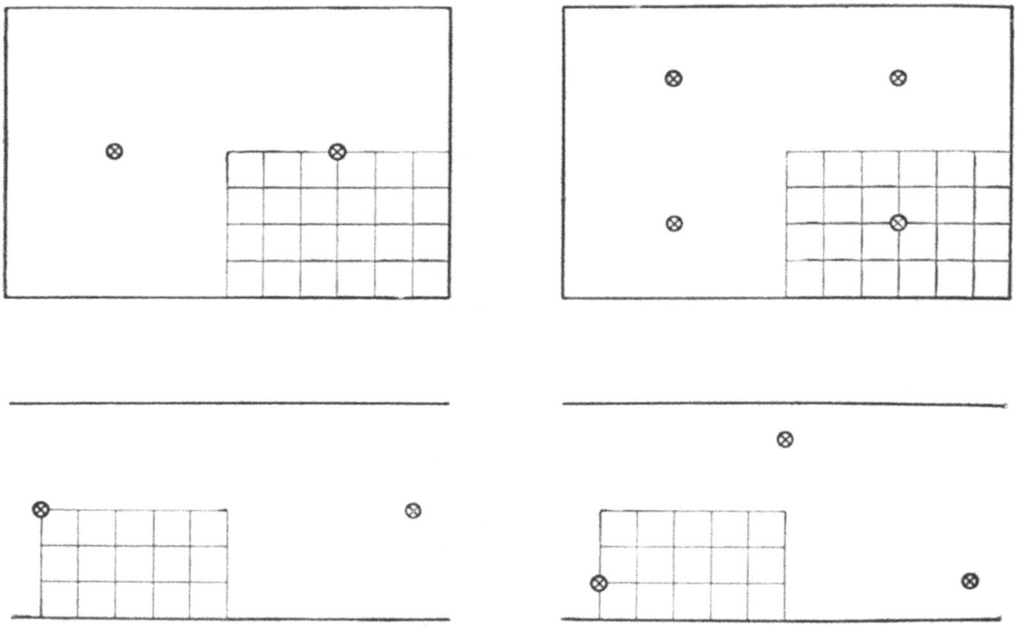

Abb. 4. Einteilung von Straßen und Plätzen in Rechtecke.

fluß der Wandreflexion ist fast stets so geringfügig, daß er vernachlässigt werden kann. Zur Vereinfachung des Berechnungsverfahrens teilt man zweckmäßig die zu beleuchtende Straßen- oder Platzfläche in eine Anzahl flächengleicher Quadrate oder Rechtecke ein und berechnet für den Mittelpunkt eines jeden die mittlere Horizontalbeleuchtung. Infolge der meist vorhandenen Symmetrie in der Lampenanordnung hat man im allgemeinen nur einen kleinen Teil der zu beleuchtenden Fläche hierbei zu berücksichtigen. Für die übrigen Teile der Fläche wiederholen sich dieselben Werte symmetrisch oder periodisch. Die Abb. 4 zeigt für die hauptsächlich gebräuchlichen Lampenanordnungen die Art und Weise, wie die Einteilung zweckmäßig zu erfolgen hat. Im allgemeinen wird man bei der Einteilung meist mit 10 bis höchstens 20 Rechtecken auskommen und erhält hierbei genügende Genauigkeit ohne allzugroßen Zeitaufwand. Der Gang der Berechnung ist der folgende:

Man berechnet für eine Reihe von Abständen a vom Lampenfußpunkt die Horizontalbeleuchtung für die in Frage kommende Aufhängehöhe und Lichtstärke nach der Formel:

$$E = \frac{J \cdot h}{\sqrt{a^2 + h^2}^3}.$$

Bei einiger Übung kann man diese Rechnung, abgesehen von der Addition im Nenner, leicht mit dem Rechenschieber ausführen. Zur Ersparung der Berechnung dient die auf S. 568/70 enthaltene Tabelle 42

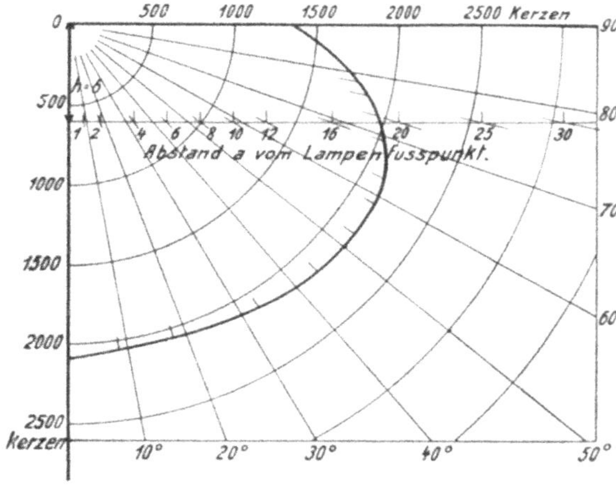

Abb. 5. Lichtverteilungskurve einer Gasfüllungslampe für 1000 W 2000 HK (in Armatur für direktes Licht) mit Eintragung der Punkte zur Berechnung der Beleuchtungskurve für $h = 6$ und $a = 0 \div 30$ m.

für die gebräuchlichsten Aufhängehöhen von 1,5 bis 10 m und Lampenabstände von 0 bis 60 m. Weitere Tabellen dieser Art sind enthalten in Bertelsmann, »Rechentafeln für Beleuchtungstechniker« (Stuttgart 1910).

Die Lichtstärken für die einzelnen Abstände a entnimmt man aus der Lichtverteilungskurve der benutzten Lampe. Man zeichnet zu diesem Zwecke die Aufhängehöhe h und die Abstände a entsprechend Abb. 5 in die Lichtverteilungskurve ein, oder man entnimmt aus der Tabelle 42 (S. 568) die zu den einzelnen Höhen und Abständen gehörigen Winkel und leitet für diese die zugehörigen Werte der Lichtstärke aus der Lichtverteilungskurve ab. Aus den so erhaltenen einzelnen Werten von E wird eine Kurve der Horizontalbeleuchtung in Abhängigkeit vom Lampenabstand a für eine Lampe allein aufgezeichnet (entsprechend Kurve E_H in Abb. 8, S. 280). Alsdann wird eine Tabelle für die Abstände a der in Frage kommenden Lampen von den einzelnen Rechteckmittelpunkten aufgestellt. Im allgemeinen genügt es, Abstände bis zu 40 oder höchstens 60 m zu berücksichtigen. Die zugehörigen Werte der Horizontalbeleuchtung werden aus der aufgezeichneten Kurve entnommen. Für jeden Meßpunkt werden nunmehr die von den einzelnen Lampen herrührenden Teilbeträge der Beleuchtung addiert, und man erhält so die Horizontalbeleuchtung der einzelnen Rechteckmittelpunkte. Addiert man sämtliche so berechneten Werte und dividiert die Summe durch die Zahl der Rechtecke, so erhält man die mittlere Horizontalbeleuchtung für die gesamte Straßenfläche. Durch Eintragen der berechneten Werte in einer Planskizze bei den einzelnen Meßpunkten erhält man eine übersichtliche Darstellung der Beleuchtungsverteilung. Durch Schraffieren der einzelnen Rechtecke entsprechend der Stärke der Beleuchtung kann man die Anschaulichkeit noch erleichtern. Der Gang der Rechnung kann noch ergänzt werden durch die in gleicher Weise erfolgende Berechnung des Minimalwerts und des Maximalwerts der Beleuchtung; diese Werte können ebenfalls in die Planskizze eingetragen werden. Das Verhältnis des Maximalwerts zum Minimalwert ergibt dann die Ungleichmäßigkeit der Beleuchtung.

Beispiel für die Berechnung einer Beleuchtungsverteilung. Ein Beispiel möge die Anwendung des Verfahrens näher erläutern. Eine Straße von 20 m Breite soll durch gasgefüllte Metalldrahtlampen für 1000 Watt beleuchtet werden, die in Armaturen mit Außenreflektor und Opalglasglocke eingesetzt sind. Der Lampenabstand wird zu 30 m gewählt. Die Lampen sollen in 7 m Aufhängehöhe in der Straßenmitte an Überspannungen angebracht werden. Die Verteilung der Beleuchtung über die ganze Straßenfläche und die mittlere Horizontalbeleuchtung in 1 m Höhe, sowie die Ungleichmäßigkeit der Beleuchtung sollen berechnet werden. Die Lichtverteilung der Lampe ist durch die Kurve in Abb. 5 wiedergegeben. Die Ergebnisse der Berechnung zeigt Tab. 1, S. 277.

Für $h = 7-1 = 6$ m und Lampenabstände bis zu 50 m werden aus der Lichtverteilungskurve die Lichtstärken entnommen und hieraus die Werte der Beleuchtung E_1 mit Hilfe der Tabelle S. 569 berechnet. Diese Werte werden in eine Kurve entsprechend E_H in Abb. 8 (S. 280) eingetragen. Der vierte Teil der Straßenfläche zwischen zwei Lampen wird entsprechend Abb. 6 in 12 Rechtecke eingeteilt und für deren Mittelpunkte die Abstände a_{I}, a_{II}, a_{III} von den drei benachbarten Lampen abgegriffen und in eine Tabelle eingetragen. Die Berücksichtigung weiterer Lampen ist hier nicht erforderlich. Hierzu werden aus der Beleuchtungskurve die Beleuchtungen E_{I}, E_{II}, E_{III} entnommen. Deren Summe gibt jeweils die Beleuchtung der einzelnen Rechteck-Mittelpunkte und das Mittel dieser 12 Werte die mittlere Horizontalbeleuchtung von 14,5 Lux. In gleicher Weise wurde auch der Maximalwert und der Minimalwert der Horizontalbeleuchtung berechnet. Ihr Verhältnis 59/3,4 ergibt die Ungleichmäßigkeit 17,3. Die berechneten Beleuchtungswerte sind zur besseren Veranschaulichung in der perspektivischen Darstellung (Abb. 6) eingetragen.

Tabelle 1. **Beispiel für die Berechnung einer Beleuchtungsverteilung.**

Straßenbreite: 20 m. Lampenabstand: 30 m.

Aufhängehöhe über der zu beleuchtenden Ebene: 7 — 1 = 6 m.

Beleuchtung mit Gasfüllungslampen für 1000 Watt 2000 $HK_{\cup}$.

Berechnung der Beleuchtungskurve für 1 Lampe			Berechnung der Beleuchtungsverteilung							Summe
Abstand v. Lampenfußpunkt	Lichtstärke	Beleuchtung	Meßpunkt	Abstände von			Beleuchtung von			
				Lampe I	Lampe II	Lampe III	Lampe I	Lampe II	Lampe III	
a	J	E		a_I	a_{II}	a_{III}	E_I	E_{II}	E_{III}	E
m	HK	Lux	Nr.	m	m	m	Lux	Lux	Lux	Lux
0	2100	58,3	1	2,6	28,0	31,8	45,0	0,4	0,3	45,7
1	2050	54,7	2	6,0	24,4	35,6	21,0	0,7	0,2	21,9
2	2060	48,8	3	9,4	20,6	39,4	9,9	1,2	0,2	11,3
4	2120	34,0	4	13,2	17,0	43,0	4,7	1,9	0,1	6,7
6	2160	21,0	5	14,0	17,6	43,2	3,9	1,7	0,1	5,7
9	2180	10,3	6	10,6	21,2	39,6	8,0	1,1	0,2	9,3
12	2100	5,2	7	7,6	24,8	36,0	14,2	0,7	0,2	15,1
16	1990	2,4	8	5,4	28,4	32,2	24,2	0,4	0,3	24,9
20	1910	1,25	9	8,4	29,2	33,0	11,4	0,4	0,3	12,1
25	1820	0,65	10	10,0	25,6	36,6	8,9	0,6	0,2	9,7
30	1750	0,35	11	12,4	22,2	40,2	5,7	1,0	0,1	6,8
35	1690	0,22	12	15,4	18,4	43,8	2,8	1,4	0,1	4,3
40	1650	0,15								173,5
45	1620	0,10								12
50	1600	0,07	E_{mittel}							**= 14,5**
			E_{max}	0	30,0	30,0	58,3	0,35	0,35	**59,0**
			E_{min}	18,0	18,0	46,0	1,65	1,65	0,1	**3,4**

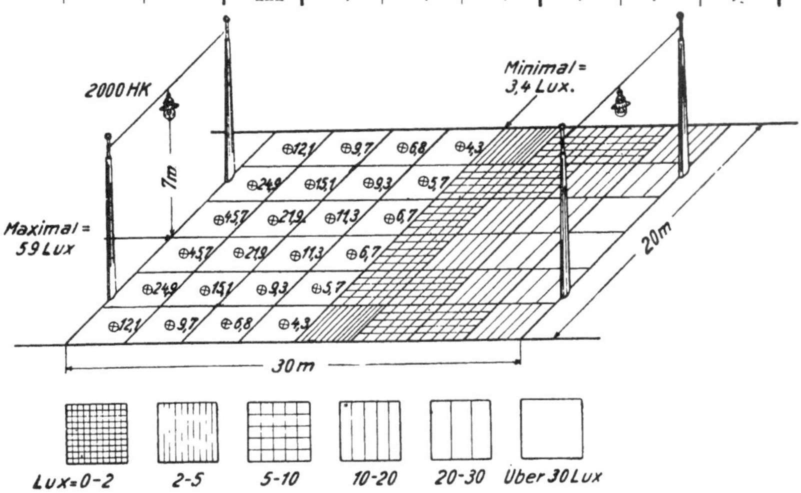

Abb. 6. Straßenbeleuchtung mit Nitra-Lampen für 2000 HK in Armatur mit Außenreflektor. Mittlere Horizontalbeleuchtung in 1 m Höhe über dem Boden: 14,5 Lux. Ungleichmäßigkeit: 17,3.

Die rechte Hälfte der Straßenfläche zwischen den beiden Lampen ist hier der Stärke der Beleuchtung der einzelnen Rechtecke entsprechend schraffiert.

Darstellung der Beleuchtung durch Isoluxkurven. Noch einen Schritt weiter geht die Aufzeichnung von Kurven gleicher Beleuchtungsstärke, der sog. Isoluxkurven für derartige bildliche Darstellungen der Beleuchtungsverteilung. In diesem Falle wird für eine größere Zahl von Punkten die Beleuchtung berechnet, und alle Punkte gleicher Beleuchtung werden durch Kurven verbunden. In früheren Jahren hat man dann und wann sich der Mühe unterzogen, derartige Kurvendarstellungen aufzuzeichnen. Die Arbeit ist aber so zeitraubend und der Vorteil gegenüber der Darstellung in einzelnen Rechtecken so geringfügig, daß man neuerdings wohl allgemein darauf verzichtet hat.

Lichtstromkugel von Teichmüller. Hier ist auch die von Teichmüller (Journal für Gasbeleuchtung, 1918, Nr. 20, S. 229) angegebene Lichtstromkugel zu erwähnen. Sie gestattet an Stelle der Berechnung eine Messung des räumlichen Winkels, unter dem eine Fläche von einer Lichtquelle aus gesehen wird. Zu diesem Zwecke ist eine kleine Glühlampe mit annähernd punktförmigem Leuchtkörper in der Mitte einer Glaskugel mit Raumwinkeleinteilung angebracht. Die zu beleuchtende Fläche wird in geeignetem Maßstab auf ein Reißbrett aufgezeichnet und die Glühlampe mit der Kugel in einer der Lichtquelle entsprechenden Lage angebracht. Die Raumwinkeleinteilung wird dann durch die Lampe auf die Papierfläche projiziert und der auf die Fläche entfallende Raumwinkel kann durch Abzählen der Raumwinkelgrade ermittelt werden. An Stelle dieser Vorrichtung kann auch eine auf Pauspapier vorgezeichnete Raumwinkeleinteilung benutzt und über die auf dem Reißbrett aufgezeichnete Fläche gelegt werden. Bezüglich näherer Beschreibung des Verfahrens wird auf die Originalabhandlung von Teichmüller verwiesen.

Vergleich der Normal-, Horizontal- und Vertikalbeleuchtung. Je nachdem die zu beleuchtende Fläche senkrecht zum Lichtstrahl gerichtet ist oder in horizontaler oder in vertikaler Lage sich befindet, unterscheidet man zwischen Normal-, Horizontal- und Vertikalbeleuchtung an demselben Punkte. Da die Beleuchtung umgekehrt proportional dem Quadrat der Entfernung r vom Lichtpunkte und direkt proportional dem cosinus des Winkels β ist, den der Lichtstrahl mit der Normalen zu der zu beleuchtenden Fläche bildet, so ist für die Beleuchtung einer zum Lichtstrahl senkrechten Ebene, die sog. Normalbeleuchtung, $\beta = 0$ und diese wird

$$\underline{E_N = \frac{J}{r^2} = \frac{J}{a^2 + h^2}}\,.$$

Die Horizontalbeleuchtung, für welche $\beta = \alpha$ ist, wird

$$E_H = \frac{J \cdot \cos \alpha}{r^2} = \frac{J \cdot h}{r^3} = \frac{J \cdot h}{\sqrt{a^2 + h^2}^3} = \frac{J \cdot \cos^3 \alpha}{h^2}.$$

Bei der Vertikalbeleuchtung richtet sich die Größe des Winkels β nach dem Winkel, den die zu beleuchtende Vertikalebene mit der Ebene bildet, welche durch den in Betracht gezogenen Punkt der Vertikalebene und die durch den Lichtpunkt

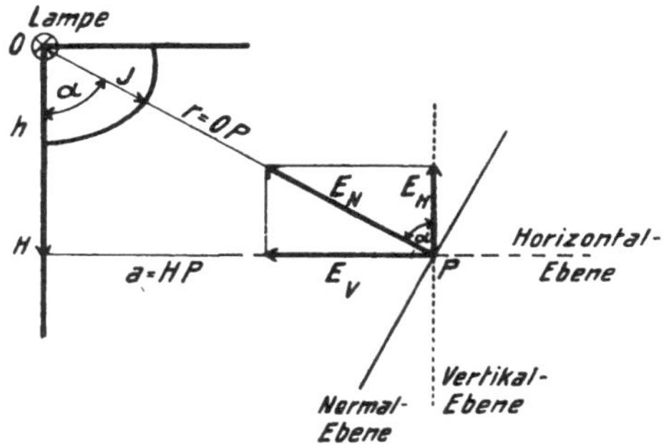

Abb. 7. Normalbeleuchtung E_N, Horizontalbeleuchtung E_H, Vertikalbeleuchtung E_V

gehende Vertikale bestimmt ist. Wenn diese beiden Ebenen aufeinander senkrecht stehen, nimmt der Winkel β seinen kleinsten Wert an und wird $\beta = 90^0 - \alpha$. Diese Vertikalebene, welche der Lichtquelle unmittelbar zugekehrt ist, wird von allen durch den in Betracht gezogenen Punkt gehenden Vertikalebenen am stärksten beleuchtet, und zwar wird die Vertikalbeleuchtung in diesem Punkt:

$$E_V = \frac{J \cdot \cos (90^0 - \alpha)}{r^2} = \frac{J \cdot \sin \alpha}{r^2} = \frac{J \cdot a}{r^3} = \frac{J \cdot a}{\sqrt{a^2 + h^2}^3} = \frac{J \cdot \sin \alpha \cdot \cos^2 \alpha}{h^2}.$$

Je nachdem Aufhängehöhe und Lampenabstand oder der Lichtausstrahlungswinkel α gegeben sind, benutzt man eine dieser verschiedenen Formeln zur Berechnung der Vertikal- und der Horizontalbeleuchtung, sofern für letztere nicht die Tabelle auf S. 568/70 Anwendung findet.

Zur Veranschaulichung der Beziehungen zwischen Normal-, Horizontal- und Vertikalbeleuchtung kann die Abb. 7 dienen. Die Normal-, Horizontal- und Vertikalbeleuchtung des Punktes P ist hier jeweils senkrecht zu der zugehörigen Ebene aufgetragen.

Als Beispiel ist in Abb. 8 der Verlauf der Normal-, Horizontal- und Vertikalbeleuchtung für die Normal-Lichtverteilungskurve D (Abb. 6, S. 567) und eine Aufhängehöhe von 8,5 m bei Lampenabständen bis zu 30 m angegeben. Wie hieraus zu ersehen ist, steigen bei dieser Art der Lichtverteilung alle drei Kurven bis zu einem Maximalwert an, während alsdann die Horizontalbeleuchtung am schnellsten und die Vertikalbeleuchtung am langsamsten abfällt. Für kleine Lam-

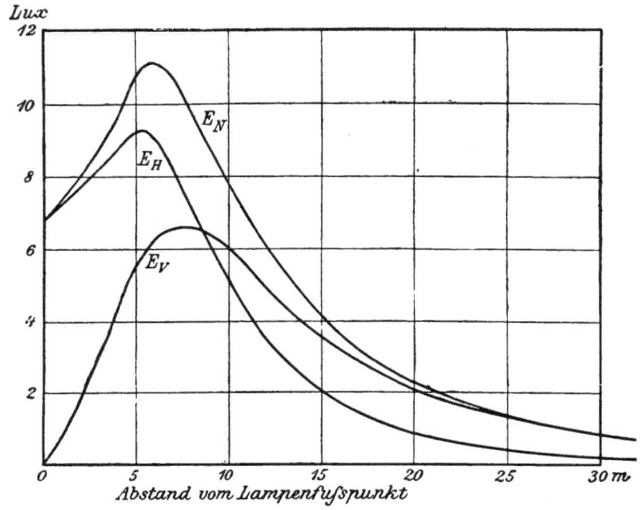

Abb. 8. Verlauf der Normalbeleuchtung E_N, Horizontalbeleuchtung E_H und Vertikalbeleuchtung E_V.

penabstände stimmt die Horizontalbeleuchtung, für große Lampenabstände die Vertikalbeleuchtung annähernd mit der Normalbeleuchtung überein.

Beleuchtung durch mehrere Lichtquellen von verschiedenen Stellen aus. Erfolgt die Beleuchtung durch mehrere an verschiedenen Stellen angeordnete Lichtquellen, so kann nicht mehr die Normalbeleuchtung, sondern nur noch die Horizontal- oder die Vertikalbeleuchtung in Betracht gezogen werden. Denn wenn die Lichtstrahlen von verschiedenen Seiten herkommen, gibt es keine Ebene, die auf diesen verschiedenen Richtungen senkrecht stehen kann. Während die Horizontalbeleuchtung in irgend einem Punkte sich in diesem Falle in einfacher Weise durch Addition der von den einzelnen Lichtquellen herrührenden Einzelwerte der Horizontalbeleuchtung ergibt, können dagegen bei der Vertikalbeleuchtung nur noch diejenigen Lichtquellen hierbei in Frage kommen, welche nach der zu beleuchtenden Ebene auch wirklich Licht gelangen lassen; diese Einzelwerte können auch wieder zur Berechnung der Vertikalbeleuchtung addiert werden.

Häufig werden Darstellungen des Verlaufs der Horizontalbeleuchtung auf bestimmten Linien, insbesondere auf der Verbindungslinie der Lampen, verlangt. In diesem Falle kann die Horizontalbeleuchtung auf einer derartigen Linie in einfacher Weise durch Addition der von den einzelnen Lampen herrührenden Werte der Horizontalbeleuchtung, also durch Übereinanderlagerung der Kurven der von einer Lampe allein herrührenden Beleuchtung (Abb. 8) erhalten werden (s. Abb. 9).

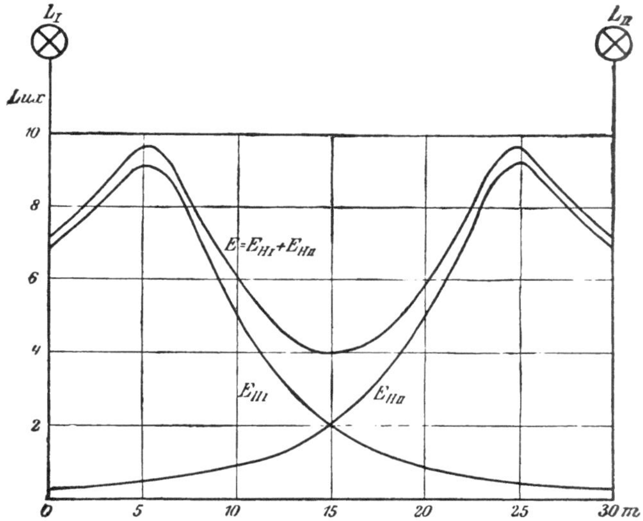

Abb. 9. Horizontalbeleuchtung E zwischen zwei Lichtquellen L_I und L_{II}.

Mittlere Streckenbeleuchtung. Wird der Flächeninhalt der von einer Kurve der Horizontalbeleuchtung zwischen zwei Lampen begrenzten Fläche planimetriert und die mittlere Höhe dieser Fläche bestimmt, so wird dieser Größe die Bezeichnung »Mittlere Streckenbeleuchtung« beigelegt (nach Högner, »Lichtstrahlung und Beleuchtung«, Braunschweig, 1906, S. 59). Man darf diesen Begriff allerdings nicht mit der mittleren Horizontalbeleuchtung verwechseln; denn er berücksichtigt nur die Beleuchtung auf einer Strecke und nicht auf der ganzen von den Lampen beleuchteten Fläche. Von diesem Wert unterscheidet er sich unter Umständen ganz erheblich. Eine größere Verbreitung hat dieser Begriff im praktischen Gebrauch nicht erlangt. Er kann auch nur für ganz schmale Straßen oder für Bahnlinien in Betracht kommen.

Entnahme der Lichtstärken aus der Lichtstromtafel. Sind einzelne Werte von Lichtstärken aus einer Lichtverteilung zu entnehmen, so kann man an Stelle der Einzeichnung von Höhe und Abstand in der Lichtverteilungskurve oder an Stelle der Berechnung des in Frage kommenden Ausstrahlungswinkels auch die Lichtstromtafeln zur angenäherten Ermittlung der einzelnen Lichtstärken benutzen. Wie oben (S. 266) erwähnt wurde, ist die Lichtstromkurve die Integralkurve der Lichtverteilungskurve. Infolgedessen kann die Lichtverteilungskurve als Differentialkurve der Kurve für Ψ erhalten werden. Die Lichtstärke für jeden Winkel α ist hiernach

$$J = \frac{d\Psi}{d\cos\alpha}.$$

Die Lichtstromtafeln A bis D (S. 564 bis 567) sind für $d\cos\alpha = 0{,}01$ aufgestellt. Demnach ist die $d\Psi$ entsprechende Differenz Δ zwischen je zwei aufeinander folgenden Werten Ψ der Lichtstromtafeln

$$\Delta = J \cdot d\cos\alpha = 0{,}01 \cdot J \text{ oder } J = 100\,\Delta.$$

Die Lichtstromtafeln sind für eine mittlere hemisphärische Lichtstärke von 1000 HK aufgestellt; demnach wird für eine Lampe von der mittleren hemisphärischen Lichtstärke $J_{\circ}$ die Lichtstärke J unter dem Winkel α erhalten als

$$J = J_{\circ} \cdot \frac{\Delta}{10}.$$

Erhält man für Δ bei einem bestimmten $\cos\alpha$ zwei nicht übereinstimmende benachbarte Werte, so nimmt man aus beiden Werten das Mittel.

Ist die mittlere sphärische Lichtstärke $J_{\ominus}$ oder der Lichtstrom Φ und der Betrag u des nach unten gehenden Lichts gegeben, so ist $J_{\circ} = 2u \cdot J_{\ominus}$ und demnach wird

$$J = \frac{2u \cdot J_{\ominus} \cdot \Delta}{10} = \frac{u \cdot \Phi \cdot \Delta}{20\pi}.$$

Soll z. B. für eine Reinkohlen-Bogenlampe von 600 Kerzen hemisphärischer Lichtstärke die Lichtstärke unter einem Winkel von 60^0 ermittelt werden, so sucht man in der Lichtstromtafel D (S. 567) für $\cos 60^0 = 0{,}5$ den Wert von $\Delta = 580—568 = 568—556 = 12$ und erhält hieraus

$$J = 600 \cdot \frac{12}{10} = 720 \text{ HK}.$$

Der Einfluß der Aufhängehöhe auf die erzielte Beleuchtung. Bei der Beleuchtung von Straßen und Plätzen ist die Aufhängehöhe von wesentlichem Einfluß auf die Stärke und Gleichmäßigkeit der Beleuchtung. Einfach liegen die Verhältnisse bei der Beleuchtung einer vertikalen, der Lichtquelle voll zugekehrten Fläche. Ihre Beleuchtung ist

$$E_V = \frac{J \cdot a}{\sqrt{a^2 + h^2}^3}.$$

Bei unverändertem Lampenabstand a wird hiernach die Vertikalbeleuchtung um so kleiner, je größer die Aufhängehöhe h der Lampen ist. Um gute Vertikalbeleuchtung zu erzielen, wird man hiernach die Lampen so niedrig wie möglich aufhängen.

Die Beziehungen zwischen der Horizontalbeleuchtung und der Aufhängehöhe sind nicht ganz so einfach. Betrachtet man zunächst rein theoretisch die von nur einer Lampe allein herrührende Horizontalbeleuchtung, so ist diese

$$E_H = \frac{J \cdot h}{\sqrt{a^2 + h^2}^3}.$$

Man erhält hier mit wachsender Aufhängehöhe h zuerst eine Zunahme der Horizontalbeleuchtung bis zu einem Maximalwert, der bei

$$h = \frac{a}{\sqrt{2}} = 0{,}707\, a$$

erreicht wird. Alsdann nimmt mit weiter zunehmender Aufhängehöhe die Beleuchtung wieder ab. Die Tafel für die Horizontalbeleuchtung auf S. 568/70 läßt dies deutlich erkennen, wenn man bei gleichbleibendem a die Änderung von E für verschiedene Werte von h betrachtet.

Hat man es mit Lampen von ungleichmäßiger Lichtverteilung zu tun, so gilt diese Beziehung nicht mehr, und das Maximum der Horizontalbeleuchtung liegt je nach der Art der Lichtverteilung an einer anderen Stelle. Man hat früher öfters die Aufhängehöhe auf Grund dieser Beziehungen gewählt und dafür Sorge getragen, daß für den größten vorkommenden Abstand a vom Lampenfußpunkt die Horizontalbeleuchtung möglichst groß ausfällt. Auf diese Weise kann aber nur eine verhältnismäßig geringfügige Erhöhung des Minimalwertes der Beleuchtung erreicht werden, während der Einfluß auf die übrige Beleuchtung ganz unberücksichtigt bleibt. Man gelangt bei ausschließlicher Berücksichtigung dieser Beziehung zwischen Aufhängehöhe und erzielter Beleuchtung zu viel zu hohen Werten für die Aufhängehöhe. Will man die Aufhängehöhe richtig bemessen, so muß man ihren Einfluß auf die maximale und die mittlere Horizontalbeleuchtung gleichfalls berücksichtigen.

Im praktischen Gebrauch, wo es sich fast stets um das Zusammenwirken mehrerer Lampen handelt, nimmt die minimale Horizontalbeleuchtung innerhalb des gebräuchlichen Bereichs der Aufhängehöhen mit wachsender Aufhängehöhe zu. Dagegen nimmt die maximale Horizontalbeleuchtung stets mit wachsender Aufhängehöhe ab, und zwar erfolgt dies erheblich rascher, als die Minimalbeleuchtung zunimmt. Ebenso nimmt auch die mittlere Horizontalbeleuchtung mit wachsender Aufhängehöhe stets ab, weil der nach der zu beleuchtenden Fläche gelangende Lichtstrom immer kleiner wird. Am meisten wird die Ungleichmäßigkeit der Beleuchtung von der Aufhängehöhe beeinflußt. Sie bessert sich rasch mit zunehmender Aufhängehöhe, da ja die maximale Beleuchtung im Zähler kleiner und zugleich die minimale im Nenner größer wird.

An einem Beispiel sollen diese Verhältnisse veranschaulicht werden. Eine Straße von 20 m Breite soll durch Lampen von 1000 Kerzen mit gleichförmiger Lichtausstrahlung beleuchtet werden, die in je 20 m Abstand über der Straßenmitte aufgehängt sind. Für sechs verschiedene Aufhängehöhen von 4 bis 15 m wurde die mittlere Horizontalbeleuchtung (E_{mittel}) nach der Lichtstrommethode und die maximale, sowie die minimale Horizontalbeleuchtung (E_{max} und E_{min}) nach der Punktmethode berechnet und in der Tabelle 2 zusammengestellt. Die maximale

Tabelle 2.

Beispiel für den Einfluß der Aufhängehöhe.

Straßenbreite: 20 m
Lichtstärke: 1000 $HK_{\circlearrowleft}$
Lampenabstand: 40 m.

Aufhänge-höhe h	Horizontalbeleuchtung			Ungleich-mäßigkeit
	E_{mittel}	E_{max}	E_{min}	$\frac{E_{max}}{E_{min}}$
4	5,95	62,5	0,7	89
6	5,1	28,0	1,0	28
8	4,35	15,8	1,2	13,2
10	3,7	10,2	1,35	7,6
12	3,15	7,1	1,45	4,9
15	2,45	4,65	1,55	3,0

Horizontalbeleuchtung nimmt annähernd umgekehrt proportional mit dem Quadrat der Aufhängehöhe ab. Die minimale Horizontalbeleuchtung nimmt innerhalb der hier in Betracht gezogenen Aufhängehöhen ständig zu. Der höchstmögliche Wert würde erst bei 32 m Aufhängehöhe erreicht werden. Die mittlere Horizontalbeleuchtung nimmt verhältnismäßig langsam ab, und zwar etwa umgekehrt proportional mit der Quadratwurzel aus der Aufhängehöhe. Dagegen nimmt die Ungleichmäßigkeit der Beleuchtung, wie aus der letzten Spalte der Tabelle hervorgeht, sehr rasch mit zunehmender Aufhängehöhe ab. Im vorliegenden Falle müßte man mit Rücksicht auf die Ungleichmäßigkeit eine Aufhängehöhe von wenigstens 6 m wählen; jedoch würde man nicht über 8 m gehen, damit die mittlere Horizontalbeleuchtung nicht allzu sehr beeinträchtigt wird.

Wahl der Aufhängehöhe. Wie das vorstehende Beispiel zeigt, geben einige Proberechnungen einen guten Überblick für die richtige

Wahl der Aufhängehöhe. Meist wird man hiervon allerdings absehen können und die Aufhängehöhe auf Grund vorliegender Erfahrungszahlen wählen.

Bei der Beleuchtung im Freien spielt für die Wahl der Aufhängehöhe auch die Lichtstärke der anzuwendenden Lampen eine maßgebende Rolle. Denn man wird sehr helle Lampen naturgemäß, um eine Blendung zu vermeiden, höher aufhängen als Lampen von niedriger Lichtstärke. Anhaltspunkte für die richtige Bemessung der Aufhängehöhe h gibt die vom Verfasser aufgestellte Formel:

$$h = 3{,}5 + \frac{\sqrt{J}}{10}.$$

Für J ist hier die bisher üblich gewesene Angabe der horizontalen oder mittleren hemisphärischen Lichtstärke der betriebsfertigen Lampen einzusetzen. Weitere Angaben für die Bemessung der Aufhängehöhe im Freien finden sich in den Kapiteln über die Straßenbeleuchtung.

Bei der Beleuchtung von Innenräumen hat die Aufhängehöhe einen weit geringeren Einfluß auf die erzielte Beleuchtung, weil die Wand- und besonders die Deckenreflexion in erheblichem Maße den Einfluß der Aufhängehöhe ausgleichen. Die mittlere Beleuchtung ist deshalb nur in verhältnismäßig geringem Maße und auch die Ungleichmäßigkeit der Beleuchtung nicht in demselben Grade wie bei der Außenbeleuchtung von der Aufhängehöhe abhängig. Für die Wahl der Aufhängehöhe ist deshalb hier die Ausgestaltung des zu beleuchtenden Raumes, seine Größe und sein Verwendungszweck regelmäßig in Betracht zu ziehen. Im allgemeinen kann empfohlen werden, die Aufhängehöhe in Innenräumen eher etwas zu hoch als zu niedrig anzunehmen. Denn es wird dadurch nicht nur die Gleichmäßigkeit der Beleuchtung verbessert, sondern auch die Blendung sicherer vermieden. Bei guter Ausnützung des Lichts und zweckentsprechender Anwendung von Reflektoren kann der Wirkungsgrad der Beleuchtung auch bei großer Aufhängehöhe recht günstig gestaltet werden.

Der Einfluß des Lampenabstandes auf die erzielte Beleuchtung. Für die Straßenbeleuchtung äußert sich der Einfluß des Lampenabstandes gerade umgekehrt wie bei der Aufhängehöhe. Er wirkt in erster Reihe auf die Größe der minimalen und mittleren Horizontalbeleuchtung ein, während die Maximalbeleuchtung von ihm nur wenig beeinflußt wird. Dagegen ist auch die Ungleichmäßigkeit in hohem Maße vom Lampenabstand abhängig. Um diese Verhältnisse zu veranschaulichen, wurde das Beispiel für den Einfluß der Aufhängehöhe auch für verschiedene Lampenabstände zwischen 20 und 80 m durchgerechnet. Alle übrigen Werte wurden unverändert gelassen und die Aufhängehöhe mit 8 m gleichbleibend angenommen. Die Ergebnisse sind in

Tabelle 3 zusammengestellt. Wie hieraus zu ersehen ist, nimmt die mittlere Horizontalbeleuchtung annähernd umgekehrt proportional mit dem Lampenabstand ab, während die maximale Horizontalbeleuchtung sich nur ganz wenig ändert. Dagegen nimmt die minimale Horizontalbeleuchtung noch rascher als umgekehrt proportional mit dem Quadrat des Lampenabstandes ab, und einer ebenso starken Änderung ist damit auch die Ungleichmäßigkeit der Beleuchtung unterworfen.

Tabelle 3.

Beispiel für den Einfluß des Lampenabstandes.

Straßenbreite: 20 m
Lichtstärke: 1000 $HK_{\circlearrowleft}$
Aufhängehöhe: 8 m.

Lampenabstand a	Horizontalbeleuchtung			Ungleichmäßigkeit
	E_{mittel}	E_{max}	E_{min}	$\frac{E_{max}}{E_{min}}$
20	7,95	17,2	4,2	4,1
30	6,0	16,1	2,3	7,0
40	4,35	15,8	1,2	13,2
50	3,55	15,7	0,7	22,5
60	2,95	15,7	0,45	35
70	2,45	15,7	0,3	52,5
80	2,1	15,6	0,2	78

Wahl des Lampenabstandes. Wie sich aus vorstehendem leicht entnehmen läßt, bestimmen bei der Straßenbeleuchtung hauptsächlich die Anforderungen an die Ungleichmäßigkeit und an die Höhe des Minimalwerts der Horizontalbeleuchtung die Größe des Lampenabstandes. In der Zeit vor dem Kriege war es üblich, für 15 bis 50 m Straßenlänge eine Laterne oder einen Lampenmast anzubringen. Bei zweireihiger Anordnung der Lampen am Rande des Bürgersteiges sind die in der Straßenrichtung gemessenen Lampenabstände dementsprechend doppelt so hoch zu wählen. Infolge der starken Einschränkung der Beleuchtung während der Kriegsjahre sind die Anforderungen an die Ungleichmäßigkeit und an die Minimalwerte der Beleuchtung stark herabgemindert worden. Man wird deshalb für absehbare Zeit sich mit größeren Lampenabständen begnügen und unter Umständen Abstände bis zu 80 m Straßenlänge für einen Lichtpunkt wählen. Nähere diesbezügliche Angaben sind in den Abschnitten über Straßenbeleuchtung enthalten.

Bei der Beleuchtung von Innenräumen kommt im allgemeinen weniger die Wahl des Lampenabstandes, als die richtige Bemessung der auf eine Lampe, bzw. auf einen Beleuchtungskörper entfallenden Bodenfläche in Frage. Gerade diese Zahl ist von recht erheblicher Bedeutung für die Projektierung der Beleuchtung. Denn nach ihr richtet sich die Anzahl und der Ort der einzelnen Deckenauslässe, die beim Installationsprojekt auf jeden Fall festgelegt werden müssen. Die Stärke der Beleuchtung kann dagegen durch Wahl entsprechender Lampentypen nachträglich noch innerhalb ziemlich weiter Grenzen dem Verwendungszweck des Raumes angepaßt werden. Im Gegensatz hierzu liegen die Deckenauslässe nach Ausführung der Installation meist unveränderlich fest. Es sind deshalb Anhaltspunkte für die Zahl der Deckenauslässe oder für die Boden- bzw. Deckenfläche für einen Auslaß sehr wünschenswert. In der einschlägigen Literatur liegt hierüber bisher so gut wie gar kein Material vor. Nachstehende Zahlen wurden aus einer größeren Zahl von ausgeführten Installationen zusammengestellt und sollen wenigstens einen annähernden Anhaltspunkt gewähren. Die Deckenfläche für einen Auslaß soll betragen:

Für Verkaufsräume, Warenhäuser, kaufmännische und Schreibbureaus, Restaurants und Kaffeehäuser: 15 bis 45 m².

Für Festsäle und Ausstellungsräume: 40 bis 80 m².

Für Schulzimmer: 5 bis 15 m².

Für Zeichensäle: 30 bis 50 m².

Für Fabrikräume ergeben sich sehr große Verschiedenheiten zwischen 15 und 150 m² für einen Auslaß, je nachdem Einzelbeleuchtung oder Allgemeinbeleuchtung in Frage kommt und kleine Räume oder große Säle und Hallen zu beleuchten sind.

Die unteren Grenzen der hier angegebenen Werte gelten im allgemeinen für kleine Räume und für die Verwendung niedrigkerziger Lampen, während die größeren Zahlenwerte hauptsächlich für Hochkerzenlampen und große Räume in Frage kommen. Dividiert man die gesamte Boden- bzw. Deckenfläche des zu beleuchtenden Raumes durch die hier angegebene Größe der Deckenfläche für einen Auslaß, so erhält man die Zahl der vorzusehenden Deckenauslässe. Verteilt man sie in geeigneter Weise über die ganze Decke, so ergeben sich die Lampenabstände. Hierbei ist stets auch die Ausbildung der Decke und die in Aussicht genommene Innenausstattung des Raumes, sowie sein späterer Verwendungszweck ganz besonders zu beachten. Sehr häufig werden in dieser Hinsicht grobe Fehler begangen, die bei sorgfältiger Projektierung sich leicht hätten vermeiden lassen.

Die so ausgeführte Überschlagsrechnung gibt einen Anhaltspunkt für die Lampenzahl in dem zu beleuchtenden Raum. Die Bestimmung der erforderlichen Lampentype erfolgt auf Grund der oben ausführlich behandelten Beleuchtungsberechnung nach einem der daselbst angegebenen angenäherten oder genaueren Verfahren.

Zahlenwerte für die Ungleichmäßigkeit der Beleuchtung. Auf die Ungleichmäßigkeit der Beleuchtung üben sowohl Aufhängehöhe, wie auch Lampenabstand einen sehr erheblichen Einfluß aus. Wenn man sich bei der Projektierung der Beleuchtung nicht auf ein nur überschlägliches Arbeiten beschränken, sondern alle in Frage kommenden Gesichtspunkte berücksichtigen will, muß man über Anhaltspunkte für die zuzulassende Ungleichmäßigkeit verfügen. Die bei praktisch ausgeführten Beleuchtungsanlagen sich ergebenden Werte der Ungleichmäßigkeit zeigen besonders auf dem Gebiete der Straßenbeleuchtung recht beträchtliche Verschiedenheiten. Jedoch läßt es sich immerhin ermöglichen, wenigstens die Grenzen anzugeben, innerhalb deren die Ungleichmäßigkeit sich bewegt. Sie hängt natürlich in besonderem Maße davon ab, ob hohe, mittlere, oder nur geringe Ansprüche an die Güte der Beleuchtung gestellt werden. Auf Grund eines größeren Erfahrungsmaterials lassen sich für die Ungleichmäßigkeit der Beleuchtung folgende Zahlen angeben:

		Ungleichmäßigkeit für	
		Straßenbeleuchtung	Raumbeleuchtung
Ansprüche an die Güte der Beleuchtung	hoch:	5 bis 20	1,2 bis 2
	mittel:	Über 20 » 80	Über 2 » 4
	gering:	» 80 » 250	» 4 » 8

Bei der Beleuchtung von Plätzen gelten ungefähr dieselben Werte wie für die Straßenbeleuchtung, jedoch nur dann, wenn die benachbarten Straßen ungefähr ebenso stark wie die Plätze beleuchtet sind. Ist dies nicht der Fall, so kann die Ungleichmäßigkeit bei Platzbeleuchtung erheblich größer wie bei der Straßenbeleuchtung ausfallen.

Für Innenräume schwanken die Werte der Ungleichmäßigkeit bedeutend weniger als für die Straßenbeleuchtung. Hier läßt sich durch Wahl entsprechend großer Lampenzahl und richtige Lampenanordnung leicht eine geringe Ungleichmäßigkeit erreichen; außerdem trägt die Wand- und Deckenreflexion hierzu auch noch viel bei.

Beleuchtungsmessungen und deren Verwertung. Die Nachprüfung ausgeführter Beleuchtungsanlagen an Hand von Beleuchtungsmessungen ist lange Zeit sehr vernachlässigt worden und wird auch heute noch viel zu selten durchgeführt. Man erhält durch die Beleuchtungsmessung einmal genaue Unterlagen dafür, ob die Anlage den zu stellenden Anforderungen entspricht. Die Beurteilung nach dem Augenschein ist hier nur sehr ungenau und unzuverlässig. Dann gibt aber auch jede richtig durchgeführte Beleuchtungsmessung wertvolles Material für die Projektierung neuer Anlagen und Hinweise für zukünftige Verbesserungen. Vielfach schreckt man vor der Ausführung von Beleuchtungsmessungen zurück, weil man sie für zu schwierig und umständlich hält. Tatsächlich ist dies durchaus nicht der Fall. Man kann schon auf einfache Weise rasch und bequem recht brauchbare Ergebnisse erhalten.

Wie aus den bisherigen Ausführungen hervorgeht, muß die Beleuchtungsmessung für die zu messende Straßen- oder Innenbeleuchtung in erster Reihe die maximale und minimale Horizontalbeleuchtung ergeben und weiterhin auch die Ermittlung der mittleren Horizontalbeleuchtung ermöglichen. In einzelnen Sonderfällen ist auch die Vertikalbeleuchtung von Interesse, beispielsweise in Kunstausstellungen wegen der Beleuchtung der Wände und auf den Bühnen von Theatern. Im allgemeinen kann man sich aber mit der Horizontalbeleuchtung begnügen. Ebenso wie bei der Berechnung soll auch hier bei der Messung mit den einfacheren Meßverfahren begonnen und erst dann zu den genaueren, aber umständlicheren, übergegangen werden.

In sehr vielen Fällen reicht für die Untersuchung einer Straßen- oder Innenbeleuchtung die Messung des Maximalwertes und des Minimalwertes der Horizontalbeleuchtung vollkommen aus. Allerdings darf man diese Werte nicht nur an einer Stelle allein messen, sondern muß eine Anzahl von Stellen aufsuchen, an denen diese Werte auftreten. Jeweils etwa 3 bis 6 Stellen werden ausreichen, um durch Bildung eines Mittelwertes Zufallsresultate auszuschließen. Man wird also bei der Straßenbeleuchtung mehrere Lampenabstände in die Messung einbeziehen und bei der Innenbeleuchtung in den verschiedenen Ecken des Raumes und unter verschiedenen Lampen die Minimal- bzw. Maximalwerte aufsuchen. Die Stellen, an denen die Maxima und die Minima der Beleuchtung auftreten, findet man bei einiger Übung leicht nach dem Augenschein heraus; in Zweifelsfällen führt einiges Probieren rasch zum Ziel. Natürlich müssen dabei solche Stellen ausscheiden, die infolge von Zufälligkeiten ungewöhnlich hell oder dunkel ausfallen, z. B. durch dicht belaubte Bäume beschattete Stellen in Straßen oder durch unregelmäßige Lichtreflexe besonders stark erhellte Stellen.

Jede Beleuchtungsmessung soll es ermöglichen, neben der maximalen und minimalen Beleuchtung auch die mittlere Horizontalbeleuchtung festzustellen. Wenn keine besonders große Genauigkeit verlangt wird, kann diese aus den gemessenen Werten der maximalen und minimalen Horizontalbeleuchtung berechnet werden. In dem Aufsatze »Die Verwertung von Beleuchtungsmessungen« (Journal für Gasbeleuchtung 1907, S. 152) hat der Verfasser hierfür einfache Formeln angegeben. Jedoch hatte diese Art der Berechnung den Nachteil, daß je nach der Größe der Ungleichmäßigkeit drei verschiedene Formeln zu benutzen waren. Es wurde deshalb eine allgemein für beliebige Ungleichmäßigkeit gültige Formel aus einer großen Zahl von Messungen und Berechnungsergebnissen abgeleitet. Sie gestattet, aus der Maximalbeleuchtung E_{max} und der Ungleichmäßigkeit $u = \frac{E_{max}}{E_{min}}$ die mittlere Horizontalbeleuchtung E_m zu berechnen. Man erhält:

$$E_m = \frac{E_{max}}{0{,}55 + 0{,}45 \cdot \sqrt[3]{u^2}}.$$

Die Handhabung dieser Formel ist für den, der Übung im Berechnen der Kubikwurzeln mit Hilfe des Rechenschiebers hat, verhältnismäßig einfach. Um ihren Gebrauch zu erleichtern, ist in Abb. 10 eine Kurve aufgestellt, die für alle Werte der Ungleichmäßigkeit u zwischen 1 und 300 die mittlere Horizontalbeleuchtung abzulesen gestattet; hierbei ist $E_{max} = 100$ angenommen. Für andere Werte von E_{max}

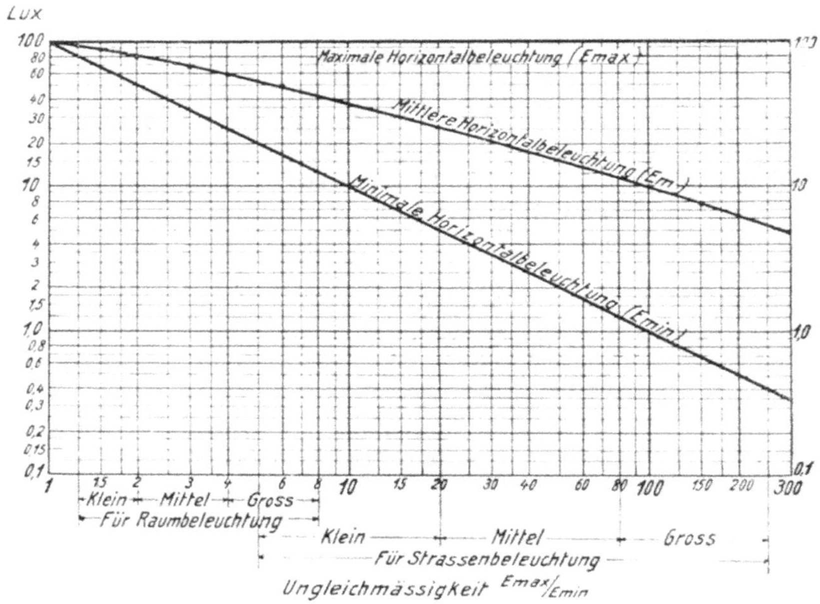

Abb. 10. Minimale und mittlere Horizontalbeleuchtung für 100 Lux maximale Horizontalbeleuchtung und Ungleichmäßigkeiten von 1 bis 300.

ist der aus der Kurve entnommene Wert von E_m proportional umzurechnen. In dieser Darstellung sind auch noch die zugehörigen Werte von E_{min} eingetragen. Damit die Kurve für kleine Werte von u ebensogut wie für große Werte zu gebrauchen ist, wurde der logarithmische Maßstab gewählt. Man kann diese graphische Darstellung auch dazu benutzen, um in Fällen, in denen die mittlere Horizontalbeleuchtung und die Ungleichmäßigkeit angegeben sind, die zulässigen Werte für die maximale und minimale Horizontalbeleuchtung festzulegen. Zugleich ist durch diese Formel und die sie darstellende Kurve noch ein weiteres Verfahren zur Berechnung der mittleren Horizontalbeleuchtung bei Projektierungsarbeiten gewonnen. Es wird besonders dann für die

Benutzung in Frage kommen, wenn bestimmte Anforderungen an die Gleichmäßigkeit der Beleuchtung gestellt sind und deshalb die maximale und minimale Horizontalbeleuchtung in jedem Falle berechnet werden müssen.

Genauere Beleuchtungsmessungen haben nicht nur die Feststellung der maximalen, minimalen und mittleren Horizontalbeleuchtung zum Ziele, sondern sie sollen auch ein Bild von der Verteilung der Beleuchtung über die ganze beleuchtete Fläche ergeben. Man kann zu diesem Zwecke die Fläche in einzelne Rechtecke oder Quadrate einteilen, wie dies oben (S. 274) für die Beleuchtungsberechnung angegeben wurde, und dann für jeden Rechteckmittelpunkt die Horizontalbeleuchtung messen. Die Mittelwerte aller Einzelmessungen ergeben die mittlere Horizontalbeleuchtung. Um zu zuverlässigen Werten zu kommen, müßte man diese Messung für die Straßenbeleuchtung auf mehrere Lampenabstände ausdehnen und die Mittelwerte für die entsprechend gelegenen Rechtecke nehmen. Ebenso sollte man sich bei Innenräumen nicht nur mit demjenigen Teil der Bodenfläche begnügen, in welchem sich die Beleuchtung der einzelnen Rechtecke nicht mehr symmetrisch wiederholt. Das Messungsverfahren wird deshalb, so ausgeführt, recht umständlich und zeitraubend. Man wird sich daher besser sowohl bei der Straßen- wie auch bei der Innenbeleuchtung auf einzelne Meßlinien beschränken und auf diesen für eine Reihe von Punkten die Beleuchtung messen, so daß man den Beleuchtungsverlauf für die Meßlinie in einer Kurve darstellen kann. Diese Art der Messung ermöglicht ebenfalls die Darstellung der Verteilung der Beleuchtung über die ganze Straßenfläche in einzelnen Rechtecken mit Hilfe eines verhältnismäßig einfachen, wenn auch etwas zeitraubenden Verwertungsverfahrens. Es ist ausführlich in dem oben erwähnten Aufsatze und in dem Buche des Verfassers »Grundzüge der Beleuchtungstechnik« (Berlin 1907, S. 86 bis 102) beschrieben und an Beispielen erläutert.

Hier soll nicht näher darauf eingegangen und nur das Ergebnis an einem Beispiel gezeigt werden. Die Abb. 9 (S. 307) zeigt die Beleuchtung des Potsdamer Platzes in Berlin durch Bogenlampen mit nebeneinanderstehenden Effektkohlen. Es sind zwei Lampenmaste mit je 4 Lampen für 20 Amp., 1100 Watt pro Lampe, angebracht; die beiden Maste sind 45 m voneinander entfernt und die Lampen in 18 m Lichtpunkthöhe angebracht. Die Abb. 11 (S. 292) zeigt den Verlauf der Horizontalbeleuchtung in der Lampenverbindungslinie in 1,5 m Höhe über dem Boden. Die Messung erfolgte in Abständen von 5 zu 5 m. Aus dieser Kurve und den bekannten Werten der Lichtverteilung und Aufhängehöhe der Lampen läßt sich die Kurve der von einem Lampenmast allein herrührenden Horizontalbeleuchtung ermitteln. Sie ist in Abb. 12 wiedergegeben. Diese Kurve ermöglicht nunmehr die Berechnung der Verteilung der Beleuchtung über den ganzen Platz für die Mittelpunkte der einzelnen Quadrate, in welche die Platzfläche eingeteilt wurde. Die Berechnung war nur für ein Viertel des ganzen Platzes auszuführen und wiederholt sich in den übrigen Teilen symmetrisch.

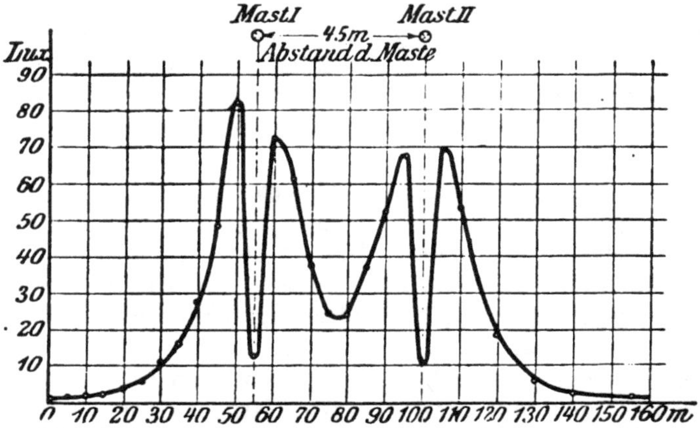

Abb. 11. Beleuchtung des Potsdamer Platzes in Berlin. Gemessene Werte der Horizontalbeleuchtung auf der Verbindungslinie der beiden Lampenmaste.

Als Mittelwert der Beleuchtung sämtlicher Quadrate ergibt sich die gemessene mittlere Horizontalbeleuchtung von $E_m = 18{,}8$ Lux. Als Ma-

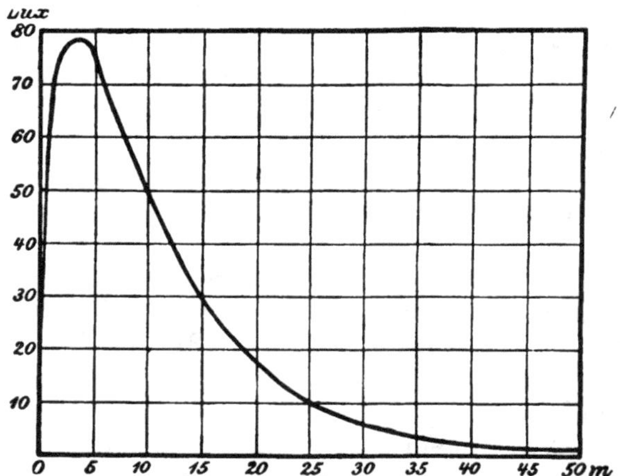

Abb. 12. Beleuchtung des Potsdamer Platzes in Berlin. Aus den Messungen berechnete Horizontalbeleuchtung für einen Lampenmast allein.

ximalwert ist 82 Lux und als Minimalwert 1,3 Lux gemessen, so daß die Ungleichmäßigkeit $u = 63$ beträgt. Dieser verhältnismäßig ungünstige Wert ist im vorliegenden Falle zulässig, weil die benachbarten Straßen zur Zeit der Messung eine erheblich schwächere Beleuchtung als der

Platz aufzuweisen hatten, während der Platz selbst wegen des starken dort herrschenden Verkehrs außergewöhnlich hell zu beleuchten war.

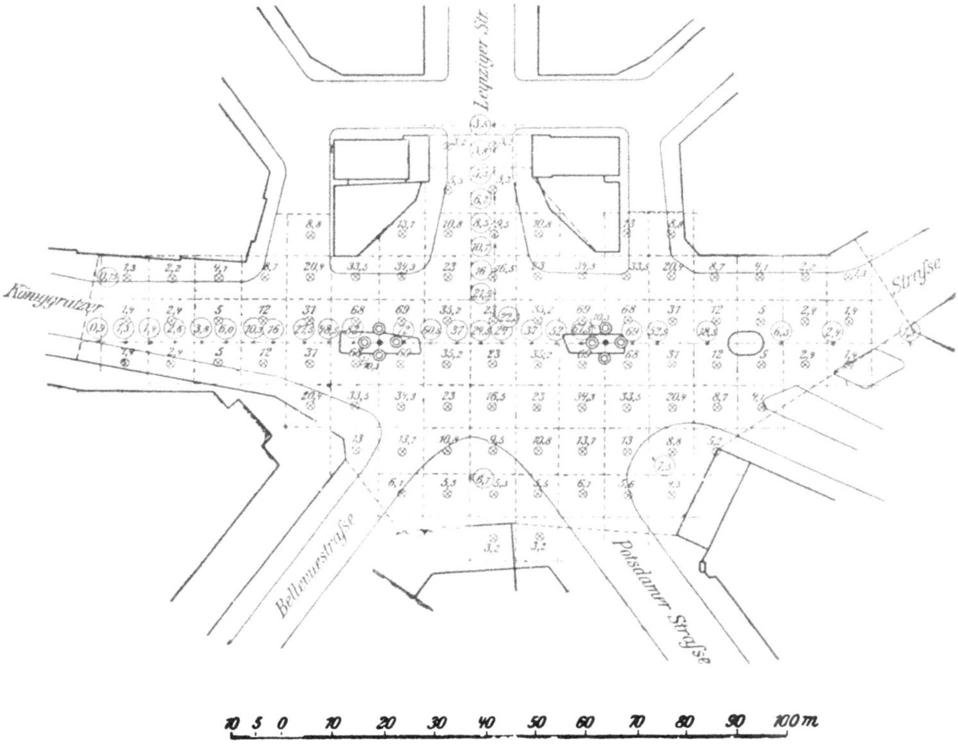

Abb. 13. Beleuchtung des Potsdamer Platzes in Berlin durch 8 Flammenbogenlampen mit nebeneinanderstehenden Effektkohlen.
Verteilung der Beleuchtung über die ganze Platzfläche:
○ 12 Gemessene Werte der Horizontalbeleuchtung.
⊗ 12 Hieraus berechnete Werte der Horizontalbeleuchtung.
◎ Standort der Bogenlampen.
Maximale Horizontalbeleuchtung: 82 Lux Mittlere Horizontalbeleuchtung: 18,8 Lux
Minimale Horizontalbeleuchtung: 1,3 Lux Ungleichmäßigkeit: 63

Betriebskostenvergleich verschiedener Beleuchtungsarten. Die Betriebskosten verschiedener Beleuchtungsarten können auf Grund der Lichtausbeute der benutzten Lampen miteinander verglichen werden. Jedoch erhält man auf diesem Wege kein vollständig zutreffendes Bild. Denn die wirkliche Ausnützung des Lichts für die Beleuchtung selbst wird hierbei nicht berücksichtigt. Man wird deshalb den Vergleich am besten nur dann auf Grund der erzielten Lichtausbeute durchführen, wenn keine bestimmten Angaben für die in Frage kommende Anordnung der Beleuchtung vorliegen. Soll dagegen verglichen werden, in welcher Weise eine wichtige Anlage, beispielsweise eine Straße oder ein großer

Saal, am ökonomischsten zu beleuchten ist, so wird man diesen Vergleich am besten auf Grund der erzielten Beleuchtung durchführen; sei es nun, daß diese berechnet ist, oder daß Messungen hierüber vorliegen. Einen gut brauchbaren Vergleichsmaßstab gibt hierbei die Wirtschaftlichkeit der Beleuchtung, d. h. der Verbrauch für ein Lumen, bzw. ein Lux mittlere Beleuchtung und 1 m^2 Bodenfläche. Um die bei verschiedenen Beleuchtungsarten entstehenden Energiekosten miteinander zu vergleichen, hat man nur die Werte der Wirtschaftlichkeit dieser Beleuchtungsarten mit dem Einheitspreis der Energie zu multiplizieren. Ergibt beispielsweise eine elektrische Beleuchtung eine Wirtschaftlichkeit von 0,1 Watt für 1 Lumen bei einem Strompreis von 60 Pf. für 1 kWh und eine Gasbeleuchtung eine Wirtschaftlichkeit von 0,25 l Gas für eine Lumenstunde bei einem Gaspreis von 20 Pf. für 1 cbm, so erhält man als Verhältnis für die Energiekosten der beiden Beleuchtungsarten:

$$\frac{\text{Elektrische Beleuchtung}}{\text{Gasbeleuchtung}} = \frac{0{,}1 \cdot 60}{0{,}25 \cdot 20} = \frac{6}{5} = 1{,}2.$$

Hiernach sind in diesem Falle die Kosten der elektrischen Beleuchtung um 20% höher, als die Kosten der Gasbeleuchtung.

Weiterhin wird der Begriff der Beleuchtungsausbeute den der Wirtschaftlichkeit der Beleuchtung zu ersetzen haben. Wie oben (S. 253) angegeben wurde, ist er der reziproke Wert der Wirtschaftlichkeit und man erhält deshalb die für den Kostenvergleich verschiedener Beleuchtungsarten maßgebenden Zahlen, indem man den Einheitspreis für die Energie durch die Beleuchtungsausbeute dividiert. In dem oben erwähnten Falle ist beispielsweise die Beleuchtungsausbeute der elektrischen Beleuchtung $1/0{,}1 = 10$ und die Vergleichszahl $^{60}/_{10} = 6$.

Sind bestimmte Einheitspreise für die Energiekosten nicht angegeben und soll der Vergleich allgemein gültig durchgeführt werden, so geschieht dies am besten graphisch durch eine gerade Linie entsprechend Abb. 14, die für das oben erwähnte Beispiel gilt. Man kann hieraus ohne weiteres entnehmen, daß im vorliegenden Falle bei gleich hohen Strom- und Gaspreisen die Stromkosten 40% der Gaskosten betragen; dagegen fallen die Strom- und Gaskosten gleich hoch aus, wenn der Strompreis 2,5 mal so hoch wie der Gaspreis ist.

Ein derartiger Vergleich berücksichtigt nur die Energiekosten, dagegen nicht die sehr erheblichen zusätzlichen Kosten für Lampenersatz, Bedienung, Reinigung usw. Durch diese können die gesamten Betriebskosten unter Umständen stark erhöht und der Vergleich der Betriebskosten erheblich beeinflußt werden. Will man sie auch mit in Rücksicht ziehen, so erfolgt dies am besten durch Ausrechnung der gesamten Betriebskosten für eine Lampe und ein Betriebsjahr. Auch dieser Vergleich kann auf gleiche erzielte Beleuchtung bezogen werden. Man muß zu diesem Zwecke die errechneten Betriebskosten durch die Lichtstärke der benutzten Lampen und durch den Wirkungsgrad der Beleuchtung dividieren. Soll der Vergleich auch wieder für verschiedene Energiepreise durchgeführt werden, so trägt man die berechneten Betriebskosten in Abhängigkeit vom Energiepreise in ein Koordinatensystem ein. Man erhält dann eine gerade Linie, die auf der Ordinatenachse die vom Energie-

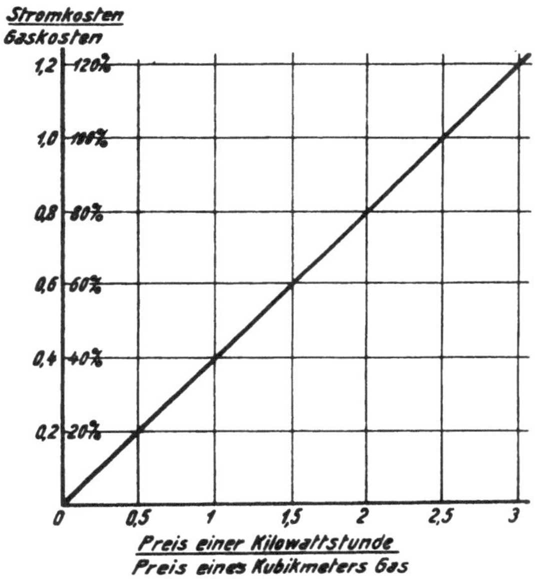

Abb. 14. Verhältnis der Stromkosten zu den Gaskosten bei gleicher Beleuchtung und gleichgroßen zu beleuchtenden Flächen.

preis unabhängigen zusätzlichen Kosten abschneidet. Bestimmt man diese Geraden für verschiedene Beleuchtungsarten, so kann man aus dieser Darstellung für jeden beliebigen Energiepreis die Betriebskosten entnehmen und miteinander vergleichen.

Die Ergebnisse zahlenmäßiger Betriebskostenvergleiche sind nicht ausschließlich maßgebend für die Wahl der einen oder anderen Beleuchtungsart. Hierbei spielen noch andere Momente mit, die sich unter Umständen nicht zahlenmäßig ausdrücken lassen. Dies trifft besonders unter den heutigen Verhältnissen zu. Beispielsweise wird ein Betriebskostenvergleich zwischen gasgefüllten Metalldrahtlampen und Dauerbrand-Flammenbogenlampen (geschlossenen Bogenlampen mit Effektkohlen) meist zu einer zahlenmäßigen Überlegenheit der letzteren Lampenart führen. Trotzdem wird sie heute viel seltener angewandt als die Gasfüllungslampe; hierzu tragen einerseits die hohen Anschaffungskosten, anderseits die größeren Ansprüche an das Bedienungspersonal bei. Ebenso wird ein zahlenmäßiger Vergleich zwischen der Straßenbeleuchtung bei gewöhnlichem Druck und der Preßgasbeleuchtung im allgemeinen zugunsten letzterer ausfallen und trotzdem wird wegen der hohen Kosten der Kompressionsstation und des besonderen Leitungsnetzes hiervon heute meist abgesehen werden. Man muß deshalb bei der Wahl zwischen verschiedenen Beleuchtungsarten nicht nur die Betriebskosten, sondern auch alle anderen maßgebenden Momente mit in Betracht ziehen.

Buchliteratur.

Herzog und Feldmann: Handbuch der elektrischen Beleuchtung. Berlin 1907.
Högner: Lichtstrahlung und Beleuchtung. Braunschweig 1906.
Bloch: Grundzüge der Beleuchtungstechnik. Berlin 1907.
Halbertsma: Fabrikbeleuchtung. München und Berlin 1918.
Heyck und Högner: Projektierung von Beleuchtungsanlagen. Berlin 1919.

Neunter Abschnitt.

Elektrische Straßenbeleuchtung.

Von G. R. Mylo, Oberingenieur der Städtischen Elektrizitätswerke Berlin.

Geschichtlicher Rückblick. Die Beleuchtung von Straßen mit ortsfesten Lichtquellen ist wesentlich jünger als diejenige von Wohnstätten. Während man sich zur Beleuchtung von Innenräumen schon längst des Herdfeuers, des Kienspanes, der Fackel und der offen brennenden Öllampe bediente, konnte an die Beleuchtung von Straßen mit diesen Mitteln nicht gedacht werden, da diese Lichtquellen nur relativ geringe

Abb. 1. Straßenbeleuchtung in Berlin im Jahre 1825.

Brennzeiten besaßen und gerade dann, wenn man ihrer bedurfte, nämlich bei schlechtem, d. h. bei windigem und nassem Wetter, versagten.

Erst nachdem es gelungen war, eine Lichtquelle zu schaffen, die, wie die Chronik berichtet, »einige Stunden sich selbst überlassen werden konnte« und den Witterungseinflüssen nicht mehr unterlag, ging man langsam daran, Lampen dieser Konstruktion zur Beleuchtung von Straßen zu verwenden. Die ersten Lampen mit Öl als Brennstoff wurden beispielsweise in Berlin im Jahre 1679, in Dresden im Jahre 1705, vereinzelt an Holzpfählen und kleinen, an Gebäuden befestigten Auslegern aufgehängt.

Die Weiterentwicklung dieser Lampen als an einer Überspannung hängenden Laterne zeigt die Abb. 1. Diese läßt die bereits in dem

Jahre 1825 gewählte und heute als Grundform zum Teil noch übliche Art der Lampeninstallation erkennen. Eine wesentliche Verbesserung der Straßenbeleuchtung wurde durch die Einführung der Gasbeleuchtung erzielt, die im Jahre 1814 in London, 1820 in Paris, 1826 in Berlin und 1828 in Dresden begann. Neue aussichtsreiche Versuche wurden im Jahre 1844 auf Place de la Concorde in Paris und alsdann im Jahre 1878 auf der Pariser Weltausstellung mit etwa 1000 Jablochkoffschen Kerzen angestellt, mit deren Hilfe es zunächst möglich wurde, die Elektrizität für Straßenbeleuchtungszwecke dienstbar zu machen. Ihr folgten im Herbste des Jahres 1882 in Berlin die erste zum dauernden Betrieb bestimmte, öffentliche elektrische Beleuchtungsanlage, und zwar in dem westlichen Teile der Leipzigerstraße.

Die mit dieser elektrischen Straßenbeleuchtungsanlage gemachten Erfahrungen waren sehr günstig und veranlaßten deren weitere Einführung.

Obwohl diese Angaben chronologisch nicht erschöpfend sind, so dürften dieselben dennoch einen allgemeinen Überblick über die Entwicklung der Straßenbeleuchtung bis zu deren Betrieb mit Elektrizität ermöglichen.

Betriebszeit der Straßenbeleuchtung. Die Betriebszeit der Beleuchtung von Straßen, Plätzen, Parkanlagen, Tunnels usw. oder kurz ausgedrückt der öffentlichen Beleuchtung, ist von derjenigen von Innenräumen prinzipiell verschieden. Letztere wird während des Tages oder der Nacht je nach Bedarf benutzt, während die öffentliche Beleuchtung fast ausschließlich in einem vorher festgesetzten Umfang und nach bestimmten Brennkalendern gezündet und gelöscht wird.

Die Lampen der Straßenbeleuchtung wurden früher, ähnlich wie dies heute noch z. B. in Dörfern, bei kleinen elektrischen Straßenbeleuchtungsanlagen der Fall ist, nur in den Monaten Oktober bis einschließlich April und dann auch nur an den Tagen in Betrieb genommen, an denen der Mond kalendermäßig nicht schien. Die Beleuchtungszeit erstreckt sich bei letzterwähnten Anlagen von Beginn der Dunkelheit bis etwa 10 Uhr abends. In einigen Dörfern und kleinen Städten wird die Dauer der Straßenbeleuchtung von dem Eisenbahnverkehr abhängig gemacht; hier werden die Lampen etwa eine halbe Stunde nach Eintreffen des letzten Zuges gelöscht. Selbst für diese kleinsten aller Straßenbeleuchtungsanlagen erweist sich die Elektrizität als äußerst bequemes und zweckmäßiges Betriebsmittel, mit deren Hilfe bei Eintreten eines Mondstreikes, bei Zugverspätungen oder auch bei Feuersbrünsten das Zünden und Löschen der Lampen von beliebiger Stelle aus jederzeit möglich ist.

Die Beleuchtungszeit der Straßen mittlerer oder größerer Städte wird durch den sich auf diesen Straßen abwickelnden Verkehr bestimmt. Allgemein werden bei Eintritt der Dunkelheit alle auf diesen Straßen installierten Lampen gezündet, um 11 oder 12 Uhr abends ein Teil und der Rest bei Tagesanbruch gelöscht. Man unterscheidet dementsprechend sog. halbnächtige und ganznächtige Lampen. Diese Bezeichnungsweise ist zwar bei astronomischer Einteilung des Tages nicht ganz korrekt, wegen ihrer Kürze und Eindeutigkeit aber beibehalten.

Die größten Betriebszeiten besitzen die in überdeckten Straßen für Fußgänger oder auch Wagenverkehr, z. B. in Tunnels und langen Bahnunterführungen installierten Lampen; diese brennen meist Tag und Nacht und werden als Lampen für »ununterbrochene Beleuchtung« bezeichnet.

Angaben für die Betriebszeit der übrigen öffentlichen Beleuchtungsanlagen, wie Bahnhöfe, Eisenbahn- und Schiffahrtsstraßen, finden sich in Abschnitt XIII, S. 434.

Die Brennstunden während eines Jahres ergeben sich aus den Betriebszeiten und sind ebenso wie letztere abhängig von der Lage des betreffenden Ortes auf der Erde. In Berlin betragen dieselben nach dem neuerdings revidierten Brennkalender:

1. in den Wintermonaten Oktober bis einschl. März, von Beginn der Dunkelheit bis 10 Uhr abends . 842 Std.
2. in den Wintermonaten Oktober bis einschl. März, von Beginn der Dunkelheit bis 11 Uhr abends . 1024 »
3. in den Sommermonaten von April bis einschl. September, von Beginn der Dunkelheit bis 10 Uhr abends . . . . 527 »
4. für halbnächtige Lampen . . . . 1915 »
5. für ganznächtige Lampen . . . . 3756 »
6. für ununterbrochen brennende Lampen . . . . . 8760 »

Diese Brennstunden sind relativ hoch. Lampen für Privatbeleuchtungsanlagen haben wesentlich geringere Brennstunden; diese belaufen sich auf etwa 300 Stunden/Jahr, bezogen auf jede in einer Wohnung und auf etwa 500 Stunden/Jahr auf jede in einem Geschäft installierte Lampe.

Die mittlere Benutzungszeit sämtlicher für Privatbeleuchtung an ein großes Elektrizitätswerk angeschlossenen Lampen stellt sich auf höchstens rd. 460 Stunden/Jahr und erreicht somit nicht einmal diejenige der in den Sommermonaten bis 11 Uhr abends brennenden Straßenbeleuchtungslampen.

Dieser Unterschied der Benutzungszeit sowie der Umstand, daß die durch die Straßenbeleuchtung bedingte Stromentnahme zum größten Teil in die meist schwach belasteten Nachtstunden fällt, ist für die Aufstellung der einschlägigen Tarife maßgebend. Außerdem ist in Betracht zu ziehen, daß für Straßenbeleuchtungsanlagen jeder

Größe der Jahresstromverbrauch ohne Elektrizitätszähler, einfach an Hand des Wattverbrauches jeder Lampe und deren Brennstunden, mit einer Genauigkeit ermittelt werden kann, die erfahrungsgemäß derjenigen der Elektrizitätszähler mindestens gleichkommt.

Grundlagen für Betriebskostenberechnungen. Die Betriebskosten einer elektrischen Straßenbeleuchtungsanlage setzen sich im allgemeinen zusammen aus den Kosten des Stromverbrauches, des Lampen- bzw. Elektrodenersatzes, der Leuchtmittelsteuer, der Unterhaltung, der Bedienung, der Abschreibung und Verzinsung.

Je nach dem Wortlaut bestehender Verträge werden der Stromverbrauch und die übrigen Kosten entweder getrennt voneinander oder aber auch die gesamten Kosten für eine Lampenbrennstunde pauschal berechnet. Letztere Berechnungsart hat sich unter den heutigen, unstabilen Elektrizitäts- und Materialpreisen sowie Lohnsätzen als unzweckmäßig herausgestellt, denn man mußte zur Deckung der Unkosten doch dazu übergehen, die Pauschalsätze zu zergliedern und Einzel-Teuerungszuschläge zu erheben.

Während die Kosten des Stromverbrauches, des Lampen- und Elektrodenersatzes sowie der Leuchtmittelsteuer unmittelbar von der Benutzung der einzelnen Lampen beeinflußt werden, sind diejenigen für die Bedienung, Unterhaltung, Verzinsung und Abschreibung für eine bestimmte Anlage meist von der Brennzeit der Lampen unabhängig. Man ist geneigt, die Bedienungskosten unmittelbar dem Einfluß der Lampenbenutzung oder Lampenart zu unterstellen. Es ist dies jedoch nicht richtig, da sich bei sorgfältig gewarteten Anlagen die Bedienung außer auf den Ersatz der Lampen, bzw. Elektroden, auch auf die im Sommer und Winter in regelmäßigen Abständen erforderliche Reinigung der Lampenarmaturen, auf die Ein- und Ausschaltung, sowie die Überwachung der Beleuchtungsanlage erstreckt. Außerdem wirkt die Lage und Ausdehnung der Beleuchtungsgebiete und der hiermit zusammenhängende Leerlauf der Lampenwärter wesentlich auf die Bedienungskosten ein.

Aus diesen Gründen ist es nicht möglich, für irgendeine für Straßenbeleuchtungszwecke verwendete Lampenart allgemein gültige Betriebskosten anzugeben. Nur wenn die Anzahl und Type der jeweilig in Betrieb befindlichen Lampen und die örtlichen Verhältnisse annähernd übereinstimmen, können die erhaltenen Betriebskosten vergleichsweise gegenübergestellt werden. Mit praktisch hinreichender Genauigkeit kann dagegen die Wirtschaftlichkeit irgendeiner Lampenart ermittelt und diese mit der einer anderen der gleichen Anlage verglichen werden. Die auf diese Weise erhaltenen Werte sind nunmehr auch mit den in anderen Anlagen erhaltenen relativ vergleichbar.

Einem Betriebskostenvergleich verschiedener Straßenbeleuchtungsarten legt man zweckmäßig die Kosten für 1000 Kerzenstunden zugrunde, sofern es sich um einen Vergleich verschiedener Lampenarten bei im übrigen gleicher Lampenanordnung handelt. Hierbei wird zweckmäßig die mittlere hemisphärische Lichtstärke benutzt, da diese für Straßenbeleuchtung hauptsächlich maßgebend ist. Bei der Berechnung der Leistung in Kerzenstunden wird die im Verlauf des Gebrauches erfolgende Lichtabnahme der Metalldrahtlampen im allgemeinen nicht berücksichtigt.

Bei der Aufstellung einer Betriebskostenberechnung sind von Werken, die nach kaufmännischen Grundsätzen verwaltet werden, nicht nur die direkten Ausgaben für Strom, Bedienung und Unterhaltung, sondern auch diejenigen für Abschreibung und Verzinsung des investierten Kapitals in Anrechnung zu bringen. Die Abschreibungsquoten sind hierbei für die verschiedenen Teile der Straßenbeleuchtung, wie Maste, Lampenarmaturen usw. nicht gleich hoch. Nach langjährigen Erfahrungen haben sich folgende Sätze als angemessen herausgestellt:

Leitungsnetz für Straßenbeleuchtung	5%
Schalteinrichtungen einschl. Fernschaltung ohne Kabel	15%
Maste, Kandelaber, Lampenarmaturen, Überspannungseinrichtungen	8%
Verzinsung	5—5½%

Die heute maßgebenden wirtschaftlichen Verhältnisse haben, wie überall, so auch im Straßenbeleuchtungsbetrieb eine starke Umwälzung mit sich gebracht. Es ist Sache der Betriebsleiter, ihren Betrieb den veränderten Verhältnissen bestmöglichst anzupassen, um die Betriebskosten auf eine gesunde Basis zu stellen.

Grundlagen für den Entwurf. Der Entwurf einer Straßenbeleuchtungsanlage erfolgt zweckmäßigerweise unter Berücksichtigung der jeweiligen örtlichen Verhältnisse. Als erstes Moment kommt in Betracht, ob die betreffende Straße nur mit Richtlampen ausgerüstet oder im eigentlichen Sinne beleuchtet werden soll. Handelt es sich beispielsweise um die Beleuchtung von Straßen kleiner und mittlerer Dörfer, so wird man sich im allgemeinen damit begnügen, in Abständen von 50 bis 100 m eine 50kerzige und an Straßenkreuzungen oder auf Plätzen eine 100kerzige Metall- oder Spiraldrahtlampe zu installieren. Man wählt hierbei als Lampenbefestigungspunkte vorhandene Leitungsmaste oder zwischen Gebäuden Drahtseilüberspannungen, an deren Mitten die Lampen herablaßbar aufgehängt werden. Diese Art der Straßenbeleuchtung ergibt rechnerisch eine ganz geringe mittlere Horizontalbeleuchtung, die meist unter 0,1 Lux, d. h. unter derjenigen durch den Vollmond liegt.

In größeren Dörfern und in Städten muß sich die Beleuchtung der Straßen dem auf diesen herrschenden Verkehr anpassen. Durch eingehende Ermittelungen bzw. Messungen haben sich die in der Tab. 43 auf S. 571 angegebenen Werte der mittleren Horizontalbeleuchtung als ausreichend erwiesen. In dieser Tabelle, die sich z. T. an die von Bloch in den Mitteilungen der Vereinigung der Elektrizitätswerke, Jahrgang 1914, S. 486 bis 496 gebraohte anschließt, sind außerdem Angaben über die Lichtstärke der zu verwendenden Lampenarten, Aufhängehöhe und Lampenabstand enthalten.

Die angegebenen Werte sind Mittelwerte, bei deren Beurteilung in Betracht zu ziehen ist, daß bei der Beleuchtung von Straßen deren Aufteilung von Straßenkreuzung zu Straßenkreuzung, deren Krümmungen und Baumbestand die Anordnung der Lampen beeinflussen.

Abb. 2. Bischofstabkandelaber einfacher Ausführung.

Abb. 3. Straßenbahnmast mit seitlich angeordneten Lampen.

Auf die dieser Tabelle zugrunde liegende Berechnungsweise bzw. auf die Lichtverteilungskurve der in Frage kommenden Lampen näher einzugehen, erübrigt sich, da dies im Abschnitt VIII eingehend behandelt ist.

Für die Installation der Lampen sind je nach den örtlichen Verhältnissen Maste, Überspannungen und Laternen vorzusehen. Hierbei kommen z. B. für die Beleuchtung von Nebenstraßen kleine Bischofstabkandelaber in Betracht. In engen, verkehrsreichen Straßen ohne Straßenbahnverkehr wählt man zur Vermeidung verkehrshindernder Kandelaber Überspannungen von Haus zu Haus. In breiten Straßen mit starkem Straßenbahnverkehr ist eine gleichzeitige Verwendung der Bahnmaste für die Anbringung der Bogenlampenüberspannungen ohne weiteres möglich. Große verkehrsreiche Hauptplätze gewinnen wesentlich an Übersichtlichkeit durch die Aufhängung mehrerer starker Lichtquellen an hohen Masten.

Art der Lampenaufhängung. Die Abb. 2 läßt einen Bischofstabkandelaber mit Reflektor und Lampe erkennen; zwischen Kandelaberende und Reflektor sehen wir einen kleinen, vollständig gekapselten Transformator für eine Leistung von etwa 50 W, mit dem die normale Wechselstromspannung von 220 V auf 14 bis 30 V herabgesetzt wird (siehe S. 312).

Metalldraht- und Gasfüllungslampen größerer Lichtstärken erfordern höhere Aufhängepunkte und somit höhere Lampenträger.

Abb. 4. Bischofstabkandelaber für 8 m Lichtpunkthöhe.

Ihre äußere Form muß sich in das gesamte Straßenbild einordnen und wird oft zu sehr von architektonischen und zu wenig von beleuchtungstechnischen Gesichtspunkten beeinflußt.

Abb. 3 zeigt einen Straßenbahnmast mit zwei seitlichen Auslegern, von denen jeder eine gasgefüllte Metalldrahtlampe für 300 W trägt. Unter den Lampenauslegern sehen wir noch Querstäbe zum Anlegen einer Leiter für die Reinigung und Auswechselung der Lampen.

Für Lichtquellen noch größerer Lichtstärken, z. B. von 1000 W bzw. 2000 Kerzen aufwärts, kommen in breiten Hauptstraßen Kandelaber mit Lichtpunkthöhe von 8 bis 9 m in Frage. Abb. 4 zeigt einen solchen für 8 m Lichtpunkthöhe, an dem eine Dauerbrand-Effektbogenlampe für etwa 3000 HK und 660 W herablaßbar hängt. In verkehrsreichen Straßen verwendet man Überspannungen von Haus zu Haus nach Abb. 5 und in solchen mit starkem Straßenbahnverkehr von Bahnmast zu Bahnmast nach Abb. 6.

Sowohl bei den Überspannungen von Haus zu Haus, als auch von Mast zu Mast wird die Windenvorrichtung so eingerichtet, daß die

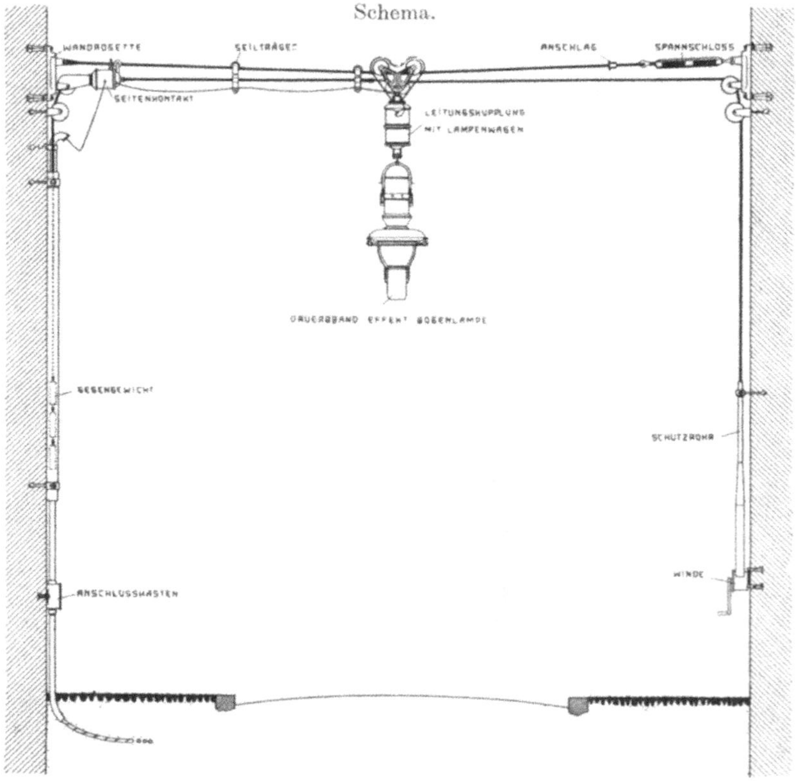

Abb. 5. Überspannung von Haus zu Haus.

Bogenlampe nicht in die Mitte der Straße, über der dieselbe normalerweise aufgehängt ist, herabgelassen wird, sondern die Bogenlampe wird zuerst auf dem Trageseil seitlich bis über den Bürgersteig gefahren und dann herabgelassen. Eine äußerst einfache Einrichtung, mit der diese beiden Bewegungen mit einer einzigen normalen Winde ausführbar sind, wird in Berlin verwendet und ist in Abb. 5 schematisch dargestellt. Auf einem 8 mm starken Stahldrahtseil sitzt ein Wagen mit zwei Laufrädern, an dessen Mitte eine Stromkuppelung befestigt ist. An dem Wagen greift seitlich ein Stahldrahtseil von 4 mm Durchmesser an, das mit einer gut isolierten und mit wetterbeständiger Umhüllung versehenen Doppellitze aus 6 qmm Kupfer versponnen ist und bis zu der seitlichen Horizontal-Stromkuppelung verläuft. Die beiden Kupferseelen der Litze sind einerseits mit den Kontaktringen des ausfahrbaren Teiles der Horizontalkuppelung, anderseits mit den Kontaktteilen der an dem Wagen befestigten Vertikalkuppelung verbunden. Die Litze mit dem eingesponnenen Stahldrahtseil ist an kleinen Kabelträgern aufgehängt, die in Abständen von 1,5 bis 2 m mittels kleiner Laufräder auf dem Trageseil aufgelagert sind. Die feststehenden Kontaktteile der Horizontalkuppelung sind an die Stromzuleitungen an-

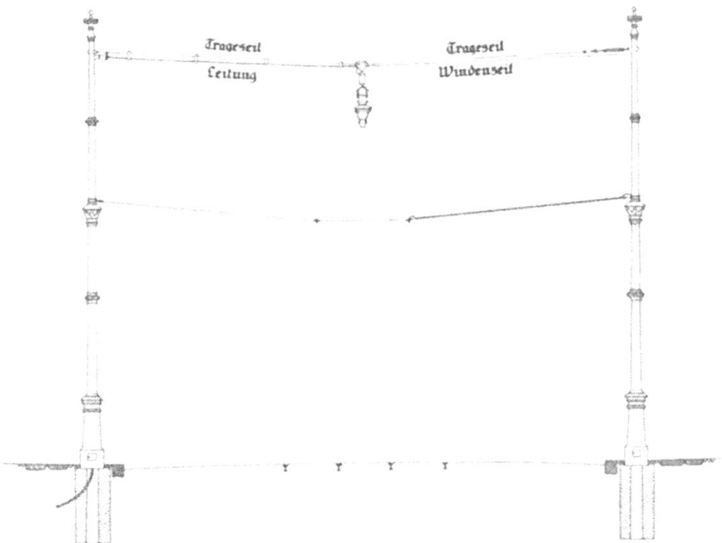

Abb. 6. Überspannung von Bahnmast zu Bahnmast.

geschlossen. Das in die Doppellitze eingesponnene Stahldrahtseil ist vor dem ausfahrbaren Teil der Horizontalkuppelung mittels Kauschen mit einem zweiten Stahldrahtseil verbunden, das über eine auf der Rosette befindliche Eckrolle nach einem Gegengewicht führt, das ungefähr halb so schwer ist wie die Bogenlampe.

Während die Horizontalkuppelung eine normale Stromkuppelung in solider, wetterfester Ausführung darstellt, besteht die an dem Wagen befestigte Vertikalkuppelung aus zwei Teilen, aus der Stromkuppelung selbst und, darunter angeordnet, einer Vorrichtung, mit der das Windenseil entlastet wird, sobald die Bogenlampe richtig in die Stromkuppelung eingefahren ist. Das Windenseil verläuft von der normalen Winde über eine auch auf der zweiten Rosette sitzenden Eckrolle nach dem Wagen, von hier über eine im Innern des Wagens an geeigneter Stelle angeordnete Rolle durch die Kuppelung nach der Bogenlampe, die ebenso wie der ausfahrbare Teil der Kuppelung an dem Windenseil befestigt ist. Außerdem stehen selbstverständlich die Kontaktteile des ausfahrbaren Teiles der Vertikalkuppelung mit den entsprechenden Polen der Lampe in leitender Verbindung. Befindet sich die Bogenlampe über Straßenmitte und soll bedient werden, so wird durch Ankurbeln des Windenseiles der Wagen nach der Windenseite ge-

Abb. 7. Straßenbahngittermast mit Lampe.

Abb. 8. Straßenbahngittermast mit seitli ausgefahrener Lampe.

zogen. Die Bogenlampe kann nicht herunterkommen, da das Gegengewicht nur halb so schwer ist wie die Lampe. Gelangt der Wagen jedoch an den auf dem Tragseil festgeklemmten Anschlag, so wird die Bogenlampe durch etwas schärferes Anziehen des Windenseiles angehoben und bei einem nunmehr folgenden Nachlassen des Windenseiles von der Seilentlastungsvorrichtung freigegeben. Die Bogenlampe kann jetzt herabgelassen werden, ohne daß der Wagen zurückläuft, da, wie vorher bereits gesagt, das Gegengewicht leichter ist als die Bogenlampe. Beim Hochwinden der Lampe wiederholt sich das Spiel in umgekehrter Reihenfolge, d. h. solange das Lampengewicht auf den Wagen einwirkt, bleibt der Wagen in seiner seitlichen Stellung, sobald jedoch die Kuppelung eingefahren und die Seilentlastung gesperrt hat, zieht das Gegengewicht beim Rückwärtskurbeln den Wagen mit der Lampe wieder über die Mitte der Straße und den ausfahrbaren Teil der Horizontalkuppelung in deren feststehenden Teil.

Bei der in Abb. 6 gezeigten Überspannung von Straßenbahnmast zu Straßenbahnmast sehen wir alsdann noch rechts und links je einen etwa 11 m über den Erdboden herausragenden Mast, an dem in etwa 6 m Höhe die Spanndrähte der Straßenbahn und darüber, in etwa 10,5 m Höhe die Bogenlampen-Überspannung befestigt sind. Auf derjenigen Seite, auf der die Lampe heruntergelassen wird, ist bei gradlinigem Verlauf der Straßenbahnspanndrähte von Mast zu Mast ein Doppelarm auf den Mast gesetzt, an dem die Spanndrähte der Straßenbahn so befestigt sind, daß ein Dreieck entsteht, durch das die Lampe hindurchgleiten kann. Die Erfahrung hat gelehrt, daß es zweckmäßig ist, diese Spanndrähte sowohl an dem Doppelarm, als auch an deren Vereinigungspunkte mit doppelten Isolatoren auszurüsten. In welch anderer Weise die gemeinsame Verwendung von Masten für Straßenbahn- und Straßenbeleuchtungszwecke gelöst werden kann, zeigen uns die Abb. 7 und 8. Bei diesen Masten werden die Lampen rechtwinkelig zu den Straßenbahnspanndrähten auf den Bürgersteig herabgelassen.

Abb. 9. 21 m hoher Mast für Straßenbeleuchtungs- und Straßenbahnzwecke.

Unter den gleichen Gesichtspunkten, jedoch in größerem Maßstabe, und außerdem von der Überlegung ausgehend, daß hoch angeordnete starke Lichtquellen die Übersichtlichkeit stark belebter Plätze ganz wesentlich fördern, sind u. a. in Berlin auf dem Potsdamerplatz Maste von 21 m Höhe aufgestellt worden (siehe Abb. 9), die in etwa 5,5 m Höhe die Straßenbahnoberleitung und in etwa 18 m Höhe vier Bogenlampen mit einer Lichtstärke von je etwa 5000 HK tragen. Die Beleuchtungsverteilung auf diesem Platze zeigt Abb. 13 auf S. 293.

Zubehörteile. Die zur Aufhängung und Bedienung der Lampen erforderlichen Zubehörteile haben auf den Betrieb und die Unterhaltungskosten einer Straßenbeleuchtungsanlage einen wesentlich größeren Einfluß, als dies im ersten Augenblick erkenntlich ist. So kann z. B. durch unsachgemäß behandelte Seile viel Zeit und Material vergeudet werden. Langjährige Versuche im großen Maßstabe haben gezeigt, daß die Lebensdauer bzw. die Benutzungszeit der Trag- und Windenseile günstig beeinflußt wird, wenn dieselben in jeder Strähne und außerdem in der Mitte des Seiles einen Baumwoll- oder weichen Hanffaden erhalten, die sämtlich durch Einlegen des ganzen Seilringes in ein Gefäß mit gutem, säurefreiem Schmieröl getränkt werden. Das Vollsaugen der Fäden dauert etwa 14 Tage. Nach dieser Zeit können die Seile bei Bedarf herausgenommen und nach Abstreifen des auf der Oberfläche haftenden Öles verwendet werden. Die Lebensdauer der auf diese Weise behandelten Seile beträgt nach den bisherigen Erfahrungen im Mittel für ein Tragseil 12 bis 15 Jahre, für ein Windenseil 6 bis 7 Jahre, hierbei besitzt das Tragseil eine Bruchfestigkeit von 3000 kg, das Windenseil eine solche von 300 kg; belastet sind die Seile mit etwa 300 kg bzw. 30 kg max., besitzen also eine zehnfache Sicherheit gegen Bruch.

Versuche mit Rostschutzmitteln, die auf die Oberfläche der Seile aufgetragen wurden, führten zu wenig günstigen Ergebnissen, da die Seile von innen heraus rosteten. Außerdem hatten die Rostschutzmittel den Nachteil, daß sich dieselben auf den Laufflächen der Rollen festsetzten und, zusammengemengt mit Straßenstaub, die Rollen derart verschmutzten, daß sie festklebten.

Besonders sorgfältig ist auch auf gute Schmierung der Rollen zu achten. Von allen Rollen mit selbsttätiger Schmierung erwies sich die mit Graphitschmierung versehene als die brauchbarste. Diese Rollen aus Gußeisen haben eine dünne Messingbuchse mit spiralförmig verlaufender Schmiernut, in die möglichst reiner Flockengraphit, gemischt mit etwas Stauferfett, hineingedrückt ist. Als Laufachse dient ein blank gedrehter Eisenbolzen. Derartige Rollen können 3 bis 4 Jahre ohne Nachfüllen des Graphites in Betrieb sein, laufen sehr leicht und sind daher da, wo örtliche Verhältnisse es verlangen, zu mehreren als Winkel- oder Abweisrollen in einem Winden- oder Gegengewichtseilzug verwendbar.

Für die Befestigung der Rosetten, Winden, Rollen usw. haben sich Keilschrauben passender Größe, deren Konstruktion ich als bekannt annehme, gut bewährt.

Zur Schonung der Windenseile und zur Vermeidung des Herabfallens von Lampen empfiehlt es sich, alle Kandelaber, Maste und Überspannungen, an denen die Lampen zwecks Bedienung herabgelassen werden, mit Seilentlastungsvorrichtungen zu versehen. Für

Lampen mit freihängenden Stromzuführungskabeln eignen sich sog. Rohrdanzhaken (Abb. 10), deren Wirkungsweise ebenfalls bekannt sein dürfte. Diese Art der Stromzuführung ist übrigens nicht so betriebssicher wie die Stromzuführung mittels Kuppelung.

Es gibt eine ganze Reihe guter Konstruktionen derartiger Stromkuppelungen, die gleichzeitig mit einer Seilentlastung versehen sind. Eine solche wurde schon bei Besprechung der Überspannung erwähnt. Die Abb. 11 läßt eine Stromkuppelung mit Seilentlastung erkennen,

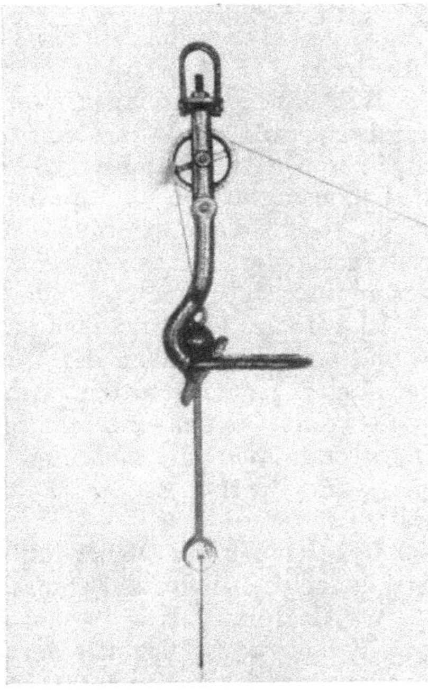

Abb. 10. Rohrdanzhaken.

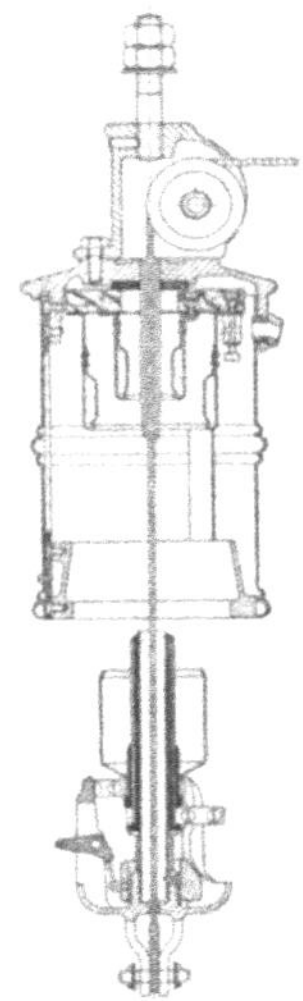

Abb. 11. Stromkuppelung mit Seilentlastungsvorrichtung.

die in Berlin zu mehreren Hunderten in Betrieb sind. Die Seilentlastung erfolgt hierbei durch drei mit einem gemeinsamen Gewicht belastete Klinkenwinkel, die je nach der Stellung des ausfahrbaren Teiles der Kuppelung in deren feststehenden Teilen durch den am Kuppelungsende erkennbaren, nach innen konischen und mit unterem Ansatz versehenen Ring gesperrt oder freigegeben werden. Auf der Abbildung ist nur ein Klinkwinkel sichtbar, da die anderen in den um 60° verschobenen Ebenen liegen.

Alsdann wären noch als Zubehörteile Spannschlösser zum Ausgleich von Längenverschiedenheiten der Überspannungsseile bzw. zur Regulierung des Durchhanges, Seilkauschen, zur Verbindung der

Seile mit den Masten, Lampen usw. und die Winden zu erwähnen; letztere sind für alle Einrichtungen, soweit angängig, einheitlich zu wählen, um das stets erforderliche Reservelager möglichst klein zu halten.

Lampentypen. Die Wahl der zur Beleuchtung einer bestimmten Straße geeigneten Lampentype ist an Hand der Tabelle auf S. 571 über die erforderliche mittlere Horizontalbeleuchtung möglich. Ausscheiden können wir hierbei heute von vornherein diejenigen Lampentypen, deren spezifischer Effektverbrauch größer als etwa 1 W/HK und deren Brenndauer kleiner als 100 Stunden ist. Für die Straßenbeleuchtung kommen somit nur noch in Frage: luftleere und gasgefüllte Metalldrahtlampen und Dauerbrand-Effektbogenlampen.

Metalldrahtlampen unter 100 HK haben einen spez. Verbrauch von 0,8 bis 1,2 W/HK$_\circ$, Gasfüllungslampen über 100 HK von 0,45 bis 0,7 W/HK$_\circ$, Dauerbrand-Effektbogenlampen von 0,15 bis 0,25 W/HK$_\circ$.

Diese Verbrauchszahlen sind Erfahrungszahlen und bezogen auf den effektiven Verbrauch der Lampen. Der Gesamtverbrauch ist etwas höher, da zu dem eigentlichen Verbrauch jeder Lampe noch der in den Lampenkabeln, Leitungen und Verbindungsstellen entstehende Spannungsverlust hinzutritt. Dieser ist bei allen Lampentypen praktisch prozentual annähernd gleich hoch und richtet sich nach den durch die möglichen Anlagekosten gegebenen Leitungsquerschnitten. Im allgemeinen läßt man 10 bis 15% Spannungsverlust in den einzelnen Straßenbeleuchtungs-Stromkreisen zu. In Stromkreisen mit mehreren hintereinander geschalteten Bogenlampen wirkt hierbei der Leitungswiderstand als Teil des Vorschaltwiderstands.

Die Lebensdauer von Metalldrahtlampen für 220 V und 50 bis 200 HK betrug in der Berliner Straßenbeleuchtung im Jahre 1919 im Mittel etwa 650 Stunden, diejenige für Gasfüllungslampen von 400 bis 1000 HK im Mittel etwa 600 Stunden und die Brennzeit einer Dauerbrand-Effektbogenlampe mit einem Kohlenpaar etwa 120 Stunden. Es ist zu erwarten, daß die Lebensdauer der Metalldrahtlampen und Gasfüllungslampen wieder auf die vor dem Kriege erreichte Höhe von im Mittel etwa 800 Stunden und die der Dauerbrand-Effektbogenlampe, durch weitere Verbesserung der Elektroden, auf 200 Brennstunden für ein Kohlenpaar steigt.

Lampenanordnung. Für die Anordnung der Lampen auf normalen Straßen mit einem Fahrdamm und zwei Bürgersteigen bestehen im allgemeinen drei verschiedene Möglichkeiten.

1. Aufhängung der Lampen über Straßenmitte mit aufeinanderfolgenden halbnächtigen und ganznächtigen Lampen, wie Abb. 12a zeigt.

2. Seitenaufstellung mit versetzt angeordneten Lampenträgern nach Abb. 12b u. c.

3. Seitenaufstellung mit sich gegenüberstehenden Lampen nach Abb. 12d.

Bei der an zweiter Stelle erwähnten Lampenanordnung können für die Nachtbeleuchtung entweder sämtliche auf der einen Seite stehenden Lampen (*b*) oder auf jeder Seite eine um die andere Lampe (*c*) benutzt werden. Die Nachtbeleuchtung wird in beiden Fällen ungleichmäßiger ausfallen, als wenn bei den unter 1 und 3 erwähnten Anordnungen die halbe Lampenzahl gelöscht wird. Dafür ist die Abend-

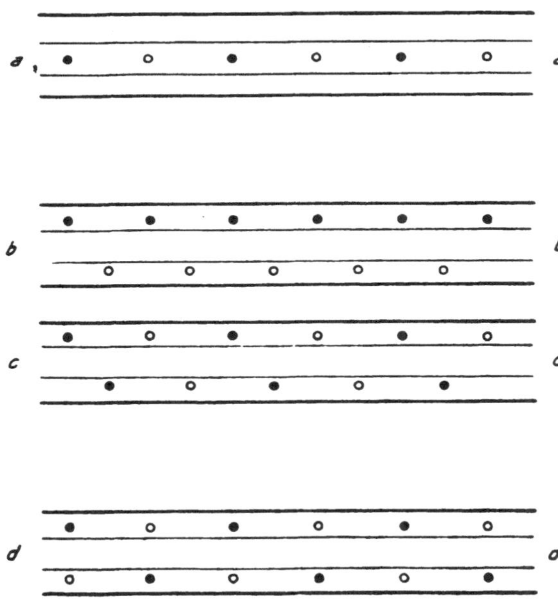

Abb. 12. **Anordnung von Lampen auf einer normalen Straße.**
○ **Halbnachtlampen,** ● **Ganznachtlampen.**

beleuchtung bei Anordnung 2 gleichmäßiger als bei den beiden anderen Anordnungen unter Annahme gleicher Lampenzahl für 1 m Straßenlänge.

Welche Lampenanordnung zu wählen ist, läßt sich generell nicht angeben, hierfür sind ausschließlich die örtlichen Verhältnisse maßgebend, auf die weiter oben bereits hingewiesen wurde.

Lampenschaltung. Die Schaltung der Lampen ist abhängig von deren normaler Betriebsspannung. Sowohl bei Wechsel- als auch bei Gleichstromanlagen besteht das Bestreben, Lampen derjenigen Spannung zu wählen, bei der eine möglichst günstige Lichtausbeute bei gleichzeitiger größtmöglichster Lebensdauer erreicht wird. Sowohl luftleere Metalldrahtlampen von 100 Kerzen und mehr, als auch ganz besonders die Gasfüllungslampen von 50 Kerzen und mehr sind für eine Spannung von etwa 50 V wesentlich wirtschaftlicher als Lampen für 220 V. (Siehe Tab. 21, S. 555.) Es ergeben sich hieraus für die Schaltung solcher Lampen bei Verwendung in Gleichstromanlagen ein und bei Verwendung in Wechselstromanlagen zwei Wege. Bei Gleichstromanlagen von z. B. 220 V werden 4 Lampen zu je 50 bis 55 V, bei Wechselstromanlagen der gleichen Spannung entweder ebenfalls 4 Lampen in Reihe, oder jede Lampe wird unter Zwischenschaltung eines Transformators einzeln geschaltet. Diese Schaltung ist sonach mit derjenigen von Bogenlampen identisch. Hier wie dort muß dafür gesorgt werden, daß die Spannung und Stromstärke, für welche die einzelnen Lampen bemessen sind, gut übereinstimmt. Die Verwendung von Transformatoren mit Einzelschaltung der Lampen finden wir beispielsweise in Dresden in größerem Umfange. Daselbst sind die Lampentransformatoren in besondere, wasserdicht hergestellte Zementtöpfe montiert, die in den Bürgersteig eingebaut und mit einem eisernen Deckel abgedeckt sind. Für Lampen mit geringerem Wattverbrauch, z. B. 50 W, finden, wie oben schon erwähnt, kleine, vollständig gekapselte Transformatoren Verwendung, die unmittelbar über der Lampe zwischen Lampensockel und Träger sitzen (Abb. 2, S. 302).

Die Anlagekosten des Leitungsnetzes werden bei Reihenschaltung der Lampen nicht unerheblich niedriger als bei Parallelschaltung. Bei Anwendung von Niedervoltlampen in Einzelschaltung mit zwischengeschalteten Transformatoren verteuert sich durch letztere naturgemäß die Anlage, und es ist von Fall zu Fall zu prüfen, ob die nach Abzug des Transformatorenverlustes von etwa 10% doch noch übrig bleibende Ersparnis von 20 bis 30% an Stromkosten die Beschaffung der Transformatoren rechtfertigt, wobei natürlich der jeweilige Strompreis und der Preis des Transformators eine erhebliche Rolle spielen.

Während man bei ausgedehnten Straßenbeleuchtungs-Leitungsnetzen den ungünstigen Einfluß des Spannungsabfalles auf parallel geschaltete Lampen nicht beseitigen kann, ist dies bei hintereinandergeschalteten Lampen ohne weiteres möglich, da sich der Spannungsverlust des betreffenden Stromkreises auf die einzelnen Lampen gleichmäßig verteilt. Die in einzelnen Stromkreisen vorhandenen Verschiedenheiten des Leitungsverlustes können entweder durch Variierung der Leitungsquerschnitte oder, wo dies nicht angängig, durch Einschaltung kleiner Widerstände ausgeglichen werden.

Um die Lebensdauer von Gasfüllungslampen zu erhöhen, hat es sich als zweckmäßig herausgestellt, die nominelle Lampenspannung um 2 bis 3 V höher zu wählen, als die in den betreffenden Anlagen auf die einzelnen Lampen entfallenden Betriebsspannungen. Diese kleine Unterspannung der Lampen läßt überdies einen automatischen Ausgleich zwischen den in Reihe geschalteten Lampen ohne Überlastung einzelner zu.

Fernschaltung. Die Ein- und Ausschaltung der elektrischen Straßenbeleuchtungslampen erfolgt, soweit es sich um Anlagen kleineren Umfanges handelt, zu den vorgeschriebenen Tagesstunden von Hand, d. h. die Lampen werden einzeln oder stromkreisweise mit den an oder in den Masten oder Kandelabern oder auch in kleinen Schaltkästen untergebrachten normalen Schaltern gezündet oder gelöscht.

In größeren Anlagen ist man in den letzten Jahren dazu übergegangen, diese Schaltart aufzugeben und die Beleuchtungsgebiete fernzuschalten und fernzuüberwachen, um das mit großem Leerlauf arbeitende Schalt- und Wachpersonal auf das nur unbedingt erforderliche Maß zu beschränken. Die Fernüberwachung ist auch aus Gründen der Betriebssicherheit zu empfehlen, da sie wesentlich zuverlässiger als die Überwachung durch Personal ist, dessen Aufmerksamkeit bekanntlich durch Witterungseinflüsse und andere Umstände beeinträchtigt wird. Diese gleichzeitige Verminderung der Betriebskosten und Erhöhung der Betriebssicherheit kann selbstverständlich nur mit Einrichtungen erzielt werden, die sich bereits mehrere Jahre auch unter schwierigen Betriebsverhältnissen gut bewährt haben. Eine Einrichtung dieser Art für Gleichstrom, die in Berlin in Betrieb und sowohl für Metalldrahtlampen als auch für Bogenlampen geeignet ist, soll kurz beschrieben werden.

Wie aus Abb. 13 ersichtlich, wird zur Fernschaltung und Fernüberwachung der an eine gemeinsame Schaltstelle angeschlossenen Lampen gleicher Brennzeit nur eine Leitung gebraucht. Diese Leitung verbindet einen in einem Schalthäuschen untergebrachten Fernschalter 8—17 mit den in der Fernschaltzentrale befindlichen Kontakt- bzw. Signalapparaten 1—5; an den Fernschalter sind einige Lampenstromkreise, z. B. 34, 35, 36, 37, angeschlossen, in deren Zuleitungen die Spulen 26, 27, 28, 29 von Kontaktindikatoren eingeschaltet sind. Vor diesen Spulen bzw. Elektromagneten schwingen (Abb. 13) die Anker 30, 31, 32, 33; diese haben an den Vorderseiten isoliert befestigte Kontaktklötzchen, die im stromlosen Zustande der Elektromagnete die Kontaktfedern 18—19, 20—21, 22—23, 24—25 nicht berühren. Der Kontakt 19 ist mit dem einen Ende der Ausschaltspule 12 des Fernschalters, der Kontakt 18 mit 21, 20 mit 23, 22 mit 25 und endlich 24 über 16 mit dem Minuspole des Kabelnetzes dauernd verbunden; ferner ist das andere Ende der Spule 12 des Fernschalters an den Kontakt 9 des mit dem Anker des Fernschalters gekuppelten Umschalters angeschlossen, während die Einschaltspule 13 zwischen dem Kontakt 10 des vorerwähnten Umschalters und dem Pluspole des Kabelnetzes liegt.

Zur Betätigung des Fernschalters ist sowohl im Schalthause als auch in der Fernschaltzentrale je ein Schalter oder Geber mit selbsttätiger Mittelstellung der Kontaktfedern vorhanden; diese stehen in der in Abb. 13 angedeuteten Weise mit der Fernschaltleitung 7, die anderen Kontakte mit dem Kabelnetz in Verbindung. Außerdem ist zwischen die Fernschaltleitung 7 und den Nullpol des Kabelnetzes die Spule eines polarisierten Galvanoskops 4 geschaltet, das mit einer Kontaktvorrichtung 5—5 für einen Weckerstromkreis 6 od. dgl. ver-

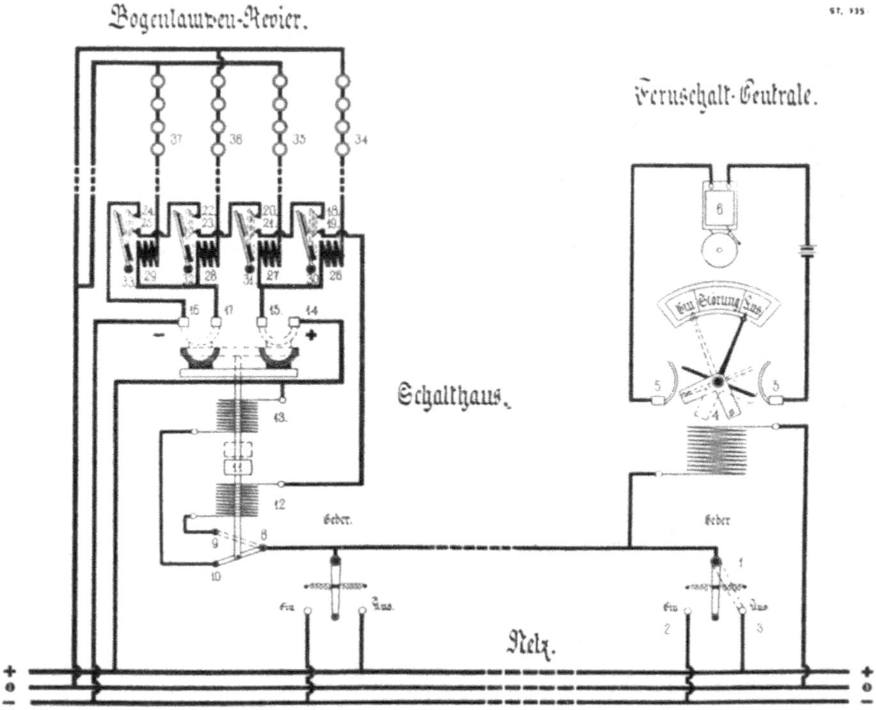

Abb 13. Schaltbild der Fernschalteinrichtung der Berliner Straßenbeleuchtung. Lampen ausgeschaltet.

sehen ist. Die übrigen bei der praktischen Ausführung noch vorhandenen Apparate, wie Sicherungen, Schalthebel, Widerstände usw. sind der Deutlichkeit halber nicht in das Schema aufgenommen. Im Ruhezustande, d. h. in der Zeit, in der die Lampen nicht brennen, befinden sich im Schalthause der Fernschalter, die Kontaktindikatoren sowie der Geber, und in der Fernschaltzentrale das Galvanoskop und der Geber in der in Abb. 13 durch ausgezogene Linien dargestellten Lage. Die Spule des Galvanoskops ist hierbei, wie leicht zu erkennen, zwischen den Pluspol des Netzes im Schalthause und den Nullpol des Netzes in der Fernschaltzentrale geschaltet. Bei der angegebenen Stromrichtung erfolgt ein Ausschlag des Galvanoskopzeigers nach rechts auf das Feld »Aus«.

Sollen nunmehr die Lampen eingeschaltet werden, so wird entsprechend Abb. 14 durch Linksdrehung des Gebers in der Fernschaltzentrale auf die Marke »Ein«, wie strichpunktiert eingetragen, über 1—2 eine Verbindung mit dem Minuspole des Netzes hergestellt. In diesem Augenblick wird durch die Spule 13 der Fernschalter einge-

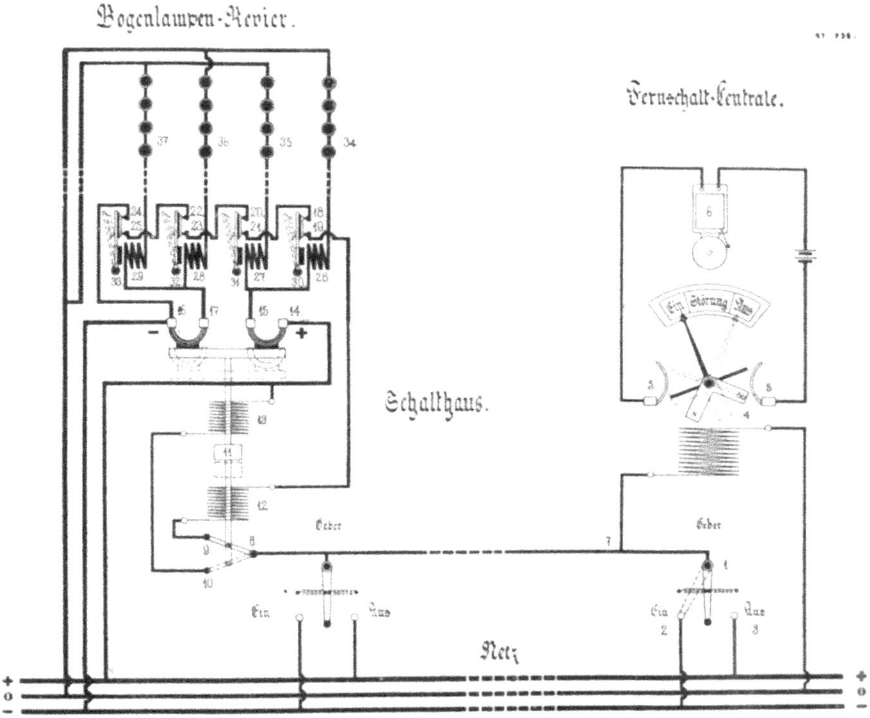

Abb. 14. Fernschalteinrichtung der Berliner Straßenbeleuchtung. Lampen eingeschaltet.

schaltet und der Schaltstrom durch die Bewegung der Zunge des mit dem Anker des Fernschalters zwangsläufig verbundenen Umschalters, von der Stellung 8—10 in die Stellung 8—9 (Abb. 14) unterbrochen.

Anderseits wird diejenige Seite der Spule des Galvanoskops 4, die vorher mit dem Pluspole des Netzes im Schalthause in Verbindung stand, über die Kontakte 1—2 an den Minuspol gelegt und hierdurch eine Umkehrung der Stromrichtung in der Spule bzw. eine Ablenkung des Galvanoskopzeigers nach links, auf das Feld »Ein«, wie in Abb. 14 angegeben, bewirkt.

Gleichzeitig mit dem Zünden der Lampen werden im Schalthause die Anker 30, 31, 32, 33, der Kontaktindikatoren angezogen und die

Kontakte 19—18, 21—20, 23—22, 25—24 geschlossen bzw. untereinander verbunden, so daß nunmehr die Fernschaltleitung 7 über die Umschalterkontakte 8—9, die Ausschaltspule 12, dann über 19—18, 21—20, 23—22, 25—24 mit dem Kontaktstück 16 ebenso wie die Zunge des Gebers in der Fernschaltzentrale mit dem Minuspole des Netzes

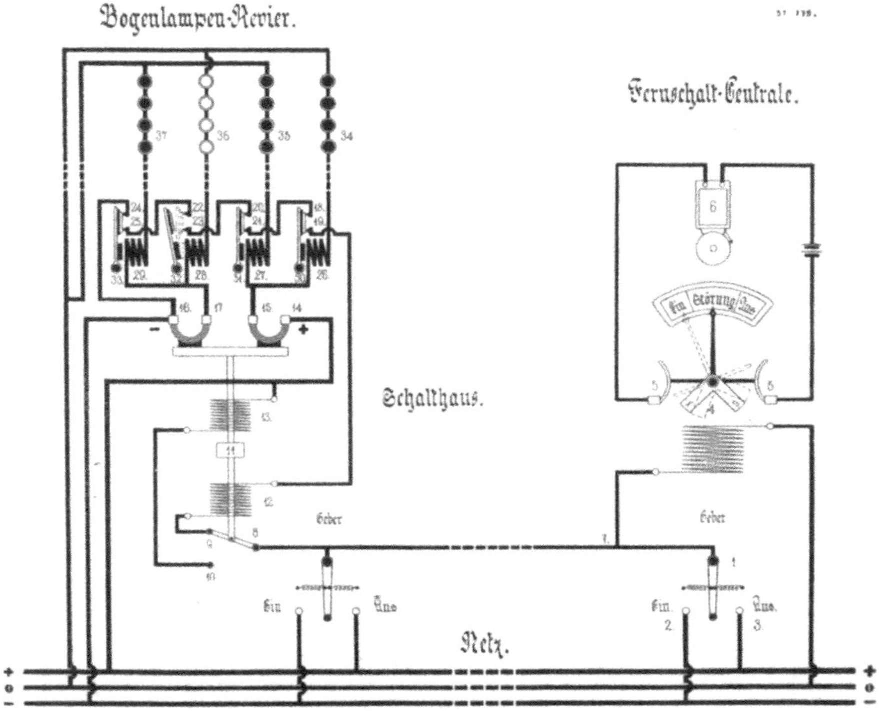

Abb. 15. Fernschalteinrichtung der Berliner Straßenbeleuchtung.
Störung in einem Lampenstromkreis.

in Verbindung steht. Beim Loslassen des Gebers kehrt derselbe selbsttätig in die neutrale Lage zurück und hebt somit die Verbindung 1—2, d. h. mit dem Minuspole des Netzes in der Fernschaltzentrale auf. Das Galvanoskop wird in diesem Moment jedoch nicht stromlos, weil dasselbe, wie vorher gesagt, mit dem Minuspole des Netzes im Schalthause verbunden ist. Der Zeiger des Galvanoskops verbleibt daher auf dem Feld »Ein« und läßt erkennen, daß in dem Schalthause sämtliche Stromkreise in Betrieb sind.

Erlischt eine Bogenlampe oder Metalldrahtlampe während des Betriebes und unterbricht sie hierdurch den Lampenstrom bzw. verringert denselben um 10 bis 25%, so läßt der Elektromagnet des in die betreffende Leitung, z. B. 36 in Abb. 15, eingeschalteten Kontaktindikators 28 den Anker los und öffnet die Kontakte 22—23. Die weitere Folge ist, daß die Fernschaltleitung sowie die Spule des Galvanoskops spannungslos werden und der Zeiger des letzteren, wie Abb. 15 zeigt, auf das Feld »Störung« wandert. Um die Störungsmeldung auch hörbar zu machen oder zu besserem Ausweise schriftlich festzulegen, wird durch die bereits oben erwähnte Kontaktvorrichtung an dem Galvanoskop ein sekundärer Stromkreis geschlossen, in dem sich Wecker und elektromagnetische Schreibvorrichtungen usw. bekannter Konstruktion befinden können. Nach Beseitigung der Störung ist der in Abb. 14 dargestellte Zustand wiederhergestellt.

Die Ausschaltung der Lampen erfolgt, wie aus Abb. 14 ersichtlich, durch Drehung des Gebers in der Fernschaltzentrale nach rechts,

Abb. 16. Fernschalttafel.

in die punktierte Lage. In diesem Moment verläuft ein Schaltstrom vom Pluspole des Netzes in der Fernschaltzentrale über 3, 1, 7, 8, 9, 12, 19, 18, 21, 20, 23, 22, 25, 24 und 16 nach dem Minuspole des Netzes im Schalthause und ein geringer Zweigstrom von 3, 1, 7 durch die Spule des Galvanoskops 4 nach dem Nullpole des Netzes. Durch den Schaltstrom wird der Fernschalter ausgeschaltet und ersterer selbst unterbrochen, während der Zweigstrom den Zeiger des Galvanoskops auf das Feld »Aus« bewegt. Ist der Geber wieder in seine neutrale Lage zurückgekehrt, so ist der zuerst beschriebene Ruhezustand wieder vorhanden. Tritt durch irgend eine Ursache eine Unterbrechung in der Fernschaltleitung, in einer Spule des Fernschalters oder an sonst irgendeiner Stelle ein, so wird dieser Fehler ebenfalls sofort selbsttätig gemeldet. Ferner können durch entsprechende Einstellung der Kontaktindikatoren mit Leichtigkeit Bogenlampen herausgefunden werden, die schwerfällig regulieren. Diese Lampen melden sich selbsttätig und können ausgewechselt werden, noch ehe Unterbrechungen in der Beleuchtung wirklich eingetreten sind. Das Herausfinden von solchen sog. kranken Bogenlampen hatte früher erhebliche Kosten verursacht, weil dies nur durch laufende Messungen an Ort möglich war.

Abb. 16 zeigt eine nach dieser Schaltung ausgeführte Fernschalttafel, von der aus ca. 900 Bogenlampen und 300 Metalldrahtlampen

Abb. 17. Schalthäuschen

ferngeschaltet und fernüberwacht werden. Aus Abb. 17 ist die Anordnung der Kontaktindikatoren in einem Schalthäuschen erkennbar.

Eine Fernschalteinrichtung ähnlicher Art, jedoch für Wechselstrom, ist in Charlottenburg in Betrieb und von Jordan in E.T.Z. 1920, Heft 1, S. 8 eingehend beschrieben.

Die mit diesen Fernschalteinrichtungen erzielten Ersparnisse sind ganz erheblich und machen sich bei den heutigen hohen Lohnsätzen reichlich bezahlt, wie a. a. O. nachgewiesen wird.

Wiederaufbau der elektrischen Straßenbeleuchtung. Das vor dem Kriege so außerordentlich anregend wirkende Wetteifern zwischen Elektrizitäts- und Gasbeleuchtung hörte während des Krieges, soweit es sich um die Vervollkommnung von Lampen und Einrichtungen handelte, aus naheliegenden Gründen auf. Der Betrieb selbst wurde indessen mit unverminderter Sorgfalt weitergeführt, selbst wenn auch manchmal Materialschwierigkeiten überwunden werden mußten.

Einschneidend in den Betrieb waren die Bestimmungen über die Einschränkung der Straßenbeleuchtung, deren eigentlicher Zweck es nach Angabe der Behörden sein sollte, auf das Publikum erzieherisch einzuwirken. Daß dieser Zweck nicht erreicht wurde, ist bekannt; trotzdem besteht die Einschränkung der elektrischen Straßenbeleuchtung fort und ihre Aufhebung ist trotz der gemachten ungünstigen Erfahrungen leider kaum zu erwarten. Der Grund hierfür bleibt unverständlich, wenn man in Betracht zieht, daß der Stromverbrauch der Straßenbeleuchtung nur einen ganz geringen Prozentsatz der von einem Elektrizitätswerk abgegebenen Kilowattstunden ausmacht; z. B. betrug er in Berlin im Jahre 1914, d. h. bei Vollbetrieb der elektrischen Straßenbeleuchtung, nicht ganz 1%. Dieser Prozentsatz liegt z. B. weit innerhalb der Fehlergrenzen von Elektrizitätszählern, deren Abweichungen von dem tatsächlichen Verbrauch bekanntlich $\pm$ 5% betragen dürfen. Von dem 1% für Straßenbeleuchtung fallen durch die Einschränkung noch weitere 0,66% fort, so daß im Jahre 1920 in Berlin nur ca. 0,34% des gesamten Stromverbrauches für Straßenbeleuchtungszwecke Verwendung fand. Auf den gesamten Steinkohlenverbrauch Deutschlands macht dies einen ganz winzigen Anteil aus. Der jährliche Gesamtverbrauch belief sich vor dem Kriege auf etwa 190 Mill. t Steinkohle. Zur Elektrizitätserzeugung werden hiervon nur etwa 3 Mill. t Steinkohle, d. i. rd. 1,6%, benötigt. Von diesen 1,6% entfallen wiederum höchstens 1%, d. s. 30000 t, auf die zum Betriebe der elektrischen Straßenbeleuchtung benötigte Elektrizität.

Es kann hieraus und aus dem vorher Gesagten ermessen werden, welch untergeordnete Rolle die Straßenbeleuchtung als Steinkohlenverbraucher spielt, besonders wenn man noch bedenkt, daß heute ein großer Teil der Elektrizitätserzeugung von Steinkohle auf Braunkohle umgestellt ist. Alsdann ist nicht zu vergessen, daß nach überschläglicher Schätzung zum Ersatz der durch die schlecht beleuchteten Straßen entwendeten und zerstörten Werte mehr Steinkohle erforderlich ist, als durch die Einschränkung der elektrischen Straßenbeleuchtung erspart wird.

Der einzige Weg, um Wandel zu schaffen, d. h. um die unhaltbaren Zustände auf der Straße während der Nacht zu beseitigen und wirklich Kohlen zu sparen, besteht m. E. in dem Bestreben, die elektrische Straßenbeleuchtung mit den gegebenen Mitteln zu heben. Dies ist mit den bereits früher erwähnten drei Lampengattungen, nämlich den Metalldrahtlampen, Gasfüllungslampen und Dauerbrand-Effektbogenlampen zum Teil möglich.

Legt man die ebenfalls schon bekannten Werte für den spezifischen Verbrauch dieser Lampen zugrunde, so entfallen unter Annahme eines Braunkohlenverbrauches von etwa 2 kg/kWh niedergespannter Elektrizität auf 1000 Kerzenstunden bei Verwendung von

Metalldrahtlampen	1,6—2,4 kg	Braunkohle
Gasfüllungslampen	0,9—1,4 »	»
Dauerbrand-Effektbogenlampen	0,3—0,5 »	»

Es ist nun Aufgabe jedes Betriebsleiters, alle Vorteile jeder dieser Lampenarten restlos auszunutzen. Man darf hierbei nicht in den Fehler verfallen, die im Kriege eingeführten Lampen einfach durch größere zu ersetzen. Bei gewissenhafter Prüfung und unter Annahme einer möglichst gleichmäßig guten, auch die örtlichen Verhältnisse berücksichtigenden Beleuchtung wird sich zeigen, daß in manchen Beleuchtungsgebieten Metalldrahtlampen und Reinkohlenbogenlampen durch Gasfüllungslampen und offene Effektbogenlampen gegen Dauerbrand-Effektbogenlampen ersetzt werden können.

Diese Untersuchungen müssen selbstverständlich nicht nur vom rein beleuchtungstechnischen, sondern auch vom wirtschaftlichen Standpunkt aus erfolgen und die für ev. Neubeschaffungen erforderlich werdenden Ausgaben für Abschreibung und Verzinsung einbeziehen.

Besondere Sorgfalt ist den Dienstplänen zuzuwenden, deren eingehende Nachprüfung auf Leerlauf des Reinigungs-, Bedienungs- und Überwachungspersonals nicht selten Ersparnisse bringt. Vor allen Dingen sind die Arbeitsleistungen an Sonn- und Festtagen auf das Ein- und Ausschalten und Überwachen der Lampen zu beschränken. Es wird hierdurch eine wesentliche Vereinfachung der Diensteinteilung und Lohnabrechnung sowie eine unter den heutigen sozialen Verhältnissen geforderte, möglichst gleichmäßige Inanspruchnahme jedes Lampen- bzw. Wachmannes erzielt.

Zehnter Abschnitt.

Die Straßenbeleuchtung mit Gas.

Von Dr. **W. Bertelsmann.**

Beleuchtungskörper für Straßenbeleuchtung. Um das Gas zur Beleuchtung im Freien verwenden zu können, muß man die Brenner in Beleuchtungskörper einbauen, die, ohne den Zutritt der erforderlichen Verbrennungsluft und den Abzug der verbrannten Gase zu hindern, einen möglichst vollkommenen Schutz vor Wind und Regen gewährleisten. Von diesen Beleuchtungskörpern sind zwei Arten, die Laternen und die Außenlampen bekannt, erstere werden stehend mit Gaszuführung von unten, die andern hängend mit Gaszuführung von oben angebracht.

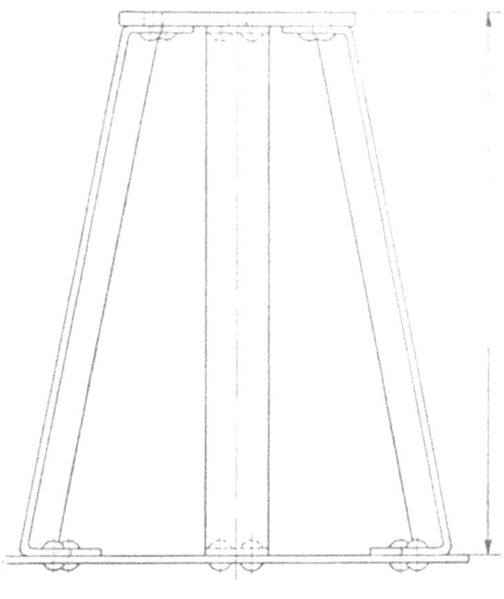

Abb. 1[1]). Erdbock.

Laternen. Die Laternen sind eiserne Gerippe mit sechs Glasscheiben oder einem runden Glasmantel und Glasboden, die oben durch ein Blechdach mit kurzem Schornstein und Windhaube abgeschlossen werden. Im Inneren des Blechdachs ist ein Steingutschirm angebracht. Um die Bedienung der frei in das Gehäuse hineinragenden Brenner zu ermöglichen, ist bei Sechsecklaternen eine der Scheiben zum Aufklappen eingerichtet, während bei Rundmantellaternen das Blechdach aufgeklappt werden kann. Das Kennzeichnende der Laternen ist die Unabhängigkeit der Brenner vom Gehäuse, infolge deren man, soweit es die Größenver-

[1]) Die Abb. 1, wie ein größerer Teil der weiteren Abbildungen dieses Abschnitts entstammen dem »Lehrbuch der Leuchtgasindustrie« von Dr. Bertelsmann (II. Band: Die Verwendung des Leuchtgases), Verlag von F. Enke in Stuttgart.

hältnisse zulassen, jeden Steh- bzw. Hängelichtbrenner darin unterbringen kann. Im allgemeinen werden die Laternen jedoch nur für Stehlichtbrenner benutzt.

Man bringt die Laternen manchmal auf Wandarmen, meistens auf freistehenden eisernen Schäften, den Kandelabern an. Diese werden aus Gußeisen, Stahlrohren oder schmiedeeisernem Gitterwerk hergestellt. Zu ihrer standfesten Anbringung dient der Erdbock oder Erdfuß (Abb. 1), ein aus kräftigen Flach- und Winkeleisen zusammengenietetes Gestell von 60 bis 100 cm Höhe, das am oberen Ende einen starken Winkelring zum Aufschrauben des Laternenschaftes trägt. Dieser Erdbock wird bis zur Oberkante in den Erdboden eingelassen, dann setzt man den Kandelaber auf, schraubt ihn fest und führt die Gasleitung durch den Schaft hindurch bis in den Erdbock hinab (Abb. 2). Von hier aus verlängert man sie bis

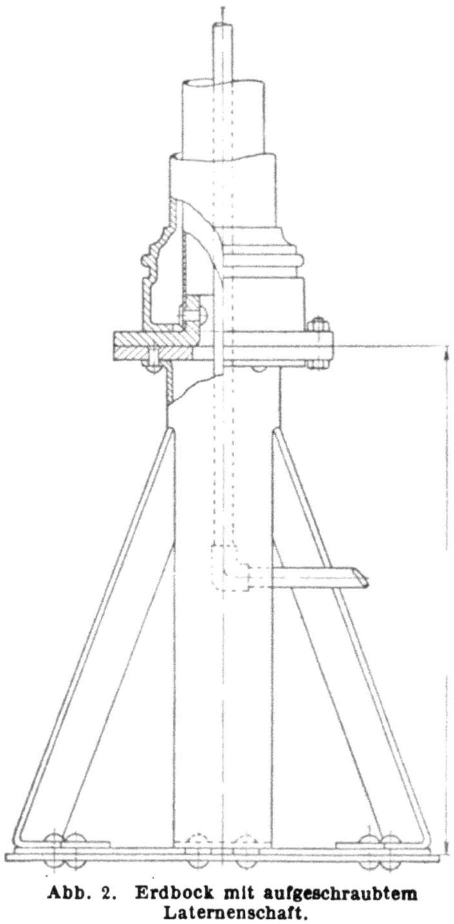

Abb. 2. Erdbock mit aufgeschraubtem Laternenschaft.

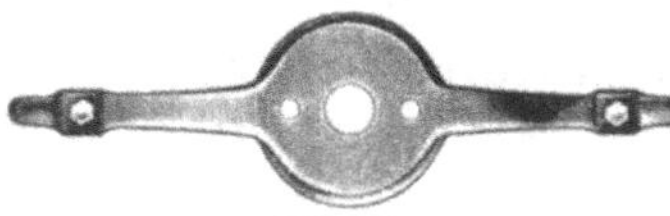

Abb. 3. Tragbügel von oben gesehen.

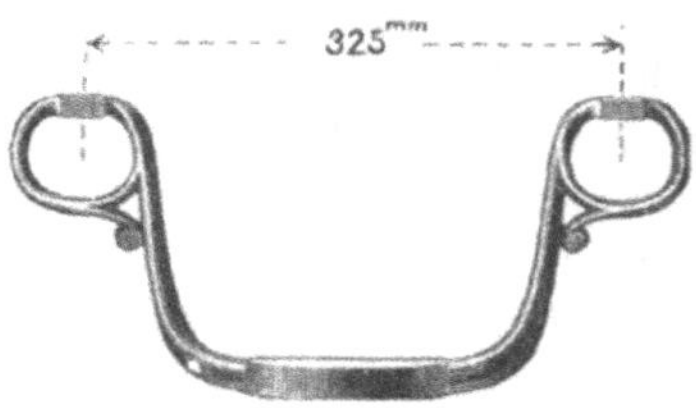

Abb. 4. Tragbügel von der Seite gesehen.

zum Straßenrohr und schließt sie an dieses in üblicher Weise, z. B. mittels einer Anbohrschelle, an. Besteht der Kandelaber aus Mannesmannrohr, so benützt man ihn nicht selten selbst als Gasleitung. Die Laterne befestigt man auf dem Kandelaber mit Hilfe eines U-förmigen Tragbügels aus Guß- oder Schmiedeeisen (Abb. 3 u. 4).

Je nach ihrer Größe werden die Laternen mit einem bis sechs Auerbrennern oder mit einem bis drei Preßgasbrennern besetzt, die mit der Gasleitung durch Hahnaufsätze, deren Küken sich von unten her leicht betätigen lassen, verbunden werden. Bei Gruppenbrennern ist es nicht üblich, jeden Brenner mit einem besonderen Absperrhahn zu versehen, doch stattet man den gemeinsamen Hahn mit mehreren Gaswegen aus, um nach Belieben einen, mehrere oder alle Brenner löschen zu können. Ein Hahnaufsatz für Einzelbrenner mit Zündflamme ist in Abb. 5 dargestellt. Über das Gasrohr ist eine Hülse mit Hebel und oberem Zahnradansatz geschoben, letzterer greift in den Zahnradansatz des Hahnkükens ein, so daß der Hahn

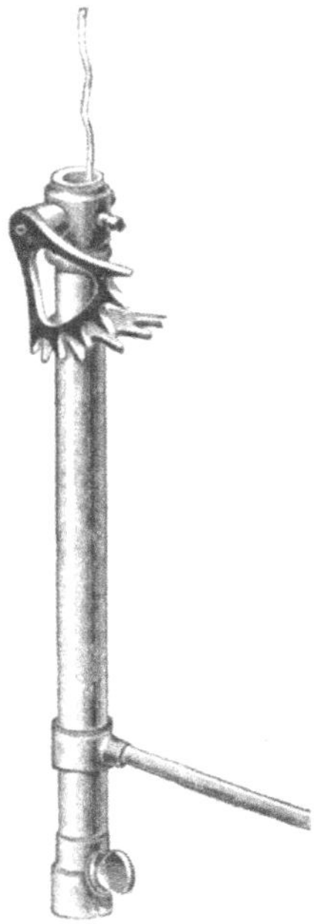

Abb. 5. Hahnaufsatz für Stehlicht.

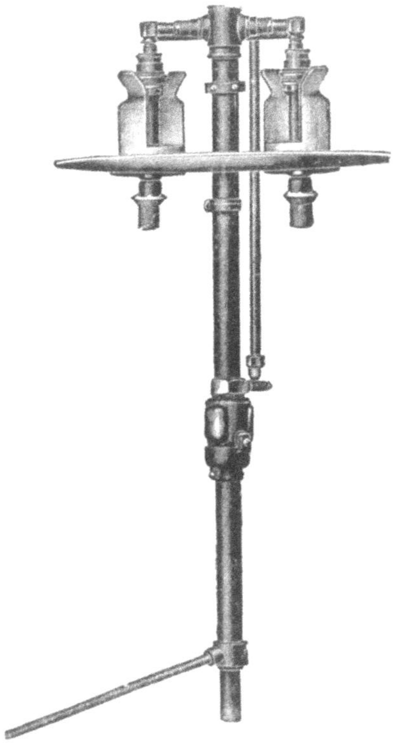

Abb. 6. Hahnaufsatz für Hängelicht.

durch seitliche Bewegung des Hebels betätigt wird. Der am unteren Ende sichtbare, verschraubte Stutzen dient zum Eingießen von Spiritus in die Gasleitung, falls diese eingefroren sein sollte. Abb. 6 gibt einen Hahnaufsatz für Hängelichtbrenner wieder, bei dem das Küken in der Achse des Gasrohrs liegt und das Hahngehäuse bewegt wird.

Außenlampen. Die Außenlampen unterscheiden sich von den Laternen dadurch, daß sich alle schattengebenden Teile, soweit tunlich, über der Lichtquelle befinden, daher werden diese Lampen auch stets aufgehängt und ihnen das Gas von oben zugeführt. Sie sind von den Brennern nicht unabhängig, sondern mit ihnen fest verbunden und werden von der Gasleitung getragen. Ihre für Stehlichtbrenner bestimmte Bauart (Abb. 7) besteht aus einem runden Blechmantel, der unten einen Reflektor nebst Glasglocke trägt und oben durch eine Windhaube abgedeckt ist. Im Inneren befindet sich ein Schornstein, in den die Zylinder der Brenner hineinragen. Die Gasleitung, welche gleichzeitig Träger der Lampe ist, durchbricht die Windhaube und ragt bis über die Glocke hinaus, die sie ebenfalls trägt. Dicht über dem Lampenschirm tritt durch senkrechte Schlitze die Verbrennungsluft in die Lampe ein und fällt in die Glocke zu den Brennern ab. Die Rauchgase gelangen durch den Schornstein und die Windhaube ins Freie.

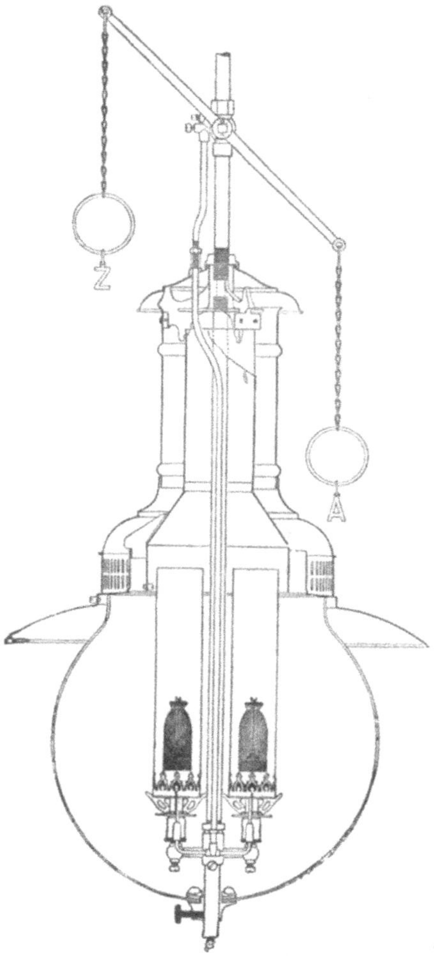

Abb. 7. Außenlampe für Stehlicht.

Bei den Außenlampen für Hängelicht, die wir im Abschnitt »Gasbeleuchtung« bereits kennengelernt haben, ist die Verbindung des Gehäuses mit den Brennern noch inniger, insofern als die Brenner ohne das Gehäuse gar nicht betriebsfähig sind. Man baut nicht etwa fertige Brenner in das Gehäuse ein, sondern nur die gasführenden Teile, d. h. Düse, Brennerrohr und Mundstück, während Brennerboden und Abzugsschornstein Teile des Gehäuses sind. Demzufolge kann man die Abwärme der Rauchgase in weit vollkommenerer Weise zum Vorwärmen der Verbrennungsluft ausnutzen als beim einzelnen Brenner und erzielt daher Nutzleistungen, die denen der Preßgaslampen nahekommen. Letztere sind ähnlich wie die Niederdrucklampen, aber einfacher gebaut und ebenfalls mit Vorrichtungen zum Vorwärmen der Verbrennungsluft ausgestattet.

Zur Anbringung der Außenlampen bedient man sich derselben Kandelaber wie bei den Laternen, versieht die Kandelaber jedoch mit einem Aufsatz (Abb. 8), an den die Lampen angeschraubt werden. Sehr lichtstarke Lampen werden gewöhnlich so hoch aufgehängt, daß sie nicht mehr von der Leiter aus bedient werden können; man ordnet sie daher herablaßbar an.

Ablaßvorrichtungen. Unten am Mast bringt man eine Seiltrommel mit Kurbel und Sperrklinke an und führt von dieser aus zwei Drahtseile L (Abb. 9) über Rollen bis zur höchsten Stelle des Mastes, wo sie mit

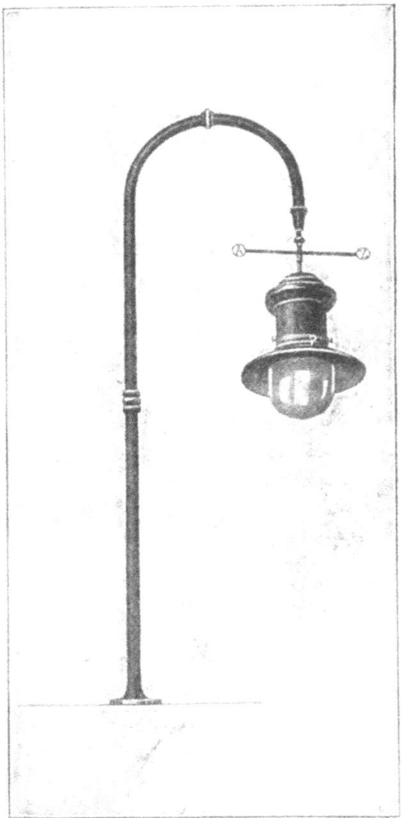

Abb. 8.
Kandelaberaufsatz für Hängelampen.

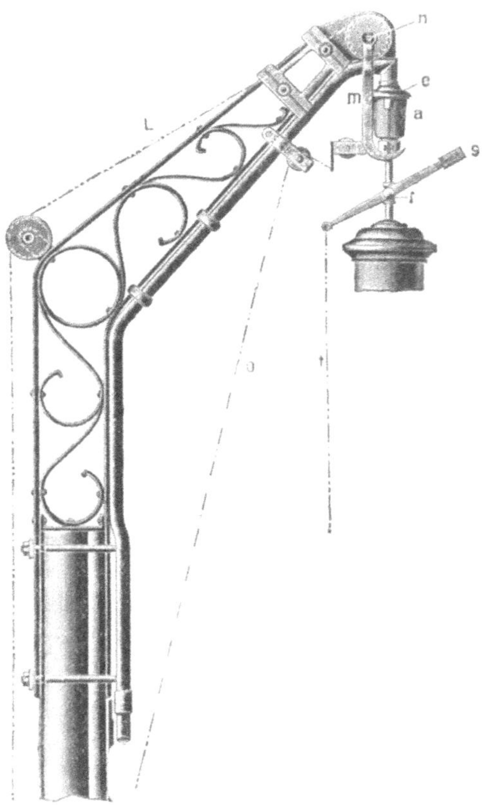

Abb. 9.
Ablaßvorrichtung für Niederdrucklampen.

der Lampe verbunden werden. Damit die Seile nicht dauernd die Lampe zu tragen brauchen, befindet sich oben am Mast eine klauenförmige Seilentlastung m, in der die Lampe ruht. Soll sie herabgelassen werden, so zieht man die Klaue mittels des Seils o zurück und läßt die Lampe mit Hilfe der Winde herunter. Die gasdichte Verbindung der Lampe mit der Gasleitung vermittelt die Quecksilberdose a, die in Abb. 10 besonders dargestellt ist. Sie besteht aus einem gußeisernen Quecksilbergefäß a mit dem oben zugespitzten, seitlich durchbohrten Mittelrohr b, das unten in den Gewindeansatz *k*, den Lampenanschluß, mündet. Das Gefäß *a* ist oben durch die Regenhaube *c* lose verschlossen, seitlich sind Augen *m* zum Anschluß der Tragseile angebracht. In die Gasleitung des Kandelabers ist das Überschubrohr *c* mit dem Ventil *d* eingeschraubt. Beim Hochziehen der Lampe schiebt sich dieses Rohr über das Standrohr *b* der Quecksilberdose und taucht tief in das Quecksilber ein. Die Spitze des Rohrs *b* hebt gleichzeitig das Ventil, so daß das Gas Zugang zur Lampe hat. Innerhalb letzterer befindet sich ein mit Asbestfäden durchzogenes Metallkreuz. Den Asbest tränkt man vor dem Hochziehen mit Spiritus und entzündet diesen. Er brennt, bis die Lampe angeschlossen ist, und entzündet dann die Zündflamme. Das Öffnen des Lampenhahns geschieht durch Anziehen des Seils *t* (Abb. 9), das Löschen durch Lösen des Seils, da das Gegengewicht *s* den Hahn schließt.

Preßgaslampen lassen sich natürlich nicht durch eine Quecksilberdose an die

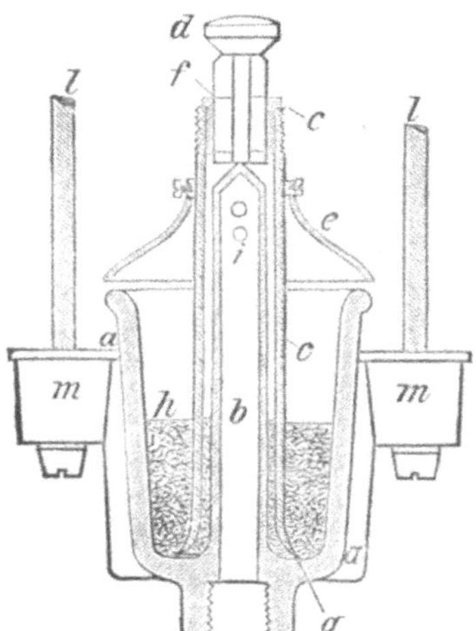

Abb. 10.
Quecksilberdose.

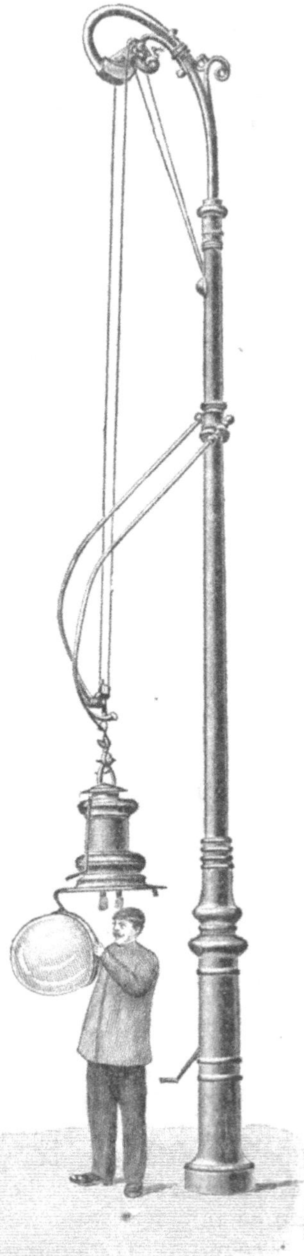

Abb. 11.
Gelenkrohrkandelaber.

Gasleitung anschließen, da der Flüssigkeitsverschluß eine übermäßige Höhe haben müßte. Man benutzt daher bei ihnen Metallschläuche oder Gelenkrohre zur Verbindung. Abb. 11 zeigt einen in dieser Weise ausgerüsteten Kandelaber (Ehrich & Graetz, Berlin). Die Gasleitung ist bis zu zwei Dritteln der Gesamthöhe im Schaft hochgeführt und mündet hier in eines der beiden Gelenkrohre. Letztere sind mit dem Lampenansatz an zwei übereinander liegenden Drehpunkten verbunden, so daß die Lampe nicht pendeln kann. Sie hängt an einem Tragseil, das während des Betriebs entlastet ist. Beim Anziehen des Seils klinkt sich die Lampe aus und kann herabgelassen werden. Während der Abwärtsbewegung verschieben sich die Drehpunkte des einen Armes zu denen des andern an Mast und Lampe um das gleiche Stück, infolgedessen kommt eine Parallelogrammführung zustande, und die Lampe hängt in allen Lagen senkrecht.

Überspannungen. Will man die Lampe über der Straßenmitte aufhängen, so bedient man sich einer Überspannung (Abb. 12). Sie besteht aus einem an beiden Straßenseiten befestigten Tragseil, das in seiner Mitte eine Rolle trägt. Über diese ist das Zugseil geführt, an dem die Lampe hängt. Das Gas leitet man mittels Metallschlauchs oder eines Gelenkrohres zu. Beim Nachlassen des Zugseils senkt sich die Lampe nach der gegenüberliegenden Bordschwelle und kann dort bedient werden. Bei leichten Lampen verzichtet man gewöhnlich auf ein besonderes Zugseil, indem man das Tragseil als solches ausbildet. Sehr schwere Lampen hängt man derart auf, daß sie vor dem Herablassen zur Seite gefahren werden können, und schließt sie mittels eines Metallschlauchs an die Gasleitung an.

Aufhängehöhe. Die Höhe, in der man die Lichtquellen über dem Erdboden anbringt, wird sowohl durch beleuchtungstechnische als auch durch praktische Gesichtspunkte bestimmt. In beleuchtungstechnischer Hinsicht sind die Lichtart und Lichtstärke sowie die geforderte Beleuchtungsstärke maßgebend, von praktischer Bedeutung ist die Art der Anbringung, da von ihr die Bedienungsmöglichkeit abhängt.

Die Lichtart hat einen außerordentlichen Einfluß auf die räumliche Lichtverteilung; das hängende Gasglühlicht strahlt hauptsächlich abwärts, das stehende aufwärts. Vergleicht man zwei mit Schirm versehene Brenner dieser beiden Arten miteinander und setzt deren ohne Schirm ermittelte, wagrechte Lichtstärken gleich, so findet man die nutzbare Lichtmenge des Hängelichts um etwa 30% größer als die des Stehlichts. In der Richtung senkrecht nach unten und in deren Nähe übertrifft das Hängelicht das Stehlicht gar um 70% und darüber. Daraus ergibt sich, daß man bei gleicher Lichtstärke Hängelichtbrenner höher anbringen wird als Stehlichtbrenner. Diese höhere

Anbringung hat den doppelten Vorteil, daß man eine größere Fläche beleuchten und eine gleichmäßigere Beleuchtung erzielen kann als bei niedrigerer Anbringung. Um nun Anhaltspunkte für die bei

Abb. 12. Straßenüberspannung.

verschiedenen Lichtpunkthöhen zu erwartenden Beleuchtungswerte zu geben, sind in den folgenden drei Tabellen diese Werte für Stehlicht, Niederdruck- und Hochdruckhängelicht für Ausrüstungen wiedergegeben, wie sie bei Außenbeleuchtung gebräuchlich sind. Für andere als die der Berechnung zugrunde gelegten Lichtstärken lassen sich die gewünschten Werte ohne merklichen Fehler durch einfache Umrechnung nach dem Verhältnis der Lichtstärke ermitteln.

Tabelle 1.

Horizontal-Beleuchtung durch einen Stehlicht-Brenner für 100 HK mit Steinguttrichter.

Abstand vom Lampen-fußpunkt	Lichtpunkthöhe in Metern					
	1,0	1,5	2,0	2,5	3,0	3,5
m	Lux	Lux	Lux	Lux	Lux	Lux
0	76,0	33,8	19,0	12,2	8,5	6,2
1	33,7	20,4	12,5	8,0	5,9	4,6
2	9,8	10,0	8,4	6,8	5,1	3,7
3	3,5	4,3	4,4	4,2	3,7	3,2
4	1,6	2,1	2,4	2,5	2,5	2,3
5	0,8	1,1	1,4	1,6	1,6	1,6
6	0,5	0,7	0,9	1,0	1,1	1,1
7	0,3	0,4	0,6	0,7	0,7	0,8
8	0,2	0,3	0,4	0,5	0,5	0,6
9	0,1	0,2	0,3	0,3	0,4	0,4
10	0,1	0,2	0,2	0,3	0,3	0,3

Tabelle 2.

Beleuchtung durch eine vierflammige Hängelicht-Außenlampe oder eine dreiflammige 500 HK-Starklichtlampe für Niederdruck.

Abstand vom Lampen-fußpunkt	Lichtpunkthöhe *h* in Metern					
	3,0	3,5	4,0	5,0	6,0	7,0
m	Lux	Lux	Lux	Lux	Lux	Lux
0	64,0	47,4	36,2	23,2	16,1	11,8
1	54,9	42.1	33,2	21,8	15,5	11,5
2	37,4	30,9	25,9	18,6	13,7	10,5
3	22,0	20,0	18,2	14,6	11,5	9,4
4	12,9	13,0	12,3	10,6	9,1	7,8
5	7,9	8,3	8,5	7,9	7,1	6,3
6	5,0	5,4	5,8	5,9	5,5	5,0
7	3,4	3,7	3,9	4,3	4,3	4,0
8	2,3	2,7	2,8	3,1	3,2	3,2
9	1,7	1,9	2,1	2,4	2,5	2,6
10	1,2	1,4	1,5	1,8	2,0	2,0
12	0,7	0,8	1,0	1,1	1,2	1,4
14	0,4	0,5	0,6	0,7	0,8	0,9
16	0,3	0,4	0,4	0,5	0,6	0,7
18	0,2	0,3	0,3	0,4	0,4	0,5
20	0,2	0,2	0,2	0,3	0,3	0,4

Tabelle 3.

Beleuchtung durch eine dreiflammige Preßgas-Außenlampe von 4000 HK.

Abstand vom Lampenfußpunkt	Lichtpunkthöhe *h* in Metern							
	5	6	7	8	9	10	11	12
m	Lux	Lux	Lux	Lux	Lux	Lux	Lux	Lux
0	116,0	80,6	59,1	45,2	35,8	29,0	24,0	20,1
1	113,0	80,0	58,5	45,2	35,7	29,1	24,0	20,3
2	109,0	80,7	58,0	45,8	36,8	28,3	23,6	20,0
3	90,7	69,7	56,7	43,5	35,7	28,2	23,8	20,3
4	76,8	61,1	48,2	39,2	32,9	27,2	23,4	20,2
5	58,4	50,9	42,0	34,2	29,7	25,1	21,8	18,9
6	44,5	40,6	36,1	30,6	27,2	22,6	20,2	17,4
7	33,4	32,6	29,8	27,0	24,5	21,0	17,9	16,1
8	25,4	25,5	24,7	22,8	20,8	19,2	16,7	15,3
9	19,5	20,2	20,0	19,5	18,2	16,6	15,5	13,6
10	15,2	16,1	16,4	16,2	15,7	14,6	13,5	12,7
12	9,7	10,6	11,1	11,3	11,5	11,1	10,5	10,2
14	6,5	7,2	7,8	8,1	8,3	8,3	8,3	8,1
16	4,5	5,1	5,6	6,0	6,2	6,3	6,4	6,4
18	3,2	3,7	4,1	4,5	4,7	4,9	5,0	5,1
20	2,4	2,8	3,1	3,4	3,6	3,8	4,0	4,1
22	1,8	2,2	2,4	2,6	2,9	3,0	3,2	3,2
24	1,4	1,7	1,9	2,1	2,3	2,4	2,6	2,6
26	1,1	1,4	1,5	1,7	1,8	2,0	2,1	2,2
28	0,9	1,1	1,2	1,4	1,5	1,6	1,8	1,8
30	0,8	0,8	1,0	1,1	1,2	1,4	1,5	1,6
35	0,5	0,5	0,6	0,7	0,8	0,9	1,0	1,0
40	0,3	0,4	0,4	0,5	0,5	0,6	0,6	0,7
45	0,2	0,2	0,3	0,3	0,4	0,4	0,5	0,5
50	0,2	0,2	0,2	0,2	0,3	0,3	0,4	0,4

Man sieht aus diesen Zahlen, daß die zweckmäßige Lichtpunkthöhe für Stehlicht von 100 HK 3 bis 4 m beträgt, während man bei Hängelicht von gleicher Lichtstärke 4 bis 5 m Lichtpunkthöhe annehmen kann. Stehlichtbrenner bringt man, auch wenn jede Laterne mit zwei Brennern besetzt ist, gewöhnlich 3½ m hoch an, da sie nahe der Senkrechten verhältnismäßig wenig Licht aussenden. Für mehrflammige Niederdruck-Hängelampen werden Kandelaber von mindestens 5½ m Höhe benutzt und bei hängenden Preßgaslampen sind 7 m die untere Grenze, doch ist es besonders bei sehr lichtstarken Lampen beleuchtungstechnisch vorteilhaft, erheblich höher zu gehen, und zwar bis 12 m und unter Umständen noch darüber.

Die obere Grenze für die Lichtpunkthöhe ergibt sich aus der Art der Lampenbefestigung. Benutzt man Kandelaber mit fest angeschraubten Lampen, so muß die Bedienung von der Leiter aus geschehen. Das begrenzt die Höhe auf etwa 8 m, denn bei größeren Höhen werden die Leitern für einen Mann zu schwer. Beim Vorhandensein von Ablaßvorrichtungen ist man natürlich ebenso ungebunden wie beim elektrischen Licht.

Lampenabstand. Je höher die Lampen angebracht werden, um so weiter kann man die Kandelaber auseinander setzen, und um so gleichmäßiger wird die Beleuchtung. Die beleuchtungstechnisch zulässige Entfernung der Kandelaber voneinander ergibt sich aus der in der Mitte zwischen zweien erzielten Beleuchtungsstärke. Bei 3,5 m hoch angebrachten Stehlichtbrennern beträgt die Beleuchtung in 10 m Entfernung z. B. 0,3 Lux, von beiden Seiten zusammen also 0,6 Lux. Da nun die Laternen gewöhnlich an beiden Bordschwellen um die halbe Entfernung gegeneinander versetzt angebracht sind, erhält der betr. Punkt der gegenüberliegenden Seite, z. B. bei 8 m Dammbreite, weitere 0,6 Lux, ist also im ganzen mit 1,2 Lux beleuchtet, was für wenig belebte Straßen ausreichen wird. Man kann also Stehlichtbrenner von rd. 100 HK in stillen Straßen mit 20 m Abstand (in der Straßenrichtung gemessen) aufstellen. Belebtere Straßen wird man eher mit Hängelicht beleuchten. Benutzt man in einem solchen Fall 500 HK-Lampen, so kann man bei 6 m Höhe etwa 30 m Entfernung anwenden und erzielt dann etwa 3,5 Lux am mindestbeleuchteten Punkt. Bei 2000 HK-Preßgaslampen, die nur für Hauptstraßen in Frage kommen, erhält man bei 9 bis 10 m Höhe und 52 m Abstand am mindestbeleuchteten Punkt, je nach der Dammbreite ungefähr 8 bis 10 Lux. Feste Zahlen für die Lampenabstände lassen sich nicht angeben, man muß sich da nach den örtlichen Verhältnissen richten und von Fall zu Fall entscheiden.

Preßgasanlagen. Wenn breite Straßen mit starkem Verkehr, große Plätze, Bahnhöfe u. dgl. zu beleuchten sind, wird man stets mit Vorteil Preßgaslicht anwenden. Allerdings erfordert dieses besondere Gasverdichtungsanlagen und ein eigenes Rohrnetz, doch macht sich das durch die Verminderung der Lampen- und Kandelaberzahl und durch die Gasersparnis bezahlt.

Als Gasverdichter für die Zwecke der Hochdruckbeleuchtung lassen sich alle Vorrichtungen verwenden, die im Gaswerksbetrieb und bei Fernversorgungsanlagen zur Beförderung des Gases benutzt werden, also Kolbenpumpen, Flügelgassauger, Ventilatoren und Kapselradgebläse.

Von den heute gebräuchlichen Gasverdichtern für Leuchtgas und Luft ist der älteste der Millennium-Preßgaserzeuger von Knapp und Steilberg. In seiner ursprünglichen Form (Abb. 13) ist er mit einer stehenden, schnellaufenden Kolbenpumpe (links im Bilde) ausgerüstet. Neben der Pumpe steht ein hohes, zylindrisches Blechgefäß, das durch einen Boden *b* in zwei Teile *c* und *d* geschieden ist. Beide sind durch das fast bis zum Boden reichende Rohr *f* miteinander verbunden.

Das Gefäß ist mit Wasser oder Glyzerin gefüllt und enthält im oberen Raum *c* einen Schwimmer *e*, der durch den einarmigen Hebel *k*, die Zug-

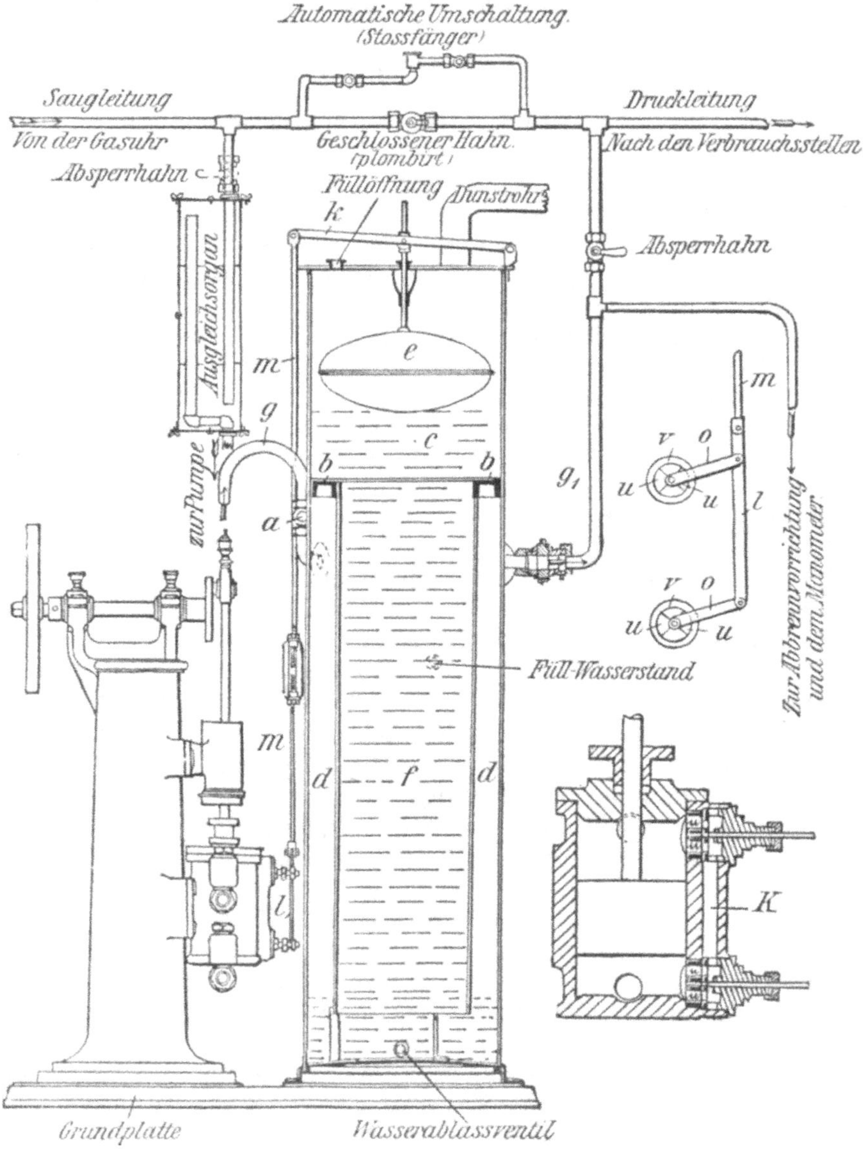

Abb. 13. Millenniumgasverdichter mit Kolbenpumpe.

stange *m* und das Gestänge *l* (rechts seitlich im Bild besonders dargestellt) mit den Drehschiebern *uu* verbunden ist. Diese Drehschieber vermitteln den Übertritt des Gases durch den Umgang K (im Bild rechts unten) von der Druckseite des Pumpenzylinders zur Saugseite. Das gepreßte

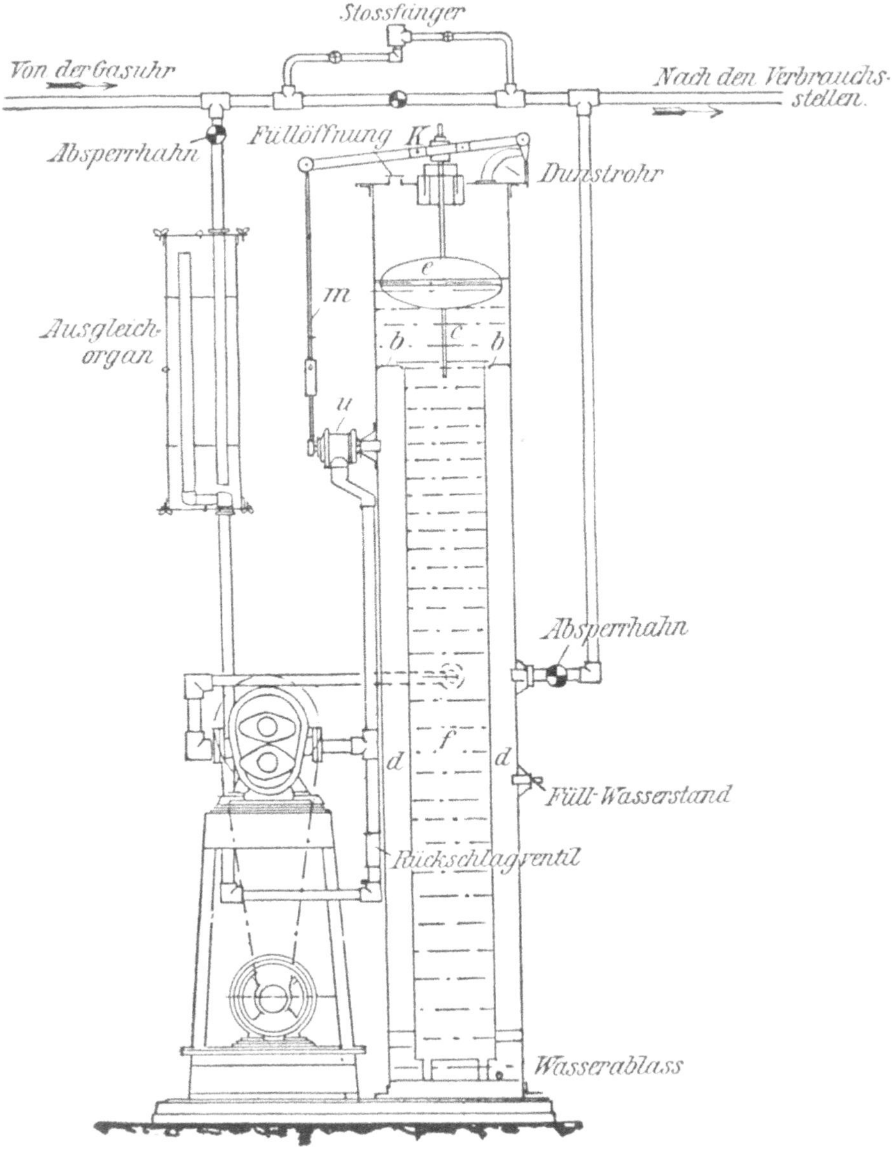

Abb. 14 Millenniumgasverdichter mit Kapselradgebläse.

Gas tritt aus der Pumpe durch die Leitung g in den Raum d des Blechzylinders über und fließt durch g_1 in das Rohrnetz ab. Steigt der Druck in *d*, so treibt er die Flüssigkeit durch *f* nach *c*. Der Schwimmer *c* wird gehoben und öffnet durch das Hebelgestänge *k m l* Drehschieber *u*, so daß die Gasförderung herabgesetzt wird und der Druck wieder fällt.

Beliebter als diese Bauart ist der in Abb. 14 dargestellte Gasverdichter von Steilberg. Er besitzt ein Kapselradgebläse, das billiger

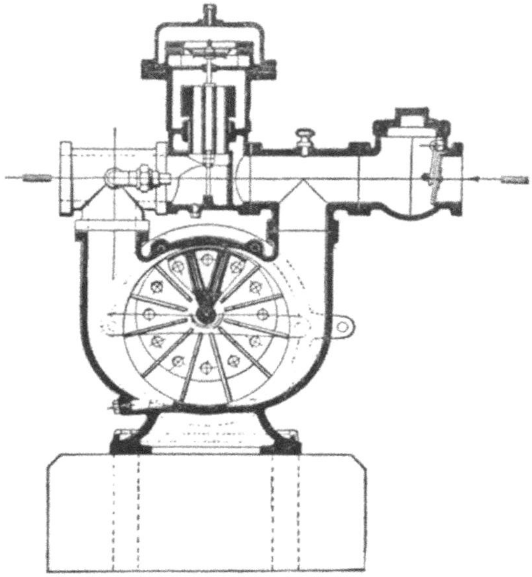

Abb. 15. Selasgasverdichter.

als die Kolbenpumpe ist und geräuschloser arbeitet. Die Regelungsvorrichtung ist wie in Abb. 13 ausgeführt, arbeitet jedoch nur mit einem einzigen Drehschieber *u*.

Für große Anlagen rüstet man die Millenniumapparate mit liegenden Kolbenpumpen aus.

Ein anderer Grundsatz liegt dem Gasverdichter der A.-G. für Selasbeleuchtung zugrunde, den Abb. 15 im Längsschnitt zeigt.

Wir erkennen darin einen Beale-Gassauger, dessen exzentrisch gelagerte Achse ein an den Seitenwänden des Gehäuses schleifendes Rad mit zwölf strahlig angeordneten Schlitzen trägt. In diesen Schlitzen befinden sich leicht verschiebbare Fiberplatten, die aber nicht wie beim Beale-Sauger zwangläufig verschoben werden. Sobald sich das Rad zu drehen beginnt, schieben sich die Fiberplatten infolge der Fliehkraft bis zum Umfang des Gehäuses heraus und erreichen senkrecht unter der Achse ihre größte Ausladung, dann schieben sie sich wieder zurück und sind senkrecht über der Achse völlig in die Schlitze hineingedrängt. Durch diese abwechselnde Vergrößerung und Verkleinerung der zwischen den Fiberflügeln befindlichen Räume wird das Gas von der einen zur anderen Seite hinübergeschöpft. Infolge der großen Flügelzahl fließt der Gasstrom dauernd schwankungsfrei. Zur Aufrechterhaltung des gewünschten Gasdrucks bei wechselnder Gasentnahme dient der auf dem Gehäuse ruhende Umgang. In ihn ist ein Durchlaßsperrventil eingebaut, dessen Sperrkörper an einer Ledermembran hängt. Der Sperrkörper ist der Länge nach durchbohrt, so daß unter der Ledermembran Abgabedruck herrscht. Steigt der Druck über das erlaubte Maß, so hebt sich die Membran und mit ihr der Sperrkörper, und das Gas tritt solange von der Druckseite zur Saugseite über, bis der regelrechte Abgabedruck wieder erreicht ist. Durch entsprechende Belastung der Membran läßt sich der Abgabedruck innerhalb der Leistungsgrenze der Maschine ändern. Ein etwaiger Rücktritt des verdichteten Gases in die Niederdruckleitung wird durch die in letztere eingebaute Rückschlagklappe verhindert.

Preßluftanlagen. Wünscht man ein Gemisch von Leuchtgas und Luft zu verdichten, so muß man vor den Verdichter eine Mischvorrichtung in die Gasleitung einschalten. Eine derartige Anlage, ebenfalls von der A.-G. für Selasbeleuchtung gebaut, ist in Abb. 16 wiedergegeben. Die Mischvorrichtung besteht aus einem stehenden, zylindrischen Gehäuse, in dem sich ein zylindrischer Schieber auf und ab bewegen kann. Der Schieber und das Gehäuse sind mit je drei Öffnungen versehen. Zwei von diesen liegen einander gegenüber und dienen als Einlässe für Luft und Gas, die dritte bildet den Auslaß des Gemisches zum Verdichter. Das Verhältnis von Luft zu Gas wird durch Drehen des Schiebers eingestellt und läßt sich sehr genau regeln. Die Regelung der Saugung geschieht durch die große, unter dem Mischer liegende Ledermembran, die den Schieber betätigt. Damit das Gas dem Mischer unter stets gleichem Druck zuströme, wird es durch ein entlastetes Doppelventil, das an einer Ledermembran hängt, in den Gasraum eingelassen, man belastet dabei die Membran derart, daß der Gasdruck 0 beträgt.

Preßgasleitungen. Die Leitungen zur Verteilung des verdichteten Gases stellt man gewöhnlich aus schmiedeeisernen Gasröhren, bei größeren Durchmessern aus Mannesmannröhren her. Da der Druck verhältnismäßig niedrig ist, bedarf die Leitung keiner besonderen Sicherungen, es genügt, wenn sie sorgfältig gedichtet und verlegt wird.

Zündung und Löschung. Ein unbestreitbarer Mangel der Gasbeleuchtung ist die Schwerfälligkeit, welche ihr bezüglich des Zündens und Löschens anhaftet; man hat sich daher schon seit vielen Jahren bemüht, diesen Übelstand durch geeignete Vorrichtungen zu beseitigen. Schon das Zünden von Hand mittels Spirituslampen erfordert besondere Vorrichtungen, wenn es schnell und sicher gelingen soll. Bei Stehlichtlaternen bringt man z. B. eine nach unten offene Rinne, den Zündlöffel im Laternendach an, dem zum Zweck des Zündens durch ein

Zündrohr Gas zugeführt wird, das er nach außen leitet, wo es dann mit der Spirituslampe gezündet wird. Statt dessen bedient man sich auch

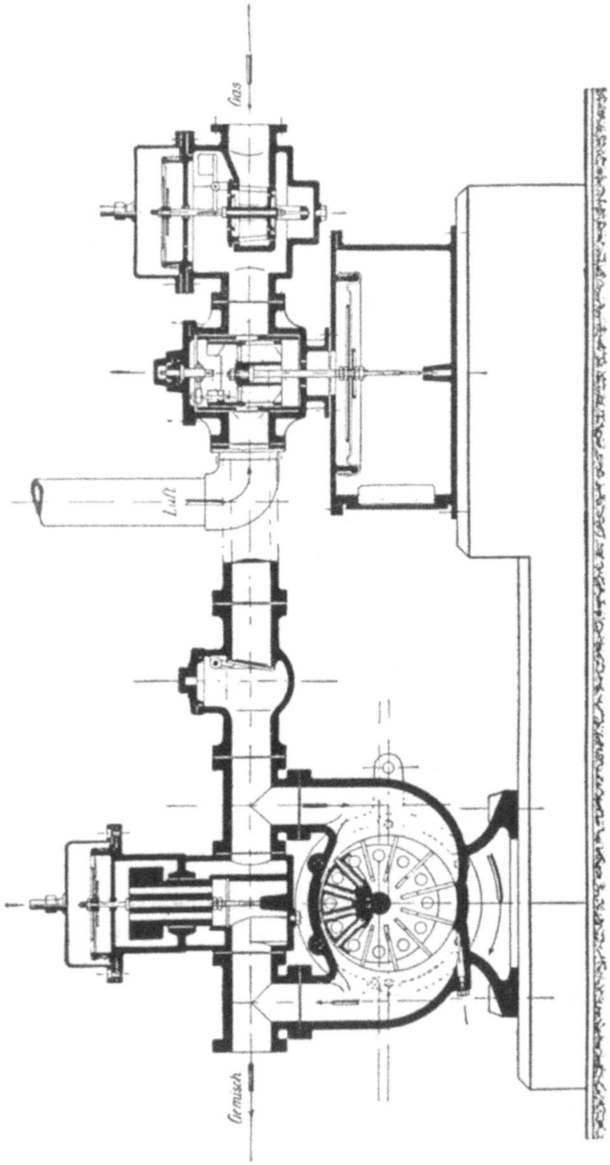

Abb. 16. Selasgasverdichter für Gasluftgemische.

oft der Kletterflammenzündung (Abb. 17), bei der am Hahngehäuse ein bis zum Brenner reichendes, der Länge nach mit kleinen Löchern versehenes Zündrohr angebracht ist. Bei einer bestimmten Hahnstellung tritt das Gas sowohl zur Düse wie zum Zündrohr und fließt aus den Löchern des letzteren aus. Unten im Trichter entzündet man das Gas, die Entzündung pflanzt sich über die ganze Lochreihe hin nach oben bis zur Hauptflamme fort. Brennt letztere, so öffnet man den Hahn völlig und sperrt dadurch die Zündflamme ab. Auch bei Hängelicht-außenlampen sind solche Kletterflammen, und zwar am wagrechten Zündrohr in Gebrauch, doch zieht man gemeinhin die sog. Durchschlagzündung (Abb. 20, S. 340) vor, die viel Ähnlichkeit mit der schon genannten Löffelzündung hat, aber besser als diese arbeitet. Aus dem Lampeninnern ist ein beiderseits offenes Rohr D nach außen geführt. Im Inneren mündet dicht vor ihm eine besondere, vom Hahngehäuse abgezweigte Gasleitung, die bei einer bestimmten Hahnstellung mit Gas gespeist wird und dieses in D hineinbläst. Man entzündet das Gas von außen, die Flamme schlägt dann ins Gehäuse zurück und bringt die Zündflammen zum Brennen, die dann die Hauptflammen entzünden.

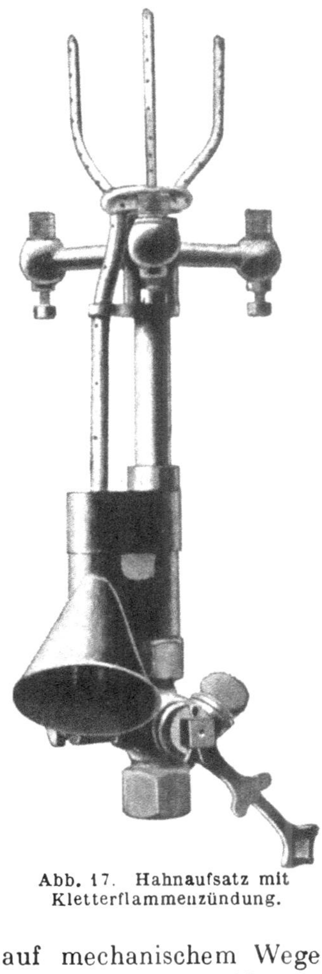

Abb. 17. Hahnaufsatz mit Kletterflammenzündung.

Weit beliebter als diese Vorrichtungen ist der Kleinsteller mit Dauerflamme (Abb. 18 u. 19). Sein Küken p hat zwei Gaswege, q für die Hauptflamme, r für die Zündflamme. Ist q geschlossen, so fließt das Gas durch r, q, f, i, k, l, m, n zur Zündflamme o. Ist q offen, dann ist r geschlossen und eine nur winzige Gasmenge strömt von b durch e usw. nach o. Hierbei geschieht also die Zündung selbsttätig, doch muß der Hahn von Hand betätigt werden.

Um nun diese Arbeit, die bei der öffentlichen Beleuchtung viel Personal erfordert, auf mechanischem Wege ausführen zu können, hat man verschiedene Arten von Fernöffnern gebaut, die sich zum Teil recht gut bewährt haben. Man kann die verschiedenen Arten dieser Vorrichtungen in zwei Gruppen ordnen, nämlich in:

Zünder, die durch Änderung des Gasdrucks betätigt werden, und Zünder, denen die Betriebskraft nicht durch die Gasleitung, sondern auf anderem Wege zugeführt wird.

Druckwellenzündung. Wenden wir uns zunächst denjenigen Zündern der Gruppe 1 zu, die mit vorübergehender Steigerung des Gasdrucks arbeiten, den sog. Druckwellenzündern. Sie sind dadurch gekennzeichnet, daß bei ihnen die vorübergehende Änderung des Gasdrucks

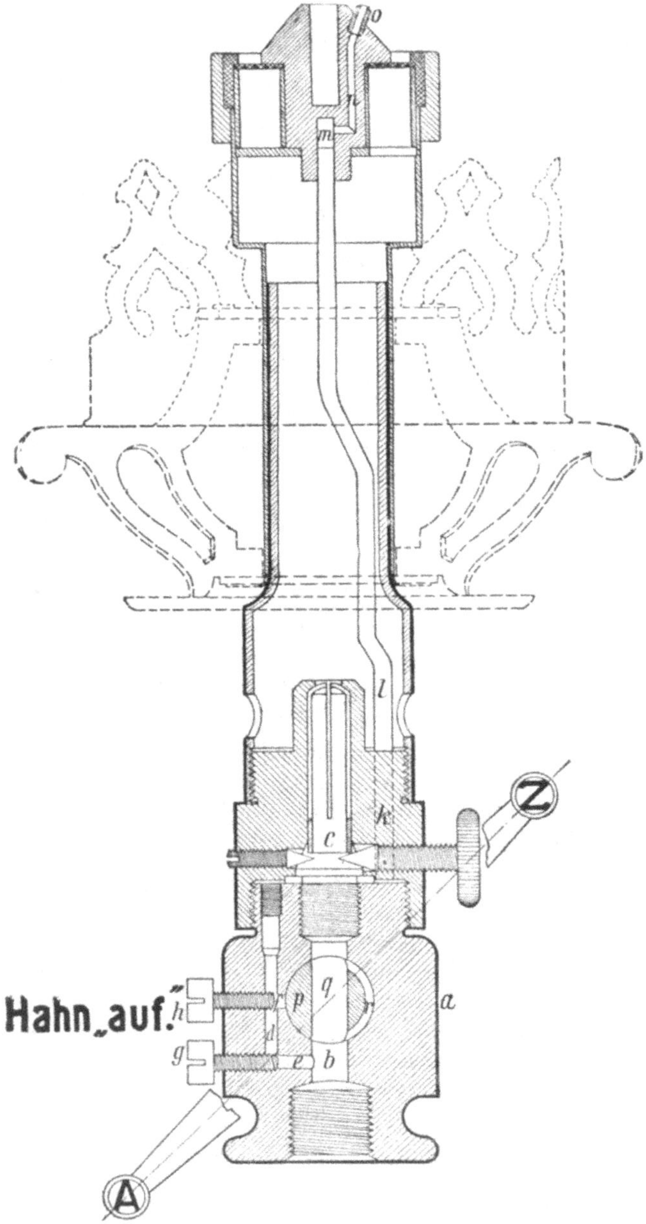

Abb. 18. Kleinsteller. Hauptflamme offen.

in die hin und her gehende Bewegung einer Membran oder einer in Sperrflüssigkeit schwimmenden Gasglocke verwandelt wird. Die eine Hälfte

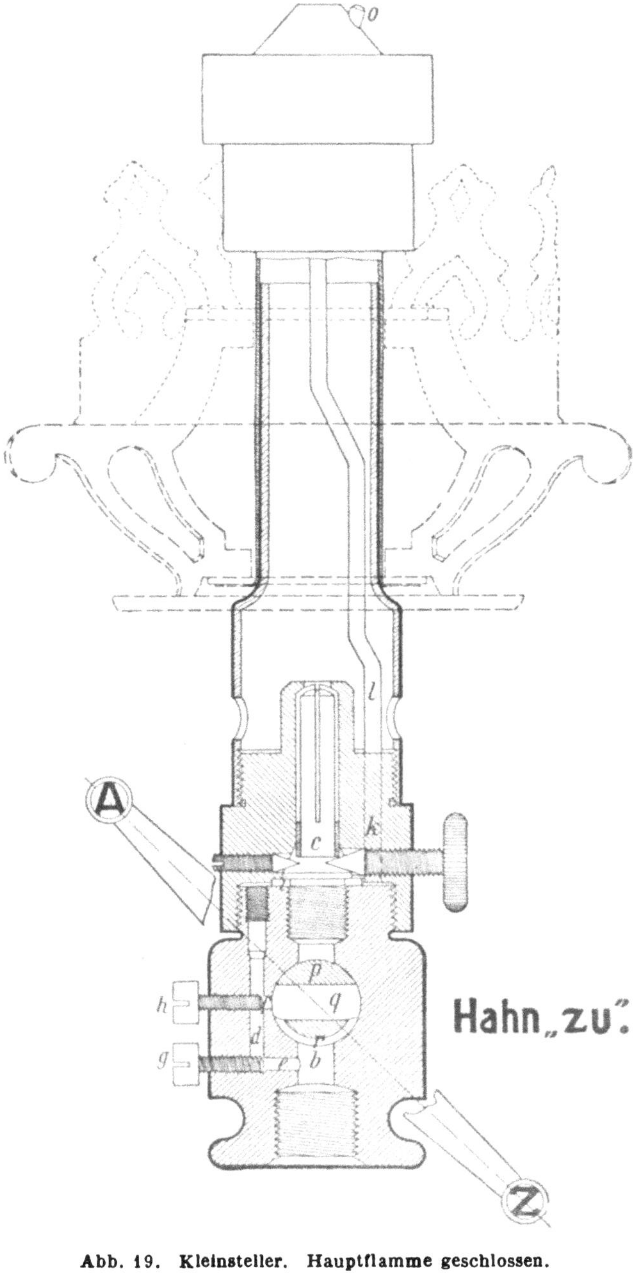

Abb. 19. Kleinsteller. Hauptflamme geschlossen.

der Bewegung benutzt man zur Betätigung des Gassperrorgans und hält letzteres zum mindesten in der Zündstellung durch eine Sperrklinke fest, die andere Hälfte dient nur dazu, das Arbeitsorgan wieder in die

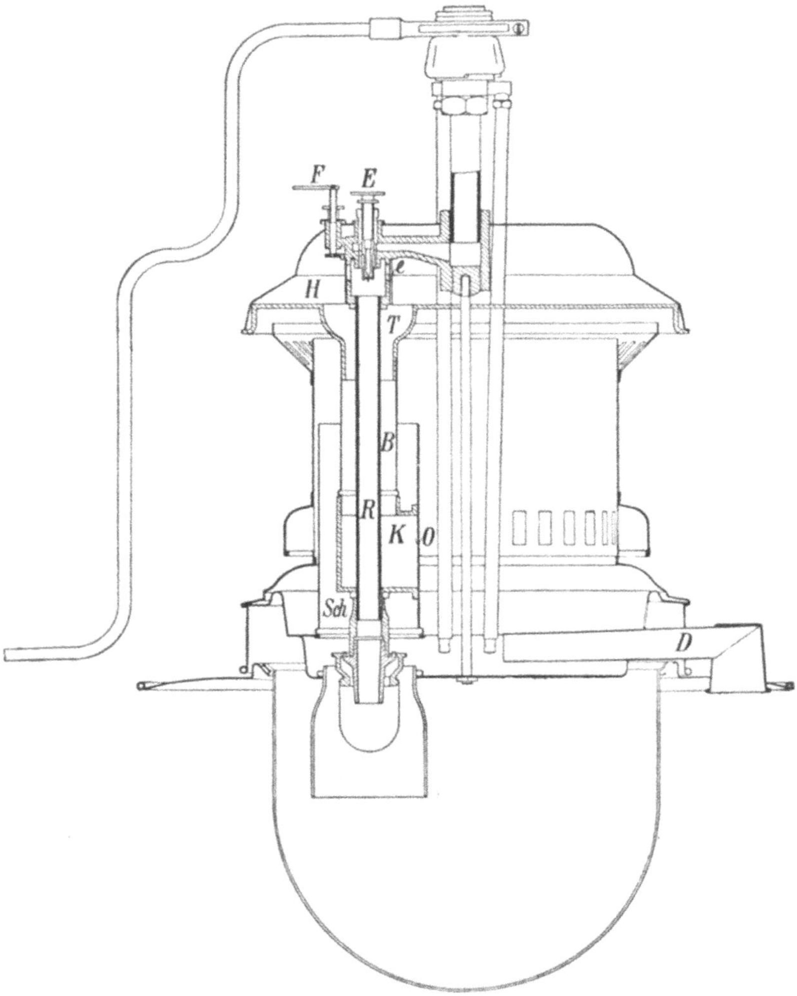

Abb. 20. Außenlampe mit Durchschlagzündung.

Ruhelage zurückzuführen. Ein Unterschied bezüglich des Kraftaufwands besteht noch insofern, als bei vielen Zündern nur der Druckunterschied, bei anderen die ganze Höhe des Gasdrucks ausgenutzt wird. Im letzteren Fall wirkt die Druckänderung nur als Kraftauslösung.

Von den Zündern der ersten Art gibt es eine sehr große Zahl von Bauarten; da aber bei allen der gleiche Grundzug vorhanden ist, wird die

Darstellung eines einzigen Angehörigen dieser Klasse ausreichen. Ich wähle dafür den Bamagzünder der Berlin-Anhaltischen Maschinenbau-A.-G. (Abb. 21), weil er zurzeit eine große Verbreitung besitzt.

Ein gußeisernes, kegelförmiges Gehäuse wird durch eine gasdichte Stoffmembran in zwei Räume *A* und *B* geschieden. Von der Seite *A* her lastet auf der Membran der Gasdruck, von der Seite *B* her eine Feder, deren Spannkraft sich von außen her ändern läßt. Die Feder ist an einer

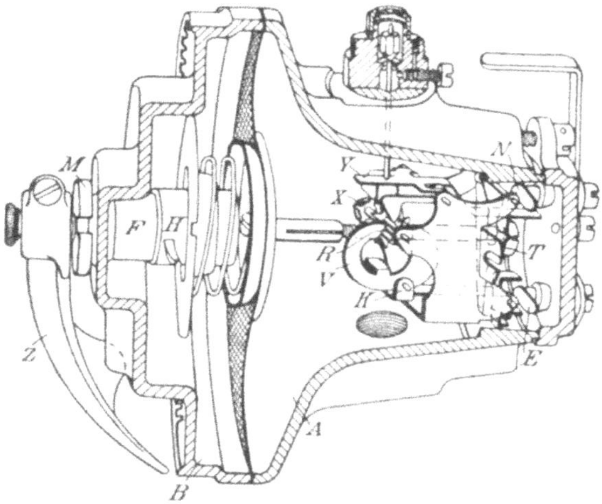

Abb. 21. Bamagzünder.

Hülse *H* befestigt, und in diese Hülse greift der nach außen geführte, mit dem Zeiger *Z* verbundene Stift *F* mit einem Schraubengewinde ein. Bewegt man den Zeiger *Z*, für den auf dem Gehäuse eine nach Millimetern Wassersäule geteilte Skala angebracht ist, nach links, so wird die Hülse *H* zurückgeschraubt und die Federspannung vermindert. Bei der Rechtsdrehung tritt eine Verstärkung der Spannung ein. Man stellt nun die Federspannung derart ein, daß sie dem gewöhnlich herrschenden Gasdruck die Wage hält. Wird dann der Gasdruck gesteigert, so drückt er die Membran nach der Seite *B* des Gehäuses durch. Dabei nimmt die Membran den an ihr befestigten Stift *T* mit und durch dessen Bewegung wird mittels eines Hebels *K* und einer Falle *V* das in der Mitte sichtbare Zahnrad *R* um einen Zahn weitergedreht. Dadurch bewegt sich auch das auf der Zahnradwelle befestigte Exzenter *X*, hebt den Hebel *Y* an und öffnet dadurch das Gasventil, das mittels einer Stange auf *Y* ruht.

Beim Nachlassen des Gasdrucks schiebt die Feder die Membran wieder in die Mittelstellung, der Stift *T* geht zurück, die Falle *V* fällt herunter und greift in den nächsten Zahn ein. Sobald die nächste Druckwelle kommt, wiederholt sich der beschriebene Vorgang, doch läßt dabei nunmehr das Exzenter *X* den Hebel *Y* sinken und das Gasventil schließt sich wieder. Durch geeigneten Bau des Exzenters *X* kann man den zweiten Gang als toten Hub gestalten, so daß das Löschen erst bei der dritten Druckwelle erfolgt; derartig eingerichtete Zünder benutzt man für die Nachtflammen, die brennen bleiben sollen, nachdem die übrigen schon gelöscht sind. Die Zünder für die Abendflammen müssen dann einen toten Hub zwischen der Lösch- und Zündstellung haben. Ein jeder Zünder ist außerdem mit einem Exzenter *E* versehen, durch das man im Fall des Versagens die Gaszufuhr von außen durch den rechts oben im Bild sichtbaren Hebel betätigen kann. Die zum Betriebe des Zünders erforderliche Druckwelle muß nach den sehr sorgfältigen Untersuchungen von Meyer (Journ. f. Gasbel. 1909, S. 341) eine Mindesthöhe von 10 mm Wassersäule haben.

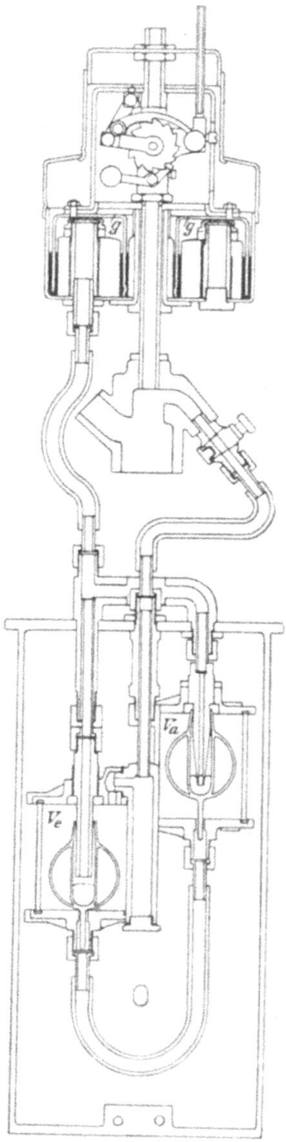

Abb. 22. Rostinzünder.

Von den Zündern, die den vollen Gasdruck ausnutzen, ist bis heute nur eine einzige Bauart, die von Rostin (Abb. 22) bekannt. Sie hat den wesentlichen Vorzug vor vielen anderen Zündern, infolge der hohen verfügbaren Kraft einen gut schließenden Hahn als Absperrorgan benutzen zu können. Wir sehen diesen, beiläufig kegelförmigen Hahn oben in der Abbildung. Er ist mit einem Sperrad versehen und läßt sich nur in einer Richtung drehen. Seine Betätigung erfolgt durch eine Mitnehmerklinke, die durch Hebelübertragung von der in Quecksilber schwimmenden Ringglocke *gg* bewegt wird, und zwar derart, daß der Hahn beim Steigen der Glocke eine Viertelwendung macht, während beim Fallen lediglich die Mitnehmerklinke zurückbewegt wird zur Vorbereitung für den nächsten Hub. Soweit zeigt der Zünder nichts besonders Eigentümliches, das Kennzeichnende liegt vielmehr in dem Auslösen der Betriebskraft. Das Innere der Glocke steht durch eine gegabelte Leitung in Verbindung mit zwei Glasgefäßen *Ve* und *Va*, von denen das erstere an die Gasleitung angeschlossen ist, während das Gefäß *Va* unter Atmosphärendruck steht. Beide Gefäße sind miteinander durch ein mit Glyzerin gefülltes U-Rohr verbunden und in jedem der beiden Schenkel dieses Rohres schwimmt auf dem Glyzerinspiegel ein kleines kugelförmiges Gefäß, das etwas Quecksilber enthält. Der Hals dieses Gefäßes gleitet lose auf den frei mündenden Enden der gegabelten, von der Ringglocke kommenden Leitung.

Bei gewöhnlichem Gasdruck stehen die Glyzerinspiegel derart, daß der Schwimmer *Ve* seine höchste Stellung einnimmt und sein Quecksilber den Gaszutritt zur Glocke *gg* sperrt, letztere ist vielmehr durch das offene Schwimmerventil *Va* mit der Luft verbunden. Beim Eintreten einer Gasdrucksteigerung wird die Glyzerinsäule nach *Va* verschoben, der Schwimmer *Va* steigt und sperrt das Glockeninnere gegen die Luft

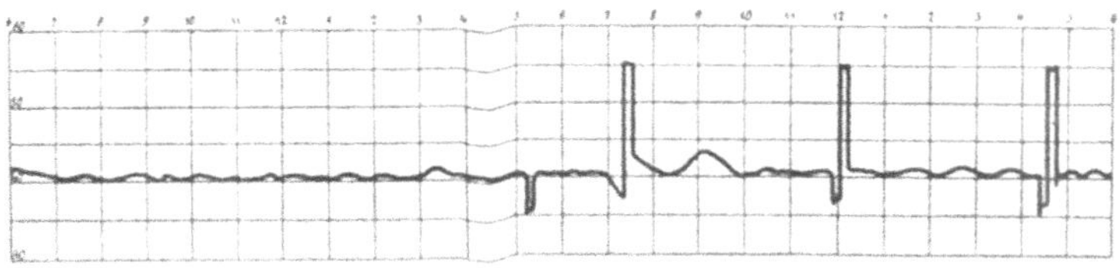

Abb. 23. Schaulinie des Gasdrucks bei Druckwellenzünderbetrieb.

ab, der Schwimmer *Ve* fällt und gibt den Gaszutritt zur Glocke frei. Letztere steigt unter vollem Gasdruck, gibt dem Hahn in der beschriebenen Weise eine Viertelwendung und bleibt hoch stehen, bis der Gasdruck wieder fällt. Die Glyzerinsäule verschiebt sich dann nach *Ve*, dies Ventil hebt sich und sperrt den Gaszufluß zur Glocke, *Va* sinkt und verbindet dadurch das Glockeninnere mit der Luft, so daß das Gas ins Freie strömt, die Glocke sinkt, und damit kommt die Mitnehmerklinke wieder in Angriffsstellung. Wie bei den meisten Druckwellenzündern kann man auch beim Rostinzünder Abendflammen und Nachtflammen zu verschiedenen Zeiten löschen, wenn man, wie beim Bamagzünder beschrieben, an geeigneter Stelle des Zünders einen toten Hub einlegt. Die Druckwelle zur Betätigung des Zünders braucht nicht mehr als 10 mm Höhe zu erreichen.

Die Druckwellenzünder haben sich heute schon das Vertrauen der Gasfachwelt errungen und sind in vielen Städten in Gebrauch. Abgesehen von Ausnahmefällen sind es nur die Angehörigen dieser Zündart, die zur Gruppenzündung von Niederdruckgaslicht benutzt werden. Man gibt die zu ihrem Betrieb nötige Druckwelle gewöhnlich am Stadtdruckregler und hält sie etwa fünf Minuten lang. In Abb. 23 sehen wir die Schaulinie des Gasdrucks im Rohrnetz einer mit Fernzündern ausgerüsteten Stadt (in Dortmund von Meyer aufgenommen). Tagsüber ist der Druck ganz gleichmäßig 30 mm hoch, um 7½ Uhr abends wird zum Zweck des Zündens eine 15 mm hohe Druckwelle gegeben, die etwa 10 Minuten anhält, um Mitternacht folgt die zweite, zum Löschen der

Abendflammen bestimmte Druckwelle und um $4\frac{1}{2}$ Uhr morgens sehen wir die dritte und letzte verzeichnet, die die Nachtflammen löscht.

Auf Grund lang ausgedehnter Versuche im großen äußern sich Meyer, Dobert, Göhrum und andere Fachleute (Journ. f. Gasbel. 1908, S. 209; 1909, S. 341; 1910, S. 576, 697, 867) dahin, daß die Druckwellenzündung schon genügend durchgebildet sei, um in die Praxis übernommen zu werden. Damit ist jedoch nicht gesagt, daß sie sich für alle Rohrnetze eigne. Es empfiehlt sich in allen Fällen, vor Anlage einer Fernzündung das Rohrnetz zu studieren, ob die regelrecht auftretenden Druckunterschiede nicht auch schon die Zünder betätigen können. Soviel ist gewiß, daß man bei Benutzung von Fernzündern den Gasdruck sorgfältig überwachen muß, jedoch ist das durchaus kein Nachteil.

Außer der beschriebenen Art hat man vielfach Zünder gebaut, die beim Steigen des Gasdrucks zünden, beim Fallen löschen. Diese Vorrichtungen verlangen mithin, daß während der ganzen Brennzeit der erhöhte Druck aufrecht erhalten werde. Einer solchen Betriebsweise steht zwar theoretisch nichts im Wege, in der Praxis hat sie sich jedoch bislang nicht bewährt. Zünder dieser Art sind für Niederdrucklicht kaum in Gebrauch; wir können sie daher übergehen.

Preßgaszündung. Anders steht es bei der Preßgasbeleuchtung, deren Rohrnetz tagsüber unter gewöhnlichem Druck steht, während der Druck gegen Abend um mehrere 100 mm gesteigert wird und diese Höhe die ganze Nacht über beibehält. Da ist der Druckzünder am Platze und stellt meines Wissens zurzeit die einzige, für Preßgas gebräuchliche Zünderart dar.

Die heute bekannten Bauarten haben den gemeinsamen Grundzug, daß die Umwandlung des Druckanstiegs in bewegende Kraft durch Membranen aus Leder oder gasdichtem Stoff geschieht. Die anfänglich verwendeten Quecksilberzünder und die Zünder mit Metallmembranen hat man bald verlassen.

Ein sehr einfach gebauter Preßgaszünder der Selasgesellschaft ist in Abb. 24 im Schnitt, verbunden mit einem Umgangshahn, dargestellt. Das gußeiserne Gehäuse *A* ist durch einen eiförmigen Flansch mit dem Gaseingang *a* und dem Gasausgang *b* verbunden, doch sind die beiden Gaswege durch das Ventil *f* voneinander getrennt. Oben befindet sich inmitten des Gehäuses eine mit der Außenluft verbundene Kammer *d*, die gegen das Gehäuseinnere durch die gewichtsbelastete Ledermembran *e* gesperrt ist. An dieser Ledermembran hängt, oben und unten geführt, der Ventilkegel *f*; überdeckt von einer Querleiste, die das Zündflammenventil *g* trägt. Die Lampe, eine Preßgashängelampe, ist unten an den Hahn *B* angeschlossen, die Zündflammenleitung geht von *c* aus.

Solange im Rohrnetz Niederdruck herrscht, hängt die Membran in der gezeichneten Stellung und das Ventil *f* ruht auf seinem Sitz, während der Weg zur Zündflammenleitung offen ist. Beim Ansteigen des Drucks hebt sich die Membran, gibt den Hauptdurchlaß von *a* nach *b* frei und schließt dann die Zündflammenleitung durch *g*. Um ein zuver-

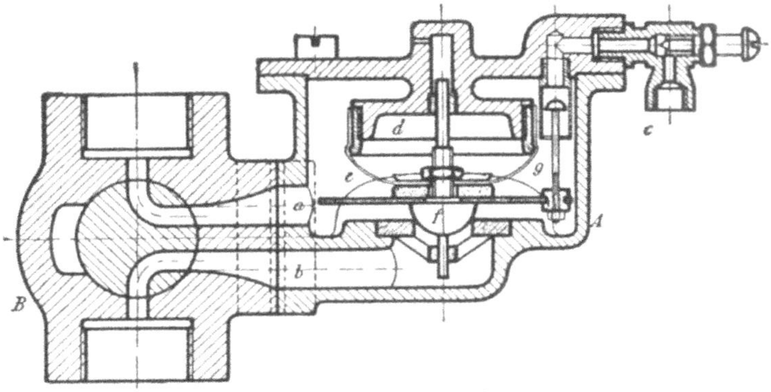

Abb. 24. Preßgaszünder.

lässiges Zünden zu erzielen, ist die Bewegung derart geregelt, daß eine Zeitlang Haupt- und Zündflamme gleichzeitig brennen, bevor eine von ihnen gelöscht wird.

Die Preßgaszünder sind schon lange in Gebrauch und sind besonders für die Preßgashängelampen der hohen Aufhängung wegen weit nötiger als die Fernzünder für Niederdrucklampen. Bereits seit Einführung des Preßgashängelichts hat man die Lampen mit Druckzündern angewandt.

Druckluftzündung. Die zur zweiten Gruppe gehörenden Zündvorrichtungen lassen sich unabhängig vom Gasdruck betreiben, da sie mittels anderer Kräfte in Tätigkeit gesetzt werden. Man benutzt bei ihnen zur Betätigung des Absperrorgans Druckluft, Elektrizität oder Uhrwerke.

Die Druckluftzündung kann sowohl mit Druckwellen wie mit dauernder Druckänderung arbeiten und erfordert Vorrichtungen, die im Grunde den schon beschriebenen in der Bauart gleichkommen. Wir können um so mehr von ihrer Besprechung absehen, als die Druckluftzündungen in der Gasfachwelt wenig Gegenliebe finden. Sie haben zwar den großen Vorzug, daß zu ihrem Betrieb keine Veränderung des Rohrnetzdrucks nötig ist, dafür erfordern sie jedoch ein besonderes Rohrnetz zur Verteilung der Druckluft, zu dessen Anlage man sich nicht so leicht entschließt. Nur dort, wo man Preßluftlampen betreibt, wird man selbstredend Zünder mit Druckluftbetrieb anwenden.

Elektrisch angetriebene Zündung. Die Zünder mit elektrischem Antrieb arbeiten mit kegelförmigen Hähnen, die von Magneten bewegt werden. Sie sind noch weniger als die Druckluftzünder beliebt und heute schon kaum mehr im Gebrauch.

Zünduhren. Schließlich sind noch die Zünduhren zu erwähnen, die stellenweise angewandt werden. Es sind einfache Uhrwerke mit Federkraft, die zu bestimmten Zeiten den Gashahn betätigen. Die Zünduhren haben den Vorzug, die Laternen voneinander unabhängig zu zünden und zu löschen, dafür muß man sie aber von vornherein nach dem Brennkalender einstellen und kann sich mit dem Zünden nicht nach der Witterung richten. Im übrigen wird den Zünduhren nur Gutes nachgesagt.

Elektrische Fernzündung. Die bisher besprochenen Vorrichtungen sind trotz ihres Namens keine Zünder im eigentlichen Sinne des Wortes, da sie nur das Gassperrorgan betätigen, während das Zünden selbst durch eine Dauerflamme geschieht. Wirkliche Fernzünder besorgen sowohl das Öffnen der Gaswege wie das Zünden der

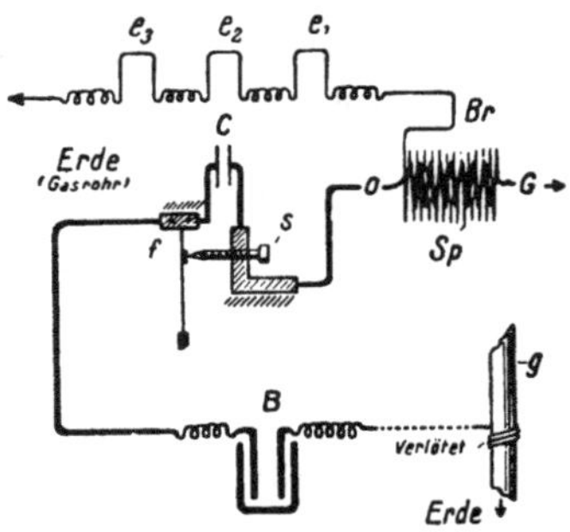

Abb. 25.
Schema der Multiplexzündung.

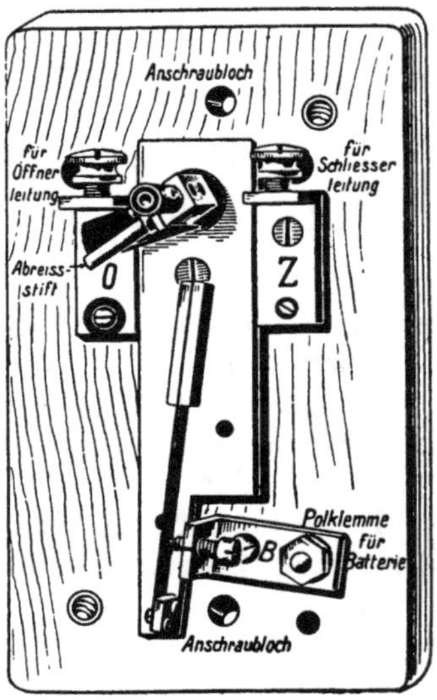

Abb. 26.
Multiplexschalter.

Flamme. Auch an solchen ist kein Mangel. Sie werden allgemein mittels Elektrizität betrieben, eignen sich aber nicht für den Gebrauch im Freien, da sie unter dem Einfluß der Luftfeuchtigkeit bald versagen. Immerhin sollen sie der Vollständigkeit halber hier ebenfalls besprochen werden. Als Absperrorgane benutzt man bei ihnen stets Hähne, die elektromagnetisch geöffnet und geschlossen werden. Die verschiedenen Systeme unterscheiden sich voneinander hauptsächlich durch die Art des Zündens.

Man pflegt entweder die Hauptflamme unmittelbar durch Funken oder eine Nebenflamme durch Funken bzw. Glühspiralen zu zünden und nach Entzündung der Hauptflamme wieder zu verlöschen.

Als Vertreter der ersten Art wollen wir den Multiplex-Fernzünder besprechen, bei dem die Hauptflamme selbst durch Induktionsfunken gezündet wird. Das Schema dieses Fernzünders ist in Abb. 25 dargestellt. Der eine Pol der Batterie *B* ist mit der Gasleitung *g* verlötet und dadurch geerdet, der andere Pol führt zu einer Unterbrecherfeder *f* mit dem Kondensator *C*. Versetzt man diese Feder durch Anreißen in Schwingung, so geht der Strom stoßweise in die Schraube *s* und in den Pol *O* einer Induktionsspule *Sp*; in der Sekundärwicklung dieser Spule

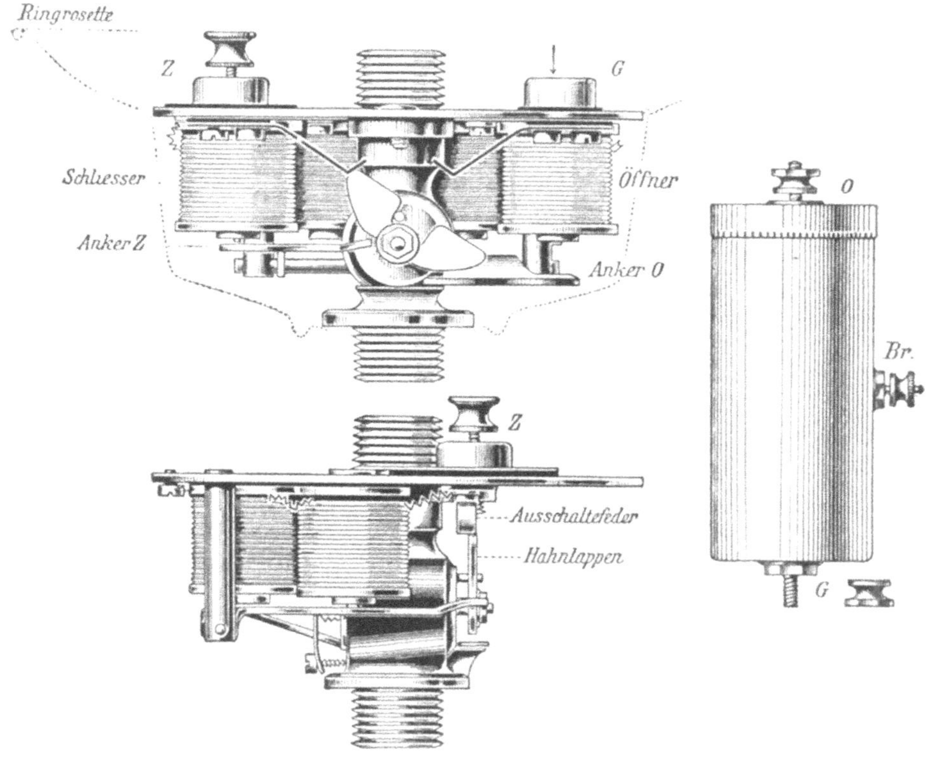

Abb. 27. Einzelteile des Multiplexzünders.

erregt er einen starken Induktionsstrom, der bei *Br* abgenommen und zu den an den Brennerkanten liegenden Funkenstrecken e_1 e_2 e_3 geführt wird, um hier das Gas zu entzünden. Der Batteriestrom geht durch die Spule eines Elektromagneten, dessen Anker den Gashahn öffnet, und wird durch die Gasleitung zurückgeführt, da die Brenner e_1, e_2 isoliert sind, e_3 dagegen mit dem Gasrohr leitend verbunden ist.

Abb. 26 zeigt die Rückansicht eines Schalters, Abb. 27 die verschiedenen Teile des Multiplex-Zünders. Die Batterie wird an die Polklemme *B* des Schalters angeschlossen. Bei Drehung des Schalterknebels wird die Unterbrecherfeder durch den Abreißstift in Schwingung versetzt und gleichzeitig der Unterbrechungsstrom durch den am Knebel angebrachten Lappen in die Polklemme *O* der Öffnerleitung geführt. Dann durchstreicht er die Induktionsspule *OG* (Abb. 27) und geht in die Öffnerspule über. Der Anker *O* hebt sich und dreht dabei den Hahn mittels des Hahnlappens in die Offenstellung. Der Hahnlappen berührt jetzt die mit *G* verbundene Ausschaltfeder, so daß der Unterbrecherstrom die Elektromagnetspule nicht mehr durchfließt, man vermeidet dadurch das Klappern des Ankers. Der Induktionsstrom geht von *Br* zur Funken-

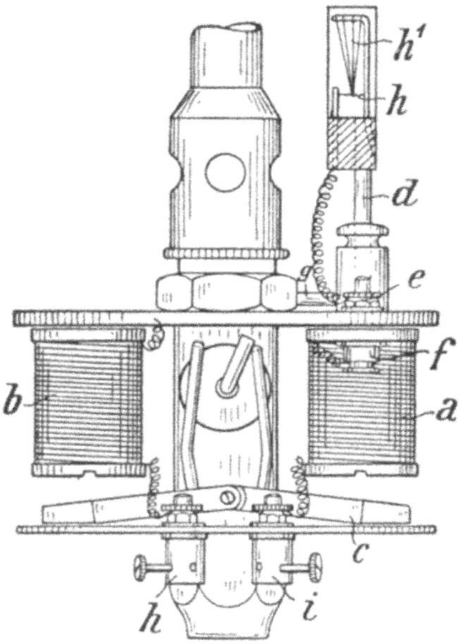

Abb. 28. Senetazünder für Stehlicht.

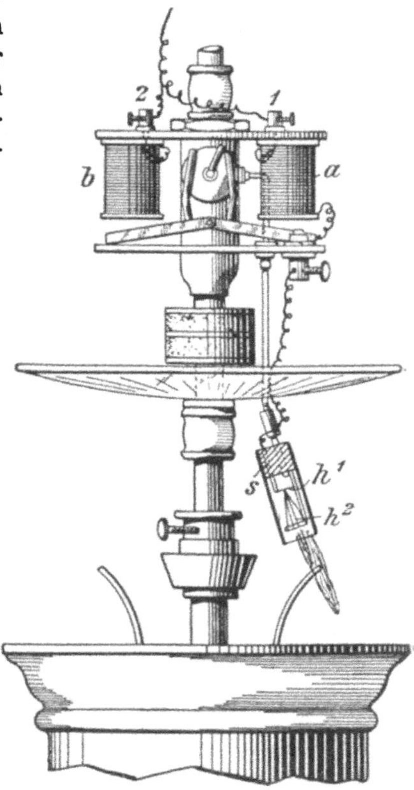

Abb. 29. Senetazünder für Hängelicht.

strecke am Brenner und entzündet das Gas. Zum Löschen dreht man den Schalterknebel nach *Z*. Der Unterbrecherstrom geht jetzt durch die Spule des Schließerelektromagneten, der Anker *Z* hebt sich und dreht den Hahn in Schließstellung. Die Spule wird auch hier wieder durch eine Feder ausgeschaltet. Die Funkenstrecke zum Zünden stellt man durch einen Nickel- und einen Messingstreifen her, die durch ein Glimmerblatt getrennt sind. Diese »Elektrode« wird am Brennerkopf des C-Brenners fest anliegend derart hochgeführt, daß die Funkenstrecke auf der Specksteinkante liegt. Bei Hängebrennern verlegt man sie in den Schornstein.

Die Glühdrahtzündung sehen wir bei dem Seneta-Fernzünder von Oskar Jeidel (Abb. 28, 29) angewandt. Von einem Schalter aus wird durch Betätigung eines (weißen) Druckknopfs der Batteriestrom in die Spule eines Elektromagneten *a* geführt, der Anker *c* hebt sich und wirft durch einen Hebel den Hahn in Offenstellung. Gleichzeitig hebt sich ein gefedertes Ventil, das den Gasweg zur Zündflammenleitung *g* freigibt, die Öffnerspule wird ausgeschaltet und der Strom durch feine Platindrähte h_1 h_2 geführt, die er zum Glühen bringt. Das Gas der Nebenleitung entzündet sich und zündet die Hauptflamme. Läßt man den weißen Druckknopf los, so schließt sich die Nebenleitung wieder durch das Federventil. Zum Löschen betätigt man den schwarzen Druckknopf des Schalters, der Strom geht dann durch die Spule *b*, der zugehörige Anker hebt sich und dreht durch seinen Hebel den Hahn in Schlußstellung.

Die elektrischen Fernzünder erfordern sehr kräftige Batterien, nach Wendt soll man drei bis fünf Elemente von 12 Ampère anwenden, nur die Seneta-Zünder kommen mit schwächeren Batterien aus. Die Fernzünder müssen aus Sicherheitsgründen so gebaut sein, daß sie zum Zünden mehr Strom als zum Löschen brauchen; man kann dann bei erschöpfter Batterie die Lampen wenigstens löschen. Bei elektrischen Fernzündern dürfen die Hähne nicht von Hand zu betätigen sein, damit ein Verstellen, das zum etwaigen Ausströmen unverbrannten Gases führt, ausgeschlossen ist.

Anlagekosten der Straßenbeleuchtung. Zu unserm eigentlichen Thema zurückkehrend, wollen wir schließlich noch einen Blick auf die wirtschaftliche Seite der Straßenbeleuchtung werfen. Da sind als erstes die Anlagekosten für die Neueinrichtung zu erwähnen. Sie lassen sich leider auch nicht annähernd angeben, denn der Löwenanteil entfällt auf die Kandelaber, und diese sind je nach ihrer Ausführung im Preise außerordentlich verschieden; die Kosten für das Aufstellen und Anschließen an die Gasleitung, sowie die für die Lampen und Laternen treten im Vergleich zu ihnen erheblich zurück. Daher wird es in dieser Hinsicht stets vorteilhafter sein, wenige lichtstarke Lampen auf hohen Kandelabern mit größerem Abstand anzubringen, als viele lichtschwache Lampen auf niedrigen Kandelabern mit geringem Abstand. Soweit es beleuchtungstechnisch mit Rücksicht auf den Verkehr statthaft ist, wird man sich bei der Anwendung von Straßenüberspannungen besser stehen, sofern diese an den Häusern befestigt werden können, jedenfalls sind solche Überspannungen erheblich billiger, als große Gelenkkandelaber. Auf gleiche Beleuchtungsstärke bezogen, werden die Anlagekosten für Beleuchtung mit Hängelicht nicht höher als die für Stehlicht sein, da man die Lampen weiter auseinanderrücken kann. Beim Preßgaslicht liegen die Verhältnisse ungünstiger, weil dazu eine Gasverdichtungsanlage und ein besonderes Rohrnetz nötig sind. Zahlenmäßige Angaben über die Einrichtungskosten einer Beleuchtungsanlage zu machen, ist heute begreiflicherweise völlig ausgeschlossen, man wird vielmehr von Fall zu Fall einen Kostenanschlag unter Berücksichtigung der zeitlichen und örtlichen Verhältnisse machen müssen.

Kosten für Bedienung und Instandhaltung. Die Bedienung und Instandhaltung der öffentlichen Beleuchtung umfaßt neben dem Zünden und Löschen die Reinigung der Gas- und Metallteile, die Auswechselung schadhafter Glühkörper und Zylinder und die Reparatur der Brenner und Lampen. Das Zünden, Löschen und Reinigen wird gewöhnlich Laternenwärtern übertragen, die diese Tätigkeit im Nebenamt ausüben. Vor dem Kriege reinigte ein Mann etwa 60 Laternen und brauchte dazu 6 bis 7 Stunden täglich. Für das Auswechseln der schadhaften Teile, sowie für das Reinigen und Regeln der Brenner und Lampen ist besonderes Personal erforderlich, das gewisse, technische Kenntnisse besitzen muß und dem noch Laternenschlosser zur Seite stehen. Früher rechnete man hierfür bei zehnstündiger Arbeitszeit auf den einzelnen Mann etwa 700 Flammen.

Die Kosten für die Bedienung und Instandhaltung werden von den verschiedenen Orten ganz verschieden angegeben. In München betrugen sie z. B. im Jahre 1897 für den Stehlichtbrenner ohne die Ausgaben für Zünden und Löschen, aber einschließlich der Verzinsung und Abschreibung M. 14,43 jährlich, in elf bayerischen Städten schwankten sie dagegen im Jahre 1898 zwischen M. 2,24 und M. 7,07. Die Verschiedenheiten treten zum Teil schon beim Materialverbrauch auf. So wurden in den genannten Städten für den Brenner jährlich 1,1 bis 9,3 Glühkörper und 0,4 bis 4,2 Zylinder verbraucht. In Berlin betrug der Verbrauch im Jahr 1902 für einen Brenner 7,2 Glühkörper und 1,8 Zylinder, in Geestemünde im Jahr 1907 für einen Brenner 3,8 Glühkörper und 1,99 Zylinder. Aus diesen Zahlen sieht man schon, daß die Bedienungs- und Instandhaltungskosten von Ort zu Ort erheblich wechseln. Demgegenüber fallen die geringen Verschiedenheiten zwischen Stehlicht und Hängelicht nicht ins Gewicht. Nach Angaben von Himmel müssen bei Niederdruckhängelicht die Glühkörper nach vier Wochen ersetzt werden, was einem Jahresverbrauch von 13 Stück für den Brenner entspricht. Das scheint aber sehr hoch gegriffen; unsere heutige Ware, besonders die aus Kunstseide, hält erheblich länger. Man wird davon nicht mehr als von Stehlichtkörpern brauchen. Auch der Verschleiß an Preßgashängekörpern ist, falls man Kunstseide benutzt, nicht so hoch wie man erwarten sollte. Göhrum gab die Brenndauer 1908 schon zu 150 bis 200 Stunden an. Heute ist sie wesentlich höher, man braucht nicht mehr als 10 Glühkörper jährlich für den Brenner zu rechnen. Dagegen ist der Materialverschleiß an den Lampen ziemlich hoch.

Bezüglich der Gesamtkosten einschließlich des Zündens und Löschens mögen noch zwei Beispiele angeführt werden. Vor dem Kriege war Berlin anerkanntermaßen eine der bestbeleuchteten Städte, und von vielen, auch ausländischen Fachmännern, wurde der Meinung Ausdruck gegeben, daß die Unterhaltungskosten für die Beleuchtung wohl sehr hoch sein müßten. Die Berliner Gaswerke veröffentlichten daraufhin im Jahre 1904 eine Aufrechnung, nach der sich die Gesamtkosten für die Flamme auf M. 21,35 jährlich stellen. In Geestemünde kam man dagegen auf nur M. 13,27; zur weiteren Erniedrigung der Bedienungskosten führte der letztgenannte Ort Fernzünder ein, und es gelang, damit eine Ersparnis von 38,6% zu erzielen, so daß sich die Gesamtjahreskosten auf M. 8,15 für die Flamme stellten. Auch hier stoßen wir also wieder auf erhebliche Unterschiede in den Kosten, aber immerhin geben die Zahlen doch ein ungefähres Bild. Heute trifft dies allerdings keineswegs mehr zu; denn die Arbeitsleistung ist erheblich gesunken und die Ware bedeutend schlechter als früher geworden.

Elfter Abschnitt.

Beleuchtung von Wohnungen und Bureaus, Verkaufsräumen und Fabriken.

Von Dr. **H. Lux**, Berlin.

Allgemeine Anforderungen an die Beleuchtung von Innenräumen. Bei der Errichtung eines Gebäudes, dessen Wohn- und Arbeitsräume in gesundheitlicher Beziehung und in Rücksicht auf den Verwendungszweck allen billigen Ansprüchen genügen sollen, wird der Architekt immer gezwungen sein, zu einem Kompromisse seine Zuflucht zu nehmen, da die Bedingungen, die hinsichtlich der Erwärmung, der Entlüftung und der Beleuchtung zu erfüllen sind, sich vielfach durchkreuzen. Die Lösung wird aber um so vollkommener werden, je größeres Verständnis der Architekt den Ansprüchen der Hygiene entgegenbringt, und je eindringlicher anderseits der Hygieniker die Leistungsfähigkeit des Architekten zu beurteilen vermag. An dieser Stelle interessiert vornehmlich das Zusammenwirken von Architekten und Beleuchtungshygienikern, denn bei der Aufstellung der Bedingungen für eine gute und eine ausreichende Beleuchtung der Gebäude fallen dem Beleuchtungstechniker wesentlich beleuchtungshygienische Aufgaben zu. Die Aufgabe besteht darin, eine Erhellung der Räume zu schaffen, die dem Auge zuträglich ist, die die Arbeit fördert und die zugleich die Verhütung von Unfällen sichert. Das gilt in gleicher Weise für die Zuführung von Kunstlicht wie von Tageslicht. Um alle Härten zu vermeiden, wird man sich bei der Aufstellung der Anforderungen an eine gute und ausreichende Beleuchtung zunächst mit Minimalansprüchen begnügen müssen. Übertriebene Anforderungen würden auf lebhaften Widerspruch vor allem bei den Besitzern älterer Gebäulichkeiten stoßen, und wir würden leicht Gefahr laufen, daß eine gesetzliche Regelung, die doch letzten Endes anzustreben ist, unmöglich gemacht wird. Wenn aber irgendwie unmittelbare Schädigungen des Auges oder Unfallgefahr zu befürchten sind, dürfen unter keinen Umständen Konzessionen zulässig sein.

Unter diesen allgemeinen Gesichtspunkten ist zu verlangen, daß jeder Raum eine seinen Zwecken entsprechende Beleuchtung erhalten muß, die entweder eine Allgemeinbeleuchtung oder eine Platzbeleuchtung oder eine Vereinigung beider Beleuchtungsarten sein kann. Die Allgemeinbeleuchtung soll es ermöglichen, sich mit Sicherheit in dem Raume zu bewegen und Gegenstände zu erkennen; bei Arbeits- oder Platzbeleuchtung muß es möglich sein, die jeweiligen Arbeiten mühelos und ohne Augenanstrengung zu verrichten.

Leitsätze für die Innenbeleuchtung. Das Beleuchtungsminimum. Nach den von der Deutschen Beleuchtungstechnischen Gesellschaft aufgestellten Leitsätzen für die Innenbeleuchtung der Gebäude (siehe S. 387) soll die Allgemeinbeleuchtung, soweit sie als Verkehrsbeleuchtung dient, als mittlere Beleuchtung der horizontalen Fläche in 1 m Höhe in Räumen von untergeordneter Bedeutung mindestens etwa 1 Lux betragen; auf Vorplätzen, in Treppenhäusern u. dgl. mindestens 5 Lux; in Aufenthalts- und Arbeitsräumen für zahlreiche Personen mindestens 10 Lux. Bei Arbeits- und Platzbeleuchtung wird als Minumum der mittleren Beleuchtung der Arbeitsfläche an der Arbeitsstelle verlangt: für grobe Arbeiten 10 Lux; für Schreiben und Lesen 25 Lux; für Zeichnen, Sticken, Uhrmacher- und Feinmechanikerarbeiten 50 Lux. Es ist aber ausdrücklich hervorzuheben, daß diese Zahlen als äußerstes Minimum für eine Übergangszeit anzusehen sind. Praktisch müssen sie wesentlich überschritten werden. Bei der Bearbeitung dunkler Stoffe wird eine erheblich stärkere Beleuchtung gebraucht als bei hellen Stoffen, da für das Deutlichsehen die Flächenhelle des beleuchteten Gegenstandes maßgebend, diese aber nicht bloß von der empfangenen Beleuchtung abhängt, sondern sehr wesentlich von dem diffusen Reflexionsvermögen der beleuchteten Fläche, das bei dunklen Stoffen kleiner ist als bei hellen. (Zahlenangaben hierfür siehe S. 362.)

Diffuse Beleuchtung und Kontrastbeleuchtung. In ihrer Nacktheit haben die hier festgelegten Zahlen für die Mindestbeleuchtung nur einen sehr geringen Wert, denn wir verlangen von der Beleuchtung nicht nur, daß sie an einer bestimmten Stelle ausreichend sein soll, sie soll ja auch gut und für die Förderung der Arbeit und für die Augen zuträglich sein. Deshalb ist weiter zu fordern, daß die Allgemeinbeleuchtung weder vollkommen zerstreut (schattenlos) sein soll, noch daß scharfe Schlagschatten auf dem Fußboden, den Wänden und den im Raume befindlichen Gegenständen entstehen. Denn bei vollkommen zerstreuter Beleuchtung wird das Raumgefühl unsicher, und beim Vorhandensein scharfer Schlagschatten, also starker Kontraste in der Beleuchtung, wird die Unterscheidungsfähigkeit herabgemindert, und es gesellen sich noch unmittelbar schädigende Einwirkungen auf das Auge und das gesamte Nervensystem hinzu; denn ist das Auge gezwungen, sich bei jeder Kopfbewegung anderen Helligkeitswirkungen anzupassen, so erzeugen die wechselnden Reize Müdigkeitserscheinungen des Auges und allgemeine nervöse Abspannung. Deshalb ist auch darauf zu achten, daß die Arbeitsfläche von Stelle zu Stelle keine störenden Beleuchtungsunterschiede aufweisen darf, ebenso dürfen zeitliche Beleuchtungsunterschiede nicht belästigen.

Diese Forderungen sind allerdings reichlich unbestimmt; sie zahlenmäßig zu erfassen, ist aber sehr schwer, denn der Einfluß der Kontrastwirkungen ändert sich ganz beträchtlich mit den absoluten Helligkeitswerten. Nach Nutting (Zeitschr. f. Bel. XXII, S. 33 u. 120, 1917) entspricht jeder absoluten Helligkeitsstufe eine bestimmte Netzhautempfindlichkeit, und auf jeder Stufe sind gewisse Kontraste der Helligkeit erträglich, die es auf anderen Stufen nicht sind. Es ist weiter bekannt, daß bei der Beleuchtung eines Raumes, in dem starke Kontraste auftreten, etwa in einer Maschinenwerkstätte, erheblich mehr Licht und eine höhere Helligkeitsstufe erforderlich sind als zur Beleuchtung eines Raumes, in dem nur milde Kontraste auftreten. In einem Raume, in dem blendende Flächen und dunkle Schatten miteinander wechseln, wird die Netzhautempfindlichkeit stark herabgemindert; bei der Verminderung der Empfindlichkeit aber wird instinktiv eine vermehrte Beleuchtung beansprucht.

Die erträglichen Helligkeitsunterschiede. Um die Frage der erträglichen Helligkeitsunterschiede auf beleuchteten Flächen zu entscheiden, habe ich selbst eine dahingehende Untersuchung angestellt, bei der ich als für den Beleuchtungstechniker wichtigstes Resultat folgendes festgestellt habe: Wechseln auf einer Fläche Stellen verschiedener Helligkeit miteinander ab, und stehen die Helligkeiten im Verhältnisse von 1:5 zueinander, so sind sehr verschiedene Adaptionszeiten erforderlich, wenn das Auge gezwungen ist, abwechselnd von den helleren Stellen zu den dunkleren zu wandern und dabei eine bestimmte Zeichnung, feine Schrift u. dgl. scharf zu erkennen. Beträgt beispielsweise die geringere Helligkeit auf dieser Fläche $1{,}44 \cdot 10^{-3}$ HK/cm², so beträgt die Adaptionszeit für die Unterscheidungsfähigkeit im Dunklen 1,5 Sekunden; beträgt die geringste Helligkeit auf der Fläche dagegen $4{,}32 \cdot 10^{-3}$ HK/cm², so braucht das Auge für die Adaption beim Übergange von einer fünfmal stärker beleuchteten Stelle zu der minder beleuchteten nur noch 0,15 Sekunden; und ist die dunklere Stelle mit einer Flächenhelle von $6{,}86 \cdot 10^{-3}$ HK/cm² versehen, so geht die Adaptionszeit bis unter 0,1 Sek. herab. Läßt man für feine und feinste Arbeiten eine Adaptionszeit von 0,2 Sek., für mittelfeine Arbeiten eine solche von 0,5 und für gröbere Arbeiten eine solche von 1 Sek. zu — in der Praxis wird man wahrscheinlich noch viel weiter gehen können —, so wird man sagen können, daß bei Beleuchtungen, wie sie für Uhrmacher, Präzisionsmechaniker, Zeichner usw. erforderlich sind, von Stelle zu Stelle Ungleichförmigkeiten von 1:5 bis 1:8, bei sehr guter Beleuchtung sogar bis 1:10 noch zugelassen werden können. Bei Beleuchtungen, wie sie in Bureaus, in Schulen, auf Feinmechanikerarbeitsplätzen, bei Präzisionsdrehbänken, Stickereien usw. vorkommen, sind Ungleichförmigkeiten von 1:10 bis 1:15 unbedenklich. Für gröbere Arbeiten wird eine Ungleichförmigkeit von 1:15 bis 1:25, je nach der Intensität der dunkelsten Stelle auf der Arbeitsfläche, nicht zu beanstanden sein, und für ganz grobe Arbeiten kann man Ungleichförmigkeiten von 1:25 bis 1:35 noch zulassen.

Periodische Helligkeitsschwankungen. Ähnliche Schwierigkeiten ergeben sich bei der Festlegung der zulässigen Helligkeitsschwankungen an derselben Stelle, etwa bedingt durch Spannungsschwankungen im Netz oder durch Druckschwankungen in der Gasleitung. Vollziehen sich die Änderungen im Verlaufe längerer Zeiträume, so werden sie wegen der Adaptionsfähigkeit der Netzhaut und wegen der Kontraktionsfähigkeit der Pupille kaum wahrgenommen. Sie können aber unerträglich werden, wenn sie sich in kurzen Zeitabständen wiederholen. Auch hier spielen dann noch die absoluten Helligkeitswerte eine wichtige Rolle. Sind sie sehr hoch, so werden selbst beträchtliche prozentuale Schwankungen kaum wahrgenommen, während bei niedrigen Helligkeitswerten die gleichen prozentualen Schwankungen schon unerträglich werden können. Auch für die periodischen Lichtschwankungen vom vollen Werte auf Null und umgekehrt, wie sie bei der Beleuchtung mit von Wechselstrom gespeisten Lichtquellen auftreten, sind die zulässigen Grenzen festzulegen. Man nimmt hier allgemein an, daß unter 25 Perioden nicht heruntergegangen werden dürfe. Dieser Wert trifft bei der Verwendung von 32kerzigen Kohlenfadenlampen zu, bei gleich starken Metallfadenlampen ist die kritische Periodenzahl 30. Diese Feststellungen sind von Simons in La Plata bei direkter Beobachtung der betreffenden Lichtquellen gemacht worden (Elektrotechn. Zeitschr. 33, S. 453 u. ff., 1917). Sie sind aber noch zu erweitern durch Beobachtungen an beleuchteten Flächen von verschiedener Helligkeit. Bei Verwendung von Metalldrahtlampen für sehr niedrige Spannung und hohe Stromstärke kann man auch noch für erheblich niedrigere Periodenzahlen eine befriedigende Beleuchtung erreichen.

Blendung. In engem Zusammenhange mit der Forderung einer bestimmten Minimalbeleuchtung steht auch die andere Forderung: durch die Anordnung der Lichtquellen jede Blendung auszuschließen, die — abgsehen von den direkten Schädigungen des Auges — auch die Anforderung an die Beleuchtungsquantität erhöhen würde. Diese Forderung ist allerdings erst akut geworden, als die älteren Beleuchtungsmittel, die offenen Gasflammen und die Kohlenfadenlampen durch das Gasglühlicht und die Metallfadenlampen mit ihrer um ein Vielfaches höheren Flächenhelle verdrängt worden sind. Bell und Stockhausen haben als obere Grenze der zulässigen Flächenhelle 0,85 bis 0,75 HK/cm² angegeben (Zeitschr. f. Bel. XVI, S. 85, 1910). Nach Cravath ist die Grenze 0,18 HK/cm² (Electrical World LXVI, S. 519, 1915), und nach dem 12. Berichte des Ill. Eng. Soc.-Committee on glare (Transactions Ill. Eng. Soc. XI. 41, 1918) wird als zulässiger Höchstwert 0,09 HK/cm² angegeben. Diesen letztgenannten Wert möchte ich für meine Person akzeptieren. Wenn man nämlich das Auge durch etwa 20 Sekunden hindurch an eine Flächenhelle von rd. 0,1 HK/cm² anpaßt, so treten bereits lästige Nachbilder auf. Hiernach hätten alle künstlichen Lichtquellen, einschließlich der Kerze, eine Flächenhelle, die viel zu hoch ist, als daß sie ungeschützt auf das Auge einwirken dürften, wenn es nicht geblendet werden soll. Aber auch hier ist auf den Adaptionszustand des Auges Rücksicht zu nehmen. Während man in dunkler Nacht schon geblendet wird, wenn plötzlich die Strahlen einer Stall-Laterne auf das Auge fallen, kann man bei Tage dreist in den Strahlengang eines Scheinwerfers mit 200 Amp.-Bogenlampe hineinblicken. Ist ein Raum durch künstliches Licht stark erhellt, so fällt eine einzelne, ungeschützte Glühlampe kaum auf; arbeitet man dagegen bei einer einzelnen Petroleumlampe, deren Licht durch eine dunkle Glocke abgeschirmt ist, so entstehen auf beträchtliche Zeit hinaus Nachbilder, die zunächst jedes Weiterarbeiten unmöglich machen, wenn man etwa beim Regulieren der Lampe nur wenige Sekunden in diese direkt hineingeblickt hat. Es muß deshalb immer wieder hervorgehoben werden, daß bei Platzbeleuchtung keine unserer künstlichen Lichtquellen unabgeschirmt benutzt werden sollte; und auch bei der Allgemeinbeleuchtung sollen unabgeschirmte Lichtquellen von einer größeren Flächenhelle als 5 HK/cm² stets so angebracht werden, daß der Winkel des Sehstrahles gegen die wagrechte Ebene mehr als rd. 30° beträgt.

Die Mißstände auf dem Gebiete des Beleuchtungswesens. Auf diese Punkte muß bei Ausführung von Beleuchtungseinrichtungen in Gebäuden immer wieder hingewiesen werden, da sie bei unseren bauausführenden Architekten und selbst bei Installateuren und Fabrikanten von Beleuchtungskörpern leider bisher noch nicht die verdiente Beachtung gefunden haben. So leicht auch mit den heutigen Mitteln die Bedingungen zur Herbeiführung einer guten Beleuchtung zu erfüllen sind, so wenig entsprechen doch zumeist die vorhandenen Beleuchtungsanlagen in Privaträumen, in Bureaus, Schulen, Geschäften, Fabriksälen, in den der Erholung und dem Vergnügen gewidmeten Stätten den im vorstehenden formulierten Bedingungen. Das rührt daher, daß in die weiteren Kreise der Bevölkerung bisher weder die Kenntnis von den Anforderungen an eine gute Beleuchtung noch die Erkenntnis von ihrer Notwendigkeit gedrungen ist. Selbst die berufsmäßigen Gestalter von Beleuchtungsanlagen und Beleuchtungskörpern kleben noch an der Tradition, wie sie durch die Beleuchtung mit Kerzen, Öllampen und offenen Gaslampen gegeben ist, und ihre wesentlichen Konzessionen an die technischen Fortschritte in der Lichttechnik bestehen in dem Ersatze der alten Beleuchtungsmittel von geringerer Lichtstärke durch solche von hoher Intensität. Das Ergebnis ist dann freilich nicht eine gute, sondern lediglich eine prunkvolle Beleuchtung, die leicht einen etwas protzenhaften Charakter annimmt.

Die heute noch herrschenden Mißstände auf dem Gebiete des Beleuchtungswesens sind recht beklagenswert; sie sind darüber hinaus aber auch bedenklich, denn mit ihnen sind direkte und indirekte gesundheitliche Schädigungen, eine enorme Verschwendung von Energie und eine Vergeudung dessen, was man mit einem Gemeinplatze »Nationalvermögen« nennt, verbunden.

Gesundheitliche Schädigungen durch schlechte Beleuchtung. Zu den direkten gesundheitlichen Schädigungen gehören in erster Linie die durch zu intensive Beleuchtung hervorgerufenen Erkrankungen des Auges, wie sie eintreten können, wenn das Auge den direkten Strahlen der Sonne, des elektrischen Lichtbogens, schmelzender oder hochweißglühender Metalle ausgesetzt wird. Die Schädigungen, allerdings nicht in dem gleichen Maße, treten auch schon ein, wenn unser Auge längere Zeit der Wirkung moderner Lichtquellen mit ihrer relativ sehr hohen Flächenhelle ausgesetzt wird. Hier stellen sich alle Zwischenstufen ein von der vorübergehenden Blendung mit darauf folgender Herabminderung der Sehfähigkeit während einiger Sekunden, infolge der auftretenden Nachbilder, bis zu der dauernden Schwächung der Sehfähigkeit verbunden mit chronischen Kopfschmerzen bei Arbeitern, deren Augen unausgesetzt durch unzweckmäßige Beleuchtungseinrichtungen und falsche Anordnung der Lichtquellen mißhandelt werden. Selbst schwere Augenentzündungen, Netzhautverbrennungen, Trübungen der Linse und anderes mehr kann die Folge sein, wenn wir das Auge längere Zeit hindurch den Strahlen einer Lichtquelle von großer Flächenhelle (Glanz) aussetzen.

Entgegengesetzter Art, aber nicht minder bedenklich sind die Schädigungen durch zu geringe Beleuchtung bei feineren Arbeiten. Es ist allgemein bekannt, daß Lesen, Schreiben, Sticken, Gravieren, Uhrmacherarbeiten usw. bei ungenügender Beleuchtung die Ausbildung der Kurzsichtigkeit befördern. In den letzten Jahren hat die Myopie allerdings in recht erfreulicher Weise abgenommen, was wohl in gleicher Weise der Zunahme des Sportes und der allgemeinen Verbesserung der Beleuchtung zu danken ist.

Die Verbesserung der Beleuchtung darf sich aber nicht — wie das häufig geschieht — auf den Arbeitsplatz allein beschränken; auch der ganze Raum, in dem sich der Arbeitende aufhält, muß, wenn auch nicht mit der gleichen Stärke, zugleich erhellt werden. Geschieht das nicht, so wird bei der leisesten Kopfbewegung das Auge Intensitäts-Kontrasten ausgesetzt, die nicht nur dem Auge enorm schädlich sind, weil es gezwungen ist, sich fortwährend den verschiedenen Helligkeiten anzupassen, sondern zugleich auch nervös machen. Wer gezwungen ist, viel bei künstlichem Lichte zu arbeiten und hierzu nur eine einzige Lichtquelle benutzt, wird bald finden, wie seine Arbeitsfähigkeit rasch abnimmt, wie er körperlich und geistig ermüdet. Die »gemütliche« Studierlampe kann also leicht zu einem Marterinstrumente werden, wenn die allgemeine Raumbeleuchtung fehlt.

In Abb. 1 ist das Beispiel einer typisch falschen Beleuchtung dargestellt, wie man sie leider nur zu oft findet, wo eine einzige und dabei noch unabgeblendete Lampe den Arbeitsplatz und zugleich auch noch den ganzen Raum erhellen muß, — und als Gegenbeispiel in Abb. 2 die Beleuchtung eines intimen Arbeitsraumes durch eine 100 HK-

Abb. 1. Typisch falsche Beleuchtung des Arbeitsplatzes mit blendender, aus dem Reflektor herausragender Glühlampe.

Metalldrahtlampe in Holophankugel, die das ganze Zimmer ausgezeichnet und sehr gleichmäßig erhellt, während zugleich noch der eigentliche Arbeitsplatz durch eine vollständig abgeblendete 50 HK-Metalldrahtlampe beleuchtet wird.

Unfallsgefahr. Zu den indirekten gesundheitlichen Schädigungen infolge unzweckmäßiger Beleuchtung gehören die Unfälle auf Höfen und Straßen, in Fabriken und Werkstätten, über deren Zusammenhang mit der Beleuchtung besonders in Amerika und in England eingehende statistische Untersuchungen angestellt sind.

Sanitäre Schädigungen. Weitere indirekte Schädigungen sind die infolge unzureichender Beleuchtung begünstigte Ansammlung von Schmutz und Krankheitskeimen in unkontrollierten Winkeln der Wohnungen und Arbeitsstätten. Durch nichts kann man hier den latenten Schädigungen besser vorbeugen als durch eine gute Allgemeinbeleuchtung.

Belästigung durch falsch angebrachte Lichtquellen. Nicht unerwähnt bleiben darf die Belästigung des Auges durch Lichtquellen, die in der Nähe des Gesichtsfeldes angeordnet sind und ihre Strahlen unter einem schrägen Winkel in die Augen einfallen lassen. Man braucht gar nicht direkt nach diesen Lichtquellen zu blicken, trotzdem wird man von ihnen gestört, wenn sie sich in der Nähe des betrachteten Gegenstandes befinden. Musterbeispiele für Anlagen, wie sie nicht sein sollen, bieten die Beleuchtungsanlagen auf vielen Bahnhöfen, wo die Zugrichtungsanzeiger häufig oder sogar zumeist gerade so angebracht sind, daß sie wegen der unmittelbaren Nachbarschaft zu niedrig

Abb. 2. Richtige Arbeitszimmer-Beleuchtung mit blendungsfreier Holophankugel und abgeschirmter Stehlampe.

hängender Lichtquellen nicht gelesen werden können; weiterhin die Beleuchtung mit intensiven, unverdeckten Lichtquellen in den Schaufenstern und schließlich die Straßenbeleuchtung mit zu niedrig aufgehängten Preßgasbrennern. Wenn man kritisch die Beleuchtung im eigenen Heim, in Schulen und Werkstätten, in Restaurants und Festsälen durchmustert, so wird man auch hier und sogar trotz behördlicher Einschränkungen des Lichtkonsums die gleichen Fehler finden. Ein nicht geringer Teil der Neurasthenie unserer Zeit mag der Belästigung durch blendende Lichtquellen zuzuschreiben sein, denen sich das Auge nicht zu entziehen vermag.

Die erforderliche Beleuchtung. Bei der Besprechung der allgemeinen Anforderungen an die Beleuchtung von Innenräumen wurden bereits einige Daten über die Mindestbeleuchtung bei verschiedenen Arbeiten angeführt, unter die keinesfalls heruntergegangen werden darf. Bei der Projektierung von Beleuchtungsanlagen muß man natürlich zunächst noch weiter differenzieren, und man wird zugleich auch noch die Anforderungen soweit heraufsetzen, daß man zu einer Beleuchtung gelangt, bei der die Arbeit wirklich gefördert und das Auge in keiner Weise überanstrengt wird. Hierbei ist dann auch zugleich Rücksicht darauf zu nehmen, daß der beleuchtete Raum eine ausreichende Allgemeinbeleuchtung erhält. In einer ganzen Reihe von Fällen wird man sich mit der Allgemeinbeleuchtung begnügen können, wie z. B. in Bahnhofshallen; in Schmieden, Gießereien, Montagewerkstätten; in Bureaus, Restaurants, Verkaufsräumen usw. In der Mehrzahl der Fälle wird eine Allgemeinbeleuchtung allein aber nicht ausreichen, und es wird noch eine besondere Platzbeleuchtung hinzutreten müssen; dann kann natürlich die Allgemeinbeleuchtung, die in diesem Falle nur eine Zusatzbeleuchtung ist, geringer sein, als wenn die Allgemeinbeleuchtung zugleich auch als Arbeitsbeleuchtung dienen soll. Von der Allgemeinbeleuchtung ist zunächst zu verlangen, daß sie möglichst gleichmäßig im ganzen Raume verteilt ist. Eine absolut gleichmäßige Beleuchtung ist nicht ganz einfach zu erzielen, sie ist aber auch durchaus nicht wünschenswert. Denn wenn man überall nur gleichmäßig beleuchtete Flächen sieht, so hört das körperliche Sehen, das ganz wesentlich durch die eigenen Schattenabstufungen der Körper mitbedingt ist, fast vollständig auf. Die Körper werden zu Schemen, und sie erscheinen ähnlich gespensterhaft wie in einem dicken, lichtdurchfluteten Nebel. Schon bei der vollständig indirekten Beleuchtung, wie sie durch vollständig abgeblendete Lichtquellen erzielt wird, die ihr Licht an die Decke der Räume werfen, von der es dann diffus zerstreut zurückgeworfen wird, wird das Raumgefühl und die Erkennbarkeit von Einzelheiten stark beeinträchtigt; feine Gravier- und Zeichenarbeiten, Stickereien, Uhrmacherarbeiten sind bei einer absolut gleichmäßigen und zugleich schattenlosen Beleuchtung nicht auszuführen.

Anderseits aber ist auch die sog. Kontrastbeleuchtung, wie sie durch eine einzige oder einige wenige Lichtquellen von großer Flächenhelle, wie etwa Bogenlampen mit Klarglasglocken, Gasfüllungslampen usw. erzeugt wird, unbedingt zu verwerfen. Bei dieser Beleuchtungsart entstehen schwere Schlagschatten neben kraß beleuchteten Flächen, die die Erkennbarkeit der einzelnen Gegenstände im Raume so sehr beeinträchtigen, daß man sich in ihm nur unsicher bewegen und mühsam arbeiten kann. Leider ist diese Kontrastbeleuchtung noch vielfach im Gebrauche. Man sieht sie in Bahnhofhallen, in großen Maschinen- und Montageräumen, in Gießereien, in Restaurants, in Konzertsälen und Theatern, leider aber auch nicht zu selten in Schulen.

Die Fehler der geschilderten beiden Beleuchtungsarten werden am wirksamsten durch die sog. halbindirekte Beleuchtung vermieden, bei der die Lichtquellen einen Teil ihrer Strahlung durch diffus wirkende Reflektoren hindurch direkt wirken lassen, während der Rest erst nach diffuser Reflexion an den Decken und Wänden zur Wirksamkeit kommt. Bei dieser halbindirekten Beleuchtung ist man durch Wahl passender Beleuchtungskörper in die Lage gesetzt, die direkte oder die indirekte Strahlung besonders zu betonen, so daß man fast jeden gewünschten Grad in der Gleichmäßigkeit der Allgemeinbeleuchtung erzielen kann.

Die mittlere Beleuchtung. Bei der Aufstellung der Bedingungen für die erforderliche Beleuchtung wird immer stillschweigend eine möglichst gleichmäßige Verteilung der Beleuchtung vorausgesetzt. Nur so hat deshalb auch die Kennzeichnung der Beleuchtung in einem Raume als »mittlere Beleuchtungsstärke« einen Sinn. Denn diese mittlere Beleuchtung kann nicht direkt gemessen, sondern nur aus Einzelmessungen der Beleuchtungsstärke an gleichmäßig verteilten Raumstellen berechnet werden, so daß man aus den Angaben über die »mittlere Beleuchtungsstärke« eines Raumes nichts über die Kontraste zwischen den höchsten und den niedrigsten Beleuchtungsstärken erfährt. Diese Ungleichmäßigkeit in der Verteilung der Beleuchtung darf eben ein bestimmtes Maß, für das zahlenmäßige Angaben bereits gemacht worden sind, nicht überschreiten (siehe Abschnitt VIII, S. 288). Mit den uns heute zur Verfügung stehenden Beleuchtungsmitteln ist man durchaus in der Lage, die Ungleichmäßigkeitsgrade zu beschränken. Aus diesem Grunde kann man aber auch im allgemeinen die Wirkungsgradmethode zur Vorausberechnung der Beleuchtung eines Raumes ohne wesentliche einschränkende Voraussetzungen anwenden.

Zahlenangaben über die erforderliche Beleuchtung. Nach dieser allgemeinen Auseinandersetzung werden die Angaben über die erforderliche Beleuchtung in Tab. 44 (S. 572 u. 573) sinngemäße Deutung finden. Wird beispielsweise für einen bestimmten Zweck eine mittlere Beleuchtung von 50 Lux verlangt, so sind Abweichungen von 10 bis 20% nach oben und nach unten (je nach der Art der auszuführenden Arbeit) ohne weiteres zulässig.

Das diffuse Reflexionsvermögen. Die angeführten Zahlenwerte für die erforderliche Beleuchtung gewähren an sich noch kein Urteil über die erzielte Helligkeit auf den Arbeitsflächen, auf Wänden und Decken, denn diese ist abhängig von deren diffusem Reflexionsvermögen; ist E die Beleuchtung, e die Flächenhelle, M das diffuse Reflexionsvermögen, so gilt die Beziehung $e = \frac{E \cdot M}{10000 \pi}$. Ist das diffuse

Reflexionsvermögen vollkommen, beträgt es also 1,0 oder 100%, so entspricht einer Beleuchtung von 100 Lux die Flächenhelle 0,00318 HK/cm². Das diffuse Reflexionsvermögen ist aber nichts weniger als vollkommen, wie die nachstehende Tabelle zeigt.

Es besitzt (nach Sumpner):

Weißes Löschpapier . .	82%	Reflexionsvermögen
Weiße Wand	80%	»
Gelbe Tapete	40%	»
Blaue Tapete	25%	»
Dunkelbraune Tapete . .	13%	»
Schwarzes Tuch	1,2%	»
Schwarzer Samt	0,4%	»

Während also bei einer Beleuchtung mit 100 Lux die Flächenhelle einer weißgetünchten Wand 0,0025 HK/cm² beträgt, sinkt sie in einem Zimmer mit dunkelbraunen Tapeten auf 0,0004 HK/cm² herab. Bei gleicher Beleuchtung, d. h. also auch bei gleichem Energieaufwande, erscheint ein weiß gestrichener Raum mehr als sechsmal heller als ein dunkel tapezierter. Ganz analog gestalten sich die Verhältnisse bei der Beleuchtung eines Arbeitsplatzes. Bei der Beleuchtung mit 100 Lux hat eine weiße Schreibfläche die Flächenhelle von rd. 0,0025 HK/cm²; für einen Schneider, der einen schwarzen Anzug arbeitet, kommen dagegen nur 0,000037 HK/cm² in Frage, also nur etwa der siebzigste Teil. Es bedarf wohl nur der Anführung dieser nackten Zahlen, um zu erläutern, daß in dem zweiten Falle die Erkennbarkeitsschärfe enorm herabgesetzt ist. Hierin ist es auch begründet, daß für dunkel tapezierte oder gestrichene Räume, bei der Bearbeitung dunkler Stoffe usw. zur Erzielung des gleichen Helligkeitseindruckes eine viel höhere Beleuchtung aufzuwenden ist als für hell gestrichene Räume und bei der Bearbeitung heller Stoffe.

Gesichtspunkte für die Beleuchtung von Wohnräumen. Bei der Beleuchtung unserer Wohnräume spielt eine jahrhundertalte Überlieferung noch immer die ausschlaggebende Rolle. In der Zeit, wo die Kerze der vornehmste Beleuchtungsapparat war, entstand der Kronleuchter. In seiner primitivsten Form ein mit Kerzen besteckter Reif, der an Schnüren oder Ketten von der Decke herabhing. Zur Erzielung der besten Wirkung war natürlich die Deckenmitte der gegebene Aufhängepunkt. Zur Steigerung der Beleuchtungswirkung mußte die Kerzenzahl vermehrt werden, und bei Räumen von größerer Grundfläche verteilte man mehrere Kronleuchter symmetrisch im Raume. Die Beleuchtungstechnik der Vergangenheit beschränkte sich fast ausschließlich auf die Formgebung dieses Beleuchtungsgerätes. Es läßt sich nun nicht bestreiten, daß wir diesen Bestrebungen Beleuchtungskörper von berückender Schönheit verdanken: Kronleuchter aus venezianischem Glase oder aus geschliffenem Kristall, Meisterwerke der Schmiedekunst in Eisen oder Bronze, die noch heute die Zierde von Schlössern, Patrizierhäusern, Kirchen und Museen sind. Aber für unsere modernen Beleuchtungsmittel ist der Kronleuchter durchaus veraltet, und er behindert die zweckmäßige Ausgestaltung der Beleuchtung mehr, als er sie fördert. Das gleiche gilt von den Wandarmen, die als Ergänzung der Kronleuchter passende Verwendung fanden, als es sich darum handelte, einen Raum durch Kerzen festlich zu erhellen. Auch für die Anfangsjahre der Gasbeleuchtung waren Kronleuchter und Wandarm noch die gegebenen Beleuchtungs-

Abb. 3. Kronleuchter im Dome zu Hildesheim.

körper, da die offenen, von Einlochbrennern erzeugten Gasflammen den Kerzenflammen ganz ähnlich waren. Selbst für den Schnitt- und den Argandbrenner konnte man den Kronleuchter noch gelten lassen, aber schon für die Petroleumlampe mit ihrem schwerfälligen Brennstoffbehälter war er ein ästhetisches Unding.

Der Kronleuchter, von dem als typischer Repräsentant der Kronleuchter aus dem Dome zu Hildesheim hier abgebildet sei (Abb. 3), hatte seine technische und ästhetische Berechtigung in einer Zeit, als Wachskerzen oder offene Gasflammen ihr mildes Licht ausstrahlten und eine Verstärkung der Beleuchtung nur durch Vermehrung der Beleuchtungsmittel erzielt werden konnte. Aber ein Kronleuchter mit Bogenlampen z. B., wie der in der Wandelhalle des Reichstages (Abb. 4) — die Bogenlampen sind jetzt durch Gasfüllungslampen in den alten Laternen ersetzt — ist in beleuchtungstechnischer Hinsicht ein Zeichen fabelhafter Unfähigkeit, und in ästhetischer Hinsicht ist er schlechthin eine Brutalität, denn abgesehen von der Unruhe in seiner Gliederung, die sein Vorbild, der Hildesheimer Kronleuchter, durchaus nicht aufweist, unterbricht er auch noch

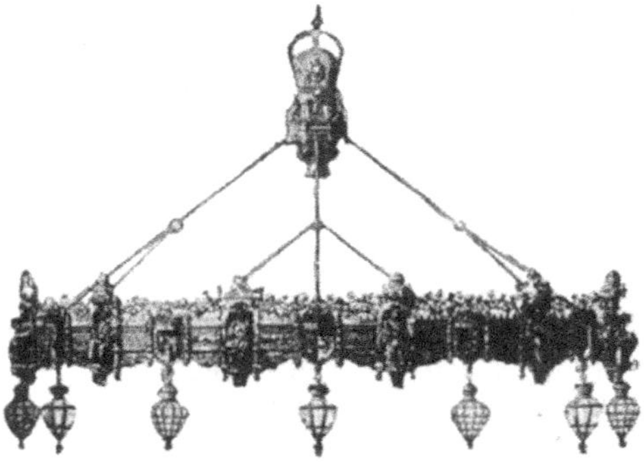

Abb. 4. Kronleuchter in der Wandelhalle des Deutschen Reichstages.

gewaltsam die Linien der Architektur. Ein Fehler, den er auch mit dem Hildesheimer Kronleuchter und anderen Kronleuchtern teilt; denn fast immer fällt der Kronleuchter unorganisch aus der Raumge-

Abb. 5. Kronleuchter im Bahnhofsgebäude zu Oldenburg. (Mit Erlaubnis den Hanomag-Nachrichten entnommen.)

staltung heraus, selbst wenn versucht wurde, ihn dem Stile der Architektur anzupassen. Ein sehr charakteristisches Beispiel hierfür ist der in Abb. 5 vorgeführte Kronleuchter in der Oldenburger Bahnhofshalle, und ebenso geht es den meisten Kronleuchtern in unseren Wohnräumen, die, wenn sie stilrein komponiert sind, gewöhnlich mit dem Stile des

Hausgerätes nicht harmonieren, oder die in ihrer stillosen Zerfahrenheit ein bezeichnendes Sinnbild für die innere Zerfahrenheit unserer jüngsten Vergangenheit abgeben.

In beleuchtungstechnischer Hinsicht ist der Wandarm fast noch entschiedener zu verwerfen als der Kronleuchter. Denn da die Wandarme immer verhältnismäßig niedrig angeordnet werden müssen, so ist das Auge gezwungen, direkt in die Lichtquellen hineinzuschauen, und zugleich vermögen sie — eben wegen ihrer niedrigen Aufhängehöhe — zur Vergleichmäßigung der Raumbeleuchtung nur wenig beizutragen. In den weitaus meisten Fällen haben die Lichter in einem Wandarme freilich auch weniger den Zweck zu leuchten als den Raum zu schmücken; sie sind mehr Dekorationselemente als Beleuchtungsgeräte. Hiergegen läßt sich an sich nichts einwenden, solange die einzelnen Lichtquellen auf den Wandarmen nur klein und deren Flächenhelle nur gering ist. Gerade in bezug auf den letzten Punkt wird aber nur zu oft gesündigt, und gar nicht selten sieht man Wandarme mit Metalldrahtlampen in Klarglasbirnen, was nicht energisch genug verurteilt werden kann.

Weder Kronleuchter noch Wandarm gestatten es, die modernen Lichtquellen in einer ihnen angemessenen Weise anzuwenden; sie stellen die Lichtquelle in den Vordergrund, nicht aber die Verteilung des Lichtes, was doch der Endzweck der Beleuchtung mit künstlichen Lichtquellen sein sollte. Die Verhältnisse liegen in der Praxis des täglichen Lebens etwa so, wie wenn man zur Beleuchtung mit natürlichem Lichte das in einem Spiegel aufgefangene Bild der Sonne zur Raumerhellung benutzen wollte. Man betrachte einmal kritisch die in einem gut bürgerlichen Haushalte für eine 5-Zimmerwohnung durchgeführte Beleuchtung.

Die typische Wohnungsbeleuchtung. Das Speisezimmer ist durchweg mit einem Kronleuchter mit Mittelzug ausgestattet, der über der Tischmitte hängt. Der Mittelzug enthält eine mit einem halbdurchlässigen Schirme abgeblendete Lichtquelle, die den Eßtisch im allgemeinen gut und ausreichend beleuchtet, das Zimmer selbst aber im Halbdunkel läßt, so lange die eigentlichen Kronleuchterlampen nicht in Tätigkeit sind, was aber meist nur bei festlichen Gelegenheiten der Fall ist. Die allgemeine Raumbeleuchtung ist also höchst mangelhaft. Das fällt besonders dann ins Gewicht, wenn das Speisezimmer auch als allgemeines Wohnzimmer dienen muß. Die Familie gruppiert sich deshalb des Abends auch außer der Tischzeit um den Eßtisch, und lediglich bei der durch die Mittellampe gelieferten Beleuchtung muß gelesen und müssen Handarbeiten verrichtet werden. Für die gewöhnlichen Handarbeiten reicht die Beleuchtung aus; zum Lesen aber ist die Anordnung der Mittelzuglampe recht ungeeignet, denn um die bestmögliche Beleuchtung zu erhalten, muß das Buch oder die Zeitung horizontal auf dem Tische liegen, was eine unbequeme und auf die Dauer ermüdende Kopfhaltung bedingt. Die zweckmäßigste Stellung des Buches ist so, daß bei normaler Kopfhaltung der Blick senkrecht auf die Papierfläche fällt. Bei der gewählten Anordnung der Lichtquelle ist es aber kaum möglich, das Buch in dieser Stellung zu halten, da dann die Lichtstrahlen unter einem sehr spitzen Winkel auf die Fläche auffallen würden, und da die erzielte Beleuchtung von dem Kosinus des Einfallswinkels abhängig ist, so würde sie für den besagten Zweck zu klein ausfallen.

Der Salon wird in althergebrachter Weise durch eine kostbare Krone beleuchtet. Bevorzugt wird »Kristall«. Bei elektrischem Lichte sind imitierte Kerzen sehr beliebt. Bei Gaslicht sieht man nicht selten metallene Adaptierungsarme in die Kerzentüllen eingeschraubt, an denen dann die Invertbrenner hängen. Stehbrenner sind nicht modern, sie würden bei einer Kristallkrone auch geschliffene Glocken bedingen, die wegen der starken Erwärmung leicht springen. Auch Bronzekronleuchter sind zur Salonbeleuchtung sehr beliebt, meist Stil Louis XVI. oder ein moderner Phantasiestil mit naturalistischen Elementen im Dekor. Wenn an einem Kronleuchter die einzelnen Lichtquellen nicht sehr eng zusammengedrängt sind, so daß der ganze Beleuchtungskörper wie eine einheitliche Lichtquelle wirkt, so entstehen durch die für sich allein wirkenden Einzelflammen ebensoviele Einzelschatten jedes Gegenstandes im Raume. Hierdurch wird die Geschlossenheit des Raumes gestört, und Menschen und Gegenstände erhalten etwas Unstetes, Flimmerndes, das zur Behaglichkeit nicht beiträgt.

Das Herrenzimmer erhält gleichfalls wieder den unvermeidlichen zentralen Beleuchtungskörper. In manchen Kreisen sind auch heute noch Leuchterweibchen oder Geweihkronen beliebt, die sich besonders »stilvoll« machen, wenn an ihnen Gasglühlichtinvertbrenner hängen. Auch sog. Stall-Laternen mit facettierten Scheiben werden für Herrenzimmer gern verwandt, bei Gasglühlicht natürlich mit unabgeblendeten Glühkörpern; sind sie für elektrisches Licht umgearbeitet, so wird der Stehbrenner durch eine 100 Watt-Gasfüllungslampe ersetzt. Auf dem Schreibtische befindet sich eine Stehlampe mit Glocke aus bunten Glasstückchen oder mit einem Seidenschirme. Ist der Hausherr allein in seinem Zimmer, so brennt aus Sparsamkeitsrücksichten natürlich nur die Tischlampe, die eigentliche Raumbeleuchtung ist abgestellt.

Im Kinderzimmer herrscht bei Gasbeleuchtung die einflammige Gaslyra vor. Der Glühkörper ist fast stets unabgeschirmt. Oder es kommt ein einfaches Pendel mit daran hängendem Invertbrenner zur Anwendung. Bei elektrischem Lichte ist eine einzelne von der Deckenmitte herabhängende Glühlampe mit Phantasieschirm aus buntem Kreppapier sehr beliebt. Unnötig zu erwähnen, daß man bei derartigen Beleuchtungskörpern weder arbeiten noch richtig spielen kann, und daß schon das Kinderauge durch die blendenden Lichtquellen brutalisiert wird.

Das Schlafzimmer ist die Domäne der Ampel, natürlich aus rosa Glas; auf den Nachttischen standen früher allgemein Kerzenstöcke, ist Elektrizität im Hause, so finden sich auf den Nachttischen die kleinen, neckischen Stehlampen mit bunten Seidenschirmen oder grün überfangenen Opalglasschirmen, die so unzweckmäßig konstruiert sind, daß sie kaum die Taschenuhrständer zu beleuchten vermögen. Will man im Bette lesen, so muß der Stoffschirm irgendwie schief gestellt und der Körper in eine höchst unbequeme Lage gezwängt werden. Trotzdem fällt dabei weniger Licht auf das Buch als direkt in das Auge. Will man durchaus im Bette lesen, so ist zweckmäßig die mit Schirm versehene Lampe am Kopfende des Bettes an der Wand zu befestigen.

Die Küche. Der typische Beleuchtunggkörper ist hier der eiserne Wandarm in der Nähe des Herdes. Damit man auch am Spül- oder Anrichtetische etwas sehen kann, ist der fast ausschließlich verwandte Gasbrenner mit Klarglasarmatur versehen. Da in den zumeist wenig geräumigen Küchen die Einrichtungsgegenstände ringsherum an den Wänden angeordnet sind, so steht die hantierende Köchin, außer am Kochherde, sich dauernd selbst im Lichte. Daran wird nichts gebessert, wenn auch noch ein zentraler Beleuchtungskörper vorgesehen ist. In einfacheren Haushaltungen ist die Petroleum-Küchenlampe das wesentliche Beleuchtungsgerät. In der Anordnung einer nackten Flamme mit dahinter gestelltem »Blender« stellt sie ein wahres Marterinstrument für die Augen dar.

Das sind keine Übertreibungen. In der überwiegenden Mehrzahl der Fälle liegen die Verhältnisse noch weit schlimmer, als sie hier geschildert wurden. Direkt wirkende Beleuchtungskörper und unabgeschirmte Lichtquellen herrschen überall vor. Nur äußerst selten findet sich ein verständnisvolles Eingehen auf die Natur der benutzten Lichtquellen. Freilich ist hier die größere Schuld dem Fabrikanten von Beleuchtungskörpern als dem Publikum beizumessen; denn das Publikum hat zumeist keine andere Wahl als die zwischen den verschiedenen Stilarten und mehr oder weniger reicher Ausstattung; von dem ein für allemal festgelegten Typus kann es gar nicht loskommen, weil es keine guten Vorbilder hat.

Der Wandel in der Wohnungsbeleuchtung. Erst in den letzten Jahren kurz vor dem Kriege ist hier ein wesentlicher Wandel eingetreten, als die Unzweckmäßigkeit der direkten Beleuchtung und die Schädlichkeit der Kontrastbeleuchtung aufgedeckt und von einzelnen wenigen Pionierfirmen Beleuchtungskörper für ganz- und halbindirektes Licht geschaffen wurden. Man kann nicht umhin, hier die Namen ausdrücklich anzuführen: Blondel ermöglichte mit seinen Holophanegläsern (S. 222) Armaturen, die eine außerordentlich starke Streuung des Lichtes bewirkten, so daß jede Blendung ausgeschlossen ist, und die zugleich die für jeden Verwendungszweck günstigste Lichtverteilung erreichen lassen. In Verbindung mit hellen Decken gehören die Holophane-Beleuchtungskörper zu den halb indirekt, wenn auch noch vorwiegend direkt wirkenden Armaturen. Mit gutem Erfolge sind ähnlich wirkende Gläser von Jos. Imwald in Wien geschaffen worden. Vor den Holophanegläsern haben sie den Vorzug, nicht so sehr Staubfänger zu sein. In ästhetischer und beleuchtungstechnischer Hinsicht gleichmäßig befriedigende

Abb. 6.
Kassettenbeleuchtung in einem Treppenhause.

Beleuchtungskörper sind von der Beleuchtungskörper G. m. b. H. in Berlin geschaffen worden. Hervorragende lichttechnische Leistungen sind von den Firmen Körting & Mathiesen in Leipzig, Dr.-Ing. Schneider & Co. in Frankfurt a. M. und G. Schanzenbach & Co., gleichfalls in Frankfurt a. M., geliefert worden. Und wenn auch die von diesen Firmen geschaffenen Beleuchtungskörper in erster Linie für die Beleuchtung von Bureaus, Verkaufsläden, Schulen und Hörsäle, Fabrikräume usw. bestimmt waren, so haben sie doch auch für die Beleuchtung im Hause fruchtbare Anregungen gegeben.

Kassetten- und Deckenbeleuchtung. Parallel mit dieser fortschrittlichen Entwicklung schritt in den Jahren unmittelbar vor dem Kriege allerdings auch eine Entwicklung, die sich mehr auf das Äußerliche, das Dekorative erstreckte, vor allem begünstigt durch die niedrigen Strompreise und die stromsparenden Glühlampen. In vornehmen Häusern und in solchen Häusern, die die Vornehmheit wenigstens markieren wollen, entstand die sog. Kassettenbeleuchtung, eine Beleuchtungsart durch Einzellampen, die in zahlreichen, die Decke unterteilenden Feldern untergebracht sind. Bei der Anwendung mattierter Glühlampen läßt sich in der Tat eine hervorragend gleichmäßige Allgemeinbeleuchtung erzielen, aber wenn die beleuchteten Räume nicht sehr hoch sind, so stellt eine solche Beleuchtungsart die unerhörtesten Zumutungen an das Auge. Nunmehr gibt es in dem Raume keinen

Abb. 7. Deckenbeleuchtung in einem Warenhause.

einzigen Punkt mehr, wo das Auge dem blendenden Glanze zu entfliehen vermag. Ob man den Kopf zurücklehnt, oder ob man die Augen nur ein weniges über die Horizontale erhebt, ob man sich nach rechts wendet oder nach links, immer fällt das Auge auf eine ganze Reihe von Lichtquellen, die einen mit grausamem Glanze verfolgen. Und hier genügt auch die Mattierung der Glasballons nicht mehr, um die verhängnisvolle Wirkung zu mildern, denn was die einzelne Lampe hierdurch an Flächenhelle einbüßt, das wird reichlich aufgewogen durch ihre Häufung zu großen Zahlen. In sehr hohen Festräumen allerdings kann die Deckenbeleuchtung aus beleuchtungshygienischen Gründen nicht mehr beanstandet werden, und sie kann auch ästhetisch sehr wirkungsvoll sein, wenn durch die einzelnen Lichtquellen die Linien und die Gliederung des Raumes und der Decke noch besonders hervorgehoben werden (Abb. 6 u. 7).

Halbindirekte Beleuchtung. Diese Decken- und Kassettenbeleuchtung kann natürlich immer nur in Ausnahmefällen zur Anwendung kommen, dagegen wird sich die halbindirekte Beleuchtung wohl immer in Wohnräumen verwirklichen lassen. Voraussetzung für ihre Anwendung sind nur helle Decken und helle Wände. Aber es ist gar nicht einmal nötig, daß die Wände in ihrer vollen Ausdehnung hell sind, es genügt, wenn bei sonst dunkel gehaltenen Wänden, wenigstens ein heller Fries von etwa 1 m Breite vorgesehen ist und die Beleuchtungskörper möglichst hochgehängt werden. Die eigentliche Lichtquelle ist dann den Blicken durch eine halbdurchlässige Schale aus Milchglas, Alabaster, dünnem Marmor, aber auch aus seidenmattiertem und mit gepreßten oder geschliffenen Prismen versehenem Glase entzogen. Je nach der Durchlässigkeit der Schale wird der größere oder kleinere Teil des Lichtstromes durchgelassen, der Rest aber an die Decke und den Wandfries reflektiert. Die Schale selbst strahlt direktes Licht aus, wegen ihrer verhältnismäßig großen Oberfläche ist ihre Flächenhelle aber sehr gering, so daß keinerlei Blendung entsteht. Das an die Decke und die Wände reflektierte Licht wird diffus von diesen zurückgeworfen und erzeugt eine verhältnismäßig gleichmäßige Beleuchtung im ganzen Raume. Die Wirkung halbindirekter Beleuchtung zeigen die Abb. 8 u. 9. Da es mit halbindirekt wirkenden Beleuchtungskörpern nicht schwierig ist, der Lichtstrahlungskurve jede beliebige Gestalt zu geben, so kann nach Bedarf die direkte Strahlung oder die indirekte betont werden, man kann die Fläche direkt unterhalb des Beleuchtungskörpers stärker beleuchten, oder man kann besonderen Wert auf die gleichmäßige Verteilung des Lichtes im ganzen Raume legen. Nicht außer acht gelassen werden darf dabei, daß diese Beleuchtungskörper auch dem gestaltenden Innenarchitekten einen großen Spielraum in der künstlerischen Durchbildung geben, so daß weitgehenden ästhetischen Ansprüchen genügt werden kann. Für die Beleuchtung in Wohnräumen

Abb. 8.
Beleuchtungskörper für halbindirekte Beleuchtung aus durchscheinenden Marmorschalen.

sind diese halbindirekt wirkenden Beleuchtungskörper ganz ausgezeichnet geeignet, sie schmücken den Raum durch ihre Form, und sie vermögen ihn zugleich ausreichend und gut zu erhellen, wenn Lichtquellen von passender Größe in ihnen untergebracht sind. Für Räume mit etwa 25 m^2 bis 30 m^2 Grundfläche reichen Lampen für 100 Watt vollständig

Abb. 9. Halbindirekte Beleuchtung eines Schlafzimmers mit Alabasterschale der Beleuchtungskörper G. m. b. H.

aus, um eine Beleuchtung zu schaffen, die an allen Stellen des Zimmers die Ausführung der üblichen Hausarbeiten und Handarbeiten gestattet; zugleich kann man aber, und das ist besonders wichtig, an allen Stellen bequem lesen. Für den Schreibtisch müßte dann freilich noch eine Tischlampe mit möglichst vollständig abgeblendeter Lichtquelle hinzukommen, für die es jetzt auch ganz ausgezeichnete Vorbilder gibt. (Abb. 39, S. 243.)

In kleineren Räumen, in den Kinder- und Schlafzimmern, vor allem aber in den Hotelzimmern, die gegenwärtig durchweg in unzweckmäßigster Weise durch zentrale Beleuchtungskörper mit meist nur einer einzigen unabgeblendeten Glühlampe beleuchtet werden, können zweckmäßig kleinere, halbindirekt wirkende Beleuchtungskörper mit 50kerzigen Lampen und selbst 32kerzigen zur Anwendung kommen, und man wird durchweg eine gleichmäßige und zugleich ausreichende Beleuchtung erzielen (Abb. 9).

Beleuchtung von Treppenhäusern. Besondere Behandlung verlangt die Beleuchtung von Treppenhäusern in unseren Wohngebäuden. Sie geschieht derzeit im allgemeinen in der Weise, daß auf den Treppenabsätzen, die zu den Wohnräumen führen, Wandarme mit Gasflammen oder Deckenbeleuchtungskörper mit einer einzelnen Glühlampe angeordnet sind. Die Zwischenpodeste sind infolgedessen ganz unvollkommen erhellt. Dazu kommt noch, daß man abwechselnd das Licht direkt vor sich und dann wieder genau im Rücken hat. Das ist natürlich nicht nur unzweckmäßig, sondern u. U. direkt gefährlich, besonders dann, wenn unabgeschirmte Lichtquellen zur Anwendung kommen, wie das aus falschen Sparsamkeitsrücksichten zumeist geschieht. Zweckmäßig wäre auch hier die Durchführung halbindirekterBeleuchtung, oder es sollte auf jedem Treppenabsatze ein möglichst nahe an der Decke angebrachter, diffus breitstrahlender Beleuchtungskörper angebracht sein. Mit Lichtquellen von 25 Kerzen käme man hierbei vollkommen aus. Leider wird sich unter den gegenwärtigen Verhältnissen diese Forderung in Deutschland nicht durchführen lassen, aber unbedingt muß verlangt werden, daß die vorhandenen, direkt strahlenden Lichtquellen in lichtstreuende Glocken eingeschlossen werden, damit wenigstens auf diese Weise die sonst unvermeidliche Blendung verhindert und die Verteilung der Beleuchtung auf den Treppen vergleichmäßigt wird.

Die Beleuchtung von Bureaus. Allgemeinbeleuchtung oder Platzbeleuchtung? Im Vergleiche zu der Beleuchtung von Wohnräumen gestaltet sich die Beleuchtung von Bureaus wesentlich einfacher. Ästhetische Bedenken müssen den Zweckmäßigkeitsgründen weichen und da in Bureaus und Geschäftsräumen alle Einrichtungen darauf hinzielen müssen, die Leistung der Arbeitenden nach Möglichkeit zu erhöhen, so wird auch falsche Sparsamkeit der Einführung zweckmäßiger Neuerung in der Beleuchtung nicht so hindernd im Wege stehen wie bei Wohnungsbeleuchtung, wo man sich häufig, trotz besserer Erkenntnis, notgedrungen mit dem alten Inventare behelfen muß. Da in allen Bureaus neben der Arbeit auch der Verkehr der Angestellten unter sich und der Verkehr Besuchender eine große Rolle spielt, so muß vor allem der Allgemeinbeleuchtung Rechnung getragen werden. Es fragt sich nun, ob es zweckmäßiger ist, neben der Allgemeinbeleuchtung noch eine besondere Platzbeleuchtung vorzusehen, oder die Allgemeinbeleuchtung so auszugestalten, daß sie zugleich auch als Arbeitsbeleuchtung dienen kann. Der letztere Gedanke hat viel für sich, aber in der Praxis läßt er sich doch nicht ohne sehr beträchtliche Kosten verwirklichen. Für die Arbeitsbeleuchtung ist unbedingt zu verlangen, daß für jeden Schreibenden Schatten auf der Arbeit vermieden werden. Bei reiner Platzbeleuchtung ist das leicht durchzuführen, wenn die Lichtquellen links vom Arbeitenden angeordnet sind. Ist dagegen ausschließlich Allgemeinbeleuchtung vorgesehen, so wird es sich nicht vermeiden lassen, daß ein Teil der Arbeitsplätze dauernd im eignen Schatten der Arbeitenden liegt, man müßte denn vollkommen diffuse bzw. ganz indirekte Beleuchtung zur Anwendung bringen. Aus den bereits früher angegebenen Gründen ist die völlig oder selbst nur nahezu schattenlose Beleuchtung nicht zu empfehlen; überdies stellt sie sich auch wesentlich teuerer als die halbindirekte oder die direkte Beleuchtung.

Unter Berücksichtigung aller einzelnen Momente stellt es sich als am zweckmäßigsten heraus, wenn man in Bureaus die Allgemeinbeleuchtung durch diffusstrahlende, direkt oder halbindirekt wirkende Lichtquellen durchführt. Man wird sie aber erheblich stärker bemessen müssen als es für die Verkehrsbeleuchtung allein erforderlich wäre, da die Allgemeinbeleuchtung in Bureaus auch dazu dienen muß, bestimmte Arbeiten, wie Bedienung der Registraturen, Kartotheken und Vervielfältigungsapparate usw. zu ermöglichen. Im Mittel wird sie deshalb 35 bis 40 Lux betragen müssen. Dazu kommt dann noch die reine Platzbeleuchtung auf den Schreibtischen, den Schreibmaschinen usw. Bei Vorhandensein einer guten und ausreichenden Allgemeinbeleuchtung braucht diese Platzbeleuchtung dann nur noch eine Zusatzbeleuchtung zur Aufhellung von Schlagschatten und zur intensiven Beleuchtung der Arbeitsfläche zu sein. Mit einer Zusatzbeleuchtung von 10 bis 15 Lux für jeden Arbeitsplatz, an dem geschrieben wird, kommt man dann ausgezeichnet aus. Hat in einzelnen Räumen, die nur als Schreibzimmer dienen, die Allgemeinbeleuchtung einen niedrigeren Wert, so muß die Zusatzbeleuchtung natürlich entsprechend höher gehalten werden, so daß auf jede Arbeitsfläche immer etwa 40 bis 50 Lux kommen.

Sowohl für die Allgemeinbeleuchtung als auch die Platzbeleuchtung in Bureaus sind in den letzten Jahren hervorragend gut geeignete Beleuchtungskörper geschaffen worden.

Für die Platzbeleuchtung in Bureauräumen werden noch heute vielfach elektrische Steh- oder Hängelampen mit einfachem konischem Reflektor benutzt, die »zum Schutze der Augen« aus grünem Überfangglas hergestellt sind. Der Augenschutz ist aber bei diesen Lampen ganz illusorisch, denn der größere Teil der Lichtquelle hängt völlig unabgeblendet unmittelbar vor den Augen (vgl. Abb. 1, S. 358). Bei der Beleuchtung mit stehendem oder hängendem Gasglühlicht sind die Verhältnisse wesentlich günstiger, weil bei den ersteren der Glühkörper selbst meist von einer Schutzglocke aus mattiertem Glase umgeben wird und bei den letzteren durchweg mattierte oder aus Opalglas hergestellte Luftführungsglocken angewandt werden. Aber selbst wenn in beiden Fällen nur Klarglasarmaturen zur Anwendung kommen, ist die Gefährdung der Augen nicht so beträchtlich, weil die Gaslampen für Platzbeleuchtung immer höher angebracht sind als die dem gleichen Zwecke dienenden elektrischen Lampen. Wirklich zweckmäßig für die Platzbeleuchtung sind aber doch nur diejenigen Lampen, bei denen die Lichtquelle den Augen vollständig verborgen ist. Im Gebrauche sind hier vornehmlich zwei Konstruktionen. Bei der einen Konstruktion ist die

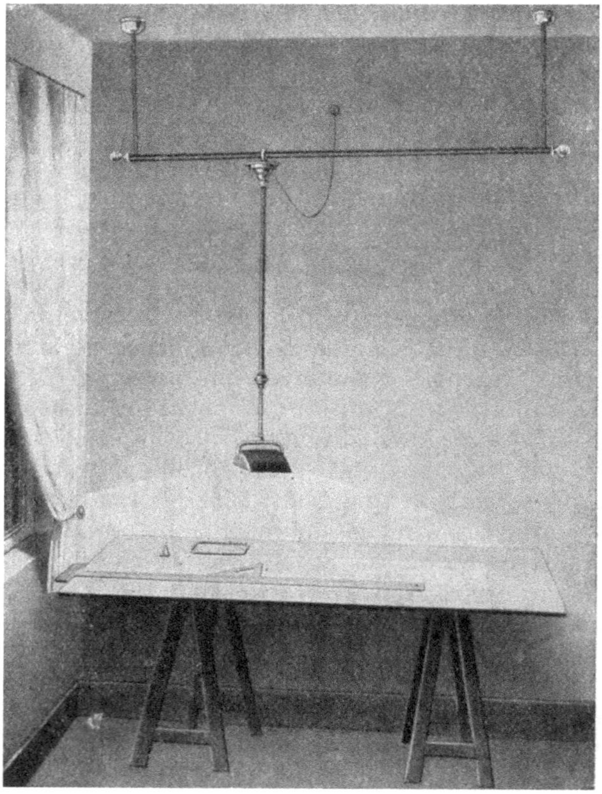

Abb. 10. Horaxlampe mit verschiebbarem Rohrpendel.

Glühlampe vollständig in einem tiefen, konischen Reflektor aus Metall, der allseitig beweglich ist, angeordnet, bei der zweiten Art liegt die Glühlampe horizontal in einem länglich-haubenförmigen Reflektor, der in einem besonderen Gestelle drehbar angeordnet ist (vgl. Abb. 39, S. 243). Dieser Horizontalreflektor wird entweder an einem Schnur- oder Rohrpendel befestigt oder bei Stehlampen an einem in einem Gelenke beweglichen Ständer. Die Benutzung von in der Höhe und auch seitlich verschiebbaren Rohrpendeln ist für Bureaus besonders zweckmäßig, weil die Beleuchtungskörper keinen Raum auf den Schreibtischen beanspruchen und weil sie sich leicht in die jeweils günstigste Stellung zur Arbeitsfläche bringen lassen (Abb. 10).

Für kleinere Bureaus, in denen auf Allgemeinbeleuchtung verzichtet werden muß, empfiehlt sich die Anwendung von allseitig beweglichen Stehlampen mit tief herabgezogenen Glocken aus Opal- oder Überfangglas, die die Lichtquellen dem Auge vollständig verbergen, die aber

Abb. 11. Beleuchtung im Wertheimschen Kaufhause zu Berlin mit baumartigen Lichtständern.

Abb. 12. Beleuchtung im Wertheimschen Kaufhause mit Glühlampen-Ketten und hängenden Brücken.

trotzdem so viel Licht durch die Glocken hindurchstrahlen lassen, daß wenigstens eine allgemeine Orientierung im Raume möglich ist.

Die Beleuchtung von Verkaufsräumen. In eleganten Verkaufsräumen werden die höchsten Ansprüche an die Beleuchtung gestellt. Es liegt in der Natur der Sache, daß diese nur eine Allgemeinbeleuchtung sein kann, die gleichzeitig eine vollkommene Orientierung im Raume ermöglichen und die ausgestellten Waren zur vollen Geltung bringen muß. Beide Bedingungen sind leicht zu verwirklichen, wenn die mittlere Beleuchtung relativ hoch und die Ungleichmäßigkeit gleichzeitig möglichst niedrig ist. Gänzlich verfehlt ist es deshalb, wenn in eleganten Verkaufsräumen Kronleuchter, und seien sie noch so künstlerisch ausgeführt, verwandt werden. Den Kronleuchtern gleich zu achten sind hier auch Lampengirlanden und Lampenständer in massiger Aufmachung, wie sie in den beiden Haupträumen des von Messel erbauten Wertheimschen Kaufhauses in der Leipzigerstraße zu Berlin benutzt sind. (Abb. 11 u. 12.)

Auch einem Messel waren eben rein beleuchtungstechnische Gesichtspunkte noch nicht in Fleisch und Blut übergegangen, und er, wie die meisten Architekten überhaupt, komponierte die Beleuchtungskörper nach der Linie im Zustande des Nichtleuchtens, ohne an die Auflösung dieser Linien zu denken, wenn ihre Lichter entflammt werden. Das ist sehr gut in Abb. 12 zu sehen, wo die Lichtquellen als Ketten und Brücken dem Raume zum Schmuck gereichen, so lange sie nicht leuchten, dagegen die Harmonie der monumentalen Halle vernichten, sich aus den edel gezogenen Linien herauslösen und nur als wahllos verstreute Lichtflecken wirken, wenn sie eingeschaltet sind. Auch hier muß eben darauf gesehen werden, daß das den Raum durchflutende Licht das Wesentliche ist, nicht aber die einzelne Lichtquelle, die möglichst diskret verschwinden sollte. Diese Wirkung ist mit den gleichen Mitteln zu erzielen wie bei der Beleuchtung von Bureauräumen, also durch diffus strahlende, direkt wirkende Lichtquellen und durch halbindirekt wirkende Beleuchtungskörper. Die erstere Art ist hierbei zu bevorzugen, da die ausgestellten Waren eine starke Platzbeleuchtung beanspruchen. Die bereits erwähnten Kandemarmaturen, die Indralampe und Deckenbeleuchtungskörper mit Prismenglasschalen eignen sich hierzu vor allem.

Unter besonderen Verhältnissen kann auch die ganzindirekte Beleuchtung zur Anwendung kommen. Die Abb. 13 zeigt einen Ausstellungsraum mit großen Vitrinen, die von innen mit verdeckt angebrachten Röhrenlampen in Sofittenreflektoren beleuchtet werden. Die hell erleuchteten Schaukästen wirken hierbei als sekundäre Lichtquellen, und der ganze Raum wird somit indirekt beleuchtet.

Einfachere Verkaufsräume. Auch in einfacheren Verkaufsräumen, in denen heute meist eine einfache Lyra mit Gasglühlichtstehbrenner unter einem Milchglasschirme oder ein Hängebrenner an einem Rohrpendel die einzigen Beleuchtungsgeräte sind, könnten die in den vorigen Abschnitten beschriebenen Armaturen eine ganz erhebliche Verbesserung in der Beleuchtung herbeiführen. Damit das durchführbar wird, müßten freilich erst Publikum und Geschäftsinhaber erzogen werden, indem man immer und immer wieder darauf hinweist, wie schädlich für die Augen und wie schädigend schließlich auch für das Geschäftsinteresse die Anwendung blendender Lichtquellen, etwa niedrig hängender Gasfüllungslampen ist, über denen eine ganz unwirksame, geschliffene Glasschale in einem beträchtlichen Abstande hängt. Denn bei einer solchen intensiven Kontrastbeleuchtung wird die Wirkung selbst der geschmackvollsten Aufmachung verdorben, die scharfen Schlagschatten und Körperschatten verhindern die Erkennbarkeit von Einzelheiten bei den ausgestellten Waren, und schließlich ermüden Käufer und Verkäufer in einem so unzweckmäßig und grell beleuchteten Raume weit eher als in einem gleichmäßig erhellten.

Die Schaufensterbeleuchtung leidet gegenwärtig in gleicher Weise durch blendende Kontrastbeleuchtung wie die Beleuchtung der Verkaufsräume selbst, vielleicht sogar noch stärker, denn von einem Schaufenster, in dem — womöglich gar in Augenhöhe — eine Reihe blendender Lichtquellen angeordnet ist, wendet sich jeder Passant mit Grausen instinktiv ab, und Einzelheiten sind bei einer derart unzweckmäßigen Beleuchtung überhaupt nicht zu erkennen. Solche Schaufenster wirken wie die unharmonischen Posaunenstöße vor einer Jahr-

Abb. 13. Indirekte Beleuchtung eines Ausstellungsraumes durch in den Schaukästen angebrachte Soffittenlampen.

marktbude, und marktschreierisches Gebaren vermag schließlich doch nur sehr naive Gemüter anzulocken. Das wirkliche Geschäftsinteresse und die Hygiene erfordern es in gleichem Maße, daß in den Schaufenstern die Lichtquellen selbst dem Auge möglichst entzogen sind. Selbst Lichtquellen von geringer Flächenhelle, wie mattierte Glühlampen oder Gaslampen in Opalglasarmaturen, gehören nicht in das Schaufenster, weil auch diese Beleuchtungskörper störend wirken und die Aufmerksamkeit von den ausgestellten Waren ablenken. Unter diesem Gesichtspunkte ist es auch ganz sinnlos, wenn rotierende Ständer — wie man das früher nicht selten in Juwelierauslagen sehen konnte — mit Glühlampen garniert wurden, um den Glanz der Geschmeide noch zu erhöhen.

Die in früheren Jahren in Berlin und in anderen Großstädten abgehaltenen Schaufensterwettbewerbe haben den Beweis erbracht, daß den vornehmsten und wirkungsvollsten Eindruck solche Auslagen hervorbrachten, bei denen, wie auf der Theaterbühne, die Gegenstände hell beleuchtet, die Lichtquellen aber völlig unsichtbar waren. Um diese Wirkung zu erzielen, haben sich drei verschiedene Methoden gut bewährt. Die einfachste Beleuchtung geschieht durch Beleuchtungskörper, die, vor dem Schaufenster angebracht, nach außen abgeblendet ihr Licht scheinwerferartig auf die Auslagen werfen. Hierzu sind geeignete Laternen für Bogenlampen, Gasglühlicht-Intensivlampen und elektrische Starklichtlampen konstruiert worden. Die zweite Art wird durch die Beleuchtung mit Sofittenlampen verwirklicht, wie sie bereits in Abb. 13 dargestellt war. Bei der dritten Art schließlich befinden sich die Lichtquellen an der Decke des Schaufensters (Abb. 14) und wirken durch Zwischenschaltung von Kristallglas-Schalen oder Tellern diffus tiefstrahlend, oder die Lichtquellen befinden sich in einem besonderen durch Mattglasfenster von dem eigentlichen Schaufenster abgetrennten Raume, und ihr Licht wird mit Hilfe von Reflektoren auf die Mattglasscheiben geworfen, die dann als sekundäre Lichtquellen wirken. Sehr geeignet für diese Art der Schaufensterbeleuchtung sind die Wiskottreflektoren der Osram-G. m. b. H.

Abb 14.
Schaufensterbeleuchtung durch Deckenlampen in Prismenschalen.

Die vor dem Kriege nicht sehr seltene Schaufensterbeleuchtung durch offen vor dem Schaufenster hängende Bogen- oder Gasfüllungslampen und selbst Quecksilberdampflampen ist durch die behördlichen Lichtbeschränkungen glücklicherweise ganz verschwunden. Sie wird hoffentlich auch nicht mehr zur Auferstehung gelangen, sofern es gelingt, den von der Deutschen Beleuchtungstechnischen Gesellschaft aufgestellten Richtlinien für die Innen- und die Außenbeleuchtung öffentlich-rechtliche Anerkennung zu schaffen.

Die Beleuchtung von Fabriken und Werkstätten. Allgemeine Gesichtspunkte. Das Problem, eine ausreichende und gute Fabrikbeleuchtung zu schaffen, ist recht schwierig und dazu auch nicht einheitsich zu lösen. Das rührt daher, daß weder die Fabrikgebäude selbst, noch die Ausrüstungen der einzelnen Räume einen einheitlichen Charakter aufweisen.

Neben den in einzelnen Etagen untergebrachten Werkstätten finden wir große Hallenbauten mit flachen oder gewölbten Dachkonstruktionen, Shedbauten mit sägeschnittartig angeordneten Dächern und ganz offene Bauten wie die Hellinge der Schiffswerften. Bald sind die Decken geweißt und glatt, bald weisen sie tiefe Unterzüge auf, bald liegen die Dachbinder und eisernen Träger vollständig frei. Tragsäulen und Pfeiler, Laufkräne, Transmissionen, hohe, stark gegliederte Maschinen, wie Jacquard-Webstühle, Rotationsdruckpressen, Bessemerbirnen, hydraulische Schmiedepressen, Walzenständer, Schwungräder, und schließlich die Arbeitsstücke selbst wie Lokomotiven, große Dynamomaschinen und Transformatoren usw. verhindern den freien Durchblick durch die Werkstätten und Montagehallen und treten als schattenwerfende Gegenstände in Erscheinung, die allen Versuchen, die Beleuchtung gleichmäßig zu gestalten, spotten, besonders wenn sie, wie Laufkräne und Arbeitsstücke, ihren relativen Ort zu den Lichtquellen häufig wechseln. Dazu kommt dann noch, daß an allen Maschinen spiegelnde Flächen vorhanden sind, bei der Metallbearbeitung auch an den Werkstücken, die durch Reflexion Blendungserscheinungen hervorrufen können, auch wenn die Lichtquellen selbst den Blicken völlig verborgen sind. Ferner können in demselben Raume die Ansprüche an die Beleuchtungsstärke wechseln, je nachdem heute helle, morgen bunte Stoffe verarbeitet werden, z. B. in Webereien. Die häufig vorhandenen Oberlichtfenster, bei Shedbauten die hohen Seitenfenster am Dache, und die besonders in Schmieden, Gießereien usw. stark verschmutzten Decken und Wände lassen dabei oft die Anwendung halbindirekter Beleuchtung nicht zu. Man ist daher gezwungen, von Fall zu Fall besondere Entscheidungen zu treffen und kann nur ganz allgemeine Richtlinien für die hauptsächlich in Betracht kommenden Typen von Fabrikräumen aufstellen.

Für Etagenräume, in denen naturgemäß nur leichtere Maschinen aufgestellt werden können, und wo man meist auch weiße Decken und Wände zur Verfügung haben wird, kommt für die Allgemeinbeleuchtung in erster Linie halbindirekte Beleuchtung in Frage, zu deren Erzielung die bereits früher beschriebenen Beleuchtungskörper zweckmäßige Verwendung finden werden. Sind zahlreiche Transmissionen vorhanden, starke Schlagschatten werfende Maschinen und Tragsäulen, so ist hierauf bei der Anordnung der Beleuchtungskörper besonders zu achten. Da die Wirkung der halbindirekten Beleuchtung ganz wesentlich von dem Zustande der diffus reflektierenden Decke und der Wände bedingt ist, so müssen diese dauernd sauber gehalten bzw. öfters geweißt werden.

Es ist schon früher hervorgehoben worden, daß bei ganzindirekter Beleuchtung die Orientierung im Raume beeinträchtigt wird, wenn die

Schlagschatten und Körperschaften verschwinden. Je stärker der Einfluß des reflektierten Wandlichtes gegenüber dem Deckenlichte ist, desto mehr verschwinden die Schatten. Bei der halbindirekten Beleuchtung werden aus denselben Gründen bei hochhängenden Lichtquellen die Schatten hart und schwer, bei tief hängenden Lampen aber wesentlich weicher, weil in dem letzten Falle das diffuse Wandlicht die Schatten aufhebt. Auf diese Momente ist jeweils Rücksicht zu nehmen. Die Entscheidung, ob in dem Falle der Etagenräume vorwiegend direkte oder halbindirekte Beleuchtung zweckmäßiger ist, hängt dann noch von der Art der auszuführenden Arbeiten ab. Wo die Arbeiten im wesentlichen auf horizontalen Flächen ausgeführt werden, erscheint eine halbindirekte Beleuchtung mit beträchtlichem Anteile des direkten Lichtes vorteilhafter, also etwa in Webereien, Tischlereien, Druckereien und Setzereien, bei Metall- und Holzbearbeitungsmaschinen, in Buchbindereien usw.; dort wo auch vertikale oder stark geneigte Arbeitsflächen beobachtet werden müssen, ist ein stärker indirektes Licht am Platze, also in Spinnereien, im Maschinenbau, in Klempnereien, in Montageräumen, beim Stanzen und Fräsen, überhaupt bei allen Maschinen, bei denen auf und nieder gehende Teile vorhanden sind.

In Räumen mit großen Oberlichtfenstern, also in Shedbauten, in Fabrikhallen mit offener Dachkonstruktion oder sog. Dachlaternen ist die Anwendung der gewöhnlichen halbindirekten Beleuchtungskörper nicht möglich, weil die Oberlichtfenster den nach oben geworfenen Lichtstrom so gut wie vollständig hindurchlassen, und weil die offenen Dachkonstruktionen gleichfalls kein Licht zurückwerfen. Die halbindirekte Beleuchtung ist in solchen Räumen nur dann anwendbar, wenn in den Beleuchtungskörpern selbst große reflektierende Flächen vorgesehen sind, die den auf sie geworfenen Lichtstromanteil diffus reflektieren, wie das z. B. bei den D-SUN-Lampen von Dr.-Ing. Schneider & Co. der Fall ist. Diese Art von Fabrikräumen, also insbesondere Hüttenwerke, Gießereien, Eisenkonstruktionswerkstätten, Montagehallen, Walzwerke, Drahtziehereien, Schmieden, sind die eigentliche Domäne der direkten Beleuchtung. Hier wird in erster Linie die Art der auszuführenden Arbeiten bestimmend für die Wahl der anzuwendenden Beleuchtungskörper sein. In Eisenkonstruktionswerkstätten kann auf eine möglichst gleichmäßige Verteilung des Lichtes eher verzichtet werden, als z. B. in Montagehallen für Lokomotiven. Im ersten Falle wird man daher mit wenigen sehr starken Lichtquellen auskommen, während man in dem zweiten Falle zweckmäßiger mehr und gleichmäßig in der ganzen Halle verteilte kleinere Lampen aufhängen wird. Aber auch in Räumen, in denen die niedrigsten Anforderungen an die Qualität der Beleuchtung gestellt werden, muß durch die Aufhängung der Lichtquellen und ihre Unterbringung in geeigneten Armaturen dafür gesorgt werden, daß jede Blendung ausgeschlossen ist. Gut geeignet für diese Zwecke sind u. a. die Armaturen mit Wiskottreflektoren der Osram G. m. b. H. (Abb. 15), bei denen man durch Wahl der Reflektorabmessungen und der Aufhängehöhe eine gleichmäßige Verteilung der Beleuchtung erzielen und gleichzeitig verhindern kann, daß das Auge geblendet wird. Sollen in großräumigen Hallen einzelne Stellen

Abb. 15. Werkstattbeleuchtung mit Wiskott-Reflektoren.

besonders gut beleuchtet werden, so wird man Lampen für direktes, tiefstrahlendes Licht aufhängen, etwa über der Bahn der Laufkräne und den Hauptgängen der Hallen.

Die Anordnung der Lichtquellen und ihre Aufhängehöhe richtet sich nach den Abmessungen der zu beleuchtenden Räume, nach ihrer Unterteilung durch Träger, Pfeiler, nach der Aufstellung der Arbeitsmaschinen bzw. nach den auszuführenden Arbeiten und nicht zum mindesten nach der Wirtschaftlichkeit der Anlage. Mit vielen kleinen Lampen in regelmäßiger Anordnung erzielt man leichter eine gleichmäßige Beleuchtung als mit wenigen, aber großen Lampen. Da aber Glühlampen von 150 Watt aufwärts nur etwa 0,7 Watt/HK$_\ominus$ verbrauchen, 60 Watt-Lampen dagegen 1 bis 1,4 Watt/HK$_\ominus$, da die Bedienung und Instandhaltung einer geringen Lampenzahl nicht unbeträchtlich an Unterhaltungskosten spart, so wird man, wo es irgend angängig ist, nicht mehr Lampen wählen, als für die ausreichende Beleuchtung und die Güte hinsichtlich der Gleichmäßigkeit, Abwesenheit scharfer Schlagschatten usw. gerade ausreichend ist. Freilich wird man dann oft gezwungen sein, von einer symmetrischen Anordnung der Lampen abzusehen und die Aufhängepunkte nach den Einrichtungen in den Fabrikräumen, der Aufstellung der Werkzeug- oder Umformmaschinen und den auszuführenden Arbeiten zu bestimmen. Sehr zweckmäßig ist es, wenn man von vornherein mehr Anschlußstellen für Lampen vorsieht, als unbedingt erforderlich ist, um gegebenenfalls provisorische Neuinstallationen vornehmen zu können.

So zweckmäßig mit Rücksicht auf die Gleichmäßigkeit der Beleuchtung die systematische Anordnung der Lampen ist, so unzweckmäßig kann ihre Anordnung hinsichtlich der Blendung sein. Selbst wenn die Flächenhelle der einzelnen Lampen gering ist, können ganze Reihen von Lichtquellen, die das Auge mit einem einzigen Blicke erfaßt, doch überaus störend wirken. Man darf also, besonders bei der Beleuchtung sehr ausgedehnter Fabrikhallen, nicht schematisch vorgehen, und man muß versuchen, die Wirkung einer langen Lichtreihe auf das Auge dadurch unschädlich zu machen, daß man die einzelnen Lichtquellen sehr hoch und so anbringt, daß sie durch die einzelnen Unterzüge usw. abgeschirmt werden. Freilich wird das nicht generell durchzuführen sein, und häufig wird aus Gründen der leichteren Installation die Befestigung der Lichtquellen gerade an den Unterzügen, an den Trägern der Dach- oder Deckenkonstruktionen notwendig werden. Unter Umständen kann, besonders bei halbindirekter Beleuchtung, die Anordnung der Lampen in den Feldern zwischen den Unterzügen lichttechnisch direkt falsch sein, weil diese, besonders wenn sie sehr tief sind, schattenbildend wirken und damit die freie Entfaltung der diffusen Reflexion verhindern.

Die Aufhängehöhe hat bei den modernen Beleuchtungskörpern keinen so großen Einfluß auf die Stärke der Beleuchtung, als nach der theoretischen Formel zu erwarten wäre. Nur bei nackten Lampen in Klarglas, die als punktförmige Lichtquellen anzusprechen sind, hat das quadratische Entfernungsgesetz streng Geltung, sofern Reflexion an den Decken und Wänden ausgeschlossen ist. Bei den halbindirekt und ganzindirekt wirkenden Lichtquellen, bei Lichtquellen in metallischen Reflektoren, wie den Wiskottreflektoren, bei sehr großflächigen Lichtquellen, ist es dagegen nicht mehr streng gültig. Man ist deshalb auch ziemlich frei in der Wahl der Aufhängehöhe, und man wird diese im Interesse der Gleichmäßigkeit oft größer wählen, als es sonst nötig wäre. Natürlich muß hierbei aber zugleich auch den baulichen Verhältnissen Rechnung getragen werden. Bei Räumen mit Oberlichtern, Dachlaternen, in Shedbauten muß man die Lampen so tief aufhängen, daß ein möglichst geringer Betrag des Lichtstromes durch die nicht reflektierenden Dachöffnungen und Oberlichtfenster verloren geht; dort, wo reflektierende

Decken und Wände zur Verteilung der Beleuchtung mit herangezogen werden, wählt man die Aufhängehöhe so, daß die Decke und der obere Teil des Wandfrieses möglichst gleichmäßig beleuchtet werden.

Über weitere Einzelheiten, insbesondere die Berechnung der Beleuchtung, muß auf Abschnitt VIII verwiesen werden. (Vgl. auch Halbertsma, Fabrikbeleuchtung; Heyck & Högner, Projektierung von Beleuchtungsanlagen).

Die Beleuchtung kleinerer Werkstätten macht verhältnismäßig weniger Schwierigkeiten als die von großen Fabriksälen, denn es werden hier durchweg weiße Decken und Wände vorhanden sein, die die Anwendung der halbindirekten Beleuchtung ermöglichen. In derartigen Werkstätten sind die Fensterplätze als Werkplätze für feinere Handarbeiten reserviert. Die Arbeitsmaschinen, Werkzeug- und Umformmaschinen nehmen die Mitte und die Tiefe des Raumes ein. Dementsprechend muß auch die künstliche Beleuchtung disponiert sein. Die Lampen für die Platzbeleuchtung hängen über den Fensterplätzen, die Lampen für die Allgemeinbeleuchtung nehmen entweder die Mittelachse des Raumes ein, oder wenn die Lampen für die Platzbeleuchtung zur Allgemeinbeleuchtung mit beitragen, sind die Beleuchtungskörper für die reine Allgemeinbeleuchtung mehr nach der Rückwand des Raumes verschoben, wobei besondere Rücksicht darauf zu nehmen ist, daß die Schatten der Transmissionen und Maschinenteile durch die Anordnung der Lampen aufgelöst oder gemildert werden.

Die Platzbeleuchtung in Fabriken und Werkstätten. In denjenigen Fabriken, in denen gröbere und mittelfeine Arbeiten auszuführen sind, wird sich eine besondere Platzbeleuchtung vollständig erübrigen, besonders dann, wenn die Allgemeinbeleuchtung schon unter Berücksichtigung ausreichender Beleuchtung durchgeführt ist. Nur für das Einrichten der Maschinen — Revolverdrehbänke und Automaten —, für das Aufziehen der Webstühle usw. wird dann noch eine aushilfsweise Platzbeleuchtung erforderlich. Am zweckmäßigsten sind für diesen Zweck die mit beweglichen Leitungen angeschlossenen Handlampen. Freilich sollten die allgemein üblichen Formen, bei denen eine Klarglaslampe in einem Schutzkorbe aus Draht brennt, unbedingt verworfen werden; denn bei Verwendung derartiger Lampen fallen notwendig unabgeblendete Strahlen in das Auge. Auch für diese Aushilfsbeleuchtung sollten ausschließlich Handlampen verwandt werden, bei denen die Glühlampe in einem Reflektor eingeschlossen ist, durch den die Augen geschützt, gleichzeitig aber auch die Beleuchtungswirkung am Arbeitsplatze wesentlich verstärkt wird.

In denjenigen Werkstätten, in denen feinere Arbeiten auszuführen sind, wird im allgemeinen eine besondere Platzbeleuchtung nicht entbehrt werden können. Als Beleuchtungskörper kommen hier die gleichen Typen in Betracht wie für die Beleuchtung von Schreibplätzen in Bureaus, also Lampen, die blendungsfrei in Reflektoren eingeschlossen sind. Leider sieht man gerade in Fabriken und Werkstätten noch vielfach für die Platzbeleuchtung Klarglaslampen in Gebrauch, die lediglich mit einem konischen, innen weiß lackierten Blechreflektor versehen sind, aus dem die Lampen zu ihrem größeren Teile ungeschützt herausragen. Solche Lampen sind schlechthin zu verwerfen, da sie die Augen direkt schädigen und auch nur eine recht unvollkommene Beleuchtung des Arbeitsplatzes ermöglichen. Befinden sich blendende Lichtquellen unmittelbar im Gesichtsfelde, so ist jede scharfe Unter-

Abb. 16. Arbeitsplatzbeleuchtung mit Horaxlampen an Wandarmen.

scheidung von Einzelheiten gänzlich ausgeschlossen. Zweckmäßig können nur die in ganz heruntergezogene konische oder in kelchförmige Reflektoren eingeschlossenen Lampen verwandt werden, wobei auf die Beweglichkeit der Reflektoren besonders Wert zu legen ist (Abb. 16). Bei der Benutzung von Lampen mit beweglichen Reflektoren, gleichgültig ob sie als Stehlampen oder als Hängelampen an Schnur- oder Rohrpendeln verwandt werden, dürfen die Reflektoren natürlich niemals so eingestellt werden, daß sie die gegenübersitzenden Arbeiter blenden. Sehr bequem für die Platzbeleuchtung sind die Stehlampen, die anstatt eines Fußes mit einer Klemmschraube versehen sind. Diese Lampen können dann an den Werkbänken, an besonders gut zu beleuchtenden Maschinenteilen usw. leicht festgeschraubt und ebenso leicht wieder entfernt werden.

Bei der Anwendung hoher Beleuchtungsstärken zur Platzbeleuchtung ist aber darauf zu achten, daß auch die Allgemeinbeleuchtung ausreichend hoch ist, um die sog. Kontrastblendung zu vermeiden, von der eingangs dieses Kapitels (S. 360) gesprochen wurde. Um Blendung durch Reflexe an spiegelnden Metallteilen zu vermeiden, die bei der Beleuchtung von Maschinenteilen und zu bearbeitenden Metallteilen auftreten, ist es erforderlich, die Lichtquellen für die Platzbeleuchtung in dichte, lichtstreuende Gläser einzuschließen oder die Öffnung der Reflektoren mit Mattglas abzuschließen.

Gesetzliche Vorschriften für die Beleuchtung von Fabriken usw. Bisher liegen nur in sehr wenigen Staaten gesetzliche Vorschriften vor, die die Beleuchtung in den der Gewerbeaufsicht unterstehenden Betrieben regeln. Das niederländische Arbeiterschutzgesetz von 1895 enthält bestimmte Vorschriften über die erforderliche Mindestbeleuchtung in verschiedenen Betrieben. — In Wisconsin besteht eine Verfügung vom Jahre 1913, in Pennsylvanien und New Jersey regeln ein Gesetz vom Jahre 1916 und in Ohio ein Gesetzentwurf vom Jahre 1918 die Fabrikbeleuchtung. Diese Bestimmungen sind im wesentlichen der unermüdlichen Arbeit der Illuminating Engineering Society zu verdanken, die bereits im Jahre 1915 einen Gesetzentwurf für die Fabrikbeleuchtung ausgearbeitet hat, der im Jahre 1917 einer eingehenden Revision unterzogen worden ist (Zeitschr. f. Bel. 25, 1919, S. 47). Dieser Entwurf hatte folgenden Wortlaut:

Bestimmung 1. Allgemeine Erfordernisse. Arbeits- oder Duchgangsräume in Gebäuden oder auf Grundstücken müssen während der Benutzungsdauer mit künstlichem Lichte nach folgenden Bestimmungen beleuchtet werden, sofern das zugeführte Tageslicht den Anforderungen nach Bestimmung 2 nicht genügt.

Bestimmung 2. Die erforderliche Beleuchtung. Die wünschenswerte und die Mindestbeleuchtung sind nachstehend aufgeführt:

Art der Arbeit	Wünschenswerte Beleuchtung Lux	Mindest-Beleuchtung Lux
a) Fahrwege und Durchfahrten	0,6—3	0,3
b) Lagerräume	6—12	3
c) Treppen, Korridore, Gänge	9—25	3
d) Grobe Arbeiten, wie grobe Maschinenarbeiten, gröbere Montagearbeiten, Arbeiten an groben Werkbänken . .	25—50	15
e) Gröbere Arbeiten, bei denen auf Einzelheiten zu achten ist	35—70	25
f) Feine Arbeiten, wie Dreharbeit, Modell- und Werkzeugarbeit, Textilarbeit an hellen Stoffen	50—100	35
g) Besonders feine Arbeiten, wie Uhrmacher-, Graveurarbeit, Zeichnen, Textilarbeit an dunklen Stoffen	120—180	60
h) Bureauarbeiten, Buchführung, Schreibmaschinenarbeit usw.	50—100	35

Anmerkung. Die Messung der Beleuchtung hat an der Arbeitsstelle mit einem geeigneten Beleuchtungsmesser zu geschehen.

Bestimmung 3. Abschirmung der Lampen. Lampen sollen in geeigneter Weise abgeschirmt werden, um Blendung zu vermeiden.

Anmerkung. Blendung, gleichviel ob von Lampen oder von unverhältnismäßig hellen reflektierenden Oberflächen herrührend, veranlaßt Überanstrengung der Augen und erhöht die Unfallsgefahr.

Bestimmung 4. Verteilung des Lichtes auf der Arbeit. Lampen sollen hinsichtlich der Aufhängehöhe, der Verteilung im Raum, der Reflektoren und anderen Zubehörteile so angebracht sein, daß sie eine gute Verteilung des Lichtes auf der Arbeit bewirken, daß bedenkliche Schatten und starke Intensitätskontraste vermieden werden.

Bestimmung 5. Notbeleuchtung. Notlampen sollten in den Gängen aller Arbeitsräume, auf den Treppen, Korridoren und an den Ausgängen vorgesehen und sorgfältig instandgehalten sein, falls bei einem Unglücksfalle oder aus anderen Gründen die reguläre Beleuchtung versagt. Solche Notlampen sollen die reguläre Beleuchtung ersetzen können und von ihr unabhängig sein.

Bestimmung 6. Schaltapparate sollen so angebracht sein, daß wenigstens die Markierungs- oder Nachtlampen von den Hauptzutrittsstellen aus eingeschaltet werden können.

In Großbritannien sind erst Ansätze zur Regelung der Fabrikbeleuchtung gemacht worden, indem das Ministerium des Innern im Jahre 1913 einen Ausschuß zur Leistung der Vorarbeiten hierfür eingesetzt hatte. Die Untersuchungen und Vorschläge dieses Ausschusses sind in einem überaus wertvollen dreibändigen Werke zusammengefaßt. (First Report of the Departmental Committee on Lightning in Factories and Workshops, 3 Bde., London 1915; Zeitschr. f. Bel. 24, 1918, S. 1 u. 10.) — In der Gewerbeordnung für das Deutsche Reich findet sich seit 1879 nur die Bestimmung: »Insbesondere ist für genügendes Licht zu sorgen.« Auch die deutschen Verordnungen für bestimmte Betriebe beschränken sich auf diese unbestimmte Forderung. — Das gleiche gilt für Italien, Österreich, Norwegen und Schweden, während in Dänemark außer der »genügenden Beleuchtung« auch noch die »richtige Anordnung der Lichtquellen« verlangt wird. — In Frankreich wird auf die Ausschaltung der Feuersgefahr bei künstlichen Lichtquellen ein größerer Wert gelegt, als auf die eigentliche Regelung der Beleuchtung. — In Belgien verlangt ein königlicher Erlaß von 1905, daß die Beleuchtung gleichmäßig und genügend sein muß. Die Beleuchtung muß genügen, um Maschinen, Transmissionen und gefährliche Stellen leicht erkennen zu können. (Halbertsma, Fabrikbeleuchtung, R. Oldenbourg, München und Berlin 1918.)

Leitsätze für die Innenbeleuchtung der Gebäude. Die Deutsche Beleuchtungstechnische Gesellschaft hat im Jahre 1920 die nachstehend abgedruckten Leitsätze für die Innenbeleuchtung der Gebäude angenommen, die als Grundlagen für die öffentlich-rechtliche Regelung dieser Frage dienen sollen.

Leitsätze der Deutschen Beleuchtungstechnischen Gesellschaft für die Innenbeleuchtung der Gebäude.

Die Anlagen und Einrichtungen der Gebäude mit natürlichem und künstlichem Lichte müssen den Forderungen der Zweckmäßigkeit, Gesundheit, Wirtschaftlichkeit und Schönheit entsprechen.

I. Zweckmäßigkeit. 1. Jeder zu beleuchtende Raum muß eine seinem Zwecke angemessene Beleuchtung erhalten. Man unterscheidet: Allgemeinbeleuchtung und Platzbeleuchtung.

Die Allgemeinbeleuchtung dient entweder als Verkehrsbeleuchtung oder als Zusatzbeleuchtung in Räumen aller Art neben Platzbeleuchtung oder als Arbeitsbeleuchtung.

Die Platzbeleuchtung ist stets Arbeitsbeleuchtung.

Die empfangene Beleuchtung soll mindestens betragen:

A. Bei Allgemeinbeleuchtung, soweit sie als Verkehrsbeleuchtung dient, als mittlere Beleuchtung der horizontalen Fläche in 1 m Höhe:

a) in Räumen von untergeordneter Bedeutung etwa . 1 Lux
b) auf Vorplätzen, in Treppenhäusern u. dgl. . . . . 5 »
c) in Aufenthalts- und Arbeitsräumen für zahlreiche Personen . . . . 10 »

B. Bei Arbeits- und Platzbeleuchtung als mittlere Beleuchtung der Arbeitsfläche an der Arbeitsstelle:

d) für grobe Arbeiten . . . . 10 Lux
e) für Schreiben und Lesen . . . . 25 »
f) für Zeichnen, Sticken, Uhrmacher- und Feinmechanikerarbeiten . . . . 50 »

Diese Zahlen sind als äußerstes Minimum für eine Übergangszeit anzusehen. Praktisch müssen sie wesentlich überschritten werden.

Bei der Bearbeitung dunkler Stoffe wird eine wesentlich stärkere Beleuchtung gebraucht als bei hellen Stoffen.

Die Beleuchtungseinrichtungen (Fenster, Lampen und deren Zubehörteile, wie Glocken, Reflektoren usw.) dürfen durch Staubanhäufung oder durch Ausbrennen der Lampen, Glühkörper usw. keine solche

Einbuße erleiden, daß die Beleuchtungsstärken unter die hier geforderten Werte herabsinken.

2. Die Allgemeinbeleuchtung darf weder vollkommen zerstreut (schattenlos) sein, noch dürfen störende Schlagschatten auf dem Fußboden, den Wänden und den im Raume befindlichen Gegenständen entstehen.

3. Es ist darauf zu achten, daß die Arbeitsfläche von Stelle zu Stelle keine störenden Beleuchtungsunterschiede aufweisen darf; ebenso dürfen zeitliche Beleuchtungsschwankungen nicht belästigen.

4. Beim Entwurfe von Beleuchtungsanlagen ist darauf Rücksicht zu nehmen, daß schroffe Unterschiede in der Beleuchtung aneinanderstoßender Räume nach Möglichkeit auszugleichen sind.

5. Bei ausschließlich natürlicher Beleuchtung darf der Tageslichtquotient, d. i. das Verhältnis der bei Tageslicht vorhandenen Beleuchtung zu der Beleuchtung, die von der freien Himmelskugel erzeugt würde, nicht unter 0,5% betragen.

6. Die Anlagen zur Verteilung des Lichtes müssen sich in den Plan des Gebäudes einfügen.

7. Bei der Errichtung wichtiger Gebäude, bei denen es auf eine gute Beleuchtung ankommt, ist die Beiziehung eines Beleuchtungstechnikers schon bei der Aufstellung des Bauplanes zu empfehlen.

II. Gesundheitsrücksichten. 1. Die Augen sind vor Blendung durch direktes und reflektiertes Licht zu schützen.

2. Die zur Beleuchtung von Arbeitsplätzen dienenden Einzellampen müssen abgeschirmt werden, wenn ihre Flächenhelle größer als 0,75 HK/cm^2 ist.

3. Zur allgemeinen Raumbeleuchtung dürfen auch Lichtquellen von höherer Flächenhelle benutzt werden. Die Flächenhelle darf aber 5 HK/cm^2 nicht übersteigen, wenn die Lichtquellen so angebracht sind, daß der Winkel des Sehstrahles gegen die wagerechte Ebene weniger als 30^0 beträgt; andernfalls sind auch diese Lichtquellen abzuschirmen oder in lichtstreuende Hüllen einzuschließen.

4. Einer schädlichen Ansammlung von Abgasen und einer störenden Wärmeentwicklung durch Lichtquellen soll durch Ventilation der Räume vorgebeugt werden.

III. Wirtschaftlichkeit. Sofern die unter Berücksichtigung der Punkte I und II vorgeschlagenen Beleuchtungsanlagen auf verschiedene Weise verwirklicht werden können, ist nach Durchrechnung jeder einzelnen Möglichkeit die wirtschaftlichste Ausführungsart zu wählen.

IV. Schönheit. Die Einrichtungen zur Beleuchtung eines Raumes sind unter Rücksichtnahme auf dessen künstlerische Ausstattung anzubringen, doch dürfen notwendige lichttechnische Forderungen niemals zugunsten künstlerischer Ausstattung vernachlässigt werden. Bei der Einrichtung einer Beleuchtungsanlage in öffentlichen Gebäuden ist ein künstlerischer Bausachverständiger zuzuziehen.

Zwölfter Abschnitt.

Die Beleuchtung von Schulen, Kirchen, Festsälen und Theatern.

Von Dr. **H. Lux,** Berlin.

Die Beleuchtung von Schulen.

Die Hermann Cohnschen Forderungen für die notwendige Beleuchtung. Die Frage der Beleuchtung der Schulen ist für die Entwicklung der Lichttechnik von grundlegender Bedeutung gewesen. Der geniale Breslauer Augenarzt Hermann Cohn war es, der bereits im Jahre 1866 durch zwei Arbeiten über die Kurzsichtigkeit der Schüler die Aufmerksamkeit auf Fehler in der Beleuchtung von Schulzimmern gelenkt und die Forderung aufgestellt hatte, daß als Minimum der Klassenbeleuchtung 30 Quadratzoll (205 cm^2) Fensterfläche auf 1 Quadratfuß (985 cm^2) Bodenfläche nötig sei. (Hermann Cohn, Über die Ursachen der Myopie der Schüler. Pädagog. Sekt. d. schles. Gesellsch., 29. Jan. 1866. — Derselbe, Die Kurzsichtigkeit der Schulkinder und ihre Beziehung zu Schultisch und Helligkeit der Schulzimmer. Nach Untersuchung an 7568 Schulkindern. Vorläuf. Mitt. Deutsche Klinik 1866, Nr. 7.) Cohn war sich vollkommen bewußt, daß diese Forderung auf recht unsicheren Schätzungen beruhte, und noch 1880 beklagte er das Fehlen eines Photometers, mit dem die Beleuchtung durch Tageslicht und durch Kunstlicht exakt gemessen werden könnte. Seinen Anregungen war es wesentlich zu danken, daß Leonhard Weber sein bekanntes Milchglasphotometer (S. 54) schuf, mit dem nicht nur Lichtstärken sondern vor allem die Beleuchtung und die Flächenhelle gemessen werden konnten. Mit diesem Photometer maß dann Cohn von 1883 an die Beleuchtung unzähliger Schulplätze durch und kam hierbei zu der bestimmten Forderung einer Beleuchtung von mindestens 10 Meterkerzen (Lux), entsprechend 50 reduzierten Raumwinkelgraden bei Tageslichtbeleuchtung, gemessen mit L. Webers Raumwinkelmesser. (L. Weber, Die Beleuchtung. In Dr. Th. Weyl, Handbuch der Hygiene Bd. IV, Jena, Verlag von Gustav Fischer, 1895, § 17 Anm.)

Da Cohn sich im allgemeinen damit begnügte, die Photometereinstellung mit vorgeschlagenem roten Glase zu machen, so sind die Cohnschen Zahlen für Tageslicht noch mit einem Koeffizienten $k = 2{,}5$

zu multiplizieren, und man gelangt so zu der Minimalforderung von $E = 25$ Lux für Tageslicht und $E = 10$ Lux für Lampenlicht (Gasflamme). (Hermann Cohn, In Memoriam von Prof. Dr. Ludw. Laqueur, Prof. Dr. L. Weber, Dr. E. Ludwig. Breslau, E. Wohlfahrt [E. Morgensternsche Buchhandlung], 1908, S. 101. — L. Weber, Die Beleuchtung, 20.) Die Inkonsequenz dieser Forderungen, sowie die zu niedrig eingesetzten Werte für die erforderliche Beleuchtung sind bereits im Abschnitt III, S. 83 kritisch gewürdigt.

Die Cohnsche Forderung war zu ihrer Zeit ein ganz gewaltiger Fortschritt, fand Cohn doch bei seinen Messungen in den »Schulhöhlen« ganz erschreckliche Zustände. In zwei Gymnasien waren 13 Klassen vorhanden, in denen vormittags 11 Uhr die Beleuchtung an den dunklen Plätzen unter 2,5 Lux blieb. Unter 2461 Plätzen waren 459 vorhanden, die keine Spur direkten Tageslichtes, sondern nur diffuses Wandlicht erhielten. (Siehe Tab. 44, S. 573.)

Bei dem heutigen Stande der Lichttechnik sind wir wohl berechtigt, die Cohnschen Forderungen ganz erheblich zu erhöhen und zu verlangen, daß in Klassenzimmern die mittlere Allgemeinbeleuchtung 30 bis 40, die Beleuchtung der einzelnen Arbeitsplätze aber mindestens 50 Lux betragen soll. In Hörsälen, in denen im allgemeinen nicht gelesen, sondern nur gelegentlich mitgeschrieben wird, soll die Allgemeinbeleuchtung im Mittel nicht unter 20 bis 25 Lux heruntergehen, der Demonstrationstisch dagegen muß eine Beleuchtung von mindestens 80 bis 100 Lux erhalten. In Zeichensälen sind als mittlere Allgemeinbeleuchtung 50 Lux zu verlangen, die Arbeitsplatzbeleuchtung darf nicht unter 80 Lux, bei Zirkelzeichnen sogar nicht unter 100 Lux heruntergehen. In Turnhallen wird man sich mit einer Allgemeinbeleuchtung von 25 Lux im Mittel und in Aulen mit 20 bis 25 Lux begnügen können. (Siehe Tab. 44, S. 573.)

Das Kunstlicht in den Schulen. Mit den heutigen Mitteln sind diese Forderungen ohne Schwierigkeit zu erfüllen, wenn es sich darum handelt, durch Kunstlicht die verlangte mittlere Allgemeinbeleuchtung und die Arbeitsplatzbeleuchtung zu erzeugen. Die Schwierigkeiten beginnen aber sofort in dem Augenblicke, wo man strenge Anforderungen an die Gleichmäßigkeit der Beleuchtung und wo man die notwendige Forderung stellt, daß, wenn das Licht einen ausgesprochenen Richtungssinn hat, die Richtung von links eingehalten werden muß, und daß ferner keine Schatten auf den Tischplatz fallen dürfen, die Ungleichförmigkeit in der Beleuchtung im Verhältnisse von über etwa 1 : 10 hervorrufen.

Direktes oder indirektes Licht. Eine sehr gleichmäßige Allgemeinbeleuchtung, fast ohne Richtungssinn des Lichtes, läßt sich durch ganz indirekte Beleuchtung schaffen. Verwendbar hierfür sind Gasglühlicht-Intensivlampen, starke Gasfüllungslampen und Röhrenlampen, die in der Voute verborgen angebracht sind. Für Schulräume fällt diese letztere Beleuchtungsart wegen ihrer geringen Wirtschaftlichkeit ganz weg; aber für diesen besonderen Anwendungszweck kann auch der ganz indirekten Beleuchtung überhaupt nicht das Wort geredet werden. Gerade der Mangel jedes Richtungssinnes des Lichtes, wodurch auch die Körperschatten aufgelöst werden, erschwert die Demonstration körperlicher Gegenstände, etwa im naturgeschichtlichen Unterrichte; ebenso wird die Beaufsichtigung der Schüler wegen der schwierigen Orientierung in einem ganz diffus beleuchteten Raume stark beeinträchtigt. Durch das Fehlen der Schatten tritt außerdem eine rasche Ermüdung des Auges, also auch eine Überanstrengung der Schüler ein. Für das Modellzeichnen ist ganz indirektes Licht völlig unbrauchbar, zum mindesten müßten die Modelle Licht von ausgesprochenem Richtungssinne erhalten. Beim Zirkelzeichnen ist wegen des Fehlens der Schatten das Auffinden der Zirkelpunkte sehr erschwert. Nur den einen Vorteil hat die ganzindirekte Beleuchtung, daß Spiegelungen an glattem Papiere unmöglich sind. (Die ganz indirekte Beleuchtung ist aus diesem letzteren Grunde in erster Linie für Lesesäle, Kupferstichkabinette usw. angebracht.)

Mit ganz direkter Beleuchtung, also etwa mit Gaslampen oder elektrischen Glühlampen, die entweder ganz ohne Schirm arbeiten oder nur einen das Licht nach unten werfenden Reflektor besitzen, ist das Problem der Schulzimmerbeleuchtung gleichfalls nur unvollkommen zu lösen. Diese Beleuchtungsart, die heute noch in den Schulzimmern, in Hörsälen und selbst in Zeichensälen vorherrscht, muß notwendig an der Mehrzahl der Plätze eine Beleuchtung mit falschem Richtungssinne erzeugen. Außerdem aber werden an fast allen Plätzen auf der Schreibfläche sich überkreuzende Schatten auftreten, die störend wirken. Die Allgemeinbeleuchtung mit direkt wirkenden Lichtquellen ist also gleichfalls zu verwerfen.

Die häufig als beste Lösung vorgeschlagene halbindirekte Beleuchtung in Schulzimmern wäre zwar gegenüber den heute noch vorherrschenden Zuständen ein unbedingter Fortschritt (vgl. Abb. 1); da aber halbindirektes Licht stets noch Richtungssinn hat, so sind Spiegelungen auf glattem Papier und Schatten auf den Arbeitsplätzen in falscher Richtung (von rechts nach links) unvermeidlich, wenn auch nicht ganz so störend wie bei ausschließlich direktem Licht.

Die ideale Schulzimmerbeleuchtung. Ideal wäre eine vollständig diffuse Beleuchtung, bei der aber trotzdem das Licht auf allen Plätzen einen ausgesprochenen Richtungssinn von links nach rechts besitzt, wie es bei der Erhellung mit Tageslicht bei einem Klassenraume vorhanden ist, dessen Fenster nach Norden gehen und dessen Hauptachse von Westen nach Osten orientiert ist.

Eine derartige Beleuchtung ist auch mit künstlichem Lichte zu schaffen. Es ist hierzu nur eine Kombination von zwei Arten von Beleuchtungskörpern erforderlich. Mit der einen Reihe wird eine möglichst gleichmäßige Beleuchtung im ganzen Raume geschaffen. Die zweite Reihe besteht aus direkt wirkenden Lichtquellen von relativ hoher Lichtstärke, aber möglichst geringer Flächenhelle, die in der Nähe der Fensterwand angeordnet sind. Bei geringeren Ansprüchen an die Gleichmäßigkeit der Allgemeinbeleuchtung kann diese ausschließlich durch eine größere Zahl direkt wirkender Lichtquellen, die

Abb. 1. Halbindirekte Beleuchtung in einer Schule.

aber unbedingt in streuende Gläser eingeschlossen sein müssen, erzielt werden; also entweder durch Gasglühlicht-Stehbrenner mit Reflektoren und mattierten sog. Augenschonern oder durch Gasglühlicht-Hängebrenner mit Milchglasglocken, oder endlich durch mattierte elektrische Glühlampen mit guten Reflektoren, die ziemlich hoch aufgehängt sind. Bei höheren Ansprüchen wird man halbindirekte Beleuchtungskörper mit einem Übergewichte des indirekten Anteiles der Strahlung heranziehen. Freilich wird auch in diesem Falle die Gleichmäßigkeit der Beleuchtung insofern nicht vollkommen sein können, als auch bei diesen Beleuchtungskörpern das Licht einen ausgesprochenen Richtungssinn hat, was für die Hälfte der Klassenplätze eine Beleuchtung von der falschen Seite bedingt. Um diese Fehler zu mildern — eine völlige Beseitigung wird kaum möglich sein —, wäre es notwendig, den von den direkt wirkenden Lichtquellen der zweiten Lampenreihe kommenden Lichtstrom erheblich zu verstärken, damit auch die falsch liegenden Schlagschatten auf den Arbeitsplätzen der einen Klassenhälfte aufgehellt werden. Diese Schwierigkeit wird völlig behoben, wenn die Allgemeinbeleuchtung ausschließlich durch ganz indirekt wirkende Lichtquellen erzielt wird, und wenn die zweite Lampenreihe in der Nähe der Fensterwand nur dazu herangezogen wird, eine zusätzliche Beleuchtung mit ausgesprochenem Richtungssinne von links nach rechts zu erzeugen. Zweckmäßig werden die Lampen dieser Reihe mit Armaturen versehen, die mehr breitstrahlend wirken und eine möglichst gleichmäßige Beleuchtung in allen Entfernungen vom Fußpunkte dieser Lampen erzeugen. Das von der Wand reflektierte Licht an den Plätzen des Raumes, die von den direkt wirkenden Lampen am meisten entfernt liegen, darf natürlich nicht stärker sein als die direkte Beleuchtungswirkung der an der Fensterwand angeordneten Lampen.

Es wird dann von Fall zu Fall notwendig sein, durch eingehende Rechnung nachzuprüfen, welche Anordnung die wirtschaftlichste ist. Aber selbst wenn die zuletzt erwähnte Anordnung nicht unbeträchtlich höhere Betriebskosten verursachen sollte, wäre sie mindestens für Zeichensäle unbedingt zu fordern und für Klassenzimmer in all den Fällen, in denen die Mehrzahl der Schulstunden in die Zeit fällt, in der bei künstlichem Lichte gearbeitet, vor allem geschrieben werden muß.

Die praktisch beste Beleuchtung in Schulräumen. Unter den gegenwärtigen wirtschaftlichen Verhältnissen wird sich die eben beschriebene »ideale« Schulzimmerbeleuchtung wenigstens in den europäischen Staaten sobald nicht verwirklichen lassen. Ein wesentlicher Fortschritt über die bestehenden Zustände hinaus wäre aber schon die allgemeine Einführung der halbindirekten Beleuchtung mit Betonung des direkten Anteiles des gesamten ausgesandten Lichtstromes. Zweckmäßig wären die Lichtquellen bei schmalen Schulzimmern in etwa 1 m Abstand von der Fensterwand und der Decke anzuordnen. Bei breiteren Schulzimmern wäre dann noch in der Mittelachse des Raumes eine zweite Reihe von Beleuchtungskörpern gleicher Art anzubringen, die gegen die Beleuchtungskörper an der Fensterwand symmetrisch versetzt sind. Für selbst sehr geräumige Schulzimmer würden drei Beleuchtungskörper an der Fensterwand und zwei in der Mittelachse ausreichen, wenn jeder eine 100kerzige Lampe enthielte.

Beleuchtung von Hörsälen. In Hörsälen wird man sich aus den bereits angeführten Gründen vorzugsweise der halbindirekten Beleuchtung bedienen. Vorführungs- bzw. Experimentiertische bedürfen dazu noch einer intensiven Platzbeleuchtung durch direkt wirkende Lichtquellen, die aber auf jeden Fall gegen die Zuhörer vollständig abgeblendet sein müssen. Die Lampen mit horizontal angeordneten Reflektoren oder Wiskottspiegeln, Soffitten-Beleuchtungskörper mit halbversilberten Röhrenlampen werden hier ausgezeichnete Dienste leisten. Die Anwendung der einen oder der anderen Art wird durch die Ausdehnung des Vorführungstisches bedingt. Sehr zweckmäßig sind Soffittenbeleuchtungskörper, die gleichzeitig auch eine hinter dem Vorführungstische befindliche Wandtafel oder Demonstrationswand, an der Pläne, Zeichnungen u. dgl. aufgehängt werden, beleuchten. — Gewöhnliche Schulwandtafeln werden zweckmäßig mit Lichtquellen in Horizontalreflektoren (Horaxlampen von Dr.-Ing. Schneider & Co., Röhrenlampenreflektoren von Schwabe & Co., Nikelampen von G. Schanzenbach & Co.) beleuchtet.

Das Tageslicht in den Schulen. Die allgemein an die Schulbeleuchtung gestellten Anforderungen sind sowohl vom Kunstlichte als auch vom Tageslichte zu erfüllen, vom letzteren insbesondere deshalb, weil sich ja der Schulunterricht im wesentlichen bei Tage abspielt, die künstliche Beleuchtung also meist nur als Aushilfsbeleuchtung in Betracht kommt.

Während es jedoch bei der Beleuchtung mit Kunstlicht keine Schwierigkeit macht, das Vorhandensein einer bestimmten Beleuchtung an einem gegebenen Platze jederzeit zu gewährleisten, ist das bei der natürlichen Beleuchtung durchaus nicht der Fall. Ihren Grund hat diese Schwierigkeit in den enormen Schwankungen des Tageslichtes, auf die wir ohne Einfluß sind. Beleuchtungsschwankungen zwischen 1300 und 30000 Lux können im Freien innerhalb weniger Minuten auftreten, wenn beispielsweise im Frühling ein Hagelsturm heraufzieht. Von den verschiedenen Faktoren, die die Änderung der Beleuchtung bestimmen, haben die Wolken den größten Einfluß. Eine helle Wolke, auf die die Sonne scheint, besitzt eine Helligkeit, die die des umgebenden Himmels weit übertrifft, und da eine solche Wolke ihre Stellung am Himmel wechselt, so wird sich ihre Helligkeit und ihre Fähigkeit, Beleuchtungen zu erzeugen, in kurzen Zwischenräumen erheblich ändern. In entsprechender Weise wie die Helligkeit im Freien wechselt natürlich auch die Beleuchtungsstärke in Innenräumen, die der durch die Fensteröffnungen hineindringende Lichtstrom erzeugt. Aus diesem Grunde hat es gar keinen Zweck, Regeln aufstellen zu wollen, um die Beleuchtung im Innern eines Gebäudes durch natürliches Licht unter bestimmten Bedingungen zu errechnen. Und ebenso ist es zwecklos, die Beleuchtungsgüte in einem Innenraume durch vereinzelte Tageslichtmessungen an einem oder mehreren Plätzen an irgendeinem Tage messen zu wollen, denn die Innenbeleuchtung folgt notwendig den dauernden Schwankungen im Freien.

Die Verteilung des Tageslichtes in Innenräumen. Die Beleuchtung E irgendeines Platzes im Gebäude ist abhängig von der Helligkeit H des vorgelagerten Himmels, dem vom Platze aus sichtbaren Himmelsstücke in Raumwinkelgraden R und dem diffusen Wandlichte D, sowohl des Innenraumes als auch der vor den Fenstern befindlichen Mauern, Bäume usw. Der Ausdruck für diese Beziehung ist die Gleichung:

$$E = (R + D) \cdot H.$$

Die Größe $(R + D)$ ist es im wesentlichen, die die Lichtgüte eines Platzes bestimmt. Sie wird als Tageslichtquotient bezeichnet. Von seinen beiden Gliedern ist R konstant, während D nur mäßig veränderlich ist. Größere Veränderungen von D treten nur ein, wenn entweder einzelne Wandteile des Zimmers oder vorgelagerte helle Mauerflächen vom direkten Sonnenlichte getroffen werden. Da es aber mit dem hygienischen Interesse, nämlich mit der Sicherung und Nachmessung eines gewissen erforderlichen Minimums von Licht verträglich ist, alle diese besonderen Fälle von der Betrachtung auszuschließen, so braucht man im allgemeinen nur mit einer Veränderlichkeit von D zu rechnen, die etwa 10 bis 20% beträgt. Im Verhältnis zu R ist D sehr klein in der Nähe des Fensters, wächst aber sehr schnell mit der Tiefe des Zimmers. Es beträgt D für gute Fensterplätze etwa 5% von R, für mittlere Plätze etwa 16% und für Plätze, an denen kein Stück Himmel zu sehen ist, wird $R = 0$ und D bleibt allein übrig. Jedenfalls kennzeichnet der Faktor $(R + D)$, unter den vorhin gemachten Einschränkungen, die von den räumlichen Verhältnissen abhängige Lichtgüte eines Arbeitsplatzes. Daher liegt es nahe, an Stelle der sehr schwankenden Werte der absoluten Beleuchtung eines Arbeitsplatzes eine Messung von $(R + D)$ vorzunehmen oder, was auf dasselbe herauskommt, E/H zu messen. Mit dem Thornerschen Lichtprüfer oder dem Weberschen Relativphotometer, wie es von Schmidt & Haensch gebaut wird, ist dies leicht ausführbar.

Das Problem der Messung diffusen Tageslichtes in Innenräumen wird dadurch reduziert auf die Messung von $(R + D)$ und von H. Kennt man die durchschnittliche Veränderung von H im Laufe des Tages und des Jahres, so gibt allein schon die Kenntnis von $(R + D)$ die Beleuchtungsstärke des untersuchten Platzes im Mittel für jede Stunde und jeden Tag. Die Bemessung des diffusen Tageslichtes besteht also in der Forderung, als Maß der Tagesbeleuchtung von Innenräumen den Tageslichtquotienten $q = E/H = R + D$ festzusetzen.

Das Material für die durchschnittliche Größe von H liegt für unsere Breiten in den durch Jahrzehnte fortgesetzten Messungen von L. Weber vor. Aus diesen Zahlen ergibt sich einmal, daß sich die Beleuchtung bei Sonnenaufgang und Sonnenuntergang innerhalb der verschiedenen Jahreszeiten nicht wesentlich ändert, sondern ausschließlich von den meteorologischen Verhältnissen abhängig ist. Sie liegt zwischen 100 und 500 Lux. Eine Beleuchtung von 250 Lux kann als ungefährer Durchschnitt angenommen werden. Aus den Beobachtungen während verschiedener Tages- und Jahreszeiten ergeben sich dann weiter die in der Abb. 3 (S. 9) dargestellten Änderungen der Tagesbeleuchtung in angenäherten Werten. Aus diesen Kurven sind sehr wichtige Folgerungen zu ziehen. Bei Festlegung bestimmter Werte für den Tageslichtquotienten ist aus ihnen sofort zu entnehmen, unter welchen Bedingungen die Beleuchtung eines Arbeitsplatzes oder eines Raumes durch künstliches Licht zu ergänzen ist. Verlangen wir beispielsweise eine Minimalbeleuchtung von $E = 25$ Lux, so wird bei einer Außenbeleuchtung von 5000 Lux der Tageslichtquotient 0,5% betragen. Er ist auch unschwer zu realisieren. Betrachten wir die horizontale Linie für 5000 Lux in Abb. 3, so sehen wir, daß sie die Dezemberkurve bei 9½ Uhr vormittags und 2½ Uhr nachmittags schneidet, d. h vor 9½ Uhr und nach 2½ Uhr muß für den betreffenden Platz Ergänzung durch Kunstlicht eintreten. Für die März-Septemberkurve *B* liegen die entsprechenden Zeiten bei 7 Uhr vormittags und 5 Uhr nachmittags. Hat man umgekehrt durch Messungen in einem Raume den Tageslichtquotienten bestimmt, so gibt die Multiplikation mit den aus den Tabellen oder den Kurven zu entnehmenden Mittelwerten der Außenbeleuchtung die Platzbeleuchtung *E*. Durch die Festlegung des Tageslichtquotienten ist man demnach in der Lage, das erforderliche Beleuchtungsminimum, das selbst an den lichtärmsten Tagen vorhanden ist, eindeutig zu fixieren. Verlangt man beispielsweise, daß man an einem bestimmten Platze im Raume selbst an den lichtärmsten Tagen zwischen 9½ und 2½ Uhr lesen und schreiben kann, wozu nicht weniger als 25 Lux vorhanden sein sollten, so bestimmt sich der Tageslichtquotient zu 0,5%. Unter diese Forderung soll man in der Praxis der Schulbeleuchtung niemals heruntergehen.

Die behördlichen Vorschriften über die Zuführung von Tageslicht in Schulräume und die der Gewerbeaufsicht unterstehenden Fabriken und Werkstätten enthalten bisher diese oder eine ähnliche bestimmte Vorschrift nicht. Sie beschränken sich zumeist auf eine schematische Bemessung des Verhältnisses der Fensterfläche zur Bodenfläche des zu beleuchtenden Raumes. Ausgehend von der bereits S. 391 erwähnten Cohnschen Forderung wird in Preußen (nach Verordnung der Technischen Baukommission in Berlin) ein Verhältnis der Glasfläche zur Bodenfläche von 1 : 5, in Bayern 1 : 6, in Sachsen 1 : 6, wenn die Lage frei, sonst 1 : 5, in Württemberg 1 : 6 bzw. 1 : 4, in Frankreich und Italien 1 : 4, in Rußland 1 : 5 bis 1 : 6 verlangt.

Besondere Anforderungen an die Tageslichtbeleuchtung. Die für die Schulbeleuchtung unbedingt zu erfüllende Forderung, daß das Licht von links nach rechts gerichtet sei, bedingt, daß nur eine einzige Raumwand mit Fensteröffnungen versehen sein darf. Hieraus aber ergibt sich wieder die Unmöglichkeit einer g l e i c h m ä ß i g e n R a u m b e l e u c h t u n g. In unmittelbarer Nähe des Fensters, selbst wenn die Sonne nicht direkt ins Fenster scheint, sind an hellen Tagen

400 bis 500 Lux vorhanden, bei 7 m Abstand vom Fenster aber nur noch 5 bis 15 Lux. Dieser Kontrast ist außerordentlich groß und für die Augen von den übelsten Folgen begleitet. Welchen Einfluß dieser Unterschied in der Beleuchtungsstärke hat, davon kann sich jeder selbst überzeugen, wenn er in unmittelbarer Nähe des Fensters ein enggedrucktes Buch liest und nach einer Viertelstunde etwa die Lektüre desselben Buches an der Rückwand des Zimmers fortzusetzen versucht. Es wird eine ganze Weile dauern, ehe er die Buchstaben überhaupt zu erkennen vermag. Das Zimmer würde vom Standpunkte der Augenhygiene wesentlich besser beleuchtet sein, wenn die Beleuchtung am Fenster erheblich geringer, dafür aber im Zimmerhintergrunde wesentlich höher sein würde. Auf diesen Umstand wird leider, selbst bei der Neuerrichtung von Schulbauten, noch lange nicht genügend geachtet, obwohl keine besonderen Kunstgriffe zur Herbeiführung einer gleichmäßigen Beleuchtung anzuwenden sind.

Sehr instruktiv in dieser Hinsicht sind die in Abb. 2 u. 3 dargestellten Messungen der AEG-Versuchsstelle in zwei gleichartigen Schulzimmern der 21./22. Gemeindeschule in Charlottenburg, von denen eine Klasse im Erdgeschoß, die andere im 3. Stockwerke, beide nach der Straße hinaus gelegen sind. Die an je 9 Stellen der Klassenzimmer gemessenen Werte der Beleuchtung sind auf 10000 Lux Beleuchtung im Freien umgerechnet in den Abb. 2 u. 3 eingetragen. Der Tageslichtquotient an der betreffenden Stelle ist hiernach jeweils der 100. Teil der angegebenen Werte. Man ersieht hieraus deutlich, wie in jedem der beiden Klassenzimmer die Beleuchtung von der Fensterwand aus nach der den Fenstern gegenüberliegenden Wand enorm abnimmt. Sie beträgt im Erdgeschoß durchweg weniger als $^1/_{10}$ und im 3. Stockwerke weniger als $^1/_{20}$ der Beleuchtung an den Fenstern. Während aber im 3. Stockwerke infolge der freieren Fensteröffnungen der Tageslichtquotient selbst an den dunkelsten Plätzen noch über 0,5% liegt, sinkt dieser in dem Klassenzimmer des Erdgeschosses schon in der Mittelachse auf etwa 0,5% herab und beträgt an der den Fenstern gegenüberliegenden Wand nur noch rund die Hälfte des zulässigen Minimalwertes. Bei strengeren baupolizeilichen Anforderungen dürften diese Wandplätze also außer an sehr hellen Tagen nicht mehr zum Schreiben und Lesen benutzt werden.

Im allgemeinen ist die Verteilung der Beleuchtung gleichmäßiger, wenn Fenster mit hoher Brüstung und geringem Abstande von der Decke vorgesehen sind als umgekehrt. Bei sehr hohen Fenstern kann man die Verteilung der Beleuchtung dadurch beträchtlich verbessern, daß man in der unteren Hälfte des Fensters mattierte Scheiben einsetzt oder vor die unteren Scheiben dünne Vorhänge spannt. Als Grundbedingung ist aber immer die Forderung aufzustellen, daß man von jedem Platze eines Zimmers einen Streifen Himmel sehen muß,

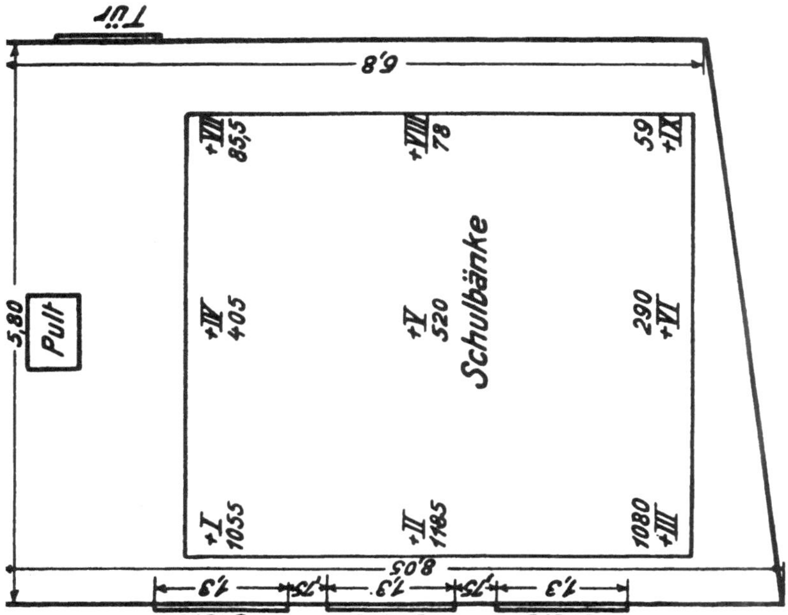

Abb. 3. Zimmer im 3. Stockwerk.

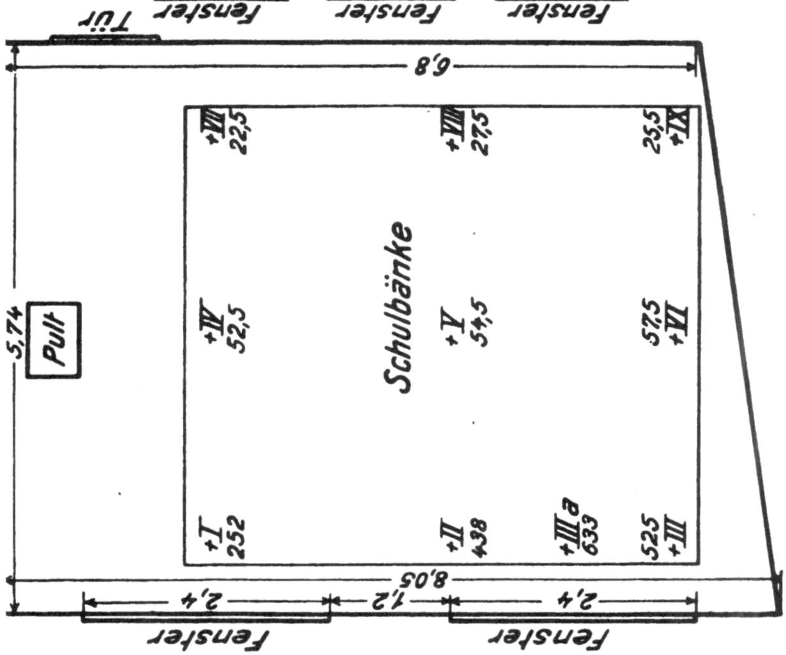

Abb. 2. Zimmer im Erdgeschoß.

Tagesbeleuchtung in zwei Schulzimmern einer Volksschule.
Beleuchtung an den Meßpunkten I bis IX in Lux bei 10000 Lux im Freien.

der, vom Fenstersturze senkrecht nach unten gemessen, mindestens 30 cm breit ist, eine Bedingung, die von verschiedenen Hygienikern allerdings noch wesentlich erweitert wird. Die gestellte Bedingung wird im allgemeinen erfüllt, wenn der Pettenkoferschen Forderung nachgekommen wird, daß die Häuser einer Straße nicht höher sein dürfen, als die Straße selbst breit ist, und daß die Schulhöfe mindestens die Straßenbreite aufweisen müssen.

Die Beleuchtung von Turnhallen. Im Vergleiche zur Beleuchtung von Schulzimmern gestaltet sich die Beleuchtung von Turnhallen verhältnismäßig einfach. Die erforderliche Beleuchtung ist nicht beträchtlich, auch die Anforderungen an die Gleichmäßigkeit der Allgemeinbeleuchtung brauchen nicht sehr hoch gespannt zu sein, weil man ja leicht in der Lage ist, die Turngeräte in das beste Licht zu stellen. Eine mittlere Horizontalbeleuchtung von 20 bis 25 Lux, gemessen in 1 m über dem Fußboden, reicht vollkommen aus; der Gleichförmigkeitsgrad braucht nicht wesentlich besser als 1 : 20 zu sein. Nur ist an die Beleuchtung einer Turnhalle die unbedingte Anforderung zu stellen, daß keine störenden Schlagschatten entstehen, die beim Geräteturnen leicht gefährlich werden können, und daß blendende Lichtquellen unter keinen Umständen angewandt werden dürfen, auch dann nicht, wenn sie sehr hoch hängen. Diese letztere Forderung ergibt sich eigentlich von selbst, da beim Turnen der Körper alle möglichen Lagen einnimmt.

Bei Turnhallen sind im allgemeinen weiße, diffus reflektierende Wände und Decken nicht vorhanden, es kann deshalb die gewöhnliche halbindirekte Beleuchtung, soweit sie aus der Reflexion von Wänden und Decken Nutzen zieht, nicht zur Anwendung kommen, dagegen eignen sich diejenigen halbindirekt wirkenden Beleuchtungskörper gut, die selbst größere reflektierende Flächen aufweisen. Auch direktes Licht liefernde Beleuchtungskörper sind geeignet, wenn nur die Bedingung gewahrt ist, daß die leuchtende Fläche groß und ihre Flächenhelle sehr klein ist. Es entstehen dann nur weiche Schlagschatten, und die Gefahr der Blendung ist ausgeschlossen. Natürlich dürfen in Turnhallen keine spiegelnden Flächen an Geräten vorhanden sein, wie sie bei Artistenvorführungen so beliebt sind. Die Geräte sind zu den Lichtquellen immer so zu stellen, daß der Turnende sich nicht direkt in das Licht hinein, aber auch nicht in den eigenen Schatten hineinbewegt. Trotzdem sieht man zahlreiche Turnhallen, die mit ungeschützten Gasglühlichtbrennern und mit nackten elektrischen Glühlampen beleuchtet sind. Als Beleuchtungskörper herrscht der Kronleuchter, wenn auch in seiner primitivsten Form, vor. Es sollte mit aller Energie darauf gedrungen werden, daß verfehlte und gleichzeitig für die Sicherheit der Turnenden gefährliche Beleuchtungskörper aus den Turnhallen entfernt werden, wo sie noch vorhanden sind.

Kirchenbeleuchtung.

Die Aufgabe der Kirchenbeleuchtung. Bei der Beleuchtung von Kultstätten sind wesentlich andere Aufgaben zu erfüllen als bei der Beleuchtung von Räumen, die der Arbeit, der Erholung oder dem Vergnügen gewidmet sind. Die Beleuchtung wird hier gewissermaßen Selbstzweck, indem sie neben der Aufgabe der allgemeinen Raumerhellung auch noch die besondere Aufgabe zu erfüllen hat, eine weihevolle Stimmung zu erzeugen. Dazu spielen Symbolik und Tradition eine so große Rolle, daß die Errungenschaften der modernen Lichttechnik bei der Kirchenbeleuchtung einem unter diesem Gesichtspunkte verständlichen Widerspruche begegnen.

Für die Altarbeleuchtung ist die Kerzenbeleuchtung traditionell; in katholischen Kirchen müssen hierzu sogar ausschließlich Wachskerzen Verwendung finden. Für die übrigen Kirchenräume, Haupt- und Nebenschiffe, die Chöre usw. kann jede beliebige andere Beleuchtungsart Verwendung finden, wenn auch traditionell an dem Kronleuchter, wie er sich aus dem Kerzenkronleuchter entwickelt hat, festgehalten wird. Neben sehr schönen Arbeiten, die von wirklichen Künstlern in den Raum hineinkomponiert und dem architektonischen Gesamtcharakter des ganzen Raumes mit Stilempfinden angepaßt sind (vgl. Abb. 3, S. 363), findet man leider in selbst hochberühmten Kirchen Beleuchtungskörper von befremdender Geschmacklosigkeit. Besonders in Wallfahrtskirchen trifft man nicht selten auf Kronleuchter, die als Votivgeschenke irgendeinem kleinstädtischen Bazare entnommen sind und weder im Stile noch in der Qualität der Arbeit in den Raum hineinpassen. Hierin wird kaum auf anderem Wege als durch ästhetische Erziehung etwas zu bessern sein. Wie mühsam dieser Weg aber ist, braucht nicht weiter auseinandergesetzt zu werden; in Geschmacksfragen fühlt sich eben jeder selbst als berufener Richter. Anders dagegen liegt es bei den Momenten, die sich verstandesmäßig behandeln lassen, und das sind die rein beleuchtungstechnischen Fragen. Gegen den Kronleuchter in Kirchen ist nun der generelle Einwand zu erheben, daß er geringe Aufhängehöhen bedingt, um überhaupt als Lichtspender in Betracht zu kommen. Bei dem Kerzen- und dem Gasflammenkronleuchter zwingen auch schon die unvermeidlichen Bedienungsschwierigkeiten, die Aufhängehöhe nicht über 5 m hinausgehen zu lassen. Im Vergleich zu den in Kirchen zur Verfügung stehenden Raumhöhen ist das natürlich ein überaus unglückliches Verhältnis, und es läßt sich hierbei nicht vermeiden, daß für einen großen Teil der Kirchenbesucher durch die niedrig hängenden Kronleuchter Altar oder Kanzel verdeckt werden und daß die Mehrzahl der Besucher gezwungen ist, direkt in die Lichtquellen hineinzublicken. Die so wichtige Bedingung für jede Beleuchtung: Blendung zu vermeiden, ist also bei dieser Art der Beleuchtung nicht erfüllt. Dazu kommt dann noch, daß bei niedrig hängenden Kronleuchtern die Aufhängemittel: Seile, Gasröhren usw. auffällig in Erscheinung treten und störend wirken müssen; nicht jeder ist ein Galilei, der aus solchen Ablenkungen von den kirchlichen Handlungen zur Ableitung der Pendelgesetze gelangt.

Mittel für eine zweckmäßige Kirchenbeleuchtung. Der Kronleuchter war ein Notbehelf, als es sich darum handelte, mit Kerzen großflächige Räume zu erhellen, und er entwickelte sich deshalb im Mittelalter gerade als Beleuchtungskörper für Kirchen und andere Kultstätten. Mit unseren modernen Beleuchtungskörpern sind jedoch weit bessere Wirkungen, und zwar sowohl in ästhetischer als auch in beleuchtungstechnischer Hinsicht zu erzielen, wenn die Aufgabe der Kirchenbeleuchtung nur richtig gefaßt wird. Die Beleuchtung soll dazu beitragen, die weihevolle Stimmung in der Kirche zu erhöhen; darüber hinaus soll sie durch Förderung eines gewissen ekstatischen Zustandes die Gläubigen aufnahmefähiger für die Kulthandlungen machen. — Wie sehr sich Lichtwirkungen hierfür eignen, das haben schon die alten ägyptischen Priester gewußt, bei deren Tempelmysterien heilige Flammen neben Weihrauchnebeln eine große Rolle spielten. Bei der Kirchenbeleuchtung wird dieses Ziel bereits in genügend vollkommener Weise durch die Altarbeleuchtung mit Kerzen auf hohen Leuchtern erreicht; in der gleichen Richtung wirken an passenden Stellen, in Nischen, an den Strebepfeilern angebrachte Wandarme, wenn sie mit Kerzen besteckt sind; aber mit wirklichen Kerzen, nicht mit elektrischen Kerzenimitationen, damit nicht die blendenden Lichtpunkte das Dämmerlicht des ganzen Raumes störend unterbrechen. Denn nur dann wirken sie dekorativ und zugleich feierlich und suggestiv. Zur Allgemeinbeleuchtung brauchen diese Flämmchen nicht beizutragen. Das zur Allgemeinbeleuchtung erforderliche Licht, das eine geringe Beleuchtung von nicht mehr als 10 bis 15 Lux zu liefern braucht, soll vielmehr ohne an den Lichtquellen zu kleben, durch den Raum fluten, so wie es sich bei der Tagesbeleuchtung durch die gemalten Glasfenster mit sanften, farbigen Akkorden in die hohen Hallen ergießt. Die Lichtquelle darf hierbei überhaupt nicht in Erscheinung treten, denn durch den technischen oder sogar maschinenmäßigen Eindruck, den der Beleuchtungskörper macht, wird die feierliche Stimmung nur gestört und geradezu vernichtet. Die Beleuchtungskörper für die Allgemeinbeleuchtung müssen demgemäß so hoch wie möglich, am besten unmittelbar an den Deckengewölben angebracht werden. Eine sehr schöne Lösung in dieser Richtung stellt die Beleuchtung des Baseler Münsters durch Kränze von diffus strahlenden Indralampen an den Gewölbescheiteln dar (vgl. Abb. 4). Die gleichzeitige Ergänzung dieser Beleuchtungskörper durch einzelne von der Decke an langen Schnüren herabhängende Indralampen ist freilich ein Irrweg. Diese Lampen erhöhen zwar die Allgemeinbeleuchtung, zugleich aber wirken

Abb. 4. Beleuchtung des Baseler Münsters mit Indralampen.

sie genau so störend, wie es einzelne Kronleuchter tun würden. Bei der geringen für Kirchen erforderlichen Beleuchtung wäre diese Ergänzung hier gar nicht notwendig gewesen.

Dort, wo weiße, diffus reflektierende Decken oder Wölbungen vorhanden sind, kann mit ausgezeichneter Wirkung auch halb- oder ganzindirekte Beleuchtung angewandt werden. Ein Musterbeispiel hierfür ist die in Abb. 5 dargestellte Beleuchtungseinrichtung der

Abb. 5. Beispiel einer ganzindirekten Beleuchtung durch vollständig abgeblendete Lampen in der Passionskirche zu Berlin.

Passionskirche in Berlin. Ein fast ganz indirekt wirkender Beleuchtungskörper in der Kuppelmitte läßt sein sanftes Licht durch den ganzen Raum strömen, ohne daß die Lichtquelle selbst irgendwie aufdringlich in Erscheinung tritt. Entsprechende Lösungsmöglichkeiten dürften sich wohl in der Mehrzahl der Fälle ergeben; bei sehr flachen Wölbungen oder Decken kann auch die Voutenbeleuchtung mit verdeckt angeordneten Glühlampen zweckmäßige Anwendung finden. Die ganz diffuse Beleuchtung, durch die die Körperlichkeit der Gegenstände und Personen mehr oder weniger aufgelöst wird, ist für die in Kirchen zu erzeugende Stimmung nur von Vorteil.

In Kirchen mit gemalten Fenstern ließen sich auch diese zur Beleuchtung mit Kunstlicht heranziehen, wenn Lichtquellen in passender Anordnung hinter die Fenster gestellt würden. Es wäre hierzu nur erforderlich, in den Fensterrahmen soffittenartige Beleuchtungskörper anzuordnen, die ihr Licht durch die bunten Fenster hindurch nach dem Innenraume werfen. Meines Wissens ist diese Beleuchtungsart bei Kirchen noch nicht versucht worden. Die Wirkung wäre jedenfalls ganz unvergleichlich schön, und die unfraglich vorhandenen technischen Schwierigkeiten ließen sich ohne allzuhohe Kosten überwinden. Von der erzielbaren Wirkung kann man sich aus Bühnenbeleuchtungen, wo Kirchenszenen vorkommen (Meistersinger I. Akt), eine angenäherte Vorstellung machen, obwohl hier nur Papiertransparente zur Anwendung kommen. In Museen und bei Sammlern alter Glasmalereien sieht man hie und da auch heute schon bunte Fenster mit dahintergestellten Soffitten-Beleuchtungskörpern zur Raumbeleuchtung herangezogen. Die Übertragung des gleichen Prinzipes auf die Kirchenbeleuchtung liegt also durchaus im Bereich des technisch Möglichen, und es wäre damit in der vollkommensten Weise eine weihevolle Kirchenbeleuchtung zu erzielen.

Die Beleuchtung von Festsälen.

In Festsälen fällt den Beleuchtungseinrichtungen die doppelte Aufgabe zu: den Raum zu schmücken und ihn gleichzeitig zu erhellen. Die Lichtquelle kann demnach selbst als dekoratives Element in Erscheinung treten. Spiegelnde Reflexe an den Wänden, dem Parkettboden, an Kristallflächen, metallenem Dekor u. dgl. erhöhen den Reiz der festlichen Beleuchtung. Das Licht soll dazu noch das Funkeln der Juwelen steigern, soll den Teint der geschmückten Frauen durchleuchten und soll die Farben der Gewänder, der Stoffbehänge an den Wänden und den Einrichtungsgegenständen zur vollen Geltung bringen. Im Gegensatz zu der Beleuchtung fast aller anderen Innenräume soll deshalb die Lichtquelle selbst sichtbar sein und sich in möglichst viele einzelne Lichtpunkte auflösen. Der Lichtstrom muß Richtungssinn haben, und er muß zugleich aus möglichst vielen Richtungen kommen. Dabei ist die Anordnung der Lichtquellen so zu treffen, daß die zahlreichen, sich durchkreuzenden Schlagschatten von Personen und Gegenständen überall nur zart angedeutet sind und an keiner Stelle des Raumes scharf begrenzte Streifen bilden. Unter diesem Gesichtspunkte betrachtet, verbietet sich in Festräumen die halbindirekte und vor allem die ganzindirekte Beleuchtung von selbst. Der beleuchtungstechnisch interessante Versuch in dem Weißen Saale des ehemalig Königlichen Schlosses in Berlin, eine ganzindirekte Beleuchtung durch in der Voute verdeckt angebrachte Röhrenlampen durchzuführen, war deshalb ein ästhetischer Fehler, der bald als solcher erkannt wurde. Die Beleuchtung wirkte kalt, nüchtern und stimmungslos; sie hätte nie einen Künstler zur malerischen Darstellung reizen können, wie es die Kerzenbeleuchtung auf Adolf Menzels genialstem Bilde, dem bekannten Flötenkonzerte in Sanssouci, tat. Die Beleuchtung mit direkt wirkenden, zahlreichen Einzellichtquellen ist also für Festsäle die gegebene Lösung der Aufgabe.

Die erforderliche mittlere Raumbeleuchtung braucht nicht sehr hoch zu sein. 25 bis 30 Lux genügen vollständig; denn sieht das Auge die Lichtquellen selbst, so schätzt es die erzielte Beleuchtung höher ein, als sie in Wirklichkeit ist, und man braucht in Festsälen nicht

Abb. 6. Kronleuchter aus venezianischem Glase zur Festsaalbeleuchtung.

jedes einzelne Fältchen im Gesichte schöner Frauen, jedes sich einnistende graue Haar unterscheiden zu können. Natürlich müssen aber auch in Festsälen die Lichtquellen der unabweisbaren Bedingung genügen: nicht zu blenden. Hieraus ergibt sich dann von selbst die Anwendung von Lichtquellen geringer Flächenhelle, mattierter Glühlampen und ihre Anordnung in möglichst großer Höhe. Hier können vor allem Deckenbeleuchtungen in der Form von Kassettenbeleuchtung oder in Form von sog. Schiffsbeleuchtungskörpern mit geschliffenen Glasglocken, die in größerer Zahl über die Deckenfelder verteilt sind, zur Anwendung kommen. Aber auch der Kronleuchter, besonders der Kristallkronleuchter oder Kronleuchter aus venezianischem Glase ist in Festsälen durchaus angebracht (vgl. Abb. 6), vor allem diejenigen

Formen von Kristallkronleuchtern, bei denen die Lampen selbst hinter reich facettierten Kristallbehängen verborgen sind. Daneben können noch Wandleuchter zur Seite von geschliffenen Spiegeln und Lampenketten die Einzelheiten der Architektur betonen, die festliche Wirkung der Beleuchtung erhöhen.

Theater-Beleuchtung.

Allgemeine Bedingungen und Vorschriften. Für die Theaterbeleuchtung, abgesehen von ganz kleinen Provinztheatern, kommt heute ausschließlich elektrisches Licht in Betracht. Nur mit diesem sind die hohen Ansprüche an die Sicherheit des Publikums und des Gebäudes mit seinen wertvollen Einrichtungen zu gewährleisten, und nur mit dem elektrischen Lichte lassen sich mühelos die mannigfaltigen Effekte erzielen, ohne die eine moderne Bühne nicht auszukommen vermag. Die Theaterbeleuchtung in den dem Publikum zugänglichen Räumen unterscheidet sich nicht von anderen Beleuchtungsanlagen, nur daß im Interesse der Feuersicherheit und des Publikums Sonderbestimmungen der Vorschriften des Verbands Deutscher Elektrotechniker gelten:

»Für Theaterinstallationen darf Hochspannung nicht verwendet werden.

Die elektrischen Leitungsanlagen sind von der Hauptschalttafel in Gruppen zu unterteilen. Dreileiteranlagen sind, soweit tunlich, von den Hauptverteilungsstellen ab in Zweileiterwege, bestehend aus Mittel- und Außenleiter, zu unterteilen.

In Räumen, die mehr als drei Lampen enthalten, sowie in sämtlichen Korridoren, Treppenhäusern und Ausgängen sind die Lampen an mindestens zwei getrennt gesicherte Zweigleitungen anzuschließen. Von dieser Bestimmung kann abgesehen werden, wenn die Notlampen eine genügende Allgemeinbeleuchtung gewähren.

Falls eine elektrische Notbeleuchtung eingerichtet wird, müssen deren Lampen an eine oder mehrere räumlich und elektrisch von der Hauptanlage unabhängige Stromquellen angeschlossen werden.«

Beleuchtung des Zuschauerraumes. Die Ansprüche an die Beleuchtung des Zuschauerraumes sind nicht besonders hoch. Es genügt eine mittlere Beleuchtung von 20 bis 25 Lux vollkommen, um in den Pausen die Theaterzettel und Textbücher lesen und den Verkehr aufrecht erhalten zu können. Höher sind dagegen die Ansprüche an den festlichen Eindruck, den die Beleuchtung machen soll. In dieser Beziehung ist in den Anfangszeiten, als das elektrische Licht die Theater zu erobern begann, vielleicht etwas zu verschwenderisch vorgegangen worden, und es entstanden Theaterkronleuchter von außerordentlicher dekorativer Üppigkeit und übermäßiger Häufung an einzelnen Lichtquellen.

Auch heute noch herrscht der Kronleuchter vor, nicht gerade zum Vorteile der Beleuchtung des Zuschauerraumes und der Theaterbesucher. Denn nur für das Parkett und höchstens den ersten Rang kann der Kronleuchter mit seinen zahlreichen Glühlampen eine ausreichende und zugleich blendungsfreie Beleuchtung schaffen. Selbst bei sehr großer Aufhängehöhe muß aber das Publikum der oberen

Abb. 7. Beleuchtung eines Zuschauerraumes mit direkt wirkenden Lichtquellen.

Ränge durch die Fülle der Lichtquellen belästigt werden, selbst wenn sie — jede für sich — auch nur die Flächenhelle einer mattierten Metalldrahtlampe aufweisen; denn es läßt sich nicht vermeiden, daß die Besucher der oberen Ränge gezwungen werden, entweder unmittelbar in die Lichtquellen hineinzublicken, oder daß die Lichtstrahlen in das in horizontaler Richtung blickende Auge in einem kleineren Winkel als 30° hineinfallen. Blendung ist also die unausbleibliche Folge. Dazu sind aber auch die Kronleuchter größeren Umfanges nur schwer so anzubringen, daß sie für die Besucher der oberen Ränge nicht wenigstens teilweise das Bühnenbild verdecken. Der Kronleuchter im Zuschauerraume der Theater ist also ein Unding, und bei Umbauten oder Renovierungen sollten auch in älteren Theatern die Kronleuchter unbarmherzig entfernt werden. Sie sind durch einfache, möglichst hoch angebrachte Deckenbeleuchtungskörper wie Abb. 7 zu ersetzen, die ohne Schaden direkt wirkend sein können; auch gegen die Verwendung von elektrischen Glühlampen in Klarglasbirnen wird sich in diesem Falle nichts einwenden lassen. Ein im ganzen gelungener Versuch in dieser Richtung ist auch bei der Beleuchtung des Zuschauerraumes der freien Volksbühne in Berlin gemacht worden (Abb. 8).

Abb. 8. Beleuchtung des Zuschauerraumes der Volksbühne in Berlin.

Die Brüstungen der Ränge eignen sich im allgemeinen nicht zur Anbringung von Beleuchtungskörpern; denn bei der kreisförmigen Anordnung der Ränge wird ein Teil des Publikums immer gezwungen sein, in die diametral gegenüberliegenden Lichtquellen direkt hineinzublicken.

Beleuchtung des Großen Schauspielhauses in Berlin. Eine sehr originelle Beleuchtung des Zuschauerraumes ist in dem Großen Schauspielhause in Berlin (Abb. 9) geschaffen worden. (A. E.,G.-Mitteilungen 1920, Nr. 8). Der Zuschauerraum ist dem antiken Theater nachgebildet und enthält in seiner Arena gleichzeitig die Vorbühne (Palästra), demnach dient die allgemeine Raumbeleuchtung zugleich auch zur Bühnenbeleuchtung, wenn für diese nicht gerade besondere Effekte erforderlich sind. Über der Arena erhebt sich eine gewaltige Kuppel, die, entsprechend dem freien Himmel des antiken Theaters, als eigentlicher Lichtspender dient. An die Kuppel anschließend überwölbt die schwach nach hinten und den Seiten geneigte Decke die Zuschauersitze. Um den sich gegenseitig widersprechenden Anforderungen an die Architektur, die Akustik und die Beleuchtungswirkung gleichzeitig nach Möglichkeit genügen zu können, sind die einfachen architektonischen Linien im Interesse der akustischen Wirkung unterteilt worden, aber immerhin so, daß die reiche Gliederung durch eine neuartige Säulen- und Zackenarchitektur doch einen einheitlichen Gesamteindruck macht. Gleichzeitig liefert die Zackenunterteilung der Hauptkuppel auch eine im wesentlichen einheitlich diffus reflektierende Fläche für die den Blicken verborgenen, in den Nischen des Kuppel-

Abb. 9. Beleuchtung des Zuschauerraums im Großen Schauspielhaus in Berlin.

umganges angebrachten Beleuchtungskörper, die aus Gasfüllungslampen in Verbindung mit Wiskottreflektoren der Osram G. m. b. H. bestehen. Für die Spiegel der Reflektoren wurde eine solche Krümmung gewählt, daß ein Öffnungswinkel von rd. 100° vorhanden ist. Der konvergierende Teil des aus dem Spiegel austretenden Lichtes ist durch einen Blechtrichter, der nur eine kleine Austrittsöffnung besitzt, abgeblendet. Diese Öffnung ist zur Erzielung eines weichen Lichtes mit lichtstreuenden Scheiben verschlossen und kann nach Bedarf auch mit Farbscheiben versehen werden. Auf diese Weise gelang es, die Spiegel selbst verdeckt anzuordnen und trotzdem alles Licht auf die Kuppel zu werfen, von der es diffus reflektiert wird. Infolge des Rauhputzes der Kuppel und ihres elfenbeinfarbenen Anstriches (die Decke über den Zuschauersitzen ist rötlichgelb gehalten) wird freilich die Reflexionsfähigkeit der Kuppel stark vermindert, so daß nur ein Bruchteil des erzeugten Lichtes für die Beleuchtung des Zuschauerraumes nutzbar wird.

In dem Kuppelumgange sind 39 Wiskottspiegel von 54 cm Durchm. mit 500-Watt-Gasfüllungslampen untergebracht. Hierzu kommen dann noch sechs gleich große Wiskottreflektoren mit ebensolchen Lampen in der oberen Kuppelöffnung. Zur Beleuchtung der an die Kuppel anschließenden Decke über den Zuschauersitzen dienen 130 kleinere Wiskottreflektoren mit 100- und 200-Watt-Gasfüllungslampen, die in den Säulenbekrönungen und in einer den Zuschauerraum abschließenden Soffitte untergebracht sind. Die Kuppel selbst wird mit weißem Lichte, die Decke des Zuschauerraumes dagegen mit gelblichem Lichte ausgeleuchtet. Die in der Kuppelmitte vorhandene maximale Flächenhelle stuft sich so nach den Wänden des Zuschauerraumes hin allmählich ab, und das auf die Arena und den Zuschauerraum fallende diffuse Licht besitzt trotzdem einen ausgesprochenen Richtungssinn, ebenso wie das Tageslicht, das vom bewölkten Himmelsgewölbe herunterstrahlt.

Die Beleuchtungsstärke im Zuschauerraume beträgt im Mittel nur 12 Lux bei einem Maximum von 15 und einem Minimum von 8 Lux. Sie könnte unseres Dafürhaltens erheblich höher sein.

Durch Änderung der Lichtfärbung des von den Wiskottreflektoren ausgesandten Lichtes kann jede Farbenstimmung hervorgerufen werden, wie sie den Beleuchtungen in der Natur unter den verschiedenen Bedingungen entspricht. Um auch den gestirnten Nachthimmel nachahmen zu können, sind die Zacken der Kuppel an ihren unteren Spitzen mit kleinen Glühlämpchen versehen, die durch eine sinnreiche, von der Firma Schwabe & Co. herrührende Schaltung zu verschiedenen Sternbildern zusammensetzbar sind. Über die Regulierung der Beleuchtungswirkung soll bei der Besprechung der Bühnenbeleuchtung berichtet werden.

Die Beleuchtung der Foyers unterscheidet sich in keiner Weise von der für Festsäle zweckmäßigen Beleuchtung, weshalb hier auf das dort (S. 405) Ausgeführte verwiesen werden kann.

Beleuchtung des Orchesters und Konzertpodiums. In Theatern sind die Orchester so zu beleuchten, daß weder der Bühneneindruck gestört noch das Publikum belästigt wird. Es müssen deshalb, gleichgültig ob es sich um verdeckte und versenkte oder um offene Orchester in Parketthöhe handelt, die Beleuchtungskörper so angebracht werden, daß lediglich die Notenpulte Licht erhalten, und daß trotzdem der Dirigent für die Musiker im Orchester und die Darsteller auf der Bühne sichtbar ist. Bei verdeckten Orchestern sind diese Bedingungen leicht zu erfüllen.

Die Notenpulte werden heute ganz allgemein mit Glühlampen in zylindrischen Horizontalreflektoren beleuchtet, die an den Notenständern selbst angebracht sind. Diese Reflektoren sind für diese

Zweckbestimmung ausgezeichnet geeignet, da sich bei ihnen ein Teil der Zylinderwandung in der Wandfläche selbst verschieben läßt, so daß das Licht nur aus einem beliebig einstellbaren schmalen Spalte der Zylinderwandung austreten und nach Bedarf auch ganz abgeblendet werden kann. Der Dirigent braucht im allgemeinen nicht besonders beleuchtet zu werden, da er bei heller Bühne genügend zurückgeworfenes Licht erhält, bei stark verdunkelter Bühne kann dagegen seine besondere Beleuchtung erforderlich werden. Hierfür genügt dann aber vollständig eine schwache, in einem tiefen, konischen Reflektor eingesetzte Glühlampe. Da der Dirigent seine Aufstellung unmittelbar an der den Zuschauerraum von dem Orchester trennenden Wand erhält, so kann diese Beleuchtung nicht störend oder belästigend wirken.

In Theatern, die nicht über ein versenktes oder verdecktes Orchester verfügen, ist es fast unmöglich, Störungen durch die Beleuchtung zu vermeiden, denn selbst bei diskret angebrachten Beleuchtungskörpern an den Notenpulten wirkt die Rückstrahlung von den weißen Notenblättern doch aufhellend für den ganzen Raum, so daß die Zuschauer den Eindruck erhalten, als ob sich vor der Bühnenöffnung ein durchleuchteter Nebel erhöbe. Diese unangenehme Wirkung der Orchesterbeleuchtung hatte ja auch — neben der Verbesserung der akustischen Wirkung — in allen größeren Opern- und selbst Operettentheatern dazu geführt, das Orchester verdeckt und versenkt anzuordnen. Für die Orchester ist, um die Noten leicht und deutlich lesen zu können, eine Platzbeleuchtung von 30 bis 40 Lux erforderlich.

Bei Konzertpodien, bei denen die ausführenden Musiker in persönliche Beziehung zu dem Publikum treten, ist auch für eine ausreichende Allgemeinbeleuchtung zu sorgen, die auf 30 bis 40 Lux im Mittel zu halten ist. Die Platzbeleuchtung kann dann wegfallen. Die Allgemeinbeleuchtung muß so ausgestaltet sein, daß sie weder das Publikum noch die ausübenden Musiker belästigt. Bei der Anwendung direkt wirkender Beleuchtungskörper ist also entweder deren Flächenhelle auf die erträgliche Minimalgröße zu bringen oder sie sind gegenüber dem Zuschauerraum vollständig abzuschirmen. Das ist in dem vorliegenden Falle um so notwendiger, als zur Erhöhung des Kunstgenusses bei Musikaufführungen, die für die Zuhörer ohnehin mit nicht geringer psychischer Anspannung verbunden sind, deren physische Anstrengung nach Möglichkeit vermieden werden muß. Ist aber das Auge gezwungen, während der Musikaufführung dauernd in massige oder in gehäufte Lichtquellen hineinzublicken, auch wenn deren Flächenhelle unterhalb der Blendungshelligkeit bleibt, so tritt bei vielen Personen rasch eine Ermüdung und Abgespanntheit ein, die den Kunstgenuß wesentlich beeinträchtigt. Sind aber gar, was leider außerordentlich häufig zu beobachten ist, auf Konzertpodien blendende Lichtquellen vorhanden, so wird der Besuch einer Konzertaufführung leicht zur physischen Qual. Es ist deshalb dringend notwendig, daß bei der Beleuchtung von Konzertpodien nicht bloß die Routine des Installateurs sondern auch der erfahrene Lichttechniker mehr als bisher zu Worte kommt.

Beleuchtung der Theaternebenräume. Die Nebenräume der Theater, zu denen die Wandelgänge, die Vorräume und die Garderoben gehören, werden hinsichtlich der Beleuchtung meist mit wenig Liebe und geringer Aufmerksamkeit behandelt. Und doch ist die zweckentsprechende und angemessene Beleuchtung auch dieser Räume von nicht geringer Bedeutung. Einmal soll ihr Eindruck bei der gespannten Erwartung, mit der das Publikum das Theater betritt, freundlich und einladend sein, und dann soll die Beleuchtung, wenn sich das Publikum in den Zwischenakten in den Wandelgängen ergeht und dabei das Gesehene und Gehörte innerlich zu verarbeiten sucht, die Stimmung fördern und erhöhen. Die Nebenräume dürfen deshalb auch nicht im Halbdunkel liegen und hinsichtlich der Beleuchtungsstärke erheblich gegen den Zuschauerraum kontrastieren, sie müssen vielmehr hell und anheimelnd beleuchtet sein. Das Licht muß auch hier wohlige Wärme ausstrahlen und darf nicht kalt und nüchtern wirken wie in einer Fabrikkantine.

Da im allgemeinen die Wandelgänge ziemlich niedrige Decken haben, so können nur Beleuchtungskörper in Betracht kommen, die möglichst in der Decke selbst, etwa in mattierten, facettierten oder opaleszierenden Schalen untergebracht sind. Gänzlich verfehlt sind Wandarme oder lyrenartig von der Decke herabhängende Beleuchtungskörper oder gar Beleuchtungskörper, die ganz wie Turngeräte wirken und beispielsweise in dem schönen Hause der Volksbühne in Berlin die Wandelgänge verunzieren und durch das blendende Licht der installierten Glühlampen dazu noch das Publikum belästigen. Die Ansprüche an die Gleichmäßigkeit der Beleuchtung brauchen dagegen in Wandelgängen nicht hoch gespannt zu werden, gewisse Kontraste in der Beleuchtung können vielmehr dazu beitragen, den Reiz des Hin- und Herwandelns in den Zwischenakten zu erhöhen, wie etwa ein Abendspaziergang in dem Boskettgange eines Parkes, der nur an einzelnen Stellen beleuchtet ist, erholsamer wirkt als ein Gang durch hell und gleichmäßig erleuchtete Straßen. Die mittlere Beleuchtung in Wandelgängen wird zweckmäßig auf etwa 15 Lux abgestimmt.

Beleuchtung der Garderoben sowie deren Anordnung und Organisation wird meist überaus stiefmütterlich behandelt. Ein paar offene Klarglaslampen, wie man sie zumeist vorfindet, erleichtern durchaus nicht den anstrengenden Garderobenbetrieb: das Auffinden der eng zusammengehängten Garderobestücke und die Bedienung des Publikums. Mit halbindirekt wirkenden Beleuchtungskörpern, wenn die Garderoben hoch sind, oder mit direkt wirkenden, in die Decke eingelassenen, diffus durchlässigen Beleuchtungskörpern bei niedrigen Garderoberäumen würden alle Schwierigkeiten leicht zu beheben sein. Freilich wäre dazu erforderlich, daß dann die Beleuchtung nicht von dem bauausführenden Architekten kurzerhand der Installationsfirma überlassen, sondern daß sie ebenso sorgfältig vorher disponiert und berechnet würde wie die Beleuchtung der Prunkräume des Theaters.

Bühnenbeleuchtung. Ältere Einrichtungen. Auf keinem Gebiete des Beleuchtungswesens haben während des Krieges so grundlegende Umwälzungen stattgefunden wie in der Bühnenbeleuchtung. Der Zwang zum Sparen veranlaßte dazu, die schon vor dem Kriege in einigen neueren Theatern zur Anwendung gebrachte Beleuchtung mit Starklichtern (Gasfüllungslampen) auch in den älteren Anlagen in größerem Umfange zu benutzen und die ursprünglichen Beleuchtungsarten mit luftleeren Metalldrahtlampen und indirektem Bogenlichte aufzugeben. Unterstützt wurde die Umschaltung auf das neue System durch dessen größere Einfachheit und bühnentechnische Überlegenheit, so daß der Zeitpunkt nicht mehr fern ist, wo die älteren Systeme vollständig verdrängt sein werden. Da diese gegenwärtig aber immerhin noch in der Bühnenbeleuchtung vorherrschen, oder wenigstens neben dem neuen Systeme noch in aushilfsweiser Benutzung stehen, so sei wenigstens kurz auf sie eingegangen.

Die älteren technischen Mittel der Bühne, geschlossene Räume, aber auch Freilandschaften zur Darstellung zu bringen, sind die gemalten Hintergründe (Prospekte), Kulissen und Soffitten (Bögen). Bei höheren Ansprüchen versagen diese Mittel sehr rasch, besonders bei dem Versuche einer naturwahren Darstellung der Freilandschaft; denn die für diesen Zweck benutzten Soffitten-Stoffbehänge als Ersatz des offenen Himmelsgewölbes zerstören eher jede Illusion, als daß sie sie fördern. Als Notbehelf stellt man deshalb in der ersten, gegebenenfalls auch in der zweiten Kulissengasse gemalte Bäume auf, die sich durch gemaltes Laubwerk in den Soffitten zusammenschließen und verlegt den freien Ausblick lediglich in den gemalten Prospekt. An Stelle der Bäume kommen natürlich gelegentlich auch Gebäudeteile und in den Soffitten Schwibbögen u. dgl. zur Anwendung.

Diesem dekorativen Aufbau der Bühne mußten sich auch die Beleuchtungseinrichtungen anpassen. Die Umrahmung der Bühnenöffnung erhielt an allen vier Seiten gegen den Zuschauerraum verdeckt angeordnete Reihen von Beleuchtungskörpern, die ihr Licht in die Bühnentiefe warfen. Damit aber die einzelnen Kulissen und Soffitten nicht auf die in den weiter zurückstehenden Gassen aufgebauten Dekorationsstücke Schatten werfen, die jede illusionäre Wirkung aufheben würden, mußten auch hinter den einzelnen Dekorationselementen Reihen von einzelnen Beleuchtungskörpern angeordnet werden, die, um dem jeweils geänderten Aufbau folgen zu können, beweglich sein mußten (Abb. 10). Durch die Benutzung des elektrischen Glühlichtes konnten diese Anforderungen der älteren Bühnentechnik unschwer erfüllt werden.

Die Beleuchtungskörper bestehen aus leichten, eisernen Rahmen, an die die Glühlampenfassungen fest angebaut sind. Ein Drahtgitter schützt die Lampen und zugleich die Dekorationen und Personen. Diese Beleuchtungskörper werden bei der Soffittenbeleuchtung an Seilzügen horizontal aufgehängt, bei der Kulissenbeleuchtung hinter

Abb. 10. Bühnenbeleuchtung nach dem Brandtschen Mehrlampensysteme.

den einzelnen Kulissen beweglich aufgestellt. Die Rampenbeleuchtungskörper sind fest montiert. Außerdem kommen noch Versatzständer und Versatzlatten mit Glühlampen zur Anwendung, die hinter den Kulissen oder Versatzstücken nach Bedürfnis aufgestellt werden, um Dekorationseinzelheiten besonders hervorzuheben und Schlagschatten aufzuhellen. Besonders vorteilhaft zur Erzielung einer gleichmäßigen Beleuchtung sind nach dem Vorgange von Schwabe & Co. Röhrenlampen, die hintereinander und in mehreren Reihen nebeneinander angeordnet sind. Der Anschluß der beweglichen Beleuchtungskörper geschieht mit mehrpoligen Steckern und ebensolchen Steckdosen, die unterhalb des Bühnenfußbodens und an den Bühnenwänden in reichlicher Zahl vorgesehen sind.

Ein- und Mehrlampensystem. Viel erfinderischer Geist wurde aufgewandt, um mit dieser Glühlampenbeleuchtung die verschiedenen

Farbenstimmungen hervorzurufen, die für eine wirksame Bühnenbeleuchtung erforderlich sind. Hier unterscheidet man das Lautenschlägersche Einlampensystem und das Brandtsche Mehrlampensystem. Beim Einlampensystem weist jeder Beleuchtungskörper nur weiße Lampen auf. Farbenwirkungen werden durch drehbare, die Lampen umgebende Gelatineschirme mit mehreren Farbstreifen erzielt. Die Bewegung der Farbenschirme geschieht durch Schnurzüge vom Beleuchterstande aus. Da dieses System nur gröbere Übergänge von einer Farbe in die andere gestattet, so ist es nur bei kleineren Theatern im Gebrauch. Bei dem Mehrlampensystem enthält jeder Beleuchtungskörper drei oder vier Abteilungen gefärbter Glühlampen. Je nach der auf der Bühne gewünschten Färbung werden die entsprechenden Lampen eingeschaltet und ihre Lichtstärke durch Änderung der Stromstärke geregelt. Hierdurch lassen sich ganz allmähliche und zarte Übergänge von einer Farbe in die andere erzielen. Beim Dreilampensystem kommen weiße, rote und blaugrüne Lampen zur Anwendung. Beim Vierlampensysteme treten noch gelbe hinzu.

Abb. 11. Bühnenwiderstand für einen Stromkreis.

Die enorme Zahl von Glühlampen, die bei dem Mehrlampensysteme erforderlich sind, macht für die Regelung der Stromstärke eine sehr komplizierte Konstruktion des Bühnenregulators erforderlich. Jeder Lampenstromkreis — bei großen Bühnen insgesamt bis zu 150 — erhält einen einfachen, vielfach unterteilten Widerstand mit besonderen Kontaktbahnen, an denen ein Schleifkontakt entlang gleitet (Abb. 11). Die Zahl der Abstufungen ist so groß gewählt, daß bei Übergang von Stufe zu Stufe im Lichte der Lampen keine schroffen Übergänge stattfinden. Es kommen 50 bis 100 Abstufungen zur Anwendung. Wenn einer Lampe so viel Widerstand vorgeschaltet ist, daß sie nur noch dunkelrot glüht, wird durch einen Endausschalter ihre Abschaltung bewirkt.

Abb. 12. Stellwerk für Bühnenwiderstände.

Die Einstellung jedes Widerstandes wird vermittelst Seilübertragung von einem Stellhebel eines Stellwerkes aus bewirkt (Abb. 12). Die Stellhebel für einzelne Stromkreise sind nebeneinander und die Hebelgruppen untereinander angeordnet. Die Stellhebel können miteinander gekuppelt werden, so daß ganze Gruppen von Stromkreisen gleichzeitig regulierbar sind. Für jede Lampenfarbe ist immer eine ganze Reihe nebeneinander liegender Stellhebel vorgesehen. Die Reihen für die verschiedenen Farben liegen dann parallel untereinander. Auch diese Gruppen können nach Bedarf miteinander gekuppelt werden. Es lassen sich also die mannigfaltigsten Zusammenstellungen bilden, und so ist es möglich, jede gewünschte Beleuchtungswirkung und jeden Farbenübergang zu erzeugen. Während z. B. die eine Farbe verdunkelt

Abb. 13. Fortuny-Beleuchtung mit Bogenlampen und farbigen Seidenbändern.

wird, kann man schon vor deren Erlöschen eine andere Farbe mit der geringsten Helligkeit einstellen und allmählich anwachsen lassen, um sanfte Helligkeits- und Farbenübergänge zu erzeugen. Die Bühnenregulatoren werden zweckmäßig an der Hinterseite der Proszeniumswand angeordnet, von wo der Beleuchter das ganze Bühnenbild übersehen kann, während die Widerstände zweckmäßig im Kellergeschoß untergebracht werden.

Moderne Einrichtungen zur Bühnenbeleuchtung. Die jede Illusion zerstörende Darstellung des freien Himmels mittels blau gemalter Soffittenstreifen führte zur Einführung des Fortunyschen Kuppelhorizontes oder des Max Reinhardt-Kninaschen Rundhorizontes in die Bühnentechnik. Bei beiden wird der Bühnenhintergrund durch eine mattweiße, stetig gekrümmte Fläche gebildet, die bei Fortuny eine Kugelkappe, bei Reinhardt-Knina eine Zylinderfläche ist. Bei diffuser Beleuchtung wirkt diese Fläche wie ein Himmelshorizont von unendlicher Tiefe. Zur Ausleuchtung dieses Bühnenhorizontes sind nun unbedingt Starklichtquellen erforderlich, deren Lichtstärke und Färbung sich abstufen läßt. Da die ursprünglich allein hierfür zur Verfügung stehenden Starklichtquellen, die Bogenlampen, in nur sehr geringem Maße eine Regulierung der Stromstärke und damit der Lichtstärke gestatten, so wurde von Fortuny ein zwar sehr wirkungsvolles, aber auch recht kompliziertes System zur indirekten Beleuchtung des Bühnenhorizontes ausgearbeitet. Nach dem Fortunysystem fällt das Licht starker Bogenlampen zunächst auf breite Seidenbänder (vgl. Abb. 13), die aus verschiedenfarbigen Streifen zusammengesetzt sind, und erst das von diesen Seidenbändern reflektierte Licht dient zur Ausleuchtung des Bühnenhorizontes. Die Seidenbänder sind rouleauartig aufgerollt; mit vom Beleuchterstande aus gesteuerten Elektromotoren können sie so abgerollt werden, daß die gewünschte Farbe zur Geltung kommt. Da die einzelnen Farbstreifen so aneinandergefügt sind, daß die eine Farbe mit zahlreichen und langen Zungen in die andere übergreift, können zarte Farbenübergänge erzeugt werden. Die Helligkeitsabstufungen werden durch Blenden bewirkt, die vor den die Bogenlampen enthaltenden Laternen angebaut sind. Die Seidenbandreflektoren und Bogenlampen hängen hinter der Prosezeniumswand oder den Soffitten; außerdem sind noch fahrbare Reflektoren hinter Versatzstücken vorgesehen, um eine möglichst gleichmäßige Ausleuchtung des Bühnenhorizontes und Aufhellung der von Dekorationsstücken ausgesandten Schlagschatten bewirken zu können.

Die Ökonomie der Fortunybeleuchtung ist wesentlich besser als die des Brandtschen Mehrlampensystems. Setzt man bei gleichem Energieaufwande die Beleuchtung beim Mehrlampensysteme gleich 1, so ist sie beim Fortunysysteme:

Lichtfarbe	Vertikalbeleuchtung	Horizontalbeleuchtung
weiß	3	5,6
rot	2,7	5,3
blau	2,5	5

Der schwache Punkt des Fortunysystemes sind jedoch die Bogenlampen; selbst dort, wo das Fortunysystem heute noch in seiner ursprünglichen Form angewandt wird, sind deshalb die Bogenlampen durch lichtstarke Gasfüllungslampen ersetzt, bei denen sich vor allem die Abstufung der Helligkeit weit leichter als bei den Bogenlampen herbeiführen läßt.

Bühnenbeleuchtung mit direkt wirkenden Bogenlampen. Um die nicht unbeträchtlichen Lichtverluste zu vermeiden, die bei der indirekten Bühnenbeleuchtung nach Fortuny entstehen, machten die Siemens-Schuckertwerke bei der Beleuchtung des Künstlertheaters in Berlin den interessanten Versuch der direkten Beleuchtung mit Bogenlampen, die in Gehäusen mit drehbaren Farbscheiben eingebaut waren. Zum Ausleuchten des Horizontes waren 18 Bogenlampen in mehreren Reihen an einem Rahmen befestigt, der vom Schnürboden herabhing und, durch Gegengewichte ausgeglichen, in jede gewünschte Stellung gebracht werden konnte. Zum Zweck der leichteren Bedienung konnten die vertikal übereinander angeordneten Reihen horizontal nebeneinander umgeklappt werden. Die Bedienung der Farbscheiben geschah in der gleichen Weise wie bei dem nachstehend beschriebenem Systeme der Beleuchtung mit großen Gasfüllungslampen.

Bühnenbeleuchtung mit Gasfüllungslampen. Die Einführung der Gasfüllungslampe zur Bühnenbeleuchtung macht die indirekte Ausleuchtung des Kuppelhorizontes überhaupt überflüssig, und man ist deshalb jetzt ganz allgemein zur direkten Beleuchtung des Rundhorizontes bzw. der Freilandschaften mit starken Gasfüllungslampen von 3000 bis 6000 HK übergegangen, die in besondere Laternengehäuse eingebaut sind. Das Gehäuse der Siemens-Schuckert-Werke besitzt an der Vorderseite einen Ausschnitt, der durch eine stark streuende Glashülle geschlossen ist. Im Innern befindet sich eine drehbare Farbenglocke mit verschiedenen Farbenstreifen. Als Träger der Farbe kommt eine besonders hergestellte Azetylzellulose zur Anwendung mit den speziell für Bühnenzwecke hergestellten Farben: Himmelblau, Mondgrün, Sonnengelb, Abendrot, ev. auch noch Violett. Die Farbenglocke wird durch einen Elektromotor in die gewünschte Stellung gebracht. Durch Änderung der Stromstärke und Fernsteuerung der Farbenglocken kann jede Helligkeit und Farbenabstufung erzeugt werden. Zarte Farbübergänge werden dadurch erzielt, daß die Farbglocken nicht alle gleichzeitig für dieselbe Farbe eingestellt werden. Die Laternen mit den Gasfüllungslampen werden zweckmäßig an der Proszeniumswand oberhalb der Bühnenöffnung fest angebracht. Einzelne Laternen enthalten anstatt der Farbscheiben drehbare Glasglocken mit aufgemalten oder photographierten Wolkenbildern. Bei der Bewegung dieser Wolkenglocken können mit täuschender Naturwahrheit ziehende Wolken und wechselnde Wolkengestalten auf dem Rundhorizonte erzeugt werden. (Über Licht und Farbe auf der Bühne. Vortrag von Rob. M. Friese. Siemens-Schuckert-Werke. Druckschrift 799, 1915.) Die mit diesen Wolkenlampen zu erzielenden Wirkungen sind in den Abb. 14 u. 15

Abb. 14. Ausleuchtung einer Freilandschaft mit direkt wirkenden Gasfüllungslampen.

Abb. 15. Wirkung der Wolkenlaterne bei der Freilandschaft nach Abb. 14.

dargestellt. Auch die A. E. G. wendet jetzt zur Ausleuchtung des Kuppelhorizontes und zur Beleuchtung der Spielfläche direkt wirkende Gasfüllungslampen in besonderen, mit Farbscheiben versehenen Laternen an. Eine der ersten von ihr ausgeführten Einrichtungen zeigt die Bühnenbeleuchtung der Volksbühne in Berlin (Abb. 16), wo direkt wirkende Gasfüllungslampen mit der indirekten Fortuny-Beleuchtung kombiniert sind. Die Beleuchtung der farbigen Seidenbänder geschieht gleichfalls mit Gasfüllungslampen.

In analoger Art werden zur Ausleuchtung von Freilandschaften neuerdings von der A.E.G. Gasfüllungslampen mit Wiskottreflektoren angewandt.

Das Einlampensystem mit Gasfüllungslampen ist dem Mehrlampensystem von Brandt hinsichtlich der Ausnutzung der gesamten Installation weit überlegen. Nach Messungen in einem größeren deutschen Stadttheater ergab sich das folgende Resultat:

Mehrlampensystem	Anschlußwert	Mittlerer Verbrauch
für weiße Lampen	60,6 KW	13 KW = 22 %
für rote Lampen	15,2 »	1 » = 6,5%
für grüne und gelbe Lampen .	68,6 »	7 » = 10 %

Die Ausnutzung ist also sehr klein, sämtliche installierten Lampen waren aber erforderlich, um, wenn auch nur kurzzeitig, bestimmte Bühnenwirkungen hervorbringen zu können.

Bei dem Einlampensystem mit Gasfüllungslampen wird dagegen der ganze Anschlußwert jeweils voll ausgenutzt. Dazu kommt dann noch, daß, entsprechend der geringeren Zahl von Lampeneinheiten, die Bühnenregulatoren außerordentlich viel kleiner und einfacher gebaut sein können, also auch entsprechend billiger sind. So ist es leicht einzusehen, weshalb dieses neue Einlampensystem das Brandtsche Mehrlampensystem sicher verdrängen muß. Für Freilandschaften in Verbindung mit dem Kuppel- oder Rundhorizonte kommt das Mehrlampensystem nach Brandt überhaupt nicht in Betracht, man war daher bis jetzt dazu gezwungen, neben dem Brandtschen Systeme noch ein zweites Starklichtsystem in Bereitschaft zu halten, was die Reguliereinrichtungen erheblich komplizierte. Das Brandtsche Mehrlampensystem verdankte seine Entstehung der Notwendigkeit, das aus Kulissen und Soffitten aufgebaute Bühnenbild zu erleuchten. Für Freilandschaften spielen Soffitten heute keine Rolle mehr, und auch die Tage der altehrwürdigen Kulissen sind bereits gezählt; sie werden durch den plastischen Bühnenaufbau verdrängt, und geschlossene Räume werden auf der modernen Bühne, besonders auf der Dreh- und Schiebebühne, schon ganz allgemein als wirklich geschlossene Räume aufgebaut, die zu ihrer Erleuchtung die gleichen Mittel beanspruchen, wie die Erleuchtung der wirklichen Räume, die sie darstellen sollen. Auch das Rampenlicht, das die Darsteller in eine ganz falsche Beleuchtung setzt, ist bereits veraltet. Man kann deshalb die umfangreichen Reihenbeleuchtungskörper mit luftleeren Metalldrahtlampen ganz entbehren und sich auf die Installation einer oder mehrerer Reihen von

Abb. 16. Direkte Beleuchtung mit Gasfüllungslampen kombiniert mit indirekter Beleuchtung durch Reflexion von farbigen Seidenbändern. (Ausgeführt von der AEG in der Volksbühne, Berlin.)

Gasfüllungslampen, sowie von normalen Beleuchtungskörpern, wie sie für jede andere Raumbeleuchtung erforderlich sind, beschränken.

Bei Bühnen, die sich mit Bewußtsein und voller Absicht auf die primitive Shakespearesche Bühne zurückentwickeln, wie beispielsweise die Bühne der »Tribüne« in Charlottenburg, genügt übrigens schon eine einfache, mit Wiskottreflektoren besetzte Soffitte vor der Bühnenöffnung, um die erforderliche Beleuchtung zu schaffen.

Mehrlampensysteme für Gasfüllungslampen. Die Komplikation bei dem Einlampensystem mit Starklichtquellen, die darin besteht, daß in jeder Laterne eine von einem Elektromotor gesteuerte Farbenglocke angeordnet ist, hat dazu geführt, auch bei der Anwendung von Gasfüllungslampen, die benötigten vier Farben wieder auf einzelne Lampen zu verteilen, so daß vier Farbenserien vorhanden sind (vgl. Abb. 17). Es wird zwar dadurch wieder der Anschlußwert beträchtlich erhöht, aber es wird zugleich die ganze Installation einfacher und übersichtlicher, denn bei der Anwendung von Starklichtquellen von 3000 bis 6000 HK gegenüber von 50 HK-Lampen bei dem Brandtschen Systeme fällt natürlich die Zahl der zu installierenden Einzellampen erheblich geringer aus, und man kann mit wenigen Lampen sowohl die ganze Spielfläche

Abb. 17. Beleuchtung des Kuppelhorizontes nach dem Vierfarbensysteme durch Gasfüllungslampen in viereckigen Laternen und der Spielfläche durch ebensolche Lampen in zylindrischen, unten durch Farbscheiben abgeschlossenen Laternen. (Ausgef. von den S. S. W. im Stadttheater zu Hannover.)

als auch den Rundhorizont vollkommen ausleuchten. Dementsprechend wird auch das Regelwerk, wie es aus der Abbildung eines Bühnenregulators der Siemens-Schuckertwerke nach dem Systeme der Schiebersteuerung hervorgeht (Abb. 18), erheblich kompendiöser und billiger.

Mit großem Erfolge hat die Firma Schwabe & Co., Berlin SO. 16, das System der Mehrfarbenbeleuchtung mit Gasfüllungslampen ausgearbeitet und Neukonstruktionen geschaffen, die für die moderne Bühnenbeleuchtung bahnbrechend gewirkt haben.

Die Einrichtung zur Ausleuchtung des Bühnenhorizontes (vgl. Abb. 19 u. 20) besteht aus einer Vielzahl von besonders durchgebildeten Beleuchtungskörpern, die röhrenförmige Gasfüllungslampen aufnehmen. Im Gegensatz zu den üblichen Gasfüllungslampen ist jedoch der spiralig gewundene Draht gerade gestreckt. Die einzelnen Lampen sind für 1000 Watt bestimmt. Bei den in Abb. 21 abgebildeten Beleuchtungskörpern wird die optische Verstärkung durch einen halbzylindrischen Glasreflektor, die diffuse Verteilung des Lichtes jedoch durch eine vorderseitig angeordnete Farbscheibe, die an der Außenseite mattiert ist, bewirkt. Die einzelnen Beleuchtungskörper sind an Stahlrohrgestellen in Stockwerken übereinander angeordnet. Die Regulierung geschieht durch einen kompendiösen Bühnenregulator. Von unten wird der Horizont dann noch durch in einem besonderen Lichtgraben angeordnete Beleuchtungskörper mit Spiegelreflektoren und Gasfüllungslampen von 300 bis 1000 Watt beleuchtet. Die Anordnung (vgl. Abb. 19 und 20) hat den Zweck, besondere Lichteffekte für Sonnenaufgänge und -untergänge zu ermöglichen, sie hellt weiter den Horizont bei der Erzeugung von Tageslichtstimmungen auf, und sie erzeugt vor allem eine ausgezeichnete Luftperspektive.

Abb. 18.
Bühnenregulator der S S W.
mit Schiebersteuerung.

Wolkenapparate. Eine große Rolle spielt bei dem Beleuchtungssysteme von Schwabe & Co. der Wolkenapparat, der zur Erzielung ziehender Wolken, aber auch zur allgemeinen Ausleuchtung des Bühnenhorizontes benutzt wird. Dieser Schwabesche Wolkenapparat besteht aus einer größeren Zahl von übereinander angeordneten Projektionsapparaten (Abb. 22), die mit starken Gasfüllungslampen ausgerüstet sind. Die Projektionsapparate sind mit photographierten Wolkenbildern, die zeitlich nacheinander aufgenommen sind, besetzt. Da jedes Stockwerk der Projektionsapparate in horizontaler Ebene in beiden Richtungen unabhängig von den anderen in beliebig zu wählenden Geschwindigkeiten durch Motorantrieb beweglich ist, und da sich die Bildwerfer auch in vertikaler Richtung motorisch regeln lassen, so lassen sich mit Leichtigkeit horizontal ziehende Wolkenschichten, aufsteigende Gewitter u. dgl. kombinatorisch miteinander verbinden.

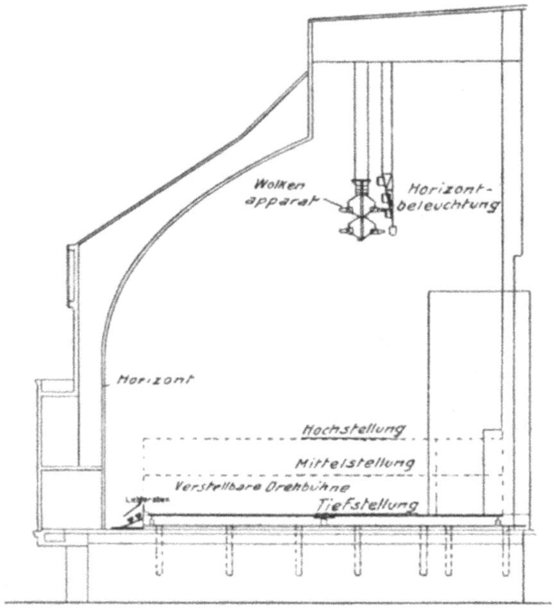

Abb. 19.

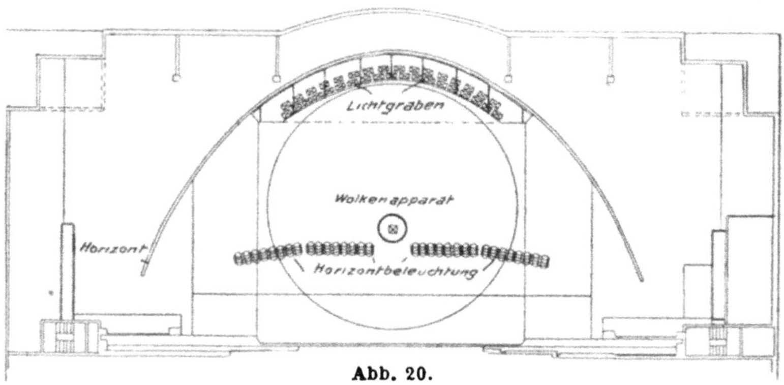

Abb. 20.

Abb. 19 u. 20. Längsschnitt und Grundriß der Bühne des Großen Schauspielhauses in Berlin mit Beleuchtungseinrichtung von Schwabe & Co.

Für kleinere Theater werden nach Abb. 23 Wolkenapparate mit nur einer einzigen Gasfüllungslampe gebaut. Diese liefert das Licht für eine Mehrzahl von Projektionsapparaten, die auf einer Kugelfläche angeordnet sind und mit Hilfe von motorisch verstellbaren Spiegeln die

Wolkenbilder oder nach Bedarf auch nur farbiges Licht auf den Bühnenhorizont werfen. Mit Hilfe der Wolkenapparate lassen sich natürlich auch Landschaften oder Darstellungen beliebiger Art auf den Bühnenhorizont werfen, so daß Bühnenbilder von großer Plastik und Naturwahrheit entstehen, mit denen sich die gemalten Horizonte auch nicht entfernt vergleichen lassen. Aber auch szenische Effekte besonderer Art, die der alten Bühnenkunst vollständig versagt waren, lassen sich mit den Wolkenapparaten erzeugen. In dieser Weise wird beispielsweise das Auftauchen der Walhalla und der Regenbogenbrücke in der 4. Szene von Wagners Rheingold auf dem Kuppelhorizonte wirklich glaubhaft gemacht (Abb. 25).

Abb. 21. Beleuchtungskörper von Schwabe & Co. zur Ausleuchtung des Kuppelhorizontes.

Durch die Konstruktion des Schwabeschen aufrollbaren Leinwandhorizontes, der sich in wenigen Minuten vollkommen faltenlos im Bühnenhintergrunde aufstellen läßt, wird es auch kleinen Bühnen ermöglicht, sich die Fortschritte der Bühnentechnik nutzbar zu machen. Durch Anwendung der Schwabeschen Scheinwerfer, die sich an jeder beliebigen Stelle im Theater unterbringen lassen, etwa in der Krone oder vorn am Proszenium, wird die Benutzung des aufrollbaren Horizontes noch weiter erleichtert.

Indirekte Rampenbeleuchtung. Die Frage der unnatürlichen Rampenbeleuchtung mit grellem direktem Lichte war schon berührt worden. Eine ausgezeichnete Lösung dieser schwierigen bühnentechnischen Frage bringt die Schwabesche Bühnenrampe mit indirektem Lichte, die in Abb. 24 schematisch dargestellt ist: Unterhalb des Bühnenfußbodens ist ein in bestimmter Kurve gekrümmter Reflektor aus Metall angeordnet, der sein Licht von Gasfüllungs-Röhrenlampen erhält. Diese Lampen sind mit Farbzylindern aus Naturglas nach dem Drei- oder Vierfarbensysteme versehen, so daß der Bühnenvordergrund diffuses Licht beliebiger Färbung erhält.

Bühnen-Effektbeleuchtung. Zum Schlusse seien noch die Mittel erwähnt, die erforderlich sind, um bestimmte Bühneneffekte zu erzeugen. Von großer Wichtigkeit und vielseitig verwendbar sind die Bühnenscheinwerfer. Sie werden gegenwärtig gleichfalls mit Gasfüllungslampen bis zu 3000 Watt ausgerüstet. In den Abb. 26 und 27 ist ein Schwabescher Scheinwerfer abgebildet, der sich nach Bedarf leicht in einen Projektionsapparat verwandeln läßt. Der Scheinwerfer besteht im wesentlichen aus einem Gehäuse mit stehend — bei den sehr großen

Lampentypen liegend — angeordneter Gasfüllungslampe, einer vorderseitig in einem Teleskoptubus gefaßten Plankonvexlinse und einem rückwärtig angeordneten Parabolspiegel oder Kugelspiegel. Der Scheinwerfer eignet sich im Theater besonders zur Portalbeleuchtung inner-

Abb. 22. Großer Wolkenapparat von Schwabe & Co.

halb der Bühne, zum Beleuchten ganzer Szenen mit mehreren solcher Scheinwerfer, zur Erzielung besonderer Effektbeleuchtung, wie einfallende Sonnenstrahlen, Mondschein u. dgl. Durch Auswechseln des Linsenkopfes und Einsetzen einer Projektionseinrichtung mit Kondensorlinsen und achromatischem Objektive entsteht der Projektionsapparat (Abb. 27), der bei der modernen Bühnenbeleuchtung nicht mehr entbehrt werden kann.

Theaterblitze werden in zwei voneinander verschiedenen Arten hervorgebracht, je nachdem das Bild eines Blitzes oder dessen momentane Lichtwirkung hervorgerufen werden soll. Im ersteren Falle wirft man das Lichtbild eines Blitzes mit dem Projektionsapparate auf den Bühnenhintergrund, im zweiten Falle läßt man Blitzbogenlampen aufflammen, die so konstruiert sind, daß der Lichtbogen rasch so langgezogen wird, bis er abreißt. Schwabe & Co. haben auch hier mit Erfolg die Bogenlampen durch Gasfüllungslampen ersetzt und bauen hierfür kleine, transportable Blitz-Scheinwerfer.

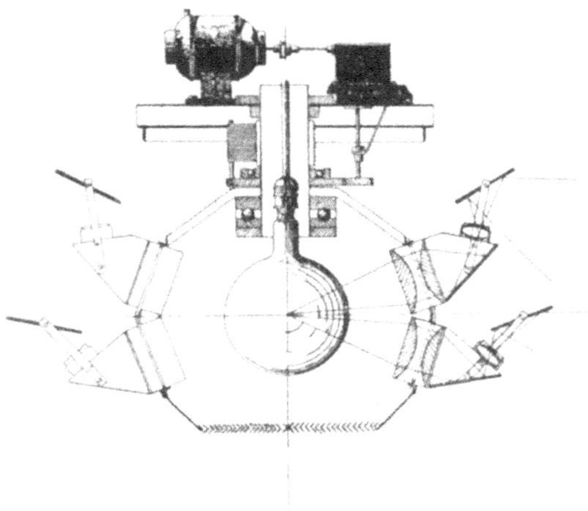

Abb 23.
Kleiner Wolkenapparat von Schwabe & Co.

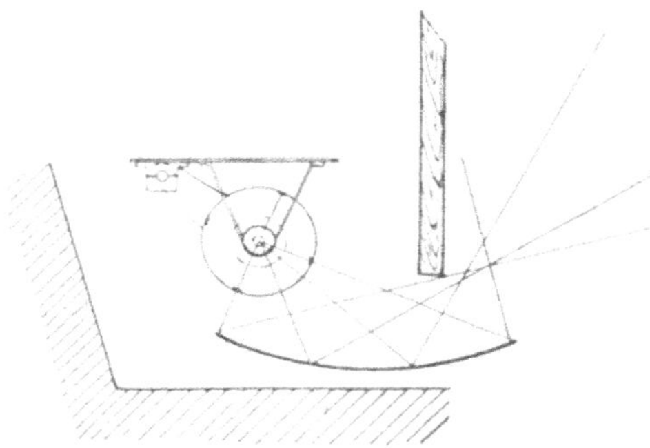

Abb. 24. Schematische Darstellung der Rampenbeleuchtung von Schwabe & Co.

Abb. 25. Rheingold IV. Szene im Deutschen Opernhause, Charlottenburg. Walhall löst sich aus den Gewitterwolken heraus. Szenische Wirkung erzielt mit Projektionsscheinwerfern auf dem Kuppelhorizonte.

Abb. 26. Abb. 27.
Bühnenscheinwerfer für Gasfüllungslampen von Schwabe & Co.
Abb. 26 als Scheinwerfer, Abb. 27 als Projektionsapparat ausgerüstet.

Abb. 28. Bühnen-Scheiterhaufen von Schwabe & Co.

Lodernde Flammen werden von Schwabe & Co. mittels wehender Seidenbänder dargestellt (Abb. 28). Die Bänder werden von einem Ventilator in Bewegung gehalten und gleichzeitig durch gelbe und hellrote Glühlampen beleuchtet.

Flimmernde Sterne ahmt man nach einem Patente der Siemens-Schuckertwerke durch kleine Lämpchen für 5 bis 6 V mit vorgestellten Linsen nach, die in den Bühnenhintergrund eingesetzt sind. Die Lämpchen werden von einem Drehstrom-Umformer für niedrige Spannung gespeist und mit Vorteil auf die drei Phasen verteilt. Bei Anwendung einer sehr niedrigen Periodenzahl kann so das Funkeln sehr naturgetreu nachgeahmt werden.

Notbeleuchtung. In allen Teilen des Theaters ist nach den bereits angeführten Verbandsvorschriften eine sicher funktionierende Notbeleuchtung anzulegen. Nach dem System von Schwabe & Co. werden hierfür Akkumulatorenlampen mit Zeitschaltung vorgesehen, die an allen Ausgängen und anderen wichtigen Stellen unabhängig voneinander angebracht werden. Zur Ladung werden die Akkumulatoren entweder nach einem besonderen Laderaume gebracht, oder sie sind auch hintereinander in den Stromkreis einer besonderen Ladeleitung geschaltet. — Nach dem System von Brandt werden die in den einzelnen Rängen übereinander liegenden Notlampen von senkrecht das Gebäude durchziehenden Leitungen gespeist, die untereinander und von allen anderen Leitungen vollkommen unabhängig sind. Als Energiequelle kommen ausschließlich Akkumulatorenbatterien in Betracht, die geschützt im Kellergeschoß untergebracht sind. Zweckmäßig werden für diese Art der Notbeleuchtung Lampen derselben Type wie für die Hauptbeleuchtung benutzt, so daß die Notlampen teilweise an den Hauptbeleuchtungskörpern untergebracht und zur Hauptbeleuchtung mit herangezogen werden können.

Dreizehnter Abschnitt.

Beleuchtung von Bahnanlagen und Fahrzeugen.

Von Regierungs- und Baurat **Wechmann,** Berlin.

A. Gesetzliche Bestimmungen.

Für die Haupt- und Nebeneisenbahnen Deutschlands schreibt die »Eisenbahn-Bau- und Betriebsordnung« (B.O.) folgende Bestimmungen vor (Reichs-Gesetzblatt 1904, S. 387, ferner als Sonderdruck bei Julius Springer und bei Wilhelm Ernst & Sohn zu Berlin):

§ 49. Beleuchtung der Bahnanlagen.

1. Die Übergänge der verkehrsreicheren mit Handschranken versehenen und aller mit Zugschranken versehenen öffentlichen Wege sind bei Dunkelheit zu beleuchten, solange die Schranken geschlossen sind.

2. Die Anfahrten der Stationen sind bei Dunkelheit mindestens eine halbe Stunde vor der Ankunft oder der Abfahrt eines Personenzuges zu beleuchten.

3. Die Uhren größerer Bahnhöfe sind bei Dunkelheit zu beleuchten.

4. Die Lampen der Haupt- und Vorsignale müssen bei unsichtigem Wetter auch am Tage brennen.

§ 60. Beleuchtung der Personenwagen.

Die zur Beförderung von Personen benutzten Wagen sind bei Dunkelheit und in Tunneln, zu deren Durchfahrung mehr als zwei Minuten gebraucht werden, zu beleuchten.

Für den Bau von Beleuchtungsanlagen sind die Bestimmungen der B.O. über die Umgrenzung des lichten Raumes (§ 11 und Anlage A der B.O.) zu beachten. Hiernach sind auf Bahnhöfen Licht- und Leitungsmaste in einem freien Abstand von mindestens 2,20 m von der Gleismitte zu setzen.

Ferner müssen nach § 23 die festen Gegenstände auf den Personenbahnsteigen bis zu einer Höhe von 3,05 m über Schienenoberkante mindestens 3 m von Gleismitte entfernt sein.

Nach § 26 ist für die Beleuchtung der Stationsnamen bei Dunkelheit zu sorgen.

Die »Technischen Vereinbarungen über den Bau und die Betriebseinrichtungen der Haupt- und Nebenbahnen« (T. V.) des Vereins Deutscher Eisenbahnverwaltungen enthalten außer obigen Bestimmungen der B.O. Sonderbestimmungen über die Gas- und elektrische Beleuchtung von Wagen (§ 138), in denen insbesondere die Hähne und Schalter sowie die Verschraubungen normalisiert sind.

B. Beleuchtung von Bahnanlagen mit Ausnahme der Signale.

1. Beleuchtungswerte.

Bestimmte Werte für die Beleuchtung sind in Deutschland im allgemeinen nicht vorgeschrieben. In Österreich (Röll, Enzyklopädie des Eisenbahnwesens II. Aufl. Bd. 1, S. 404) und einigen anderen Ländern sind Normen aufgestellt. Die Zusammenstellung in Tab. 45, S. 574 enthält Werte, die sich in mehrjähriger Erfahrung als ausreichend erwiesen haben.

Für Schreibstuben und andere Geschäftsräume, Zeichensäle, Werkstätten, Aufenthalts-, Wasch- und Umkleideräume gelten die sonst üblichen Erfahrungswerte (s. Tab. 44, S. 572).

In Gegenden mit häufigem dichten Nebel müssen die für die Außenbeleuchtung angegebenen Werte um 50 bis 100% erhöht werden.

2. Benutzungsdauer des Anschlußwertes.

Bahnhöfe sind im allgemeinen günstige Lichtverbraucher, da die jährliche Benutzungsdauer des Anschlußwertes, abgesehen von untergeordneten Personenbahnhöfen und Haltestellen, durchweg hohe Werte aufweist. Wenn man für eine größere Zahl von Bahnhöfen verschiedener Größe und Art die Benutzungsdauer durch Messungen ermittelt hat, können diese Werte für die Wirtschaftsberechnung neu einzurichtender Beleuchtungsanlagen von größerem Wert als die Aufstellung eines Brennkalenders sein, zumal da erfahrungsgemäß die in dem Brennkalender vorgesehenen Benutzungsstunden auch nicht einigermaßen genau eingehalten zu werden pflegen. Überdies läßt sich für viele Lampengruppen überhaupt kein Brennkalender aufstellen; vielmehr wird man hier die Lichtzeit dem Ermessen des Personals überlassen müssen.

In Tab. 1 (S. 434) sind Erfahrungswerte über die Benutzungsdauer zusammengestellt (Nordmann, Bahnhöfe als Verbraucher elektrischer Arbeit. Elektr. Kraftbetriebe u. Bahnen 1911, S. 681).

Tabelle 1.

Benutzungsdauer des Lichtanschlußwertes.

Art des Bahnhofes.	Jahresstunden
1. Reine Personenbahnhöfe mit starkem Verkehr. Nächtliche Betriebspause etwa 4 Stunden (z. B. Berlin-Friedrichstraße, Berlin-Zoologischer Garten, Hamburg-Dammtor)	3000—3100
2. Bahnhöfe für alle Betriebszweige ohne merklichen Einfluß der Ladestraßen, an denen sich das Umladen meist auf die Tagesstunden bis 7 Uhr abends (Lukenschluß) beschränkt; auf den Freiladegleisen ist wegen des Verschiebegeschäftes zum Teil Nachtbeleuchtung erforderlich (z. B. Berlin-Lehrter Bhf., Berlin-Westend)	2900—3300
3. Bahnhöfe für Betriebszweige mit mittelgroßer Ausdehnung der Ladestraßen (z. B. Berlin-Anhalter Bhf., Berlin-Tempelhof)	2100—2400
4. Bahnhöfe für alle Betriebszweige mit ausgedehnten Ladestraßen (z. B. Berlin-Schlesischer Bhf., Berlin-Görlitzer Bhf., Halensee)	1800—2000
5. Güterbahnhöfe mit geringer Ausdehnung der Ladestraßen (z. B. Berlin-Moabit)	2500—2800
6. Güterbahnhöfe mit ausgedehnten Ladestraßen (z.B. Berlin-Frankfurter-Allee Ringbhf.)	1500—2000
7. Verschiebebahnhöfe; diese werden nur für starken Verkehr angelegt. Die Lampen brennen daher meist die ganze Nacht hindurch (z. B. Wustermark, Berlin-Rummelsburg, Magdeburg-Buckau)	3000—3500
ausnahmsweise bis	4000
8. Abstellbahnhöfe einschließlich der Zugbildungsstationen für Fern- und Vorortverkehr, meist lebhafter Nachtbetrieb (z. B. Berlin-Grunewald, Berlin-Rummelsburg)	3000—3600
ausnahmsweise bis	4000
9. Zum Vergleich: Gesamtzahl der wirklichen Dunkelstunden, gerechnet von ½ Stunde nach Sonnenuntergang bis ½ Stunde vor Sonnenaufgang für Mitteldeutschland	4000

Die außergewöhnlich hohe Benutzungsdauer der Bahnbeleuchtungsanlagen rechtfertigt niedrige Tarife für Lichtstrom.

3. Ausführung von Gleisbeleuchtungsanlagen.

Mastorte: Zur Berechnung der Lichtstärke, der Lichtpunkthöhe und des Mastabstandes dienen die für Straßen- und Platzbeleuchtung üblichen Verfahren (s. Abschnitt VIII). In vielen Fällen sind auf Bahnhöfen mehr oder weniger breite Streifen, seltener eine nach allen Seiten hin ausgedehnte Fläche zu beleuchten. Für die Ermittlung der günstigsten Lampenstärke hat von Glinski (Glasers Annalen 1914, Nr. 879 und 1919, Nr. 999) genaue Methoden angegeben. Die Werte müssen von Fall zu Fall ermittelt werden, da sie von den Beschaffungskosten, den Stromkosten, den Kosten für die Unterhaltung der Anlage und von der Lichtverteilung der Lampe abhängen. Die meist ausgeführten Mastabstände schwanken zwischen 40 und 90 m; die Lichtpunkthöhe beträgt bis zu 26 m, selten mehr.

Wie bereits auf S. 432 hervorgehoben, müssen die Maste und sonstigen Tragwerke außerhalb der Lichtraumumgrenzung stehen.

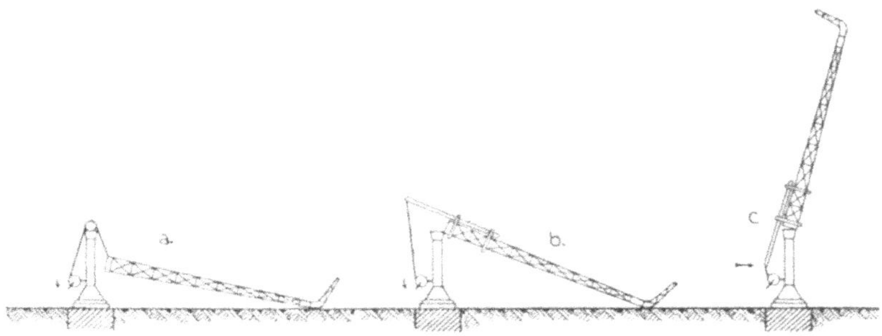

Abb. 1. Hoefer-Mast mit Schmalbock.

Maste elektrischer Anlagen, welche Hauptzuführungsleitungen tragen, sollen möglichst nicht neben den Gleisen aufgesetzt werden, auf denen mit Bremsschuhen gearbeitet wird, weil hier die Gefahr des Entgleisens und damit des Umwerfens des Mastes nicht gering ist; auch unmittelbar hinter Prellböcken sollen wichtige Maste nicht aufgestellt werden (Abstand mindestens 10 m).

Auf älteren Bahnhöfen ist oft zwischen allen Gleismitten ein Abstand von nur 4,50 m vorhanden. Hier aufzustellende Maste dürfen nach S. 432, senkrecht zum Gleise gemessen, nur 10 cm stark sein (Profilfreie Maste). Eine bemerkenswerte Bauart hierfür hat Hoefer angegeben (Zeitung des Vereins Deutscher Eisenbahnverwaltungen 1919, S. 659). Der Mast (Abb. 1) erhält einen besonderen schmalen Unterteil, der aus 2 U-Eisen, Prof. 8 besteht, deren Stege quer zum Gleis stehen, und die durch 2 je 10 mm starke, etwa 500 mm breite Stehbleche verbunden sind. Der hohle Schaft wird mit Beton ausgegossen, nachdem vorher alte Siederohre zur Befestigung hineingestellt worden sind. Das Oberteil dieses Bockes wird durch angenietete kurze U-Eisen als

Konsol ausgebildet, auf welches der quadratische Gittermast (350 mm untere Quadratseite), wie in der Abb. 1 angedeutet, aufgebracht wird.

Elektrische Lampen: Die gasgefüllten Starklichtlampen haben die früher allgemein übliche Bogenlampe verdrängt. Neben den bekannten Vorzügen der Glühlampen sprechen für ihre Wahl auf Bahnhöfen folgende Gründe:

Das Begehen der Betriebsbahnhöfe, das wegen der damit verbundenen Gefahr nach Möglichkeit eingeschränkt werden muß, ist zum Reinigen der Glühlampen in weit geringerem Maße erforderlich als zum Reinigen und Bestecken der Bogenlampen.

Rauhreif verursacht öfters ein Festfrieren der Drahtzüge zum Herunterlassen der Lampen. Die Bogenlampen können alsdann nicht besteckt und der Lichtbetrieb muß unterbrochen werden.

Beleuchtung der Gleise: Auf Gleisen von Betriebs- und Güterbahnhöfen, auf denen die Betriebsbediensteten rasch Hindernisse erkennen müssen, dürfen die Unterschiede zwischen Mindest- und Höchstbeleuchtung nicht sehr hoch sein, damit das Auge durch die Höchstbeleuchtung nicht geblendet wird.

Wichtige Gleisstellen, z. B. die Einfahrweichen, müssen so beleuchtet werden, daß vom zugehörigen Stellwerk aus gesehen die Lampen hinter oder neben, nicht vor der zu beleuchtenden Stelle stehen.

Die den Lokomotiven entweichenden Gase und Rußteilchen verunreinigen die Lampenglocken rasch und in hohem Maße. Aus diesem Grunde sind die Glocken öfter als in den meisten anderen Betrieben zu reinigen, weshalb es sich empfiehlt, die Lampen herablaßbar einzurichten. Auch bei regelmäßigem Reinigen beträgt die Lichtschwächung infolge des haftenbleibenden Schmutzes schon nach einigen Wochen 10 bis 15%, bezogen auf die Lichtstärke der neuen Lampe. Hierauf muß bei Bemessung der Beleuchtung Rücksicht genommen werden. Wird die Reinigung vernachlässigt, so sind Lichtschwächungen bis 50% keine Seltenheit.

Schalttafeln: Die Schalter für elektrische Gleisbeleuchtungslampen werden zweckmäßig in den Stellwerken angebracht, da der Stellwerkswärter am besten den Umfang und die Dauer des Lichtbedürfnisses beurteilen kann. Die einzelnen Stromkreise werden dabei auf der Schalttafel entweder numeriert und in einem besonderen Verzeichnis näher gekennzeichnet oder auf Schildchen, die unter den Schaltern befestigt werden, möglichst kurz benannt, z. B. Einfahrgruppe, Kohlenbühne, Weichen 14 bis 20.

Gas- und sonstige Lampen: Zur Gasbeleuchtung von Gleisanlagen benutzt man fast ausschließlich das Hängeglühlicht in bekannter Ausführung. Die Lampen an hohen Masten werden herablaßbar eingerichtet, wobei sich beispielsweise die von Ehrich & Graetz gebaute Rohrkupplung bewährt hat.

Wenn elektrischer Strom und Gas nicht vorhanden sind, geben Petroleumstarklichter (z. B. Keroslampen von Hugo Schneider A.G. oder Petromaxlampen von Ehrich & Graetz ein ausgezeichnetes Licht, falls Sorgfalt auf die Wartung gelegt wird. Seit einigen Jahren wird auch gelöstes Azetylen (Dalénlicht) mit Vorteil verwendet.

Andere Beleuchtungsarten, z. B. mit Spiritus, Luftgas, kommen zwar noch hin und wieder vor, haben aber hier keine größere Bedeutung.

4. Bahnsteig.

Die zur Beleuchtung von Bahnsteigen unter Hallen dienenden Lampen werden meist an Zugpendeln am Hallendach aufgehängt.

Über Bahnsteigen mit niedriger Bedachung werden die Laternen unmittelbar an den Dächern befestigt. Hier genügen Lampen von 150 oder 200 Watt, etwa 1,5 m von der Bahnsteigkante entfernt in einem gegenseitigen Abstand von 15 bis 20 m. Die Schalter werden im Dienstraum angebracht. Die Lampen werden auf mehrere Stromkreise derart verteilt, daß jede Bahnsteigkante »voll« und »eingeschränkt« zu beleuchten ist.

Abb. 2. Laterne mit Stationsbezeichnung.

5. Stationsbezeichnung.

Zur Stationsbezeichnung werden öfters die Lampen selbst, falls sie genügend niedrig hängen, mit durchsichtigen Schildern versehen. Um zugleich eine gute Beleuchtungswirkung des Bahnsteiges und eine wirksame Stationsbezeichnung zu erhalten, stellt nach dem Vorschlage von Bloch die Beleuchtungskörper G. m. b. H., Berlin, die in Abb. 2 gezeichnete Laterne her. Ihr Oberteil besteht aus einer Eisenkappe, die einen runden Milchglasschirm trägt. Der kegelförmige Teil wirkt als Reflektor. Die Lichtverteilung entspricht ungefähr der Kurve C in Abb. 10, S. 220.

6. Fahrkartenschalter.

Die Laternen zur Beleuchtung des Zahlbrettes von verkehrsreichen Fahrkartenausgaben werden öfters mit einem Leuchtschild versehen. Seine leuchtende Aufschrift »Fahrkarten« zeigt den Reisenden schon aus größerer Entfernung an, daß der zugehörige Fahrkartenschalter geöffnet ist (Abb. 3).

7. Bahnsteigsperren.

Die Lampen an den Sperren werden zweckmäßig durch Soffittenarmaturen geschützt, weil Schirmarmaturen allzu oft durch längere Gegenstände, die Reisende über der Schulter tragen, zertrümmert werden.

8. Stellwerke.

Der Stellwerkswärter muß die an den Signal- und Weichenhebeln angebrachten Bezeichnungsschilder schnell und sicher finden können,

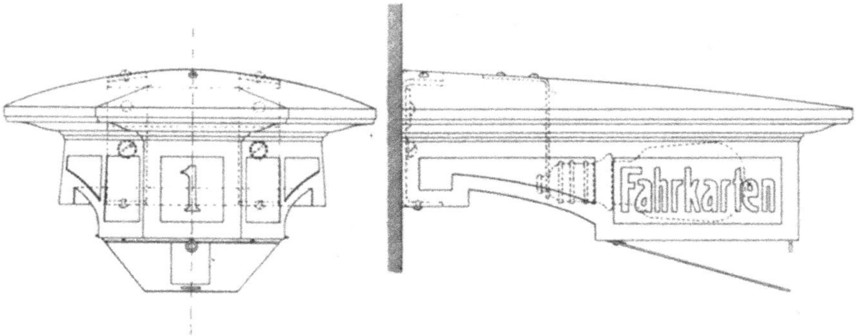

Abb. 3. Laterne für Fahrkartenschalter.

aber auch in der Lage sein, den schwach beleuchteten Gleisbereich durch die Stellwerksfenster hindurch zu erkennen. Im Stellwerksraum darf daher nur eine verhältnismäßig schwache Allgemeinbeleuchtung herrschen; die Lampen werden deshalb mit Soffittenarmaturen von parabelförmigem Querschnitt versehen, welche das Licht nur auf das Hebelwerk werfen.

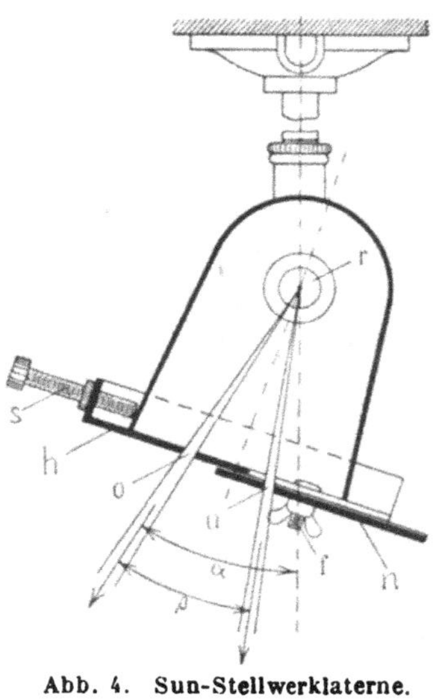

Abb. 4. Sun-Stellwerklaterne.

Bemerkenswerte Sonderausführungen solcher Stellwerkslaternen, die jedes Spiegeln der Stellwerks-Inneneinrichtung im Fenster vermeiden, bringen Dr.-Ing. Schneider & Co. (Sun-Stellwerklaterne) und G. Schanzenbach, in den Handel. Die Sunlampenarmatur (Abb. 4), nach den Angaben der ehemaligen Sächsischen Staatseisenbahnverwaltung entworfen [E. Besser, Eine neue Beleuchtung für Stellwerke, Organ f. d. Fortschritte des Eisenbahnwesens. 1916, S. 300], besteht aus einem Gehäuse, das unten durch einen Hauptschieber *h* und den mit ihm durch die Flügelschrauben *f* gekuppelten Nebenschieber *n* abgedeckt ist. Die Lichtquelle *r* kann nur durch die Schlitze *o* und *u* Licht aussenden. Diese werden mittels der

Schrauben so eingestellt, daß die Lichtbündel die Aufschriften der oberen und unteren Schilder der Weichen- und Signalhebel treffen. Eine Glühlampe von 16 HK reicht für 3 m Stellwerkslänge aus.

Die Stellwerkslaterne von Schanzenbach (Abb. 5) ist kastenartig ausgebildet. Statt einer gewöhnlichen elektrischen Glühlampe können auch ein Liliputgasbrenner, eine Öllampe oder 3 Stück Lichtpatronen eingesetzt werden. Die Klappe *d* hält einen Spiegel *i*, durch den das Licht auf die Bezeichnungsschilder der Hebel geworfen wird. Durch die Öffnung *o* kann eine an der gegenüberliegenden Wand aufgehängte Uhr beleuchtet werden.

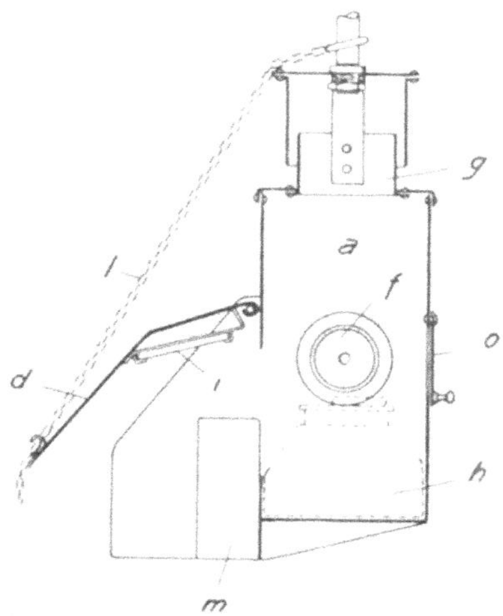

Abb. 5. Stellwerkslaterne von G. Schanzenbach.

9. Güterwagen an der Laderampe.

Um das Innere von geschlossenen Güterwagen während des Ladegeschäftes an der Rampe ausreichend zu beleuchten, bedient man sich einer mit Handgriff versehenen elektrischen Lampe, die mittels

Abb. 6. Beleuchtung von gedeckten Güterwagen.

eines Hakens im Innern an einer der Gepäckleisten angehängt wird (Abb. 6). Das zu der Lampe führende lose Kabel darf die Güterbodenarbeiter beim Karren nicht hindern, soll auch nicht am Boden schleifen.

Es wird daher nach dem Vorschlage von Max Meyer mittels eines Bambusstromabnehmers, der oben 2 kupferne Bügel trägt, an eine unter dem Rampendach entlang laufende blanke Leitung angeschlossen. Die Steckdose am unteren Ende der Stange ist in Gußeisen gekapselt und so durchgebildet, daß auch ungewandte Leute vor einem zufälligen Berühren der stromführenden Teile geschützt werden. Wird der Güterwagen in Bewegung gesetzt, ohne daß vorher das Kabel abgenommen ist, so löst sich die Steckerkupplung durch den Leitungszug.

Auf Rampen ohne Dach, wo die Kontaktleitung an Masten aufgehängt werden müßte, werden mit Vorteil Rampensteckdosen (z. B. Abb. 7, Bauart der A.E.G.) verwendet, die an der Rampenkante befestigt werden. Die Dose ist drehbar und kann sich daher in der Rich-

Abb. 7. Bewegliche Rampensteckdose.

tung des Leitungszuges einstellen. Auch hier wird der Stecker bei Bewegung des Wagens freigegeben.

Auf die Stirnwände der vom Ablaufberg herunterrollenden Güterwagen pflegt man mit Kreide die Nummern der Gleise zu schreiben, in welche die Wagen zu leiten sind. Damit der Weichensteller rechtzeitig die Ziffern erkennen kann, werden öfters zu beiden Seiten des Gleises Glühlampen-Scheinwerfer aufgestellt, welche ihr Licht in der Gleisrichtung bergauf senden.

10. Tunneluntersuchung.

Um Tunnelwände zu untersuchen, ist von der Eisenbahndirektion Saarbrücken ein bemerkenswerter Tunneluntersuchungswagen entworfen worden, nach dessen Muster inzwischen mehrere andere nachgebildet worden sind. Bei den neueren Wagen der A.E.G. (Abb. 8) wird das Licht von 2 vor und hinter einem Beobachtungsstande den Wagen umgebenden Lichtkränzen ausgesandt, die mit 22 und 56 Metalldrahtlampen von je 50 HK versehen sind. Der größere Kranz reicht bis etwa 800 mm über Schienenoberkante herab. An den Stirn-

Abb. 8. Tunnel-Untersuchungswagen der Preußischen Staatsbahnen.

wänden sind außer den Zugsignallampen noch Streckenscheinwerfer mit je 4 Metalldrahtlampen aufgehängt. Alle Lichtstromkreise sind über eine im Führerstand angeordnete Marmortafel geführt, auf der in üblicher Weise die Schalter und Sicherungen sitzen. Der Antrieb des Wagens geschieht elektrisch, wobei der Strom entweder von einer Akkumulatorenbatterie oder von einem Stromerzeuger mit Benzolmotor geliefert wird.

11. Tunnel von Untergrundbahnen.

Es empfiehlt sich beim Regelbetrieb, den Tunnel nicht zu beleuchten, damit der Führer die Signale um so besser erkennen kann. Für Untersuchungsarbeiten und bei Betriebsstörungen muß aber eine ausreichende Beleuchtung sofort verfügbar sein. Das Beispiel einer wohl durchdachten Anlage bildet die Tunnelbeleuchtung der Berliner Hoch- und Untergrundbahn. Im allgemeinen sind hier lediglich die Stellen, an denen sich wichtige Weichen befinden, beleuchtet (Weichensignallaternen sind nicht vorhanden). Wenn der Bahnstrom ausbleibt, so schalten Selbstschalter, die auf den Bahnsteigen stehen, die Tunnelbeleuchtung ein.

Die Lampen für die Tunnelbeleuchtung liegen ebenso wie die für die Bahnhofsbeleuchtung an 2 getrennten Leitungen 1 und 2, die im Kraftwerk an die Sammlerbatterie angeschlossen sind. Leitung 1 ist als blanke Freileitung, Leitung 2 als Bleikabel durch den Tunnel geführt. Hiernach ist der Beleuchtungsbetrieb der Bahnhöfe und der Tunnel ausreichend sichergestellt. Gleichwohl sind für den äußersten Notfall an den Bahnhofsausgängen Lampen an das dort vorhandene Ortsnetz angeschlossen.

12. Bau- und Unfallstellen.

Für vorübergehende Beleuchtung von Bahnhofs- und Streckenteilen werden trag- und fahrbare Beleuchtungsanlagen benutzt, z. B. Petroleumglühlicht- und Azetylenlampen. Einige Bahnverwaltungen besitzen Beleuchtungswagen für Notbeleuchtungen größeren Umfanges. Diese Wagen sind entweder mit Petroleumstarklichtlampen nebst einer ausreichenden Menge Petroleum ausgerüstet oder sie enthalten einen elektrischen Stromerzeuger, der durch einen Verbrennungsmotor angetrieben wird. Die elektrischen Lampen werden hierbei an lose Leitungen angeschlossen.

C. Signalbeleuchtung.

1. Allgemeine Anforderungen.

Gemäß den Bestimmungen der Eisenbahnsignalordnung (S.O.) müssen die Sichtsignale bei Dunkelheit Licht von bestimmter Farbe zeigen. (Reichs-Gesetzblatt 1907, S. 377, 1910, S. 515, außerdem als Sonderdruck bei Julius Springer in Berlin und Gebr. Jänicke in Hannover.) Zur Erzeugung dieses Lichtes wird gegenwärtig in Deutschland und vielen anderen Ländern meist noch die Petroleumlampe verwendet, da diese bisher als die sicherste, überall leicht anzubringende Lichtquelle galt.

Die Petroleumlampen müssen zur Erzielung einer deutlichen Signalfarbe mit möglichst weißem Licht ohne Rußbildung brennen. Sie dürfen auch bei heftigstem Sturm und den unvermeidlichen Erschütterungen, die der Eisenbahnbetrieb mit sich bringt, nicht verlöschen. In der Regel werden große windsichere Gehäuse mit rechteckigem Querschnitt und Lampen mit geschützter Luftzuführung verwendet. Rundbrenner sind wegen der größeren Lichtstärke den Flachbrennern vorzuziehen. Die Lichtwirkung der Flamme wird durch Scheinwerfer oder Linsen vergrößert.

Versuche, Steinkohlengasbeleuchtung zu verwenden, haben keinen Erfolg gehabt, da die Gasleitungen kaum dicht zu halten sind (insbesondere die Zuführungen zu Weichen- und Signallaternen) und die Glühstrümpfe sich als nicht haltbar genug erweisen.

2. Verwendung von flüssigem Azetylen.

Einige Bahnverwaltungen, insbesondere die schwedische, haben seit mehreren Jahren mit Vorteil das flüssige Azetylen (Dalénlicht) zur Signalbeleuchtung unter gleichzeitiger Verwendung von Blinklicht benutzt, das dem Lokomotivführer wesentlich deutlicher in die Augen fällt als ein Dauerlicht gleicher Lichtstärke. Das gebräuchliche Blinken von 0,1 Sekunde hell und 0,9 Sekunden dunkel (60 Blinke in der Minute) besitzt den weiteren Vorteil, sehr wenig Gas zu verbrauchen (etwa 1 l/h). Deshalb kann man das Blinklicht Tag und Nacht brennen lassen, solange der Akkumulator Gas hergibt, was bei den bestehenden Ausführungen etwa 2 Monate dauert. Die Kosten für das tägliche Anzünden und Auslöschen der Lampen fallen hiermit weg. Auch die Hauptsignale werden daselbst mit Blinklicht ausgestattet. Die Vorrichtung, welche das Blinken bewirkt, ist der bei der Seezeichengebung üblichen nachgebildet.

Abb. 9. Ablaufsignal mit Dalénlicht.

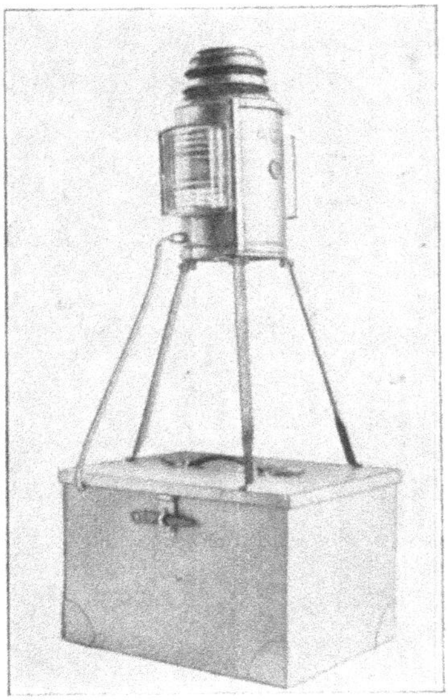

Abb. 10. Tragbares Zugdeckungssignal mit Dalén-Blinklicht.

Auch die deutsche Eisenbahnverwaltung beschäftigt sich zurzeit mit der Untersuchung über die Einführung dieser Signalbeleuchtung im Benehmen mit der Autogen-Gasakkumulator-A.-G. und Julius Pintsch A.-G.

Mit Dalénlicht ohne Blinken ausgestattet sind bereits einige Ablaufsignale (Signal 40 der S. O.) gemäß Abb. 9. Der parabelförmig gebogene Balken steht wagerecht, unter 45° oder senkrecht, je nachdem das Abdrücken der Güterzüge auf dem Ablaufberg verboten ist, ob es langsam oder mäßig schnell vorgenommen werden soll. Die Lichtquelle steht still im Brennpunkt der Parabel und beleuchtet die versilberte Balkenfläche.

Ferner hat die Autogen-Gasakkumulator-A.-G. ein tragbares Zugdeckungssignal mit Blinklicht (Abb. 10) ausgebildet.

3. Elektrische Signalbeleuchtung.

Die elektrische Lampe als Lichtquelle für Haupt- und Vorsignale von Hauptbahnen (Signale 7 bis 10 der S.O.) einzuführen, haben bisher einige Eisenbahnverwaltungen versucht, ohne aber endgültige Lösungen gefunden zu haben (vgl. z. B. die von van Heys angeregten Bauarten, Glasers Annalen 1916, Nr. 928). Die Anforderungen, die man an eine brauchbare elektrische Hauptsignalbeleuchtung stellen muß, sind folgende:

Die elektrische Einrichtung muß sich schnell und bequem gegen Petroleumlampen auswechseln lassen und in der vorhandenen Laterne

Abb 11. Elektrische Signallaterne.

Platz haben. Um die Notbeleuchtung anbringen zu können, wird es sich kaum umgehen lassen, die elektrische Lampe in derselben Weise wie jetzt die Petroleumlampe herablaßbar einzurichten. Zu diesem Zweck ist es erforderlich, die Stromzuführung entsprechend zu gestalten, z. B. eine Leitungskupplung anzubringen, die, weil sie allen Witterungseinflüssen ausgesetzt ist, mit größter Sorgfalt durchgebildet werden muß. Ferner muß die Glühlampe gegen die heftigen Stöße, die das Herunterfallen der Signalflügel hervorruft, geschützt werden. Auch wird von einigen Seiten gefordert, daß aus Sicherheitsgründen 2 Glühlampen in der Laterne, womöglich in getrennten Stromkreisen, vorgesehen werden.

Auf elektrischen Stadtschnellbahnen hat man mit elektrischer Beleuchtung der Signale gute Erfahrungen gemacht; so auf der Berliner

Hoch- und Untergrundbahn, deren Mastsignale die Siemens-Schuckertwerke mit elektrischer Beleuchtung ausgerüstet haben (Abb. 11). Bemerkenswert auf dieser Bahn sind ferner die Lichtsignale für die Untergrundstrecken, zu deren Betrieb Einphasenstrom von 60 Per./s verwendet wird. Das Tunnelsignal (Abb. 12) ist in einem eisernen Gehäuse eingeschlossen, das in 2 Kammern eingeteilt ist. In der rechts liegenden Kammer sind hinter einer roten und einer grünen Linse Glühlampenpaare angebracht, von denen jedoch nur die vorderen Lampen leuchten. Die hinteren Lampen sollen beim Durchbrennen der vorderen sofort deren Dienst übernehmen. In der linksseitigen Laternen-

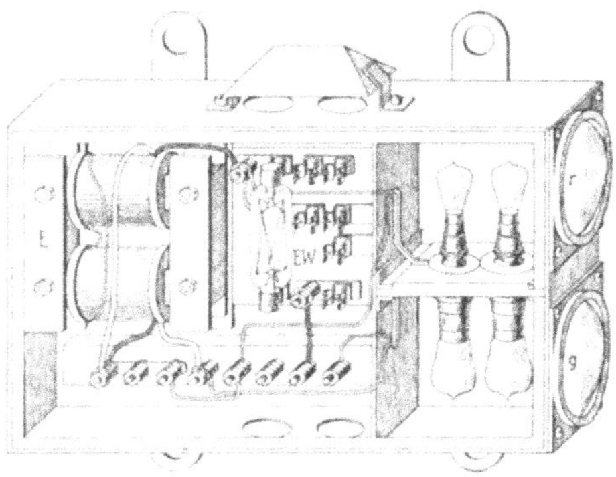

Abb. 12.
Tunnelsignal der Berliner Untergrundbahn.

kammer befindet sich die Einrichtung zur Regelung des Stromlaufs. Je nachdem der Kontakthebel am Streckenrelais geöffnet oder geschlossen ist, tritt das rote oder grüne Licht in Tätigkeit. (Näheres vgl. Bothe, Die selbsttätige Signalanlage der Berliner Hoch- und Untergrundbahn, Verkehrstechn. Woche 1916, S. 352).

4. Weichensignale.

Einer größeren Verbreitung erfreuen sich auf den deutschen Eisenbahnen die elektrisch beleuchteten Weichensignale. Im folgenden mögen die Einrichtungen beschrieben werden, die auf Anregung des Verfassers im Eisenbahndirektionsbezirk Berlin zur Einführung gelangt sind.

Im allgemeinen sind auch die Weichenlaternen noch mit Rund- oder Flachdocht-Petroleumbrennern ausgerüstet. Die Runddochtbrenner haben eine Lichtstärke von 7 HK⊖ und verbrauchen etwa 100 kg Petroleum im Jahre auf Bahnhöfen, wo sie die ganze Nacht über brennen. Auf Kosten der Lichtstärke ermäßigt sich für Flachdochtbrenner der Petroleumverbrauch auf etwa 30 kg/Jahr.

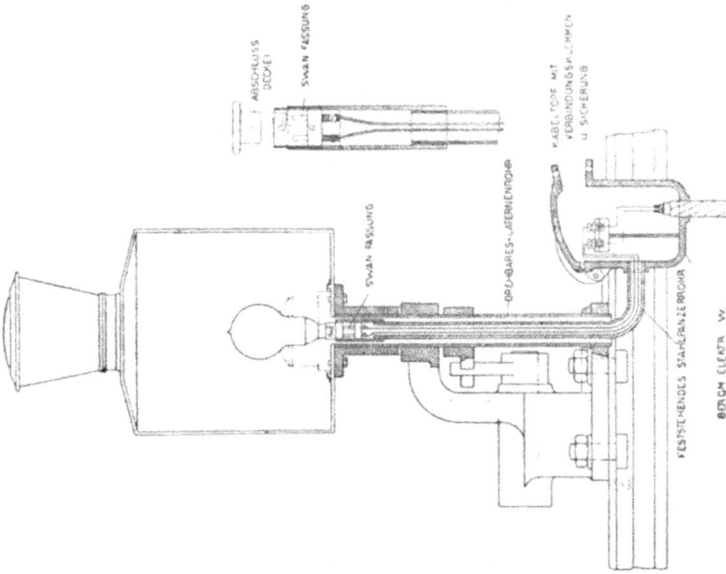

Abb. 14. Elektrisch beleuchtete Weichenlaterne, Bauart Bergmann.

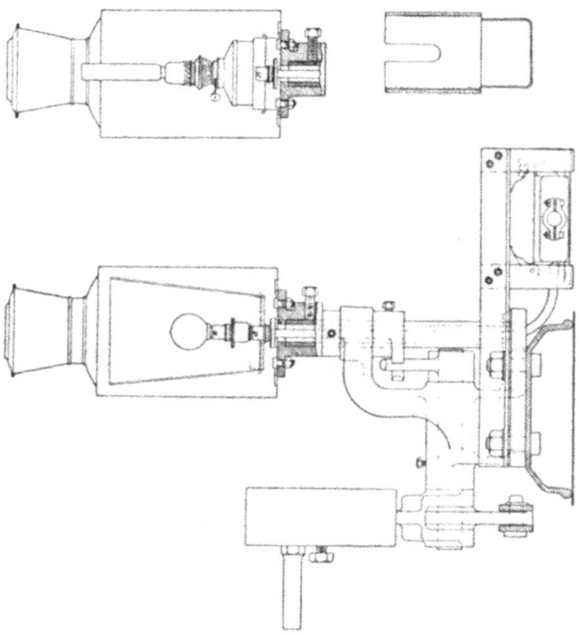

Abb. 13. Elektrisch beleuchtete Weichenlaterne, Bauart der A. E. G.

Der wesentliche Vorteil der elektrischen Weichensignalbeleuchtung besteht darin, daß die Lampen, deren Schalter im Stellwerk angeordnet sind, nur nach Bedürfnis zu brennen brauchen, infolgedessen sind ihre Jahresbetriebskosten gering (Näheres: Wechmann, Über elektrische Beleuchtung der Weichensignale, Elektrotechn. Zeitschrift 1917, S. 265), zumal die Lichtstärke der Glühlampen nur 6 bis 10 HK beträgt: größere Lichtstärken lassen das Signalbild verschwimmen. Bei einem Lampenstromverbrauch von 10 Watt werden für vollen Nachtbetrieb etwa 40 kWh/Jahr, an der Schalttafel des Stellwerkes gemessen, für eine Lampe verbraucht.

Die betrieblich zusammengehörigen Weichen werden zu einem Lichtstromkreis zusammengefaßt. Wenn die Lampenspannung niedrig ist, z. B. 50 Volt, ist erfahrungsgemäß eine federnde Aufhängung der Lampe in der Laterne nicht erforderlich. Die Abb. 13 und 14 geben Ausführungsbeispiele für die elektrische Ausrüstung der Laternen. Vom Kabelanschlußkasten führt ein feststehendes Stahlpanzerrohr in der hohlen Achse hinauf zur Laterne und endet oben in einer Swanfassung. Beim Umstellen der Weiche dreht sich die Laterne um das feststehende Rohr.

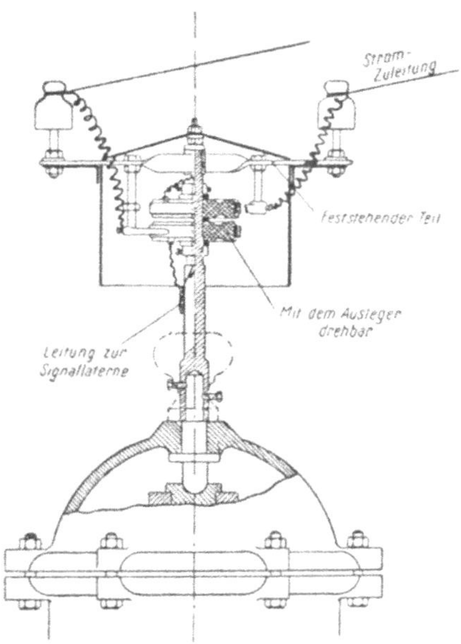

Abb. 15. Stromzuführung zur elektrischen Wasserkranlampe.

Um im Notfalle die Petroleumlampe über die Swanfassung schieben zu können, verwendet die Allgemeine Elektrizitäts-Gesellschaft einen Zwischenschlitten (Abb. 13 rechts), mittels dessen die Petroleumlampe über die Fassung hinweggeschoben werden kann. Die Bergmann-Elektrizitätswerke bilden eine Sonderfassung mit normalem Swankopf aus, die so klein ist, daß sie unter dem Petroleumlampenschlitten Platz findet (Abb. 14).

Die Leitungen müssen, von untergeordneten Fällen abgesehen, als Kabel verlegt werden. Es genügen im allgemeinen Kupferquerschnitte von 1 und 1,5 mm²; auf größeren Betriebsbahnhöfen kommt man mit einer durchschnittlichen Kabellänge von 30 m für eine Laterne aus.

Die Transformatoren zum Herabsetzen der Spannung werden für die nahe am Stellwerk liegenden Lampen im Stellwerk, für die weiter entfernten in wasserdichten, im Erdreich versenkten Gehäusen untergebracht.

5. Wasserkransignale.

Nach § 15 der B.O. müssen Wasserkräne mit drehbarem Ausleger mit einem Signal versehen sein, das die Querstellung des Auslegers bei Dunkelheit anzeigt (Signal 11 der S.O.). Die hierzu früher stets verwandte Petroleumlampe hat schon auf vielen Bahnhöfen der elektrischen Lampe weichen müssen. Damit die Stromzuleitung den Bewegungen des Auslegers folgen kann, sind auf dem Kopf der Säule und bei Gelenkauslegern auch auf dem Gelenk Schleifringe und Bürsten anzubringen. Eine vom Eisenbahnmaschinenamt 1 in Berlin ausgebildete Bauart zeigt Abb. 15.

6. Lukenmelder und ähnliche Anzeigevorrichtungen.

Der Lukenmelder (Abb. 16) verfolgt den Zweck, den auf der Ladestraße einfahrenden Rollwagen anzukündigen, welche Luken des

Abb 16. Lukenmelder.

Güterschuppens zur Annahme von Frachtgut frei sind. Hierdurch wird ein Hin- und Herfahren der Rollwagen vermieden. Die Ausführung der A.E.G. besitzt ein Transparent mit 15 Zahlen, das in passender

Höhe auf einem Mast befestigt ist. Die mit rotem Naturglas abgedeckten Zahlen heben sich, wenn sie von den im Innern befindlichen Glühlampen beleuchtet werden, auch am Tage deutlich ab. Die Lampen hinter den Nummern der freien Luken werden von den Luken aus eingeschaltet.

Die öfters in Wartesälen angebrachten elektrischen Abrufer sind ebenfalls als Leuchtschilder ausgebildet.

D. Beleuchtung von Eisenbahnfahrzeugen.

1. Allgemeine Anforderungen und Lichtarten.

Jeder Personenwagen muß eine von den übrigen Fahrzeugen im Zuge unabhängige Beleuchtungseinrichtung besitzen. Nur in Ausnahmefällen ist die »geschlossene Zugbeleuchtung« am Platze, die von einer Stelle des Zuges aus in Betrieb gehalten wird. Die Beleuchtungseinrichtung hat jederzeit sowohl bei Stillstand als auch während des Laufes der Fahrzeuge betriebsbereit zu sein. Muß den Fahrzeugen zur Lichterzeugung von Zeit zu Zeit Energie zugeführt werden, so hat diese während eines ganzen Fahrzeugumlaufes vom Abstell- oder Betriebsbahnhof an gerechnet bis wieder zurück zu dieser Stelle vorzuhalten. Neue Energie muß sich daselbst innerhalb der Zeit einbringen lassen, die für das Reinigen und Untersuchen des Fahrzeuges festgesetzt ist.

Eine den Ansprüchen des Betriebes genügende und die Sicherheit der Mitfahrenden nicht gefährdende Beleuchtung kann bewirkt werden

durch Hängeglühlicht, das betrieben wird

mit Öl- oder Steinkohlengas,

mit gelöstem Azetylen;

durch elektrische Beleuchtung.

An der Decke der deutschen Personenwagen sind nach einheitlichem Muster eiserne Böckchen angebracht, an die Öllampen zur Notbeleuchtung (§ 138, 3 der T.V.) gehängt werden können.

2. Öl- und Steinkohlengasbeleuchtung.

Gasarten: Das Gas muß versandfähig sein, da es vielfach an den Ort, wo die Fahrzeuge aufgefüllt werden, in Kesselwagen befördert und stets in den zu beleuchtenden Fahrzeugen in ausreichender Menge mitgenommen werden muß.

Bis zum Jahre 1916 wurde auf den deutschen Eisenbahnen Ölgas verwendet, das aus Braunkohlenteeröl durch Destillieren gewonnen wird. 100 kg Braunkohlenteeröl liefern 50 bis 54 m³ Gas von Atmosphärendruck. Es besitzt rd. 10000 WE/m³ und besteht im Mittel aus 25% schweren, 55% leichten Kohlenwasserstoffen und 20% Wasserstoff (Onken, Über versandfähige Leuchtgase. Glasers Annalen 1911,

Nr. 809). Es wird in bahneigenen Gasanstalten hergestellt, in den letzten Jahren vielfach im Generatorbetrieb. (Landsberg, Ölgasanstalten mit Generatorbetrieb, Zeitschr. d. Ver. Dtsch. Ing. 1909, Seite 1485 und Glasers Annalen 1910; Nr. 795.)

Wird Preßgas (vgl. weiter unten) in die Brenner geführt, so besitzt auch das Steinkohlengas mit etwa 5000 WE/m³ eine genügende Reichweite. Seine Verwendung bringt den Vorteil mit sich, daß sich besondere Gasanstalten erübrigen, vielmehr das Gas jeder vorhandenen Leuchtgasanstalt entnommen werden kann. In Ländern mit stark entwickelter Steinkohlengasindustrie (Norddeutschland) war daher die Benützung dieses Gases gegeben, als es im Jahre 1916 gelungen war, betriebssichere Anlagen für Preßgasbeleuchtung der Eisenbahnfahrzeuge herzustellen. Schon im gleichen Jahre gingen die damalige preußisch-hessische Eisenbahnverwaltung und einige Nachbarverwaltungen zur Steinkohlengasbeleuchtung über.

Die Zusammenstellung in Tab. 2 vergleicht Öl- und Steinkohlengas in Bezug auf Gasverbrauch und Reichweite.

Tabelle 2.

Verbrauch und Reichweite von Ölgas und Steinkohlengas.

Beleuchtungsart	Ölgas	Steinkohlengas
Verbrauch für Hängegasglühlicht:	Liter für eine Kerzenstunde	Liter für eine Kerzenstunde
bei 150 mm WS (Wassersäule)	0,40—0,45	0,8—0,9
» 1500 mm WS	0,20—0,25	0,4—0,5
Für eine Lampe von 40 HK sind erforderlich:	Liter für eine Stunde	Liter für eine Stunde
bei 150 mm WS	16—18	32—36
» 1500 mm WS	8—10	16—20
Die Füllung der Gasbehälter (2100 Liter) eines Wagens reicht:	Stunden	Stunden
bei 150 mm WS	39	20
» 1500 mm WS	70	35

Zur Ermittlung der von der Gasanstalt zu beziehenden Gasmenge sind die Verluste, die während des Pressens, Beförderns und Überfüllens des Gases eintreten, zu berücksichtigen. Nur bei einwandsfreiem Zustand der Leitungen und der Abschlußorgane und sorgfältiger Bedienung der Anlagen sind sie zu 15% bis 25%, sonst aber beträchtlich höher zu veranschlagen.

Preßgas: Obige Zusammenstellung zeigt, daß Steinkohlengas mit einem Betriebsdruck von 1500 mm WS etwa die gleiche Reichweite aufweist wie Ölgas mit dem früher üblichen Druck. Die ursprünglich für Ölgas bestimmten Gasbehälter reichen also auch für Steinkohlengas aus.

Da die Niederdruckgasbeleuchtung im Verschwinden begriffen ist, genügt die Beschreibung der **Preßgasbeleuchtung**.

In den Laternen (Abb. 18) sind besondere Zündflammen nicht vorhanden, die Hauptflamme kann vielmehr durch bloße Druckverminderung kleingestellt werden. Hierdurch wird der Zündflammengasverbrauch (6 l in der Stunde) vermieden. Nach Abb. 17 strömt das Gas, das aus den am Wagenkasten aufgehängten Gasbehältern (höchster Gasdruck daselbst 6 Atm.) austritt, nach dem Hochdruckregler weiter, der mit dem Niederdruckregler zu einem Gehäuse vereinigt ist. Aus dem Hochdruckregler wird alsdann das Gas mit 1500 mm WS nach dem an der Stirnwand des Wagens (außen am Abteilwagen, innen in D-Zugwagen) angebrachten Haupthahn und dem Dunkelstellhahn geleitet;

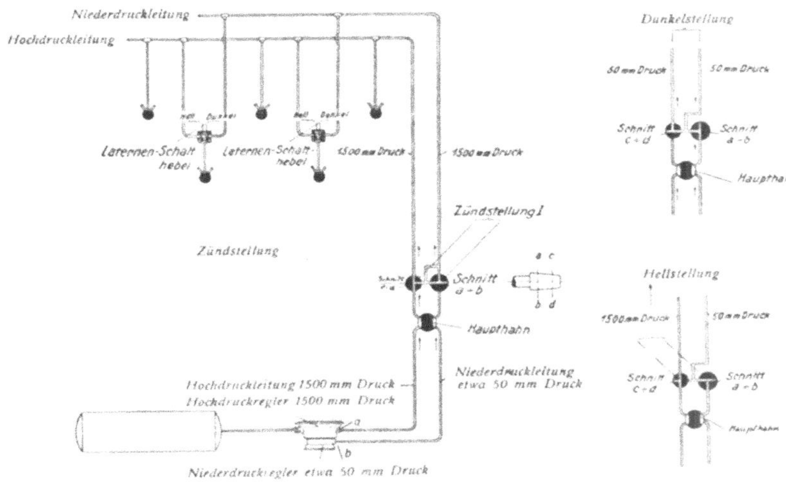

Abb. 17. Leitungsplan für Preßgas-Wagenbeleuchtung.

von dort sind die Leitungen weiter über das Wagendach zu sämtlichen Laternen verlegt. Von dem Hauptregler führt ferner eine Leitung zum Niederdruckregler, in welchem der Gasdruck auf 50 bis 80 mm WS herabgesetzt wird. Von hier verläuft eine Niederdruckleitung ebenfalls zum Haupt- und Dunkelstellhahn und weiter im Zuge der Hochdruckleitungen zu den Wagenlaternen, die mit Hell- und Dunkel-Stellvorrichtung versehen sind. Besitzt keine der Lampen Dunkelstelleinrichtungen (z. B. die Wagen der Berliner Stadt- und Vorortbahn, ferner die Wagen 4. Klasse und die Gepäckwagen), so fällt der Niederdruckregler nebst der zugehörigen Leitung weg.

In der Abb. 17 sind die 3 Stellungen des Dunkelstellhahnes: Zünden, Dunkel und Hell angegeben, wobei sich die Hoch- und Niederdruck-Gasströme leicht verfolgen lassen. An den Laternen mit Dunkelstelleinrichtung (Abb. 18) kann durch den Dunkelstellhahn ein Umschalten der beiden zum Brenner führenden Leitungen bewirkt werden.

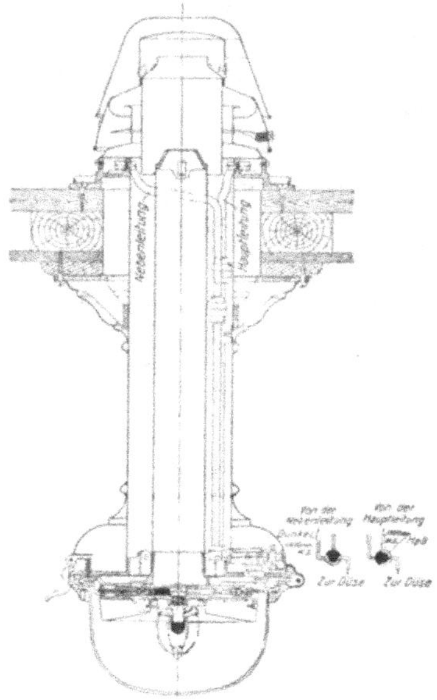

Abb. 18. Preßgas-Abteillaterne von Julius Pintsch A.-G.

In der Dunkelstellung verbrauchen die Brenner 2 l in der Stunde, wobei ebenfalls ein Gasluftgemisch verbrennt, weshalb die Glühkörper nicht verrußen.

Ist der Glühkörper zerstört, so dient als bescheidene Notbeleuchtung eine im unteren Teil des Schutzkorbes befestigte feuerfeste Krone (Abb. 18), welche die Glühkörperreste auffängt, die daselbst weiter leuchten. Sind solche Reste nicht vorhanden, so wird die Krone durch die auf sie treffende Bunsenflamme in Rotglut versetzt, wobei eine Lichtstärke von etwa 1 HK entsteht. Auch bewirkt die Krone, daß die Stichflamme nicht auf die Lampenglocke trifft.

Der Glühkörper der Preßgasbeleuchtung ist sehr klein und daher haltbar. In Abb. 19 ist die Lichtverteilung der Preßgasflamme, verglichen mit der früher üblichen Niederdruckflamme bei gleichem Gasverbrauch, für die untere Raumhälfte dargestellt.

Die Lampen der Abteile 3. und 4. Klasse, der Nebenräume und des Gepäckwagens verbrauchen stündlich 22 l, die Lampen der Abteile 1. und 2. Klasse 37 l Steinkohlengas, bezogen auf Atmosphärendruck.

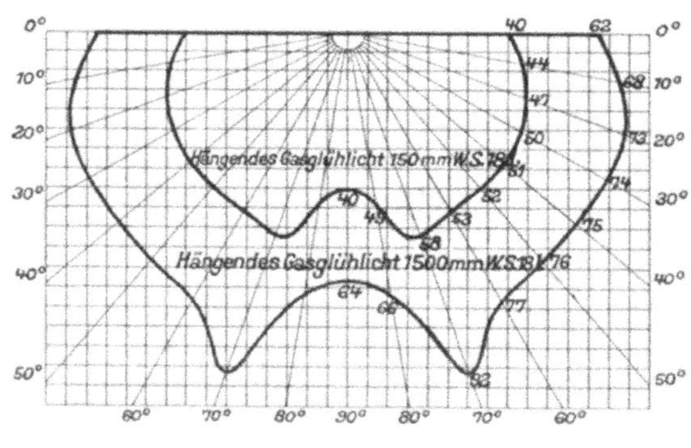

Abb. 19. Lichtverteilung der Abteillaterne für hängendes Gasglühlicht.

Auch die Lokomotivsignallaternen sowie die Deckenlaternen auf dem Lokomotivführerstand werden seit Verwendung des Preßgases mit Hängeglühlicht (ohne Kleinstellvorrichtung) ausgestattet. Die Lokomotivsignallaternen sind mit emaillierten Reflektoren versehen. Die Deckenlaternen des Führerstandes unterscheiden sich nur unwesentlich von den Abteillaternen. Doch ist ihre Glasglocke mit einer Metallhaube umgeben, deren Ausschnitte Licht zur Beleuchtung der Manometer, des Wasserstandsglases und der Bodenfläche vor der Feuertür durchfallen lassen.

Gasbeförderung: Zur Beförderung des Gases von der Gasanstalt oder der Gasentnahmestelle nach der Zugbildungsstation, wo die Fahrzeuge aufgefüllt werden, benutzt man gewöhnlich Kesselwagen, bisweilen auch Rohrleitungen. Auf der Gasentnahmestelle ist für diesen Zweck eine Gasverdichtungsanlage aufgestellt, die das Gas mit 15 bis 20 Atm. in einen Gasbeförderungswagen oder in eine Hochdruckrohrleitung drückt.

Wird die Pumpe an ein öffentliches Gasleitungsnetz angeschlossen, so muß meist zwischen Pumpe und Netz eine Regelvorrichtung eingebaut werden, um ein Unterschreiten des in dem Netz zu haltenden Brenndruckes zu verhüten. Der Regler schließt die Pumpe kurz, wenn der Druck auf einen bestimmten Wert gesunken ist.

Gasbeförderungswagen: Der Kessel des Wagens kann so groß gehalten werden, wie es die Umgrenzung des lichten Raumes gestattet (Durchmesser 2600 mm, Länge 10 bis 12 m, Inhalt 50 m^3). Mit letzterem Wert kann man rd. 700 m^3 Gas von Betriebsdruck (1500 mm WS) befördern, die zur Füllung von 60 D-Zugwagen ausreichen, vorausgesetzt, daß der Gaskesselwagen bis auf Atmosphärendruck entleert wird.

Abb. 20. Gasfüllständer der Gesellschaft für maschinentechn. Ausführungen.

Damit sich dies ermöglichen läßt, benutzt man Überfüllpumpen, die auf größeren Bahnhöfen ortsfest aufgestellt oder für die Beschickung kleinerer Bahnhöfe auch auf dem Gasbeförderungswagen angebracht sind. Hierbei wird die Pumpe durch einen Gasmotor angetrieben, der vom Behälter aus gespeist wird. Den Wagen muß ein Maschinist begleiten.

In Amerika wird Ölgas für weite Beförderungen bis auf 100 Atm. gepreßt und in Stahlflaschen gefüllt.

Hochdruckgasleitungen: Der zweite Weg, nach der Zugbildungsstation Gas zu befördern, besteht in der Anlage von Rohrleitungen und ist z. B. zur Versorgung der Bahnhöfe Berlins beschritten. Hier wird das Gas dem Gaswerk I der Stadt Lichtenberg entnommen und durch 3 elektrisch angetriebene Gasverdichter mit einer Gesamtleistung von 2500 m^3/h einem Rohrnetz zugeführt. Die Ausscheidungen bei der Pressung enthalten 98% Wasser, 1% Phenole und 1% Derivate.

Die gesamte Länge der Hochdruckrohrleitungen beträgt 70 km. Damit eine größere Gasentnahme auf einem Bahnhof nicht Gasmangel an anderen Orten verursacht, sind Pufferkessel von 25 bis 60 m^3 Inhalt an den Hauptgasentnahmestellen eingeschaltet. Die Anlage ist von der Gesellschaft für maschinentechnische Ausführungen (Berlin) erbaut.

Aus den ortsfesten Kesseln der Zugbildungsstation wird das Gas den an den Abstellgleisen verteilten Füllständern, die oben Abfüllventile tragen (Abb. 20), zugeführt. Wo es die Verhältnisse erfordern, werden die Füllvorrichtungen auch in den Erdboden eingelassen. An den Füllständer wird der Gummischlauch angeschlossen, der zu dem Füllventil des Wagens führt.

3. Azetylenbeleuchtung von Eisenbahnwagen.

In Ländern mit geringer Steinkohlengaserzeugung wird seit mehreren Jahren gelöstes Azetylen (Dalèngas) im Hängeglühlichtbrenner mit Erfolg verwendet. Als solcher kann aber nicht der gewöhnliche Bunsenbrenner benutzt werden, in welchem das Gas die Verbrennungsluft ansaugt, weil Temperaturen entstehen würden, bei denen das Azetylen zerfiele. Dalén benutzt vielmehr einen Mischer, der durch den Eigendruck des Azetylens betrieben wird, und selbsttätig die für die vollständige Verbrennung erforderliche Luftmenge in richtigem Verhältnis dem Gase beimischt. Das erhaltene Gasluftgemisch wird in entsprechend weiten Rohrleitungen den Brennern zugeführt. Da in den Leitungen ein Gasluftgemisch enthalten ist, muß ein Zurückschlagen der Flamme vermieden werden, was dadurch erreicht wird, daß der Druck auf 30 bis 35 mm WS bemessen wird, wobei die Austrittsgeschwindigkeit des Gemisches größer als die Zündgeschwindigkeit ist. Sollte gleichwohl z. B. durch irgendeine Beschädigung der Anlage die Flamme zurückschlagen, so schmilzt in einem Sicherheitstopf Bleischrot und verschließt den Zugang vom Mischer aus.

Der Gasakkumulator (Größe A 50 der Autogen-Gasakkumulator-Akt.-Ges.) enthält bei 11 Atm. 5 m^3 verfügbares Gas. In einem Druckregler wird der Gasdruck auf rd. 300 mm WS abgespannt, worauf das Gas in den Mischer eintritt (vgl. Abschnitt VI, S. 205).

In der Wagenlaterne (Abb. 21) tritt das Gasluftgemisch durch das Rohr *A*, den Absperrhahn *B*, den Dunkelstellhahn *C* und das Sicherheitsrohr *E* zum Brenner *F*. In dem Sicherheitsrohr liegt das Stäbchen *D*, wodurch eine ringförmige Durchströmöffnung von weniger als 0,5 mm Weite entsteht. Hierdurch wird eine Zündung in dem Rohre ausgeschlossen.

Sämtliche Rohrleitungen liegen außerhalb des Wagens. Die Laternen stehen mit der freien Luft in Verbindung und sind nach dem Wageninnern zu völlig geschlossen.

1 l Azetylengas erzeugt 5 bis 7 HK. Die gewöhnlichen Brenner besitzen folgende Größen:

Lichtstärke HK	15	30	45	65	100
Azetylengasverbrauch in 1 Std. .	3	6	8	10	15

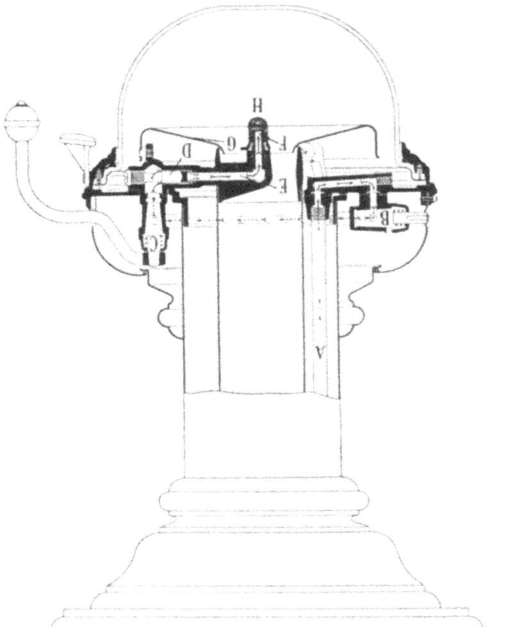

Abb. 21. Azetylen-Wagenlaterne der Autogen-Gasakkumulator-Akt.-Ges.

4. Elektrische Beleuchtung von nicht elektrisch angetriebenen Fahrzeugen.

Der große Vorzug der elektrischen Zugbeleuchtung vor der Gasbeleuchtung besteht in ihrer Gefahrlosigkeit auch im Falle von Zugzusammenstößen, wobei sich hin und wieder das aus den geborstenen Behältern ausströmende Gas entzündet hat. Alle neu zu beschaffenden D-Zug- und Schlafwagen der deutschen Bahnen werden mit elektrischer Zugbeleuchtung ausgestattet.

Die elektrische Zugbeleuchtung wird im allgemeinen wie die Gasbeleuchtung als Einzelwagenbeleuchtung ausgebildet, damit Wagen verschiedener Beleuchtungsart zu einem Zuge zusammengesetzt werden können.

Der elektrische Strom wird im Wagen erzeugt, entweder lediglich von einer Sammlerbatterie, die auf der Zugbildungsstation aufzuladen ist (reine Batteriebeleuchtung) oder von einer Dynamomaschine in Verbindung mit einer Sammlerbatterie (Maschinenbeleuchtung).

Die Dynamomaschine liefert den Strom während der Fahrt von einer bestimmten Geschwindigkeit an. Unter dieser Geschwindigkeitsgrenze und bei Stillstand wird der Strom der Batterie entnommen, die ihrerseits von der Dynamomaschine bei den höheren Geschwindigkeiten aufgeladen wird.

Die D-Zugwagen der ehemals preußisch-hessischen Eisenbahnverwaltung sind in den letzten Jahren im allgemeinen mit reiner Batteriebeleuchtung ausgerüstet worden, weil diese mit Vorkriegspreisen bei Verwendung von Niederwattlampen eine größere Wirtschaftlichkeit ergeben hat als die Maschinenbeleuchtung (Wittfeld, Elektrische Beleuchtung von Eisenbahnwagen, Zeitung des Vereins Deutscher Eisen-

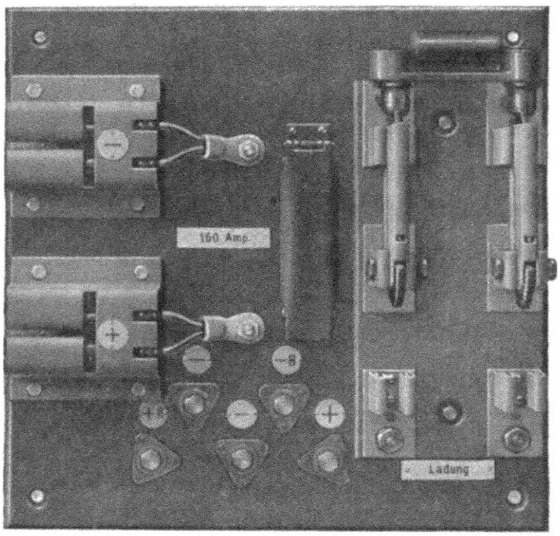

Abb. 22. Ladetafel für Wagen mit reiner Sammlerbeleuchtung.

bahnverwaltungen 1919, S. 412). Sie ist überdies von größter Einfachheit in der Einrichtung und Bedienung.

Die Maschinenbeleuchtung ist vorzuziehen, wenn der Wagen lange Strecken zu durchlaufen hat und Aufladegelegenheiten nicht vorhanden sind.

Reine Sammlerbeleuchtung: Die Batterie besteht aus 16 Elementen mit einer Kapazität von 370 Amperestunden bei 10stündiger Entladung. Die Elemente sind in mit Blei ausgeschlagenen Holzkästen eingebaut, die nebeneinander in zwei Batteriebehältern aufgestellt sind. Diese sind unter dem Seitengang am Untergestell des Wagens aufgehängt. Das Gesamtgewicht der Batterie einschließlich der zugehörigen Träger und Befestigungsteile beträgt 1600 kg.

Zum Aufladen werden in Stöpsel endende Ladekabel in die Steckdosen einer Ladetafel (Abb. 22) gesteckt, die neben der Batterie aufgehängt ist. Ein auf ihr sitzender Umschalter dient dazu, während des Ladens die Batterie, die dabei an ihrer Stelle verbleibt, von dem Lampenstromkreis abzuschalten. Auf der anderen Wagenseite ist eine Hilfsladetafel ohne Umschalter für den Fall vorgesehen, daß von dort aus der Wagen aufgeladen werden muß. Im Wagengang oder im Dienstabteil sind ein Hauptschalter für den Lampenstromkreis, ein Spannungsmesser und ein Schaltplan in Emailleausführung angebracht.

In jedem Abteil sind 2 Lampen von je 25 Watt (Abb. 23 u. 24) und in den Nebenräumen solche von 12,5 Watt vorhanden. Die Abteillampen sind von je einem Dosenschalter aus schaltbar. In den Schlafwagenabteilen sind umsteckbare Wandarme vorgesehen, die der Fahrgast

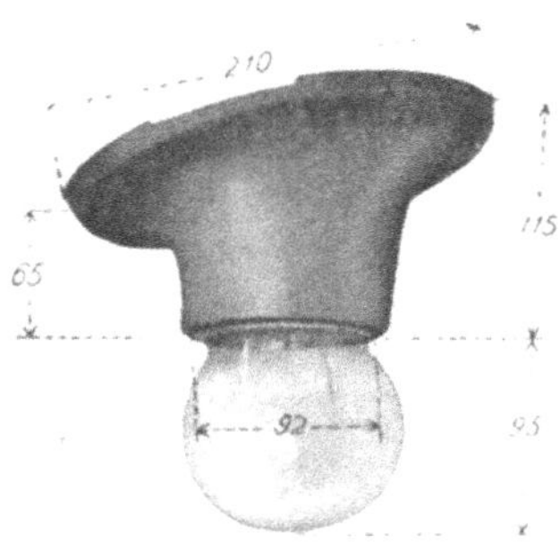

Abb. 23. Deckenlampe für Abteile.

Abb. 24. Wandarm für Abteile.

nach Belieben über dem Bett, dem Fensterklapptisch oder dem Waschtisch mittels eines Bajonettverschlusses befestigen kann.

Zum Aufladen der Batterien werden die Wagen an die Ladeanschlüsse gefahren, die entweder im Wagenschuppen oder im Freien neben den Aufstellungsgleisen vorgesehen sind. Bis zu 6 Wagen können zusammen aufgeladen werden, wobei die Batterien hintereinander geschaltet werden. Dementsprechend ist die Spannung der Lademaschine zwischen 38 und 275 Volt regelbar. Die höchst zulässige Ladestromstärke beträgt 125 Amp. Mit einer Ladung vermag die Batterie den gesamten Lichtstrom 20 Stunden lang zu liefern.

Die Ladeanlage umfaßt die Lademaschinen, die Umschaltung und die Stromverteilung (Näheres: vgl. Wechmann, Fortschritte auf dem Gebiet der elektrischen Zugbeleuchtung, Verkehrstechnische Woche 1915, S. 337).

Die Lademaschinen sind in den meisten Fällen Motorgeneratoren, deren Stromerzeuger Fremderregung zum Einstellen der jeweils erforderlichen Ladespannung besitzen.

Neben jedem Gleis, auf dem ein aufzuladender Zug aufgestellt werden kann, verläuft ein Ladestrang. Die Aufgabe der Umschaltung besteht nun darin, die einzelnen Lademaschinen auf diejenigen Ladestränge zu schalten, neben denen aufzuladende Züge stehen. Das Umschalten wird durch Drehschalter bewirkt.

Von der Schalttafel im Umformerhause führen die festverlegten Ladeleitungen zu den ortsfesten Anschlußdosen der Ladestränge. An diese werden die bereits erwähnten losen Kabel angeschlossen, die zu den Schalttafeln der aufzuladenden Wagen führen. Statt mit den in älteren Anlagen noch vorhandenen bis 50 m langen losen Kabeln, die sich leicht abnutzen und Hindernisse bilden, die einzelnen aufzuladenden Wagen zu verbinden, werden jetzt die Ladestränge meist so geschaltet, daß an den Stellen, wo Wagen aufzuladen sind, die in den Steckdosen sitzenden Kurzschließer herausgezogen und dafür die Ladehebel eingesteckt werden. Eine vereinfachte, vom Verfasser angegebene Schaltung ist a. a. O. besehrieben.

Die Ladedauer beträgt etwa 4 Stunden.

Die Postwagen der deutschen Reichspost besitzen ebenfalls reine Sammlerbeleuchtung. Die Batterien (14 Elemente mit 95 Amperestunden bei 4,5 Amp. Entladestrom, Gesamtgewicht 184 kg) stehen in besonderen Schränken und werden zur Aufladung aus dem Wagen genommen.

Maschinenbeleuchtung: Die Maschinenbeleuchtung besitzt im allgemeinen folgende Hauptteile:

- Die Dynamomaschine mit Antrieb von der Wagenachse,
- die Sammlerbatterie,
- eine Vorrichtung, bei Fahrtrichtungsänderung die Maschine wirksam zu erhalten,
- eine Vorrichtung, die Maschinenspannung entsprechend den Erfordernissen der Ladung der Batterie zu regeln,
- eine Vorrichtung, die Spannung an den Lampen unveränderlich zu halten,
- einen Selbstschalter, der die Maschine auf den Lampenstromkreis schaltet, sobald ihre Spannung die Batteriespannung erreicht oder überschreitet und abschaltet, sobald die Maschinenspannung unter die Batteriespannung sinkt,
- einen Spannungsbegrenzer, der das Überladen der Batterie verhütet.

Man unterscheidet Bauarten, die auf unveränderliche Stromstärke oder Leistung und solche, die auf unveränderliche Spannung regeln.

In Europa und Amerika ist eine große Zahl von Ausführungen durchgebildet, von denen im folgenden die auf deutschen Bahnen hauptsächlich eingeführten kurz beschrieben werden sollen (vgl. Büttner, Die Beleuchtung von Eisenbahn-Personenwagen, Berlin 1912, sowie Büttner, Neuerungen und Fortschritte der elektrischen Zugbeleuchtung. Elektrische Kraftbetriebe und Bahnen 1916, S. 345 und 1917, S. 1 u. 9).

Maschinenbeleuchtung der Gesellschaft für elektrische Zugbeleuchtung: Die G.E.Z. verwendet die Rosenberg-Maschine

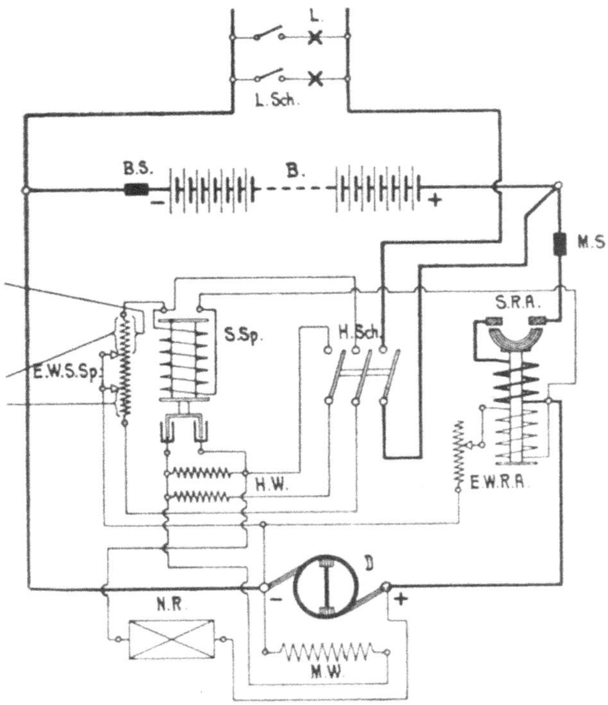

Abb. 25. Schaltplan für die Maschinenbeleuchtung der G. E. Z.

(Rosenberg, Eine neue Dynamomaschine und ihre Anwendung zur Beleuchtung von Eisenbahnwagen, Elektrotechn. Zeitschr. 1905, Heft 16), eine Gleichstrom-Querfeldmaschine mit künstlicher Verstärkung der Ankerrückwirkung, die Strom unabhängig von der Drehrichtung hergibt und sich von einer gewissen Umdrehungszahl an selbsttätig auf gleichbleibende Stromstärke regelt. Die Maschine ist am Drehgestell, bei Wagen ohne Drehgestell am Untergestell schwingend aufgehängt und wird mit einem Riemen von einer auf der Wagenachse sitzenden Scheibe aus angetrieben. Eine verstellbare Feder gibt dem Riemen die erforderliche Spannung.

Die Batterie besteht aus 16 Zellen.

Gemäß dem Schaltplan (Abb. 25) wird die Maschine *D* mit der Batterie *B* durch den selbsttätigen Rückstromschalter *SRA* verbunden, dessen dünne Wicklung mit einem Einstellwiderstand *EWRA* an den Maschinenklemmen liegt und dessen dicke Wicklung vom Hauptstrom durchflossen wird. *SRA* schaltet die Maschine an das Netz, sobald ihre Spannung ein wenig über die der Batterie gestiegen ist. Ist eine bestimmte Maschinenspannung erreicht, so verringert der Spannungsbegrenzer *SSp*, der seinen Eisenkern hochzieht und dadurch einen Widerstand *HW* in die Erregerleitung einschaltet, den Ladestrom der Batterie so weit, daß ein Überladen vermieden wird. Mit dem Spannungsbegrenzer ist ein zweistufiger Einstellwiderstand *EWSSp* verbunden. Ist der dreipolige Hebelschalter *HSch* eingeschaltet, brennen also die Lampen, so tritt der Spannungsbegrenzer in Tätigkeit, sobald die Spannung der Batterie auf 2,25 bis 2,3 Volt für jede Zelle, also auf 36 bis 37 Volt insgesamt gestiegen ist. Die Maschinenleistung wird alsdann um einen bestimmten Betrag erniedrigt, bleibt aber immer noch größer als der vom Lampennetz geforderte Strom, so daß die Batterie mit geringem Strom weiter aufgeladen wird.

Mit dem Ausschalten der Lampen wird eine zweite Stufe des Spannungsbegrenzers eingeschaltet, wobei die Maschinenspannung bis zu einer Zellenspannung von 2,5 Volt, also einer Batteriepsannung von 40 Volt steigen kann und der Maschinenstrom wesentlich mehr geschwächt wird. Das Schalten des Spannungsbegrenzers bewirkt also nicht ein Aufhören der Ladung der Batterie, sondern ein Weiterladen mit mehr oder weniger geschwächtem Ladestrom.

Maschinenbeleuchtung von Brown, Boveri & Cie. A.-G.: Der Stromerzeuger ist eine gewöhnliche, pendelnd aufgehängte Nebenschluß-Gleichstrom-Dynamomaschine. Er besitzt eine Vorrichtung zum Umstellen der Stromabnehmerbürsten beim Wechseln der Fahrtrichtung.

Ein Regler *R* (Abb. 26), der in einem Kasten im Wageninnern sitzt, besorgt das Parallelschalten der Dynamo und Batterie sowie das Regeln der Dynamospannung.

Das Aufladen der Batterie beginnt mit der größten Stromstärke, die auf Null gesunken ist, wenn die Batterie voll geladen ist.

Während des Anfahrens des Zuges steigt die Spannung der Dynamo mit zunehmender Geschwindigkeit. Ist die Batteriespannung erreicht, so wird durch den selbsttätigen Schalter *C* die Maschine auf die Batterie und den Lampenstromkreis geschaltet. Bei weiterer Zunahme der Geschwindigkeit würde die Dynamo eine immer höhere Spannung abgeben, was aber durch allmähliches Einschalten von Widerstand *G* in den Nebenschluß verhindert wird. Dieses Einschalten bewirkt der Regler *R* in der Weise, daß sich ein Sektor *A* über eine Anzahl Kontakte abwälzt.

Der Sektor wird durch eine Spule O bewegt, die in einem Magnetfeld drehbar gelagert ist. Das Feld wird erzeugt von einer im Nebenschluß zur Dynamo hinter der Drehspulenwicklung liegenden Wicklung M_{I} und verstärkt durch eine vom Ladestrom der Batterie durchflossene Wicklung M_{II}, während eine dritte Wicklung M_{III}, die vom Lichtstrom durchflossen wird, den beiden vorgenannten Wicklungen entgegenwirkt. Bei den verschiedenen Betriebszuständen wird nun entweder gemeinsam durch die Wicklungen M_{I} und M_{II} oder gemeinsam durch die Wicklungen M_{I} und M_{III} ein Magnetfeld und damit ein auf die Dreh-

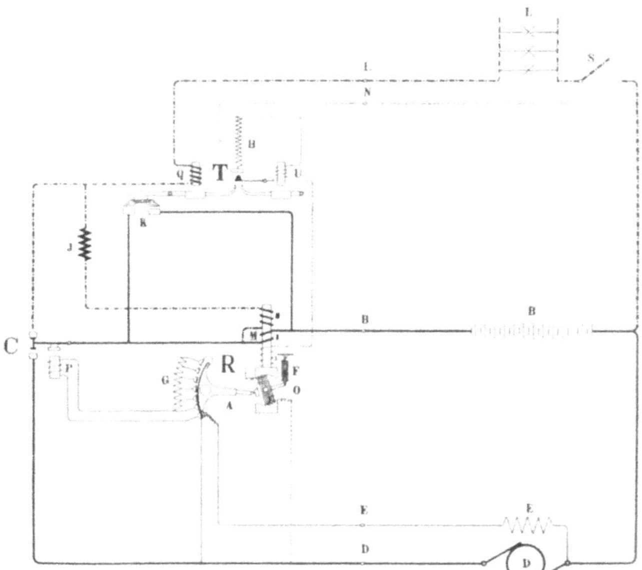

Abb. 26. Schaltplan für die Maschinenbeleuchtung von Brown, Boveri & Cie. A.-G.

spule wirkendes Drehmoment erzeugt, dem eine Feder F mit unveränderlicher Zugkraft entgegenwirkt. Im einzelnen ergibt sich die Wirkungsweise der Einrichtung aus dem Schaltplan.

Maschinenbeleuchtung nach Pintsch-Grob: Hier wird eine unveränderliche Lade- und Lampenspannung wie folgt erzeugt. In der Abb. 27 bedeutet C den Stromwender einer Gleichstrommaschine, die so gebaut ist, daß eine Spannung von 1 Volt an den Klemmen der Erregerspule E hinreicht, um sie bei der niedrigsten Umdrehungszahl (600 in der Minute) voll zu erregen. Der Stromerzeuger ist mit der Batterie von 32 Volt Klemmenspannung in der Weise parallel geschaltet, daß in der Verbindungsleitung V die Erregerwicklung liegt. Man erkennt, daß die Stromerzeugerspannung stets um den Spannungsunterschied, der an den Enden der Erregerspulen herrscht, kleiner als die Batteriespannung ist. Ist die Dynamospannung 31 Volt, so herrscht an den Enden der Erregerspule gerade 1 Volt Spannungsunterschied und die Maschine ist bei der kleinsten Umdrehungszahl richtig erregt. Steigt die Umdrehungszahl, so wächst zunächst auch die Maschinenspannung. Sofort wird hierdurch die Erregerspannung vermindert, also die Erregung geschwächt. Bei der größten Umdrehungszahl (3000 in der Minute) ist die Spannung der Maschine nicht ganz 32 Volt. Wäre sie gerade 32 Volt, so wäre die Erregung Null. So kann sich die Umdrehungszahl von 600 bis 3000 entsprechend einer Fahrgeschwindigkeit von 25 bis 125 km/h ändern, wobei die erzeugte Spannung um höchstens 1 Volt wächst.

Unabhängig von dieser Wirkungsweise wird nun das Aufladen der Batterie wie folgt besorgt:

Es sind 2 Batterien vorhanden, von denen die eine den Erregerstrom liefert, die andere aufgeladen wird. Ferner verlaufen auf dem Anker zwei voneinander unabhängige Wicklungen mit je einem Stromwender C_1 und C_2 (Abb. 28). Der Stromwender C_1 mit den Bürsten *A* und *B* ist, wie vorher beschrieben, mit der Batterie Z_2 geschaltet. Die Zusatzwicklung mit den Bürsten *D* und *F* liegt in Reihe mit der ersten Wicklung und fügt zu jener Spannung 6,5 Volt hinzu, so daß zwischen *A* und *F* 38,5 Volt bestehen. Diese Spannung wird zum Aufladen der Batterie Z_1 benutzt.

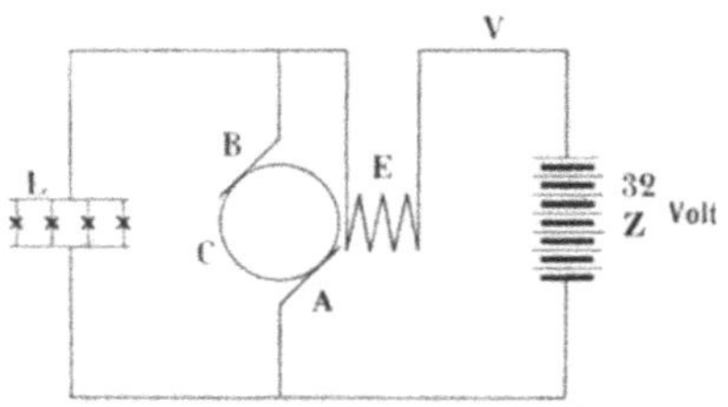

Abb. 27. Schaltriß der Maschinenbeleuchtung von Pintsch-Grob.

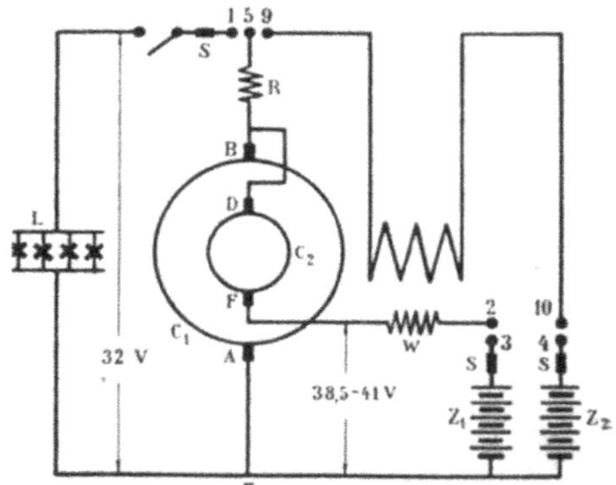

Abb. 28. Schaltplan der Maschinenbeleuchtung von Pintsch-Grob.

Ein Fliehkraftschalter sorgt dafür, daß bei einer gewissen Geschwindigkeit die Maschine mit Batterie und Lampen verbunden wird. Er hat gleichzeitig die Aufgabe, die beiden Batterien nach jedem Halt gegenseitig auszutauschen, damit sie abwechselnd aufgeladen werden.

5. Beleuchtung elektrisch betriebener Eisenbahnfahrzeuge.

Für elektrisch betriebene Bahnen kommt nur elektrische Beleuchtung in Frage. Bei Gleichstrombetrieb kann der Bahnstrom bis zu Spannungen von etwa 1200 Volt unmittelbar benutzt werden; höhere Spannungen erfordern Umformer.

Die Lampenspannungen sind bisher noch nicht normalisiert. Es kommen Spannungen von 90 bis 130 Volt vor, bei einer Betriebsspannung von 500 Volt. Brennt eine Lampe durch, so erlöschen auch die übrigen in demselben Stromkreise. Um rasch die durchgebrannte Lampe finden zu können, bedient man sich eines Lampenprüfers nach Abb. 29.

Die Lampenfassungen für Spannungen über 600 Volt werden durch eine hohe Isolierumkleidung geschützt, die ein Berühren spannungsführender Teile verhütet.

Die Lampen der Wagen von Hoch- und Untergrundbahnen werden am Tage beim Einfahren in die Tunnelstrecke selbsttätig eingeschaltet, was z. B. bei der Berliner Hoch- und Untergrundbahn dadurch bewirkt wird, daß die Stromschiene im Tunnel etwas höher als auf der Hochbahnstrecke liegt, wodurch beim Übergang auf die höher liegende Schiene am hochsteigenden Stromabnehmer ein Lichtkontakt geschlossen wird.

Wechselstrombetrieb gestattet durch Anzapfen des Haupttransformators oder Anordnung eines besonderen Transformators eine beliebige Lichtspannung zu wählen. Für die Triebgestellzüge der Berliner Stadt-, Ring- und Vortortbahnen ist eine Lampenspannung von 12 Volt vorgesehen. Diese geringe Lampenspannung bedingt kurze dicke Leuchtfäden, was die Haltbarkeit der Lampen beträchtlich erhöht. Auch macht sich die niedrige Frequenz ($16\,^2/_3$ Perioden) des Wechselstromes hierbei nicht unangenehm bemerkbar.

Die Führerstandabteile von elektrisch betriebenen Schnellbahnen müssen, um dem Führer eine deutliche Aussicht auf die Strecke zu gewähren, dunkel gehalten werden. Zur Beleuchtung der Meßinstrumente dienen eingekapselte Lampen.

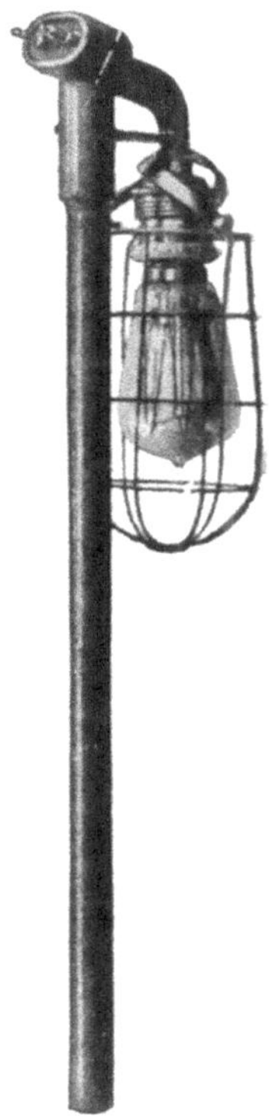

Abb. 29. Lampenprüfer.

Zusammenstellung von Grundflächen und Lichtstärken für Eisenbahn- und Straßenbahnwagen.

In der Tabelle 3 (S. 464) sind die Grundflächen und Lichtstärken für die wichtigsten deutschen Eisenbahn- und Straßenbahnwagen zusammengestellt. Die Angaben der Lichtstärken gelten für die Messung in horizontaler Richtung. Bei der Gasbeleuchtung beziehen sie sich auf Lampen für hängendes Gasglühlicht.

Tabelle 3.

Grundflächen und Lichtstärken für Eisenbahn- und Straßenbahnwagen.

Wagengattung	Zahl der Abteile oder Räume	Innengrundfläche eines Abteils oder Raumes m²	Gasbeleuchtung. (Gas von 4500—5000 WE/m³) Zahl und Lichtstärke der Lampen in einem Abteil oder Raum	Elektrische Beleuchtung. Zahl und Lichtstärke der Lampen in einem Abteil oder Raum
D-Wagen 1./2. Klasse, 4 achsig	7 Abteile Seitengang Aborte	3,8 bis 4,0 17,3 1,0 bis 1,8	1 × 70 HK 6 × 40 „ 1 × 40 „	2 × 30 HK 6 × 10 „ 1 × 10 „
D-Wagen 3. Klasse, 4 achsig	8 Abteile Seitengang Aborte	3,2 16,4 1,2 bis 1,9	1 × 30 HK 6 × 40 „ 1 × 40 „	2 × 20 HK 6 × 10 „ 1 × 10 „
Schlafwagen, 6 achsig	10 Abteile Seitengang und Vorraum Aborte u. Dienstabteil	2,6 17,0 1,3 bis 1,9	1 × 70 HK 6 × 40 „ 1 × 40 „	{ 1 × 25 HK 1 × 10 „ (Leselampe) 6 × 10 HK 1 × 10 „
Speisewagen, 4 achsig	1 Speiseraum 1 Speiseraum 1 Abrechn.-Raum 1 Anrichteraum 1 Küche Gang u. Vorräume Abort	14,0 9,3 4,6 3,6 4,8 8,1 1,8	6 × 70 HK 3 × 70 „ 3 × 70 „ 1 × 40 „ 1 × 40 „ 3 × 40 „ 1 × 30 „	— — — — — — —
Abteilwagen 1./2. Kl., 4 achsig	7 Abteile 3 Aborte 3 Abortvorräume	4,8 bis 5,2 1,6 0,9	1 × 70 HK 1 × 40 „ 1 × 40 „	— — —
Abteilwagen 3. Klasse, 4 achsig	9 Abteile 5 Aborte	3,5 bis 4,0 1,0 bis 1,2	1 × 40 HK 1 × 40 „	— —
Abteilwagen 2. Klasse für Vorortbahnen, 3 achsig	5 Abteile	5,1	1 × 70 HK	—
Abteilwagen 3. Klasse für Vorortbahnen, 3 achsig	6 Abteile	4,1	1 × 40 HK	—
Durchgangswagen 4. Klasse, 3 achsig	1 Raum 1 Raum 2 Aborte 2 Plattformen	14,4 12,2 1,3 1,9	2 × 40 HK 1 × 40 „ 1 × 40 „ 1 × 40 „	— — — —
Triebwagen der Berliner Hochbahn 3. Klasse, 4 achsig	1 Raum 1 Führerstand	27,3 1,2	— —	15 × 25 HK 1 × 25 „
Beiwagen der Berliner Hochbahn 2. Kl., 4achs.	1 Raum	27,3	—	18 × 25 HK
Triebwagen der Hamburger Hochbahn 3. Klasse, 4 achsig	1 Raum 1 Führerstand	27,6 1,2	— —	12 × 25 HK —
Triebwagen d. Großen Berliner Straßenbahn, 4 achsig	1 Raum 2 Plattformen	12,1 3,2	— —	5 × 16 HK 1 × 16 „
Straßenbahnwagen mittl. u. kleinerer Städte	—	7 bis 15	—	6 bis 12 HK/m²

E. Beleuchtung von Kraftwagen.

1. Verordnungen und Normalisierung.

Auszug aus der »Verordnung über den Verkehr mit Kraftfahrzeugen«.

(Reichs-Gesetzblatt 1910, Nr. 3720, S. 389.)

»§ 4. Jedes Fahrzeug muß versehen sein: nach eingetretener Dunkelheit und bei starkem Nebel mit mindestens zwei in gleicher Höhe angebrachten, die seitliche Begrenzung des Fahrzeuges anzeigenden, hellbrennenden Laternen mit farblosem Glase, die den Lichtschein derart auf die Fahrbahn werfen, daß diese auf mindestens 20 m vor dem Fahrzeug von dem Führer übersehen werden kann. Übermäßig stark wirkende Scheinwerfer dürfen nicht verwendet werden.

Für Kraftzweiräder gilt dies mit der Einschränkung, daß eine Laterne der bezeichneten Art genügt.

§ 11. Während der Dunkelheit und bei starkem Nebel ist das hintere Kennzeichen so zu beleuchten, daß es deutlich erkennbar ist. Die Beleuchtungsvorrichtung muß so eingerichtet sein, daß sie das Kennzeichen von keiner Seite verdeckt und weder vom Sitze des Führers noch vom Innern des Wagens aus abgestellt werden kann.

Bei Kraftzweirädern ist das an der Vorderseite angebrachte Kennzeichen während der Dunkelheit und bei starkem Nebel so zu beleuchten, daß es von beiden Seiten deutlich erkennbar ist.«

Eine Neuregelung dieser Bestimmungen wird zurzeit bearbeitet.

Ferner hat die »Verkehrstechnische Prüfungskommission« (VPK) die Rohrleitungen der Azetylenbeleuchtung, sowie für elektrische Beleuchtung die Glühlampenfassung, den Glasdurchmesser, die Lage des Glühfadens zum Sockel, ferner für die Laternen die Halter, Ösen und sonstige Befestigungsteile normalisiert (vgl. hierzu die Musterblätter E 281 bis 284 der VPK).

Bezüglich der elektrischen Beleuchtung bestimmt die Verkehrstechnische Prüfungskommission das Folgende:

»Für Dynamobeleuchtung von Krafträdern und für Akkumulatorenbeleuchtung von Kraftwagen und Krafträdern ist eine Spannung von 4 Volt und Kerzenstärken der Glühlampen von 4, 8, 16 oder 32 HK zu wählen. Für Dynamobeleuchtung von Kraftwagen ist eine Spannung von 12 Volt und Kerzenstärken der Glühlampen von 8, 16, 32 oder 50 HK zu wählen (vgl. hierzu Musterblatt E 285).«

2. Lichtquelle. Kerzen- und Petroleumbeleuchtung von Kraftfahrzeugen gehören der Vergangenheit an. Die neuzeitliche Lichtquelle ist die Azetylenflamme oder für Personenkraftwagen fast ausschließlich die elektrische Metalldrahtlampe.

Für Kraftwagen herrschen die folgenden Lichtstärken vor:

Lichtquelle	Lichtstärke	Flächenhelle
Azetylenbrenner mit einem Verbrauch von 20 l/h .	30 HK	6,4 HK/cm²
Azetylenbrenner mit einem Verbrauch von 25 l/h .	35 »	6,4 » »
Elektrische Autolampe	50 »	1000 » »

3. Azetylenlicht. Das Azetylengas wird vielfach noch nach der früher allgemein üblichen Methode einem Gasentwickler entnommen; dieser muß mit selbsttätiger Regelung der Gaserzeugung versehen sein (z. B. Schubkasten- oder Retortenentwickler). Wesentlich einfacher ist es, einen Autogasakkumulator zu benutzen, der ein völlig reines Gas mit gleichmäßigem Druck hergibt. Die Gasflasche (Größe A 5 oder A 15 der Autogen-Gasakkumulator-A.-G.) faßt 500 bis 1500 l Gas und ist in allen größeren Ortschaften zu haben. In die Gasleitung wird zweckmäßigerweise ein vom Fahrer erreichbarer Sparhahn eingesetzt, der in der Sparstellung nur soviel Gas durchläßt, daß eine ganz kleine Flamme entsteht, die z. B. während der Wartezeiten genügt.

Als Brenner werden meist Einlochbrenner verwendet.

4. Elektrische Beleuchtung. Vorherrschend ist die gasgefüllte Spiraldrahtlampe von Kugelform oder für die geringeren Lichtstärken von Röhrenform. Der Normalsockel (Abb. 30) besitzt Bajonettverschluß; die Brenndauer einer Lampe beträgt etwa 200 Stunden.

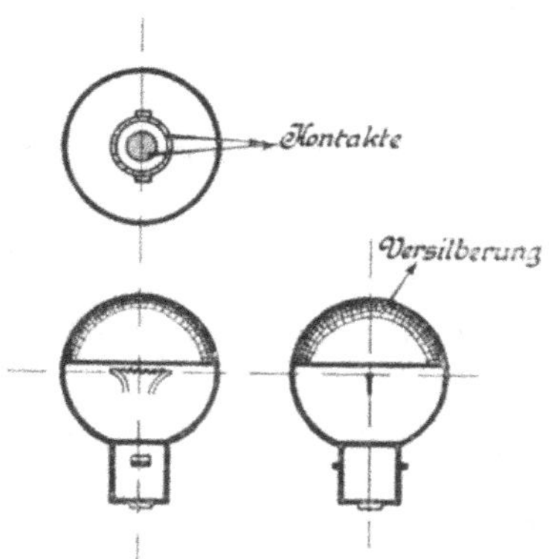

Abb. 30. Halbverspiegelte elektrische Glühlampe für Kraftwagen.

Als Stromquelle dient, ähnlich wie bei der elektrischen Zugbeleuchtung, eine vom Motor angetriebene Dynamo, die mit einer Sammlerbatterie zusammenarbeitet und eine ziemlich unveränderliche Spannung oder Stromstärke hergibt. Ihre Leistung beträgt je nach dem Umfang und der Stärke der Beleuchtung 50 bis 250 Watt. Eine Reihe namhafter Firmen (z. B. A. E. G. in Berlin, Robert Bosch A.-G. in Stuttgart, Eisemann-Werke A.-G. in Stuttgart, Wilhelm Morell in Leipzig) führen sorgfältig durchgebildete Bauarten von geringem Gewicht und kleinstem Raumbedarf aus. Die Maschinen sind meist zylinderförmig (Länge 250 bis 275 mm, Durchmesser 100 bis 140 mm) und werden mit einem stählernen Spannband am Wagen befestigt. Sie geben bei 600 bis 3000 Umdrehungen i. d. Minute die vorgeschriebene

Spannung her. Es ist demnach erforderlich, sie mittels einer Übersetzung anzutreiben. Die beste und sicherste Antriebsart ist ein Zahnradgetriebe mit Federkupplung, von welchem hauptsächlich dort

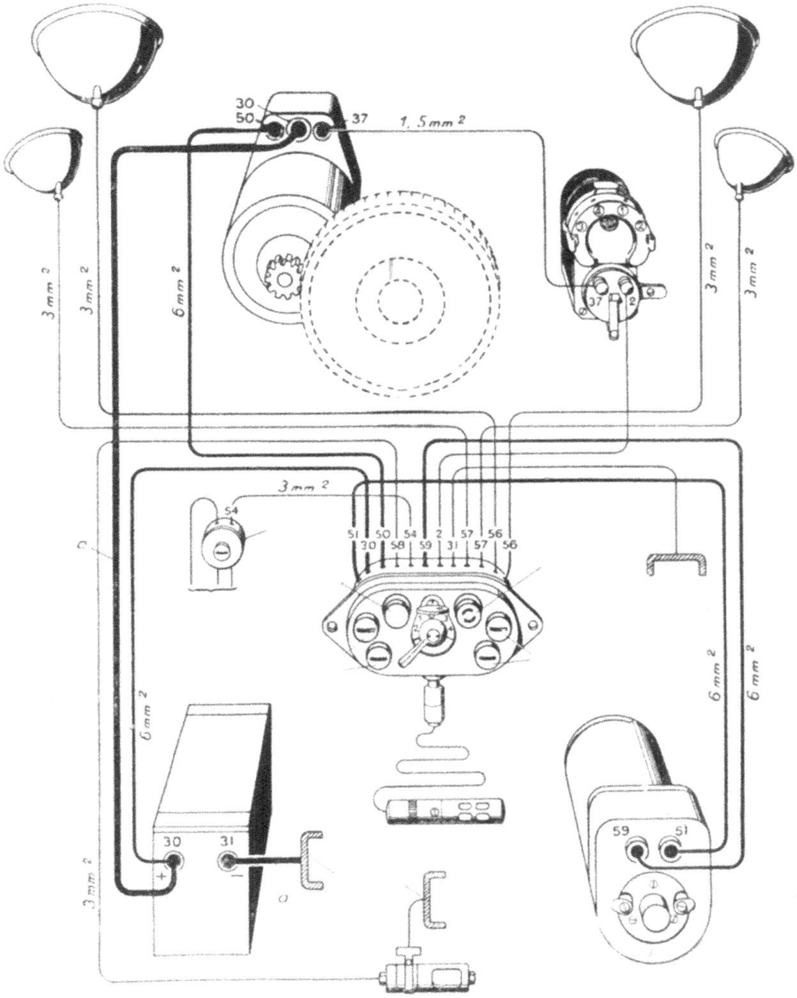

Abb. 31. Übersicht einer vollständigen Lichtanlage für einen Personenkraftwagen. (Von Robert Bosch A.-G., Stuttgart.)

Gebrauch gemacht wird, wo schon beim Entwurf des Kraftwagens und des Motors auf den Einbau der Lichtmaschine Bedacht genommen werden kann. Für einen nachträglichen Einbau der Lichtmaschine kommt hauptsächlich der Antrieb mit einer Rollenkette in Betracht.

Die Regelung auf unveränderliche Spannung oder Stromstärke besorgt z. B. bei Bosch ein an die Dynamo angebauter Tirillregler, während Eisemann ein Verschieben des Magnetfeldes hervorruft.

Die Batterie besitzt eine Kapazität von 20 bis 50 Amperestunden, wobei die größeren Kapazitäten für den Fall notwendig sind, daß die Batterie auch den Strom für einen Anlasser hergeben muß.

Aus dem Stromerzeuger und der Batterie gelangt der Strom zunächst zum Schaltkasten und von hier in die einzelnen Stromzweige. Außer dem eigentlichen Umschalter enthält der Schaltkasten meist noch einen Widerstand zum Abblenden der Scheinwerferlampen, eine Steckdose zum Anschluß einer Handlampe und entweder einen Strommesser oder neuerdings auch nur eine Kontrollampe.

Die Leitungen werden nach den Vorschriften der Verkehrstechnischen Prüfungskommission einpolig ausgeführt. Die Rückleitung geschieht durch das Fahrgestell.

Abb. 31 zeigt die Übersicht einer vollständigen Lichtanlage für einen Personenkraftwagen.

5. Scheinwerfer. Die Scheinwerfer (Carl Zeiß in Jena, Optische Anstalt C. P. Goerz in Berlin-Friedenau, Robert Bosch in Stuttgart, W. Gerhardt in Berlin u. a.) bestehen meist aus einem parabolisch geschliffenen Hauptspiegel und (bei den beiden erstgenannten Firmen) einem kugelförmigen Hilfsspiegel. Letzterer hat den Zweck, die von der Lichtquelle vorwärts gesandten Strahlen zu sammeln und zurück auf den Hauptspiegel zu werfen, wodurch die Intensität der Lichtquelle erheblich verstärkt wird (Abb. 32). Der Hilfsspiegel besteht in

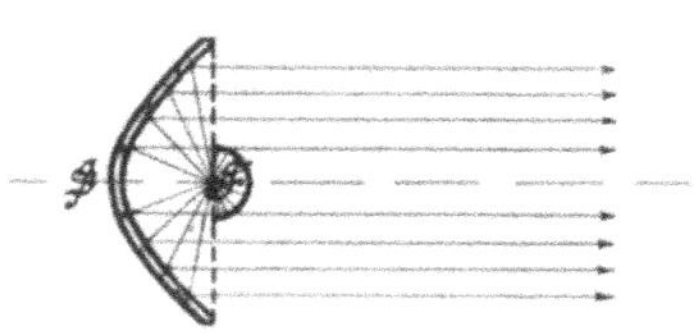

Abb. 32. Kraftwagen-Scheinwerfer mit Hilfsspiegel.

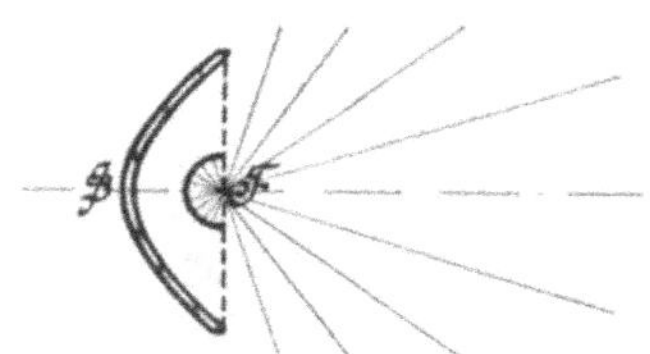

Abb. 33. Hilfsspiegel in Abblendstellung.

Scheinwerfern mit Azetylenflammen aus einem versilberten Kugelspiegel aus Hartglas, während in Scheinwerfern mit elektrischer Lampe die kugelförmige Glasglocke der Lampe außen teilweise versilbert wird (Abb. 35). Im Azetylenscheinwerfer ist der Hilfsspiegel um 180° drehbar angeordnet (Abb. 32 u. 33); je nach der Stellung des Drehteiles wird volles oder abgeblendetes Licht erzeugt. Die elektrischen Lampen werden, wie bereits bemerkt, durch Vorschalten eines Widerstandes abgeblendet. Die Abb. 34 und 35 zeigen Scheinwerfer für die beiden Beleuchtungsarten.

6. Streuung. Wegen der Ausdehnung der Lichtquelle ist das austretende Strahlenbündel nicht zylindrisch, sondern kegelförmig. Es entsteht somit eine Streuung des Lichtes, die 12 bis 16° beträgt (Abb. 36 und 37). Die beiden Scheinwerfer werden meist so aufgestellt, daß sich ihre Lichtkegel in einer

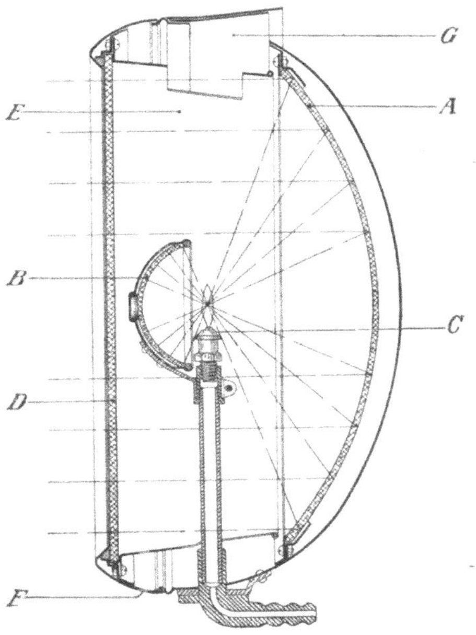

Abb. 34.
Azetylen-Scheinwerfer von C. P. Goerz A.-G.

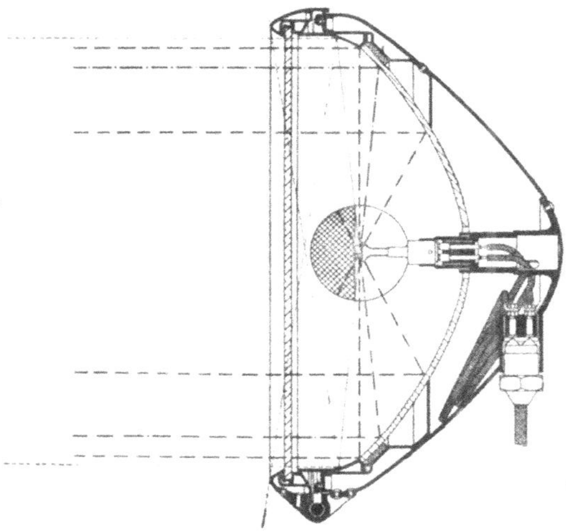

Abb. 35.
Elektrischer Scheinwerfer von Carl Zeiß.

gewissen Entfernung vor dem Wagen überschneiden, wodurch eine besonders große Lichtfülle in der Mitte der Fahrstraße erzielt wird.

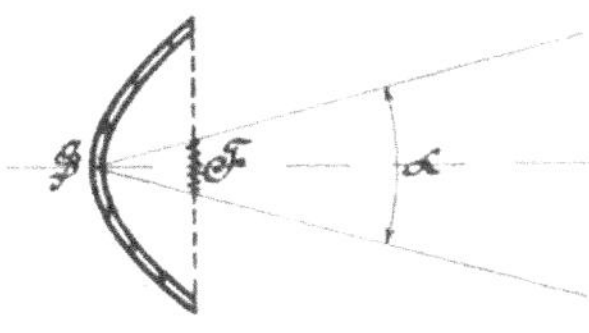

Abb. 36. Streuung des Lichtes. Ausdehnung der Lichtquelle senkrecht zur Achse.

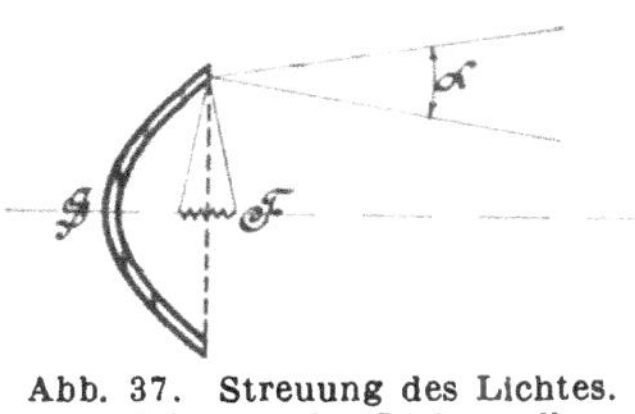

Abb. 37. Streuung des Lichtes. Ausdehnung der Lichtquelle in Richtung der Achse.

Um neben einer starken Fernbeleuchtung auch die für das Fahren in Kurven wichtige Seitenbeleuchtung zu erhalten, werden besondere kleinere Scheinwerfer (Kurvenlampen) vorgesehen, die ihren Lichtkegel ein wenig nach der Seite richten (Robert Bosch). Statt dessen verwendet Zeiß an den Hauptscheinwerfern an Stelle der ganzen glatten Abschlußscheibe oder nur ihrer unteren Hälfte eine geriffelte Scheibe nach Abb. 38. Die Höhenstreuung bleibt dabei unverändert.

Goerz führt eine eigenartige Streuvorrichtung aus, bei der mittels Bowdenzug vom Führersitz aus eine Mattglaskalotte zwischen Flamme und Hauptspiegel geschwenkt wird, wobei der Hauptspiegel diffuses Licht erhält und dieses stark zerstreut zurückwirft.

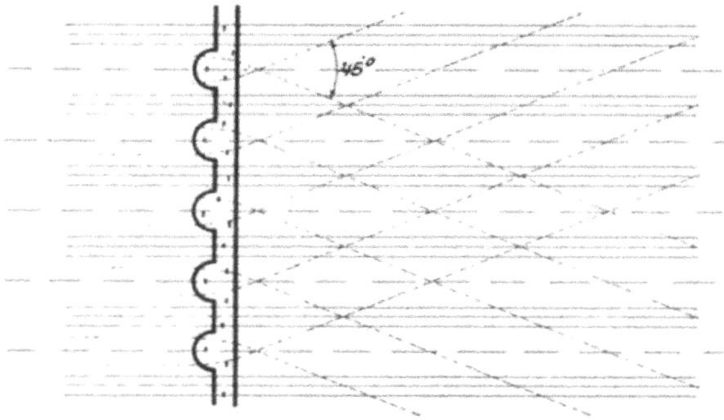

Abb. 38. Riffel-Abschlußscheibe für Zeiß-Scheinwerfer.

7. Reichweite. Um Gegenstände auf der Landstraße bei durchsichtiger Luft zu erkennen, genügt eine Beleuchtung von 0,5 bis 0,6 Lux. Diese wird mit einem Azetylenscheinwerfer in einer Entfernung von 100 m, mit einem normalen elektrischen Scheinwerfer in einer Entfernung bis 170 m erreicht. Da bei Fahrgeschwindigkeiten von 60 bis 70 km/h (in der Nacht sollte man nie rascher fahren) der Bremsweg 50 bis 60 m beträgt, so ist in obiger Beleuchtung eine große Sicherheit vorhanden.

8. Gehäuse. Die Gehäuse neuzeitlicher Personenkraftwagen streben immer mehr den glatten Formen zu. Vorstehende Teile, Schornsteinaufbauten, Verzierungen sind glücklich vermieden. Die Gehäuse der Azetylenscheinwerfer haben meist eine zylindrische, die der elektrischen Scheinwerfer eine parabolische Form. Azetylenscheinwerfer erfordern eine besondere Sorgfalt in der Ausbildung der Lüftung, da einerseits eine gleichmäßige Luftzuführung zur Flamme und wirksame Kühlung des Gehäuses vorhanden sein muß, anderseits aber auch Zugluft nicht entstehen darf, die ein unruhiges Brennen der Flamme hervorrufen würde.

Die Laternen werden auf Traggabeln aufgesetzt und verschraubt.

Die Scheinwerfer werden in Durchmessern von etwa 130 bis 265 mm hergestellt.

9. Azetylen- oder elektrische Beleuchtung. Die Anlagekosten einer elektrischen Kraftwagenbeleuchtung sind wesentlich höher als die der Azetyleneinrichtung, die Verzinsung und Tilgung dieses Kapitals erhöhen also die Betriebskosten der elektrischen Beleuchtung. Dagegen besteht ihr großer Vorzug vor der Azetylenbeleuchtung darin, daß sie vollkommen unabhängig von der Beschaffung des Betriebsstoffes ist. Auch ist ihre Handhabung bequem, und die neueren Ausführungen arbeiten durchaus zuverlässig. Während Lastkraftwagen gegenwärtig noch die Azetylenbeleuchtung vorzuziehen scheinen, hat sich die elektrische Beleuchtung für Personenwagen so gut wie durchgesetzt.

Vierzehnter Abschnitt.

Leuchtgerät mit Optik.

Von **Dr. Georg Gehlhoff,** Berlin.

I. Einleitung.

Unter Scheinwerfern im weiteren Sinne versteht man alle diejenigen Geräte, bei denen eine Lichtquelle mit einem optischen Hilfsmittel, Spiegel oder Linse, kombiniert ist, und zwar derart, daß die Lichtquelle durch das optische Hilfsmittel in irgendeiner Weise abgebildet wird.

Diese Geräte zerfallen in zwei Untergruppen, nämlich:

a) solche, bei denen das Bild der Lichtquelle direkt zur Beleuchtung von Gegenständen (Scheinwerfern im engeren Sinne) oder zur Sicht (Leuchtfeuer, Blinkgeräte) benutzt wird, oder

b) solche, bei denen die Abbildung der Lichtquelle durch ein optisches Mittel (Kondensor) nur einen indirekten Zweck hat, während der Hauptzweck der ist, das Licht der Lichtquelle zur Beleuchtung eines anderen Gegenstandes zu konzentrieren, der seinerseits abgebildet werden soll (Projektionsapparate, Kinematograph).

Diese beiden Arten von Leuchtgeräten haben gewisse Gesetzmäßigkeiten gemeinsam, während andere für diese beiden Untergruppen verschieden sind.

1. Lichtstärke der Scheinwerfer.

Die axiale Lichtstärke eines Scheinwerfers berechnet sich nach der Formel

$$J = H \cdot F \quad \text{. . . . . (1)}$$

worin H die Flächenhelligkeit der Lichtquelle, F der Querschnitt des Spiegels bzw. der Linse ist, d. h. die scheinbare Flächenhelligkeit des Spiegels ist derart, als ob sein Querschnitt die Flächenhelligkeit der Lichtquelle hätte. Für die außeraxiale Lichtstärke ist zu berücksichtigen, daß mit zunehmendem Zonendurchmesser das Bild der Lichtquelle immer kleiner wird, so daß die Helligkeitsverteilung durch den Scheinwerferkegel nicht gleichmäßig ist.

In der Formel (1) fällt auf, daß die Form der Lichtquelle nicht in ihr enthalten ist, d. h. also, es ist gleichgültig, ob die Lichtquelle kugelförmig, flächenförmig oder zylindrisch ist. Voraussetzung ist nur, daß ihre Flächenhelligkeit konstant ist, daß sie in der Achse liegt, und daß ihre Lichtausstrahlung dem Lambertschen Gesetz entspricht.

Dieses Gesetz schließt in sich alle Bedingungen ein, die für die Helligkeit eines Scheinwerfers maßgebend sind. In erster Reihe ist dies die Flächenhelligkeit der Lichtquelle. In zweiter Reihe hängt die Lichtstärke eines Scheinwerfers von dem Querschnitt des optischen Systems ab. Dieser hängt nun seinerseits von dem Öffnungswinkel oder von der Brennweite der Optik ab, da bei konstanter Brennweite die Fläche der Optik mit zunehmendem Öffnungswinkel wächst, während bei konstantem Öffnungswinkel die Fläche mit zunehmender Brennweite wächst. Es ist klar, daß bei zunehmendem Öffnungswinkel der auf den Spiegel fallende Lichtstrom, der in einem und demselben Scheinwerferkegel reflektiert wird, zunimmt und demgemäß die Intensität des Scheinwerferkegels gesteigert wird. Anderseits wird bei Vergrößerung der Brennweite unter konstantem Öffnungswinkel derselbe Lichtstrom in einem Scheinwerferkegel von kleinerer Streuung konzentriert, und zwar ist die Streuung umgekehrt proportional der Brennweite, die Lichtstärke proportional dem Quadrat der Brennweite.

Die drei Möglichkeiten, die Lichtstärke eines Scheinwerfers zu steigern, sind technisch ausgenutzt worden, und zwar war man bei den beiden letzteren, Vergrößerung des Öffnungswinkels und der Brennweite, schon lange an die Grenze des technisch Möglichen gelangt. Bei Scheinwerfern mit frei brennenden Lichtquellen, insbesondere Bogenlampen, war man schon durch Gefährdung der Optik durch den aufsteigenden heißen Luftstrom an eine bestimmte obere Grenze gebunden, die bei Parabolspiegeln etwa 110° beträgt, während man bei Verwendung von Fresnellinsen in Kombination mit schwächeren Lichtquellen in der Vertikalen bis zu 140°, in der Horizontalen bis zu 180° Öffnungswinkel gegangen ist. Bei nicht frei brennenden Lichtquellen, deren Hitzeentwicklung also gering ist, z. B. bei Verwendung von Glühlampen, ist man bei Parabolspiegeln zu Öffnungswinkeln von über 180° gegangen. Bei Linsen kann man selbst unter Verwendung von Fresnellinsen über 180° praktisch nicht hinausgehen.

Auch bezüglich der Steigerung der Größenverhältnisse der Optik bei Scheinwerfern ist man an der Grenze des praktisch Möglichen seit langem angelangt, indem man bei Scheinwerfern bis zu Spiegeln von 2 m freier Öffnung, bei Leuchtfeuern zu Fresnellinsen von 3,6 m Durchmesser gegangen ist. Gewichte, Massen, Trägheitsmomente solcher Scheinwerfer und Leuchtfeuer werden bereits so groß, daß man auf diesem Wege nicht weiter kommt. Beispielsweise wiegt ein 2 m-Parabolspiegel ohne Fassung etwa 250 kg, der zugehörige

Scheinwerfer 5000 kg bei einer Ausladung der Arme von 2½ m, während das Gewicht der erwähnten Fresneloptik (und zwar nur der Glasteile) bereits 2700 kg bei Verwendung von 4 Feldern beträgt, ganz

Abb. 1. 2 m-Parabolspiegel der Opt. Anst. C. P. Goerz, A.-G., Berlin

abgesehen davon, daß die Herstellung derartiger Geräte so kostspielig wird, daß ihrer weiteren Größensteigerung Schranken gesetzt sind. Abb. 1 zeigt einen 2 m-Parabolspiegel, Abb. 2 einen 2 m-Scheinwerfer, Abb. 3 die Optik des Leuchtfeuers auf Kap Race, wobei die mitphotographierten Personen einen Maßstab für die Größe geben.

Die dritte Möglichkeit, nämlich die Steigerung der Flächenhelligkeit, hat dauernd Fortschritte gemacht, die man an der Entwicklungsreihe von der gewöhnlichen Öl- und Petroleumflamme über das Kalklicht zum Petroleum- und Spiritusglühlicht, in einer Nebenreihe zu Azetylen- und Blaugas, sowie über die gewöhnliche Glühlampe zur Gasfüllungslampe und Bogenlampe verfolgen kann. Allerdings war bei der Bogenlampe, der Lichtquelle höchster Flächenhelligkeit, Jahrzehnte hindurch ein Stillstand eingetreten, der erst in dem letzten Jahrzehnt durch Entwicklung der Druckbogenlampe und der Becklampe neue Anregung erhalten hat.

Abb. 2. 2 m-Scheinwerfer der Opt. Anst. C. P. Goerz, A.-G., Abt. Scheinwerferbau, Leutzsch-Leipzig.

2. Beurteilung der Wirkung von Scheinwerfern.

Zur Beurteilung der Wirkung eines Scheinwerfers genügt im allgemeinen die Kenntnis der maximalen Lichtstärke und der Streuung. Beide Werte sind aus der Lichtverteilungskurve des Scheinwerfers zu entnehmen. Mit Rücksicht auf die meist sehr geringen Werte der Streuung kann man die Lichtverteilungskurven von Scheinwerfern im allgemeinen nicht im Polarkoordinatensystem aufzeichnen, sondern verwendet hierfür das rechtwinklige Koordinatensystem mit den Ausstrahlungswinkeln α als Abszissen. Die Lichtverteilungskurven für Scheinwerfer haben meist die in Abb. 4 bezeichnete Gestalt.

Abb. 3. Fresneloptik des Leuchtfeuers auf Kap Race.

Für den Begriff der Streuung fehlt es bisher noch an bestimmten Festsetzungen. Man kann darunter den Winkelbereich δ_1 auffassen, innerhalb dessen die Lichtstärke mindestens halb so groß ist, wie die maximale Lichtstärke (s. Abb. 4). In manchen Fällen, besonders bei Anwendung mehrerer Scheinwerfer, werden auch die geringeren Lichtstärkenwerte zur Beleuchtung mit herangezogen. Man wird dann als Streuung den Winkelbereich δ_2 bezeichnen, innerhalb dessen die Lichtstärke mindestens 10% des Maximalwerts beträgt.

Die Lichtverteilungskurve eines Scheinwerfers kann nach Bloch mit guter Annäherung durch folgende Formel dargestellt werden:

$$J = \frac{1}{2} \cdot J_{\max} \left(1 + \cos \frac{180}{\delta_1} \cdot \alpha\right).$$

In diesem Falle wird für $J = \frac{J_{\max}}{10}$ der Streuungswinkel $\delta_2 = 1{,}6\,\delta_1$, und für $\alpha = \delta_1$ wird $J = 0$.

Unter Anwendung obiger Formel erhält man auch eine einfache Beziehung zwischen Streuungswinkel, maximaler Lichtstärke und Gesamtlichtstrom des Scheinwerfers. Dieser wird:

$$\Phi = \frac{J_{\max} \cdot \delta_1^2}{3500} = \frac{J_{\max} \cdot \delta_2^2}{9000}.$$

Da $\Phi = 4\pi \cdot J_{\ominus}$, so ergibt sich auf diese Weise die im Abschnitt VII S. 210 abgeleitete Größe der Verstärkung für Scheinwerfer zu:

$$v = \frac{J_{\max}}{J_{\ominus}} = \frac{4\pi \cdot J_{\max}}{\Phi} = \frac{44000}{\delta_1^2} = \frac{112000}{\delta_2^2}.$$

Der Gesamtlichtstrom oder die mittlere sphärische Lichtstärke eines Scheinwerfers ist von Wert für die Beurteilung seines Wirkungsgrades, der sich als Verhältnis des Lichtstroms des Scheinwerfers zum Gesamtlichtstrom der nackten Lampe ergibt. Liegt die Messung der Lichtverteilung eines Scheinwerfers für verschiedene Ausstrahlungswinkel vor, so kann man die mittlere sphärische Lichtstärke oder den Gesamtlichtstrom am besten nach dem auf S. 68 angegebenen Ver-

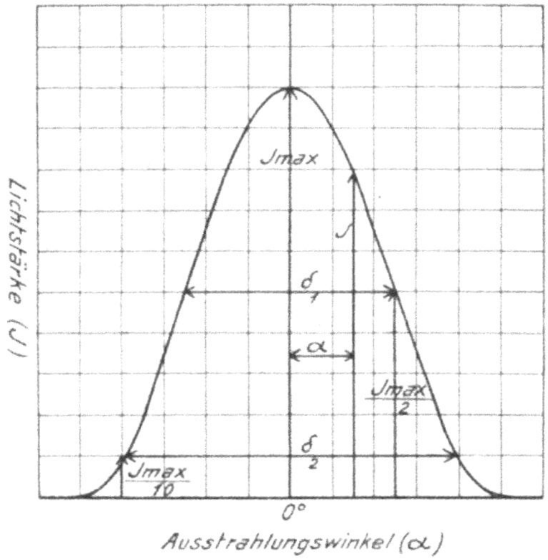

Abb. 4. Theoretische Lichtverteilungskurve eines Scheinwerfers.

fahren berechnen. Hierbei hat die Messung bzw. die Ablesung der Werte aus der Lichtverteilungskurve für jeweils gleiche Winkelabstände zu erfolgen.

Der Wirkungsgrad eines Scheinwerfers hängt hauptsächlich von dem Verhältnis des auf den Scheinwerferspiegel gelangenden Lichtstroms zum Gesamtlichtstrom der nackten Lampe ab. Außerdem kommen hier in Frage: die Reflexions- und Absorptionsverluste an Spiegel und Abschlußglas, die Abschattung von Spiegelteilen durch Elemente der Lichtquelle usw., die insgesamt erhebliche Werte annehmen können. Scheinwerfer mit einem Wirkungsgrad von 40 bis 50% bei Verwendung flacher Parabolspiegel sind schon als außerordentlich günstig zu bezeichnen.

3. Photometrieren von Scheinwerfern.

Dem Photometrieren von Scheinwerfern legen wir folgende Gedankengänge zugrunde (s. Abb. 5): Von jedem Spiegelelement aus wird ein Lichtkegel reflektiert, dessen Spitze in der Spiegelfläche liegt. Für jeden elementaren Lichtkegel gilt das photometrische quadratische Abstandsgesetz, folglich auch für das gesamte Scheinwerferlicht. Hieraus geht hervor, daß die photometrische Entfernung vom Spiegel zu rechnen ist, jedoch mit der Einschränkung, daß dieses Gesetz nur von einem Punkte aus gilt, welcher von allen Flächenelementen des Spiegels Licht erhält. Das würde in Abb. 5, wenn man auf der Achse mißt, von Punkt B aus der Fall sein. Die Entfernung $E = A\,B$ ist die photometrische Grenzentfernung des Scheinwerfers. Für diese »photometrische Grenzentfernung« gilt unter der Voraussetzung, daß der Durchmesser d der Lichtquelle klein gegen die Brennweite f und den Spiegeldurchmesser D ist, die Formel

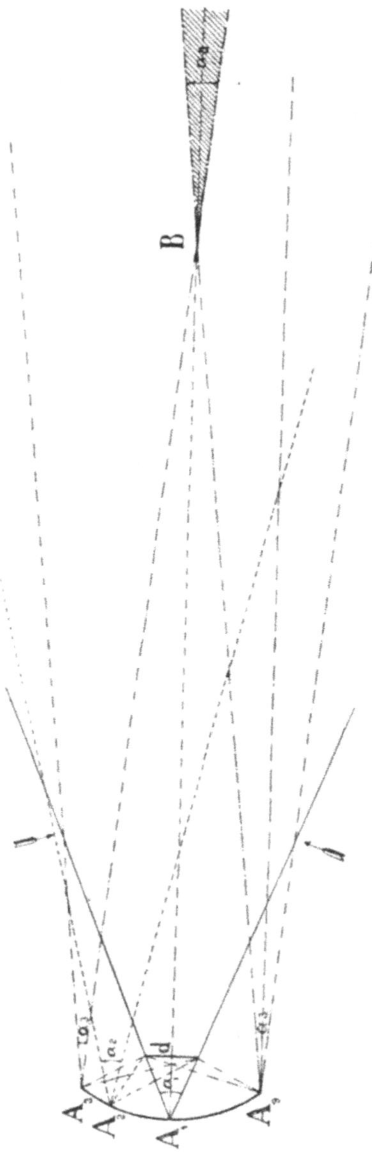

Abb. 5. Strahlengang des Scheinwerfers; photometrische Grenzentfernung.

$$E = \frac{D}{d} \frac{\left(f + \frac{D^2}{16 f}\right)^2}{f - \frac{D^2}{16 f}} \quad . \quad (2).$$

In der Praxis wird man natürlich diese Formel nur zum überschlägigen Bestimmen der Grenzentfernung benutzen und in Rücksicht auf die Fehler der Optik und die dadurch bedingten Abweichungen die Photometrierentfernung größer wählen. Praktisch kann man die photometrische Grenzentfernung auch so bestimmen, daß man das Auge längs der Achse des Lichtkegels bewegt und den Spiegel ev. unter Vorhalten von Farbfiltern betrachtet. Solange das Auge Licht von allen Spiegelzonen erhält, sieht es den ganzen Spiegel leuchten. Sobald man aber über den Punkt B hinaus sich dem Spiegel nähert, sieht man die leuchtende Fläche des Spiegels sich verkleinern. So kann man den Punkt B, die Grenzentfernung, auffinden.

Bei Scheinwerfern mit relativ kleiner Streuung wird die Photometrierentfernung so groß, daß man die Absorption der Luft berücksichtigen muß. Dies geschieht dadurch, daß man den Scheinwerfer von zwei Stationen aus photometriert, die vom Scheinwerfer aus gesehen nahezu genau hintereinander liegen. Dadurch kann man die Luftabsorption eliminieren und die Scheinwerferhelligkeit auf die Entfernung Null umrechnen.

In neuerer Zeit hat die Optische Anstalt C. P. Goerz A.-G., Abt. Scheinwerferbau, ein hochempfindliches Photometer herausgebracht, welches die Intensität kleiner Lichtquellen auf große Entfernungen hin zu messen gestattet, z. B. einer 10kerzigen Lampe in 1500 m Entfernung. Dadurch kann man mit einer einzigen Messung die Absorption der Luft direkt bestimmen und die umständliche, viel Personal erfordernde und wegen der Lichtschwankungen des Scheinwerfers bisweilen große Fehler ergebende Methode des gleichzeitigen Photometrierens von 2 Stationen aus vermeiden.

4. Intensität von Projektionsapparaten.

Bei den Projektionsapparaten spielt die Flächenhelligkeit im Gegensatz zu den Scheinwerfern eine mehr untergeordnete Rolle. Es kommt auf die Beleuchtungsstärke in der vorderen Kondensorebene bzw. in der Ebene des Diapositives an. Diese Beleuchtungsstärke ist proportional dem Lichtstrom, der in dem Öffnungswinkel des Kondensors ausgestrahlt wird, d. h. also proportional der Intensität der Lichtquelle. Berücksichtigt man jedoch, daß der gesamte Lichtkegel durch das abbildende Objektiv hindurchtreten muß, in welches der Kondensor die Lichtquelle abbildet, so sieht man, daß praktisch der Größe der Lichtquelle Schranken gesetzt sind, wenn man nicht unnötig große Objektive verwenden will, so daß indirekt die Steigerung der Flächenhelligkeit zur Steigerung der Intensität der Lichtquelle von Bedeutung ist. Außerdem ist eine möglichst kleine Lichtquelle hinsichtlich der optischen Abbildung und der Korrektur von Kondensor und Objektiv günstiger.

Die Beleuchtung E auf einer Projektionswand von der Fläche F_2 berechnet sich aus der Lichtstärke J der benutzten Lampe, der Kondensorfläche F_1 und dem Abstand r zwischen Kondensor und Lichtquelle. Der vom Kondensor aufgenommene Lichtstrom ist

$$\Phi = \frac{J}{r^2} \cdot F_1.$$

Ist der Öffnungswinkel des Kondensors von der Lichtquelle aus gesehen φ und der Halbmesser des Kondensors ϱ, so ist

$$F_1 = \pi \cdot \varrho^2 = \pi \cdot r^2 \cdot \mathrm{tg}^2 \frac{\varphi}{2}.$$

Die Beleuchtung der Projektionswand ergibt sich dann zu:

$$E = \frac{\Phi}{F_2} = \frac{J}{r^2} \cdot \frac{F_1}{F_2} \quad . \; . \; . \; . \; . \; . \; . \; . \quad (3)$$

oder:

$$E = \frac{\pi \cdot J}{F_2} \cdot \mathrm{tg}^2 \frac{\varphi}{2} \quad . \; . \; . \; . \; . \; . \; . \; . \quad (4)$$

Diese Formeln gelten natürlich nur für die vollkommen ausgenutzte Optik ohne Abblendung und andere Verlustquellen. Schaltet man das Diapositiv ein, so ist die Absorption und Zerstreuung der Silbergelatineschicht zu berücksichtigen. Infolge der vielen Absorptions- und Reflexionsverluste an den zahlreichen Glaskörpern und -flächen wird der aus obigen Formeln sich ergebende theoretische Wert auch nicht entfernter reicht, wie die in Tab. 47 (S. 577) angegebenen Wirkungsgradzahlen erkennen lassen.

Der Wirkungsgrad eines Projektionsapparats ergibt sich als Verhältnis des nach der Projektionsfläche gelangten Nutzlichtstroms zum Gesamtlichtstrom der im Projektionsapparat benutzten Lampe. Der Nutzlichtstrom ist das Produkt aus der mittleren Beleuchtung der Projektionsfläche in Lux und deren Größe in qm. Hauptsächlich infolge der nur geringen Ausnutzung des Lichtstroms durch den Kondensor und die verschiedenen Projektionslinsen sowie durch deren Absorptions- und Reflexionsverluste ist der Wirkungsgrad von Projektionsapparaten im allgemeinen nur recht gering. Er beträgt für ruhende Projektion etwa 4 bis 12% und für Kinoprojektion sogar nur etwa 2 bis 4%.

5. Farbe der Lichtquelle.

In allen Fällen, in denen nicht gefärbtes Licht zur Anwendung gelangt, wird man wünschen, daß die Farbe des Lichtes sich möglichst dem des Tageslichtes nähert.

Aus diesem Grunde ist es erwünscht, die Temperatur der Lichtquelle möglichst hoch zu steigern, falls man es nicht mit Lichtquellen selektiver Strahlung zu tun hat. (Es sei nur nebenbei erwähnt, daß die Steigerung der Temperatur auch günstig auf die Flächenhelligkeit und damit auf die Dimensionen der Lichtquellen einwirkt.)

Wenn dieser Satz bei Projektionsapparaten und auch bei Tagesblinkgeräten unwidersprochen bleibt, so glaubte man doch bei Scheinwerfern und Leuchtfeuern schwach rot bzw. gelb gefärbtes Licht vorziehen zu müssen, da die Luft für diese Lichtstrahlen durchlässiger sei.

Abgesehen davon, daß eine möglicherweise vorhandene bessere Durchdringungsfähigkeit der Luft für rotes und gelbes Licht durch den Verlust der grünen und blauen Strahlen überkompensiert wird, haben auch eingehende Versuche mit Scheinwerfern mit intensiv weißem Licht (Goerz-Scheinwerfer System Beck) sowie Absorptionsmessungen in Luft keinen bemerkbaren Unterschied in der Absorption der verschiedenen Farben ergeben. Vielmehr hat sich gezeigt, daß in feuchter Luft die Absorption der roten Strahlen größer als die der blauen ist, während in diesiger (staubiger) Luft die Absorption der blauen Strahlen größer ist als die der roten.

Hieraus geht hervor, daß durch Abfangen der grünen und blauen Strahlen im Lichte eines Scheinwerfers oder eines Leuchtfeuers eine größere Reichweite nicht erzielt wird.

II. Scheinwerfer.

1. Allgemeines.

Je nach der Art der verwandten Lichtquellen unterscheidet man Azetylen-Sauerstoff-Scheinwerfer, Glühlicht-Scheinwerfer, Bogenlicht-Scheinwerfer usw.

Nach ihrem Aufbau unterscheidet man Sockelscheinwerfer, Stativscheinwerfer, Mastscheinwerfer ev. mit ausziehbarem Mast, Handscheinwerfer usw.

Die Art der angewandten Lichtquellen richtet sich sowohl nach dem Verwendungszweck, d. h. nach der erforderlichen Reichweite, als auch, namentlich für transportable Geräte, nach der zur Verfügung stehenden Energie. Es ist klar, daß für den normalen Gebrauch transportabler Scheinwerfer Bogenlicht kaum in Betracht kommen kann, da die Bogenlampe wegen der in Betracht kommenden hohen Bogenspannung immer eine Dynamomaschine zum Betrieb erfordert, die ihrerseits durch Motor in Betrieb gesetzt werden muß.

Eingehende beleuchtungstechnische und andere Angaben für Azetylen-, Glühlampen- und Bogenlampen-Scheinwerfer sind in Tab. 47 auf Seite 576 zusammengestellt.

2. Lichtquellen.

Die in Scheinwerfern benutzten Lichtquellen wurden oben schon kurz angedeutet. Wir betrachten sie hier lediglich vom scheinwerfertechnischen Standpunkt, d. h. also vom Standpunkt ihrer Flächenhelligkeit aus. Allerdings kann man eine Lichtquelle mit geringerer Flächenhelligkeit scheinwerfertechnisch dadurch einer Lichtquelle mit größerer Flächenhelligkeit gleichstellen, daß man ihre strahlende Fläche größer wählt und sie in Kombination mit einem größeren Spiegel verwendet. Jedoch hat dies seine Grenze und bedeutet vor allen Dingen einen unnötigen Mehraufwand, da die verbrauchte Energie und das diese liefernde Aggregat sowie der Scheinwerfer größer werden, als bei Verwendung einer Lichtquelle größerer Flächenhelligkeit.

Wir klassifizieren daher die für Scheinwerfer benutzten Lichtquellen im scheinwerfertechnischen Sinne nach ihrer Flächenhelligkeit, worüber Tab. 46 (S. 575) Aufschluß gibt. Zum Vergleich mit Lichtquellen, die in Scheinwerfern nicht zur Anwendung gelangen, kann Tabelle 3 (S. 541) dienen. Soweit die beiden Tabellen abweichende Angaben für die Flächenhelligkeit derselben Lampenart enthalten, ist dies darin begründet, daß für die Wirkung in Scheinwerfern die gesamte von den leuchtenden Teilen der Lichtquelle umschlossene Fläche in Frage kommt; dagegen ist für die Blendung des Auges nur die tatsächlich leuchtende Fläche maßgebend.

Überschauen wir das ganze Gebiet, so sehen wir, daß bei den für Scheinwerfer in Betracht kommenden Lichtquellen die Flächenhelligkeit schwankt zwischen 6,4 und 125000 HK pro cm^2. Parallel damit zeigen natürlich auch die erforderlichen Energiemengen ganz bedeutende Schwankungen. Dabei ist allerdings zu berücksichtigen, daß man bei verschiedenen der aufgeführten Lichtquellen nur von einer durchschnittlichen Flächenhelligkeit sprechen kann, da es sich nicht um Leuchtkörper mit vollkommen geschlossenen Flächen handelt, wie beispielsweise bei den Glühstrümpfen und bei den Glühlampen, bei welchen jedoch durch die Fehler der Optik oder durch unscharfe Einstellung die dunklen Zwischenräume im projizierten Bild aufgehellt werden, so daß der Scheinwerferkegel den Eindruck macht, als ob er von einer Lichtquelle mit vollständig geschlossener Leuchtfläche herrührt.

Während Petroleumdochtlicht, Petroleumglühlicht, Ölgas und Blaugas in seinen verschiedenen Anwendungen hauptsächlich bei Leuchtfeuern in Anwendung kommen, haben bei Scheinwerfern Azetylen, Azetylensauerstoff mit Leuchtplättchen, elektrisches Glühlicht und vor allen Dingen Bogenlicht Anwendung gefunden. (Die Verwendung von Magnesiumlicht für Scheinwerfer wird hier übergangen, da seine Flächenhelligkeit von Laien überschätzt wird und da die Praxis sich ernstlich mit dieser Frage nicht beschäftigt hat.) Der Azetylensauerstoffbrenner mit Leuchtplättchen ist heute fast ganz durch den elektrischen Glühlichtscheinwerfer verdrängt, und zwar war hierfür die Ursache die Entwicklung der Glühlampen mit Gasfüllung und Spiraldraht, bei der eine ganz bedeutende Steigerung der Flächenhelligkeit, namentlich bei Überlastung, ermöglicht war.

Betrachten wir die einzelnen für Scheinwerfer in Betracht kommenden Lichtquellen nach ihrem engeren Verwendungszweck, so ergibt sich folgendes:

Autoscheinwerfer werden mit Azetylen und elektrischem Glühlicht ausgeführt. Scheinwerfer für militärische Zwecke und für Schiffahrt erhalten für größere Reichweiten Bogenlicht, das bisher und nach seinen Fortschritten auch wohl für die Zukunft nicht durch Glühlicht ersetzt werden kann. Für kleinere Reichweiten, insbesondere für Hand- und Grabenscheinwerfer, sowie für Blinkgeräte wird Azetylen-Sauerstoff mit Leuchtplättchen und neuerdings zumeist elektrisches Glühlicht angewendet. Die gasgefüllte Glühlampe hat die anderen Lichtquellen namentlich auch auf dem Gebiet des Blinkwesens verdrängt, bei dem man infolge der erforderlichen geringen Streuung mit sehr kleinen Lichtquellen und demgemäß mit sehr kleinen Energiemengen auskommt, beispielsweise mit Taschenlampenbatterien.

Im nachfolgenden wollen wir noch die einzelnen Lichtquellen etwas näher untersuchen:

a) Azetylenbrenner. Das Azetylen (C_2H_2) zeichnet sich im Gegensatz zu anderen Gasflammen durch eine intensiv weiß leuchtende Flamme aus, die daher rührt, daß das Azetylen seiner Konstitution nach sehr kohlenstoffreich ist, so daß der in der Azetylenflamme dissoziierte Kohlenstoff in Form kleiner fester Teilchen vor der vollständigen Verbrennung intensiv glüht und leuchtet. Die Temperatur der Azetylenflamme ist ca. 2100° abs. Gespeist wird der Brenner entweder aus einem Karbidentwickler oder aus einer Azetylendissous-Gasbombe, welche in Azeton gelöstes Azetylen unter 15 Atm. Druck enthält. Gasförmiges Azetylen für sich kann man höchstens auf 2 Atm. komprimieren, da es bei höherem Druck zerfällt und explodiert. Das Azetylendissous hat den Vorzug größerer Bequemlichkeit und vor allen Dingen Reinheit, so daß Brennerverstopfungen nicht vorkommen. Dagegen hat es eine etwas geringere Leuchtkraft und etwas geringeren Heizwert als das aus dem Karbidentwickler gewonnene Gas. Jedoch spielt dies praktisch keine Rolle, um so mehr, als für Azetylen-Sauerstoffscheinwerfer, die bisher fast ausschließlich im Feldgebrauch Verwendung gefunden haben, Azetylendissous nicht in Frage kommt. Abb. 6 zeigt die in einer horizontalen Ebene aufgenommene Lichtverteilungskurve eines Azetylenschnittbrenners von 25 l pro Stunde. Dabei zeigt sich die auffällige Tatsache, daß fast über den ganzen Bereich von 360° die sehr dünne und flächenförmige Flamme wie eine Kugel strahlt und nicht wie eine Fläche. Das kommt daher, daß wir es bei der Azetylenflamme nicht mit einer Oberflächen-, sondern mit einer Volumenstrahlung zu tun haben, da die Dichte der strahlenden Teilchen nicht so groß ist, daß alles aus dem Innern der Flamme kommende Licht von ihnen absorbiert wird. Die optische Abbildung folgt natürlich mit genügender Näherung den Gesetzen der Abbildung einer Fläche.

b) Azetylensauerstofflampe mit Leuchtplättchen. In dem Azetylen-Sauerstoffbrenner wird das Azetylen unter Zusatz einer genügenden Sauerstoffmenge verbrannt ($C_2H_2 + 5\,O = H_2O + 2\,CO_2$). Die Temperatur der Flamme ist ca. 3000° absolut.

Infolge der vollständigen Verbrennung ist sie natürlich nicht oder nur schwach blauleuchtend. Man benutzt sie, um nach Art des Drum-

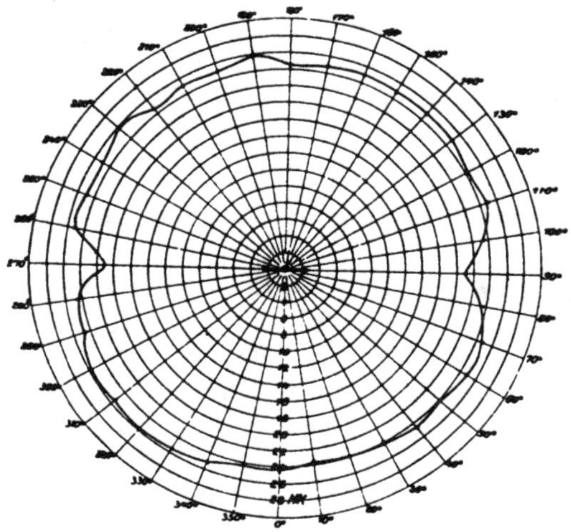

Abb. 6. Lichtverteilungskurve eines Azetylenschnittbrenners in der Horizontalebene.

mondschen Kalklichtes ein Leuchtplättchen zu erhitzen, das seinerseits intensiv weiß glüht und als strahlende Fläche wirkt. Diese Leuchtplättchen bestehen aus Toroxyd mit Zusatz von Ceroxyd. Gehalt an Ceroxyd und Härte der Leuchtplättchen hat sich nach der Temperatur der Flamme zu richten, die ihrerseits von der Güte der Konstruktion des Brenners abhängt.

Die Flächenhelligkeit der Leuchtplättchen nimmt mit der Zeit sehr schnell ab, offenbar unter dem Einfluß der Verdampfung von Ceroxyd sowie unter dem Einfluß der Sinterung der Oberfläche des Leuchtplättchens. Mit dem Verdampfungs- und Sinterungsprozeß geht gleichzeitig ein Zerstäubungsprozeß parallel infolge des hohen Druckes und der hohen Geschwindigkeit der Gase, so daß man nach einiger Zeit für Umwechselung der Leuchtplättchen, bzw. für Nachschub unter Verwendung eines Leuchtzylinders sorgen muß, wenn die leuchtende Fläche im Brennpunkt des Spiegels bleiben soll. Übrigens ist die Temperatur des Leuchtkörpers unter gleichen Gasbedingungen auch von seiner Formgebung abhängig, derart, daß bei gleichem Querschnitt ein Leuchtzylinder wegen der geringeren Wärmeableitung eine höhere Temperatur zeigt als ein Leuchtplättchen.

Die Temperatur des Leuchtkörpers hängt schließlich noch von seiner Stellung zur Flamme ab, deren innerster und heißester, stark blau leuchtender Teil den Leuchtkörper gerade berühren muß. Zur Regulierung des Abstandes zwischen Leuchtkörper und Brenner muß man natürlich den Brenner gegenüber dem Leuchtkörper bewegen, da dieser fest zum Spiegel stehen muß. Die Lichtverteilungskurve des Leuchtkörpers ist mit großer Genauigkeit die einer leuchtenden Fläche (siehe Abb. 5, S. 566).

c) **Elektrische Glühlampen.** Solange man auf die gewöhnliche Metalldrahtlampe angewiesen war, konnte diese wegen der großen Ausdehnung des Leuchtkörpers nicht in Frage kommen; denn für die Wirkung im Scheinwerfer kommt die gesamte von den Leuchtdrähten umschlossene Fläche und nicht nur die Leuchtdrahtfläche selbst in Frage. Erst die Einführung der Spiraldrahtlampe zugleich mit der eine höhere Belastbarkeit ermöglichenden Gasfüllung gab der Glühlampe Gebrauchsfähigkeit für den Scheinwerfer. Die Temperatur der normal belasteten gasgefüllten Glühlampe ist etwa 2770° abs. und läßt sich unter Verzicht auf große Lebensdauer bei 30% Spannungsüberlastung auf 3100° abs. steigern. Das ergibt für den eigentlichen Draht eine Flächenhelligkeit von 650 bzw. 2400 HK pro cm², die jedoch im scheinwerfertechnischen Sinne dadurch kleiner wird, daß der Spiraldraht keine vollkommen geschlossene Fläche mit einheitlicher Flächenhelligkeit bildet, so daß die durchschnittliche Flächenhelligkeit der vom Spiraldraht umrahmten Fläche zu 550 bzw. 2100 HK pro cm² anzusetzen ist.

Die Lebensdauer, die bei der normal belasteten gasgefüllten Glühlampe ca. 1000 Stunden ist, sinkt bei der mit 30% Überspannung betriebenen Glühlampe auf 50 bis 100 Brennstunden. Insbesondere wird die Brenndauer infolge dieser hohen Überlastung sehr stark schwanken, da geringe Ungleichmäßigkeiten in der Spirale lokale Überhitzungen und schnelles Durchbrennen der Lampe verursachen.

Bei Verwendung mehrtausendkerziger Glühlampen im Scheinwerfer konnten diese bis zu einem spezifischen Wattverbrauch von 0,28 bis 0,3 W pro $HK_{\ominus}$ überlastet werden.

Einen ungünstigen Einfluß auf die Lebensdauer hochkerziger Glühlampen hat die bei Scheinwerfern oft angewandte Hilfsverspiegelung der dem Scheinwerferspiegel abgekehrten Glockenhälfte; hierbei kann der Fall lokaler Überhitzung besonders leicht vorkommen und bisweilen sogar momentanes Durchbrennen der Lampe nach Einschalten bewirken. Man muß bei Verwendung solcher verspiegelter

Lampen entweder auf höchste Überlastung verzichten oder darauf achten, daß das Spiegelbild der Glühfäden nicht allzu genau mit diesen selbst zusammenfällt.

Ein Nachteil der Glühlampe für Scheinwerferzwecke ist der, daß bei Verwendung größerer Spiegel die Streuung wegen der geringen Größe des Leuchtkörpers sehr klein wird und daß bei Verwendung exakter Parabolspiegel die Abbildung der Spirale sich störend bemerkbar macht. Es ist also bei den Glühlichtscheinwerfern auf möglichst exakte Parabolspiegel unter Anwendung schwach extrafokaler Stellung der Glühlampe nur dann Wert zu legen, wenn man unter Verzicht auf größere Streuung große Reichweite erzielen will.

Die Lichtfarbe der Glühlampe ist natürlich wesentlich weißer als die des Leuchtplättchens eines Azetylen-Sauerstoffbrenners, ebenso wie dessen Licht weißer ist als das der gewöhnlichen Azetylenflamme, entsprechend der Temperatursteigerung.

d) Bogenlampen. α) Reinkohlen-Bogenlampe. Die uns bekannte Lichtquelle höchster Flächenhelligkeit ist die Bogenlampe. Bis vor etwa 10 Jahren war die Flächenhelligkeit des pos. Kraters der Gleichstrombogenlampe die absolut höchste bekannte einer irdischen Lichtquelle. Seine Temperatur beträgt etwa 4200° abs., seine mittlere Flächenhelligkeit rd. 18000 HK pro cm². Die Temperatur der negativen Kohle ist ca. 600° niedriger, ihre leuchtende Fläche sehr klein, so daß sie für die Scheinwerferwirkung nicht in Betracht kommt.

Die Lichtverteilungskurve des freistehenden Kraters ist nahezu die einer ebenen Fläche; die Lichtverteilungskurve der Bogenlampe mit zentral angeordneten Kohlen, wie sie gewöhnlich in Scheinwerfern verwandt wird, zeigt Abb. 7, wobei der mittlere Teil der Lichtausstrahlungskurve durch die negative Kohle abgeschattet ist.

Der Wechselstromlichtbogen kommt für die Verwendung im Scheinwerfer nicht in Frage, da seine Temperatur und Flächenhelligkeit erheblich niedriger ist als bei Gleichstrom.

Die Temperatur des positiven Kraters hat sich als nahezu konstant erwiesen; sie ist nur in geringem Maße von der Stärke der Kohle und von deren Belastung bei zunehmender Stromstärke abhängig.

β) Die Druckbogenlampe. W. E. Wilson und C. T. Fitzgerald, sowie O. Lummer gingen von dem Gedanken aus, daß die Kratertemperatur die Verdampfungstemperatur der Kohle unter Atmosphärendruck ist und demgemäß von dem äußeren Druck abhängen muß, so daß mit steigendem Druck diese Temperatur und damit die Flächenhelligkeit des Kraters steigen muß. Lummer erreichte bei einem Druck von 22 Atm. eine Temperatur von 7700° abs. und die 18fache Flächenhelligkeit gegenüber Atmosphärendruck. Jedoch hat diese Lampe praktische Anwendung bisher nicht gefunden, da der Betrieb der Bogenlampe unter Druck technisch die allergrößten Schwierigkeiten ergeben würde, ganz abgesehen davon, daß bei höherem Druck die Bogenlampe unruhig brennt, der Lichtbogen kurz wird und dadurch die Abschattung der positiven Kohle immer größer und stören-

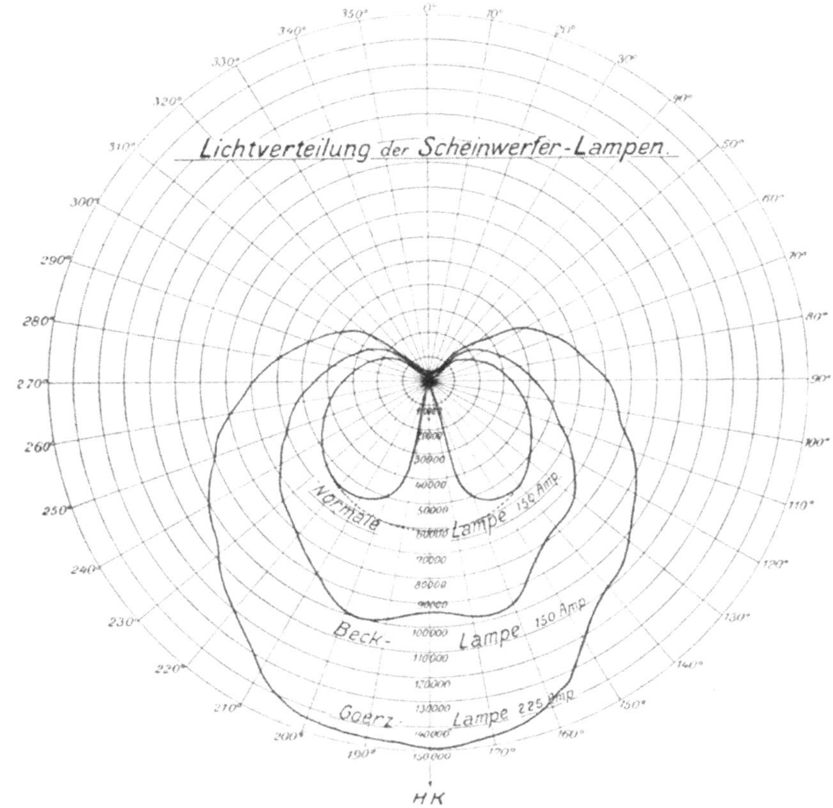

Abb. 7. Lichtverteilungskurven von Bogenlampen.

der wird. Dazu kommt, daß in neuerer Zeit die Druckbogenlampe durch die überlastbare Bogenlampe mit Effektkohlen überholt wurde.

γ) Die Becklampe. Von der allgemeinen Vorstellung ausgehend, daß man durch Verwendung von Effektkohlen, bei denen die Helligkeit einer Bogenlampe durch Färben des Lichtbogens mit Metalldämpfen vergrößert wird, die Helligkeit eines Scheinwerfers steigern kann, kam Beck zu der Erkenntnis, daß ein Erfolg nicht durch Färbung des Lichtbogens und damit durch Vergrößerung des Leuchtkörpers, sondern lediglich durch Überlastung der Effektkohlen und damit Vergrößerung der Flächenhelligkeit erzielbar ist, wobei besonders das Übergreifen des positiven Kraters über die Stirnfläche der Kohle zu verhindern ist. Es gelang Beck, Kohlen mit Metallsalzen zu entwickeln, die einen tiefen Krater ausbilden, in welchem die Metallsalze infolge der großen Stromdichte zu intensivem Leuchten gebracht werden. Das Übergreifen des Lichtbogens auf die über die ganze stromführende Länge hellrot glühende Kohle wußte er dadurch zu verhindern, daß er das Kohlenende mit Spiritusdämpfen oder Leuchtgas usw. umspülte. Während die normale positive Kohle der 150 Amp.-Scheinwerferbogenlampe einen Durchmesser von 36,5 mm und einen Kraterdurchmesser von etwa 26 mm bei 3 mm Kratertiefe hat, ist der Durchmesser der positiven Kohle der Becklampe nur 16 mm, der Docht dieser Kohle 8 mm, der Kraterdurchmesser 11 bis 12 mm und die Kratertiefe 10 bis 15 mm. Die Steigerung der Flächenhelligkeit ist infolge der großen Überlastung etwa $2\frac{1}{2}$- bis 3fach. Die Temperatur der Becklampe ist ca. 4600° abs.

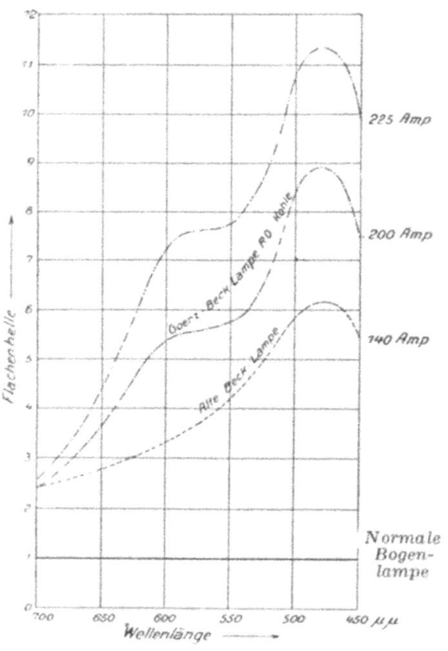

Abb. 8. Spektrale Verteilung der Flächenhelligkeit der Beck- und Goerz-Beck-Bogenlampen im Verhältnis zur normalen Bogenlampe.

Die Becklampe wurde von der Optischen Anstalt C. P. Goerz A.-G., Abt. Scheinwerferbau, Leutzsch b. Leipzig, durch Arbeiten von Gehlhoff, Schering und Thilo ganz wesentlich verbessert und ihre Leistung gesteigert. Es hat sich nämlich gezeigt, daß die Überlastbarkeit der Beckkohle keine beliebige ist; bei größerer Überlastung stellt sich bald starkes Rußen ein (allzu schnelle Verdampfung der Kohle und unvollständige Verbrennung). Es bedurfte der Entwicklung neuer Kohlen, die bei gleichem Durchmesser von 16 mm Überlastungen bis 250 A ertrugen, was eine Temperatursteigerung bis rd. 5100° abs. und eine Steigerung der Flächenhelligkeit bis 126000 HK pro cm² ergab.

Gleichzeitig wurde diese Lampe in konstruktiver Hinsicht dadurch verbessert, daß die Leuchtgasumspülung fortgelassen und durch eine andere Schutzvorrichtung ersetzt wurde, so daß die bis zur Rotglut überlastete Kohle sich automatisch mit einer Schutzhülle umgibt.

Eine weitere Steigerung der Leistung der Becklampe wurde dadurch erzielt, daß es gelang, die 200 A-Bogenlampe mit 18 mm Kohlen bis zu 300 A überlastbar zu machen, ohne daß der Lichtbogen besonderer Stabilisierungsmittel bedürfte. Abb. 7 (S. 487) zeigt die Lichtverteilungskurven der normalen Lampe für 150 A, der Becklampe für 150 A und der Goerzlampe System Beck für 225 A, wobei man sieht, daß die Lichtausstrahlungskurve der Lampen System Beck günstiger ist als die der normalen Lampe.

Die höhere Temperatur der Becklampe bedingt natürlich ein weißeres Licht, was insbesondere aus Abb. 8 hervorgeht, welche das Verhältnis der spektralen Flächenhelligkeit zwischen der normalen Lampe, der Becklampe und der Goerzlampe System Beck zeigt. Dieses weiße Licht macht die Becklampe nicht nur für Beobachtungszwecke, sondern ganz besonders für Verwendung des Scheinwerfers als Abwehrwaffe hervorragend brauchbar.

Welchen gewaltigen Fortschritt die Steigerung der Flächenhelligkeit der Bogenlampe bedeutet, zeigt die Zusammenstellung der Helligkeiten der Scheinwerfer mit normalen, Beck- und Goerz-Beck-Bogenlampen in Abbildung 9. Der 2 m-Goerz-Beck-Scheinwerfer mit 300 Amp. Belastung und mit seinen 2 Milliarden Kerzen ist als der hellste Scheinwerfer und als die stärkste irdische Lichtquelle anzusehen. In Mondentfernung noch als Stern 6. Größe mit freiem Auge sichtbar, ist er geeignet, die Lichttelegraphie über kosmische Entfernung zu verwirklichen.

3. Scheinwerferoptik.

Wie oben (S. 473) gezeigt, hängt die Leistungsfähigkeit eines Scheinwerfers von zwei Faktoren ab, nämlich von der Lichtquelle und von dem optischen Teil, mittels dessen ein Bild der Lichtquelle in großer Entfernung projiziert wird.

Es kommt darauf an, durch geeignete optische Mittel einen möglichst großen Teil der von der Lichtquelle ausgestrahlten Energie aufzufangen und in einem möglichst engen Bündel auf größte Entfernung zu werfen. Die Entwicklung der optischen Teile der Scheinwerfer führte von der Linse über Fresnellinse, Manginspiegel zum Parabolspiegel in seiner heutigen technischen Vollendung, die dem mathematisch genauen Parabolspiegel fast gleichkommt.

a) Linsen. Die einfachste Methode der optischen Abbildung einer Lichtquelle besteht in der Verwendung einer Linse.

Will man jedoch die ausgestrahlten Lichtenergien in einem möglichst großen Öffnungswinkel auffangen, so kommt man zu Linsendimensionen, die, abgesehen von ihrem großen Gewicht, auch sonst noch viele Nachteile bieten. Zunächst trifft es nur für Linsen mit kleinem »Öffnungsverhältnis«, d. h. solche Linsen, deren Durchmesser verhältnismäßig klein gegenüber der Brennweite ist, zu, daß die vom Brennpunkt ausgehenden Lichtstrahlen so gebrochen werden, daß sie hinter der Linse nahezu parallel zur Achse austreten. Je größer das

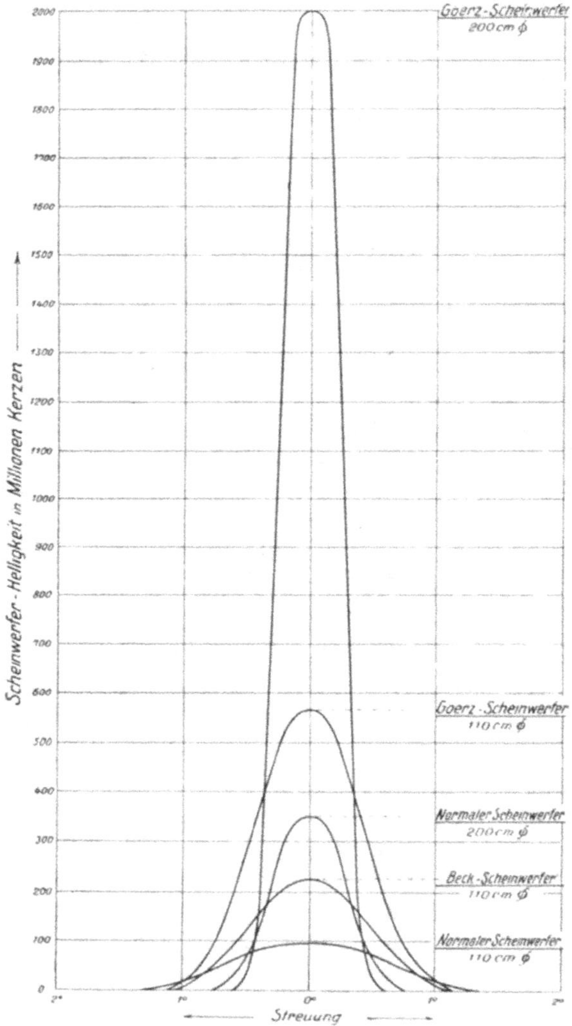

Abb. 9. **Vergleich der Lichtstärken und Lichtverteilungskurven der normalen, Beck- und Goerz-Beck-Scheinwerfer.**

Öffnungsverhältnis (Durchmesser zur Brennweite) der Linse wird, um so größer wird die Abweichung der gebrochenen Strahlen von der Parallelität (Abb. 10). Dazu kommt, daß der bei großen Linsen dicke Glaskörper Lichtverluste durch Absorption und Farbenzerstreuung bewirkt und durch die sehr starke einseitige Erwärmung seitens der Bogenlampe sehr leicht der Gefahr des Springens ausgesetzt ist.

Abb. 11 gibt die Verhältnisse einer Linse mit der Brennweite 480 mm und einem Durchmesser von **nur** 480 mm wieder. Die Dicke

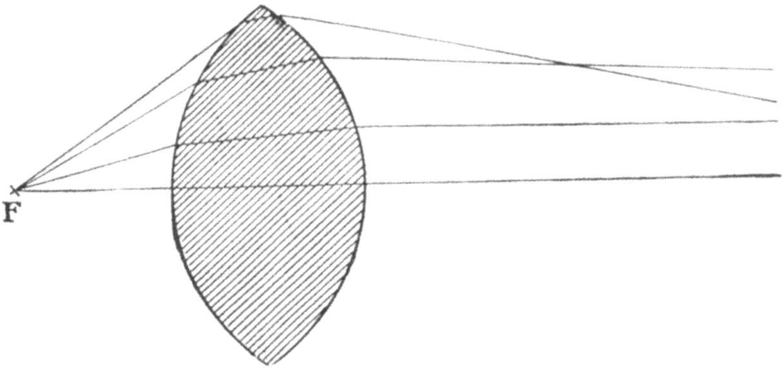

Abb. 10. Sphärische Aberration einer Linse.

dieser Linse wäre bereits 240 mm; dabei ist bei der gewählten Brennweite ein größerer Linsendurchmesser nicht möglich, da die Linse bereits eine Halbkugel ist. Man kommt so natürlich zu praktisch unmöglichen Abmessungen.

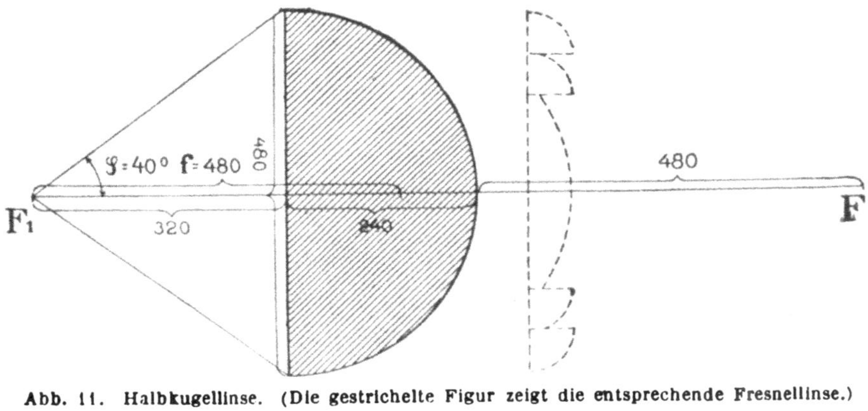

Abb. 11. Halbkugellinse. (Die gestrichelte Figur zeigt die entsprechende Fresnellinse.)

b) Fresnellinse. Diese Schwierigkeiten überwand Fresnel, indem er die nach ihm benannten Linsen aus einzelnen konzentrischen Ringen zusammensetzte, wodurch die Dicke des Glaskörpers beträchtlich verringert wurde (Abb. 12).

Um die Lichtquelle noch besser auszunutzen, umgab er die Linsen bzw. die Linsenringe mit total reflektierenden Prismenringen. Dies

System stellte zwar einen großen Fortschritt, aber keine endgültige Lösung des Scheinwerfers dar. Denn:

1. Es ist sehr schwierig, die einzelnen Teile so genau zu schleifen und zusammenzustellen, daß die Brennpunkte sämtlicher Ringsysteme genau zusammenfallen,

2. finden an jeder Fläche und Kante unregelmäßige Reflexionen und Brechungen der Lichtstrahlen statt, wodurch vagabundierende Strahlen entstehen,

3. werden bei einer Verschiebung der Lichtquelle aus dem Brennpunkt f nach einem anderen Punkt f_1 die in den Linsenringen gebrochenen

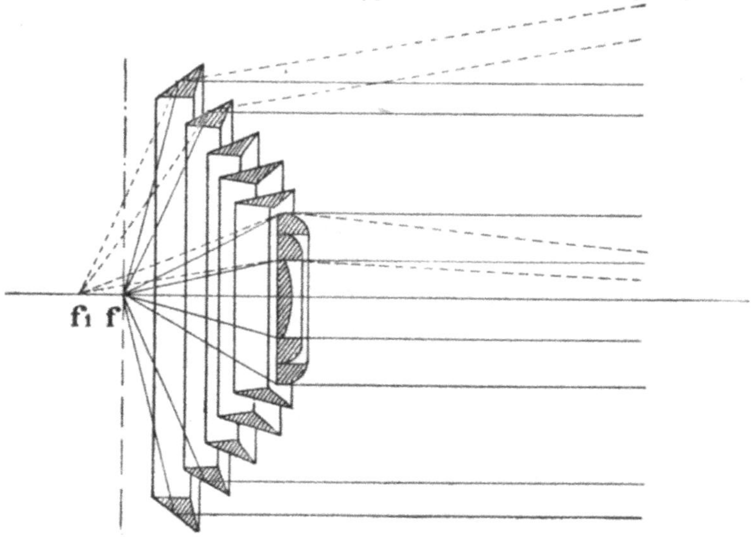

Abb. 12. Fresnellinse mit Darstellung ihres Brennpunktfehlers.

Strahlen in entgegengesetzter Richtung abgelenkt, wie die in den Prismenringen reflektierten Strahlen, wodurch störende Schattenringe im Scheinwerferkegel entstehen.

c) **Kugelspiegel.** Der Kugelspiegel kann in leichter Weise beliebig genau ausgeführt werden, jedoch zeigt er den Nachteil der sphärischen Aberration, d. h. die vom Brennpunkt ausgehenden Strahlen werden bei großem Öffnungswinkel nicht parallel zur Achse reflektiert, wie Abb. 13 zeigt.

d) **Ringspiegel.** Wie Fresnel die sphärische Aberration der Linsen durch Zusammensetzen aus einzelnen Ringlinsen, deren Brennpunkte zusammenfallen, beseitigte, schlug Tschikolew den Ersatz und die Korrektur der Fehler des Kugelspiegels durch Zusammensetzen einzelner Ringspiegel vor, derart, daß die von einem Punkt ausgehenden Strahlen wieder parallel reflektiert werden (Abb. 14).

Die im Abschnitt b unter Punkt 1 und 2 aufgeführten Fehler treffen auch auf den Ringspiegel zu, so daß dieser nicht zur Einführung gelangte.

e) Manginspiegel. Mangin zeigte, daß der Fehler der sphärischen Aberration bei einem Hohlspiegel von der Form einer Konkav-Kon-

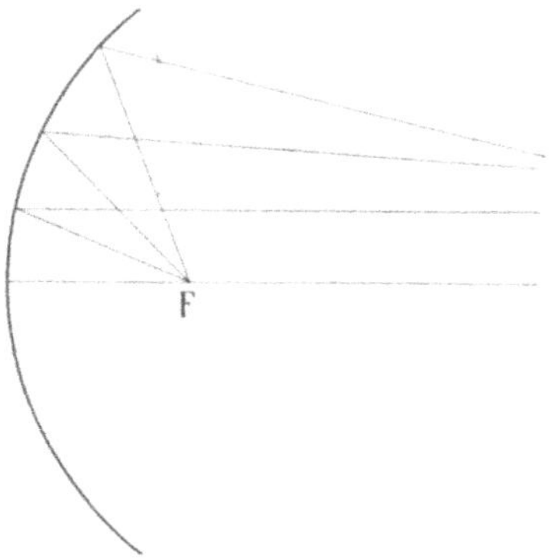

Abb. 13.
Sphärische Aberration des Kugelspiegels.

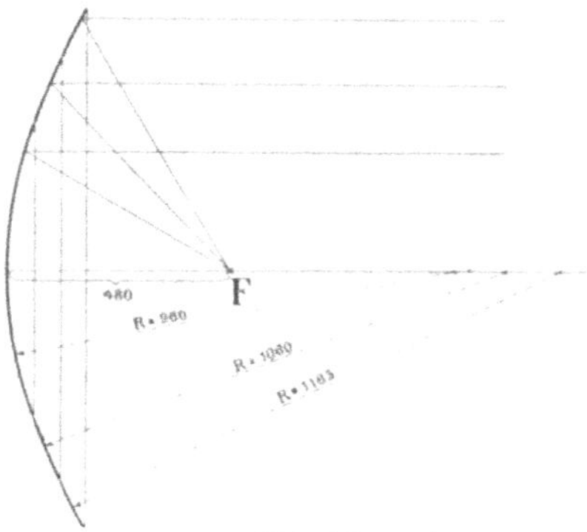

Abb. 14.
Ringspiegel nach Tschikolew.

vexlinse mit sphärischen Flächen (Abb. 15) aufgehoben wird. Dies trifft jedoch mit genügender Genauigkeit nur für solche Spiegel

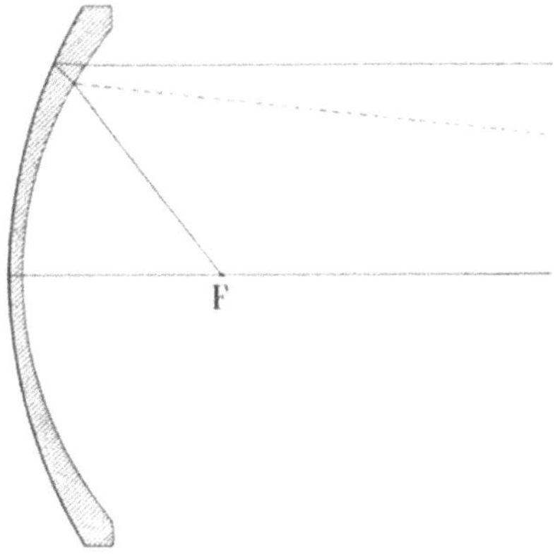

Abb. 15. Manginspiegel.

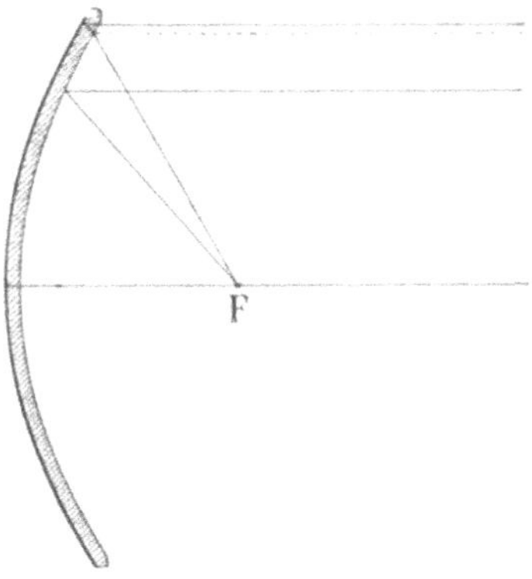

Abb. 16. Konfokaler Parabolspiegel der Firma Goerz.

zu, deren Durchmesser nicht viel größer als ihre Brennweite ist. Damit ergibt sich aber ein sehr schlechter Nutzwinkel für die Lichtquelle, während bei Inkaufnahme obiger Abweichung bei größerem Öffnungsverhältnis die große Randdicke des Spiegels wiederum die Gefahr des leichten Zerspringens bedingt und außerdem einen der Dicke entsprechenden Verlust an Licht durch Absorption und Farbenzerstreuung infolge prismatischer Brechung bewirkt.

Selbstverständlich gehen die an der Vorderfläche reflektierten Strahlen für die Scheinwerferwirkung, wie leicht einzusehen ist, verloren. Mithin ist auch der Manginspiegel nur eine Annäherung an das Ideal eines Scheinwerferspiegels.

f) Parabolspiegel. Der Parabolspiegel vereinigt sämtliche guten Eigenschaften der vorher aufgeführten Linsen und Spiegel und vermeidet gleichzeitig alle ihre Nachteile. Für den Glasparabolspiegel gilt fast mathematisch streng, daß sämtliche vom Brennpunkt ausgehenden Strahlen, bei beliebig großem Öffnungsverhältnis des Parabolspiegels (gute Ausführung vorausgesetzt) parallel zur Achse geworfen werden (Abb. 16). Gegenüber der Linse und dem Kugelspiegel fehlt also beim Parabolspiegel jede sphärische Aberration. Gegenüber der Fresnellinse und dem Ringspiegel hat er den Vorzug, daß bei ihm keine der vielen Kanten und Flächen vorhanden sind, sondern lediglich eine einzige ununterbrochene Fläche mit einheitlichem Brennpunkt.

Dem Manginspiegel schließlich läuft er dadurch den Rang ab, daß die von der Mitte bis zum Rande fast genau gleiche Glasstärke größere Hitzebeständigkeit bedingt und die Farbenzerstreuung vermeidet. Die Absorption im Glase kommt bei der geringen Dicke der Spiegel, die beim 110 cm-Scheinwerfer beispielsweise 10 bis 14 mm beträgt, nur wenig in Betracht.

Schließlich werden auch die an der Vorderfläche reflektierten Strahlen (ca. 5%) nutzbringend verwertet, da der Brennpunkt der Vorderfläche sowie der versilberten Rückseite zusammengelegt werden, d. h. die innere Fläche etwas stärker gekrümmt ist als die versilberte Fläche.

g) Metallparabolspiegel. Man könnte die Frage aufwerfen, ob man bei der Zerbrechlichkeit und nicht absolut gewährleisteten Hitzebeständigkeit der Glasspiegel nicht zweckmäßiger Metallspiegel, bei denen man es außerdem nur mit einer einzigen reflektierenden Fläche zu tun hat, verwenden könnte. Jedoch abgesehen davon, daß Metallspiegel im Betrieb mit Bogenlampen sehr bald durch die Abgase der Bogenlampe stark angegriffen und getrübt werden, hat der Metallspiegel erhebliche Nachteile gegenüber dem Glasparabolspiegel: Die hohe Politurfähigkeit des Glases, in Verbindung mit einem künstlich aufgebrachten Niederschlag des stark reflektierenden Silbers ergeben einen fast vollkommenen Spiegel von ca. 95 bis 96% Reflexionsvermögen, während metallisches Silber für Oberflächenpolitur zu weich und chemischen Einflüssen gegenüber zu wenig widerstandsfähig ist, andere Metalle, die härter und widerstandsfähiger sind, jedoch zu wenig Reflexionsvermögen besitzen. Beim Glasparabolspiegel ist dagegen die Versilberung vollkommen geschützt und von ununterbrochener Haltbarkeit. Weiterhin würde der geschliffene Metallspiegel, der für Verwendung in einem Scheinwerfer mit Bogenlampen zur Erzielung gleicher Genauigkeit wie der Glasparabolspiegel hergestellt werden müßte, schwerer werden als der letztere. Es hat nicht an Versuchen gefehlt, durch geeignete Fabrikationsmethoden dünnere Spiegel herzustellen, jedoch verhinderten die oben angeführten Nachteile sowie zu geringe Genauigkeit ihre Einführung.

h) Sphäroidspiegel. Vor den Linsen und Spiegeln mit sphärischer Fläche hat der Parabolspiegel den Nachteil sehr schwieriger Herstellung. Diese Erwägung führte die Firma Zeiß zur Herstellung der leichter und daher billiger herstellbaren »Sphäroidspiegel«, bei denen die Rückseite eine sphärische Fläche ist, während zur Korrektur der sphärischen Aberration als Vorderseite eine deformierte Fläche verwandt wird, deren Kurve in übertriebenem Maßstabe Abb. 17 gibt. Diese Spiegel haben aber den Nachteil, daß das an der Vorderfläche reflektierte Licht verloren geht und zu dem störenden »Halo« Veranlassung gibt. Bei Bogenlichtscheinwerfern hat man sie daher wieder verlassen.

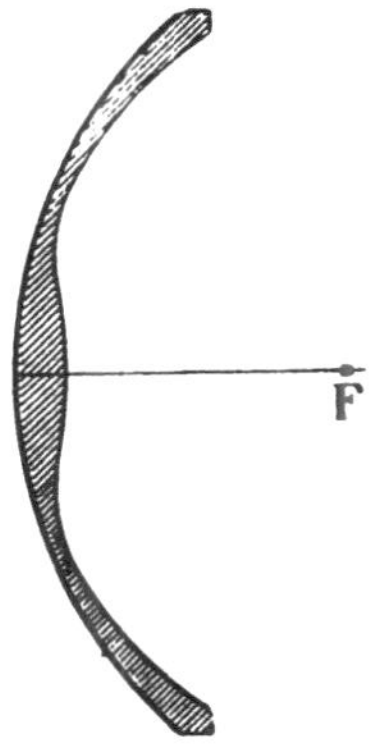

Abb. 17. Sphäroidspiegel der Firma Zeiß in schematischer Darstellung.

i) Material und Herstellung des Glasparabolspiegels. In Anbetracht der großen Temperaturunterschiede, denen die Scheinwerferspiegel ausgesetzt sind, wird ein besonderes, thermisch widerstandsfähiges Spezialglas verwandt, das zum Ausgleich aller inneren Spannungen einem besonders sorgfältigen Kühlungsprozeß nach Senkung der Rohglasspiegel unterworfen wird.

Das Herstellungsverfahren der Parabolspiegel wird von allen erzeugenden Firmen geheim gehalten. Es kann daher nur so viel gesagt werden, daß die Spiegel durch Spezialmaschinen geschruppt, geschliffen und poliert werden. Darauf wird die Rückseite mit einem Niederschlag aus reinem Silber überzogen, der zum Schutze gegen atmosphärische Einflüsse durch einen Lack abgedeckt wird. Hierauf erfolgt Prüfung der Spiegel auf ihre Parabolform. Zur Beurteilung der Gleichmäßigkeit der Krümmung der Spiegel dient die photographische Aufnahme des Spiegelbildes einer weißen Tafel mit sich kreuzenden schwarzen Linien, die in der Mitte einen runden Ausschnitt zur Aufnahme des photographischen Objektivs hat. Abb. 18 gibt die sog. Netzbildaufnahme eines Goerzparabolspiegels wieder. Eine exakte Kontrolle eines Spiegels erhält man dadurch, daß man die Brennweiten der einzelnen Spiegelzonen mißt und die Abweichungen der einzelnen Brennweiten voneinander im Diagramm aufträgt (Abb. 19). Aus der Abbildung ersieht man, daß alle parallelen Strahlen trotz des großen Öffnungswinkels von 110° und der großen Brennweite von 480 mm sich auf einer Strecke von nur $^3/_4$ mm auf der Achse schneiden, ein Maßstab für die hervorragende Präzision der Ausführung des Spiegels.

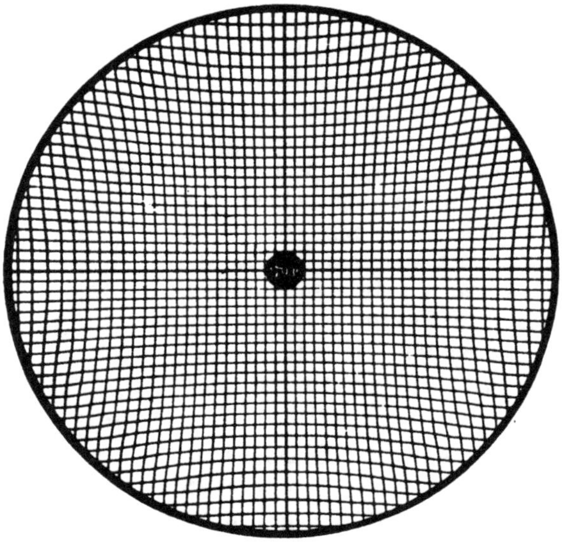

Abb. 18.
Netzbildaufnahme mit einem 110 cm-Parabolspiegel der Firma Goerz.

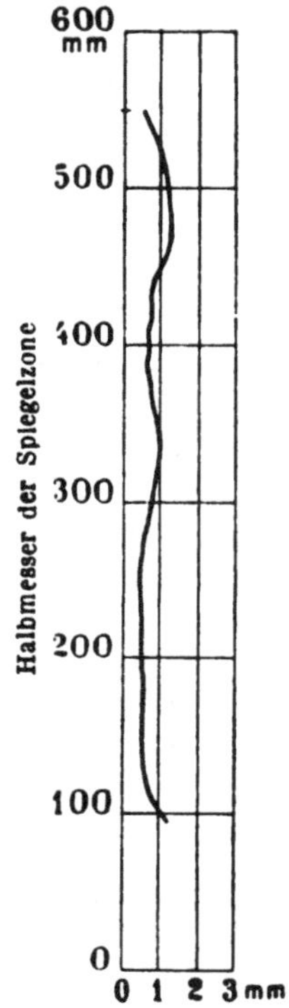

Differenz der Brennweiten.

Abb. 19. Aberrationskurve (Kurve der Brennweitendifferenzen) eines Parabolspiegels der Firma Goerz.

k) Strahlengang des Parabolspiegels. Bisher wurde lediglich von dem von einer punktförmigen Lichtquelle im Brennpunkt des Spiegels ausgehenden Licht gesprochen, das genau parallel zur Achse reflektiert wird. In diesem Falle würde man ein genau zylindrisches Strahlenbüschel von dem Durchmesser des Spiegels erhalten, das in beliebig großer Entfernung immer nur eine Fläche von der Größe des Parabolspiegels beleuchten würde, mithin für die Praxis unbrauchbar wäre.

Da wir es immer mit einer Lichtquelle von räumlicher Ausdehnung zu tun haben, erhalten wir ein kegelförmiges Strahlenbündel, das dadurch zustande kommt, daß die von leuchtenden Punkten außerhalb des Brennpunktes ausgehenden Strahlen von einem Teil des Spiegels unter demselben Winkel zum Mittelstrahl reflektiert werden, unter dem sie auf dem betreffenden Teil des Spiegels auffallen (siehe Abb. 20).

Aus der Abb. 20 ist ersichtlich, daß die mittleren Zonen des Spiegels eine größere Streuung geben als die Randzonen des Spiegels. Nach Überschneidung sämtlicher von den einzelnen Spiegelzonen ausgehenden Strahlenbündel in großer Entfernung liegen alle Strahlenbündel innerhalb des vom mittleren Teil des Spiegels ausgehenden Strahlenbündels, dessen Winkel somit die Maximalstreuung des Scheinwerfers ergibt.

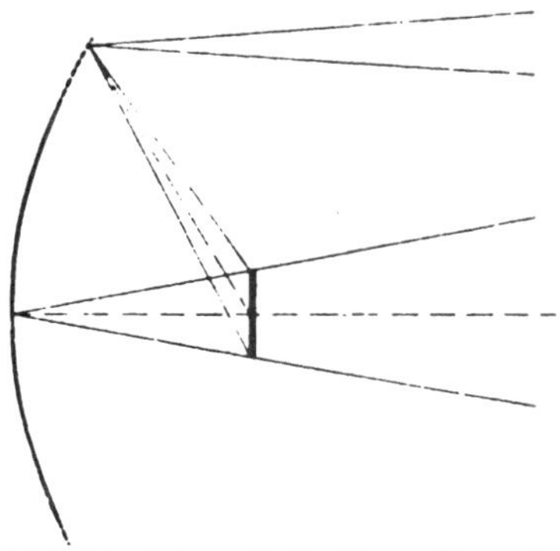

Abb. 20. Schematische Darstellung des Strahlenganges und der Streuung des Parabolspiegels.

4. Der technische Aufbau der Scheinwerfer.

Es würde im Rahmen dieses Buches zu weit führen, wenn wir sämtliche Scheinwerfertypen auch in technischer und konstruktiver Hinsicht besprechen würden.

Es muß daher genügen, den technischen und konstruktiven Aufbau der Scheinwerfer in einigen speziellen Typen und prägnanten Beispielen zu erläutern.

a) Azetylenscheinwerfer. Das Azetylen findet jetzt nur noch in Scheinwerfern für Verkehrszwecke, allenfalls auch für Beleuchtung von Arbeitsplätzen Verwendung, da seine Flächenhelligkeit nicht groß genug ist, um Scheinwerfer größerer Reichweite mit ihm zu erzielen.

In erster Reihe findet das Azetylen Verwendung in den Autoscheinwerfern (S. 468), die in gewöhnlicher Ausführung mit Mangin- oder auch gar Metallspiegeln, in besserer Ausführung und für größere Leuchtwirkung mit Parabolspiegeln ausgerüstet werden. Es kommen Spiegelgrößen von etwa 60 bis 250 mm, Parabolspiegel von 100 bis 250 mm in Frage.

Abb. 34 (S. 469) zeigt den Schnitt durch einen Autoscheinwerfer mit Parabolspiegel von 250 mm freier Öffnung und einem Öffnungswinkel von ca. 110°. Um die Lichtstrahlung der Azetylenflamme möglichst vollkommen auszunutzen, besitzt der Scheinwerfer auf der dem Hauptspiegel abgekehrten Seite der Azetylenflamme einen kugelförmigen Hilfsspiegel, dessen Mittelpunkt mit der Azetylenflamme zusammenfällt, so daß das von der Azetylenflamme nach vorn ausgestrahlte Licht in sich zurückgeworfen und dem Hauptspiegel zugeführt wird. Der Hilfsspiegel hat den gleichen Öffnungswinkel wie der Hauptspiegel. Man darf jedoch nicht glauben, daß der Zuwachs an Helligkeit durch diese Hilfsspiegel 100% beträgt, vielmehr beträgt dieser Zuwachs infolge der Verluste durch Absorption in der Flamme, unkorrekten Strahlenverlauf infolge der großen Ausdehnung der Flamme und der ungenauen Ausführung der Optik, sowie durch Abschattung eines Teiles des Hauptspiegels durch den Hilfsspiegel und seine Fassung etwa nur 33⅓%.

Der restliche Öffnungswinkel der Lichtstrahlung der Azetylenflamme wird von einem metallischen oder emaillierten Reflektor ausgefüllt, der durch diffuse Reflexion des Lichtes für Streu- und Seitenlicht des Scheinwerfers sorgt.

Die Lichtstärke eines solchen Scheinwerfers beträgt ca. 8000 bis 10000 Kerzen bei einem Azetylenbrenner für 25 l pro Stunde; seine Helligkeit genügt, um kleine Gegenstände, Personen usw. bei Nacht auf 100 bis 125 m zu erkennen.

Alle übrigen Einrichtungen des Scheinwerfers gehen ohne weiteres aus der Abb. 34 (S. 469) hervor.

b) Scheinwerfer mit Azetylen-Sauerstoff und Leuchtplättchen. Diese Scheinwerfer haben bisher fast ausschließlich für militärische Zwecke Verwendung gefunden, und zwar in Scheinwerfern mit Spiegeln von 25 bis 30 cm freier Öffnung. Bei diesen sog. A. S.-Feldscheinwerfern muß natürlich die ganze Einrichtung transportabel sein. Deshalb besitzt der Scheinwerfer, seinem Verwendungszweck angepaßt, einen niedrigen Aufsatz und einen Handgriff; Scheinwerfer, Azetylenentwickler und Sauerstoffentwickler (dieser kommt allein in Frage) sind tragbar ausgestattet. Das Gewicht der kompletten Ausrüstung beträgt mit Sauerstoffdruckentwickler, mit Betriebsstoff und Reservebetriebsstoff für mehrere Stunden ca. 65 kg, wovon der Sauerstoffentwickler für sich etwa 25 kg wiegt. Um die notwendige Streuung zu geben, haben die Leuchtplättchen einen Durchmesser von ca. 20 mm. Ein Hilfsspiegel kommt wegen der einseitigen Lichtstrahlung nicht in Frage.

Zur Erzeugung des Azetylens werden nur Karbidentwickler, für die Erzeugung des Sauerstoffes nasse und trockene Entwickler benutzt. Der nasse Sauerstoffentwickler ist ein Tauchentwickler, bei dem Natriumsuperoxyd mit Wasser Sauerstoff entwickelt. Der Entwickler hat den Nachteil, daß die Bedienungsmannschaft, namentlich in liegender Stellung, durch Natronlauge Schaden erleiden kann.

Beim Sauerstoffdruckentwickler wird in einem als Reservebombe ausgebildeten Druckgefäß eine Patrone von chlorsaurem Kali unter Zusatz von Kohlenstoff, Eisenoxyd usw. zur Unterhaltung der Verbrennung langsam durchgeglüht. Ein Reduzierventil setzt den Druck herab. Der Nachteil dieses Entwicklers ist sein großes Gewicht, sowie Störungen durch Erlöschen der Patronen und Verstopfungen des Reduzierventils im Winter durch Ausfrieren von Feuchtigkeit.

Die Verwendung des Karbidentwicklers und des nassen Sauerstoffentwicklers wird durch Gefrieren des Wassers im Winter, sowie durch die Nachschubschwierigkeit des Wassers namentlich im Stellungskrieg stark beeinträchtigt, wofür das Antreten der Mannschaft wie beim wassergekühlten Maschinengewehr nur einen Notbehelf bietet.

Auf den europäischen Kriegsschauplätzen wurde dieser Scheinwerfer durch Glühlichtscheinwerfer fast vollständig verdrängt, während er auf außereuropäischen Kriegsschauplätzen wegen seines relativ geringen notwendigen Nachschubes beibehalten wurde. Allerdings ist seine Bedienung, namentlich die des Sauerstoffdruckentwicklers, schwierig und erfordert gut geschultes Personal.

c) Glühlichtscheinwerfer. Da beim Glühlichtscheinwerfer nicht frei brennende, sondern wenig Hitze entwickelnde, geschlossene Glühlampen verwandt werden, bedient man sich tiefer, d. h. mehr als 180° Öffnungswinkel besitzender Parabolspiegel, in Verbindung mit einer Hilfsverspiegelung, die meist direkt als Versilberung auf der kugelförmigen Lampenglocke angebracht ist, wobei der Leuchtkörper in der Mitte der Kugel steht.

Da die Glühlampe keine schädlichen Gase entwickelt, so können hier eher als bei anderen Lichtquellen Metallspiegel verwandt werden, deren Haltbarkeit jedoch auch hier wesentlich geringer ist, als die von Glasparabolspiegeln mit rückseitiger Versilberung; insbesondere werden sie beim notwendigen Putzen schnell blind.

Abb. 35 (S. 469) zeigt den Schnitt durch einen elektrischen Automobilscheinwerfer mit einem Parabolspiegel von 250 mm freier Öffnung und 62 mm Brennweite, der gemeinsam mit der Versilberung der Glühlampe vollständige Ausnutzung des Lichtes der Glühlampen ergibt. Allerdings würde für Automobilzwecke die geringe Ausdehnung des Leuchtfadens bei zwar sehr großer Helligkeit zu geringe Streuung ergeben, so daß man dies durch schwache Mattierung der unversilberten Kugeloberfläche mildert, um das notwendige Streulicht zu schaffen. Ventilation und Abzug sind bei diesen Scheinwerfern überflüssig. Bei Verwendung tiefer Parabolspiegel wird der Glühlampensockel durch eine zentrische Durchbohrung des Spiegels geführt.

Es werden teilweise auch noch Glühlichtscheinwerfer mit flachen Parabolspiegeln verwandt, bei denen die Streuung wegen der größeren Brennweite noch geringer ist, so daß man zur Vergrößerung der Streuung durch den Scheinwerfer ein Riffel- oder Mattglas anordnen muß (S. 470).

Der Betrieb erfolgt vorzugsweise durch Spezialdynamomaschinen mit Ausgleichs-Akkumulatorenbatterien.

Im Felde hat der Glühlichtscheinwerfer, wie schon oben gesagt, den Azetylen-Sauerstoffscheinwerfer verdrängt. Hier erfolgte der Betrieb bei Verwendung von Glühlampen für 100 HK 9 V durch transportable Akkumulatorenbatterien mit 12 bis 14 V Spannung, d. h. unter großer Überlastung der Glühlampen. Die Reichweite dieses Scheinwerfers mit 300 mm Spiegelöffnung beträgt etwa 450 bis 500 m.

Zur Vervollständigung müssen diesen Scheinwerferstationen Ladestationen (Benzin-Dynamoaggregate) beigegeben werden. Die Schwierigkeit des Transportes der schweren Akkumulatoren nach vorn, sowie die schnelle Verschlechterung des Wirkungsgrades und der Kapazität der Akkumulatoren infolge schlechter Behandlung hat die Verwendung dieser Scheinwerfer im Stellungskriege stark beeinträchtigt, ganz abgesehen von der Gefährdung der Bedienungsmannschaft, die naturgemäß das feindliche Feuer auf sich zog, so daß die Leuchtkugeln diesen Scheinwerfern steigende Konkurrenz machten.

Um die Mannschaft zu schonen und den Scheinwerfer schnell verschwindbar zu machen, erhielt er Aufstellung auf einem ausziehbaren Mast mit Betätigung der Einstellung nach Seite und Höhe von unten durch Seilzug oder Gestänge mit Zahnradübertragung. Eine Abschlußklappe erübrigt sich, da die Glühlampen bei Ausschalten genügend rasch erlöschen.

d) Bogenlichtscheinwerfer. Die gebräuchlichste Ausführung dieser Scheinwerfer ist die der Sockelscheinwerfer, bei denen das Gehäuse mit 2 Achsen drehbar in 2 Tragarmen gelagert ist, die auf einem Drehtisch montiert um die vertikale Achse gedreht werden können. Abb. 21 zeigt (schematisch) den Aufbau eines großen Bogenlichtscheinwerfers für 110 cm und 150 A. Er besteht aus dem Untersatz (1), auf welchem mittels Kugellaufringes der Drehtisch (2) mit den Tragarmen (3) gelagert ist. Der Untersatz trägt die Horizontalskala (4). Der Strom wird durch Schleifkontakte der Lampe zugeführt, deren Kabel (5), mit den Schleifbürsten fest verbunden, genügend lang sein müssen, um die Drehung des Scheinwerfers nach der Vertikalen nicht zu beeinträchtigen. Das Gehäuse (6) ist mit Spiegel, Lampe (7) und Abschlußglas, sowie ev. Irisblende oder Klappenblende (8) so ausbalanciert, daß die Verbindungslinie der Achsen nahezu durch den Schwerpunkt geht.

Das Gehäuse ist so aufgebaut, daß es möglichst leicht in seine einzelnen Bestandteile zerlegt werden kann. Es besteht aus dem Gehäusemantel, der auf zwei genau passenden schmiedeeisernen Ringen lichtdicht aufgezogen ist. Mittels Bajonettverschluß oder gefederten Überwurfriegeln sind Spiegel mit Spiegelfassung (9), Abschlußglas mit Abschlußglasgehäuse, Irisblende oder Klappenblende, Abschlußdeckel und Kamin (10) aufgesetzt. Die Lampe wird in zwei Führungsschienen eingeschoben. Rechts und links neben der Lampe besitzt das Scheinwerfergehäuse zwei Ventilationskästen (11). Es ist klar, daß für gute Ventilation im Gehäuse gesorgt werden muß, teils wegen des Abführens der Dämpfe des Lichtbogens aus dem Gehäuse, teils wegen Vermeidung unnötiger Erhitzung von Spiegel, Abschlußglas und Lampe.

Das Abschlußglas ist zwecks größerer thermischer Widerstandsfähigkeit aus Streifen zusammengesetzt. Bei Marinescheinwerfern ist es im Abschlußglasgehäuse durch Federn gestützt, um es gegen den großen

Druck beim Schießen der schweren Artillerie nachgiebig zu machen, wie auch meist die Scheinwerfer insgesamt gefedert aufgestellt werden.

Sämtliche Teile müssen vollständig lichtdicht sein, insbesondere also auch Ventilationskästen und Kamin, was bei Verwendung einer 150 A-Bogenlampe technisch recht große Schwierigkeiten macht.

Bei dem abgebildeten Scheinwerfer nach Abb. 21 sind zwecks Gewichtsersparnis sämtliche Teile wie Drehtisch, Untersatz, Tragarm, Abschlußdeckel, Spiegelfassung, Abschlußglasgehäuse, seitliche Tragschienen usw. aus gezogenem Material hergestellt.

Abb. 21 Aufbau eines großen (110 cm) Bogenlichtscheinwerfers der Firma Goerz-Scheinwerferbau, Leutzsch-Leipzig.

An Nebeneinrichtungen am Gehäuse seien noch erwähnt ein Diopter zum Richten des Scheinwerfers, Handgriffe zum Einstellen der Kohlen (12) und der Lampe (13) von außen, Volt- und Amperemeter mit Innenbeleuchtung (14), Skala zum Ablesen der Höhenneigung des Scheinwerfers und Feststellvorrichtung des Gehäuses, Projektionsapparat (14), durch den mittels einer Linse ein Bild des Lichtbogens nach der Seite und der Höhe entworfen wird, um seine Einstellung beobachten und regulieren zu können.

Während man sich früher mit Durchschwenkbarkeit des Scheinwerfers von 15° nach unten und 30° nach oben begnügte, hat man die Drehbarkeit nach oben für Fliegerabwehrzwecke bis 120° und darüber steigern müssen.

Für viele Zwecke ist es erwünscht, den Scheinwerfer aus erhöhter Stellung leuchten und wieder verschwinden zu lassen. Es entstanden die Mast- und die Doppelmastscheinwerfer. Abb. 22 zeigt einen 60 cm-Scheinwerfer mit ausziehbarem Mast. Mast und Scheinwerfer sind auf einer Lafette montiert.

Abb. 22. 60 cm-Scheinwerfer auf ausgezogenem Magirusmast und Magiruslafette der Magirus A.-G., Ulm.

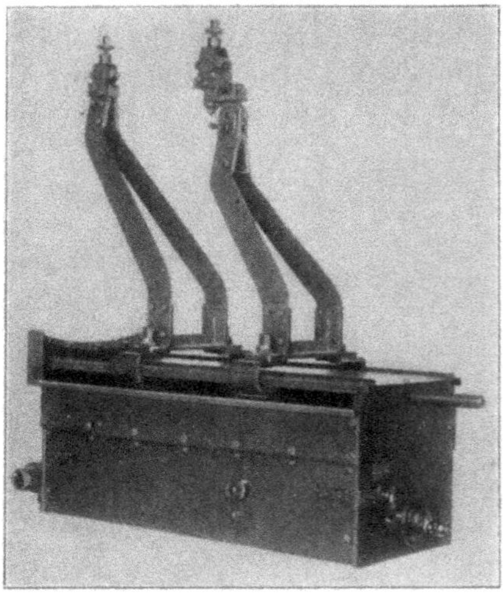

Abb. 23. Nebenschlußlampe für 60 cm-Bogenlicht-Scheinwerfer der Firma Goerz-Scheinwerferbau, Leutzsch-Leipzig.

5. Aufbau der Scheinwerferbogenlampen.

Die Scheinwerferbogenlampen bestehen aus dem Lampenkasten mit Regelwerk und den Kohlenhaltern. Bei beweglicher Anordnung der Kohlenhalter werden diese gemeinsam bewegt. Da die Kohlen an ihren Enden eingespannt sind, ist Verstellung der Kohlen nach Seite und Höhe an den Kohlenhaltern vorgesehen, um die Kohlen ausrichten zu können. Bei fester Anordnung der Kohlenhalter werden die Kohlen im Kohlenhalterkopf vorgeschoben. Da sie an ihrem vorderen Ende geführt werden, fällt die Einstellbarkeit der Kohlen fort.

Für Bogenlampen kleinerer Stromstärke bis 100 A verwendet man Nebenschlußregulierung, während bei größeren Stromstärken Antrieb der Lampe durch einen durch Nebenschlußrelais gesteuerten Motor oder durch dauernd rotierenden Motor (Goerz-Scheinwerferbau) mit durch Nebenschlußrelais gesteuertem Getriebe erfolgt.

Abb. 23 zeigt eine Bogenlampe mit Nebenschlußregulierung für einen 60 cm-Scheinwerfer mit beweglichen Kohlenhaltern, Abb. 24 das Antriebs- und Regelwerk einer Motorbogenlampe für 150 A. Man sieht den Motor (1), das Übersetzungsgetriebe (2), das gesteuerte Differentialgetriebe (3), das Stromspannungsrelais (4), das auf die Bremsmagnete (5) einwirkt, die das Differentialgetriebe so steuern, daß die Kohlenhalter (bzw. die Kohlen) vor- oder zurückgeschoben wer-

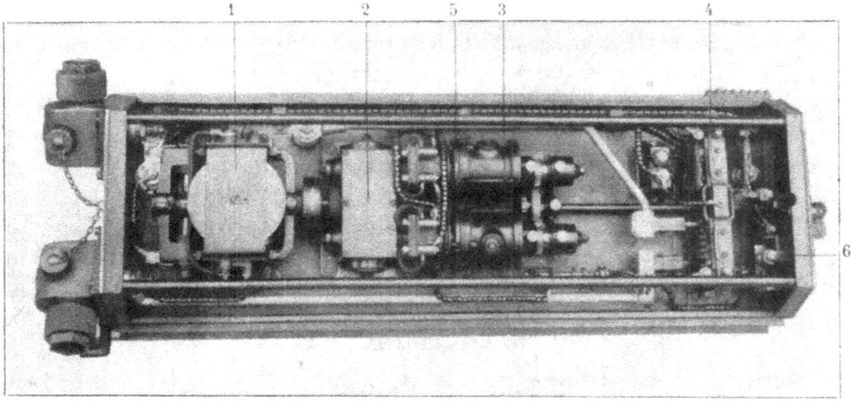

Abb. 24. Motorbogenlampe 150 Amp. für 110 cm-Scheinwerfer der Firma Goerz-Scheinwerferbau, Leutzsch-Leipzig.

Abb. 25. Goerz-Scheinwerferbogenlampen System Beck für 200 bis 300 Amp. bzw. 150 bis 250 Amp. Leutzsch-Leipzig

den, so daß die Lichtbogenspannung konstant bleibt. Der Endausschalter (6) schaltet den Motorstrom aus, wenn die Kohlen abgebrannt sind.

Abb. 25 endlich zeigt die Scheinwerferbogenlampen der Firma Goerz System Beck, und zwar die kleinere für 150 bis 250 A, die größere für 200 bis 300 A. Die Kohlenhalter stehen fest, die Kohlen werden zwecks Regulierung bewegt. Bei diesen Lampen steht die positive Kohle in Bezug auf den Brennpunkt des Spiegels fest, d. h. sie wird kontinuierlich vorgeschoben, während die Lichtbogenregulierung durch Bewegung der negativen Kohle erfolgt. Der dauernd rotierende Motor in Verbindung mit den kleinen zu bewegenden Massen bedingt außerordentlich schnelle Zündung und Regulierung des Lichtbogens.

Bei diesen Lampen wird die positive Kohle dauernd gedreht, so daß der Abbrand vollkommen gleichmäßig ist. Man erkennt in der Abbildung weiter die Art der Führung der positiven und negativen Kohle, sowie den geringen Durchmesser beider Kohlen (negative 14, positive 16 mm Durchm.).

III. Leuchtfeuer.

Ebenso wie die Blinkgeräte unterscheiden sich die Leuchtfeuer von den Scheinwerfern dadurch, daß man nicht in ihrem Licht die Gegenstände erkennen will, sondern daß ihr Licht gesehen werden soll. Gemeinsam mit den Blinkgeräten haben sie, daß sie Lichtsignale geben, zusammengesetzt aus weißen oder farbigen Lichtblitzen gleicher oder verschiedener Dauer und der Kombination beider.

a) Kennung. Die typischsten vorkommenden Arten von Leuchtfeuern (Charakteristiken oder Kennungen) gibt Abb. 26 wieder.

Die Abbildungen zeigen:

Festfeuer, welche weißes oder farbiges Licht entweder über den ganzen Horizont oder in gewissen Zonen dauernd von gleichbleibender Stärke zeigen.

Unterbrochene Feuer mit weißen oder farbigen Scheinen, einzeln oder in Gruppen, zwischen kurzen Verdunklungen.

Wechselfeuer, bei denen weiße Scheine mit anderen Farben (in der Abbildung gestrichelt) einzeln oder in Gruppen abwechseln.

Blinkfeuer, mit weißem oder farbigem Blinken. Das Aufleuchten erfolgt aus verhältnismäßig langer Dunkelheit oder aus schwachem Licht heraus mit allmählichem Ansteigen und Abklingen.

Blitzfeuer, bei denen der Lichtschein von sehr kurzer Dauer, weniger als zwei Sekunden, plötzlich auftritt.

Die Blink- und Blitzfeuer können einzelne Lichterscheinungen und auch Gruppen von Lichterscheinungen zeigen, so daß also deren Zahl die Grundlage der Kennung ist. Außerdem werden sie in Kombination mit Festfeuern ausgeführt.

Auf die Blitzdauer kommen wir im Abschnitt über die Optik noch zu sprechen.

Mischfeuer haben Kennungen, die aus den verschiedenen vorgenannten Lichterscheinungen und Farben gebildet werden.

Je nach dem Verwendungszweck werden folgende Feuer unterschieden:

Leitfeuer sind feste Feuer, die einen gewissen Winkel (Leitsektor) zur Kennzeichnung der Fahrrinne abgrenzen. Das Über-

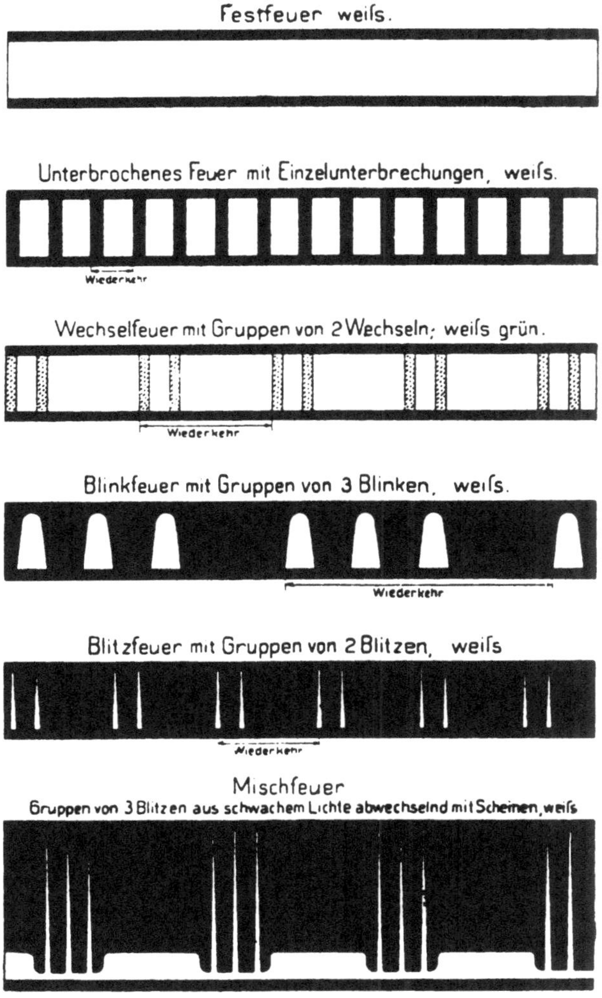

Abb. 26. Kennung der verschiedenen Leuchtfeuerarten.

schreiten dieses Winkels wird durch weiße oder rote Blinke (Warnungssektoren) gekennzeichnet.

Als **Richtfeuer** dienen zwei Feuer, welche hintereinander angeordnet werden, von denen das seewärts liegende »Unterfeuer« tiefer als das landeinwärts liegende »Oberfeuer« angeordnet wird. Dem

Schiffer wird also eine Linie für seine Fahrt gekennzeichnet. Das Unterfeuer ist meist ein Blink- oder Blitzfeuer.

Quermarkenfeuer sind Feuer, die den Übergang von einer Kennung in eine andere angeben.

Außerdem kommen noch in Frage zeitweilige Feuer zur Bezeichnung von Baustellen oder zum Ersatz von außer Betrieb gesetzten Feuern und Wrackfeuer zur Bezeichnung von Wracken.

Die Leuchtfeuer können entweder unter ständiger Aufsicht oder unbewacht sein. Mit Rücksicht auf die große Wichtigkeit und die von der Schiffahrt erwartete absolute Zuverlässigkeit der Leuchtfeuer muß von ihnen, ganz besonders von den unbewachten, absolute Betriebssicherheit gefordert werden.

Aus diesen allgemeinen Erörterungen lassen sich die Anforderungen für den Entwurf eines Leuchtfeuers wie folgt formulieren:

Nach der Wahl der Tragweite des Feuers und der danach zu errechnenden Helligkeit muß dafür gesorgt sein, daß das Licht stets in gleichbleibender Stärke und die Kennung eindeutig scharf gezeigt wird. Auch bei diesiger und nebliger Luft soll es noch auf weite Entfernung erkennbar sein.

Der Aufbau des Feuers — die Optik, wie vor allem die Lichtquelle — muß mit möglichst einfachen Mitteln erreicht werden, um Betriebsstörungen auszuschließen.

b) Aufstellung und Sichtweite. Es ist unmöglich, eine Küste mit einem Kranz von Leuchtfeuern gleicher Intensität zu umgeben. Man muß sich darauf beschränken, an den Hauptpunkten weittragende Feuer mit starken Lichtquellen zwischen Feuern mit geringerer Tragweite zur Aufstellung zu bringen. Die Hauptfeuer dienen also in erster Linie der Ansegelung und decken einen großen Umkreis.

Die Sichtweite dieser Feuer wird geographisch beschränkt durch die Erdkrümmung. Sie wird um so größer, je höher die Lichtquelle aufgestellt ist und je höher das Auge des Beobachters sich über dem Meere befindet. Für die Berechnung der Aufstellungshöhen wird die Augenhöhe mit 5 m angenommen. Hierbei ist zu berücksichtigen, daß infolge der Brechung der Lichtstrahlen beim schrägen Durchdringen durch die einzelnen Luftschichten sich eine Vergrößerung der Sichtweite von etwa 8% ergibt. Die maximalen Sichtweiten unserer Leuchtfeuer betragen etwa 20 bis 25 Seemeilen.

Bedeutet s die Entfernung in Seemeilen, h_1 die Feuerhöhe und h_2 die Augenhöhe des Beobachters in m über Meeresspiegel, so errechnet sich die Sichtweite unter Berücksichtigung des Refraktionskoeffizienten von 1,08 aus der Formel

$$s = 2{,}08\,(\sqrt{h_1} + \sqrt{h_2}).$$

Der Leuchtturm auf Helgoland z. B. liegt 82 m über dem mittleren Hochwasserstand, so daß bei einer Augenhöhe von 5 m sich eine Sichtweite von etwa 24 Seemeilen ergibt.

Die Sichtweite ist ferner abhängig von der Intensität des Feuers, wobei die Absorption durch diesige und neblige Luft zu berücksichtigen ist. Für diese muß in erster Linie die Intensität gewählt werden, weil wir den größten Teil des Jahres mit ungünstigen atmosphärischen Verhältnissen zu rechnen haben, während trockene klare Luft nur in einem geringen Teile des Jahres vorherrscht. Da die Leuchtfeuer horizontal leuchten, so muß der Lichtstrahl auf seinem ganzen Wege die über dem Wasser lagernden dicken Dunstschichten durchdringen.

c) Lichtstärke und Tragweite. Die Lichtstärke, die für ein Feuer zu wählen ist, wird errechnet aus der Formel:

$$J = 0{,}35 \cdot T^2 \cdot \sigma^{-T}$$

worin T die Tragweite in Seemeilen, σ den Durchlässigkeitskoeffizienten der Luft auf 1000 m bedeutet, und zwar wird dieser für kleine Tragweiten zu 0,6, für mittlere zu 0,8 pro km angenommen.

Die Tabelle 48 auf S. 578 gibt an, welche Lichtstärken bei klarem und bei dunstigem Wetter für Tragweiten von 4—25 Seemeilen notwendig sind.

Die Tabelle läßt erkennen, welche enorme Steigerung an Leuchtkraft das Feuer erfahren muß, um die gleiche Tragweite bei dunstigem Wetter zu ergeben wie bei sichtigem Wetter bzw. umgekehrt, wie rasch bei gegebener Lichtstärke die Tragweite bei dunstigem Wetter abnimmt.

d) Optik der Leuchtfeuer. Während früher als optische Mittel Metallparabolspiegel üblich waren, die jedoch den großen Nachteil der Empfindlichkeit gegen Witterungseinflüsse, die Abgase der Lichtquellen und gegen das Putzen der Spiegel hatten, setzte die Entwicklung der modernen Leuchtfeueroptik mit den Arbeiten des französischen Physikers Fresnel ein, die zur Entwicklung der Gürtellinse und der Ringlinse führten.

Die Fresnelsche Ringlinse besteht aus einer Mittellinse bzw. Linsenringen mit total reflektierenden Prismenringen, d. h. einer Kombination aus brechender und reflektierender Optik (Abb. 27). Die Vorteile dieser Linsen gegenüber den gewöhnlichen Linsen sind bereits auf S. 491 erläutert.

Für feste Feuer, die nach allen Seiten strahlen sollen, genügt es, die nach der Höhe ausgehenden Strahlen der Lichtquelle zusammenzufassen und in die Horizontale zu konzentrieren. Für diesen Fall führte Fresnel die sog. Gürtellinse (Abb. 28) ein, die aus einem zylindrischen lichtbrechenden Glaskörper und total reflektierenden Prismen besteht, welche ober- und unterhalb des Zylinders angeordnet sind. Die Lichtstrahlen werden nur bezüglich der vertikalen Ebene durch die Linse konzentriert, während sie bezüglich der horizontalen Ebene nach allen Richtungen austreten. Die vertikale Streuung hängt von der Brennweite und von der vertikalen Ausdehnung der Lichtquelle ab.

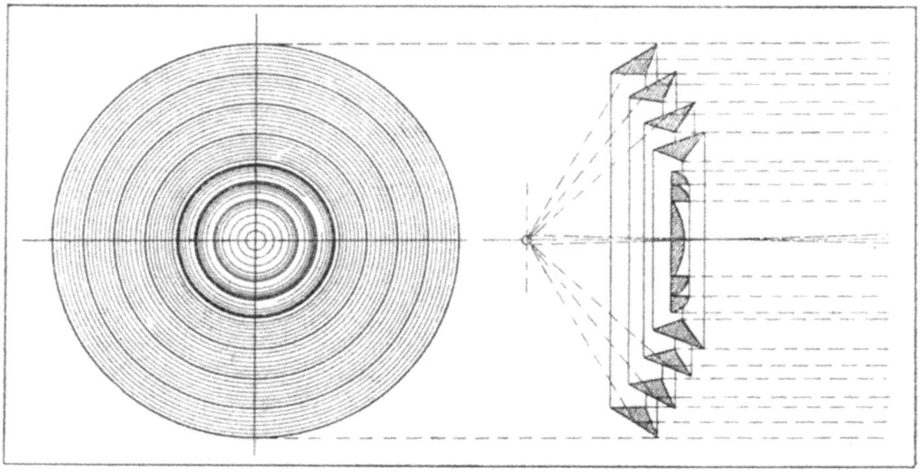

Abb. 27. Fresnelsche Ringlinse.

Bei der Gürtellinse ist die Lichtstärke J, abgesehen von dem Wirkungsgrad des optischen Systems, bestimmt durch das Produkt

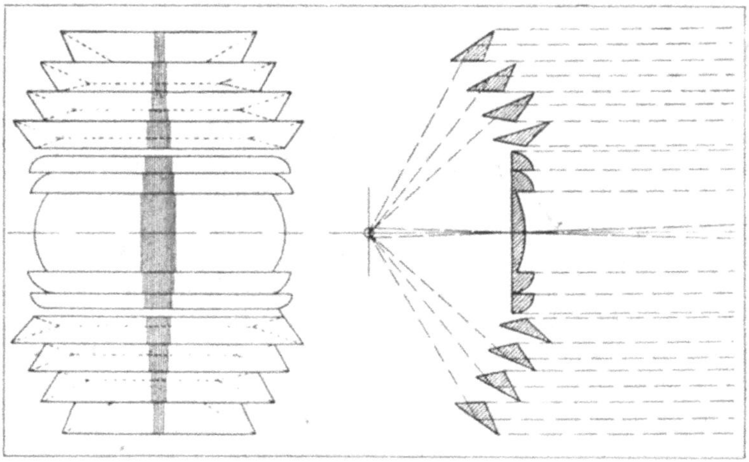

Abb. 28. Fresnelsche Gürtellinse.

aus der Breite b der Flamme, der Höhe h der Optik und der Flächenhelligkeit e der Lichtquelle, also $J = b \cdot h \cdot e$. Bei der kreisförmigen Scheinwerferlinse mit einem Außendurchmesser d wird sie dagegen

$J = \frac{\pi d^2}{4} \cdot e.$ Die Lichtstärke und damit die Tragweite eines Feuers mit einem durch eine Scheinwerferlinse verdichteten Lichtstrahl ist also ganz wesentlich größer als bei der Gürtellinse, bei der die Verdichtung des Lichtbündels nur in einer Richtung erfolgt, gleiche Flächenhelligkeit vorausgesetzt.

Die Zahl der reflektierenden Prismenringe resp. Prismenbögen bei kleineren Feldern richtet sich nach dem Öffnungswinkel und nach der Anordnung der Flamme, während die horizontale Öffnung und die Zahl der Fresnellinsen sich nach der gewünschten Kennung des Leuchtfeuers richtet.

Abb. 3 (S. 476) zeigt eine Leuchtfeueroptik mit vier Linsenfeldern von 250 mm Brennweite für ein einblitziges Feuer.

Zur Erzeugung der Blitze läßt man die Fresneloptik mit der Lichtquelle rotieren. Immer dann, wenn der Lichtkegel über das Auge streicht, sieht man einen Lichtblitz. Lichterscheinung und Dunkelpause wechseln also mit einander ab, wobei die Dunkelpause wesentlich größer ist als die Blitzdauer. Die Blitzdauer hängt von Streuung und Umlaufszeit ab.

Außer dieser Methode werden auch v. Ottersche Blenden, bestehend aus einer Jalousie mit vertikalen Blechen, verwandt.

e) Lichtquellen. Entscheidend für die Wahl der Lichtquellen und des Brennstoffes sind verschiedene Gesichtspunkte. Obenan steht die Forderung absoluter Betriebssicherheit, sodann entscheiden die Frage des Preises, die Transportmöglichkeit und die Kosten des Transportes des Betriebsstoffes nach dem Verbrauchsort.

Eingeführt sind Spiritusglühlicht und Petroleumglühlicht mit stehender und hängender Glühstrumpfanordnung, Azetylen, besonders in der Form des Azetylendissous, sowie Öl- und Blaugasglühlicht, ferner in geringerem Umfange elektrisches Bogenlicht und in höherem Umfange, namentlich für Hafenbeleuchtung, neuerdings elektrisches Glühlicht.

Die Leistungen der aufgeführten Lichtquellen sind in Tab. 46 (S. 575) enthalten.

Besonders das Blaugas hat sich einen großen Wirkungskreis erobert, da es bei gewöhnlicher Temperatur einen relativ kleinen Dampfdruck hat, so daß es in dünnwandigen Behältern verdichtet und transportiert werden kann. Das hat natürlich große Vorzüge für den Brennstoffersatz schwer zugänglicher Apparate zur Folge, insbesondere also für Leuchtbojen und Leuchtbacken, die weitab liegen und nur in größeren Zeitabständen von mehreren Monaten versorgt werden. Abb. 29 zeigt das Füllen einer Leuchtboje mit Blaugas für einen mehrmonatigen, automatischen Betrieb.

Da diese Leuchtfeuer monatelang automatisch funktionieren müssen, hat sich auch das aus Entwicklern erzeugte Azetylen trotz der Bequemlichkeit des Transportes von Karbid und der Herstellung des Azetylens mit Hilfe von Wasser an Ort und Stelle nicht eingeführt, da mitgerissene Unreinigkeiten zu leicht zur Verstopfung der Brennerdüse führten.

Die Einführung der Lichtquelle mit höchster Flächenhelligkeit, nämlich der Bogenlampe im Leuchtfeuerwesen ist wesentlich dadurch

Abb. 29. Füllen einer Leuchtboje mit Blaugas. (Julius Pintsch A.-G., Berlin.)

aufgehalten worden, daß meist eine besondere elektrische Anlage notwendig war, sowie daß die Brenndauer der Kohlen für die langen Winternächte nicht genügend groß ist, um vollkommene Sicherheit zu gewährleisten. Immerhin hat gerade die große Flächenhelligkeit der Bogenlampe zu ihrer Anwendung bei einigen der stärksten Leuchtfeuer geführt, wie Helgoland (Parabolspiegel), Stilodüne, Sylt, Hörnum (Fresneloptik).

f) Leuchtfeuer für die Luftschiffahrt. Diese unterscheiden sich insofern von den Leuchtfeuern für die Schiffahrt, als sie ihr Licht auch in einem beträchtlichen Höhenwinkel bis 50° aussenden müssen, und zwar bis ca. 15° besonders hell, von da ab abnehmend.

Ganz wesentlich ist aber bei den Leuchtfeuern für die Luftfahrt große Reichweite, da wegen der großen Geschwindigkeit der Flugzeuge die Leuchtfeuer schon auf große Entfernungen erkannt werden müssen.

Neben den Leuchtfeuern, die dem Anflug oder der Warnung an wichtigen Punkten dienen, werden auf bestimmten Flugstrecken Leitfeuer, sowie auf Landungsflächen Markierungsscheinwerfer zur Kennzeichnung der Start- und Landungsbahn und zur Kennzeichnung der jeweiligen Windrichtung vorhanden sein müssen.

IV. Blinkgeräte.

1. Allgemeines.

Die Blinkgeräte dienen im Gegensatz zu den Scheinwerfern nicht dazu, Gegenstände anzuleuchten und so in den Sichtkreis zu bringen, sondern um gesehen zu werden, wobei ihr Licht durch Signale nach Art der Morsezeichen oder durch Wahl verschiedener Farben oder Kombinationen zur Übermittelung von Telegrammen benutzt wird.

Dabei wird es im allgemeinen nicht notwendig sein, einen allzu großen Bereich mit ihrem Licht zu überdecken, da man bei den Blinkgeräten für größere Entfernungen ohnehin für genauere Visiermöglichkeit sorgen muß, so daß man sich mit kleinen Streuungen zugunsten der Lichtstärke des Blinkgerätes begnügen kann. Abgesehen von den Blinkgeräten für besondere Zwecke wird man sich bei solchen für große Entfernungen mit einer Streuung von 1° bis 2° vollkommen begnügen können.

Ein weiterer Unterschied der Blinkgeräte gegenüber den Scheinwerfern ist der, daß sie nicht nur bei Nacht, sondern auch gerade bei Tage benutzt werden sollen. Das macht besonders große Lichtstärke und besonders weißes Licht zur Forderung. Da man ferner ihren Leuchtkegel bei Tage nicht weit verfolgen kann, sind eigene Mittel notwendig, um Visierachse und Leuchtachse miteinander in Einklang zu bringen.

Nach diesen Gesichtspunkten sind die üblichen Blinkgeräte konstruiert.

2. Lichtquellen.

a) Azetylen-Sauerstoffbrenner. In erster Reihe wurden Azetylen-Sauerstoffbrenner mit Leuchtplättchen oder Leuchtzylindern verwandt. Hierüber ist dasselbe zu sagen, wie über die Azetylen-Sauerstoffscheinwerfer, daß nämlich Gewicht der gesamten Anlage, Bedienungsschwierigkeiten und Betriebsschwierigkeiten diese Lichtquellen bald durch elektrisches Glühlicht verdrängen ließen.

Bezüglich des Energieverbrauches ist zu berücksichtigen, daß beim Azetylen-Sauerstoffbrenner kontinuierlicher Betrieb und Signalisieren durch Signalblenden erforderlich ist, während man bei Glühlampen geeigneter Konstruktion das Ein- und Ausschalten des Stromes direkt zum Signalisieren verwenden kann.

b) Elektrisches Glühlicht. Abgesehen von dem Signalisieren mit Glühlampen in direkter Sicht (Marine), haben erst die Spiraldrahtlampen die Einführung der Glühlampen im optischen Signalgerät ermöglicht, da die Metalldrahtlampen entweder zu große Ausdehnung der Leuchtfäden oder bei Verwendung eines einzelnen Leuchtfadens zu geringe Ausdehnung in einer Richtung hatten. Günstig war insbesondere auch die Ausbildung der gasgefüllten Spiraldrahtlampen, da ihre Temperatur höher und damit ihr Licht weißer wurde.

Als Betriebsmittel werden Akkumulatoren oder aus Taschenlampenelementen zusammengesetzte Batterien verwandt. Die Spannung muß wesentlich höher als die Stromstärke sein; letztere ist für die Dicke des Leuchtfadens maßgeblich und darf deshalb einen gewissen Wert nicht überschreiten, da sonst Anklingen und Abklingen der Glühlampen zu lang dauert und die Zeichen verwischt werden.

Bei kleineren Glühlampen bis zu 16 Kerzen kann man die Spannung etwa gleich der Kerzenstärke bei normaler Belastung wählen. Im Betriebe werden die Glühlampen natürlich mit Überspannung gebrannt. Bei höherkerzigen Lampen, bei denen die Erhöhung der Spannung teils Unbequemlichkeiten, teils sehr lange Spiraldrähte ergeben würde, werden nach einem Patent der Firma Goerz die Glühfäden unterteilt und parallel geschaltet.

Für die Verwendung von Batterien kommt als günstiges Element in Betracht, daß man mit dem Strom selbst signalisieren und in den Pausen Strom sparen kann, sowie daß die Glühlampen dank der kurzen Leuchtdauer in den einzelnen Signalen sehr stark überlastet werden können, so daß ihr spezifischer Wattverbrauch sehr gering ist und die Kapazität der Batterie länger vorhält. Auch gewähren die Signalpausen der Batterie Zeit zur Erholung.

Bei der Glühlampe hat man ferner den Vorteil, daß man wieder eine Hilfsverspiegelung anwenden kann. Obwohl im Blinkgerät wegen der gewünschten kleinen Streuung fast ausschließlich Manginspiegel oder Parabolspiegel mit kleinerem Öffnungswinkel, d. h. also nicht tiefe Parabolspiegel in Frage kommen, kann man gemäß einem Patent der Firma Goerz noch einen Schritt weiter gehen, indem man die Verspiegelung so groß macht, daß nur der Öffnungswinkel des Hauptspiegels frei bleibt. In diesem Falle wird die gesamte Licht- und Wärmestrahlung der Glühlampen in dem Raumwinkel, der nicht dem Öffnungswinkel des Hauptspiegels entspricht, nach Reflexion an der Hilfsverspiegelung vom Spiraldraht absorbiert und dieser dadurch erhitzt, so daß die gleiche Temperatur schon bei geringerer Stromstärke erzielt und wesentlich Strom erspart wird (Lampen mit übergreifender Versilberung). Wie groß diese Wirkung ist, geht aus dem Beispiel hervor, daß Glühlampen mit Hilfsverspiegelung und einer freibleibenden Öffnung von ca. 75° bei einer Belastung, wie sie ohne Hilfsverspiegelung als normal anzusehen ist, sofort durchbrennen.

c) Bogenlicht. Die Bogenlampe ist für Signalzwecke nur in der Schiffahrt und in der Kriegsmarine eingeführt. Die Signalgebung

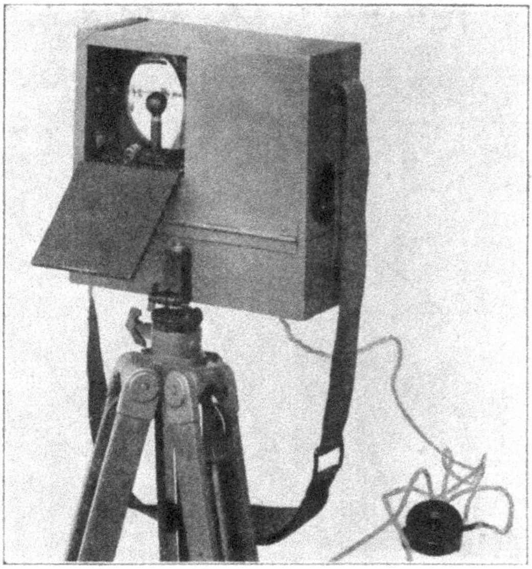

Abb. 30. Kleines Infanterieblinkgerät der Optischen Anstalt C. P. Goerz A.-G., Berlin-Friedenau.

erfolgt durch eine jalousieartige Klappenblende. Helligkeit und Reichweite der üblichen Signalscheinwerfer mit 35 cm-Spiegeln ist naturgemäß sehr groß.

3. Aufbau von Blinkgeräten.

Es sind Blinkgeräte für kleine und große Reichweiten zu unterscheiden. Bei Blinkgeräten mit kleiner Reichweite verwendet man zweckgemäß etwas größere Streuung (3 bis 4°), sowie ein einfaches, fest montiertes Visier, wie Kimme und Korn oder Diopter. Abb. 30 zeigt das im Kriege eingeführte kleine Infanterieblinkgerät der Firma Goerz; Gewicht einschließlich Batterie (8 Taschenlampenelemente) 2,4 kg; Betriebsdauer 30 bis 40 Stunden, Glühlampe 3 HK 4 V, Spiegeldurchmesser 90 mm (Parabolspiegel).

Bei Blinkgeräten für größere Reichweiten ist 1. Richtglas, 2. genaues Visier und 3. die Möglichkeit der Parallelrichtung von Visierachse und Leuchtachse notwendig. In Abb. 31 erkennt man den Richtkreis (1), das Visierfernrohr (3), das im Innern ein Fadenkreuz enthält. Um Visierachse und Leuchtachse parallel zu stellen, verwendet man das Alineator- oder das Tripelprisma (4), die mit ihrem einen Ende vor dem Spiegel, mit ihrem anderen Ende vor dem Objektiv des Visierfernrohres stehen und die Eigenschaft haben, daß die

Abb. 31. Mittleres Blinkgerät der Optischen Anstalt C. P. Goerz A.-G., Berlin-Friedenau.

hineintretenden Lichtstrahlen in derselben Richtung wieder austreten. Da die Lichtquelle im Brennpunkt des Spiegels steht und die durch das Prisma in das Objektiv eintretenden Strahlen ein Bild der Lichtquelle in der Brennebene des Objektivs ergeben, so kann dieses durch Justierschrauben (2) mit dem Fadenkreuz zur Deckung gebracht werden. Man hat dann die Sicherheit, daß die mit dem Fadenkreuz zusammenfallenden Objekte, Stationen usw. tatsächlich in dem Lichtkegel des Blinkgerätes liegen. Ja man kann sogar bei feststehendem Visierfernrohr ohne Fadenkreuz das Bild der Lichtquelle zum Visieren im Gelände benutzen.

V. Projektions- und Kino-Apparate.

1. Allgemeines.

Projektions- und Kinoapparate unterscheiden sich vom lichttechnischen Standpunkt aus nicht. Bei beiden wird das von einer

Lichtquelle kommende Licht durch einen Kondensor in einem Projektionsobjektiv vereinigt, welches seinerseits ein Bild von einem im Strahlengang zwischen Kondensor und Objektiv stehenden Diapositiv entwirft.

Der mechanische Unterschied besteht darin, daß bei gewöhnlichen Projektionsapparaten ein feststehendes Bild von einem feststehenden Diapositiv entworfen wird, während bei Kinoapparaten dieses Diapositiv sehr schnell gewechselt wird, wobei jedoch das jeweilige Diapositiv während der Projektion gleichfalls feststeht; nur durch den schnellen Wechsel werden durch die Nachwirkung im Auge die Lichtpausen zwischen den einzelnen Bildern überbrückt und durch den Wechsel der Diapositive der Eindruck eines bewegten Bildes erzeugt.

Neuerdings gibt es auch Kinoapparate, bei denen das Diapositivband (Film) nicht ruckweise, sondern kontinuierlich bewegt wird, während durch eine mitbewegte Optik die Lichtstrahlen so abgelenkt werden, daß während der Bewegung eines einzelnen Bildes das Bild auf der Leinwand feststeht. Dadurch werden die Dunkelpausen stark verkürzt und der Film geschont. Allgemeine Verbreitung haben diese Apparate aber bisher noch nicht erlangt.

2. Lichtquellen.

Die in Projektionsapparaten verwandten Lichtquellen sind, von kleinen Hausapparaten abgesehen, Azetylen-Sauerstoff bzw. Gasolin-Sauerstoff mit Leuchtplättchen, elektrische Glühlampen und Bogenlampen, welch letztere von den andern Lichtquellen natürlich bei weitem nicht erreicht werden.

Zwar spielt bei den Lichtquellen für Projektionsapparate die Lichtstärke die Hauptrolle, so daß man eine Bogenlampe mit kleinerer Leuchtfläche durch eine Glühlampe mit größerer Leuchtfläche ersetzen könnte. Jedoch kommt es aus zwei Gründen doch wesentlich auf die Flächenhelligkeit der Lichtquellen an: Erstens wird das Licht einer Lichtquelle höherer Flächenhelligkeit weißer sein und daher bessere und treuere Bilder geben, was namentlich von größter Wichtigkeit für die Projektion farbiger Diapositive ist. Sodann kann man aber auch die Leuchtfläche nicht beliebig groß machen, da das vom Kondensor in das Objektiv projizierte Bild so klein sein muß, daß die Strahlen ungehindert durch das Projektionsobjektiv hindurchtreten, wie das schematische Bild Abb. 32 zeigt. Man würde also bei großen Leuchtflächen ein größeres, d. h. also teureres und schwieriger herzustellendes Objektiv haben müssen. Ganz besonders ist aber eine möglichst geringe Ausdehnung und damit möglichst große Flächenhelligkeit der Lichtquelle von Bedeutung für die optische Abbildung; ist das vom Kondensor entworfene Bild der Lichtquelle klein gegenüber der Öffnung des Objektivs, so werden nur die mittleren, d. h. optisch besser korrigierten Zonen des Objektivs sich an der Projektion beteiligen, während bei größerem Durchmesser der vom Kondensor abgebildeten Lichtquelle auch die äußeren Zonen des Objektivs hierbei mitwirken und dadurch zur Vergrößerung der Fehler des Astigmatismus und der Bildfeldkrümmung beitragen. Man ersieht hieraus, daß auch beim Projektionsapparat Lichtstärke und Flächenhelligkeit der Lichtquelle

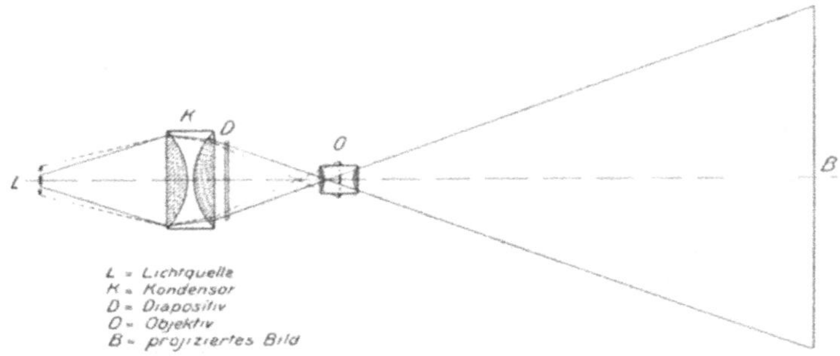

Abb. 32. Einfluß der Größe der Lichtquelle auf den Strahlengang im Projektionsapparat.

Hand in Hand mit der Helligkeit und Güte des projizierten Bildes gehen. Es kommt dazu, daß namentlich bei Glühlampen sich die einzelnen Glühfäden durch störende Helligkeitsunterschiede im Bild bei ungünstiger Stellung der Optik bemerkbar machen können.

Über die Lichtquellen im einzelnen ist bezüglich des Azetylen-Sauerstoffbrenners mit Leuchtplättchen nichts Besonderes zu sagen. Es kommen hier dieselben Einrichtungen wie bei Scheinwerfern zur Verwendung.

Bezüglich der bisher benutzten Glühlampen (Spiraldrahtlampen mit Gasfüllung) ist zu sagen, daß die Aufgabe, große Helligkeit auf möglichst kleinem Raum der Leuchtfläche bei genügender Brenndauer der Lampe zu konzentrieren, auch hier noch nicht einwandfrei gelöst ist.

Zur Erhöhung der Gleichmäßigkeit der leuchtenden Fläche hat man die einzelnen Spiraldrähte in zwei Ebenen mit versetzter oder kreuzweiser Anordnung untergebracht. Die Anordnung der Leuchtfäden in zwei verschiedenen, hintereinander liegenden Ebenen begünstigt noch insofern die Gleichmäßigkeit der Bildhelligkeit, als eine scharfe Abbildung bei der relativ kurzen Brennweite des Kondensors nicht gut möglich ist.

Man hat auch versucht, die Lichtausbeute der Glühlampen durch rückseitige Verspiegelung zu erhöhen, wodurch man die bereits früher geschilderten Nachteile, die namentlich bei hochkerzigen Lampen groß sind, mit in den Kauf nimmt.

Die früher vielfach benutzten Nernstlampen sind durch die gasgefüllten Spiraldrahtlampen überholt und fast vollständig aus dem Projektionsapparat verdrängt.

Die beste Lichtquelle für Projektionsapparate ist und bleibt die Bogenlampe. Während bei Scheinwerfern fast ausschließlich die Zentrallampe, d. h. eine Bogenlampe mit in der Spiegelachse liegenden Kohlen verwandt wird, und zwar Zentrallampen mit automatischer Regulierung, werden in Projektionspparaten wegen der relativ kleinen Öffnung der Optik meist Bogenlampen mit winkliger Stellung der Kohlen oder die sog. Schrägkohlenlampen verwandt, bei denen die Kohlen übereinander stehen, jedoch die positive Kohle gegenüber der negativen etwas zurückgezogen, um den Krater schräg nach vorn ausbrennen und strahlen zu lassen.

Bei der ruhenden Projektion werden sowohl automatische wie auch von Hand zu regulierende Lampen verwandt, wogegen sich in der Kinematographie die Handregulierlampen viel mehr eingebürgert haben als die automatisch regulierenden. Hierfür ist kaum ein anderer plausibler Grund, wenn nicht ein gewisser Konservativismus vorhanden, da man heute automatisch regulierte Lampen mit einwandfreier und bester Regulierung besitzt. Allerdings macht auch die automatische Bogenlampe die Handregulierung nicht vollständig überflüssig, da es infolge ungleichen Abbrandes der Kohlen vorkommen kann, daß die positive Kohle zu weit oder nicht weit genug gegenüber der negativen Kohle vorgeschoben wird, so daß ihr Krater aus dem Brennpunkt des Kondensors herausrückt oder, was schlimmer ist, daß die negative Kohle sich vor die positive schiebt und den Krater teilweise abdeckt. Jedoch wird durch eine gut regulierende automatische Bogenlampe die Bedienung des Projektionsapparates ganz wesentlich erleichtert.

In neuester Zeit ist auch die Goerzlampe System Beck der Projektion dienstbar gemacht. Sie arbeitet ohne die Komplikationen der Scheinwerferlampe System Beck mit fest eingespannten Kohlen ohne besondere Schutzvorrichtungen. Diese Lampe vereinigt alle Vorzüge, die die Befriedigung aller aufgestellten Bedingungen gewährleisten, nämlich hohe Temperatur, daher sehr weißes Licht, sehr kleine Leuchtfläche, daher hohe Flächenhelligkeit und gleichzeitig gesteigerte Lichtstärke. Abb. 33 gibt einen Vergleich der gebräuchlichen normalen Kohlen und der Goerzkohlen für Stromstärken von 15 bis 50 A; jedoch wird die Lampe auch für Kohlen bis 125 A (12 mm Durchm.) ausgeführt. Dabei sind, wie man sieht, bei dieser Lampe für Gleichstrom negative und positive Kohlen gleich stark. Beide Kohlen sind mit einem Kupferüberzug versehen, der gleichzeitig die Stromleitung und die Schutzwirkung der Kohlen übernimmt.

Die Projektionsbogenlampen mit Reinkohlen arbeiten mit Wechselstrom erheblich unökonomischer als bei Gleichstrombetrieb. Sehr häufig wird deshalb der Wechselstrom erst in einer Umformer- oder Gleichrichteranlage in Gleichstrom umgewandelt.

Die neue Goerzlampe ist, mit Wechselstrom betrieben, der normalen Lampe ganz besonders überlegen, da sie dann gleichfalls mit sehr dünnen Kohlen arbeitet, so daß die beiden Leuchtflächen der Kohlen erheblich weniger Ausdehnung besitzen als die einer normalen Lampe.

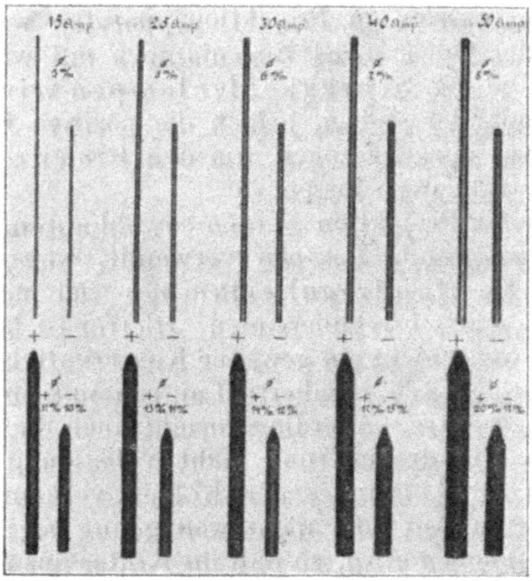

Abb. 33. Vergleich normaler Kohlen (unten) und Goerz-Projektionslampenkohlen (oben) für Gleichstrom.

Daß diese Lampe mit ihrem intensiv weißen Licht besonders günstig für farbige Projektion (Dreifarbenprojektion, Projektion kolorierter Bilder oder Autochromaufnahmen) ist und ganz besonders glänzende und überraschende Effekte gibt, liegt auf der Hand.

3. Die Optik der Projektionsapparate.

Die Optik der Projektionsapparate ist relativ einfach. Als Kondensor verwendet man ein System aus zwei Bikonvexlinsen, die mit ihren gekrümmten Flächen einander zugekehrt sind, um die sphärischen Fehler der einzelnen Linsen möglichst zu kompensieren, oder in neuerer Zeit in steigendem Maße Tripelkondensoren (s. Abb. 34), bei denen zu dem Doppelkondensor noch eine Konkav-Konvexlinse tritt, welche dem Kondensor einen größeren Öffnungswinkel verleiht, so daß die Bildhelligkeit bei Verwendung derselben Lichtquelle gesteigert wird. Zwecks Strom- und Kohlenersparnis wurde neuerdings der Tripelkondensor behördlich vorgeschrieben.

Bezüglich der thermischen Widerstandskraft werden an die Kondensoren erhebliche Anforderungen gestellt, namentlich an die der Lichtquelle am nächsten stehende Konkav-Konvexlinse. Man verwendet daher gut gekühlte Gläser mit möglichst kleiner Ausdehnung und hohem thermischen Widerstandskoeffizienten sowie zweckmäßig solche Gläser, die möglichst wenig Licht- und Wärmestrahlen absorbieren, um ihre Erhitzung zu vermindern. In Rücksicht auf die Bildfärbung muß das Glas möglichst farblos sein.

An die optische Güte des Kondensors werden nicht sehr hohe Anforderungen gestellt, um so mehr, als diese bei der geringen Auswahl der in Betracht kommenden Gläser kaum erreichbar wäre und nur durch Wahl verschiedener Radien etwas verbessert werden kann. Ein weit verbreiteter Fehler, nämlich die Kondensoren im Verhältnis zur Diapositivgröße möglichst klein zu wählen, beeinträchtigt die gleichmäßige Lichtverteilung des Bildes und bedingt Farbenfehler am Rande des Bildes. Es empfiehlt sich daher, den Durchmesser des Kondensors lieber etwas reichlich zu nehmen.

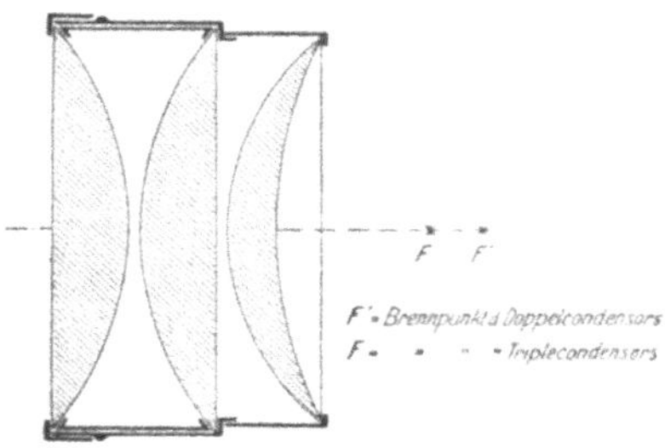

Abb. 34. Tripelkondensor.

Erwähnt sei noch, daß man in Amerika hochkerzige Glühlampen mit zylindrischem Glaskörper in Kombination mit einer Fresnellinse als Kondensor vorgeschlagen hat, um einen möglichst großen nutzbaren Winkel zu erzielen. Aus der Praxis ist hierüber noch nichts bekannt.

Höhere Anforderungen werden natürlich an das Projektionsobjektiv gestellt, welches meist dreilinsig bzw. vierlinsig ausgeführt wird. Wesentlicher Wert wird auf die Korrektur des Astigmatismus und der Bildfeldkrümmung gelegt. Verkittete Flächen kommen wegen der großen Erwärmung nicht in Frage.

Ganz besonders hohe Anforderungen werden an Projektionsobjektive für die Kinomatographie gestellt, bei denen wegen der starken Vergrößerung die Brennweite relativ klein, das Öffnungsverhältnis also wegen des notwendigen Lichtdurchlasses recht groß ist.

4. Der technische Aufbau der Projektionsapparate.

Die Projektionsapparate zeigen im allgemeinen alle den gleichen Aufbau und bestehen aus einem Gehäuse (1) (s. Abb. 35) mit Kamin (2), Farbfenster (3) zum Beobachten der Lichtquellen, Ventilationslöchern (4), innen mit Asbest verkleidetem oder zwecks Unverbrennbarkeit imprägniertem Lichtschutz (5), (Tripel-) Kondensor (6), Diapositivrahmen (7), lichtdichtem, ausziehbarem Balg (8), Objektiv auf ausziehbarem Objektivträger (9), ev. mit Zahnradtrieb.

Bei Kinematographen tritt an Stelle des Diapositivrahmens mit Wechselschieber ein Gleitschlitz für den Film, der mittels seiner Lochstreifen und Zahnwalzen befördert wird. Während des Vorschubes des Films wird das Objektiv durch eine Sektorblende abgedeckt, während die Blendenöffnung des Sektors das Objektiv freigibt,

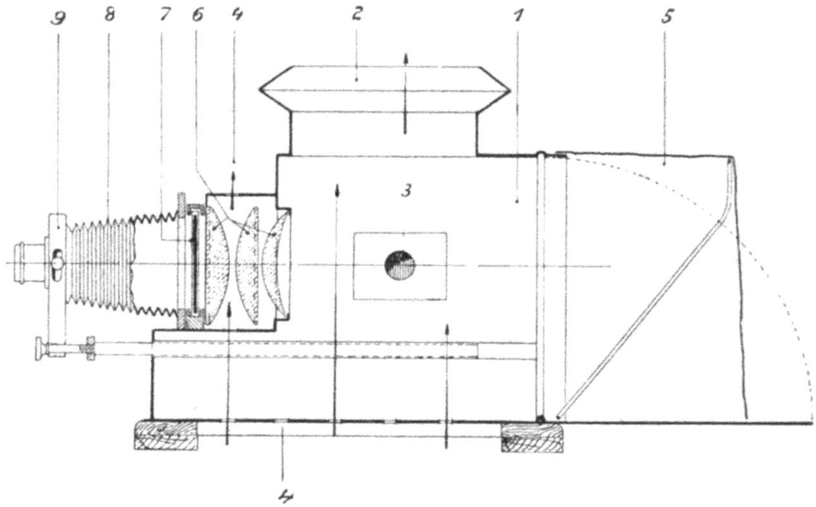

Abb. 35. Schematischer Aufbau eines Projektionsapparates.

solange der Film zur Projektion stillsteht. Der ruckweise Vorschub des Films erfolgt meist durch Maltheserkreuz.

Wichtig ist für Kinoapparate eine automatische Abblendung des Lichtes im Falle einer Hemmung, da bei längerem Stillstand des Films dieser entzündet wird und hohe Feuersgefahr bedingt.

Der Antrieb des mechanischen Triebwerkes des Kinematographen erfolgt von Hand oder durch Motor.

5. Projektion farbiger Bilder.

Wie in der Photographie, so ist auch in der Projektion das Ziel stets die farbengetreue Wiedergabe im Bilde. Für Projektionsapparate mit fester Projektion kommen hierfür in erster Reihe von Hand kolorierte Diapositive in Frage, deren Farbenanlage so gewählt wird, daß sie in Kombination mit der Farbe des Lichtes der Lichtquelle einen möglichst naturgetreuen Eindruck machen. Weiterhin haben sich die Autochromplatten eingebürgert, die jedoch den Nachteil sehr großer Lichtabsorption haben. Beispielsweise absorbiert das reine silberfreie »Weiß« der Lumièreplatte bereits 75%, so daß man hieran die Helligkeit der gefärbten Teile des Bildes ermessen kann, deren Farbe ja dadurch zustande kommt, daß beispielsweise in einem roten Teilbild die blauen und gelbgrünen Filterkörner durch das Silberkorn abgedeckt werden, so daß ein rein gefärbtes Teilbild maximal 8% Licht durchläßt. Es kommt deshalb für die Projektion der Autochromplatten nur die Bogenlampe in Frage, wobei man zur Kompensation des gegenüber dem Tageslicht gelblichen Lichtes der Bogenlampe die Autochromaufnahmen durch Überlichtung leicht blaustichig macht.

Die glänzendsten Effekte erzielt man mit dem Dreifarbenprojektionsapparat, bei welchem die drei von je einem besonderen Projektionsapparat projizierten Teilbilder rot, grün und blau auf dem Projektionsschirm zur Deckung gebracht und vereinigt werden. Allerdings erfordert dieses Verfahren äußerste Sorgfalt bei den Aufnahmen und bei der Handhabung des Projektionsapparates. Reine Grundfarbenbilder vorausgesetzt, kann man durch passende Wahl der Beleuchtung der einzelnen Teilbilder und der Helligkeit der drei Teilprojektionsapparate eine nahezu beliebige Farbentreue und eine geradezu verblüffende Brillanz der Lichter erzielen.

Je weißer, d. h. tageslichtähnlicher das Licht der Lichtquelle ist, um so farbentreuer werden die Bilder. In dieser Hinsicht bietet die Goerz-Projektionslampe System Beck wegen ihrer höheren Temperatur und damit ihres weißeren, tageslichtähnlicheren Lichtes ganz besondere Vorzüge.

Der farbigen Projektion in der Kinematographie erwachsen natürlich erhebliche Schwierigkeiten. Von den eben erwähnten Verfahren kommen Autochromaufnahmen wegen der langen Belichtungszeit und der bei der starken Vergrößerung besonders störenden Bilddichte nicht in Frage, während die Handübermalung des Films bei der Kleinheit der Bilder (2×3 cm) und der sehr großen Menge der zu übermalenden Bilder zu subtil und kostspielig wäre. Die Dreifarbenaufnahme bzw. -Projektion wiederum hat die Schwierigkeit, daß die drei Teilbilder bei der Aufnahme verschiedene Belichtungszeiten erfordern, daß ferner bei gleichzeitiger Aufnahme der Teilbilder der Abstand der Objektive voneinander sich bemerkbar machen würde, während bei Aufnahmen hintereinander die Bildfolge zu klein werden würde, um Bewegungen ohne Verzerrung und Störung noch möglichst gut wiederzugeben. Man hat sich daher entweder mit zweifarbigen Bildern (rotgelb bzw. blaugrün) begnügt oder auch einfach zwei Filmbänder verschiedenartig gefärbt und übereinander projiziert. Es ist dabei überraschend, wie leicht sich das Auge betrügen läßt und psychologisch richtige Farben empfindet, auch wenn physikalisch richtige Farben nicht vorhanden sein können.

6. Konstruktion der Bogenlampe.

Hinsichtlich der Konstruktion der Bogenlampe für Projektionsapparate ist nur wenig hinzuzufügen:

Die Handprojektionslampe besitzt Handräder für Verstellung des Lichtbogens nach Seite und Höhe sowie für Einzel- und Gesamtantrieb der positiven und negativen Kohlen. Die Bewegung erfolgt durch Zahnstangenantrieb oder durch Schnecke und Drehbewegung der Arme bzw. des Lampenkörpers.

Die automatisch regulierende Lampe besitzt gleichfalls Einstellmöglichkeit nach Seite und Höhe sowie gemeinsamen und Einzelantrieb der beiden Kohlen. Die automatische Regulierung erfolgt meist durch ein Uhrwerk, das durch Zurückziehen der Kohlenhalter aufgezogen wird und das durch ein Regulierrelais gesperrt oder in Tätigkeit gesetzt wird. Bei den meisten Typen sitzt die positive Kohle, abgesehen vom Vorschub, fest, während die negative Kohle in einem schwingenden Halter ruht, dessen anderer Tragarm den Anker einer Feldspule trägt, die parallel zur Lampenspannung geschaltet ist, so daß bei Verlängerung des Lichtbogens infolge Abbrandes der Kohlen die Bogenspannung ansteigt und dadurch die Feldstärke der Spule wächst, so daß die auf den Anker ausgeübte Anziehungskraft das Übergewicht des negativen Kohlenhalters überwindet und der Anker die Sperrung des Uhrwerkes freigibt, das die Kohlen so weit vorschiebt, bis die richtige Bogenspannung wieder erreicht ist. Bei guten Kohlen funktionieren diese Lampen stundenlang, ohne daß eine Regulierung von Hand erforderlich wäre. Es ist selbstverständlich, daß der Nachschub der positiven und negativen Kohlen entsprechend dem verschiedenen Abbrand der beiden Kohlen bei Gleichstrom in einem bestimmten Übersetzungsverhältnis zueinander stehen.

Fünfzehnter Abschnitt.

Künstliches Licht für Photographie und Reproduktion.

Von Dr.-Ing. **L. Bloch.**

Aktinität der künstlichen Lichtquellen. Bei einer Bearbeitung lichttechnischer Fragen darf heute die Verwendung des künstlichen Lichts für Reproduktionszwecke nicht unberücksichtigt bleiben. Früher meist nur aushilfsweise neben dem natürlichen Tageslicht benutzt, ist das Kunstlicht schon seit längerer Zeit zum ständigen und unentbehr-

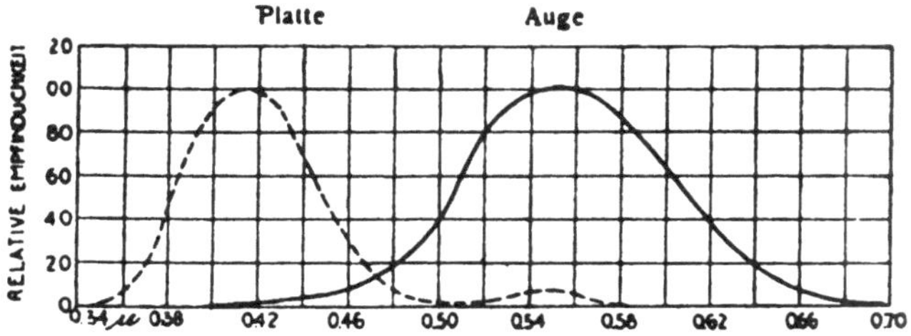

Abb. 1. Lichtempfindlichkeitskurven des menschlichen Auges und der gewöhnlichen photographischen Platte.

lichen Arbeitsgerät des Reproduktionstechnikers geworden. Hierzu hat besonders die neuere Entwicklung der elektrischen Lichtquellen beigetragen.

Der Bewertung einer Lichtquelle hinsichtlich ihrer Eignung für photographische Zwecke liegen ganz andere Gesichtspunkte zugrunde, als bei der rein photometrischen Bewertung. In der Hauptsache rührt dies daher, daß die photographische Platte für Strahlen von verschiedener Wellenlänge eine ganz verschiedene Aufnahmefähigkeit im Vergleich zu dem menschlichen Auge hat. Aus Abb. 1 (nach Lux, Die künstlichen Lichtquellen in der Photographie. Z. f. Bel. 1915, H. 9/10) geht dies deutlich hervor. Während das Auge bei etwa 0,55 μ seine größte Empfindlichkeit aufweist, liegt dies Maximum für die gewöhnliche photographische Platte schon bei etwa 0,42 μ, also noch im violetten Bereich des Spektrums. Da, wo die Empfindlichkeit des Auges anfängt, erheblich zuzunehmen, etwa im blauen Gebiet des Spektrums, hört die Empfindlichkeit der Platte schon so ziemlich auf. Allerdings gilt diese Empfindlichkeitskurve nicht allgemein für alle photographischen

Platten und lichtempfindlichen Stoffe, sondern sie ist je nach der Art des Stoffes sehr erheblichen Verschiedenheiten unterworfen. Infolgedessen ist die Bewertung der künstlichen Lichtquellen hinsichtlich ihrer Eignung für photographische Zwecke ein nicht ganz einfaches Problem; es liegen hierfür zwar schon recht viele, aber auch sehr widersprechende Ergebnisse vor. Immerhin ist es möglich, für die hauptsächlich gebräuchlichen gewöhnlichen Bromsilberplatten einigermaßen zuverlässige Werte anzugeben, die annähernd auch für Kopierpapier und Lichtpauspapier Giltigkeit haben.

Große Verschiedenheit wiesen bisher auch die zahlenmäßigen Angaben auf, durch welche die Aktinität oder photographische Wirksamkeit der künstlichen Lichtquellen zum Ausdruck gebracht werden soll. In erster Reihe kommt es hierbei darauf an, welche Lichtquelle als Einheitslampe zugrunde gelegt wird. Man kann hierfür ebenso wie bei der photometrischen Bewertung die Hefnerlampe wählen und annehmen, daß die Hefnerlampe sowohl optisch, wie auch photographisch die Einheit der Lichtstärke liefert. Man muß dabei allerdings einige Nachteile mit in Kauf nehmen. Insbesondere besitzt die Hefnerlampe und ähnliche Lichtquellen eine äußerst geringe photographische Wirksamkeit und kann nur theoretisch für derartige Zwecke in Frage kommen. Als Einheitslichtquelle für die Bewertung der photographischen Wirksamkeit wäre deshalb eine Metalldrahtlampe von genau festgelegter Lichtausbeute entschieden vorzuziehen. Ihre Einführung ist schon mehrfach angeregt worden; jedoch wurden hierüber noch keinerlei Festsetzungen getroffen. Die weiterhin anzugebenden Zahlen sollen deshalb auf die Hefnerlampe als Einheitslampe bezogen werden.

Die Aktinität A einer Lichtquelle bestimmt sich in folgender Weise: Die Lichtquelle besitze eine Lichtstärke von J Hefnerkerzen und ihre photographische Wirkung sei P-mal so groß wie die der Hefnerlampe; sie ruft dann auf dem Versuchsobjekt dieselbe Schwärzung in der gleichen Zeit hervor, wie P in demselben Abstand vom Versuchsobjekt aufgestellte Hefnerlampen. Man kann dann der Lichtquelle eine photographische Strahlung von P Kerzen zuschreiben und ihre Aktinität ist

$$A = \frac{P}{J}.$$

Eine Lichtquelle besitzt hiernach eine um so höhere Aktinität, je größer ihre photographische Strahlung und je geringer ihre photometrisch gemessene Lichtstärke ist.

Aktinische Lichtausbeute. Beim Vergleich verschiedener Lichtquellen kommt es stets nicht nur auf die Lichtstärke, sondern auch auf den Effektverbrauch und die Lichtausbeute an. Hier läßt sich für den Vergleich der photographischen Wirksamkeit verschiedener Lichtquellen der Begriff der »aktinischen Lichtausbeute« aufstellen. Man erhält ihn durch Multiplikation der Aktinität mit der photometrischen Lichtausbeute. Wenn eine Lichtquelle bei einem Effektverbrauch W die photographische Strahlung P und die photometrische Lichtstärke J besitzt, so ist ihre Aktinität $A = \frac{P}{J}$, ihre photometrische Lichtausbeute $\frac{J}{W}$ und ihre aktinische Lichtausbeute

$$a = \frac{P}{W} = A \cdot \frac{J}{W}.$$

Je größer die aktinische Lichtausbeute einer Lichtquelle ist, desto geringer ist der Effektverbrauch oder die Belichtungszeit, die zur Hervorrufung derselben Schwärzung erforderlich ist.

Zahlenwerte für die Aktinität und aktinische Lichtausbeute. Die Tabelle 49 auf S. 579 enthält eine Zusammenstellung für die Aktinität und die aktinische Lichtausbeute der gebräuchlichsten Lichtquellen. Zum Vergleich sind auch die Werte der photometrischen Lichtausbeute angegeben. Die hier zusammengestellten Werte sind Durchschnittswerte aus einer größeren Zahl von Versuchsergebnissen, die teils vom Verfasser selbst erhalten, teils aus der einschlägigen Fachliteratur entnommen wurden. Wie die Tabelle zeigt, verhalten sich die verschiedenen Arten von Lichtquellen hinsichtlich ihrer photographischen Eigenschaften äußerst verschieden.

Bei weitem die größte Aktinität besitzen die Dauerbrand-Bogenlampen (geschlossene Bogenlampen mit Reinkohlen), besonders die für hohe Betriebsspannung. Trotz verhältnismäßig ungünstiger photometrischer Lichtausbeute stehen sie auch hinsichtlich ihrer aktinischen Lichtausbeute obenan. Die Bogenlampen mit Effektkohlen besitzen nicht viel höhere Aktinität als die mit Reinkohlen. Wegen ihrer hohen photometrischen Lichtausbeute erreichen sie allerdings doch eine recht günstige aktinische Lichtausbeute.

Zu den stark aktinischen Lampen gehört auch die Quarzglas-Quecksilberlampe, während die gewöhnliche Glas-Quecksilberlampe ihr erheblich nachsteht und die Reinkohlen-Bogenlampe kaum übertrifft. Die Quarz-Quecksilberlampe wäre wegen ihres Reichtums an ultravioletten Strahlen noch erheblich wirksamer, wenn nicht ein großer Teil der photographisch wirksamen Strahlung durch die unumgänglich notwendige Glasglocke und die Deckgläser der Kopierrahmen bzw. die Glaslinsen der photographischen Apparate weggenommen würde.

Die Fortschritte der Glühlampentechnik sind auch der photographischen Wirksamkeit dieser Lampen zugute gekommen. Es hat nicht nur die aktinische Lichtausbeute, sondern auch die Aktinität selbst eine erhebliche Erhöhung erfahren, die besonders bei den Gasfüllungslampen zum Ausdruck kommt. Allerdings können die theoretischen Zahlen der Tabelle den tatsächlich erzielten praktischen Fortschritt nicht voll zum Ausdruck bringen.

Von den nicht elektrischen Lichtquellen besitzt nur das Magnesiumband eine verhältnismäßig hohe Aktinität. Die photometrische Lichtstärke des verbrennenden Magnesiumbands beträgt 100 bis 200 HK bei einem Verbrauch von 10 bis 20 g pro Stunde. Die Lichtausbeute ist hiernach 10 Kerzenstunden für 1 g. Bei einer Verbrennungswärme des Magnesiums von 6 Wärmeeinheiten bzw. 7 Wattstunden für 1 g ergibt sich hieraus eine photometrische Lichtausbeute von 1,4 $\frac{\mathrm{HK}}{\mathrm{W}}$ und für die Aktinität 20 eine aktinische Lichtausbeute von 28.

Beim Gasglühlicht, sowie auch beim Petroleum- und Spiritusglühlicht ist die Aktinität auffallend niedrig. Die photometrische Lichtausbeute wurde in der Tabelle auch für diese Lichtquellen in Kerzen für 1 W angegeben, indem der Heizwert der Brennstoffe in Wattstunden umgerechnet wurde; hieraus wurde zum Vergleich mit den elektrischen Lichtquellen auch die aktinische Lichtausbeute berechnet, wenn auch diese Zahlen nur von theoretischem Interesse sind.

Es sei noch besonders darauf hingewiesen, daß den Zahlen der Tabelle 49 keine allgemeine Bedeutung zukommt. Sie gelten in erster Reihe für Bromsilberplatten und -Papiere. Für andere photographische Prozesse sind sie nur angenähert, für manche überhaupt nicht gültig. So erhält man beispielsweise für die orthochromatischen und panchromatischen Platten vollständig andere Zahlenwerte, weil sie eine ganz andere Farbenempfindlichkeit aufweisen, wie die gewöhnlichen Platten. Für diese Plattenarten sind die Unterschiede in der Aktinität der elektrischen Glühlampen und der Bogenlampen, besonders der Dauerbrand-Bogenlampen bei weitem geringer. Für die Dauerbrand-Bogenlampen erhält man hier beispielsweise nur den vierten bis fünften Teil der Aktinität wie bei gewöhnlichen Platten. Näheres hierüber, sowie ausführliche Angaben über die experimentelle Bestimmung der Aktinität der elektrischen Lichtquellen für verschiedene Plattenarten finden sich in der Arbeit von Dr. H. Lux, »Die künstlichen Lichtquellen in der Photographie« (Zeitschrift für Beleuchtungswesen 1915, Heft 9/10 und 1917, Heft 13/14). Auch für die Aufnahme farbiger Gegenstände verlieren die Aktinitätszahlen der Tabelle 49 ihre Gültigkeit; denn dann ist die Aktinität ganz von der Farbe des aufzunehmenden Gegenstandes abhängig, da es sich in diesem Falle nicht mehr um das von den Lichtquellen ausgestrahlte, sondern um das von den farbigen Gegenständen reflektierte, in seiner Farbe und aktinischen Wirkung ganz veränderte Licht handelt.

Praktische Verwendung der künstlichen Lichtquellen für photographische Zwecke. Es soll nunmehr auf die praktische Verwendung der künstlichen Lichtquellen für photographische Zwecke näher eingegangen werden. Von einer vollständigen Behandlung dieses recht umfangreichen Gebiets muß hier abgesehen werden. Hierfür sei auf

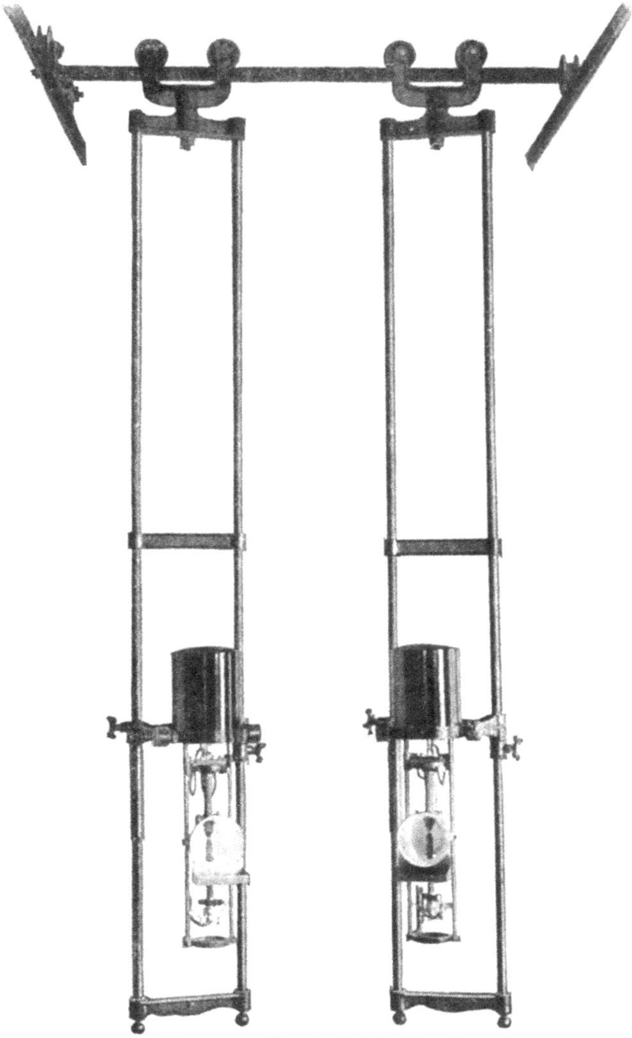

Abb. 2. Hängegestelle mit Reinkohlen-Bogenlampen der Körting & Mathiesen A.-G., Leipzig.

die photographische Fachliteratur verwiesen. Eine besonders eingehende Behandlung findet sich bei J. M. Eder, »Ausführliches Handbuch der Photographie«, I. Band, 3. Teil: »Die Photographie bei künstlichem Licht« (Halle 1912). Die nicht elektrischen Lichtquellen sollen hier ganz unberücksichtigt bleiben. Für photographische Zwecke kommt unter ihnen nur dem Magnesiumlicht größere Bedeutung für Moment- und Blitzlichtaufnahmen zu.

Für die Anwendung der elektrischen Lichtquellen sind die Verhältnisse in der photographischen Technik durchaus noch nicht so geklärt, wie sich dies in den letzten Jahren beim Gebrauch für allgemeine Beleuchtungszwecke herausgebildet hat. Neben den Dauerbrand-Bogenlampen werden die offenen Bogenlampen mit Reinkohlen und mit Effektkohlen vielfach angewandt. Außerdem sind die gewöhnlichen und die Quarzglas-Quecksilberlampen hier noch öfters im Gebrauch. Daneben hat die Gasfüllungslampe in den letzten Jahren auch in der photographischen Technik rasch an Bedeutung gewonnen. Bei der Verwendungsmöglichkeit der verschiedenen Lampenarten muß zwischen dem Gebrauch für Aufnahmezwecke und für Kopierzwecke streng unterschieden werden.

Verwendung von Reinkohlen-Bogenlampen für photographische Aufnahmen. Für photographische Aufnahmen ruhender Gegenstände ist bisher noch die Reinkohlen-Bogenlampe wohl am meisten verbreitet. Zur guten Ausnutzung des Lichts, das hier ja stets nur in einer Richtung zur Verwendung gelangt, müssen die Lampen mit wirksamen Reflektoren versehen sein. Meist werden hierfür kleine parabolische Reflektoren benutzt, welche nur den Lichtbogen umschließen (Abb. 2). Da sie noch verhältnismäßig viel Licht unausgenutzt seitlich zur Ausstrahlung gelangen lassen, sind große emaillierte Blechreflektoren mit runder oder viereckiger Öffnung und parabolischer Krümmung ihnen vorzuziehen. Die Stromstärke der Lampen beträgt normalerweise 25 Amp. Mit Rücksicht auf die erheblich ungünstigere Lichtausbeute bei Wechselstrombetrieb sind in größeren Aufnahmeateliers oft Umformeranlagen in Gebrauch, welche den vom Elektrizitätswerk gelieferten Wechselstrom in Gleichstrom zur Speisung der Belichtungs-Bogenlampen umwandeln.

Um eine möglichst gleichmäßige Beleuchtung der ganzen Aufnahmefläche zu erzielen, sind bei größeren Objekten stets mehrere Lampen vorzusehen. Zweckmäßig benutzt man fahrbare Stative oder Hängegestelle (Abb. 2), an denen 2 bis 4 Lampen bequem in jeder Richtung verstellbar angeordnet sind. Die Lampen werden gleichmäßig zu beiden Seiten der Aufnahmefläche verteilt aufgestellt.

Reproduktionsscheinwerfer. Zur Erzielung einer intensiven und möglichst gleichmäßigen Beleuchtung großer Aufnahmeflächen ist man in graphischen Reproduktionsanstalten nicht selten zur Installation von Bogenlampenscheinwerfern für Stromstärken von 40 bis 60 Amp. mit Parabolspiegeln von 60 cm Durchmesser übergegangen (Abb. 3). Das vordere Abschlußglas dieser Scheinwerfer wird durch einen sog. Kreuzstreuer gebildet, der aus zwei Einzelstreuern mit Zylinderlinsen zusammengesetzt ist; beide Streuer sind rechtwinklig zueinander eingestellt und ergeben so eine besonders gleichmäßige Beleuchtung der aufzunehmenden Fläche bei einem Streuwinkel der Linsen von etwa 20°. Die Scheinwerfer müssen mit Gleichstrom betrieben und in Wechselstromanlagen mittels eines Umformers angeschlossen werden.

Abb. 3.
Reproduktionsscheinwerfer der C. P. Goerz A.-G., Berlin.

Verwendung von Dauerbrand-Bogenlampen für Aufnahmezwecke. Die Dauerbrand-Bogenlampen sind trotz ihrer großen Aktinität für Aufnahmezwecke meist weniger gut geeignet als die Reinkohlen-Bogenlampen. Insbesondere kann bei der Aufnahme farbiger Gegenstände die günstige Aktinität der Dauerbrand-Bogenlampen nur zu einem geringen Teil ausgenutzt werden. Die an und für sich schon bei nicht farbengetreuen Platten sich ergebende unrichtige Wiedergabe der Helligkeit der verschiedenen Farbentöne tritt bei Verwendung von Dauerbrand-Bogenlampen noch in vermehrtem Maße hervor. Bei farbengetreuen Platten ist anderseits der Vorsprung der Dauerbrand-Bogenlampen hinsichtlich ihrer Aktinität nicht mehr so bedeutend. Wesentlich besser eignen sie sich für die photographische Aufnahme von Schwarz-Weiß-Objekten. Auch hier tritt allerdings als Nachteil hervor, daß die Dauerbrand-Bogenlampen erst einige Minuten nach dem Einschalten, wenn der in der Abschlußglocke enthaltene Luftsauerstoff verzehrt ist, ihre richtige Lichtfarbe und Lichtstärke annehmen. Man muß daher, wenn man zuverlässige Ergebnisse hinsichtlich der Belichtung erhalten will, die Lampen erheblich längere Zeit brennen lassen als für die Aufnahme selbst erforderlich ist. Hierdurch geht der Vorteil der größeren aktinischen Lichtausbeute für photographische Aufnahmezwecke zum großen Teil verloren.

Bogenlampen mit Effektkohlen für Aufnahmezwecke. Recht günstige Ergebnisse sind bei der Verwendung von Bogenlampen mit Effektkohlen für Aufnahmezwecke erzielt worden. Ihre hohe aktinische Lichtausbeute und günstige Lichtfarbe tragen hierzu besonders bei. Die bisher bei uns hauptsächlich verbreiteten Jupiter-Lampen (Abb. 4) der Jupiter-Kunstlichtwerke enthalten in einem zylindrischen Reflektorgehäuse zwei hintereinander geschaltete Bogenlampen einfacher Bauart mit Effektkohlen für 20 bis 25 Amp. Die Lampen können für Gleichstrom und für Wechselstrom, oder auch für beide Stromarten benutzbar eingerichtet werden. Der zugehörige Vorschaltwiderstand ist in einem besonderen Gehäuse untergebracht. Als Deckenbeleuchtungskörper werden die Lampen mit vier hintereinander geschalteten Lichtbögen für ca. 30 Amp. zum Anschluß an 220 Volt Gleichstrom oder Wechselstrom ausgebildet.

Gasfüllungslampen für Aufnahmezwecke. In rasch zunehmendem Maße haben sich die Metalldrahtlampen mit Gasfüllung in den letzten Jahren für photographische Aufnahmezwecke eingeführt. Insbesondere haben sie sich für die Aufnahme von farbigen Objekten bewährt, sind aber auch für Schwarz-Weiß-Objekte gut geeignet. Trotz ihrer verhältnismäßig nicht sehr hohen Aktinität lassen sie erhebliche Stromersparnisse gegenüber der Verwendung von Reinkohlen-Bogenlampen erzielen, besonders in Wechselstromanlagen, wo sie ebenso wie bei Gleichstrom unmittelbar an die Stromquelle angeschlossen werden können. Hierbei wirken verschiedene Umstände zugunsten der Gasfüllungslampe zusammen. Das von ihr ausgestrahlte Licht kann mit gut ausgebildeten Reflektoren fast vollständig auf die Aufnahmefläche gelenkt werden. Die Einschaltzeit beschränkt sich ausschließlich auf die Zeit während der Aufnahme, da die Lampen sofort ihre normale Lichtstärke annehmen. Ferner läßt der Überschuß, den die Gasfüllungslampen an roten und gelben Strahlen aufweisen, gerade diese Farbentöne auch besonders gut zur Wiedergabe gelangen.

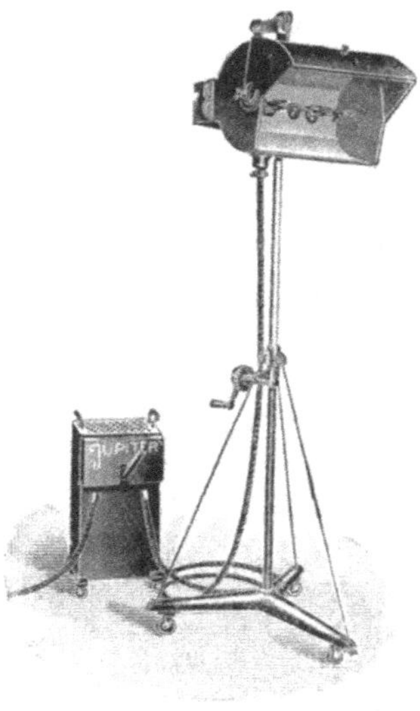

Abb. 4. Jupiter-Belichtungsbogenlampe der Jupiter-Kunstlichtwerke, Frankfurt a. M.

Um bei der Verwendung von Gasfüllungslampen für Aufnahmezwecke möglichst große Leistungsfähigkeit zu erreichen, werden hierfür meist nur die großen Lampentypen für mindestens 500 bis 2000 Watt für eine Lampe benutzt. Zu wirksamer Ausnutzung des Lichts haben sich große parabolische Blechreflektoren als recht brauchbar erwiesen; sie werden leicht verstellbar auf Dreifußgestellen angebracht. Auch die in den früheren Abschnitten mehrfach erwähnten Wiskott-Reflektoren sind für diese Zwecke brauchbar. Für die Anwendung in Reproduktionsanstalten zur Beleuchtung großer Aufnahmeflächen werden je 2 bis 3 Lampen in einem fahrbaren Gestell angeordnet (Abb. 5).

Auch für Aufnahmen außerhalb des Ateliers in beliebigen Innenräumen sind die Gasfüllungslampen recht nützlich. Sie werden zu diesem Zwecke in leicht transportablen Reflektorkästen untergebracht und können so geschaltet werden, daß sie je nach der zur Verfügung stehenden Spannung in Parallel- oder Hintereinanderschaltung brennen. So kann man bei allen üblichen Spannungen ohne Vorschaltwiderstand auskommen und die hierdurch entstehenden Verluste vermeiden. Auch bei der Benutzung in photographischen Ateliers erweist sich die Umschaltung von Gasfüllungslampen in Hintereinander- und Parallelschaltung als vorteilhaft. Für die Vorbereitungsarbeiten brennen die Lampen mit nur geringer Lichtstärke in Hintereinanderschaltung

Abb. 5 Fahrbare Gestelle mit Gasfüllungslampen in Parabolreflektoren der Osram G.m.b.H., Berlin.

und werden nur für die Aufnahme selbst auf Parallelschaltung und hohe Lichtstärke umgeschaltet. Auf diese Weise lassen sich nicht nur an Stromkosten, sondern auch an Lampenersatz erhebliche Ersparnisse erzielen.

Gelegentlich werden die Gasfüllungslampen für photographische Zwecke mit stärkerer Beanspruchung als die für Beleuchtungszwecke normal übliche benutzt, indem man sie mit einer über der normalen liegenden Betriebsspannung betreibt. Sie geben dann höhere Lichtstärken und günstigere Lichtausbeute. Dagegen ist ihre Aktinität bei Überbeanspruchung nicht erheblich höher, als bei normaler Beanspruchung, wie sich aus Tabelle 1 ergibt. Aus dieser Tabelle geht auch der starke Rückgang der Lebensdauer der Gasfüllungslampen bei erhöhter Beanspruchung deutlich hervor. Mit Rücksicht hierauf empfiehlt sich eine verstärkte Beanspruchung der Gasfüllungslampen auch für photographische Zwecke nur innerhalb enger Grenzen, höchstens bis etwa 15 % über der normalen Gebrauchsspannung. Bei häufigem und dauerndem Gebrauch der Lampen ist Verwendung von Lampen höherer Lichtstärke mit normaler Beanspruchung entschieden vorzuziehen.

Tabelle 1.

Einfluß erhöhter Betriebsspannung auf gasgefüllte Metalldrahtlampen.

Spannung %	Lichtstärke %	Lebensdauer %	Aktinität %	Photometrische Lichtausbeute %	Aktinische Lichtausbeute %
100	100	100	100	100	100
110	135	40	106	117	125
120	180	10	112	133	150
130	225	2	118	150	175

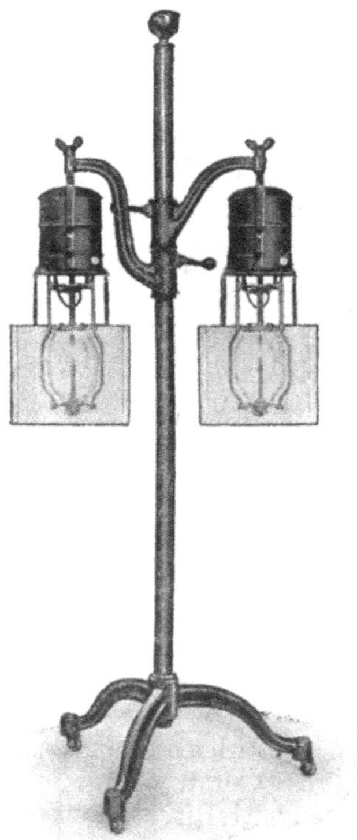

Abb. 6. Fahrbares Gestell mit Dauerbrand-Bogenlampen der A. E. G.

Für die möglichst getreue Wiedergabe farbiger Objekte, besonders für die Farbenphotographie eignen sich die unter Verwendung von Gasfüllungslampen ausgebildeten Lampen für künstliches Tageslicht (s. Abschnitt IV, S. 129); sie können als Unterstützung oder als Ersatz des natürlichen Tageslichts dienen.

Künstliches Licht für kinematographische Aufnahmen. Ganz besonders starke künstliche Beleuchtung wird für kinematographische Aufnahmezwecke benötigt. Hierfür genügt das natürliche Tageslicht in Innenräumen nur ausnahmsweise, auch selbst in den ganz aus Glas gebauten großen Aufnahmeateliers. Die für Aufnahme größerer Szenen notwendigen Beleuchtungswirkungen können nur mit den stärksten und photographisch wirksamsten elektrischen Lichtquellen erreicht werden. Auch von diesen wird eine sehr erhebliche Anzahl, nicht selten 50 bis 100 Einzellampen, benötigt. Für derartige Aufnahmen kommen fast ausschließlich Bogenlampen mit

Effektkohlen und Dauerbrand-Bogenlampen in Frage. Von ersteren haben sich die oben erwähnten Jupiter-Lampen bei uns hauptsächlich eingeführt. Die Dauerbrand-Bogenlampen (Abb. 6) werden meist zu mehreren an einem gemeinsamen fahrbaren Gestell vereinigt. Für die Verstärkung der Wirkung sorgt ein kastenförmiger Blech-

Abb 7 Aufnahme-Atelier mit Kino-Photolumen-Lampen von K. Weinert, Berlin.

reflektor. Bei der Kino-Photolumen-Lampe von K. Weinert und der Atelier-Aufnahmelampe (Atelier-Sonne) der AEG besitzen die drei Einzellampen einen gemeinsamen Reflektor mit Verstellvorrichtung. Neben den auf fahrbaren Gestellen angebrachten Lampen für die Seitenbeleuchtung werden auch noch Deckenlampen als Oberlichter benutzt. Einen guten Begriff von der großen Lichtmenge, die für Kinoaufnahmen aufzubringen ist, gibt die Abb. 7.

Für kleine und nicht besonders tiefe Szenenbilder sind die gasgefüllten Metalldrahtlampen auch schon für Kinoaufnahmen mit Erfolg benutzt worden. Natürlich ist dabei ebenfalls eine größere Zahl von besonders lichtstarken Einzellampen mit guten Reflektoren erforderlich.

Künstliches Licht für photographische Vergrößerungen. Für die Herstellung von Vergrößerungen gilt im wesentlichen das im Abschnitt XIV über Projektionsapparate Gesagte, da ja der Vergrößerungsapparat mit dem Projektionsapparat fast ganz übereinstimmt. Für den Betrieb großer Apparate kommen bisher hauptsächlich Bogenlampen mit Reinkohlen als Projektionslampen ausgebildet in Frage. Eine wesentlich verstärkte photographische Wirkung lassen die Projektions-Bogenlampen mit Goerzkohlen, System Beck (s. Abschnitt XIV, S. 517) erzielen, da ihre aktinische Lichtausbeute bei Gleichstrom ungefähr 2½mal, bei Wechselstrombetrieb sogar etwa 4mal so stark wie bei gewöhnlichen Reinkohlen ist.

Für kleine und mittelgroße Vergrößerungsapparate hat sich die gasgefüllte Metalldrahtlampe in ihrer Ausbildung als Projektionslampe (S. 136) schon vielfach eingeführt. Sie gestattet, mit sehr geringen Stromkosten zu arbeiten, da die zur Verfügung stehende Spannung auch bei 220 Volt voll ausgenutzt wird. Außerdem befördert der Wegfall der Lichtschwankungen ein präzises und zuverlässiges Arbeiten.

Künstliches Licht für Kopier- und Lichtpauszwecke. Bei der Herstellung von photographischen Kopien und von Lichtpausen sind an die künstlichen Lichtquellen wesentlich andere Anforderungen zu stellen als für Aufnahmezwecke. Hier handelt es sich meist um Belichtungszeiten von mehreren Minuten und um dauernde Benutzung der Lampen. Dabei kommt es in erster Reihe auf eine möglichst hohe Aktinität und aktinische Lichtausbeute der zu benutzenden künstlichen Lichtquellen an; alle anderen Gesichtspunkte treten demgegenüber in den Hintergrund. Infolgedessen sind für diese Zwecke die Dauerbrand-Bogenlampen bei weitem die geeignetsten und bisher noch von keiner anderen künstlichen Lichtquelle übertroffen, wie aus der oben besprochenen Tabelle 49, S. 579 hervorgeht. Am besten eignen sich die Gleichstromlampen für 220 Volt, bei denen man im Interesse möglichst großer Leistungsfähigkeit auf Stromstärken bis zu 18 Amp. und Lichtbogenspannung bis zu 160 Volt heraufgeht. Die Dauerbrand-Bogenlampen für 110 Volt und die für Wechselstrom geben nur ungefähr die halbe aktinische Lichtausbeute und erfordern deshalb mindestens die doppelte Belichtungszeit bei gleichem Energieverbrauch, also auch mindestens doppelte Betriebskosten.

Für die erforderliche Belichtungszeit findet man im allgemeinen recht verschiedene Werte angegeben. Anhaltspunkte hierfür kann die folgende Formel geben. Die Belichtungszeit n Minuten ist

$$T = \frac{c \cdot h^2}{a \cdot z \cdot W}$$

Hierbei ist c eine Konstante, deren Größe von der Art des Prozesses (Blau- oder Weißpausen, photographische Kopien) abhängig ist. Ferner ist h der Abstand in Zentimeter zwischen Lichtquelle und Kopierrahmen, z die benutzte Lampenzahl und W der Verbrauch für eine Lampe in Watt. Mit a ist die aktinische Lichtausbeute bezeichnet; die Zahlen hierfür können, sofern keine genaueren Angaben vorliegen, aus Tabelle 49 auf S. 579 entnommen werden. Die Konstante c hat für Lichtpauszwecke etwa nachstehende Werte:

Werte für c	Zur Herstellung von Blaupausen und Braunpausen	Zur Herstellung von Weißpausen
Original auf Pausleinwand	60—80	400—550
Original auf dünnem Zeichenpapier	90—120	600—800

Für photographische Kopien auf Zelloidinpapier gelten ungefähr dieselben Werte wie für Weißpausen von Pausleinwand. Mit einer Gleichstrom-Dauerbrandlampe für 10 Amp. 220 Volt 2200 Watt, deren aktinische Lichtausbeute $a = 120$ ist, erhält man bei einem Abstand $h = 100$ cm auf Grund der angegebenen Formel die nachstehend zusammengestellten Werte für die erforderliche Belichtungszeit:

Belichtungszeit in Minuten	Zur Herstellung von Blaupausen und Braunpausen	Zur Herstellung von Weißpausen
Original auf Pausleinwand	2,5—3,5	15—20
Original auf dünnem Zeichenpapier	3,5—4,5	25—30

Die im praktischen Gebrauch sich ergebenden Belichtungszeiten sind in erheblichem Maße vom Zustand der Lampen und von der Beschaffenheit der benutzten Kopierpapiere abhängig.

Die Größe des Abstandes zwischen Lichtquelle und Kopierrahmen richtet sich nach der Ausdehnung der zu kopierenden Fläche. Um eine einigermaßen gleichmäßige Beleuchtung der zu beleuchtenden Fläche F zu erhalten, kann man ungefähr folgende Beziehung zwischen Fläche F und Abstand h als gültig annehmen:

$$F = \frac{z \cdot h^2}{2}.$$

Auch hier bedeutet *z* die Zahl der benutzten Lampen. *F* und *h* sind jeweils in cm^2 und cm oder in m^2 und m anzugeben. Bei 1 m Abstand kann man hiernach etwa ½ m^2 mit einer Lampe annähernd gleichmäßig beleuchten. Unter ½ m Abstand wird man im allgemeinen nicht herabgehen, um nicht das Abdeckglas des Kopierrahmens durch die starke Hitze zu gefährden.

Andere künstliche Lichtquellen als die Dauerbrand-Bogenlampen wird man für Kopier- und Lichtpauszwecke nur ausnahmsweise benutzen, da sie erheblich weniger ökonomisch arbeiten und bedeutend längere Zeit zur Erreichung der gleichen Wirkung beanspruchen. Dagegen hat sich für die Belichtung von Bromsilberpapieren bei der maschinellen Herstellung von Ansichtspostkarten und ähnlichen Fabrikaten die Metalldrahtlampe vielfach eingeführt. Da es hier auf möglichst genaues Einhalten der Lichtstärke und Belichtungszeit ankommt, um ein gleichmäßiges Fabrikat zu erhalten, ist hierfür die Metalldrahtlampe wegen ihrer konstanten Lichtstärke besonders geeignet. Die geringen Lichtstärkeänderungen, die durch Schwankungen der zugeführten Betriebsspannung hervorgerufen werden, lassen sich durch vorgeschaltete Eisendrahtwiderstände in Glasröhren mit Wasserstoff-Füllung so gut wie vollständig beseitigen; diese Widerstände halten eine bestimmte Stromstärke unveränderlich konstant und verzehren dabei nur etwa 10% der zugeführten Betriebsspannung.

Anhang.

Lichttechnische Tabellen.

(Inhaltsverzeichnis: S. 580.)

Tabelle 1. (Zu Abschnitt I, S. 5.)

Photometrische Zusammenhänge für eine Reihe einfacher leuchtender Flächen.

(Nach Uppenborn-Monasch, Lehrbuch der Photometrie, München und Berlin 1912, Seite 92/93.)

Gestalt der leuchtenden Fläche	Lichtstärke als Funktion des Strahlungswinkels α	Lichtstrom	Mittlere Lichtstärke sphärische $J_{\ominus}$	untere hemisphärische $J_{\triangledown}$	obere hemisphärische $J_{\vartriangle}$
Leuchtender Punkt 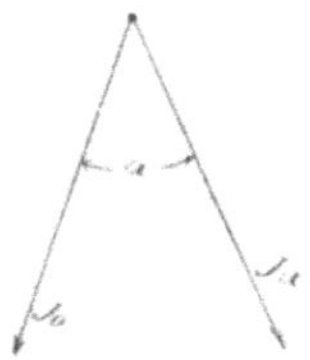	$J_\alpha = \text{const} = J_0$	$4\pi\ J_0$	J_0	J_0	J_0
Leuchtende Kreisscheibe mit nichtleuchtender Oberseite 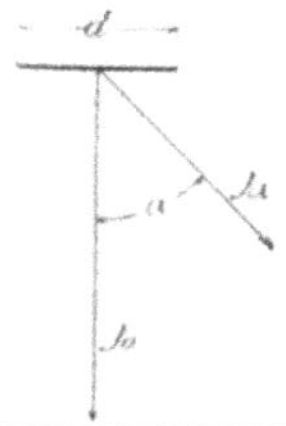	$J_\alpha = J_0 \cos\alpha$	$\pi\ J_0$	$\frac{J_0}{4}$	$\frac{J_0}{2}$	0
Leuchtende Kugel 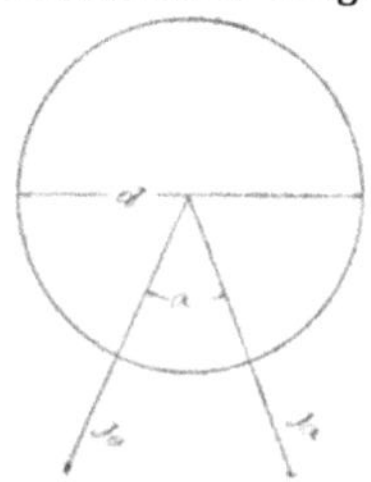	$J_\alpha = \text{const} = J_0$	$4\pi\ J_0$	J_0	J_0	J_0

Leuchtende Halbkugel mit nichtleuchtender Deckfläche 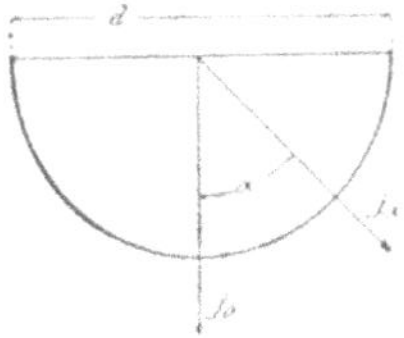	$J_\alpha = \frac{J_0}{2}(1 + \cos\alpha)$	$2\pi\ J_0$	$\frac{J_0}{2}$	$\frac{3}{4} J_0$	$\frac{J_0}{4}$
Leuchtend. Zylinder m. nicht-leucht. Grund- und Deckfläche 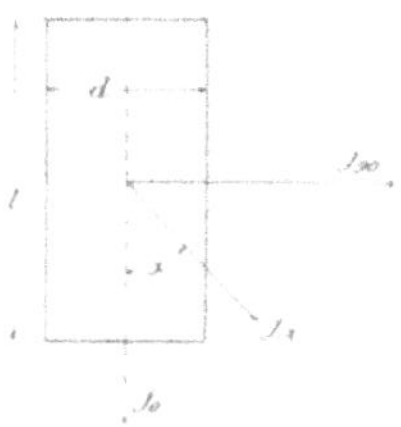	$J_\alpha = J_{90} \cdot \sin\alpha$	$\pi^2\ J_{90}$	$\frac{\pi}{4} \cdot J_{90}$	$\frac{\pi}{4} \cdot J_{90}$	$\frac{\pi}{4} \cdot J_{90}$
Leuchtender Zylinder m. halbkugelförmig. Abschluß u. nichtleuchtender ebener Deckfläche 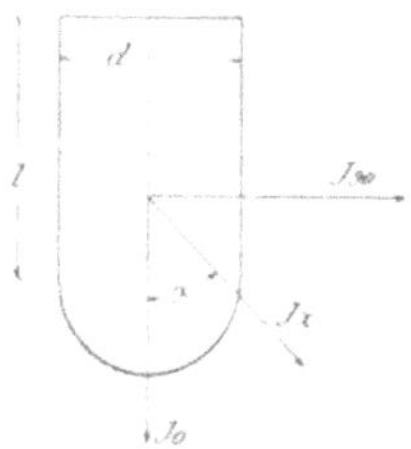	$J_\alpha = \frac{J_0}{2}(1 + \cos\alpha) + J_{90} \cdot \sin\alpha$	$2\pi J_0 + \pi^2 J_{90}$	$\frac{J_0}{2} + \frac{\pi}{4} J_{90}$	$\frac{3}{4} J_0 + \frac{\pi}{4} J_{90}$	$\frac{J_0}{4} + \frac{\pi}{4} J_{90}$

Tabelle 2. (Zu Abschnitt I, S. 6.)

Horizontale und mittlere untere hemisphärische Lichtstärke für eine Reihe künstlicher Lichtquellen,

bezogen auf den gleich 100 gesetzten Wert der mittleren sphärischen Lichtstärke, nach Angaben von L. Bloch, J. f. G. u. W. 60, 519, 1917.

(Abgerundete Mittelwerte.)

Lampenart	J_{hor}	$J_{\smile}$	$\frac{\Phi_{\smile}}{\Phi_{\ominus}} \cdot 100$
Stearinkerze	105	100	50
Petroleumlampe	115	75	37,5
Petroleumglühlicht	135	80	40
Spiritusglühlicht	145	75	37,5
Gasschnittbrenner	160	95	47,5
Azetylen-Zweilochbrenner	155	90	45
Argandbrenner	140	90	45
Stehendes Gasglühlicht	135	90	45
Hängendes Gasglühlicht mit kleinem Brenner	110	120	60
» » mit großem Brenner	125	130	65
Hängendes Preßgasglühlicht	140	150	75
Kohlefaden- und Metalldrahtlampe	125	105	52,5
Nernstlampe	140	120	60
Spiraldrahtlampe	115	110	55
Gasgefüllte Metalldrahtlampe, niedrigkerzig	95	105	52,5
» » , hochkerzig	115	105	52,5
Reinkohlenbogenlampe mit Klarglasglocke, offen	55	180	90
» » » , geschlossen	90	160	80
Bogenlampe mit übereinanderstehenden Effektkohlen und Klarglasglocke offen	75	190	95
dgl. geschlossen	80	190	95
Offene Bogenlampe mit nebeneinanderstehenden Effektkohlen und Klarglasglocke	100	190	95

Tabelle 3. (Zu Abschnitt I, S. 12.)

Flächenhelle einiger selbstleuchtender Körper.

Lichtquelle	Flächenhelligkeit in HK/cm²
Stearinkerze	0,66
Talgkerze	0,74
Petroleumlampe	0,62—1,5
Spiritusglühlicht	2,47
Gasschnittbrenner	0,53—1,25
Gasglühlicht, stehend	3,2 —5,7
» , hängend	6,4
Preßgas	5,0—8,5
Azetylen	6,0—9,0
Kohlefadenglühlampe 4 W/HK_h	45—50
» 3,5 »	55—60
» 3,1 »	70—80
» 3,1 W/HK, mattiert	0,5—1,0
Metallisierte Kohlefadenglühlampe 2,2 W/HK_h	90—100
Tantallampe	110—130
Nernstbrenner (nackt)	160—450
Wolframlampe 1,1 W/HK_h	150
» 0,85 »	220
Gasfüllungslampe 0,5 W/HK_θ	800
Quecksilberlichtbogen in Glasrohr	2,5—3,0
Moores Vakuum-Röhrenlicht	0,04—0,25
Dauerbrandbogenlampe	10—70
Flammenbogen (nackt)	600—1 000
Reinkohlenlichtbogen (nackt)	1 800—8 000
Pos. Krater des Reinkohlenlichtbogens	18 000
Scheinb. Flächenhelle d. Goerz-Beck-Scheinwerferlampe	120 000
Positiver Krater der Lummerschen Druckbogenlampe bei 7600° abs. Temp. und 22 Atm. Druck	284 000
Sonne am Horizont	400
Sonne im Zenit	100 000—150 000

Tabelle 4. (Zu Abschnitt I, S. 12.)

Streuvermögen verschiedener Stoffe.

(Nach N. A. Halbertsma, E. T. Z. 39, 207, 1918.)

Art des Stoffes	Dicke	Beobachter	Lichtstreuvermögen
Milch- oder Opalglas	3 mm, mattiert	Uppenborn-Monasch	0,925
» » »	1,8 mm, 2× matt.	Voege	0,915
» » »	3 mm	»	0,900
Marmor	—	»	0,892
Opalglas	1,5 mm	Luckiesh	0,887
Opalüberfangglas	0,75 mm	»	0,870
»	0,16 mm	Chwolson	0,706
Opaleszentglas, mattiert	6 mm	Luckiesh	0,567
Klarglas, mattiert	1,8 mm	Uppenborn-Monasch	0,530
Opaleszentglas	6	»	0,284
Klarglas, zweiseitig mattiert	—	Luckiesh	0,190
Klarglas, mattiert	3 mm	Voege	0,154
» »	—	Luckiesh	0,097
Kathedralglas	—	Edwards	0,058

Tabelle 5. (Zu Abschnitt I, S. 16.)

Numerische Beziehungen zwischen verschiedenen Einheiten der Lichtstärke.

Angabe in	Umrechnungsfaktor auf Hefnerkerze	Umrechnungsfaktor auf Standardkerze (intern. Kerze) bougie décimale, American candle, Pentane candle	Umrechnungsfaktor auf Carcel
Hefnerkerze	**1**	0,9009	0,093
Standardkerze(intern. Kerze), bougie décimale, American candle, Pentane candle . .	**1,11**	1	0,1033
Carcel	**10,75**	9,685	1

Die fettgedruckten Zahlen sind die von der internationalen Lichtmeßkommission am 27. Juli 1911 angenommenen Bezugswerte.

Tabelle 6. (Zu Abschnitt I, S. 17.)

Numerische Beziehungen zwischen verschiedenen Einheiten der Beleuchtung.

Angabe in	Umrechnungsfaktor auf Hefnerlux (HLm/m²)	Hefner-foot (HLm/Fuß²)	Candle-meter, bougie-mètre (intern. Lm/m²)	Candle-foot (intern. Lm/Fuß²)	Carcel-mètre (carcel-Lm/m²)
Hefnerlux . .	1	0,0929	0,9009	0,0837	0,093
Hefner-foot . .	10,764	1	9,694	0,9009	1,001
Candle-meter .	1,11	0,1031	1	0,0929	0,1033
Candle-foot . .	11,95	1,11	10,764	1	1,111
Carcel-mètre .	10,75	0,999	9,685	0,8997	1

Die Angaben in foot beziehen sich auf engl. bezw. amerik. Fuß, so daß 1 foot = 12 inch = 0,3048 m ist.

Tabelle 7. (Zu Abschnitt I, S. 18.)

Numerische Beziehungen zwischen verschiedenen Einheiten der Flächenhelle bezw. spezif. Lichtausstrahlung.

HK/cm²	Flächenhelle in Intern. Kz. pro cm²	Intern. Kz. pro Zoll² [1]	Lambert = intern. Lm/cm²	Millilambert	Spezifische Lichtausstrahlung in HK/cm²	intern. Lumen pro cm² (Lambert)	intern. Lumen pro Zoll² [1]
1	0,9009	5,807	2,827	2827	3,14	2,827	18,26
1,11	1	6,452	3,14	3141	3,487	3,14	20,27
0,172	0,155	1	0,487	4869	0,541	0,487	3,14
0,353	0,318	2,054	1	1000	1,11	1	6,452
0,318	0,287	1,85	0,9009	900,9	1	0,9009	5,807
0,0546	0,0493	0,318	0,155	155	0,172	0,155	1

[1]) Die Angaben in Zoll beziehen sich auf engl. bezw. amerik. Zoll, so daß 1 Zoll = 2,54 cm, 1 Zoll² = 6,452 cm² ist.

Tabelle 8. (Zu Abschnitt I, S. 18.)

Numerische Beziehungen zwischen verschiedenen Einheiten der Lichtstärke und des Lichtstromes, sowie der Lichtausbeute und des spezifischen Effektverbrauches.

Gegebene Lichtausbeute (Lichtstärke, Lichtstrom)	Umrechnungsfaktoren der Lichtausbeute (Lichtstärke, Lichtstrom) auf						Umrechnungsfaktoren des spez. Effektverbrauches auf
	HK_h/W	$HK_\ominus$/W	K_h/W	$K_\ominus$/W	HLm/W	Lm/W	
HK_h/W	1	0,80	0,901	0,72	10,05	9,06	W/HK_h
$HK_\ominus$/W	1,25	1	1,126	0,901	12,57	11,32	W/$HK_\ominus$
K_h/W	1,11	0,888	1	0,80	11,10	10,05	W/K_h
$K_\ominus$/W	1,39	1,11	1,25	1	13,95	12,57	W/$K_\ominus$
HLm/W	0,0995	0,0796	0,0896	0,0717	1	0,901	W/HLm
Lm/W	0,1104	0,0883	0,0995	0,0796	1,11	1	W/Lm
	Gegebener spezifischer Effektverbrauch						
	W/HK_h	W/$HK_\ominus$	W/K_h	W/$K_\ominus$	W/HLm	W/Lm	

Tabelle 9. (Zu Abschnitt I, S. 29.)

Zusammengehörige Konstanten der Wien-Planckschen und der Stefan-Boltzmannschen Strahlungsgleichung für verschiedene Temperaturskalen.

c_2	σ	c_1
1,42	$5{,}82 \cdot 10^{-12}$	$3{,}65 \cdot 10^{-12}$
1,43	$5{,}70 \cdot 10^{-12}$	$3{,}67 \cdot 10^{-12}$
1,44	$5{,}58 \cdot 10^{-12}$	$3{,}70 \cdot 10^{-12}$
1,45	$5{,}47 \cdot 10^{-12}$	$3{,}72 \cdot 10^{-12}$
1,46	$5{,}36 \cdot 10^{-12}$	$3{,}75 \cdot 10^{-12}$
1,47	$5{,}25 \cdot 10^{-12}$	$3{,}77 \cdot 10^{-12}$

Bei der Berechnung ist das elektrische Elementarquantum zu $4{,}77 \cdot 10^{-10}$ elektrostatischen Einheiten zugrunde gelegt worden. σ wurde aus der Gleichung $\sigma = 1{,}667 \cdot 10^{-11} \cdot \frac{1}{c_2^3}$, c_1 aus der Gleichung $c_1 = \frac{\sigma \cdot c_2^4}{6{,}494}$ berechnet.

Bei der Benutzung der angeführten Werte ergibt sich die von der Flächeneinheit des schwarzen Körpers ausgestrahlte Energie in Watt/cm^2; im Wien-Planckschen Gesetz sind dabei die Wellenlängen in cm in die Rechnung einzusetzen.

Tabelle 10. (Zu Abschnitt I, S. 23.)

Relative Empfindlichkeit des menschlichen Auges gegen energiegleiche Reize verschiedener Farbe.

Wellenlänge in μ	Relative Empfindlichkeit nach					
	Bender[1]) beob.	Ives[2]) beob.	Ives und Kingsbury[3]) beob.	Nutting[4]) beob.	Hyde, Forsythe u. Cady[5]) beob.	Ives[6]) ber.
0,40	—	—	—	0,21	0,009	0,24
0,41	—	—	—	0,36	0,062	0,32
0,42	—	—	—	0,65	0,41	0,96
0,43	—	—	—	1,15	1,15	1,8
0,44	9,1	2,9	—	2,2	2,2	2,9
0,45	—	4,7	—	3,8	3,6	4,1
0,46	16,6	7,3	—	6,1	5,5	5,8
0,47	—	10,7	—	10,1	8,7	9,0
0,48	28,5	15,4	—	14,9	13,8	13,8
0,49	—	25,3	—	21,5	21,6	21,5
0,50	49,7	36,3	31,8	31,4	32,8	34,1
0,51	60,1	59,6	47,3	45,6	51,5	49,3
0,52	77,1	79,4	63,7	64,6	69,8	63,8
0,53	90,6	91,2	80,1	81,5	84,7	79,5
0,54	97,3	97,7	91,5	92,5	96,8	91,9
0,55	100,0	100,0	98,8	98,6	99,6	99,2
0,56	97,1	99,0	99,6	99,5	99,5	99,9
0,57	95,3	94,8	94,7	94,9	94,4	95,3
0,58	85,3	87,5	85,9	87,1	85,5	87,9
0,59	—	76,3	75,8	76,2	73,5	77,7
0,60	63,2	63,5	65,3	63,4	60,0	63,3
0,61	—	50,9	53,4	49,8	46,4	49,1
0,62	37,1	38,7	39,6	36,8	34,1	36,2
0,63	—	27,2	28,3	26,8	23,8	24,0
0,64	19,0	17,5	18,3	16,6	15,4	16,4
0,65	—	10,4	11,0	10,5	9,4	10,1
0,66	6,8	6,8	6,8	5,8	5,1	6,0
0,67	—	4,4	—	3,2	2,6	3,8
0,68	1,3	2,6	—	1,6	1,25	2,2
0,69	—	—	—	0,81	0,62	1,3
0,70	—	—	—	0,36	0,31	0,7
0,71	—	—	—	—	0,15	—
0,72	—	—	—	—	0,074	—
0,73	—	—	—	—	0,036	—
0,74	—	—	—	—	0,018	—
0,75	—	—	—	—	0,009	—
0,76	—	—	—	—	0,005	—

[1])—[6]) Siehe Seite 546.

Tabelle 11. (Zu Abschnitt I, S. 32.)

Zusammenhang zwischen schwarzer und wahrer Temperatur für Körper verschiedenen Reflexionsvermögens.

Gemessene schwarze Temp. (° abs.)	Zugehörige wahre Temperaturen (° abs.) für ein Reflexionsvermögen $R =$													
	0,20	0,30	0,40	0,45	0,50	0,55	0,60	0,65	0,70	0,75	0,80	0,85	0,90	0,95
1500	1523	1537	1554	1564	1574	1586	1600	1616	1634	1656	1685	1724	1779	1885
1600	1626	1643	1662	1673	1685	1698	1714	1732	1754	1779	1812	1856	1921	2045
1700	1730	1748	1770	1782	1796	1812	1830	1850	1874	1904	1941	1992	2068	2212
1800	1834	1854	1878	1893	1908	1926	1945	1969	1997	2030	2073	2131	2218	2383
1900	1937	1959	1988	2003	2021	2041	2063	2089	2121	2158	2207	2272	2372	2563
2000	2041	2067	2097	2115	2135	2157	2181	2209	2246	2288	2343	2417	2529	2749
2200	2255	2281	2318	2339	2364	2391	2422	2458	2501	2554	2622	2715	2858	3141
2400	2460	2497	2542	2567	2596	2629	2667	2710	2763	2828	2911	3026	3205	3565
2600	2670	2714	2767	2798	2832	2871	2916	2968	3031	3119	3211	3351	3572	4025
2800	2882	2933	2994	3031	3071	3117	3170	3232	3307	3400	3523	3691	3961	4526
3000	3094	3153	3224	3266	3313	3366	3428	3500	3588	3698	3842	4044	4368	5057
3500	3629	3710	3809	3867	3933	4008	4095	4199	4326	4485	4697	5001	5501	6617
4000	4168	4276	4407	4485	4573	4674	4793	4935	5110	5332	5631	6068	6804	8530
5000	5263	5434	5645	5771	5915	6083	6282	6522	6823	7213	7751	8561	9989	13631

Die Zahlenwerte der Tabelle wurden unter Benutzung der aus dem Planckschen Gesetz abgeleiteten Gleichung

$$T_w = \frac{c_2}{\lambda} \cdot \frac{1}{\ln\left[1 + A\lambda\left(e^{\frac{c_2}{\lambda T_s}} - 1\right)\right]}$$

berechnet, in der T_s die schwarze, T_w die wahre Temperatur in absoluter Zählung und $A_\lambda = (1 - R_\lambda)$ das Absorptionsvermögen des in Frage kommenden Strahlers bedeuten. Für Temperaturen unter 3000° kam die aus dem Wienschen Gesetz folgende, einfachere Formel

$$\ln A\lambda = \frac{c_2}{\lambda}\left(\frac{1}{T_w} - \frac{1}{T_s}\right)$$

in Anwendung. Die Größen c_2 und λ wurden zu $c_2 = 1{,}43$ bzw. $\lambda = 0{,}65\ \mu$ angenommen.

Anmerkungen zu S. 545:

[1]) H. Bender, Ann. d. Phys. (4.) **45**, 114, 1914.

[2]) H. Ives, Phys. Rev. **35**, 401, 1912.

[3]) H. Ives, Phil. Mag. (6) **24**, 149, 1912 u. Phys. Rev. **6**, 329, 1915.

[4]) Nutting, Trans. Illum. Eng. Soc. **9**, 633, 1914 u. **13**, 108, 1918.

[5]) Hyde, Forsythe u. Cady, Astrophys. Journ. **48**, 87, 1918.

[6]) H. Ives, Journ. of the Franklin-Inst. **188**, 217, 1919.

Tabelle 12. (Zu Abschnitt I, S. 32.)

Reflexionsvermögen verschiedener Stoffe im Gebiete der sichtbaren Strahlung.

Stoff	Reflexionsvermögen für die Wellenlänge						
	0,4 μ	0,45 μ	0,50 μ	0,55 μ	0,60 μ	0,65 μ	0,70 μ
Silber	0,840	0,905	0,913	0,927	0,926	0,935	0,946
Gold	0,28	0,331	0,470	0,740	0,844	0,889	0,923
Platin	0,490	0,547	0,584	0,611	0,642	0,665	0,690
Iridium	0,600	—	0,647	0,660	0,669	0,680	0,680
Wolfram	0,47	—	0,49	—	0,51	—	0,54
Tantal	—	—	0,38	—	0,45	—	0,55
Molybdän	0,44	—	0,45	—	0,48	—	0,50
Eisen	0,50	—	0,55	—	0,58	—	0,59
Kupfer	—	—	0,53	—	0,83	—	0,91
Nickel	0,53	—	0,61	—	0,65	—	0,69
Graphit (blank) . .	0,21	—	0,22	—	0,23	—	0,24
T-Kohle . . . . . (Gebr. Siemens & Co.)	—	—	—	—	—	0,25 — 0,40	—
Kupferoxyd	—	—	0,30	—	0,30	—	0,35
Eisenoxyd	—	—	—	—	—	0,10 — 0,35	—
Chromoxyd	—	—	$<$ 0,10	—	$<$ 0,10	—	$<$ 0,10
Porzellan	—	—	—	—	—	0,50 — 0,75	—
Thoriumoxyd (rein)	—	—	—	—	—	0,86 — 0,93	—
Aluminiumoxyd . .	—	—	—	—	—	0,90	—
Zirkonoxyd	—	—	—	—	—	0,91 — 0,94	—
Magnesiumoxyd . .	—	—	—	—	—	0,91 — 0,94	—
Calciumoxyd . . .	—	—	—	—	—	0,60 — 0,90	—

Die mitgeteilten Zahlen gelten für das Reflexionsvermögen bei Zimmertemperatur. Bezüglich der Änderung der Größe mit der Temperatur sei auf die Speziallileratur verwiesen (vgl. Henning, Temperaturmessung 1915, S. 193 usw.). Für Überschlagsrechnungen, insbesondere bei metallischen Strahlern, kann das Reflexionsvermögen als von der Temperatur unabhängig angesehen werden.

Tabelle 13. (Zu Abschnitt I, S. 37.)

Die Lichtabgabe des schwarzen Körpers bei verschiedenen Temperaturen.

Temp. ° abs.	Relative Helligkeiten	Lichtabgabe in HK_{max}/mm^2	Lichtabgabe in $HK_{\ominus}/mm^2$	Lichtabgabe in HLm/mm^2
1500	0,0173	0,00804	0,00201	0,0253
1600	0,0470	0,0218	0,00545	0,0685
1700	0,112	0,0520	0,0130	0,163
1800	0,250	0,116	0,0290	0,365
1900	0,526	0,244	0,0610	0,767
2000	1,000	0,464	0,116	1,46
2100	1,73	0,804	0,201	2,53
2200	3,04	1,41	0,352	4,43
2300	5,03	2,33	0,584	7,34
2400	7,91	3,67	0,918	11,5
2500	11,8	5,48	1,37	17,2
2600	17,2	7,96	1,99	25,1
2700	24,3	11,3	2,82	35,4
2800	33,4	15,5	3,88	48,8
2900	45,3	21,0	5,25	66,0
3000	60,5	28,1	7,02	88,3
3500	210	97,2	24,3	306
4000	532	247	61,8	777
4500	1 083	503	125,8	1 582
5000	1 912	887	221,8	2 790
5500	3 048	1 416	354	4 450
6000	4 500	2 088	522	6 560
6500	6 290	2 920	730	9 170
7000	8 340	3 870	968	12 160
7500	10 710	4 960	1 241	15 630
8000	13 370	6 200	1 551	19 500
8500	16 330	7 580	1 896	23 850
9000	19 620	9 110	2 278	28 650
9500	23 200	10 770	2 693	33 900
10000	27 050	12 570	3 142	39 500

Tabelle 14. (Zu Abschnitt I, S. 39.)

Gesamtstrahlung und sichtbare Strahlung des schwarzen Körpers bei verschiedenen Temperaturen.

Temperatur ° abs.	Gesamtstrahlung in W/mm²	Auf das sichtbare Gebiet (0,4—0,7 μ) entfallende Strahlung in W/mm²
1 500	0,289	0,000 174
1 600	0,374	0,000 444
1 700	0,475	0,000 983
1 800	0,598	0,002 08
1 900	0,743	0,004 17
2 000	0,912	0,007 61
2 100	1,108	0,012 7
2 200	1,335	0,021 7
2 300	1,595	0,035 0
2 400	1,891	0,053 7
2 500	2,226	0,078 5
2 600	2,60	0,112
2 700	3,03	0,156
2 800	3,50	0,212
2 900	4,03	0,285
3 000	4,62	0,377
3 500	8,55	1,25
4 000	14,59	3,15
4 500	23,37	6,40
5 000	35,63	11,40
6 000	73,9	27,9
7 000	136,9	53,9
8 000	233,5	89,3
9 000	374,0	134,2
10 000	570,0	189,2

Tabelle 15. (Zu Abschnitt I, S. 41.)

Lichtausbeuten eines nur im sichtbaren Gebiet (0,4—0,7 μ) Energie aussendenden Idealstrahlers von dem schwarzen Körper entsprechender relativer Energieverteilung, verglichen mit den beim schwarzen Körper erzielten Werten.

Temperatur	Lichtausbeute des Idealstrahlers in		Lichtausbeute des schwarzen Körpers in	
° abs.	$HK_{\ominus}/W$	HLm/W	$HK_{\ominus}/W$	HLm/W
1 500	11,6	146	0,006 95	0,087
1 600	12,3	155	0,014 6	0,183
1 700	13,2	166	0,027 4	0,344
1 800	13,9	175	0,048 6	0,611
1 900	14,6	184	0,082 3	1,03
2 000	15,2	191	0,127	1,60
2 100	15,8	199	0,181	2,28
2 200	16,3	205	0,264	3,32
2 300	16,7	210	0,366	4,60
2 400	17,1	215	0,485	6,10
2 500	17,5	220	0,616	7,75
2 600	17,8	224	0,765	9,62
2 700	18,0	227	0,931	11,7
2 800	18,2	229	1,11	13,9
2 900	18,4	231	1,30	16,4
3 000	18,6	234	1,52	19,1
3 500	19,4	243	2,84	35,7
4 000	19,6	246	4,23	53,2
4 500	19,7	248	5,39	67,7
5 000	19,4	244	6,22	78,2
6 000	18,7	235	7,06	88,8
7 000	18,0	226	7,07	88,9
8 000	17,4	219	6,65	83,6
9 000	16,9	212	6,09	76,6
10 000	16,6	209	5,51	69,3

Tabelle 16. (Zu Abschnitt I, S. 42.)

Optischer und visueller Nutzeffekt der zugeführten Leistung für verschiedene Lichtquellen.

Lampenart	Spezif. Verbrauch W/HK⊖	Lichtausbeute HK⊖/W	Abs. wahre Temperatur	Auf die zugeführte Leistung bezogener optischer Nutzeffekt %	visueller Nutzeffekt %	Gemessene visuelle Nutzeffekte[1])
Paraffin- bzw. Stearinkerze . . .	120	0,0083	1700°	0,063	0,017	—
Hefnerlampe[2]) . . .	110	0,0091	1750°	0,067	0,018	—
Petroleumlampe . .	40	0,025	1850°	0,17	0,05	—
Petroleumglühlicht[3])	10	0,10	1850°	0,70	0,20	—
Spiritusglühlicht[3]) .	20	0,05	1750°	0,37	0,10	—
Gasschnittbrenner .	60	0,017	1900°	0,12	0,034	—
Gasglühlicht[3]) . . .	10	0,10	2000°	0,65	0,20	0,24—1,26 (K.)
Azetylenlicht. . . .	18	0,056	2400°	0,33	0,11	—
Azetylenglühlicht[3]) .	5	0,20	2400°	1,2	0,40	—
Kohlefadenlampe 3,5 W/HKh	3,9	0,26	2135°	1,6	0,52	0,45 (K.); 0,38 (C.)
Tantallampe 1,6 W/HKh	2,0	0,50	2200°	3,1	1,0	—
Nernstlampe	2,4	0,42	2600°	2,3	0,84	1,08 (K.); 0,80 (C.)
Wolframvakuumlampe 1,1 W/HKh	1,35	0,74	2335°	5,3	1,8	1,65 (K.); 1,7 (C.)
Wolframgasfüllungslampe	0,6	1,67	2745°	9,2	3,4	2,93 (K.)
Quarzglas-Quecksilberbogenlampe .	0,32	3,1	—	—	—	6,8 (C.)[4])
Reinkohlenbogenlampe	1,6	0,63	4200°	3,2[4])	1,3[4])	2,2 (C.)[4])
Effektkohlenbogenlampe[3])	0,48	2,1	4200°	10,7[4])	4,2[4])	3,5 (C.)[4])

[1]) Die mit (K.) bezeichneten Werte wurden von Karrer (Phys. Rev. 5, 189, 1915) ermittelt, während die mit (C.) gekennzeichneten Zahlen von Conrad (Ann. d. Phys. 54, 357, 1917) beobachtet wurden.

[2]) Der Berechnung liegt die mir von Herrn Geh.-Rat E. Liebenthal (P.-T. R.) mitgeteilte Angabe zu Grunde, daß die Hefnerlampe in der Stunde 9,5 gr Amylazetat verbraucht.

[3]) Der optische und der visuelle Nutzeffekt dieser Lampenarten wurden unter der nur annähernd zutreffenden Voraussetzung berechnet, daß ihre relative Energieverteilung im sichtbaren Gebiet der des schwarzen Körpers bei den vermerkten Temperaturen entspricht.

[4]) In den mitgeteilten Zahlen kommt der in den Bogenlampen verkörperte physikalische Fortschritt der Bogenlampe gegenüber den anderen Lampenarten unvollkommen zum Ausdruck, weil dabei die praktisch unvermeidlichen Verluste im Vorschaltwiderstande usw. mit berücksichtigt wurden. Zum Vergleich sei erwähnt, daß Conrad (l. c.) den visuellen Nutzeffekt des Quecksilberbogens selber zu 19 %, des positiven Kraters der Reinkohlenbogenlampe zu 9 % und des Flammenbogens zwischen Effektkohlen zu 27 % ermittelte.

Tabelle 17. (Zu Abschnitt I, S. 46.)

Relative Energieverteilung im Gebiet der sichtbaren Strahlung für verschiedene Lichtquellen nach Hyde, Ives, Cady u. Luckiesh.

(Luckiesh, Color and its applications 1915, S. 21.)

Wellenlänge	Lichtquelle:								
μ	Schwarzer Körper bei 5000° abs. (Mittagssonne)	Zerstreutes Tageslicht (blauer Himmel)	Hefnerlampe	Kohlefadenglühlampe bei 2,8 W/HK_h	Azetylenlampe	Wolframdrahtlampe bei 1,13 W/HK_h	Gasgefüllte Wolframlampe bei 0,45 W/HK_h	Offener Gleichstromlichtbogen	Auerglühstrumpf
0,41	72	177	1,9	4	5,5	—	16,5	—	—
0,43	79	185	3,5	7	9,6	—	22,5	21,8	—
0,45	84,3	187	6	12	15	16,7	30	29	17,5
0,47	91	180	10,5	18	21,9	23,5	38	37	26,4
0,49	92,5	162	16,3	25,5	30,3	32,7	47	45,5	38,3
0,51	96	146	25,5	34,5	40	42,6	56,5	55	51
0,53	98	132	37,5	47	52	54,9	67	65,5	64
0,55	99	120	53,2	62	66,5	68,6	78	76	78
0,57	100	108	74,5	79	82	83,4	88	88	90
0,59	100	100	100	100	100	100	100	100	100
0,61	100	93	130	123	118	117	111	113,5	107
0,63	98,5	87	168	148	139	136	121,5	127	111
0,65	97,1	82	210	176	160	157	131	142	114
0,67	95,5	77	260	204	182	179	140	156	119
0,69	93,5	72,5	320	234	205	202	147,5	170	120

Tabelle 18. (Zu Abschnitt III, S. 90.)

Verbrennungsprodukte, Wärmeentwicklung und Luftbedarf verschiedener Beleuchtungsarten.

(Nach Schaars Kalender für das Gas- und Wasserfach, Jahrgang 1921, S. 199 bearbeitet.)

	Art der Beleuchtung	Lichtstärke	Für eine Brennstunde					Für eine Kerzenstunde					Luftbedarf	
			CO_2	H_2O	N_2	zusammen	WE	CO_2	H_2O	N_2	zusammen	WE	für eine Brennstunde	für eine Kerzenstunde
		HK	l	l	l	l		l	l	l	l		l	l
1.	Stearinkerze	1,2	15,6	15,6	88,2	119,4	108	13	13	73,5	99,5	90	112	93
2.	Petroleum 20'''	30	282	282	1596	2160	1221	9,4	9,4	53,2	72,0	40,7	2010	67
3.	Petroleumglühlicht (Keroslicht)	500	1000	1000	5650	7650	4350	2,0	2,0	11,3	15,3	8,7	7000	14
4.	Spiritusglühlicht 14'''	60	45	68	294	407	342	0,75	1,13	4,9	6,8	5,7	372	6,2
5.	Luftgasglühlicht	60	45	54	270	369	300	0,75	0,90	4,5	6,2	5,0	342	5,7
6.	Wassergasglühlicht	50	50	50	285	385	260	1,00	1,00	5,7	7,7	5,2	360	7,2
7.	Azetylen	40	48	24	228	300	312	1,2	0,6	5,7	7,5	7,8	288	7,2
8.	Azetylenglühlicht	60	30	15	138	183	198	0,5	0,25	2,3	3,1	3,3	174	2,9
9.	Leuchtgas, Schnittbrenner	14	80	176	635	891	700	5,7	12,6	45,3	63,6	50,0	800	57,2
10.	» Argandbrenner	20	96	214	760	1070	850	4,8	10,7	38,0	53,5	42,5	964	48,2
11.	» Gasglühlicht	80	68	151	536	755	600	0,85	1,89	6,7	9,4	7,5	680	8,5
12.	» Hängeglühlicht	100	57	126	435	618	500	0,57	1,26	4,35	6,18	5,0	550	5,5
13.	» Preßgasglühlicht	450	203	454	1620	2277	1800	0,45	1,01	3,6	5,1	4,0	2025	4,5
14.	Elektrizität, Kohlefadenlampe	32	—	—	—	—	86	—	—	—	—	2,7	—	—
15.	» Metalldrahtlampe	32	—	—	—	—	29	—	—	—	—	0,9	—	—
16.	» Gasfüllungslampe	600	—	—	—	—	260	—	—	—	—	0,43	—	—
17.	» Bogenlampe mit Reinkohlen	550	12	—	44	56	380	0,02	—	0,08	0,10	0,7	56	0,10
18.	» Bogenlampe mit Effektkohlen	1900	12	—	44	56	380	0,01	—	0,02	0,03	0,2	56	0,03

Ein Mensch produziert stündlich ca. 20—50 l CO_2 und ca. 20—230 g (= 24—280 l) Wasserdampf und verbraucht stündlich ca. 380 l Luft.

Tabelle 19. (Zu Abschnitt IV, S. 127.)

Lichtstärken, Lichtströme, spez. Verbrauch und Lichtausbeute der nach dem Verbrauch gestaffelten Wolframdraht-Vakuumlampen.

Spannung Volt	Watt	$HK_{\ominus}$	$W/HK_{\ominus}$	HKhor	W/HKhor	$HK_{\ominus}/W$	HLm	HLm/W
100—130	10	6	1,67	7,5	1,34	0,60	75	7,5
100—130	20	15	1,33	19	1,05	0,75	187	9,4
100—130	25	19	1,32	24	1,04	0,76	239	9,6
100—130	40	32	1,25	40	1,00	0,80	402	10,1
100—130	60	48	1,25	61	0,98	0,80	604	10,1
100—130	100	80	1,25	102	0,98	0,80	1006	10,1
200—230	20	12	1,67	15	1,33	0,60	151	7,5
200—230	25	16	1,56	20	1,25	0,64	201	8,0
200—230	40	27	1,48	34	1,18	0,67	339	8,5
200—230	60	44	1,36	56	1,07	0,73	553	9,2
200—230	100	74	1,35	95	1,05	0,74	930	9,3

Tabelle 20. (Zu Abschnitt IV, S. 131.)

Lichtstärken, Lichtströme, spez. Verbrauch und Lichtausbeute der nach dem Verbrauch gestaffelten Spiraldraht-Vakuumlampen.

Spannung Volt	Watt	$HK_{\ominus}$	$W/HK_{\ominus}$	$HK_{\ominus}/W$	HLm	HLm/W
100—130	15	9,5	1,58	0,63	119	8,0
100—130	25	17	1,47	0,68	214	8,5
100—130	40	28	1,43	0,70	352	8,8
100—130	60	43	1,39	0,72	540	9,0
200—230	25	15	1,67	0,60	189	7,5
200—230	40	26	1,54	0,65	327	8,2
200—230	60	40	1,50	0,67	503	8,4

Tabelle 21. (Zu Abschnitt IV, S. 135.)

Lichtstärken, Lichtströme, spez. Verbrauch und Lichtausbeute der nach dem Verbrauch gestaffelten Gasfüllungslampen.

Spannung Volt	Watt	$HK_{\ominus}$	$W/HK_{\ominus}$	$HK_{\ominus}/W$	HLm	HLm/W
100—130	25	18	1,39	0,72	226	9,1
100—130	40	37	1,08	0,93	465	11,6
100—130	60	62	0,97	1,03	780	13,0
100—130	75	82	0,91	1,09	1 030	13,7
100—130	100	120	0,83	1,20	1 510	15,1
100—130	150	200	0,75	1,33	2 515	16,8
100—130	200	275	0,73	1,38	3 460	17,3
100—130	300	450	0,67	1,50	5 660	18,9
100—130	500	800	0,63	1,60	10 060	20,1
100—130	750	1200	0,63	1,60	15 100	20,1
100—130	1000	1650	0,61	1,65	20 750	20,8
100—130	1500	2600	0,58	1,73	32 700	21,8
200—230	60	45	1,33	0,75	566	9,4
200—230	75	68	1,10	0,91	855	11,4
200—230	100	100	1,00	1,00	1 257	12,6
200—230	150	170	0,88	1,13	2 140	14,3
200—230	200	250	0,80	1,25	3 145	15,7
200—230	300	400	0,75	1,33	5 030	16,8
200—230	500	750	0,67	1,50	9 435	18,9
200—230	750	1150	0,65	1,53	14 460	19,3
200—230	1000	1550	0,65	1,55	19 490	19,5
200—230	1500	2400	0,63	1,60	30 180	20,1

Tabelle 22. (Zu Abschnitt IV, S. 138.)

Erzeugung, Ausfuhr und Einfuhr für die wichtigsten elektrischen Beleuchtungsarten unter gleichzeitiger Berücksichtigung der Glühkörper für Gaslampen usw. nach den Vierteljahrsheften zur Statistik des Deutschen Reiches.

Erzeugnis	Jahr	Inländ. Erzeugung	Ausfuhr		Einfuhr	
		Stück	Stück	in % der Inlandserzeug.	Stück	in % der Inlandserzeug.
Kohlefaden-Glühlampen	1913	13 666 646	7 506 730	54,9	409 279	3,0
	1914	7 291 856	2 758 452	37,8	97 580	1,3
	1915	7 330 139	2 254 287	30,8	21 466	0,3
	1916	6 915 413	2 220 052	32,1	9 300	0,1
	1917	6 124 940	1 316 902	21,5	9 830	0,2
	1918	4 666 011	725 221	15,5	13 237	0,3
	1919	4 683 113	740 741	15,8	3 945	0,1

Tabelle 22. (Fortsetzung.)

Erzeugnis	Jahr	Inländ. Erzeugung Stück	Ausfuhr Stück	Ausfuhr in % der Inlands-erzeug.	Einfuhr Stück	Einfuhr in % der Inlands-erzeug.
Metallfaden-Glühlampen	1913	92 755 824	54 549 360	58,9	767 242	0,8
	1914	77 188 229	33 725 011	43,7	1 171 357	1,5
	1915	66 346 830	21 644 574	32,7	307 991	0,5
	1916	85 350 423	30 674 705	35,9	406 998	0,5
	1917	76 573 107	22 927 506	29,9	944 946	1,2
	1918	63 829 109	16 432 058	25,8	374 497	0,6
	1919	59 515 213	13 366 550	22,5	459 226	0,8
Nernst-Brenner	1913	82 237	76 677	93,3	272	0,3
	1914	24 574	15 925	65,0	236	1,0
	1915	13 480	7 510	55,7	98	0,7
	1916	6 156	198	3,2	—	—
	1917	1 839	600	32,6	55	0,3
	1918	2 688	1 400	52,1	20	0,7
	1919	10 819	1 710	15,8	107	1,0
Brenner zu Quecksilber-Dampflampen	1913	12 114	5 410	44,6	1 225	10,1
	1914	5 256	1 783	34,0	526	10,0
	1915	4 411	626	14,2	—	—
	1916	4 064	672	16,5	—	—
	1917	3 139	227	7,2	4	0,1
	1918	2 754	125	4,5	6	0,2
	1919	2 097	1 065	50,8	4	0,2
Glühkörper für Gaslampen usw.	1913	133 598 823	70 658 832	52,9	32 366	0,1
	1914	97 330 142	52 691 968	54,4	13 370	0,1
	1915	101 035 721	47 350 768	46,9	15 798	0,1
	1916	77 774 210	21 794 229	28,0	8 635	0,1
	1917	52 309 905	8 154 820	15,6	107 517	0,1
	1918	37 909 860	3 635 670	9,6	65 297	0,1
	1919	48 029 457	8 756 209	18,2	2 122	0,1
Brennstifte für Reinkohlen-Bogenlampen	1913	kg 7 803 242	kg 5 478 623	70,2	kg 54 810	0,7
	1914	» 4 358 465	» 2 443 352	56,1	» 89 114	2,0
	1915	» 2 117 088	» 800 625	38,2	» 188 446	8,9
	1916	» 1 431 809	» 404 928	28,3	» 2 438	0,2
	1917	» 1 173 951	» 249 694	21,2	» 4 294	0,4
	1918	» 869 674	» 183 243	23,1	» 98	0,1
	1919	» 638 060	» 205 386	32,2	» 48	0,1
Bogenlampen-Brennstifte mit Leuchtzusätzen	1913	kg 2 976 193	kg 1 606 797	54,0	kg 109 652	3,7
	1914	» 1 877 032	» 717 600	38,2	» 86 823	4,6
	1915	» 1 228 955	» 284 561	23,2	» 10 347	0,8
	1916	» 1 086 982	» 246 961	23,7	» 297	0,1
	1917	» 872 555	» 88 700	10,2	» 4 076	0,5
	1918	» 626 555	» 55 209	8,8	» 305	0,1
	1919	» 456 619	» 52 107	11,4	» 48	0,1

Tabelle 23. (Zu Abschnitt V, S. 168.)

Verbrauch und Lichtausbeute der verschiedenen Gasglühlichtarten.

Lampenart	Normaler Verbrauch einer Lampe: Liter für 1 Stunde	Horizontale Lichtstärke HK_{hor}	Gasverbrauch Liter für 1 Stunde und 1 HK_{hor}	1 $HK_{\ominus}$	1 $HK_{\smile}$	Lichtstärke für 100 Liter Gas in 1 Stunde HK_{hor}	$HK_{\ominus}$	$HK_{\smile}$
Niederdruckgas:								
Stehlichtbrenner:								
Juwelbrenner . . .	65	45	1,45	1,9	2,1	69	53	48
Auer-C-Brenner . .	130	90	1,45	1,9	2,1	69	53	48
Lucaslampe . . .	500—1000	500—1000	1,0	1,3	1,45	100	77	69
Sparbrenner . . .	50—120	45—110	1,1	1,4	1,6	91	69	63
Hängelichtbrenner:								
für Innenbeleuchtg.								
klein	25	16	1,6	1,5	1,1	63	68	91
mittel	55	50	1,1	1,2	0,9	91	83	111
groß	95	100	0,95	1,2	0,9	105	83	111
Straßenlaternen:								
1 flammig	100	100	1,0	1,6	0,8	100	63	125
2 flammig	220	190	1,2	1,8	0,9	86	56	111
3 flammig	330	290	1,1	1,6	0,8	88	63	125
4 flammig	400	290	1,4	1,8	0,9	73	56	111
Lukaslampe . . .	900	1000	0,9	1,8	0,9	111	56	111
Preßgas:								
Stehlichtbrenner:								
für reines Gas . .	200—1200	170—1500	1,0	1,3	1,45	100	77	69
für Gasluftgemisch	25—2500	35—3300	0,75	1,0	1,1	133	100	91
Hängelichtbrenner:								
Straßenlaternen ohne Vorwärmung:								
2 flammig	1200	2000	0,6	1,2	0,6	167	84	167
3 flammig	2400	4800	0,5	1,0	0,5	200	100	200
mit Vorwärmung:								
1 flammig	750	1500	0,5	1,08	0,54	200	93	185
2 flammig	500—1000	950—1900	0,53	1,0	0,50	190	100	200
3 flammig	500—1500	950—2900	0,53	1,0	0,50	190	100	200

Tabelle 24. (Zu Abschnitt VI.)

Verbrauch und Lichtstärke der Lampen für feste und flüssige Brennstoffe, sowie Azetylen.

Lampenart	Verbrauch in der Stunde Gramm	Lichtstärke in HK		Verbrauch für 1 $HK_{\ominus}$	
		horizontal	sphärisch	Gramm/Std.	Watt
Paraffinkerze	6—9	0,76—1,51	0,53—1,06	11,5—8,5	133—86
Petroleumbrenner	40	14,2	12	3,3	42
Petroleumglühlichtbrenner	40	60—70	48—56	0,8—0,7	10,6—9,1
Petroleum-Starklicht	540	1000	800	0,7	8,6
Spiritusglühlicht	129	65,3	42,9	3,0	24
Luftgas-Glühlicht	37,4	100	80	0,47	6,2
Benzol-Luftgaslampe	45,2	56	45	1,0	11,8
	Liter			Liter/Std.	
Azetylenbrenner	10—50	10—75	7—53	1,4—0,95	23—15
Stehendes Azetylenglühlicht	15—20	70—90	56—72	0,27	4,4
Hängendes Azetylenglühlicht	15	—	60	0,25	4,1

Tabelle 25. (Zu Abschnitt VII, S. 221.)

Charakteristische Zahlen für die Beleuchtungswirkung von Reflektoren für elektrische Lampen.

Bezeichnung	Nach unten %	Verstärkung		Über 0,95 J_{max} bei Grad	Grenzlinie bei Grad	Absorptionsverlust %
		$\frac{J_{max}}{J_{\ominus}}$	bei Grad			
Metalldrahtlampe mit:						
flachem Blechreflektor	89	1,9	30°	15°—60°	85°	15
tiefem Blechreflektor	100	3,3	10°	5°—15°	75°	25
tiefem Milchglasreflektor	70	2,9	10°	5°—15°	65°	15
tiefem Milchglasreflektor, grün überfangen	97	3,9	20°	5°—25°	68°	24
kelchförmigem Milchglasreflektor	69	2,7	0°	0°—20°	57°	11

Tabelle 26. (Zu Abschnitt VII, S. 223.)

Charakteristische Zahlen für Holophan-Reflektoren mit Metalldrahtlampen.

Bezeichnung	Nach unten %	Verstärkung $J_{max}/J_{\ominus}$	Verstärkung bei Grad	Über 0,95 J_{max} bei Grad	Grenzlinie bei Grad	Absorptionsverlust %
Type E	77	2,4	43°	35°—50°	65°	7
Type J	78	2,9	25°	7°—37°	62°	7
Type F	82	5,8	0°	0°—17°	55°	17

Tabelle 27. (Zu Abschnitt VII, S. 225.)

Charakteristische Zahlen für Wiskott-Reflektoren mit Gasfüllungslampen.

Type	Durchmesser cm	Höhe cm	Mit Lampe für W	Mit Lampe für $HK_{\ominus}$	Verstärkung $J_{max}/J_{\ominus}$	Verstärkung bei Grad	Über 0,95 J_{max} bei Grad	Grenzlinie bei Grad	Absorptionsverlust %
HC	52	17,5	500	770	4,9	30°	22°—38°	65°	15
E (breitstrahlend eingestellt) . .	40	30	500	770	2,6	78°	75°—82°	88°	13
E (tiefstrahlend eingestellt) . .	40	30	500	770	20	5°	3°—8°	55°	13
E	22	15	100	87	21	5°	0°—10°	45°	10

Tabelle 28. (Zu Abschnitt VII, S. 232.)

Charakteristische Zahlen für Armaturen mit Gasfüllungslampen.

Gruppe	Bezeichnung	Nach unten %	Verstärkung $J_{max}/J_{\ominus}$	Verstärkung bei Grad	Über 0,95 J_{max} bei Grad	Grenzlinie bei Grad	Absorptionsverlust %
I	Vorwiegend direkt . . .	69	1,45	70°	50°—90°	110°	16
II	Direkt	89	1,85	40°	0°—80°	95°	23
III	Direkt, tiefstrahlend . .	100	3,2	35°	10°—50°	70°	32
IV	Direkt, breitstrahlend .	100	3,3	70°	65°—75°	85°	34
V	Diffus, vorw. tiefstrahlend	60	1,75	20°	0°—40°	55°	25
VI	Halbindirekt	28	1,65	140°	130°—150°	95°	14
VII	Ganzindirekt	0	2,55	140°	130°—160°	95°	28

Tabelle 29.

(Zu Abschnitt VII, S. 241.)

Charakteristische Zahlen für die Beleuchtungswirkung von Tischlampen mit nackter Lampe von 10 $HK_{\ominus}$.

Lampenart	Beleuchtung maximale $E_{max.}$ Lux	Beleuchtung bei 60 cm E_{60} Lux	Beleuchtung mittlere E_m Lux	Wirkungsgrad η %	$E_{60} \cdot E_m$
Petroleumlampe	50	20	39,5	35,5	790
Spiritus-Glühlicht	70	17,5	46,5	42	815
Metalldrahtlampe mit Seidenschirm	42	11	27	24	297
Metalldrahtlampe mit Milchglasschirm	255	14	53	48	742

Tabelle 30.

(Zu Abschnitt VII, S. 227.)

Lichtabsorption verschiedener Glockenarten.

(Auf den Gesamtlichtstrom bezogen.)

Art der Glocke	Absorptionsverlust %
Klarglas	3— 8
Kristall-, Holophan- und Eisglas	5—15
Opal- und Opalinglas	10—20
Mattiertes Klarglas	15—30
Alabasterglas	20—40
Milchglas	30—50

Tabelle 31.
(Zu Abschnitt VIII, S. 257.)

Wirkungsgrad für direkte und halbindirekte Beleuchtung von Innenräumen.

Zustand der Wände	Zustand der Decke: Hell	Mittel	Dunkel
Hell	% (55—45) **50**	% (50—40) **45**	% (45—35) **40**
Mittel	(50—40) **45**	(45—35) **40**	(40—30) **35**
Dunkel	(45—35) **40**	(40—30) **35**	(35—20) **30**

Tabelle 32.
(Zu Abschnitt VIII, S. 257.)

Wirkungsgrad für indirekte Beleuchtung von Innenräumen.

Zustand der Wände	Zustand der Decke: Hell	Mittel	Dunkel
Hell	% (40—30) **35.**	% (30—20) **25**	% (20—10) **15**
Mittel	(35—25) **30**	(25—15) **20**	(15—5) **10**
Dunkel	(30—20) **25**	(20—10) **15**	(10—0) **5**

Tabelle 33.
(Zu Abschnitt VIII, S. 258.)

Wirkungsgrad für Straßenbeleuchtung.

Straßenbreite / Anhängehöhe	Art der Lichtverteilung: Tiefstrahlend	Breitstrahlend	Hochstrahlend
Über 6	% (55—45) **50**	% (50—40) **45**	% (45—35) **40**
Von 3 bis 6	(50—40) **45**	(45—35) **40**	(40—30) **35**
Unter 3	(45—35) **40**	(40—30) **35**	(35—20) **30**

Tabelle 34.
(Zu Abschnitt VIII, S. 269.)

Größe des Faktors *k* für Beleuchtung von Innenräumen.

Zustand der Wände	Zustand der Decke: Hell	Mittel	Dunkel
Hell	1,4	1,3	1,2
Mittel	1,3	1,2	1,1
Dunkel	1,2	1,1	1,0

Tabelle 35. (Zu Abschnitt VIII, S. 262.)

Bodenfläche für eine gasgefüllte Metalldrahtlampe.

Lichtstärke bei 110 V. HK⊖	Lichtstärke bei 220 V. HK⊖	Verbrauch für eine Lampe Watt	Bei einer mittleren Beleuchtung von Lux: 2	5	10	15	20	25	30	40	50	60	70	80	90
			m²	m²	m²	m²	m²	m²	m²	m²	m²	m²	m²	m²	m²
62	45	**60**	112	45	22	15	11	9	7,5	5,5	4,5	3,7	3,2	2,8	2,5
82	68	**75**	170	68	34	22	17	13,5	11	8,5	6,8	5,5	4,8	4,2	3,8
120	100	**100**	250	100	50	33	25	20	16,5	12,5	10	8,5	7,1	6,3	5,6
200	170	**150**	425	170	85	56	42	34	28	21	17	14	12	10,5	9,5
275	250	**200**	625	250	125	83	62	50	41	31	25	21	18	15,5	14
450	400	**300**	1000	400	200	133	100	80	66	50	40	33	29	25	22
800	750	**500**	1870	750	375	250	187	150	125	93	75	62	54	47	42
1200	1150	**750**	(2870)	1150	575	383	287	230	192	143	115	96	82	72	64
1650	1550	**1000**	(3870)	1550	775	515	387	310	258	194	155	129	111	97	86
2600	2400	**1500**	(6000)	(2400)	1200	800	600	480	400	300	240	200	170	150	133
3200	3200	**2000**	(8000)	(3200)	1600	1065	800	640	530	400	320	266	228	200	175

Tabelle 36. (Zu Abschnitt VIII, S. 262.)

Bodenfläche für eine luftleere Metalldrahtlampe.

Verbrauch für eine Lampe bei 110 V. Watt	Verbrauch für eine Lampe bei 220 V. Watt	Lichtstärke HK_h	Bei einer mittleren Beleuchtung von Lux: 2	5	10	15	20	25	30	40	50	60	70	80	90
			m²	m²	m²	m²	m²	m²	m²	m²	m²	m²	m²	m²	m²
7	—	**5**	10	4,0	2,0	1,3	1,0	(0,8)	(0,66)	(0,5)	(0,4)	(0,33)	(0,28)	(0,25)	(0,22)
13	14	**10**	20	8,0	4,0	2,6	2,0	1,6	1,3	1,0	(0,8)	(0,66)	(0,57)	(0,5)	(0,45)
18	21	**16**	32	12,5	6,4	4,2	3,2	2,6	2,1	1,6	1,25	1,05	(0,92)	(0,8)	(0,7)
25	30	**25**	50	20	10	6,6	5,0	4,0	3,3	2,5	2,0	1,65	1,45	1,25	1,1
32	35	**32**	64	25	12,5	8,5	6,4	5,1	4,2	3,2	2,5	2,1	1,8	1,6	1,4
50	55	**50**	100	40	20	13	10	8,0	6,6	5,0	4,0	3,3	2,8	2,5	2,2
100	105	**100**	200	80	40	26	20	16	13	10	8,0	6,6	5,7	5,0	4,5

Tabelle 37. (Zu Abschnitt VIII, S. 264.)

Zahlentafel für: $1 - \cos\alpha = 1 - \dfrac{1}{\sqrt{1 + \dfrac{F}{\pi h^2}}}$.

$\frac{F}{h^2}$	0	1	2	3	4	5	6	7	8	9	10	$\frac{F}{h^2}$
0	0	,130	,220	,284	,336	,379	,414	,444	,470	,492	,512	0
10	,512	,530	,545	,559	,572	,583	,594	,605	,615	,624	,632	10
20	,632	,640	,647	,654	,660	,666	,672	,677	,682	,687	,692	20
30	,692	,697	,701	,705	,709	,713	,717	,721	,724	,727	,730	30
40	,730	,733	,736	,739	,742	,744	,747	,750	,753	,755	,757	40
50	,757	,760	,762	,764	,766	,768	,770	,772	,774	,776	,777	50
60	,777	,779	,780	,782	,784	,785	,787	,789	,790	,792	,793	60
70	,793	,795	,796	,798	,799	,800	,802	,803	,804	,805	,806	70
80	,806	,807	,808	,809	,810	,811	,812	,813	,814	,815	,816	80
90	,816	,817	,818	,819	,820	,821	,822	,823	,824	,825	,825	90
	0	1	2	3	4	5	6	7	8	9	10	

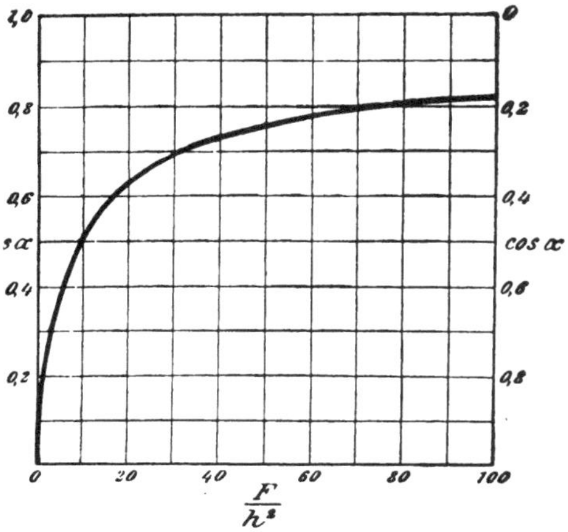

Abb. 1. $1 - \cos\alpha$ für $\frac{F}{h^2}$ von 0 bis 100.

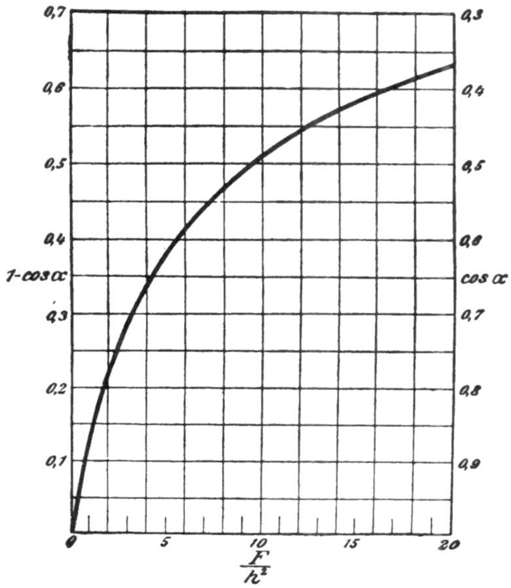

Abb. 2. $1 - \cos\alpha$ für $\frac{F}{h^2}$ von 0 bis 20.

Tabelle 38. (Zu Abschnitt VIII, S. 267.)

Lichtstromtafel A für Glühlampen mit ausgespannten Drähten ohne Reflektor und für stehendes Gasglühlicht ohne Reflektor oder mit einfachem Straßenreflektor.

(Annähernd auch für die Lichtverteilung eines geraden leuchtenden Stäbchens gültig.)

1 — cos α	0	1	2	3	4	5	6	7	8	9	10	
0	0	3	6	10	14	18	23	29	35	41	47	0,9
0,1	47	53	59	66	73	80	87	94	101	109	117	0,8
0,2	117	125	133	141	149	157	165	174	183	192	201	0,7
0,3	201	210	219	228	237	246	255	265	275	285	295	0,6
0,4	295	305	315	325	335	345	355	365	375	386	397	0,5
0,5	397	407	418	429	440	451	462	473	484	495	506	0,4
0,6	506	517	528	539	551	563	575	586	598	610	622	0,3
0,7	622	633	645	657	669	681	693	705	717	730	743	0,2
0,8	743	755	767	780	792	805	817	830	843	856	869	0,1
0,9	869	882	895	908	921	934	947	960	973	986	1000	0
	10	9	8	7	6	5	4	3	2	1	0	cos α

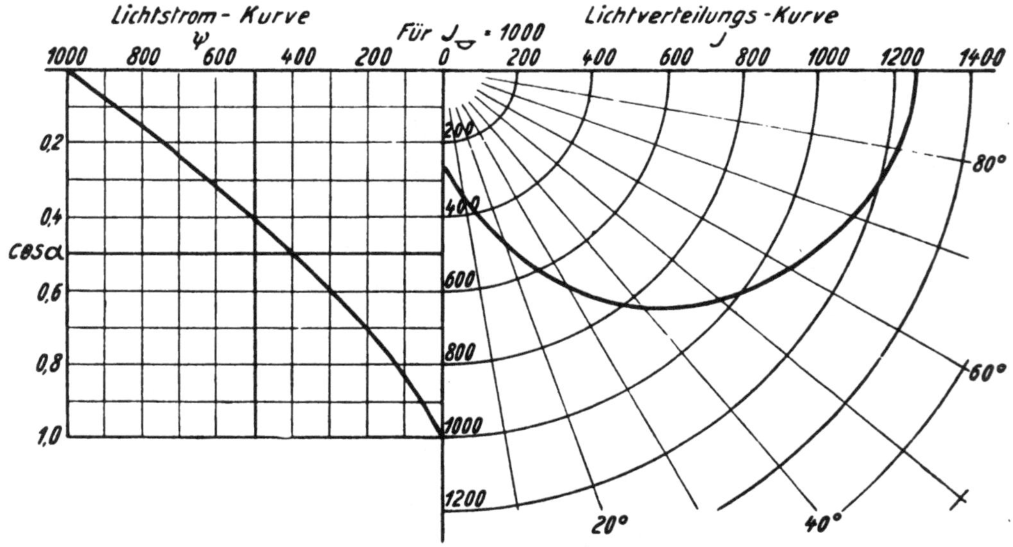

Abb. 3. Lichtverteilungs- und Lichtstromkurve A.

Tabelle 39. (Zu Abschnitt VIII, S. 267.)

Lichtstromtafel B für Glühlampen mit Reflektor und für Bogenlampen mit nebeneinanderstehenden Kohlen.

1 — cos α	0	1	2	3	4	5	6	7	8	9	10	
0	0	14	27	40	53	66	79	92	105	118	131	0,9
0,1	131	144	157	170	183	195	208	220	233	245	257	0,8
0,2	257	270	283	295	307	319	331	343	355	367	378	0,7
0,3	378	390	402	414	425	437	449	461	472	483	495	0,6
0,4	494	505	516	527	538	549	560	571	582	593	603	0,5
0,5	603	614	625	635	645	655	665	675	685	695	705	0,4
0,6	705	715	725	735	745	754	763	772	781	790	799	0,3
0,7	799	808	817	826	835	843	851	859	867	875	883	0,2
0,8	883	891	899	906	913	920	927	934	941	947	953	0,1
0,9	953	959	965	971	977	982	986	990	994	997	1000	0
	10	9	8	7	6	5	4	3	2	1	0	cos α

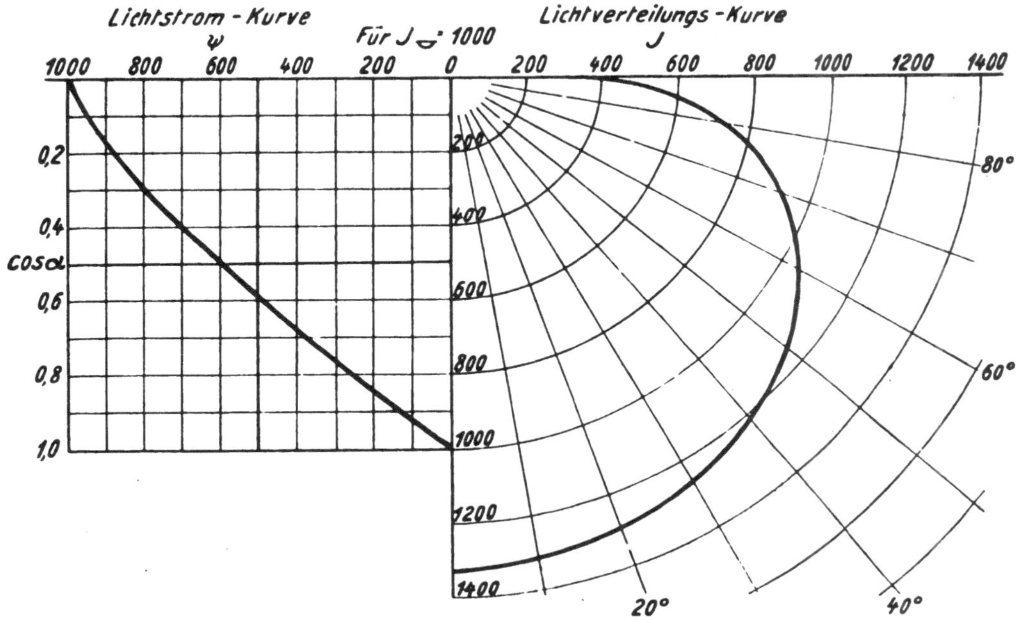

Abb. 4. Lichtverteilungs- und Lichtstromkurve B.

Tabelle 40. (Zu Abschnitt VIII, S. 267.)

Lichtstromtafel C für ein einseitig leuchtendes Flächenelement
($J = J_0 \cdot \cos \alpha$)
und für Glühlampen mit stark nach unten wirkenden Reflektoren.

$1-\cos\alpha$	0	1	2	3	4	5	6	7	8	9	10	
0	0	20	40	59	78	97	116	135	154	172	190	0,9
0,1	190	208	226	243	260	277	294	311	328	344	360	0,8
0,2	360	376	392	407	422	437	452	467	482	496	510	0,7
0,3	510	524	538	551	564	577	590	603	616	628	640	0,6
0,4	640	652	664	675	686	697	708	719	730	740	750	0,5
0,5	750	760	770	779	788	797	806	815	824	832	840	0,4
0,6	840	848	856	863	870	877	884	891	898	904	910	0,3
0,7	910	916	922	927	932	937	942	947	952	956	960	0,2
0,8	960	964	968	971	974	977	980	983	986	988	990	0,1
0,9	990	992	994	995	996	997	998	999	1000	1000	1000	0
	10	9	8	7	6	5	4	3	2	1	0	$\cos\alpha$

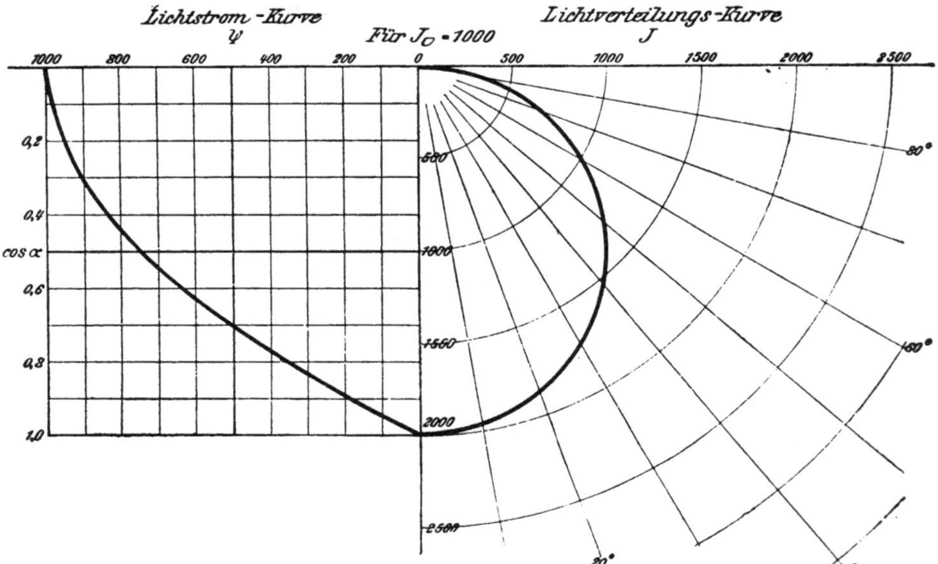

Abb. 5. Lichtverteilungs- und Lichtstromkurve C.

Tabelle 41. (Zu Abschnitt VIII, S. 267.)

Lichtstromtafel D für offene und geschlossene Bogenlampen mit übereinanderstehenden Kohlen.

$1-\cos\alpha$	0	1	2	3	4	5	6	7	8	9	10	
0	0	5	10	15	21	28	35	43	51	59	68	0,9
0,1	68	77	87	97	107	118	129	140	152	164	177	0,8
0,2	177	190	203	216	229	242	255	268	281	295	309	0,7
0,3	309	323	337	350	363	376	390	403	416	429	442	0,6
0,4	442	455	468	481	494	506	519	532	544	556	568	0,5
0,5	568	580	592	604	616	627	639	650	661	672	683	0,4
0,6	683	694	705	716	726	736	746	756	766	776	785	0,3
0,7	785	795	804	813	822	830	838	846	854	862	870	0,2
0,8	870	878	885	892	899	906	913	920	926	933	939	0,1
0,9	939	946	952	958	964	970	976	982	988	994	1000	0
	10	9	8	7	6	5	4	3	2	1	0	$\cos\alpha$

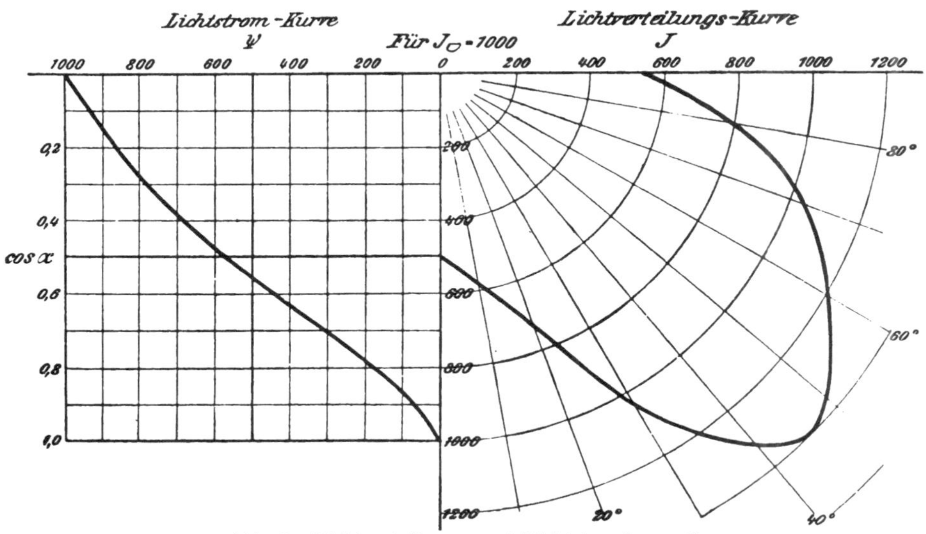

Abb. 6. Lichtverteilungs- und Lichtstromkurve D.

Tabelle 42. (Zu Abschnitt VIII, S. 275.)

Hilfstafel zur Ermittlung der Horizontalbeleuchtung für 1000 Kerzen und gleichförmige Lichtverteilung.

a = Abstand vom Lampenfußpunkt. h = Lichtpunkthöhe.

α = Ausstrahlungswinkel. E = Horizontalbeleuchtung in Lux.

a	$h = 1,5$		$h = 2$		$h = 2,5$		$h = 3$		$h = 3,5$		$h = 4$	
	α	E	α	E	α	E	α	E	α	E	α	E
0	0°	444	0°	250	0°	160	0°	111	0°	81,6	0°	62,5
1	33° 40′	256	26° 30′	179	21° 50′	128	18° 30′	94,9	16° 0′	72,6	14° 0′	57,1
2	53° 10′	96,0	45° 0′	88,4	38° 40′	76,2	33° 40′	64,0	29° 40′	53,4	26° 30′	44,7
3	63° 30′	39,8	56° 20′	42,7	50° 10′	42,0	45° 0′	39,3	40° 40′	35,7	36° 50′	32,0
4	69° 30′	19,25	63° 30′	22,35	58° 0′	23,8	53° 10′	24,0	48° 50′	23,3	45° 0′	22,1
5	73° 20′	10,55	68° 10′	12,80	63° 30′	14,3	59° 0′	15,15	55° 0′	15,4	51° 20′	15,25
6	76° 0′	6,34	71° 30′	7,90	67° 20′	9,14	63° 30′	9,94	59° 50′	10,45	56° 20′	10,65
7	77° 50′	4,09	74° 0′	5,18	70° 20′	6,08	66° 50′	6,79	63° 30′	7,31	60° 20′	7,65
8	79° 20′	2,78	76° 0′	3,57	72° 40′	4,25	69° 30′	4,81	66° 20′	5,26	63° 30′	5,59
9	80° 30′	1,975	77° 30′	2,55	74° 30′	3,07	71° 30′	3,51	68° 40′	3,89	66° 0′	4,19
10	81° 30′	1,450	78° 40′	1,885	76° 0′	2,28	73° 20′	2,635	70° 40′	2,945	68° 10′	3,20
12	82° 50′	0,848	80° 30′	1,110	78° 10′	1,36	76° 0′	1,585	73° 50′	1,790	71° 30′	1,975
14	83° 50′	0,537	81° 50′	0,707	79° 50′	0,869	77° 50′	1,020	76° 0′	1,150	74° 0′	1,295
16	84° 40′	0,362	82° 50′	0,478	81° 10′	0,589	79° 20′	0,696	77° 40′	0,797	76° 0′	0,892
18	85° 10′	0,255	83° 40′	0,337	82° 10′	0,416	80° 30′	0,494	79° 0′	0,568	77° 30′	0,638
20	85° 40′	0,186	84° 20′	0,246	82° 50′	0,305	81° 30′	0,363	80° 0′	0,418	78° 40′	0,471
22	86° 10′	0,140	84° 50′	0,186	83° 30′	0,230	82° 10′	0,274	81° 0′	0,317	79° 40′	0,358
24	86° 30′	0,108	85° 10′	0,143	84° 0′	0,178	82° 50′	0,212	81° 40′	0,245	80° 30′	0,278
26	86° 40′	0,083	85° 40′	0,113	84° 30′	0,140	83° 20′	0,167	82° 20′	0,194	81° 20′	0,215
28	87° 0′	0,068	85° 50′	0,090	84° 50′	0,113	83° 50′	0,134	82° 50′	0,156	81° 50′	0,177
30	87° 10′	0,055	86° 10′	0,074	85° 10′	0,092	84° 20′	0,109	83° 20′	0,127	82° 20′	0,144
35	87° 30′	0,035	86° 40′	0,046	85° 50′	0,058	85° 10′	0,069	84° 20′	0,080	83° 30′	0,091
40	87° 50′	0,023	87° 10′	0,031	86° 30′	0,039	85° 40′	0,047	85° 0′	0,054	84° 20′	0,062
45	88° 10′	0,016	87° 30′	0,022	86° 50′	0,027	86° 10′	0,033	85° 30′	0,038	85° 0′	0,043
50	88° 20′	0,012	87° 50′	0,016	87° 10′	0,020	86° 30′	0,024	86° 0′	0,028	85° 30′	0,032
55	88° 30′	0,009	88° 0′	0,012	87° 20′	0,015	86° 50′	0,018	86° 20′	0,021	85° 50′	0,024
60	88° 40′	0,007	88° 10′	0,009	87° 40′	0,011	87° 10′	0,014	86° 40′	0,016	86° 10′	0,018

Tabelle 42. (Fortsetzung.)

Hilfstafel zur Ermittlung der Horizontalbeleuchtung.

a = Abstand vom Lampenfußpunkt. h = Lichtpunkthöhe.

α = Ausstrahlungswinkel. E = Horizontalbeleuchtung in Lux.

	$h = 4,5$		$h = 5$		$h = 5,5$		$h = 6$		$h = 6,5$		$h = 7$	
a	α	E	α	E	α	E	α	E	α	E	α	E
0	0°	49,4	0°	40,0	0°	33,1	0°	27,8	0°	23,65	0°	20,4
1	12° 30′	45,9	11° 20′	37,7	10° 20′	31,5	9° 30′	26,65	8° 50′	22,85	8° 10′	19,80
2	24° 0′	37,7	21° 50′	32,0	20° 0′	27,45	18° 30′	23,70	17° 10′	20,65	16° 0′	18,15
3	33° 40′	28,45	31° 0′	25,2	28° 40′	22,35	26° 30′	19,90	24° 50′	17,70	23° 10′	15,85
4	41° 40′	20,60	38° 40′	19,05	36° 0′	17,50	33° 40′	16,00	31° 40′	14,60	29° 50′	13,35
5	48° 0′	14,80	45° 0′	14,15	42° 20′	13,40	39° 50′	12,60	37° 40′	11,80	35° 30′	11,00
6	53° 10′	10,65	50° 10′	10,5	47° 30′	10,20	45° 0′	9,82	42° 40′	9,39	40° 40′	8,93
7	57° 20′	7,81	54° 30′	7,86	51° 50′	7,80	49° 20′	7,66	47° 0′	7,46	45° 0′	7,22
8	60° 40′	5,82	58° 0′	5,96	55° 30′	6,01	53° 10′	6,00	50° 50′	5,92	48° 50′	5,83
9	63° 30′	4,42	61° 0′	4,58	58° 30′	4,69	56° 20′	4,74	54° 0′	4,74	52° 10′	4,72
10	65° 50′	3,41	63° 30′	3,58	61° 10′	3,70	59° 0′	3,78	57° 0′	3,83	55° 0′	3,85
12	69° 30′	2,14	67° 20′	2,275	65° 20′	2,39	63° 30′	2,485	61° 40′	2,555	59° 50′	2,61
14	72° 10′	1,415	70° 20′	1,525	68° 30′	1,615	66° 50′	1,700	65° 10′	1,765	63° 30′	1,825
16	74° 20′	0,980	72° 40′	1,060	71° 0′	1,135	69° 30′	1,200	67° 50′	1,260	66° 20′	1,315
18	76° 0′	0,704	74° 30′	0,767	73° 0′	0,825	71° 30′	0,878	70° 10′	0,927	68° 50′	0,972
20	77° 20′	0,522	76° 0′	0,571	74° 40′	0,616	73° 20′	0,659	72° 0′	0,699	70° 40′	0,736
22	78° 30′	0,398	77° 10′	0,435	76° 0′	0,472	74° 40′	0,506	73° 30′	0,538	72° 20′	0,569
24	79° 20′	0,309	78° 10′	0,339	77° 10′	0,368	76° 0′	0,396	74° 50′	0,423	73° 40′	0,448
26	80° 10′	0,245	79° 10′	0,269	78° 0′	0,293	77° 0′	0,316	76° 0′	0,338	75° 0′	0,359
28	80° 50′	0,197	79° 50′	0,217	78° 50′	0,237	77° 50′	0,256	76° 50′	0,274	76° 0′	0,291
30	81° 30′	0,161	80° 30′	0,178	79° 40′	0,194	78° 40′	0,210	77° 50′	0,224	76° 50′	0,239
35	82° 40′	0,102	81° 50′	0,113	81° 0′	0,124	80° 20′	0,134	79° 30′	0,144	78° 40′	0,154
40	83° 40′	0,069	82° 50′	0,076	82° 10′	0,084	81° 30′	0,091	80° 50′	0,098	80° 0′	0,104
45	84° 20′	0,049	83° 40′	0,054	83° 0′	0,059	82° 20′	0,064	81° 50′	0,069	81° 10′	0,074
50	84° 50′	0,036	84° 20′	0,039	83° 40′	0,043	83° 10′	0,047	82° 40′	0,051	82° 0′	0,054
55	85° 20′	0,027	84° 50′	0,030	84° 20′	0,033	83° 50′	0,035	83° 20′	0,038	82° 40′	0,041
60	85° 40′	0,021	85° 10′	0,023	84° 40′	0,025	84° 20′	0,027	83° 50′	0,030	83° 20′	0,032

Tabelle 42. (Schluß.)

Hilfstafel zur Ermittlung der Horizontalbeleuchtung.

a = Abstand vom Lampenfußpunkt. h = Lichtpunkthöhe

α = Ausstrahlungswinkel. E = Horizontalbeleuchtung in Lux.

	$h = 7{,}5$		$h = 8$		$h = 8{,}5$		$h = 9$		$h = 9{,}5$		$h = 10$	
a	α	E	α	E	α	E	α	E	α	E	α	E
0	0°	17,80	0°	15,60	0°	13,85	0°	12,35	0°	11,10	0°	10,0
1	7° 40′	17,30	7° 10′	15,25	6° 40′	13,55	6° 20′	12,15	6° 0′	10,90	5° 40′	9,85
2	15° 0′	16,05	14° 0′	14,25	13° 10′	12,75	12° 30′	11,50	11° 50′	10,40	11° 20′	9,43
3	21° 50′	14,25	20° 30′	12,85	19° 20′	11,60	18° 30′	10,55	17° 30′	9,61	16° 40′	8,79
4	28° 0′	12,20	26° 30′	11,20	25° 10′	10,25	24° 0′	9,42	22° 50′	8,67	21° 50′	8,00
5	33° 40′	10,25	32° 0′	9,53	30° 20′	8,86	29° 0′	8,25	27° 40′	7,68	26° 30′	7,16
6	38° 40′	8,46	36° 50′	8,00	35° 10′	7,55	33° 40′	7,11	32° 10′	6,70	31° 0′	6,31
7	43° 0′	6,95	41° 10′	6,66	39° 20′	6,37	37° 50′	6,07	36° 20′	5,78	35° 0′	5,50
8	46° 50′	5,69	45° 0′	5,52	43° 10′	5,34	41° 40′	5,15	40° 0′	4,96	38° 40′	4,76
9	50° 10′	4,66	48° 20′	4,58	46° 30′	4,48	45° 0′	4,36	43° 20′	4,24	42° 0′	4,11
10	53° 10′	3,84	51° 20′	3,81	49° 40′	3,76	48° 0′	3,70	46° 20′	3,62	45° 0′	3,54
12	58° 0′	2,645	56° 20′	2,665	54° 40′	2,67	53° 10′	2,665	51° 30′	2,65	50° 10′	2,625
14	61° 50′	1,870	60° 20′	1,910	58° 40′	1,935	57° 20′	1,950	55° 50′	1,960	54° 30′	1,965
16	64° 50′	1,360	63° 30′	1,400	62° 0′	1,430	60° 40′	1,455	59° 10′	1,475	58° 0′	1,490
18	67° 20′	1,010	66° 0′	1,045	64° 40′	1,075	63° 30′	1,105	62° 10′	1,125	61° 0′	1,145
20	69° 30′	0,770	68° 10′	0,800	67° 0′	0,828	65° 50′	0,853	64° 30′	0,875	63° 30′	0,894
22	71° 10′	0,597	70° 0′	0,624	68° 50′	0,648	67° 40′	0,670	66° 30′	0,690	65° 30′	0,709
24	72° 40′	0,472	71° 30′	0,494	70° 30′	0,515	69° 30′	0,534	68° 20′	0,552	67° 20′	0,569
26	73° 50′	0,379	72° 50′	0,397	71° 50′	0,415	70° 50′	0,432	69° 50′	0,448	69° 0′	0,463
28	75° 0′	0,308	74° 0′	0,324	73° 10′	0,339	72° 10′	0,354	71° 10′	0,368	70° 20′	0,380
30	76° 0′	0,254	75° 0′	0,267	74° 10′	0,280	73° 20′	0,293	72° 20′	0,305	71° 30′	0,316
35	77° 50′	0,163	77° 10′	0,173	76° 20′	0,182	75° 30′	0,191	74° 50′	0,199	74° 0′	0,207
40	79° 20′	0,111	78° 40′	0,118	78° 0′	0,124	77° 20′	0,131	76° 40′	0,137	76° 0′	0,143
45	80° 30′	0,079	80° 0′	0,084	79° 20′	0,088	78° 40′	0,093	78° 10′	0,098	77° 30′	0,102
50	81° 30′	0,058	80° 50′	0,062	80° 20′	0,065	79° 50′	0,069	79° 10′	0,072	78° 40′	0,075
55	82° 10′	0,044	81° 40′	0,047	81° 10′	0,049	80° 40′	0,052	80° 10′	0,055	79° 40′	0,057
60	82° 50′	0,034	82° 20′	0,036	82° 0′	0,038	81° 30′	0,040	81° 0′	0,042	80° 30′	0,044

Tabelle 43.

(Zu Abschnitt IX, S. 301.)

Zahlenangaben für die Bemessung der Straßenbeleuchtung.

Art der Straße	Mittlere Horizontalbeleuchtung 1 m über dem Boden Lux	Lichtstärke der Lampen HK$_\circ$	Aufhängehöhe m	Lampenabstand in der Straßenrichtung m
Großstädtische Hauptplätze	15—30	3000—6000 (3—4 Lampen auf einem Mast)	16—18	40—50
Großstädtische Hauptverkehrsstraßen	10—20	2000—4000	8—10	30—45
Hauptstraßen	5—10	600—2000	6—8	30—60
Straßen mit mittlerem Verkehr, Strandpromenaden, Parkanlagen usw. . . .	1,5—5	200—600	4,5—6	30—80
Nebenstraßen m. schwachem Verkehr	0,5—1,5	50—150	3,5—5,5	30—80

Tab. 44. (Zu Abschnitt XI, S. 361.)

Zahlenangaben über die erforderliche Beleuchtung für Innenräume.

	Mittlere Allgemeinbeleuchtung 1 m über dem Fußboden Lux	Mittlere Platzbeleuchtung in der Arbeitsfläche Lux
Badeanstalten		
Ankleideräume	10	—
Schwimmhallen	20	—
Bahnhöfe siehe Tab. 45, Seite 574.		
Bureaus		
Lagerräume	10—15	—
Einfache kaufmännische Bureaus	20—30	—
Rechen- und Schreibbureaus. Sitzungssäle, Konferenzzimmer	30—40	40—50
Zeichensäle	50—60	60—100
Fabriken und Werkstätten		
Grobarbeiten:		
Gießerei	15—25	—
Schmiede, Tischlerei, Klempnerei, Walzwerk	25—35	—
Arbeiten, bei denen Einzelheiten erkannt werden müssen:		
Schlosserei, Stanzen, Drahtziehen, Maschinenbau, Montage, Modelltischlerei, Umformmaschinen, Weberei gröberer Stoffe, Spinnerei, Buchdruckerei (Maschinensaal), Laboratorien, Nähstuben für helle Stoffe	30—40	50—60
Feinarbeiten:		
Feinmechanik, Setzerei, Weben feiner Stoffe, Glühlampenfabriken, Zeichensäle, Nähstuben für dunkle Stoffe	40—50	60—100
Feinste Arbeiten:		
Uhrmacherei, Präzisionsmechaniker, Gravieren, feine Zeichnungen, feine Stickereien	50—60	100—150
Hotels und Restaurants		
Korridore	5—8	—
Halle	20—25	—
Einfache Fremdenzimmer	10—20	—
Elegante Fremdenzimmer, Salons	20—30	—
Schreibzimmer	30—40	50
Speiseräume	20—30	—
Spielzimmer	15—20	50
Cafés, Bar-Räume	25—35	—
Festsäle	30—40	—
Festsäle mit reichlicher Beleuchtung	40—60	—
Kirchen	10—20	30—40

Tab. 44. (Zu Abschnitt XI, S. 361.)

Zahlenangaben über die erforderliche Beleuchtung für Innenräume.

	Mittlere Allgemeinbeleuchtung 1 m über dem Fußboden Lux	Mittlere Platzbeleuchtung in der Arbeitsfläche Lux
Krankenhäuser		
Korridore	5—8	—
Krankenzimmer, Schlafsäle, Waschküchen	8—12	20
Speisesäle, Aufenthaltsräume, Kochküchen	12—18	25
Operationsräume	50	200
Läden und Verkaufsräume		
Markthallen	30—35	—
Stoffgeschäfte		
hellere Waren	30—40	—
dunklere Waren	45—55	—
Kunstgegenstände, Buchhandlungen	40—45	—
Bäckerläden	30—35	—
Fleischerei	35—40	—
Konfektion, Leinen, Schuhe, Hüte	30—40	—
Juweliere, Friseure	35—40	50—60
Bankgeschäfte, Posträume	30—35	50
Museen und Galerien		
Gemäldegalerien	30	50—60
Museen	35—40	50
Schaufenster		
helle Waren	—	80—120
dunkle Waren	—	160—240
Schulen und Lehranstalten		
Hörsäle	20—30	80—100*)
Klassenzimmer, Aula	30—40	—
Zeichensäle	50—60	80
Turnhallen	20—30	—
Theater und Konzerträume		
Foyer	30—40	—
Zuschauerraum	20—30	—
Konzertpodium	30—40	50—60
Kino-, Zuschauerraum, Vorraum, Garderobe	15—20	—
Wohnhäuser		
Hauseingang	5—10	—
Vorhalle und Treppen	10—15	—
Schlafzimmer	8—12	—
Empfangsraum, Wartezimmer	15—20	—
Bibliothek, Musikzimmer	20—25	50
Speisezimmer, Wohnzimmer	15—25	50
Elegante Wohnzimmer, Salon	20—30	—
Küche, Waschraum, Badezimmer	15—20	20—30
Nebenräume	8—10	—

*) Auf den Experimentier- oder Demonstrationstischen.

Tabelle 45. (Zu Abschnitt XIII, S. 433.)

Zahlenangaben über die erforderliche Beleuchtung für Bahnhofsanlagen.

(Wo nichts anderes vermerkt, beziehen sich die Angaben auf die mittlere Horizontalbeleuchtung in 1 m Höhe über Erdboden bei klarem Wetter.)

Örtlichkeit	Geringer Verkehr auf kleinen Bahnhöfen und Haltestellen Lux	Stärkerer Verkehr auf kleinen Bahnhöfen Lux	Starker Verkehr auf großen Bahnhöfen Lux
Personenbahnhöfe:			
Bahnhofsvorplätze	nur Richtlampen	3—5	7
Vorhallen, Gänge	4	7	10
Wartesäle	5	10	15
Gepäckräume	5	7	7
Bahnsteige in Hallen:			
Mittlere Beleuchtung der Kanten	—	5	10
Geringste Beleuchtung der Kanten	—	2	4
Bahnsteige mit niedrigen Bedachungen:			
Mittlere Beleuchtung der Kanten	3	5	7
Geringste Beleuchtung der Kanten	1	2	3
Bahnsteige ohne Bedachung	0,5	0,7	—
Treppen für öffentlichen Verkehr	7	7	10
Güter- und Betriebsbahnhöfe:			
Zufuhrstraßen für Güterbahnhöfe	0,1	0,2	0,2
Ladestraßen	0,1	0,15	0,2
Laderampen:			
Mittlere Beleuchtung	0,7	0,7	1,0
Geringste Beleuchtung	0,3	0,3	0,4
Güter- und Zollschuppen	1	1,5	2
Wagenschuppen	2	2	3
Lokomotivschuppen	3	4	5
Gleise im Bereich der Weichenstraßen:			
Mittlere Beleuchtung	0,5	1	2
Geringste Beleuchtung[1])	0,2	0,4	0,8
Verschiebegleise, geringste Beleuchtung	0,1	0,2	0,3
Aufstellungsgeleise, geringste Beleuchtung	0,1	0,2	0,2

	Im Mittel auf der Bedienungsfläche: Lux
Fahrkarten- und Kassenschalter	25
Bahnsteigsperren	25—30
Bezeichnungsschilder der Stellhebel in Stellwerken	10
Telegraphenapparate (Morseschreiber)	30

[1]) Zum Vergleich: Vollmond 0,25 Lux.

Tabelle 46. (Zu Abschnitt XIV, S. 482.)

Spezifischer Verbrauch, Lichtstärke und Flächenhelligkeit der für Scheinwerfer benutzten Lichtquellen.

Lichtquelle	Ausführung	Verbrauch pro Std. und pro Kerze	Licht-stärke HK_{max}	Flächen-helligkeit HK/cm^2
Petroleum-Dochtbrenner	4 Dochte	3,07 g	210	4,7
Petroleum-Glühlicht . .	stehender Glühstrumpf 60 mm ϕ	0,458 »	1 430	34,0
» » . .	hängender Glühstrumpf 60 mm ϕ	0,314 »	1 850	46,0
Azetylen	Schnittbrenner 25 l . .	0,74 l	34	6,4
Azetylen-Sauerstoffbrenner m. Leuchtplättchen	mit 2 getrennten Düsen	0,038 l C_2H_2 / 0,050 » O	1 600	420
Ölgas-Hängeglühlicht .	Druck 400 mm WS . .	0,4 l	60	12,5
Blaugas-Hängeglühlicht	» 400 » » . .	0,27 »	85	14,5
Stehend. Blaugas-Glühlicht	» 1000 » » . .	0,28 »	470	20
» » »	» 1800 » » . .	0,34 »	220	22
» Ölgas-Glühlicht .	» 2000 » » . .	0,26 »	570	35
Metalldrahtlampe . . .	Osram-Lampe	1,1 W/HK	100	3,6
Gasgefüllte Metalldrahtlampe mit Spiraldraht	Osram-Azo-Lampe, 200 mm Kugel-ϕ oben versilbert, mit 30% Überspannung brennend .	0,33 »	8 500	2 100
Reinkohlen-Bogenlampe	Gleichstrom 25 Amp. .	0,21 W/HK	5 200	9 000
» »	» 50 » .	0,185 »	13 000	12 500
» »	» 100 » .	0,175 »	31 000	13 500
» »	» 150 » .	0,20 »	56 000	13 500
Goerzlampe Syst. Beck	Gleichstrom 25 Amp. .	0,18 W/HK	7 000	42 000
» » »	» 50 » .	0,16 »	17 000	48 000
» » »	» 100 » .	0,15 »	43 000	56 000
» » »	» 150 » / Kohlen-ϕ 16 mm	0,12 »	95 000	75 000
» » »	Gleichstrom 225 Amp. / Kohlen-ϕ 16 mm	0,14 »	150 000	125 000
» » »	Gleichstrom 200 Amp. / Kohlen-ϕ 18 mm	0,14 »	120 000	70 000
» » »	Gleichstrom 300 Amp. / Kohlen-ϕ 18 mm	0,16 »	190 000	110 000
» » »	Wechselstrom 25 Amp. .	0,165 »	4 500	21 000
» » »	» 50 » .	0,15 »	10 000	25 000
» » »	» 100 » .	0,16 »	22 000	30 000

Tabelle 47.

Beleuchtungstechnische

Nr.	Angaben für die Lichtquelle: Art		Kohlendurchmesser + mm	Kohlendurchmesser — mm	Durchmesser der Leuchtfläche mm	Betriebsverhältnisse: Strom Amp.	Betriebsverhältnisse: Spannung Volt	Betriebsverhältnisse: Verbrauch	Maximale Lichtstärke HK_{max}	Gesamt-Lichtstrom H Lm	Flächenhelligkeit $\frac{HK_{max}}{cm^2}$
	Azetylen-Scheinwerfer:							l/Std.			
1	Schnittbrenner				26	—	—	25	35	290	6,6
2	»				26	—	—	25	35	290	6,6
3	Azetylen-Sauerstoff				22	—	—	$60\,C_2H_2 + 80\,O$	1 600	5 000	420
	Glühlampen-Scheinwerfer:							Watt			
4	Gasfüllungs-Metalldraht-lampen	halbverspiegelt			5,5	2	10	20	60	380	250
5		mattiert . . .			7,5	3	12	36	85	700	200
6		klar			8	6	12	72	150	1 250	300
7		klar			11	16	16	256	800	5 000	850
8		klar			20	10	110	1 100	2 000	16 500	650
9		halbverspiegelt			22	40	60	2 400	9 000	64 000	2 400
	Bogenlampen-Scheinwerfer:							Watt			
10	Mit Reinkohlen		18	15	7	8	44	350	1 800	3 200	4 700
11			22	15,2	9,5	30	44	1 320	6 300	11 500	9 000
12			23	16	12	60	48	2 880	15 500	28 000	13 500
13			33	22,3	20	125	58	7 250	41 500	75 000	13 500
14			36,5	14	23	150	75	11 250	56 000	100 000	13 500
15			38	16	27	200	80	16 000	80 000	144 000	13 500
16	Mit Goerz-Kohlen		3	3	2,5	15	45	675	4 000	12 000	40 000
17			6	6	5	30	55	1 650	9 000	27 000	46 000
18			9	8	7	60	60	3 600	22 000	66 000	57 000
19			13	11	10,5	125	65	8 100	65 000	195 000	75 000
20			16	14	13	150	75	11 250	95 000	285 000	75 000
21			18,5	16	15	200	90	18 000	140 000	420 000	75 000
22			16	14	13	225	90	20 000	150 000	450 000	115 000
23			18,5	16	15	300	100	30 000	220 000	660 000	115 000

(Zu Abschnitt XIV, S. 481.)

Angaben für Scheinwerfer.

Angaben für den Spiegel			Angaben für den Scheinwerfer									
Material	Durchmesser mm	Brennweite mm	Streuung Bis zu $\frac{J_{max}}{10}$ Grad	Streuung Bis zu $\frac{J_{max}}{2}$ Grad.	Größter Durchmesser d. beleuchteten Feldes	Maximale Lichtstärke J_{max} HK	Ausgestrahlter Lichtstrom H Lm	Verstärkung $4\pi J_{max}$ H Lm	Wirkungsgrad %	Reichweite längs des Bodens für Erkennbarkeit von Gebäuden bei Lichtabsorption für 1 km von 10%	30%	Nr.
					In 100 m Enfernung m							
Glas	200	75	16^{0}	10^{0}	36	6 000	170	450	58	100	100	1
»	250	90	$13^{0},5$	$8^{0},5$	30	9 000	170	650	58	125	120	2
»	250	110	9^{0}	$5^{0},5$	19	300 000	2 700	1 450	54	500	450	3
Metall	275	40	7^{0}	4^{0}	15	56 000	250	2 800	66	250	230	4
Glas	230	35	$9^{0},5$	6^{0}	21	30 000	315	1 200	45	200	190	5
Metall	280	65	$5^{0},5$	$3^{0},5$	12	200 000	700	3 600	56	400	350	6
»	425	100	$4^{0},75$	3^{0}	10	1 000 000	2 700	4 600	54	800	700	7
Glas	350	175	11^{0}	7^{0}	24	600 000	8 400	900	51	650	550	8
Metall	1 000	250	4^{0}	$2^{0},5$	9	18 000 000	33 000	6 800	52	2 700	1 900	9
					In 1000 m Entfernung m							
Glas	250	110	3^{0}	$1^{0},75$	61	1 500 000	1 500	12 500	47	950	800	10
»	350	175	$2^{0},5$	$1^{0},5$	52	7 500 000	5 200	18 000	45	1 900	1 400	11
»	600	250	$2^{0},25$	$1^{0},4$	42	27 000 000	15 500	22 000	55	3 300	2 100	12
»	900	420	$2^{0},25$	$1^{0},4$	42	60 000 000	35 000	22 000	47	4 300	2 700	13
»	1 100	480	$2^{0},25$	$1^{0},4$	42	95 000 000	54 000	22 000	54	5 000	3 000	14
»	2 000	960	$1^{0},3$	$0^{0},8$	28	350 000 000	66 000	66 000	45	7 500	4 000	15
Glas	250	110	$1^{0},6$	1^{0}	35	6 000 000	1 700	44 000	14	1 700	1 300	16
»	350	175	$1^{0},6$	1^{0}	35	15 000 000	4 300	44 000	16	2 500	1 800	17
»	600	250	$1^{0},6$	1^{0}	35	75 000 000	21 500	44 000	33	4 500	2 800	18
»	900	420	$1^{0},6$	1^{0}	35	170 000 000	48 000	44 000	25	6 000	3 400	19
»	1 100	480	$1^{0},6$	1^{0}	35	250 000 000	70 000	44 000	25	6 800	3 700	20
»	2 000	960	$1^{0},2$	$0^{0},75$	26	850 000 000	135 000	79 000	32	9 500	4 800	21
»	1 100	480	$1^{0},6$	1^{0}	35	560 000 000	160 000	44 000	36	8 500	4 500	22
»	2 000	960	$1^{0},2$	$0^{0},75$	26	2 000 000 000	320 000	79 000	48	11 500	5 500	23

Tabelle 48. (Zu Abschnitt XIV, S. 507.)

Für Leuchtfeuer erforderliche Lichtstärken bei Tragweiten von 4 bis 25 Seemeilen.

Tragweite		Erforderliche Lichtstärke HK	
Seemeilen	km	bei sichtigem Wetter	bei dunstigem Wetter
4	7,4	14	43
5	9,3	27	113
6	11,1	48	270
7	13,0	82	613
8	14,8	134	1 330
9	16,7	211	2 810
10	18,5	326	5 790
11	20,4	493	11 700
12	22,2	733	23 200
13	24,1	1 080	45 300
14	25,9	1 560	87 500
15	27,8	2 240	168 000
16	29,6	3 180	318 000
17	31,5	4 490	498 000
18	33,3	6 290	1 120 000
19	35,2	8 770	2 070 000
20	37,0	12 100	3 830 000
21	38,9	16 700	7 040 000
22	40,5	23 000	12 870 000
23	42,6	31 400	23 450 000
24	44,4	42 700	42 550 000
25	46,3	57 900	76 950 000

Tabelle 49. (Zu Abschnitt XV, S. 525.)

Aktinität und aktinische Lichtausbeute der künstlichen Lichtquellen.

Lampenart	Aktinität $\frac{P}{HK_{\ominus}}$	Photometrische Lichtausbeute $\frac{HK_{\ominus}}{W}$	Aktinische Lichtausbeute $\frac{P}{W}$
Hefnerlampe, Kerze	1	(0,01)	(0,01)
Petroleumlampe	1,5	(0,025)	(0,04)
Gasschnittbrenner, Argandbrenner	2	(0,015)	(0,03)
Gasglühlicht, Spiritusglühlicht	3	(0,1)	(0,3)
Magnesium, Magnesiumband-Licht	20	(1,4)	(28)
Kohlefadenlampe	2	0,25	0,5
Luftleere Metalldrahtlampe	4,5	0,8	3,6
Gasgefüllte Metalldrahtlampe	7	1,6	11
Gleichstrom-Reinkohlen-Bogenlampe	25	0,8	20
Wechselstrom-Reinkohlen-Bogenlampe	20	0,5	10
Gleichstrom-Bogenlampe mit Effektkohlen	30	2,5	75
Wechselstrom-Bogenlampe mit Effektkohlen	30	1,8	54
Gleichstrom-Dauerbrand-Bogenlampe für 110 Volt	100	0,7	70
Gleichstrom-Dauerbrand-Bogenlampe für 220 Volt	200	0,6	120
Wechselstrom-Dauerbrand-Bogenlampe für 220 Volt	150	0,4	60
Gewöhnliche Quecksilberlampe	30	1,0	30
Quarzglas-Quecksilberlampe	50	2,0	100
Tageslicht	12—25	—	—

Verzeichnis der Tabellen.

Tabelle | Seite

1. Photometrische Zusammenhänge für eine Reihe einfacher leuchtender Flächen . . . 538
2. Horizontale und mittlere untere hemisphärische Lichtstärke für eine Reihe künstlicher Lichtquellen . . . 540
3. Flächenhelle einiger selbstleuchtender Körper . . . 541
4. Streuvermögen verschiedener Stoffe . . . 542
5. Numerische Beziehungen zwischen verschiedenen Einheiten der Lichtstärke . . . 542
6. Numerische Beziehungen zwischen verschiedenen Einheiten der Beleuchtung . . . 543
7. Numerische Beziehungen zwischen verschiedenen Einheiten der Flächenhelle bzw. spezifischen Lichtausstrahlung . . . 543
8. Numerische Beziehungen zwischen verschiedenen Einheiten der Lichtstärke und des Lichtstromes sowie der Lichtausbeute und des spezifischen Effektverbrauches . . . 544
9. Zusammengehörige Konstanten der Wien-Planckschen und der Stefan-Boltzmannschen Strahlungsgleichung für verschiedene Temperaturskalen . . . 544
10. Relative Empfindlichkeit des menschlichen Auges gegen energiegleiche Reize verschiedener Farbe . . . 545
11. Zusammenhang zwischen schwarzer und wahrer Temperatur für Körper verschiedenen Reflexionsvermögens . . . 546
12. Reflexionsvermögen verschiedener Stoffe im Gebiete der sichtbaren Strahlung . . . 547
13. Die Lichtabgabe des schwarzen Körpers bei verschiedenen Temperaturen 548
14. Gesamtstrahlung und sichtbare Strahlung des schwarzen Körpers bei verschiedenen Temperaturen . . . 549
15. Lichtausbeuten eines nur im sichtbaren Gebiet ($0{,}4$—$0{,}7\,\mu$) Energie aussendenden Idealstrahlers von dem schwarzen Körper entsprechender relativer Energieverteilung, verglichen mit den beim schwarzen Körper erzielten Werten . . . 550
16. Optischer und visueller Nutzeffekt der zugeführten Leistung für verschiedene Lichtquellen . . . 551
17. Relative Energieverteilung im Gebiete der sichtbaren Strahlung für verschiedene Lichtquellen nach Hyde, Ives, Cady und Luckiesh . 552
18. Verbrennungsprodukte, Wärmeentwicklung und Luftbedarf verschiedener Beleuchtungsarten . . . 553
19. Lichtstärken, Lichtströme, spezifischer Verbrauch und Lichtausbeute der nach dem Verbrauch gestaffelten Wolframdraht-Vakuumlampen 554
20. Lichtstärken, Lichtströme, spezifischer Verbrauch und Lichtausbeute der nach dem Verbrauch gestaffelten Spiraldraht-Vakuumlampen 554

Tabelle — Seite

21. Lichtstärken, Lichtströme, spezifischer Verbrauch und Lichtausbeute der nach dem Verbrauch gestaffelten Gasfüllungslampen 555
22. Erzeugung, Ausfuhr und Einfuhr für die wichtigsten elektrischen Beleuchtungsarten, unter gleichzeitiger Berücksichtigung der Glühkörper für Gaslampen usw. nach den Vierteljahresheften zur Statistik des Deutschen Reiches 555
23. Verbrauch und Lichtausbeute der verschiedenen Gasglühlichtarten . 557
24. Verbrauch und Lichtstärke der Lampen für feste und flüssige Brennstoffe sowie Azetylen 558
25. Charakteristische Zahlen für die Beleuchtungswirkung von Reflektoren für elektrische Lampen 558
26. Charakteristische Zahlen für Holophan-Reflektoren mit Metalldrahtlampen 559
27. Charakteristische Zahlen für Wiskott-Reflektoren mit Gasfüllungslampen 559
28. Charakteristische Zahlen für Armaturen mit Gasfüllungslampen . . 559
29. Charakteristische Zahlen für die Beleuchtungswirkung von Tischlampen 560
30. Lichtabsorption verschiedener Glockenarten 560
31. Wirkungsgrad für direkte und halbindirekte Beleuchtung von Innenräumen 561
32. Wirkungsgrad für indirekte Beleuchtung von Innenräumen . . . 561
33. Wirkungsgrad für Straßenbeleuchtung 561
34. Größe des Faktors k für Beleuchtung von Innenräumen 561
35. Bodenfläche für eine gasgefüllte Metalldrahtlampe 562
36. Bodenfläche für eine luftleere Metalldrahtlampe 562
37. Zahlentafel für l — cos α 563
38. Lichtstromtafel A für Glühlampen mit ausgespannten Drähten ohne Reflektor und für stehendes Gasglühlicht ohne Reflektor oder mit einfachem Straßenreflektor 564
39. Lichtstromtafel B für Glühlampen mit Reflektor und für Bogenlampen mit nebeinanderstehenden Kohlen 565
40. Lichtstromtafel C für ein einseitig leuchtendes Flächenelement und für Glühlampen mit stark nach unten wirkenden Reflektoren . . 566
41. Lichtstromtafel D für offene und geschlossene Bogenlampen mit übereinanderstehenden Kohlen 567
42. Hilfstafel zur Ermittlung der Horizontal-Beleuchtung für 1000 Kerzen und gleichförmige Lichtverteilung 568
43. Zahlenangaben für die Bemessung der Straßenbeleuchtung 571
44. Zahlenangaben über die erforderliche Beleuchtung für Innenräume . 572
45. Zahlenangaben über die erforderliche Beleuchtung für Bahnhofsanlagen 574
46. Spezifischer Verbrauch, Lichtstärke und Flächenhelligkeit der für Scheinwerfer benutzten Lichtquellen 575
47. Beleuchtungstechnische Angaben für Scheinwerfer 576
48. Für Leuchtfeuer erforderliche Lichtstärken bei Tragweiten von 4 bis 25 Seemeilen 578
49. Aktinität und aktinische Lichtausbeute der künstlichen Lichtquellen 579

Sachregister.

A.

Ablaßvorrichtungen für Gaslaternen 325.
Ablaufsignale 443.
Abmessungen der Bogenlampenkohlen 103.
Absorptionsverlust von Glocken 227. 560.
— — Reflektoren 211. 558. 559.
Abtötung von Bakterien durch das Licht 77.
AEG-Metalldrahtlampe 126.
Aerogengas 195.
Akkomodation des Auges 78.
Aktinische Lichtausbeute 524.
— —, Zahlenwerte 579.
Aktinität 523.
—, Zahlenwerte 579.
Alabasterglasglocken 228.
Allgemeinbeleuchtung 353. 360. 387.
Altersstar 88.
Amberger Gasmaschine 193.
Amylazetatlampe 15. 51.
Analogon, mechanisches 14.
Arbeitsbeleuchtung 353. 387.
Arbeitslampen 238.
Arbeitsleistung, Abnahme bei mangelhafter Beleuchtung 82.
Argandbrenner 139.
Armaturen, charakteristische Zahlen 559.
— für Gaslampen 228.
— — Glühlampen 229.
Arons-Quecksilberdampflampe 98. 115.
Art der Lichtstrahlung 20.
Atelier-Aufnahmelampe 533.
Auerbrenner 140. 143.
Auergemisch 140.
Auers Osmiumlampe 99. 124.
Aufbau der Projektionsapparate 519.
Auffangeschirme für Beleuchtungsmessungen 56.
Aufhängehöhe, Einfluß auf die Beleuchtung 282.
— für elektrische Straßenbeleuchtung 303. 571.
— — Gas-Straßenbeleuchtung 327. 571.
Auge als Lichtempfänger 77.
Augenempfindlichkeitskurve 23.
—, Zahlenwerte 545.
Augenerkrankung durch schlechte Beleuchtung 81. 357.
Ausbildung von Reflektoren und Armaturen 208.
Ausnutzbare Zone 89.
Außenlampen für Gas-Straßenbeleuchtung 223.
Autochromplatten-Projektion 520.
Autogasakkumulator 466.
Autositschirm für Gaslampen 216, 218.
Axiale Lichtstärke 4.
Azetylenbeleuchtung 198, 203.
— für Eisenbahnwagen 454.
— — Kraftwagen 466.
— — Scheinwerfer 483.
—, Hygienische Kritik 92.
Azetylenbrenner 203, 483.
Azetylendissous 200, 483.
Azetylen, Entwicklungsvorgang 200.
—, Erzeugung 198.
—, Explosionen 199.
— -Gasakkumulator 454, 466, 483.
— -Glühlicht 204.
—, Lichtstärkentabelle 558.
— -Luftmischer 205, 454.
—, Nachentwicklung 201.
—, Reinigung 203.
— -Sauerstoffbrenner für Blinkgeräte 511.
— -Sauerstofflampe 484, 498.
— -Scheinwerfer 497.
— —, Beleuchtungstechnische Angaben 576.
— — für Kraftwagen 468.
—, Verunreinigungen 201.

B.

Bahnanlagen-Beleuchtung 432.
— —, Zahlenangaben 574.
Bahnsteigbeleuchtung 437.
Bakterien, Abtötung durch das Licht 77.
Bamagzünder für Gasglühlicht 341.
Bankphotometer 52.

Baustellenbeleuchtung 442.
Baustoffe für Armaturen 231.
— — für Reflektoren 214.
Beagid-Apparat für Azetylenentwicklung 201.
Beck-Scheinwerferbogenlampe 98, 113, 487, 517.
Bedienungskosten der elektrischen Straßenbeleuchtung 300.
— — Gas-Straßenbeleuchtung 350.
Beleuchtung, Definition 7, 14.
—, erforderliche Stärke 83, 571, 572, 573, 574.
— mit festen und flüssigen Brennstoffen 172.
Beleuchtungsausbeute 294.
Beleuchtungseinheiten, Zahlenwerte 543.
Beleuchtungskörper für elektrisches Licht 245.
— — Gasbeleuchtung 244.
Beleuchtungsmesser von Martens 58.
— — Wingen 59.
Beleuchtungsmessungen 288.
Beleuchtungsnormalien des V.D.E. 250.
Beleuchtungsstatistik 555.
Beleuchtungsverteilung, Berechnungsbeispiel 276.
— für Innenräume 273.
— — Straßen und Plätze 274.
Beleuchtungswirkung von Tischlampen 240.
Beleuchtungsausbeute 253, 254.
Belichtung 12.
Belichtungszeit für Lichtpausen 535.
Benoidgasapparat 194.
Benutzungsdauer für Straßenbeleuchtung 299.
— — Bahnbeleuchtungsanlagen 433.
Benzin 176.
Benzinbeleuchtung 191.
Benzinglühlicht 192.
Benzolglühlicht 187.
Benzol-Luftgas 196.
Benzol-Luftgas-Tischlampe 197.
Benzol-Tischlampe 188.
Berechnung der Beleuchtung 248.
Betriebsfehler bei Gasglühlicht 151.
Betriebskosten der Glühlampenbeleuchtung 137.
— für elektrische Straßenbeleuchtung 300.
— — Gas-Straßenbeleuchtung 350.
Betriebskostenvergleich der Beleuchtungsarten 293.
Betriebsstörungen bei Preßgasbrennern 164.
Betriebszeit der Straßenbeleuchtung 298.
Beurteilung der Beleuchtung 249.
— — Reflektoren 209.
— — Straßenbeleuchtung 250.
Beurteilung von Tisch- und Arbeitslampen 238.
— von Scheinwerfern 475.
Blechreflektoren 214, 219.
Blendung 85, 355.
Blinkgeräte 511.
Blochsches Universalphotometer 58.
Blondel-Kohlen für Bogenlampen 97.
Blondels Lumenmeter 61.
Bodenfläche für Metalldrahtlampen 562.
Bogenlampen 96, 102.
— für Bühnenbeleuchtung 419, 420.
— — Projektionsapparate 522.
Bogenlampenglocken 104, 226.
Bogenlampen mit Effektkohlen 108.
— — Reinkohlen 105.
Bogenlampenschaltung 103.
Bogenlichtscheinwerfer 500.
—, Beleuchtungstechnische Angaben 576.
v. Boltons Tantallampe 99, 124.
Brandts Mehrlampensystem 416.
Breitstrahler 233.
Bremer-Kohlen für Bogenlampen 97.
Brennerdüse für Gasglühlicht 147.
Brenner für Gasglühlicht 142.
Brennstunden für Straßenbeleuchtung 299.
Brodhunsche Rotationsmethode 60.
Brodhunsches Sektoren-Photometer 57.
Bühnenbeleuchtung 414.
Bühnen-Effektbeleuchtung 427.
Bühnenrampe mit indirektem Licht 427.
Bühnenregulator 416.
Bühnenscheinwerfer 427.
Bühnenscheiterhaufen 431.
Bunsenbrenner 142.
Bureaubeleuchtung 372.

C.

Candle-foot 17.
Carbone-Dauerbrandflammenbogenlampe 97.
Carcel 16.
Ciliarmuskel 78.
Cohnsche Forderungen für Beleuchtung 83, 390.
Cooper Hewitt-Quecksilberdampflampe 98.

D.

Dalénlicht für Signalbeleuchtung 442.
Dalénscher Gasdruckregler 205, 454.
Dauerbrandbogenlampe 97, 107.
— für Kinoaufnahmen 533.
— — photographische Zwecke 529.
— — Kopier- und Lichtpauszwecke 534.
Dauerbrand-Flammenbogenlampe 97, 110, 310.
Davyscher Lichtbogen 96.

Davysche Sicherheitslampe 191.
Deckenauslässe, Anzahl 287.
Dialampe 112.
Differential-Bogenlampe 102.
Diffuse Beleuchtung 353.
Diffuses Reflexionsvermögen 361.
Diopterglocke 234.
Direkte Beleuchtung für Schulen 392.
— —, Hygienische Beurteilung 87.
Doppelbogenlampen 106, 110.
Doppelkegelförmiger Blechreflektor 221.
Drehvorrichtung für Lichtverteilungsmessung 65.
Druckluftzündung für Gasbeleuchtung 345.
Druckveränderung bei Gasglühlicht 170.
Druckwellenzündung 337.
Drummondsches Kalklicht 139.
Dunkeladaptation 80.
Durchschlagzündung 337.
Dynamo für Autobeleuchtung 466.

E.

Effektbogenlampe 97, 108.
— für photographische Aufnahmen 529.
Einfluß der Aufhängehöhe 282.
— des Lampenabstandes 285.
— — Lichts auf Pflanzen- und Tierwelt 75.
Einkristalldraht 101.
Einlampensystem für Bühnenbeleuchtung 416.
— mit Gasfüllungslampen 422.
Einschränkung der Straßenbeleuchtung 319.
Einstellen der Niederdruck-Hängelichtbrenner 158.
— — Preßgasbrenner 164.
Einteilung der Bogenlampen 105.
Eisenbahnfahrzeug-Beleuchtung 449.
Eisenwiderstand 123, 536.
Elektrisch betriebene Eisenbahnfahrzeuge 462.
Elektrische Fernzündung für Gasbeleuchtung 346.
— Scheinwerfer für Kraftwagen 468.
Elektrisches Licht, Hygienische Kritik 93.
Elektrische Straßenbeleuchtung 297.
— Tischlampen 242.
— Zugbeleuchtung 455.
Empfindlichkeit des Auges 22.
Energetische Ökonomie 33.
Energieäquivalent der sphärischen Kerze 42.
Energieverteilung, Spektrale 46.
Entwurf elektrischer Straßenbeleuchtung 301.
Erdbock für Straßenlaternen 322.
Erforderliche Beleuchtung 360, 571, 572, 573, 574.
— — für Bahnanlagen 433.
— — — Fabriken 385.
— — — Schulen 391.
— — — Straßen und Plätze 301.
— Lichtstärken für Eisenbahnfahrzeuge 464.
— — — Leuchtfeuer 507, 578.
Ersatzwiderstand für Bogenlampen 103.
Euphos-Glas 88.
Explosionsgefahr bei Gasbeleuchtung 92.

F.

Fabrikbeleuchtung 378.
Fahnehjelms Magnesiakammlicht 139.
Fahrkartenschalterbeleuchtung 437.
Farbe des Lichts 45.
— — —, Hygienische Beurteilung 87.
Farben der Spektralbezirke 46.
Farbenempfindung 79.
Farbengetreue Projektion 520.
Farbenmessung künstlicher Lichtquellen 58.
Fechnersches Empfindungsgesetz 24.
Feldscheinwerfer 498.
Fernschaltung elektrischer Straßenbeleuchtung 313.
Festsaalbeleuchtung 405.
Fischschwanzbrenner 139.
Flammecolampe 111.
Flammenbogenlampe 97, 108.
—, Art der Strahlung 25.
Flächenhelligkeit 10, 18.
— des schwarzen Körpers 37.
— für Scheinwerferlampen 482, 575.
—, Zahlenwerte 541, 575.
—, zulässige Grenzen 85, 355.
Flächenhelligkeitseinheiten 18, 543.
Fortunys Kuppelhorizont 419.
Foyerbeleuchtung 411.
Fragebogen für Beleuchtungsanlagen 249.
Fresnellinsen 491, 507.

G.

Ganzindirekte Beleuchtung 237, 360.
— — für Kirchen 404.
— — — Schulen 391.
Gasbeförderungswagen 453.
Gasbeleuchtung 138.
—, hygienische Kritik 91.
Gasfüllständer 454.
Gasfüllungslampen 101, 131.
— für Bühnenbeleuchtung 420.
— — photographische Aufnahmen 530.
— — Scheinwerfer 485.
—, Lichtstärkentabelle 555.
Gasfüllungs-Projektionslampe 136.

Gasglühlicht, Anpassung an Druckschwankungen 170.
— bei veränderter Gasbeschaffenheit 168.
—, Brenner 142.
—, Glühkörper 141, 150.
—, Hängelichtbrenner 152.
—, Hygienische Kritik 92.
—, Lichtstärkentabelle 557.
—, Preßgasbrenner 159.
—, Stehlichtbrenner 143.
—, Theorie 140.
Gasolin 193.
Gassparer 90, 170.
Gasverdichter für Preßgasanlagen 331.
Gelöstes Azetylen 200, 483.
Geschlossene Flammenbogenlampen 110.
— Reinkohlenbogenlampen 107.
— Zugbeleuchtung 449.
Gesetzliche Vorschriften für Fabrikbeleuchtung 385.
Gillards Platinlicht 139.
Glanz 10.
Gleisbeleuchtungsanlagen 435.
Glimmentladungslampe 119.
Glimmlampen 98, 120.
Glocken 226.
— für Beleuchtungskörper 247.
— — Bogenlampen 104, 226.
—, Zahlen für Lichtabsorption 560.
Glühdrahtzündung für Gasbeleuchtung 348.
Glühkörper für Gasglühlicht 141, 150.
Glühlampen 96, 98, 121.
Glühlampenarmaturen für diffuses Licht 234.
— — direktes Licht 232.
— — ganzindirektes Licht 237.
— — halbindirektes Licht 235.
Glühlampen für Blinkgeräte 512.
Glühlampenphotometrie 59.
Glühlichtscheinwerfer 499.
Gobobrenner für Gasglühlicht 145.
Goerz-Beck-Scheinwerferbogenlampe 98, 113, 488.
Goerz-Lampe für Projektionsapparate 517.
Graetzinbrenner 153.
Grenzen und Ziele der Lichterzeugung 25
Grenzlinie 211.
—, Zahlenwerte für Reflektoren und Armaturen 558, 559.
Gnombrenner für Gasglühlicht 145.
Grubensicherheitslampe 191.
Grundgrößen der Lichtmessung 1.
Gußeisenarmaturen 231.
Güterwagenbeleuchtung 439.

H.

Hahnaufsatz für Straßenlaternen 323.
Halbindirekte Armaturen 235.
Halbindirekte Bel uchtung 236, 361, 369.
— — für Schulen 392.
— —, Hygienische Beurteilung 86.
Halbwattlampen 101, 135.
Hauptstrom-Bogenlampen 102.
Hängeglühlicht-Tischlampen 242.
Hängelichtbrenner für Azetylen 204.
— — Gasglühlicht 152.
Hängendes Gasglühlicht 140.
Hefner-Altenecks Differential-Bogenlampe 96.
Hefner-foot 17.
Hefnerkerze 2, 15.
Hefnerlampe 51.
Hefnerlux 17.
Heilwirkung des Lichts 75.
Helligkeitsschwankungen, periodische 355.
Helligkeitsunterschiede 354.
Hemisphärische Lichtstärke 4, 6, 15, 540.
Heringsche Theorie der Farbenempfindung 79.
Heyck u. Högners Wattregel 261.
Hilfstafeln für Beleuchtungsberechnung 262, 562.
Hilfsverspiegelung für Scheinwerferlampen 485, 512.
Hochdruckbrenner für Gasglühlicht 159.
Hochdruckgasleitungen für Eisenbahnbeleuchtung 453.
Hochdruck-Quecksilberdampflampe 116.
Hochempfindliches Photometer für kleine Lichtquellen 479.
Holophangläser 367.
Holophanglocken 228, 234.
Holophanreflektoren 222.
—, charakteristische Zahlen 559.
Homogen-Effektkohlen 112.
Horax-Lampe 243, 395.
Horizontalbeleuchtung 9, 278.
—, Messung 289.
—, Zahlenwerte 568, 569, 570.
Horizontale Lichtstärke 3, 540.
Hoefer-Mast für Gleisbeleuchtung 435.
Höhensonne, künstliche 76.
Hörsaalbeleuchtung 394.
Hygiene der Beleuchtung 75.
Hygienische Forderungen an künstliche Beleuchtung 90.
Hygienischer Vergleich von Gas und elektrischem Licht 94.

J. I.

Jablochkowsche Kerze 96.
Jandus-Dauerbrandbogenlampe 97.
Ideale Schulzimmerbeleuchtung 392.
Idealstrahler, Zahlenwerte für Lichtausbeute 550.
Indikatrix der Lichtstreuung 11.

Indirekte Beleuchtung, hygienische Beurteilung 86.
— —, Projektierung 272.
Innenräume, Zahlenangaben für die Beleuchtung 572, 573.
Integratoren 61.
Intensität von Projektionsapparaten 479.
Intensiv-Flammenbogenlampen 110.
Internationale Kerze 16.
Internationales Lux 17.
Isoluxkurven 278.
Jupiter-Lampen 529, 533.
Juwelbrenner 139, 145.

K.

Kalklicht 139.
Kandelaber für Gas-Straßenbeleuchtung 322.
Kassettenbeleuchtung 368.
Keimbeseitigung im Trinkwasser 77.
Kennung der Leuchtfeuer 504.
Kennzeichnung der Lichtfarbe 47.
Keroslampe für Petroleumglühlicht 184, 437.
Kerzenbeleuchtung 172, 246.
—, hygienische Kritik 90.
Kerzenmethode 251.
Kino-Photolumenlampe 533.
Kino-Projektionsapparate 514.
Kirchenbeleuchtung 401.
Kirchhoffsches Gesetz 26.
Klarglasglocken 227.
Kleinsteller mit Dauerflamme 337.
Kletterflammenzündung 336.
Kohlefadenlampen 98, 121.
Kohlenanordnung für Bogenlampen 103.
Kometlampe für Petroleumglühlicht 184.
Kondensoren für Projektionsapparate 518.
Kontrastbeleuchtung 353, 360.
Konzertpodiumbeleuchtung 412.
Kosmosbrenner für Petroleumlampen 177.
Kronosbrenner für Petroleumglühlicht 180.
Kraftwagen-Beleuchtung 465.
— -Scheinwerfer 468.
Kristallglasglocken 227.
Kristallkronen 247.
Kronleuchter 362.
Küchs Quarz-Quecksilberdampflampe 98.
Kugelphotometer von Ulbricht 61.
Kugelspiegel 492.
Künstliche Höhensonne 76.
Künstliches Licht für Photographie und Reproduktion 523.
— Tageslicht 48.
Kunstlicht in Schulen 391.
Kuppelhorizont für Bühnenbeleuchtung 419.
Kurzsichtigkeit 81.

L.

Lambert, Einheit der Flächenhelle 10, 18, 543.
Lambertsches Gesetz 10.
Lampenabstand, Einfluß auf die Beleuchtung 285.
— für Straßenbeleuchtung 301, 331, 571.
Lampenanordnung für Straßenbeleuchtung 303, 310.
— — Fabrikbeleuchtung 382.
Lampenerzeugung, Statistik 555.
Lampenschaltung für Straßenbeleuchtung 311.
Lampentypen für elektrische Straßenbeleuchtung 310.
Laternen für Gas-Straßenbeleuchtung 321.
— mit Stationsbezeichnung 437.
Laufwerklose Bogenlampen 110.
Lautenschlägers Einlampensystem 416.
Leitsätze der D.B.G. für Innenbeleuchtung 85, 353, 387.
Leuchtende Flächen, photometrische Angaben 538.
Leuchtfeuer 504.
— für Luftschiffahrt 510.
—, Zahlenwerte für Tragweite und Lichtstärke 578.
Leuchtgerät mit Optik 472.
Leuchtvermögen 10.
Lichtabgabe des schwarzen Körpers 37.
Lichtabsorption von Glocken 227.
Lichtausbeute 12, 18, 253.
— der Bogenlampen 104.
— — Gasfüllungslampen 555.
— — Spiraldrahtlampen 554.
— — Wolframdraht-Vakuumlampen 554.
— des Gasglühlichts 557.
Lichteinheiten 15, 16.
—, Zahlenwerte 542.
Lichterzeugung, wissenschaftliche Grundlagen 1.
Lichtfarbe 45.
— der Flammenbogenlampen 108.
— für Scheinwerfer 480.
Lichtintensität 24.
Lichtmenge 1, 14.
Lichtpausapparate 534.
Lichtquellen für Blinkgeräte 511.
— — Kinoaufnahmen 532.
— — Kopier- und Lichtpauszwecke 534.
— — Leuchtfeuer 509.
— — Projektionsapparate 515.

Lichtquellen für Scheinwerfer 481.
Lichtstärke 2, 15.
— der Leuchtfeuer 507.
— — Scheinwerfer 472.
—, Entnahme aus der Lichtstromtafel 281.
—, mittlere hemisphärische 4, 6, 15, 61, 66, 540.
—, mittlere horizontale 3, 59, 540.
—, mittlere sphärische 4, 6, 15, 61, 66, 540.
Lichtstärkentabelle für Azetylen 558.
— — Gasfüllungslampen 555.
— — Gasglühlicht 557.
— — Lampen mit festen und flüssigen Brennstoffen 558.
— — Metalldrahtlampen 554.
— — Scheinwerferlampen 575.
— — Spiraldrahtlampen 554.
— — Wolframdraht-Vakuumlampen 554.
Lichtstrom 1, 5, 14.
Lichtstromkugel von Teichmüller 278.
Lichtstromkurven 264, 266, 564, 565, 566, 567.
Lichtstrommethode 263.
—, Beispiele 269.
Lichtstromtafeln 266.
— für Bogenlampen 565, 567.
— — Gasglühlicht 564.
— — Glühlampen 564, 565, 566.
Lichtverteilungskurven 3.
—, Aufnahme 65.
—, Aufzeichnung 70.
— für Azetylenbrenner 483.
— — Bogenlampen 105, 565, 567.
— — Gasfüllungslampen 135, 136.
— — Gasglühlicht 166, 564.
— — Glühlampen 129, 131, 135, 136, 564.
— — Glühlampenarmaturen 232.
— — Reflektoren 209, 213, 217, 220, 222, 223, 226, 565, 566.
— — Spiraldrahtlampen 131.
— — Wolfram-Drahtlampen 129, 131.
— von Scheinwerfern 476.
Lichtverteilungspapier 73.
Ligroin 192.
Liliput-Bogenlampen 108.
Linsen für Scheinwerfer 489.
Lokomotiv-Signallaternen 452.
Lucas-Brenner für Petroleumglühlicht 180.
Lucas-Schornsteinlampe für Gasglühlicht 140.
Luftbedarf künstlicher Lichtquellen 89, 553.
Luftgasbeleuchtung 193.
Luftgas-Einzellampen 196.
Luftverunreinigung durch Lichtquellen 89.
Lukenmelder 448.
Lumen 2, 17.
Lumenmeter von Blondel 61.
Lumineszenzstrahler 25.
Luminous Arc Lamps 113.
Lummerscher Hohlraumstrahler 28.
Lummers Druckbogenlampe 97, 113, 486.
Lummer-Brodhun-Photometer 52.
Lux 7, 17.

M.

Magazinlampen 110.
Magnesiakammlicht 139.
Magnetit-Bogenlampen 98, 113.
Manginspiegel 493.
Martensscher Beleuchtungsmesser 58.
Maschinenbeleuchtung für Eisenbahnfahrzeuge 458.
Mattglasglocken 228.
Matthews Integrator 61.
Mechanisches Äquivalent des Lichts 42.
— Analogon der photometrischen Grundgrößen 14.
Mehrlampensystem für Bühnenbeleuchtung 416.
— — Gasfüllungslampen 423.
Metalldampflampen 98, 117.
Metalldrahtlampen 99, 124, 125, 131.
—, Lichtstärkentabelle 554.
Metallisierte Kohlefadenlampen 99, 123.
Metalloxyd-Glühkörper 99.
Metallparabolspiegel 494.
Milchglasglocken 228.
Milchglasreflektoren 214, 220.
Millenniumlicht 140, 145.
Millennium-Preßgaserzeuger 331.
Miniatur-Bogenlampen 108.
Mittlere Beleuchtung 7, 238, 361.
— hemisphärische Lichtstärke 4, 6, 15, 61, 66, 540.
(S. a. Mittlere sphärische Lichtstärke)
Mittlere Horizontalbeleuchtung 250, 251, 289.
— horizontale Lichtstärke 3.
— — —, Messung 59.
— sphärische Lichtstärke 4, 6, 15, 61, 66, 540.
— — —, Beispiel für die Berechnung 69.
— — —, Berechnung aus der Lichtstärkenmessung 66.
— — —, Ermittlung aus der Lichtverteilungskurve 70.
— — —, Messung in der Ulbrichtschen Kugel 61.

Mittlere sphärische Lichtstärke, Näherungsformel für die Berechnung 70.
— Streckenbeleuchtung 281.
MK-Lampen 123.
Mondbrenner für Petroleumlampen 177.
Moore-Licht 98, 119.
— —, hygienische Kritik 94.
— — mit Kohlensäurefüllung 49.
Multiplex-Fernzündung 346.
Myopie 81.

N.

Nachttischlampen 243.
Naphtha-Glühlichtbrenner 192.
Nebenschluß-Bogenlampen 102.
Neon-Bogenlampen 98, 118.
Nernstlampe 99, 123.
Netzhaut 78, 79.
Niederdrucklampe für Außenbeleuchtung mit Hängeglühlicht 155.
— — Innenbeleuchtung mit Hängeglühlicht 152.
Niederduck-Quecksilberdampflampe 115.
Niederdruckstarklicht 140, 153.
Nikelampen 395.
Nitralampe 135.
Normalbeleuchtung 8, 278.
Normalkerze 16.
Normallampen 51.
Normal-Lichtstromkurven und -Tafeln 266, 564.
Normal-Lichtverteilungskurven 232, 564.
Notbeleuchtung für Theater 431.
— mit Azetylen 202.
Notenpultbeleuchtung 411.
Nutzbrenndauer 122.
Nutzeffekt, optischer 33, 35, 41, 551.
—, visueller 34, 36, 37, 41, 551.
Nystagmus der Bergleute 82.

O.

Ökonomie 13.
—, energetische 33.
—, photometrische 34.
Ölbeleuchtung 173.
Ölgas für Eisenbahnfahrzeuge 449.
Olsobrenner für Gasglühlicht 145.
Opalinglas 228.
Opalüberfangglas 228.
Optik der Leuchtfeuer 507.
— — Projektionsapparate 518.
— — Scheinwerfer 489.
Optischer Nutzeffekt 33, 35, 41, 551.
Orchesterbeleuchtung 411.
Osmiumlampe 99, 124.
Osram-Azola-Lampe 135.
Osram-Azo-Lampe 135.
Osram-Halbwattlampe 135.
Osramlampe 126.

P.

Papierreflektoren 214.
Parabolspiegel 494.
—, Herstellung und Prüfung 495.
Parabolische Blechreflektoren 221.
Pentairgas 195.
Petroleumbeleuchtung 174.
Petroleumbrenner 176.
Petroleumgewinnung 175.
Petroleumglühlicht 178.
Petroleumglühlichtbrenner 180.
Petroleumglühlicht-Drucklampe 184.
Petroleumglühlicht-Intensivlampe 185.
Petroleumlampen, hygienische Kritik 90.
Petroleum-Starklichtlampen 181.
Petroleum-Tischlampen 241.
Petroleum, Vorkommen und Eigenschaften 174.
Petromax-Lampe für Petroleumglühlicht 184, 437.
Phot, Einheit der Beleuchtung 17.
—, — — Belichtung 18.
Photographische Kopien 534.
— Vergrößerungen 534.
Photometerbank 53.
Photometerkopf 52.
Photometerwürfel von Lummer und Brodhun 52.
Photometrie 50.
Photometrieren von Scheinwerfern 477.
Photometrische Angaben für leuchtende Flächen 538.
— Einheiten 15.
— Grenzentfernung für Scheinwerfer 478.
— Ökonomie 34.
Photometrischer Körper 5.
Photometrisches Grundgesetz 50.
Platinglühlampen 96.
Platinlicht 139.
Platin, Strahlungsgesetze 30.
Platzbeleuchtung 353, 360, 387.
Porzellanarmaturen 231.
Praktischer spezifischer Effektverbrauch 13.
Preßgas-Außenlampe 161.
Preßgasbeleuchtung für Eisenbahnfahrzeuge 450.
— für Straßen 331.
Preßgasbrenner für Innenbeleuchtung 159.
Preßgasleitungen 335.
Preßgaszündung 344.
Preßluftanlagen für Gas-Straßenbeleuchtung 335.
Preßluftlampe für Gasglühlicht 164.
Projektierung von Beleuchtungsanlagen 248.
Projektionsapparate 479, 514.
Projektionswandbeleuchtung 479.

Q.

Quarz-Quecksilberlampen 98, 116.
— —, Verwendung zur Keimbeseitigung 77.
Quecksilberdampflampen 98, 115.
—, hygienische Kritik 93.
Quecksilberdose für Gaslaternen 325.

R.

Rampensteckdose 440.
Raumbeleuchtung, Zahlenangaben 572, 573.
Reflektoren, charakteristische Zahlen 558, 559.
— für Bogenlampen 222.
— — elektrische Lampen 219.
— — — Straßenbeleuchtung 221.
— — Gaslampen 216.
— — Petroleumlampen 215.
Reflexionsfähigkeit der Reflektorbaustoffe 214.
— — Reflektoren 211.
Reflexionsvermögen 32, 214, 361.
—, Zahlenwerte 547.
Regeldüsen für Gasglühlicht 148.
Regelwerk für Bogenlampen 102.
Regelwerklose Bogenlampen 102.
Regenerativ-Gaslampen 139.
Reichweite von Kraftwagenscheinwerfern 470.
— — Scheinwerfern 489, 577.
Reine Sammlerbeleuchtung für Eisenbahnfahrzeuge 456.
Reinhardt u. Kninascher Rundhorizont 419.
Reinkohlen-Bogenlampen 105.
— — für photographische Aufnahmen 528.
— — — Scheinwerfer 486.
Reizfaktor des Auges 23.
Relativphotometer 396.
Reproduktions-Scheinwerfer 528.
Ringspiegel 492.
Rohbenzin 176.
Rohrdanzhaken 309.
Rollenschmierung für Straßenbeleuchtung 308.
Rollobrenner für Gasglühlicht 145.
Rosenberg-Maschine für elektrische Zugbeleuchtung 459.
Rostinzünder für Gasglühlicht 342.
Rostschutzmittel für Straßenbeleuchtung 308.
Rotationsmethode für Glühlampenmessung 60.
Rousseausche Kurve 67, 72, 209, 264.
Rüböllampen, hygienische Kritik 90.
Ruhe des Lichts, hygienische Beurteilung 88.
Rundhorizont für Bühnenbeleuchtung 419.
Russells Verfahren zur Ermittlung der mittleren sphärischen Lichtstärke 72.

S.

Sammlerbeleuchtung für Eisenbahnfahrzeuge 456.
Schalen für Beleuchtungskörper 247.
Schaltung der Bogenlampen 103.
Schätzung der Lichtintensität 24.
Schaufensterbeleuchtung 377.
Scheinwerfer 481.
—, beleuchtungstechnische Angaben 576.
— -Bogenlampen 502.
— für Kraftwagen 468.
— -Lampen, Zahlenwerte 575.
—, Lichtstärke 472, 577.
— -Optik 489.
Schnittbrenner 139.
Schreibtischlampen 243.
Schulbeleuchtung 390.
Schwabescher Wolkenapparat 425.
Schwarzer Körper 26, 27.
— — als Lichtquelle 32.
— —, Zahlenwerte für Lichtabgabe 548.
— —, — — Lichtausbeute 550.
— —, — — Strahlung 549.
Schwarze Temperatur 31.
Schwächungsvorrichtungen 53.
Schwärzungsmessung photographischer Platten und Papiere 58.
Sehschärfe 84.
Seide für Reflektoren 215.
Seile für Straßenbeleuchtung 308.
Seilentlastungsvorrichtungen 308.
Sektoren-Meßvorrichtung nach Brodhun 57.
— -Photometer nach Brodhun 57.
Selasbrenner für Gasglühlicht 147.
Selas-Gasverdichter 334.
Selaszünder für Preßgas 344.
Seneta-Fernzünder 348.
Sichtweite von Leuchtfeuern 506, 578.
Siemens-Regenerativlampe 139.
Signalbeleuchtung 442.
Simultankontrast 80.
Siriuslampe 126.
SK-Kerze 202.
Solarbrenner für Petroleumlampen 177.
Sonnenlicht, Einwirkung auf die Haut 75.
—, Farbe 48.
Sparbogenlampe 107, 108.
Sparbrenner für Gasglühlicht 145.
Sparer für Bogenlampen 104.
Spektralbezirke 46.
Spektrale Energieverteilung 46.
— —, Zahlenwerte 552.

Spektralfarben 22, 46.
Spezifische Lichtausstrahlung 10, 18.
Spezifischer Effektverbrauch 12, 18, 554, 555, 557, 558.
— Verbrauch der Beleuchtung 252.
Sphärische Lichtstärke 4, 6, 15, 61, 66, 540.
(S. a. Mittlere sphärische Lichtstärke.)
Sphäroidspiegel 495.
Spiegelnde Reflektoren 215.
Spiegelndes Arbeitsmaterial 87.
Spiraldrahtlampen 101, 130.
—, Lichtstärkentabelle 554.
Spiritusglühlicht 187, 189.
Spiritushängeglühlicht 190.
Spirituslampen, hygienische Kritik 91.
Stäbchen und Zapfen des Auges 22, 79.
Standard-Kerze 16.
Ständerlampen 243.
Stefan-Boltzmannsches Gesetz 28.
— — —, Konstanten 544.
Stehlampen 238.
—, charakteristische Zahlen 560.
Stehlichtbrenner für Gasglühlicht 143.
Steilberg-Gasverdichter 334.
Stellwerksbeleuchtung 438.
Stoffschirme für Beleuchtungskörper 247.
— — Tischlampen 243.
Strahlende Wärme der Lichtquellen 89.
Strahlengang des Parabolspiegels 496.
Strahlungsgesetze des blanken Platins 30.
— — schwarzen Körpers 26.
Straßenbahnwagenbeleuchtung 464.
Straßenbeleuchtung, elektrische 297.
— mit Gas 321.
—, Zahlenangaben 571.
Straßenlaternen für Gasglühlicht 217, 321.
Straßenüberspannung 304.
Streckenbeleuchtung 281.
Streuung von Kraftwagenscheinwerfern 469.
— — Scheinwerfern 476.
Streuvermögen 11.
—, Zahlenwerte 542.
Stromkuppelung für Straßenbeleuchtung 309.
Stugra-Tafeln für Beleuchtungsberechnungen 263.
Sukzessivkontrast 80.
Sun-Stellwerkslaterne 438.

T.

Tagesbeleuchtung 9, 395.
Tageslicht-Armaturen 129.
— -Bogenlampen 106.
—, Farbe 48.
— in Schulen 395.
Tageslicht-Quotient 10, 396.
Tantallampe 99, 124.
TB-Dochtkohlen 109.
Teichmüllers Lichtstromkugel 278.
Temperaturstrahler 25.
Theaterbeleuchtung 407.
Theaterblitze 428.
Theatergarderoben 413.
Theaternebenräume 413.
Thornerscher Lichtprüfer 396.
Tiefstrahler 233.
Tischlampen 238.
—, charakteristische Zahlen 560.
Titankarbid-Bogenlampe 98, 114.
Tragweite der Leuchtfeuer 507. 578.
Treppenhausbeleuchtung 372.
Trinkwasser, Keimbeseitigung durch Quarz-Quecksilberlampen 77.
Tripelkondensor 518.
Trübebrennen des Gasglühlichts 151.
Tschikolews Ringspiegel 492.
Tunnelbeleuchtung 441.
Tunnelsignale 445.
Tunneluntersuchungswagen 440.
Turnhallenbeleuchtung 400.
Typisierung der Glühlampenarmaturen 231.

U.

Überglocken für Bogenlampen 104.
Überspannungen für elektrische Straßenbeleuchtung 304, 305, 307.
— — Gas-Straßenbeleuchtung 327.
Ulbrichtsche Kugel 61.
Ultraviolettes Licht 88.
Umrechnungsfaktoren für Beleuchtung 543.
— — Flächenhelle 543.
— — Lichtausbeute 544.
— — Lichtstärke 542, 544.
— — spezifischen Effektverbrauch 544.
Unfälle bei mangelhafter Beleuchtung 82, 358.
Ungleichmäßigkeit der Beleuchtung 248.
—, Zahlenwerte 287.
Universalphotometer von Bloch 58.
Unschlittlampe 173.
Unterschieds-Schwellenwert 24.

V.

Ventilation der Armaturen 230.
Verbrennungsprodukte künstlicher Lichtquellen 89.
— — —, Zahlenwerte 553.
Vergiftungsgefahr bei Gasbeleuchtung 92.
Vergleichsskalen für Lichtausbeute 20, 253.
Vergleich verschiedenfarbiger Lichtquellen 56.

Vergleich von stehendem und hängendem Gasglühlicht 166.
Vericolampe 128.
Verkaufsräume 375.
Verstärkung 210.
— für Scheinwerfer 476.
—, Zahlenwerte für Reflektoren und Armaturen 558, 559.
Verstellbarkeit der Glühlampenfassungen 230.
Verteilung der Lichtquellen 86, 286, 310.
Vertikalbeleuchtung 9, 250, 278.
Verunreinigung der Luft durch Lichtquellen 89.
Visueller Nutzeffekt 34, 36, 37, 41.
— —, Zahlenwerte 551.
Vorschalt-Drosselspule 103.
— -Widerstand 103.
Vorschriften für das Photometrieren 73.

W.

Wahl der Aufhängehöhe 284.
— des Lampenabstandes 286.
Wahre Temperatur 32.
— und schwarze Temperatur, Zahlenwerte 546.
Wandarme 365.
Wärmeentwicklung durch Lichtquellen 89.
— — —, Zahlenwerte 553.
Wasserkransignale 448.
Wattregel von Heyck u. Högner 261.
Webersches Photometer 54.
— Relativphotometer 396.
Weichensignale 445.
Wellenlänge 21, 46.
Werkstattbeleuchtung 378, 383.
Wien-Plancksche Strahlungsformel 29.
— — —, Konstanten 544.
Windenvorrichtung für Bogenlampen 304.
Wingenscher Beleuchtungsmesser 59.
Winkelspiegel zur Messung der mittleren horizontalen Lichtstärke 59.
Wirkungsgrad der Beleuchtung 255.
— — —, Zahlenwerte 561.
Wirkungsgradsmethode 255.
—, Beispiele 258.
Wirkungsgrad von Projektionsapparaten 480.
— — Scheinwerfern 477.
— — —, Zahlenwerte 577.
— — Tischlampen 239.
— — —, Zahlenwerte 560.
Wirtschaftlichkeit der Beleuchtung 248, 252, 254, 294.
— des blanken Strahlers 44.
— — schwarzen Körpers 39.
Wirtschaftlichkeitsmethode 252.
Wiskottreflektoren 224, 234, 378, 381, 410, 530.
—, charakteristische Zahlen 559.
Wissenschaftliche Grundlagen der Lichterzeugung 1.
Wohnungsbeleuchtung 365.
Wolfkes Metalldampflampe 117.
Wolfram-Bogenlampe 98, 114.
Wolframdraht 100.
Wolframdraht-Vakuumlampen 100, 125.
— —, Lichtstärkentabelle 554.
Wolframfäden 100.
Wolfram-Gasfüllungslampen 101, 131.
— —, Lichtstärkentabelle 555.
Wolfram-Intensivlampe 128.
Wolfram-Vakuumlampen 100, 125.
Wolkenapparate 425.
Wotan-G-Lampe 135.
Wotan-Halbwattlampe 135.
Wotanlampe 126.

Y.

Young-Helmholtzsche Theorie der Farbenempfindung 79.

Z.

Zapfen und Stäbchen 22, 79.
Ziele der Lichterzeugung 25, 45.
Zubehörteile für Straßenbeleuchtung 300.
Zünduhren für Gasbeleuchtung 346.
Zündung der Gas-Straßenbeleuchtung 335.
— des Lichtbogens 102.
— für Gasglühlicht 335.
Zuschauerraum von Theatern 407.

Jahrbuch der Elektrotechnik

Übersicht über die wichtigeren Erscheinungen auf dem Gesamtgebiete der Elektrotechnik

Unter Mitwirkung zahlreicher Fachgenossen herausgegeben

von

Dr. KARL STRECKER

Aus dem Inhalt:

A. Elektromechanik. II. Elektromaschinenbau. III. Verteilung und Leitung. IV. Kraftwerke und Verteilungsanlagen. V. Elektrische Beleuchtung. VI. Elektrische Fahrzeuge und Kraftbetriebe. VII. Verschiedene Anwendungen der Elektrizität.

B. Elektrochemie. VIII. Elemente und Akkumulatoren IX. Anwendungen der Elektrochemie.

C. Elektrisches Nachrichten- und Signalwesen. X. Telegraphie. XI. Telephonie. XII. Elektrisches Signalwesen, elektrische Meß- und Registrierapparate und Uhren.

D. Messungen und wissenschaftliche Untersuchungen. XIII. Elektrische Meßkunde. XIV. Magnetismus. XV. Messungen elektrischer Lichtquellen. XVI. Elektrochemie (wissenschaftlicher Teil). XVII. Elektrophysik, Elektromedizin, Elektrobiologie. XVIII. Erdstrom, atmosphärische Elektrizität, Blitzableiter, Blitzschläge.

„Das Buch enthält in äußerster Kürze eine Fülle höchst interessanter neuer Erkenntnisse, zusammengestellt aus den bekanntesten Versuchen und Arbeiten auf dem Gesamtgebiete der Elektrotechnik. Der reiche Inhalt wird jedem, dessen Interessen in der Richtung liegen, viel Anregung bieten und wichtige, modernste Kenntnisse vermitteln."

Naturwissenschaftl. Wochenschrift

1. Jahrgang: das Jahr 1912 . . . . M. 22.—
2. Jahrgang: das Jahr 1913 . . . . M. 26.—
3. Jahrgang: das Jahr 1914 . . . . M. 26.—
5. Jahrgang: das Jahr 1916 . . . . M. 30.—
8. Jahrgang: das Jahr 1919 . . . . M. 42.—

Jahrgang 1915, 1917 und 1918 sind vergriffen.

VERLAG R. OLDENBOURG, MÜNCHEN u. BERLIN

www.ingramcontent.com/pod-product-compliance
Lightning Source LLC
LaVergne TN
LVHW081355011026
849161LV00013BA/2816
* 9 7 8 3 4 8 6 7 4 6 7 3 0 *